U0288270

祖业传承，模具专攻，从事五十余年，年年实践终成高手；
宝刀不老，悉心解惑，著书数百万字，字字真知堪作良师。

ZHUSU MUJU SHEJI
YU ZHIZAO JIAOCHENG ////////////

注塑模具设计与制造教程

石世铫　编著

化学工业出版社

·北京·

全书分上、下两篇。上篇主要介绍了注塑模具结构设计的基础知识、设计原则和要求,具体包括注塑模具设计概况、分类及基本结构、模架与结构件设计、注塑模导向与定位结构、注塑模具成型零件、浇注系统、热流道模具、温控系统、排气系统、分型与抽芯机构、斜顶机构、脱模机构的设计、模具钢材的需用以及模具企业标准化管理等;下篇主要介绍了专用注塑模具(精密模具、气辅模具、吹塑模具)的结构和特点、模具加工、模具装配、试模、质量验收、模具项目管理等。

本书可作为从事注塑模具行业的设计与制造人员的自学用书,也可作为职业院校的教材,使学生掌握注塑模具设计制造的专业知识,同时也可以作为模具企业的培训教材,对从事注塑模具设计的技术人员和管理者有很强的参考作用。

图书在版编目(CIP)数据

注塑模具设计与制造教程/石世铫编著. —北京:化
学工业出版社,2017.4(2023.4重印)
ISBN 978-7-122-29198-1

Ⅰ.①注… Ⅱ.①石… Ⅲ.①注塑-塑料模具-设计-
教材②注塑-塑料模具-制造-教材 Ⅳ.①TQ320.66

中国版本图书馆 CIP 数据核字(2017)第 042897 号

责任编辑:赵卫娟
责任校对:王 静 装帧设计:史利平

出版发行:化学工业出版社(北京市东城区青年湖南街 13 号 邮政编码 100011)
印 装:北京虎彩文化传播有限公司
787mm×1092mm 1/16 印张 43 字数 1102 千字 2023 年 4 月北京第 1 版第 6 次印刷

购书咨询:010-64518888 售后服务:010-64518899
网 址:http://www.cip.com.cn
凡购买本书,如有缺损质量问题,本社销售中心负责调换。

定 价:198.00 元

序

　　中国是制造业大国，模具是制造业中不可或缺的特殊基础装备。没有高水平的模具就没有高水平的工业产品。模具工业水平已经成为衡量一个国家制造业水平高低的重要标志，也是一个国家的工业产品保持国际竞争力的重要保证之一。

　　塑料制品在汽车、机电、仪表、建筑、航空航天等国家支柱产业及与人民日常生活相关的各个领域中已得到了广泛的应用。塑料制品成型的方法虽然很多，但最主要的方法是注塑成型，塑料模具中约半数以上是注塑模具。在"以塑代钢、以塑代木"的必然趋势下，工程塑料制品在"十三五"期间预计将维持年均15%的市场增长率，这预示着注塑模具行业也会保持高速发展的态势。同时，模具新结构、新品种、新工艺、新技术、新材料的创新成果以及新兴产业的不断涌现，也使得注塑模具的发展前景进一步看好。

　　目前职业院校有些教材与企业实际相脱节的现象比较严重，就读注塑模具专业的学生到了模具企业工作，大多数还需重新学习模具基础知识。因此，职业院校的教学改革势在必行，好的教材十分需要，现在有的职业院校同企业进行了紧密的校企合作，已初步取得了一定的成效。

　　经过几十年的不断发展，中国已成为世界模具制造大国，产量已列居世界第一，但行业总体水平与国际先进国家水平相比，仍有不少差距，其中管理上的差距更为明显。由于我国模具产业迅速发展，现在多数企业与发展形势不相适应，存在创新能力薄弱、质量体系(技术标准、管理流程标准、工作标准等)不够健全等问题。同时模具企业的综合型人才和技能型人才紧缺，特别是设计人员专业知识不够充实，尤其是高素质、高水平的人才匮乏，这已严重抑制了模具企业的发展。因此，一本内容较全面、系统性较强的教材用来加强教学培训工作，既是迫切需要，也显得十分重要。

　　《注塑模具设计与制造教程》一书作者系模具之乡的浙江宁海人石世铫老师，他年逾七十，还在模具年产值近5亿元的宁波方正汽车模具有限公司担任技术顾问；他从事模具设计与制造工作已有50余年之久，具有十分丰富的实践经验和知识积累，曾出版了《注塑模具设计与制造300问》、《注塑模具图样画法与正误对比图例》和《注塑模具设计与制造禁忌》等专著，深受广大读者的欢迎，还经常在一些行业刊物上发表文章。

　　本书是作者根据模具设计人员、技术工人和管理人员的实际需求，依仗其50多年的知识和经验的积累，并参考了许多技术文献编著而成。本书涵盖了注塑模具的结构设计、设计评审、模具制造、装配、试模、质量验收、模具项目管理等内容，贯穿了注塑模具生产的全过程。

　　本书内容贴近现代模具企业的实际，由浅入深，讲述了注塑模具设计原则及细节，使读者能够抓住重点，更加容易理解、掌握、夯实注塑模具的专业知识；同时还能使读者提升设计理念和增强成本意识；并对优化模具结构设计、注塑模具的设计、制造过程及模具产品质量要求有较为深入的了解。

　　通过本书的学习可使学生掌握许多注塑模具设计制造的专业知识。本书可作为职业院校模具专业的教学用书，也可作为模具企业的培训教材和注塑模具行业的设计与制造以及管理人员的参考书。因此，本书必将会对模具行业的从业人员带来很大的帮助。这是石世铫老师对发展我国模具工业的贡献。

注塑模具大到上百吨重，小到以克计重，精到达到纳米级精度，而且还正在向高效、组合、集成和绿色环保的方向发展。数字化、信息化、网络化、智能化、国际化，以及高性能、高质量、低成本、易维修等，更是各类模具发展的共同趋势。读者有了本书的基础之后，就会有助于把握这些发展方向与趋势，就会更好地把握未来。这应该是大家所共同希望的。

中国模具工业协会顾问
2017 年 2 月于北京

前言
Preface

目前，大多数就读注塑模具专业的学生到了模具企业工作，还需重新学习模具基础知识。其主要原因同教材内容有关（当然还有其它原因，如教学方法、专业课时较少、实践方法与师资水平、学生素质等）。目前教材内容没有与时俱进、内容不够全面深入、切入实际、重点不够突出，跟不上模具企业发展的需求。因此，要求教材内容充实、专业性强、与时俱进，且根据目前企业的实际需求来编写。

学生在毕业前，应能熟练使用设计软件（AutoCAD、UG等），掌握注塑模具的专业基础理论知识，并有一定的深度与广度，了解模具设计、制造的全过程。这样毕业生一到企业通过简短的培训后就能上岗，并能很快适应工作，很快熟悉模具设计标准和要求；先能设计简单的模具零件，担任设计助手，然后能独立设计模具；经过两至三年的工作磨炼、经验的积累，能独立设计模具结构、形状复杂、难度大、精度高的模具，逐渐地成长为注塑模具企业的骨干。

目前注塑模具企业的模具设计师、模具工艺师、模具项目管理等人才短缺，企业之间相互挖人、员工跳槽现象普遍存在，使企业的用工成本增加。因此模具行业人才紧张状况急需解决。而人才不仅来源于企业培养的优秀员工，还依靠来自大、中职业技校培养的学生。模具企业不希望职业技校所培养的学生到单位就业时，还需再重新学习专业知识，或者有的学生因工作不能胜任而辞职。因此，要求学生在校期间夯实注塑模具设计与制造的专业知识，学会使用UG软件画2D工程图和进行3D造型设计，至少掌握一技特长，为今后到模具企业参加工作打下扎实基础。

职业院校把冷冲模和注塑模等将近十多种模具类型合并成为一个模具专业授课，包罗万象。笔者认为可考虑把模具制造专业分为冷冲模和型腔模（注塑模及压铸模）两个专业，甚至把注塑模单独授课，这样可使学生把专业知识学透、学精，学有所成、学有所用。

作者身居中国注塑模具生产基地宁海，退休后仍在年产值5亿元的"宁波方正汽车模具有限公司"担任技术顾问。2015年为"长春一汽大众质保部"和"宁波方正汽车模具有限公司"的人员培训，编写了培训教材，通过几次改稿，萌发了编写内容较全面系统的《注塑模具设计与制造教程》一书的想法。编写过程中，根据模具企业的实际状况，结合本人从事机械、注塑模具行业设计、制造工作50余年的切身体会和经验，并参阅了有关的技术资料。希望能够为中国的模具人才培养贡献一点微薄之力。

本书内容丰富全面，由浅入深地、系统性地涵盖了注塑模具的结构设计、设计评审、模具制造、装配、试模、质量验收、模具项目管理等内容。书中内容所涉及的设计原则、要点及细节，可以使读者抓住重点，更加容易理解、掌握、夯实注塑模具的专业知识；同时能对读者提升设计理念，增强成本意识，优化模具结构设计，了解注塑模具的设计，制造过程和质量要求，有一定的帮助。

全书分上、下两篇。上篇主要介绍注塑模具结构的基础知识和设计要求；下篇主要介绍了精密模具、气辅注塑模、吹塑模具、双色注塑等专用模具的结构和特点。还探讨了关于CNC加工、电腐蚀加工、线切割等机床的加工工艺和方法及要点、零件加工质量的分析、精度控制措施等内容。

　　本书内容充实，并且贴近企业实际状况，弥补了当前图书的不足；书中每章都有复习思考题，能帮助读者抓住重点，加强理解、增强记忆，提高设计水平和工作能力。 对于有些没有系统性地学习注塑模具设计专业理论的注塑模具设计师来说，本书是一本具有实用价值的参考书。

　　目前模具企业的技术型管理人才非常短缺，以行政手段代替技术管理的现象普遍存在。 所以，本书关于模具的设计、制造、项目管理、质量验收、使用和维护等内容，对注塑模具企业的管理者提升管理能力有一定的帮助。

　　本书可用于职业院校模具专业的教材，也可作为模具企业工程技术人员的培训教材。

　　本书在编写过程中得到了模具行业的同仁们，宁波方正汽车模具有限公司、宁波技师学院、浙江工商职业学院、宁海第二职业高中、长春一汽大众质保部的有关领导和老师的支持，中国模具工业协会顾问周永泰（原中国模具工业协会秘书长）对该书提出了宝贵的意见，在此一并表示衷心感谢！

　　由于笔者水平有限，加之编写时间仓促，难免管窥蠡测，书中疏漏之处难免，恳请读者赐正。

石世铫

2017 年 2 月于宁海

目录
Contents

下篇　专用模具设计与模具制造、验收　(360)

上篇
注塑模具设计

第1章 ▶▶ 注塑模具行业概况和发展趋势

模具技术与材料成型工艺的发展奠定了现代工业发展的基础。模具作为重要的生产装备和工艺发展方向，在现代工业的规模生产中日益发挥着重大作用。通过模具进行产品生产具有优质、高效、节能、节材、成本低等显著特点，因而在汽车、机械、电子、轻工、家电、通讯、军事和航空航天等领域的产品生产中获得了广泛应用。这些领域中60%～80%的零件采用模具加工生产，模具的作用不可替代。

模具生产的工艺水平及科技含量的高低，在很大程度上决定着产品的质量、效益和新产品的开发能力，已成为衡量一个国家的科技与制造水平的重要标志，决定着一个国家的制造业的国际竞争力。国外将模具比喻为"金钥匙"、"制造业之母"，美国工业界认为模具工业是"美国工业的基石"，日本称模具工业为"进入富裕社会的原动力"，德国给模具工业冠以"金属加工业中的帝国"之名，这都体现了模具在国民经济中的重要地位。

中国模具行业虽然起步较晚，但发展迅速，经过几十年的不断发展，中国在成为世界模具制造大国的同时，产量已位居世界第一；中国的注塑模具已经进入世界竞争领域，成为世界模具贸易大国。2012年模具出口总额为22亿美元；2013年模具出口总额为44.99亿美元；2014年模具工业总值近2000亿元，模具出口总额为50.8亿美元；2015年全国模具销售额为1718亿元。全国有数万企业和近百万员工从事于模具工业。随着国内汽车工业的发展，更需要汽车部件模具的开发。我国50%左右的模具企业具备了出口能力，黄岩、宁海是全国注塑模具的主要生产基地，宁波北仑成为压铸模具生产基地。

伴随着汽车、家电等行业的快速发展，我国模具行业一直处于高速发展阶段，市场前景广阔，国内模具制造企业也因此不断增多，尤其是在各地方政府的支持和鼓励下，已经形成了多个模具工业园区，大量外资企业也相继入驻我国模具生产市场，这都促使我国模具生产市场的规模不断扩大，如：方正模具在短短的几年内迅速发展，成为宁波第一大的汽车部件模具生产公司，2016年产值达到四亿六千万元。

1.1 模具在工业生产中的作用

模具是金属、塑料、橡胶等材料成型的基础工艺装备，并且在现代生产工业生产中应用日益广泛，如：在汽车、电子、家电、建筑、日用品等行业中有 60％～80％的零件需要利用模具成型。

模具是一种高效率的工艺装备，用模具进行各种材料成型，可以实现高速的批量生产，并能在批量生产中保证稳定的产品质量。同时，模具也是实现少切削与无切削加工技术不可缺少的工具，可节约原材料，降低产品成本。因此，模具技术和相关工业的发展水平，已被认为是衡量一个国家工业水平的重要标志之一，模具是机械制造业的核心，在国民经济中占有重要地位。

1.2 中国塑料模具行业的现状

虽然我国已经是模具生产大国与贸易大国，数量上已超过了许多工业发达的国家，但模具的质量与水平仍亟待提高，与国际先进水平相比仍有较大的差距，包括生产方式和企业管理在内的总体水平与工业发达国家相比尚有 10 年左右的差距。

2015 年我国模具行业市场疲软、创新乏力，行业发展较慢。随着质量有所提高，挑战与机遇并存，国内模具企业应保持稳中求进，加快企业转型升级，促使企业发展。

随着模具行业的发展，模具订购方对模具的质量要求越来越高，交货周期也越来越短，中低档模具价格竞争激烈，中国的模具性价比优势不明显，这些客观诸多因素造成了模具企业生存发展难度较大。

注塑模具制造的四大特点，以及企业本身的综合能力，制约了模具企业的发展。摆在我们面前的主要问题是：理念、设计、工艺、技术、经验等方面总体上仍落后于国际水平。简单分析如下。

1.2.1 模具质量同国外相比还有不小差距

中国模具在价格上仍旧还有一些优势存在，但这种优势正在快速消减。模具技术含量、使用寿命、精度、质量可靠性与稳定性、型腔表面的粗糙度、生产周期、标准化程度、制造服务等方面与国际先进水平相比，总体上还有不小差距。高档模具水平与能力均不能适应市场的需求，中低端模具供过于求，市场竞争激烈。一些大型、精密、复杂、长寿命的高、中档塑料模具每年仍需进口。行业大而不强的情况虽然正在改善，但距国际先进水平和市场需求仍有很大差距，种种弱点继续影响行业运行效果和健康快速地发展。企业现状跟不上顾客对模具供应商的期望值。表 1-1 为国内外塑料模具技术比较表。

表 1-1 国内外塑料模具技术比较表

项 目	国外	国内
型腔制造精度/mm	0.005～0.01	0.02～0.05
型腔表面粗糙度 $R_a/\mu m$	0.01～0.05	0.2
非淬火钢模具寿命/万模次	10～60	10～30
淬火钢模具寿命/万模次	160～300	50～100
热流道使用率	80%以上	10%以上,不足 20%
标准化程度	70%～80%	40%～50%
中型塑料模生产周期	一个月左右	2～4 个月

1.2.2 工艺和加工精度仍落后于先进国家

由于加工模具零件的数控机床设备精度高、投资大，即使有的企业应用了高精度数控机床，但仍存在加工工艺水平、操作水平仍旧较低的问题，所加工的动、定模零件加工精度也难以完全达到设计要求；有的企业在模具制造好后，再补画装配图，这样，装配图就起不到应有的作用。由于工艺装备及加工水平落后于国外，所加工的零件达不到生产要求，如：数控机床所加工的大型模具的动、定模分型面配模时间，大多数模具企业至少需要 2～3d 以上，需要模具钳工用电磨头打磨；仅几个小时、半天内把分型面做好的较少。所以说，提高数控机床零件的加工精度非常重要，可缩短模具制造周期和提高模具质量。

1.2.3　企业管理方面的差距明显

与国际先进水平相比，管理上的差距比技术上的差距更为明显。由于模具产业迅速发展，大多数模具企业从家庭作坊模式中脱离出来，管理粗放、生产效率不高，导致行业竞争力不强，经济效益不高，浪费现象普遍存在，使企业发展存在严重瓶颈现象。

大多数企业的组织框架不合理，与企业发展的规模不相适应，质量体系不够健全，没有建立规范的三大标准（技术标准、管理流程标准、工作标准），技术沉淀工作薄弱，以行政手段代替技术管理的情况普遍存在。这样，导致模具设计、制造成本高，管理流程不规范，部门之间协调能力差、项目完成不理想，制造周期延后；质量达不到客户的期望值，模具质量投诉时有发生。这些模具行业存在的通病，急需解决。

1.2.4　模具行业人才缺乏

随着企业的发展，模具行业招工困难，人员流动跳槽较普遍，使用工成本越来越高。同时模具企业的综合型人才紧缺，设计人员、车间员工的素质及专业知识需要提升。因此，企业必须重视技术培训工作，解决人才缺乏的瓶颈现象。

1.2.5　信息化和软件应用程度不高

除少数企业外，全行业绝大多数企业信息化水平仍旧较低。包括设计、分析与管理软件在内，国产软件及二次开发水平也比较低，达不到企业应用要求。管理落后还造成行业经济运行情况不佳，企业管理流程跟不上软件的需求。使用软件没有结合企业的实际应用需求进行二次开发，导致专用性差，工作效率较低。

1.2.6　创新能力薄弱

人才持续缺乏等老问题继续存在，并继续影响发展，技术沉淀工作没有很好做到，技术人才、技术创新方面不具有雄厚的实力，研发投入不足等问题依然存在。

1.2.7　标准件生产供应滞后于生产发展

由于国内的模具行业标准不统一，各模具生产厂家之间没有形成一致的设计、制造规范，标准件库也不完善。

1.3　发达国家的模具企业的特点

目前，中国、美国、日本、德国、韩国、意大利的模具产值占据全球的绝对地位，中国的模具产值是世界之最。相较于中国模具，美国、日本、德国等发达国家的模具企业规模小（一百人以下）、模具专业化程度高，制造业在生产经营方面具有以下特点。

① 人员精简，欧美日模具企业大多数规模不大，员工人数超过百人的较少，一般都在20～50 人。企业各类人员的配置十分精简，一专多能，一人多职，企业内部看不到闲人。

② 专业化经营，产品定位精准。大多数模具企业都是围绕着汽车、电子等产业对各类模具的需求，确定自己的产品定位和市场定位。为了在市场竞争中求生存、求发展，每个模具企业都有自己的优势技术和产品，并都采取专业化的生产方式。欧美日大多数模具企业既有一批长期合作的模具用户，同时在大型模具公司周围又有一批模具生产协作厂家。

③ 先进的管理信息系统，实现集成化管理。欧美的模具企业，特别是规模较大的模具企业，基本上实现了计算机管理。从生产计划、工艺制定，到质检、库存、统计等，普遍使用了计算机，公司内各部门都可通过计算机网络共享信息。

④ 工艺管理先进，标准化程度高。与国内模具企业大多采取以钳工为主或钳工包干的生产组织模式不同，欧美的模具生产厂家是靠先进的工艺设备和工艺路线确保零件精度和生产进度的。欧美模具企业的先进技术和先进管理，使其生产的大型、精密、复杂模具对促进汽车、电子、通讯、家电等产业的发展起到了极其重要的作用，也给模具企业带来了良好的经济效益。

1.4 针对存在的问题采取相应措施

模具企业面临现实状况，任重而道远，要尽快缩短存在的差距和赶上国际先进水平，人才和政策是关键。企业需要克服急功近利，加大力度重视对人才的培养，建立强有力的团队，才能提高企业的模具质量，满足用户的期望值。

为能较好地逐步解决问题，缩小与国际先进水平和市场需求的差距，进一步加快企业转型升级，促进由大到强的转变，提高模具企业的综合实力和竞争力，并不断向更高精度、更高质量、更高效率、更高性能、更低成本、更短交货期和更佳服务的方向发展。针对企业存在的问题采取以下措施。

① 要求政策扶助：政府引导行业发展、发挥行业协会的作用、资金支持、软件应用补贴等。

② 搞好校企合作，抓紧人才培养，企业应重视技术培训。

③ 尽快建立有关模具设计标准和制造标准，健全完善管理流程。

④ 企业要不断开发创新，调整模具产品结构，开拓市场。

⑤ 健全质量体系，培育模具名牌，使企业做大做强。

1.5 注塑模具设计、制造的四大特点

注塑模具设计、制造有以下四大特点（单一产品、四高一短、竞争激烈）。

① 模具产品特殊，它是单一产品，制造成本高；不同的模具结构差异很大，相同的模具几乎没有（除非是备模），这给设计、工艺、制造和管理带来困难。制造工艺复杂，加工动、定模的成型零件设备投资大。

② 模具的质量精度要求高、技术含量高、寿命要求高。

③ 模具制造周期短：有的模具在签订合同前、后花费了很长时间，一旦协议签订后，时间就按日计算，交模时间紧迫。

④ 模具市场竞争激烈：同行的价格竞争、交模周期竞争、质量竞争等。

1.6 模具行业的发展趋势

随着全球经济一体化的发展，模具企业间的竞争日益激烈，为了能在激烈的市场竞争中

立稳脚跟、谋求发展，企业必须创建模具品牌，以最短的开发时间、最优的质量、最低的成本、最佳的服务、最好的环保效果和最快的市场响应速度来赢得市场和用户。为实现这一目标，模具行业必须改变传统生产方式和观念，建立设计标准，规范流程，并应用现代信息技术加强管理，从而提升企业的综合实力。

模具市场全球化，是当今模具工业最主要的特征之一，我国模具企业面临全球化的市场竞争，面临发达国家的技术优势和发展中国家的价格优势的双重竞争压力。模具企业家要加快生产进度，进一步缩短模具生产周期；要求模具企业通过转型升级来适应市场全球化的环境，企业不但做大而且要做强。

3D 打印技术将在模具制造方面大放异彩。不久的将来我们可以打印镶块、模座、涂层，可以把不同的材料叠加在一起等。前几年，国外已经成功用 3D 打印技术打印了冷却水道等的镶块模型。由于打印精度高，镶块的加工量很少，而且能把螺纹孔直接铸出来，销钉孔留少许加工量，实际等于传统的精密铸造。3D 打印技术的发展，会解决模具热处理、外板模具镀层等方面的许多难题，促使模具制造技术有一个更大的提高。

今后，模具专业化生产是模具行业发展的必然趋势，以企业为主体，以企业需求为动力，根据企业的自身条件发展"专、精、特、新"的产品模具，使模具企业朝着集成化、精品化、网络化、智能化和国际化方向发展，使中高档模具和模具技术含量及附加值进一步提高。

塑料模具行业的发展趋势，具体有以下几方面。

① 发展精密、高效、长寿命模具。

② 发展精密、高效、数控自动化加工设备。

③ 开拓模具新产品，发展各种简易模具技术。

④ 完善改进现有模具钢材性能，开发新型模具钢种。

⑤ 模具制造向一体化、智能化、自动化、高度专业化生产方向发展。

⑥ 提高模具标准化、通用化、数字化水平。在 CAD/CAE/CAM 一体化的基础上建立三大数据库：模具标准、通用件的数据库，通用定型模具系列产品的数据库，以制品分类为基础的模具原型结构设计系列产品数据库。

复习思考题

1. 模具在工业生产中有什么重要作用？

2. 中国的模具行业状况如何？与国外相比，存在哪些问题？

3. 塑料模具行业的发展趋势，具体有哪些方面？

4. 注塑模设计、制造有哪四大特点？

5. 针对目前模具企业的现状，应怎样考虑提升企业的综合实力？

6. 目前，模具产值占据全球的绝对地位的有哪几个国家？

7. 发达国家的模具企业的特点有哪些？

第 2 章 ▶▶ 注塑模具设计概况

20 世纪 70 年代以来，随着计算机技术日益发展，注塑模具普遍应用 CAD/CAE/CAM 技术（计算机辅助设计、辅助工程、辅助制造），从根本上改变了模具设计与制造的传统方式。大约在 80 年代中期前，模具的设计、制造手方法完全不同于现在。CAD 技术从根本上改革了传统的手工设计、绘图、描图、晒图。过去，用铅笔、丁字尺、三角板、圆规，画模具的零件图和装配图。那时，模具制造没有塑件的 3D 造型，只是提供样品或仅是制品的 2D 工程图样，再根据 2D 工程图样画成模具图；先由钳工手工划线、取样板，再靠通用机床加工，有的还需要人工用凿子、锉刀把零件加工成型。这是以手工制造钳工为主，配合通用机床与半机械化制造阶段。

以 80 年代初期用 CAD 画图对于结构十分复杂的注塑模具进行设计来说，CAD 的应用更显示了巨大的优越性，能达到手工达不到的实际效果。注塑模 CAM 技术是将 CAD 设计出来的图样交付数控机床进行自动加工的技术，实现了 CAD、CAM 一体化制造方式进行设计与制造。也就是说自从进入数字化制造阶段以来，计算机辅助设计分析与制造技术保证了加工精度，提高了效率。

现在的模具设计是根据客户提供的塑件 3D 造型（或塑件的 2D 图），一般由需要制品的单位自己造型（或者模具供应商根据客户提供的 2D 图应用 UG 软件进行造型设计），先画模具结构草图或直接 3D 造型成模具结构，再转换为 2D 装配图和零件图，然后标注尺寸公差和粗糙度，供模具钳工、机床加工及装配模具用。

现代模具的设计、制造，用电脑和数控机床替代了传统的手工设计绘图、普通切削机床与钳工加工零件的手段，因此，必须要学会使用 3D 造型软件和画 2D 工程图的软件，这是设计人员的专用工具。不但要学会使用，速度快，而且图样要求"正确、合理、完整、清晰"，模具设计要求"创新、优化、完美、低廉"。

2.1 模具设计手段和软件应用状况

计算机技术的应用显著提高了模具设计质量和模具制造效率及制造精度，大幅度增加了经济效益。有的企业应用软件二次开发了功能模块，同时提供了模具标准件库和典型结构库，帮助设计人员快速完成设计任务，加快了企业的模具设计进度。

目前注塑模具设计普遍应用了 UG（有的企业直接用 UG 画 2D 图），因 UG 功能比 Pro/E 强大；一般用 AutoCAD 画 2D 工程图较多，比 CAXA 电子图版好得多了；当然还有较好的其他软件，如 CATIA 软件，有时造型是用 CATIA 的，不会应用此软件就很被动。与此同时现在很多单位应用了 CAE、MOLDFLOW 软件，对浇注系统进行模流分析。

现代科技日新月异，目前 3D 打印快速成型技术将直接应用于新产品开发。所以，设计人员要跟上科技的发展，不但要会使用设计软件的新版本，更要接受和使用新技术。

2.2　信息化管理技术在模具企业的应用状况

实现信息化管理技术，目的是使模具生产过程得到有效控制，更加保证了流程的规范化，提高执行力和工作效率。但是目前，模具企业的设计制造信息化技术的应用水平参差不齐。国内部分模具企业，为了提高管理水平，应用了信息化管理，却由于多种原因而没有得到很好的应用效果。企业要根据实际情况选用企业所适用的软件。一是企业的管理基础要好，条件不具备时，不要急着应用。如果企业流程或管理基础较差，就不要急着实施，企业的体系、流程要跟上软件的使用条件和要求。二是企业选用软件要慎重，要事先调研，选用企业适用的软件，即使要购买这个软件，也不要一步到位买了软件所有模块，可先购买目前所要应用的部分，然后根据应用情况逐步购置。当企业的流程与软件有矛盾时，原则上要服从于先进的一方，落后的一方需要改进提升；同时要求软件公司具有开发改进软件的能力，使它更加适应企业的需求，避免软件应用操作繁琐。三是应用信息化管理软件不能半途而废，因为新生事物会受到习惯势力的阻挠、干扰；特别是企业生产任务较紧的时候，边工作边学习边使用有一定的困难，这就需要企业领导下定决心，花精力组织培训，限期应用信息化管理软件。

2.3　信息化技术的发展和应用

随着科技的发展，模具行业信息化技术的快速发展和应用成为制造业的主流。它包括两个层次，一是通过企业内部的网络服务器，完成模架标准件采购、模具报价、人员安排、制品原始数据、模具加工工艺、现场监控、质量检测、试模与交付等任务；二是通过外部互联网完成企业与客户、外协单位之间的信息交换。具体内容有以下几个方面。

① 设计制造全过程三维无纸化，在 3D 图形上直接标注设计和加工要求。

② 设计制造过程的智能化。研制开发出基于知识的模具设计制造系统，同时该系统还能将模拟仿真技术集结在一起，预测设计制造存在的缺陷，优化模具的设计制造，来提高设计制造的可靠性。

③ 全流程信息系统的协同化。

④ 生产过程的自动化。

⑤ 模具企业的数字化。

2.4　设计部门的设计框架简介

2.4.1　设计部门的设计框架

设计部门的设计框架大体上可分为以下几种类型。

① 3D 设计、2D 设计分两大组的模具设计框架。这种框架会导致设计人员有的会 3D 设计不会 2D 设计，有的会 2D 设计不会 3D 设计。在 3D 造型转 2D 图形过程中，3D 设计如有问题存在，2D 设计人员发现不了问题存在，因此，这个框架相对来说出错率也高些。如果既会 3D 设计又会 2D 设计，知识面较全面，如有问题存在，就会及时发现，马上纠正。如果有的零件没有 3D 造型，其 2D 工程图就没有材料清单。有的企业的材料清单由 3D 造型的设计师完成，这样可弥补清单出错。由于设计者的知识局限性，所设计的模具很有可能达不

到设计要求，会影响模具质量；不利于企业设计能力水平的整体提高和人才培养。这种框架需要团队有多个强有力的结构工程师把关才行。

② 3D 设计为主、2D 设计为辅的模具设计框架。先用 3D 模具进行结构设计，然后再转为 2D 图样。3D 设计与 2D 设计分开为两大组，完成设计任务。此框架是 2D 图样为参考、3D 设计为主的加工手段。如果模具结构设计方案更改较大，浪费时间就多，就会影响模具交货周期。

③ 2D 设计为主、3D 设计为辅的模具设计框架。此框架是以 2D 图样为主，3D 设计与2D 设计分开为两大组，完成设计任务的。先画好简便的结构图，让客户认可，再进行模具结构的 3D 设计，然后再转为 2D 图。设计方案如果有重大更改，可避免浪费时间。该框架的特点是按零件图生产，可实现零件化生产。

④ 设计师单独设计模具的框架，3D 设计与 2D 设计一手完成，适用于不很复杂的模具，出错概率小，责任到人，便于绩效考核。

⑤ 水平较高的模具结构工程师为主的设计框架。先由结构工程师构思好模具主体结构（2D 结构草图或是 3D 造型）和模具的基本尺寸，再由设计师进行分模设计和成型零件设计及附件、配件设计。这种方法是在 3D 设计软件技术支持下，多人（包括 2D 设计）协同完成一副模的设计工作。根据设计师水平安排设计任务，它可以极大提高设计效率，充分利用技术资源，发挥骨干和团队的作用，更适用于大型复杂、设计时间紧迫的情况，而且有利于第二梯队人才的培养。

⑥ 采用专用的 3D 设计软件，无 2D 图样，达到无纸化生产（国内很少有一个企业能达到这个要求，这需要尺寸标注在 3D 图中，并有一系列标准保证，标准化工作要做好）。

综上所述的六个设计框架的类型，企业可根据具体情况和体系不同而设置和实施。笔者认为如果模具较小且简单，3D 造型、2D 工程图就可以由设计师一个人承担，能发挥个人主观能动性，同时便于绩效考核。

一位优秀的模具设计师需具备丰富的知识和模具结构设计能力，既会应用 UG 软件进行3D 造型，又会用 AutoCAD 画 2D 工程图。所以，最好将既会 3D 造型又会画 2D 图的模具设计人员组成团队，这样的设计框架最好；模具结构设计师先做好主体结构设计，经评审通过后由组长（3D 造型与 2D 画图为一组）负责安排设计模具。这样做也有利于第二梯队的设计人员培养，使设计人员先从 3D 造型转 2D 画工程图开始，然后逐渐学会 3D 造型。特别是对于较为复杂的大型模具来说，结构繁锁，设计的工作量大；技术含量不高的辅助设计，可由工作年限较短、经验不足的设计人员做，如零件号刻字、标准件、结构件等。与此同时让设计经验不足的人员，边设计边先熟悉模具结构和设计标准，这样有利于提高设计能力，避免或减少设计出错。

如果根据个人特长，把 3D 造型、画 2D 工程图分为两大组的框架，也可以。但不要一开始就把设计人员分为 3D 造型设计、画 2D 工程图两个组学习培养。这样的设计人员就会成为单项能力的设计师，或者可以说是"设计工具"。这样的框架肯定不利于企业设计能力的提升。

2.4.2 设计部门的人员组成

设计部门由以下人员组成：部门负责人、塑件形状结构分析工程师、模具结构工程师、设计评审工程师、浇注系统模流分析师、工艺师（电极图样、零件加工的工艺编制）、3D 造型设计师、2D 设计师、专职的文控人员（收发文件、资料、整理、保管、技术档案管理等）等。

　　设计部门的岗位要根据企业的规模，具体的实际情况而定，有的较小的企业兼职较多。设计师人员的多少要同企业接单情况、设计师的能力、模具类型及复杂程度、模具制造周期和设计任务紧松、企业文化、绩效考核有关，根据各企业的具体情况而定。

2.5　注塑模具的设计流程

2.5.1　设计流程的重要作用

　　大多数模具行业同仁们都有相同的感受，"累、难"，执行力低下，项目完成不好，其原因是没有规范的流程。企业的管理少不了要有规范的流程，流程管理是企业生存和发展的关键之一。"管理就是走流程"，对于单件生产的模具产品企业来说，更有必要。

　　因此，一个模具企业需要制定规范的流程，流程制定好后需要对流程进行评估，是否简单高效、具有可操作性。流程要不断优化，因为企业在发展，所制定的流程本身可能会存在一些缺陷。因此，一些成功的企业总会对企业的流程进行改进建议的收集，然后对公司管理薄弱环节优化流程或者制定新的流程并发布实施。

　　当企业建立了规范、标准的设计流程后，下属按流程标准去做，管理者就可以从日常繁杂的工作中解脱出来，有利于提高管理效率。

　　规范的流程是对过去的设计工作经验的总结，同时也是对技术部门的负责人的水平及理念的提高，使其接触、学习和掌握管理业务标准，提高自身素质。

　　同样设计工作也需要走流程，而且是重要流程。设计流程可以说是企业管理流程中的关键流程之一。建立规范的设计流程，对提升企业的综合实力，创建模具品牌，做好技术部门的设计工作，有着极其重要的作用。

　　正确的设计流程能保证设计工作过程中受到有效控制，克服设计随意、各自为政、难以统一的混乱状态。规范的流程能保证模具的设计进度和设计质量，同时能有效地避免、减少设计出错，提高设计人员的设计能力和水平，缩短设计周期。

2.5.2　设计流程的三要素

　　在设计流程中，同样需要标准、制约和责任这三个要素，如果缺少一个要素，这个流程就是失控的。设计标准是基础，所以规模较大的模具企业都有设计标准。一副模具设计，需要对模具的设计工作量、设计进度（表 2-2）、设计质量，进行量化的绩效考核，并与工资挂钩，提高设计人员的工作责任心和积极性。

　　当然不同的企业其设计流程需求会有所不同。所建立的流程要求简单高效、目标明确、衔接流畅。当企业发展变化了，流程也需调整、改变，使流程得到持续发展和优化。

　　从设计流程图中可以看到，项目经理需要与客户的产品设计师或者负责此项目的人员交流，把存在的问题及时沟通、解决，避免中途更改设计，影响模具项目的顺利完成。

2.5.3　模具设计流程

　　模具企业的模具设计流程，实际上是从模具项目的合同输入评审开始，直到该项目结束，一模一档资料齐全存档直至关闭为止。

　　上规模的模具企业应制定规范的设计流程，模具企业的设计流程，要求符合实际、具有可操作性、简单、高效。各企业可根据实际情况制定设计流程，并应进行持续改进。

　　设计流程详见图 2-1，它是模具企业目前所用的较规范的注塑模具设计流程，供参考。

　　一般在设计模具之前都要绘制模具结构简图，经内部评审后再进行 3D 造型的正式设计，对于大型模具，在正式设计完成后还需进行客户评审。有的没有经过评审就进行 3D 造型，如果模具结构存在问题较多，则需要重新设计，这样就会使模具设计时间延后。图 2-2 是大型模具设计流程，供参考。

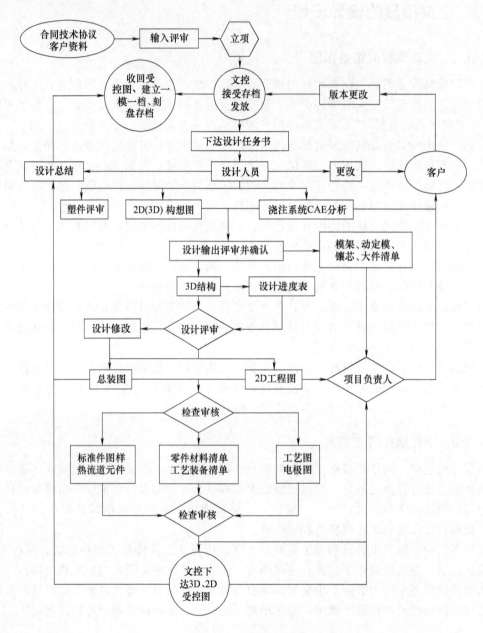

图 2-1　设计流程

　　现将图 2-1 设计流程具体分解如下。

　　① 客户的塑件 3D 造型、2D 图样、合同通过评审后，报请总经理批准后立项，由文控发给技术部负责人。

　　② 把客户和销售部门提供的数据、资料（见"2.6.2　设计数据内容"）转化为"注塑模具设计任务书"（表 2-1），下达设计任务，安排设计人员。

表 2-1　注塑模具设计任务书

订货单位	订货单位地址					
	订货单位名称					
	模具交货期	年　月　日				
		T0		T1		
制品	名称					
	使用树脂名称					
	成型收缩率					
	色调	透明度	透明		不透明	
		色别				
	制品单件重量	g	成型周期	s		
	制品投影面积	cm^2				
注塑机	注塑机制造厂家					
	注射	g	制品重	g	料道	g
	锁模力	kN				
	型号规格					
	哥林柱内间距	水平　mm	垂直　mm			
	顶出孔孔径	mm				
	模具外形（长×宽×高）	mm				
	定位孔直径	mm				
	喷嘴孔径	mm				
	喷嘴圆弧	mm				
模具主要结构	模具结构	标准型、三板式、瓣合模				
	每模型腔数	型　腔				
	模具外形尺寸（长×宽×高）	mm				
	分型面	平面、阶梯面、导型面、曲面、其他，允许穿透（直）、不允许穿透（横）				
	顶出方式	推杆	推杆、带台肩推杆、方形推杆、碟形推杆	顶出行程		
		推杆板（型芯外）	板状、杆状、块状、环状			
		顶	扁顶杆、推套、特殊推套、圆顶杆			
		顶出行程				
		压缩空气	仅用空气、与其他并用			
		其他	二次顶出、先复位机构			
	动、定模结构	整体	锥度、垂直	模架		
		镶入	单边楔紧块定位			

其他	模具编号				
	模具项目负责人		开始日期		
	模具设计	3D		2D	
模具主要结构	流道	方式	普通、绝热流道、热流道		
		截面形状	圆形、半圆形、U 形、梯形		
	热延道喷嘴方式	井式喷嘴、延伸喷嘴、半绝热喷嘴、全绝热喷嘴、内部加热喷嘴、针阀式喷嘴			
	气辅注射	点	CAE 分析		
	浇口	口型	直浇口、侧浇口、扇形浇口、点浇口、圆环形浇口、羊角浇口、潜伏浇口、重叠浇口、幅状浇口、薄膜浇口、爪形浇口、盘状浇口、护耳浇口		
		位置尺寸	见结构简图	浇口尺寸	
	浇口点数				
	侧向分型与抽芯	种类	侧型芯、瓣合模		
		脱模	斜导柱滑块、倾斜、顶块		
	冷却加热	水、蒸汽、热油、模温机、冷冻机			
	有无特种加工	亚光面抛丸、电加工、电铸、线切割（快、慢）、花纹加工、精密铸造、冷挤压、压力锻造、NC 加工、抛光、刻字			
	是否电镀	需要、不需要			
	动、定模定位结构	①长键；②标准键镶入；③圆柱定位；④导套边台阶；⑤动、定模镶块台阶定位；⑥动、定模模框外形台阶定位；⑦滑块楔紧块定位；⑧外形正定位；⑨动、定模中心定位；⑩正定位			
	定模、动模主要材料	P20、40Cr、2738、718、PX5、SKD61、638、618（进口、国产）NAK80 铍铜、T8、T10A、55、45、铜合金等			
	热处理要求	调质		淬火	
		氮化		应力释放	
	标准件	DME、HASCO、正钢、盘起	备注		

提供条件	物品、图纸	实样、3D 已造型（未造型）、已有脱模斜度、没有脱模斜度、2D 制品图样、模型、雕刻原稿、注塑机样本		
客户要求	班产		使用寿命	万次/件

模具项目负责人	3D 设计人员	2D 设计人员	评审签名	备注
年　月　日	年　月　日	年　月　日	年　月　日	

××××××××××××××××××　公司

注：选用处打“√”。

③ 做好塑件的形状、结构设计分析，如有问题，及时发现，与客户做好沟通工作，作出修改，避免模具在设计中途变更和模具制造好后制品出现质量问题。

④ 做好模流分析报告，征求客户同意，确定浇注系统的浇口形式，再由负责人或结构设计师，根据注塑模具设计任务书对几种结构方案进行分析论证与权衡，拟定模具结构设计方案，然后进行初评、选取最合理方案、确认。

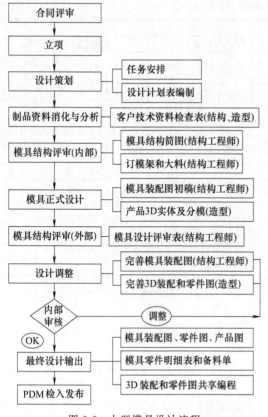

图 2-2 大型模具设计流程

⑤ 设计人员根据客户提供的设计资料，确定模具的动、定模的基本结构方案，然后进行 2D 结构草图或 3D 分模（分型面）的绘制，校核注塑机性能参数。

⑥ 确认模架和动、定模（模板和镶块）的大件材料清单，经主管审查后，提交给项目确认，由文控发给采购部门。

⑦ 把模具的各系统结构（浇注系统、成型零部件、抽芯机构、顶出机构、排气系统、定位系统、合模导向机构、冷却系统、紧固件等）进行细化设计，如型腔布局、成型零件的收缩率确认、尺寸计算、镶块组合形式，同时确定 3D 设计完成日期等。再提交技术部主管评审，然后由项目负责人召集有关人员进行模具设计输出评审、广泛征求意见；如有不妥当处则在进行修改后再进行确认。

⑧ 设计部门负责人应做好评审会议记录，负责图样审查和确认，利用结构评审检查表对 3D 造型、2D 结构图、零件图进行确认，并确认材料清单。

⑨ 绘制零件图样和装配图，提交审核，与此同时，设计部门负责人要控制好设计进程。

⑩ 确认 2D 图样完工的日期（内容见表 2-2，原则上要求与"生产进度表"协调一致，最好经项目负责人的认可）。根据 3D 造型，画装配图（装配图最好在模具装配前尽快完成提交，实在完成不了应在模具发模前提交给文控）及 2D 图，经审查、确认后由文控发放。

表 2-2 模具 3D 设计与 2D 设计进度表

客户名称		模具名称		模具编号		开始日期	
						T0 日期	
工作内容		工作日	计划完工日期	实际完工日期		备　注	
结构图	结构图						
	材料清单						
3D 造型	产品造型						
	模具造型						
2D 图纸	动模框						
	定模框						
	定模镶芯						
	动模镶芯						
	镶件						
	侧抽芯机构零件						
	顶出机构零件						
	标准件						
	标准件清单						
	其他						
3D 设计签名		2D 设计签名		项目负责签名		审核	

⑪ 绘制电极图，编制零件加工工艺规程，审查、确认。

⑫ 制作标准件、电极材料、工艺装备、油缸、热流道元件、电器件等材料清单，经审查确认，提交采购。

⑬ 编写模具使用说明书。

⑭ 模具总装后，通过试模验证所设计的模具结构、制造工艺的合理性和可靠性；写好设计总结；把设计、制造更改、检验单、试模工艺报告单等所有资料提交文控，整理、建立档案（一模一档），存放管理。

2.5.4 注塑模具详细设计程序

注塑模具详细设计程序见图 2-3。

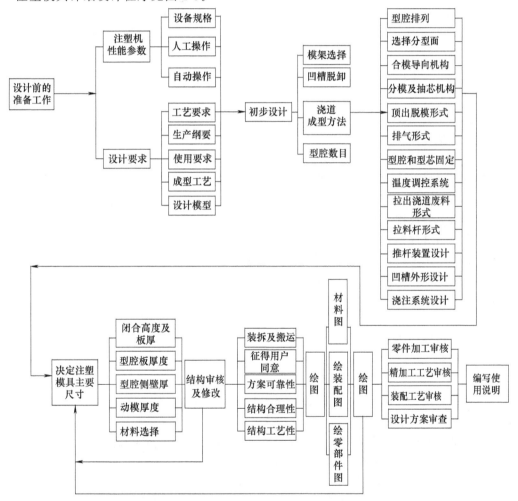

图 2-3 注塑模具详细设计程序框图

2.6 模具技术文件资料管理

2.6.1 设计数据资料的整理要求

① 模具设计数据及时提供。模具合同评审、立项后，市场营销部门应及时（两天内）

向设计部门提供有关模具的设计数据（具体的见"2.6.2 设计数据内容"）。

② 所提供的数据要求正确，资料齐全。

③ 要求数据变更及时告知。避免设计反复，影响设计进度，浪费设计时间，影响模具生产周期。文管员要对更改时间做到有据可查。

④ 设计部门对向客户提供的塑件的形状、结构设计需做好前期分析，对数据有异议时，应及时反馈给客户并要求及时答复，同时与有关部门（项目、生产、营销）做好沟通工作。

⑤ 做好设计数据的整理、版本管理和发放工作，避免数据、版本搞错。

2.6.2　设计数据内容

① 技术协议（模具合同及报价可以保密）。

② 塑件 3D 造型、2D 图样（3D 版本最好为低版本，UG7 以下；3D 格式为 stp、igs、xt,2D 格式为 dwg、dxf；图片格式为 ipg、tif）。

③ 塑件材料牌号及成型收缩率。

④ 模具设计的企业（客户）标准。

⑤ 模具的型腔数。

⑥ 模具的浇注系统（浇口形式、点数、热流道及喷嘴型号）及模流分析的具体要求。

⑦ 注塑机型号与规格，技术参数及取件方式（自动脱落、机械手取件）。

⑧ 塑件产品的技术要求：

a. 塑件的装配关系和要求、尺寸精度。

b. 塑件表面要求：外观的皮纹或粗糙度要求、光滑、银丝、熔接痕等。

⑨ 塑件重量及成型周期要求。

⑩ 客户对模具的模架、标准件、油缸、热流道（喷嘴结构）的品牌等要求。

⑪ 模具的动、定模材质及主要零件和热处理要求。

⑫ 模具的试模 T_1、T_2、T_3 时间要求。

⑬ 模具的制品数量和模具寿命要求。

⑭ 客户对模具的易损件、备件及设计图样要求（画法要求、零件图及装配图数量要求）。

⑮ 模具售后服务要求。

2.6.3　模具设计图样更改手续

① 图样的更改，一律由设计部门或订货单位委派的代表负责。工艺人员无权随意改图，只在下述情况下可更改设计图样。

a. 对于紧急任务的明显小错而设计部门或订货部门无法及时找到时。

b. 在不降低产品质量的前提下采取的各种工艺措施。

c. 外厂订货有技术委托书时。

② 设计人员对已投入生产的图样进行更改时，必须通过工艺人员同意才允许更改。

③ 更改图样时，必须将 3D 造型与 2D 图样同时更改（设计部门存档底图也随之更改），并在更改处签名及填写更改日期。已发放到车间的图样必须收回，并盖上"作废"字样。

④ 设计人员应将设计上的错误及试验后决定的尺寸记录下来，并按规定更改 3D 造型与 2D 图样，以免复制时重复出现错误。

2.6.4　模具设计图样管理

在模具生产过程中，模具图纸是生产过程中的重要技术文件，是模具生产的主要技术依据。因此，在模具生产过程中，要对图样加强管理，妥善保管，防止污损、丢失和随意涂改，以免给生产带来不必要的麻烦和损失。

① 模具生产用图（包括电子文档）的份数和用途。模具生产一般应准备图样的内容为：材料采购清单一份；模架图一份；零件图两份（钳工和编制工艺各一份）；装配图一份；e. 电极图图样。

② 图样的传递路线：零件图与装配图→生产计划→工艺部门→生产调度→备料→加工车间→模具钳工→调整与试模。

③ 图面的质量要求：3D 造型要求创新、优化、完美、高效；2D 图样要求正确、合理、完整、清晰。

④ 模具图样必须由负责人审查签字，通过文控人员登记发放。

⑤ 图样污损或丢失后申请更换和补图手续。在生产中，如有个别图样污损或丢失需要补图时，由责任者说明原因，采取预防措施后，由负责人向技术部门提出申请、更换及补发。

⑥ 模具入库后，所有图样收回，整理存入档案。

⑦ 客户图样按合同要求办理。

2.7　模具设计的内容与步骤

在实际的设计过程中，根据设计内容要求，需要考虑画 2D 工程图或 3D 造型的先后顺序。注塑模设计顺序和内容各企业都有所不同，并非全部按以下顺序进行，可按各企业、模具的特点进行修正，直至最终设计定案。模具设计的内容与步骤详见以下内容及图 2-4。

① 首先整理好设计数据，根据客户提供的塑件的 2D 图样、3D 造型结构，对塑件产品的结构、形状、装配尺寸（如分析验证制品的成型处的脱模斜度合理性、制品壁厚的合理性和均匀性、成型收缩率等）进行确认，了解注塑设备参数是否与模具相关尺寸匹配，模具的型腔数、制品生产批量、钢材要求等，然后把资料转化成设计说明书，具体的见表 2-1。

② 确定模具类型、总体结构、型腔数目、型腔的布局排列。

③ 确定分型面（利用 3D 造型进行分型或利用 2D 图进行造型后分型）。

④ 确定浇注系统类型（冷浇道、热流道），进行模流分析，确定浇口形式、部位及数目。

⑤ 侧向抽芯结构和斜顶机构的确定。

⑥ 镶嵌结构的确定。

⑦ 顶出、复位系统设计。

⑧ 冷却、加热系统设计。

⑨ 导向和定位系统设计。

⑩ 模架的选用（模板、动模、定模的尺寸大小，整体还是镶块）。绘制模架零件图，尽量按标准模架设计。采用镶块结构的模架设计要求标注上 A 板、B 板的粗开尺寸。

⑪ 模具结构细化：型腔尺寸的计算，动、定模结构（常规结构、特殊结构），抽芯机构，脱模、紧固件等机构的细化设计。

⑫ 型腔排气系统的设计。

⑬ 根据客户或合同要求，选用模具钢材。

⑭ 成型零件及其他动作零件的工艺及细节的设计与审查。

⑮ 考虑其他结构件设计，如水路附件、保护装置、铭牌、电器等设计。

⑯ 绘制模具的 2D 图样（利用 3D 造型转 2D 图进行尺寸标注）。

⑰ 确定标准件的选用、外购件的选用。

⑱ 图样校核及修改、确认后打印。

⑲ 提交主管检查、确认、签字。

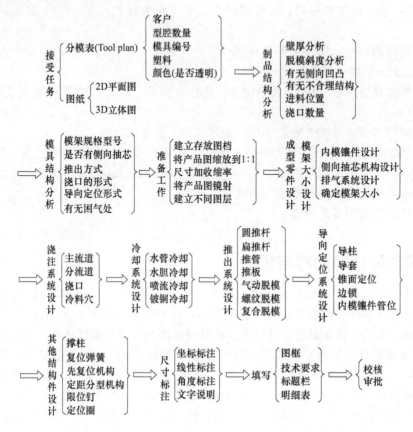

图 2-4　模具设计的内容与步骤

2.8　设计人员的设计理念和能力

2.8.1　模具设计师要有正确的设计理念

模具质量的好坏，关键决定于设计质量，所以，"模具的质量是设计出来的"。因此，模具企业不但需要有规范的设计流程，而且要求设计者有正确的设计理念，要以"创新、优化、完美、高效"为目标的设计宗旨来设计模具图样，才能满足顾客的期望。

模具结构设计要求遵守设计原则，要了解零件的作用原理，要知道为什么这样设计，才能设计好模具。模具行业有句至理名言，"一个不懂得模具结构及制造原理和注塑成型原理的模具设计师，是模具工厂的灾难"。因为，模具结构设计涉及的范围较广，很可能会出现这样那样的问题。有些结构设计存在的问题，往往是容易被忽视而经常出现的问题，有的细节问题很可能会严重影响模具质量，这就需要设计师能够全面考虑问题。

一个好的模具设计师不但会熟练应用设计软件（CAD、UG 等），而且具有扎实的专业知识和较宽的知识面。因为，设计中存在的问题不是光重视就能解决的，对设计人员的能力和水平的要求是：需要设计师懂得模具结构原理，掌握模具的基本结构；具有扎实的机械加工知识，需要设计师熟悉模具制造工艺和成型工艺；熟悉机械制图标准、机械制图知识；会熟练地应用软件设计 3D 造型及绘制 2D 工程图；需要有丰富的实践经验，并在设计时有意识地注意细节，避免所设计的模具存在问题。

2.8.2 模具设计师的水平等级

据笔者了解大多数设计人员，就读注塑模具专业，搞设计的，曾在模具企业做过模具钳工的不多，即使在车间工作过的，时间也不长；有的原先是从事编程工作的，有的是就读机电一体化的专业的，大多数设计人员对模具专业知识没有经过系统性的学习。所以，对于设计人员来说，还需充电，增加有关模具设计、制造的专业知识；而且，对于一个设计人员来说，知识面越宽越好；显然，这就需要我们设计人员深入车间，在工作中积累经验。所以，对于一个企业来说，设计人员的工作年限越长，阅历丰富的设计人员越多，其设计实力就越强。一个经验丰富的设计师在设计模具过程中，当碰到问题时，就会产生条件反射，直觉告知他应该怎么做。所谓专家，是有一定的经验积累，重复工作做多了，就成了专家。笔者曾经看到过在有家企业评价模具供应商的调查中，有一条是设计人员的工作年限，觉得有一定道理。所以对于设计人员来说，最宝贵的还是在不断参加设计和制造实践中积累起来的知识和经验，特别是那些失败的经验。注塑模具设计师的设计能力评定，笔者把它分为五等，与大家分享：

① 一等设计：创新优化，高效低廉。
② 二等设计：结构完好，瑕不掩瑜。
③ 三等设计：结构强度，需要评审。
④ 四等设计：3D、2D，软件工具。
⑤ 等外设计：不知规矩，怎成方圆。

目前模具行业急需人才，需要有经验的设计人员、技师型人才、懂得模具技术的管理人才。如果是从外地招聘或挖墙脚来的人员，有的企业只是从自荐表上或由人介绍了解，并没有真正了解他的能力、品德，磨合期会很长，可能会产生"水土不服"。因此，企业最好立足于自己培养。企业要加强人才培训和培养，有条件的企业可以进行校企合作，而且不能搞形象工程，使校企合作真正起到培养学生成才的应有作用。与此同时不要怕培养的人才跳槽。如果留不住人才，也可能是由于企业本身没有很好的发展平台。当然，对特殊的专业人才的引进、聘请还是很有必要的。

2.9 注塑模具设计师应知、应会的内容

一个优秀的注塑模具设计师，需要掌握以下知识和技能。

① 具有很好的设计理念，善于学习。研究模具设计和制造的有关知识，不使知识老化。能应用推广新技术、新工艺、新设备、新材料。了解和熟悉机械制图标准、金属热处理、公差配合和技术测量、注塑成型工艺、常用塑料性能等有关知识。

② 对注塑模的典型结构很熟悉，并具有一定的设计经验；对模具设计、制造加工流程和工艺很熟悉，并能编制工艺文件。

③ 能非常熟练地使用 UG 或 Pro/E、CAD、CAE 等软件。

④ 能在短期内完成模具的 3D 造型及 2D 总装图和零件图，并达到设计规范要求。图面质量达到"正确、合理、完整、清晰"的要求。

⑤ 能用软件模拟分析塑件的浇注系统、冷却系统的设计，进行参数优化及分析冷却不

良对制品质量的影响。

⑥ 能对制品形状结构设计从模具设计角度提出修改建议，了解塑件的性能和用途。

⑦ 对注塑成型工艺较了解，能对注塑成型出现的缺陷的原因进行正确判断，并能采取措施解决。

⑧ 能对注塑模具结构设计是否合理进行评审，提出正确的改进意见和建议。

⑨ 所设计的模具能达到"优秀注塑模"的评定条件。

⑩ 懂英语、日语的模具技术术语，并具有一定的沟通能力，可以与客户进行直接交流。

2.10 技术部门模具设计工作的内容和要求

上面谈到过模具的设计质量决定了模具质量，说明了设计工作的重要性，技术部门的工作涉及面较广，其关键的内容及主要工作如下。

2.10.1 技术部门工作重点和要求

① 提升设计人员的理念，使其具有质量和成本意识，提高模具设计能力水平，做好图样技术文件的管理工作。

② 协同模具项目经理做好塑料制品的结构、形状前期评审及相关部门的沟通工作。

③ 要求设计部门建立设计标准、规范设计流程；与此同时做好技术沉淀工作，建立"一模一档"。

④ 优化模具结构设计、加强评审，避免设计出错。

⑤ 合理安排工作，尽最大努力缩短设计周期，控制设计进度，按时完成设计任务。

⑥ 发挥团队作用，做好绩效考核工作，特别是技术部门负责人要考虑团队的设计人员的设计能力如何提升。

2.10.2 模具技术管理工作的内容

模具的技术管理，是模具生产管理的一项重要组成部分，它主要包括以下几方面内容。

① 模具技术文件的资料管理与发放。

② 模具加工工艺的制定与编制。

③ 模具加工消耗定额的制定。

④ 模具各种标准零部件的规格、型号明细编制及储备。

⑤ 模具加工工时定额的制定。

⑥ 各种技术、质量标准的制定。

2.11 提升技术部门的设计水平和能力

2.11.1 采取有效措施

① 建立健全的合理组织框架和规范的设计流程，提高管理水平。

② 定期对设计人员进行模具专业基础培训、设计标准培训及工作标准培训。

③ 制定、宣讲、贯彻、执行设计技术标准。

④ 做好技术总结沉淀工作，建立标准件数据库，建立共享平台。

⑤ 及时对设计出错进行分析、总结、公布、处理，使设计人员接受经验教训。

⑥ 建立对设计人员绩效考核及优胜劣汰的制度。

2.11.2 提高模具设计人员水平的具体方法

① 案头要有必要的工具书，平时多阅读模具设计、制造的书籍和杂志，吸收别人的宝贵经验，关注行业发展状况。

② 对能接触到的制品样件多留心观察分析，它是成功的教材，如：分型线（面）的位置，浇注系统的进料地方、点数、顶杆布置等。

③ 注意观察正在生产的模具是否有问题（包括细节）存在，哪些结构有问题，哪些是需改进的。

④ 对自己设计的模具结构要求举一反三，检查是否有问题存在，优化模具设计。

⑤ 深入车间，向质检、钳工、项目管理等人员征求意见，多沟通。

⑥ 需要熟悉机械加工、钳工、装配工等方面的知识，深入车间学习相关知识，掌握零件制造工艺和模具装配工艺。

⑦ 亲自参加自己设计的模具的试模，学习注塑成型工艺，熟悉各种塑料的成型性能，提高对造成制品缺陷原因的分析水平和判断能力，对每一副模具都要及时写好设计总结，包括失败和成功的经验。

⑧ 了解本公司的典型模具设计、制作及生产情况。设计时多参考类似的模具图样资料，吸取经验和教训。

⑨ 参加模具结构评审，集思广益，提高分析能力，会对避免设计出错起到警示作用。

⑩ 勤学多问，经常和同行交流、沟通，虚心听取不同意见，开拓思路，增长知识。天道助勤，一定会获得丰硕成果的。

⑪ 熟悉并掌握国标、客户、企业的技术设计标准。

⑫ 参观模具展，参加听讲座和学术报告的活动，随时充电，跟上日新月异发展的时代。

2.12 建立模具档案

2.12.1 "一模一档"工作的重要性和必要性

如果企业建有模具档案，则相类似的模具就可作为设计参考，对提高模具质量、降低设计制造成本、减少出错、缩短设计周期大有好处。因此，企业管理者要认识到做好"一模一档"工作的重要性和必要性。

模具档案是企业的宝贵财富，是无形资产，是企业的技术沉淀。避免因人员调动、离职引起资料遗失。有了模具档案，会增加客户对企业的信任度，也便于模具的维修和保养。

有了"一模一档"的模具档案，就能克服模具企业的通病。大多数企业，对这副模具到底成本费用是多少、有多少利润、在设计制造加工过程中不必要的浪费到底是多少不很清楚，可以说是糊里糊涂的一笔账，企业的老总会说这副模具大概赚了多少。请问在这样的情况下，企业的竞争力能有多强？又怎能做好经营决策？又怎样控制模具的成本？所以说建立"一模一档"非常有必要，"一模一档"有它的独特作用。建立模具档案的企业为数不多，管理上档次的模具企业才有模具档案。

2.12.2 "一模一档"的内容和要求

① 所有的设计数据和资料，具体的见"2.6 模具技术文件资料管理"。

② 模具的材料清单：模架、标准件、易损件、备件、油缸、热流道元件等。

③ 模板、模架、标准件等材料的采购费用。

④ 电极图、工艺图。

⑤ 实际加工工时（包括返工工时）及费用，材料加工出错损失及费用。

⑥ 设计工时、设计更改工时及设计费用。

⑦ 设计出错损失及费用。

⑧ 零件加工（线切割、摇臂钻、数控铣、电火花、磨削、热处理）工时及费用，工装夹具、刀具、机油等费用。

⑨ 零件外协加工工时及费用。

⑩ 零件及塑件的检测报告单及费用，包括设备人工费用。

⑪ 钳工装配工时及费用。

⑫ 试模工艺、试模记录及试模 T0、T1、T2、T3 的总费用，包括塑料、注塑设备、烘料、人工等费用。

⑬ 模具修整通知单及模具修整后的试模检测报告及费用。

⑭ 最佳的注塑成型工艺卡。

⑮ 模具零件图和装配图。

⑯ 模流分析报告。

⑰ 装箱清单（模具照片、易损件、备件、附件、模具合格证、模具使用说明书等）。

⑱ 客户版本更改。同客户关于模具设计、制造的沟通内容记录。

⑲ 模具设计评审记录。

⑳ 模具结构设计总结，从立项至结束时间，对这副模具进行实事求是的评价，模具结构设计优点及存在的问题，今后需要改进的地方。这是模具档案的重要内容，必须认真填写。

㉑ 模具根据以上的资料进行整理分类，核算成本（材料成本、加工工时、加工费用、设计成本、试模成本、外协加工工时、钳工工时及装配费用，包括设计加工出错返工工时及费用），分析利润。

㉒ 客户的信息反馈及用户走访调查报告、用户意见书。

㉓ 将以上所有资料按模具编号，整理归档，妥善保管存放。

复习思考题

1. 目前多数模具企业主要应用什么软件？您会使用哪些设计软件？

2. 您会应用软件进行 3D 造型吗？您会画 2D 工程图、画装配图吗？各有什么要求？

3. 什么叫版本？图样文件应怎样管理？

4. 图样变更应怎样做？

5. 您设计过哪些注塑模具？对模具结构是否熟悉？

6. 注塑模具结构设计中，哪三大部分是关键？

7. 注塑模具设计师需要懂得哪些相关知识，需要具备哪些能力？

8. 请叙述自己的工作经历，做设计工作有多少年？有哪些心得和经验与大家共享？

9. 设计部门的设计框架大体上可分为哪几种类型？您认为哪种类型最好？

10. 注塑模具设计需要哪些设计数据？

11. 您认为设计流程重要吗？设计流程有什么作用？流程需要具备哪三个要素？

12. 请叙述注塑模具设计流程。

13. 怎样做好注塑模具设计的准备工作？

14. 设计任务书包括哪些内容？

15. 请叙述模具的设计步骤。

16. 建立一模一档的作用是什么？一模一档包括哪些内容？有什么要求？

17. 要做好技术部门的设计工作，主要的工作内容是什么？

18. 为什么说模具的质量是设计出来的？

19. 模具设计师应该有什么样的理念？

20. 注塑模具技术（设计）标准有哪些内容？

21. 有关注塑模具的国家标准有哪些内容？

22. 怎样评价一副模具的质量？

23. 现代的注塑模具是应用哪些手段制造的？

24. 如果要您负责模具企业的技术部工作，您有何打算？

25. 要想提升设计部门的整体设计能力，解决存在的常见问题，应采取哪些有效措施？

26. 设计师能力的提升有哪些有效途径？

27. 作为部门负责人应具备的素质（设计理念与能力、沟通能力、专业水平、工作责任心、领导能力、经验与阅历、文化知识等）中，您认为最重要的是什么？

第 3 章 ▶▶ 塑料的性能和用途

　　塑料是以天然的树脂或合成的高分子化合物为主要成分，加入一定量的填充剂、增塑剂、稳定剂、着色剂、润滑剂、稳定剂等，可在一定条件（一定温度、压力和时间）下塑化成型，制成规定形状和尺寸的、具有一定功能的高分子材料。天然的树脂或合成的高分子材料是常温下呈固态或半固态或液态的有机聚合物，受热时通常有转化或熔融范围，具有流动性，在外力作用下，可以使它塑化成形状不变的产品。

　　正是由于塑料有如此众多的优良性能，日用工业品中所用的传统材料，如金属、陶瓷、玻璃、木材等逐步被塑料所代替。因此，从"天上飞的"、"地上跑的"、"水中游的"，到国民经济各部门都有塑料制品，以至于人们日常生活的整个空间，处处都有塑料制品的痕迹。塑料制品，在我国已显得越来越重要，从日用杂件、家用电器、办公用品、包装，到交通运输、化学防腐、建筑材料、电子技术、医药卫生、光学仪器、战术掩体、打捞救生等诸多领域，均获得广泛的应用。在机械工业、电子工业、汽车工业、化学工业、建筑工业、农林渔业、钢铁工业、包装工业、航天航空工业及宇宙飞行器等有关零部件，以及在某些瞬时高温场所，如原子能工业、火箭导弹、超音速高空飞行器、宇宙飞船等方面，某些特殊零部件非塑料莫属。用塑料制作汽车仪表板、散热栅板、前后保险杠等大型汽车零部件，已成为汽车工业技术进步的标志。电视机、洗衣机、照相机、电冰箱、手表、摩托车、缝纫机、音响设备以及舞台道具等，均离不开塑料制品。在军事军工部门的塑料掩体、海军用船坞、水上飞机停泊浮筒、宇宙密封船、雷达防空罩、空间救生艇等方面，塑料的优异性大显神通。

　　因此，塑料模具在各类模具中的地位更显突出。对从事于塑料制品设计、塑料模具设计、制品成型生产的人员来说，学习本章内容，了解塑料的性能和用途，是必需的知识，对做好模具设计、制造工作会有一定的帮助。

3.1　塑料的基本性能和特点

① 塑料是天然树脂或高分子有机化合物，由树脂和添加剂组成。

② 塑料密度较小，一般仅为钢的 $1/4 \sim 1/7$、铝的 $1/2$。

③ 塑料可以多种形态存在，如液体、固体、胶体、溶液等。

④ 塑料种类繁多，不同的树脂可以制造成不同的塑料。

⑤ 塑料用途广泛，产品多样化。

⑥ 塑料可以利用不同的加工方法加工成所需要的不同形状的制品。

⑦ 塑料具有多种不同的性能。

3.2　塑料的优缺点

　　现把塑料的主要优缺点进行归纳，见图 3-1。

优点 {
① 密度小、质量轻、耐用、防水，应用广泛
② 化学性能稳定，不会生锈，耐腐蚀、耐酸、耐碱
③ 减震、隔音性好、耐冲击性好、透光性好
④ 减摩（自润滑）、耐磨性好、焊接性好、绝热性好
⑤ 绝缘性好、介电损耗低，导热性低，部分耐高温
⑥ 比强度高（按单位质量计算的强度）
⑦ 成型性好、着色性好、电镀性好、加工成本低
⑧ 塑件生产效率高，极易实现生产过程自动化
⑨ 塑料还具有防水、防潮、防透气、防震、防辐射等多种防护性能
}

缺点 {
① 大部分塑料耐热性差，热膨胀率大，易燃烧
② 尺寸稳定性差，容易变形
③ 多数塑料耐低温性差，低温下变脆
④ 抗氧化性差，容易老化
⑤ 刚性差，不耐压
}

图 3-1　塑料的优缺点

3.3　塑料的分类

塑料的品种很多（见"附表 1　常用塑料名称、代号及中文对照表"），塑料的分类体系比较复杂，分类方法也很多，各种分类方法也有所交叉，按常规分类主要有以下三种：一是按使用特性分类；二是按理化特性分类；三是按加工方法分类。

3.3.1　根据理化特性分类

分为热固性塑料和热塑性塑料两种类型。

① 热固性塑料。热固性塑料是指在受热或其他条件下能固化或具有不熔特性的塑料，如图 3-2 所示。

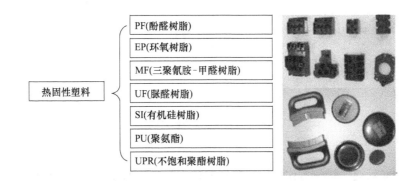

热固性塑料 {
PF(酚醛树脂)
EP(环氧树脂)
MF(三聚氰胺 - 甲醛树脂)
UF(脲醛树脂)
SI(有机硅树脂)
PU(聚氨酯)
UPR(不饱和聚酯树脂)
}

图 3-2　热固性塑料

② 热塑性塑料。热塑料性塑料是指在特定温度范围内能反复加热软化、冷却固化的塑料，如聚乙烯、聚丙烯、聚碳酸酯、热塑性聚酯、聚四氟乙烯等。热塑性塑料又分烃类、含极性基团的乙烯基类、热塑性工程类、热塑性纤维素类等多种类型。

3.3.2　根据成型方法分类

可以分为采用模压、层压、注塑、挤出、吹塑、浇铸、反应注塑等方法成型的塑料。

3.3.3 根据使用特性分类

通常将塑料分为通用塑料和工程塑料，工程塑料分为通用工程塑料和特种工程塑料，图 3-3 所示是常见的三种塑料。

（1）通用塑料

通用塑料是指产量大、用途广、成型性好、价格便宜的塑料。通用塑料一般仅能作为非结构材料使用，性能一般。目前常用的五大通用塑料见图 3-3。

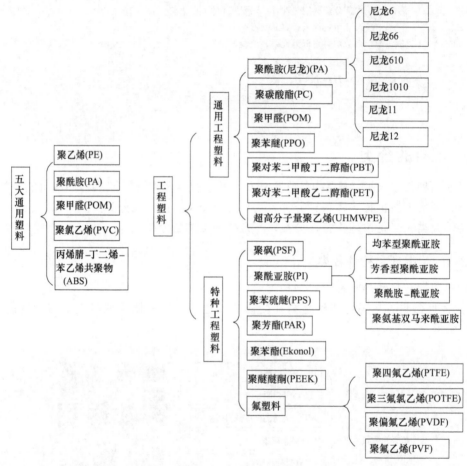

图 3-3　根据塑料不同的使用特性分三大类

（2）工程塑料

工程塑料是能承受一定外力作用，具有良好的力学性能和耐高温、耐低温性能，尺寸稳定性较好，可以用作工程结构件的塑料，是能在较广的温度范围内，在承受机械应力和较为苛刻的化学物理环境中使用的材料。

工程塑料有多种分类方法，目前采用较多的是按产量和使用范围来进行分类。

① 常用的工程塑料如聚碳聚酯（PC）、聚酰胺（尼龙 PA）、聚甲醛（POM）、聚对苯二甲酸丁二醇酯（PBT）、聚苯醚（PPO）、聚对苯二甲酸乙二醇酯（PET）。它们与通用塑料相比，产量较小，价格较高，但具有优异的力学性能、电性能、化学性能以及耐热性、耐磨性和尺寸稳定性等。

② 工程塑料还可按化学组成、耐热等级、结晶性以及成型后的制品种类等进行分类。

按化学组成，工程塑料可分为聚酰胺类（尼龙 6、尼龙 66、尼龙 610、尼龙 11、尼龙 12 等）、聚酯类（聚对苯二甲酸丁二醇酯、聚苯酯等）、聚醚类（聚碳酸酯、聚甲醛、聚苯醚、聚砜、聚醚砜、聚苯硫醚、聚醚醚酮等）、芳杂环聚合物类（聚酰亚胺、聚苯并咪唑等）、聚烯烃类（超高分子量聚乙烯）及含氟聚合物（聚四氟乙烯、聚三氟氯乙烯、聚偏氟乙烯、聚氟乙烯等）等。

按耐热等级，通常把在 200℃ 以上，经过 1000h 仍具有足够机械强度的品种称为耐高温工程塑料；而低于上述条件的品种则称为一般耐热性工程塑料。属于耐高温工程塑料的品种主要有聚酰亚胺、聚酰胺酰亚胺、聚四氟乙烯、聚苯并咪唑等。

③ 按成型后的制品种类，工程塑料可分为：一般结构零部件；传动结构零部件；静、动密封件；电气绝缘零部件；耐腐蚀零部件；高强度、高模量零部件。

（3）特种工程塑料

特种工程塑料是指具有特种功能，可用于航空、航天等特殊应用领域的塑料。特种工程塑料又有交联型和非交联型之分。交联型的有聚氨基双马来酰胺、聚三嗪、交联聚酰亚胺、耐热环氧树脂等。非交联型的有聚砜、聚醚砜、聚苯硫醚、聚酰亚胺、聚醚醚酮（PEEK）等。

（4）其它

① 增强塑料。增强塑料原料按外形可分为粒状（如钙塑增强塑料）、纤维状（如玻璃纤维或玻璃布增强塑料）、片状（如云母增强塑料）三种；按材质可分为布基增强塑料（如碎布增强或石棉增强塑料）、无机矿物填充塑料（如石英或云母填充塑料）、纤维增强塑料（如碳纤维增强塑料）三种。

② 泡沫塑料。泡沫塑料具有高缓冲性等特殊性能，泡沫塑料可以分为硬质、半硬质和软质泡沫塑料三种。硬质泡沫塑料没有柔韧性，压缩硬度很大，只有达到一定应力值才产生变形，应力解除后不能恢复原状；软质泡沫塑料富有柔韧性，压缩硬度很小，很容易变形，应力解除后能恢复原状，残余变形较小；半硬质泡沫塑料的柔韧性和其他性能介于硬质和软质泡沫塑料之间。

3.4　热塑性塑料的性能

3.4.1　塑料的主要性能

关于工程塑料的性能内容很多，见图 3-4，同注射成型和模具无关的其他特性，一般了解就可以，这里不作描述。我们必须关注和了解同注塑模具设计、制造及成型工艺有关的物理特性（在图 3-4 中物理性能中的左上角打有 * 记号的性能）。

3.4.2　塑料的物理性能

（1）塑料的收缩性

热塑性塑料的特性是在加热后熔融膨胀，冷却后收缩，加压以后体积缩小。在注塑成型过程中，首先将塑料熔体注射入模具型腔内，充填结束后熔体冷却固化，从模具中取出塑件时即出现收缩，此收缩称为成型收缩。

成型收缩的形式有以下四种。

① 线性尺寸收缩。

② 方向性收缩。

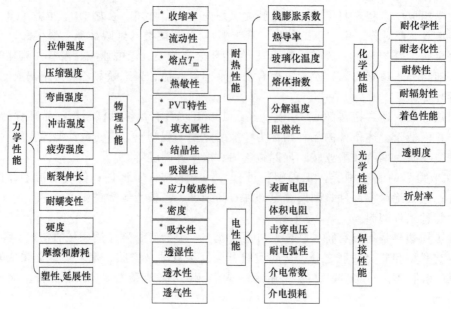

图 3-4　热塑性工程塑料的主要性能

③ 后收缩：使用时再收缩，一般 30～60d 尺寸才能稳定。

④ 后处理收缩，需热处理时效工艺。

塑件从模具取出到稳定这一段时间内，尺寸仍会出现微小的变化。一种变化是继续收缩，此收缩称为后收缩；另一种变化是某些吸湿性塑料因吸湿而出现膨胀。例如 PA610 吸水量在 1.5%～2.0% 时，尺寸增加 0.1%～0.2%；玻璃纤维增强 PA66 的含水量为 40% 时，尺寸增加 0.3%，其中起主要作用的是成型收缩。

塑件从注塑模具中取出，冷却到室温后，塑件的各部分尺寸都比原来在塑料模中的尺寸有所缩小，这种性能称为塑料的收缩性，其收缩量视树脂的种类、成型条件、模具设计变量等不同而有所差异。常用塑料的计算收缩率及其他性能见附表 2。

（2）黏度与流动性

① 黏度是指塑料熔体内部抵抗流动的阻力。

② 在一定温度、压力下，塑料能够充分充满模具型腔各部分的性能，称作流动性，各种塑料的流动性能见图 3-5。流动性太差，注射成型时需较大的注射压力或者较高的料筒温度；流动性太好，容易发生流延及造成制件吃边。通常可以用熔体流动速率（MFR）来直观地表示塑料的流动性，熔体流动速率大，流动性好；熔体流动速率小，流动性差。若要精确地表达塑料熔体的流动性，还可以用螺旋流动长度来表示：螺旋流动长度越长，表示塑料熔体在型腔中的流动性越好；反之，越差。

③ 按模具设计要求大致可将常用塑料的流动性分为三等，如图 3-5 所示。

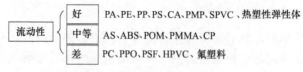

图 3-5　各种塑料的流动性能

④ 影响熔料流动性的因素同塑料的性能有关　料温高、流动性增强，较敏感的塑料有 PP、PA、PMMA、PC、HIPS、CA。

压力增大、流动性增强，较敏感的塑料有 PE、POM。玻璃纤维含量高的增强塑料流动性差。

浇注系统、冷却系统、排气系统、成型面表面粗糙度、注射速度等因素对塑料种类的性能均有影响。

（3）吸水性

塑料根据吸水性的不同大致可分为两类：一类是具有吸水或黏附水分倾向的塑料，如聚甲基丙烯酸甲酯、聚酰胺、聚碳酸酯、聚砜、ABS 等；一类是既不吸水也不易黏附水分的塑料，如聚乙烯、聚丙烯、聚甲醛等。

凡是具有吸水或黏附水分倾向的塑料，尤其像聚酰胺、聚甲基丙烯酸甲酯、聚碳酸酯等，如果在成型之前水分没有去除，那么在成型时，由于水分在成型设备的高温料筒中变为气体并促使塑料发生水解，导致塑料起泡和流动性下降，这样，不仅给成型增加难度，而且使塑料件的表面质量和力学性能下降。为保证成型的顺利进行和塑料制品的质量，对吸水性和黏附水分倾向大的塑料，在成型之前应进行干燥处理，以去除水分。水分一般控制在允许范围内。有些塑料（如聚碳酸酯）即使含有少量水分，在高温、高压下也容易发生分解，这种性能称为水敏性。因此，必须严格控制塑料的含水量。常用塑料的吸水率及其干燥条件见表 3-1。

表 3-1　常用塑料的吸水率及其干燥条件

塑料代号	吸水率/%	干燥温度/℃	干燥时间/h
PE	＜0.01	70～80	1
PP	＜0.01	70～80	1
PS	0.1～0.3	75～85	2
AS	0.2～0.3	75～85	2～4
ABS	0.2～0.3	80～100	2～4
PMMA	0.2～0.4	80～100	2～6
PPO(NORYL)	0.14	105～120	2～4
PPO(SE-100)	0.37	85～95	2～4
POM	0.12～0.25	80～90	2～4
PC	0.1～0.3	100～120	2～10
PVC	0.1～0.4	60～80	1
PBT	0.3	130～140	4～5
FR-PET	0.1	130～140	4～5
PA	1.5～3.5	80	4～10

（4）熔化温度（熔点 T_m）

熔化温度是指结晶型聚合物从高分子链结构的三维有序态转变为无序的流态时的温度。例如 PP 的熔融从 153℃左右开始，到 165℃左右达到熔融的峰值，我们把 165℃称为 PP 的熔点，到 170℃左右熔融完全结束。

改变制品形状的加工处理等可以在玻璃化转变温度以上进行。此外，希望提高制品的结晶度时，也可以在玻璃化转变温度以上进行处理。热塑性塑料开始转变为橡皮状弹性体的温度称为玻璃化转变温度。常用塑料的成型温度范围见表 3-2。

表 3-2　常用塑料的成型温度范围　　　　　　　　　　单位：℃

塑料名称	玻璃化转变温度	熔点	加工温度范围	降解温度(空气中)
聚苯乙烯	85～110	165	180～260	260
ABS	90～120	160	180～250	250
低密度聚乙烯	−125	110	160～240	280
高密度聚乙烯	−125	130	200～280	280
聚丙烯	−20	164	200～300	300
尼龙 66	50	225	260～290	300
尼龙 6	50	265	260～290	300
有机玻璃	90～105	180	180～250	260
聚碳酸酯	140～150	250	280～310	330

（5）热敏性

热敏性是指某些塑料对热较为敏感的特性。某些稳定性差的塑料在料温高和受热时间较长情况下会产生分解，或进料口截面过小、剪切作用大时，料温升高易产生变色、降解的倾向，具有这种特性的塑料称为热敏性塑料，如 PVC（聚氯乙烯）、POM（聚甲醛）等塑料。热敏性塑料在分解时产生的气体对人体、设备、模具都有刺激、腐蚀作用或有毒性。

（6）流长比和型腔压力

熔体流动长度与制品壁厚的比值叫流长比。流长比和型腔压力，这两个参数都很重要，前者可以用来考虑制品最多能做多宽多薄，后者为锁模力计算提供了参考。详见第 8 章"8.6.2　浇口的位置选择原则"内容。

（7）PVT 特性

塑料会随着压力和温度的变化而发生体积上的变化（收缩和膨胀）；在充填和保压过程中，塑料会随着压力的增加而膨胀；在冷却过程中，塑料会随着温度的降低而收缩。

（8）填充属性

工程塑料的填充改性对改善成型加工性，提高制品的力学性能以及降低成本有着显著的效果。为了改善塑料的性能或者降低成本，采用一些无机矿粉作为填充剂。填充剂一般都是粉末状的物质，而且对聚合物都呈惰性。常用的填充剂有如下几类：碳酸钙、黏土［硅酸盐类黏土、高岭土（陶土、瓷土），硅灰石的来源有天然物质精制、煅烧、粉碎等］、滑石粉、石棉、云母、炭黑、二氧化硅、硫酸钙（石膏）、亚硫酸钙、金属粉或纤维、二硫化钼、石墨、聚四氟乙烯粉或纤维等。

（9）结晶性

根据塑料内部分子排列是否有序可将热塑性塑料分为（半）结晶型塑料与非结晶型（也称无定形）塑料两大类。（半）结晶型塑料内部大部分分子排列规则，而非结晶型塑料内部分子排列无规则。常见（半）结晶型塑料和非结晶型塑料见表 3-3。

表 3-3　常见（半）结晶型塑料和非结晶型塑料

（半）结晶型塑料	PE，PP，POM，PA，PET，PPS，LCP，PBT，PP/PMMA，PP/PS，PP/TPO，TPE，TPO，聚四氟乙烯、氯化聚醚等
非结晶型塑料	PS，PVC，PMMA，PC，ABS，PSU，PPE，PPE/PS，PS-HI 等

厚壁塑件的透明性可作为判别这两类塑料的外观标准。一般（半）结晶型塑料为不透明或半透明（如聚甲醛等），非结晶型塑料为透明（如有机玻璃等）。但也有例外情况，如聚-4-甲基戊烯为（半）结晶型塑料却有高透明性，ABS 为非结晶型塑料却不透明。结晶型聚合物与非结晶型聚合物的典型特点见表 3-4。

表 3-4　结晶型聚合物与非结晶型聚合物的典型特点

结晶型聚合物	非结晶型聚合物
大部分大分子排列很规则	分子链随机排列
因其结构规则化，熔融需要的热量较多	熔融需要的热量较少
无明显的玻璃化转变温度（T_g），通常低于室温有明显的熔融温度（T_m）	明显的玻璃化转变温度（T_g），宽广的软化温度范围无明显的熔融温度（T_m）
因结构规则化而占较少空间，收缩率大尺寸精度难保证	收缩率小尺寸精度高
因易受模塑条件影响，易发生翘曲	发生翘曲少
制件透明度低，化学稳定性及耐热性佳润滑性良好、吸湿性小	制件透明度高，耐热性中等耐冲击性好
导热性几乎是非晶体的两倍	热导率低

结晶型塑料对模具设计及注塑机选择有下列要求：

① 结晶型塑料料温上升到成型温度所需的热量多，要用塑化能力大的设备。

② 结晶型塑料冷凝时放出热量多，要充分冷却。

③ 结晶型塑料熔融态与固态的密度差大，成型收缩率大，易产生缩孔、气孔。

④ 结晶型塑料冷却快，结晶度低，收缩率小，透明度高；结晶度与塑件壁厚有关，壁厚冷却慢，结晶度高，收缩率大，物理性能好，所以结晶型塑料必须按要求控制模具温度。

⑤ 结晶型塑料各向异性显著，内应力大。脱模后未结晶的分子有继续结晶的倾向，处于能量不平衡状态，易发生变形、翘曲。

⑥ 结晶型塑料熔融温度范围窄，未熔粉料易注入模具或堵塞进料口。

（10）塑料与温度有关的热性能

① 玻璃化转变温度　指高聚物由玻璃态向高弹态或者由后者向前者的转变温度，是聚合物大分子链锻自由运动的最低温度，通常用 T_g 表示。没有很固定的数值，往往随着测定的方法和条件而改变。高聚物的一种重要的工艺指标。如聚氯乙烯的玻璃化温度是 80℃，但是，它不是制品工作温度的上限。比如，橡胶的工作温度必须在玻璃化温度以上，否则就失去高弹性。

② 耐热性　指随着温度的升高，塑料变软、变形的性能。分子内运动单元（链段）无规热运动超过了分子间内聚作用。分子间作用力越强、分子间距离越小，分子链刚性越大，所需平衡的无规热运动程度（温度）就越高，耐热性就越好。

③ 耐寒性　塑料的耐寒性用脆化温度表示，所有塑料都会随着温度降低变得越来越硬而脆。

④ 熔体流动速率　是一种表示塑胶材料加工时的流动性的数值。它是美国量测标准协会（ASTM）根据美国杜邦公司惯用的鉴定塑料特性的方法制定而成，其测试方法是先让塑料粒在一定时间（10min）内、一定温度及压力（各种材料标准不同）下，融化成塑料流体，然后通过一直径为 2.1mm 圆管所流出的克（g）数。其值越大，表示该塑胶材料的加工流动性越佳，反之则越差。

⑤ 分解温度　分解温度指处于黏流态的聚合物当温度进一步升高时，便会使分子链的链结构被破坏，由此导致塑料的整体性能下降，升至使聚合物分子链明显降解时的温度为分解温度，通常用 T_d 表示。

⑥ 阻燃性　材料所具有的减慢、终止或防止有焰燃烧的特性。

（11）应力敏感性

应力敏感性是指成型时易产生内应力并质脆易裂，塑件在外力作用下或在溶剂作用下即发生开裂现象的特性。

（12）熔体破裂

聚合物熔体在失稳状态下通过模内的流道后，将会变得粗细不均，没有光泽，表面呈现粗糙的鲨鱼皮状。在这种情况下，如果继续增大切应力或剪切速率，熔体将呈现波浪形、竹节形或周期螺旋形，更严重时将互相断裂成不规则的碎片或小圆柱块，这种现象称为熔体破裂。克服办法：①调整熔体在注塑机机筒内的线速度；②提高温度，使引起熔体流动失稳时的极限应力和极限剪切速率提高；③在大截面向小截面流道的过渡处，减小流道的收敛角，使过渡的表壁呈现流线状，可提高失稳流动时的极限剪切速率。

（13）合金化

把两种以上的聚合物混合在一起各取其所长，互相弥补其所短的方法叫做合金化。为了达到预期的目的，必须使体系像两种以上的金属经熔融混合得到的金属合金那样具有较稳定的微分散结构。如果两种聚合物具有相容性，则可以达到分子水平的混合，这种混合物在成型时其性能相当于一种聚合物，其成型品中各部分的微观结构也是完全均一的。如聚苯醚（PPO）和聚苯乙烯（PS）、AS 和 PMMA 有较好的相容性，经混合后制成的 AT30 具有较好的表面硬度、透明性和耐冲击性。

3.5 常用塑料的性能和用途

常用塑料的性能和用途见表 3-5。

表 3-5 常用塑料的性能与用途

塑料品种	结构特点	使用温度/℃	化学稳定性	性能特点	成型特点	主要用途
聚乙烯（PE）	线型结构结晶型	小于 80	较好,但不耐强氧化剂,耐水性好	质软,力学性能较差,表面硬度低	成型性能好,黏度与剪切速率关系较大,成型前可不预热	薄膜、管、绳、容器、电器绝缘零件、日用品等
聚氯乙烯（PVC）	线型结构无定形	−15～55	不耐强酸和碱类溶液,能溶于甲苯、松节油、脂肪醇、环己酮溶剂	性能取决于配方	成型性能较差,加工温度范围窄,热成型前有道捏合工序	薄膜、管、板、容器、电缆、人造革、鞋类、日用品等
聚丙烯（PP）	线型结构结晶型	10～120	较好	耐寒性差,光氧作用下易降解老化,力学性能比聚乙烯好	成型时收缩率大,成型性能较好,易产生变形等缺陷	板、片、透明薄膜、绳、绝缘零件、汽车零件、阀门配件、日用品等
聚苯乙烯（PS）	线型结构非结晶型	−30～80	较好,对氧化剂、苯、四氯化碳、酮、酯类等抵抗力较差	透明性好,电性能好,拉伸、弯曲强度高,但耐磨性差,质脆,抗冲击强度低	成型性能很好,成型前不干燥,但注射时应防止淌料,制品易产生内应力,易开裂	装饰制品、仪表壳、灯罩、绝缘零件、容器、泡沫塑料、日用品等
聚酰胺(尼龙)（PA）	线型结构结晶型	小于 100（尼龙 6）	较好,不耐强酸和氧化剂,能溶于甲酚、苯酚、浓硫酸等	拉伸强度、硬度、耐磨性、自润滑性突出,吸水性强	熔点高,熔融温度范围较窄,成型前原料要干燥。熔体黏度低,要防止流延和溢料,制品易产生变形等缺陷	耐磨零件及传动件,如齿轮、凸轮、滑轮等;电气零件中的骨架外壳,阀类零件、单丝、薄膜、日用品等

续表

塑料品种	结构特点	使用温度/℃	化学稳定性	性能特点	成型特点	主要用途
ABS	线型结构非结晶型	小于70	较好	机械强度较好,有一定的耐磨性,但耐热性较差,吸水性较大	成型性能很好,成型前原料要干燥	电器外壳、汽车仪表盘、日用品等
聚甲基丙烯酸甲酯(有机玻璃)(PMMA)	线型结构非结晶型	小于80	较好,但不耐无机酸,会溶于有机溶剂	是透光率最高的塑料,质轻坚韧,电气绝缘性能较好,表面硬度不高,质脆易开裂	成型前原料要干燥,注射成型时速度不能太高	透明制品,如窗玻璃、光学镜片、灯罩等
聚甲醛(POM)	线型结构结晶型	小于100	较好,不耐强酸	综合力学性能突出,比强度、比刚度接近金属	成型收缩率大,流动性好。熔融凝固速度快,注射时速度要快,注射压力不宜高。热稳定性较差	可代替钢、铜、铝、铸铁等制造多种结构零件及电子产品中的许多结构零件
聚碳酸酯(PC)	线型结构非结晶型	小于130,脆化温度为-100	耐寒性好,有一定的化学稳定性,不耐碱、酮、酯等	透光率较高,介电性能好,吸水性小,力学性能很好,抗冲击抗蠕变性能突出,但耐磨性较差	熔融温度高,熔体黏度大,成型前原料需干燥,黏度对温度敏感制品要进行后处理	在机械上用作齿轮、凸轮、蜗轮、滑轮等,电机电子产品零件,光学零件等
氟塑料	线型结构结晶型	-195~250	非常好,可耐一切酸、碱、盐溶液及有机溶剂	摩擦因数小,电绝缘性能好。但力学性能不好,刚度差	成型困难,流动性差,成型温度高且范围小,需高温高压成型,一般采用烧结成型	防腐化工领域的产品、电绝缘产品、耐热耐寒产品、自润滑制品
酚醛塑料(PF)	树脂是线型结构,塑料成型后变成体型结构	小于200	不耐强酸、强碱及硝酸	表面硬度高,刚性大,尺寸稳定,电绝缘性好,缺点是质脆,冲击强度低	适于压缩成型,成型性能好,模温对流动性影响大,注意预热和排气	根据添加剂的不同可制成各种塑件,用途广泛
氨基塑料	结构上有—NH₂基,树脂是线型结构,成型后变成体型结构	与配方有关,最高可达200	脲甲醛,耐油、弱碱和有机溶剂,但不耐酸	表面硬度高,电绝缘性能好	常用于压缩、压注成型,成型前需干燥预热,流动性好,硬化快,模具应耐蚀	电绝缘零件,日用品,黏合剂,层压,泡沫制品等

3.6 塑料在汽车内饰件中的应用

3.6.1 塑料在汽车内饰件中的应用零件简介

塑料作为汽车内饰应用最多的材料具有很多优良的性能:易于加工、制造;可根据需要随意着色或制成透明制品,可制作轻质高强度的产品;不生锈、耐腐蚀,保温性能良好,能制作绝缘产品等。根据各部件性能的不同需要,应用于内饰的改性塑料包括:通用塑料 PP 、PE、PS、PMMA、PVC 等;工程塑料 ASA、PA、POM、PC 等;复合塑料 PC＋ABS、PC＋ASA、

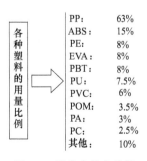

各种塑料的用量比例	
PP:	63%
ABS:	15%
PE:	8%
EVA:	8%
PBT:	8%
PU:	7.5%
PVC:	6%
POM:	3.5%
PA:	3%
PC:	2.5%
其他:	10%

图 3-6 轿车中的各种塑料用量比例

PA6＋ABS 等。国内一辆中级轿车的平均塑料用量为 135kg，轿车中的各种塑料用量比例见图 3-6。下面以某车型主要塑料内饰零件为例详述塑料在汽车内饰件中的应用，图 3-7～图 3-12为内饰各个子系统中塑料件的分布图。

发达国家将汽车使用塑料的量，作为衡量汽车设计和制造水平高低的一个重要标志。20 世纪 90 年代，发达国家汽车平均使用塑料量是 100～130kg/辆，占整车质量的 7％～10％；2002 年，发达国家汽车平均使用塑料量达到 300kg/辆以上，占整车质量的 20％。预计到 2020 年，发达国家汽车平均使用塑料量将达到 500kg/辆以上。

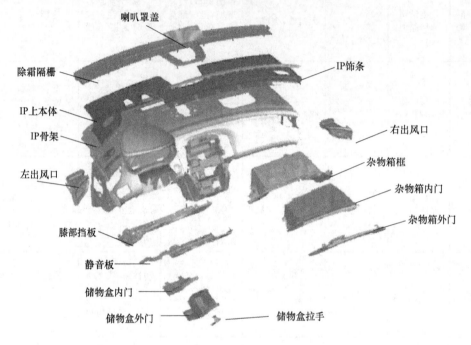

图 3-7　仪表板系统主要塑料件分布

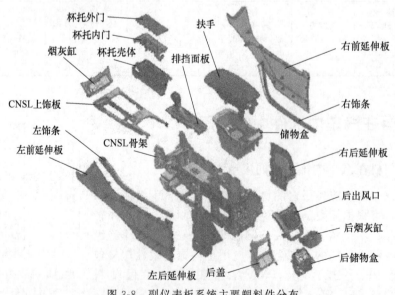

图 3-8　副仪表板系统主要塑料件分布

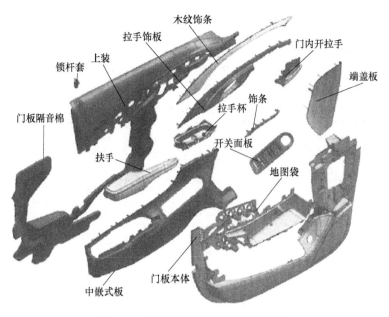

图 3-9 门板系统的主要塑料件分布

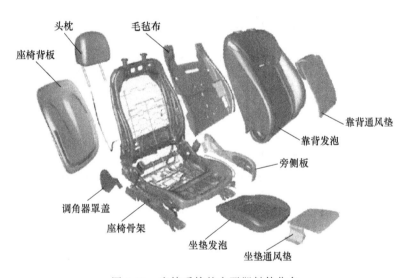

图 3-10 座椅系统的主要塑料件分布

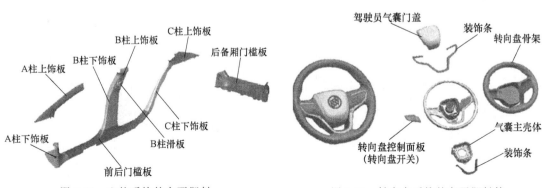

图 3-11 立柱系统的主要塑料　　　　　　　　图 3-12 转向盘系统的主要塑料件

3.6.2 内饰零件材料

内饰零件材料应用见表 3-6。

内饰中应用比较多的材料为 PP、PP＋EPDM＋T20、PC、ABS、PC＋ABS、ABS＋PA6、PVC（软）、PA6、POM、PBT、PMMA。

表 3-6 内饰零件材料应用表

部件	组件	主要零件	材料	成型工艺	图片
仪表板总成	IP 总成	IP 上表皮	TP0	阴模成型	
		IP 骨架	PP＋LGF30，PP＋T20	注射成型	
		风道骨架	PP－GF30	注射成型	
		气囊门	SymaLITE(玻纤材料)	注射成型	
	中央面板	中央面板本体	PC＋ABS	注射成型	
		中央面板木纹条	PC＋ABS	IMD、IMS	
		左右银饰条	PC＋ABS	注射成型	
	仪表	仪表板	PC＋ABS	注射成型	
		仪表板饰框	PC＋ABS、ABS＋T3	注射成型	
		仪表板表皮	PVC	阳模、阴模成型	
	储物盒	内门	PC＋ABS	注射成型	
		外门	PC＋ABS	注射成型	
		拉手	PA6＋GF30	注射成型	
	杂物箱	杂物箱框	PP＋EPDM＋T20	注射成型	
		杂物箱斗	PP＋EPDM＋T20	注射成型	
		杂物箱外门	PP＋EPDM＋T20	注射成型	
		左右锁扣	PA6	注射成型	
		开关门缓冲垫	EPDM：KET＋330	注射成型	
	饰条	左右木纹饰条	ABS＋PC	IMD、INS	
	出风口	出风口壳体	PC＋ABS	注射成型	
		拨叉、连杆	POM	注射成型	
		拨轮	PC＋ABS、TPV	双色注射	
		拨轮面板	PC＋ABS T85	注射成型	
		叶片	PA6＋GF50、PP＋T40、PP＋T20	注射成型	
		拨扭	PP＋T40	注射成型	
		风门	TPV	注射成型	
		密封条	PUR 发泡	发泡成型	
	其他	左右端盖	PP＋EPDM＋T20	注射成型	

续表

部件	组件	主要零件	材料	成型工艺	图片
仪表板总成	其他	膝部挡板	PP＋EPDM＋T20、PP＋T20	IMD/INS	
		扬声器罩盖	PP＋EPDM＋T20	注射成型	
副仪表板	副仪表板总成	骨架	ABS、PP＋GF15（短纤）	注射成型	
		后左右侧饰板	PP＋EPDM＋T20、PP/PE＋M15	注射成型	
		前左右延伸板	PP/PE＋M15	注射成型	
		后盖板	PP＋EPDM＋T20	注射成型	
	扶手总成	扶手蒙皮	PVC＋P		
		扶手发泡	PU FOAM	发泡成型	
		扶手上盖板	ABS	注射成型	
		扶手上骨架	ABS＋PC	注射成型	
		扶手下骨架	ABS、PA6＋GF30	注射成型	
		扶手铰链	PA6＋M25GF15	注射成型	
		扶手按钮	ABS＋PA6	注射成型	
		扶手连杆	PBT	注射成型	
		扶手挂钩	POM	注射成型	
	烟灰缸总成	烟灰缸外门	阻燃 ABS	IMD/INS	
		烟灰缸面板	阻燃 ABS	IMD/INS	
		电镀条	ABS	注射成型	
		烟灰缸内门	PA6＋GF30H	注射成型	
		烟灰盒内斗	PA6/GF30H	注射成型	
		烟灰缸衬套、门锁	POM	注射成型	
	上饰板总成	上饰板	ABS	注射成型	
		储物盒	PP＋EPDM＋T20	注射成型	
	杯托总成	杯托内门	PA6＋GF30H	注射成型	
		基托底座	PP/PE＋M15、PP＋EPDM＋T20	注射成型	
	包覆饰条总成	骨架	PC/ABS	注射成型	
		表皮	主体用增强 PP，表层用面料革和真皮，低压注射成型		
	饰条	泡沫垫	PU		
		排挡光亮饰条	PC＋ABS	注射成型＋电镀	
		排挡木纹饰条	PC＋ABS	注射成型＋水转印	

续表

部件	组件	主要零件	材料	成型工艺	图片
门板	门板总成	门本体骨架	PP+EPDM+T20	注射成型	
		上装骨架	PP+EPDM+T20	注射成型	
		上装表皮	TPO	注射成型	
		锁杆导套	TPV	注射成型	
		锁杆导向结构	PP+EPDM+T20	注射成型	
		木纹饰条	PC/ABS	INS	
		拉手框盖板骨架	ABS	注射成型	
		嵌饰板骨架	PP+EPDM+T20	注射成型	
		嵌饰板表皮	TPO		
		开关面板骨架	ABS	注射成型	
		扶手骨架	ABS	注射成型	
		扶手表皮	PVC		
		扶手发泡	PU+GEP330N	发泡成型	
		扶手喷漆饰条骨架	ABS	注射成型	
		拉手杯	PP+EPR+GF25	注射成型	
		地图袋	PP+EPDM+T20	注射成型	
		门端盖板	PP+EPDM+T20	注射成型	
		前门吸声棉	PET		
座椅	座椅总成	旁侧板	PP+EPDM+T20	注射成型	
		高度调节手柄	PA6+GF15	注射成型	
		调角器	PA6+GF15	注射成型	
		脚罩盖	ABS	注射成型	
		儿童座椅固定骨架	PA66+PA6+PE	注射成型	
		安全带扣	PA6+GF15	注射成型	
		椅背板	ABS	注射成型	
	扶手总成	扶手骨架	ABS+PA6+GF8	注射成型	
		扶手内外盖板	ABS	注射成型	
		镀铬条	ABS	注射成型	
		储物盒	ABS+PC	注射成型	
		杯托面框	ABS+PC	注射成型	
		塑料木纹板	ABS/贴膜	模内成型	
		杯托	ABS+PA6+GF8	注射成型	
		杯托衬里	TPV(EPDM+PP)	注射成型	
软饰件	后视镜罩盖	后视镜罩盖	PP、ABS	注射成型	
	顶衬面板	盖板	ASA+PC、ABS+PA6+GF8	注射成型	
		底座	PC、PP+GF20	注射成型	
立柱	A、B、C柱	A、B、C柱	PP+T20、PC+ABS	注射成型	

注：PP+EPDM+T20 是指改性 PP+EPDM+橡胶增韧含矿物 20% 的专用改性料。

复习思考题

1. 什么是塑料？塑料的组成成分有哪些？各种塑料成分的作用是什么？
2. 塑料有哪些优缺点？
3. 塑料有哪些用途？
4. 塑料怎样分类？按常规分类方法有哪几种塑料？
5. 塑料有哪些基本特性？
6. 热塑性塑料有哪些特性与模具成型有关？
7. 请说出五大通用塑料的名称。
8. 请说出常用塑料的特性和用途。
9. 什么叫增强塑料？什么叫合金塑料？
10. 汽车内饰件应用了哪些塑料？
11. 汽车外饰件应用了哪些塑料？
12. 透明制品对模具设计有什么要求？

第4章 ▶▶ 注塑模具的分类和基本结构

在专用机床（压力机或注塑机）上，通过压力使金属或非金属获得所需要形状的零件或制品的专用工具（一种生产装置），称为模具。模具是工业生产中的基础工艺装备，也是发展和实现少无切削技术不可缺少的工具。

注塑模具有三大功能：①将熔料通过料道送入型腔，并把热量传递给动、定模；②承受注塑压力使制品成型；③完成抽芯动作，打开型腔，取出制品。

利用模具加工制品及零件，主要有以下优点。

① 生产效率高，适于大批量零件与制品的加工与制造。

② 节省原材料，即材料的利用率较高。

③ 操作工艺简单，不需要操作者有较高的水平及技艺。

④ 能制造出用其他加工工艺方法难以加工的、形状较复杂的零件制品。

⑤ 制造出的零件或制品精度高，尺寸稳定，有良好的互换性。

⑥ 采用模具生产零件，容易实现生产的自动化及半自动化。

⑦ 用模具批量生产的零件与制品，成本低廉。

⑧ 用模具制造出的零件与制品，一般不需要再进行进一步加工，可一次成形。

4.1 型腔模按成型材料分类

模具种类很多，根据成型方法、成型材料与成型设备不同，可归纳为主要两大类：冷冲

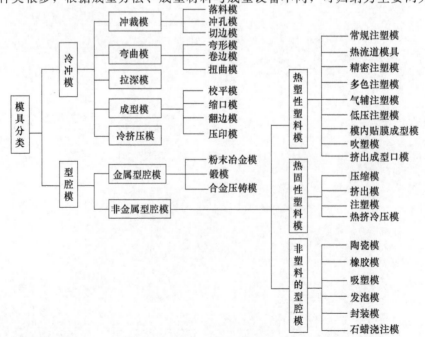

图 4-1 模具分类

压模和型腔模，如图 4-1 所示。冷冲模和注塑模虽是同是机械专业的分系，但两个专业相差较大，本书将重点介绍热塑性的注塑型腔模。

按材料在模具内成型的特点，模具可分为金属型腔模（合金压铸模、热锻模、粉末冶金模等）和非金属型腔模。非金属型腔模按成型材料分类，可分为热塑性塑料注塑模、热固性塑料注塑模、橡胶模、热挤冷压模、挤出成型模、吹塑模、吸塑模、发泡模、热固性塑料压模、封装模及非塑料的型腔模如陶瓷模、石蜡浇铸模等。

4.2　注塑模具按模塑方法进行分类

注塑模具在生产实际中一般都按模塑方法进行分类，主要有以下几种。

4.2.1　压缩模

又称为压缩模或压模，是在液压机上采用压缩工艺来成型塑件的模具，如图 4-2 所示。这种模具主要用于热固性塑件的成型，也可用于热塑性塑件的成型。

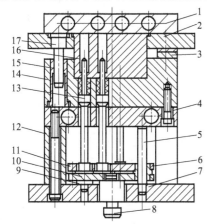

图 4-2　固定式压缩模

1—加热板；2—上模座板；3—限位块；4—支撑板；
5,17—导柱；6,15—导套；7—下模座板；8—尾轴；
9—限位钉；10—推板；11—推杆固定板；
12—垫块；13—推杆；14—凹模；16—凸模

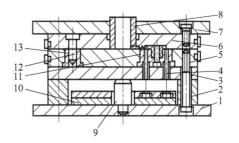

图 4-3　固定式压注模

1—下模座板；2—垫块；3—支撑板；4—推杆；
5—凹模固定板；6—上凹模板；7—上模座板；
8—加料腔；9—支撑柱；10—推板；11—凹模；
12—导柱；13—导套

4.2.2　压注模

它又称为传递模、挤塑模，是在液压机上采用压注工艺来成型塑件的模具，如图 4-3 所示，主要用于热固性塑件的成型。

4.2.3　注塑模

由于塑料成型模具的种类繁多，注塑模的类型较多，注塑模的形式、结构、品种也很多，为了便于了解注塑模结构，有必要将其进行归纳分类。分类方法较多，也不尽相同，下面将详细介绍。

在注塑机上采用注塑工艺来成型塑件的模具叫注塑模，如图 4-4 所示，主要用于成型热塑性塑料，也可用于成型热固性塑料。

（1）热固性塑料注塑模

热固性塑料注射成型法是将热固性塑料粉自动落在注塑机料筒内，加热预塑成熔融状态后，由螺杆施压，将熔融塑料经注塑机喷嘴注入模内而成型塑件的加工方法，所使用的模具称为热固性塑料注塑模。图 4-4 为热固性塑料注塑模的结构示意图。其注射成型的主要过程是：进料→塑料预热→合模→注塑→保持塑件硬化一段时间→开模卸出塑件。

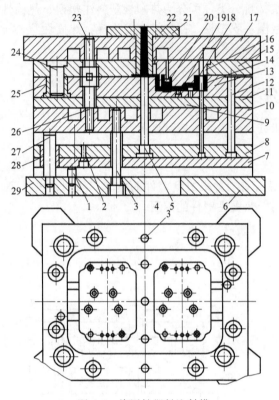

图 4-4　热固性塑料注射模
1—垃圾钉；2,3—内六角螺；4—定位销钉；5—拉料杆；
6—定模固定板；7—顶板；8—顶杆固定板；9—顶杆；
10—动模加热板；11—推板；12—复位杆；13—动模型腔板；
14,18～20—小型芯；15—定板；16—镶块；
17—定模加热板；21—定位圈；22—内六角螺；23—凹模垫板；
24—导柱；25—导套；26—限位销钉；27—顶板导柱；
28—顶板导套；29—动模固定板

图 4-4 所示的热固性塑料注射模结构，采用中间浇口，一模出两个塑件，主要用在卧式注塑机上成型。模具主要由成型零件 15、13，小型芯 14、18、19、20 等零件构成；并由导柱 24、27 及导套 25、28 构成导向系统，对模具进行导向。模具的开模由顶杆 9、顶杆固定板 8、顶板 7 组成的顶出、开模系统来完成。制品成型后，取件由拉料杆 5 和顶杆 9 实现。模具结构较复杂，适用于大批量塑件生产。

热固性塑料注塑模的结构与热塑性塑料注塑模的结构基本相似，其不同点如下。

① 热固性塑料模要求注射压力较高，料筒内的预热温度一般控制在 90～110℃（酚醛塑料）。注塑机的螺杆也应特制。

② 模具不需要冷却水道，而要设置加热板，以便于加热模具，如图 4-4 中所示加热板。模温一般应控制在 16～25℃ 左右（酚醛塑料）。模具与注塑机间要加隔热垫，以防止模具向注塑机传热。

③ 热固性塑料在注射过程中及成型后脱模过程中，对型模表面的磨损较为严重，因此需选用耐磨性较高、表面硬度能达到 55HRC 以上的优质工具钢，如 9MnV、CrWMn，并要求镀硬铬，以提高表面硬度及表面质量。

④ 热固性塑料注射模要求分型面处接触面要小，并且要平整，表面粗糙度值不高于 $0.2\mu m$，模具闭合时，分型面应基本无缝隙。在料流末端应开有排气槽。

⑤ 模具的成型部分要加热到热固性塑料固化温度，而浇口料道部分需用冷水冷却，对于大型注射模这两部分之间要有隔热材料隔热。

⑥ 热固性塑料注射模的脱模斜度应比热塑性塑料注射模的脱模斜度小 $15'\sim1°$。

（2）热塑性塑料注塑模

本书重点讲解热塑性塑料注塑模内容，按其结构可分为三大类，如图 4-5 所示直浇口模具、图 4-10 所示点浇口注塑模、图 4-21 所示热流道模具。

4.2.4　挤出口模

机头是挤出成型模具的主要部件，塑料在挤出机内熔融塑化通过机头成为所需的形状，经冷却定型设备冷却固化而定型，如图 4-6 所示。它主要用于热塑性塑件的成型。

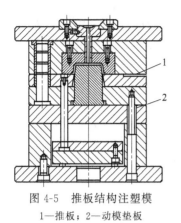

图 4-5　推板结构注塑模

1—推板；2—动模垫板

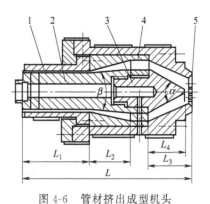

图 4-6　管材挤出成型机头

1—口模；2—芯模；3—分流器；4—分流器支架；5—滤网板

4.3　按注塑机的形式和模具的安装方式分类

4.3.1　按安装使用注塑机的形式分类

如图 4-7 所示为卧式螺杆注塑机，图 4-8 所示为立式柱塞注塑机，图 4-9 所示为角式柱塞注塑机。注塑模根据安装使用注塑机的形式分类可分为：立式注塑模具、卧式注塑模具、

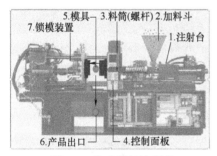

图 4-7　卧式螺杆注塑机

图 4-8　立式柱塞注塑机

图 4-9　角式柱塞注塑机

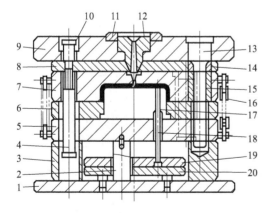

图 4-10　点浇口注塑模具结构

1—动模板；2—支撑柱；3—垫块；4—限位拉杆；5—动模垫板；
6—动模固定板；7—定模；8—卸料板；9—定模板；10—限位螺钉；
11—定位圈；12—浇口套；13—导柱；14,15—导套；16—铰链；
17—动模型芯；18—推杆；19—顶杆固定板；20—顶杆垫板

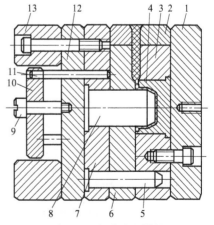

图 4-11　角式注塑模具

1—定模固定板；2—浇口镶块；3—定模套；4—定模；
5—导柱；6—动模；7—动模固定板；8—动模型芯；
9—限位螺钉；10—推料板；11—顶杆；
12—动模垫板；13—支撑垫板

角式注塑模具三类。其中立式、卧式注塑模具在成型时，进料的方向与开模的方向一致；而角式注塑模具在成型时，进料的方向与开模的方向垂直。如图 4-10 所示为立式、卧式注塑模具（可以通用），图 4-11 所示为角式注塑模具。

4.3.2 按模具在注塑机上安装方式分类

按模具在注塑机上安装方式不同分为移动式、固定式和半固定式模具。

4.4 按注塑模的型腔数分类

设计制造模具需要根据制品形状复杂程度、产量数量多少和使用要求情况考虑一次成型制品的数量多少，所以模具的型腔数就有所不同，按型腔数目分类如下：①单型腔模具；②双型腔模具；③两个以上多型腔模具，一般为双数。

多型腔模具的种类较多，根据制品形状的特点和型腔数的多少有下列几种情况：

① 一模多腔，制品形状大小相同，一般为双数，叫"一出几"。
② 一模多腔，制品形状大小不同，叫"1＋1＋1…"。
③ 一模两腔，制品形状不同，或制品不对称，叫"1＋1"。
④ 一模两腔，制品大小一样、形状对称的叫镜像模具。

4.5 按注塑模具的分型结构分类

若根据注射模的分型面的结构特征分类，可分为水平单分型面（分型面按方向分为水平和垂直两种）的注塑模、双分型面注塑模、多分型面注塑模、叠层模等，如表 4-1 所示。

表 4-1　注塑模具分型面设计及成型零件设计

分类	说　明	图　例
单分型面	整个模具中只在动模和定模之间具有一个分型面。开模时，模具从 A 处分型，定模不动，动模后移分型	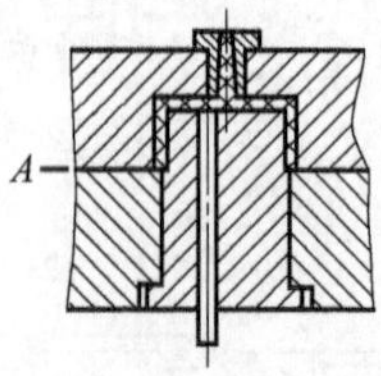
双分型面	除了主分型面以外，在定模一侧还有一个辅助分型面，其作用是取出浇注系统凝料。模具首先从 A 处分型，拉断浇注系统凝料并取出后，再从 B 处分型以便脱模系统推出制品，使制品脱模	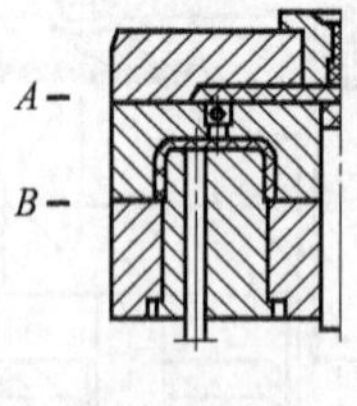 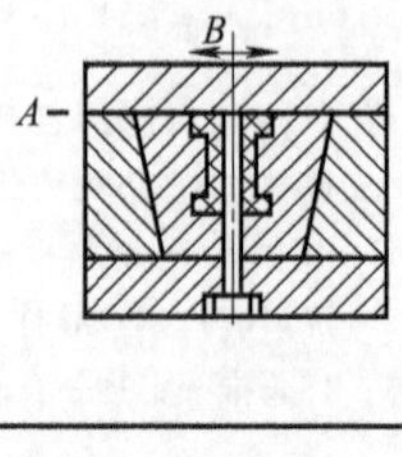

续表

分类	说　明	图　例
多分型面	除了动模和定模之间的一个主分型面外，还有两个(含两个)以上的辅助分型面。开模时先从 A 处分型,取出浇注系统凝料,再从 B 处分型,使得侧面出型型芯脱离制品,最后从 C 处分型推出并取出制品	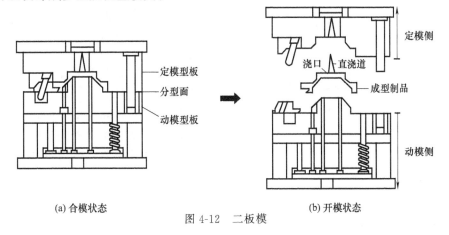

4.5.1　单分型面

注塑模具使用中,开模时,动模和定模分开,从而取出塑件,称二板模,又称单分型面注塑模。它是注塑模具中最简单、最基本的一种形式,也是应用最广泛的一种注塑模。它根据需要可以设计成单型腔注塑模具,也可以设计成多型腔注塑模具,是应用最广泛的一种注塑模具(带有侧向分型与抽芯机构),如图 4-12 所示。它根据需要可以设计成单型腔注塑模具,也可以设计成多型腔注塑模具。

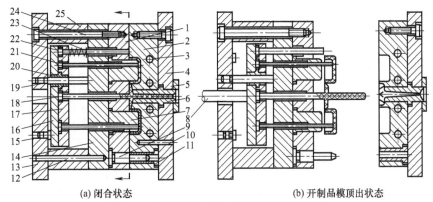

定模型板
分型面
动模型板

定模侧
浇口　直浇道
成型制品
动模侧

(a) 合模状态　　　　　　　　　　(b) 开模状态

图 4-12　二板模

一般来说,侧浇口、直浇口及盘环形浇口类型的冷流道模具,浇注系统凝料是与塑件连在一起的。塑件脱模时,先用拉料钩拉住冷料穴,使浇注系统留在动模,然后用流道顶杆或拉料杆顶出。一般浇注系统凝料靠自重脱落,如图 4-13 所示。

(a) 闭合状态　　　　　　　　　(b) 开制品模顶出状态

图 4-13　注塑模具的典型结构及零部件名称

1—动模板；2—定模板；3—冷却水道；4—定模座板；5—定位环；6—浇口套；7—动模；8—注射机顶棒；9—导柱；10—定位销；11—导套；12—定位销；13—动模固定板；14—动模垫板；15—垃圾钉；16—顶板；17—顶杆固定板；18—钩料杆；19—顶板导柱；20—顶板导套；21—顶杆；22—复位杆；23—弹簧；24—内六角螺钉；25—垫铁

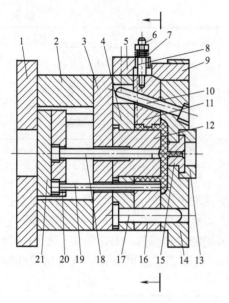

图 4-14 单分型带侧向抽芯注塑模具

1—动模座板；2—垫块；3—支撑板；4—凸模固定板；
5—挡块；6—螺母；7—弹簧；8—滑块拉杆；
9—锁紧块；10—斜导柱；11—侧型芯滑块；
12—凸模；13—定位环；14—定模板；15—浇口套；
16—动模板；17—导柱；18—拉杆；19—推杆；
20—推杆固定板；21—推板

图 4-14 所示的是单分型带侧向抽芯注塑模具。

4.5.2 双分型面

三板模一般是指多型腔的点浇口模具（如果采用了热流道浇口，就可成为二板模），由动模板、脱料板、定模板组成；与二板模相比增加了一块可以移动的脱料板（又叫活动浇口板，设有料道、拉料杆及其他零件和部件），与单分型面注射模具相比较有两个分型面，所以也叫双分型面注射模。开模时，注塑机拉动动模朝后运动，由于动、定模之间装有开闭器，而流道压板与定模之间没有任何连接，定模跟随动模一起朝后运动，定模与流道压板分离，运动到一定距离时，定模被拉杆拉住，动模继续朝后运动，如图 4-15 所示。

一般，根据产品的进胶方式和进胶点数等来选择使用二板模或者三板模，两板模多为侧浇口、直浇口、扇形浇口等；三板模则常采用点浇口进料的单型腔或多型腔的注射模具，可以方便地把浇目设计在理想的位置。三板模还可以保证浇口自动脱落，残留痕迹很小，适用于注射压力不是很大、外观要求较高的产品，例如门板的开关面板。

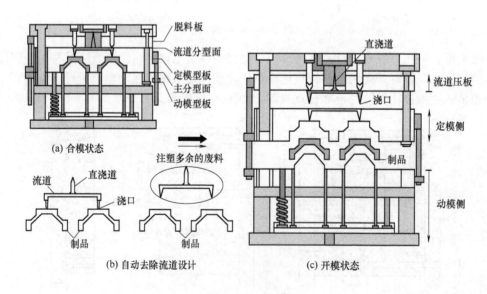

图 4-15 三板模

但是，三板模结构复杂，制造成本较高，零部件加工困难，一般不用于大型或特大型塑料制品的成型。

　　两次分型以上的复杂模具，是指多点浇口的模具（如果采用热流道多点喷嘴模具就成为两板模了，简化了模具结构）。为了浇注系统的点浇口在定模部分的顶出，要增加一个分型面，因此又称三板式模具，如图 4-10、图 4-16、图 4-17 所示都是点浇口注射模结构。点浇口的截面积很小，开模时很易拉断而分离，但取料较麻烦。

　　拉料杆拉断凝料结构如图 4-16 所示。这是一个浮动拉钩式自动脱落凝料的结构，开模时，模具先由Ⅰ面处分型，拉料杆 3 将全流道凝料拉出，拉钩 4 随之移动，接着定模座板 6 碰到拉钩 4 的台阶，拉钩便将浇口拉断；当限位钉 1 起作用后，模具沿Ⅱ面分开，并拉出型腔板 2 将浇注系统凝料从拉料杆 3 上刮落，凝料便自动掉落。

4.5.3　三次分型面

　　推料板拉断凝料结构如图 4-17、图 4-18 所示。开模时，模具首先沿Ⅰ面分开浇口套，

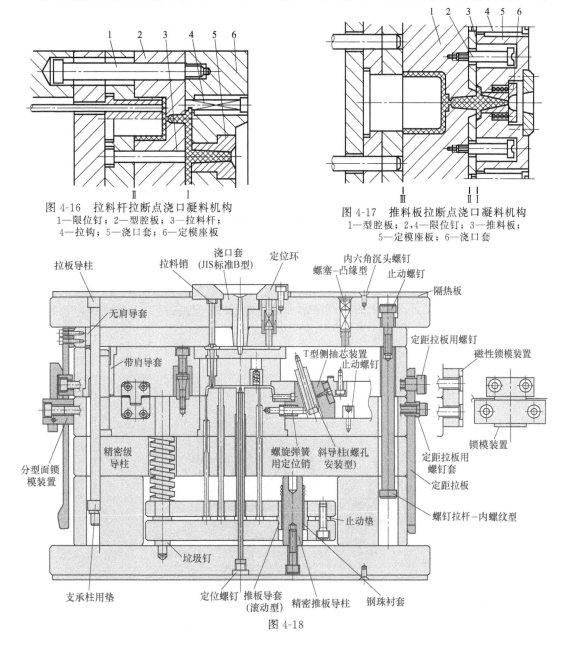

图 4-16　拉料杆拉断点浇口凝料机构
1—限位钉；2—型腔板；3—拉料杆；
4—拉钩；5—浇口套；6—定模座板

图 4-17　推料板拉断点浇口凝料机构
1—型腔板；2,4—限位钉；3—推料板；
5—定模座板；6—浇口套

图 4-18

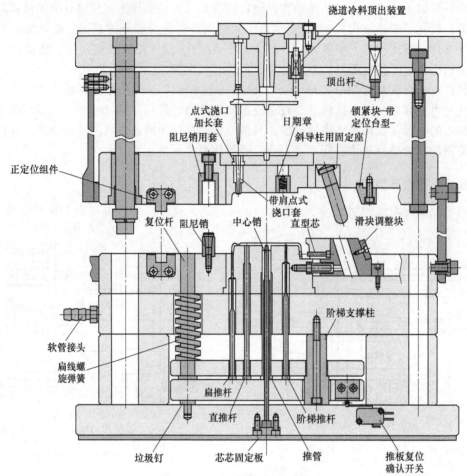

图 4-18 三次分型面注塑模具

当动模打开至限位钉 4 起限位作用时，模具即随 Ⅱ 面分开，主流道拖推料板 3 将浇口凝料拉断，并将凝料从型腔板 1 中拉出而自动坠落。第三次分型（含三次以上分型面）顶出型腔板，把零塑件推出。

4.5.4 垂直分型面

采用斜滑块结构的模具，其分型面就是垂直（包括水平分型）分型面，如图 4-19 所示。

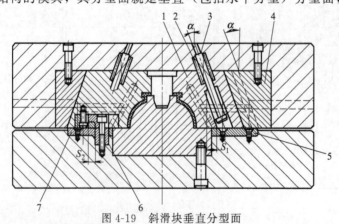

图 4-19 斜滑块垂直分型面

1—斜滑块；2—弹簧；3—限位钉；4—斜滑块导向座；5—耐磨块；6—下拉钩；7—上拉钩

4.5.5　叠层模

叠层模是一次注塑有两个产品的热流道模具,模具价格高于普通模具两倍,它相当于将两副模具叠在一起,安装在注塑机上进行生产。双层或多层的叠层模是一种高效、节能的新型注塑模具。

叠层模的模具结构较为复杂一些,由热流道系统、专用模架系统、承载导向系统、双向顶出系统、开合模联动系统等组成,如图 4-20 所示。

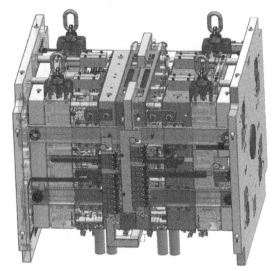

图 4-20　叠层模

4.6　按注塑模具的浇注系统特征分类

注塑模具按浇注系统特征分类,可分为冷料道注塑模具、无流道模具、温流道注塑模具三大类。

4.6.1　冷料道注塑模具

注塑模具的料道中有凝料,每次注塑成型后都要去除凝料,如图 4-17 所示。

4.6.2　热流道注塑模具

热流道模具是无流道模具的一种,如图 4-21 所示。详细内容见第 10 章中 10.5　无流道注塑模具的类型及结构。

4.6.3　温流道注塑模具

温流道注塑模具适用于热固性塑料。热固性塑料交联固化后不能再生,因此它的无流道凝料注射模就具有更大的实用性。将热流道原理用于热固性塑料注射成型的工艺装置称为温流道注射模。温流道热源来自热水或热油循环控温系统,料筒和喷嘴温度通常保持在 90～110℃,以保证塑料处于流动状态。

如图 4-22 所示,型腔部分为高温区,温度大多在 145～180℃。熔料注入型腔后,在受热承压条件下交联固化。其与流道低温区之间的绝热是温度精确控制的关键。浇注系统通道应采用圆截面,直径通常为 6～8mm,型腔与流道表面均需镀铬处理。喷嘴孔径一般不小于 4mm,并带有 0.5°～1°的锥角。分型面上应开设排气槽。在流道板上有分型面,并备有启闭锁扣。

4.6.4　高光良注塑模具

多点浇口的注塑模具,在注塑成型时,两股或两股以上的冷料熔合处,会产生拼缝线即熔接痕。为了满足成型制品的表面高质量无熔接痕的现象存在,如液晶电视机的面板就需要应用高光良注塑模具注塑成型。此模具的特点是在注射成型时,把模具的动、定模升温迅速升到与熔料温度一样(克服了熔接痕的产生)再注塑成型,然后迅速地把模具的动、定模迅速冷却,

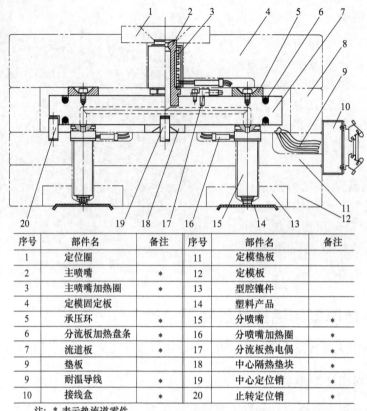

序号	部件名	备注	序号	部件名	备注
1	定位圈		11	定模垫板	
2	主喷嘴	*	12	定模板	
3	主喷嘴加热圈	*	13	型腔镶件	
4	定模固定板		14	塑料产品	
5	承压环	*	15	分喷嘴	*
6	分流板加热盘条	*	16	分喷嘴加热圈	*
7	流道板	*	17	分流板热电偶	*
9	垫板		18	中心隔热垫块	*
9	耐温导线	*	19	中心定位销	*
10	接线盒	*	20	止转定位销	*

注: * 表示热流道零件

图 4-21　热流道模具

保压，取件，然后再把动、定模升温，这样周而复始地工作的模具为高光良注塑模具。

4.6.5　模内贴膜注塑模具

洗衣机的面板、电饭煲的面板、智能手机的面板等模内贴膜注塑模。

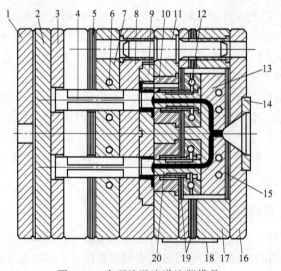

图 4-22　多型腔温流道注塑模具

1—动模座板；2—推板；3—推杆固定板；4—推杆；5,15,19—绝热板；6—加热棒；7—动模垫板；8—动模板；9—凹模镶块；10—型芯；11—定模板；12—水管；13—流道板；14—定位圈；16—定模座板；17—垫块；18—启闭锁扣；20—喷嘴

4.7　按成型零件结构分类

注塑模按成型零件结构分类有整体式、镶拼式结构，要根据塑件的形状、结构、生产批量、模具的结构、零件的用料成本和加工成本、零件的加工工艺等因素，综合考虑采用整体式还是镶拼式结构。

4.8　按注塑模具的用途分类

按注塑模具的用途分类，典型的注塑模具有双色注塑模、气辅注塑模、低压注塑模、玻璃包胶模、模内贴膜模、吹塑模等。

4.9　按注射成型工艺特点分类

注塑模按注射成型工艺特点分类，可分为热塑性塑料注塑模具、热固性塑料注塑模具、发泡（高、低、微）塑料注塑模具和精密注射模具等。

4.10　按注塑模具的大小分类

4.10.1　按模具的重量分类

注塑模具的大小按模具的重量分类，见表 4-2。

表 4-2　按模具重量划分模具类型

模具类型	微型	小型	中型	大型	特大型
模具质量	≤5kg	5～100kg	100～2000kg	2～30t	>30t

注：通常把模具质量在 2t 以上的注塑模具称为大型注塑模具。

4.10.2　按使用的注塑机锁模力分类

注塑模具的大小按使用的注塑机锁模力分类，见表 4-3。

表 4-3　按使用的注塑机锁模力分类

序号	级别	额定容量/cm³	锁模力/kN
1	微型注塑机	<10	<300
2	小型注塑机	15、30、60、80、125、250	≤1500
3	中型注塑机	350、500、1000、2000、3000	≤6500
4	大型注塑机	4000、6000、8000、16000、24000	≥7500
5	特大型注塑机	32000、48000、64000、80000、96000	≥30000

4.11　注塑模具的工作原理

任何注塑模具都可以分为定模和动模两大部分。定模部分安装固定在注塑机的定模镶板上，在注射成型过程中始终保持静止不动；动模部分则安装固定在注射机的移动镶板上，在注射成型过程中可随注塑机上的合模系统运动。开始注射成型时，合模系统带着动模部分朝着定模方向移动，并在分型面处与定模部分闭合，其对合的精确度由合模导向机构即由导柱和固定在定模板上的导套来保证。动模和定模闭合之后，加工在定模板中的定模型腔与固定在动模板上的动模构成与制品形状和尺寸一致的闭合模腔，模腔在注塑机合模过程中被合模系统提供的合模力锁紧，以避免它在塑料熔体的压力下胀开。注塑机从喷嘴中注射出的塑料熔体经由开设在浇口套中的主流道进入模腔，再经由分流道和浇口进入模腔，待熔体充满模腔并经过保压、补缩和冷却定型之后，合模系统便带动动模后撤复位，从而使动模和定模两部分从分型面处分开。当动模后撤到一定位置时，安装在其内部的顶出脱模机构将会在注塑机顶棒的推顶作用下与动模其他部分产生相对运动，于是制品和浇口及流道中的凝料将会被它们从动模上以及从动模一侧的分流道中顶出脱落，就此完成一次注射成型过程。

4.12 注塑模具的结构组成及零件名称

根据功能和作用的不同，将注塑模的结构零件分为成型零件、导向和定位机构、浇注系统、侧向分型与抽芯机构、脱模机构、温控系统、排气系统、注塑模具结构件及附件等八大部分。下面对这些部件的作用作简单的介绍。

有关注塑模具零件名称及技术术语的国标，据悉已在制订。设计时要求名称统一，避免采用地区语言或非书面语。由于受到广东、深圳、香港地区的影响，有的企业把滑块叫行位，把动、定模叫前、后模仁，把浇口叫水口，把导套叫托司，把楔紧块叫铲鸡，把加强筋叫骨位，把定位叫管位，把配模叫省位，把分型面延伸处叫枕位等。具体的见"附表4不同地区模具术语对照表"。

4.12.1 成型零件

成型零件是决定塑件制品内、外形状和尺寸的零件，通常模具的定模决定了制品外型的零件，也叫型腔；动模决定了制品内型的零件，习惯上叫型芯或动模。动、定模有的是整体的，有的采用镶块，由两个以上零件组合而成。如图4-23所示的模具中，动、定模不是整体的。动模型芯6、动模镶块8决定了成型塑件的内部形状，滑块4、定模型腔9的型腔面的形状和脱模板1的成型面的形状决定了成型塑件的外部形状。

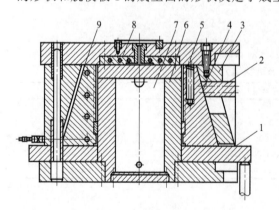

图 4-23 啤酒箱注塑模具

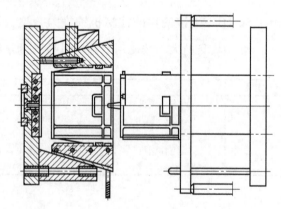

图 4-24 脱模过程示意图

1—脱模板；2—导滑块；3—斜滑槽；4—滑块；5—压簧；
6—型芯；7—盖板；8—动模镶块；9—定模型腔

矩形深壳体塑件如啤酒箱、汽水箱等注射成型时，一般可采用图4-23所示的整体斜滑槽式结构。这类塑件，在模具设计上，要求模具四侧同时开始抽芯，使制品停留在动模一边，实现顶出脱模。为了保证模具有足够的刚度，定模部分的型腔必须是整体的。其动模部分四侧滑块都在整体的滑槽内。

开模时，制品对型芯 6 的包紧力很大，首先滑块 4 分型，沿斜滑槽 3 运动，同时进行向外抽芯运动，当丁字形的导滑块 2 达到抽拔距后，斜滑块 4 完全与制品脱开。制品仍然包紧在型芯 6 上，继续开模，脱模板 1 由于顶出动作将制品从模芯上脱下，完成全部脱模动作，如图 4-24 所示。

图 4-25 是汽车部件的门板注塑模具立体示意图。

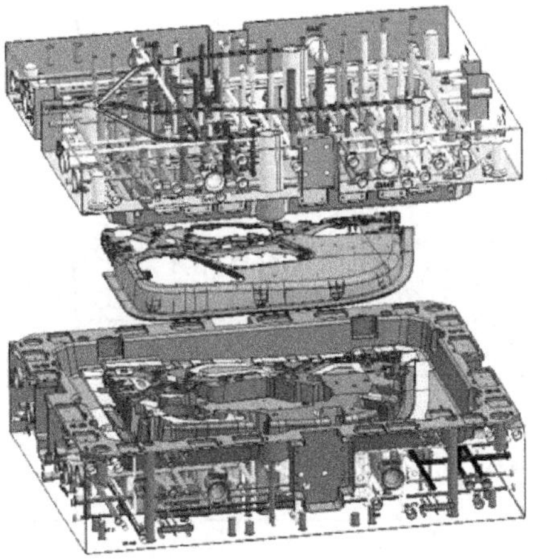

图 4-25　汽车门板模的动、定模立体示意图

4.12.2　导向机构和定位机构

注塑模都有相对运动的动、定模，合模时为了防止成型零件相互碰撞损坏，设置了导向机构。导向机构分为动模与定模之间的导向机构和顶出机构的导向机构两类。但光有导向机构保证不了动模和定模在合模时准确对合和成型塑件形状、尺寸的精度，还需要定位机构。

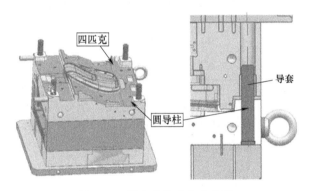

图 4-26　导向机构和定位机构

图 4-26 是导向机构和定位机构的立体图，图 4-27 中的顶板导柱 18、顶板导套 17，是避免顶出过程中顶杆固定板 10 与顶杆垫板 11 歪斜而设置的。

4.12.3　浇注系统

浇注系统是熔融塑料从注塑机喷嘴进入模具型腔所流经的通道，它由主流道、分流道、浇口和冷料穴组成。

4.12.4　侧向分型与抽芯机构

当塑件上的侧向有凹凸形状的孔或凸台时，就需要有侧向的凸模或型芯来成型。在开模推出塑件之前，必须先将侧向凸模或侧向型芯从塑件上脱出或抽出，塑件才能顺利脱模。使侧向凸模或侧向型芯移动的机构称为侧向抽芯机构。图 4-27 所示为斜导柱驱动型芯滑块侧向抽芯的注射模具，侧向抽芯机构是由斜导柱 25、活动滑块 20、锁紧楔 24 和活动滑块的定位装置（挡块 19、滑块拉杆 21、弹簧 23）等组成的。

4.12.5　脱模机构

脱模机构是用于开模时将塑件从模具中脱出的装置，又称顶出机构。其结构形式很多，常见的有顶杆脱模机构、推板脱模机构和推管脱模机构等。如图 4-27 所示顶杆垫板 11、顶杆固定板 10、顶管 16（或顶杆）、复位杆 8 和顶板导柱 18、顶板导套 17 等组成脱模机构以及复杂模具的脱模机构的部件、辅助零件，如螺纹脱模机构、油缸等。

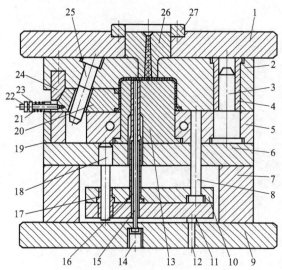

图 4-27　斜导柱侧抽芯顶管脱模式注射模具

1—定模固定板；2—定模型板；3—导柱；4—导套；
5—动模型板；6—垫板；7—支撑块；8—复位杆；
9—动模固定板；10—顶杆固定板；11—顶杆垫板；
12—支撑钉；13—动模；14—螺堵；15—型芯；
16—顶管；17—顶板导套；18—顶板导柱；19—挡块；
20—活动滑块；21—滑块拉杆；22—螺母；23—弹簧；
24—锁紧楔；25—斜导柱；26—浇口套；27—定位环

4.12.6　温控系统

注塑模的温度控制系统包括冷却和加热两方面，绝大多数注塑模具都设有冷却系统，成型特殊塑料的模具需设置加热元件。因为熔料注入模具时的温度一般在 $200 \sim 300℃$ 之间，模具温度一般在 $60 \sim 80℃$ 之间，所以熔料在成型时会使模具温度升高。为了满足模具温度对成型工艺的要求，减少成型周期，提高生产效率，同时保证制品成型质量，每副模具都必须要有把模具温度控制在合理范围内的结构，这就是温度控制系统。注塑模具温度控制系统包括冷却系统。冷却系统零件包括水道、冷却水管、水管接头、分配器等。

4.12.7　排气系统

在注射成型过程中，为了将型腔内的空气排出，常常需要开设排气系统，通常是在分型面上有目的地开设若干条沟槽，或利用模具的推杆或型芯与模板之间的配合间隙进行排气。小型塑件的排气量不大，因此可直接利用分型面排气．而不必另设排气槽。

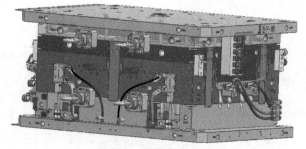

图 4-28　模具外形附件

4.12.8　注塑模具结构件及附件

结构件是指模架的组成部分和用于安装、定位及完成各种动作的辅助零件，如浇口套、定位圈、内六角螺钉、垃圾钉、吊装螺钉、动定模锁模块、三板模定距分型机构、弹簧、支撑柱、铭牌，冷却系统的密封圈、管接头、分配器、冷却水管，油缸、电器等。图 4-28 所示为模具外形附件。图 4-29 所示是模具

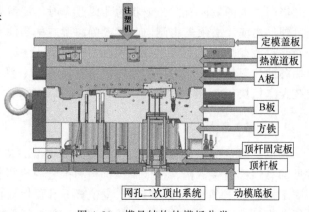

图 4-29　模具结构的模板分类

注塑机

定模盖板
热流道板
A板
B板
方铁
顶杆固定板
顶杆板
动模底板
网孔二次顶出系统

结构的模板分类。

4.13　汽车的塑件模具图例

图 4-30 所示分别是汽车保险杠模具、仪表板模具、门板模具、控制台模具、空调系统的壳体模具、法兰模具等。

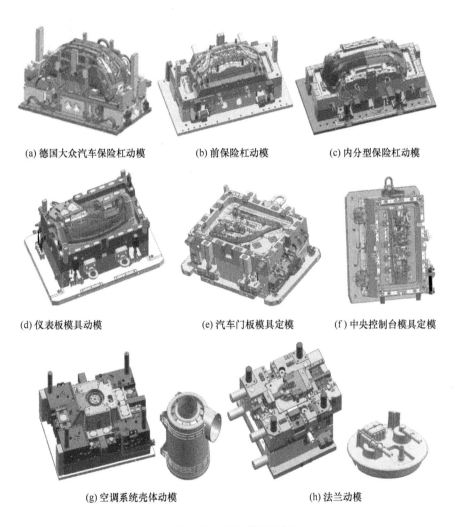

| (a) 德国大众汽车保险杠动模 | (b) 前保险杠动模 | (c) 内分型保险杠动模 |

| (d) 仪表板模具动模 | (e) 汽车门板模具定模 | (f) 中央控制台模具定模 |

| (g) 空调系统壳体动模 | (h) 法兰动模 |

图 4-30　汽车模具图例

复习思考题

1. 什么叫模具？什么叫注塑模具？
2. 模具有哪三大功能？
3. 模具有哪几种分类方法？
4. 定模与动模怎样区别？

5. 什么叫多型腔模具？多型腔模具有哪几类？

6. 注塑模具按注塑机外形结构不同，分哪三种模具？

7. 二板模与三板模有什么不同？

8. 注塑模具根据分型面结构特征分类有哪几种？

9. 注塑模具按浇注系统特征分类有哪几种？

10. 注塑模具按用途分类有哪几种？

11. 注塑模具的结构组成由哪八大部件组成？其作用是什么？

12. 注塑模具的零件名称为什么需要统一规定？请解释下列名称：行位、大水口、模仁、司筒。

第 5 章 ▶▶ 模架与结构件设计

模架的类型、规格、型号及结构件的选用要根据模具结构进行设计。

为缩短模具的制造周期，降低模具制造成本，模架应该优先选用标准模架。市场上的国内标准模架有龙记（LKM）、米粟米（MISUMI）、福得巴（FUTABA）、明利（MINGLEE）和天祥（CSKYLUCKY）等，国外的有美国 DME、欧洲 HASCO 等模架品牌。实际设计过程中，常常根据客户的要求、模具的寿命、精度等级、模具的结构以及模架的加工程度等因素来选用模具品牌。

结构零件是指模架用于安装、定位及完成各种动作的零件，如图 5-1 所示。主要由定位圈、浇口套、拉料杆、挡销、复位杆、限位柱、推板复位弹簧、垃圾钉、弹力胶、定距分型机构、支撑柱、模具铭牌、隔热板、推杆防尘盖、锁模条、定位销、内六角螺钉、吊环螺钉、油缸等组成。

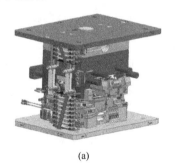
(a)

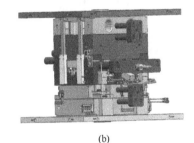
(b)

图 5-1　模具结构件

对于简单的中小型模具来说，结构件的数量和型号不多，但对于大型模具来说，较为复杂、繁琐，设计的工作量也较大。因此，要求设计师熟悉模架的类别和选用、模具的标准件、模具的设计标准、客户的设计标准，只有这样才能得心应手地选用结构件，避免设计错误。

注塑模具的模架及结构件设计包括以下几方面内容。

① 模板外形尺寸的确定，模架型号、规格的选用及开框尺寸的确定。

② 动模板、定模板的设计，动模板、定模板厚度及开框尺寸。

③ 如果是三板模，需考虑定距分型机构的设计。

④ 定模定位圈、浇口套的设计。

⑤ 顶板复位弹簧的数量、大小、位置、长度的设计。

⑥ 顶板复位杆、弹簧、限位柱、垃圾钉的设计。

⑦ 支撑柱的大小、位置、数量、尺寸的设计。

⑧ 螺纹孔、内六角螺钉、吊环螺钉、锁模条等零件的大小、位置的设计。

⑨ 模具与注塑机相匹配零件的技术参数设计，如顶出孔的位置、大小，动模的定位圈等零件的设计。

⑩ 模具的结构件及各系统的配件、附件，如油缸、模具铭牌等的设计选用。

5.1 注塑模具模架的类型及名称

模架已标准化，根据模架结构特征可分为 36 种主要结构，应用时具体的详情要查看标准《塑料注射模模架》（GB/T 12555—2006），这里只介绍基本型模架。

① 模架分类及组成零件的名称：按照在模具中的应用方式，模架分为直浇口与点浇口两种形式，如图 5-2、图 5-3 所示。

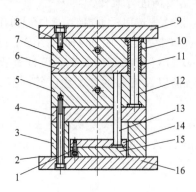

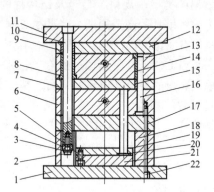

图 5-2　直浇口模架

1,2,8—内六角圆柱头螺钉；3—垫块；
4—支撑板；5—动模板；6—推件板；7—定模板；
9—定模座板；10—带头导套；11—直导套；
12—带头导柱；13—复位杆；14—推杆固定板；
15—推板；16—动模座板

图 5-3　点浇口模架

1—动模座板；2,5,22—内六角圆柱头螺钉；3—弹簧垫圈；
4—挡环；6—动模板；7—推件板；8,14—带头导套；
9,15—直导套；10—拉杆导柱；11—定模座板；
12—推料板；13—定模板；16—带头导套；17—支撑板；
18—垫铁；19—复位；20—推杆固定板；21—推板

② 标准模架有二板模模架（又称直浇口系统模架）、标准型三板模模架（又称点浇口系统模架）和简化型三板模模架（又称简化点浇口系统模架）三种。这是三种基本型模架，其他模架都是由这三种模架演变而成的派生型模架。直浇口模具实际上就是二板模。当点浇口三板模模具采用了热流道时，就不需要三板模结构了，特殊情况除外。

直浇口模架基本型有 A、B、C、D 四种，A 型如图 5-4 所示，定模两模板，动模两模板；B 型如图 5-5 所示，定模两模板，动模两模板，加装推件板；C 型如图 5-6 所示，定模两模板，动模一模板；D 型如图 5-7 所示，定模两模板，动模一模板，加装推件板。

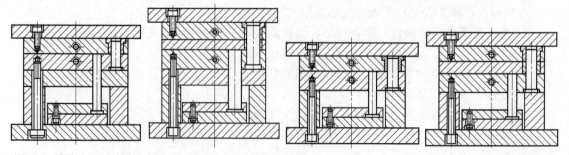

图 5-4　直浇口 A 型模架　　图 5-5　直浇口 B 型模架　　图 5-6　直浇口 C 型模架　　图 5-7　直浇口 D 型模架

③ 点浇口模架是在直浇口模架的基础上加装推料板和拉杆导柱后制成的，其基本型也分为四种，相应为 DA、DB、DC、DD 型，分别如图 5-8～图 5-11 所示。

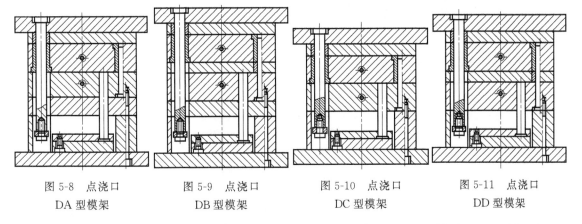

图 5-8　点浇口 DA 型模架　　图 5-9　点浇口 DB 型模架　　图 5-10　点浇口 DC 型模架　　图 5-11　点浇口 DD 型模架

④ 根据需要模架有工字模和直身模之分，通常大型模具和三板模采用工字模，如图 5-12所示；通常二板模和中小型模具采用直身模，如图 5-13 所示。

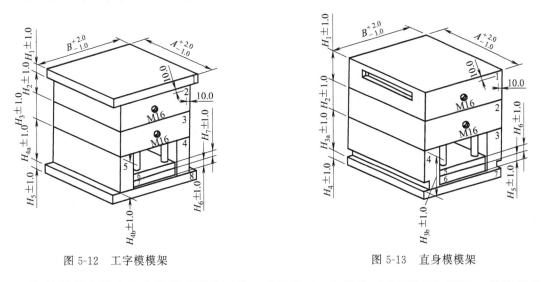

图 5-12　工字模模架　　　　　　　　　图 5-13　直身模模架

⑤ 按导柱和导套的安装形式可分正装（代号取 Z）和反装（代号取 F）两种。导柱有带头导柱、有肩导柱和有肩定位导柱三种，如图 5-14 所示，图（a）～图（c）所示为正装，图（d）～图（f）所示为反装。

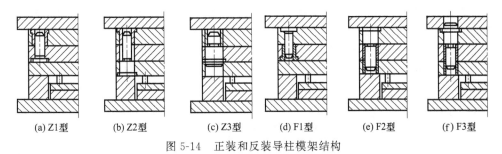

(a) Z1型　　(b) Z2型　　(c) Z3型　　(d) F1型　　(e) F2型　　(f) F3型

图 5-14　正装和反装导柱模架结构

5.2　模架的标记方法

注塑模架的标记方法，如图 5-15 所示。

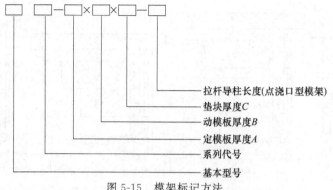

图 5-15　模架标记方法

例1　模板宽 200mm、长 250mm，$A=50$mm，$B=40$mm，$C=70$mm 的直浇口 A 型模架标记如下：

模架 A　2025-50×40×70　GB/T 12555—2006

例2　模板宽 300mm、长 300mm，$A=50$mm，$B=60$mm，$C=90$mm，拉杆导柱长度 200mm 的点浇口 B 型模架标记如下：

模架 B　3030-50×60×90-200　GB/T 12555—2006

5.3　模架选用原则和要求

选用何种模架由制品的特点和模具型腔数来决定，标准模架通常只有三种大类型：二板模、简化型三板模、标准型三板模。

① 根据模具的结构形式，满足模具成型目的和按客户指定模架要求标准选用，能用二板模的，不使用三板模，因为二板模结构简单，制造成本低。

② 优先选取标准模架。如果标准模架的尺寸满足不了设计要求，可采用非标准模架，不要勉强使用标准模架。当制品必须采用点浇口时则选用三板模模架。热流道模具都用二板模模架。

③ 所选取的模架要适合注塑机的技术参数，能满足最大与最小的闭合高度，满足在开模行程中的顶出行程和顶出方式。外形尺寸要小于注塑机立柱间距 5mm，在保证模具有足够的强度和刚性的前提下，尺寸宜小不宜大。

对于直身模与工字模架的选用，通常三板模选用工字模架，一般模具由于外形受到注塑机的限制，而采用直身模。

④ 当模具的型腔、型芯采取整体结构时，A 板、B 板要按动、定模板要求的材料订做标准模架，在订购模架的图中要标明材料牌号和热处理要求。

⑤ 采用镶块结构的标准模架，最好要求生产厂家把模架上镶框尺寸加工好，或留有 2～5mm 加工余量，以防变形。

⑥ 模架的四个导柱孔中有一个是偏移的，因此，设计模具时要注意模架的设计基准，应将偏移的导柱孔的直角边作为基准。

⑦ 精度高的、寿命要求高的模具尽量采用标准型三板模。

5.4　模架的选用步骤

标准模架的选用取决于制品尺寸大小、形状、型腔数、浇注形式、模具结构、模具的分型面、制品的脱模方式、定模和动模的组合形式、注塑机规格以及设计者的理念、意愿等因素。

5.4.1　模架形式的选用步骤

① 确定模架的组合形式，选用模架规格型号。

② 确定型腔数、型腔布局、型腔周界尺寸。

③ 确定模板大小，A、B 板厚度及其他板的厚度。

④ 确定各系统的结构布局。

⑤ 确定模架型号。

⑥ 检验所选模架规格。

⑦ 确定非标准模架尺寸。

5.4.2　模架选用示例

如图 5-16 所示为普通流道二板模，图 5-17 所示为热射嘴二板模，图 5-18 所示为热流道板二板模，图 5-19 所示为标准型三板模。

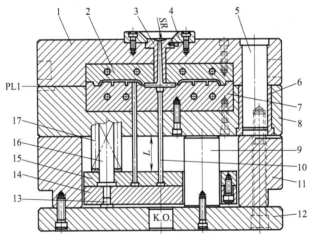

图 5-16　普通流道二板模

1—定模 A 板；2—定模镶件；3—浇口套；4—定位圈；5—导柱；6—导套；7—动模镶件；8—动模 B 板；9—支撑柱；10—流道拉杆；11—垫铁；12—动模底板；13—限位钉；14—推杆底板；15—推杆固定板；16—复位杆；17—复位弹簧

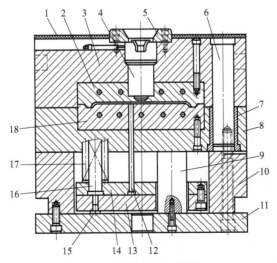

图 5-17　热射嘴二板模

1—隔热板；2—定模镶件；3—定模 A 板；4—热射嘴；5—定位圈；6—导柱；7—导套；8—动模 B 板；9—支撑柱；10—垫铁；11—动模底扳；12—推杆；13—推杆底板；14—推杆固定板；15—限位钉；16—复位杆；17—复位弹簧；18—动模镶件弹簧

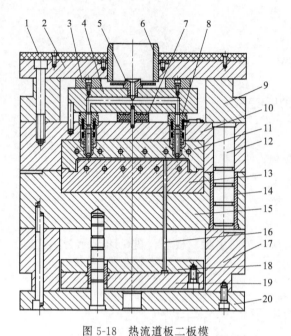

图 5-18　热流道板二板模

1—隔热板；2—定模面板；3—隔热片；4—热流道板；
5—一级热射嘴；6—定位圈；7—中心隔热垫片；
8—二级热射嘴；9—定模垫铁；10—定模 A 板；
11—定模镶件；12—导柱；13—动模镶件；
14—导套；15—动模 B 板；16—推杆；17—垫铁；
18—推杆固定板；19—推杆底板；20—动模底板

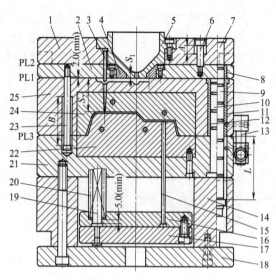

图 5-19　标准型三板模

1—面板；2—流道推板；3—流道拉杆；4—衬套；5—浇口套；
6—限位螺钉；7—定模导柱；8—导套；9—定模方铁；
10—动模导柱；11,12—导套；13—扣基；14—垫铁；
15—推杆；16—推杆固定板；17—推杆底板；18—动模底板；
19—复位杆；20—复位弹簧；21—动模 B 板；22—动模镶件；
23—小拉杆；24—定模镶件；25—定模 A 板

5.5　模架尺寸的确定

首先对塑件图样分析后，考虑模具的结构形式和制造工艺的可行性，一般根据构想图，确定一个最佳的模具结构设计方案，然后再确定模架尺寸。

模架尺寸的确定可参考第 16 章内容：一种办法是通过计算；另一种办法是根据塑件投影面积，用经验值来确定模板和镶件的尺寸。

模架的尺寸取决于成型零件的外形尺寸和动、定模的结构，而成型零件的外形尺寸又取决于塑件的尺寸，同时同模具结构特点和型腔数有关。从经济的角度来看，在满足刚度和强度要求的前提下，模具的结构尺寸越紧凑越好。

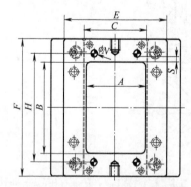

图 5-20　模架长、宽尺寸的确定

模架是标准件，模具设计时只要确定定模 A 板和动模 B 板的长、宽、高，其他模板大小以及其他标准件（如螺钉和复位杆等）的大小和位置都随之确定。所以这里主要讨论定模 A 板和动模 B 板的长、宽、高尺寸如何确定。

5.5.1　定模 A 板和动模 B 板的长、宽尺寸

A、B 板的长、宽尺寸确定见图 5-20。

内模镶件的长、宽尺寸 A 和 B 确定后，就可以确定模架长、宽尺寸 E 和 F。

一般来说，在没有侧向抽芯的模具中，模板开框尺寸

A 应大致等于模架推杆板宽度尺寸 C，在标准模架中，尺寸 C 和 E 是一一对应的，所以知道尺寸 A 就可以在标准模架手册中找到模架宽度尺寸 E。

当模架宽度尺寸 E 确定后，复位杆的直径 N 也确定了。在没有上、下侧向抽芯的情况下，一般取 $S≈10\text{mm}$，即：

$$H＝B＋N＋20\text{mm}$$

在标准模架中，尺寸 H 和 F 也是一一对应的，所以知道尺寸 H 就可以在标准模架手册中找到模架长度尺寸 F。

当模具有侧向抽芯机构时，要视滑块大小相应加大模架。小型滑块（滑块宽度 ≤ 80mm）模具长、宽尺寸在以上确定的基础上加大 50～100mm；中型滑块（80mm ＜ 滑块宽 ≤ 200mm）模具长、宽尺寸在以上确定的基础上加大 100～150mm；大型滑块（滑块宽度 ＞ 200mm）模具长、宽尺寸在以上确定的基础上加大 150～200mm。

5.5.2　A、B 板的厚度尺寸确定

动、定模板高度的确定如图 5-21 所示。有面板时，小型模具（模宽 ≤ 250mm）：$H_a＝a＋(15～20\text{mm})$；中型模具（250mm ＜ 模宽 ≤ 400mm）：$H_a＝a＋(20～30\text{mm})$；大型模具（模宽 ＞ 400mm）：$H_a ＝ a ＋ (30～40\text{mm})$。

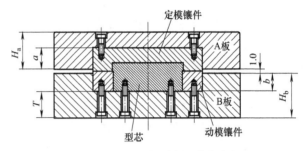

图 5-21　A、B 板厚度尺寸的确定

定模板的高度尽量取小些，原因有两个：减小主流道长度，减轻模具的排气负担，缩短成型周期；定模安装在注塑机上生产时，紧贴注塑机定模板，无变形的后患。

动模 B 板高度：一般等于开框深度加 30～60mm。动模板高度尽量取大些，以增加模具的强度和刚度，具体可按表 5-1 选取。动、定模板的长、宽、高尺寸都已标准化，设计时尽量取标准值，避免采用非标准模架。

表 5-1　B 板开框后钢厚 T 的经验确定法　　　　　　　　　　　　单位：mm

$A×B$ ＼ 框深 a	＜20	20～30	30～40	40～50	50～60	＞60
＜100×100	20～25	25～30	30～35	35～40	40～45	45～50
100×100～200×200	25～30	30～35	35～40	40～45	45～50	50～55
200×200～300×300	30～35	35～40	40～45	45～50	50～55	55～60
＞300×300	35～40	40～45	45～50	50～55	≈55	≈60

注：1. 表中的 "$A×B$" 和 "框深 a" 分别指动模板开框的长、宽和深。

2. 动模 B 板的高度等于开框深度 a 加钢厚 T，向上取标准值（公制一般为 10 的倍数）。

3. 如果动模有侧抽芯、滑块槽，或因推杆太多而无法加撑柱时，须在表中数据的基础上再加 5～10mm。

5.5.3　垫铁高度的确定

垫铁的高度已标准化，一般情况下，当定模 A 板和动模 B 板的长、宽、高确定后，垫铁的高度也可以确定。垫铁的高度 H 等于顶板和顶杆固定板的厚度加上制品顶出距离、垃圾钉高度、限位柱高度（安全距 10～15mm）的总高度，必须使顶杆板有足够的推出距离，以保证塑件安全脱离模具。

如果顶出距离不够，则需要将垫铁加高，这时才采用非标准高度的垫铁。下列情况下，垫铁需要加高。

① 零件很深或很高，顶出距离大，标准垫铁高度不够。

② 双顶板二次顶出，因垫铁内有四块板，缩小了顶杆板的顶出距离，为将塑件安全顶出，需要加高垫铁。

③ 内螺纹推出模具时，因垫铁内有齿轮传动，有时也要加高垫铁。

④ 采用斜顶杆抽芯的模具，若抽芯距离较大，需要增高垫铁。

⑤ 为了满足注塑机最小的闭合高度，需要加高垫铁。

⑥ 垫铁加高的尺寸较大时，为提高模具的强度和刚度，有时还要加大垫铁的宽度。

5.5.4　确定模架尺寸应注意的事项

① 确定型腔数目、分型面的位置及浇口类型后，确定塑件在模具中的排布及动、定模的塑件封胶面宽度尺寸。注意塑件在模具中的排布方式，会直接影响到模架的大小。

② 需要考虑模架的整体要有足够的强度，参阅第 16 章。

③ 确定动、定模型腔的成型结构形式，即根据模具结构特点来确定采用整体式还是镶拼式，同时确定整体式尺寸或型腔镶块的大致尺寸。

④ 确定侧向抽芯机构和导向机构、定位机构、顶出机构如滑块、斜导柱、斜滑块、斜楔、斜推杆、导柱、导套、复位杆、顶杆、液压缸等的结构及位置排布。确定冷却水道的分布形式及空间位置等。如点浇口形式的三板模，要考虑到安放拉杆的位置等。

⑤ 根据模具结构，确定动模板（B 板）和定模板（A 板）的厚度。同时要考虑各部分的合适比例、镶块的固定深度、滑块的高度与长宽比等，选定动、定模板的厚度。另外，垫铁的高度需根据实际塑件的特点而定。若型腔较深，需加高垫铁以保证足够的推出距离。

⑥ 采用标准模架，根据结构形式和模板外形大小、厚度的要求在标准模架中查出相近的模架尺寸选定模架，并要尽量选用模架标准中的尺寸系列数值。

⑦ 在基本确定模架的规格型号和尺寸大小后，还应对模架的整体结构进行校核，检查模架有关尺寸是否与客户所提供的注塑机参数相符，如：模架的外形尺寸、最大开模行程、顶杆孔距、顶出方式和顶出行程等。

5.6　模架的基本加工项目及要求

5.6.1　定模 A 板、动模 B 板开框

中、大型模具不是整体式的而是采用镶块结构的模具，模架一般需要开框。根据内模镶件结构不同，开框有两种方式，镶件为圆角时，模框 R 要大于模芯 R，如图 5-22（b）所示；当模芯为直角时，模框四角需要如图 5-22（c）所示。根据开框的精度不同，开框分开粗框和开精框。粗框的长、宽尺寸比精框分别小 4～6mm，深度尺寸小 0.5～1mm，值取决于开框深度，见表 5-2～表 5-4。

精框与内模镶件的配合公差是 H7/m6，即过渡配合。

表 5-2　当内模镶件为圆角时精框开框深度与圆角半径的关系　　　　　　　　　　mm

D	1～50	51～100	101～150	≥151
模板 R	13	16	26	32
镶件 R	14	17	27	34

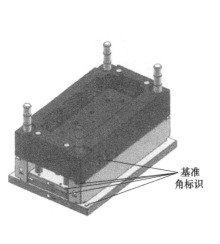

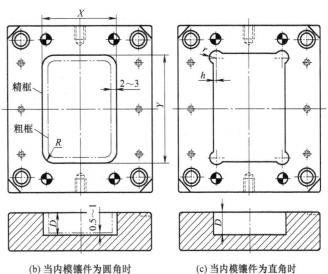

图 5-22　模板开粗框

表 5-3　当内模镶件为直角时精框开框
深度与避空角半径的关系　　　mm

精框大小	<150×150	150×150~300×300	≥300×300
r	16	20	25
h	5	6	7

表 5-4　粗框开框大小与圆角半径的关系
mm

X	Y	R
≤210	≤210	25
>210	>210	32

5.6.2　撬模槽

撬模槽的作用是方便模具打开，一般加工在定模 A 板或动模 B 板以及推杆板的四个角上，见图 5-23，其大小和深度见表 5-5。

表 5-5　标准撬模槽尺寸　　mm

模架规格	撬模槽规格			
	E	F	H	K
2020~2740	26×45°	15×45°	5.0	3.0
3030~3060	32×45°	20×45°	8.0	
3555~4570	36×45°		10.0	5.0
5050~6080	45×45°	25×45°	12.0	
7070~1000	50×45°	30×45°	15.0	8.0

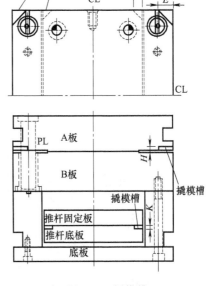

图 5-23　撬模槽

5.6.3　顶杆孔尺寸

注塑机顶棍通过注塑模具的 K.O 孔推动推杆底板和推杆固定板，再由推出零件将塑件顶离模具。不同规格型号的注塑机 K.O 孔的大小和位置不尽相同，设计时应注意客户提供的注塑机的资料：规格型号，是英制还是公制等。此外，还要注意客户是否要求在顶针底板上攻牙。

一般的模具只设计一个顶棍孔，位置在模具中心，但当模具较大，模具主流道偏离模具中心的尺寸较大，或者模具上下推出件数量相差很多时，为了使推板推出平稳，往往要采用两个或两个以上的顶棍孔。同时要注意顶杆孔的中心与定位圈中心一致。

5.6.4　模板吊环螺孔设计要求

（1）模板吊环孔设计要求

①　每块模板侧面各边和沿模板两面中心线，均需要设置相应的吊环孔［模板重量超过50lb（22.65kg）的，都要设计吊环螺孔］；模具外形大于 550mm 的动、定模的上、下盖板，其顶面和侧面各需四个供吊模板用的吊环螺孔；当模架长度是宽度的 2 倍或以上时，模板两侧应各做两个吊环螺孔，如图 5-24、图 5-25 所示。

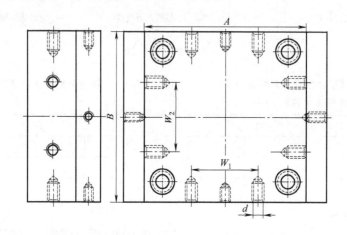

图 5-24　模板吊环孔规范（一）

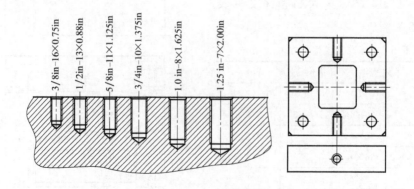

图 5-25　模板吊环孔规范（二）

注意：

a. 模板外边最少有一个吊模孔。

b. 7in（1in＝0.0254m）×8in 以下的模坯，只需在模板两短边各钻一个。

c. 吊模孔深度最少要有直径的 1～1.5 倍。

d. 吊模孔的位置应放在每块模板边的中央。

② 吊环螺孔深度至少取螺孔直径的 1.5 倍以上。吊环螺钉不能和冷却水管及螺钉等其他结构发生干涉。

③ 螺纹入口处必须有规范的倒角，要使吊环螺钉旋到位，与模板平面紧贴。

④ 保证吊环螺钉的螺纹长度是螺钉直径的 2 倍，螺纹底孔直径大小要达到规定要求。

⑤ 动模板底部、定模板顶面需要有相应的吊环孔。模脚如有吊环孔的，在顶板、顶杆固定板运动时不能有所干涉。

（2）吊环螺钉设计要求

① 设计吊环螺钉需考虑模具重量起吊允许负荷，吊环螺钉的主要尺寸及安全承载重量参见表 5-6 和图 5-26。

表 5-6　吊环螺钉的主要尺寸及安全承载重量　　　　　　　　　　　　　　mm

M	M12	M16	M20	M24	M30	M36	M42	M48	M64
D	60	72	81	90	110	133	151	171	212
d	30	36	40	45	50	70	75	80	108
安全承重/kg	180	480	630	930	1500	2300	3400	4500	900

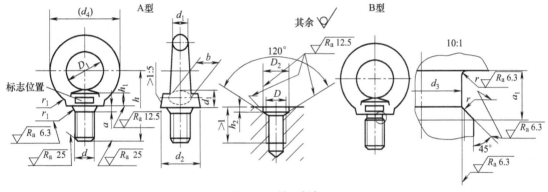

图 5-26　吊环螺钉

注意：

a. A 型螺孔加工成锥口，B 型螺孔加工成沟槽。

b. 标记示例：规格为 20mm、材料为 20 钢、经正火处理，不表面处理的 A 型吊环螺钉标记为吊环螺钉 GB/T 825—1988—M20。

② 美制、米制螺钉孔尺寸与模具重量的关系见表 5-7。米制吊环孔规范见表 5-8。英制 DME 旋转吊环，要配有垫圈使用，如图 5-27 所示。

表 5-7　螺钉孔尺寸与模具重量的关系

美制/in	米制/mm	安全重量/lb
3/8-16×0.75 深	M10×20 深	550 以下
1/2-13×0.88 深	M12×22 深	1000 以下
5/8-11×1.125 深	M16×28 深	2000 以下
3/4-10×1.375 深	M20×35 深	3000 以下
1.0-8×1.625 深	M24×42 深	6000 以下
1.25-7×2.00 深	M30×50 深	6000 以下

注：1. 1lb=0.45359237kg。

2. 3/8-16×0.75in 深，其中，3/8 指螺纹外径，16 指 1 英寸的牙数，0.75 是指螺纹的有效深度。

③ 吊环螺栓强度等级为 8.8 级。

④ 吊环螺栓不同吊链夹角下的载荷见表 5-9。

表 5-8　英制吊环孔规范 in

规范	B	A	L
允许负荷/lb	螺纹孔深度	底径孔深度	吊环螺纹长度
2400	1/2-13	2 1/8	1 1/2
4000	5/8-11	2 9/16	1 3/4
5000	3/4-10	2 13/16	2.00
9000	1-8	3 9/16	2 1/2
15000	1 1/4-7	4 7/16	3.00
21000	1 1/2-6	5 3/16	3 1/2
38000	2-4 1/2	6 7/8	4.000

表 5-9　吊环螺栓不同吊链夹角下的载荷

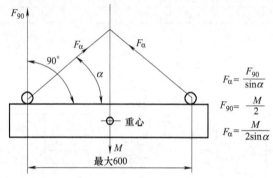

$$F_\alpha = \frac{F_{90}}{\sin\alpha}$$

$$F_{90} = \frac{M}{2}$$

$$F_\alpha = \frac{M}{2\sin\alpha}$$

图 5-27　DME 旋转吊环

吊链夹角 α	每个链的负载 F_α/kg	吊链夹角 α	每个链的负载 F_α/kg
90°	1000	30°	2000
75°	1040	15°	3800
60°	1150	5°	11480
45°	1410	0°	∞

（3）模具的吊环孔位置　要通过重力中心，确保起吊平衡。需要考虑模具整体吊装与分开单独吊装的重心，如图 5-28（a）所示。要求考虑零件先加工前吊孔的重心与加工后的吊孔重心，如图 5-28（b）所示。模具起吊倾斜度不得超过 5°（只许仰角）。若安装时倾斜度太大（图5-29），模具底边首先碰到压板。

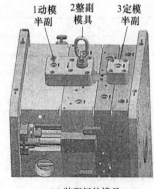

(a) 装配好的模具

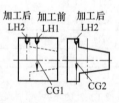

(b) 零件加工前、后的吊孔

图 5-28　模具的吊装重心

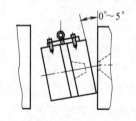

图 5-29　安装时吊角要求

5.7　模架的其他要求

① 所有模板必须倒角，同一副模具的模架，外形倒角要求统一，倒角为 45°。模板上所有的孔尺寸一般为（0.5～1mm）×45°。

② 一般情况下，要求 A、B 板之间留 1mm 间隙（客户要求不留除外），见图 5-30。

③ 四个导柱孔必须有一个偏心 2mm（模板的直角边作为基准），但对动模板需要旋转 180°的双色（料）注塑模除外。

④ 对动模在注射过程中需要旋转 180°的双色注塑模，模架要求非常高。在订做模架时必须作特别要求，四个导柱孔孔距一样，动模旋转 180°、定模不动能匹配。直身锁的位置要求也特别严格，并且动模底板、定模底板定位圈必须位于模架中心。

⑤ 模架顶面要打"TOP"标记，每块模板都要编号，设计的基准角要打"角尺"标记，字高度一般为 10mm。

⑥ 模架外形要求最少四个面（两个基准面及上、下底面）成 90°。对高精度及自动脱螺纹模，必须是六个面都成 90°，且每块板之间必须保证准确定位。

⑦ 在与模具顶面相反的下面如果有装置凸出模具之外，则模架上必须有支撑柱加以保护。

⑧ 模架的外形尺寸要求符合图样要求，长度及宽度尺寸公差为 0.50mm，每块模板的厚度公差为 0～0.20mm。

⑨ 动、定模精框尺寸必须保持一致，位置度误差应小于 0.03mm，见图 5-30。

⑩ 模架外形要求每块板之间必须平齐，推杆板不可以凸出模架之外，见图 5-31。

⑪ 所有螺钉头要求沉入模板 1mm，螺钉的旋入长度最少为螺纹外径的 2 倍，如图 5-32 所示。

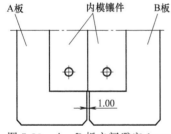

图 5-30　A、B 板之间避空 1mm

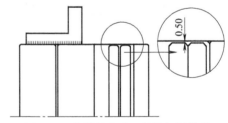

图 5-31　各模板齐平，但推杆板除外

⑫ 动、定模精框底部必须保持平齐，四周外形装配公差不得超过 0.03mm，且宽度不得大于 10mm，见图 5-33。

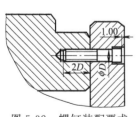

图 5-32　螺钉装配要求

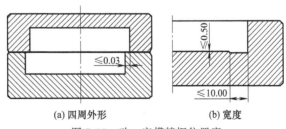

(a) 四周外形　　(b) 宽度

图 5-33　动、定模精框位置度

5.8　注塑模架验收要求

注塑模架验收要求见表 5-10。

表 5-10　塑料注塑模模架的要求

标准条目编号	内　　　容
3.1	组成模架的零件应符合 GB/T 4169.1—2006～4169.23—2006 和 GB/T 4170—2006 标准
3.2	组合后的模架表面不应有毛刺、擦伤、压痕、裂纹、锈斑
3.3	组合后的模架,导柱与导套及复位杆沿轴向移动应平稳,无卡滞现象,其紧固部分应牢固可靠
3.4	模架组装用紧固螺钉的力学性能应达到 GB/T 3098.1—2000 的 8.8 级规定
3.5	组合后的模架、模板的基准面应一致,并做明显的基准标记
3.6	组合后的模架在水平自重条件下,定模座板与动模座板的安装平面的平行度应符合 GB/T 1184—1996 中的 7 级规定
3.7	组合后的模架在水平自重条件下,其分型面的贴合间隙为: ①模板长 400mm 以下,≤0.03mm ②模板长 400～630mm,≤0.04mm ③模板长 630～1000mm,≤0.06mm ④模板长 1000～2000mm,≤0.08mm
3.8	模架中导柱、导套的轴线对模板的垂直度应符合 GB/T 1184—1996 中的 5 级规定
3.9	模架在闭合状态时,导柱的导向端面应凹入它所通过的最终模板孔端面,螺钉不得高于定模座板与动模座板的安装平面
3.10	模架组装后复位杆端面应平齐一致,或按顾客特殊要求制作
3.11	模架应设置吊装用螺孔,确保安全吊装

注: 1. 粗糙度要求达到 GB/T 4169.8—2006,关于模板的规定。

2. 模架的动模垫板与垫铁、动模固定板必须用定位销。

3. 模架的外形尺寸大于 1000mm,倒角为 5mm;外形尺寸大于 500mm,倒角为 3mm;外形尺寸 200～500mm,倒角为 2mm;外形尺寸小于 200mm,倒角为 1.5mm。

4. 模架导柱孔有一个偏位,认这个孔的直角边为基准角 (龙记模架偏距 2mm,DME 模架偏距为 5mm)。

5.9　注塑模具的结构件设计

注塑模具的结构件,大多数是标准件,有的需要按图样订购。

5.9.1　定位圈

定位圈是将模具安装在注塑机上时起到定位作用的结构件。国产的定位圈直径比注塑机的镶板孔小 0.2～0.4mm。一般大型模具需要用定位圈压住浇口套,防止注射成型时的反作用力把固定螺钉拉断。定位圈的尺寸规格如表 5-11 和图 5-34 所示。

表 5-11　标准定位圈 (摘自 GB/T 4169.18—2006)　　　　　　　　　　　mm

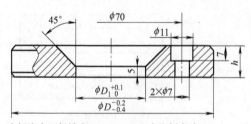

未标注表面粗糙度 $R_a = 6.3\mu m$;未注倒角为 1mm×45°

D	D_1	h
100		
120	35	15
150		

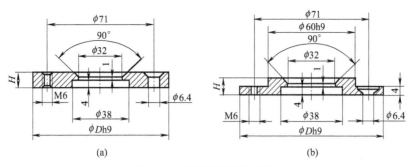

图 5-34　欧洲模具的定位圈

5.9.2　浇口套

① 浇口套设计要求，如表 5-12 所示。

a. 浇口套的内孔尺寸要求与主流道尺寸相同，设计成圆锥形，锥角一般为 1.5°～4°。

b. 与喷嘴接触处 *SR* 和口径都大于喷嘴半径 0.5～1mm，如图 5-35 所示。

c. 主流道的表面要求尽量光滑，热处理硬度为 52～55HRC。

d. 主流道设计要求长度尽量短，不能设计得太长，最好在 60mm 左右（最长 80mm、最短 40mm）。

e. 浇口套的外径与模板孔采用 H7/j7 配合。

f. 头部不平的浇口套设计需要止旋装置。

表 5-12　标准型浇口套尺寸　　　　　　　　　　　　　mm

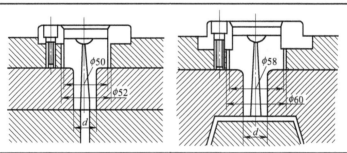

A 型			B 型		
d		与 *d* 配合的模板孔的极限偏差(H7)	*d*		与 *d* 配合的模板孔的极限偏差(H7)
基本尺寸	极限偏差(j7)		基本尺寸	极限偏差(j7)	
20	+0.013 / -0.008	+0.021 / 0	16	+0.012 / -0.006	+0.018 / 0
25	+0.013 / -0.008	+0.021 / 0	20	+0.013 / -0.008	+0.021 / 0
30	+0.013 / -0.008	+0.021 / 0	25	+0.013 / -0.008	+0.021 / 0
35	+0.015 / -0.010	+0.025 / 0	30	+0.013 / -0.008	+0.021 / 0
40	+0.015 / -0.010	+0.025 / 0	35	+0.015 / -0.010	+0.025 / 0

② 浇口套类型分为两大类。浇口套分为二板模浇口套（图 5-35）和三板模浇口套（如图 5-36 所示，头部外形是锥形）。但有的小模具没有浇口套，直接在定模板上开设主流道。

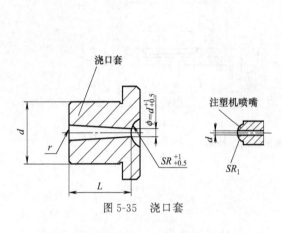

图 5-35　浇口套

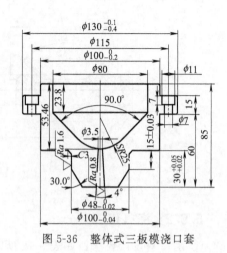

图 5-36　整体式三板模浇口套

5.9.3　拉料杆

① 二板模主流道拉料杆，见第 8 章 8.7 节。

② 三板模分流道点浇口的拉料杆，如图 5-37 所示。

5.9.4　复位杆

复位杆和动模板作间隙配合，配合公差为 H7/f6，配合长度为复位杆直径的 1.5 倍，其他地方避空，避空尺寸见图 5-38。当模板长度超过 600mm 时，复位杆要增加两根。

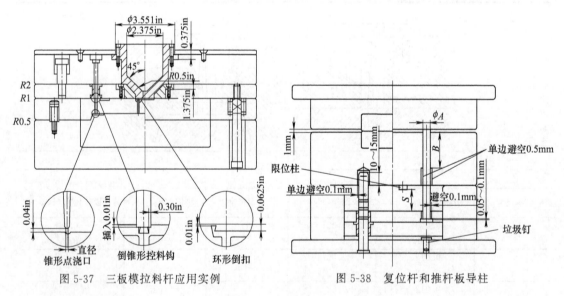

图 5-37　三板模拉料杆应用实例　　　　图 5-38　复位杆和推杆板导柱

5.9.5　限位柱

限位柱的作用是防止模具顶出时损坏零件，如图 5-38 所示。采用标准模架时，设计时要避免垫铁与限位柱都太高，使顶杆太长，否则顶杆强度更弱。

5.9.6　支撑柱

支撑柱主要用于承受模具注塑成型时熔体对动模板的胀型力，防止动模板在注射力的作用下变形，以提高模具的刚性。对支撑柱的要求如下。

① 支撑柱形状一般为圆柱形，与垫铁相同，材料为 45 钢或黄牌钢 S50C，硬度不得高于垫铁 5°或者相同。

② 支撑柱的位置应在模具受力的地方，不要把支撑柱放在模框旁边。

③ 高度与垫铁的公称尺寸相同，其公差为+0.063～+0.035mm。支撑柱通过螺钉紧固在动模底板上，见图 5-39。

④ 支撑柱的数量要适当，不能太多或太少。太多浪费材料，会增加模具的成本，同时削弱了顶杆固定板 4 和顶板 5 的强度，太少则难以保证模具的刚性。支撑柱的数量，可通过计算模具需要支撑的总面积来确定。

a. 计算两垫铁之间的面积 A：顶杆板长度为 L，垫铁之间距离为 W，则 $A=LW$。

b. 根据垫铁之间面积 A 来确定系数 n_1，见表 5-13。

c. 根据垫铁之间的距离 W 来确定系数 n_2，见表 5-14。

d. 计算支撑总面积（即支撑柱面积总和）：$S=An_1n_2$。

举例说明：龙记模架规格 3030，推杆板长度 $L=300$mm，方铁之间距离 $W=184$mm。

计算方铁之间的面积：

$A=300×184=55200$（mm²）

计算支撑面积：

$S=55200×0.18×1.1=10929.6$(mm²)

如果支撑柱直径为 50mm，所需数量：

$10929.6÷(3.14×25^2)=5.57$（个）

也就是说本模具如果采用 ϕ50m 的撑柱，需要 5～6 个。

以上是计算所得的数量，但实际设计过程中由于要优先考虑推杆、斜推杆、推杆板导柱，和注塑机的顶出孔（支撑柱不可以和这些结构发生干涉）的位置和数量，支撑柱的大小和数量往往受限制。如果支撑柱的总面积远远达不到计算面积，解决的办法是将动模 B 板厚度加大 10mm 或 20mm。

⑤ 两端面粗糙度与垫铁相同。

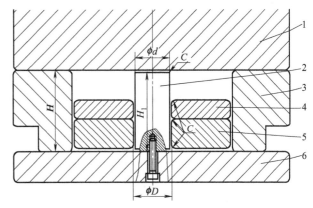

图 5-39　支撑柱

1—动模 B 板（或托板）；2—支撑柱；3—垫铁；
4—顶杆固定板；5—顶板；6—动模底板

表 5-13　参数 n_1 选取

$A<30000$mm²	$n_1=0.15$
30000mm²$≤A<65000$mm²	$n_1=0.18$
65000mm²$≤A<103000$mm²	$n_1=0.22$
103000mm²$≤A<155000$mm²	$n_1=0.26$
155000mm²$≤A<225000$mm²	$n_1=0.30$
225000mm²$≤A<322500$mm²	$n_1=0.35$
$A≥322500$mm²	$n_1=0.40$

表 5-14　参数 n_2 选取

$W<150$mm	$n_2=1.00$
150mm$≤W<300$mm	$n_2=1.10$
300mm$≤W<500$mm	$n_2=1.15$
500mm$≤W<750$mm	$n_2=1.20$
$W≥750$mm	$n_2=1.25$

5.9.7　顶杆板的复位弹簧

模具中，弹簧主要用作推杆板复位、侧向抽芯机构中滑块的定位以及活动模板的定距分型等活动组件的辅助动力。弹簧由于没有刚性推力，而且容易产生疲劳失效，所以不允许单独使用（需要有导向柱）。模具中的弹簧有矩形蓝弹簧和圆线黑弹簧。由于矩形蓝弹簧比圆线黑弹簧弹性系数大，刚性较强，压缩比也较大，故模具上常用矩形蓝弹簧。矩形弹簧的寿命与压缩比见表 5-15。

表 5-15　矩形弹簧的寿命与压缩比　%

种类	轻小荷重	轻荷重	中荷重	重荷重	极重荷重
色别（记号）	黄色（TF）	蓝色（TL）	红色（TM）	绿色（TH）	咖啡色（TB）
100 万次（自由长）	40	32	25.6	19.2	16
50 万次（自由长）	45	36	28.8	21.6	18
30 万次（自由长）	50	40	32	24	20
最大压缩比	58	48	38	28	24

复位弹簧的作用是在注塑机的顶棍退回后、模具的动模 A 板和定模 B 板合模之前，就将推杆板推回原位。复位弹簧常用矩形蓝弹簧，但如果模具较大、推杆数量较多时，则必须考虑使用绿色或咖啡色的矩形弹簧。

轻荷重弹簧选用时应注意以下几个方面。

（1）预压量和预压比

当顶杆板退回原位时，弹簧依然要保持对顶杆板有弹力的作用，这个力来源于弹簧的预压量，预压量一般要求为弹簧自由长度的 10％左右。

预压量除以自由长度就是预压比，直径较大的弹簧选用较小的预压比，直径较小的弹簧选用较大的预压比。

在选用模具顶杆板回位弹簧时，一般不采用预压比，而直接采用预压量，这样可以保证在弹簧直径尺寸一致的情况下，施加于顶杆板上的预压力不受弹簧自由长度的影响。预压量一般取 10～15mm。

（2）弹簧压缩量和压缩比

模具中常用压缩弹簧，顶杆板推出塑件时弹簧受到压缩，压缩量等于塑件的推出距离。

压缩比是压缩量和自由长度之比，一般根据寿命要求，矩形蓝弹簧的压缩比在 30％～40％，压缩比越小，使用寿命越长。

（3）复位弹簧的数量和直径

复位弹簧的数量和直径见表 5-16。

表 5-16　复位弹簧的数量和直径　mm

模架宽度	≤200	200<L≤300	300<L≤400	400<L≤500	500<L
弹簧数量	2	2～4	4	4～6	4～6
弹簧直径	25	30	30～40	40～50	50

（4）弹簧自由长度的确定

①自由长度计算。弹簧自由长度应根据压缩比及所需压缩量而定：

$$L_{自由} = (E + P)/S$$

式中　E——顶杆板行程，E＝塑件推出的最小距离＋（15～20）mm；

　　　P——预压量，一般取 10～15mm，根据复位时的阻力确定，阻力小则预压小，通常情况下也可以按模架大小来选取，模架型号 3030（含）以下，预压量为 5mm，模架型号 3030 以上，压缩量为 10～15mm；

　　　S——压缩比，一般取 30％～40％，根据模具寿命、模具大小及塑件距离等因素确定。

自由长度需向上取标准长度。

②顶杆板复位弹簧的最小长度 L_{min} 必须满足藏入动模 B 板或托板 $L_2 = 15～20$mm，若计算长度小于最小长度 L_{min}，则以最小长度为准；若计算长度大于最小长度 L_{min}，则以计

算长度为准。

自由长度必须按标准长度，不准切断使用，优先选用 10 的倍数。

（5）复位弹簧的装配

复位弹簧常见的装配方式见图 5-40。

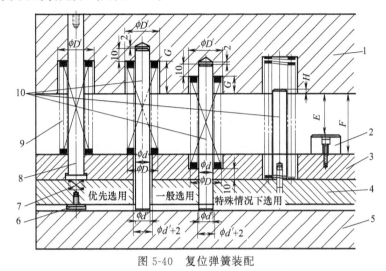

图 5-40　复位弹簧装配

1—动模 B 板；2—限位柱；3—顶杆固定板；4—顶杆底板；5—动模固定板；6—垃圾钉；
7—先复位弹簧；8—复位杆；9—复位弹簧；10—弹簧导杆

几点说明：

① 一般中小型模架，订做模架时可将弹簧套于复位杆上；未套于复位杆上的弹簧一般安装在复位杆旁边，并加导杆防止弹簧压缩时弹出。

② 当模具为窄长形状（长度为宽度 2 倍左右）时，弹簧数量应增加两根，安装在模具中间。

③ 弹簧位置要求对称布置。弹簧直径规格根据模具所能利用的空间及模具所需的弹力而定，尽量选用直径较大的规格。

④ 弹簧孔的直径应比弹簧外径大 2mm 。

⑤ 装配图中弹簧处于预压状态，长度 $L_1 =$ 自由长度－预压量。

⑥ 限位柱 2 必须保证弹簧的压缩比不超过 42％。

⑦ 有斜顶抽芯机构的不用弹簧，而采用液油缸复位。

5.9.8　垃圾钉

垃圾钉的作用是使推杆板及动模底板之间有一定的空隙，防止因模板变形或者杆板与动模底板之间落入垃圾而使推杆板不能准确复位。垃圾钉规格型号有两种（整体式的和螺钉装配的），如图 5-41 所示。垃圾钉的设置数量不能太多或太少，布局要合理，摆放在受力地

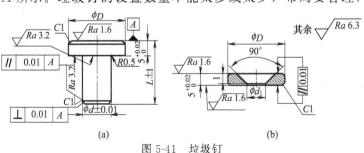

（a）　　　　　　　　　　　（b）

图 5-41　垃圾钉

方，大小选择要同顶板配套，尺寸见表 5-17。垃圾钉的布局位置，在复位杆下面。顶杆密集处和斜顶杆的下面都要加垃圾钉以承受模具注塑时胀型力的作用。垃圾钉应装配在动模底板上（或顶杆板的底面），整体式的垃圾钉应采用过盈配合。

表 5-17　垃圾钉尺寸　　　　　　　　　　　mm

项　目	D	L	d	d_1	t
STR-16	16	16	5	5.5	3
STR-20	20	20	6	6.5	3.5
STR-25	25	25	8	8.5	4.4

注：模具设计时，垃圾钉的大头尺寸 D 应该与复位杆直径相等或大致相等。

5.9.9　弹力胶

弹力胶在注塑模中常用于以下两种场合。

① 在复位杆下面，使复位杆具备先复位的功能，如图 5-42 所示。模具打开后，弹力胶将复位杆推出 1.5～2mm；合模时，定模先触碰到复位杆，在动、定模分型面接触前，将顶杆板推回复位。

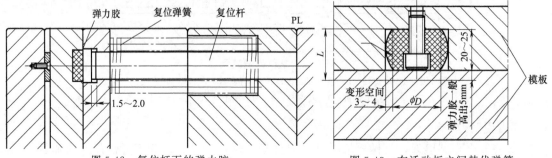

图 5-42　复位杆下的弹力胶　　　　图 5-43　在活动板之间替代弹簧

② 有时在大型的模具中，模板之间存在较大的贴合力，开模时会有一个很大的黏性力，因此也经常会在模板之间安装弹力胶（图 5-43），保证开模时各模板顺利打开。图 5-43 中所示弹力胶处于压缩状态，自由尺寸是 $\phi D \times L$。

5.9.10　定距分型机构

当模具存在两个或两个以上分型面时，模具需要设置定距分型机构来保证各分型面的开模顺序和开模距离。定距分型机构形式较多，下面逐一论述。

（1）内置式小拉杆定距分型机构

内置式小拉杆定距分型机构又分为"小拉杆＋尼龙塞"、"小拉杆＋弹簧扣基"和"小拉杆＋拉钩扣基"三种，分别见图 5-44～图 5-46。

图中：$L = L_2 + (20 \sim 25)$（mm），$L_2 = S_1 + S_2 + (10 \sim 12\text{mm})$。

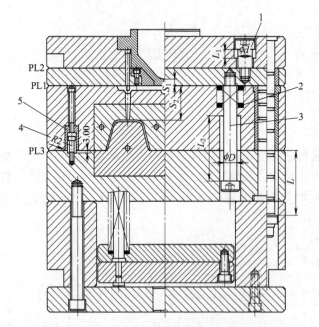

图 5-44　"小拉杆＋尼龙塞"内置式定距分型机构
1—限位螺钉；2—弹簧；3—小拉杆；4—尼龙塞；5—镶套

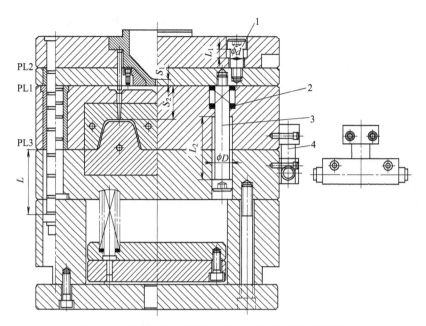

图 5-45　"小拉杆＋弹簧扣基"内置式定距分型机构

1—限位螺钉；2—弹簧；3—小拉杆；4—扣基

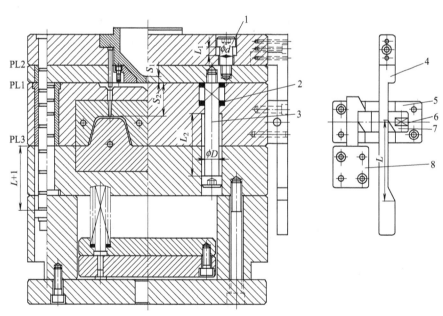

图 5-46　"小拉杆＋拉钩扣基"内置式定距分型机构

1—限位螺钉；2—弹簧；3—小拉杆；4—长钩；5—滑块底座；6—弹簧；7—滑块；8—短钩

　　① 限位螺钉。在三板模中，限位螺钉限制流道推板和面板的开模距离，在其他多分型面的模具中，它用于限制活动模板的开模距离，限位螺钉常用标准的内六角圆柱头轴肩螺钉。

　　② 小拉杆。在三板模中，小拉杆通常用于限制流道推板和定模 A 板的开模距离，在其他多分型面的模具中也可以用于活动模板的定距分型。小拉杆有一体式和分体式两种，一体式小拉杆和限位螺钉都是用标准的内六角圆柱头轴肩螺钉，分体式的小拉杆由螺钉、弹簧垫圈、介子和圆轴组成，见图 5-47。

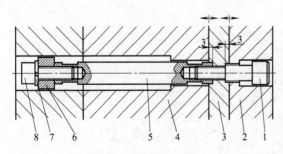

图 5-47 分体式小拉杆
1—限位螺钉；2—面板；3—流道推板；4—定模 A 板；
5—圆轴；6—介子；7—弹簧垫圈；8—螺钉

③ 尼龙塞。尼龙塞又称树脂开闭器，它是利用独特的锥形螺栓与尼龙塞套的紧锁，以调整和模板之间的摩擦力，增加模板的开模阻力的。尼龙塞套采用良好的耐磨损和耐热的尼龙材料，寿命约为 5 万次。尼龙套的耐热温度为 150℃，但在实际使用过程中，因其不断受到锥形螺栓锁紧应力的作用，会导致耐用性降低，故宜在 80℃ 以下使用。另外在使用过程中，请勿在树脂上加油，否则会使摩擦力降低，减小开模阻力。尼龙塞装配方式有两种，见图 5-48。

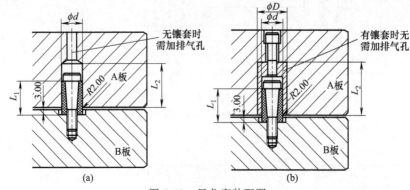

图 5-48 尼龙塞装配图

④ 弹簧开闭器又称弹簧扣基，见图 5-49。标准参数见表 5-18。装配时常用两套，装于模具两侧。

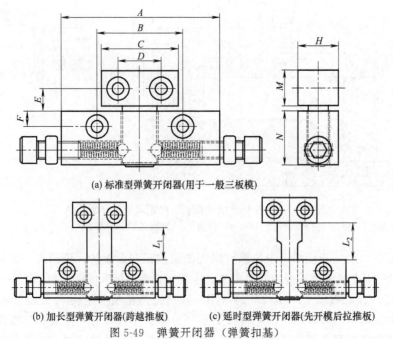

(a) 标准型弹簧开闭器(用于一般三板模)

(b) 加长型弹簧开闭器(跨越推板)　　(c) 延时型弹簧开闭器(先开模后拉推板)

图 5-49 弹簧开闭器 (弹簧扣基)

⑤ 拉钩开闭器如图 5-50、图 5-51 所示。

表 5-18 弹簧开闭器标准尺寸   mm

项目	A	B	C	D	E	F	H	M	N	L_1	L_2
小型扣基	85	60	40	25	8	8	22	20	30	26,38	26,38
轻型扣基	100	60	45	25	8	8	22	20	30	26,38	26,38
重型扣基	110	60	54	30	16	10	28	28	36	44,67	42,65,124

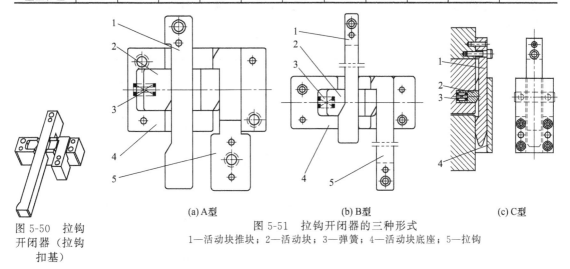

图 5-50 拉钩
开闭器（拉钩
扣基）

(a) A型　　　　　　　　(b) B型　　　　　　　　(c) C型

图 5-51 拉钩开闭器的三种形式

1—活动块推块；2—活动块；3—弹簧；4—活动块底座；5—拉钩

（2）外置式拉板定距分型机构

外置式拉板定距分型机构有两种。

一种是拉钩开闭器（拉钩扣基），如图 5-50 所示的 3D 图，是分型机构的辅助机构，通常专业标准件厂家供应。拉钩开闭器有三种形式，如图 5-51 所示。

另一种是拉板机构。外置式拉板定距分型机构是用拉板来替代内置式定距分型机构。拉板有两种结构：一种是通孔结构，如图 5-52（a）；另一种是盲孔结构，如图 5-52（b）。

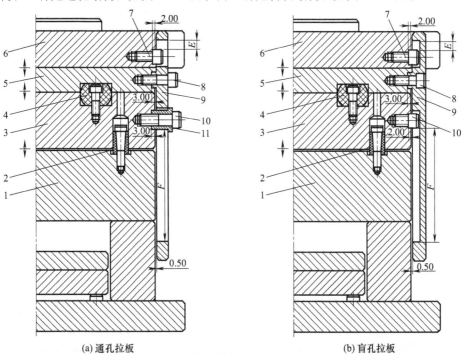

(a) 通孔拉板　　　　　　　　(b) 盲孔拉板

图 5-52 外置式拉板定距分型机构

1—动模 B 板；2—尼龙塞；3—定模 A 板；4—弹力胶；5—流道推板；6—面板；7—流道板限位螺钉；
8—拉板固定螺钉；9—拉板；10—定模 A 板限位螺钉；11—镶套

一般已由标准件专业生产的较多。其结构中的小拉杆和限位螺钉，常用数量为 4 个，对称布置，模宽 250mm 以下时也可以用两个，但必须对角布置。拉板的零件 HASCO：滑座和长短钩见图 5-53、拉板见图 5-54 和表 5-19。拉板的材料为 45 钢或黄牌钢 S50C，无需热处理。这种结构的优点是维修方便，故应用更广泛。与拉板配套的尼龙塞或开闭器和内置式定距分型机构相同。

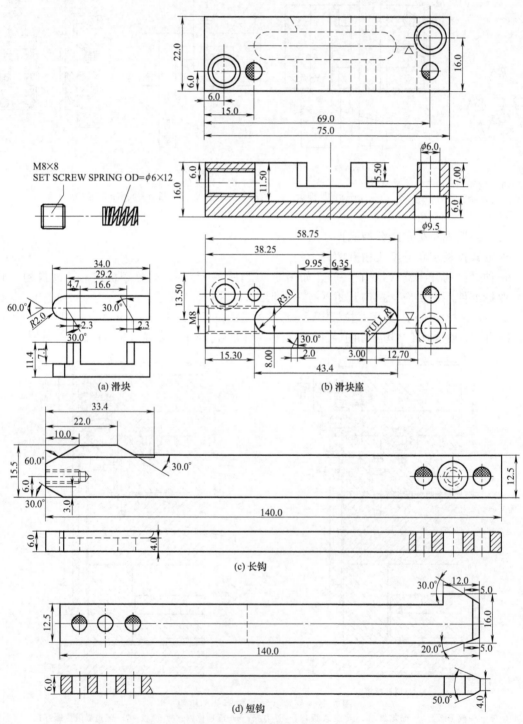

图 5-53　滑座和长、短钩

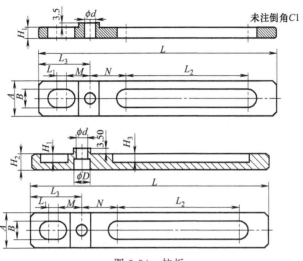

图 5-54 拉板

表 5-19 拉板的主要参数表 单位：mm

A	B	H_1	H_2	H_3	d	D	L
27	14	8	10	6	8.5	14	170,180,190,200,210
32	17	10	12	8	10.5	17.5	200,210,220,230,240,250
38	21	12	15	10	12.5	20	230,240,250,260,270,280,290,300

5.9.11 内六角螺钉

（1）注塑模内六角螺钉使用要求及相关数据

① 内六角圆柱头螺钉根据 GB/T 70.1—2008，强度等级为 8.8 级、12.9 级，根据使用场合不同进行选用。

② 按标准选用内六角螺钉，不能任意选用非标准件螺钉，也就是说不能任意改短或加长。螺纹的有效长度在外径的 1.5～1.8 倍之间。

③ 应避免与其他螺纹有所干涉，孔边距最小为 6mm。

④ 米制内六角螺纹孔大小、沉孔深浅、螺纹底径大小及深浅要求见表 5-20。

表 5-20 米制内六角 mm

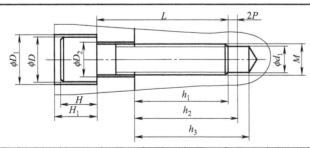

规格 参数	M4	M5	M6	M8	M10	M12	M14	M16	M20	M24	M30
P	0.7	0.8	1.0	1.25	1.5	1.75	2.0	2.0	2.5	3.0	3.5
d_1（底孔直径）	3.0	4.4	5.2	6.8	8.6	10.6	12.4	14.2	17.5	21.5	27.0
h_1	6.0	7.5	9.0	12.0	15.0	18.0	21.0	24.0	30.0	36.0	45.0
h_2	8.5	9.1	11.0	14.5	18.0	21.5	25.0	28.0	35.0	40.0	52.0
h_3	12.0	13.9	15.0	19.5	24.0	28.5	33.0	36.0	45.0	54.0	66.0
D	7.0	8.5	10.0	13.0	16.0	18.0	21.0	24.0	30.0	36.0	45.0

参数 \ 规格	M4	M5	M6	M8	M10	M12	M14	M16	M20	M24	M30
D_1	8.0	10.0	11.0	14.0	18.0	20.0	23.0	26.0	32.0	39.0	48.0
D_2	5.0	6.0	7.0	9.0	11.0	14.0	16.0	18.0	22.0	26.0	33.0
H	4.0	5.0	6.0	8.0	10.0	12.0	14.0	16.0	20.0	24.0	30.0
H_1	5.0	6.0	7.0	9.0	11.0	13.0	16.0	18.0	22.0	22.0	32.0

注：$2P$ 是螺纹的螺距的 2 倍，L、h_1 根据模板长度和螺纹的标准件长度选定。

⑤ 英制内六角螺纹的相关尺寸见表 5-21。1/2in 英制螺纹与 1/2in 美制螺纹有所不同（1/2in 美制螺纹是每英寸 12 牙，1/2in 英制螺纹是每英寸 13 牙），其他相同。

表 5-21 英制内六角螺纹　　　　　　　　　　　　　　　　　　　　　in

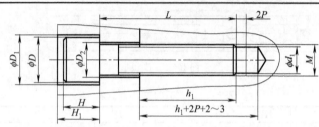

螺纹规格 M	每英寸牙数	底孔的钻头直径 ϕd_1		ϕD	ϕD_1	ϕD_2	ϕd_1	H	H_1	S
		铸铁、黄铜、青铜	铜、可锻铸铁							
1/4	20	5.1	5.2	9.65	11.0	7.50	6.35	6.36	7.50	25
5/16	18	6.6	6.7	11.93	13.0	9.00	7.94	7.95	9.0	3
3/8	16	8	8.1	14.22	16.0	10.50	9.50	9.50	10.5	32
1/2	13	10.6	10.6	19.05	21.0	14.0	12.70	12.77	14.0	4
5/8	11	13.6	13.6	23.87	26.0	18.0	15.88	15.88	18.0	46
3/4	10	16.6	16.8	28.7	31.0	21.0	10.50	19.05	21.0	5
1	8	22.3	22.5	38.1	40.0	27.50	25.4	25.4	27.0	65

（2）在模具设计中选用螺钉时应注意的问题

① 螺钉主要承受拉应力，其尺寸及数量一般根据模板厚度和其他的设计经验来确定，中、小型模具一般采用 M6、M8、M10 或 M12 等螺钉，大型模具可选 M12、M16 或更大规格的螺钉。在根据模板厚度来确定螺钉规格时，可以参考表 5-22。内六角螺钉数量的确定，可参考表 5-23。

表 5-22 螺钉规格的选用　　　　　　　　　　　　　　　　　　　　　mm

凹模厚度 H	≤13	13～19	19～25	25～32	＞35
螺钉规格	M4、M5	M5、M6	M6、M8	M8、M10	M10、M12

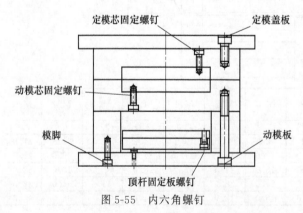

图 5-55 内六角螺钉

② 螺钉应尽量布置在被固定件的外形轮廓附近。当被固定件为圆形时，一般采用 3～4 个螺钉；当为矩形时，一般采用 4～6 个螺钉，如图 5-55、图5-56 和表 5-23 所示。

5.9.12 定位销

（1）定位销的作用

定模盖板与定模板，动模底板、垫铁与动模板，导轨压板与滑块座等，都必须用两个或四个销钉作为定位销连接，以达到定位作用并承受一般的错移力，保证装配精度。

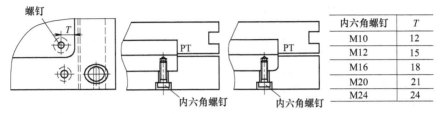

内六角螺钉	T
M10	12
M12	15
M16	18
M20	21
M24	24

图 5-56　内六角螺钉选用

表 5-23　内六角螺钉选用

动定模板螺钉		动定模芯固定螺钉		顶板固定螺钉		模脚
规格	个数	规格	个数	规格	个数	规格
M12	4	M6~M10	2~4	M8	4~6	M12
M12	6	M6~M10	2~4	M8	6~8	M12
M16	6	M12	4~6	M10	6~8	M16
M20	8	M16	6~8	M14	10~12	M20
M24	12	M20	10~12	M14	12~14	M24
M24	16	M20	14~16	M14	16~18	M24

（2）定位销的选用

① 定位销有圆柱销和圆锥销两类，通孔可采用圆柱销，非通孔采用圆锥销，便于维修。

② 两定位销的距离尽量置于被固定件的外形轮廓附近并错开位置。

③ 定位销的直径应根据错移力和模板大小选用。

④ 定位销深度一般不小于其直径的两倍，不宜太深。

⑤ 圆柱销钉孔的形式及其装配尺寸见表 5-24。

表 5-24　圆柱销钉孔的形式及其装配尺寸

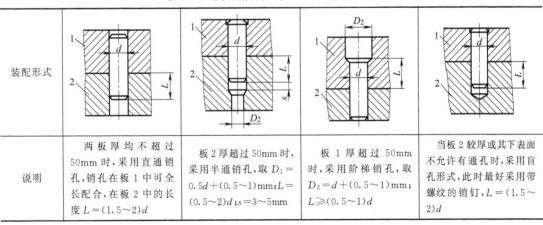

装配形式				
说明	两板厚均不超过50mm 时，采用直通销孔，销钉在板 1 中可全长配合，在板 2 中的长度 $L=(1.5\sim2)d$	板 2 厚超过 50mm 时，采用半通销孔，取 $D_1=0.5d+(0.5\sim1)$mm；$L=(0.5\sim2)d$；$s=3\sim5$mm	板 1 厚超过 50mm时，采用阶梯销孔，取 $D_2=d+(0.5\sim1)$mm；$L\geqslant(0.5\sim1)d$	当板 2 较厚或其下表面不允许有通孔时，采用盲孔形式，此时最好采用带螺纹的销钉，$L=(1.5\sim2)d$

5.9.13　模具支架

支架的作用和要求如下。

① 位于模具的任何侧面，用来保护模具上的组件（即水接头、开关、液压缸、分配器、滑块抽芯装置等）。

② 一般处于地侧，使模具能平稳摆放，不致倾斜和摇动。

③ 大型模具的支架沉入模板深度至少为其直径的 1/2，如图 5-57 所示。

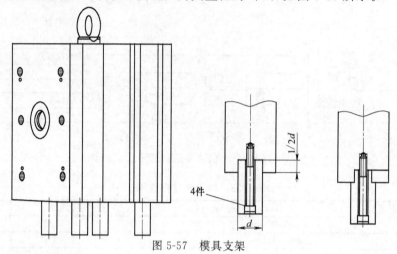

图 5-57　模具支架

5.9.14　模具铭牌

（1）铭牌规范要求

① 模具铭牌位置与固定方法。把铭牌固定在操作侧的垫铁或动定模板处的合适位置。铭牌用铝铆钉或平头螺钉固定。

② 外形大于 250mm 的模具，模具的铭牌尺寸为 100mm×80mm。外形小于 250mm 的模具，模具的铭牌尺寸为 90mm×60mm。

③ 铭牌厚度为 1.5mm，要求黄底白字、字体大小为 7 号。铭牌字体大小为 1/4in 或 3/8in（3.5 号或 7 号字体，根据模具铭牌的大小而定），出口铭牌用英文，国内用中文。

（2）模具铭牌的目的

① 供注射成型厂商或客人可按照铭牌上的公司电话地址联系。

② 模具容易辨识和保管。

（3）模具铭牌的种类（根据客户需要选用）

① 模具标志铭牌（每副模具必须要有），如图 5-58（a）所示。

② 模具操作铭牌，如图 5-58（b）、（c）所示。

③ 模具警告铭牌，如图 5-58（d）所示。

④ 动模水路铭牌，如图 5-58（e）所示。

⑤ 定模水路铭牌，如图 5-58（f）所示。

⑥ 热流道编号铭牌。

⑦ 电器线路铭牌（包括热流道）。

⑧ 抽芯动作铭牌。

⑨ 液压缸油路铭牌，如图 5-58（g）、（h）所示。

⑩ 压力传感器铭牌。

5.9.15　顶杆防尘盖

顶杆防尘盖可防止零件进入垫铁空间，顶出时损坏模具，如图 5-61 所示。

5.9.16　隔热板

当模具温度要求较高，或者采用热流道的模具时，需要加隔热板，以减少模具热量传到

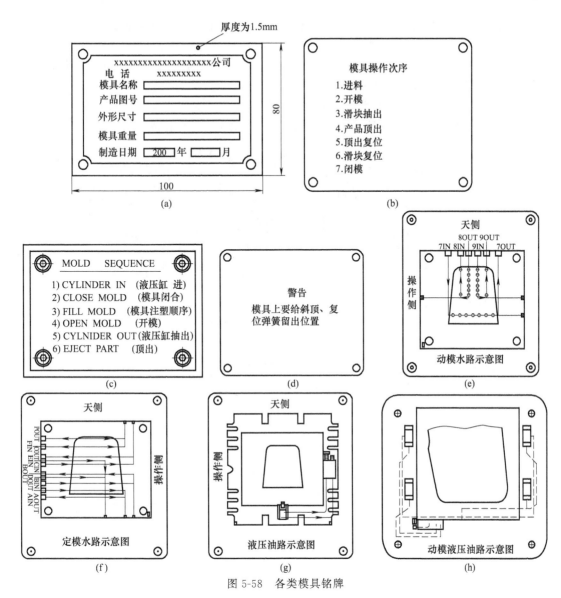

图 5-58 各类模具铭牌

注塑机的模具固定板上，见图 5-59。

隔热板设计注意事项如下。

① 对于有方铁的模具，尤其是热流道注塑模具，隔热板一般只安装在定模上。

② 当模具外形尺寸为 300mm×300mm 时，隔热板厚度 $H=6$mm；当模具尺寸＞300mm×300mm 时，隔热板厚度 $H=8$mm。

③ 隔热板的材料一般用树脂。

5.9.17 锁模块

锁模块的作用是防止模具在运输

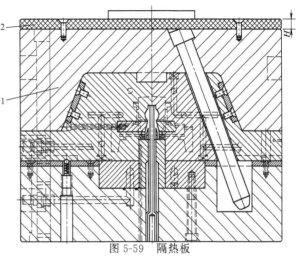

图 5-59 隔热板
1—定模；2—隔热板

或搬运过程中从分型面处打开，造成模具损坏或人身安全事故。锁模块不能仅仅锁住动、定模，凡是可能打开的模板都要锁住。

在定模 A 板或动模 B 板上要多加工一个螺孔，位置以不阻碍生产为原则，其作用是在模具生产时可以固定锁模板，不用拆除。

一般来说，一副模具必须安装两个锁模块，位置在模具的两侧面，对称布置，如图 5-60 所示。锁模块的尺寸如表 5-25 所示。HASCO 模架的锁模块尺寸见表 5-26。

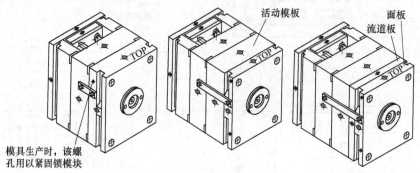

(a) 二板模锁模块安装法　(b) 有活动模板锁模块安装法　(c) 三板模锁模块安装法

图 5-60　锁模块装配图

表 5-25　模架的锁模块尺寸　　　　　　　　　　　　　　　　　　in

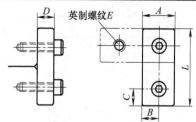

模具质量/t	A	B	C	D	E
0～5t	3.00	1.50	0.75	0.50	0.5～13
6～15t	4.00	2.00	1.00	0.75	0.75～10
16～30t	5.00	2.50	1.25	1.25	1～8

注：$L = 2.5B$（特殊加长自定）。

表 5-26　HASCO 模架的锁模块尺寸　　　　　　　　　　　　　mm

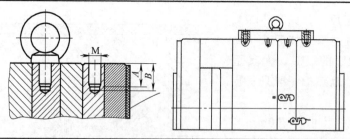

规格	M12	M16	M20	M24	M30
A	27	33	37	45	55
B	32	39	45	52	65
最大质量/kg	340	700	1200	1800	2600

5.9.18　吊模块

吊模板如图 5-61 所示。

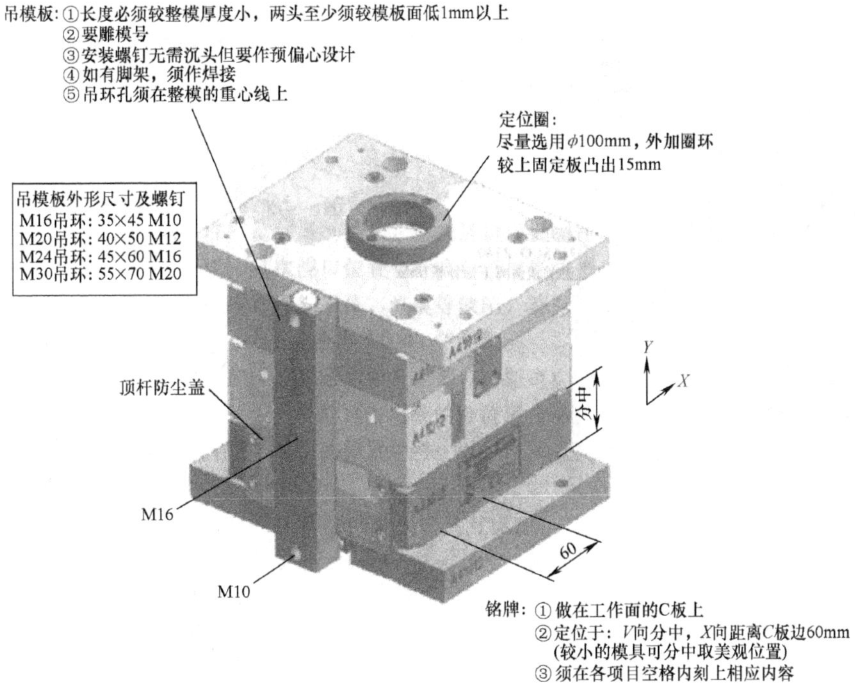

吊模板:①长度必须较整模厚度小,两头至少须较模板面低1mm以上
②要雕模号
③安装螺钉无需沉头但要作预偏心设计
④如有脚架,须作焊接
⑤吊环孔须在整模的重心线上

定位圈:
尽量选用φ100mm,外加圈环
较上固定板凸出15mm

吊模板外形尺寸及螺钉
M16吊环:35×45 M10
M20吊环:40×50 M12
M24吊环:45×60 M16
M30吊环:55×70 M20

顶杆防尘盖

M16

M10

铭牌:① 做在工作面的C板上
② 定位于:V向分中,X向距离C板边60mm
(较小的模具可分中取美观位置)
③ 须在各项目空格内刻上相应内容

图 5-61　吊模板及铭牌

5.9.19　油缸

(1) 油缸使用场合

① 当滑块行程较长(>50mm)时。

② 滑块高度尺寸是宽度尺寸的 1.5 倍或以上时。

③ 圆弧抽芯。

④ 定模抽芯,为了避免采用三板模和简化型三板模的结构时。

⑤ 滑块的抽芯动作有严格顺序控制时。

⑥ 滑块斜抽芯角度太大时。

(2) 液压抽芯的优点

① 抽芯距离可以较长:通常在抽芯距离大于 50mm 时才考虑用液压抽芯。

② 抽芯方向较灵活:斜向抽芯采用液压抽芯会使模具结构大大简化。

③ 抽芯时运动平稳而顺畅:滑块受力方向和运动一致,不受斜导柱或弯销扭力的作用。

④ 滑块不必设置定位装置:滑块行程可通过油缸活塞杆控制。

⑤ 当滑块受到的胀型力小于油缸的液压力时,可以不用楔紧块。但一般情况下,液压抽芯都要用机械式的锁紧装置楔紧块。

(3) 液压抽芯的缺点

① 液压油缸安装多为外置式,油缸外形尺寸较大,有时会对模具的安装产生一定的影响。模具安装时要求油缸尽量朝上。

② 需要配备专用油路及电控装置。

③ 液压油容易泄漏。

(4) 液压油缸的分类及主要参数

液压油缸分两种类型:自锁缸和一般油缸。它的主要参数是油缸的缸径的大小和抽芯距离及外形安装尺寸。

图 5-62　氮气缸

（5）液压油缸的规格型号

液压油缸及其配件的规格型号选用品牌油缸，查用相关资料。

5.9.20　氮气缸

目前用氮气缸（图 5-62）代替弹簧和油缸，使用方便、工作平稳，故常被设计师采用。

5.9.21　行程开关

在有些情况下，模具不同机构之间的动作需要按顺序进行，否则模具会被损坏。为了确认模具结构动作是否执行完成，模具上需要设计行程开关来传递以上信息。尤其是在推杆必须先复位的模具中，为了确保模具生产过程中的安全，必须增加行程开关，当推杆板完全复位后，触动行程开关，模具才开始下一个动作。

① 常用行程开关型号及主要尺寸见表 5-27。

表 5-27　常用行程开关型号

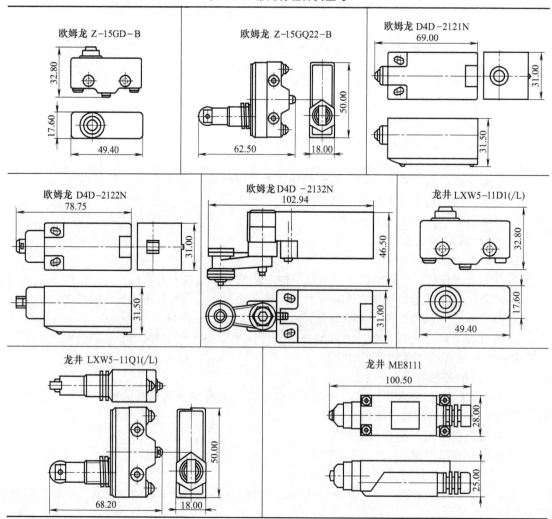

② 行程开关的装配方法

不同的行程开关，作用不同，其装配方法也不尽相同。

行程开关安装原则：行程开关安装在可调节的座板上，座板固定在模板上，设计一个挡板固定在滑块上，这样滑块运动时带动挡板和行程开关接触从而起限位作用。由于滑块具体结构千变万化，行程开关的安装方式也各有不同。

a. 推杆板限位行程开关（见图 5-63～图 5-66）。

b. 油缸液压抽芯限位行程开关

油缸通过液压带动滑块抽芯运动时，为了确认滑块是否运动到位，避免损坏模具，要安装行程开关加以保护，如图 5-67 所示。油缸抽芯的滑块有两种形式：滑块在模板以内；滑块超出模板或与模板平齐。

5.9.22　计数器

计数器，一般安装在动模板上。

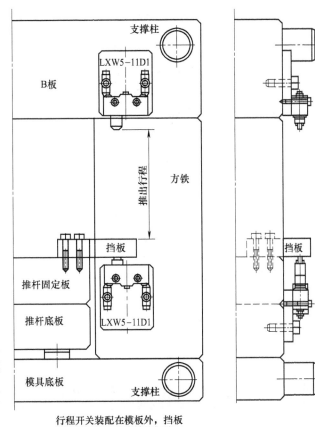

行程开关装配在模板外，挡板伸出模板外，加支撑柱保护

图 5-63　龙井 LXW5-11D1

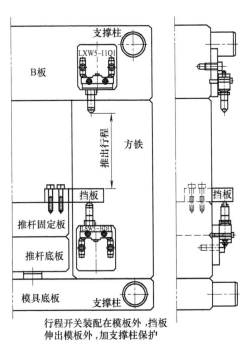

行程开关装配在模板外，挡板伸出模板外，加支撑柱保护

图 5-64　龙井 LXW5-11Q1

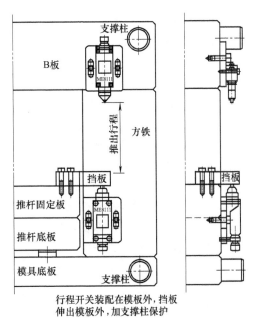

行程开关装配在模板外，挡板伸出模板外，加支撑柱保护

图 5-65　龙井 ME8111

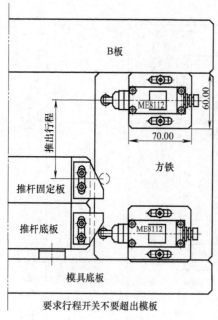

图 5-66 龙井 ME8112

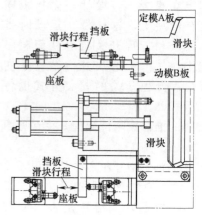

图 5-67 滑块限位行程开关安装方法

复习思考题

1. 注塑模具有哪几种基本型模架？
2. 模架的大小型号应怎样标记？
3. 模架有哪些选用原则？要求怎样？
4. 请叙述模架形式选用的步骤。
5. 怎样确定模架尺寸？应注意哪些事项？
6. 模架基本加工项目有哪些要求？
7. 模具的结构件有哪些？
8. 弹簧设计要注意哪些问题？
9. 设计模架有哪些细节要求？
10. 怎样选用模架的设计基准？
11. 支撑柱设计有什么要求？
12. 模架应怎样验收？
13. 螺钉能否作定位？为什么？
14. 内六角螺钉设计有什么要求？
15. 吊环螺钉设计有什么要求？
16. 模具需要有哪些铭牌？

第6章 ▶▶ 注塑模的导向与定位结构

本章将介绍导向机构和定位机构的特征、设计和应用。

注塑模具的导向机构,其主要功能是导向,保证动、定模正常闭合、分开,避免动、定模相互碰撞。由于导柱与导套的配合是间隙配合,因此,不能作为动、定模的定位机构使用。因为模具在成型时会产生侧向压力,会使动、定模产生错位。特别是在注塑成型精度要求高的大型、薄壁塑件或塑件形状不对称的模具,型腔、型芯的侧面要承受较大的压力时,易引起型腔或型芯产生偏移。为了保证动、定模在注塑成型时的相对位置的精度,防止动、定模及成型零件产生侧向移位;为了提高成型塑件形状的精度、模具的刚度和配合精度,每一副模具的动、定模都必须要有定位结构。

6.1 导向机构

6.1.1 导向机构的作用和要求

导向机构分有动模、定模的导向机构和顶板的导向机构两类。

模具合模时,由安装在动、定模板四角的四个导柱与四个导套首先接触(一般导柱高于型芯、斜导柱 15～25mm),导柱引导动模芯与定模准确对合,避免动、定模相互碰撞而损伤。

顶板的导向机构是为了在顶出过程中避免推出板歪斜,防止推出过程中顶杆折断、变形或磨损擦伤而设置的,如图 6-5(a)所示,其结构形式见"第5章 5.7 模架的其他要求"及表 5-10 所示内容。

6.1.2 导柱的结构类型

① 导柱的基本结构形式有两种。一种是带有轴向定位台阶,固定段与导向段具有同一公称尺寸、不同公差带的导柱,称为带头导柱(GB/T 4169.4—2006),如图 6-1 所示。另一种是带有轴向定位台阶,固定段公称尺寸大于导向段的导柱,称为带肩寻柱(GB/T 4169.5—2006),如图 6-2 所示。

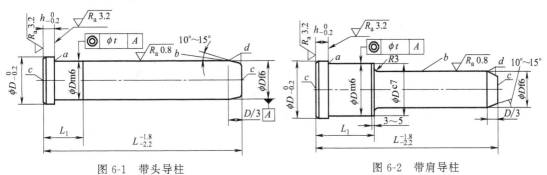

图 6-1 带头导柱   图 6-2 带肩导柱

② 导柱直径尺寸随模具分型面处模板外形尺寸而定，模板尺寸越大，导柱间的中心距应越大，所选导柱直径也应越大。导柱直径 d 与模板外形尺寸的关系见表 6-1。

表 6-1　导柱直径 d 与模板外形尺寸的关系　　　　　　　　　　　　mm

模板外形尺寸	≤150	150~200	200~250	250~300	300~400
导柱直径 d	≤16	16~18	18~20	20~25	25~30
模板外形尺寸	400~500	500~600	600~800	800~1000	1000
导柱直径 d	30~35	35~40	40~50	60	≥60

6.1.3　导套的结构类型

导套的结构形式有两种：一种是不带轴向定位台阶的导套，称为直导套（GB/T 4169.2—2006），如图 6-3 所示；另一种是带有轴向定位台阶的导套，称为带头导套（GB/T 4169.3—2006），如图 6-4 所示。直导套多用于较薄的模板，较厚的模板应采用带头导套。

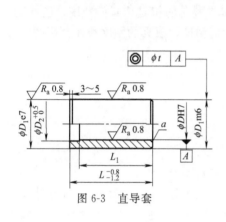

图 6-3　直导套

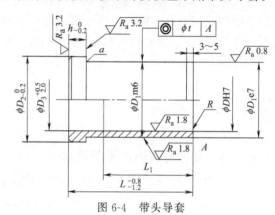

图 6-4　带头导套

6.1.4　导向机构的结构形式和要求

根据模具结构及要求的不同，导柱导向机构的组合形式有如下几种。

① 导柱在动模，导套在定模，如图 6-5（a）所示。

② 带肩导柱固定在动模，带肩导套固定在定模，台阶各伸入动模垫板和定模盖板中，如图 6-5（b）所示。

③ 导柱在定模，导套在动模，如图 6-5（c）所示，阶梯导柱在定模，直导套在动模。

④ 直导套可以采用如图 6-6 所示的四种方法固定。直导套固定段与模板上的安装孔之

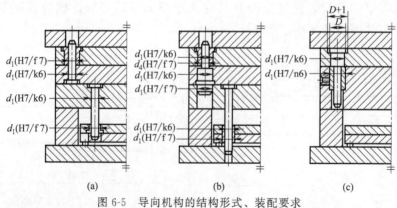

(a)　　　　　　　　(b)　　　　　　　　(c)

图 6-5　导向机构的结构形式、装配要求

间用较紧的过渡配合，优先选用 H7/n6，必要时可在导套固定段进行轴向定位，导套外圆柱面加工出一凹槽或孔，采用紧定螺钉固定方式，如图 6-6（a）～（c）所示。如图 6-6（d）所示，导套顶面用盖板螺钉固定，一般用于中、大型模具。

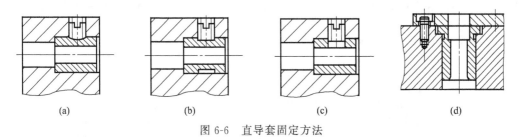

图 6-6　直导套固定方法

⑤ 大型模具的导柱在动模，导套顶面用垫圈和螺钉固定或用轴用挡圈固定，如图 6-7（a）所示。另一种方法是将导柱沉入动模板，如图 6-7（b）所示。

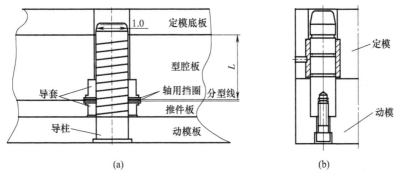

图 6-7　大型高型芯模具的导柱、导套的结构

⑥ 顶板导柱、导套结构，采用图 6-7 所示的顶板导柱结构，用于中、大型模具。

⑦ 导柱导套材料都用钢材 T8、T10 或 T8A、T10A，硬度值为 50～56HRC，导柱或导套需开设油槽。

⑧ 自润滑的导套材料是青铜＋石墨，导柱不需要开设油槽，装配时不能加润滑油。

6.1.5　导向零件的配合关系

① 导柱导向段与导套或模板上的导向孔用间隙较小的配合 H7/f7，配合过紧则运动不灵活，配合过松则定位精度低。

② 导柱、导套固定段与模板上的安装孔之间用过盈配合 H7/k6；导套外径的配合采用 H7/k6，配合长度通常取配合直径的 1.5～2 倍，其余部分可以扩孔，以减小摩擦，并降低加工难度。

③ 顶板导柱与导套配合关系，如图 6-5（a）、（b）所示。

6.1.6　顶板的导向机构形式和要求

① 顶杆板导柱、顶板导柱导套的结构类型及配合关系如图 6-8 所示。

② 顶板导柱、导套结构，优先采用图 6-8 所示的 B 型顶板导柱结构，用于中、大型模具；图 6-8 所示的 A 型结构适用于小型模具；图 6-8 所示的 D 型结构适用于大型模具。

③ 顶板导柱与导套配合关系、导套与顶板配合要求见表 6-2。

a. 顶板导柱与动模板（要有一定间隙，因动模板会受热而膨胀，顶板导柱孔孔距加长，而顶板与顶杆固定板没有受热，孔距没变）、动模固定板的配合要求见图 6-8 所示 A 型、B 型结构。

b. 顶板导柱与动模板配合一般采用 B 型，顶板导柱与动模板必须有间隙（约为 0.40mm，因为在注射成型时，动模板的温度比定模板温度高，膨胀系数不一样，导柱孔的中心距会产生误差）。

c. 顶板导柱与导套内孔的配合尺寸详见表 6-2。

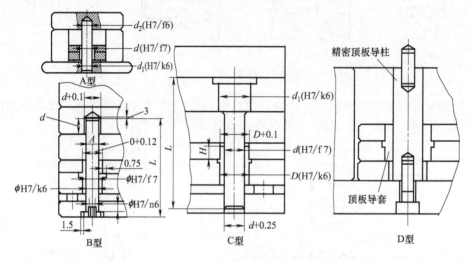

图 6-8　顶杆板导柱

表 6-2　顶板导柱与导套内孔配合尺寸 $\qquad$ mm

公称尺寸	B 型			C 型					
	d		L	d		D	H	L	
	尺寸	公差		尺寸	公差				
15	15	−0.032 −0.030	选用 尺寸	15	−0.032 −0.030	20	10	选用 尺寸	
20	20	−0.040 −0.051		20	−0.040 −0.051	25	10		
25	25	−0.040 −0.051		25	−0.040 −0.051	30	15		
30	30	−0.040 −0.051		30	−0.040 −0.051	35	15		
35	35	−0.050 −0.075		35	−0.050 −0.075	40	15		

6.2　定位机构

6.2.1　定位机构类型和应用场合

注塑模的定位机构较多，类型有定位销，圆锥面，长键，正定位，模具动、定模的锥面等定位机构。设计师要根据塑件形状、特征、模具的分型面形状特征和模具结构，合理正确选用定位机构。现在把定位结构及如何应用描述如下。以下描述的有十六种，序号（2）至（7）的定位结构适用于中小型模具，序号（8）至（16）的定位结构适用于中大型模具。

（1）模板用定位销定位

定模盖板与定模，动模板或动模垫板与垫铁、动模固定板，每副模具都必须要有定位销定位。有的模具没有定位销，模板移位，会提前失效。

（2）用标准键定位

动、定模采用四个标准键（双锥面）定位，适用于中小型模具，如图 6-9 所示。

（3）动、定模用标准圆锥柱定位

适用于小型模具，如图 6-10 所示。

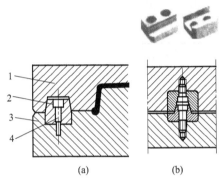

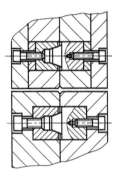

图 6-9　动、定模用标准键定位

图 6-10　动、定模用圆锥标准定位

1—凹模板；2—标准键；3—动模板；4—内六角螺钉

（4）导正销定位

导正销直径通常大于 20mm，适用于小型模具，如图 6-11 所示。

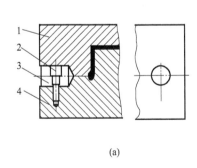

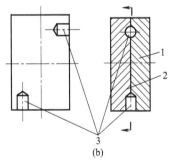

(a)

(b)

1—凹模；2—螺钉；3—导正销；4—型芯模板　　1—定模；2—动模；3—导正销

图 6-11　导正销定位

（5）用标准键定位

动、定模镶芯四个角上增加四个斜面台阶（四匹克）定位，如图 6-12 所示。

① 适用场合

a. 塑件公差等级小于或等于 MT3 的精密模具。

b. 适用于精度较高的中小型、型腔较浅的模具。

c. 镶件内部有擦穿的结构，特别是擦穿地方多而且深时。

d. 分型线位于塑件中间时。

e. 分型面为大曲面或分型面高低尺寸相差较大时，不宜采用。

f. 动定模镶件需要外发加工时，为了保证动、定模的基准正确性，减少加工误差。

② 设计注意事项

a. 四个斜面台阶大小根据内模大小不同来选择，具体规格可参照图 6-12 所示的数据。

b. 四个斜面台阶一般在动模处镶件凸起，在定模处镶件凹下。

c. 动、定模定位用的斜面台阶表面（国外习惯称为"四匹克"）即相互接触的侧面，要求均匀接触。

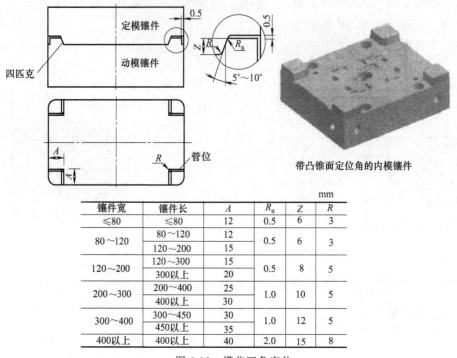

镶件宽	镶件长	A	R_a	Z	R
≤80	≤80	12	0.5	6	3
80～120	80～120	12	0.5	6	3
	120～200	15			
120～200	120～300	15	0.5	8	5
	300以上	20			
200～300	200～400	25	1.0	10	5
	400以上	30			
300～400	300～450	30	1.0	12	5
	450以上	35			
400以上	400以上	40	2.0	15	8

图 6-12　模芯四角定位

（6）动、定模用精定位

标准件定位位置要求在中心线上，适用于中小型、侧碰、精度高的模具，如图 6-13 所示。此结构要求布局在模具中心，避免动、定模温差引起膨胀系数不一，使精定位失效。

（7）四个直角边锥度台阶定位

动、定模板四角的四个直角边锥度台阶定位的结构较为广泛应用于大中型模具，如图 6-14 所示。

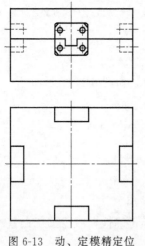

图 6-13　动、定模精定位

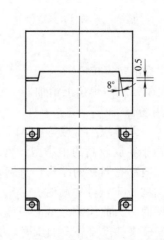

图 6-14　动、定模板四角锥度台阶定位

（8）动、定模板锥面定位

动、定模板直接加工成锥面定位，适用于中大型模具，如图6-15所示。

（9）用嵌入式长键定位

动模板镶入四个长键（单锥面）与定模板锥面定位，如图6-16所示。

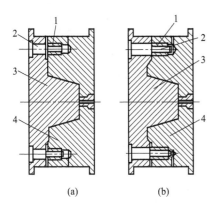

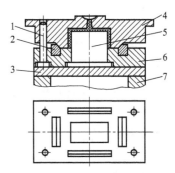

图6-15　动、定模板锥面定位

1—导柱；2—导套；3—型芯模板；4—定模板

图6-16　定模锥面与动模镶入长键配合

1—导柱；2—长键；3—垫板；4—定模板；
5—型芯；6—动模板；7—垫铁

（10）用动、定模模板的周边单锥面台阶定位

此结构适用于大型模具，如图6-17所示。

（11）利用动、定模滑块的斜面与楔紧块斜面定位

适用于有滑块结构的模具，如图6-18所示。

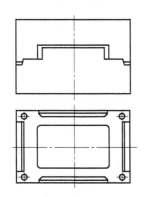

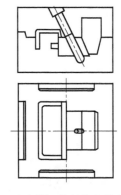

图6-17　动、定模模板台阶定位

图6-18　动定模滑块的楔紧块斜面定位

（12）动模型芯镶件与定模板用锥面定位

适用于动模镶芯结构，如图6-19所示。

（13）动、定模用圆锥面定位

适用于塑件圆形、高大型模具，如图6-20所示。

（14）动模芯与定模板用中心台阶定位

此结构适用于塑件中间有碰穿孔，型芯与定模锥面定位，动模与动模板组合结构，不是整体的高型芯动模，也用模芯与动模板锥面定位，如图6-21所示。

（15）动模四周锥面采用斜度镶块定位

此结构适用于大型模具，如图6-22所示的汽车门板模。锥面定位具体结构和要求如下。

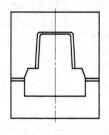

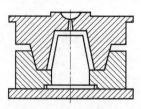

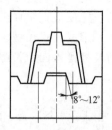

图 6-19　型芯镶件锥面与　　　　图 6-20　圆锥面定位　　　　　图 6-21　定模中心台阶定位
　　　　　定模配合台阶定位

① 模板上加工出的互锁锥面，如图 6-22（a）所示，此结构适用于精度要求很高的模具。

② 动模嵌入镶块，在镶块上又用耐磨块的结构，见图 6-22（b）。

③ 模板四周镶嵌耐磨块（4～6个），如图 6-22（c）所示。

④ 模具的动、定模采用 1°正定位，其他的耐磨块采用 10°或 12°，此结构适用于大中型模具。

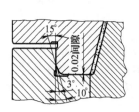

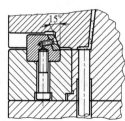

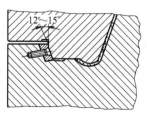

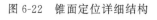

(a) 模板上加工出的互锁锥面　　　(b) 镶嵌嵌件的互锁结构　　　(c) 镶嵌耐磨片的互锁结构

图 6-22　锥面定位详细结构

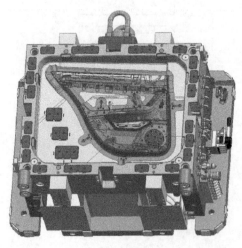

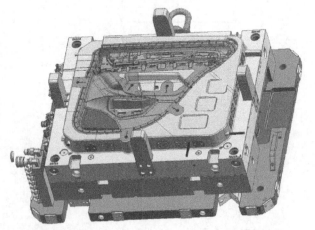

(a) 定模　　　　　　　　　　　　　　　　　(b) 动模

图 6-23　门板模定位结构

（16）模具四边中间用方导柱定位，适用于大形、型腔较高的模具，如图 6-24 所示。如图 6-23 为汽车的门板模。笔者认为门板模具，塑件高度不高，不需要采用方导柱的定位结构。

6.2.2　正确选用定位结构

做到正确合理设计模具的定位结构，防止动、定模产生错位，保证动、定模之间精确定位的可靠性，要注意以下几点。

① 根据塑件不同的形状、结构特征要求，选用相应的定位结构，从图6-9～图6-24 中所示的几种定位结构中选用。

② 如图 6-25 所示的制品，其模具

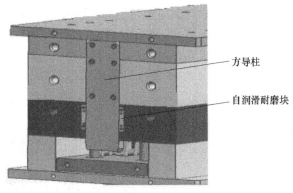

图 6-24　四周用方导柱定位

是高型芯模具，其定位结构设计要求绝对可靠，模具的动、定模制造和装配精度要保证。与此同时要求正确设计浇口的位置，避免注塑时进料不均，注塑时动模芯和定模发生移位，使动模型芯歪斜，其后果是成型困难，壁厚不均，开模、脱模困难。

如图 6-26 所示的洗衣机外桶模具，型芯与模座的配合要可靠，要求装配精度不得歪斜，同时要求图（b）所示定模与图（a）所示模芯保证同轴度的结构（模芯上顶部有镶嵌台阶与定模相配，动模座板四周凹进的锥度与定模四周凸出的锥度相配）。

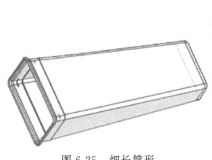

图 6-25　细长筒形

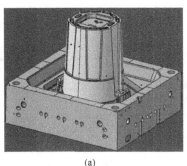

(a)　　　　　　　　　　(b)

图 6-26　高型芯模具

③ 分型面落差较大的模具结构要引起重视，要防止高的一面向低的一面产生位移，如图 6-27 所示，其后果是壁厚不均，成型困难。

④ 根据塑件不同的形状、结构的特征要求，设计模具的定位结构，既要保证动、定模不会发生错位，又要考虑加工方便和结构的制造成本。

6.2.3　避免重复定位

在所制造的模具中，笔者有时会见到重复定位的模具结构，因此，有必要在这里阐述一下关于重复定位的问题。

（1）重复定位的定义

机械制造行业有句术语："同一方向不能重复定位"。什么叫重复定位呢？同

错误

图 6-27　分型面落差较大的模具结构

一零件在同一方向出现两次以上的定位机构就是重复定位，也叫过定位。这个定位原则同样适用于模具设计。相反，如果没有动、定模的定位机构就是欠定位。

（2）重复定位在模具设计中出现的状况、类型

① 定模板和动定模芯中分别都有"虎口"作为防止错位的定位结构，模板四角又有"虎口"的定位结构，就成了重复定位，而且台阶较矮，如图6-28～图6-30所示。

错误

图6-28　重复定位（一）

错误

图6-29　重复定位（二）

② 如图6-31、图6-32所示图形，既有四角的台阶定位，动、定模的周边又有模框的同方向的斜度定位，就成了重复定位。

错误

图6-30　重复定位（三）

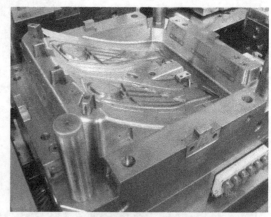

错误

图6-31　重复定位（四）

③ 由于塑件形状的结构关系，要求整体的动、定模具，在同一方向有两次以上的侧碰结构。如图6-33所示，A、B、C三个面是同一方向，此模具侧碰面设计为同一角度，并且都是接触面，因此是错误的设计。C面可以完全避空；B面是产品面，要求碰穿孔（中间避空是对的），但A面与B面的角度不能完全相同，应改变A面的斜面角度小于B面角度，使A面先接触。所以，当碰到同一方向有两个侧碰面的情况时，要求设计成角度不一样的侧碰面（如果角度一样则相当于重复定位，又不便于制造）。

④ 如图6-34所示，滑块的压板采用了嵌入式结构，压板又用了定位销，就是过定位了。

⑤ 模具结构重复定位的危害性。重复定位的坏处是劳民伤财，增加了制造成本，也增加了制造难度。因为要使两个接触面同时达到要求非常困难，其实两个面同时接触精度要求相当高。虽然有人会说，现代的数控铣床加工能做到，但请问是否有这种必要？如图6-28～

错误

图 6-32　重复定位（五）

错误

图 6-33　避免同方向侧碰的分型面两面接触

图 6-32 所示结构既浪费了材料，又增加了不必要的加工费用；实际上，模具在制造过程中，有一面是被钳工用电磨头打磨避空的。因此，设计模具时不要采用重复定位结构。

　　⑥ 正确合理的选用定位结构。有时在模具设计中会碰到有采用滑块的抽芯机构的，就可利用斜滑块的斜面作为定位结构，如图 6-35 所示，如果不去利用，则又会造成重复定位。

正确

图 6-34　过定位

图 6-35　利用斜滑块的斜面作为定位结构

6.2.4　避免欠定位

　　螺钉不能代替定位销，因为螺钉与装配零件有间隙，拆后重新装配不能正确定位，如动滑块的压板，如图 6-36 所示。又如，有的模具动模固定板与垫铁、动模板之间或定模固定板与定模之间没有定位销，都是错误的。

(a) 错误　　　　　　　　　　(b) 正确　　　　　　　　　　(c) 正确

图 6-36　滑块压板要有定位销

复习思考题

1. 导柱和导套是什么机构？
2. 导柱在模具中的装配形式有哪几种？
3. 导柱和导套是什么配合？导柱、导套与模板怎样配合？
4. 导向机构和定位机构有什么不同？注塑模具为什么要应用定位机构？
5. 定位机构有哪些结构？怎样选用？
6. 什么叫过定位？什么叫欠定位？
7. 方导柱为什么不能打定位销？
8. 正定位的位置不设置在模具的中心线上，是否正确？为什么？
9. 采用方导柱的模具又应用了导柱，设计是否正确？
10. 汽车门板模具的定位机构应怎样设计？
11. 高型腔模具的定位机构应怎样设计？

第 7 章 ▶▶ 注塑模具成型零件设计

注塑模具主要由动模与定模两大部分组成，由它决定塑件的几何形状和尺寸精度。因此，把构成动模与定模的零件称为成型零件，成型零件包括定模（型腔）、动模（型芯）与动、定模的镶块、侧向抽芯的滑块、斜顶等成型零件（分别在第 13 章、第 14 章中讲述）。

成型零件的设计是在模具整体结构确定好后，设计动模、定模的成型零件。动、定模的成型零件结构形式有整体和镶块两种形式。采用镶块组合结构是注塑模具设计、制造的最大特点。通常一般的小型模具形状结构较为简单，加工方便，都采用整体式结构。对于大型模具来说，采用组合式的镶块结构，目的是为了节约材料成本、方便机械加工（或减少机加工量）、研磨、抛光、热处理，同时考虑保证零件的加工精度、冷却效果和减少材料的加工应力。采用整体结构还是镶块结构，往往取决于设计师的经验。

成型零件的设计包括下面四方面内容。

① 首先需要考虑确定动、定模的分型面。在注塑过程中，打开模具用于取出塑件或浇注系统的面，统称为分型面。也就是说分型面是动模与定模相接触的表面，它的主要作用是紧紧地密封型腔。模具设计者在设计分型面时须确定模具的开模方向。

② 在成型零件设计时，需要考虑型腔数目及型腔的布局，浇注系统的设置，抽芯机构，脱模机构，温控系统的设计，成型零件的材料选用及热处理等，详见其他章节。

③ 动模与定模的结构形式，是整体的还是采用镶块结构，及其结构形式和尺寸大小、镶块方式、固定方法等，需要根据具体情况，核算一下成本，权衡利弊做出正确选择。采用组合式的镶块结构要注意模具的强度和刚性，详细见第 16 章。

④ 设计成型零件的尺寸时，应充分考虑到制品的成型收缩率、脱模斜度、零件的制造工艺等。

⑤ 根据客户的设计标准和要求及所提供的技术数据，设计成型零件。

7.1 模具结构设计的基本原则

① 明确。模具结构原理明确、零件功能明确，没有遗漏和重复。各零件的设计要求规范、优化（设计基准要统一、公称尺寸要求整数，不能任意设计）。

② 简单。结构简单可靠，便于加工、装配，简单的好处是直接降低了成本。如：零件的几何形状力求简单、尽量减少零件的机械加工表面和加工次数，减少或简化与相关零件的装配关系及调整措施（相关零件不能有干涉情况出现）。

③ 安全可靠。模具有足够的强度和刚性，模具连续工作不会出现问题，便于模具维修保养。制品顶出与脱模机构安全可靠。

④ 制品成型效率高，质量好。如：冷却速率高、成型周期短、浇注系统压力平衡。所设计的模具，在塑件成型后，其浇道、浇口去除容易。

7.2 成型零件的设计步骤

在设计动、定模的成型零件时，需要综合考虑有关问题，确定模具结构、浇注系统后，一般可按以下步骤进行设计。

① 确定模具型腔数量，初步确定型腔布局。

② 确定塑件分型线和模具分型面。

③ 确定浇注系统的浇口形式、进料位置。

④ 塑件内外有凹凸形状的，需设计侧向抽芯机构。

⑤ 确定成型零件是整体的还是镶块的，以及其组合方式和结构固定方式。

⑥ 以上的有关因素确定后，需综合考虑模具结构及整体布局。

⑦ 确定型芯、型腔的内外形状及成型尺寸，确定零件的脱模斜度。

⑧ 确定动、定模的成型零件的材料、热处理、装配要求、表面粗糙度等技术要求。

7.3 型腔数目的确定方法

型腔数目的确定方法有多种，设计时主要依据塑件的精度、制品的批量、生产的经济性、注塑机的锁模力和注塑量等。首先是塑件的精度，再综合考虑其他因素，要求合理地选择型腔数。通常，精度高的型腔数最多为 4 个，对于精度不高的模具腔数，最好不超过 24 个。因为，每增加一个型腔数精度就会相应降低。具体的见表 7-1。

表 7-1 确定型腔数目的方法

序号	依 据	方 法	
1	根据经济性	$$n=\sqrt{\frac{NYt}{60C_1}}$$ 式中 n——每副模具中的型腔数目 N——计划生产塑件的总量 Y——每小时模具的加工费用，元/h t——成型周期，min C_1——每个型腔的模具加工费用，元	
2	根据锁模力	$$n=\left(\frac{Q}{p}-A_2\right)/A_1$$ 式中 Q——注塑机锁模力，kN p——型腔内熔体的平均压力，MPa A_2——浇注系统在分型面上的投影面积，mm^2 A_1——每一个塑件在分型面上的投影面积，mm^2	$Q[A_1+A_2]\times p\leqslant Q_{锁}\times80\%$
3	根据塑件精度	根据经验，在模具中每增加一个型腔，塑件的尺寸精度就要降低 4%，一模一腔时，塑件的尺寸公差为：聚甲醛 0.2%，尼龙 66 0.3%，聚碳酸酯、聚氯乙烯、ABS 等非结晶型塑料 0.55%。对于高精度的塑件，通常最多采用一模四腔	
4	根据注塑量	$$n=(0.8G-m_2)/m_1$$ 式中 G——注塑机的最大注塑量，g m_1——单个塑件的质量，g m_2——浇注系统的质量，g	（各腔塑件总重＋浇注系统凝料）≤ 注塑机额定注射量×80%

7.4　型腔布局

7.4.1　制品在模具中布局的基本要求

① 制品或制品组件（含嵌件）的主视图，应相对于注塑机的轴线对称分布，以便于成型。

② 制品的方位应便于脱模，注塑时，开模后制品应留在动模部分，这样便于利用成型设备脱模。

③ 当用模具的互相垂直的活动成型零件成型孔、凸台时，制品的位置应使成型零件的水平位移最简单，使抽芯操作方便。

④ 对于较长的管类制品，如果将它的长轴布置在模具开模方向则不能开模和取出制品；对于管接头类制品，要求两个平面开模时，应将制品的长轴布置在与模具开模方向垂直的方向上，这样布置可显著减小模具厚度，便于开模和取出制品。但此时需采用抽芯距较大的抽芯机构，如液压抽芯机构。

⑤ 如果制品的布置有两个方案，两者的分型面不相同且互相垂直，那么应该选择其中使制品在分型面上的投影面积较小的方案。制品在模具中位置的选定，应结合浇注系统的浇口位置、冷却系统和加热系统的布置，以及制品的外观要求等综合考虑。

⑥ 使模具在注射时承受胀型力的合力靠近模具中心，与注塑机的锁模力在一条直线上。

7.4.2　多型腔布局原则

（1）模具温度平衡和熔料压力平衡原则

① 型腔的布置应力求对称、平衡，以防模具承受偏载而产生溢料现象，如图 7-1、图 7-2 所示。制品形状不同采用对角布局，如图 7-3 所示。制品形状大小相同，但不对称，采用对角布局，如图 7-4 所示。制品形状大小悬殊采用先大后小或大近远小布局，如图 7-5、图 7-6 所示。

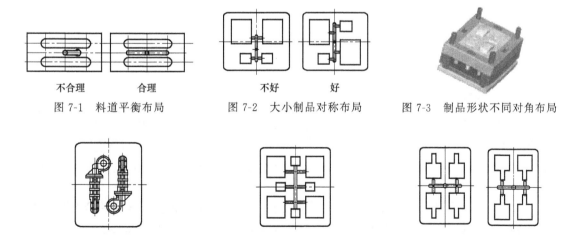

图 7-1　料道平衡布局　　　图 7-2　大小制品对称布局　　　图 7-3　制品形状不同对角布局

图 7-4　不对称制品对角布局　　　图 7-5　先大后小、利用空间　　　图 7-6　大近远小布局

② 浇口位置统一原则：对于一模多腔、相同制品的模具，浇口应从同一位置进料，尽量保证各型腔同时进料。

③ 浇注系统进料平衡原则：是指熔料在基本相同的条件下，同时充满各型腔，以保证各型腔的制品精度一致，尽量采用平衡式布局，如图7-7所示。分流道非平衡式布局，如图7-8所示。具体的见第8章8.4节。

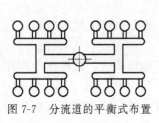

图7-7 分流道的平衡式布置

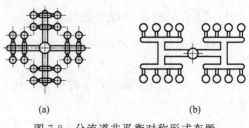

(a)　　　　　　　(b)

图7-8 分流道非平衡对称形式布置

④ 使模具型腔各处的温度大致相等，保证塑件的收缩率相等。

（2）成型零件尺寸最小原则

型腔排列宜紧凑，需要考虑模具钢材和制造成本。同样的制品排列方法不一样，其模具的外形大小就不会一样，如图7-9所示，图（a）所示布局不合理，图（b）所示布局合理。

(a) 不合理　　　(b) 合理

图7-9 型腔布局要求紧凑

（3）分流道最短原则

分流道设计越短越好，减小压力损失、减小凝料浪费、有利于排气。

（4）便于加工制造原则

多型腔的中心距布局应是整数，不能为小数，考虑便于加工测量。模具的设计基准最好与制品的设计基准一致。

7.5　动、定模的分型面

从模具中取出塑件及浇注系统凝料的可分离的接触表面称为分型面。开模时，浇注系统凝料有时可以和塑件一起取出，有时需要单独取出，因此，一副模具根据需要可能有一个或两个分型面，分型面的方向可以与开模方向垂直、平行或倾斜等。分型面的形式和位置选择是否恰当，设计是否合理，将直接关系到模具结构的复杂程度，还对制品的成型质量和生产操作等产生影响。

7.5.1　分型面定义

① 分型线即PL线，指将制品分为动模和定模的分界线，也可以说是将型腔与型芯分离开来的分界线。分型线应处于制品的底面或者不可见的、不起功能作用的制品边缘（不影响制品外形美观的地方）。一旦确定了分型线，制品的分型线应一部分在定模，另一部分在动模。

② 每一副注塑模都由两部分组成，在模具注射成型时，动、定模与模具闭合处的接触平面即取出塑件及凝料的方向相垂直的面，叫做模具分型面，也叫PL分型面。分型线确定后，将分型线向四周延拓就能确定动模与定模的分型面。

7.5.2　分型面的重要性

分型面的位置、形状、结构选择决定了模具结构及成型零件的结构。它不仅关系到塑件的正常成型和脱模，也关系到模具质量的好坏、模具制造成本及制品的质量。

分型面的设计合理与否直接影响到塑件的质量，决定模具的整体结构形式、注塑成型工艺操作的难易程度，并与模具制造成本及工艺有密切关系。

7.5.3　动、定模的分型面分类

一般塑料模都是只有一个分型面，但有的有多个分型面。分型面按其数目及形式分类可分为：水平单分型面、阶梯分型面、斜分型面、异形分型面、双分型面、垂直与水平分型面、平面与侧面分型面等，如图 7-10 所示。

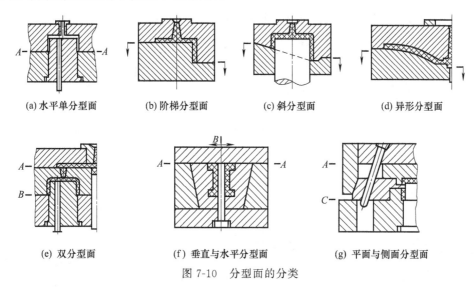

(a) 水平单分型面　　　(b) 阶梯分型面　　　(c) 斜分型面　　　(d) 异形分型面

(e) 双分型面　　　(f) 垂直与水平分型面　　　(g) 平面与侧面分型面

图 7-10　分型面的分类

现在对比较特殊的分型面简单说明如下（有的复杂的模具三至四个分型面的都有，这里不作介绍）。

（1）台阶分型面

不是同一平面的分型面称为台阶分型面。沿塑件形状分型，没有夹线，不影响外观，但分型面复杂，如图 7-11 所示，这个塑件的分型面有多种选择，最终的选择往往取决于客户的要求。

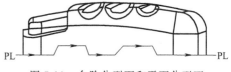

图 7-11　台阶分型面和平面分型面

（2）斜面分型面

斜面分型面要加止口定位面，以抵消胀型力在水平方向上的分力，见图 7-12。定位面视实际情况而定，在任何一边都可以，如图 7-10（c）所示，定位面倾斜角度 α 一般为 10°～

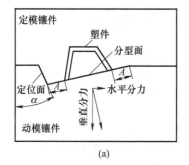

(a)

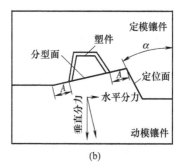

(b)

图 7-12　斜面分型面

15°，斜度越大，定位效果越差。斜面分型面要按分型面角度向外延伸 $A=5\sim10$mm，以防止型腔边沿崩裂，避免配模时滑动。落差较大的分型面，要考虑设置防止动、定模发生错位的结构。

（3）曲面分型面

曲面分型面的设计和斜面分型面大致相同，如图 7-13 中所示，$A=5\sim15$mm，倾斜角度 α 一般为 $10°\sim15°$。注意尽量避免无规则的圆弧分型面，非封胶面的曲面分型面注意要避空。

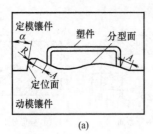 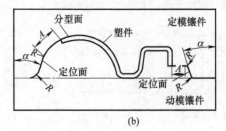

图 7-13 曲面分型面

（4）综合分型面

根据制品形状和模具结构的需要，将以上几种形状结合起来应用，形成综合分型面，如图 7-14 所示。

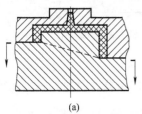 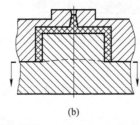

图 7-14 综合分型面

（5）侧面分型面

① 侧面碰穿的分型面。如果采用图 7-15（b）所示的擦穿，则成型塑件没有夹线，如图 7-15（d）所示，但塑件易产生飞边，而且飞边与侧孔平衡，使孔的尺寸缩小；擦穿时侧面最好有 3°或以上的斜度。如果采用图 7-15（c）所示的碰穿，则塑件可以看到夹线，如图 7-15（e）所示，但不易出现飞边，即使有飞边与孔垂直，也不影响孔的尺寸，图中 α 取 $6°\sim10°$。如选择图 7-15（c）所示形式，可建议客户将碰穿孔的两侧单边做 $3°\sim5°$ 的斜度，这样就不会有夹线。

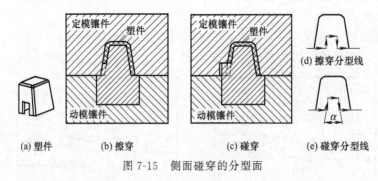

图 7-15 侧面碰穿的分型面

② 斜面方孔的分型面。斜面方孔优先考虑擦穿，这样可不必设计侧抽芯机构，如图 7-16所示，擦穿的条件是图中的 $\alpha\geqslant3°$，如果 $\alpha<1°$，则应优先考虑侧向抽芯。

③ 侧面有凸起的分型面。侧面有凸起结构，应优先考虑将分型面枕起，见图 7-17。但这样会有夹线，而且因为动、定模的脱模斜度方向刚好相反，两边的夹线会有明显起级，影

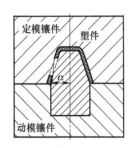

图 7-16　斜面方孔的分型面

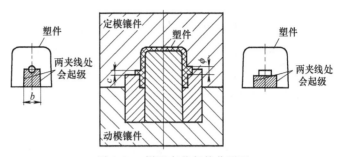

图 7-17　侧面有凸起的分型面

响外观。如果客户不能接受，则只能采用侧向抽芯。

④ 侧面插穿的分型面。碰穿是指动、定模成塑零件接触面垂直于或大致垂直于开模方向，否则叫插穿。插穿是指从垂直开模方向的角度看，比较陡峭的分型面（大于 45°）相互之间的斜面相碰。由于是陡峭的插穿面，加工时容易过切，而且插穿面比较容易磨损，特别是小插穿面更容易磨损，批量生产就容易出现飞边，而且修模也不方便。从模具制造方便的角度来看，分型面上封胶面应尽量采用碰穿，避免擦穿，除了圆孔可以用插穿外，非圆孔一般禁用擦穿。擦穿面的设计实例如图 7-18 所示。

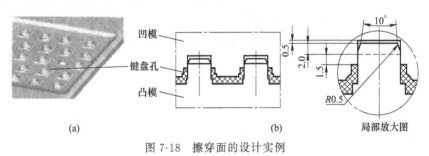

图 7-18　擦穿面的设计实例

7.6　分型面的设计原则

7.6.1　保证塑件的质量原则

① 不影响制品的外观质量，满足塑件的表面质量要求，要求正确确定 PL 线的位置。
② 分型面的选择要考虑成型时的排气效果。
③ 保证制品的尺寸精度要求：分型面的选择特别要考虑同制品的轴度、平行度要求。
④ 分型面的选择要考虑到塑件的使用要求。

7.6.2　模具结构简单原则

① 分型面的形状要求简单：分型面的形状以垂直于开模方向的平面最好，其次是斜面，再次是光滑的弧面、阶梯面等。
② 尽量考虑使零件形状及加工简单，便于制造、加工，特别是型芯、型腔的加工。
③ 应使侧向抽芯机构简单，使抽芯距较短。
④ 有嵌件的模具，嵌件应设置在动模侧，便于嵌件的安装和脱模。
⑤ 应有利于制品脱模，使脱模机构尽量简单，使侧向抽芯距离最短。
⑥ 尽量方便浇注系统的布置，布置分流道的分型面不宜起伏太大。

7.6.3 脱模可靠顺畅原则

① 分型面的选择应有利于塑件的脱模可靠，开模时使塑件尽可能留于动模一侧，模具结构简单（特殊制品做反装模或双边都有顶出机构）。

② 分型面的位置应设在制品脱模方向外形最大轮廓处。

7.6.4 模具不会提前失效原则

① 考虑模具使用寿命，分型面不得有尖角锐边，如 7-19 所示即是错误的设计。尖角锐边将使零件加工更加困难、应力集中、强度减弱，同时还会影响分型面的封料以及模具的寿命，应改成如图 7-20 所示设计。

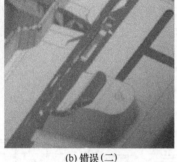

(a) 错误(一)   (b) 错误(二)   (a) 正确(一)   (b) 正确(二)

图 7-19 动、定模分型面不允许存在尖角（一）　　图 7-20 动、定模分型面不允许存在尖角（二）

② 分型面形状不能突变，曲面不能直接延展到某一平面。当分模面为较复杂的空间曲面，且无法按曲面的曲率方向伸展一定距离时，不能将曲面直接延展到某一平面，这样将会产生如图 7-21 （a）所示的台阶及尖形封胶面，而应该沿曲率方向构建一个较平滑的封胶曲面，如图 7-21 （b）所示。

③ 设计制品外形落差悬殊、形状不对称的分型面时，由于受力不平衡，注塑时动、定模之间存在侧面作用力，会使动、定模相互之间错位，需要考虑防止动、定模错位结构的合理设计。如图 7-22 （a）所示设计会使动、定模的成型、开模困难，因此应考虑平衡侧面作用力，应如图 7-22 （b）所示设计。

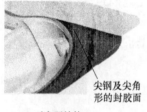
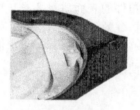

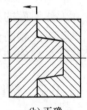

(a) 不合理结构   (b) 合理结构   (a) 错误   (b) 正确

图 7-21 避免尖角分型面设计　　　　图 7-22 分型面上力的平衡

7.6.5 正确选择分型面形式

由于塑件结构互不相同，因而模具分型面的选择是个综合性的问题，需要进行分析，表7-2 所列分型面示例可供参考。

表 7-2　选择分型面示例

序号	推 荐 形 式	不 妥 形 式	说　明
1	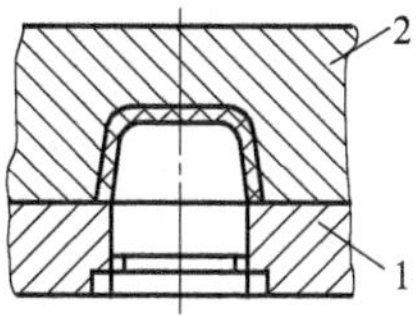	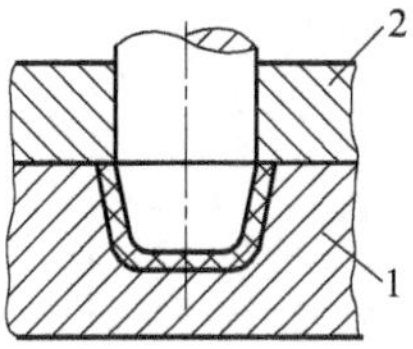	分型面选择应满足动模(或下模)分离后,塑件尽可能留在动模内,因脱模机构一般都在动模部分,否则会增加脱模的困难,势必使模具结构复杂化
2	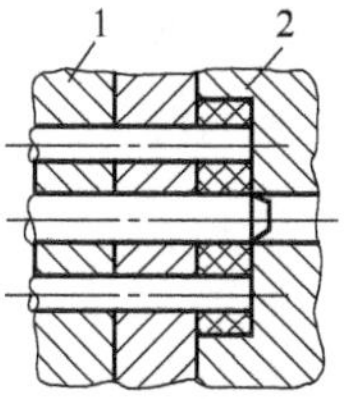	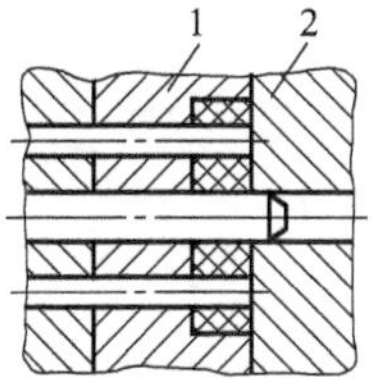	塑件外形较简单,但内有较多的孔或孔形复杂时,塑件成型收缩后必须留于型芯上。这时型腔可设在定模内,采用推件板,即可完成脱模,且模具结构简单
3	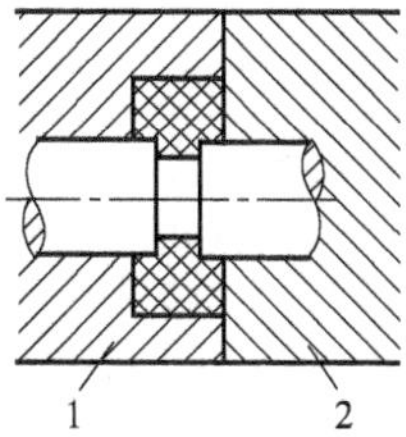	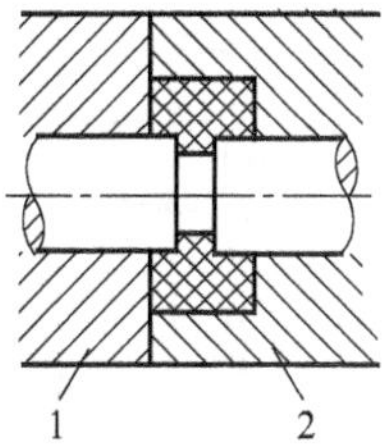	当塑件的型芯对称分布时,如果要迫使塑件留在动模内,可将型腔和大部分型芯设在动模内,可采用推管脱模
4	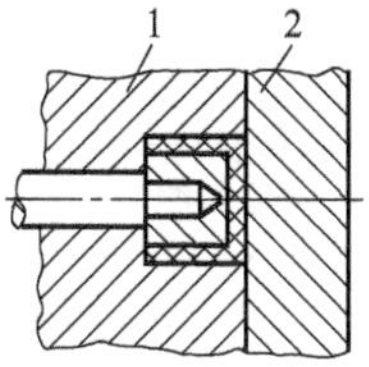	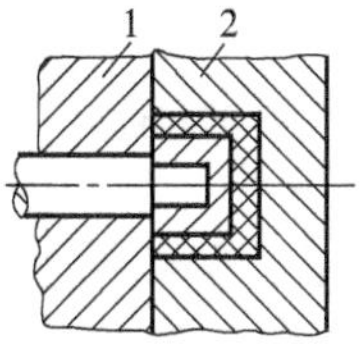	当塑件设有金属嵌件时,由于嵌件不会收缩,对型芯无包紧力,结果带嵌件的塑件留在型腔内,而不会留在型芯上,采用左图所示形式脱模比较容易
5	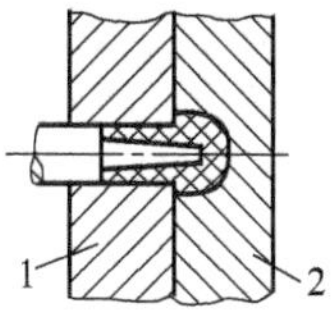	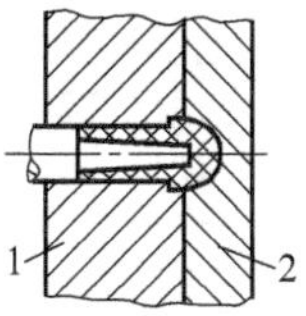	当塑件头部带有圆弧时,如果采用圆弧部分分型,就会损伤塑件表面质量,若改用左边的推荐形式则塑件表面质量较好
6	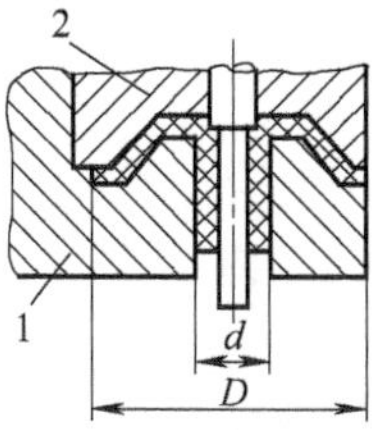	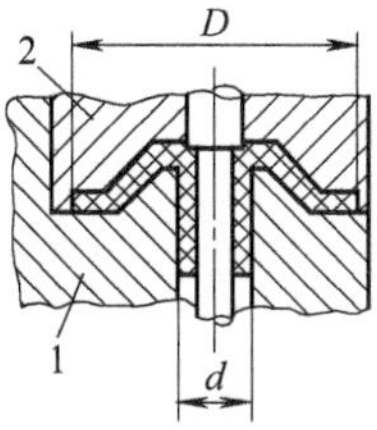	为了满足塑件同轴度的要求,尽可能将有同轴度要求的部分设在同一模板内,如采用左图所示形式,可以提高模具的同轴度
7	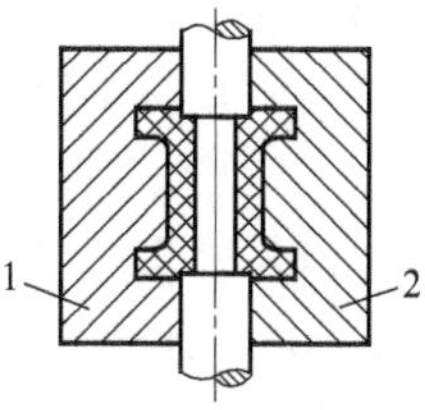	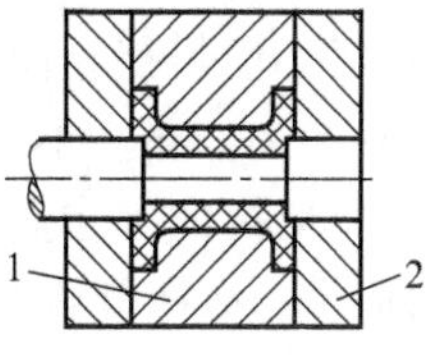	大型线圈骨架塑件的成型采用拼块形式,当拼块的投影面积较大时,会造成锁模不紧,产生溢边,因此最好将型腔设于动、定模上,所受力小的侧面做抽芯

序号	推荐形式	不妥形式	说　　明
8	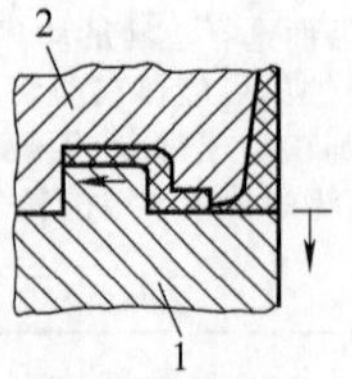 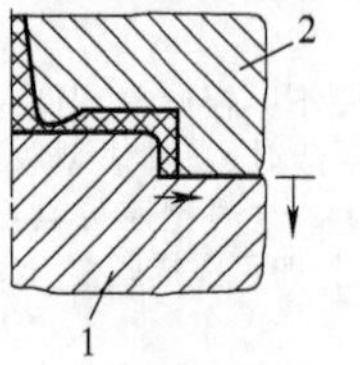	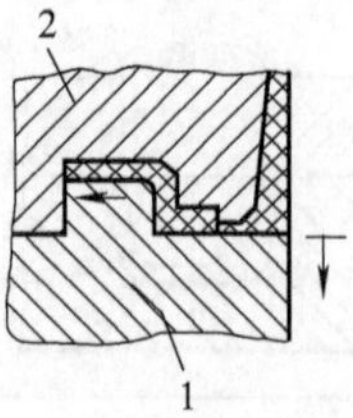 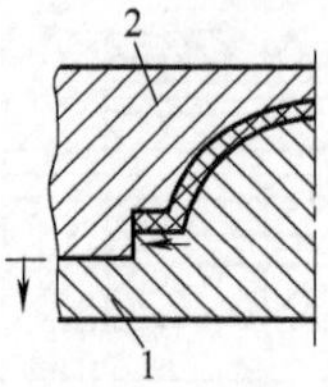	一般分型面应尽可能设在塑料流动方向的末端，以利排气
9	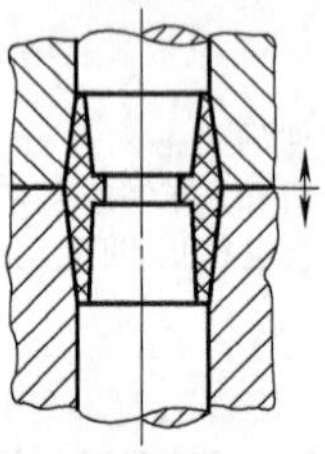	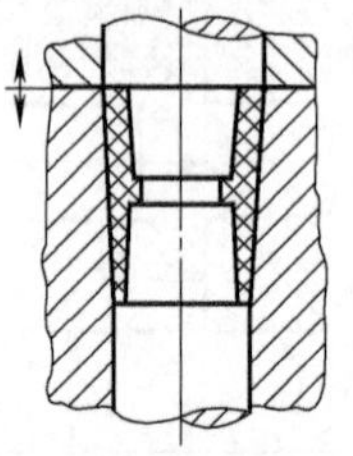	选择分型面时，应考虑减小由于脱模斜度造成的塑件的大小端尺寸差异，若塑件对外观无严格要求，可将分型面设在塑件中部
10	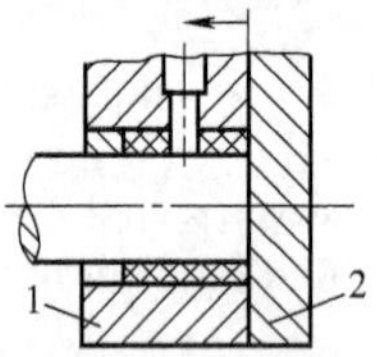	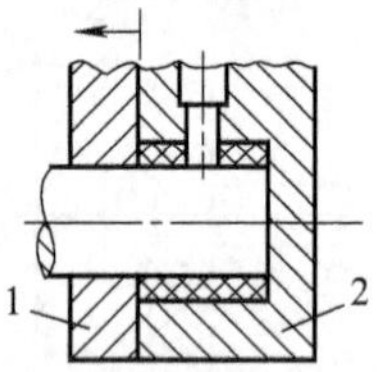	当塑件有侧抽芯时，应尽可能放在动模部分，避免定模抽芯
11	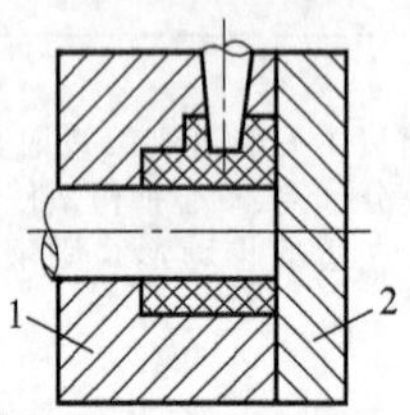	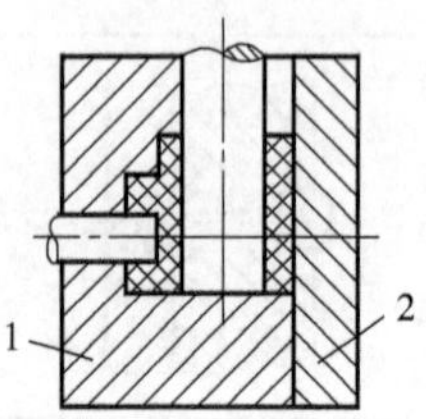	当塑件有多组抽芯时，应尽量避免大端侧向抽芯，因为除了液压抽芯机构能获得较大的抽拔距离外，一般的侧向分型抽芯的抽拔距离较小，故在选择分型面时，应将抽芯或分型面距离大的放在开模方向上

注：1—动模（下模）；2—定模（上模）。

7.7 封胶面和平面接触块

7.7.1 封胶面的定义及要求

模具合模时，注塑机的锁模力主要是通过分型面的封胶面来承担的。封胶面就是在动、定模的制品成型周边的分型面处，要求相互均匀接触而没有间隙的面，也称为密封面。密封面的宽度 L 根据模具大小而定（小型 $10\sim20mm$，中型 $25\sim40mm$，大型 $45\sim75mm$），L 过小会导致模具变形和破坏，过大会增加配模的工作量，并会增大模具外形尺寸。非封胶面低于分型面 $0.5\sim1.5mm$，如图 7-23 所示。这样既提高了封胶面的动、定模接触面的装配精度，又减少了工作量。其封胶面的密封间隙不得大于塑料黏度特性的溢边值（表 7-3）。

表 7-3 塑料黏度特性的溢边值　　　　mm

黏度特性	塑料品种举例	允许变形量[δ]
低黏度塑料	尼龙（PA）、聚乙烯（PE）、聚丙烯（PP）、聚甲醛（POM）	≤0.025～0.04
中黏度塑料	聚苯乙烯（PS）、ABS、聚甲基丙烯酸甲酯（PMMA）	≤0.05
高黏度塑料	聚碳酸酯（PC）、聚砜（PSF）、聚苯醚（PPO）	≤0.06～0.08

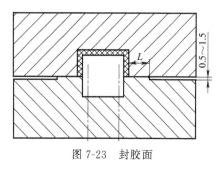

图 7-23　封胶面

7.7.2　设置平面接触块的目的和作用

平面接触块与封胶面是同一平面，也就是说是等高的。为了减少动、定模封胶面的面积，提高封胶面的接触精度，同时减少配模的工作量，便于制造和维修，而设置平面接触块。平面接触块的要求如图 7-24 所示。

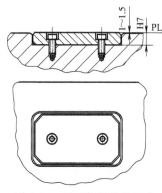

图 7-24　平面接触块的要求

7.7.3　平面接触块设置要求

① 动、定模平面接触块的接触间隙不得大于塑料黏度特性的溢边值（表 7-3）。

② 外形一般为长方形或圆形，根据分型面情况确定。

③ 长方形的长边与短边之比最好符合黄金分割比，这样美观些。

④ 布局要求美观，方向最好与模具外形一致，不要垂直摆放。不要两块组合放在一个槽内，如图 7-26 所示。

⑤ 平面接触块平面不需要开设油槽。

⑥ 平面接触块的数量要求为：平面接触块的总面积为制品投影面积的 30%～35%。

⑦ 平面接触块的四边倒角尺寸要大于铣刀的 R 尺寸，平面接触的模座框为 H7，平面接触块的外形不必刻意减少，因为机械制图规定，未注公差的孔（模座框如同孔）只允许大、不允许小，未注公差的轴（平面接触块如同轴）只允许小、不允许大。所以，不必考虑设计间隙。

⑧ 粗糙度为 $R_a 0.8 \mu m$ 以下。

⑨ 热处理硬度为 45～48HRC。

⑩ 内六角螺钉最多两个，小的、圆的平面接触块可以用一个螺钉。

7.8　动、定模的设计要点

7.8.1　需要综合考虑，正确选择动、定模结构形式

由于型腔与动模型芯形状比较复杂，如果采用整体式结构，则加工较困难，因而采用镶块组合，可简化加工工艺，便于加工制造和热处理，同时提高零件制造精度，零件磨损时便于更换和维修。采用镶块设计，这是注塑模具设计制造的一大特点。

7.8.2 动、定模设计基准的设置

（1）成型零件的基准

成型零件的设计基准设置要根据模具结构和零件形状考虑。基准的设定原则要求保证零件的加工精度和加工方便。成型零件的基准有如下分类：

① 以模板的基准角为基准。

② 在动、定模零件的中心线上设置两个距离较远的工艺孔为基准。

③ 以镶芯的直角边为基准。

④ 在多型腔模具中，以制品的设计基准或单型腔的中心线（中心距应是整数）为基准。

⑤ 以制品的设计基准为基准。

（2）工艺孔设置

大型复杂的模具的动、定模整体型腔，需要设置两个距离较远的、形状为圆形的、中心距为整数的工艺孔（H7），用机用铰刀时便于加工。由于模板的基准角在加工过程中容易损坏，如果动、定模采用镶块结构的模芯，则也需要两个工艺孔。

如图 7-25（a）所示，有一个工艺孔是方的（不便于加工、成本又高、不容易做准），模框有四个检验孔，并注有 X、Y、Z 坐标尺寸，成了两个基准。四个检验孔可作为基准孔使用，否则有矛盾，既有四个检验孔，方孔就是不必要的，成了两个基准，违反了基准统一原则。

应该改为如图 7-25（b）所示设计，有两个圆的基准孔，便于加工（机用铰刀），又省成本，而且两个中心孔距离较远，比一个单独的方的基准孔精度高。

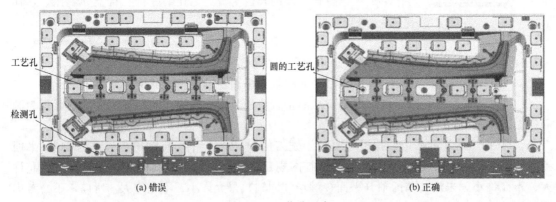

（a）错误　　　　　　　　　　　　　　　　（b）正确

图 7-25　工艺孔要求

（3）动、定模的基准角设置

以导柱孔偏移的直角边为基准角，如图 7-26 所示结构，采用楔紧压块压紧镶件，主要

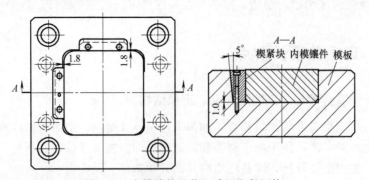

图 7-26　定模镶件的装配采用楔紧压块

应用于大型模具，目的是便于装拆。楔紧压块的设计要点为：在基准角对面设置楔紧块；楔紧压块的侧面与模板镶块不得留有间隙，楔紧压块的底面须有 0.5～1mm 的间隔；楔紧压块材料为 45 钢，硬度为 42～46HRC。定模镶件楔紧压块尺寸见表 7-4。

表 7-4　镶件楔紧压块尺寸　　　　　　　　　　　　　　　　mm

L	H	A	B	L_1	D	d	h
100	29.5	17	8	35	11	7	6.5
120	19	14	7	40	11	7	6.5
140	24	17	8	55	11	7	6.5
140	39.5	20	8	55	11	7	6.5

7.8.3　动、定模的脱模斜度的确定

设计动、定模与成型零件的脱模斜度应注意以下几点：为了塑件脱模方便，大多数成型零件都有脱模斜度，成型零件的脱模斜度大小与塑料的牌号、塑件的几何形状有很大关系。脱模斜度的选取，可参考表 7-5。

表 7-5　常用塑料的脱模斜度

塑料名称	斜度		塑料名称	斜度	
	型腔 a	型芯 b		型腔 a	型芯 b
聚乙烯（PE）、聚丙烯（PP）、软聚氯乙烯	45′～1°	30′～45′	硬聚氯乙烯、聚苯乙烯（PS）、聚甲基丙烯酸甲酯（PMMA）、聚碳酸酯（PC）、聚砜	1°～2°	50′～1°30′
ABS、尼龙（PA）、聚甲醛（POM）、氯化聚醚、聚苯醚	1°～1°30′	40′～1°	热固性塑料	40′～1°	20′～50′

① 一般动模的脱模斜度小于定模的脱模斜度。如图 7-27 所示，$a>b$，目的是保证制品留在动模内。但有时如图 7-27（b）中所示的 C、D 和 E、F，情况则正好相反，内侧面的脱模斜度应该比外侧面的脱模斜度大一些，因为塑件对型芯的包紧力永远大于塑料对型腔的黏附力。

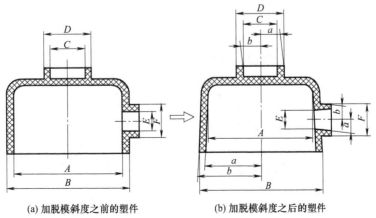

(a) 加脱模斜度之前的塑件　　　　(b) 加脱模斜度之后的塑件

图 7-27　脱模斜度

② 脱模斜度确定后，注意需要验证制品的上、下口的尺寸是否达到图样要求。

③ 塑件表面要求蚀纹，模具型腔表面要喷砂或腐蚀，当 $R_a < 6.3\mu m$ 时，脱模斜度 $\geqslant$ 3°；当 $R_a \geqslant 6.3\mu m$，脱模斜度 $\geqslant 4°$。塑件侧面蚀纹深度与脱模斜度对照见表7-6。

表7-6 塑件侧面蚀纹深度与脱模斜度对照

编号	蚀纹深度/in	最小脱模斜度/(°)	编号	蚀纹深度/in	最小脱模斜度/(°)
MT-11000	0.0004	1.5	MT-11200	0.003	4.5
MT-11010	0.001	2.5	MT-11205	0.0025	4
MT-11020	0.0015	3	MT-11210	0.0035	5.5
MT-11030	0.002	4	MT-11215	0.0045	6.5
MT-11040	0.003	5	MT-11220	0.005	7.5
MT-11050	0.0045	6.5	MT-11225	0.0045	6.5
MT-11060	0.003	5.5	MT-11230	0.0025	4
MT-11070	0.003	5.5	MT-11235	0.004	6
MT-11080	0.002	4	MT-11240	0.0015	2.5
MT-11090	0.0035	5.5	MT-11245	0.002	3
MT-11100	0.006	9	MT-11250	0.0025	4
MT-11110	0.0025	4.5	MT-11255	0.002	3
MT-11120	0.002	4	MT-11260	0.004	6
MT-11130	0.0025	4.5	MT-11265	0.005	7
MT-11140	0.0025	4.5	MT-11270	0.004	6
MT-11150	0.00275	5	MT-11275	0.0035	5
MT-11160	0.004	6.5	MT-11280	0.0055	8

7.8.4 动、定模零件要有足够的强度和刚性

1）具体的参见第16章。

2）确定动、定模的外形尺寸要注意的问题 动模芯与型腔的长度与宽度设计必须满足下列要求：①包围整个塑料制品的型腔、型芯，须加放成型收缩率；②动模芯与型腔具有足够的强度抵抗熔料作用于型腔、动模芯上的力；③冷却水管道的布置，要有足够空间位置；④抽芯机构、斜顶机构、顶出机构的顶杆、推块及复位杆孔等零件，在开模或抽芯动作时，须有足够的空间位置，与其他结构件、配套件、固定螺钉等不会产生干涉。

7.8.5 动、定模零件设计工艺要合理

① 动、定模零件结构要优化可靠，工艺合理。

② 成本要求有效控制，合理选用钢材和热处理工艺。

7.8.6 动、定模成型处要避免有尖薄或清角设计

动、定模成型处应尽量避免尖薄或清角设计，否则应力集中、强度不够容易损坏，如图7-28所示。

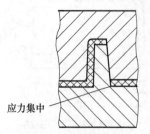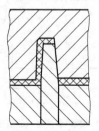

应力集中

图7-28 尖、薄处采用镶块结构

7.8.7　动、定模零件加工后要考虑消除应力

复杂零件加工后会产生加工应力，但由于生产周期较短，不能采取退火处理，可考虑正火处理。

7.8.8　动、定模加强筋的镶块设计要点

① 加强筋深度超过 12～15mm 时需采用镶块结构，避免困气，否则制品难以成型。

② 加强筋镶块都宜从筋的中间镶拼，以便于抛光及加工筋两边的拔模斜度，也有利于排气，便于筋位的加工及抛光处理，如图 7-29 所示。

③ 加强筋要做拔模斜度的，大端尺寸不得大于壁厚的 0.6 倍。底部（小端）形状通常有三种：图 7-29（a）所示设计结构底部有清角不好，图 7-29（b）、（c）所示设计结构底部有 0.2～0.5R，有利于注射成型。

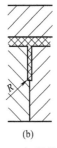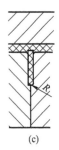

(a) (b) (c)

图 7-29　加强筋设计

7.8.9　圆角与清角

设计模具的成型零件千万不要忽视圆角与清角，否则有时会带来很大的麻烦，如：清角与圆角混淆或 R 角大小尺寸做错（通常动模的 R 角宜做小，定模的 R 角宜做大，如果尺寸要修整，没有余量，就需要重新加工零件）。

模具的成型零件交接处宜设计成圆角，既有利于塑料成型，又有利于成型零件加工和增加零件的强度，避免零件应力集中，模具提前失效。

7.9　动、定模采用镶块形式

一般模具的型腔和型芯都采用整体结构，但复杂形状的整体结构，其型腔和型芯的加工非常困难，难以采用磨削等加工方法，加工精度也受到限制，所以在设计其结构时应十分注意加工工艺性。由于模具的型腔和动模芯是注塑成型的关键部件，其形状、精度和表面状态直接决定塑件的质量。因此，在设计时既要考虑零件加工的工艺性和精度，又要考虑模具质量和加工的简便、成本等因素，设计前先经得客户认可，再确定采用整体结构还是镶块结构。

动、定模结构采用整体形式还是组合镶块形式，在保证模具质量的前提下，需要从以下因素权衡利弊综合考虑，正确选择动、定模结构形式。

① 首先满足塑件的质量要求，从塑件的形状、结构方面考虑模具结构。

② 零件的加工精度。

③ 动、定模零件的加工设备及磨削工艺。

④ 模具成本（材料成本、加工成本、人工成本）。

⑤ 便于加工和加工时间。

⑥ 考虑模具外形大小，同时考虑模具的强度和刚性。

目前由于精密和长寿命的模具大量增加，为了使模具零件的结构和形状设计能达到设计精度要求，大多数模具采用如图 7-30 所示的全拼块式结构。

7.9.1　动、定模采用拼块、镶块结构的目的和作用

① 采用镶块组合结构，满足工艺需要。优化零件加工工艺，提高了零件的加工精度，

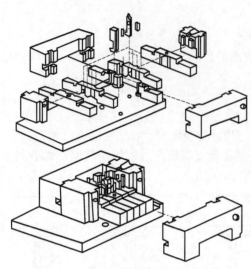

图 7-30　动、定模采用全拼块式结构

比动、定模整体结构更便于加工，可使凹、凸模加工简化，改善其加工的工艺性，降低整体加工的难度，提高模具零件制造精度。多个零件分开加工，然后再进行组装，可缩短生产周期。

② 满足模具设计需要，降低模具制造成本。如镶块采用铍铜材料，能加强其散热性。从控制成本方面出发，可合理选用多种钢材，如局部采用淬火钢、预硬钢等。

③ 避免模具提前失效。采用镶块结构的，可优化零件形状，避免尖角存在，避免产生加工应力。采用镶块结构便于选用适用的钢材，可保证模具有足够的刚性，从而提高模具寿命。

④ 便于零件的热处理。可避免整体淬火。使用拼块模具的目的是通过淬火、磨削，得到符合要求的高精度模具。

⑤ 便于零件抛光。

⑥ 排气效果好，如加强筋处，采用了镶块，便于排气。

⑦ 局部损坏时便于更换、维修。

7.9.2　镶块设计要点

① 镶块尺寸的确定原则是镶块零件在成型受力时不变形，必须保证有足够的强度和刚性。

② 要求镶块设计成适合于淬火和磨削加工的结构形式。按照适宜于进行成型磨削的要求设计拼块，应尽量将各镶块设计成便于进行成型磨削的形状。

③ 在设计成型部分镶拼结构时，必须首先考虑成型件的形状及其应有功能，保证成型部分具有足够刚性等问题。与此同时，从加工制造的角度出发，也必须顾及加工设备和加工技术的条件，从成型件的形状和功能出发，考虑模具的镶拼形式。

④ 应设计成便于进行维修的镶拼结构，如必须使用单独的拼块时，则应避免角部的应力集中。

⑤ 镶块设计要采用便于装配和拆卸的镶拼结构。

⑥ 考虑排气效果的镶块设计。

⑦ 要考虑好冷却水道布局位置，固定螺钉的位置。

⑧ 根据型腔的深度确定镶块边的尺寸，型腔的深度为 20mm 以下时，边尺寸为 15～25mm；型腔的深度为 25～30mm 时，边尺寸为 30～35mm；型腔的深度为 30～40mm 时，边尺寸大于 40mm；型腔的深度大于 40mm，边尺寸为 30～50mm。

⑨ 定模的宽度与厚度要根据制品的投影面积大小而定：25mm、50mm、80mm、100mm 等。具体的详见第 16 章。

⑩ 镶块为整体嵌入式的，配合精度要求如图 7-27（b）所示；镶件采用楔紧块的装配，如图 7-32（d）所示。

⑪ 镶块在动模板或定模板装配后不能松动和旋转，需要防转设计。

7.9.3 定模结构形式和镶块方式

定模采用哪种结构，要根据制品形状结构特征及模具的具体情况选择结构形式。定模结构类型有整体式、镶块整体嵌入组合式、局部镶块形式、大面积镶嵌形式、四边拼合型腔形式等，具体的如图 7-31 所示。整体式镶块与模座配合也可考虑为 H8/k7。

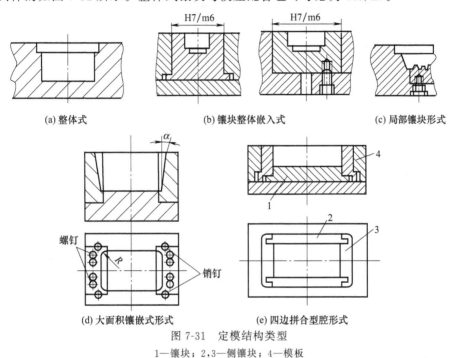

(a) 整体式　　　　(b) 镶块整体嵌入式　　　　(c) 局部镶块形式

(d) 大面积镶嵌式形式　　　　(e) 四边拼合型腔形式

图 7-31　定模结构类型

1—镶块；2,3—侧镶块；4—模板

7.9.4 动模结构形式和镶块方式

动模芯的结构形式通常可分为整体式和组合式两种，其装配形式如图 7-32 所示。

① 小型芯尽量采用镶块结构，如图 7-32（a）所示。

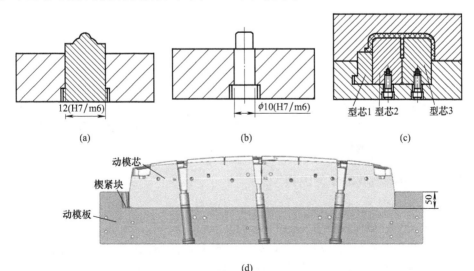

(a)　　　　　　(b)　　　　　　(c)

(d)

图 7-32　动模组合装配形式

② 非圆形小型芯，装配部位宜做成圆形，如图 7-32（b）所示。

③ 复杂型芯可将凸模做成数件再拼合，组成一个完整的型腔，如图 7-32（c）所示。

④ 大型模具采用组合楔紧块定位，螺钉紧固，如图 7-32（d）所示。

7.10　成型零件的成型收缩率的确定

7.10.1　成型收缩率的定义

注塑制品因其成型冷却后收缩而引起的尺寸变化同模具型腔的尺寸的比值，称为成型收缩率（简称收缩率）。成型收缩率，一般是指制件成型后的尺寸收缩的程度。它用同一部位的制品尺寸同模具尺寸之差再与模具尺寸相比的百分率表示：

$$n = \frac{L_0 - L_1}{L_1} \times 100\%$$

式中，n 为制品的收缩率；L_0 为模具尺寸，mm；L_1 为同一部位的制品尺寸，mm。

制品成型 2~4h 后测定的收缩率称为初期收缩率，制品成型后 16~24h 或 24~48h 后所测定的收缩率称为成型收缩率。

在成型作业中，由于受到热或者压力等外因引起的成型收缩可以分为三种：一是由树脂固有收缩引起的成型收缩，二是由制品形状引起的成型收缩，三是由成型条件引起的成型收缩。可以认为引起成型收缩的原因是热、弹性恢复结晶化、分子定向缓和。除此之外，还有塑性变形等因素。

7.10.2　收缩率的数据来源

动、定模与成型零件的尺寸首先要知道塑料的成型收缩率，才能计算。获得成型收缩率数据有以下几个途径。

① 查表获得成型收缩率的数据。由于塑料特性不同，其收缩率也有所不同，可查附表 2 和附表 3，得到各种塑料的成型收缩率。收缩率范围较宽，一般取其平均值。

② 通常由客户指定经验数值，提供给模具供应商。

③ 收缩率范围较小的，一般情况下根据理论值取其平均值。

④ 为了获得准确的收缩率，可在设计模具之前，选择类似塑件的模具进行试验并实际测算收缩率的值，作为模具设计的依据。精密注塑模具通常采用该方法来获得准确的收缩率。

⑤ 在没有把握的情况下，采取制造样条模来验证收缩率的正确性。

目前确定各种塑料收缩率（成型收缩＋后收缩）的方法，一般都推荐德国国家标准中 DIN16901 的规定。即以 23℃±0.1℃ 时模具型腔尺寸与成型后放置 24h，在温度为 23℃、湿度为 50%±5% 条件下测量出的相应塑件尺寸之差来计算。

7.10.3　影响成型收缩率的因素

① 塑料品种特性，如塑料的玻璃纤维含量、应力分布、分子取向等。同一种塑料由于树脂的相对分子质量、填料及配方等的不同，其收缩率及各向异性也不同。例如，树脂的相对分子质量大，填料为有机物，树脂含量较多，则塑料的收缩率就大。热塑性塑料在成型过程中，由于还存在结晶引起的体积变化、内应力大、冻结在塑件内的残留应力大以及分子取向性强等因素，与热固性塑料相比，则表现为收缩率较大，收缩率范围宽、方向性明显。另

外，热塑性塑料成型后的收缩、退火或调湿处理后的收缩一般也都比热固性塑料大。

② 塑件形状及结构，如壁厚、有无嵌件及嵌件的位置。

③ 模具结构及模具的浇注系统，如浇口形式、尺寸、数量、位置等。

④ 模温控制系统，如模温高低及模温分布的均匀性、平衡性等。

⑤ 成型工艺参数，如压力、时间、料筒温度、注射速度等。保持压力及持续时间对收缩也影响较大，压力大、时间长则收缩小，但方向性强。因此在成型时调整模具温度、压力、注塑速度及冷却时间等因素也可适当改变塑件收缩情况。

⑥ 塑件脱模之后的放置方式以及后处理方式。

7.10.4　制品成型收缩率的确定

① 由上述可知，影响成型收缩率的因素较多，而且相当复杂。在设计模具时，常需按塑件各部位的形状、尺寸、壁厚等特点选取不同的收缩率。对精度高的塑件应选取收缩率波动范围小的塑料，并留有试模后修正的余地。另外，成型收缩还受到各成型因素的影响，注塑时调整各项成型条件也能够适当地改变塑件的收缩情况。

② 成型收缩率的确定，一般可以按以下几种办法。

a. 按客户指定的成型收缩率数据设计，对数据有怀疑时需要验证。

b. 当制品精度要求较高时，或者在成型收缩率没有把握的情况下，应先开制样条模验证制品成型收缩率。

c. 制品尺寸要求不很高的，可用查表法，根据所得的成型收缩率的中间值计算模具的型腔、型芯尺寸。如 ABS 的收缩率是 $0.4\% \sim 0.7\%$，取 0.55%，计算时把制品的尺寸乘以 1.0055，所得的数即为型腔或型芯尺寸。

d. 根据经验值确定成型收缩率：制品的成型收缩率各方向是不一致的，同制品的形状结构有关。如洗衣机的脱水外桶（PP 塑料）的成型收缩率的经验值是：上口为 1.7%，下口为 1.4%，高度为 1.6%。

e. 根据制品的尺寸大小、形状、结构选取成型收缩率，大制品取偏大值；对收缩率波动范围较大的塑料，可根据塑件形状、壁厚（壁厚的收缩大，取偏大值）及熔料流动方向来确定，因制品成型收缩率同注塑的流向有关（纵向的比横向收缩率小）。

③ 对一般精度的塑料成型收缩率波动的误差控制在制品尺寸的 1/3 以内。

7.10.5　高精度塑件的成型收缩率的确定

对于高精度塑件的成型收缩率，通常从以下方面内容进行考虑，进行设计和制造模具。

① 对塑件外型取较小收缩率，内型取较大收缩率，以确保试模后留有修正的余量。

② 确定收缩率时，要综合考虑制品形状、结构、浇注系统形式、尺寸公差及成型工艺和工作环境。

③ 需要后处理的塑件，其收缩率的确定要考虑后处理的具体情况。

④ 按实际收缩情况修正模具。一般型腔选下极限，动模取上极限，便于模具修整。

⑤ 试模并适当地调整工艺，略微修正收缩值，以满足塑件要求。

⑥ 有金属嵌件时，收缩率应取小值。

7.11　成型零件的尺寸确定

所谓成型零件的工作尺寸是指成型零件上直接成型塑件部分的尺寸，主要有型腔和动模型芯的尺寸。

任何塑件都有一定的几何形状及尺寸要求，其中有配合要求的尺寸精度要求较高。模具成型零件尺寸必须保证所成型塑件的尺寸达到要求，而影响塑件尺寸及公差的因素相当复杂，对这些影响成型零件尺寸的因素分析如下。

① 成型零件的制造公差。

a. 成型零件的制造公差直接影响塑件的制造公差。在确定成型零件的尺寸公差时可取塑件公差的1/3。

b. 确定成型尺寸前应首先搞清楚各部尺寸的性质分类以便确定各部尺寸及其公差的取向。一般地，趋于增大尺寸，如图7-33中所示的 D 和 H 应尽量选小些，即取公差的负值；趋于缩小的尺寸如 d 和 h 应尽量选大些，即取公差的正值。

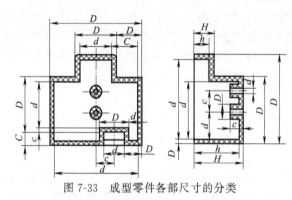

图7-33 成型零件各部尺寸的分类

② 成型零件的尺寸计算要考虑成型收缩率的波动因素：塑件的生产工艺条件、模具结构、操作方式、材料等。但关键的要求是成型收缩率的数据要正确。

③ 注意制品壁厚的控制，一般宜薄不宜厚；注意修正值的控制：动模适当做正值，定模适当做负值，便于调整尺寸。

④ 成型零件的尺寸标注需要考虑制品的装配要求，便于模具试模后修整。

⑤ 动、定模镶芯零件的装配尺寸根据配合公差表正确选用，便于零件化生产和维护。

⑥ 成型零件的制造精度是影响塑件尺寸精度的重要因素之一。成型零件的加工精度越低，塑件的尺寸精度越低。实践证明，成型零件的制造公差可取塑件公差的1/3~1/6，再按标准公差值确定，见表7-7。根据目前机械制造和装配的技术水平，允许模具使用的最高制造公差等级为IT5~IT6，一般情况可采用IT7~IT8。

表7-7 标准公差和基本偏差数值表 （GB/T 1800，1—2009）

公差尺寸/mm		标准公差等级																	
大于	至	IT1	IT2	IT3	IT4	IT5	IT6	IT7	IT8	IT9	IT10	IT11	IT12	IT13	IT14	IT15	IT16	IT17	IT18
		μm											mm						
—	3	0.8	1.2	2	3	4	6	10	14	25	40	60	0.1	0.14	0.25	0.4	0.6	1	1.4
3	6	1	1.5	2.5	4	5	8	12	18	30	48	75	0.12	0.18	0.3	0.48	0.75	1.2	1.8
6	10	1	1.5	2.5	4	6	9	15	22	36	58	90	0.15	0.22	0.36	0.58	0.9	1.5	2.2
10	18	1.2	2	3	5	8	11	18	27	43	70	110	0.18	0.27	0.43	0.7	1.1	1.8	2.7
18	30	1.5	2.5	4	6	9	13	21	33	52	84	130	0.21	0.33	0.52	0.84	1.3	2.1	3.3
30	50	1.5	2.5	4	7	11	16	25	39	62	100	160	0.25	0.39	0.02	1	1.6	2.5	3.9
50	80	2	3	5	8	13	19	30	46	74	120	190	0.3	0.46	0.74	1.2	1.9	3	4.6
80	120	2.5	4	6	10	15	22	35	54	87	140	220	0.35	0.54	0.87	1.4	2.2	3.5	5.4
120	180	3.5	5	8	12	18	25	40	63	100	160	250	0.4	0.63	1	1.6	2.5	4	6.3
180	250	4.5	7	10	14	20	29	46	72	115	185	290	0.46	0.72	1.15	1.85	2.9	4.6	7.2
250	315	6	8	12	16	23	32	52	81	130	210	320	0.52	0.81	1.3	2.1	3.2	5.2	8.1
315	400	7	9	13	18	25	36	57	89	140	230	360	0.57	0.89	1.4	2.3	3.6	5.7	8.9
400	500	8	10	15	20	27	40	63	97	155	250	400	0.63	0.97	1.55	2.5	4	6.3	9.7
500	630	9	11	16	22	32	44	70	110	175	280	440	0.7	1.1	1.75	2.8	4.4	7	11
630	800	10	13	18	25	36	50	80	125	200	320	500	0.8	1.25	2	3.2	5	8	12.5
800	1000	11	15	21	28	40	56	90	140	230	360	560	0.9	1.4	2.3	3.6	5.6	9	14

续表

公差尺寸 /mm		标准公差等级																	
大于	至	IT1	IT2	IT3	IT4	IT5	IT6	IT7	IT8	IT9	IT10	IT11	IT12	IT13	IT14	IT15	IT16	IT17	IT18
		μm											mm						
1000	1250	13	18	24	33	47	66	105	165	260	420	660	1.05	1.65	2.6	4.2	6.6	10.5	16.5
1250	1600	15	21	29	39	55	78	125	195	310	500	780	1.25	1.95	3.1	5	7.8	12.5	19.5
1600	2000	18	25	35	46	65	92	150	230	370	600	920	1.5	2.3	3.7	6	9.2	15	23
2000	2500	22	30	41	55	78	110	175	280	440	700	1100	1.75	2.8	4.4	7	11	17.5	28
2500	3150	26	36	50	68	96	135	210	330	540	860	1350	2.1	3.3	5.4	8.6	13.5	21	33

注：1. 公称尺寸大于 500mm 的 IT1～IT5 的标准公差值为试行的。

2. 公称尺寸小于或等于 1mm 时无 IT14～IT8。

7.12　成型零件的表面粗糙度

7.12.1　表面粗糙度的作用

① 注塑模具零件的表面粗糙度不仅代表了模具零件表面的制造精度等级，对模具零件的使用性能和质量也有很大的影响，特别是动、定模的表面粗糙度直接影响塑件的外观质量。模具的相互配合零件、抽芯机构的滑块、斜顶等零件的表面粗糙度会影响模具的质量和使用寿命。

② 表面粗糙度影响零件的耐磨性。表面越粗糙，配合表面间的有效接触面积越小，压强越大，磨损就越快。

③ 表面粗糙度影响配合性质的稳定性。对间隙配合来说，表面越粗糙，就越易磨损，使工作过程中间隙逐渐增大；对过盈配合来说，由于装配时将微观凸峰挤平，减小了实际有效过盈，降低了连接强度。

④ 表面粗糙度影响零件的疲劳强度。粗糙零件的表面存在较大的波谷，它们像尖角缺口和裂纹一样，对应力集中很敏感，从而影响零件的疲劳强度。

⑤ 表面粗糙度影响零件的抗腐蚀性。粗糙的表面，易使腐蚀性气体或液体通过表面的微观凹谷渗入到金属内层，造成表面腐蚀。

⑥ 表面粗糙度影响零件的密封性。粗糙的表面之间无法严密地贴合，气体或液体通过接触面间的缝隙渗漏。

⑦ 表面粗糙度影响零件的接触刚度。接触刚度是零件结合面在外力作用下，抵抗接触变形的能力。机器的刚度在很大程度上取决于各零件之间的接触刚度。

⑧ 影响零件的测量精度。零件被测表面和测量工具测量面的表面粗糙度都会直接影响测量的精度，尤其是在精密测量时。

7.12.2　表面粗糙度的标准

① 表面粗糙度参数及其数值见标准 GB/T 1031—2009。

② 表面粗糙度比较样块磨、车、镗、铣、插及刨加工表面见标准 GB/T 6060.2—2006，电火花加工表面见标准 GB/T 6060.3—2008，抛光加工表面标准见 GB/T 6060.3—2008，抛（喷）丸、喷砂加工表面见标准 GB/T 6060.3—2008。

③ 产品几何技术规范表面结构轮廓法评定表面结构的规则和方法见标准 GB/T 10610—2009。

7.12.3　表面粗糙度数值的选用原则

表面粗糙度的选择不仅要根据零件的工作条件和使用要求，而且应该考虑生产的经济性。选择表面粗糙度应采用类比原则，具体如下。

① 在满足工作要求和外观要求的前提下，应尽量选择数值较大的粗糙度。

② 在一般情况下，摩擦表面的粗糙度参数值低于非摩擦表面的粗糙度参数值。

③ 在配合性质稳定可靠时，零件的表面粗糙度参数值应较小。

④ 配合零件的表面粗糙度参数值应选取较小的值。

⑤ 尺寸公差等级相同时，轴的表面粗糙度参数值要比孔的表面粗糙度参数值大。

⑥ 接触表面要求较高的表面，应选取较小的粗糙度参数值。

⑦ 处于腐蚀性气体等工作条件下零件表面的粗糙度参数值应较低。

⑧ 可能发生应力集中的圆角或凹槽处，应选取较小的粗糙度参数值。

⑨ 一般模具型腔粗糙度要比塑件的要求低 1～2 级。塑料制品的表面粗糙度值一般在 $0.2～0.8\mu m$。塑件的外观要求越高，表面粗糙度值越小。

7.12.4　表面粗糙度标注方法

① 模具零件表面粗糙度的标注，选用轮廓平均偏差为评定参数，标注参数代号以 R_a 表示，单位为 μm。

② 标注数值如下：100、50、25、12.5、6.5、3.2、1.6、0.8、0.4、0.2、0.1、0.5、0.25、0.125、0.05、0.025、0.01、0.005、0.001，数值单位为 μm。

③ 成型零件的粗糙度标注要求经济、规范。图样上标注如图 7-34（a）所示。

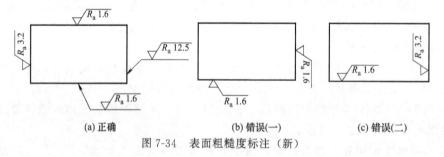

(a) 正确　　　　　　　　　(b) 错误(一)　　　　　　　(c) 错误(二)

图 7-34　表面粗糙度标注（新）

7.12.5　表面粗糙度的标注

关于表面粗糙度在图样中的标注按国家标准 GB/T 18618—2002 的规定如下。

① 每一个表面只标注一次粗糙度代号，且应注在可见轮廓线、尺寸线、尺寸界线或它们的延长线上。符号的尖端从材料外指向表面，代号中的数字及符号的方向按图 7-34（a）所示的规定标注。

② 旧国家标准 GB/T 131—1993 中，不同方位表面粗糙度的标注样式如图 7-34 所示。

③ 新国标粗糙度的标注方法。

a. 注写与图样的标题栏方向一致，正确标注如图 7-34（a）所示，图 7-34（b）、图 7-34（c）标注错误。

b. 按新标准 GB/T 18618—2002 规定，不论是何种简化标注方式，表面结构符号均应统一标注在图纸的标题栏上方附近。不要再将表面结构要求的符号标注在图样的右上角。按新标准规定，不论哪种情况，都不必标注"其余"、"全部"二字。

7.12.6　模具成型零件的粗糙度选用

① 模具零件的表面粗糙度标注要求如下：镜面 $R_a0.08\mu m$，定模成型面 $R_a0.2\mu m$ 动模成型面 $R_a1.6\mu m \sim 3.2\mu m$，分型面、配合面 $R_a1.6\mu m$ 以下，非配合面 $R_a3.2\mu m$ 等。

② 模具型腔 R_a 数值应相应增大两级。

7.12.7　动、定模表面的加工方法选用

① 根据表面粗糙度的特征选择各种加工方法及应用举例，见表 7-8。

表 7-8　表面粗糙度的表面特征、经济加工方法及应用举例

表面特征		R_a 代号			加工制作方法	适 用 范 围
加工面	粗加工面	$\sqrt{R_a50}$	$\sqrt{R_a25}$	$\sqrt{R_a12.5}$	粗车、粗锣	钻孔、倒角、没有要求的自由表面
	半光面	$\sqrt{R_a6.3}$	$\sqrt{R_a3.2}$	$\sqrt{R_a1.6}$	精车、精锣、粗磨	接触表面,不甚精确的配合面
	光面	$\sqrt{R_a0.8}$	$\sqrt{R_a0.4}$	$\sqrt{R_a0.2}$	精磨、高速锣、坐标磨	要求保证定心及配合特性的表面
	最光面	$\sqrt{R_a0.1}$	$\sqrt{R_a0.5}$	$\sqrt{R_a0.025}$	抛光、镜面	塑件表面要求高的模具型腔面
毛坯面		$\sqrt{}$			锻、扎制等经表面清理	无需进行机加工的表面

② 表面粗糙度与表面加工刀痕和零件表面使用要求的对应关系，见表 7-9。

表 7-9　表面粗糙度的表面特征、加工方法及应用举例

表面粗糙度 $R_a/\mu m$	表面形状特征	加工方法	应 用 举 例
50	明显可见刀痕	粗车、镗、钻、刨	粗制后所得到的粗加工面,为表面粗糙度最低的加工面,一般很少采用
25	微见刀痕	粗车、刨、立铣、平铣、钻	粗加工表面比较精确的一级,应用范围很广,一般凡非结合的加工面均用此级粗糙度。如轴端面,倒角,钻孔,齿轮及带轮的侧面,键槽非工作表面,垫圈的接触面,轴承的支撑面等
12.5	可见加工痕迹	车、镗、刨、钻、平铣、立铣、粗铰、磨、铣齿	半精加工表面。不重要零件的非配合表面,如支柱、轴、支架、外壳、衬套、盖等的端面。紧固件的自由表面,如螺栓、螺钉、双头螺栓和螺母的表面。不要求定心及配合特性的表面,如用钻头钻的螺栓孔,螺钉孔及铆钉孔等表面固定支撑表面,与螺栓头及铆钉头相接触的表面,带轮、联轴器、凸轮、偏心轮的侧面,平键及键槽的上下面,斜键侧面等
6.3	微见加工痕迹	车、镗、刨、铣、刮 1～2 点/cm²、拉、磨、锉、滚压、铣齿	半精加工表面。和其他零件连接而不是配合的表面,如外壳、座加盖、凸耳、端面和扳手及手轮的外圆。要求有定心及配合特性的固定支撑表面,如定心的轴肩,键和键槽的工作表面。不重要的紧固螺纹的表面,非传动的梯形螺纹,锯齿形螺纹表面,轴与毡圈摩擦面,燕尾槽的表面,注塑模的模板侧面
3.2	看不见的加工痕迹	车、镗、刨、铣、铰、拉、磨、滚压、刮 1～2 点/cm²、铣齿	接近于精加工,要求有定心(不精确的定心)及配合特性的固定支撑表面,如衬套、轴承和定位销的压入孔。不要求定心及配合特性的活动支撑面,如活动关节,花键结合、8 级齿轮齿面、传动螺纹工作表面,低速(30～60r/min)的轴颈($d<50mm$),楔形键及槽上下面,轴承盖凸肩表面(对中心用),端盖内侧面,注塑模的模板外侧面、倒角、非配合面等

续表

表面粗糙度 $R_a/\mu m$	表面形状特征	加工方法	应用举例
1.6	可辨加工痕迹的方向	车、镗、拉、磨、立铣、铰、刮 3～10 点/cm²、磨、滚压	要求保证定心及配合特性的表面,如锥形销和圆柱销的表面,普通与 6 级精度的球轴承的配合面,安装滚动轴承的孔,滚动轴承的轴颈。中速(60～120r/min)转动的轴颈,静连接 IT7 精度公差等级的孔,动连接 IT9 精度公差等级的孔,不要求保证定心及配合特性的活动支撑面,如高精度的活动球状接头表面,支撑垫圈、套齿叉形件、磨削的轮齿,注塑模零件的配合面、动模芯表面
0.8	微辨加工痕迹的方向	铰、磨、刮 3～10 点/cm²、镗、拉、滚压	要求能长期保持所规定的配合特性的 IT7 的轴和孔的配合表面。高速(120r/min 以上)工作下的轴颈及衬套的工作面。间隙配合中 IT7 精度公差等级的孔,7 级精度大小齿轮工作面,蜗轮齿面(7～8 级精度),滚动轴承轴颈。要求保证定心及配合特性的表面,如滑动轴承轴瓦的工作表面。不要求保证定心及结合特性的活动支撑面,如导杆、推杆表面工作时受反复应力的重要零件。在不破坏配合特性下工作,要保证其耐久性和疲劳强度的表面,如:受力螺栓的圆柱表面,曲轴和凸轮轴的工作表面,注塑模的模板平面、分型面、零件的配合面
0.4	不可辨加工痕迹的方向	布轮磨、磨、研磨、超级加工	工作时承受反复应力的重要零件表面,保证零件的疲劳强度、防腐性和耐久性。工作时不破坏配合特性的表面,如轴颈表面、活塞和柱塞表面等。IT5～IT6 精度公差等级配合的表面,3～5 级精度齿轮的工作表面,4 级精度滚动轴承配合的轴颈,注塑模定模型腔表面
0.2	暗光泽面	超级加工	工作时承受较大反复应力的重要零件表面,保证零件的疲劳强度、防蚀性及在活动接头工作中的耐久性的一些表面。如活塞销的表面,液压传动用的孔的表面,注塑模定模型腔表面
0.1	亮光泽面	超级加工	精密仪器及附件的摩擦面,量具工作面,块规、高精度测量仪工作面,光学测量仪中的金属镜面,透明塑件的注塑模动型芯、定模型腔表面
0.05	镜状光泽面		
0.025	雾状镜面		
0.012	镜面		

③ 表面粗糙度选用实例见表 7-10。

表 7-10　表面粗糙度选用实例

表面粗糙度 R_a /μm	相当表面光洁度		表面形状特征	应用举例
＞40～80	▽1	粗糙的	明显可见刀痕	粗糙度最高的加工面,一般很少采用
＞20～40	▽2		可见刀痕	
＞10～20	▽3		微见刀痕	粗加工表面比较精确的一级,应用范围较广,如轴端面、倒角、穿螺钉孔和铆钉孔的表面、垫圈的接触面等
＞5～10	▽4	半光	可见加工痕迹	半精加工面,支架、箱体、离合器、带轮侧面、凸轮侧面等非接触的自由表面,与螺栓头和铆钉头相接触的表面,所有轴和孔的退刀槽,一般遮板的结合面等
＞2.5～5	▽5		微见加工痕迹	半精加工面,箱体、支架、盖面、套筒等和其他零件连接而没有配合要求的表面,需要发蓝处理的表面,需要滚花处理的预先加工面,主轴非接触的全部外表面等
＞1.25～2.5	▽6		看不清加工痕迹	基面及表面质量要求较高的表面,中型机床工作台面(普通精度),组合机床主轴箱和盖面的结合面,中等尺寸平带轮和 V 带轮的工作表面,衬套、滑动轴承的压入孔,一般低速转动的轴颈
＞0.63～1.25	▽7	光	可辨加工痕迹的方向	中型机床(普通精度)滑动导轨面,导轨压板,圆柱销和圆锥销的表面,一般精度的刻度盘,需镀铬抛光的外表面,中速转动的轴颈,定位销压入孔等

续表

表面粗糙度 R_a /μm	相当表面光洁度	表面形状特征		应 用 举 例
>0.32~0.63	▽8	光	微辨加工痕迹的方向	中型机床(提高精度)滑动导轨面,滑动轴承轴瓦的工作表面,夹具定位元件和钻套的主要表面,曲轴和凸轮轴的工作轴颈,分度盘表面,高速工作下的轴颈及衬套的工作面等
>0.16~0.32	▽9		不可辨加工痕迹的方向	精密机床主轴锥孔,顶尖圆锥面,直径小的精密心轴和转轴的结合面,活塞的活塞销孔,要求气密的表面和支撑面
>0.08~0.16	▽10		暗光泽面	精密机床主轴箱与套筒配合的孔,仪器在使用中要承受摩擦的表面,如导轨、槽面等,液压传动用的孔的表面,阀的工作面,气缸内表面,活塞销的表面等
>0.04~0.08	▽11	最光	亮光泽面	特别精密的滚动轴承套圈滚道、滚珠及滚柱表面,测量仪器中中等精度间隙配合零件的工作表面,工作量规的测量表面等
>0.02~0.04	▽12		镜状光泽面	特别精密的滚动轴承套圈滚道、滚珠及滚柱表面,高压油泵中柱塞和柱塞套的配合表面,保证高度气密的结合表面等
>0.01~0.02	▽13		雾状镜面	仪器的测量表面,测量仪器中高精度间隙配合零件的工作表面,尺寸超过100mm的量块工作表面等
≯0.01	▽14		镜面	量块工作表面,高精度测量仪器的测量面,光学测量仪器中的金属镜面等

④ 表面粗糙度值与公差等级、基本尺寸的对应关系见表 7-11。

表 7-11　表面粗糙度值与公差等级、基本尺寸的对应关系

公差等级 IT	基本尺寸/mm	R_a/μm	R_z/μm	公差等级 IT	基本尺寸/mm	R_a/μm	R_z/μm
2	≤10	0.025~0.040	0.16~0.20	6	≤10	0.20~0.32	1.0~1.6
	>10~50	0.050~0.080	0.25~0.40		>10~80	0.40~0.63	2.0~3.2
	>50~180	0.10~0.16	0.50~0.80		>80~250	0.80~1.25	4.0~6.3
	>180~500	0.20~0.32	1.0~1.6		>250~500	1.6~2.5	8.0~10
3	≤18	0.050~0.080	0.25~0.40	7	≤6	0.40~0.63	2.0~3.2
	>18~50	0.10~0.16	0.50~0.80		>6~50	0.80~1.25	4.0~6.3
	>50~250	0.20~0.32	1.0~1.6		>50~500	1.6~2.5	8.0~10
	>250~500	0.40~0.63	2.0~3.2	8	≤6	0.40~0.63	2.0~3.2
4	≤6	0.050~0.080	0.25~0.40		>6~120	0.80~1.25	4.0~6.3
	>6~50	0.10~0.16	0.50~0.80		>120~500	1.6~2.5	8.0~10
	>50~250	0.20~0.32	1.0~1.6	9	≤10	0.80~1.25	4.0~6.3
	>250~500	0.40~0.63	2.0~3.2		>10~120	1.6~2.5	8.0~10
5	≤6	0.10~0.16	0.50~0.80		>120~500	3.2~5.0	12.5~20
	>60~50	0.20~0.32	1.0~1.6	10	≤10	1.6~2.5	8.0~10
	>50~250	0.40~0.63	2.0~3.2		>10~120	3.2~5.0	12.5~20
	>250~500	0.80~1.25	4.0~6.3		>120~500	6.3~10	25~40

⑤ 根据表面粗糙度的标注原则和零件表面使用要求,参考表 7-12~表 7-14 选择表面粗糙度参数值。

⑥ 零件不同的加工方法可能达到的表面粗糙度(R_a 值)见表 7-13。

⑦ 不同塑料及不同成型方法所能达到的表面粗糙度(R_a 值)见表 7-14。

表 7-12　表面粗糙度 R_a 的应用

R_a/μm	适应的零件表面
12.5	粗加工非配合表面。如轴端面、倒角、钻孔、链槽非工作表面、垫圈接触面、不重要的安装支撑面、螺钉、铆钉孔表面等

续表

$R_a/\mu m$	适应的零件表面
6.3	半精加工表面。用于不重要的零件的非配合表面,如支柱、轴、支架、外壳、衬套、盖等的端面,螺钉、螺钉和螺母的自由表面;不要求定心和配合特性的表面,如螺栓孔、螺钉通孔、铆螺钉等,飞轮、带轮、离合器、联轴器、凸轮、偏心轮的侧面,平键及键槽上下面,花键非定心表面,齿顶圆表面,所有轴和孔的退刀槽,不重要的连接配合表面,犁铧、犁侧板、深耕铲等零件的摩擦工作面,插秧爪面等
3.2	半精加工表面。外壳、箱体、盖、套筒、支架等和其他零件连接而不形成配合的表面,不重要的紧固螺纹表面,非传动用梯形螺纹、锯齿形螺纹表面,燕尾槽表面,键和键槽的工作面,需要发蓝处理的表面,需滚花处理的预加工表面,低速滑动轴承和轴的摩擦面,张紧链轮、导向滚轮与轴的配合表面,滑块及导向面(速度为20~50m/min),收割机械切割器的摩擦器动刀片,压力片的摩擦面,脱粒机格板工作表面等
1.6	要求有定心及配合特性的固定支撑、衬套、轴承和定位销的压入孔表面,不要求定心及配合特性的活动支撑面,活动关节及花键结合面,8级齿轮的齿面,齿条齿面,传动螺纹工作面,低速传动的轴颈,楼形键及键槽上下面,轴承盖凸肩(对中心用),V带轮槽表面,电镀前金属表面等
0.8	要求保证定心及配合特性的表面,锥销和圆柱销表面;与P0和P6级滚动轴承相配合的孔和轴颈表面;中速转动的轴颈,过盈配合的IT7孔,间隙配合的IT8孔,花键轴定心表面,滑动导轨面 不要求保证定心及配合特性的活动支撑面;高精度的活动球状接头表面、支撑垫圈、榨油机螺旋榨辊表面等
0.2	要求能长期保持配合特性的IT6,IT5孔,6级精度齿轮齿面,螺杆齿面(6~7级),与P5级滚动轴承配合的孔和轴颈表面;要求保证定心及配合特性的表面;滑动轴承轴瓦工作表面;分度盘表面;工作时受交变应力的重要零件表面;受力螺栓的圆柱表面,曲轴和凸轮轴工作表面、发动机气门圆锥面,与橡胶油封相配的轴表面等
0.1	工作时受较大交变应力的重要零件表面,保证疲劳强度、防腐蚀性及在活动接头工作中耐久性的一些表面,精密机床主轴箱与套筒配合的孔,活塞销的表面,液压传动用孔的表面,阀的工作表面,气缸内表面,保证精确定心的锥体表面;仪器中承受摩擦的表面,如导轨、槽面等
0.05	滚动轴承套圈滚道、滚动体表面,摩擦离合器的摩擦表面,工作量规的测量表面,精密刻度盘表面,精密机床主轴套筒外圆面等
0.025	特别精密的滚动轴承套圈滚道、滚动体表面;测量仪器中较高精度间隙配合零件的工作表面;柴油机高压泵中柱塞副的配合表面;保证高度气密的结合表面等
0.012	仪器的测量面;测量仪器中高精度间隙配合零件的工作表面;尺寸超过100mm量块的工作表面等

表 7-13 不同加工方法可能达到的表面粗糙度(R_a 值) μm

加工方法		表面粗糙度 R_a													
		0.012	0.025	0.05	0.10	0.20	0.40	0.80	1.60	3.20	6.30	12.5	25	50	100
锉															
刮削															
刨削	粗														
	半精														
	精														
插削															
钻孔															
扩孔	粗														
	精														
金刚镗孔															
镗孔	粗														
	半精														
	精														
铰孔	粗														
	半精														
	精														
顺铣	粗														
	半精														
	精														

续表

加工方法		表面粗糙度 R_a													
		0.012	0.025	0.05	0.10	0.20	0.40	0.80	1.60	3.20	6.30	12.5	25	50	100
端面铣	粗									━	━	━			
	半精						━	━	━						
	精					━	━	━							
车外圆	粗										━	━	━		
	半精							━	━	━	━				
	精					━	━	━							
金刚车															
车端面	粗										━	━			
	半精							━	━	━	━				
	精														
磨外圆	粗						━	━	━						
	半精					━	━	━							
	精	━	━	━	━	━									
磨平面	粗							━	━						
	半精						━	━							
	精			━	━	━	━								
珩磨	平面			━	━	━	━								
	圆柱	━	━	━	━	━									
研磨	粗					━	━								
	半精				━	━									
	精		━	━	━										
电火花加工								━	━	━	━	━			
螺纹加工	丝锥板牙							━	━	━					
	车							━	━	━					
	搓丝						━	━	━						
	滚压					━	━	━							
	磨					━	━	━							

表 7-14　不同成型方法和不同塑料所能达到的表面粗糙度 （GB/T 14234—1993）　μm

加工方法	材　料		R_a										
			0.025	0.050	0.10	0.20	0.40	0.80	1.60	3.20	6.30	12.50	25
注射成型	热塑性塑料	PMMA	●	●	●	●	●	●	●				
		ABS	●	●	●	●	●	●	●				
		AS	●	●	●	●	●	●	●				
		PC		●	●	●	●	●	●				
		PS		●	●	●	●	●	●	●			
		PP			●	●	●	●	●				
		PA			●	●	●	●	●				
		PE			●	●	●	●	●	●	●		
		POM		●		●	●	●	●				
		PSF				●	●	●	●	●			
		PVC				●	●	●	●	●			
		PPO				●	●	●	●	●			
		CPE				●	●	●	●	●			
		PBP				●	●	●	●	●			
	热固性塑料	氨基塑料				●	●	●	●				
		酚醛塑料				●	●	●	●				
		硅酮塑料				●	●	●	●				
压缩和传递成型	氨基塑料					●	●	●	●	●			
	蜜胺塑料				●	●	●	●					

加工方法	材 料	R_a										
		0.025	0.050	0.10	0.20	0.40	0.80	1.60	3.20	6.30	12.50	25
压缩和传递成型	酚醛塑料				●	●	●	●	●			
	DAP					●	●	●	●			
	不饱和聚酯					●	●	●	●			
	环氧树脂				●	●	●	●	●			
机械加工	有机玻璃	●	●	●	●	●	●	●	●	●		
	尼龙							●	●	●	●	
	聚四氟乙烯						●	●	●	●	●	
	聚氯乙烯							●	●	●	●	
	增强塑料							●	●	●	●	●

7.13 成型零件的表面抛光

7.13.1 成型零件的表面抛光要求

① 模具的型芯（塑件的内表面），除透明件外一般不抛光或普通抛光。但模具型腔表面不允许有刀痕和电火花纹存在，必须要用砂纸、油石等工具抛光。模具表面的粗糙度直接影响塑件表面的粗糙度。普通机械加工和电加工所得到的成型表面往往难以满足塑件表面粗糙度的要求，所以在机加工或电加工之后，必须再对成型表面进行抛光处理，以提高成型表面的粗糙度。抛光有普通抛光光泽面和镜面抛光。普通抛光的粗糙度 R_a 为 $0.2 \sim 0.4 \mu m$，光泽面为 $0.08 \sim 0.1 \mu m$，镜面抛光为 $0.02 \sim 0.04 \mu m$；镜面抛光主要用于生产透明塑件的模具成型表面。

② 塑料模具成型件表面粗糙度等级与加工方法　塑料制品在家电、汽车等行业应用极为广泛，其表面粗糙度要求很高，已经成为塑件质量的主要指标之一。因此，制订模具成型件的表面粗糙度标准，规定其加工方法，对用户和模具厂都十分重要，见表 7-15。

表 7-15　模具成型件表面粗糙度与加工方法

表面类型	模具成型件表面粗糙度公称值/μm	加 工 方 法
MFG A-0	0.008	1μm 金刚石研磨膏毡抛光（GRADE 1μm DIAMOND BUFF）
MFG A-1	0.016	3μm 金刚石研磨膏毡抛光（GRADE 3μm DLAMOND BUFF）
MFG A-2	0.032	6μm 金刚石研磨膏毡抛光（GRADE 6μm DLAMOND BUFF）
MFG A-3	0.063	15μm 金刚石研磨膏毡抛光（GRADE 15μm DLAMOND BUFF）
MFG B-0	0.063	800＃砂纸抛光（＃800 GRIT PAPER）
MFG B-1	0.100	600＃砂纸抛光（＃600 GRIT PAPER）
MFG B-2	0.100	400＃砂纸抛光（＃400 GRIT PAPER）
MFG B-3	0.32	320＃砂纸抛光（＃320 GRIT PAPER）
MFG C-0	0.32	800＃油石抛光（＃800 STONE）
MFG C-1	0.40	600＃油石抛光（＃600 STONE）
MFG C-2	1.0	400＃油石抛光（＃400 STONE）
MFG C-3	1.6	320＃油石抛光（＃320 STONE）
MFG D-0	0.20	12＃湿喷砂抛光（WET BLAST GLASS BEAD 12＃）
MFG D-1	0.40	8＃湿喷砂抛光（WET BLAST GLASS BEAD 8＃）
MFG D-2	1.25	8＃干喷砂抛光（DRY BLAST GLASS BEAD 8＃）
MFG D-3	8.0	5＃湿喷砂抛光（WET BLAST GLASS BEAD 5＃）

续表

表面类型	模具成型件表面粗糙度公称值/μm	加 工 方 法
MFC E-1	0.40	电火花加工(EDM)
MFC E-2	0.63	电火花加工(EDM)
MFC E-3	0.8	电火花加工(EDM)
MFC E-4	1.6	电火花加工(EDM)
MFC E-5	3.2	电火花加工(EDM)
MFC E-6	4.0	电火花加工(EDM)
MFC E-7	5.0	电火花加工(EDM)
MFC E-8	8.0	电火花加工(EDM)
MFC E-9	10.0	电火花加工(EDM)
MFC E-10	12.5	电火花加工(EDM)
MFC E-11	16.0	电火花加工(EDM)
MFC E-12	20.0	电火花加工(EDM)

注：1. A、B、C、D、E 分别代表五种加工方法。

2. 0、1、2、3 分别表示每种方法可达到的表面粗糙度的 4 个等级。

3. MFG 为 Mould Finish Comparison Guide 的缩写。

4. 模具成型件表面粗糙度公称值，是根据采用各种不同加工方法和不同规格研磨、抛光材料所能达到的最佳程度，并经采用优先数处理获得的，公称百分率为＋12％、－17％（此公称百分率可参考标准 GB/T 6060.3—2008）。

5. 表面粗糙度的评定方法，可根据表中所列数值和方法制作成专用样板供比较测量。

7.13.2　模具抛光工艺

① 抛光流程需要循序渐进操作，抛光应由粗到细，逐步递进。抛光流程为：粗抛→半精抛→精抛→抛光结束，如图 7-35 所示。要避免中间砂皮号数跳号操作。

抛光作业程序：车削、铣削加工、电加工→油石研磨（粗→细 46♯→80♯→120♯→150♯→220♯→320♯→400♯）→砂纸研磨（220♯→280♯→320♯→400♯→600♯→800♯→1000♯→1200♯）→钻石膏精加工（15μm→9μm→3μm→1μm）。

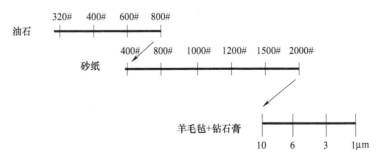

图 7-35　常用抛光工艺

② 非镜面抛光。要求采用推荐的抛光工序，避免抛光工序不妥当。采用从 400♯ 开始到 1200♯ 砂纸抛光，去掉工件的表面波纹后，当零件的粗糙度为 $R_a0.09\mu m$ 时，才可镜面抛光。

③ 镜面抛光工具要用毛毡辘加钻石膏，如图 7-36 所示。

④ 手工研抛工艺参数和措施见表 7-16。在研磨或抛光时，正确确定研抛的压力、速度和余量以及研抛运动轨迹，是获得研抛效果的重要措施。

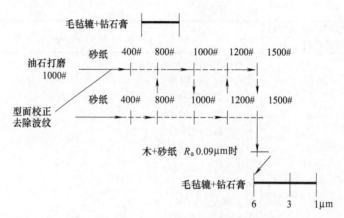

图 7-36　镜面要求推荐采用的抛光工序

表 7-16　手工研抛工艺参数和措施

工艺内容	工艺参数和措施
研抛工艺准备	①研磨前加工面的粗糙度 $R_a=1.6\sim0.8\mu m$ ②去除加工时出现的毛刺 ③采用汽油或煤油清洗研抛面
研抛压力	①研抛压力一般取 $0.01\sim0.05MPa$ 手工粗研时为：$0.1\sim0.2MPa$ 手工抛研时为：$0.01\sim0.05MPa$ ②当研磨压力为 $0.04\sim0.2MPa$ 时，对降低加工面的粗糙度 R_a 较显著，一般在研磨较薄平面时，允许最大研磨压力为 $0.3MPa$
研抛速度	① 研磨速度过高，将产生： a. 较高的热量，使研磨质量降低 b. 研具将易磨损，影响加工面几何形状和精度 c. 易使圆盘研磨的研磨盘外圈和内圈的速度差加大，从而加大外圈研磨量 ② 一般研抛速度应为 $10\sim150m/min$，精研速度$<30m/min$，手工精研时为 $20\sim40$ 次/min，手工粗研速度为 $40\sim60$ 次/min

工序名称		加工余量/mm	磨料粒度	表面粗糙度 $R_a/\mu m$
备料成型		$1^{+0.1}_{-0.2}$	—	3.2
淬火前粗磨		$0.35\sim0.05$	$46^{\#}$	0.8
淬火后精磨		$0.05\sim0.01$	$60^{\#}$	0.4
Ⅰ次	粗研	$0.011\sim0.003$	W5～W7	0.1
Ⅱ次	粗研	$0.004\sim0.001$	W5.5	0.05
Ⅰ次	半精研	$0.0015\sim0.0005$	W2.5	0.025
Ⅱ次	半精研	$0.0005\sim0.0003$	W1.5	0.012
精研		达到尺寸精度	W1～W1.5	0.008

（研抛余量（实例））
①研抛余量将取决于前工序的精度与表面粗糙度。原则上，研抛为研去前工序留下的痕迹
②为保证加工面精度，研磨余量一般取小值
③由 $R_a0.8\mu m$ 研到 $R_a0.05\mu m$ 的研磨余量参考值为（以淬火铜为例）：
内孔 $\phi25\sim125mm$ 的研磨余量为 $0.04\sim0.08mm$
外圆 $\leqslant\phi10mm$ 的研磨余量为 $0.03\sim0.04mm$
$\phi11\sim30mm$ 的研磨余量为 $0.03\sim0.05mm$
$\phi31\sim60mm$ 的研磨余量为：$0.04\sim0.06mm$
平面的研磨余量为：$0.015\sim0.03mm$

复习思考题

1. 什么叫分型面？

2. 模具结构设计的基本原则是什么？

3. 如何确定模具的开模方向和分型线？

4. 确定型腔数目需要考虑哪些综合因素？

5. 型腔布局有哪些基本要求？

6. 型腔布局原则是什么？

7. 型腔布局方法有哪些？

8. 分型面形状有哪些类型？设计时要注意什么？

9. 分型面形状的设计原则是什么？

10. 动、定模结构类型有哪几种？

11. 怎样确定动、定模成型零件的尺寸？

12. 模具为什么要采用镶块结构设计？

13. 镶块设计要点有哪些？

14. 动、定模镶块结构装配有什么要求？

15. 成型零件的表面粗糙度有什么要求？

16. 各种成型表面的加工方法能达到怎样的表面粗糙度？

17. 成型零件的表面抛光怎样获得？

18. 零件的外形和装配处为什么要求倒角？为什么成型处不能倒倒角？

19. 为了留有修模余量，在设计型腔和型芯径向尺寸时应如何选择成型收缩率？

20. 简述凸模、凹模的固定方法。

21. 在注塑模具中，哪些零件采用间隙配合？哪些零件采用过渡配合？哪些零件采用过盈配合？配合公差代号分别是什么？

第8章 ▶▶ 浇注系统的设计

浇注系统是注塑成型机喷嘴到型腔之间的进料通道。其作用是将熔体从喷嘴处平稳地引进模腔，并在熔体充模和固化定型过程中，将注塑压力充分传递到模腔的各个部位，以获得组织致密、外形清晰、表观光洁和尺寸稳定的塑料制品。

浇注系统的设计关系到模具的结构是否简单或复杂及模具加工的复杂程度。浇注系统的浇口形式、数量及浇口位置的确定，决定了模具的结构及模架的规格型号。

浇注系统设计会对模具与制品的质量起着决定性作用，关系到模具的注塑成型工艺条件是否优化，也决定了注塑的成型周期，制品的产量和成本、外观和内部质量、尺寸精度和成型合格率，其重要性不言而喻。所以说浇注系统设计是注塑模具的关键。

8.1 浇注系统的组成

浇注系统可分为普通（冷流道）浇注系统和无流道（热流道）浇注系统两大类。普通浇注系统又经常分为直浇口式和横浇口式两种。

浇注系统是指模具中从注塑成型机喷嘴开始到型腔入口为止的塑料熔体的流动通道。浇注系统由以下四部分组成。

① 主流道。又称直浇口，使熔料直接进入型腔部分，是连接喷嘴与模具型腔的桥梁，如图8-1所示的序号1。主流道是指从注塑机的喷嘴与模具接触的部位开始到分流道为止的一段锥形流道。它与注塑机喷嘴在同一轴线上，熔体在主流道中不改变流动方向。主流道是熔融塑料最先经过的流道，所以它的大小直接影响熔体的流动速度和充模时间。

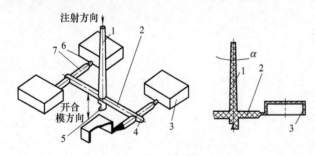

图 8-1 浇注系统的组成
1—主流道；2—分流道；3—塑件；
4,5—冷料穴；6—浇口；7—次分流道

② 分流道。分流道是主流道的末端与型腔进料口（浇口）之间的一段流道，分流道是浇注系统的截面变化和熔体流动转向的过渡通道，如图8-1所示的序号2。在多型腔模具中还需要分为主分流道和次分流道（如图8-1所示的序号7）。

③ 浇口。浇口是连接分流道与型腔之间的一段细长通道，也是浇注系统最后的部分，如图8-1所示的序号6。

④ 冷料穴。在每个注射成型周期开始时，最前端的塑料接触低温模具后会降温变硬，被称为冷料。为了防止在下一次注射成型时，将冷料带进型腔而影响塑件质量，一般在主流道或分流道的末端设置冷料穴，以储藏冷料使熔体顺利地充满型腔。如图8-1所示的序号4与5。

8.2 浇注系统的设计原则和要点

8.2.1 浇口、凝料去除容易原则

应尽量将浇口设置于隐蔽部位，确保浇口修整、去除方便，切除后在制品留下痕迹最小，同时料道的凝料脱出方便可靠。

8.2.2 注塑压力平衡原则

根据制品的大小、形状、壁厚、技术要求、分型面、塑料的成型特性等综合因素，合理设计浇注系统。首先正确选择模腔的数量与布局，尽可能采用平衡式；正确选择浇口形式、数量和位置及分流料道设计。尽量使型腔中熔体在相同的压力和温度的条件下迅速地充模，避免短射、成型周期延长等问题存在。

8.2.3 应遵循体积最小原则

① 浇注系统的设计应使模具设计型腔排列尽可能紧凑，使模具外形尺寸尽可能小。

② 浇口数量应最小，浇注系统流道截面应最小。

③ 主流道、分流道长度尽可能短，并尽量减少弯折，以降低熔体压力损失和减少热量损失。

④ 使凝料浪费最小，如图 8-2（b）所示，这样可缩短成型周期，提高成型效率，降低成本、提高制品质量。

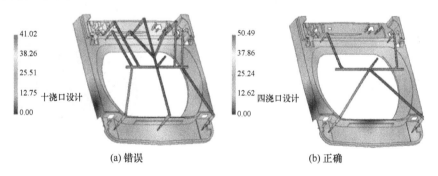

(a) 错误 (b) 正确

图 8-2 洗衣机控制面板 CAE 模流分析

8.2.4 保证塑件外观质量，避免制品出现成型缺陷

选择进料口位置与形式时，要结合制品的形状和技术要求来确定；应防止制品出现填充不足、缩痕、飞边；应考虑熔接痕位置影响塑件强度，防止出现塑件变形、翘曲等缺陷，影响到塑件的美观和使用。

8.2.5 模具排气良好原则

浇注系统应能顺利地引导熔体充满型腔，使型腔内的气体能顺利地排出。

8.2.6 浇注系统的设计要点

① 避免料流直冲型芯或嵌件，以防型芯产生弯曲或折断以及嵌件变形和位移。

② 浇注系统在分型面上的投影面积应尽量小，以减小所需锁模力。

③ 浇注系统的位置应尽量与模具的轴线对称，尽可能使主流道与模板中心重合。

④ 设计多腔模具时，应使各模型腔的容积不致相差太多，否则难以保证质量。型腔越多，制品精度越低，同时要根据制品批量和精度要求，结合考虑模具成本，设计型腔数。

⑤ 浇注系统的设计不影响自动化生产，若模具采用自动化生产，则浇注系统凝料应能自动脱落。

⑥ 浇注系统的主流道需要单独冷却。

8.3 主流道设计

8.3.1 主流道的设计要求

主流通的直径的大小与塑料流速和充模时间的长短有着密切关系。直径太大时，则造成回收冷料过多，冷却时间增长，而流道也易产生气泡和造成组织松散，极易产生涡流和冷却不足。另外，直径太大时，熔体的热量损失会增大，流动性降低，注射压力损失增大，造成成型困难；直径太小时，则会增加熔体的流动阻力，同样不利于成型。

侧浇口浇注系统和点浇口系统中的主流道形状大致相同，但尺寸有所不同。在图 8-3 中，图 (a) 所示是侧浇口主流道，图 (b) 所示是点浇口主流道，$D_1 = 3.2 \sim 3.5 \text{mm}$，$E_1 = 3.5 \sim 4.5 \text{mm}$，$R = 1 \sim 3 \text{mm}$，$\alpha = 2° \sim 4°$，$\beta = 6° \sim 10°$。设计主流道要注意避免设计太长（图 8-4），一般不超过 80mm，最短为 40mm。

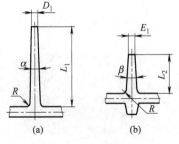

图 8-3 浇注系统主流道

图 8-4 避免主流道设计过长

8.3.2 偏离模具中心的主流道设计

尽量避免浇口套位置设计偏心或采用倾斜式主流道。因为主流道偏移距过大，在注射压力较大的情况下，锁模时容易产生让模，分型面处会产生溢边现象。

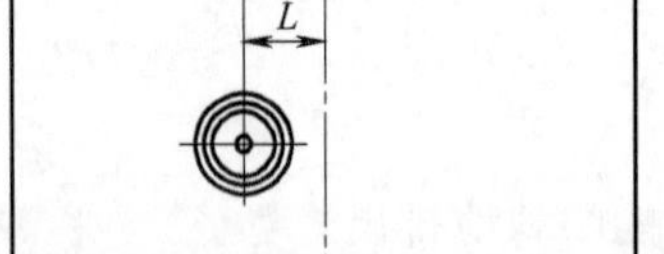

在下列情况下，主流道设置要偏离模具中心：①一模多腔中制品大小悬殊；②制品特殊情况时，锁模力和胀型力不在一条线上。对采用倾斜式主流道的模具设计有如下要求。

① 主流道要设置偏离模具中心，必须经用户同意。

② 主流道必须偏离模具中心的要求：偏心距不能超出模具外形尺寸的 2/3，偏心距 L 最好不大于 25mm，如图 8-5

图 8-5 主流道的偏移距离

所示。

③ 顶出孔必须与主流道中心位置一致，如图 8-5 所示，并注意顶板顶出时应把制品平衡推出。

8.3.3 倾斜式主流道的设计要求

① 倾斜浇口套须用定位销定位，防止旋转。

② 倾斜角度同塑料品种有关，对韧性较好的塑料，如 PE、PP、PA 等，其倾斜角度 α 最大可达 30°，对一般或韧性较差的塑料，如 PS、PMMA、PC、ABS、SAN 等，其倾斜角度最大可取 25°。倾斜主流道尺寸、角度规范要求见表 8-1。

③ 采用倾斜式主流道，避免顶棒孔偏心（图 8-6）。

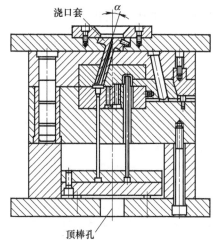

图 8-6　倾斜式主流道

表 8-1　倾斜主流道尺寸规范　　　　　　　　　　mm

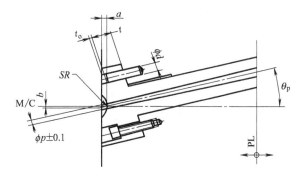

树脂材质	θ_p	$\phi p \pm 0.1$	SR	a	b	t	t_o
PP	30°（最大）	3,3.5,4,4.5,	11,12,13,16,	2.5,3.5	$a\tan\theta$	1.5d（最小）	1.0（最小）
ABS	25°（最大）	5.5,6,7,8	20,21,23				

注：M/C 为模具中心线，ϕd 为定位销直径（根据浇口套选用）。

8.4　分流道设计

连接主流道与浇口的熔体通道叫分流道，适用于多型腔模具及一腔多浇口模具。分流道起分流和转向作用，并使物料平稳均衡地通过各浇口进入型腔。侧浇口浇注系统的分流道沿内模镶件之间的分型面走。点浇口浇注系统的分流道在流道推板和定模板之间的分型面以及定模板内的竖直部分。

分流道的设计应综合考虑塑件的材料、制品的壁厚、体积、形状复杂程度、型腔的数量等因素，合理地设计其形状和尺寸。

在一模多腔中，分流道设计必须解决如何使熔料对所有型腔同时填充的问题。如形状大小相同的制品，分流道最好截面和距离都一样，否则就要采用不等截面来达到流量不等或改变流道的长度来调节阻力大小，以保证型腔同时充满。

8.4.1 分流道的布置原则

① 结构紧凑原则。分流道的布置取决于型腔的布局。分流道的长度应尽量短，这样就能缩小模板尺寸，减少流程使熔料快速进入型腔，尽量减少熔体的能量损失。

② 分流道布置力求对称、平衡，从而使锁模力平衡。大小不一的多型腔模采用先大后小、近大远小的排列方法。具体的见第 7 章 7.4.2 节。

③ 多型腔模具力求注塑压力平衡原则。分流道的布置方式可分为平衡式布置和非平衡式布置，以平衡式为佳，分流道应尽量采用浇道平衡布置，使各型腔在相同温度下熔料同时到达，布局成"H"形或"X"形（放射形）才能达到平衡式的目的。

a. 平衡式布置：主要特征是分流道的长度、截面形状和尺寸都相同，各个型腔同时均衡地进料，同时充满型腔（熔料从各浇口进入型腔的温度和压力应相同，以保证各型腔中制品收缩率相同），并且所占空间长宽比为最合理的型腔布局，如图 8-7 所示。

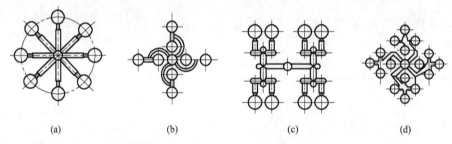

（a）　　　　　（b）　　　　　（c）　　　　　（d）

图 8-7　分流道的平衡式布置合理

b. 非平衡式布置：如图 8-8 所示，主要特征是分流道截面形状和尺寸相同，但分流道长度不同，成型过程中充满型腔有先后，难以实现均衡进料。当然也可以通过调节各浇口的截面尺寸来实现均衡进料，但这种方法比较麻烦，需要多次试模和修整才能实现，故不适用模塑精度较高的塑件。非平衡式布置的分流道的优点是能缩短分流道的长度。

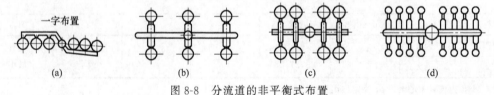

（a）　　　　　（b）　　　　　（c）　　　　　（d）

图 8-8　分流道的非平衡式布置

c. 浇口平衡法。形状差异较大的大、小制品，如果不能获得平衡的流道系统，可采用下述几种浇口平衡法，以达到这一目标，这种方法也适用于多型腔注射模具。一种情况是改变浇口料道的长度，改变浇口的横截面积。在另一种情况下，即模穴有不同的投影面积时，浇口也需要平衡，这时就要决定浇口的大小，先将一个浇口尺寸定出，求出它与对应的模穴相互的体积比率，并且把这个比率应用到其浇口与各对应模穴的比较上，便可相继求出各个浇口的方法，经过实际标注后，便可完成各型腔的浇口平衡。如图 8-9 所示，成型数为 1+1 的，制品大小相差很大的，用改变流道截面和浇口的尺寸的方法达到熔体的压力平衡。

④ 分流道的长度要尽可能短，且少弯折，以减少压力损失。

⑤ 分流道截面尺寸应尽量小，一般情况下各分流道截面积之和应小于主流道截面积。

8.4.2 分流道截面形状和参数

（1）分流道的截面形状

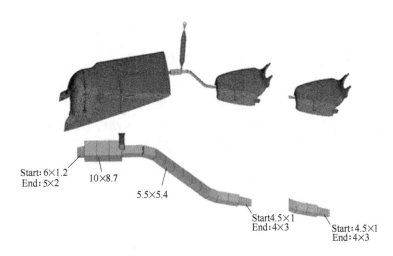

Start:6×1.2
End:5×2

10×8.7

5.5×5.4

Start4.5×1
End:4×3

Start:4.5×1
End:4×3

图 8-9 浇注系统的压力平衡

常用的分流道截面形状有梯形、U 形（加工容易）及半圆形、圆形等，如图 8-10 所示。

（2）各种分流道的截面形状的效率

用流道的截面与周长的比值来表示流道的效率，如表 8-2 所示。要减少流道内压力损失，则希望流道的截面积大，以减少传热损失。分流道可开设在动模或定模，也可以在动模和定模同时开设，一般开设在动模，这样便于加工。分流道的截面要根据塑料特性、加工性和模具结构而定。

① 要根据制品的壁厚、投影面大小设计分流道截面，如果制品的壁厚、投影面大，分流道截面取得大些。

② 流动性好的塑料的分流道截面取小些。当分流道开设在定模一侧，并且浇口处延伸很长时，要加设分流道拉杆，便于开模时冷料脱模。

③ 一级分流道的截面积相当于二级分流道的截面积之和，二级、三级以此类推。

分流道圆形截面形状参数见图 8-11，梯形截面形状参数见图 8-12。

表 8-2 分流道各种形状截面的效率

流道形式	比面积
圆形：直径为 d	$0.25d$
正方形：边长为 d	$0.25d$
梯形	$0.195d$
半圆形：直径为 d	$0.153d$

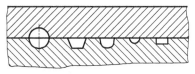

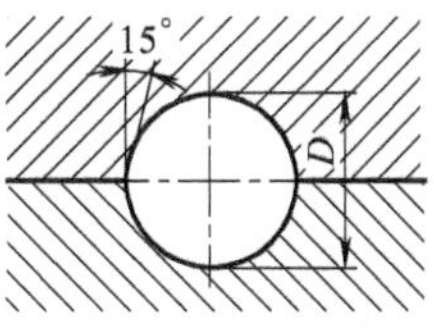

圆形 梯形 U 形 半圆形 矩形

图 8-10 分流道截面形状

| | mm |
序号	D
1	3.00
2	4.00
3	5.00
4	6.00
5	8.00
6	10.00

图 8-11 圆形截面形状参数

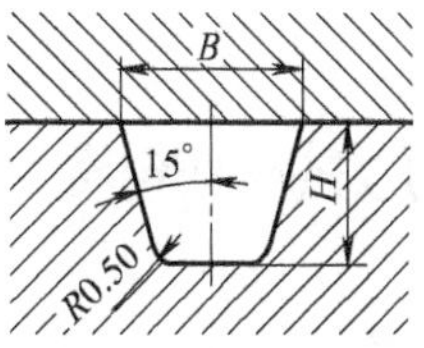

| | | mm |
序号	B	H
1	3.00	2.50
2	4.00	3.00
3	5.00	4.00
4	6.00	5.00
5	8.00	6.00

图 8-12 梯形截面形状参数

如图 8-13 所示，主流道与分流道设计不合理（主流道设计不合理，分流道太粗）。

8.4.3 分流道设计要点

图 8-13 分流道太粗

① 分流道的末端要设置冷料穴。

② 分流道的表面粗糙度要求在 $R_a 0.8 \sim 1.6 \mu m$ 以下（与型腔粗糙度一致）。良好的表面粗糙度不仅能降低注射压力，而且使料道附着力小，便于脱模。

③ 分流道的转折处应以圆弧过渡，与浇口的连接处应加工成斜面，以利熔料的流动。

④ 分流道的长度设计与流长比有关。具体见表 8-3 所示内容。

⑤ 喷嘴（包括直的冷流道喷嘴）前端面必须是与喷嘴轴向垂直的平面。流道上必须增加如图 8-14 所示的圆台，预留喷嘴热膨胀空间。流道截面必须按以下截面要求设计。喷嘴前端的流道必须设计在动模侧，如图 8-14（a）所示，以避免喷嘴上加工流道；如有必要可以按图 8-14（b）所示方式转移到定模侧。

⑥ 分流道布置可考虑 S 形，可避免喷射，如图 8-15 所示。

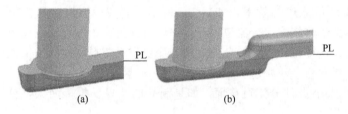

图 8-14 分流道开设要求

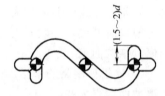

图 8-15 S 形分流道避免喷射

⑦ 辅助流道设计。在因制品形状复杂、壁厚不均，注塑压力会产生不平衡的情况下，可增设辅助流道，改善熔体填充和制品成型的质量，增加制品的强度和刚性。具体示例如图 8-16 所示。

辅助流道一般设计在制品的碰穿空间的动模处。有的在一模多腔的模具中特意把制品连在一起，这样做是为了便于包装、运输和装夹或满足二次加工的工序需要，如电镀、二次注塑等。

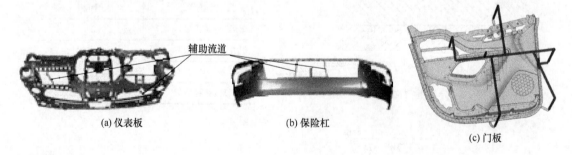

(a) 仪表板　　　　(b) 保险杠　　　　(c) 门板

图 8-16 辅助流道

8.5 浇口结构形式的选用

8.5.1 浇口结构形式、分类和特点、缺点

浇口可分为非限制性浇口和限制性浇口两大类。非限制性浇口为大浇口，限制性浇口为

小浇口。注塑模具的浇口结构形式较多。按浇口形状、大小、位置的不同，浇口的形式可分为直浇口、点浇口、潜伏式浇口、侧浇口、搭边浇口、扇形浇口、薄片浇口、盘形浇口、环形浇口、轮辐大浇口、爪形浇口、护耳浇口等 12 种，其形式、形状、特点和缺点如表 8-3 所示。

表 8-3　浇口结构形式、形状和特点、缺点

序号	形式	形　状	特　点	缺　点
1	直浇口		适用于单型腔，压力损失小，进料速度快，成型较容易，保压补流作用强，模具结构紧凑，制造方便，适合于成型大型、壁厚、黏度高的塑件，非限制性浇口	去除浇口困难，浇口痕迹明显，浇口部位冷凝较迟，塑件易产生较大内应力
2	点浇口 （针状浇口）		通常用于三板模的浇注系统，适用于流动性大的塑料（PE、PP、PA、PS、POM、AS、ABS）。浇口长度很短，浇口位置限制小，去除浇口容易，不影响外观，开模时浇口自动切断，有利于自动化操作，浇口附近应力小，适用于面积大、容易变形的塑件	①不适用于成型薄塑件，容易开裂；如要增加浇口处的塑件壁厚，则以圆角过度 ②压力损失大 ③三板模模具结构复杂，成型周期长 ④当排气不良时，容易造成浇口部位塑料的烧焦，产生黑斑或黑点
3	潜伏式浇口 （隧道式浇口） （羊角浇口）		进料口设置在塑件内或隐藏处不影响塑件外观，开模时自动切断，流道凝料自动脱落。有点浇口的优点，又有侧浇口的简单（无需采用三板模的模架）的特点	不宜用于 PA（强韧塑料）、PS（脆性塑料），容易堵塞浇口。压力损失大
4	侧浇口 （边缘浇口）		最简单常用的浇口，一般开在塑件外侧面出进料，浇口截面为矩形，也称标准浇口，加工方便，浇口位置选择灵活，取出方便，痕迹小，特别适用于多型腔的二板式模具。加工方便，分流道较短	塑件易造成熔接痕、缩孔，凹陷等缺陷，注射压力损失较大，对于壳体塑件会排气不良。不适用于流动性差的 PC 塑料
5	扇形浇口		成型板状、盒形塑件，浇口沿进料方向逐渐变宽，厚度逐渐减至最薄，使熔体在宽度方向均匀分配，降低内应力，减少翘曲变形，排气良好	浇口清除较难，痕迹明显
6	重叠式浇口 （搭边浇口）		与侧浇口相似，具有侧浇口的各种优点。但浇口不是在型腔的侧边而是在型腔（塑件）的一个侧面，可有效防止塑料熔体的喷射流动	同上，如成型不当会在浇口处产生表面凹痕。去除浇口留下明显疤痕

续表

序号	形式	形　状	特　　点	缺　点
7	薄片浇口（半缝式浇口）		成型大面积的扁平塑件，浇口分配流道与型腔侧边平行，其长度可大于或等于塑件宽度，塑件内应力小，翘曲变形小，排气良好	浇口切除加工量大，痕迹明显
8	盘形浇口（伞形浇口）		用于内孔较大的圆筒形塑件（也可设置分流浇口），无熔接痕产生，排气良好，但去除流道时要切削加工，增加了成本	切除浇口困难
9	环形浇口		设置在与圆筒形型腔同心的外侧，它适用于薄壁长管形塑件，塑件成型均匀，无熔接痕，排气较好	浇口清除困难，外侧有明显痕迹
10	轮辐大浇口		适用范围类似于盘形浇口，带有矩形的内孔塑件也适用，这种浇口切除方便，型芯定位较好	塑件有熔接痕，影响外观
11	爪形浇口		在型芯锥形端面上开设流道	
12	护耳浇口（调整式浇口）（分接式浇口）		在型芯侧面开设护耳槽，经调整方向和速度后再进入型腔，可防止浇口对型腔注料时产生的喷射现象，减少浇口附近的内应力，防止型腔压力过大使流动性差的塑料制品表面留下明显流痕和气痕，如PC、PMMA、HPVC等，浇口应设置在塑件壁厚处。常用于平板类制品及要求制品变形很少的制品，可消除浇口附近的收缩凹陷	去除浇口难，痕迹大。压力损失大

8.5.2　正确选择浇口的形式

如何选择浇口是个综合性的技术和经济问题，在模具设计时应从如下列出的十个方面结合实践经验和模具 CAE 技术的应用予以考虑与权衡。

① 根据制品精度要求和批量多少合理确定型腔数。

② 根据塑料不同选择不同浇口形式，根据表 8-4 选用。

③ 制品外观及性能。

④ 制品形状及尺寸。

⑤ 制品精度要求。

⑥ 制品的后续加工。

⑦ 减少制品中的残余应力。

⑧ 使模具结构设计简单。

⑨ 浇口凝料的消耗。

⑩ 成型周期。

表 8-4 各种树脂适用浇口形式

树脂种类 \ 浇口	直接浇口	普通浇口	限制性浇口	护耳浇口	薄片浇口	环状浇口	圆盘浇口	针状浇口	潜伏浇口
硬聚氯乙烯	○	○	○	○					
聚乙烯	○	○						○	
聚丙烯	○	○						○	
聚碳酸酯	○	○						○	
苯乙烯	○	○					○	○	○
橡胶改性苯乙烯									○
尼龙	○	○					○	○	○
聚甲醛	○	○		○	○	○			○
丙烯腈-苯乙烯	○	○		○				○	
ABS	○	○		○	○	○	○	○	○
丙烯酸酯	○	○		○					

注：○表示适用的浇口。

8.6　浇口设计

8.6.1　浇口的作用

浇口是浇注系统中非常重要的部分。浇口的位置、形状、数量、尺寸大小对熔料的流动阻力、流动速度、流动状态都有直接的影响，对于塑件能否注塑成型起着很大的作用。

① 浇口是浇注系统最后的部分，进入型腔最狭窄的部分，尺寸狭小且短（0.1～2.5mm），目的是使由分流道流进的熔体产生加速，熔料经过浇口时，因剪切及挤压使熔料温度升高。

② 改变料流方向，形成理想的流动状态而充满型腔。

③ 它能很快冷却封闭，防止熔料倒流。

④ 在多型腔模具中调节浇口的尺寸，可使非平衡布置的型腔达到同时进料，还可以用来控制熔接痕在塑件中的位置，提高成型质量。

⑤ 浇口便于注塑成型后塑件与浇口凝料分离。

8.6.2　浇口的位置选择

浇口的开设位置对塑件的质量有直接影响，因此十分重要。浇口位置要根据制品的几何形状和要求设置。浇口位置设置最好利用 CAE 流道分析熔体在流道和型腔中的流动状态、填充、补缩、排气情况，并分析其注射压力、温度、翘曲变形、熔接痕的情况。在选择浇口时，可能会产生矛盾，要根据实际情况和经验全面考虑、灵活处理。在确定浇口位置时需遵循以下几个原则。

（1）不影响塑料外观和使用要求

浇口的位置不影响塑料外观和使用要求，使浇口整修方便。

（2）避免产生喷射现象

浇口设置应注意要使进入模腔或动模芯的塑料折流流入，不会产生喷射现象。有时熔体直接从型腔一端喷到另一端，造成折叠，会产生喷射和蠕动（蛇形流）等熔体破裂现象，使塑件形成波纹状痕迹，如图 8-17 所示。此外，喷射还会使型腔内气体难以排出，形成气泡。克服上述缺陷的办法是，浇口位置应开设在正对型腔壁或粗大型芯的位置，使高速熔料流直接冲击在型腔或型芯壁上，从而改变流向、降低流速，平稳地充满型腔，消除塑件上明显的熔接痕，避免熔体出现破裂，如图 8-18 所示。

冲击型浇口与非冲击型浇口的进料情况比较如图 8-19 所示。

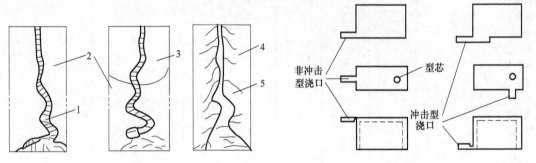

图 8-17　喷射造成塑件的缺陷

1—喷射流；2—未填充部分；3—填充部分；

4—填充完了；5—缺陷

图 8-18　非冲击型浇口与冲击型浇口

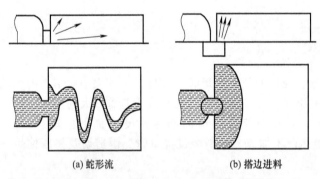

（a）蛇形流　　　（b）搭边进料

图 8-19　冲击型浇口与非冲击型浇口比较

（3）浇口位置在塑件最厚部位

浇口应在塑件最厚部位，且在流道中间位置，以利于熔体流动、型腔的排气和补缩，避免塑件产生缩孔或表面凹陷、缩痕。

如图 8-20（a）所示浇口位置，塑件厚薄不均匀，由于收缩时得不到补料，塑件会出现凹痕；图 8-20（b）所示的浇口位置选在厚壁处，可以克服凹痕的缺陷；图 8-20（c）所示为直接浇口，可以大大改善熔体充模条件，补缩作用大，但去除浇口凝料比较困难；如果塑件上设有加强筋，浇口的位置应设在使熔体顺着加强筋开设的方向，以改变熔体流动条件，如图 8-20（d）所示。

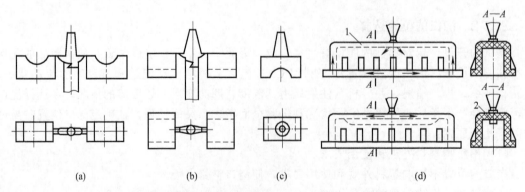

（a）　　　　　　（b）　　　　　　（c）　　　　　　（d）

图 8-20　浇口位置对塑料熔体流动及塑件收缩的影响

1—气囊；2—长筋

（4）浇口设置应尽量使熔料的流程最短

能使熔料的流动比在允许范围内，使型腔的各个角落能同时充满；使塑料注入型腔时压力能平衡，塑料能在最佳温度下熔合。多型腔的模具要选用对称位置的浇口。

流程比是流动各段长度与流程各段厚度的比值，是衡量熔体流动性能的一个重要参数，流程比越大，充填型腔越困难。在保证型腔得到良好填充的前提下，应使熔体流程最短，流向变化最少，以减少能量的损失。如图 8-21（b）所示的浇口位置，其流程 L_5 长，流向变化多，充模条件差，且不利于排气，往往造成制品顶部缺料或产生气泡等缺陷。对这类制品，一般采用中心进料为宜，可缩短流程，有利于排气，避免产生熔接痕。如图 8-21（a）所示为直接浇口，流程 L_2 短，可克服以上可能产生的缺陷。

设计浇口位置时，为保证熔体完全充满，流程比不能太大，实际流程比应小于许用流程比。而许用流程比是随着塑料性质、成型温度、压力、浇口种类等因素而变化的，表 8-5 所示为常用塑料流程比允许值，供设计时参考，如果发现流程比大于允许值，则需改变浇口位置或增加制品的壁厚，或采用多浇口进料等方式来减少流程比。流程比是由总流道通道长度与厚度之比来确定的。

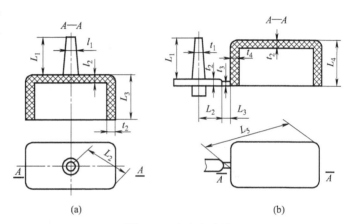

图 8-21　流动比示例

流程比和型腔压力是两个很重要的参数，从前者出发可以考虑制品最多能做多宽多薄，后者为锁模力的计算提供了参考。表 8-5 所示是几种常用塑料的流程比和型腔压力。

表 8-5　常用塑料的流程比和型腔压力

材料代号	流长比（平均）	型腔压力/MPa	材料代号	流长比（平均）	型腔压力/MPa
PE-LD	270∶1(280∶1)	15～30	PA	170∶1(150∶1)	42
PP	250∶1	20	POM	150∶1(145∶1)	45
PE-HD	230∶1	23～39	PMMA	130∶1	30
PS	210∶1(200∶1)	25(54)	PC	90∶1	50
ABS	190∶1	40			

（5）平板类塑件尽量不要设置一个浇口

对于平板类塑件，由于它易于产生翘曲、变形（这是因为各方向的收缩率不一致而引起的①，宜采用多点浇口，如图 8-22 所示。对于大型板状塑件，为了减少内应力和翘曲变形，必要时也应设置多个浇口。

（6）圆环形塑件的浇口设计

对于圆环形塑件浇口的设计，浇口位置应与制品按切线方向设计，有利于排气，如图 8-23（b）所示。如果按图 8-23（a）所示设计，则不利于排气，浇口对面会产生熔接痕，此处制品强度降低 30％左右。

（7）浇口应设置在有利于排除型腔中的气体的位置

如图 8-24 所示，这是一个盒型塑件，侧壁厚度大于顶部。如按图 8-24（a）所示设置浇口位置，在进料时，熔体沿侧壁流速比顶部的快，因而侧壁很快被充满，而顶部形成封闭的

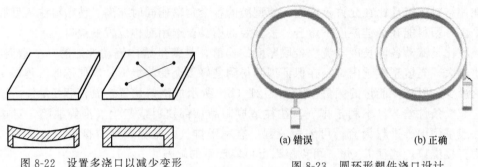

图 8-22　设置多浇口以减少变形

（a）错误　　　　　　　（b）正确

图 8-23　圆环形塑件浇口设计

气腔，会使顶部的气体难以排出，使在顶部留下明显的熔接痕或烧焦的痕迹。如果从排气角度出发，改用图 8-24（b）所示的中心浇口，使顶部最快充满，最后充满的部位在分型面处。若不允许中心进料，仍采用侧浇口时，则应使顶部厚度增大或侧壁厚度减小，如图8-24（c）所示，使料流末端位于浇口对面的分型面处，以利于排气。另外，也可在空气汇集处镶入多孔的粉末冶金材料，利用微孔的透气作用排气，或在顶部开设排气结构，如利用配合间隙排气，采用组合式型腔，效果都很好。

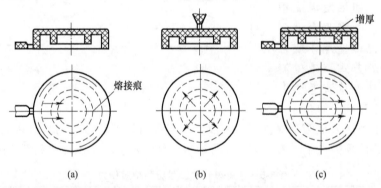

图 8-24　浇口位置对排气的影响

（8）浇口设置要考虑优化熔接痕

1）产生熔接痕的原因。当采用多浇口或制品的形状结构有槽、孔、嵌件时，熔料在模具的型腔内流动时就会产生 2 股或 2 股以上的熔料流动状况，塑件成型后，表面就会不可避免地产生熔接痕。熔接痕形成的一个主要原因是熔料注射成型时，由于冷却速度较快，使得两股料流前沿相遇时温度较低，造成聚合物分子链在没有完全扩散的情况下就冷却，从而形成弱连接，熔料凝固后即形成熔接痕。

就浇口数目的设置而言，浇口数目多，料流的流程缩短，熔接痕的强度有所提高，产生熔接痕的概率就大。因而在熔体流程不太长的情况下，如无特殊要求，最好不设两个或两个以上浇口。

2）优化熔接痕所处的位置。浇口位置设置，要考虑使成型制品的熔接痕所处的位置不影响制品的外观和使用要求，即塑件在使用中承受弯曲载荷和冲击载荷的部位，如图 8-25 所示。因熔接痕处塑件的强度会降低 30% 以上，所以浇口位置要考虑熔接痕方位对塑件的影响。

图 8-26 所示结构带有两个圆孔平板塑件，在注射成型后，塑件的熔接痕与小孔连成一线，使塑件的强度大大削弱。因此，浇口的位置应避免引起熔体断裂的现象，图 8-26（b）

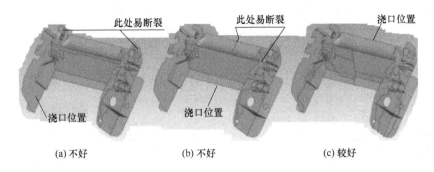

图 8-25　改善浇口位置以重新定位熔接痕（一）

中所示浇口位置比较合理。

③ 若增加过渡浇口或多点浇口，则对于如图 8-27 所示的箱形壳体塑件，熔接痕的产生使制品强度削弱。

开设过渡浇口增加熔接强度，如图 8-28 所示；采用多点浇口增加熔接强度，如图 8-29 所示。

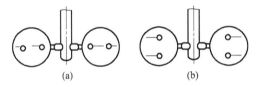

图 8-26　改善浇口位置以重新定位熔接痕（二）

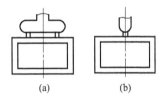

图 8-27　浇口数量和位置对熔接痕的影响

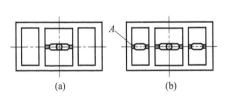

图 8-28　开设过渡浇口增加熔接强度

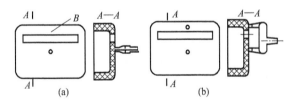

图 8-29　采用多点浇口增加熔接强度

④ 避免产生熔接痕。在可能产生熔接痕的情况下，应采取工艺和模具设计的措施，增加料流熔接强度。如图 8-30 所示，可在熔接处的外侧开一冷料槽，以便料流冷料溢进槽内。现在有的采用高亮度模具结构，高温注塑成型，然后急速冷却，循环注塑成型，不使制品表面产生熔接痕。

（9）浇口位置应尽量避免塑件熔体正面冲击小型芯或嵌件

浇口位置应尽量避免塑件熔体正面冲击小型芯或嵌件，防止型芯变形和嵌件位移。对于筒形塑件来说，应避免偏心进料以防止型芯弯曲。如图 8-31（a）所示是单侧进料，料流单边冲击型芯，使型芯偏斜导致塑件壁厚不均；图 8-31（b）所示

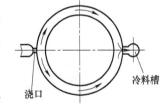

图 8-30　开设冷料槽以增加熔接强度

为两侧对称进料，可防止型芯弯曲，但与图 8-31（a）所示结构一样，排气不良；采用图 8-31（c）所示的中心进料，效果最好。

图 8-32 所示为壳体塑件，当由顶部进料时，如果浇口较小，如图 8-32（a）所示，则因中部进料快、两侧进料慢，从而产生了侧向力 F_1 和 F_2，如型芯的长径比大于 5，则型芯会

产生较大弹性变形，成型后熔体冷凝，塑件因难以脱模而破裂。图 8-32（b）所示浇口较宽，图 8-32（c）所示为采用正对型芯的两个冲击型浇口，进料都比较均匀，可克服图 8-32（a）所示结构的缺点。

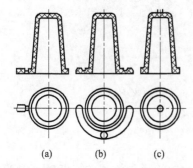

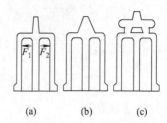

图 8-31 改变浇口位置以防止型芯变形　　　　图 8-32 改变浇口形状和位置以防止型芯变形

（10）浇口位置设置和数量要防止制品产生弯曲、扭曲变形

注射成型时，应尽量减少高分子熔体沿着流动方向上的定向作用，必须恰当设置浇口位

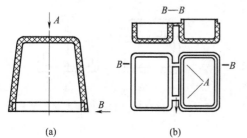

图 8-33 浇口的位置对定向作用的影响

置，利用定向作用产生有利影响，尽量避免由于定向作用造成的不利影响。图 8-33（a）所示是浇口带有金属嵌件的聚苯乙烯制品，由于成型收缩使金属嵌件周围的塑料层产生很大的切向拉应力，如果浇口开设在 A 处，则高分子定向和切向拉应力方向垂直，该塑件容易开裂。

图 8-33（b）所示为聚丙烯塑件，其铰链被称为"塑料合页"，把浇口设在 A 处（两点），注射成型时，熔体通过很薄的浇口（约 0.25mm）充满盖部，在铰链处产生高度的定

向，可达到几千万次弯折而不断裂的要求。因此设计时要考虑分子取向对塑件性能的影响，设置浇口时，要尽量避免使熔体的取向方位与可能受力的方向垂直。

（11）避免浇口设计违反单一方向流动原则

如图 8-34（a）所示，这样的浇注系统设计成型时阻力较大，也不利于排气，而且容易产生熔接痕。浇口进料方向应在头部，如图 8-34（b）所示，有利于熔料流动和排气。

进料位置

(a) 错误　　　　　　　　　　　　　　　(b) 正确

图 8-34 进料方向不对

　　浇口设计要根据塑件结构，正确确定浇口的进料方向，避免浇口设计违反单一方向流动原则。由于塑料成型流动时会产生不同的取向，因取向不同会造成制品两个方向收缩率不同，这样制品容易变形，同时其强度好像木材一样，长纹与横纹会不一样。

　　注塑件中取向分布的特点见表 8-6。

表 8-6　注塑件中取向分布的特点

位置		取向	备　注
厚度方向	表层	弱甚至无	因喷泉流，贴型腔壁熔体来自流体前沿中间，少甚至无取向；贴型腔壁后马上凝固，无流动取向
	次表层	强	近凝固层剪切作用强，由此流动取向就强，且因冷却较快，解取向弱，有效取向就强
	内层	弱	近中心剪切作用弱，因此流动取向就弱，且因温度高易解取向，有效取向就更弱
料流方向	浇口	强	速度梯度大，料流时间长，但冻结层薄，取向强
	近浇口	最强	该处料流时间长，冷却时间较长，冻结层厚，流动剪切作用强，取向最强
	远浇口	弱	离浇口越远，速度梯度越小，取向就越弱

　　（12）避免浇口位置设计错误，使制品成型困难

　　浇口位置的设置，需要考虑熔料的流向压力对成型零件产生作用力，使零件位移。如图 8-35（a）所示的弯管模的浇口位置设置在离弯管内形较近处，目的是使模具的浇口位置靠近模板中心。但试模结果，由于弯管型芯受注射力，把型芯挤向对边，弯管不能成型。若把浇口位置设置在弯管的背部，如图 8-35（b）所示处，弯管型芯虽受注射压力，但注射压力被分解，型芯没有产生偏移，弯管厚薄均匀。

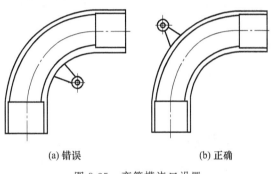

(a) 错误　　　　　　　(b) 正确

图 8-35　弯管模浇口设置

　　（13）壁厚不均匀的塑件浇口位置设置

　　对于壁厚不均匀的塑件，浇口位置应尽量保持流程一致，避免产生涡流。需要考虑流道压力平衡。

　　（14）对于罩形、细长筒形、薄壁形塑件浇口位置的设置

　　为防止缺料，可设置多个浇点，并设置在工艺筋对面，如电瓶壳模具，注意进料口位置，避免进料不均，使型芯歪斜或移位。

　　采用不适当的位置开设浇口会引起如下缺陷：旋纹（从浇口出来的可见的熔合线）、泛白（在浇口周围与浇口同心的云状缺陷）、抽芯、翘曲变形、树脂降温、欠注、很差的浇口痕迹。选择浇口的位置、浇口形式和数量可参照表 8-7、表 8-8。

　　（15）根据制品形状设置浇口形式

　　详见"8.5　浇口结构形式的选用"。

表 8-7　选择浇口的位置

塑料制品形状简图		说　明
合理	不合理	
		圆环塑件，采用切向进料，可减少熔接痕，提高熔接部位强度，有利于排气（左图所示为大环形塑件）

塑料制品形状简图		说　　明
合理	不合理	
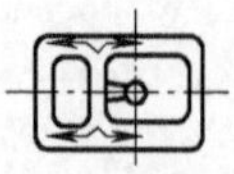	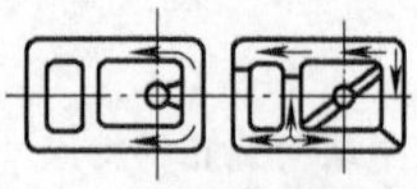	箱体塑件,用左图所示布局,流程短、熔接痕少、熔接强度好
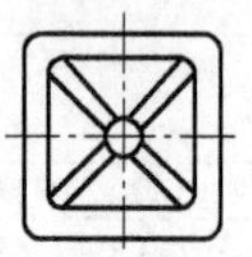	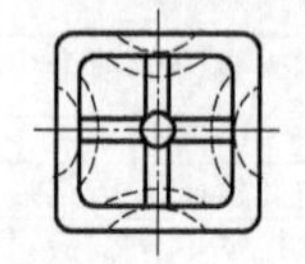	框架塑件,对角设置进料口,可改善收缩引起的塑件变形,圆角处有反料作用可增大流速,有利于成型
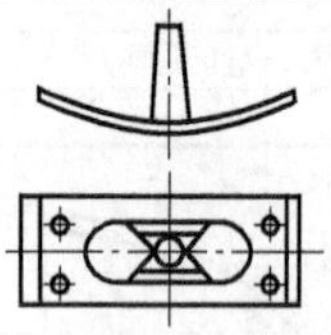	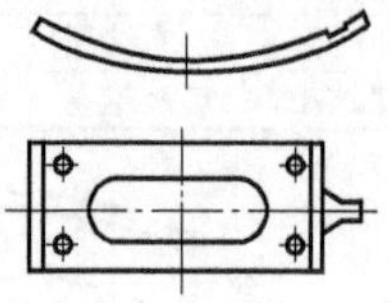	薄壁板件,外形尺寸较大时利用中间孔进料,不仅可缩短流程,防止缺料或熔接不良,而且可以防止模具受力不均匀,锁模力不足而造成塑件厚薄不匀
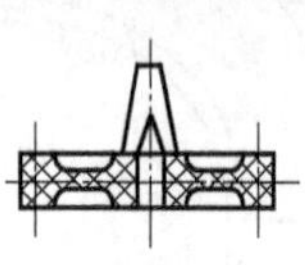	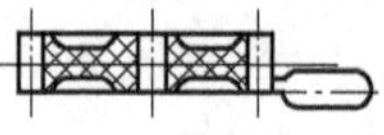	进料口位置注意去除后残留痕迹不影响塑件使用及外观
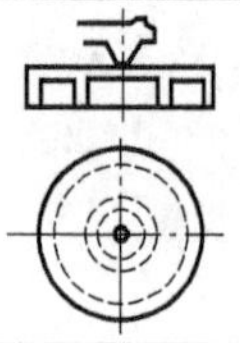	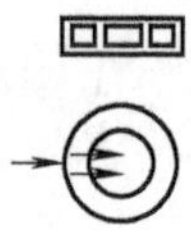	盒罩形塑件,顶部壁薄,采用点进料口可减少熔接痕,有利排气,避免顶部缺料或塑料碳化
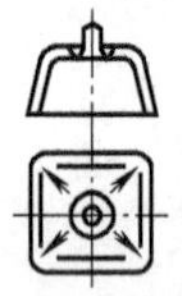	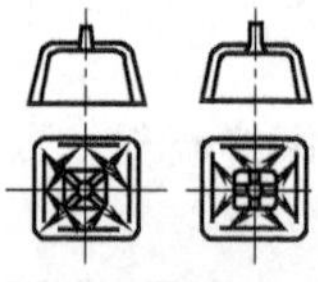	壳体塑件采用中心全面进料可减少熔接不良
	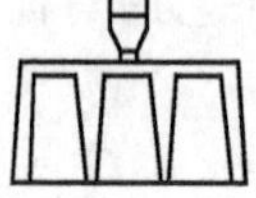	壳体多腔塑件,采用多点进料,可防止型芯受力不均而偏斜变形
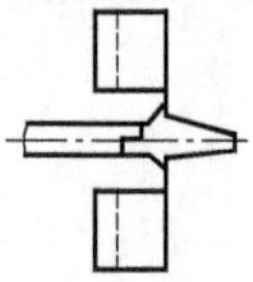	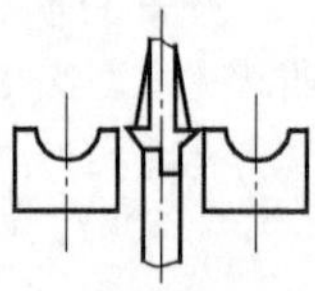	厚塑件,进料口应设在厚壁处,可避免或减少缩孔、凹痕及气泡
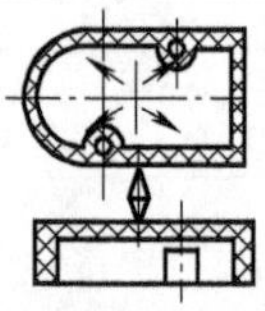	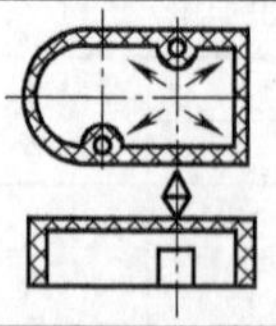	壁厚不均匀塑件,进料口应保证流程一致,避免涡流而造成明显熔接痕
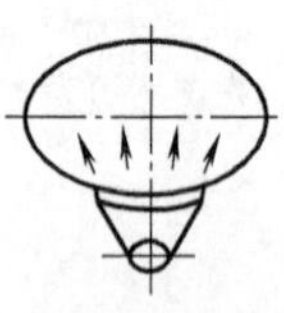	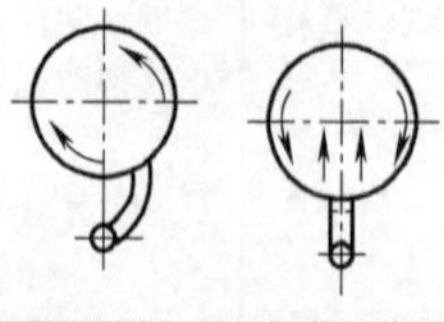	圆片塑件,采用径向扇形进料口,可防止旋涡、排气不良产生接缝及气孔

续表

塑料制品形状简图		说　明
合理	不合理	
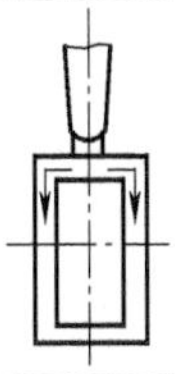	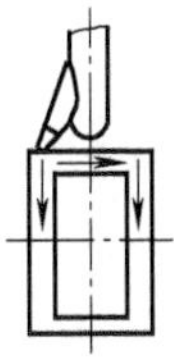	设置进料口应考虑可能产生熔接痕的部位,并控制其位置不致影响塑件强度
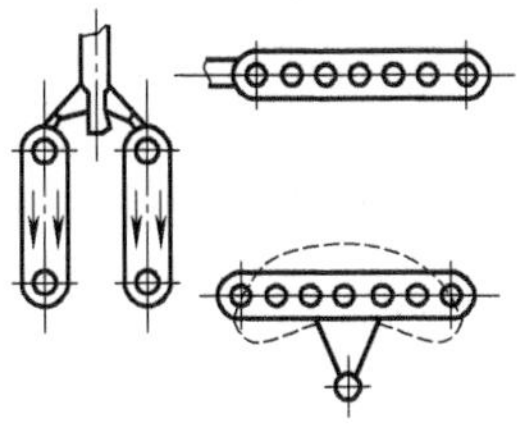	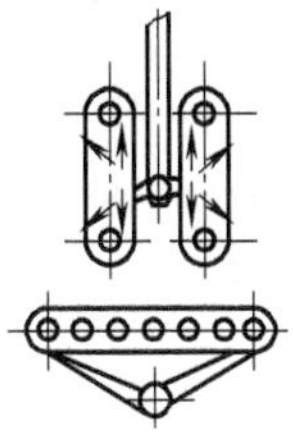	长形或长片形塑件,料流沿平行型腔方向进入,可避免产生气泡、云纹、变形及压力损耗过大,提高塑件力学性能,但流程长,故当塑件无纹向要求时,可采用两段切向进料
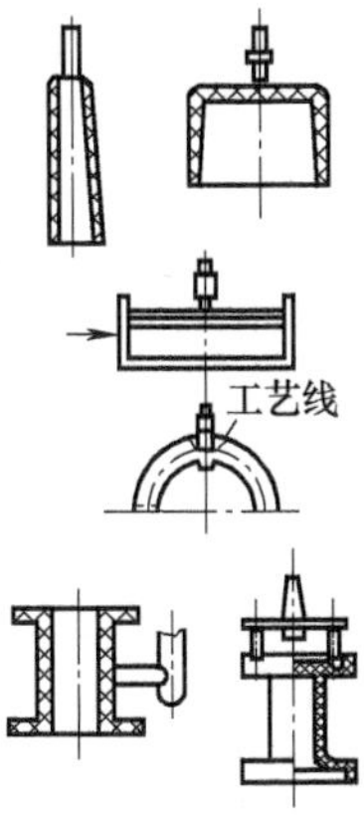		罩形、细长圆筒、薄壁等塑件,设置进料口应考虑防止缺料、熔接不良、排气不良、型芯受力不均、流程过长等缺陷,必要时可增设工艺筋及多点进料

表 8-8　选择浇口的位置

塑料制品形状	简　图	说　明
框形	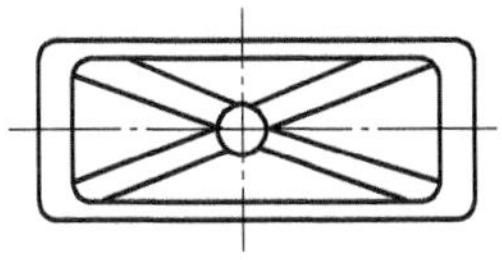	对于框形塑件,浇口最好对角设置,这样可以改善收缩引起的塑性变形,圆角处有反料作用,可增大流速,有利于成型
长框形	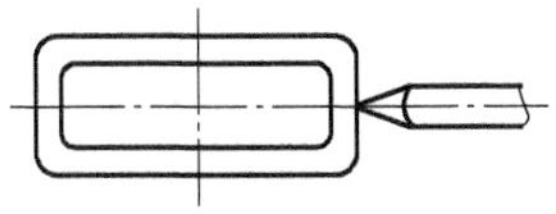	对于长框形塑件,设置浇口时应考虑产生熔接痕的部位,选择浇口位置应不影响塑件强度
圆锥形	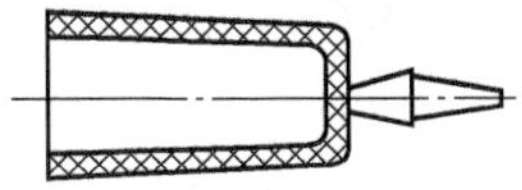	对于外观无特殊要求的塑料制品,采用点浇口进料较为合适
壁厚不均匀	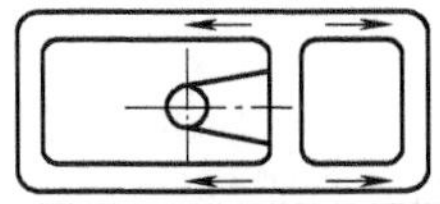	对于壁厚不均匀的塑件,浇口位置应保证流程一致,避免涡流而造成明显熔接痕
骨架形	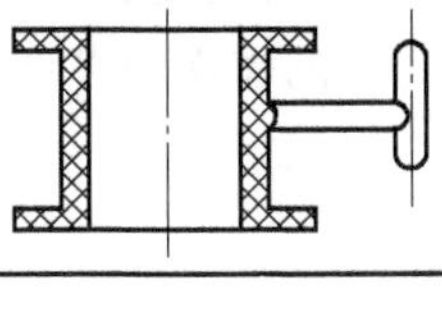	对于骨架形的塑件,设置浇口使塑料从中间分两路填充型腔,缩短了流程,减少了填充时间,适用于壁薄而大的塑件

塑料制品形状	简　图	说　明
多层骨架形		对于多层骨架形的塑件,可采用多点浇口,以便改善填充条件
		也可采用两个浇口进料,塑件成型良好,适用于大型塑件及流动性好的塑料
圆形齿轮		对于齿轮形的塑件,可采用直接浇口进料,不仅能避免熔接缝的产生,同时齿轮齿形不会受到损坏
圆片形		对于圆片形塑件,可采用径向扇形浇口,这样进料可以防止产生旋涡,并且可获得良好的塑件
筒体形		对于筒体形的塑件,应用这种浇口,流程短,熔接痕少,熔接强度好

8.6.3　浇口尺寸设计

① 浇口长度为 0.5～2mm,浇口厚度为 0.25mm、0.5mm、1mm、2mm;浇口具体尺寸一般根据经验确定,取其下限值,然后在试模时逐步修正(修改增大)。对于流动性差的塑料和尺寸较大、壁厚的塑件,其浇口尺寸应取较大值,反之取较小值。浇口太小,会造成制品欠注,浇口过早冻结。在截面积相同的情况下,浇口厚度的大小对料流压力损失和流速的大小以及成型难易、排气是否畅通都有影响。

② 浇口至模腔的入口处,不应有锋利的刃口,应有半径为 0.4～0.6mm 的圆角或 0.5mm×45° 的倒角光滑连接,有利于熔料的流动。

③ 浇口截面高度 h 可取制品最小厚度的 1/3～2/3 或 0.5～2mm。浇口长度应尽量短,这样对减小熔料的流动阻力和增大流速均有利,一般长度可取 0.7～2mm。

④ 浇口的表面粗糙度不大于 $R_a 0.4\mu m$,一般要求同型腔的表面粗糙度一样。

⑤ 浇口的经验计算公式见表 8-9、表 8-10。

⑥ 侧浇口有关参数的选用,见表 8-11。

表 8-9 浇口经验计算公式　　　　　　　　　　　　　　　　　　　mm

浇口形式		经验数据	经验计算公式	备　注
搭接浇口		$l_2 = 0.5 \sim 0.75$	$h = nt$ $b = \dfrac{n\sqrt{A}}{30}$ $l_2 = h + b/2$	为了去浇口方便,也可取 $l_1 = 0.7 \sim 2.0$ 此种浇口对 PVC 不适用
薄片浇口		$l = 0.65 \sim 1.5$ $b = (0.75 \sim 1.0)B$ $h = 0.25 \sim 0.65$ $c = R0.3$ 或 $0.3 \times 45°$	$h = 0.7nt$	可将浇口宽度与型腔宽度做成一致
扇形浇口		$l = 1.3$ $h_2 = 0.25 \sim 1.6$ $b = 6 \sim B/4$ $c = R0.3$ 或 $0.3 \times 45°$	$h_1 = nt$ $h_2 = \dfrac{bh_1}{D}$ $b = \dfrac{n\sqrt{A}}{30}$	浇口截面积不能大于流道截面积
圆环形浇口		$l = 0.75 \sim 1.0$	$h = 0.7nt$	浇口可置于孔的内侧,也可置于外侧或置于制品的端面上,分流道成圆环布置,其截面为圆形或矩形
盘形浇口		$l = 0.75 \sim 1.0$ $h = 0.25 \sim 1.0$	$h = 0.7nt$ $h_1 = nt$ $l_1 = h_1$	浇口长度可取 $0.7 \sim 2$ 浇口可重叠在端面上
护耳浇口		$L \geqslant 1.5D$ $B = D$ $B = (1.5 \sim 2)h_1$ $h_1 = 0.9t$ $h = 0.7t = 0.78h_1$ $l \geqslant 15$	$h = nt$ $b = \dfrac{n\sqrt{A}}{30}$	D 为流道直径 t 为制品厚度

续表

浇口形式	经验数据	经验计算公式	备　　注
潜伏式浇口	$l=0.7\sim1.3$ $L=2\sim3$ $\alpha=25°\sim45°$ $\beta=15°\sim20°$ $d=0.3\sim2$ L_1 保持最小值	$d=nk\sqrt[4]{A}$	软质塑料 $\alpha=30°\sim45°$ 硬质塑料 $\alpha=25°\sim30°$ L——允许条件下尽量取大值, 当 $L<2$ 时采用二次浇口

注：1. 表中公式符号：h—浇口深度，mm；l—浇口长度，mm；b—浇口宽度，mm；d—浇口直径，mm；t—塑件壁厚，mm；A—型腔表面积，mm²。

2. 塑料系数 n 由塑料性质决定，通常 PE、PS，$n=0.6$；POM、PC、PP，$n=0.7$；PA、PMMA：$n=0.8$；PVC，$n=0.9$。

3. K—系数，K 值适用于 $t=0.75\sim2.5$mm，参见表 8-10。

表 8-10　浇口经验计算系数

t/mm	0.75	1	1.25	1.5	1.75	2	2.25	2.5
K	0.178	0.206	0.23	0.272	0.272	0.294	0.309	0.326

表 8-11　侧浇口有关参数的选用

制品大小	制品质量/g	浇口高度 Y/mm	浇口宽度 X/mm	浇口长度 L/mm
很小	0~5	0.25~0.5	0.75~1.5	0.5~0.8
小	5~40	0.5~0.75	1.5~2	0.5~0.8
中	40~200	0.75~1	2~3	0.8~1
大	>200	1~1.2	3~4	1~2

8.6.4　潜伏式浇口、羊角浇口设计

常用的潜伏式浇口、羊角浇口可参考下面要求制造。

① 一般直浇口尺寸，如图 8-36 所示。宽形直浇口如图 8-37 所示。

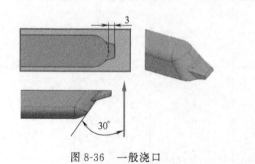

图 8-36　一般浇口

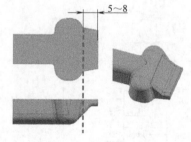

图 8-37　宽形直浇口

② 一般潜伏式浇口，流道的最大内切圆直径 $D=$（6、8、10）mm。图 8-38 是浇口放大图。

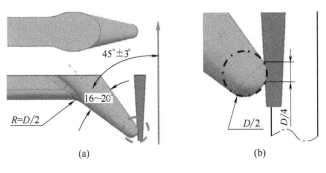

图 8-38 一般潜伏式浇口

③ 拉料杆与潜伏式浇口的尺寸要求见图 8-39。潜伏式浇口与塑件尺寸要求见图 8-40。

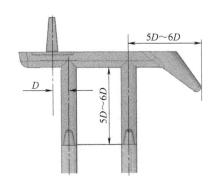

图 8-39 拉料杆与潜伏式浇口的尺寸要求

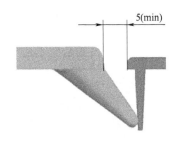

图 8-40 潜伏式浇口与塑件尺寸要求

④ 羊角浇口拉料杆尺寸要求如图 8-41 所示。宽形羊角浇口如图 8-42 所示。

⑤ 各种羊角浇口的拉料杆布置要求，如图 8-43 所示。

⑥ 羊角浇口镶块有左右与上下镶拼两种方式：左右镶拼方式如图 8-44 所示；上下镶拼羊角浇口方式如图 8-45 所示。当浇口附近产品复杂、加强筋多或浇口镶块需要增加水路时，浇口镶块镶拼方法必须为上下镶拼方式。羊角浇口的尺寸要求见图 8-46，D 为流道最大内切圆直径（6mm、8mm、10mm）。浇口镶件材料为 2343 或等同规格钢材，硬度要求 46～50HRC＋氮化。浇口镶件都必须从正面安装。

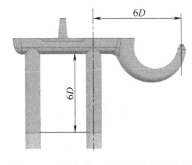

图 8-41 羊角浇口拉料杆尺寸要求

图 8-42 宽形羊角浇口

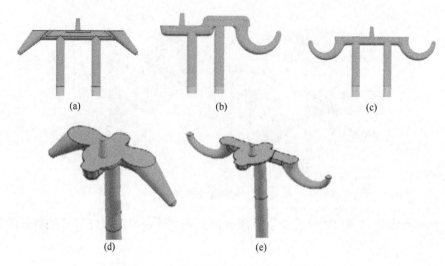

图 8-43　各种羊角浇口的拉料杆布置要求

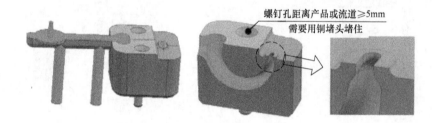

图 8-44　左右镶拼方式

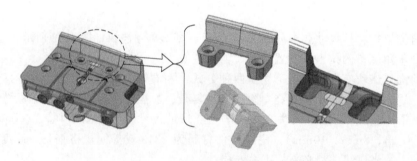

图 8-45　上下镶拼方式

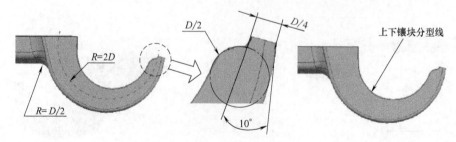

图 8-46　羊角浇口的尺寸要求

8.7　冷料穴和拉料杆设计

在每个注射成型周期开始时，最前端的塑料接触低温模具后会降温变硬，低于熔体温度被称为冷料。为了防止在下一次注射成型时，将冷料带进型腔形成冷接缝而影响塑件质量，一般在主流道或分流道的末端设置冷料穴（如图 8-1 中所示序号 4、5），以储藏冷料使熔体顺利地充满型腔。冷料穴的长度约为分流道直径的 1.5～2 倍。

各种主流道冷料穴与拉料杆适用类型如下。

① 倒锥形冷料穴，适用于弹性较好的塑料品种，见图 8-47（a）（其中 D 为拉料杆直径，H 为主流厚度）。

② Z 形冷料穴拉料杆，如图 8-47（b）所示，不适用于制品被顶出结构，只能应用于定向侧移动制品的模具（顶杆固定板处的台阶，须做转向限位）。Z 形冷料穴不能用机械手取件。

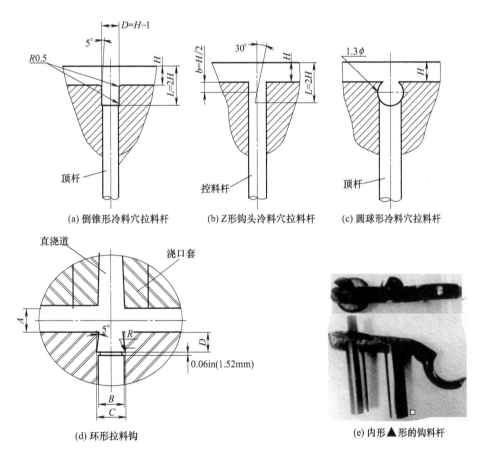

图 8-47　各种冷料穴拉料杆类型

③ 圆球形冷料穴拉料杆，用于推件板脱模，适用于弹性较好的塑料品种，见图8-47（c）。

④ 图 8-47（d）所示为圆环槽形冷料穴拉料杆及尺寸。

⑤ 图 8-47（e）是空的三角形弹性钩料杆。

复习思考题

1. 试述浇注系统的组成、作用、设计原则。

2. 冷料穴有什么作用？有什么要求？有哪几种形式？

3. 分流道的截面形状有哪些？常用的是哪几种？

4. 在注塑模具中，主流道的锥角和小端直径怎样确定？

5. 简述辅助料道的作用和设计要点。

6. 为什么浇注系统设计是注塑模具的关键？

7. 浇注系统设计的基本原则有哪些？最关键的是什么？

8. 浇口的作用是什么？

9. 浇口的位置选择有哪些原则？

10. 请叙述 12 种浇口的形式、特点、用途。怎样选择浇口的形式？

11. 潜伏浇口有哪两种形式？

12. 怎样选择浇口尺寸？在 2D 图样上要不要标注？应怎样标注？

13. 料道的粗糙度是否应高一些？为什么？

14. 注塑模具设计如何做到浇注系统压力平衡？

15. 注塑模具设计怎样优化制品的熔接痕？

16. 在模板上布置多个型腔时，除了要考虑平衡进料外还应考虑哪些影响因素？

17. 成型制品的熔接痕能消除吗？

18. 选择题

（1）采用直接浇口的单型腔模具，适用于成型（　　）塑件，不宜用来成型（　　）的塑件。

A. 平薄易变形　　　　　　　　B. 壳形

C. 箱形　　　　　　　　　　　D. 盒形

（2）直接浇口适用于各种塑料的注塑成型，尤其对（　　）有利。

A. 结晶型或易产生内应力的塑料

B. 热敏性塑料

C. 流动性差的塑料

（3）护耳浇口专门用于制造透明度高和要求无内应力的塑件，它主要用于成型（　　）等流动性差和对应力较敏感的塑料塑件。

A. ABS　　　　　　　　　　　B. 有机玻璃

C. 尼龙　　　　　　　　　　　D. 聚碳酸酯和硬聚氯乙烯

19. 判断题

（1）为了减少分流道对熔体流动的阻力，分流道表面必须抛得很光滑。　　　　（　　）

（2）浇口的主要作用是防止熔体倒流，便于凝料与塑件分离。　　　　　　　　（　　）

（3）中心浇口适用于圆筒形、圆环形或中心带孔的塑件成型。属于这类浇口的有盘形、环形、爪形和轮辐式等浇口。　　　　　　　　　　　　　　　　　　　　　　（　　）

（4）侧浇口可分为扇形浇口和薄片浇口，扇形浇口常用来成型宽大的薄片状塑件，薄片

式浇口常用来成型大面积薄板状塑件。　　　　　　　　　　　　　　　　（　　）

（5）点浇口对于注塑流动性差和热敏料及平薄易变形和形状复杂的塑件是很有利的。

　　　　　　　　　　　　　　　　　　　　　　　　　　　　　　　　　（　　）

（6）潜伏式浇口是点浇口变化而来的，浇口常设在塑件侧面的较隐蔽部位而不影响外观。

　　　　　　　　　　　　　　　　　　　　　　　　　　　　　　　　　（　　）

（7）浇口的截面尺寸越小越好。　　　　　　　　　　　　　　　　　　　（　　）

（8）浇口的位置应使熔体的流程最短，流向变化最少。　　　　　　　　　（　　）

（9）浇口的数量越多越好，因为这样可使熔体很快充满型腔。　　　　　　（　　）

第9章 ▶▶ 模流分析的作用和要求

模具的设计中浇注系统的设计是关键。传统的模具设计，浇注系统没有通过CA分析，依靠设计人员积累的经验来设计模具。如果，所设计的模具通过试模，发现因浇注系统设计不合理产生以下问题：容易出现浇口的位置及尺寸、流道截面设计不当，制品出现成型缺陷等。这样，需要多次的试模、修改浇注系统，克服存在的问题，才能使制品质量达到要求。这样的模具设计，无法达到设计优化。往往会增加模具的设计和制造成本、影响模具的交货期，问题严重时模具无法修改只能报废，需要重新设计、制造模具。

CAE技术可以在模具加工前，在电脑上对塑件成型过程进行模拟分析、评估，若设计方案有问题，则可再次将修正后的方案输入系统再次进行分析，直至满意为止。因此，应用了CAE技术，能帮助设计人员正确地设计模具的浇注系统，可减少试模和修改的次数，降低模具设计制造成本，对提高制品成型质量和优化模具设计有极大的作用。

通过模流分析能避免浇注系统设计存在的问题，较准确地预测塑料熔体在型腔中的填充、保压、冷却情况以及预测塑件成型的应力分布、分子和纤维取向分布、制品的收缩和翘曲变形等情况，以便设计时能尽早发现问题，及时修改塑件结构和模具结构，而不是等到试模后再修改模具。因此，为了使模具项目顺利成功，现代模具的设计，都应用了模流分析进行浇注系统设计。有的模具用户要求模具供应商利用模流分析技术，提供模具的浇注系统的分析报告，确认后再设计模具，说明了CAE分析的重要性和必要性。

9.1 CAE 模流分析的作用

① 通过CAE熔体充模过程的流动模拟，确定合理的浇口数目和找出最佳进料口位置，减少试模次数，可以实现一次试模成功；与此同时可避免为了改变浇口位置而进行烧焊，降低了模具制造成本，保证了模具质量。如果模具的浇注系统的浇口位置设计错误，需要改动，模具就只能烧焊，或者重新加工。模具一般都不允许烧焊，尤其汽车部件表面做皮纹烂花的模具。如烧焊须经客户同意，即使同意了，也增加了工作量，同时延迟了交模时间，增加了金加工和试模的费用。

② 对浇注系统的浇口所在位置进行CAE模拟分析，能预知多点浇口的注塑压力的平衡情况，模拟熔料充填过程，优化浇注系统设计；可使注塑熔料达到最佳的流动平衡，降低填充压力，使压力均匀分布。

③ 能预测保压过程中型腔内熔体的压强、密度和剪切应力分布等，优化注塑方案，缩短成型周期，提高生产效率。

④ 通过模流分析能优化注塑成型工艺参数，预知注塑机所需的注射压力及锁模力。

⑤ 通过模流分析，使设计者能尽早发现问题，可为模具的设计、改善模具结构提供依据；通过模流分析验证模具结构的合理性，优化了模具设计；最重要的是提高了塑料制品的成型质量。

⑥ 利用模流分析，了解模温及冷却情况，分析制品翘曲变形、收缩、凹痕等缺陷是否

会产生。在设计冷却水管时，可根据具体情况，考虑如何合理设计冷却系统。

⑦ 利用 CAE 技术，可使经验积累与现场试模相辅相成，累积试模经验，花最少的成本，迅速培养 CAE 分析专业人员，提升模具设计质量。

⑧ 利用模流分析能预知熔体的填充，优化熔接痕所处位置，帮助设计者分析、更改塑件壁厚、应用顺序阀，通过控制浇口开闭时间和注塑成型工艺参数的设置、达到改善熔接痕的位置、优化塑件表面熔接痕的目的。

⑨ 通过模流分析预知熔体在填充过程中产生困气的位置，使设计师可以参考模流分析设计模具的排气系统。

9.2 模流分析的应用软件简介

① 模流分析的软件名称和开发公司

目前，市面上可以看到的模流分析软件有很多，如表 9-1 所示。

表 9-1　注塑成型仿真软件

软件名称	开发单位	软件名称	开发单位
MOLDFLOW	Moldflow PTY(澳洲)	POLYFLOW	SDRC(美国)
C-MOLD	AC-Tech(美国)	CAPLAS	佳能(日本)
SLMUFLOW	Gratfek Inc.(美国)	MELT FLOW	宇部兴产(日本)
TM Concept	Plastics&Compute Inc.(意大利)	SIMPOE	欣波科技(中国台湾)
CADMOULD	I. K. V(德国)	MOLDEX3D	科盛科技(中国台湾)
IMAP-F	(株)丰田中央研究所(日本)	INJECT-3	Phillips(荷兰)
PLAS	Sharp 公司(日本)	Pro/E Plastics	PTC(美国)
TIMON-FLOW	TORAY 公司(日本)	HSCAE3D(华塑)	华中科技大学(中国)

② MOLDFLOW 软件

MOLDFLOW 软件是澳大利亚 MOLDFLOW 公司在 1976 开发的，在 2000 年该公司收购了美国的 AC-Tech 公司的 C-MOLD 软件，使之成为世界著名的塑料成型分析软件 C-Mold。经过 30 多年的持续努力和发展，MOLDFLOW 已成为全球塑料行业公认的标准分析软件。

③ 华塑 CAE 软件

华塑 CAE 模流分析软件由华中科技大学模具技术国家重点实验室自主研究开发。从 1989 年推出的 HSCAE1.0 版，到 2008 年的 HSCAE7.1 版，经历了从二维分析到三维分析，从实用化到商品化，从局部试点到大面积推广应用的过程，已成为塑料制品设计、模具结构优化和工程师培训的有力工具。目前华塑 CAE 的客户已有上百家，如海尔、科龙、比亚迪、东江、德豪润达等，为全面提高我国的塑料模具工业的技术水平和企业的生产、设计、开发能力，降低成本及增加效益提供了强大的技术支持。华塑 CAE 有明显的语言和技术优势，易学好懂，操作便利，可以很快地设计出方案，进行模流分析，指导企业生产制造。

华塑 CAE 采用了国际上流行的 OpenCL 图形核心和高效精确的数值模拟技术。它支持多种通用的数据交换格式。华塑 CAE 软件支持国内外材料数据库，可以测试并添加新获得的塑料流变数据，支持开放式注塑机数据库以及模具钢材数据库，从而形成具有企业特色的数据库，因此分析结果准确可靠。华塑 CAE3D 软件能预测充模过程中的流动前沿位置、熔接痕和气穴位置、温度场、压力场、剪切应力场、剪切速率场、表面定向、收缩率、密度场以及锁模力等物理量；冷却过程模拟支持常见的多种冷却结构，为用户提供型腔表面温度分布数据；应力分析可以预测制品在脱模时的应力分布情况，为最终的翘曲和收缩分析提供依据；翘曲分析可以预测制品脱模后的变形情况，预测最终的制品形状。利用这些分析数据和动态模拟，可以极大限度地优化浇注系统设计和工艺条件，指导用户优化冷却系统和工艺参数、缩短设计周期、减少试模次数、提高和改善制品质量，从而起到降低生产成本的目的。

9.3 模流分析内容和流程

由于采用流动模拟可优化浇口数目、浇口位置和注塑工艺参数，预测所需的注塑压力和锁模力，并发现可能出现的注塑不足、烧焦、不合理的熔接痕位置和气穴等缺陷，因此现在很多客户在模具结构确定前，要求模具供应商提供 CAE 分析报告。

9.3.1 模流分析内容

注塑模 CAE 分析的内容很广泛，主要包括以下几个方面。
① 充模过程模拟。
② 保压过程模拟。
③ 冷却分析、纤维取向分析及翘曲分析。
④ 塑料热物理性能和有关数据的测定。
如图 9-1 所示为注塑模 CAE 的计算机模拟系统。

9.3.2 模流分析步骤及流程

通常，注塑模 CAE 系统的使用大致上分为前处理、分析求解、后处理三个步骤，注塑模 CAE 系统也由相应的三个模块组成。
① 前处理。设定成型树脂、模具材料、注塑机规格及冷却液种类等；建立有限元法（FEM）模型，将流道、浇口及型腔建成有限元网格；设定成型条件，包括注塑压力、注塑速度、冷却温度等。

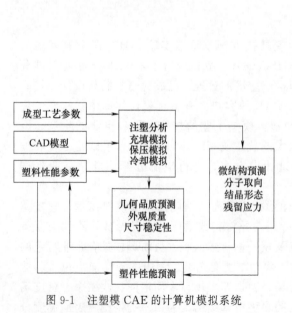

图 9-1　注塑模 CAE 的计算机模拟系统

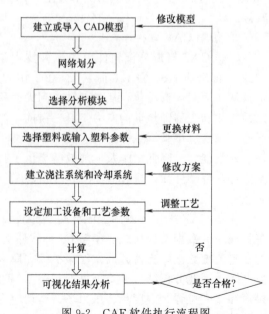

图 9-2　CAE 软件执行流程图

② 分析求解。包括充填分析、保压分析、冷却分析及翘曲分析等。

③ 后处理。各种分析结果的数据显示，包括彩色云纹图、等值线图、ZY 平面图及文字报告、数字显示等。

图 9-2 为 CAE 软件执行流程图。

9.4　模流分析的应用

近年来，模流分析在注塑领域中的重要性日益提升。模流分析从原理上说明了许多使注塑失败的原因，如翘曲、飞边、熔接痕的位置等。当然对于模流分析的结果，有时不一定百分之百的正确，还需要结合经验给予判断和确认，特别是对熔接痕是否存在的问题。

目前，注塑 CAE 软件能成功地应用于在以下三方面。

9.4.1　塑件设计

塑件设计者能通过模流分析解决下列问题。

① 塑件能否全部充满　这是一个为广大模具设计者普遍关注的问题，特别是当设计大型塑件时尤其如此。在设计者的心目中，材料结构特性、装饰特性和加工特性之间的关系往往模糊不清，而模流分析以科学的方式提供了在设计阶段对不同塑料及其与成型有关的特性进行评价的方法。

② 塑件实际最小壁厚　这是一个直接关系到塑件成本的问题。塑料成本往往占成本的40%，使用薄壁塑件能大大降低塑件的用料成本，缩短冷却时间（冷却时间是塑件壁厚平方的函数），提高生产效率，进而降低了塑件的成本。

③ 浇口的位置是否合适　浇口的位置对产品的质量有至关重要的影响，合理运用模流分析方法能使产品设计者在设计时具有充分的选择浇口位置的余地，确保制品的美观，并同时满足价格要求。

9.4.2　模具设计和制造

流动分析可以在以下诸方面辅助设计者和制造者，以得到良好的模具设计。

① 良好的充填方式　对任何注塑过程来说，最重要的是控制充填的方式，采用模流分析则可以最大限度地避免或消除因为充填不好所造成的分子取向和翘曲变形，从而保证产品的质量和生产的经济性。

② 最佳的浇口位置及浇口数量　为了对充填方式进行控制，模具设计者必须选择合适的浇口位置和浇口数量。模流分析使设计者有多种浇口位置的选择方案并对其影响作出了评价。这一分析也可指导塑件设计，从而使浇口位置及数量满足制品外观质量及成型方面的要求。

③ 浇注系统的设计　在模具设计中采用平衡式浇注系统，无论对设计者、制造者还是产品质量本身都是有利的。非平衡式浇注系统在传统设计中是非常困难的，它要经过大量修改、试模才能达到较为理想的状态。而采用模流分析则可以帮助设计者较为轻松地设计出压力平衡、温度平衡或者压力、温度都平衡的非平衡式浇注系统，并可对流道内的剪切速率和摩擦热进行估算，进而可以避免由于浇注系统设计的问题而使材料产生降解和型腔内的熔体温度过高的现象。

④ 冷却系统的设计　通过冷却分析，可以合理地布置冷却水道，获得合理的冷却效果，缩短冷却时间，减少翘曲变形，提高制品质量。

⑤ 减少返修成本　模流分析可以提高模具一次试模成功的可能性。设计者和使用者都

知道，模具的反复返工要耗费大量的时间和资金。模流分析使得在试模之前就可确认各种模具设计方案对模塑过程的影响，无疑将大大减少时间和资金的消耗。此外，未经反复返工的模具，其寿命也较长。

9.4.3 成型工艺

① 更加宽广更加稳定的加工程度　模流分析会对熔体温度、模具温度和注塑速度等主要注塑加工参数的变动影响提出一个目标趋势。借助模流分析，注塑工便可估测出各个加工参数的正确值，并确定其变动范围，与模具设计者一起，选择使用最经济的设备，确定最佳的模具方案。

② 减少塑件应力和翘曲　选择最好的加工参数使塑件残留应力最小。残留应力常常使塑件在成型后出现翘曲，甚至发生失效。

③ 省料和减少过量充模　采用模流分析技术一般可以节省5％的材料，这对大量生产来说是很有意义的。同时还有助于消除因局部过量注塑而造成的翘曲。

④ 最小的流道尺寸和回收料成本　模流分析有助于选定最佳的流道尺寸，从而尽量减小浇注系统的体积，缩短流道部分塑料的冷却时间，从而缩短整个注塑周期，并将回收料成本降到最低。

9.5 模流分析报告内容

模流分析报告最好用下面的格式。

① 制品说明：最好用制品图表达，文字说明长、宽、高尺寸。

② 制品厚度：最厚、最薄。

③ 使用成型塑料的型号品牌。

④ 使用软件：MOLDFLOW。

⑤ 问题焦点：预测结合线的位置、制品变形、改善流道平衡、减少熔接痕产生或改变其位置所在、预测成型压力、预测所需的锁模力等。

⑥ 解决方案：由以上分析结果得知，探讨问题的所在以及改进方式，对分析结果进行说明。

⑦ 通过模流分析，结合工程师的经验进一步修正，最后以试模验证。

9.6 模流分析报告判断标准

模流分析完成后，用综合评估检查表（表 9-3）检查模流分析报告判断标准表（表 9-2）的内容是否达到。

表 9-2　模流分析报告判断标准

模流分析检查清单						
项目						
产品名称						
分类	序号	描述	标　　准	数值	单位	评论
填充	1	V/P 转换点	V/P 转换点通常控制在 95％～99％ 原因：如小于 95％，产品在保压时可能打不满；如大于 99％，可能出现飞边		％	

分类	序号	描述	标　准	数值	单位	评论
	2	在填充特征筋或其他壁厚较薄的特征时检查是否有迟滞现象	当浇口靠近较薄的截面或特征时(譬如筋),料流会变缓或停顿,产生迟滞现象 原因:如果出现迟滞现象,产品特征会打不满;料流通常首先填充较厚的特征,因为其阻力较小;当料流速度下降,就会快速冷却,停止进一步的流动 为了避免迟滞,需考虑更换浇口位置以使料流更加顺畅 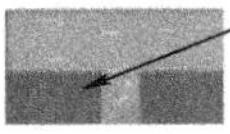			
	3	第一阶段注塑压力	通常情况下,应控制在 68.9MPa 或 10 000psi 以内,最大值不可超过 103.4MPa 或 15000psi 原因:如果压力超出 68.9MPa 或 10000psi,产品可能出现飞边、残余应力或打不满等缺陷		MPa 或 psi (1psi= 6894.76Pa)	
	4	填充过程的等高线图	填充过程应是均匀的,反映在等高线图中即等高线之间需是等距的。最好可提供流速的截面图以便于查看 原因:变化的料流前端速度会导致较大的剪切应力,并可能产生跑道现象和烧焦	—	—	
填充	5	填充末端压力分布及平衡	压力分布应均匀,填充需平衡。下图为可接受的案例 原因:压力分布不均会导致材料收缩不均,较大的残余应力,以及局部过保压或保压不足的情况 	—	—	
	6	流动前沿温差	需控制在 16℃ 或 30°F 以内 原因:温差大会引起残余应力,导致变形加大		℃ 或 °F	
	7	浇口处剪切速率	浇口处剪切速率不应超出材料许可值 原因:剪切速率超标会导致材料降解		1/s	
	8	填充末端壁上剪切力	不超出材料许用值 原因:如超出会导致表面缺陷		MPa 或 psi	
	9	熔接线的位置及长度	目标是使熔接线最小化,如可行尽量选择水平熔接而非竖直熔接。同时还要审核熔接线的前沿温度和对冲角度 原因:偏低的前沿温度会导致熔接线的外观很难控制,而且熔接线的强度也较差	—	—	
	10	气孔	将气体赶到产品边缘排出,避免气孔出现在产品表面 原因:如气泡无法排出会引起此区域烧焦	—	—	
保压	11	第二阶段压力	不小于80%的注塑压力 原因:导致保压不足,引起外观缺陷		MPa 或 psi	

分类	序号	描述	标　准	数值	单位	评论
保压	12	喷嘴处压力/时间曲线	优化设计使在填充和转换点处出现均匀尖点,见下图 原因:不均匀的尖点说明产品填充不均衡,会引起残余应力 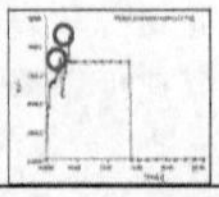 	—	—	
	13	第二阶段(保压)时间	保压时间等于浇口冷却时间 原因:如低于浇口冷却时间,会使产品保压不足引起外观缺陷;如大于浇口冷却时间,多余的时间是无用的		s	
	14	最大锁模力	一般不超过注塑机的 75% 原因:如选择的注塑机较小,产品会出现飞边		吨	
	15	顶出时体积收缩	标准值为收缩率的 3 倍,如模具收缩率为0.8%,体积收缩为 0.8%×3=2.4% 原因:如超出标准值会对产品变形产生影响,可通过变形分析		%	
	16	最大缩印深度	对于中性层标准值为 0.1mm;对于Fusion/3d 网格,相邻区域差值不大于 2% 原因:如超出标准,可能在非皮纹零件上看到缩印		mm	
冷却	17	型腔冷却水流速(确保紊流)	确保供应商的设备可满足所需流速,而且要确定每个回路的流速要低于平均流速的5 倍 原因:如设备不满足要求,模具可能因冷却不当引起尺寸问题;如有回路流速大于 5倍平均流速,冷却效果就不可预估		L/min	
	18	型芯冷却水流速(确保紊流)	确保供应商的设备可满足所需流速,而且要确定每个回路的流速要低于平均流速的5 倍 原因:如设备不满足要求,模具可能因冷却不当引起尺寸问题;如有回路流速大于 5倍平均流速,冷却效果就不可预估		L/min	
	19	型腔壁温差	不超过 16℃或 30°F,平均值接近设定值 原因:如超出会导致残余应力不均,引起产品变形		℃或°F	
	20	型芯壁温差	不超过 16℃或 30°F,平均值接近设定值 原因:如超出会导致残余应力不均,引起产品变形		℃或°F	
	21	型芯型腔温差(标明过热点)	型芯型腔温差不超过 11℃或 20°F。过热点需优化解决 原因:温差偏大会导致产品变形,增加成型周期;可考虑增加水路、翻水,或提高流速来进行模具优化		℃或°F	
	22	冷却时间	产品的固化应迅速均匀。如产品大部分区域与最终固化区域的时间相差过大,需优化冷却水的设计和产品设计 原因:冷却时间可用来决定浇口何时冷却,如浇口在产品完全填满前冷却,产品就会出现短射;如浇口在产品冷却前冷却,就会出现保压不足的现象		s	

续表

分类	序号	描述	标　准	数值	单位	评论
冷却	23	型腔侧冷却水进出温差	不超过 3℃或 5℉ 原因:温差偏大说明流动方式、速率及管路的设计需优化,以获得良好的热传导性能		℃或℉	
	24	型芯侧冷却水进出温差	不超过 3℃或 5℉ 原因:温差偏大说明流动方式、速率及管路的设计需优化,以获得良好的热传导性能		℃或℉	
	25	型腔最小雷诺数	标准值为 4000 原因:雷诺数小于 4000 不能保证紊流,会降低水路的热传导效率			
	26	型芯最小雷诺数	标准值为 4000 原因:雷诺数小于 4000 不能保证紊流,会降低水路的热传导效率			
	27	产品上的过热点	型芯型腔温差不超过 11℃或 20℉。过热点及超过此标准的区域,需进行优化解决。温差偏大会导致产品变形,增加成型周期,可考虑增加水路、翻水,或提高流速来进行模具优化			
产品变形	28	查看 X 向自由状态变形的绝对值,包括材料收缩、分子导向、冷却不均引起的变形和总的变形 提示:经验表明分析值约为实际值的两倍	X 向变形应主要由材料收缩引起;如不是则需进行模具优化 原因:过大的变形无法满足检具和整车装配的要求			
	29	查看 Y 向自由状态变形的绝对值,包括材料收缩、分子导向、冷却不均引起的变形和总的变形 提示:经验表明分析值约为实际值的两倍	Y 向变形应主要由材料收缩引起;如不是则需进行模具优化 原因:过大的变形无法满足检具和整车装配的要求			
	30	查看 Z 向自由状态变形的绝对值,包括材料收缩、分子导向、冷却不均引起的变形和总的变形 提示:经验表明分析值约为实际值的两倍	Z 向变形应主要由材料收缩引起;如不是则需进行模具优化 原因:过大的变形无法满足检具和整车装配的要求			
其他		选择产品方案	同 SME 和 PDT 共同确定最佳方案			
		产品推荐过程工艺	推荐成型工艺需与注塑厂共同开发并保证其可行性 原因:不提供注塑厂家的注塑机标准,无法生产出与模拟结果相匹配的产品			
		注射速度				
		熔体温度				
		型芯温度				
		型腔温度				
		填充时间				
		保压时间				
		保压压力				
		冷却时间				
		冷却水温				
		成型周期				

表 9-3　综合评估检查表

MOLDFLOW 分析模块	检 验 项 目	基 本 要 求	结果确认
材料属性	材料牌号	与实际生产一致	
设备属性	注塑机型号	与实际生产一致	
填充时间	填充时间为软件可以设定的参数	设定参数是否和以往类似零件接近	
注塑参数设置	成型周期设置,填充速度,保压压力	工艺参数设置表截图已经显示在 PPT 文件中	
网格质量	网格全局边长	系统设定值的 1/2	
	连通区域(不包含冷却水路)	Fusion:1;3D:1;Midplane:1	
	自由边(冷却分析会报错)	Fusion:0;3D:0;Midplane:边界可以存在	
	交叉边(冷却分析会报错)	Fusion:0;3D:0;Midplane:T 区域可以存在	
	配向不正确的单元	Fusion:0;3D:0;Midplane:0	
	相交单元(不包含浇口、冷却水路)	Fusion:0;3D:0;Midplane:0	
	完全重叠单元	Fusion:0;3D:0;Midplane:0	
	最大纵横比	Fusion:<10:1;3D:<50:1;Midplane:<10:1	
	平均纵横比	Fusion:<3:1;3D:N/A;Midplane:<3:1	
	匹配百分比(翘曲分析)	Fusion:>90%;3D:N/A;Midplane:N/A	
	相互百分比(翘曲分析)	Fusion:>90%;3D:N/A;Midplane:N/A	
填充分析	填充时间等值线图(配合动画显示)	填充平衡,各填充路径末端时间相等,等值线的间距均匀	
	V/P 切换点填充百分率	95%~99%	
	V/P 切换点的压力	最大压力<注塑机极限压力×70%	
	填充结束时的温度	温度均匀、无局部过热、无最高温度接近或超过材料的降解温度	
	料流前沿温差	温差不能超过 10℃	
	第二阶段(保压)压力	大于或等于 80%注射压力	
	第二阶段(保压)时间	大于或等于 100%浇口冷却时间	
	顶出时的体积收缩率	max<5%,0mm 相邻区域差值<2%,不能为负值	
	冻结层因子	填充、保压阶段,浇口冻结层因子<1 顶出时,冷流道冻结层因子>0.5	
	锁模力	最大锁模力<注塑设备极限锁模力×80%	
	浇口处的剪切速率	<材料最大允许值	
	浇口、型腔内剪切应力	<材料最大允许值	
	分子取向(尤其关注背面结构附近)	分子取向过渡均匀,突变处明显标示加速度变化不超过 27mm/s²	
	困气	分布在零件的边界上,其他地方需要排气	
	熔接痕	外观面不允许存在 熔接角度>75°,熔体前锋温度降<10℃	
	缩印指数	<2%	
	缩痕深度 (注意背面存在结构和浇口附近的点)	目标值<0.1mm	

续表

MOLDFLOW 分析模块	检验项目	基本要求	结果确认
冷却分析	同一条水路进、出口水路温差	＜3℃	
	冻结时间	冻结时间最大值＜顶出时间设定值	
	型腔表面各位置温差	＜16℃	
	型芯表面各位置温差	＜16℃	
	型腔、型芯模之间的温差	＜11℃	
	型腔最小雷诺数	10000	
	型芯最小雷诺数	10000	
翘曲分析	总的变形量	填写最大值	
	X 向最大变形（基准处、匹配处）	＜公差要求＋模具收缩量	
	Y 向最大变形（基准处、匹配处）	＜公差要求＋模具收缩量	
	Z 向最大变形（基准处、匹配处）	＜公差要求＋模具收缩量	
	引起翘曲变形的主要原因（收缩不均，冷却不均，分子取向，角落效应）	填写主要因素，并填写控制措施	
编制	审核	认可	认可

9.7　CAE 模流分析案例

9.7.1　洗衣机外桶

洗衣机外桶的 CAE 模流分析举例如图 9-3 所示，四个浇口较合理。

9.7.2　电视机前盖模具

电视机前盖的潜伏式浇口设计，达到了流道压力平衡，如图 9-4 所示。

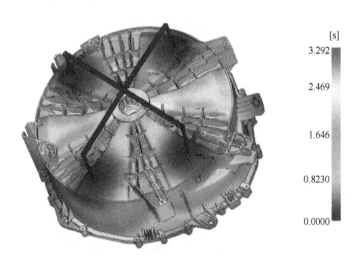

图 9-3　MOLDFLOW 模流分析

9.7.3　门栏护板

门栏护板见图 9-5，此模具采用 7 点顺序控制阀，图（a）中所示浇口设计错误，模具开好后，注塑制品成型后，在浇口附近产生变形、缩痕、银丝，同时塑件的浇口这面是出面

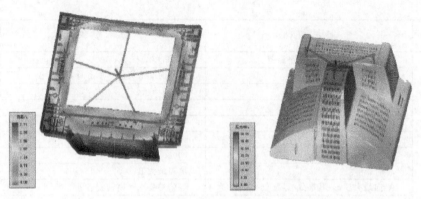

图 9-4　电视机前后盖 CAE 模流分析

的，严重影响了外观质量。

图 9-5（b）中所示设计改变了浇口的位置，在方向相反处，采用了 5 点顺序控制阀，塑件外观质量达到了要求，外形美观，满足使用要求。

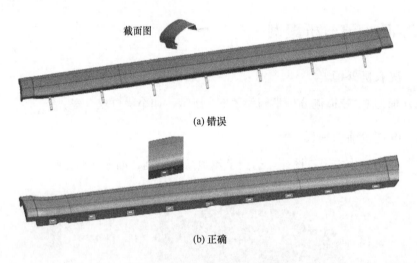

图 9-5　门栏护板浇口设计案例

9.7.4　CEFIRO 水箱罩 CAE 模流分析案例

水箱罩 CAE 模流分析案例，如图 9-6 所示。

9.7.5　电视机壳表面色差案例

1986 年宁海模塑厂为大连电视机厂制造模具和加工电视机前、后盖塑壳。由笔者设计了一副 17in 电视机前盖模具，模具制造好后进行试模（制品的材料是 ABS，用色母料注塑成型），制品的右上角处，有宽度为 2mm 左右的暗红色的色差，制品是不喷漆的，不能应用。当时已应用黑色的色母料，不是用染料粉加工塑件的。我们设计制造了十多副电视机前、后盖模具，从来没有碰到过这样的情况，左思右想、百思不解，是什么原因产生色差呢？改动潜伏式浇口，如果一次解决不成功，则这副模具几乎要重做。当时，用 CAD/CAE/CAM 来设计制造注塑模具，刚开始只是有些单位在应用，还没普及。由于那时经验不足，面对这个问题束手无策。最后得知南京机床附件二厂有进口的模流分析

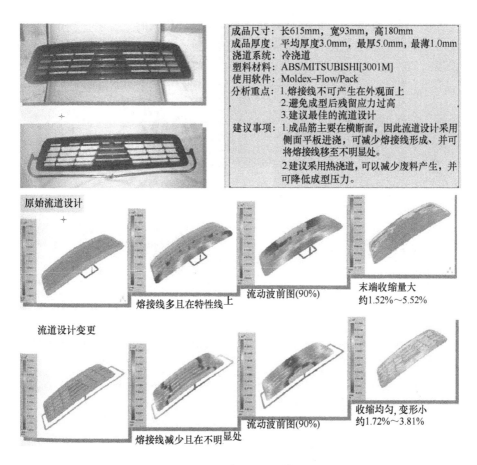

成品尺寸：长615mm，宽93mm，高180mm
成品厚度：平均厚度3.0mm，最厚5.0mm，最薄1.0mm
浇道系统：冷浇道
塑料材料：ABS/MITSUBISHI[3001M]
使用软件：Moldex–Flow/Pack
分析重点：1.熔接线不可产生在外观面上
　　　　　2.避免成型后残留应力过高
　　　　　3.建议最佳的流道设计
建议事项：1.成品筋主要在横断面，因此流道设计采用
　　　　　　侧面平板进浇，可减少熔接线形成、并可
　　　　　　将熔接线移至不明显处。
　　　　　2.建议采用热浇道，可以减少废料产生，并
　　　　　　可降低成型压力。

原始流道设计

熔接线多且在特性线上　　　流动波前图(90%)　　　末端收缩量大
　　　　　　　　　　　　　　　　　　　　　　　约1.52%～5.52%

流道设计变更

熔接线减少且在不明显处　　流动波前图(90%)　　收缩均匀，变形小
　　　　　　　　　　　　　　　　　　　　　　　约1.72%～3.81%

图 9-6　CEFIRO 水箱罩 CAE 模流分析案例

MOLDFLOW 软件。我带去塑壳实样、塑件产品图和模具图样，花了 5000 元，委托附件二厂进行分析，先按照产品图进行几何造型，再按模具的 2D 图输入了浇口位置，通过模流分析，找到了原因，是设计不合理。由于注射压力较低，两股温度较低（且冷却水很充足）的熔料汇合，使制品的成型熔料汇合处产生了色差。根据这个情况，决定不接有色差附近的冷却水（动模芯有四个螺旋形冷却水芯）试模，结果制品没有色差，于是决定堵了这个冷却水孔。就这样，利用 CAE 技术，轻而易举地就把色差问题解决了，使我深刻领会到了模流分析的重要作用。

9.8　从模具设计角度优化塑件变形及缩痕问题

影响塑料制品变形的因素有很多，主要是产品的形状、结构设计，如果模具设计得不合理，就会使塑件产生变形和缩痕。对塑件变形和缩痕产生的原因和避免措施，从模具设计的角度进行探讨。

9.8.1　浇口位置不妥当，使塑件产生变形、缩痕

首先要优化浇注系统的浇口位置，注意注射成型的压力平衡，避免浇口位置和浇口形式选择错误；如图 9-7 所示，成型数一出二的模具，制品一大一小，为了使两个制品同时到达，采用改变料道和浇口的大小，使其压力平衡。

缩痕位置多发生在远离浇口或筋表面的地方，在设计模具时就要考虑浇口的位置。

增大浇口尺寸，适当降低塑料熔体温度和模具温度，加快注射速度，增大注射压力，延长注射和保压时间。

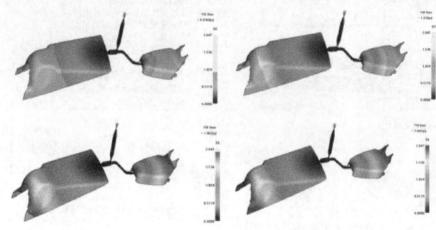

图 9-7　流道平衡

由于塑件收缩不均匀引起的变形，对于未加玻纤的材料，产品会往流动方向收缩；对于加了玻纤的材料，产品会往垂直于流动方向收缩。

加了玻纤的材料，一定要符合单向流原则，否则容易引起变形。在模流分析中可以从 $X/Y/Z$ 三个方向来查看变形。变形如图 9-8 所示。

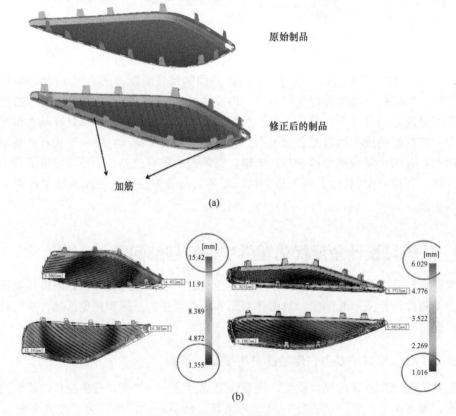

图 9-8　取向不均引起的变形

9.8.2　模具结构设计不合理引起制品变形、翘曲

模具的动模芯脱模斜度不够大，抽芯机构设计不合理，使脱模力作用不均匀、顶杆布置不合理或脱模顶出面积不当会引起制品变形、翘曲。

9.8.3　冷却系统设计不合理对塑件产生变形、缩痕的影响

模具的冷却系统设计要求合理，正确配置冷却回路。如果型腔、动模表面温度不均，温差较大，则会使成型塑件产生内应力，导致成型后发生翘曲变形。

① 下列部位不要设置冷却水，避免成型困难、制品出现缺陷：远离浇口的部位、注塑压力较低处、注塑成型温度较低处、多点浇口汇集处。

② 需要有充足的冷却水，由于模具形状复杂，虽采用冷却水回路，但效果不好，要采用皮铜材料、导热管等机构。

③ 避免制品在模内冷却不均引起的翘曲、变形，制品会往较热的一侧变形。

9.8.4　制品壁厚设计不合理，模具设计前期评审没有考虑到

对制品壁厚设计太厚处，在设计模具前，向客户提出改动建议，避免塑件缩痕变形；对于制品壁厚突变设计不合理的地方，容易产生制品应力变形，建议改动。对制品的塑料牌号选用要正确，有的可选用增强塑料和合金塑料。

如制品的搭子处壁厚，模具采用"灿口"形状设计，可避免缩痕的产生。

平板下面不加十字筋的话很容易变形。

优化制品的形状、结构设计，避免壁厚悬殊、壁厚过厚。

9.8.5　模具没有排气机构

模具排气要彻底，在制品有缩痕的地方、成型时最后到的地方，开设排气槽、排气针，应用排气缸或采用镶块结构。

高筒形的薄壁件必须要有放气阀结构。

9.8.6　模具强度和刚性不够

如果模具强度不够，模板就会产生弹性变形，就会导致制品尺寸不稳定，脱模困难，产品发生变形。

9.8.7　避免注塑工艺不够合理

要把料温、压力、背压大小、注射速度、保压时间、成型周期等数据，根据塑件形状特征、塑料牌号、模具的情况进行调整，排除变形及缩痕，确认最佳工艺。

9.9　利用 CAE 优化成型制品的熔接痕

塑件成型会产生很多成型缺陷，熔接痕是其中之一，熔接痕会使塑件的表面质量和力学性能大大降低。大家都知道，两点浇口以上会有很多碰穿孔的成型制品，都会有熔接痕存在。因此，模具设计师对成型制品的熔接痕一定要引起足够的重视。熔接痕可借助 CAE 来做验证。下面介绍怎样优化熔接痕。熔接痕的成因及对策见表 9-4。

① 提高模具温度，使用模温机。前沿温度的高低对熔接痕的影响非常大，前沿温度较

高可提高熔接痕的强度。一般情况下，如果 2 股熔料前沿温度低于注射时的温度 12～15℃，可认为 2 股熔料在熔接痕处可以很好地结合，不会产生明显的熔接痕，强度也高，塑件的力学性能不会受到影响。

从熔料流动前沿温度看，塑件表面产生的熔接痕不明显。在塑件大的表面上熔料流动前沿温度均匀且较高，塑件在表面不会出现熔接痕。为了使塑件顺利成型，实际生产时使用了模温机，提高此处的模具温度，避免出现熔接痕。

② 应用模流分析技术，避免熔料在汇合处设置冷却水通道。

③ 更改塑件壁厚，可改善熔接痕的位置，避免熔接痕出现在影响制品外观质量或制品受力的地方。

④ 应用顺序控制阀。应用顺序阀，通过控制浇口开闭时间和注塑成型工艺参数的设置，达到减轻或优化塑件表面熔接痕的目的。

阀式顺序注射可以提高塑件熔接痕处的强度，缩短熔接痕的长度，减少熔接痕的数量。阀式顺序工作过程中，每个浇口的针阀扣开是根据设定的时间按先后顺序进行的，从而保持熔料流动前沿的一致性，可有效改善、减少或消除熔接痕，最终达到提高塑件的外观质量与力学性能的目的。

阀浇口的开闭时间不同对塑件成型后表面是否产生熔接痕有很大影响。阀式顺序注射技术消除熔接痕的原理是：在先打开的阀浇口熔料经过封闭的阀浇口处以后，封闭的阀浇门打开，并将后打开浇口的熔料注入先打开的阀浇口熔料的内部，使 2 股熔料始终保持流动前沿的一致性，从而达到消除熔接痕的目的；否则，如果熔料还没有经过后打开阀浇口，就会有 2 个浇口同时进料，形成 2 股熔料流动前沿相遇，导致熔料冷却后形成熔接痕；后打开的阀浇口也不能开得过晚，否则熔料在型腔中流动时间过长，熔料流动前沿温度降低过多，充模困难；要控制好各针阀浇口的开闭时间，既要保证熔料能顺利充满型腔，又要尽可能地减少或消除熔接痕，得到最优质量的塑件，满足客户的要求。

⑤ 改变浇口的位置。塑件的熔接痕、拼缝线所处位置不能设置在强度要求高的地方或零件受载负荷处。改变浇口的位置，使熔接痕避开零件受变载荷处，具体见图 8-25。

表 9-4　熔接痕的成因及对策

分类	原因	解决方法
典型缺陷示意图		
机器及工艺原因	①熔体温度低 ②注射压力太低 ③注射速率太慢 ④喷嘴温度太低 ⑤模具温度太低	①提高熔体温度 ②提高注射速率 ③提高注射压力 ④提高模具温度
模具设计原因	①流程太长 ②浇口数量及位置设计不合理 ③浇口尺寸太小 ④流道尺寸太小 ⑤排气不良 ⑥制品壁厚变化不合理	①扩大浇口和流道截面尺寸 ②建立排气孔 ③减小制品壁厚变化

续表

分　类	原　　因	解决方法
材料原因	①材料中含有水分和挥发性物质 ②树脂的冷却速度太快 ③熔体流动性差	

复习思考题

1. CAE 模流分析有哪些作用？
2. 为什么每一副模具都需要模流分析？
3. 注塑模具模流分析包括哪些内容？
4. 注塑模具模流分析步骤是怎样的？
5. 模流分析报告包括哪些内容？怎样书写？
6. 通过模流分析能解决哪三方面问题？
7. 您认为有没有必要学会模流分析？为什么？
8. 您认为有没有必要参加试模工作？为什么？
9. 塑件产生变形及缩痕同哪些因素有关？
10. 您会应用什么软件进行模流分析？
11. 您对浇注系统设计有什么宝贵的经验教训与大家共享？
12. 塑件的熔接痕是怎样产生的？怎样优化熔接痕？

第10章 ▶▶ 热流道模具设计

热流道技术是应用于塑料注塑模浇注流道系统的一种先进技术，是注塑成型向节能、低耗、高效加工的方向发展的一项重大改革，而且已经应用了 50 多年。目前，热流道模具在日本和美国、德国等发达国家的应用已非常普及，在注塑模具中所占比例已超过 70%。

近几年，热流道技术注塑成型工艺越来越广泛地被应用，特别是高端模具的发展，应用比例不断增加，大型模具已达到 90% 以上。在国内，汽车零部件的塑料模具已经普遍应用，如保险杠、仪表板、门板、格栅、装饰条、车灯、发动机罩、前端支架、轮胎罩等内外饰件的成型模具。

目前，市场上有近百家热流道公司提供标准化的热流道系统、元件和技术信息服务，帮助模具企业进行热流道技术设计。但是模具设计师必须知道热流道的设计要求，才能正确设计热流道模具。近年来，热流道模具技术还在不断完善和发展。

10.1 热流道的定义

热流道模具是将浇注系统的塑料加热并始终保持在熔融状态的一种无流道模具。所谓热流道成型是在传统的二板模或三板模内的主流道与分流道部位设置加热装置，使从注塑机喷嘴起至型腔入口为止的熔料，在注射成型期间始终保持熔融状态，在每次开模时不需要将废料取出，滞留在浇注系统中的熔料可在再一次注射时被注入型腔。理想的热流道注塑系统应形成密度一致的部件，不受所有的流道、飞边和浇口的影响。

热流道浇注系统为无流道模塑主要类型，常用于多型腔模具，一般采用点浇口。

10.2 热流道模具的优缺点

10.2.1 热流道模具的优点

① 减少冷流道凝料体积，降低了注塑成本，省去粉碎冷流道凝料设备，节省人力。

② 简化模具结构，可使三板模成为两板式模具而采用点浇口进料。因无需二次分型，容易实现自动化操作，有利于多型腔的模具开发。

③ 缩短成型周期，减少注射时间和冷却时间，提高注塑机生产效率。注射压力损失小，能降低注射压力和锁模力，降低注塑设备使用成本。

④ 热流道模具的流道比冷流道模具的流道短，减少了熔体在流道内的热量损失，有利于压力传递，从而克服因补料不足而产生的收缩凹痕。应用热流道技术提高了制品成型质量。

⑤ 可直接用浇口成型制品。利用针阀式浇口控制浇口启闭的时间，可改观、消除或转移制件的熔接痕、变形、气穴等外观缺陷。

⑥ 可直接以侧浇口成型单个制品，减少了制品的后续加工。

10.2.2　热流道模具的缺点

① 模具结构复杂，模具费用增高，由于加热装置、温控系统绝热结构及其他因素，成型准备时间长，小批量生产成本高。

② 需要增加设计和维修项目，模具的设计和维修较复杂。

③ 容易引起塑料降解、变色等危险，不适用于某些塑料品种和注射周期长的制品。

④ 由于热流道系统的加入，注射成型的技术难度较高，同时对注塑机设备有较高要求。

⑤ 对塑料要求较高，必须去除塑料中的异物（否则异物堵塞浇口时，检修麻烦又费时）。

⑥ 更换塑料颜色或树脂需要时间，所以不适合于需要常换颜色或树脂的模具，或需要提前同热流道厂商沟通制定专用热流道。

⑦ 技术要求高。对于多型腔模具，采用多点直接热流道模具成型时，技术难度很高，包括流道流延、拉丝、堵塞、热流道类型的选定与设计等问题需综合考虑。

10.3　热流道系统的结构组成及作用

10.3.1　热流道的组成零件

热流道系统的结构如图 10-1、图 10-2 所示。热流道浇注系统主要由热喷嘴、热流道板、加热元件、温控器等组成。热流道模架结构与二板模大体相同，但型腔进料的方式又和三板模具相同，同时兼具二者的优点。

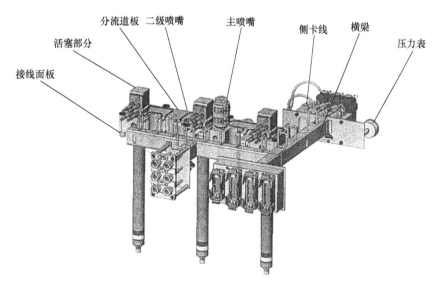

图 10-1　热流道系统结构（一）

① 喷嘴。将从注塑机料筒来的熔料通过主喷嘴（又叫主流道环）送到分流道内。热流道喷嘴如图 10-3 所示。与热流道板连接的喷嘴称为二级喷嘴。通过分喷嘴将熔体送到模具的型腔或附加的冷流道。热流道模具按喷嘴结构形式不同分为多种形式，类型均大同小异，但各个厂家的加工工艺和实施方法有很大区别，这决定了热流道系统的质量和价格的差异。一般有开放式、针阀式和其他几种特殊形式（浇口为喷嘴或模具的一部分）。

② 热流道板。通过热流道板将熔料送入各个单独喷嘴，在熔料传送过程中，尽可能使

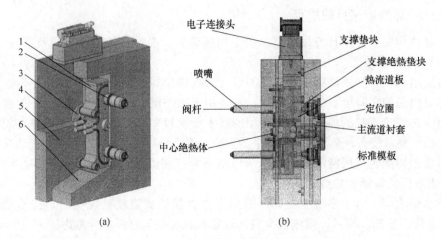

(a)　　　　　　　　　(b)

图 10-2　热流道系统结构（二）

1—分流板；2—喷嘴；3—气/油缸；4—主射嘴；5—隔热板；6—定模固定板

图 10-3　热流道喷嘴

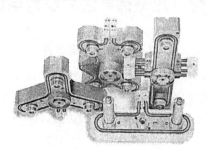

图 10-4　热流道分流板

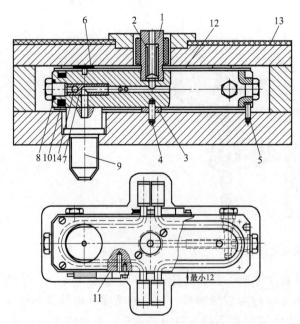

图 10-5　板式流道板的布排

1—主喷嘴；2—熔体过滤网套；3—支撑垫；4,5—定位销；6—承压圈；7—端面堵塞；8—金属密封圈；9—二级喷嘴；10—管状加热器；11—热电偶；12—反射铝膜；13—绝缘板；14—销钉

熔料流到各喷嘴并均衡（自然平衡和人工平衡）到达，且不允许塑料降解。常用热流道板的形式有一字形、H 形、Y 形、X 形，如图 10-4 所示；结构上有外加热流道板和内加热流道板两大类。分流道，在两个喷嘴之间，分流熔料。有些应用场合中，单独喷嘴可以不需分流道板。

如图 10-5 所示的标准板式流道板，其流道通常是在流道板的对称轴线上钻出的。其结构如下：流道板的中央是主喷嘴 1，相对的一侧是支撑垫 3，它承受注塑机油压。沿着流道板还有定位销 4。在流道板端面的斜角上设置第二个定位销 5。流道板压入到流道板喷嘴对面模具内，压紧在流道板一边的承压圈上。从流道到进入喷嘴流道的传输应沿着圆弧，没有任何死点来滞留熔体。为此，端面堵塞 7 被成型加工，装在流道上，此堵塞制造成足够长度，能退出流道又能对准喷嘴，有一定尺寸范围可布排。管状加热器 10 或加热棒平行地置于流道旁。热电偶 11 安装在主流道杯与喷嘴之间。流道板可附有外部绝热的反射铝膜 12，反射热辐射。绝缘板 13 防止注塑机的床身板的热渗透。

图 10-6（a）所示为另一种系统的流道板设计，流道板用两个螺栓固定在模板上，使模具安装更容易。

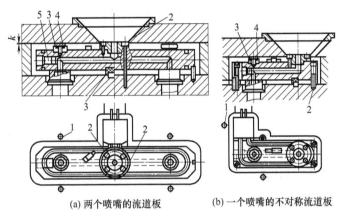

(a) 两个喷嘴的流道板　　　　(b) 一个喷嘴的不对称流道板

图 10-6　板式流道板示例

1—外螺栓旋紧型腔板与侧垫板；2—M6 螺栓将流道板紧固到模板；3—陶瓷圈；4—硬嵌件；5—端面堵塞

③ 加热元件。如图 10-7 所示，加热元件是热流道系统的重要组成部分，其加热精度和使用寿命对于注塑工艺的控制和热流道系统的稳定工作影响重大。加热元件一般包括加热棒、加热圈、管式加热器、螺旋式加热器（加热盘条）等。

④ 温控器。图 10-8 所示温控器就是对热流道系统的各个位置进行温度控制的仪器，根据需要，用户可以将其同其他模内组件如热电偶等零件配合使用。

图 10-7　热流道加热元件

图 10-8　热流道温控器

10.3.2　热流道系统的功能区

热流道系统的功能区由主喷嘴、流道板、分喷嘴、浇口等四个部件组成，如图 10-9 和表 10-1 所示。

表 10-1　图中四个热流道的功能区

区域	Ⅰ	Ⅱ	Ⅲ	Ⅳ
名称	主流道杯	流道板	喷嘴	浇口
功能	连接注塑机喷嘴的通道 与喷嘴撞压连接 如需要可降压 如需要可过滤熔料	分配熔体 保持恒定的熔体温度 传递熔体压力	供应熔体给浇口 保持恒定温度	输送熔体到型腔 在保压阶段保持开放通道 关闭流动

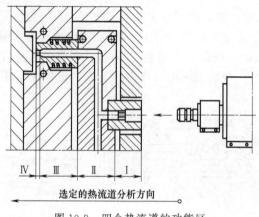

图 10-9　四个热流道的功能区

10.4　热流道模具的结构形式

10.4.1　单点式热流道模具

单点浇口热流道是单一喷嘴，直接把熔料注入型腔，如图 10-10 所示，或熔体由热射嘴先进入普通流道，再进入型腔。

10.4.2　多点式热流道模具

多点式热流道是通过热流道板把熔融塑料分流到各个喷嘴中，再进入到型腔或普通流道，它适用于单腔多点式进料或多腔注塑模具，其基本结构如图 10-11 所示。这种模具设有热流道板、二级热射嘴，简称热流道板注塑模。

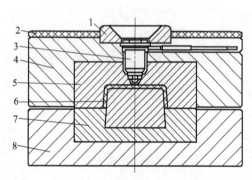

图 10-10　单点式热流道模具
1—定位圈；2—隔热板；3—热射嘴；
4—定模板；5—凹模；6—制品；
7—凸模；8—动模板

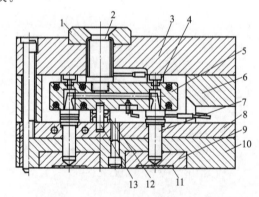

图 10-11　多点式热流道模具
1—定位圈；2——级热射嘴；3—面板；4—隔热垫片；
5—热流道板；6—撑板；7—二级热射嘴；8—垫板；
9—凹模；10—定模 A 板；11—制品；12—中心
隔热垫片；13—中心定位销

10.4.3　热流道模具的浇注系统类型

对大型和长流程的制品需要设计热流道浇注系统的模具。然而对于中小型制品，除了经济原因，还要考虑用主流道的冷浇道浇口系统（简略 CR）。从设计和经济的角度综合考虑，小型模塑生产中，经常需要采用混合系统（热流道与冷流道）。热流道模具的浇注系统类型如图 10-12 所示。

图 10-13 所示对热流道形式的大致分解，是基于两个界限：熔料的传输方法和加热方法。这样，对热流道细分更容易了解。

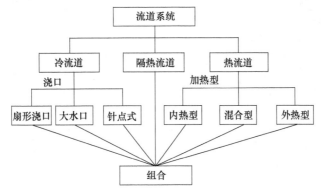

图 10-12　注塑模浇注系统类型

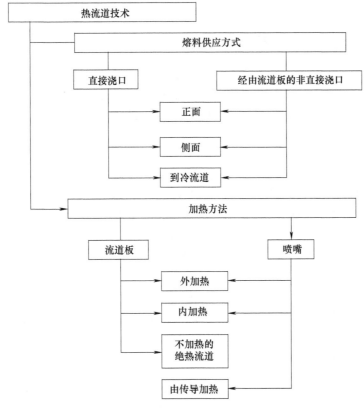

图 10-13　热流道系统的类型

10.4.4　热流道注塑模具加热方式

（1）外加热式热流道模具

图 10-14 所示为热流道模具的一种结构形式。

（2）内加热式的流道板结构

图 10-15 所示为内加热式的流道板的一种形式。在纵横交叉的流道孔内设棒状加热器，塑料在流道孔与加热器形成的环形通道内流动。二次喷嘴是由流道孔与阀形成的环形通道，

也设在流道板内，喷嘴直接通向型腔。阀内设有棒状加热器。

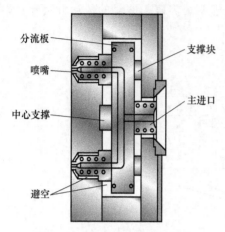

图 10-14　外加热式热流道模具

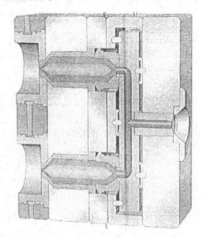

图 10-15　内加热式热流道模具流道板

10.5　无流道注塑模具的类型及结构

无流道模具是在注射成型后，浇注系统内的塑料不固化仍保持熔融状态，成型的塑件不带有浇注凝料的模具。无流道模具大致可分为下列五种结构：井式喷嘴模具、延长喷嘴模具、半绝热流道注塑模具、绝热流道注塑模具、热流道注塑模具。

10.5.1　井坑式喷嘴模具

井坑式喷嘴注塑模具是绝热流道注塑模中最简单的一种。图 10-16 所示为井坑式喷嘴模具结构形式。在浇口套内设有蓄料井，蓄料井内的塑料与井壁接触的外层呈半熔体凝固状态，起绝热作用，使井内中部塑料保持熔融状态，在注塑机喷嘴不脱离浇口套的情况下可连续成型。这种形式适用于单型腔模具，采用点浇口。井式喷嘴可以有效地避免制品产生浇口晕。

图 10-17（a）所示为喷嘴前端伸入主流道杯内部一段距离的结构，这样可以增大喷嘴向井坑内熔体传递的热量，防止熔料凝固。图 10-17（b）所示为主流道杯带有空气隙的井式喷嘴结构，空气隙在模具和主流道杯之间起绝热作用，可减少流道杯内熔体热量的散失，以避免这部分塑料完全凝固。图 10-17（c）所示的结构在停机时，喷嘴后退可将主流道杯中的凝料一起拔出，便于清理流道。

井坑式喷嘴蓄料井尺寸见表 10-2。

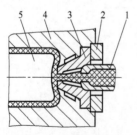

图 10-16　井坑式喷嘴

1—注塑机喷嘴；2—定位圈；3—主流
道杯；4—定模板；5—型芯

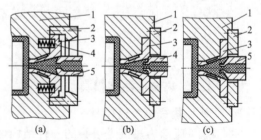

图 10-17　井坑式喷嘴

1—定模板；2—定位圈；3—主流道杯；
4—弹簧；5—注塑机喷嘴

表 10-2 井坑式喷嘴蓄料井尺寸

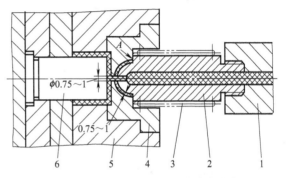

	塑件重量 m/g	40～150	15～40	6～15	3～6
	成型周期 t/s	20～30	15～12	10～9	7.5～6
	d/mm	1.5～2.5	1.2～1.6	1.0～1.2	0.8～1.0
	R/mm	5.5	4.5	4	3.5
	a/mm	0.8	0.7	0.6	0.5

10.5.2 延伸喷嘴模具

为了克服绝热主流道注射模"井坑"内的塑料易冷凝、浇口易堵塞的缺点，可将注塑机喷嘴延伸加长到浇口附近或直接与浇口接触，如图 10-18 所示，使喷嘴与型腔间只有极短的距离，从而消除了浇注系统凝料。延伸式喷嘴只适用于单型腔注射模具。

为了防止喷嘴的热量过多地传给温度较低的型腔，使模温难以控制，必须采取有效的绝热措施。常见的绝热方法有空气绝热和塑料绝热两种，如图 10-19 所示。

图 10-18 塑料层绝热的延伸喷嘴结构
1—注塑机料筒；2—延伸式喷嘴；3—加热器；
4—浇口衬套；5—定模；6—型芯；A—环形承压面

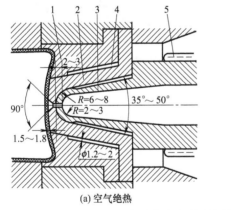

(a) 空气绝热

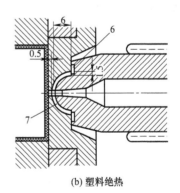

(b) 塑料绝热

图 10-19 空气绝热和塑料层绝热的延伸式喷嘴注射模具
1—衬套；2—浇口套；3—喷嘴；4—空气隙；5—电加热圈；6—密封圈；7—绝热塑料层

延伸喷嘴结构形式见图 10-20。

10.5.3 半绝热流道模具

图 10-21 所示为外加热半绝热式喷嘴多型腔热流道注塑模具。热流道板 8 内的加热器孔 7 中放入加热器加热，二级喷嘴 10 用导热性优良、强度较高的铍铜合金制造，利于热量传至喷嘴前端。二级喷嘴前端设有塑料绝热层，绝热层最薄处厚度为 0.3～1.2mm，保证浇口在较长的注塑时间（不超过 1min）内不冻结。由于二级喷嘴与浇口衬套之间有一环形的接触面未绝热，故称为半绝热式喷嘴。另外，二级喷嘴与流道板间为滑动配合，并以胀圈 9 作密封。这样，注射时由于熔体的压力使二级喷嘴与浇口衬套在环形接触面处能很好贴合，不

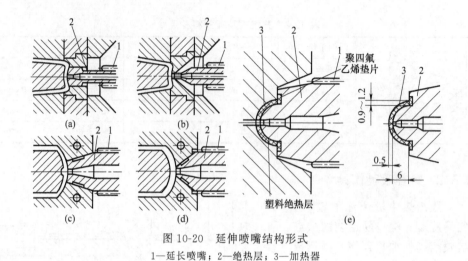

图 10-20　延伸喷嘴结构形式
1—延长喷嘴；2—绝热层；3—加热器

会产生溢料现象。

图 10-22 所示为内加热半绝热式喷嘴多型腔热流道注塑模具。该模具的加热器放在喷嘴内。

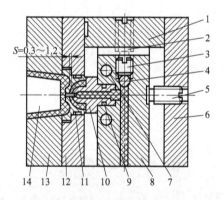

图 10-21　外加热半绝热式喷嘴多型腔热流道注塑模具
1—支架；2—定距螺钉；3—螺塞；4—密封钢球；5—支撑
螺钉；6—定模座板；7—加热器孔；8—热流道板；
9—胀圈；10—二级喷嘴；11—喷嘴套；12—定模板；
13—型腔板；14—型芯

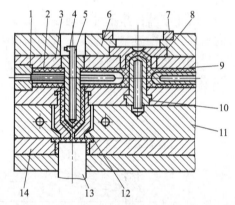

图 10-22　内加热半绝热式多型腔热流道注塑模具
1,5,9—管式加热器；2—分流道鱼雷体；3—热流道板；
4—喷嘴鱼雷体；6—定模座板；7—定位圈；8—主
流道衬套；10—主流道鱼雷体；11—浇口板；
12—二级喷嘴；13—型腔；14—定模型腔板

10.5.4　绝热流道模具

① 绝热流道模具适用于点浇口的多型腔模具，设较粗大的主流道和分流道，主流道和分流道内的塑料外层（约 2～4mm）因与低温的模具接触而呈半熔融状态，形成固化绝热层，起绝热作用。内部的塑料在外层的绝热下呈熔融状态，使连续成型成为可能。

这种系统优点是结构简单，设计不那么复杂，制造成本低。但是有时浇口会形成凝结，为了维持熔融状态，需要很短的工作周期；为了达到稳定的熔融温度，需要很长的准备时间。另一个主要问题是很难取得注塑的一致性，或者说无法保证注塑的一致性。还有一个问题就是系统内无加热，因此需要较高的注射压力，时间一长就会造成内模镶件和模板的变形或弯曲。另外绝热流道使用的塑料品种受到一定的限制（仅适用于热稳定性好且固化速度慢的塑料，如 PE 及 PP），在终止成型时，流道部分会固化，在每次开机前，都要清理上次注塑时流道内留下的流道凝料，很麻烦。

图 10-23、图 10-24 所示为绝热浇道模具的结构。此系统限于使用 PS 和 PE 类型的塑料。

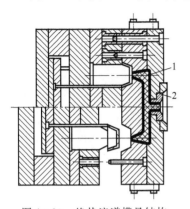

图 10-23　绝热流道模具结构
1—固化绝热层；2—熔融塑料

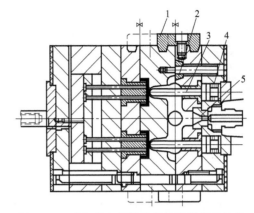

图 10-24　有加热鱼雷棒的绝热流道模具结构
1—夹紧条；2—挡圈；3—鱼雷棒；4—弹簧；5—主流道杯

② 绝热流道模具的设计应注意下列问题。

a. 成型周期长时，绝热层会增厚，流道截面积缩小，塑料流动阻力增加而影响成型。只适用于成型周期不超过 60s 的大型多型腔模具。

b. 流道直径取 13～24mm，过大则型腔的温度控制困难；但注射苯乙烯塑料时应取 30mm。

c. 浇口比一般点浇口大些，长度尽量短。

d. 浇口、分流道和主流道之间的过渡连接处都要用光滑圆角连接，有助于塑料流动，防止形成死区而引起塑料滞留、劣化变色。

e. 停机后重新操作前，必须取出固化的浇注系统塑料，因此流道板由两块板对合而成，而且要用简便可靠的方法锁紧和分开。

10.6　无流道模具对成型塑料的要求

10.6.1　热流道模具设计要考虑塑料的性能

由于热流道模具对塑料要求较高，热流道必须根据具体的塑料及其应用（着色塑料的更换困难又费时）进行选择。要根据塑料品种使用不同的喷嘴，并且所用的塑料要满足以下条件。

① 塑料的熔融温度范围较宽，黏度在熔融温度范围内变化较小。在较低的温度下具有较好的流动性，而在较高的温度下具有优良的热稳定性。

② 塑料的黏度或流动性对压力较敏感，即塑料在不施加注射压力时不流动（即能避免流延现象），但稍加注射压力就可流动。

③ 热变形温度较高，且在较高温度下可快速冷凝，这样可以尽快推出塑件，且推出时不产生变形，以缩短成型周期。

④ 比热容小，塑料能快速冷却固化，又能快速凝固。

10.6.2　热流道模具的喷嘴类型的选用

根据上述要求，适用于无流道注射成型的热塑性塑料有聚乙烯、聚丙烯、聚苯乙烯等。

因此，无流道凝料注射成型的塑料有其局限性，但通过对模具结构的改进等措施，其他一些塑料，如聚氯乙烯、ABS、聚碳酸酯、聚甲醛等，也可用无流道注射成型。具体如表 10-3 所示。

表 10-3　根据塑料品种选择热流道模具类型

塑料品种 无流道模具类型	聚乙烯 (PE)	聚丙烯 (PP)	聚苯乙烯 (PS)	ABS	聚甲醛 (POM)	聚氯乙烯 (PVC)	聚碳酸酯 (PC)
井式喷嘴	可	可	稍困难	稍困难	不可	不可	不可
延伸喷嘴	可	可	可	可	不可	不可	不可
绝热流道	可	可	稍困难	稍困难	不可	不可	不可
半绝热流道	可	可	稍困难	稍困难	不可	不可	不可
热流道	可	可	可	可	可	可	可

10.7　热流道模具设计要点

有很多模具企业的热流道设计依靠热流道供应商完成，告知供应商模具有关信息（制品的 3D 造型、模板的有关尺寸、塑料种类、喷嘴形式、点数等）。但作为模具供应商最好能自己知道流道模具的设计要点和具体要求，不能依赖热流道供应商，避免热流道设计存在着问题。

10.7.1　须有 CAE 模流分析报告

要求有热流道板的模具，将具有一个关于制品冷却、变形、翘曲情况以及熔体进入型腔压力情况的 CAE 模流分析报告。对多型腔模具，要求熔料在相等压力下以相同的温度和速率输送至各个型腔。这样就保证了同时充满所有型腔，并便于以同样一段时间传递保压压力。

为保证制品外观面无明显熔接痕和解决熔接痕所处位置不当等问题，浇口位置的布局要有几个方案，通过模流分析来判断到底哪个方案最合理（填充是否均衡、熔接线是否优化、注射压力是否控制到 70MPa 以下）。

10.7.2　要求热流道的熔料平衡充填模具

热流道的喷嘴型式选择、点数设计要正确合理。根据模流分析正确选择浇口的位置和点数及浇口尺寸、喷嘴的类型（在不影响制品质量的前提下，考虑经济性）及浇口尺寸，确定流道板的形状，使熔料在相等压力下以相同的温度和速率输送至每个型腔（或部位）。这样就保证了同时充满所有型腔，并便于以同样一段时间传递保压压力。

应该强调，获得 100% 的充模平衡是不容易的，它还取决于其他因素，如模具中温度分布的位置差异和不均匀的型腔排气。

热流道充模平衡优化解决的方法是设计混合的流道系统。流道系统的第一部分是自然平衡，第二部分是流变学平衡。

自然平衡是基于流径的布排，使所有型腔模具中的所有浇口、流道的长度都相等。凡是喷嘴的数目通常是 2 或 3 的倍数，可保证模具中的型腔对称分布，并容易取得型腔充模的自然平衡，如图 10-25 所示。

计算机模拟或计算的流变学平衡建立在流径处理编制上。改变流道的截面，将短流道的直径减小；将长流道的直径增大，以获得压力状态平衡。与自然平衡的系统相比较，此方法

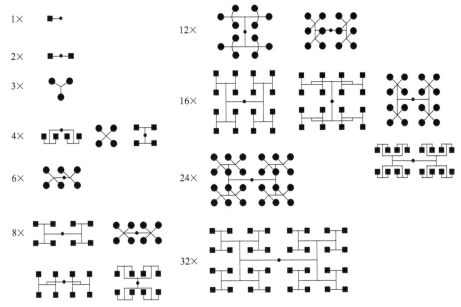

图 10-25　热流道的流道板上自然平衡的分流道与喷嘴分布

可取的流道系统较短，且流道板更简单，存在一些限制，流道截面的差异不可太大。

若模具中都为相同的制品，则不需要考虑型腔和流变学分析对流道的限制，因为热流道比起冷流道，熔料与流道壁面不会生成摩擦热，因此，不需要考虑温度影响下的黏度变化。

汽车保险杠模塑的流变学平衡模具的解析示例见图 10-26。

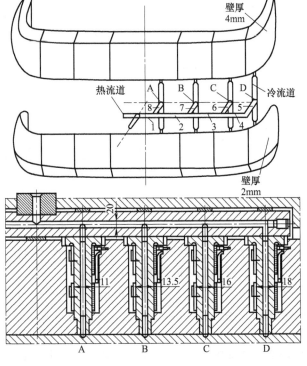

图 10-26

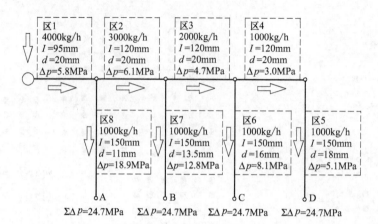

图 10-26 模塑汽车保险杠的热流道系统的流变学的流道平衡

在这副模具中有八个热流道喷嘴,使各个喷嘴流道直径在 11～18mm 内进行平衡。给定的压力降位于 A～D 的喷嘴末端。冷流道与热流道的区域,相应对它们在各自系统内被平衡。

10.7.3　温度控制和热平衡

热流道系统必须是热平衡状态,理想状态下热流道系统将是个等温状态。热流道系统的控制必须保持对所需温度偏差最小,需要以下几方面来满足条件。

① 实际加热元件的加热功率需通过正确计算和设计,要求在设定的时间内(一般为 30～60min,最好取 30min)把流道板温度和喷嘴温度加热到所需的温度,流道板的温度一般为 200～300℃(1kg 流道板需要 1kW 的电功率)。同时流道板的保温均匀,热电偶测温要求尽量接近中心。

② 加热器有线圈加热器和棒式加热器,热流道板加热分内加热和外加热两种方式,加热力求均匀。加热棒和流道板的内孔配合间隙为 H7/g6,间隙过大会使加热棒过热而易损坏,过小的孔径则不易装配。加热器的位置在流道板块的中央,这能减少热应力和翘曲的危害。棒式加热器的孔位至少为加热器直径尺寸,如图 10-27 所示。

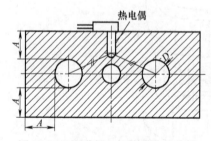

图 10-27　流道板上加热器孔的位置

③ 热流道系统传输过程中的热量释放应通过相关的冷却系统控制。必须根据热流道厂商的要求在模具的适当区域建立冷却系统,以便正确控制热流道系统的温度。

主流道的喷嘴附近要有冷却水道设置,要避免熔料冷却不足、喷嘴温度过高以及浇口附近的浇口晕的产生。

④ 流道板和喷嘴的温度控制,要求热电偶正确安装并分组控制,才能正确检测到喷嘴或流道板的温度。热电偶位于两个加热器间的等距离位置上。

⑤ 热电偶的种类如图 10-28 所示,根据模具要求进行选用。图(a)所示是成角度的热电偶,安装在流道板前表面的孔中;图(b)所示是直线的热电偶,插在流道板侧面的深孔中,又有弹簧抵压到孔径的底部;图(c)所示是导电式热电偶,可以弯曲,安装空间可以自由地选择,这种热电偶适用于喷嘴中。热电偶的安装位置要求能真正地控制熔料的温度,避免料温过热或过冷。

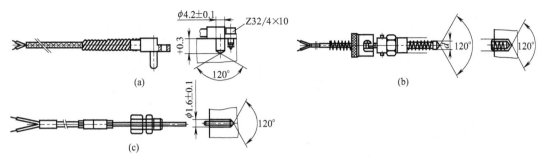

图 10-28　热电偶的种类

10.7.4　要考虑流道板的热膨胀，喷嘴会产生中心错位

热流道模具在工作时，热流道板和型腔板之间温差较大（200～300℃和 60～80℃）。因此流道板热膨胀值与定模进料孔会产生错位的偏心距。偏心距要事先给予计算调整，设计时要考虑流道板的膨胀量，喷嘴需要有一定的避空间隙。

流道板喷嘴中心与浇口中心错位的解决方法如图 10-29、图 10-30 所示。

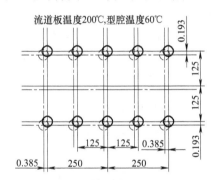

图 10-29　热流道板和型腔板的热膨胀差

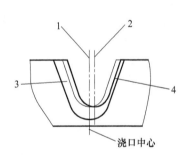

图 10-30　中心错位防止法
1—运转时喷嘴中心；2—常温时喷嘴中心；
3—运转时喷嘴位置；4—常温时喷嘴位置

① 在常温时，修正好热流道喷嘴的位置，修正量为流道板的热膨胀量，以使流道板的喷嘴孔中心在因加热而产生膨胀时不错离浇口孔中心。喷嘴采用高弹性钢或高张力镍青铜。

② 流道板的热膨胀量计算公式如下：

$$\Delta L = L \times a(t_1 - t_2)$$

式中　L——中心距离；

　　　a——钢的热膨胀系数，$a = 11.3 \times 10^{-6}℃^{-1} = 0.000013℃^{-1}$；

　　　t_1——注射温度，℃；

　　　t_2——模温，一般为 60～80℃。

10.7.5　要考虑喷嘴的轴向热膨胀，避免引起堵塞、溢料

在设计热流道模具，确定喷嘴的装配尺寸时，需要考虑喷嘴的轴向热膨胀。有两种方法，一种方法是按钢的热膨胀系数计算好热膨胀尺寸。另一种方法是把喷嘴装配好，然后加热到需要的温度，测量记下热膨胀的数值，然后修正喷嘴高度，达到设计要求，如图 10-31 所示。喷嘴与型腔板的装配尺寸公差必须符合设计要求，否则产生溢料或堵塞。绝热流道的喷嘴与型腔板保持一定的间隙（绝热膜 0.2～0.5mm）。

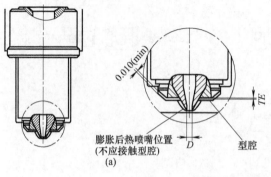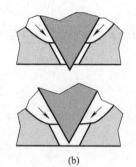

图 10-31　热喷嘴膨胀情况

10.7.6　要防止喷嘴的熔料流延、降解

喷嘴与热流道之间要保证无泄漏。喷嘴与型腔板的装配尺寸公差必须符合设计要求，特别是敞开式喷嘴。

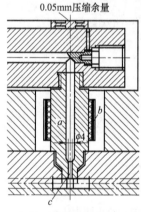

图 10-32　热流道
承压环要求

承压环位于背部每个喷嘴的上方或注塑机喷嘴的下方，以固定连接热流道板。喷嘴采用铍青铜，磨削承压环时要注意承压环的厚度须留有 $0.03\sim0.05$mm 压缩余量（承压环与流道板喷嘴的总高，比定模盖板内面至喷嘴与定模板的接触面装配空间高度高出 $0.025\sim0.05$mm），如图 10-32 所示。

10.7.7　热流道模具要求绝热性能好

热流道模具要考虑绝热，否则会造成传导损失和辐射损失，隔热方式可根据情况选用空气隔热或绝热材料（陶瓷、石棉板）隔热。为了避免热量传递给注塑机的镶板，定模盖板上面应用了隔热板；热喷嘴的隔热空气间隙厚度 D 通常在 3mm 左右，如图 10-33（d）所示；热流道板的隔热空气间隙厚度 D_4 应不小于 8mm，如图 10-33（e）所示。除定位、支撑、型腔密封等需要接触的部位外，热流道板与定模盖板采用承压环隔热，承压环的中间应两面车去环形槽，减少接触面积，承压环一般采用不锈钢或陶瓷块，以达到绝热效果好的目的，如图 10-33（a）、（b）、（c）所示。

10.7.8　流道板的流道直径选择

流道板的直径尺寸从表 10-4 中选用。在表中，当注射量小，流道长度小于 200mm 时，流道直径只取决于注射量。如果流道很长，为减少压力损失，通常直径应当大一点，这样就能保证热损失最小。标准注塑机最常见的额定注射压力是 $150\sim160$MPa（注塑机喷嘴压力损失一般为 $10\sim15$MPa，而流道板的喷嘴压力损失为 $10\sim25$MPa，通常型腔充模压降不超过于 75MPa，流道板损失为 35MPa）。

表 10-4　热流道模具的通道尺寸选择参考 　　　　　　　　　　　　　　　　mm

流道直径 ϕ	流道长度	注射量（型腔）/g	流道直径 ϕ	流道长度	注射量（型腔）/g
$4\sim5$	200	约 25	$8\sim10$	$400\sim600$	$100\sim200$
$6\sim8$	$200\sim400$	$50\sim100$	$10\sim14$	600 以上	200 以上

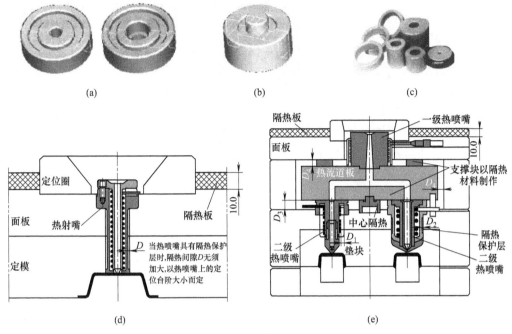

图 10-33　隔热结构

10.7.9　喷嘴尺寸和浇口的直径

① 喷嘴浇口尺寸设计。在热流道系统元件的所有几何特征中，浇口尺寸对制品质量的影响最大。喷嘴尺寸的大小和浇口的直径，需要根据熔料的流动性及制品的尺寸大小、壁厚情况确定。

喷嘴尺寸主要决定于注射量和塑料的流动性能。喷嘴使用的极限参数，基本上为熔体通过流道的允许流动速率及塑料允许剪切速率和喷嘴内的压力降。熔体的黏度越大，流动速率的允许值越小。为了帮助选择喷嘴，供应商经常分别给出流动性好、中等、差的塑料的注射量许用值，见表 10-5。有时还给出允许的喷嘴长度。这些建议是暂时性的，因为个别塑料可以生产各种黏度的一系列物料。如 PP 和 PC 可具有较宽范围的黏度值。如果以允许流动速率作为判断标准，虽然可以对喷嘴作更精确的选择，但还需要确定注射时间。

表 10-5　塑料流动性决定的喷嘴的最大注射量

塑料流动性	塑　　料	注射量/g	
		开式喷嘴	顶针式喷嘴
好	PE、PP、PS	200	170
中等	ABS、ASA、PA、PBT、PET、POM、PPO、SAN	150	120
差	PC、PEEK、PEI、PMMA、PPS、PSU	80	60

② 浇口的直径。喷嘴口径一般在 0.8mm 以下，不同规格的喷嘴具有不同的最大注射量，这就务必要求模具设计师根据所需成型制品的大小、所需流道的大小、塑料的种类，选择浇口合适的规格。

在热流道系统元件中，浇口的尺寸对制品质量有很大的影响。以塑料允许剪切速率为准则，喷嘴浇口直径的选定决定于注射量和熔体黏度的选定。按流动性能的不同，塑料被分为三类，见图 10-34。

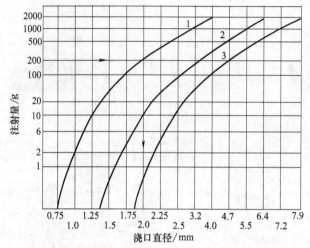

图 10-34 以塑料允许剪切速率为准则，喷嘴浇口直径选定图解

1—流动性好塑料 PE、PP、PS；2—流动性中等的塑料 ABS、PA、POM、SAN；

3—流动性差的塑料 PC、PMMA、PPO、PUR

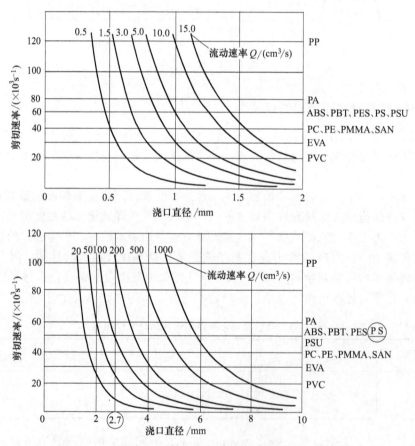

图 10-35 以塑料允许剪切速率为准则，喷嘴直径选定图解

应用不同标准使用的几个例子如下。

示例 1：

某些流动性好的 PS 塑料，注塑成制品质量为 200g 时，建议浇口直径为 2mm；制品重量为 220g 时，浇口直径为 2mm。

以流动速率和熔体允许剪切速率为基准选定浇口直径的图解，如图 10-35 所示。

示例 2：

某 PS 注塑制品的质量为 220g，密度为 1.1g/cm³。预计注射时间约为 2s。流动速率 $Q = 220/(1.1 \times 2) = 100$（cm³/s）。

从线图上得到允许剪切速率 $= 50000s^{-1}$。建议浇口直径为 $d = 2.7mm$。

图 10-36 为取决于注射量和制件壁厚的浇口直径选定线图。

示例 3：

PS 塑料质量为 150g，制品壁厚为 2.5mm，建议浇口直径为 2.2mm，如图 10-36 所示。

以注塑件的壁厚和面积选定浇口直径，见表 10-6。表中浇口直径的选定，是以塑料的流动和冻结特性为基础的，该表涉及的是流动性好的 PE、PP、PS 塑料；对于其他塑料的浇口直径，要以给出的系数扩大。

对于高结晶度塑料 PA、PBT 和 POM，浇口直径最小应为 2.4mm。

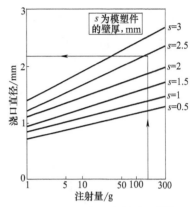

图 10-36　取决于注射量和制件壁厚的开式喷嘴选定线图

③ 流道直径应与喷嘴里通道直径相匹配。另外，浇口直径应当根据表 10-6 来选择。

表 10-6　点浇口特性尺寸参考值

注射量/g	点浇口直径/mm	注射量/g	点浇口直径/mm
约 10	0.4~0.8	40~150	1.2~2.5
10~20	0.8~1.2	150~300	1.5~2.6
20~40	1.0~1.8	300~500	1.8~2.8

④ 以注塑件的壁厚和面积选定浇口直径。用表 10-7 中数据进行浇口直径的选定，是以塑料的流动和冻结特性为基础的。该表涉及的是流动性好的 PE、PP、PS 塑料；对于其他塑料的浇口直径，要以给出的系数进行扩大；对于高结晶度塑料 PA、PBT 和 POM，浇口直径最小应为 2.4mm。

⑤ 浇口长度越短越好，通常为 0.2~0.5mm，这样可减少制件上的痕迹，并减小节流。

表 10-7　以模塑件尺寸为准则对喷嘴浇口直径进行选定

制品面积/mm²	壁厚/mm									
	0.75	1.00	1.25	1.50	1.75	2.00	2.25	2.50	3.00	4.00
600	0.90	0.90	0.90	0.90	0.90	0.90	0.95	1.00	1.12	1.27
1200	0.90	0.90	0.90	0.92	1.00	1.05	1.12	1.17	1.32	1.50
1800	0.90	0.90	0.95	1.02	1.10	1.17	1.25	1.30	1.47	1.68
2400	0.90	0.90	1.02	1.10	1.20	1.25	1.35	1.40	1.58	1.78
3000	0.90	0.95	1.07	1.17	1.25	1.32	1.42	1.47	1.65	1.88
6000	1.00	1.12	1.27	1.37	1.50	1.58	1.68	1.76	1.98	2.26
12000	1.17	1.32	1.53	1.65	1.78	1.88	2.00	2.08	2.36	2.67
18000	1.30	1.47	1.68	1.83	1.96	2.06	2.21	2.31	2.62	2.97
24000	1.37	1.58	1.80	1.96	2.10	2.24	2.39	2.49	2.80	3.18
30000	1.45	1.65	1.90	2.06	2.24	2.36	2.51	2.64	2.95	3.35
36000	1.53	1.73	1.98	2.16	2.34	2.46	2.64	2.77	3.10	3.53
42000	1.58	1.80	2.08	2.26	2.41	2.57	2.75	2.87	3.23	3.66
48000	1.65	1.88	2.13	2.34	2.51	2.64	2.82	2.97	3.33	3.79

10.7.10 零件加工表面粗糙度要求

所有零件加工表面粗糙度要求最大不得超过 $R_a1.6\mu m$，如过于粗糙则可能引起漏料，导致热流道系统严重受损。

10.7.11 热流道系统装配的错误造成泄漏损失示例

为避免分流道板和喷嘴铰接处漏料，喷嘴应该有 $0.03\sim0.05mm$ 的预压量。

安装和紧固流道板时，导致系统密封失效的一些典型错误示例如表 10-8 所示。

表 10-8 热流道系统装配的错误造成泄漏损失

装配的错误	操作上问题
①过量的间隙（无预伸长） 	注射压力作用下，流道板与喷嘴脱离，熔料泄漏
②间隙太小（超过预伸长） 	承压圈陷进固定板，防止了流道板沿着喷嘴表面移动，但喷嘴被推到一侧 熔料泄漏
③支撑垫太高 	液道板仅架空在支撑垫上 熔料泄漏
④支撑垫太短 	从注塑机料筒来的压力使支撑垫压塌 流道板弯曲且熔料泄漏
⑤喷嘴高度不均匀 	在最短的喷嘴上熔料有泄漏的可能

续表

装配的错误	操作上问题
⑥紧固螺栓与流道板或喷嘴间距离太大 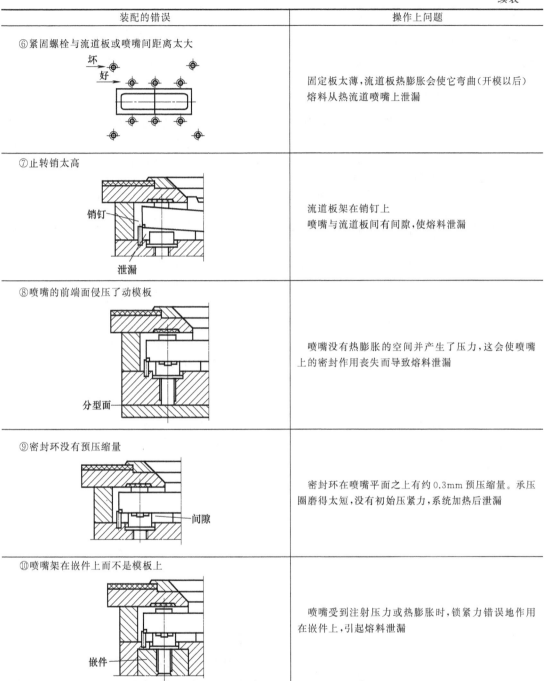	固定板太薄,流道板热膨胀会使它弯曲(开模以后)熔料从热流道喷嘴上泄漏
⑦止转销太高	流道板架在销钉上 喷嘴与流道板间有间隙,使熔料泄漏
⑧喷嘴的前端面侵压了动模板	喷嘴没有热膨胀的空间并产生了压力,这会使喷嘴上的密封作用丧失而导致熔料泄漏
⑨密封环没有预压缩量	密封环在喷嘴平面之上有约0.3mm预压缩量。承压圈磨得太短,没有初始压紧力,系统加热后泄漏
⑩喷嘴架在嵌件上而不是模板上	喷嘴受到注射压力或热膨胀时,锁紧力错误地作用在嵌件上,引起熔料泄漏

10.8　热流道结构设计具体要求

10.8.1　料道内不能有死角使熔料滞留

分流道内所有转折交叉处都要求圆滑过渡。流道板的流道必须要抛光,流道板内熔料压力损失最小。

10.8.2 热流道板形状要求

可根据塑件形状结构做成一字形、H 形、X 形、Y 形等，要求流道板形状尽量对称。流道板在许可强度下尽量减少重量。分流道直径为 6～14mm，应根据塑件大小、塑料种类选择。

10.8.3 电器元件必须在天侧（上侧）

电源线必须从定模天侧进、出，如图 10-37 所示；并用耐高温的黄蜡套管保护。要求热流道板、热喷嘴、热电偶、电器控制箱的电源线与电源插座编上相应编码。

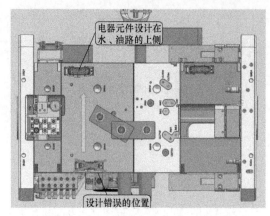

图 10-37 电器元件必须在天侧

10.8.4 零件便于维修和调换

热流道的元件设计要求容易安装和拆卸，如果有损坏的零件清洗或调换，要求方便容易。

10.8.5 加热元件和热电偶设计要求

加热元件和热电偶的零件的规格型号选用要与热流道品牌相匹配，并且是标准件。连接系统的设计要求标准化。

10.8.6 热流道线架设计要求

必须保证所有的管线得到有效合理的保护，将导线、气管、油管及水管分开设计，用压线板和管夹分开固定，不可以用同一管道，因为一旦气管、油管或者水管发生泄漏，必然导致热流道系统加热出现问题。

10.8.7 流道板的紧固与定位

（1）流道板的螺栓连接

流道板与定模板用螺栓连接，如图 10-38、图 10-39 所示，在流道板与喷嘴之间，通过喷嘴各一侧的螺栓连接取得密封。

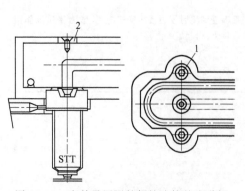

图 10-38 有外承压圈的螺栓连接的流道板
1—螺栓；2—承压圈

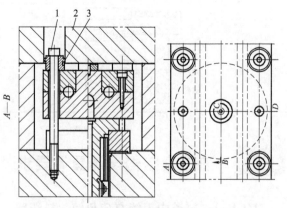

图 10-39 固定板上螺栓端面的支撑化解流道板热膨胀造成的弯曲
1—螺栓；2—固定板；3—定位套

由于加热期间流道板会伸长（在 100℃每 100mm 膨胀长约 0.1mm），造成的螺栓的偏移和拉伸。由于这一原因，大型的流道板上的固定螺栓会引起弯歪的问题。因此，大多数螺栓连接的流道板制造都增添使用承压圈，如图 10-39 所示，模板的孔中，螺栓的端面被支撑；螺栓的预拉伸下降后，可防泄漏状态恶化。

（2）流道板的定位

流道板必须对准支撑在模板轴心线上，使用定位销定位。因为流道板膨胀的原因，流道板铣有长槽，应保证与定位销间隙配合，如图 10-6 所示。

10.8.8　流道板与喷嘴的连接

喷嘴与流道板的连接结构有两种，现介绍如下。

（1）一种是喷嘴上端直接用螺纹连接。近年来市场上出现标准流道板用螺栓连接喷嘴，如图 10-40（a）所示，制造者以此保证防止泄漏。在此设计中，喷嘴不需要支撑，但它的末端在型腔板上对准。这就减少了某些热膨胀的限制；解决了螺纹连接中喷嘴的弯歪，维持了防泄漏。这种设计的优点是喷嘴不需要支撑的凸肩，能使热损失保持下降，改善了温度分布。

图 10-40（b）为类似的另一种流道板的设计，用四个螺栓 1 经孔座圈 2 连接喷嘴。同时，型腔板中的定位套 3 使喷嘴对准定位。在孔座圈 2 与流道板之间，喷嘴凸肩上有长度 x 的配合，适用于喷嘴与流道板间的紧固。另一方面，当有热膨胀时，也允许流道板向一侧移动。流道板用支撑垫 4 和承压圈 5 架空在模板间，这些喷嘴的紧固对流道板没有夹紧的作用。

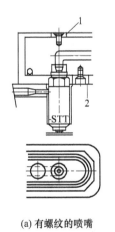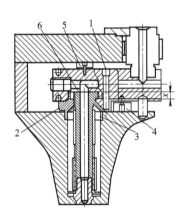

(a) 有螺纹的喷嘴　　　　　(b) 有螺栓连接的喷嘴　　　　　(c) 圣万提螺纹制式热流道

1—承压圈；2—支撑垫　　　　1—螺栓；2—孔座圈；3—定位套；
　　　　　　　　　　　　　　4—支撑垫；5—承压圈；6—密封圈
　　　　　　　　　　　　图 10-40　喷嘴用螺栓连接流道板

（2）一种是敞开式结构，这种结构应用最多，流道板平面与喷嘴平面直接接触，依靠密封圈密封，如图 10-40（b）所示，装配时需要承压圈过盈 0.03～0.05mm。

10.8.9　流道板的密封

大多数流道板与喷嘴之间防泄漏都采用不锈钢制造的密封圈，如果是铜制的密封圈只能单次使用，拆卸后都得更换，避免泄漏。

10.9 热流道喷嘴分类条目

在市场上对于各种安装的可能性，由于喷嘴有较宽的适用范围，且实际上已经制造出来了，故能满足这些需求。从使用角度对喷嘴的分门别类和细目，在图 10-41 上述明。

热流道喷嘴有内加热或外加热之分，或者两者都使用。也有热传导的喷嘴，这种短喷嘴用铜合金制造，由热流道的流道板加热。

一些混合类型的设计中，喷嘴前面的零件用高导热的材料制造，如铍铜合金和烧结的钼，可以不加热。

使用喷嘴功能的一个条件是对模具绝热，最好方式是用空气绝热，就是喷嘴与模板有 5～10mm 左右的间隙。

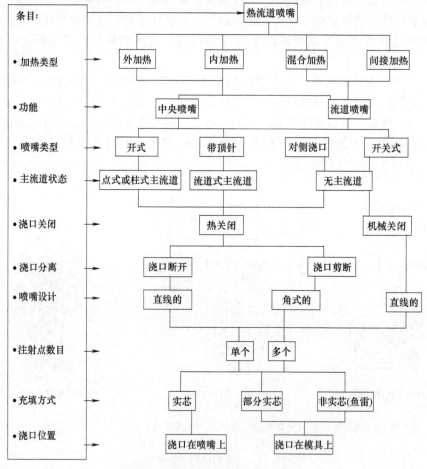

图 10-41　热流道喷嘴分类条目

10.10 热流道浇口的基本种类

① 热流道浇口的基本种类如图 10-42 所示。

a. 开式喷嘴，如图 10-42（a）所示结构会遗留浇口的短柱；如图 10-42（b）所示结构是更完全的敞开。

b. 顶针式喷嘴，如图 10-42（c）、（d）所示，浇口隐蔽地留下很短的环形痕迹。

c. 侧浇口喷嘴（边缘喷嘴），见图 10-42（e），为开式或顶针式，但浇口在侧向位置。

d. 开关式喷嘴，见图 10-42（f）。

② 喷嘴的轴线一般与喷嘴的出口垂直，有的是角度喷嘴与出口平行（角式侧浇口喷嘴），如图 10-60 所示。

③ 喷嘴的数目有单点或多点，十多个的也有。

④ 喷嘴的材料：铍铜合金、耐热工具钢 1.2343、钛合金、耐磨蚀高速钢等材料。

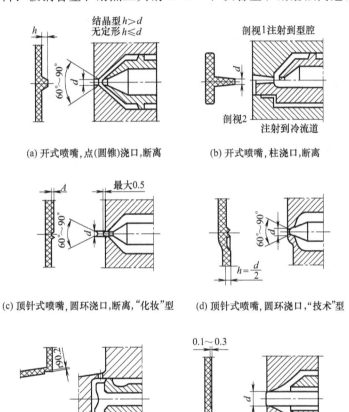

(a) 开式喷嘴，点（圆锥）浇口，断离　　　　(b) 开式喷嘴，柱浇口，断离

(c) 顶针式喷嘴，圆环浇口，断离，"化妆"型　　(d) 顶针式喷嘴，圆环浇口，"技术"型

(e) 侧浇口喷嘴，点浇口，剪断　　　　(f) 开关式喷嘴，无浇口

图 10-42　喷嘴与浇口的基本类型

10.11　热流道典型喷嘴的类型

热流道喷嘴类型有如下的典型结构：有直浇口的大水口喷嘴结构、点浇口喷嘴结构、针阀式喷嘴结构、侧浇口喷嘴。

10.11.1　直浇口喷嘴

直浇口喷嘴（开式喷嘴）适用于大型塑件单点、多点直浇口（并且较长），在不影响塑件外观条件下，允许留有浇口或不剪除浇口（采用较多）。热流道的直浇口喷嘴结构如图 10-43 所示。

10.11.2 点浇口喷嘴

点浇口喷嘴制品浇口痕迹小，如图 10-44 所示。

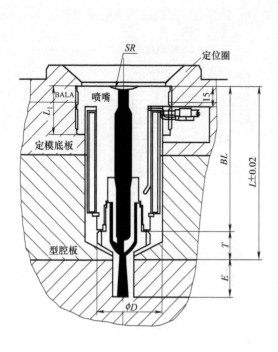

图 10-43 直浇口喷嘴结构

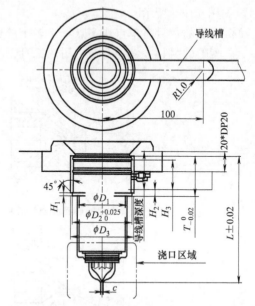

代号 型号	D_1	D_2	D_3	H_1	H_2	H_3	T
BALA 18	32	38	40	2.5	0	15	25
BALA 25	40	50	52	3	0	15	30
BALA 35	50	60	62	3	7	18	40
BALA 45	60	70	72	3	17	21	50

图 10-44 点浇口喷嘴结构
注：FL（凸缘直径 D_1、D_2、D_3）；
FL（凸缘深度 H_1、H_2、H_3、T）

10.11.3 多点开放式热流道结构

多点开放式热流道结构，如图 10-45～图 10-47 所示。

10.11.4 针阀式喷嘴结构

① 目前热流道系统的针阀有气缸、油缸、电磁阀及弹簧四种控制结构。针阀式喷嘴与流道板一般都用密封圈、螺钉固定连接。

② 针阀式喷嘴技术上较先进，优点如下。

a. 在制品上不留下进浇口残痕，进浇口处痕迹平滑。

b. 能使用较大直径的浇口，可使型腔填充加快，并进一步降低注射压力，减小产品变形。

c. 可防止开模时出现牵丝现象及流延现象。

d. 当注塑机螺杆后退时，可有效地防止从模腔中反吸物料。

e. 针阀式多点浇口可应用时序控制阀，能有效地控制进料速度以减少或消除制品熔接痕。

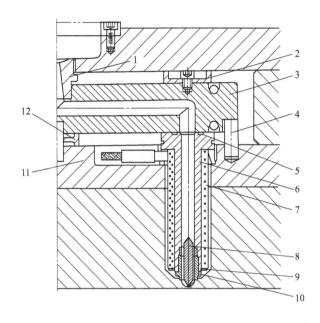

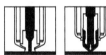

(a) 热流道结构

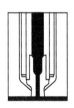  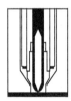

(b) 喷嘴头类型

图 10-45　多点开放式热流道结构及各种分流梭喷嘴头类型

1—主喷嘴；2—隔热垫块；3—分流板；4—分流板定位销；5—流道密封圈；6—喷嘴体；7—加热器；
8—分流梭；9—轴用弹性挡圈；10—喷嘴头；11—中心定位销；12—中心垫块

③ 多点针阀式喷嘴结构部件名称和针阀式喷嘴规格型号、标识如图 10-48～图 10-51 所示。

④ 弹簧驱动的针阀如图 10-52 所示。

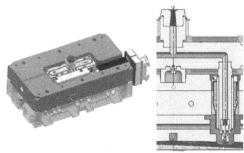

图 10-46　多点开放式喷嘴

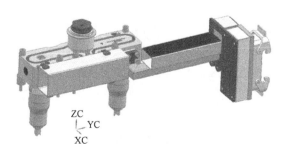

图 10-47　多点开放式结构部件

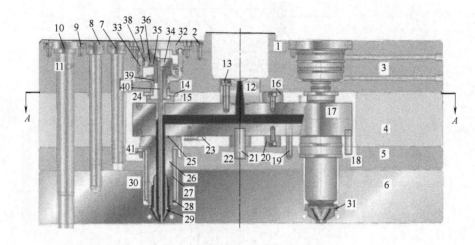

图 10-48 多点针阀式结构部件名称

1—定位圈；2—标准螺钉；3—压板；4—流道板围板；5,9,13,19—承压板；6—型腔板；7,8—吊环；
10—型腔中心顶杆；11—中心顶杆；12—喷嘴；14—支撑块；15—导套；16—上绝缘块；17—流道板；
18—定位销；20—下绝缘块；21—止动销；22—承压块；23—流道板热电偶；24—加热圈；25—密封圈；
26—喷嘴主体；27—加热管；28—止动环；29—分流梭；30—喷嘴上的热电偶；31—浇口衬套；32—气缸盖；
33—气缸基座；34—"出"活塞；35—"进"活塞；36—止动环；37—O 形圈；
38,39—垫圈；40—针阀；41—热电偶电源连线

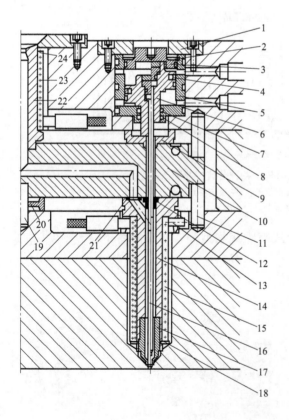

图 10-49 针阀式喷嘴结构

1—气缸压盖；2—孔用弹性挡圈；3—上盖；
4—OE 密封圈；5—缸体；6—活塞；7—O 形密封圈；
8—导向带；9—隔热垫块；10—分流板；
11—分流板定位销；12—阀针导向套；13—喷嘴定位销；
14—喷嘴体；15—芯体加热器；16—阀针；17—喷嘴头；
18—轴用弹性挡圈；19—中心定位销；20—中心垫块；
21—流道密封圈；22—加热型主喷嘴；
23—主喷嘴加热器；24—轴用弹性挡圈

　　TVG 系列针阀式热喷嘴系统的基本结构如图 10-50（a）所示，其功能特点如图 10-50（b）所示。

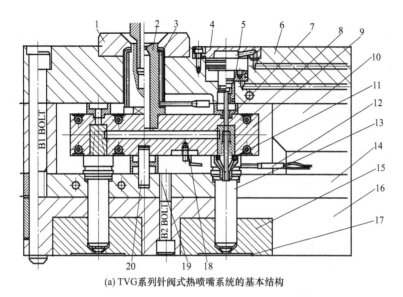

(a) TVG系列针阀式热喷嘴系统的基本结构

1—定位圈；2——级热喷嘴；3—电热丝；4—压盖；5—活塞；6—面板；7—隔热片；8—电热器；
9—热流道板；10—支撑板；11—阀针导套；12—电线；13—二级热喷嘴；14—热喷嘴固定板；
15—定模镶件；16—定模 A 板；17—塑件；18—传感器；19—中心隔热片；20—定位销

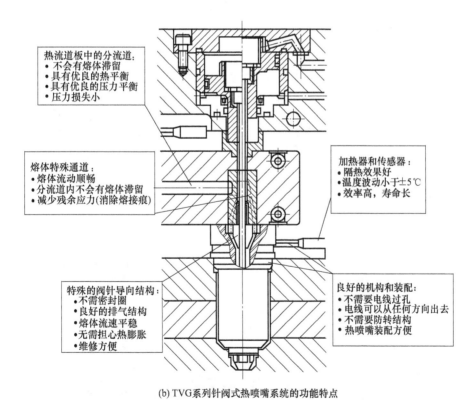

热流道板中的分流道：
• 不会有熔体滞留；
• 具有优良的热平衡；
• 具有优良的压力平衡；
• 压力损失小

加热器和传感器：
• 隔热效果好
• 温度波动小于±5℃
• 效率高，寿命长

熔体特殊通道：
• 熔体流动顺畅
• 分流道内不会有熔体滞留
• 减少残余应力(消除熔接痕)

特殊的阀针导向结构：
• 不需要密封圈
• 良好的排气结构
• 熔体流速平稳
• 无需担心热膨胀
• 维修方便

良好的机构和装配：
• 不需要电线过孔
• 电线可以从任何方向出去
• 不需要防转结构
• 热喷嘴装配方便

(b) TVG系列针阀式热喷嘴系统的功能特点

图 10-50　TVG 系列针阀式热喷嘴系统的模具基本结构

10.11.5　侧浇口喷嘴

侧浇口喷嘴（即边缘喷嘴）见图 10-42（e），为开式或顶针式，但浇口在侧向位置。像冷流道的隧道式浇口，经剪断后留有痕迹。

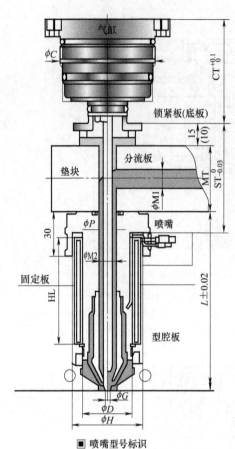

区分	BALA18	BALA25	
模号	BIM-18-□□-□□□	BIM-25-□□-□□	
注射量	最大至120g	最大至240g	
ϕC	58	58	68
CT(min)	60	60	65
MT	45	45	
ST	70	70	
ϕP	4	4	
$\phi M1$	8	10	
$\phi M2$	8	10	
L	75~175	90~320	
ϕG	1.2/1.5/2.0	1.5/2.0/2.5	
ϕD	18	25	
ϕH	32	40	
加热管	HTFR1518□□□	HTFR3625□□□	
热电偶	NZTP□□□□□□□	NZTP□□□□□□□	

区分	BALA35	BALA45	
模号	BIM-35-□□-□□□	BIM-45-□□-□□	
注射量	最大至1000g	超过1000g	
ϕC	68	88	85
CT(min)	65	70	
MT	45	45	
ST	70	70	
ϕP	6	10	
$\phi M1$	12	16	

$\phi M2$	12	22
L	90~390	110~320
ϕG	2.5/3.0/3.5/4.0	4/5/6/7/8
ϕD	35	45
ϕH	30	60
加热管	HTFR3635□□□	HTFR3645□□□
热电偶	NZTP□□□□□□□	NZTP□□□□□□□

■ 喷嘴型号标识

BIM - 25 - LVA - 180
- 喷嘴长度
- 浇口套型号
- 喷嘴直径(ϕD)
- BALA喷嘴类型

■ 加热器编码

HT FR 36 25 133 0
- 版本
- 加热器长度
- 喷嘴直径
- 加热电线直径
- 加热管类型
- 加热管

■ 热电偶编码

HT FR CA 16 145 0
- 版本
- 长度
- 电线直径
- 热电偶类型(IC型或CA型)
- 针式热电偶
- 感应活塞(喷嘴)

图 10-51 喷嘴规格型号、标识

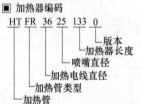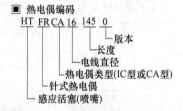

图 10-52 弹簧驱动的针阀

1—有浇口套杯；2—铜导向嵌件；3—开关针阀；4—流道板；5—针阀的导套；
6—针阀位置调节螺钉；7—针阀圈；8—弹簧；9—弹簧卡环

10.12 顺序控制阀喷嘴的模塑

传统的多源注射促使在喷嘴之间出现熔合缝和流动痕迹。如图 10-53 所示，熔流与另一熔料流相遇时会形成气囊，汇合成型困难。计算机的流动模拟能明确熔合缝位置，并且在改变流动通道尺寸和喷嘴位置时，可移动熔合缝使其在不易见位置或减少重大的缝。当模具已被制造出时，移动熔合缝的良机就失去了，而且模拟程序不能明了熔合缝实际的可见性。

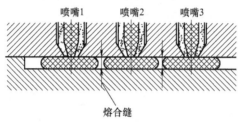

图 10-53　传统的多源注射模塑在制品上
形成熔合缝，熔合缝间形成气囊

在制品质量要求很高的情况下，需要使用昂贵的开关式喷嘴并要附加控制系统，这是热流道的特殊注塑加工方法。喷嘴顺序控制阀有顺序式和串接式两种模式方法，这两种模式方法都需要使用独立控制的开关式喷嘴。喷嘴的控制采用下面的方法之一。

① 喷嘴顺序控制利用注塑机中的芯片与控制程序同步。

② 利用注塑机启动信号，触发专门的控制设备。

③ 利用注塑机螺杆运动路径上安装的诱导传感器的帮助。

顺序式模塑：在多喷嘴的模腔内，这些喷嘴相互独立打开和关闭，利用热流道系统的流变学平衡，改变浇口尺寸，使熔合痕修正转移到最优位置。

串接式模塑：基于在充填型腔时，恰好在料流前锋打开喷嘴，成功地消除熔合缝。此方法专门用于又长又窄的制品，如汽车窗户密封条和车辆保险杠安置了一系列的喷嘴。

操作原理说明如图 10-54 所示。应该指出，注射从中间的喷嘴开始。临近的喷嘴只有当熔料前沿经过它们时才打开。中间的喷嘴按照需要保持打开或关闭。当最后一对喷嘴将型腔充满后，所有的喷嘴必须打开，以实施保压过程。喷嘴的数目和热流道的几何参数应该用模拟程序建立。串接式注射模具的示例在图 10-55 中进行了说明。在此情况下，从型腔一端起始，完成充填。由注射机螺杆运动的作用控制喷嘴开放。

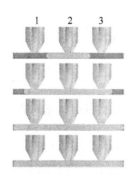

图 10-54　串接式模塑用开关式喷嘴
使充填型腔时没有熔缝

图 10-55　串接式两型腔模具成型车内长条板，
喷嘴打开顺序取决于注射期间的螺杆位置

10.13　热流道系统的确定

10.13.1　热流道供应商介绍

热流道成型技术领域竞争非常激烈，品牌较多，质量与价格相差悬殊，YUDO 目前市场价约 1 万元，圣万提约 3 万元，较好的有 DME、HASCO、HUSKY、Mold-Masters、HRS、Other、克朗宁、麦士德、朗力等品牌。

现将主要热流道生产厂商及其总部所在地列表，具体见表 10-9。

表 10-9　主要热流道供应商

热流道品牌	欧洲	热流道品牌	北美洲	热流道品牌	亚洲	热流道品牌	南美洲
Synvenlive	荷兰	Mold-Masters	加拿大	FISA	日本	POLIMOLD	巴西
EWIKON	德国	Husky	加拿大	SEIKI	日本		
GUNTHER	德国	CACO	美国	HOTSYS	韩国		
SPEAR	德国	INCOE	美国	YUDO	韩国		
HASCO	德国	FASTHEAT	美国	SINO	中国（YUDO 子公司）		
PLASTHING	英国	DME	美国				
UNITEMP	瑞典						
THERMOPLY	意大利						

10.13.2　热流道系统品牌的选用原则

如何选用热流道系统品牌可根据以下情况进行确定。

① 以客户的合同要求及模塑件为准则，选用品牌。

② 根据模具具体使用要求选用有品牌的产品，避免购买最便宜的系统，然而，抵消的结果成本反而增大。

③ 根据制品质量要求、批量及模具的价格及成本，对不同的厂商和系统进行比较来选用品牌。

④ 需要模具生产厂家提供给热流道供应商热流道系统的有关数据，如：塑件的造型、模具结构、浇注系统结构、喷嘴的浇口直径和装配尺寸等内容。供应商根据生产模具厂家的要求订制热流道、绘制结构图，让模具生产厂家认可后再制造。

10.13.3　热流道系统的确定

热流道系统的确定需要考虑的因素较多，怎样选择可参考图 10-56 所示具体内容。

① 系统类型：完全热流道或冷流道和热流道混合。

② 加热方式：外加热或内加热，尤其是流道板（内加热式流动平衡较困难，外加热式系统的流动平衡性好）。

③ 型腔的数量和位置、浇口的点数、位置分布、模具结构及高度、热流道成本平衡。

④ 浇口进料方式、浇口位置符合审美要求。

⑤ 浇口的类型：对浇口残料的形状或者无残料的要求，决定了浇口的类型。

⑥ 流道板设计：考虑注射量、注塑周期、流道直径、热电偶定位、加热元件功率、接插件等。

⑦ 热流道系统确定后，需要确定流道板上流道直径和喷嘴尺寸、浇口的直径，具体内

容见本章 10.7.8 节内容。

　　⑧ 需要考虑供货速度不影响模具合同周期。

　　⑨ 确定注射成型设备的吨位大小及热流道备件和维修保养。

图 10-56　热流道系统选择图解

10.14 汽车部件的大型制品的热流道模具

多点顺序控制阀模具，如图 10-57～图 10-59 所示。

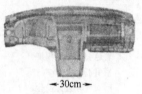

←30cm→

材料：尼龙，+15%LGF

(a) 仪表板9点针阀热流道

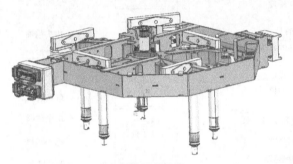

(b) 门板模5点热流道

图 10-57　多点喷嘴

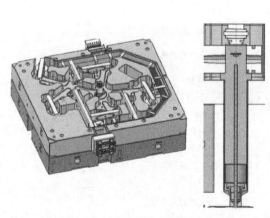

图 10-58　多点顺序控制阀喷嘴

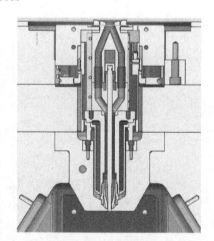

图 10-59　热流道喷嘴配合要求

模塑 Volkswagen-Golf 汽车的仪表板，单型腔的模具设计有九个热流道喷嘴，如图 10-60（a）所示，其中一些喷嘴与模具的轴线成一个角度。

喷嘴的末端面要适应模塑件的形状。流道板上有十一个温度调节回路。为了在大流道板补偿热膨胀，将喷嘴设计安置在流道板中央。

图 10-61 所示为一个不同的设计概念。模塑 PP 和 30％滑石粉的分配板，采用了十一个不同喷嘴的模具。它们都在模具的轴线上。其中三个喷嘴为剪断的边缘浇口。所有的喷嘴都是部分式，浇口在硬质嵌件里，且各自的冷却回路。从此例可以看出，在许多深腔的大型

模具中，必然使用各种很长的喷嘴。在被使用的中央喷嘴伸长的情况下，模塑顶出系统可位于定模。

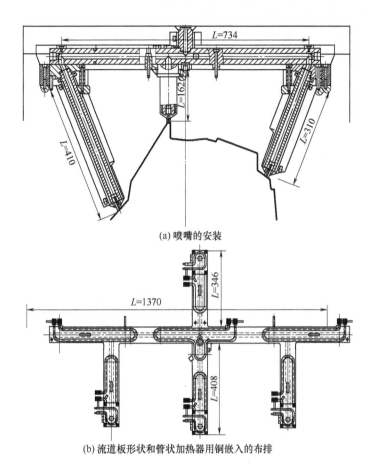

(a) 喷嘴的安装

(b) 流道板形状和管状加热器用铜嵌入的布排

图 10-60　模塑汽车仪表板的模具，热流道系统的喷嘴安置有角度

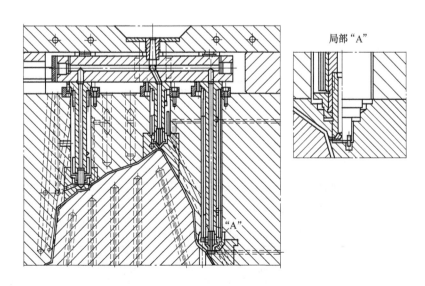

局部 "A"

图 10-61　仪表板模具的热流道系统，有十一个同轴线方向的 THERMOJECT-Ⅳ 喷嘴

10.15 热流道模具的操作失误和典型制品缺陷

操作热流道模具时，特别容易发生失误，这更直接地造成了模塑件的有关疵痕。许多干扰来源于热流道系统的周边和一些独立于热流道系统的使用。现在讨论大多数重大的干扰、可能的原因和修理方法。

10.15.1 热流道系统的泄漏

热流道系统里密封失效，系统里压力超过了模具里系统元件的夹紧力时，大多数场合会有熔体泄漏。熔体泄漏的首要信号是流道板的加热很慢。表 10-10 说明了泄漏的一些原因和修理方法。

表 10-10 热流道系统的泄漏原因和修理方法

原　　因	修 理 方 法
中央支撑垫太高	磨削到位
中央支撑垫压陷到模板中	换新，降低料筒保压作用力
支撑垫太低	换新或降低流道板模框
紧固螺钉无有效作用	校核螺钉数目和位置
模具拆装时密封圈没有更新	更新
喷嘴过热	校核/更新热电偶
流道板过热	校核/更新热电偶；校核/修理模具上可能的凹陷或变形的承压圈和支撑垫

10.15.2 针阀式喷嘴遗留痕迹

喷嘴的针阀降落并关掉浇口时，在模塑件上遗留有痕迹。如果针阀太热，也会有痕迹，并将材料拖曳出模塑件。一些原因说明在表 10-11 中。

表 10-11 痕迹的起因和诊治

原　　因	诊　　治
柱销太短或弯曲	校核/更新柱销
浇口损坏	校核柱销长度，如必须取短些；校核浇口与柱销的同轴度，如必须更新
喷嘴里驱动缸的密封件损坏	更新
柱销与浇口接触不适当	增强浇口区的冷却，增加与浇口接触的柱销长度
油/气压力不恰当	仔细地增加压力，太大的力会损坏浇口
保压时间太长，熔体在浇口区冷却	缩短保压时间

10.15.3 浇口的堵塞

通常浇口堵塞大多数是浇口内熔体过分冷却的结果，还有在制作或安装期间的错误所导致的。表 10-12 说明了一些浇口堵塞的原因。

表 10-12 浇口堵塞的原因和诊治

原　　因	诊　　治
浇口区太冷	降低浇口区的冷却。对结晶型塑料校核喷嘴类型、绝热仓是否足够大
喷嘴末端的冷却太强	减小喷嘴末端与模具的接触面积。对注射到冷流道，在喷嘴表面与模板之间创建绝缘热层

续表

原　　因	诊　　治
给浇口的热量太少	增大浇口直径,缩短浇口。校核顶针在浇口的位置
浇口堵塞	系统分离时,移除污垢
开关式喷嘴的柱销在闭合位置黏结	检查喷嘴温度

10.15.4　浇口拉丝或流延

浇口拉丝或流延是浇口里熔体延时凝固所引起的。表 10-13 可看到一些促使拉丝或流延的原因。

表 10-13　拉丝和流延的原因和诊治

原　　因	诊　　治
浇口区过热	校核/更新喷嘴的热电偶,降低流道板和喷嘴的温度,校验浇口的尺寸和形状。对无定形塑料,改变喷嘴的分流梭或调整喷嘴末端温度
不合适的冷却时间	延长冷却时间,使热流道减压,降低热流道里残余熔体的压力
开关式喷嘴的柱销没有完全闭合	检查喷嘴温度

10.15.5　不完整的模塑件

不完整的模塑件是注射成型时,型腔充填的失效所致。熔料充填状况取决于注塑开始时是否有困难、成型过程中是否有故障出现。表 10-14 说明了一些不完整模塑件出现的原因和诊治。

表 10-14　出现不完整模塑件的原因和诊治

原　　因	诊　　治
材料性能不合适	校核是否已改变了材料。增加注射量。校核螺杆头上止回环。校核注塑机喷嘴与热流道主流道杯的接触。校核注塑机喷嘴退回时,是否有熔体从主流道杯流延。校核热流道系统的防泄漏情况。校核是否有一个浇口被堵塞,需清除
型腔里的压力不恰当	增加注射压力
低的熔体温度	升高熔体温度。校核热流道系统是否达到设定温度,对某个加热区是否有任何损坏
从注射压力到保压,切换不准确	增加保压压力,移动切换点
排气差	增加排气间隙的数目/尺寸
浇口尺寸	校验所有浇口是否尺寸和几何形状相同
开关式喷嘴的动作	校核

10.15.6　凹陷

在型腔的先期凝固中,冷却期间熔体的自由收缩会造成凹陷。凹陷的原因说明见表 10-15。

表 10-15　凹陷的原因和诊治

原　　因	诊　　治
型腔里熔体的保压不适当	增加注射量。增加保压时间,提高注射速率。校核螺杆头上止回环
型腔里的压力不适当	增加注射压力,增加保压压力,校核重量,有更长的作用时间
熔体温度误差	如果凹陷是在浇口或在厚壁上,检查注塑机料筒和热流道喷嘴温度是否太高,降低熔体温度 　　如果凹陷是远离浇口或在薄壁上,检查料筒和热流道的喷嘴温度是否太低,升高熔体温度

续表

原　　因	诊　　治
浇口过早凝固	增加注射速率。检查料筒和热流道,提高熔体温度 减弱浇口区的冷却。增加直径,减少浇口长度
浇口过早闭合	校核开关式喷嘴的闭合时间
模塑件太热	降低熔体温度,降低型腔温度,延长冷却时间
厚的筋条	增加在筋条区域的模具冷却措施。改变制品形状设计。减薄筋条

10.15.7　银色或褐色条纹

造成模塑件上有银色或褐色条纹的原因是熔体的热损伤。分子链变短呈银色,分子链损伤呈褐色。形成银色条纹也有可能是因为有其他杂质材料,或者加工了受潮塑料。对于塑件上银色或褐色条纹原因见表 10-16。

表 10-16　银色或褐色条纹的原因和诊治

原　　因	诊　　治
高的熔体温度	降低料筒温度,减小螺杆转速。降低热流道喷嘴和流道板温度。校核/更新热电偶
在加热区过渡时间过长	缩短循环周期。延迟塑化开始时间。减少回头料的比例
死点	校核喷嘴、密封件和流道板上熔体可能滞留的位置
过分干燥的粗材料	减少干燥时间/温度
回头料	减少回头料的比例
熔体降解	采用较高热阻抗的塑料。校核染料和添加剂的热阻抗

10.15.8　脱黏

脱黏是指模塑的颗粒外层分离。脱黏的一些原因和诊治见表 10-17。

表 10-17　脱黏的原因和诊治

原　　因	诊　　治
注射速率太高	降低
高的熔体温度	降低
模具太冷	提高型腔温度
染料无法混合	校核染料的含量和可混性
由其他材料污染	校核颗粒状杂质。校核出现在料筒和热流道中的其他塑料
混合不合适	校核料筒的塑化和熔体的均化能力
粒料受潮	使用干燥粒料。使用加热进料的料斗。减少料斗中一次堆放的塑料量

复习思考题

1. 什么叫热流道模具?
2. 热流道模具有哪些优缺点?
3. 热流道系统由哪些零部件组成?
4. 热流道模具为什么要进行隔热?流道板、喷嘴采用哪些隔热方法?
5. 热流道的加热类型有哪几种?
6. 为什么热流道模具的设计需要模流分析?

7. 热流道模具的设计要点有哪些？

8. 热流道结构设计有哪些具体要求？

9. 热流道模具的喷嘴结构形式有哪几种？

10. 热流道的浇口形式有哪四种？各有什么特点？

11. 热流道标准件的常用品牌有哪几种？价格怎样？

12. 采用热流道模具时对塑料的性能有什么要求？

13. 热流道模具的成型制品缺陷有哪些？怎样诊断？

14. 怎样订购热流道系统元件？

15. 无流道注塑模具的类型有哪四种？

16. 根据塑料品种怎样选择热流道模具类型？

17. 热流道模具的装配图有什么要求？

18. 比较绝热流道模具与热流道模具的优缺点及应用范围。

第11章 ▶▶ 注塑模具温度控制系统设计

在注射成型过程中，模具中的熔体将热量不断地传递给型腔表面，使模具的温度升高。模具温度高，虽有利于熔融塑料充填型腔，但也增加了塑件的冷却时间，降低了生产效率；模具温度低，熔融塑料固化时间短，成型周期相应也短，但塑料流动性较差，可能出现型腔充填不满的现象。模温控制系统设计得好，可以缩短冷却时间，提高塑件质量；反之，如果模温控制机构设计不合理，就会延长塑件成型周期，并且在成型后，塑件还有可能产生变形。

各种塑料的性能和成型工艺要求不同，不同的塑料对模具的温度要求也不同。对于成型黏度低、流动性好的塑料，需要设置冷却装置（模具仅设置冷却系统即可）。对于大多数塑料模来说，熔料充满型腔后，要把模具的温度控制在适当的范围内，使模温达到成型工艺的要求。应通过冷却使之定型，从而得到质量稳定的塑件，这也是本章学习的重点。但对于黏度高、流动性差的塑料，如：PC、PVC、PPO 等，其模温需在 80～120℃之间，要求在注塑模具成型前对模具加热。温度超过 80℃的模具以及大型注塑模具，均需要设置加热装置（电热棒、电热块）或使用模温机。

因此，模具的温度控制系统包括对模具的冷却和加热两个功能。在模具的动、定模中设置冷却或加热装置，使熔料在模具型腔内达到快速成型和均匀冷却，得到质量好的制品。

注塑模具的温控系统直接关系到制品的表面质量、制品的性能和注塑成型周期。在注塑成型过程中，熔体充模时间占 5%左右，顶出和开合的时间占 15%，冷却的时间约占整个成型周期的 80%左右。因此，对于制品生产要求高的模具，减少冷却时间是缩短生产周期的最佳途径。对高精度及高产量的模具，温度控制系统的设计非常严格，有时还必须设计专门的温度调节器，严格控制各部分的温度。在设计模具时要优先考虑冷却系统。模温控制系统与浇注系统同等重要，也是模具设计的关键之一。

11.1 注塑模具的温度控制系统的重要作用

模具温度（模温）及其波动对制品的收缩率和表面质量等均有影响。模温过低，熔体流动性差，尺寸稳定性、力学性能差，造成变形、应力开裂，制品轮廓不清晰，甚至充不满型腔或形成熔接痕，制品表面不光泽、缺陷多。对于热塑性塑料，模温过低造成固化程度不足，降低制品的物理、化学性能。热塑性塑料注塑时，在模温过低、充模速度又不高的情况下，制品内应力增大，易引起翘曲变形或应力开裂，尤其是黏度大的工程塑料更是如此；模温过高，成型收缩率大，脱模和脱模后制品变形大，并且易造成溢料和粘模。模具温度不均匀，型芯和型腔温度差过大，制品收缩不均匀，导致制品翘曲变形，影响制品的形状及尺寸精度。因此，为保证制品质量，模具温度必须适当、稳定、均匀。

11.1.1 满足成型工艺要求

利用模温控制系统能满足不同塑料的成型温度和模温需求，见表 11-1。

表 11-1　常用的塑料温度和模具温度　　　　　　　　　　　　℃

塑料名称	ABS	AS	HIPS	PC	PE	PP
料筒温度	210～240	180～270	190～260	280～320	180～250	240～280
模具温度	6～80	55～75	40～70	80～120	50～70	40～60
塑料名称	PVC	POM	PMMA	PA6	PS	TPU
料筒温度	150～200	210～230	220～270	250～310	210～240	130～180
模具温度	40～50	60～80	30～40	40～90	40～90	40 左右

11.1.2　提高塑件表面质量和制品精度

① 消除制品外观缺陷。避免动模型芯、型腔表面温度过高，合模处产生飞边，脱模困难，塑件厚处易缩陷的现象发生。

② 避免模具型腔表面温差较大、温度的波动对制品收缩率的影响，稳定制品形位尺寸精度，防止制品脱模后翘曲变形、应力开裂。

③ 改善塑件的力学、物理性能。

11.1.3　缩短成型周期

缩短模塑周期就是提高模塑效率。对于注射模塑，注射时间约占成型周期的 5％，冷却时间约占 80％，推出（脱模）时间约占 15％。可见，缩短模塑周期的关键在于缩短冷却硬化时间，而缩短冷却时间可通过调节塑料和模具的温差达到。因而应在保证制品质量和能改善成型性能的前提下，使注塑成型顺利进行，适当降低模具温度有利于缩短冷却时间，提高生产效率。

11.2　模具的温度控制系统的设计原则

冷却系统的设计原则是：正确设计冷却水回路（分区域对待），达到快速、均匀冷却，并尽量保证模具的热平衡，使制品收缩均匀、冷却回路加工简单。具体的要求叙述如下。

11.2.1　温度均衡原则

① 由于塑件和模具结构的复杂性，很难使模具各处的温度完全一致，不能有局部过热、过冷现象。

② 靠近浇口套附近、浇口部位、塑件厚壁附近模具温度较高，应加强冷却。应布置由内（离浇口近处）向外（离浇口远处）冷却的回路，如图 11-1 所示。在必要时应设计单独冷却水道。如：主流道及三板模中的脱料板，必须设计冷却水道，这样可以在生产过程中稳定模温，缩短成型周期。

③ 要控制水道进、出口处冷却水的温差，考虑进、出口的温差、流量压力降（计算管道直径和长度）。降低冷却水出、入口处的温度差（一般模具为 5℃、精密

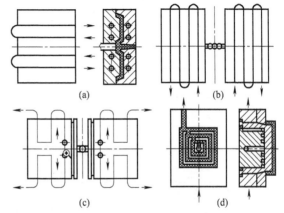

(a)　　　　　　　(b)

(c)　　　　　　　(d)

图 11-1　冷却水从模具温度高的区域向
模具温度低的区域流动

模具为 2℃）。冷却回路的长度在 1.2～1.5m 以下，回路弯头数目不超过 15 个，使用隔水片串联时，转向次数为 4 次一组。对于中大型模具，可将冷却水管分成几个独立的回路来加大冷却液的流量，减少压力损失，提高传递效率。采用多而细的冷却管道比单独的大直径管道冷却效果好。

④ 动模、定模冷却回路应分开。注意凹模和型芯的冷却平衡，设计人员要特别注意型芯的冷却效果，应保证塑件充分冷却且收缩均匀。

11.2.2 区别对待原则

① 模具温度根据所使用塑料的性能而选用。当塑料要求模具成型温度≥80℃时，必须对模具进行加热。

② 模具在冷却过程中，由于热胀冷缩现象，塑件在固态收缩时对定模型腔会有轻微的脱离，而对动模型芯的包紧力却越来越大，塑件在脱模之前主要的热量都传给了动模型芯。因此，动模型芯必须重点冷却。

③ 蚀纹的型腔、表面留火花纹的型腔，其定模温度应比一般抛光面要求的定模温度高。

④ 大型复杂的模具要根据塑件形状、结构和模具结构，分区域设置冷却系统。因为在注塑成型时，模温会有高有低，所以要根据塑件的成型状况，便于控制模具不同区域的温度。如：对于有密集网孔的塑件，如喇叭面罩，网孔区域料流阻力比较大，比较难充填。提高此区域的模温可以改善填充条件。要求网孔区域的冷却水路与其他区域的冷却水路分开，可以灵活地调整模具温度。

⑤ 模具温度还取决于塑件的表面质量、模具的结构，在设计温控系统时应具有针对性。从塑件的壁厚角度考虑，厚壁要加强冷却，防止收缩变形；从塑件的复杂程度考虑，型腔高低起伏较大处应加强冷却；浇口附近的热量大，应加强冷却；冷却水路应尽可能避免经过熔接痕产生的位置、壁薄的位置，以防止缺陷加重。

⑥ 冷却管道应避免设置在制品熔接的部位，否则温度下降，熔接痕更加严重，塑件熔接处强度更低。在制品薄壁处有时还要考虑加热。

⑦ 制品的冷却时间，与制品的尺寸、形状、壁厚，塑料性能，模具材料等有关，但主要的取决于冷却系统的设计。在实际注塑成型时，常常根据制品情况和经验来进行调整，取得合理的冷却时间。对于不同的塑料与厚度，优化的冷却时间见表 11-2。

表 11-2　相应于不同的塑料与厚度，优化的冷却时间　　　　　　mm

填入数值	ABS	Nylon	HDPE	LDPE	PP	PS	PVC
			1.8		1.8	1.0	
0.8	1.8	2.5	3.0	2.3	3.0	1.8	2.1
1.0	2.9	3.8	4.5	3.5	4.5	2.9	3.3
1.2	4.1	5.3	6.2	4.9	6.2	4.1	4.6
1.5	5.7	7.0	8.0	6.6	8.0	5.7	6.3
	7.4	8.9	10.0	8.8	10.0	7.4	8.1
2.0	9.3	11.2	12.5	10.6	12.5	9.3	10.1
2.2	11.6	13.4	14.7	12.8	14.7	11.5	12.3
2.5	13.7	15.9	17.5	15.2	17.5	13.7	14.7
3.0	18.6	21.3	23.2	20.4	23.2	18.6	19.7
3.2	20.5	23.4	25.5	22.5	25.5	20.5	21.7
3.5	28.5	32.0	34.5	30.9	34.5	28.5	30.0
4.0	38.0	42.0	45.0	40.8	45.0	38.0	39.8
5.0	49.0	53.9	57.5	52.4	57.5	49.0	51.1
5.5	61.0	66.8	71.0	65.0	71.0	61.0	63.5
6.0	75.0	80.8	85.0	79.0	85.0	75.0	77.5

⑧ 当模具温度要求较高，如要求 70℃ 以上时，模具的温度控制应注意以下几点。

a. 模具材料的选择要求耐磨性及硬度都较高，必须进行热处理，而且热处理之前的切削加工性较好。

b. 模具冷却系统中的密封圈要采用耐热材料，即需要加铅。

c. 模具的滑动零件之间（如导柱、导套等）需要有冷却水路，以防止热胀冷缩使运动零件动作卡死。

d. 在模具的对插成型处由于热胀冷缩也会拉伤对插面，对插的作用面积，即将整个对插面中央部分避空，可以适当增加对插角度以减小留下四周边界面对插成型。

11.2.3　方便加工原则

① 冷却水道的截面积不可大幅度变化，切忌忽大忽小。

② 直通式水道长度不可太长，应考虑标准钻头的长度是否能够满足加工要求。

③ 尽可能使用直通水道来实现冷却循环。特殊情况下才用隔片水道、喷流水道或螺旋水道。

④ 进出水管接头应设置在非操作侧或模具的下方。

11.2.4　满足成型工艺需要原则

在模具设计时，应尽量先考虑冷却方式和冷却回路的位置，要有足够的空间；要有很高的冷却速率，冷却孔内的水流状态应为紊流（流速超过 4000mm/s），如图 11-2 所示。紊流的传递速率远大于层流。冷却水在紊流状态下的冷却效果比层流时高 10～20 倍。要有充足、均匀、平衡的冷却效果（冷却水回路尽量考虑平衡冷却水回路）。

不同水孔的孔径达到的水的流速、流量及水温不一样时，要求达到紊流状态（雷诺数 $Re=6000～10000$），具体见表 11-3。

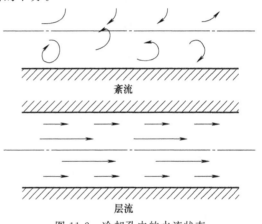

图 11-2　冷却孔内的水流状态

表 11-3　水管直径与水温、流速及流量的关系

水管直径/mm		6			8			10		
水温/℃		20	60	80	20	60	80	20	60	80
Re	6000	1.01	0.48	0.29	0.76	0.36	0.22	0.60	0.29	0.18
		1.71	0.81	0.50	2.28	1.08	0.67	2.84	1.35	0.83
	8000	1.34	0.64	0.39	1.0	0.48	0.29	0.81	0.38	0.24
		2.28	1.08	0.67	3.03	1.44	0.89	3.79	1.80	1.11
	10000	1.68	0.80	0.49	1.26	0.60	0.36	1.01	0.48	0.29
		2.84	1.35	0.83	3.80	1.80	1.11	4.74	2.25	1.39

11.3　冷却水道设计要求

11.3.1　冷却水道直径

冷却水管直径大小应合理选用，冷却水孔的直径越大越好，但冷却水孔的直径太大会导致冷却水的流动出现层流。因此，尽量使流速达到紊流状态。

冷却水管直径一般为 6mm、8～12mm（6mm、8mm、10mm、12mm、13mm、16mm）。可根据模具大小来确定管径大小，如表 11-4 所示。另一种方法是根据制品壁厚确定冷却管道直径大小，如表 11-5 所示。

表 11-4　根据模具大小确定冷却水管直径　　　　　　　　　　　　　　　　mm

模宽	冷却管道直径	模宽	冷却管道直径
200 以下	5	400～500	8～10
200～300	6	大于 500	10～13
300～400	6～8	700～1000	16

表 11-5　根据制品壁厚确定冷却管道直径　　　　　　　　　　　　　　　　mm

平均胶厚	冷却管道直径	平均胶厚	冷却管道直径
1.5	5～8	4	10～12
2	6～10	6	10～13

11.3.2　冷却水道位置

① 冷却水道的中心距为 $(3～5)d$，如图 11-3 所示。冷却水道的位置与动模或定模的基面的中心距应是整数，不能设计成小数，否则会给画图、编程、加工、测量、验收带来不必要的麻烦。

② 冷却水道至型腔表面距离不可太近，也不宜太远，一般在 $(1.5～2.5)d$。水道外壁距型腔壁最小距离根据模具情况而定，小模具最小为 6.5mm，中型模具以上至少为 8～12mm，硬模为 15～20mm。

③ 冷却水道至成型面各处应是相同的距离，排列与成型面形状相符，如图 11-4 所示。塑件壁厚不同，型腔壁厚与冷却水道之间的距离也不同，如图 11-5 所示。

④ 冷却水道钻头底部与型腔壁最小距离为 19mm，见图 11-6。

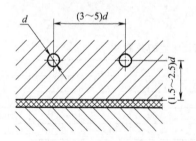

图 11-3　冷却水道直径、间距与型腔之间的距离

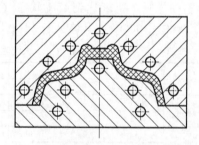

图 11-4　冷却水道至型腔表面距离应尽量相等

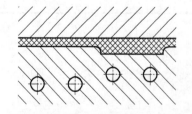

图 11-5　塑件壁厚不同，冷却水道之间的距离也不同

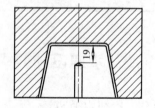

图 11-6　冷却水道钻头底部与型腔壁最小距离

⑤ 水道孔与螺纹孔相互之间的最小边距为 6.35mm（1/4in），见图 11-7。

⑥ 水道孔与其他孔或壁之间的推荐最小距离（X）分别是：孔和边缘的距离为 6mm，如图 11-8（a）所示；交叉孔与其他孔之间的最小距离（水道外壁距顶杆外壁）为 5mm，如图 11-8（b）所示；螺纹孔和壁的边缘为 4mm，如图 11-8（c）所示。

⑦ 水管接头与吊环装配时不能有所干涉。

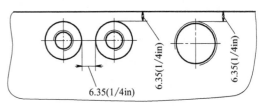

图 11-7　水道尺寸要求

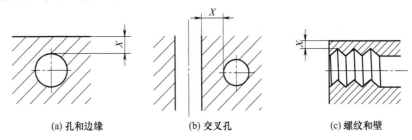

(a) 孔和边缘　　　(b) 交叉孔　　　(c) 螺纹和壁

图 11-8　钻孔与其他孔或壁之间的推荐距离

11.3.3　正确设计冷却水回路，提高冷却效果

① 想方设法提高冷却效果，尽量采用串联方式，如采用并联水路，则应避免产生死水，否则会影响冷却效果。

② 设置冷却水结构时，如果效果不好，则应采用导热性好的材料，如铍铜、铜合金和采用导热棒的结构。对于型芯、镶块、滑块，在必要时，必须想方设法给予冷却。在采用上述的各种冷却方式后，在冷却效果不好的特殊情况下，型芯上应采用铍铜镶件冷却水结构形式。

③ 模具的动、定模温度最高的部分决定了成型周期，因此应加强对制品壁厚的冷却。

④ 要考虑冷却水道的横截面直径，注意冷却水道直径不宜过大，直径大了，管内水的流速就慢了。

⑤ 为了避免冷却效果不好的情况发生，冷却水孔不宜太长，一般在 1.5m 以下，弯头不宜超过 5 个。

⑥ 可利用模温机控制模具的动、定模温度，满足成型工艺条件。

11.4　模具的冷却系统设计要注意的问题

① 普通模具可采用快冷方式，以获得较短的成型周期；精密模具可采用缓冷方式，并设置模温计。

② 尽量少采用有密封圈的冷却水路设计，水管最好是双路直通的，便于阻塞时修理。注意密封处和水嘴管道是否有漏水、渗水，密封槽尺寸公差应符合要求。

③ 使用成型 PE 等材料时，因其成型收缩大，冷却管路宜沿收缩方向设置，避免塑件发生变形。水道最好按型腔的排布方向，纵向排布。

④ 当模具仅设一个入水接口和一个出水接口时，应将水冷却管道串联连接，若采用并联连接，则各回路的流动阻力不同，很难形成相同的冷却条件。当需要用并联连接时，应在每个回路中设置水量调节装置及流量计。

⑤ 冷却水管路设置要求排列有序、整齐，转角处管子不得瘪形。

⑥ 进水管接头用蓝色标记，出水管接头用红色标记。

⑦ 在动模板、定模板的冷却水进、出口附近位置用英文标上进"IN"、出"OUT"标记；并且对水路进行分组编号。

⑧ 冷却系统设计应该考虑的细节如下。

a. 在注塑成型生产过程中，要求型芯和型腔的温度均匀，特别要重视型芯的冷却效果。

b. 冷却水路最好分区域设计。要充分考虑模具的关键区域的冷却效果，如塑料制品内尖角、浇口、流道周围、壁厚部分。

c. 镶件、滑块、斜顶也应该充分冷却。

d. 冷却水管的接口处应该标准化。水管接头最好沉入模板外形内。

e. 要注意水道的孔距与制品表面的垂直距离。

f. 模具设计好后，要检查冷却水道与制品表面、顶杆、螺钉的最小边距是否为 3～5mm，防止孔与孔破边，产生漏水。要检查冷却水道同其他孔有无干涉。

⑨ 冷却水回路设置时要注意水道内不允许有死水（不会流动的水，水道长度不能超过30mm）存在，否则冷却效果不好，模具容易生锈，不好清理。应采用"HASCO"标准的标准件堵塞水道的方法，应用止水塞，如图 11-9、图 11-10 所示。也可用堵头改变冷却水的流动方向。

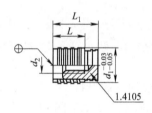

mm

L_1	L	d_2	d_1	型号
11.5	8	M3	6	Z942/6
		M4	8	8
14	10	M6	10	10
			12	12
16	12	M8	15	15
			16	16

图 11-9　止水塞

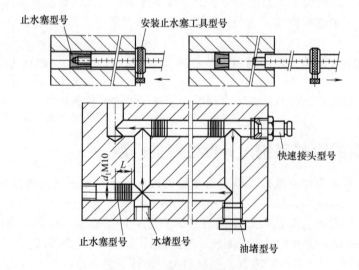

图 11-10　堵塞水道的方法

⑩ 动、定模的镶块与动、定模芯的冷却水路要分开，不能串联在一起。

⑪ 斜面冷却水孔的设计。斜面孔设计规范：如斜面上打孔，一定要先在斜面上做个平

面，如图 11-11 所示，如不加工平面，攻水管螺纹时丝攻容易折断并损坏工件。在斜面上钻孔，一般有三种办法。

　　a. 钻前先用铣刀在斜面上铣出一个平面，然后用钻头钻孔。

　　b. 用凿子在斜面上凿出很小的平面，打一个样冲眼，先用中心钻钻出较大的锥坑，或先用小钻头钻孔，这样钻削时钻头就有了定心位置，不致钻偏了。

　　c. 用圆弧刃多功能钻直接钻孔。

图 11-11　斜面孔设计

11.5　冷却水的回路布局形式

11.5.1　冷却通道布局形式串联、并联的区别

　　冷却水路设计最好是串联设计，不需要太大流量就会形成紊流，如图 11-12 所示。最好不要并联设计，如图 11-13 所示，否则水路会抄捷径。若因模具排位需要，冷却水路必须并联时，同一个并联回路的水道截面不能相等。如图 11-12 所示，同一个串联回路的水道截面相等。

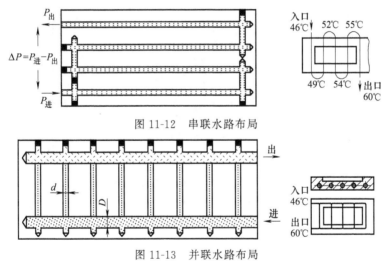

图 11-12　串联水路布局

图 11-13　并联水路布局

11.5.2　平衡式和非平衡式回路布局

　　冷却水回路布局形式有平衡式和非平衡式两种，如图 11-14 所示，图（a）所示为不平衡式布局，图（b）所示为平衡式布局。平衡式布局比非平衡式效果好，制品质量好。

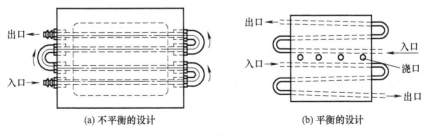

(a) 不平衡的设计　　　　　　(b) 平衡的设计

图 11-14　动、定模冷却水回路设置

11.6 冷却水道回路的设置类型

根据塑件形状结构的不同和浇注系统的不同，按照冷却系统的设计原则和要求，采用不同的定模冷却水回路。这里将六种冷却水回路形式详细介绍如下。

11.6.1 直通式冷却水回路

常用于结构简单的模具，模板上钻水孔的冷却水回路设计，如图 11-15 所示。

11.6.2 螺旋式冷却水回路

常用于高型芯的模具结构的冷却水回路，冷却效果较好，如图 11-16、图 11-37 所示。

11.6.3 隔片式冷却水回路

常用于深腔模具、大型模具，采用冷却水井，直径一般在 12～25mm，水井深度要适当，如图 11-17 所示。

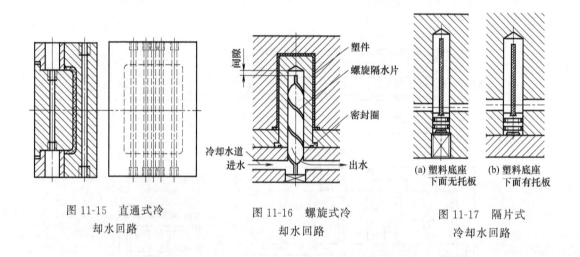

图 11-15 直通式冷　　图 11-16 螺旋式冷　　图 11-17 隔片式
　　却水回路　　　　　　却水回路　　　　　　冷却水回路

11.6.4 喷流式冷却水回路

常用于动模型芯，不能采用常规冷却，在型芯中间设置冷却水管，冷却水从水管中向四周喷出，冷却效果好，如图 11-18 所示。

11.6.5 传热棒（片）导热式水道

对于细长的型芯，如果不能加工冷却水孔，或加工冷却水孔后会严重减弱型芯强度时，可以用传热棒或传热片冷却。在细长的型芯上镶上铍铜材料将熔体传给型芯的热量传递出去，一端连接冷却水，如图 11-19、图 11-20 所示。

11.6.6 局部镶块或整体型芯应用铍铜制作

在采用以上冷却水回路效果不好的情况下，为了提高冷却效果，缩短成型周期，应用导热性好的铍铜材料制作型芯整体或局部镶块，并通冷却水。

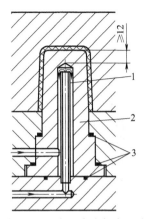

图 11-18 喷流式冷却水回路

1—喷管；2—型芯；3—密封圈

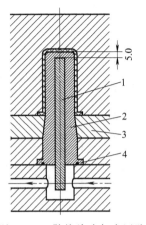

图 11-19 散热片冷却水回路

1—散热片；2—型芯；

3—推板；4—密封圈

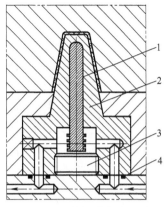

图 11-20 铍铜冷却水回路

1—热交换棒；2—型芯；

3—水塞；4—密封圈

11.7 定模冷却水道的结构形式

① 外接直通循环式冷却通道。如图 11-21 所示是最简单的外部连接的直通管道布置形式。用水管接头和橡塑管将模内管道连接成单路或多路循环。该形式的管道加工方便，适用于较浅的矩形型腔，其缺点是外接部分容易损坏。

② 模板的平面回路。如图 11-22 所示是定模板的内平面上所开设的冷却管道回路。管道加工后必须用孔塞和挡板来控制冷却水的流动。

③ 模板上多型腔的冷却水回路设计如图 11-23～图 11-25 所示。

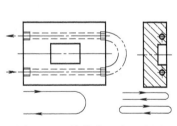

图 11-21 外接直通式回路图

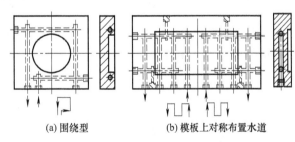

(a) 围绕型　　　　(b) 模板上对称布置水道

图 11-22 模板内的平面回路

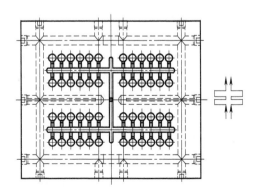

图 11-23 模板上多型腔的冷却水回路设计（一）

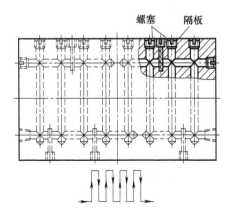

图 11-24 模板上多型腔的冷却水回路设计（二）

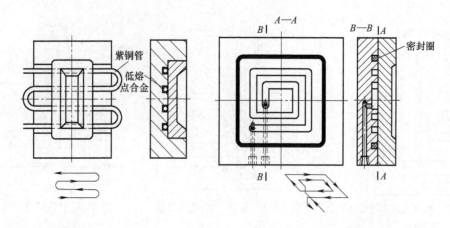

图 11-25　模板上的冷却水回路设计（三）

④ 多层式冷却通道。如图 11-26 所示，对于深腔的定模，冷却管道应采用多层的立体布置。布置成曲折回路，能够对主流道和型腔底部进行冷却。将各层回路在深度方向连成一体，对大型模具会造成流程长、冷却不均匀的缺陷。型腔四周也可采用各平面的单独整体回路，但这样会使模具外的管接头增多，各回路冷却参量平衡较难实现。

⑤ 定模嵌入式回路如图 11-27 所示。在注射模中，定模通常是以镶块的形式镶入到模板中的，此时需要注意防止嵌入定模与模板间的冷却水泄漏和增加管道的加工难度。

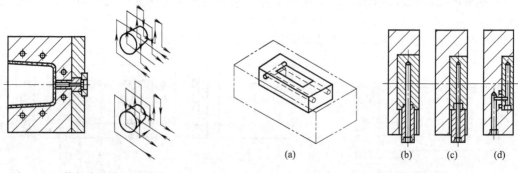

图 11-26　模板内的多层回路式　　　图 11-27　矩形嵌入定模回路

　　a. 矩形嵌入定模。如图 11-27（b）所示是用延伸式管接头穿过模板直接连接在嵌入定模上的形式。图 11-27（c）所示是在分型面上开出沟槽来容纳延伸式接头的形式。图 11-27（d）所示是在模板上开设冷却孔，直接从嵌件底部与嵌入定模上的冷却孔对接。对接处必须有 O 形圈密封。

　　b. 圆柱嵌入定模如图 11-28 所示，可利用圆柱体上开出的环形沟槽，嵌入模板后形成矩形冷却管道。为了防止冷却水泄漏，必须在沟槽的上、下方装入 O 形圈密封。在一模多腔的模具中，直线布置的型腔可通过设在模板上的孔道相连，如图 11-28（b）所示。

　　c. 型腔上的冷却水路设计，如图 11-29 所示。

　　d. 圆筒形塑件的定模外围冷却回路形式，如图 11-30 所示。

　　e. 直径沿塑料形状加工的冷却水回路，如图 11-31 所示。

　　f. 定模镶芯冷却水回路形式，如图 11-32 所示。

　　g. 进料口附近及多级冷却水回路，如图 11-33 所示。

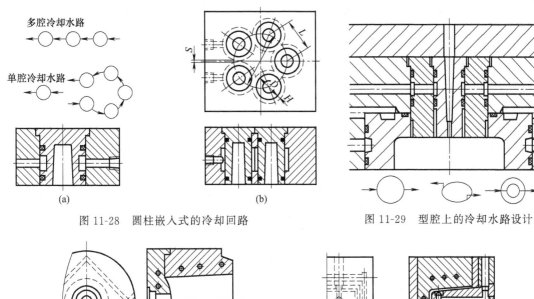

图 11-28　圆柱嵌入式的冷却回路　　　　　　图 11-29　型腔上的冷却水路设计

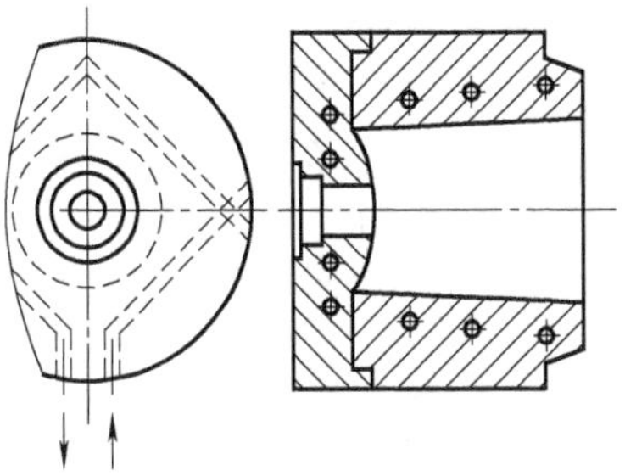

图 11-30　圆筒形定模塑件的外围冷却水回路 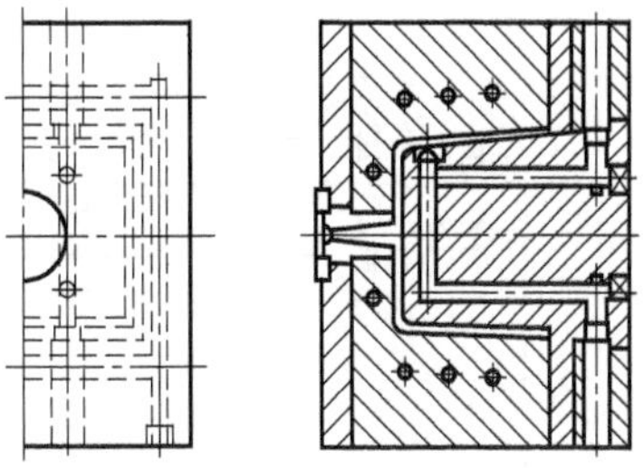　　图 11-31　直径沿塑料形状加工的冷却水回路

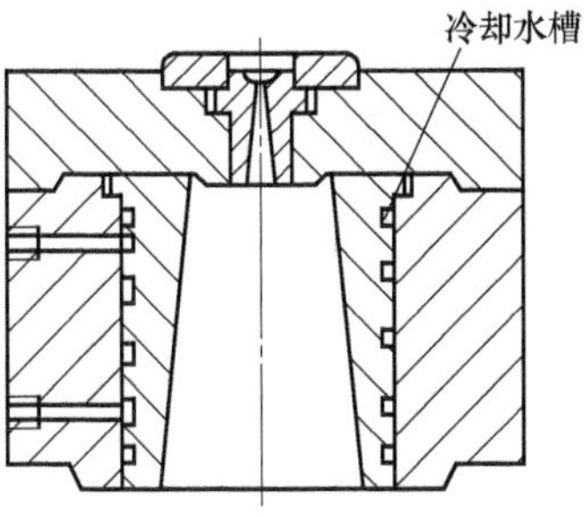

冷却水槽

图 11-32　定模型芯冷却水回路形式 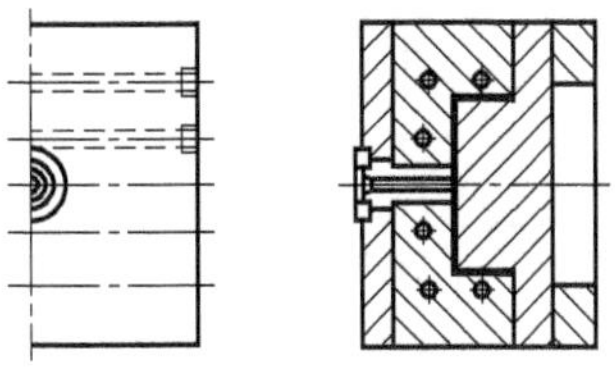　　　图 11-33　进料口附近及多级冷却水回路

11.8　动模冷却水道的结构形式

　　布置动模冷却水回路要注意凹、凸模吸收的热量是不同的，动模热量较大，因为制品包紧在动模上，所以动模冷却更为重要，且布置回路有一定难度，因为空间狭小，需要考虑顶杆、螺纹等零件是否会干涉。根据塑件结构、形状，以及浇注系统（浇口形式、位置）、模具结构等，按照冷却系统的设计原则和要求，采用不同的动模冷却水回路类型。

　　对于很浅的型芯，可直接将平面冷却回路开设在型芯下部。对于中等高度的型芯，可在型芯的底部端面上开设矩形冷却水槽回路，如图 11-34 所示。对圆柱型芯可

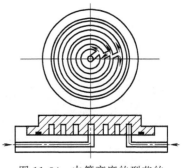

图 11-34　中等高度的型芯的
冷却水回路

采用如图 11-34 所示的环形布置，通过横沟和挡板构成冷却回路并设置防漏橡胶圈。

11.8.1　动模冷却水通道回路类型分类

对于较高的型芯，单层冷却回路无法使冷却水迅速地冷却型芯的表面，因此应设法使冷却水在型芯内循环流动，常用以下三种内循环管道的流动方法。

① 隔板冷却方式回路　图 11-35（a）所示方法适用于单个圆柱高型芯。在型芯的直管道中设置隔板，进水管和出水管与模内横向管道形成冷却回路。此方式也可用于多个小直径的圆柱型芯，如图 11-35（b）所示。串接管路的方法可应用于窄长的矩形高型芯和大直径的高型芯，如图 11-35（c）和图 11-35（d）所示。

② 喷流冷却方式回路　在型芯中间装一个喷水管，进水从管中喷出后再向四周冲刷型芯内壁，如图 11-36 所示。低温的进水直接作用于型芯的最高部位。对位于中心的浇口，喷

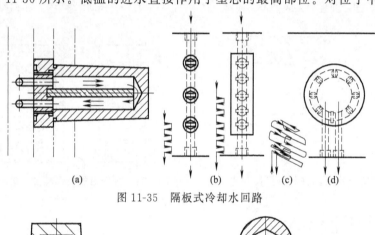

图 11-35　隔板式冷却水回路

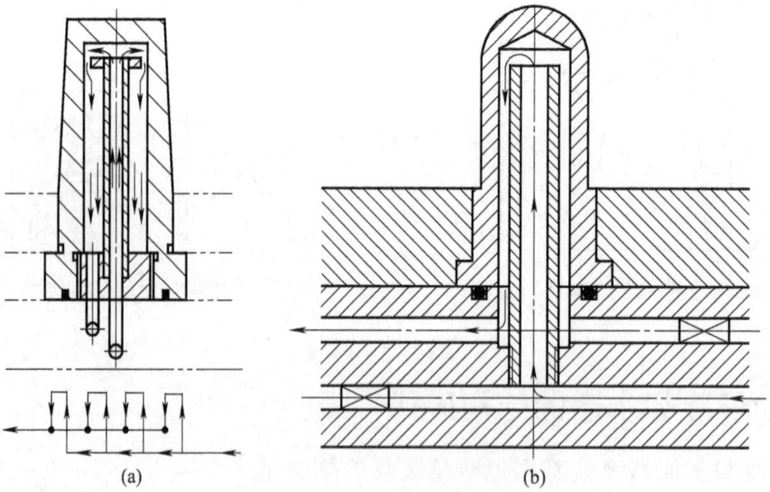

图 11-36　喷流式冷却水回路

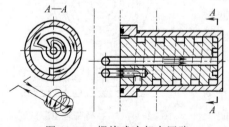

图 11-37　螺旋式冷却水回路

流冷却效果很好。喷流式既可用于单个小直径型芯，也可用于多个小直径型芯的并联冷却，此时底部进水和出水管应相互错开。

③ 螺旋冷却方式回路　如图 11-37 所示，大直径的圆柱高型芯，在芯柱外表面车制螺旋沟槽后压入型芯的内孔中。冷却水由中心孔引向芯柱顶端，经螺旋回路从底部流出。芯柱使型芯有较

好的刚性，较薄的型芯壁改善了冷却效果。其缺点是加工较复杂。

11.8.2　动模冷却水通道回路的配置方法及形式

（1）根据浇注系统配置冷却水回路

① 直接浇口冷却水回路，见图 11-38。

② 侧浇口冷却水回路，见图 11-39。

③ 薄片浇口冷却水回路，见图 11-40。

④ 中心直浇口冷却水回路，见图 11-41 和图 11-42。

⑤ 多点浇口冷却水回路，见图 11-43。

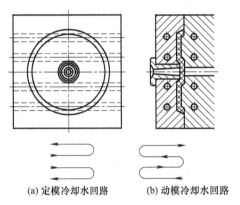

(a) 定模冷却水回路　　(b) 动模冷却水回路

图 11-38　直接浇口冷却水回路

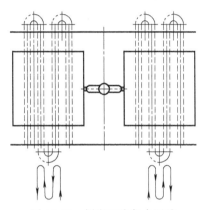

图 11-39　侧浇口冷却水回路

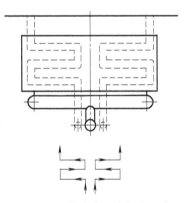

图 11-40　薄片浇口冷却水回路

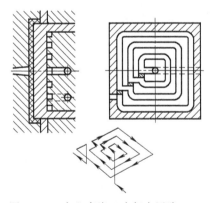

图 11-41　中心直浇口冷却水回路（一）

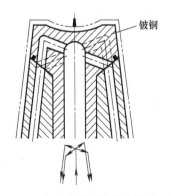

图 11-42　中心直浇口冷却水回路（二）

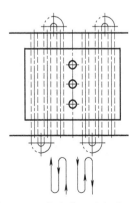

图 11-43　多点浇口冷却水回路

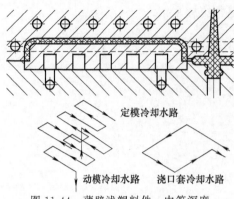

图 11-44　薄壁浅塑料件、中等深度
塑料件的冷却水回路

（2）根据塑件形状配置冷却水回路

① 薄壁浅塑料件、中等深度塑料件的冷却水路，见图 11-44。

② 较深的塑料件的冷却水路，见图 11-45。

③ 深塑料件的冷却水路，见图 11-46。

④ 杯形塑料件的冷却水路，见图 11-47。

⑤ 带细长侧型芯的塑料件的冷却水路，见图 11-48。

（3）型芯、模板上连接冷却水路形式

① 模板上连接冷却水路的形式，如图 11-49 所示。

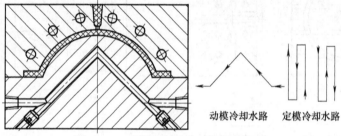

图 11-45　较深的塑料件的冷却水回路

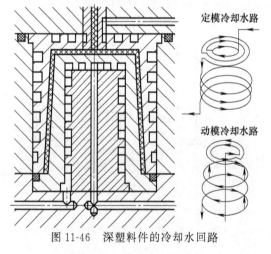

图 11-46　深塑料件的冷却水回路

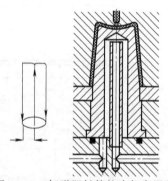

图 11-47　杯形塑料件的冷却水回路

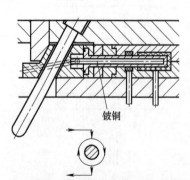

图 11-48　带细长侧型芯的塑料件的冷却水回路

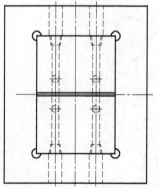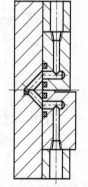

图 11-49　模板上连接冷却水回路的形式

② 型芯在动模座板上用冷却水管的形式，如图 11-50 所示。

③ 型芯上冷却水回路通过多层模板的形式，如图 11-51 所示。

④ 型芯上的冷却水路设在动模座板上的形式，如图 11-52 所示。

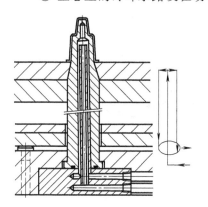 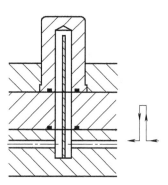 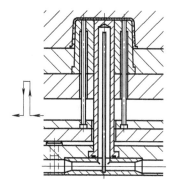

图 11-50　型芯在动模座板上　　　图 11-51　型芯上冷却水回路　　　图 11-52　型芯上的冷却水回路
　　用冷却水管的形式　　　　　　　通过多层模板的形式　　　　　　设在动模座板上的形式

11.8.3　根据塑件结构形状不同，配置不同的冷却水结构形式

（1）型芯上隔板式冷却水回路的设计

① 在多型芯上用导流板串联冷却的形式，见图 11-53。

② 细长型芯用隔板冷却的形式，见图 11-54。

③ 隔流板式型芯形式，见图 11-55。

④ 隔板式冷却水回路，见图 11-56。

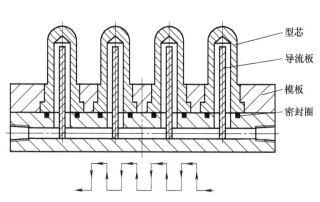 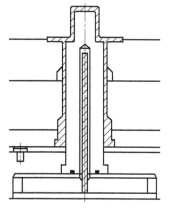

图 11-53　在多型芯上用导流板串联冷却的形式　　　　图 11-54　细长型芯用隔板冷却的形式

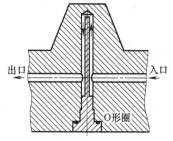 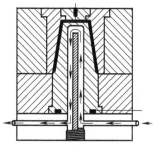

图 11-55　隔流板式型芯回路　　　　　　图 11-56　隔板式冷却水回路

⑤ 在型芯四角用导流板换向冷却的形式，见图 11-57。

⑥ 在型芯上用导流板换向冷却的形式，见图 11-58。

⑦ 极深塑件直孔隔板式冷却水回路，见图 11-59、图 11-60。

⑧ 连续冷却水回路，见图 11-61。

⑨ 型芯上采用环形槽加导流板冷却形式，见图 11-62。

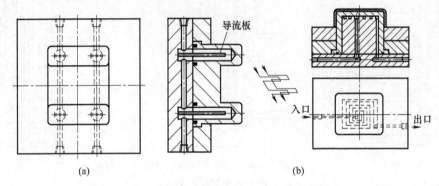

图 11-57　在型芯四角用导流板换向冷却的形式

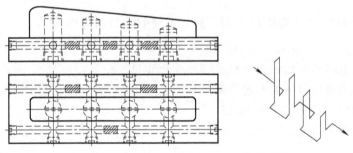

图 11-58　在型芯上用导流板换向冷却的形式

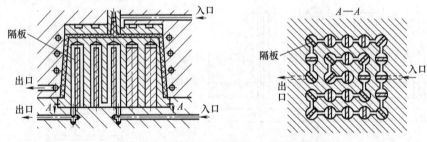

图 11-59　极深塑件直孔隔板式冷却水回路

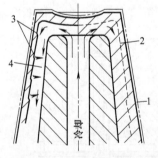

图 11-60　极深塑件直孔冷却水回路

1—成型件；2—钢；3—流动障碍；4—冷却媒质

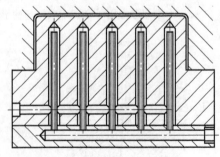

图 11-61　连续冷却水回路

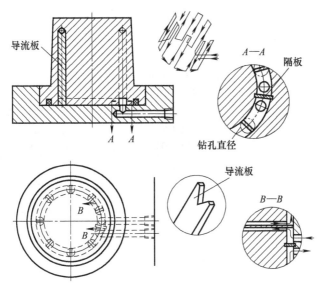

图 11-62　型芯上采用环形槽加导流板冷却形式

（2）型芯上用冷却水管的回路设计

① 型芯上采用冷却水管的形式，见图 11-63。

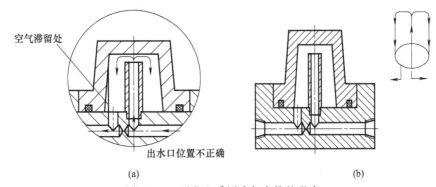

(a)　　　　　　　　　　　　　　　　(b)

图 11-63　型芯上采用冷却水管的形式

② 型芯上采用冷却水管冷却的形式，见图 11-64～图 11-67。

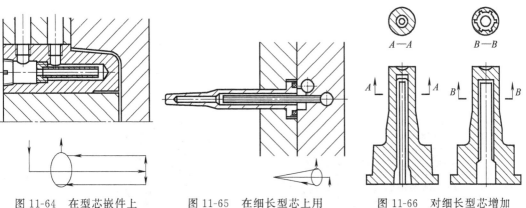

图 11-64　在型芯嵌件上
用冷却水管的形式

图 11-65　在细长型芯上用
冷却水管的形式

图 11-66　对细长型芯增加
冷却水孔传热能力的水回路

③ 型芯采用喷流式，见图 11-68～图 11-70。

④ 型芯上采用冷管压缩空气冷却，见图 11-71。

⑤ 在多型芯上用冷却水管并联的形式，见图 11-72。

⑥ 在阀式推杆上应用冷却水管的形式，见图 11-73～图 11-76。

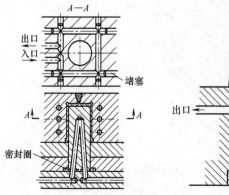

图 11-67 型芯钻水道冷却的形式

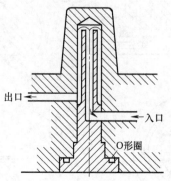

图 11-68 型芯采用喷流式

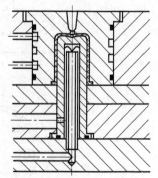

图 11-69 喷流式冷却水回路（一）

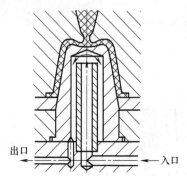

图 11-70 喷流式冷却水回路（二）

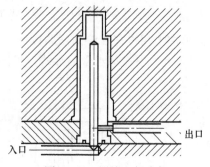

图 11-71 压缩空气冷却

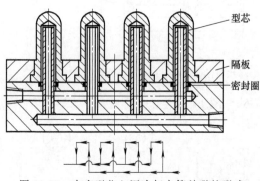

图 11-72 在多型芯上用冷却水管并联的形式

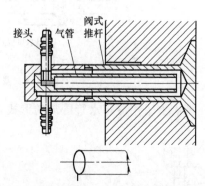

图 11-73 在阀式推杆上应用冷却水管的形式（一）

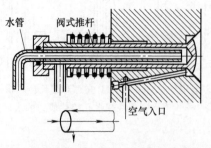

图 11-74 在阀式推杆上应用冷却水管的形式（二）

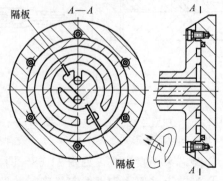

图 11-75 阀式推杆上冷却（一）

（3）型芯采用螺旋槽镶芯回路设计

① 型芯的冷却水路在嵌件上采用螺旋槽形，见图 11-77～图 11-82。

② 型芯螺旋槽采用低熔点合金浇注铜管的冷却形式，见图 11-83。

③ 型芯上的冷却水路在嵌件上采用分流槽，见图 11-84。

（4）特殊制品冷却设计

① 两层壁管的冷却水回路，见图 11-85。

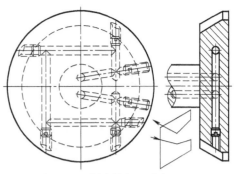

图 11-76　阀式推杆上冷却（二）

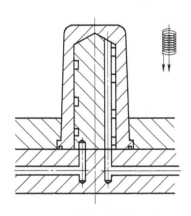

图 11-77　螺旋槽形冷却水回路（一）

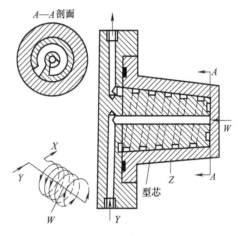

图 11-78　螺旋槽形冷却水回路（二）

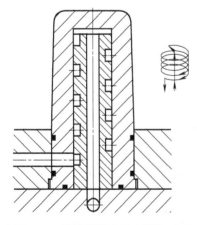

图 11-79　螺旋槽形冷却水回路（三）

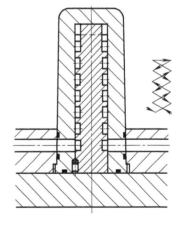

图 11-80　双头螺旋槽形冷却水回路

② 衬套式型芯冷却水回路，见图 11-86。

③ 型芯区的温度控制回路，见图 11-87。

④ 型芯拼块结构冷却水回路，见图 11-88。

⑤ 在整体型芯上冷却水回路设置形式，见图 11-89。

⑥ 不同型芯直径的调温结构，见图 11-90。

⑦ 在滑块上应用冷却水管组合件的形式，见图 11-91。

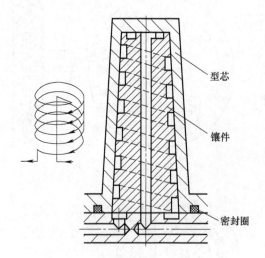

图 11-81 螺旋槽形冷却水回路（四）

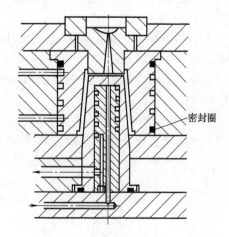

图 11-82 螺旋循环式冷却水回路

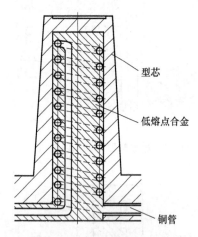

图 11-83 型芯螺旋槽采用
低熔点合金浇注铜管

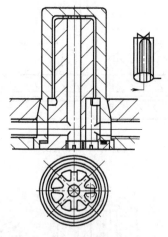

图 11-84 型芯上的冷却水路
在嵌件上采用分流槽

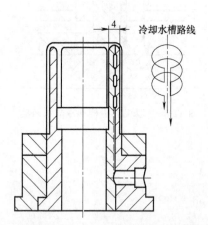

图 11-85 两层壁管的冷却水回路

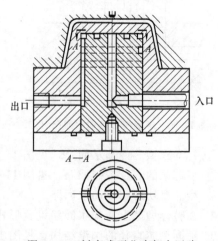

图 11-86 衬套式型芯冷却水回路

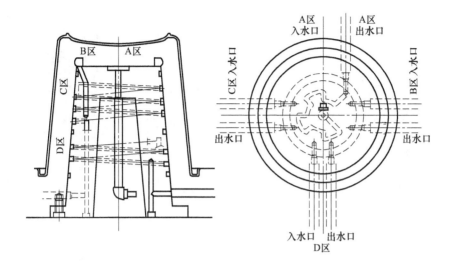

图 11-87　型芯区的温度控制回路

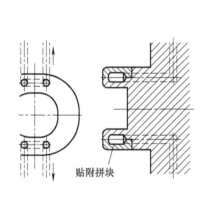

图 11-88　型芯拼块结构

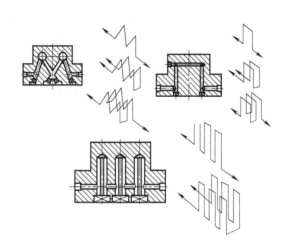

图 11-89　在整体型芯上冷却水路设置形式

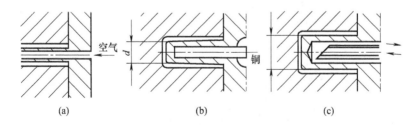

图 11-90　不同型芯直径的调温结构

⑧ 在进料口附近应用多级冷却水回路，见图 11-92。

（5）高筒形制品冷却系统设计

① 冷却平板形式水回路，见图 11-93。

② 动模隔板式冷却水回路设计，如图 11-94 所示。

③ 高筒形冷却系统设计，如图 11-95、图 11-96 所示。

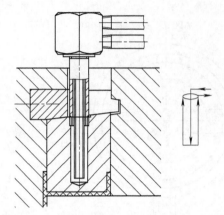

图 11-91 在滑块上应用冷却水管组合件形式

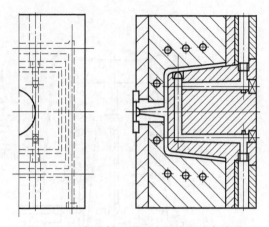

图 11-92 在进料口附近应用多级冷却水路

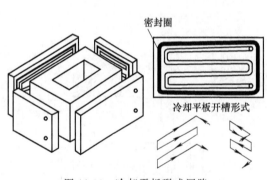

图 11-93 冷却平板形式回路

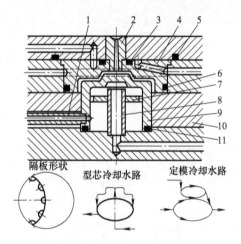

图 11-94 动模隔板式冷却水回路

1—出水管；2—浇口套；3,5,6,11—密封圈；
4—定模；7—隔板；8—喷水管；9—型芯；10—推件板

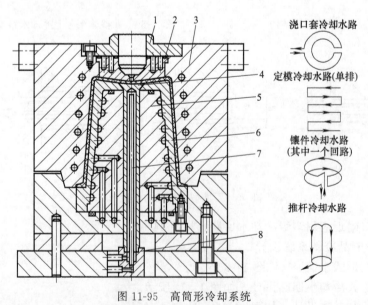

图 11-95 高筒形冷却系统

1—定位圈；2—浇口套；3—定模；4—推杆；5—镶件；6—型芯；7—喷水嘴；8—接头

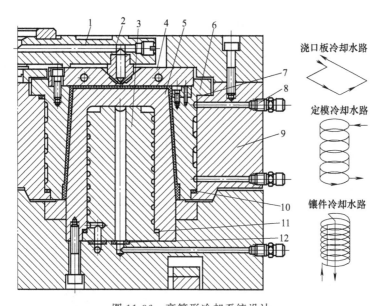

图 11-96　高筒形冷却系统设计

1—集流型板；2—喷嘴；3—镶件；4—浇口板；5—型芯；6—定模；
7—密封圈；8—管接头；9—模套；10—密封圈；11—密封圈；12—密封圈

11.9　冷却系统密封圈的设计

11.9.1　密封圈的规格尺寸

① O 形密封圈规格用 O 形圈的内径 $d_0 \times$ 截面直径 W 表示，如图 11-97 所示。已知：O 形圈内径 $d_0 = 50$mm，截面直径 $W = 1.8$mm，规格表示为：O 形密封圈 50mm×1.8mm GB 3452.1—2005。

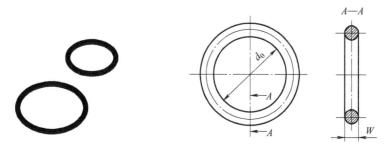

图 11-97　O 形密封圈

② 密封圈的选用。

a. 选用规格与图纸相符的 O 形圈，特别要求注意截面不能选错。

b. 要选用耐高温、耐油的 O 形圈。

c. 密封圈的规格见表 11-6、表 11-7。

11.9.2　密封圈的密封结构类型

O 形密封圈的密封有三种方法。圆柱面密封、平面密封有外压和内压两种，如图 11-98

所示。另一种方法是四点密封法，如图 11-99 所示。

表 11-6 "MISUMI" O 形橡胶密封圈　　　　　　　　　　mm

O形圈安装槽加工尺寸(参考值)		W(截面直径)	d₀(内径)	规格	项目表	
d	D₁、D₂(通用)				类型	规格
3	6		2.8	P3		3
4	7		3.8	P4		4
5	8		4.8	P5		5
6	9		5.8	P6		6
7	10	1.9±0.07	6.8	P7		7
8	11		7.8	P8		8
9	12		8.8	P9	ORP	9
10	13		9.8	P10	(运动式)	10
11 (0/−0.05)	15 (+0.05/0)		10.8	P11		11
12	16		11.8	P12		12
14 (0/−0.06)	18 (+0.06/0)	2.4±0.07	13.8	P14		14
15	19		14.8	P15		15
16	20		15.8	P16		16
18	22		17.8	P18		18

O形圈安装槽加工尺寸(参考值)			W(截面直径)	d₀(内径)	项目表	
d	D	D₁			类型	规格
3	5	5.3		2.5		3
4	6	6.3		3.5		4
5	7	7.3		4.5		5
6	8	8.3		5.5		6
7	9	9.3		6.5		7
8	10	10.3		7.5		8
9	11	11.3		8.5		9
10	12	12.3	1.5±0.1	9.5		10
12	14	14.3		11.5		12
14	16	16.3		13.5		14
15	17	17.3		14.5		15
16	18	18.3		15.5		16
18	20	20.3		17.5		18
20	22	22.3		19.5	±0.15	20
22	24	24.3		21.5		22
24 (0/−0.05)	27 (+0.05/0)	27.5 (+0.05/0)		23.5	ORS	24
25	28	28.5		24.5	(节省	25
26	29	29.5		25.5	空间	26
28	31	31.5		27.5	固定式)	28
30	33	33.5		29.5		30
32	35	35.5		31.5		32
34	37	37.5		33.5		34
35	38	38.5	2.0±0.1	34.5		35
36	39	39.5		35.5		36
38	41	41.5		37.5		38
39	42	42.5		38.5		39
40	43	43.5		39.5		40
42	45	45.5		41.5	±0.25	42
44	47	47.5		43.5		44
46	49	49.5		45.5		46
48	51	51		47.5		48

表 11-7　通用 O 形橡胶密封圈（摘自 GB 3452.1—2005）

mm

内径 d_0	极限偏差	截面直径 W 1.8±0.08	截面直径 W 2.65±0.09	截面直径 W 3.55±0.1	截面直径 W 5.3±0.13
10	±0.14	*	*		
10.6		*	*		
11.2		*	*		
11.8	±0.17	*	*		
12.5		*	*		
13.2		*	*		
14		*	*		
15		*	*		
16		*	*		
17		*	*		
18		*	*	*	
19		*	*	*	
20		*	*	*	
21.2	±0.22	*	*	*	
22.4		*	*	*	
23.6		*	*	*	
25		*	*	*	
25.8		*	*	*	
26.5		*	*	*	
28		*	*	*	
30	±0.22	*	*	*	
31.5		*	*		
32.5		*	*		
33.5		*	*		
34.5		*	*		
36.5		*	*		
37.5	±0.30	*	*	*	
38.5		*	*		
40		*	*		
41.2		*	*		
42.5		*	*		
43.7		*	*	*	
45		*	*		
46.2		*	*		
47.5	±0.45	*	*		
48.7		*	*		
50		*	*	*	
51.5		*	*		
53			*	*	*
54.5	±0.45	*	*	*	
56		*	*	*	*
58		*	*	*	*
60		*	*	*	*
61.5			*	*	*
65		*	*	*	*
67		*	*	*	*
69			*	*	*
71			*	*	*
73			*	*	*
75	±0.65		*	*	*
77.5			*	*	*
80			*	*	*
82.5		*	*	*	*
85			*	*	*
87.5		*	*	*	*
90			*	*	*
92.5			*	*	*
95				*	*
97.5	±0.65			*	*
100			*	*	*
103			*	*	*
106		*	*	*	*
109			*	*	*
115		*	*	*	*
118		*	*	*	*
122	±0.9		*	*	*
125		*	*	*	*
128			*	*	*
132		*	*	*	*
136			*	*	*
140			*	*	*
145		*	*	*	*
150			*	*	*
155		*	*	*	*
160			*	*	*
165			*	*	*
170				*	*

注：* 表示本标准规定的规格。

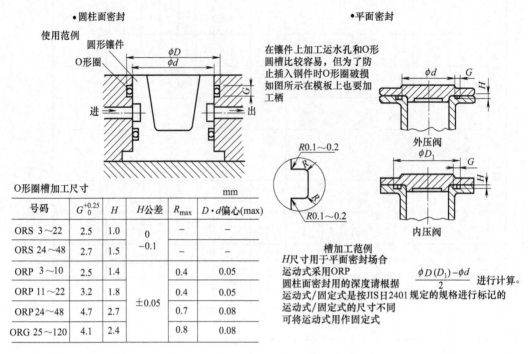

图 11-98　圆柱面和平面密封

O形圈槽加工尺寸　　　　　　　　　　　　　mm

号码	$G_0^{+0.25}$	H	H公差	R_{max}	$D \cdot d$偏心(max)
ORS　3～22	2.5	1.0	0 −0.1	—	—
ORS 24～48	2.7	1.5		—	—
ORP　3～10	2.5	1.4	±0.05	0.4	0.05
ORP 11～22	3.2	1.8		0.4	0.05
ORP 24～48	4.7	2.7		0.7	0.08
ORG 25～120	4.1	2.4		0.8	0.08

槽加工范例
H尺寸用于平面密封场合
运动式采用ORP
圆柱面密封用的深度请根据 $\dfrac{\phi D(D_1) - \phi d}{2}$ 进行计算。
运动式/固定式是按JIS日2401规定的规格进行标记的
运动式/固定式的尺寸不同
可将运动式用作固定式

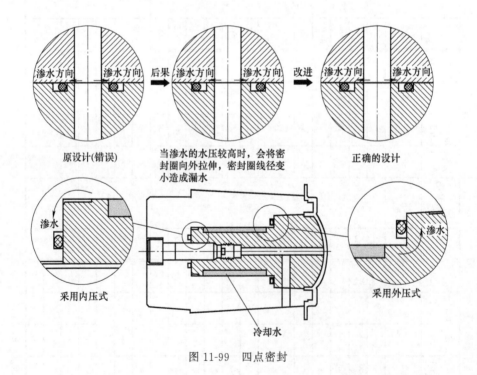

图 11-99　四点密封

11.9.3　密封圈产生漏水原因分析

模具装配好后，需进行冷却水压试验，在 0.5MPa 压力以下不得有渗水、漏水。其渗水、漏水原因如下。

① 密封圈槽尺寸设计不对或制造超差。根据密封原理，原因分析如下。

a. 未加压力状况，如图 11-100（a）所示。

b. 加压力后 O 形圈外形与槽四点接触达到要求，如图 11-100（b）所示。

c. 加压后 O 形圈过大，如图 11-100（c）所示。有人认为这样较好，其实不然，当时螺钉拧紧使用时不会漏水，但随着时间延长，O 形圈受压后，橡胶老化，螺纹松动，就会产生渗水、漏水。

d. 密封槽尺寸过大，会产生渗水、漏水，如图 11-100（d）所示。

$$(a)\qquad\qquad(b)\qquad\qquad(c)\qquad\qquad(d)$$

图 11-100　密封圈槽密封原理分析

② 密封圈规格不对或橡胶老化。

③ 模板的螺钉没有拧紧或水管接头尺寸不对。

11.9.4　密封圈槽设计要求

① O 形圈槽是方形，底部是清角，不是圆角。

② O 形圈槽尺寸要求设计正确。

③ O 形圈与密封圈沟槽尺寸、成型刀具相关数据，见表 11-8、表 11-9。

表 11-8　O 形密封圈与密封圈沟槽尺寸　　　　　　　　　　　　　　　　mm

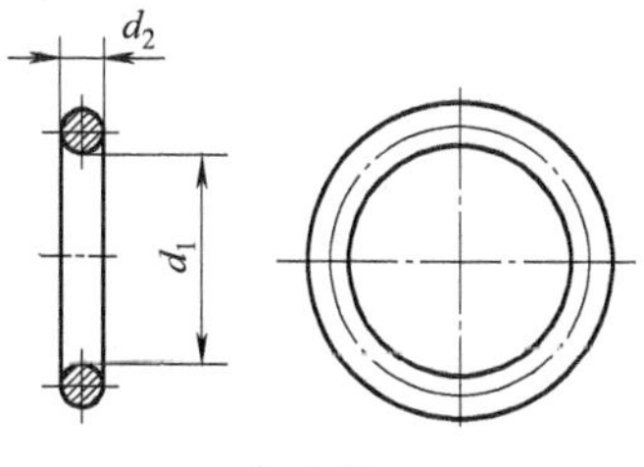

	沟槽尺寸（GB 3452.3—2005）					
	d_2	$b^{+0.25}$	h	d_3 偏差值	r_1	r_2
	1.8	2.2	1.38	$0 \\ -0.04$	0.2～0.4	0.1～0.3
	2.65	3.4	2.07	$0 \\ -0.05$	0.4～0.8	
	3.55	4.6	2.74	$0 \\ -0.06$		
	5.3	6.9	4.19	$0 \\ -0.07$	0.8～1.2	
	7	9.3	5.67	$0 \\ -0.09$		

$d_3 = d - 2h$
d_3 可考虑间隙量酌增

注：h 为轴向密封的 O 形圈沟槽深度；r_1 为槽底圆角半径；r_2 为槽棱圆角半径；b 为沟槽宽度。

表 11-9　O 形密封圈与密封圈沟槽尺寸、成型刀具相关数据　　　　　　　　mm

序号	代号规格			密封沟槽选型尺寸			沟槽尺寸公差		成型刀具		
	代号	内径 d_0	粗细 W	外径 D	内径 d	水管孔径 A	G	H	外径 D_0	刃幅宽 G_0	柄径 $\phi \times$ 全长
1	P10	9.8±0.17	1.9±0.08	13.5	9.3	7	2.1	1.6	13.5	2.1	12×100
2※	P12	11.8±0.19	2.4±0.07	16.5	10.9	8	2.8	1.8	16.5	2.8	16×100
3※	P14	13.8±0.19	2.4±0.07	18.5	12.9	10	2.8	1.8	18.5	2.8	16×100
4※	P15	14.8±0.20	2.4±0.07	19.5	13.9	12	2.8	1.8	19.5	2.8	16×100
5	P16	15.8±0.20	2.4±0.07	20.3	14.7	12	2.8	1.8	20.3	2.9	16×100
6	P18	17.8±0.21	2.4±0.07	22.3	16.7	14	2.8	1.8	22.3	2.9	16×100
7※	P20	19.8±0.22	2.4±0.07	24.3	18.5	15	2.8	1.8	24.3	2.9	20×100
8※	P22	21.8±0.24	2.4±0.07	26.3	20.5	18	2.9	1.8	26.3	4.4	20×120

续表

序号	代号规格			密封沟槽选型尺寸			沟槽尺寸公差		成型刀具		
	代号	内径 d_0	粗细 W	外径 D	内径 d	水管孔径 A	G	H	外径 D_0	刃幅宽 G_0	柄径 $\phi \times$ 全长
9	P24	23.7 ± 0.24	3.5 ± 0.1	30.3	21.5	19	4.4	2.7	30.3	4.4	20×120
10	P25	24.7 ± 0.25	3.5 ± 0.1	31.3	22.5	20	4.4	2.7	31.3	4.4	20×120
11※	P30	29.7 ± 0.29	3.5 ± 0.1	36.3	27.5	24	4.4	2.7	36.3	4.4	25×120
12※	P35	34.7 ± 0.34	2.5 ± 0.1	41.3	32.5	30	4.4	2.7	41.3	4.4	25×120
13	P40	39.7 ± 0.37	3.5 ± 0.1	46.3	37.5		4.4	2.7	46.3	4.4	32×120

使用温度范围	材质 M	Catalog No
$-15\sim150℃$	含氟橡胶 (JIS 4 种 D)	ORP・ORG

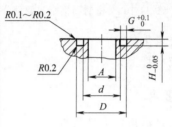

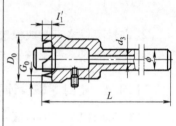

注：1. ORP 为运动式、ORG 为固定式。

2. 序号打※号优先使用。

3. 密封圈标注 $d_0\times W$（内径×粗细）。

11.10 冷却水管接头设计

11.10.1 水管接头种类

常见的冷却水水管接头又称喉嘴，材料为黄铜或结构钢，水管接头的螺纹的标准件主要包括以下几种：M 细牙、管螺纹 PT、NPT、G、R 等。

① PT 圆锥管螺纹是 55°密封圆锥管螺纹，多用于欧洲及英联邦国家，常用于水及煤气管行业，锥度为 1：16，国标查阅 GB/T 7306—2000。国内叫法为 ZG，俗称管锥，国标标注为 Rc。米制螺纹用螺距来表示，美英制螺纹用每英寸内的螺纹牙数来表示，这是它们最大的区别。米制螺纹是 60°等边牙型，英制螺纹是等腰 55°牙型，美制螺纹为 60°。米制螺纹用米制单位，美英制螺纹用英制单位。

水管接头连接处为锥管螺纹，标准锥度为 3.5°，接头处缠绕生胶带密封，规格有 PT 1/8in、PT 1/4in、PT 3/8in 三种。水管接头多用 1/4in，深度最小为 20mm。常用水管直径及其塞头与水管接头见表 11-10。R（PT）管螺纹如图 11-103 所示。应合理设计冷却水管接头的位置，避免装配时发生干涉。

表 11-10 常用水管直径及其塞头与水管接头 mm

类型	$\phi6$	$\phi8$	$\phi10$	$\phi12$
水管接头	PT 1/8in	PT 1/8in	PT 1/4in	PT 1/4in

续表

类型	$\phi6$	$\phi8$	$\phi10$	$\phi12$
水管塞	PT 1/8in	PT 1/8in	PT 1/4in	PT 1/4in
水管接头螺纹	PT 1/8in	PT 1/8in	PT 1/4in	PT 1/4in

② NPT 圆锥管螺纹，是属于美国标准的 60° 密封圆锥管螺纹，如图 11-101 所示。多用于北美地区，国标查阅 GB/T 12716—2002。对于标准 NPT 管塞钻头尺寸和孔的横截面面积，按照推荐的标准，可查阅机械手册等。NPT 标准螺纹的锥度是 1∶16，对应于孔中心线呈 1°47′的角度。为了获得质量好的螺纹，建议定制 1∶16 锥度钻头钻孔，然后攻丝。在装配管接头时，避免螺纹处的生胶带绕太多（最多允许 4.5 圈）。

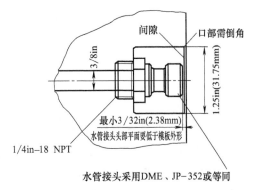

图 11-101　NPT 水管接头

水管接头的规格型号应满足客户要求。入口处必须倒角。

③ G 是 55°非螺纹密封管螺纹，标记为 G，代表圆柱螺纹。国标为 GB/T 7307—2001。

英国标准管螺纹（BSP）明显不同于 NPT 螺纹，如图 11-102 所示，它是直的管螺纹，且具有斜度，每英寸的螺纹数是不同的，且螺纹与 NPT 螺纹不可互换，螺纹角度是 55°，锥度是 1∶16，类似于 NPT 螺纹。

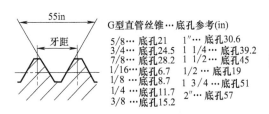

图 11-102　G 圆柱螺纹

德国管螺纹的标准（VSM51100）与 BSP 可互换，但与 NPT 不可。简单标注为：G1/4in VSM51100。表 11-11 所示为标准 NPT、BSP 和德国管螺纹（G）尺寸规格。

表 11-11　标准 NPT；BSP 和德国管螺纹（G）尺寸规格

标称管尺寸 BSP(或 G)	标准孔直径		管螺纹的最大外径 /mm	横截面面积 /mm²	开孔最小深度 /mm
	in	mm			
1/16-28	0.261(G)	6.63	7.72	35	7.4
1/8-28	0.3438	8.73	9.73	60	7.4
1/4-19	0.453	11.51	13.16	104	11.0

标称管尺寸 BSP(或 G)	标准孔直径		管螺纹的最大外径 /mm	横截面面积 /mm²	开孔最小深度 /mm
	in	mm			
3/8-19	0.591	15.00	16.66	174	11.4
1/2-14	0.750	19.00	20.96	283	15.0
3/4-14	0.969	24.61	26.44	476	16.3

④ 密封管螺纹 R 如图 11-103 所示。英制密封管螺纹有两种配合方式：圆柱内螺纹与圆锥外螺纹组成"柱/锥"配合；圆锥内螺纹与圆锥外螺纹组成"锥/锥"配合。

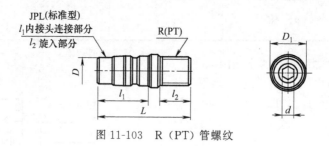

图 11-103　R（PT）管螺纹

11.10.2　水管接头设计要求

① 两水喉之间的距离不宜小于 30mm，以方便装冷却水胶管，见图 11-104。冷却水管接头宜装入模架，如图 11-105 所示。水管接头外凸于模具表面时，在运输与维修时，易发生损坏。对于直身模架，当水管接头外凸于模具表面时，需在模具外表面安装撑柱，以保护其不致损坏。表 11-12 所示为欧洲 DIN 标准，有英制（BSP）及米制两种。

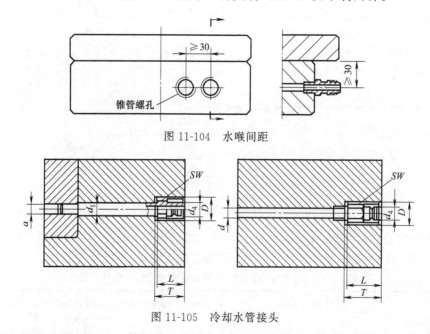

图 11-104　水喉间距

图 11-105　冷却水管接头

② 快速水管接头沉孔。快速水管接头沉孔尺寸（有的企业生产的模具水管接头沉孔不统一，连同一副模具都有高有低）要求如下。

a. 美国 DME 公司的标准英制水管接头尺寸数据，见表 11-13。

表 11-12　冷却水管接头设计参数　　　mm

英制/BSP	公制	d_4	d_1	加长喉嘴				标准喉嘴			
				D	T	SW	L_1	D	T	SW	L
1/8 1/4	M8 M14	9	10	19	23	11	21	25	35	17	32.5
1/4 3/8	M4 M16	13	14	24	25	15	23	34	35	22	32.5
1/2 3/4	M24 M24	19	21	34	35	22	33	—	—	—	—

表 11-13　美国 DME 标准英制水管接头　　　in

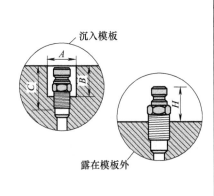

沉入模板

露在模板外

编号	NPT	时制计数	A	B	C	H
★JP-250★	1/16	7/16	11/16	11/16	1	5/8
JP-251	1/8	7/16	11/16	11/16	1	5/8
JP-252-(SV)	1/4	9/16	27/32	15/18	1 3/16	7/8
JP-253-(SV)	3/8	11/16	1.000	15/16	1 1/4	29/32
★JP-351★	1/8	9/16	1.000	15/16	1 1/4	7/8
JP-352-(SV)	1/4	9/16	1.000	1 3/32	1 7/16	1 1/32
JP-353-(SV)	3/8	11/16	1.000	1 1/8	1 7/16	1 1/16
JP-354-(SV)	1/2	7/8	1 3/16	1 1/4	1 9/16	1 3/16
★JP-553★	3/8	7/8	1 1/4	1 3/16	1 5/8	1 1/8
JP-554	1/2	7/8	1 1/4	1 1/2	1 13/16	1 7/16
JP-556	3/4	1 1/8	1 1/2	1 9/16	1 7/8	1 1/2

b. 欧洲 HASCO 公司的标准水管接头尺寸数据，见表 11-14。

表 11-14　欧洲 HASCO 标准水管接头　　　mm

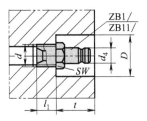

ZB1/
ZB11/

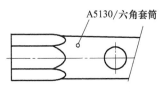

A5130/六角套筒

t	l_1	D	SW	d_4	d	型号	t	l_1	D	SW	d_4	d	型号
18	7	19	11	9	M 8×0.75	Z81/9/8×0.75	18	12	22	15	9	M14×1.5	Z811/9/14×1.5
					M10×1	9/10×1						G1/4A	9/R1/4
					G1/8A	9/R1/8			24	17	13	M16×1.5	Z811/13/16×1.5
		22	15		M14×1.5	9/14×1.5						G3/8A	13/R3/8
	9				G1/4A	9/R1/4	36	16	38	27	19	M24×1.5	Z811/19/24×1.5
		24		13	M14×1.5	Z81/13/14×1.5						G3/4A	19/R3/4
					G1/4A	13/R1/4							
			17		M16×1.5	13/16×1.5							
					G3/8A	13/R3/8							
36	16	38	27	19	M24×1.5	Z81/19/24×1.5							
	12	34	22		G1/2A	19/R1/2							
	16	38	27		G3/4A	19/R3/4							

c. 日本 MISUMI 标准快速水管接头，如表 11-15 所示。

表 11-15　日本 MISUMI 标准快速水管接头的安装尺寸　　　　　　　　mm

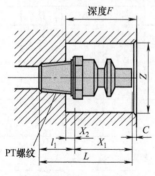

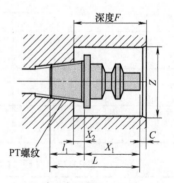

外六角型 KPM、SUS—JPJH　　　　　　　　内六角型 JPS 、JPJ

冷却用内接头（标准型）							安装孔			
项目		锥形外螺纹 R(PT)	全长 L	外螺纹长度 l_1	X_1	X_2（参考值）	C	安装孔深度 F（参考值）	Z（安装孔直径）		锥形内螺纹 Rc（PT）
类型	规格								使用内六角扳手时	使用套筒扳手时	
KPM	1	1/8	31	10	21	2～4		21+X_2	—	20～	1/8
	2	1/4	34	13	21	2～4		21+X_2	—	23～	1/4
	3	3/8	35	14	21	3～5		21+X_2	—	29～	3/8
JPS	1	1/8	27	9	18	2～4		18+X_2	19～	—	1/8
	2	1/4	29	11	18	2～4		18+X_2	19～	—	1/4
	3	3/8	37	12	22	3～5		22+X_2	22～	(29～)	3/8
JPSH SUS-JPSH	1	1/8	29	9	20	2～4	＜3	20+X_2	19～	20～	1/8
	2	1/4	31	11	20	2～4		20+X_2	19～	23～	1/4
JPJ	1	1/8	22.4	9	13.4	2～4		13.4+X_2	18～	—	1/8
	2	1/4	24.2	11	13.4	2～4		13.4+X_2	18～	—	1/4
	3	3/8	32.4	12	17.4	3～5		17.4+X_2	22～	(29～)	3/8
JPJH SUS-JPJH	1	1/8	24.4	9	15.4	2～4		15.4+X_2	18～	20～	1/8
	2	1/4	26.4	11	15.4	2～4		15.4+X_2	18～	23～	1/4

注：1. 若 C 尺寸超过 3mm，则在将外接头插入内接头时外接头会同模具发生干涉导致无法装卸。

2. 表中尺寸（参考值）会因螺纹底孔尺寸及螺纹深度加工的精度而异。

3. JPS、JPJ "（ ）" 内尺寸表示使用 JISB4636 套筒扳手安装时的安装孔直径。

4. JPJ、JPJH 与紧凑型外接头配合使用时为 C≤2mm。

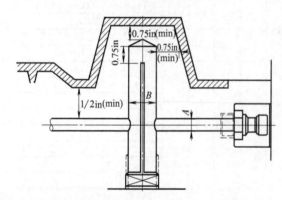

图 11-106　水道隔水片要求

11.11　英制标准水道隔水片的要求

① 水道离型芯最小边距为 0.75in(19.05mm)。

② 隔水片禁用铝，要用黄铜材料。

③ 隔水片最好采用整体式结构，如图 11-106 所示，如隔水片是单独的，则应与水道孔内壁固定配合。

11.12 水路集成块分配器的设置

（1）安置水路集成块分配器

① 三路水路以上的必须用集成块分配器，水管布置要求有条有理、整齐美观。

② 水管长度较长而且又不规则的情况下需要考虑水路集成块分配器。

③ 操作侧有冷却水管时要考虑集成块分配器。

（2）水路集成块连接和固定

水路集成块（分配器）连接规范要求水路集成块要安装在非操作侧，如图 11-107、图 11-108 所示。

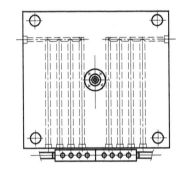

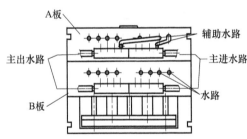

图 11-107　水路集成块连接和固定

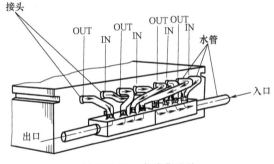

图 11-108　水路集成块

11.13 冷却水系统的水压试验

① 用电动试压泵、管材连接装置等组成试验装置。

② 动、定模分别按模具设计、使用状态接好水管。

③ 水压试验：在水压为 4MPa 的条件下，试验时间为 10min，水管接头处和动模、定模、滑块等零部件的通冷却水处不得有漏水和渗水现象。

④ 流量试验是指出口水流量要大，畅通无阻。

11.14 冷却水回路铭牌设计要求

所有模具必须钉有冷却水回路铭牌。并在图纸上标出和在模具上打上钢印，用进"IN"、出"OUT"表示，进行编组标志顺序，动模分组用阿拉伯数字 1、2、3、4……表示，如"1IN"、"1OUT"、"2IN"、"2OUT"；定模分组用 A、B、C、D……英文字母，如"AIN"、"AOUT"、"BIN"、"BOUT"，字体用 3.5 字高。冷却水回路铭牌规范要求如图

11-109 所示。

① 铭牌厚度为 1.5mm，当模具＜250t 时，外形尺寸为 90mm×60mm，当模具大于 250t 时，外形尺寸为 110mm×80mm。

② 白字，黄底，国内模具把英文改成中文。

③ 铭牌内容：水路走向和塑件外形如图 11-109 所示。

④ 铭牌用铆钉或螺纹固定在垫铁或动、定模板的反操作侧。

⑤ 典型的冷却系统回路铭牌见图 11-110。

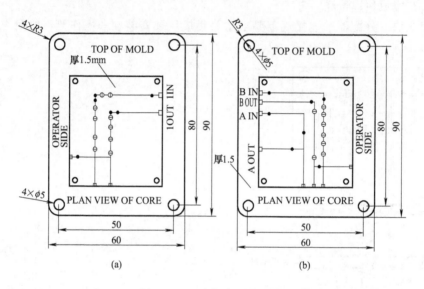

图 11-109　冷却水回路铭牌

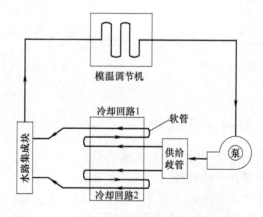

图 11-110　典型的冷却系统回路铭牌

11.15 斜顶块冷却水回路设计

① 斜顶块尺寸较大或产品结构有特殊原因时，需要设置冷却水，用不锈钢管和水管接头直接连接水管集成器或模板上，如图 11-112 所示。

② 成型面积较大、形状复杂的滑块时，需要设置冷却水。如果没有位置空间限制，则成型部分采用铍铜，可提高冷却效果。

11.16　汽车门板动、定模水路设置图例

汽车部件模具的冷却系统大多数采用隔水片与串联形式的水道设计。

图 11-111 所示为门板定模水路设置情况。图 11-112 所示为门板动模水路设置情况。图 11-113 所示为门板动、定模冷却水路外形设置情况。

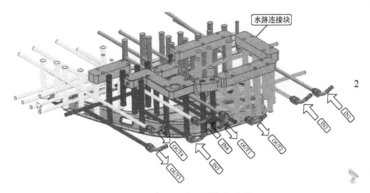

图 11- 111　门板定模水路设置

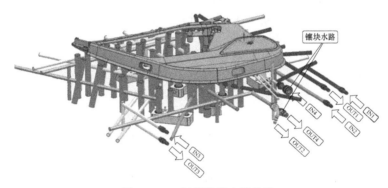

图 11-112　门板定模水路设置

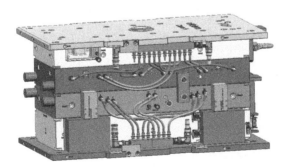

图 11-113　门板动、定模冷却水路外形设置

复习思考题

1. 为什么冷却系统设计是模具的关键问题之一?

2. 冷却系统有什么重要作用？

3. 冷却水道与型腔表面有哪些要求？

4. 冷却系统的设计有哪些原则？

5. 设计冷却系统时要注意哪些问题？

6. 常用冷却水的回路设置分哪几类？

7. 定模冷却水通道形式有哪几种？

8. 动模冷却水通道形式有哪五种？

9. 为什么要特别重视型芯的冷却？

10. 冷却水的回路布局形式有哪两种？哪个效果好？

11. 冷却回路效果不好时用什么办法解决？

12. O形密封圈有哪三种？O形密封圈产生漏水的原因是什么？

13. 常用水管接头规格型号有哪几种？

14. 冷却水回路标注有什么要求？

15. 冷却水管接头为什么要沉入模板？

16. 水管装配有什么要求？

17. 水管接头的生胶带装配时有什么要求？

18. 冷却水的进水管是否应接在远离浇口地方？为什么？

19. "冷却水管直径越大冷却效果越好，因此冷却水管直径越大越好"，这种说法对不对？在设计过程中应怎样确定冷却水管直径？

20. 模具的冷却水回路铭牌有什么要求？

21. 冷却水回路形式有哪两种？两种回路形式有什么不同？设计时要注意什么？

22. 模具冷却水的流速要高，呈紊流状态时冷却效果要比层流状态好，对不对？

23. 什么叫层流？什么叫紊流？

24. 为什么形状复杂的制品其冷却水回路要分区域设计？

25. 冷却系统的漏水有哪些原因？

26. 模具的冷却系统设计会出现哪些错误？如何避免设计出错？

27. N圆锥管螺纹与PT、G圆柱螺纹有什么不同？

28. 模具冷却系统设计，应注意哪些地方不宜设计冷却水？

在注塑模试模生产中常会出现制品填充不足、型腔内部应力很高、制品表面灼伤、产生流痕和熔接痕等现象。对于这些现象除了应调整注塑工艺外，还要考虑浇口是否合理。当注塑工艺和浇口系统这两个问题都排除以后，就需要考虑模具的排气问题了，解决这一问题的主要手段是开设排气槽。

有人认为有的模具没有排气，在注塑成型时照样可打好制品，这是由于模具的制造精度与结构的关系，实际上已起到了排气装置的作用。如果模具没有设置排气机构，模具中的气体没有及时排出，就会影响制品的成型质量和成型周期。特别是快速注塑成型工艺对注塑模具排气的要求更加严格。因此，模具的排气是注塑模具设计中不可忽视的大问题，特别是大型模具和制品质量要求高的模具。

12.1　注塑模具内聚积的气体来源

① 进料系统和模具的型腔中存在着空气。

② 塑料中含有水分，在高温下蒸发成气体。

③ 塑料中的某些添加剂在高温下挥发或发生化学反应而产生气体。

12.2　排气的重要作用

如果注塑模具设计没有考虑排气设置，注塑模具内聚积的气体就会产生如下的危害性。

① 增加充模阻力，导致制品表面棱边不清晰、棱角模糊。

② 使制品内部产生很高的内应力，表面会出现明显的流动痕、气痕和熔接痕（图 12-1、图 12-2），塑件性能降低，产生气泡、疏松，甚至注射不满、熔接不牢、剥层等表面质量缺陷。

③ 在注塑时由于气体被压缩，型腔产生瞬时高温，使熔体分解变色，甚至产生斑点、局部炭化、烧焦等缺陷，如图 12-3 所示。

图 12-1　流动痕、气痕

图 12-2　气痕和熔接痕

图 12-3 炭化、烧焦

④ 由于排气不良,降低了充模速度,延长了成型周期,如果增大注射压力,就会使局部产生飞边,困气地方产生成型阻力,致使组织疏松、强度下降。有了适当的排气,注射速度可以提高,充填和保压可达良好状态,不须过度增加料筒和喷嘴的温度。

⑤ 由于排气槽没有开设及排气不充分、不合理,进入型腔的熔体过早地被封闭,型腔内的气体就不能顺利排出,制品成型困难,如图 12-4 所示。

⑥ 塑件脱模困难,高、薄的桶形塑件就会产生变形。

(a)

(b)

图 12-4 制品成型困难

12.3 注塑模具排气途径和方法

12.3.1 分型面设置等高垫块,间隙排气

设置等高垫块,(平面接触块),使等高垫块的平面与动、定模的封胶面一样高,间隙值不得大于塑料的溢边值 (0.02～0.04mm),如图 12-5 所示。设置等高垫块的目的是减少封胶面的接触面积,提高封胶面的接触精度,便于加工和维修。

12.3.2 分型面开设排气槽排气

(1) 分型面排气槽的开设要求

只允许气体排出,而不允许塑料熔体泄漏,靠近型腔部分一级排气槽深度小于塑料溢边值。

(2) 排气槽的平面布局

① 排气槽的间距为 50～75mm,根据模具大小选定。锁模力在 1000kN 以下的注塑机,排气槽间距为 50mm (2in);在 1000kN 以上的注塑机,排气槽间距为 75mm (3in)。

② 排气槽的平面布局。在塑件两边的相交角处,开设排气槽,角度为 45°,如图 12-6～图 12-8 所示。

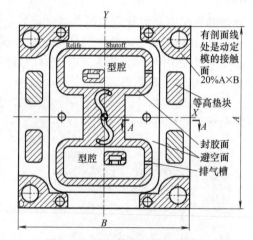

图 12-5 设置等高垫块间隙排气

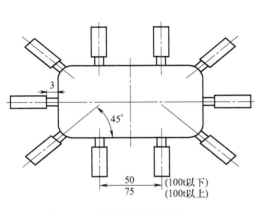

图 12-6　排气槽的平面布局（一）

图 12-7　定模排气槽的平面布局

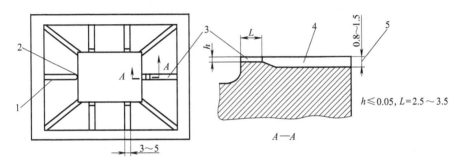

图 12-8　排气槽的平面布局（二）

1—分流道；2—浇口；3—排气槽；4—导向沟；5—分型面

（3）排气槽的尺寸要求

① 根据塑件不同选择排气缝深度为 0.02～0.04mm（以流道末端见飞边为准），见表 12-1。

表 12-1　常用塑料排气槽深度　　　　　　　　　　　　　　　　mm

树脂名称	排气槽深度	树脂名称	排气槽深度
PE	0.02	PA（含玻璃纤维）	0.03～0.04
PP	0.02	PA	0.02
PS	0.02	PC（含玻璃纤维）	0.05～0.07
ABS	0.03	PC	0.04
SAN	0.03	PBT（含玻璃纤维）	0.03～0.04
ASA	0.03	PBT	0.02
POM	0.02	PMMA	0.04

② 排气槽的长度通常为 3～5mm（英制排气槽长度为 0.125～0.75in，根据封胶量的宽度确定），宽度为 3～5mm，如图 12-9 所示。

③ 二级排气槽（放气通道）通大气，一般深度为 0.50～0.80mm。

④ 横截面展示了梯形圆形排气槽的深度、宽度和离模腔的距离，见图 12-10。设计者必须靠自己的常识来选用推荐的标准尺寸，表 12-2 列出了推荐尺寸。排气槽横截面积至少要大于通向排

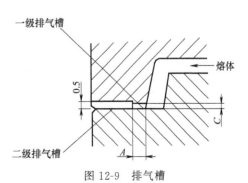

图 12-9　排气槽

气槽的所有排气孔横截面积之和。

⑤ 英制排气槽尺寸见图 12-11。

⑥ 英制排气槽尺寸见表 12-2 。

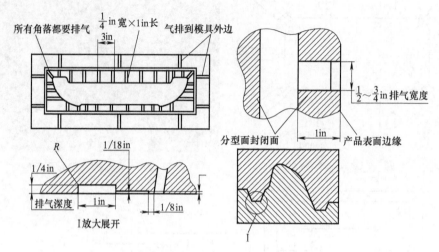

图 12-10　排气槽的平面布局

注意：实际的排气深度，参考表 12-1 取值。

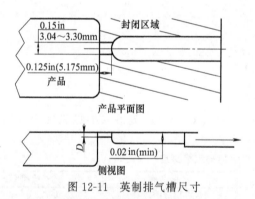

图 12-11　英制排气槽尺寸

表 12-2　排气槽的推荐尺寸

塑料种类	排气尺寸/in	公制尺寸/mm
ACETAL	0.0005	0.0127
ABS	0.0015	0.038
NYLON	0.0005	0.0127
PC	0.0015	0.038
PP	0.0005	0.0127
PPO	0.0020	0.005
PS	0.0010	0.0254

12.3.3　排气杆、顶杆、间隙排气

如图 12-12 所示，排气杆的标准设计是在排气槽以下的孔径部分，以用手能轻轻推入的配合（在直径方向上有 0.005～0.008mm 的间隙）程度来保证排气孔与孔壁同心（均匀分布）。

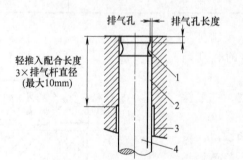

排气孔：0.010～0.015mm

排气孔长度：2mm

排气槽：周圈2.5R×0.8mm深

排气道：与排气槽相同或扁平形 0.8mm深

间隙直径 = 杆直径 +0.8mm

图 12-12　典型剖面及排气杆和排气孔长度的尺寸

1—排气槽；2—排气道；3—间隙直径；4—排气杆

12.3.4 推管间隙排气

推管间隙排气如图 12-13 所示。

12.3.5 动、定模采用镶块结构排气

如图 12-14 所示，排气对保证塑料充满深的加强筋是绝对需要的。因为如果加强筋是整体形成的，只要加强筋的深度大于它宽度的 1.5 倍（塑

图 12-13 推管间隙排气

件加强筋超过 15～25mm），加强筋的底部就必须设置足够数量和大小的顶杆或排气杆以防止残存空气。动、定模采用镶块结构便于加工，防止电火花加工时的积炭，便于抛光。

12.3.6 利用浇道系统料道末端开设排气槽或冷料穴排气

如图 12-15 所示，这种方法可以使被注入的塑料流推向前端的空气，在到达浇口前能够溢出，以利于冷流道系统充模。这里的排气孔尺寸应与分型面排气孔一样，也可以做得窄一些。

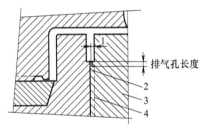

图 12-14 加强筋的镶件排气孔

1—排气孔；2—排气槽；3—镶块；4—排气道

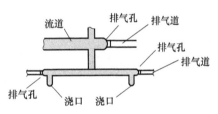

图 12-15 冷流道系统中典型的流道排气孔

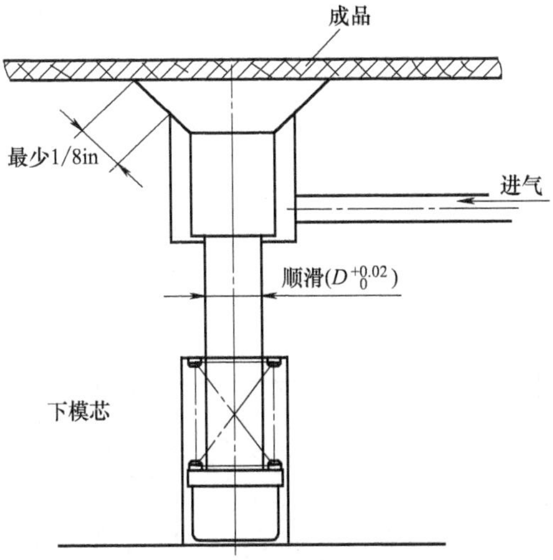

12.3.7 设置排气阀强制性排气

设置排气阀强制性排气，如图 12-16 所示。

12.3.8 采用"排气钢"排气

在排气困难的情况下，镶块采用"排气钢"，利用"排气钢"的气孔排气，如图 12-17 所示。

12.3.9 利用型芯排气

利用型芯排气，如图 12-18、图 12-19 所示。

12.3.10 利用模腔底部的排气

如图 12-20 所示，对模腔底部进行排气的目的是将注入塑料前方的空气排出去，与流道排气类似。同时当打开模具时，排气孔也会破坏

图 12-16 放气阀强制性排气

模腔中的真空，否则真空会将制品吸在模腔上，因而影响了正常的顶出。通常，这些排气孔要与压缩空气管线相连，以帮助制品松脱模腔。

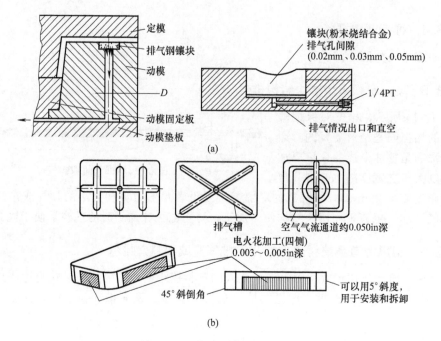

图 12-17 利用"排气钢"排气

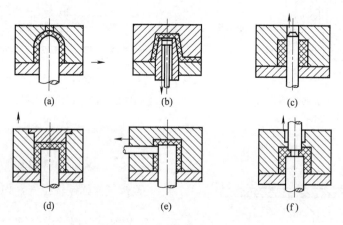

图 12-18 利用型芯排气（一）

如图 12-20（a）中所示，排气孔与塑料流成一直线；在图 12-20（b）中，则成 90°角，排气孔可以做得大一些，孔洞必须大到不会对快速排气造成限制为好。

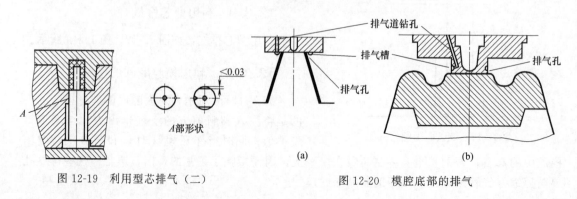

图 12-19 利用型芯排气（二）　　　　　图 12-20 模腔底部的排气

12.4　排气槽设计原则和要点

① 排气要保证迅速、完全、彻底，排气槽的平面布局要合理。排气速度要与充模速度相适应。排气间隙应尽可能大，但不能大到塑料可以进入排气间隙形成溢料。

② 排气槽尽量设置在塑件较厚的成型部位和熔料流径汇合处或料流的末端以及流道、冷料穴的末端位置。如果塑料流源于两点以上或是在浇口分流后重新熔接在一起的，预期会夹入空气的位置必须设置排气间隙（孔）。

③ 排气槽应尽量开设在分型面上，并开设在定模（凹模）一侧的分型面上，这样，便于加工排气间隙（根据塑件形状、特征、模具结构不同，排气间隙可考虑开设在动模一侧）。

④ 排气槽的排气方向不能朝向操作人员，以免烫伤操作人员，应开设在上方、下方和反操作侧。

⑤ 注意排气槽的表面粗糙度，应低于 $R_a 0.8 \mu m$ 以下，避免料槽堵塞，并能容易及时地清理排气槽的表面黏附物。排气孔的清理是很重要的。很多塑料都会在模塑面上留下少量的残余物，时间长了，这些残余物就会塞住排气孔。分型面排气孔在每个成型周期中都会被打开，可以随时方便地将其上的残余物或溢料清除干净。例如由顶杆提供的排气孔，它由于自身的运动可以自我清理，有时如果需要可以在敞开的模具中对其进行清理。

12.5　导柱孔开设排气槽

精度高的模具的导柱孔要开设排气槽，可避免合模时产生阻力，开设方法如图 12-21 所示，这样不但可以排气，如有垃圾也可以排掉。

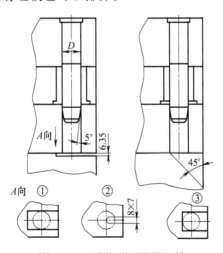

图 12-21　导柱孔开设排气槽

复习思考题

1. 排气有什么重要作用？
2. 注塑模具内的气体是从哪里来的？

3. 注塑模具内聚积的气体有什么危害性？

4. 注塑模具的排气途径和方法有哪些？

5. 排气槽的设计原则和要点是什么？

6. 分型面排气槽的深度、宽度和长度如何确定？

7. 二级排气深度、宽度和长度如何确定？

8. 在什么情况下必须增加进气机构？

9. 怎样判断模具的排气达到了较好的效果？

10. 导柱孔为什么要开设排气槽？

第13章 ▶▶ 侧向分型与抽芯机构

由于制品的特殊要求，而无法避免其侧壁内、外表面出现凹凸形状时，如图 13-1 所示，则塑件不能直接从模具中脱出，需要采取特殊的手段对所成型的制品进行脱模，就是采用动、定模与开模方向不一致的开模机构。当然，对于某些制品可选用软且弹性较好的材料（如聚丙烯、聚乙烯等），在侧壁凹凸形状不大的情况下，模具结构可采取二次顶出的方式对制品进行强制脱模。但是对于绝大多数塑料（如 PS、ABS、SAN、PC、PMMA 等）和在制品侧壁凹凸形状较大时，其模具结构采用强制脱模的方法是行不通的。因此，为解决制品侧壁内、外表面凹凸形状的脱模问题，模具中需要设置侧向分型与抽芯机构。

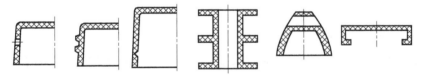

图 13-1　需要侧向分型与抽芯机构的典型制品

由于各种塑料制品的几何形状和尺寸千变万化，因此需要设计各种不同类型的抽芯机构，先完成侧向抽芯动作，然后再将制品从模具中顶出。但是侧向分型抽芯机构使模具变得更复杂，提高了模具的制造成本。一般来说，模具每增加一个侧向分型机构，其成本大约增加 30%，在模具注塑成型使用过程中需要维修或失效的概率也较高。因此，塑料制品在设计时应尽量避免侧向凹凸设计结构。本章列举的一些典型示例只供参考，还需要我们在认真分析和理解的基础上，在实际生产中留意观察和不断积累经验，才能有所改革和创新，解决制品形状更为复杂的抽芯问题。

本章将介绍常用的侧向分型抽芯机构的分类、结构和设计原则及要求。

13.1　侧向分型抽芯机构的定义

侧向分型与抽芯机构，通常把垂直于分型面的开模方向运动转变为侧向运动，传递给侧向瓣模块或侧型芯，从而将制品的侧向凹凸结构中的模具成型零件在制品推出之前脱离开制品，让制品能够顺利脱模。

13.2　侧向分型抽芯机构的分类

① 根据侧向分型抽芯机构的动力源不同，注射模的侧向分型与抽芯机构主要分为手动抽芯、机动抽芯、液压油缸（或气动）拉动滑块抽芯三大类。

② 根据侧向分型抽芯机构所处的位置不同，可分为定模或动模的内侧向型抽芯机构或外侧向型抽芯机构。

③ 根据侧向型抽芯机构的特点可分为以下七大类。

a. 斜导柱滑块抽芯机构。

b. 滑块弯销式侧向分型抽芯机构。

c. 斜向 T 形槽的滑块侧向抽芯机构。

d. 斜滑块侧向抽芯机构。

e. 滑块用油压油缸抽芯机构。

f. 斜顶杆侧向抽芯机构。

g. 浮块抽芯机构。

13.3 斜导柱滑块抽芯机构

13.3.1 斜导柱滑块抽芯机构原理

斜导柱侧向分型抽芯机构主要依靠注塑机上的开模力，通过传递给零件实现分型与抽芯。也就是说开模时斜导柱与滑块产生相对运动，滑块在斜导柱的作用下一边沿开模方向运动，另一边沿侧向运动，其中侧向的运动使模具的侧向成型零件脱离塑件内、外侧的凹凸抽芯结构。动模处的斜导柱滑块外侧抽芯机构是最常用的抽芯机构，抽芯动作瞬间完成，适用于自动化注塑成型效率较高的环境。斜导柱滑块抽芯机构的特点是结构紧凑、动作安全可靠、加工方便、侧抽芯距比较大，因此是当前注塑模具最常用的侧向分型与抽芯机构。斜导柱滑块抽芯结构如图 13-2 所示，图 13-3 (b) 是动模立体图。

13.3.2 斜导柱滑块抽芯机构的组成零件

斜导柱滑块抽芯机构的五个功能部分（动力、锁紧、成型、定位、导滑）由以下零件组成：斜导柱、楔紧块、导套、导套压板、内六角螺钉等（在定模），滑块、导滑槽、滑块压板及定位销、定位装置、耐磨块、导向条及弹簧、限位挡块等（在动模），如图 13-4 所示。

13.3.3 斜导柱滑块抽芯机构设计原则

① 斜导柱滑块抽芯要尽量避免定模抽芯，因为这样会使模具结构更复杂。也就是说滑块设置应优先考虑在动模处，斜导柱固定在定模处。当塑件有多组抽芯时，应尽量避免过长的斜导柱侧向抽芯。滑块设在定模的情况下，为保证塑件留在定模上，开模前必须先抽出侧向型芯，此时必须设置定向定距分型装置。

② 滑块的活动配合长度应大于滑块高度的 1.5 倍，如图 13-5 所示。但是汽车部件的模具很难做到这一点，所以大都应用了液压抽芯机构。

③ 滑块抽芯距必须大于成型凸凹部分 3~5mm（$L>l$、$S<L$），如图 13-5、图 13-6 所示。

④ 滑块完成抽芯动作以后，留在滑槽内的长度应大于整个滑槽长度的 2/3，避免滑块在开始复位时产生倾斜而损坏模具。

⑤ 斜导柱的夹角最大不得超过 23°（最好为 12°~18°），斜导柱与模板配合为 H8/m6。斜导柱的长度与直径关系为 $L/d>1$，斜导柱与滑块的斜导柱孔的配合间隙为 0.5~1mm。

⑥ 滑块与导滑槽和压板的配合为 H7/f7，见表 13-4。

⑦ 楔紧块的楔角要大于斜导柱角度 2°~3°，避免抽芯动作发生干涉。

⑧ 滑块抽出后必须有定位装置。滑块的侧面要求有弹簧，弹簧最好使用导向销，这样弹簧不易折断。注意导向销应有足够的固定长度。

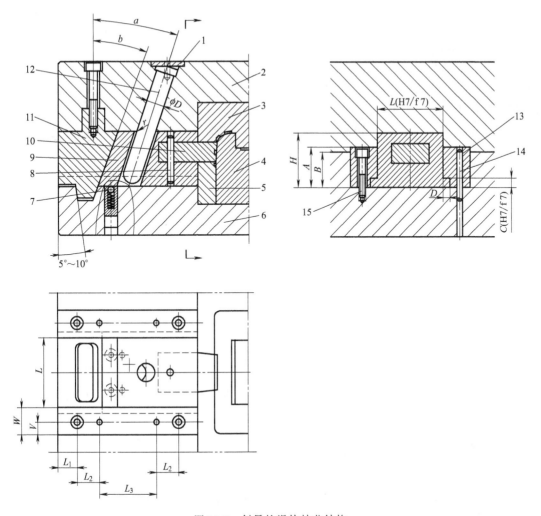

图 13-2 斜导柱滑块抽芯结构

1—斜导柱压块；2—定模 A 板；3—定模镶件；4—动模型芯；5—动模镶件；6—动模 B 板；7—定位珠；
8，14—定位销；9—滑块；10—侧向抽芯；11—楔紧块；12—斜导柱；13—滑块压块；15—螺钉

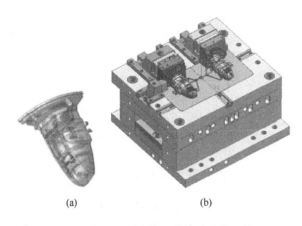

(a)   (b)

图 13-3 斜导柱滑块抽芯结构的动模立体图

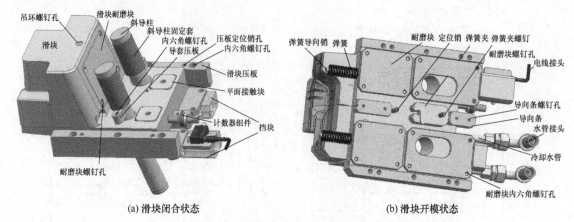

(a) 滑块闭合状态　　　　　　　　(b) 滑块开模状态

图 13-4　斜导柱滑块抽芯机构的组成

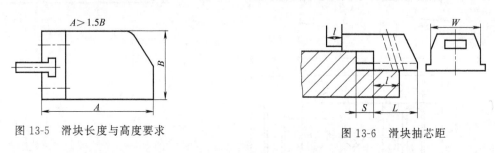

图 13-5　滑块长度与高度要求　　　　　　　图 13-6　滑块抽芯距

⑨ 滑块成型部分粗糙度在 $R_a 0.8 \mu m$ 以下，配合面粗糙度在 $R_a 1.6 \mu m$ 以下，非配合面表面粗糙度为 $1.6 \sim 3.2 \mu m$。

13.3.4　斜导柱滑块抽芯机构的具体要求

① 10kg 以上的大型滑块，需要打上吊环孔。

② 塑件要求高的大中型滑块，需要冷却装置，条件受到限制的成型部分用铍青铜材料。

③ 复杂、大型滑块考虑加工工艺需要和热处理方便及成本，把滑块做成组合结构，详见表 13-5。

④ 滑块成型件的分型面尽量做成平碰线，封闭宽度尺寸至少为 8mm，不要做成直线合模线。

⑤ 滑块成型部分深度较长、面积较大、包紧力较大的情况下，应计算抽拔力是否足够。

⑥ 设计滑块时应注意滑块的重心、压板槽的高低位置，以便于滑块移动畅顺，图 13-7 (a) 所示为重心偏高的情况，图 13-7 (b) 所示为调整重心到合适位置。

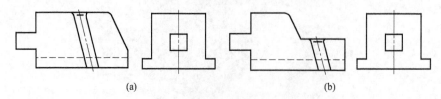

(a)　　　　　　　　　　　　　　　(b)

图 13-7　斜导柱滑块重心

⑦ 若把滑块斜边孔加大，或斜导柱的入口处倒角加大，会使滑块延迟开合，如图 13-8 (a) 所示。若把滑块的斜导柱孔单边加大，如图 13-8 (b) 所示，也会获得同样效果。

⑧ 滑块成型部分有顶杆时，如发生干涉时要先做复位机构。国外客户订单的模具，需

要经客户认可。

⑨ 滑块顶部与斜面交角处及楔紧块斜面入口处均为倒角或圆角。

⑩ 图 13-9 所示的是斜导柱滑块的典型规范结构，动、定模与滑块相对运动处都有斜度设计，防止动、定模与滑块相对运动时碰撞损坏。

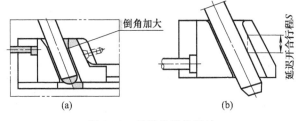

图 13-8　斜导柱滑块设计

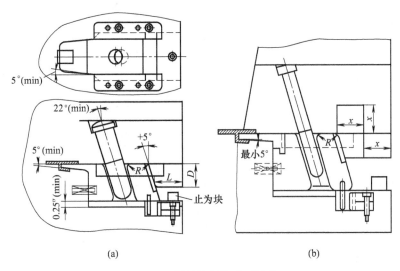

图 13-9　斜导柱滑块典型结构

13.3.5　斜导柱的设计要求

① 斜导柱大小和数量的推荐值见表 13-1。

表 13-1　斜导柱大小和数量的推荐值　　　　　　　　　　　　　　mm

滑块宽度	20~30	30~60	60~100	100~150	>150
斜导柱直径	6~10	10~15	15~20	15~20	20~25
斜导柱数量	1	1	1	2	2

② 斜导柱长度要求不能太短或太长，斜导柱伸入滑块的长度必须超过滑块高度的 2/3（即 $L_1 > 2L/3$），如图 13-10 所示，斜导柱最长不得超过模板外形。

③ 斜导柱常见固定方式见表 13-2，斜导柱与模板外的配合为 H7/m6 或 H7/k6。

13.3.6　楔紧块的结构形式及装配要求

① 楔紧块的结构形式见表 13-3，楔紧块的斜面与滑块的耐磨块斜面为无间隙接触配合（楔面的高度 h 要大于或等于滑块高度 H 的 $\dfrac{2}{3}$）。

② 楔紧块与模板的配合为过渡配合 H7/k6（H7/n6）。

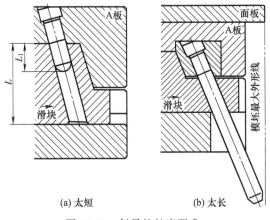

(a) 太短　　　　(b) 太长

图 13-10　斜导柱长度要求

表 13-2　斜导柱常见固定方式

简　图	说　明	简　图	说　明
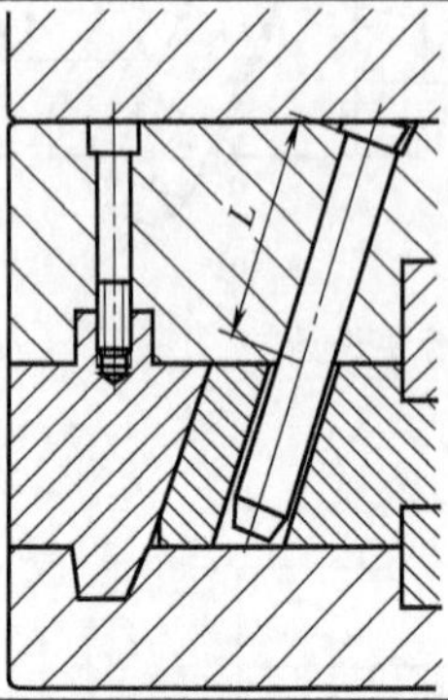	常用的固定方法，适宜用在模板较薄且面板与 A 模板不分开的情况下，配合面较长，稳定性较好，斜导柱和固定板的配合公差为 H7/m6	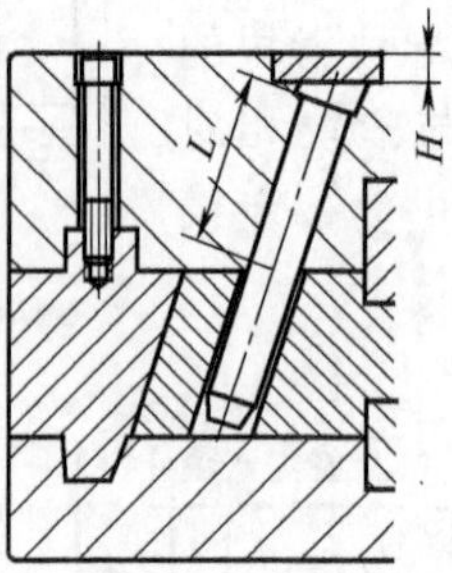	适宜用在模板较薄且面板与 A 模板可分开的情况下，配合面较长，稳定性较好
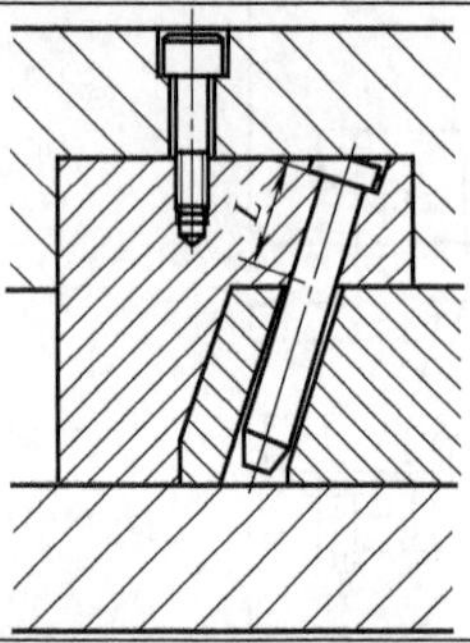	适宜用在模板厚、模具空间大的情况下，且二板模、三板模均可使用，配合长度 $L \geqslant (1.5 \sim 5)D$（$D$ 为斜导柱直径），稳定性较好	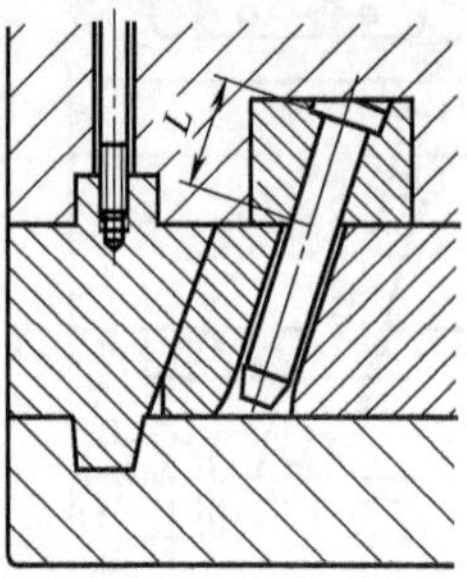	适宜用在模板较厚的情况下，二板模、三板模均可使用，配合面 $L \geqslant (1.5 \sim 5)D$（$D$ 为斜导柱直径）。这种装配稳定性不好，加工困难
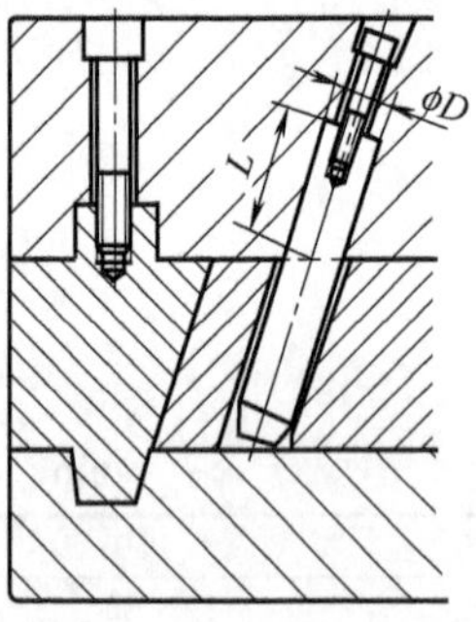	适宜用在模板较厚的情况下，且二板模、三板模均可使用，配合面 $L \geqslant (1.5 \sim 5)D$（$D$ 为斜导柱直径）。这种装配稳定性不好，加工困难	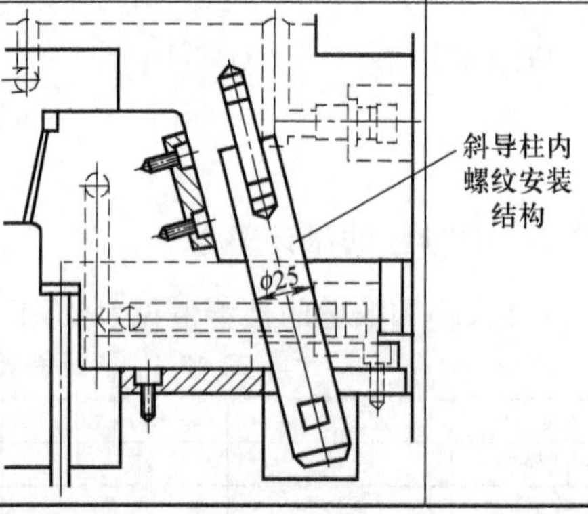	斜导柱内螺纹安装结构

表 13-3　楔紧块的形式及其装配简图

简　图	说　明	简　图	说　明
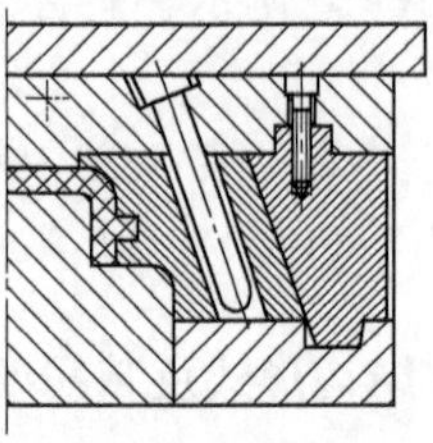	常规结构，采用嵌入式锁紧方式，刚性好，适用于锁紧力较大的场合	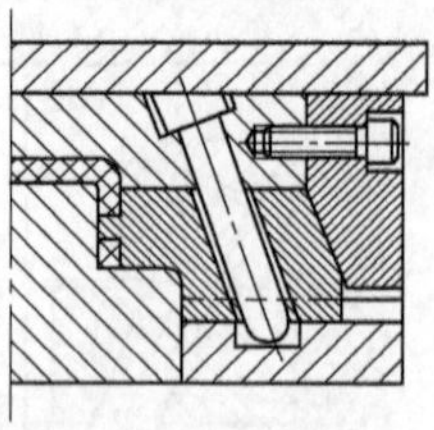	侧抽芯对模具长、宽尺寸影响较小，但锁紧力较小，适用于抽芯距离不大、滑块宽度不大的小型模具
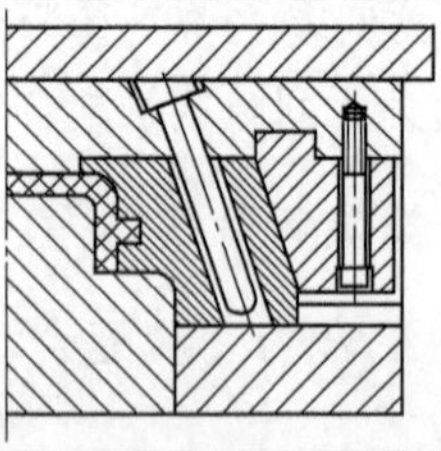	滑块采用镶拼式锁紧方式，通常可用标准件，可查标准零件表，结构强度好，适用于较宽的滑块	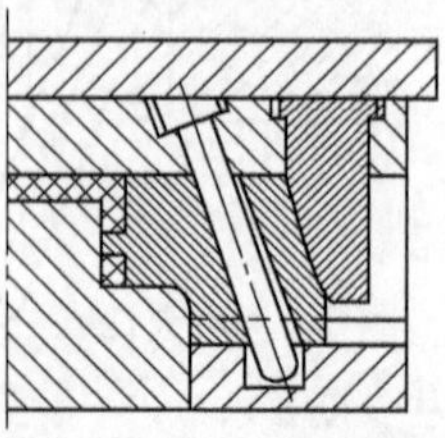	采用嵌入式锁紧方式，适用于较宽的滑块

续表

简　图	说　明	简　图	说　明
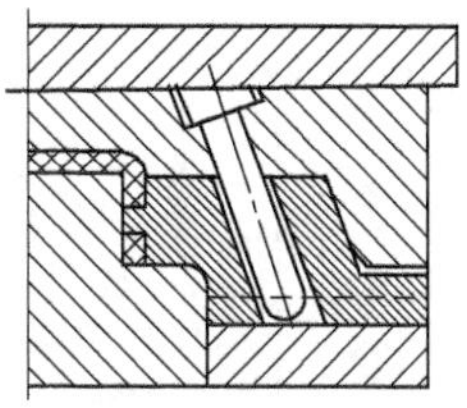	滑块采用整体式锁紧方式,结构刚性好,但加工困难,适用于小型模具	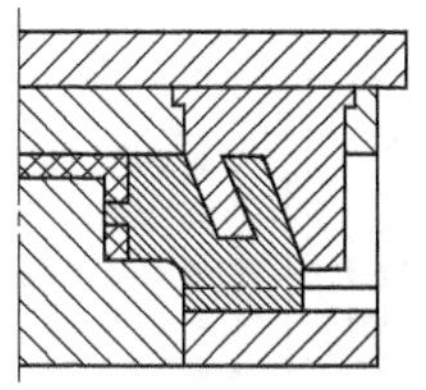	采用拨动兼止动,稳定性较差,一般用在滑块空间较小的情况下
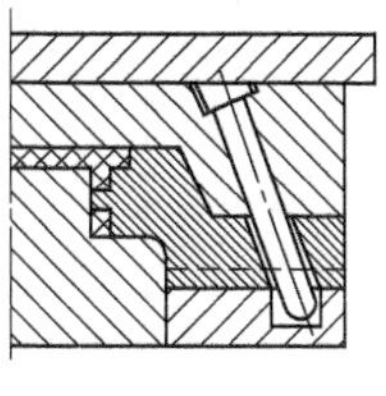	滑块采用整体式锁紧方式,结构刚性更好,但加工困难,抽芯距小,适用于小型模具	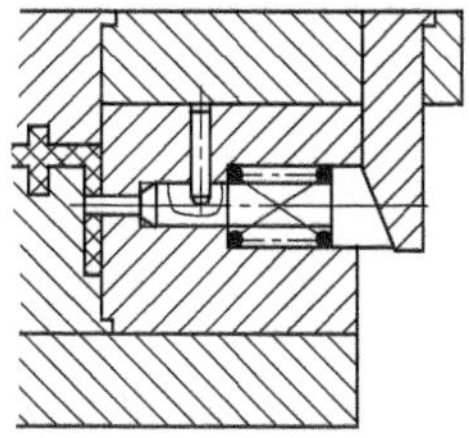	侧抽芯对模具长宽尺寸影响较小,适用于抽芯距离不大、包紧力较小、滑块宽度不大的小型模具
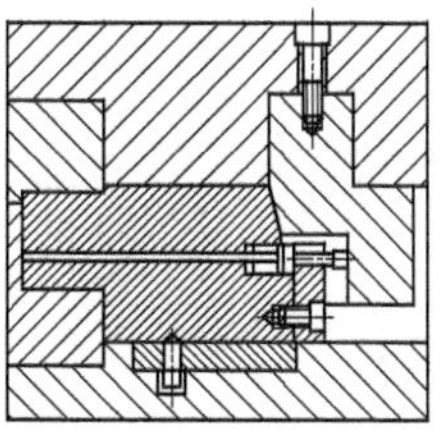	当塑件对滑块或侧抽芯有较大的黏附力(如接触面积较大)或包紧力(如侧面有深孔或深槽等)时,抽芯时易将塑件拉变形。此时要在滑块中增加推杆,在抽芯初期由推杆推住塑件,使塑件不致变形	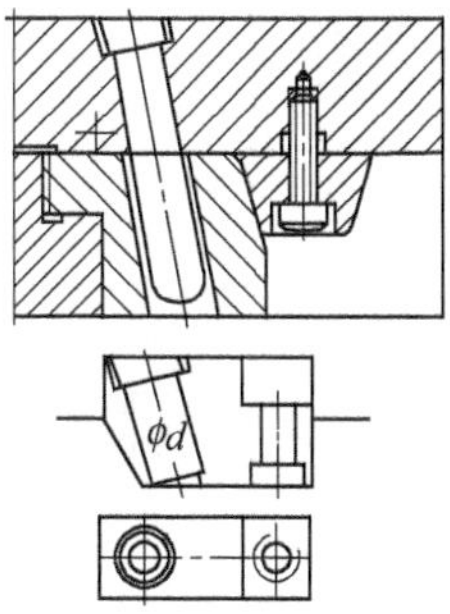	楔紧块嵌入模板,并用内六角螺钉固定,适用于制品投影面积不大的情况 采用楔紧块与斜导柱固定块在一起的标准件

13.3.7　滑块的导滑部分形式和装配要求

① 常用滑块与导滑槽的配合形式和装配要求见表 13-4,配合面为 H7/f6,非配合面的间隙为 0.5～1mm。

② 滑块宽度超过 160～200mm 时需在中间加导向条,如表 13-4 所示。

③ 每件滑块压条必须用 2～3 个螺钉和 2 个定位销,如图 13-11 (a) 所示。当滑块压板长度较短,内六角螺钉与定位销空间位置不够时,可采用嵌入式压条,就不需要定位销了,如图 13-11 (b) 所示。

表 13-4　滑块的导滑部分形式和装配要求

简　图	说　明	简　图	说　明
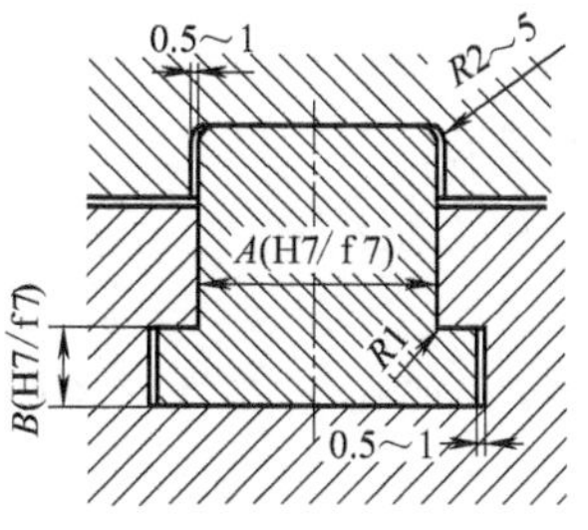	采用整体式加工困难,一般用在模具较小的场合	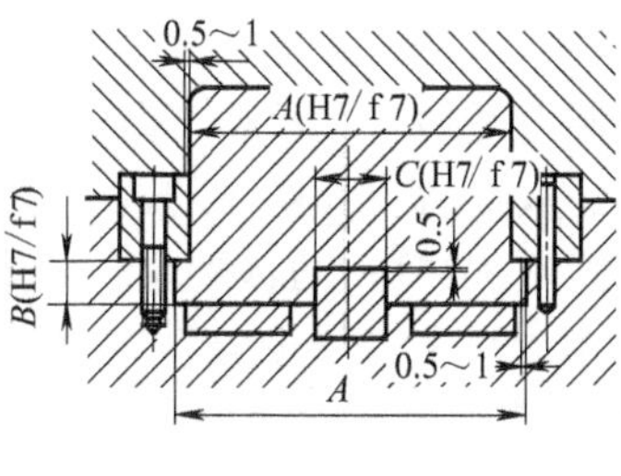	滑块长度 A 超过 160～200mm 时,中间须加导向条

简　图	说　明	简　图	说　明
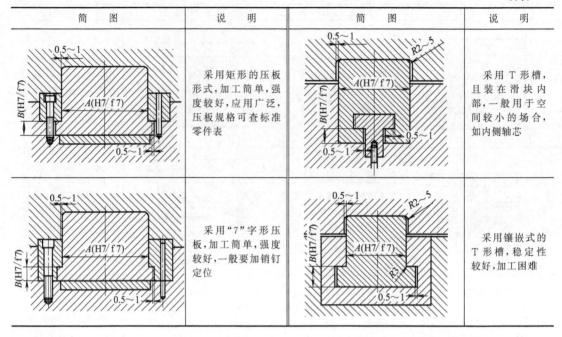	采用矩形的压板形式,加工简单,强度较好,应用广泛,压板规格可查标准零件表		采用 T 形槽,且装在滑块内部,一般用于空间较小的场合,如内侧轴芯
	采用"7"字形压板,加工简单,强度较好,一般要加销钉定位		采用镶嵌式的 T 形槽,稳定性较好,加工困难

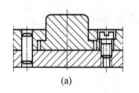
(a)
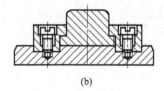
(b)

图 13-11　　滑块与导滑槽的配合形式

④ 滑块的压板台阶处的宽度与高低尺寸要求与模板大小相对称。

13.3.8　滑块的定位基准的确定及定位装置

滑块的定位面就是滑块的设计基准,也是尺寸标注基准。大型模具的大滑块最好设置在水平两侧方向,如果滑块位置在天侧,则推荐用液压缸抽芯装置或用外拉式弹簧,最好采用 DME 滑块定位装置。

① 合模时滑块定位的一般要求如下

a. 定位面应选取平面。

b. 当滑块作相对定位时,定位面斜度要求单边在 5°以上。

c. 如图 13-12 所示滑块的定位面都好。

d. 图 13-13 (a) 所示定位不好,图 (b)、(c) 所示定位效果好。

② 滑块的定位装置有三大类。

a. 碰珠弹簧装置适用于小模具,滑块重量为 3kg,如图 13-14 所示。

b. 滑块的定位夹装置,如图 13-15 所示,其定位可靠,适用于中大型模具。

c. 弹簧外拉式定位结构,如表 13-5 所示。

③ 斜导柱的滑块机构最好设置在模具的下方、左右的水平位置,如在上方位置要用图 13-14 所示的弹簧装置或液压缸结构抽芯,防止闭模时滑块跌落。

④ 常见滑块的定位方式有弹簧夹和弹簧,见表 13-5。使用弹簧固定有以下几种:滑块

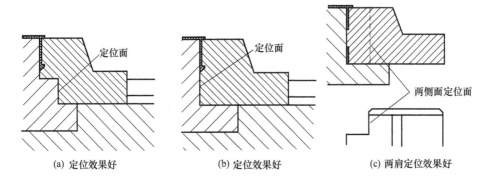

图 13-12 滑块的定位面（一）

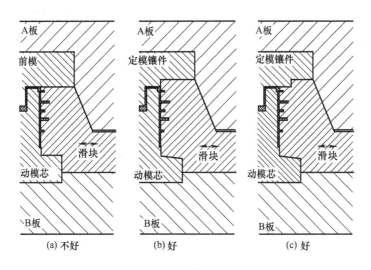

图 13-13 滑块的定位面（二）

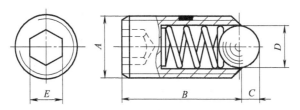

图 13-14 碰珠弹簧装置

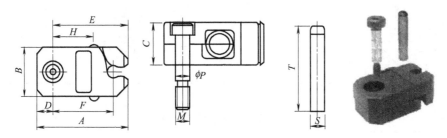

图 13-15 滑块定位夹

内侧加压缩弹簧、滑块外侧加压缩弹簧、模具外形加支架，挡块侧面加压缩弹簧。

表 13-5　常见滑块的定位方式

简　图	说　明	简　图	说　明
	利用弹簧及滚珠定位,一般用于滑块较小或抽芯距较长的场合,多用于两侧向抽芯		利用"弹簧＋销钉(螺钉)"定位,弹簧强度为滑块重量的 1.5～2 倍,常用于向下和侧向抽芯
	利用"弹簧＋螺钉"定位,弹簧强度为滑块重量的 1.5～2 倍,常用于向下和侧向轴芯		侧抽芯定位夹只适用于侧向抽芯和向下抽芯;根据侧抽芯重量选择侧抽芯夹
	利用弹簧螺钉和挡块定位,弹簧强度为滑块重量的 1.5～2 倍,适用于向上抽芯		SUPERIOR 侧抽芯锁只适用于侧向抽芯和向下抽芯 SLK-8A 适合 8lb 以下或 3～6kg 滑块;SLK-25K 适合 25lb 或 11kg 以下滑块
	利用"弹簧＋挡块"定位,弹簧的强度为滑块重量的 1.5～2 倍,适用于滑块较大、向下和侧向抽芯		滑块内侧加压缩弹簧
	滑块外侧加压缩弹簧		模具外形加支架,滑块侧面加压缩弹簧和挡块装置

13.3.9　组合式滑块的连接机构及滑块镶芯结构要求

　　滑块有整体式与组合式两种。采用组合式滑块时，需要将侧向抽芯紧固在滑块上。常见的连接方式见表 13-6。

（1）组合式滑块设计的使用场合

① 滑块成型形状与滑块本体的尺寸或形状差异较大时，滑块的成型与本体交接处，由于应力原因，造成过早折断或变形。为了避免这种情况发生，同时从节约成本的角度出发，应尽量采用镶芯组合结构，减少了不必要的钢材浪费。

② 精度较高的难以一次加工到位。

③ 形状复杂、整体加工困难。

④ 圆形的侧抽芯。

⑤ 不需要整体热处理的滑块。

表 13-6　滑块和侧抽芯的连接方式

简　图	说　明	简　图	说　明
	滑块采用整体式结构，一般适用于型芯较大、较好加工、强度较好的场合		采用销钉固定，用于侧抽芯不大、非圆形的场合
	嵌入式镶拼方式，侧抽芯较大、较复杂，分体加工较容易制作		采用螺钉固定，用于型芯成圆形且型芯较小的场合
	标准的镶拼方式，采用螺钉固定形式，用于型芯成方形或扁平结构且型芯不大的场合，$A > B = 5 \sim 8\text{mm}$，$C = 3 \sim 5\text{mm}$		压板式镶拼方式，采用压板固定，适用于固定多个型芯

（2）组合式滑块的镶块设计

① 标准的镶拼方式，适用于小型的侧抽芯，要注意侧抽芯的定位，除了表 13-6 中所示的上下定位外，还可以左右定位，见图 13-16。小型侧抽芯的成型部分可做成连接式的，要求牢固装配在滑块上，不能松动。

② 嵌入式镶拼方式，适用于较大型的侧抽芯，H 一般取 $12 \sim 14\text{mm}$，见图 13-17。

③ 压板式镶拼方式，适用于圆形的镶件或者多个镶件的侧抽芯，压板可以采取嵌入式或者定位销定位；如果是圆形侧抽芯，要设计防转结构，见图 13-18。

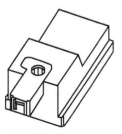

图 13-16　侧抽芯定位

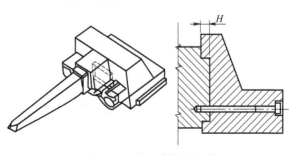

图 13-17　嵌入式镶拼方式

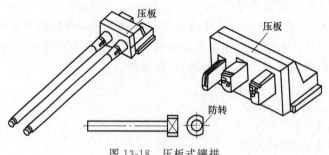

图 13-18　压板式镶拼

13.3.10　斜导柱滑块的耐磨块结构和要求

① 大型滑块楔紧处需要用耐磨块，耐磨块斜面高于模块斜面滑块 0.5～0.8mm，热处理的硬度要求为 50～55HRC。

② 滑块的底面须有耐磨垫铁。耐磨块的长度等于滑块底部长度加上抽拔行程长度。精度高的模具，要求模具采用自润滑的导轨和耐磨垫铁，如图 13-19 所示。

③ 滑块与其相配合的零件（滑块压板、滑块底下的耐磨块），不能使用相同材料，如采用相同材料滑块硬度要求比其相配合的零件高 5HRC 左右。

④ 滑块底部的耐磨块和压板要开设油槽并符合要求。

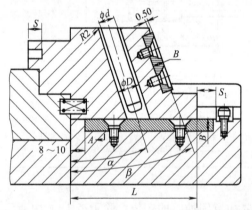

① 一般情况: $\beta = \alpha + 2°$
如果滑块较低: $\beta = \alpha + 3°$
如果滑块较高: $\beta = \alpha + 1°$
② 一般情况: $D = d + (1 \sim 1.5 \text{mm})$
如果需要延时抽芯，则 D 根据延时需要加大
③ 一般要求 $L \geqslant 1.5S$
④ 滑块行程: 一般情况下 $S_1 = S + (2 \sim 5 \text{mm})$
当侧向分型面积较大时，侧抽芯会影响塑件取出，此时最小安全距离取5～10mm甚至更大一些都可以。
当侧向抽芯为隧道孔抽芯时，安全距离取1mm

图 13-19　滑块的斜耐磨与结构要求

13.3.11　滑块压板和耐磨块的油槽设计要求

压板和耐磨块都需开设油槽（含有石墨的不需开设油槽），油槽要按照以下要求开设。

① 所有滑动表面，其中一件零件必须是油槽，适用于压板、滑块底部、斜顶杆或耐磨块处。

② 油槽形状为 S 形、X 形、圆形，截面形状应圆滑、去除棱角，油槽为 0.50mm 深、2～2.5mm 宽，油槽转角处必须是圆角，圆角最小半径为 0.2mm。油槽形状最好是 X 形或 S 形，如图 13-22 所示的圆形数量太多，摩擦力太大，不建议采用。

③ 油槽数量不能太多，最多不要超过 3 个，压板油槽的形状如图 13-20 所示。

④ 油槽平面不得有毛刺，油槽要求封闭，不能漏油。

⑤ 油槽开设的位置与压板外形的最小距离为 2mm，如图 13-20 所示。油槽不得破边，如图 13-21 所示。

⑥ 耐磨块油槽的设计，圆形加工方便，但摩擦力较大，如图 13-22 所示，最好设计成 X 形或 S 形。

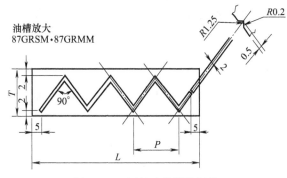

图 13-20　压板油槽设计规范

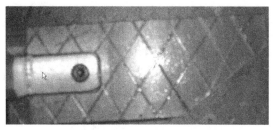

图 13-21　油槽开设错误

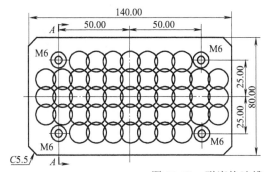

图 13-22　耐磨块油槽

13.4　斜导柱滑块抽芯机构的结构类型

13.4.1　斜导柱在定模边，驱动八个拼合滑块在动模的抽芯机构

该抽芯机构如图 13-23 所示。

13.4.2　斜导柱、滑块同在定模的抽芯机构

斜导柱、滑块同在定模，需要三开模抽芯，适用于顺序脱模机构件。开模时由于摆

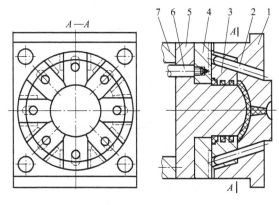

图 13-23　斜导柱抽芯机构
1—定模模套；2—斜销；3—滑块；4—推
件板；5—型芯；6—推杆；7—支架

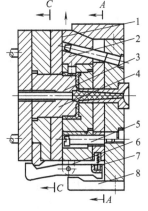

图 13-24　斜导柱、滑块同在定模的抽芯机构
1—推件板；2—滑块；3—推杆；4—型芯；
5—定距螺钉；6—摆钩；7—弹簧；8—压块

钩 6 的连接作用，使 *A—A* 面先分型，同时滑块 2 完成抽芯动作，如图 13-24 所示。最后 *C—C* 面（动、定模分型面）开模。

13.4.3　斜导柱、滑块同在动模的抽芯机构

滑块 1 装在推件板 2 的滑槽内，开模时，在顶杆 3 的作用下，同时完成脱模和两个抽芯动作，如图 13-25 所示。图 13-26 所示为类似结构。

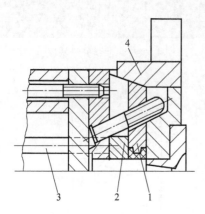

图 13-25　斜导柱和滑块同在动模的机构（一）

1—滑块；2—推件板；3—推杆；4—楔紧块

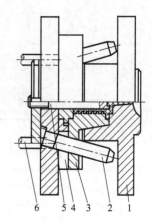

图 13-26　斜导柱和滑块同在动模的机构（二）

1—座板；2—斜导柱；3—滑块；4—动模推件板；
5—型芯；6—推杆

13.4.4　斜导柱在动模、滑块在定模的抽芯机构

斜导柱在动模、滑块在定模的抽芯机构如图 13-27 所示，在弹簧的作用下，先在 *A* 面分开；滑块 2 抽芯，在限位钉 4 的作用下，*B* 面分开；最后由顶杆顶出塑件。图 13-28 所示为类似结构，型芯 7 为分模限位结构。

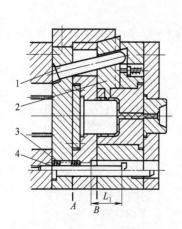

图 13-27　斜导柱定模抽芯（一）

1—斜导柱；2—滑块；3—弹簧；4—限位钉

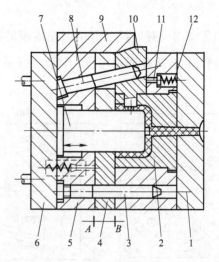

图 13-28　斜导柱定模抽芯（二）

1—定模座板；2—凹模；3—导柱；4—推件板；
5—型芯固定板；6—支撑板；7—型芯；8—斜导柱；
9—楔紧块；10—滑块；11—定位钉；12—弹簧

13.4.5　斜导柱、滑块同在动模的滑块内侧抽芯机构

动模顺序分型的滑块内侧抽芯机构（斜导柱、滑块同在动模），在弹簧 4 的作用下，先由 A—A 面分模，完成内侧抽芯动作；然后 B—B 面分型，C—C 面推板顶出塑件，如图 13-29 所示。

13.4.6　滑块加斜导柱定模内侧抽芯

如图 13-30 所示是两次分型，制品内形在定模、外形在动模的不同于常规设计的模具结构。定模盖板 7 与定模板 9 在弹簧 2 的作用下先松动，使楔紧块与滑块有间隙，然后滑块在定模的斜导柱的作用下，使滑块内侧抽芯。

13.4.7　动模内侧抽芯

动模内侧抽芯，如图 13-31 所示，斜导柱与楔紧块都在动模处，滑块在推板处。

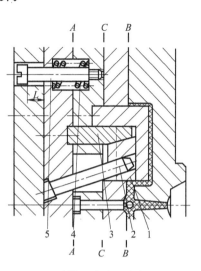

图 13-29　动模顺序分型内侧抽芯机构
1—滑块；2—斜导柱；3—楔
紧块；4—弹簧；5—限位钉

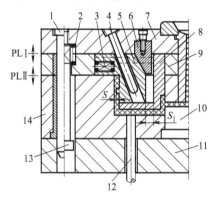

图 13-30　定模内侧抽芯
1—导柱；2,3—弹簧；4—斜导柱；5—滑块；
6—楔紧块动模型芯；7—定模盖板；8—定模镶件；9—定模板；10—动模镶件；11—动模垫板；12—推杆；13—小拉杆；14—动模板

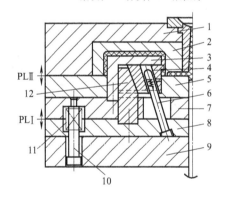

图 13-31　动模内侧抽芯
1—定模 A 板；2—定模型芯；3—动模型芯；4—滑块；5—推板；6—斜导柱；7—动模 B 板；8—斜导柱固定板；9—托板；10—限位钉；11—弹簧；12—楔紧块

13.4.8　多向抽芯机构

同一滑块多个方向的抽芯机构（斜滑块、斜滑槽联合抽芯机构），如图 13-32 所示。

13.4.9　多滑块分级抽芯

当塑件与侧抽芯有较大的接触面积时，由于塑件对侧抽芯的包紧力和黏附力较大，在侧向抽芯过程中塑件会被侧抽芯拉出变形甚至断裂，因此必须设置多滑块分级抽芯机构（图 13-33）或者滑块上的推杆与滑块分级抽芯机构。在滑块上增加推杆，在抽芯过程中，由推杆顶住塑件使之不致损坏，如图 13-34、图 13-35 所示。

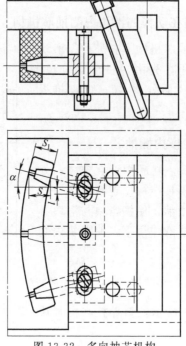

图 13-32　多向抽芯机构

$$L \geqslant S\tan\alpha, \quad S = S_1\cos\alpha$$

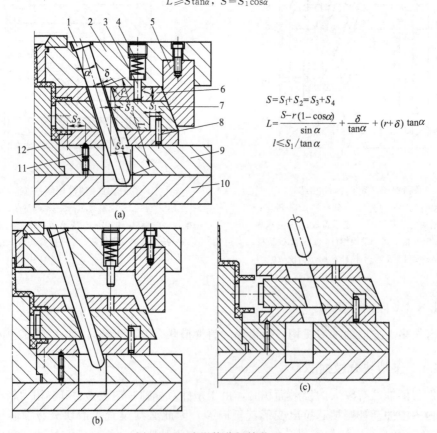

(a)

$$S = S_1 + S_2 = S_3 + S_4$$

$$L = \frac{S - r(1-\cos\alpha)}{\sin\alpha} + \frac{\delta}{\tan\alpha} + (r+\delta)\tan\alpha$$

$$l \leqslant S_1/\tan\alpha$$

(b)　　(c)

图 13-33　多滑块分级抽芯（一）

1—斜导柱；2—定模 A 板；3—延时销；4—弹簧；5—楔紧块；6—大滑块；7—小滑块；
8—小滑块挡销；9—动模 B 板；10—托板；11—定位珠；12—动模型芯

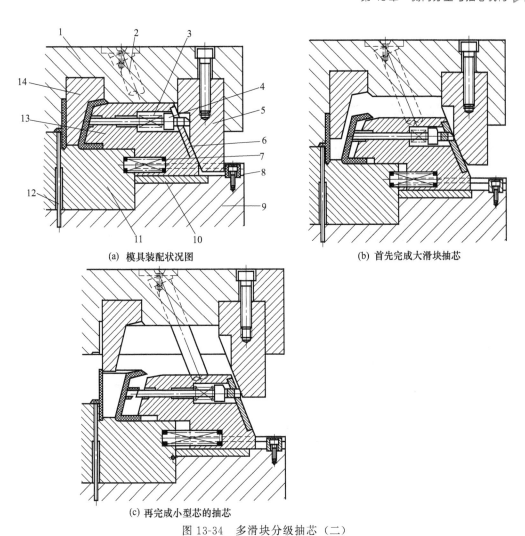

(a) 模具装配状况图　　　　　　　(b) 首先完成大滑块抽芯

(c) 再完成小型芯的抽芯

图 13-34　多滑块分级抽芯（二）

1—定模 A 板；2—斜导柱；3，7—弹簧；4—侧抽芯；5—楔紧块；6，10—耐磨块；8—挡销；

9—动模 B 板；11—动模镶件；12—推杆；13—滑块；14—定模型芯

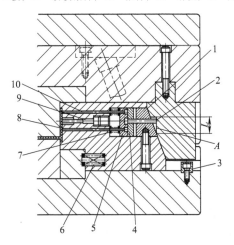

图 13-35　滑块上加推杆侧抽芯

1—挡块；2—复位杆；3—限位柱；4—推杆底板；5，8，10—推杆

固定板；6，7—弹簧；9—侧抽芯

13.4.10 多向组合抽芯

当制品抽芯处形状较为复杂时，一次抽芯时制品会发生变形或不能达到抽芯的目的，就要如图 13-36 所示分两次抽芯。小滑块 7 在滑块斜面的作用下先向下抽芯，如图 13-36（b）所示，然后斜导柱继续抽芯，滑块 8 带动小滑块完成了侧抽芯，最后完成了抽芯动作。

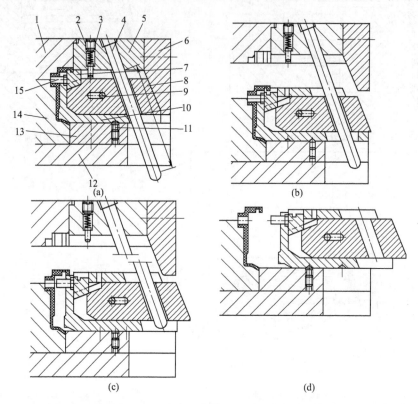

图 13-36　多向组合抽芯及其抽芯过程

1—定模镶件；2—弹簧；3—延时销；4—斜导柱；5—定模 A 板；6—楔紧块；7—小滑块；8—滑块；
9—挡销；10—大滑块；11—定位珠；12—托板；13—动模 B 板；14—动模型芯；15—侧抽芯

13.5　先复位机构

当模具闭合时，顶杆顶出的最高位置高于滑块的底面时，顶杆与滑块就会发生干涉，顶杆用复位杆复位，滑块复位先于顶杆复位，致使活动侧型芯碰撞顶杆而损坏，如图 13-37 所示。解决办法是采用先复位机构，如图 13-38 所示，就不会发生干涉了。

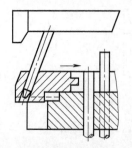

图 13-37　滑块与推杆发生干涉

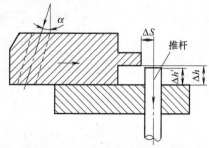

图 13-38　滑块与推杆不发生干涉

13.5.1　连杆式先复位机构

常用的先复位机构有连杆式先复位机构，如图 13-39 所示。

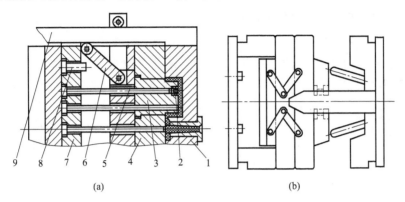

(a)　　　　　　　　　　　　　(b)

图 13-39　连杆式先复位机构
1—固定模板；2—镶件；3—型芯；4—移动模板；5—顶杆；
6—杠杆；7—顶板；8—复位杆；9—楔板

13.5.2　摆杆先复位机构

摆杆先行复位机构如图 13-40 所示。合模过程中由装在定模上的楔形杆 1 推动滚轮 2 旋转，楔形杆继续下行作用于滚轮摆杆 3 使之朝箭头方向摆动，同时推动推出机构复位。由楔形杆的长短来调节先行复位的时间，楔形杆和滚轮摆杆在模具上应成对对称安装。

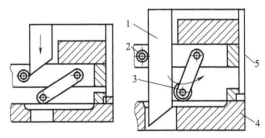

图 13-40　摆杆先复位机构
1—楔形杆；2—滚轮；3—滚轮摆杆；4—推板；5—推杆

13.5.3　三角滑块先复位机构

三角滑块先复位机构如图 13-41 所示。合模时固定在定模板上的楔形杆 1 与三角滑块 4 作用，斜导柱 2 与侧型芯滑块 3 相接触，在楔形杆作用下，三角滑块在推管固定板 6 的导滑槽内向下移动的同时迫使推管固定板向左移动，使推管先于侧型芯滑块复位，从而避免两者发生干涉。

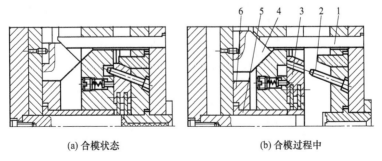

(a) 合模状态　　　　　　　　(b) 合模过程中

图 13-41　三角滑块先复位机构
1—楔形杆；2—斜导柱；3—侧型芯滑块；4—三角滑块；5—推管；6—推管固定板

13.6 滑块弯销式侧向分型抽芯机构

13.6.1 弯销抽芯机构的常规机构

（1）弯销抽芯机构的原理

其原理和斜导柱抽芯机构的原理基本相同，只是在结构上用弯销代替斜导柱，见图 13-42。由于弯销既可以抽芯，又可以压紧滑块，因此它不再需要锁紧块。弯销倾斜角度设计同斜导柱。这种抽芯结构的特点是：倾斜角度大，抽芯距大于斜导柱抽芯距，脱模力也较大，必要时，弯销还可由不同斜度的几段组成，先以小的斜度获得较大的抽芯力，再以大的斜度段来获得较大的抽芯距，从而可以根据需要来控制抽芯力和抽芯距。

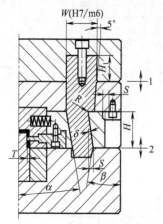

图 13-42　定模弯销抽芯机构

（2）设计要点

在设计弯销抽芯结构时，应使弯销和滑块孔之间的间隙稍大一些，避免锁模时相碰撞。一般间隙在 0.5～0.8mm。弯销和支撑板的强度，应根据脱模力的大小，或作用在型芯上的熔体压力来确定。在图 13-42 所示的弯销抽芯结构中：

$\alpha = 15° \sim 25°$（α 为弯销倾斜角度）；$\beta = 5° \sim 10°$（β 为反锁角度）；$H_1 > 1.5W$（H_1 为配合长度）；$S = T + (2 \sim 3)$mm（S 为滑块需要水平运动距离；T 为成品倒钩）；$S = H\sin\alpha - \delta/\cos\alpha$（$\delta$ 为弯销与滑块间的间隙，一般为 0.5～0.8mm；H 为弯销在滑块内的垂直距离）。

13.6.2 弯销内侧抽芯机构

用于成型胶件内壁侧凹或凸起，开模时滑块向胶件"中心"方向运动。其典型结构如下。

① 如图 13-43 所示，内侧抽芯成型胶件内壁侧凹。内滑块 3 在斜销 5 的作用下移动，完成对胶件内壁侧凹的分型，斜销 5 与滑块 3 脱离后，内滑块 3 在弹簧 6 的作用下使之定位。

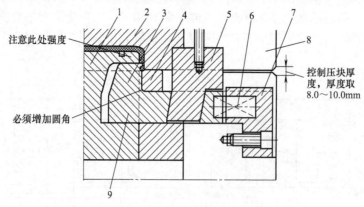

图 13-43　动模内侧抽芯机构

1—动模镶芯；2—定模镶芯；3—内滑块；4—内滑块座；5—斜销；6—弹簧；

7—弹簧座；8—定模座；9—动模座

② 如图 13-44 所示，滑块 3 上直接加工斜尾，开模时内滑块 3 在镶块 6 的斜面驱动下移动，完成内壁侧凹分型。此形式结构紧凑，内滑块宽度不受限制，占用空间小。

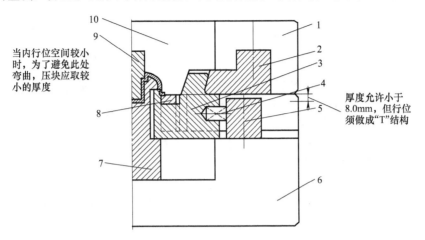

当内行位空间较小时，为了避免此处弯曲，压块应取较小的厚度

厚度允许小于 8.0mm，但行位须做成"T"结构

图 13-44　内侧抽芯机构

1—定模板；2—斜钩块；3—内滑块；4—弹簧挡块；5—挡块；

6—动模板镶块；7—动模芯；8—压板；9—镶块；10—定模芯

13.6.3　无楔紧块动模的内侧、外侧抽芯

无楔紧块动模外侧抽芯如图 13-45 所示。

13.6.4　有楔紧块动模外侧抽芯

有楔紧块用弯销动模外侧抽芯，如图 13-46 所示。

13.6.5　动模外侧延时抽芯

有楔紧块弯销与滑块有间隙，先让楔紧块与滑块脱离，然后弯销带动滑块实现外侧抽芯，如图 13-47 所示。

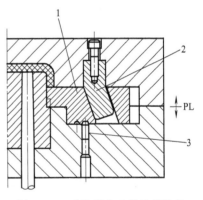

图 13-45　无楔紧块动模外侧抽芯

1—滑块；2—弯销；3—定位珠

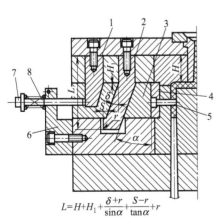

$$L=H+H_1+\frac{\delta+r}{\sin\alpha}+\frac{S-r}{\tan\alpha}+r$$

图 13-46　有楔紧块动模外侧抽芯

1—楔紧块；2—弯销；3—滑块；4—倒抽芯；

5—侧抽芯；6—挡块；7—螺钉；8—弹簧

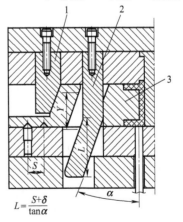

$$L=\frac{S+\delta}{\tan\alpha}$$

图 13-47　有楔紧块动模外侧延时抽芯

1—楔紧块；2—弯销；3—滑块

13.6.6 动模型芯内侧抽芯

动模内侧抽芯如图 13-48 所示。

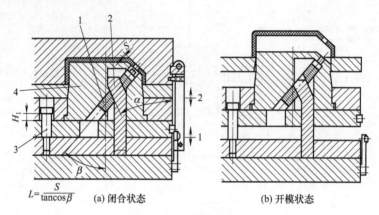

$$L=\frac{S}{\tan\cos\beta}$$

(a) 闭合状态　　　　(b) 开模状态

图 13-48　动模内侧抽芯

1—滑块；2—弯销；3—限位钉；4—动模型芯

13.6.7 弯销分级抽芯

如图 13-49 所示，其中图（a）、（c）是装配图（b）的抽芯过程图，即完成第一次抽芯

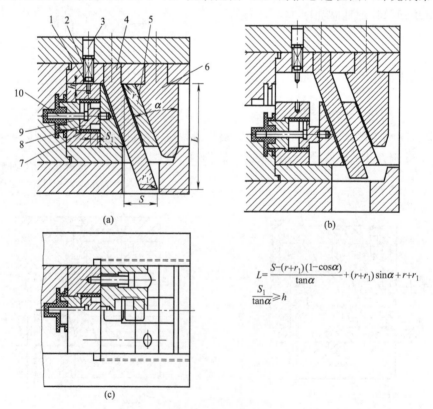

(a)　　　　　　　　　　(b)

(c)

$$L=\frac{S-(r+r_1)(1-\cos\alpha)}{\tan\alpha}+(r+r_1)\sin\alpha+r+r_1$$

$$\frac{S_1}{\tan\alpha}\geqslant h$$

图 13-49　弯销分级抽芯

1—延时销；2—弹簧；3—无头螺钉；4—弯销；5—大滑块；6—楔紧块；

7—镶套；8—小滑块；9—大侧抽芯；10—小侧抽芯

的情形, 弯销先将小侧抽芯 10 拉出距离 S_1, 接着模具继续打开, 弯销 4 再将大侧抽芯 9 和小侧抽芯 10 同时拉出。

13.6.8　斜弯销侧向抽芯机构

图 13-50 中, 图 (a) 所示是内侧弯销抽芯, 图 (b) 所示是外侧两级弯销抽芯。

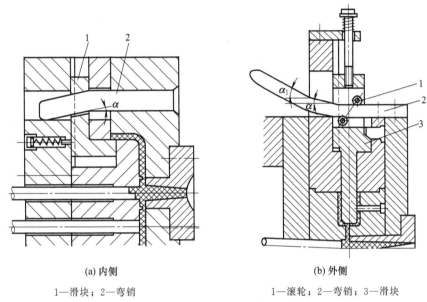

(a) 内侧	(b) 外侧
1—滑块；2—弯销	1—滚轮；2—弯销；3—滑块

图 13-50　斜弯销侧向抽芯机构

13.7　斜滑块加 T 形块的侧向抽芯机构

13.7.1　斜滑块在动模侧

斜滑块在动模侧, T 形块在定模侧, 如图 13-51 所示。

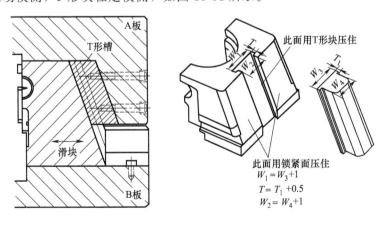

$$W_1 = W_3 + 1$$
$$T = T_1 + 0.5$$
$$W_2 = W_4 + 1$$

(a)　　　　　　　　　　(b)

图 13-51

α的取值范围

| α | 15° | 17° | 20° | 23° | 25° |

T形块规格　　　　　mm

型号	W_1	W_2	T_1	T_2	T	M
A型	45	30	8	10	33	M10
B型	70	50	10	12	40	M12
C型	105	80	14	16	50	

R重要，防止开裂　　(c)

图 13-51　"动模滑块＋T形块"装配图

13.7.2　斜滑块在动模顶出侧向抽芯机构

斜滑块在动模处，用顶棒顶动滑块沿套壳向上运动，达到侧向抽芯的目的，同时顶出制品，如图 13-52 所示。

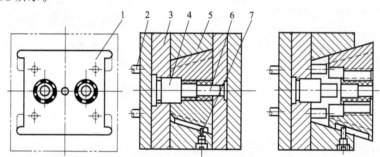

图 13-52　斜滑块侧向抽芯机构

1—斜滑块；2—推杆；3—型芯固定板；4—型芯；5—模套；6—定模型芯；7—限位钉

13.7.3　定模滑块+T形块

如图 13-53 所示，T形块和滑块都在定模，并在定模处设置弹簧，开模时弹簧推动滑块。此结构的 T形块斜面和滑块斜面的角度 a 一般取 5°以上，角度太小，滑块不易弹出。$S=S_1+2$，$S_2=S+2$（S 是弹块抽芯行程，S_1 是产品脱模行程、S_2 是拉钩避空槽尺寸），挡块沉入动模座深度 $H_1=5mm$，侧面宽度 $T=8.5mm$，拉钩厚度 H_2 有 20mm 和 25mm 两种规格。"定模滑块＋T形块"装配图及相关规格。另一边斜滑块外形角度要求大于10°以上设计，避免斜滑块脱不开。

13.7.4　"滑块+T形块"的侧向抽芯机构

"滑块＋T形块"的侧向抽芯机构，如图 13-54～图 13-59 所示。

① 浇口浇注系统二板半模定模外侧抽芯，见图 13-54。

② 三板模定模外侧抽芯，见图 13-55。

③ 假三板模定模外侧抽芯，见图 13-56。

④ 二板半模定模内侧抽芯，见图 13-57。

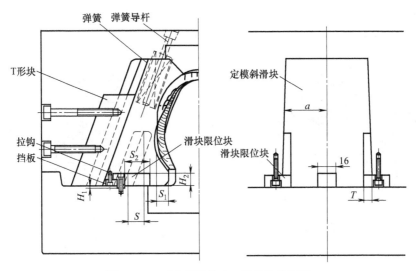

图 13-53　"定模滑块＋T 形块"装配图

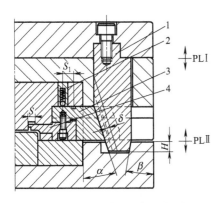

图 13-54　二板半模定模外侧抽芯

1—带 T 形块楔紧块；2—定位珠；3—滑块；4—侧抽芯

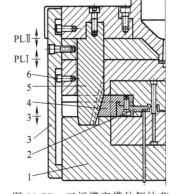

图 13-55　三板模定模外侧抽芯

1—动模 B 板；2—侧抽芯；3—定距分型拉板；
4—滑块；5—带 T 形块楔紧块；6—挡销

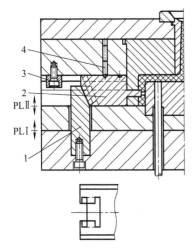

图 13-56　假三板模定模外侧抽芯

1—带 T 形块楔紧块；2—滑块；3—挡销；4—定位珠

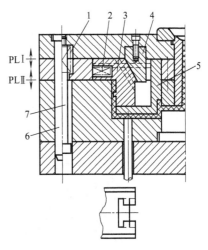

图 13-57　二板半模定模内侧抽芯

1,2—弹簧；3—滑块；4—带 T 形块楔紧块；
5—定模型芯；6—导柱；7—小拉杆

⑤ T形块动模内侧抽芯，见图 13-58。

⑥ T形块动模斜抽芯，见图 13-59。

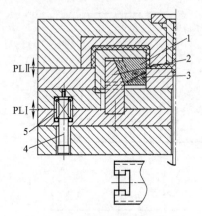

图 13-58　T形块动模内侧抽芯
1—斜抽芯；2—带T形槽拉块；
3，5—弹簧；4—螺钉

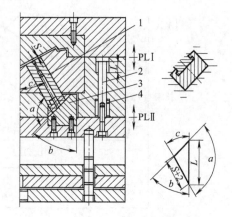

图 13-59　T形块动模斜抽芯
1—斜抽芯；2—小拉杆；3—带T形槽拉块；4—弹簧

13.8　滑块用油压油缸抽芯机构

13.8.1　油压油缸抽芯机构设计的注意事项

① 当制品形状侧凹凸较为特殊，采用机动抽芯较为困难时，或采用上述抽芯机构会使模具结构复杂的情况下，需考虑滑块用液压缸抽芯机构的设置。但液压缸自身要有独立的向前和向后的复位动作，需要短暂的停顿过程，因此，需要浪费一些时间成本，自动化生产效率差一些。

② 如果滑块成型部分的投影面积大，则不能直接用油缸锁模［如图 13-60（a）所示设计不好，会产生让模］，需要采用锁紧块，如图 13-60（c）所示。如图 13-60（b）所示碰穿孔，投影面积较少，可直接用油缸锁紧。

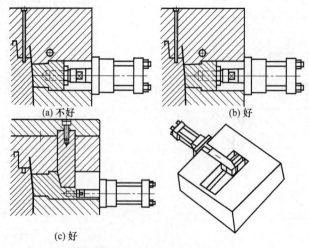

(a) 不好

(b) 好

(c) 好

图 13-60　油缸抽芯机构

③ 防止滑块与动、定模发生干涉，如图 13-61 所示。

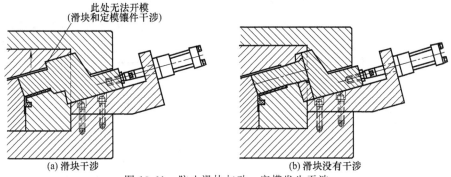

(a) 滑块干涉　　　　　　　　(b) 滑块没有干涉

图 13-61 防止滑块与动、定模发生干涉

④ 防止油缸与注塑机发生干涉，如图 13-62、图 13-63 所示。

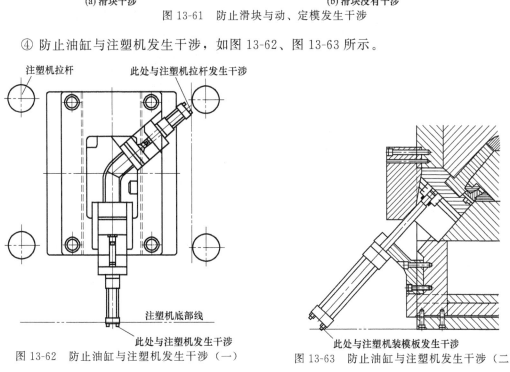

图 13-62 防止油缸与注塑机发生干涉（一）

图 13-63 防止油缸与注塑机发生干涉（二）

13.8.2 侧向滑块用油缸抽芯机构的典型结构

侧向抽芯机构的滑块用油缸的基本结构如图 13-64 所示。

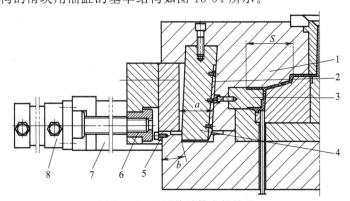

图 13-64 T 形块动模内侧抽芯

1—大侧抽芯；2—耐磨块；3—小侧抽芯；4—楔紧块；5—挡销；6—油缸端子；7—油缸固定座；8—油缸

13.8.3 圆弧侧抽芯用油缸的结构

① 圆弧侧抽芯用油缸的结构如图 13-65 所示，其中图（b）所示为抽芯后的模具。

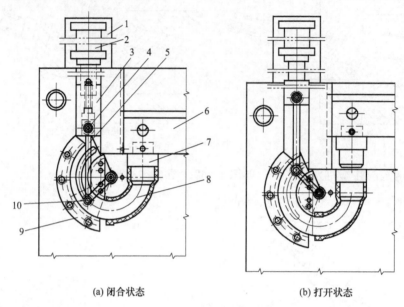

(a) 闭合状态　　　　　　　　(b) 打开状态

图 13-65　T 形块动模内侧抽芯

1—油缸固定座；2—油缸；3—滑块；4—转轴　1；5—连杆；6—动模板；
7—侧抽芯；8—圆弧侧抽芯；9—圆弧压块；10—转轴

② 旋转侧抽芯见图 13-66，其中油缸 7 的作用是锁紧旋转抽芯 2，油缸 10 的作用是拉动旋转抽芯 2，以及推动抽芯 2 复位。图 13-66（b）所示为旋转抽芯结束的状态。

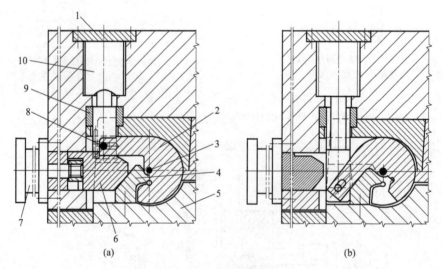

(a)　　　　　　　　　　　　(b)

图 13-66　旋转侧抽芯

1—压块；2—旋转抽芯；3—旋转轴；4—型芯；5—镶件；6—楔紧块；7，10—油缸；8—连接轴；9—导套

13.8.4 既抽芯又推件的侧抽芯机构

如图 13-67 所示，完成注塑成型后，模具先从分型面 PL 处打开，拨块 7 拨动带 T 形槽

楔紧块 14 带动小滑块 10 及小侧抽芯 12 完成内孔侧抽芯，小滑块 10 的滑动距离最终由挡块 8 控制。完成内孔侧抽芯以及动模型芯抽芯后，液压油缸 4 拉动大侧向抽芯 2 作斜向运动，一边往外侧向抽芯，一边将塑件往动模方向推出。

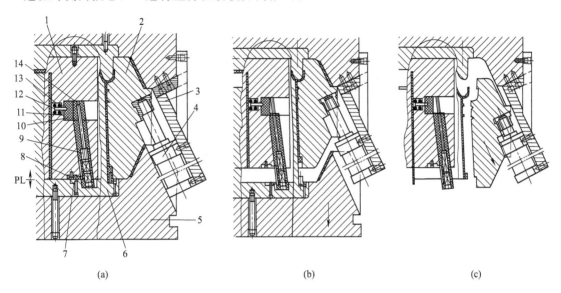

(a)　　　　　　　　　　　　　　　(b)　　　　　　　　　　　　　　　(c)

图 13-67　既抽芯又推件的侧抽芯机构

1—定模镶件；2—大侧向抽芯；3—油缸固定座；4—油缸；5—动模；
6—动模镶件；7—拨块；8—挡块；9—楔紧块推杆；10—小滑块；
11—侧抽芯固定块；12—小侧抽芯；13—小侧抽芯导向块；14—带 T 形槽楔紧块

13.8.5　液压油缸斜抽芯

斜抽芯机构较难设计加工，油缸采用斜放直接抽芯，一般用于投影面积不大的情况下，如图 13-68 所示。

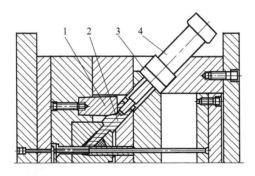

图 13-68　液压油缸斜抽芯

1—楔紧块；2—斜抽芯；3—油缸固定座；4—油缸

13.9　双向滑块联合抽芯

双向滑块联合抽芯如图 13-69 所示。

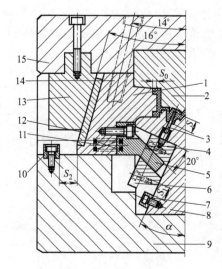

图 13-69　双向滑块联合抽芯

1—滑块；2—定模镶件；3—斜向抽芯；4—斜向滑块；5—弯销；
6—压块；7—挡销 1；8—动模镶件；9—模板；10—挡销 2；
11—弹簧；12—耐磨块；13—楔紧块；14—斜导柱；15—定模板

13.10　浮块抽芯机构

汽车仪表板模具中，定模有时需要浮块抽芯机构，如图 13-70 所示。

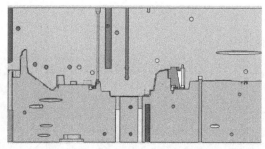

(a) 仪表板模具浮块结构

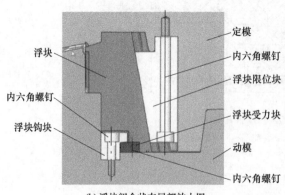

(b) 浮块闭合状态局部放大图

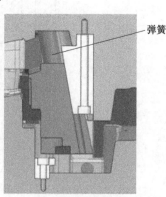

(c) 浮块分离状态

图 13-70　浮块抽芯机构

复习思考题

1. 什么叫侧向分型和侧向抽芯机构？
2. 注塑模侧向抽芯机构有哪七大基本类型？各自的工作原理和特点是什么？
3. 斜导柱滑块抽芯机构由哪些零件组成？
4. 在斜导柱抽芯机构中，为什么斜导柱在定模上、滑块在动模上的抽芯机构应用最广泛？其优点是什么？
5. 楔紧块的作用是什么？对楔紧块楔角的大小有何要求？
6. 滑块定位装置的作用与类型有哪些？
7. 是不是所有的侧向凹凸结构都要采用侧向抽芯机构？
8. 斜导柱滑块抽芯机构的设计要点是什么？有哪些具体要求？
9. 斜导柱滑块的设计基准应怎样确定？
10. 斜导柱滑块零件中，哪些部位需要有配合要求？怎样配合？
11. 斜导柱滑块抽芯机构的结构类型有哪些？
12. 为什么滑块的压板需要定位销？在什么场合下不需要定位销？
13. 滑块的压板和耐磨块的油槽有什么要求？
14. 在侧向抽芯机构中如何实现延时抽芯？
15. 在侧向抽芯机构中，什么情况下要设计推板先复位机构？
16. 定模抽芯机构设计要点是什么？这种结构在选用模架时要注意什么？
17. 叙述动模内侧抽芯机构的设计要点。
18. 在什么情况下，侧向抽芯需要两次抽芯机构？
19. 斜滑块侧抽芯机构要点是什么？
20. 大型滑块用什么抽芯？
21. 大型滑块设计时有哪些具体要求？
22. 滑块用油缸抽芯设计时要注意哪三个问题？
23. 浮块抽芯机构适用于什么场合？设计要点是什么？
24. 在什么情况下抽芯机构需要计算抽拔力？怎样计算？
25. 在什么情况下油缸抽芯机构会产生让模？
26. 如图 13-4 所示的滑块结构，为什么需要弹簧导向销？

第14章 ▶▶ 斜顶机构设计

斜顶杆机构是常见的侧向抽芯机构之一，常用于塑件形状内侧面存在凹槽或凸起的结构（或外侧有凹槽），并且使用斜导柱滑块抽芯机构有困难的情况。制品周围用于抽芯机构的空间比较小时可优先考虑采用斜顶机构，有时外侧倒扣也采用斜顶杆机构。但斜顶杆加工复杂，工作量大，磨损后维修麻烦。因此，为了结构设计简单和制造方便，能用滑块就不用斜顶杆，能用斜顶杆的就不用内滑块。

14.1 斜顶杆的基本结构和分类

14.1.1 斜顶杆的抽芯原理

制品在顶出的过程中，斜顶杆作侧向运动，分解成垂直和侧向两个运动，其中的侧向运动即实现侧向抽芯，同时也有顶出制品的作用。图 14-1 是动模斜顶杆工作原理图。

斜顶杆机构的复位，一般不允许复位弹簧复位，而是利用复位杆和顶杆固定板强制复位或采用油缸复位。

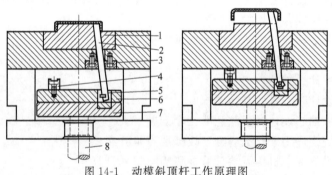

图 14-1　动模斜顶杆工作原理图

1—动模镶件；2—斜顶；3—导向块；4—限位柱；5—斜顶滑块；
6—推杆固定板；7—顶板；8—注塑机顶棍

14.1.2 斜顶机构的分类

① 斜顶一般由两个部分所构成，机体部分和成型部分。斜顶机构分为整体式斜顶（图 14-1）和组合式斜顶（表 14-1 中图）两大类。整体式斜顶结构紧凑、强度较好、不容易损坏，一般应用于中、小型模具的斜顶。而对于中、大型模具的斜顶，则应采用组合式结构，便于维修维护，便于加工，导向部分可采用标准件。组合式斜顶机构一般按功能划分为五大组件：成型组件（斜顶块）、顶出组件（矩形的或圆的）、滑动组件、导向组件、限位组件，如表 14-1 所示。

② 根据斜顶所处的模具位置，划分为动模斜顶、定模斜顶（图 14-2）及滑块斜顶（图 14-3）三类，尤其以动模斜顶最为常见。

表 14-1　斜顶机构五大功能组件

组件名称	功　　能	组　　件	图　　示
成型组件	成型制品上的侧孔、凹凸台阶胶位,一般与顶出元件做成整体	型块	
顶出组件	连接并带动型块在斜顶槽内运动	斜顶	
滑动组件	使顶出元件超前、同步或者滞后注塑机推出动作	斜顶滑块、滑座等	
导向组件	主要起导向作用,同时也有耐磨作用	导向块	
限位组件	使顶出元件在顶出后,停留在所要求的位置上	限位块	

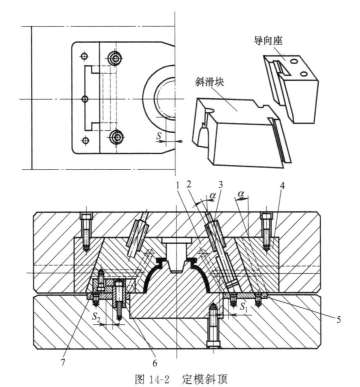

图 14-2　定模斜顶

1—斜滑块;2—弹簧;3—限位钉;4—斜滑块导向座;5—耐磨块;6—下拉钩;7—上拉钩

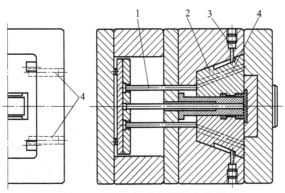

图 14-3　圆柱销式动模滑块斜顶

1—推杆;2—斜滑块;3—限位销;4—导向柱

14.2 斜顶杆机构设计要求

① 如图 14-4 所示，斜顶杆角度的确定：α 一般在 $5°\sim15°$ 之间，通常应用角度为 $8°\sim12°$（斜顶杆角度设计要求是整数，不得是小数，这样便于加工和测量），$\alpha = \arctan\dfrac{S}{H}$，$S$ 为斜顶行程，H 为顶出行程。斜顶抽芯距一般大于制品抽芯距 3mm。斜顶的角度大于 17° 时采用双斜顶机构。

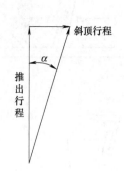

图 14-4 斜顶角度的确定

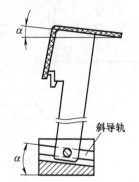

图 14-5 斜顶发生干涉（一）

② 设计斜顶时，碰到下列状况需要考虑，避免斜顶与其他零件或制品的内形发生干涉，如图 14-5～图 14-7 所示。沿抽芯方向制品内表面有斜度 α 时，斜顶杆的导轨也制成 α 斜度，如图 14-5 所示。斜顶杆上端面侧向移动时，不能与制品内的其他结构（如圆柱、加强筋或型芯等）发生干涉，如图 14-6 所示；因此 $W \geqslant S + 2\text{mm}$，如图 14-7（b）所示。

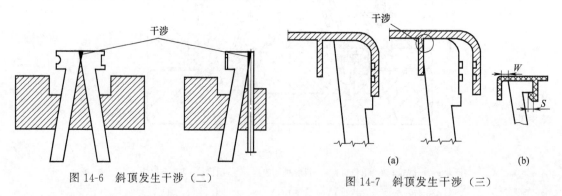

图 14-6 斜顶发生干涉（二）

图 14-7 斜顶发生干涉（三）

③ 斜顶杆与动模芯的配合公差为 H7/f6，如果是高型芯，则斜顶杆同型芯的接触部分处需要避空，减少摩擦面积。

④ 当斜顶杆较长或较细时，应在动模板上加导向块，提高运行的稳定性，如图 14-8 所示。

⑤ 整体斜顶杆的设计要在斜顶杆靠近型腔一端，不能以两面交角的点为基准。在斜顶杆靠近制品成型处，须做成 6～10mm 的直身位，并做 2～3mm 台阶，以此作为基准，便于加工和测量、装配，同时避免注塑时斜顶杆受压移动，并保证内侧凹凸的精度。斜顶杆是位基准见图 4-9。

⑥ 如果是抽芯距不一致的多斜顶机构，则斜顶杆的角度的设计要求有所不同，在顶出行程走完后，最好使倒钩部分同时脱离，避免制品受力不均而变形。同时斜顶杆的角度的设计数据应是整数，最多是半度，不要设计成分数。

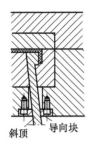

图 14-8　斜顶应用导向块

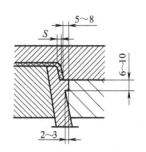

图 14-9　斜顶杆的定位基准

⑦ 斜顶机构的设计应考虑顶出行程后，制品是否会随同斜顶横向移动，否则会损坏塑件的其他结构，导致脱模困难，如图 14-10（a）所示做了右边的直顶块，图（b）所示直顶杆深入制品 0.2mm。

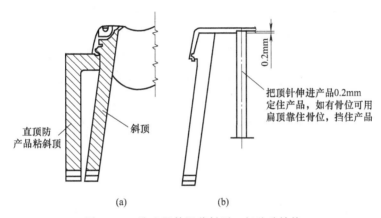

（a）　　　　　（b）

图 14-10　防止塑件跟着斜顶一起移动结构

⑧ 斜顶杆导向的导套结构，两头有导向套，用压板和固定螺钉压住，如图 14-11（a）、（b）所示中间用支持套与斜顶杆避空，减小摩擦力，如图 14-11（c）、（d）所示，两导套的同轴度要保证。

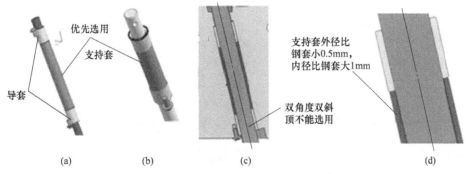

（a）　　　　（b）　　　　（c）　　　　　（d）

图 14-11　斜顶杆导向的导套结构

⑨ 斜顶杆表面粗糙度在 $R_a 1.6\mu m$ 以下，成型部分表面粗糙度 $R_a 0.8\mu m$ 以下。

⑩ 斜顶杆的顶面比动模芯顶面低 0.05mm，以免顶出时擦伤制品表面。

⑪ 斜顶块材料用 P20、T8A、H13、40cr、718H、2738 等，要求调质处理（表面氮化，要求氮化硬度为 48～52HRC 以上，至少比母体模芯或导向块材料硬度高 3～5HRC 以上）。

⑫ 斜顶零件绘图时，须用三视图表达，合理标注有关装配要求的尺寸。

⑬ 斜顶杆机构的倾斜角度和顶出距离成反比，如果抽芯距离较大，可采用加大顶出距离来减小斜顶杆的倾斜角度，使斜顶杆顶出平稳可靠，磨损小。

14.3 斜顶块设计

14.3.1 斜顶块设计要求

① 斜顶块的顶出方向的斜面与斜顶杆的中心线夹角为 $3°\sim5°$，如图 14-18 所示，避免斜顶机构顶出时，斜顶杆与斜顶块相互干涉（同斜导柱滑块机构的楔紧块大于斜导柱角度一样道理）。

② 斜顶块要有设计基准，至少相互垂直的两面都有基准，便于加工和装配，如图 14-12 所示。

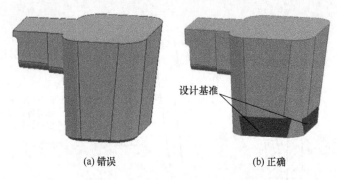

(a) 错误　　　　　　　　　(b) 正确

图 14-12　斜顶块要有设计基准

③ 斜顶块的顶面比动模芯顶面低 0.05mm，以免顶出时擦伤制品表面。

④ 大型的斜顶块需要设置冷却水路，冷却效果不好的斜顶块要应用铍铜，用有韧性的水软管连接，需要有连接的空间，如图 14-13、图 14-14 所示。

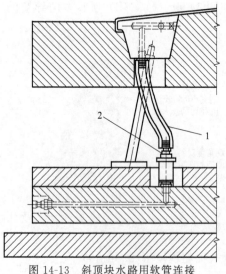

图 14-13　斜顶块水路用软管连接
1—软管；2—管接头

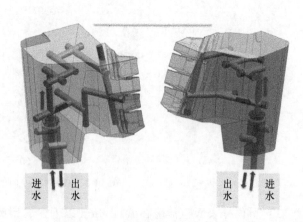

图 14-14　斜顶块设置冷却水路

⑤ 大型的斜顶块需要双导轨（或三导轨）的，要注意导轨的位置，要求顶出时顶块平衡、畅通。

14.3.2　斜顶块与斜顶杆连接方法

斜顶块与斜顶杆连接方法有四种，根据斜顶结构正确选用。

① 用斜顶杆的头部细牙螺纹与斜顶块连接，如图 14-15（a）所示。

② 从斜顶块顶部用内六角螺钉连接，如图 14-15（b）所示。

③ 用定位销铰接，如图 14-15（c）所示。

④ 用压板及内六角螺钉连接，如图 14-15（d）所示。

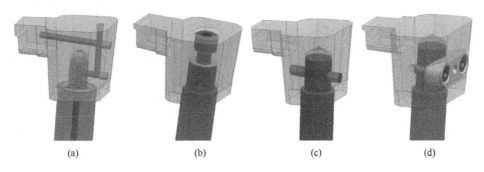

(a)　　　　　　(b)　　　　　　(c)　　　　　　(d)

图 14-15　斜顶块与斜顶杆连接方法

14.4　斜顶杆油槽设计要求

斜顶杆按照规范开制油槽，如图 14-16 所示。

① 油槽形状设计：S 形或 X 形较好，环形次之，数量最多为两个。

② 油槽开设位置：要求按图开设，不能把斜顶杆全部开设。

③ 斜顶杆油槽尺寸：不允许开破边或有毛刺。

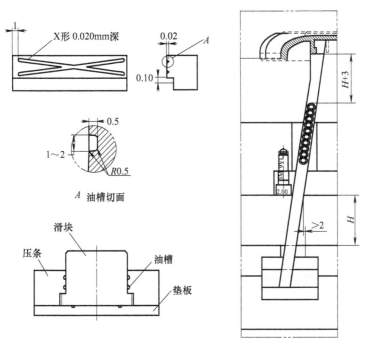

图 14-16　斜顶杆油槽设计规范

14.5 斜顶杆抽芯结构的选用及优缺点比较

斜顶的上部成型附近最好有台阶，这样就有了基准，便于加工和测量，其具体结构根据表 14-2 进行比较选用。

表 14-2　斜顶抽芯结构的选用及优缺点比较

简　图	说　明	简　图	说　明
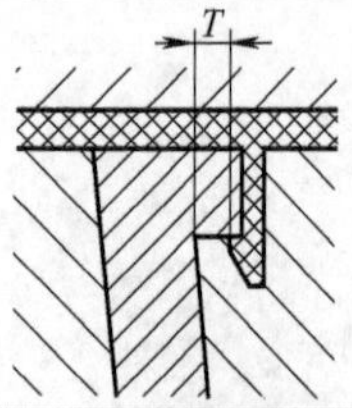	优点:结构简单,加工方便,塑件不容易变形 缺点:碰穿处容易产生飞边	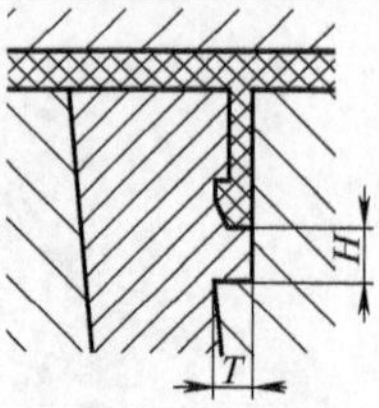	缺点:侧向抽芯塑件容易变形,有夹线和飞边
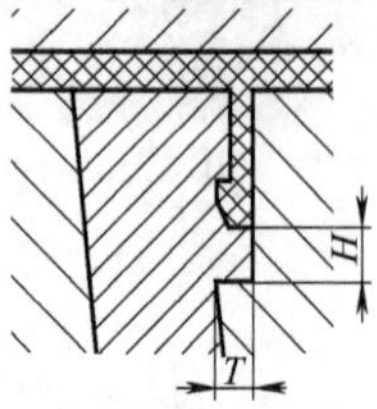	优点:加工方便,飞边少 缺点:塑件容易变形,断裂,尽量不用	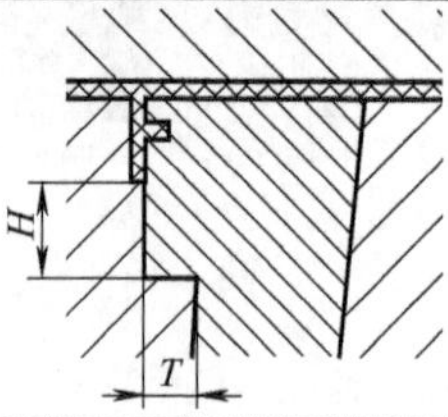	优点:结构简单,加工方便,飞边少 缺点:当加强筋过高时,容易发生塑性变形,甚至断裂
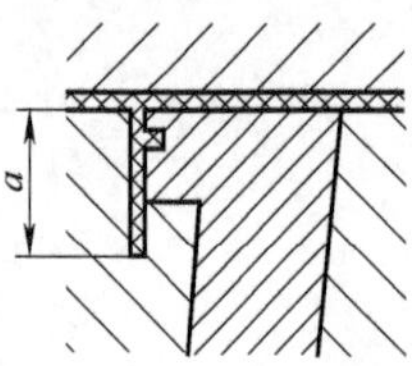	适用于加强筋的高度 a 比较大的场合 优点:结构简单,加工方便,不容易变形 缺点:夹线处容易起级	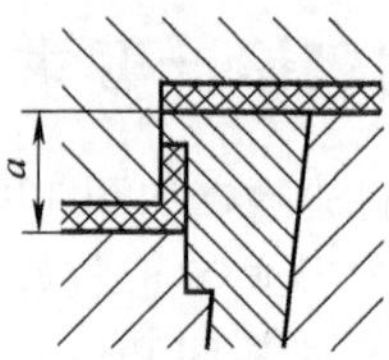	适用于 a 值比较小的场合 优点:结构简单,加工方便
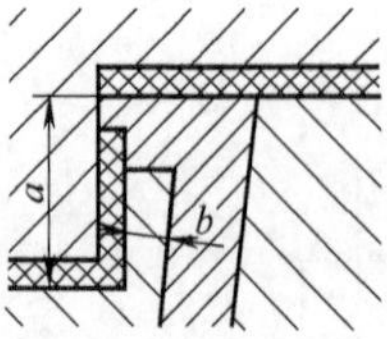	适用于 a 值比较大时 优点:结构简单,加工方便 缺点:夹缝处容易起级 注意:$b=3\sim5mm$	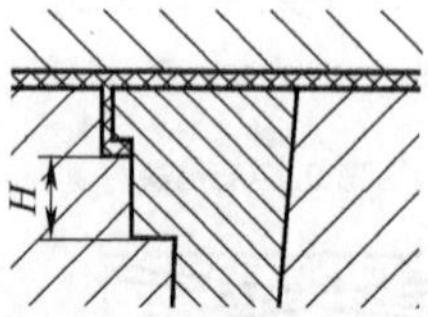	优点:结构简单,加工方便,无夹线 $H=5\sim8mm$
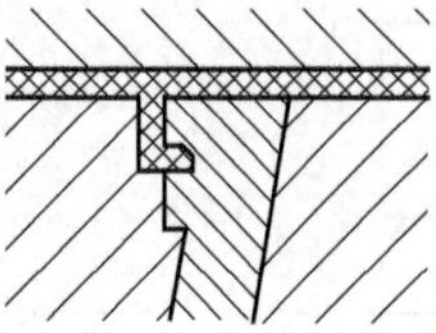	优点:结构简单,加工方便 缺点:容易产生起级,尽量不用	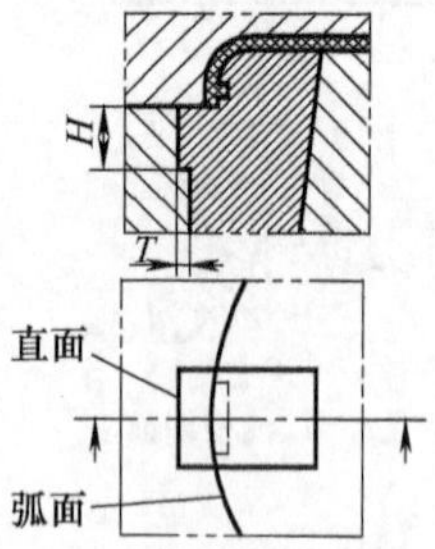 直面 弧面	当斜顶腰部形状为弧面时,斜顶前端设计为直面 优点:容易加工,合模效果好

14.6 斜顶杆滑动组件结构类型

14.6.1　斜顶杆滚轮结构

如图 14-17 所示，塑件内侧凹的成型零件，其尾部带有小轴 4，小轴两端装有滚轮 6，滚轮装在固定于顶出板 7 的支架 5 上。顶出时，顶杆沿型芯 2 和型芯垫板上的斜槽运动，完成内侧抽芯并顶出塑件，与此同时滚轮 6 沿支架 5 向内滚动。整个顶出机构由复位杆 3 复位。

14.6.2　斜顶杆滑块结构设计要求

斜顶杆的滑块结构，以英制斜顶杆结构为例，如图 14-18 所示。

① 斜顶不采用复位弹簧，除非得到客户认可。

② 斜顶尽可能开设排气。

③ 大型的斜顶需要设置冷却水，如果不能设置冷却水，则顶块材料就需采用铍铜。

④ 斜顶的最大角度为 15°。

⑤ 大的斜顶需要两根杆固定。

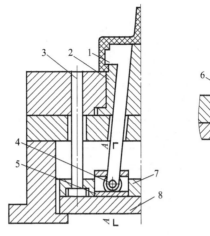
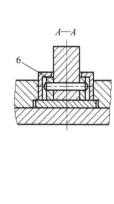

图 14-17　斜顶杆顶出抽芯
1—斜顶杆；2—型芯；3—复位杆；4—小轴；
5—支架；6—滚轮；7—顶杆固定板；8—顶板

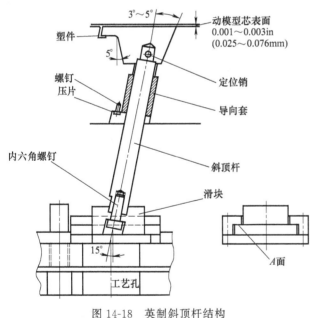

图 14-18　英制斜顶杆结构

⑥ 斜顶块的斜面必须大于 5°。

⑦ 斜顶的滑块材料为 3Cr2Mo。

⑧ 动模固定板需要有拆装斜顶杆的工艺孔。

⑨ 斜顶杆需要有限位块（柱）。

⑩ 斜顶杆需要导套导向，导套长为直径的 1.5～2 倍。

⑪ 斜顶的滑块槽最薄为 0.38in（6.65mm）。

⑫ 斜顶杆直径为 1in，优先选用。

⑬ 塑件壁下的斜顶平面低于动模型芯表面 0.001 ～ 0.003in（0.025～0.076mm）。

⑭ 内六角螺钉尽可能大（＞1/2in）。

⑮ 斜顶杆嵌入斜顶块至少 0.25in。

⑯ 滑块 A 面需有间隙。

⑰ 内六角沉孔与斜顶杆斜度一致。

⑱ 斜顶杆与导套要有 0.001in 的间隙动配合。

⑲ 大型斜顶组合式结构如图 14-19 所示。

14.6.3　斜顶杆采用圆销摇摆滑座机构

斜顶杆采用圆销摇摆标准件滑座（标准件）机构，如图 14-20 所示。斜顶杆与圆销动配合，圆销与滑座是不动的。

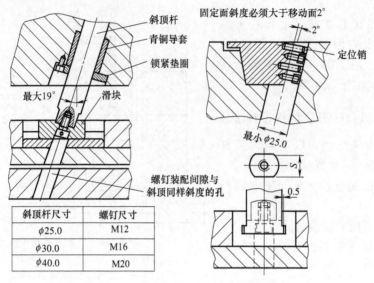

图 14-19 大型斜顶组合式结构（标准件）

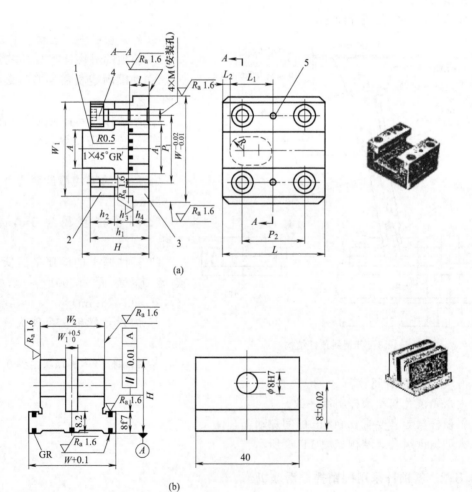

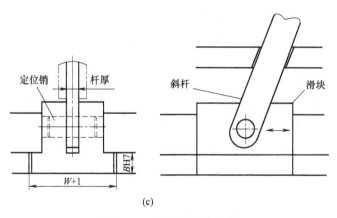

图 14-20　斜顶杆滑块装置

1—滑块；2—压板；3—滑座；4—内六角螺钉；5—定位销

14.6.4　斜顶杆旋转耳座滑槽抽芯装置

斜顶杆旋转耳座滑槽抽芯装置是常用于汽车部件模具的标准件，如图 14-21 所示。

序号	名称	数量	材质	备注	序号	名称	数量	材质	备注
1	滑座	1	40Cr		4	滑板	2	S-5 铜合金	
2	盖板	2	40Cr		5	止转螺钉	1	45	GB 5276—85
3	斜顶杆座	1	40Cr		6	内六角螺钉	4	45	GB/T 70.3—2008

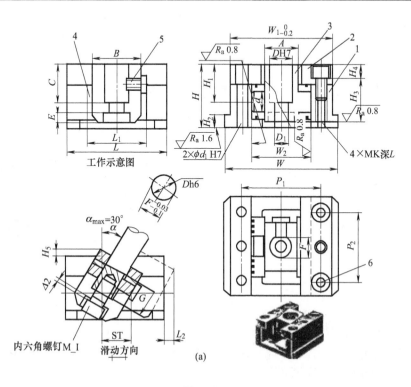

图 14-21

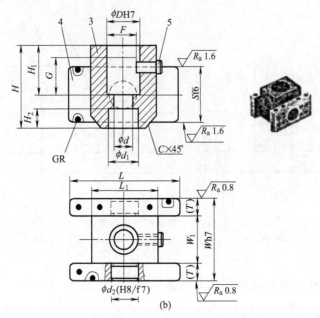

图 14-21　斜顶杆旋转耳座滑槽抽芯装置

14.6.5　斜顶杆摇摆斜滑槽的标准件

SCAA 类型斜顶滑座的标准件常用于汽车部件模具，单杆斜顶机构，如图 14-22 所示。单杠斜顶机构与极限角度要求如下。

① 上坡时，上坡角度最大不可超过 10°，且上坡斜度与顶杆斜度之和不可大于 17°。如果斜顶机构斜度超过单杆斜顶规定的极限角度时必须采用双杆斜顶机构。

② 注意斜顶杆装配位置调整好后，需要把长的锁紧螺母与调整螺母锁紧，避免松动。

图 14-22　斜顶滑座

14.6.6　双杆斜顶机构

（1）斜顶杆的角度大于 17°以上时，须采用 DME 斜顶杆的结构，如图 14-23、图 14-24 所示。

（2）双杆斜顶机构与极限角度

① 上坡斜顶的角度极限值为 15°，顶杆斜度最大 20°，但上坡角度与顶杆斜度之和不可大于 25°。如果斜顶机构斜度超过双杆斜顶规定的极限角度时，双杆斜顶机构极限斜度不能大于 20°。

② 下坡斜顶极限值为 30°，顶杆斜度最大 20°，但下坡角度与顶杆斜度之和不可大于 40°。

（3）滑块压条与副杆固定座都需要用螺钉加定位销固定，如图 14-25 所示。

（4）任何导向都必须是耐磨铜与钢质材料间滑动摩擦，不能有在钢质与钢质材料之间或耐磨铜与耐磨铜之间的摩擦，耐磨铜导向面尽量加镶石墨，若因外形问题无法增加石墨可在导向面上增加油槽。

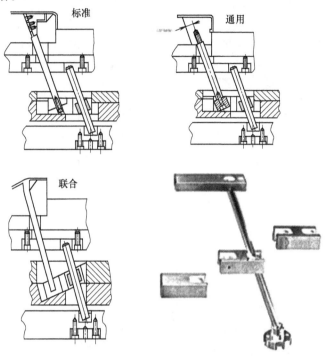

图 14-23　DME 标准件斜顶杆结构（一）

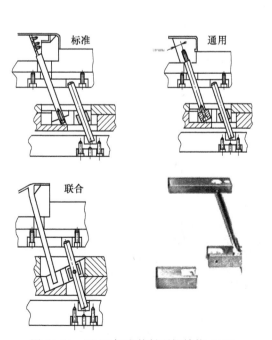

图 14-24　DME 标准件斜顶杆结构（二）

图 14-25　双杆斜顶机构

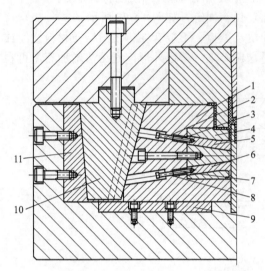

图 14-26　斜滑块向上走的斜顶机构（一）

1—滑块；2—限位杆；3，7—弹簧；4—侧抽芯；
5，6—斜顶；8—限位钉；9，11—耐磨块；10—楔紧块

14.7　各种斜顶机构的结构介绍

14.7.1　滑块上走斜顶机构

其结构如图 14-26 所示，定动模打开后，件 10 楔紧块的导轨迫使在动模的滑块向外运动，达到抽芯目的。

14.7.2　斜滑块向上顶、斜顶杆向下走的斜抽芯机构

如图 14-27 所示：$a = 5° \sim 15°$，b 等于塑件局部向下倾斜的角度，$b = 15° \sim 25°$，$d = c + (2° \sim 3°)$。

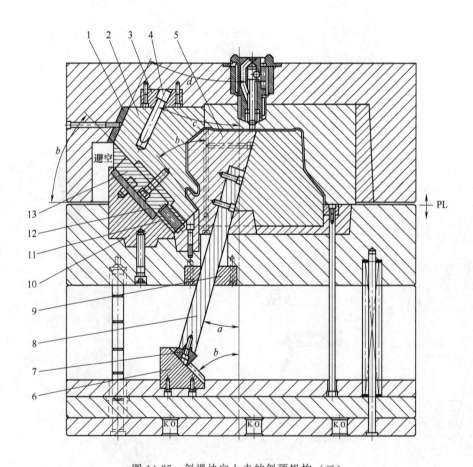

图 14-27　斜滑块向上走的斜顶机构（二）

1，12—耐磨块；2—滑块；3—斜导柱固定块；4—斜导柱；5—斜顶；6—斜滑块；7—滑块；
8—斜推块；9—导向块；10—滑块导向底座；11—弹簧；13—T形块

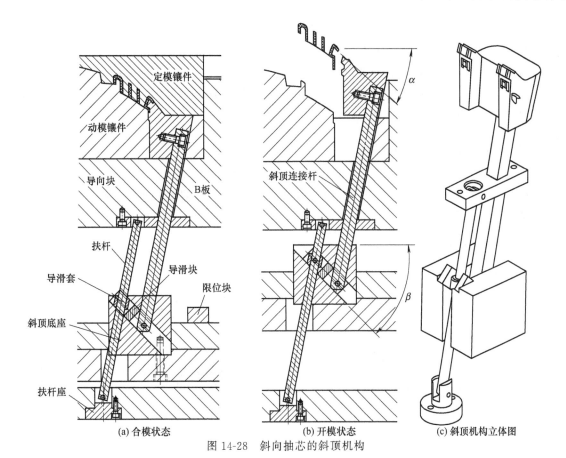

图 14-28　斜向抽芯的斜顶机构

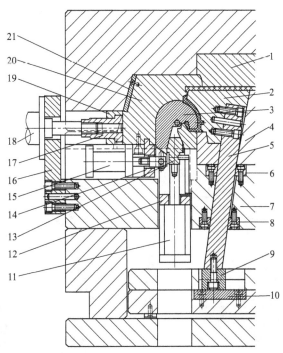

图 14-29　斜顶及液压圆弧抽芯

1—定模镶件；2—斜顶；3—圆弧侧抽芯；4—动模镶件；5—斜推杆；6—上导向块；7—B 板；
8—下导向块；9,20—滑块；10,21—耐磨块；11—油缸 1；12—油缸固定座 1；13—楔紧块；
14—油缸固定座 2；15—油缸 2；16—油缸固定座 3；17—油缸连接柱；18—油缸 3；19—压块

14.7.3　斜向抽芯的斜顶机构

斜向抽芯的斜顶机构，其底座导向槽也要设计成斜向的，还要采用斜顶辅助机构，见图 14-28。这种机构在大斜度斜顶中也常用。其中扶杆的斜度和斜顶相同，斜顶底座导向槽的倾斜角 β 应等于或稍大于塑件斜向抽芯的角度 α。

14.7.4　斜顶联合抽芯机构

如图 14-29 所示，模具打开后油缸 11 首先将楔紧块 13 向下拉出，接着油缸 15 推动圆弧侧抽芯，之后油缸 18 拉动滑块 20 和油缸及圆弧侧抽芯一起向外侧向抽芯，最后注塑机顶棒推动斜顶完成内侧向抽芯。

14.7.5　两次顶出的斜顶杆结构

两次顶出的斜顶杆结构如图 14-30 所示。

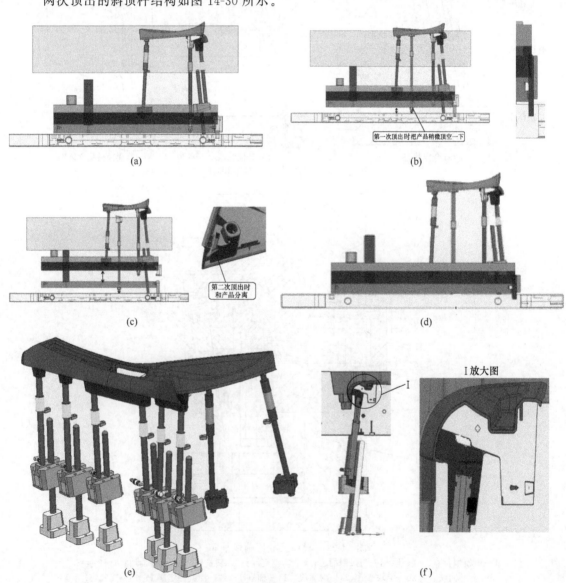

图 14-30　两次顶出的斜顶杆结构

复习思考题

1. 在什么情况下应用斜顶机构？
2. 滑块与斜顶机构有什么不同？
3. 斜顶杆的基本结构是怎样的？
4. 斜顶杆结构设计有什么具体要求？
5. 斜顶最佳角度是多少？
6. 斜顶杆机构的油槽有什么具体要求？
7. 斜顶杆设计要注意哪些问题？
8. 斜顶杆的标准件有哪些？
9. 角度较大的斜顶杆结构有什么具体要求？
10. 斜顶块和斜顶杆是组合的，应怎样连接？
11. 斜顶块和斜顶杆的装配基准应在哪里？
12. 斜顶杆机构装配有什么要求？
13. 常见斜顶块结构设计出错现象有哪些？

第15章 ▶▶ 脱模机构设计

在注射成型过程中，制品在模具中冷却成型，由于制品体积收缩，对型芯产生包紧力。在注射成型的每一循环中，都必须克服包紧力和产生的摩擦力。保压结束后，将冷却固化后的塑件及浇注系统的凝料从模具中的型腔或型芯、料道中推出，模具中这种推出制品的机构称为脱模机构。脱模机构的动作包括脱出和取出，即首先将制品和浇注系统凝料等与模具松动分离、脱出，然后把制品从模具内顶出，制品没有变形。

脱模机构要求结构简单、可靠，制品从动模中脱离，质量美观，同时能自动脱落，或者用机械手取件。三开模的凝料要求自动从料道中脱出。

这里说到三开模，特别指出，三开模的拉杆导柱不能采用标准模架的导柱。因为定模板由拉杆导柱承担，离开定模板的定模一般都向下低头。所以，拉杆导柱需要加粗，同时在模具的装配图上需要标明开模顺序。

注塑模的脱模机构组成如下。

① 顶杆、顶管、顶板、顶块等。

② 复位杆、复位弹簧、顶杆、顶杆固定板、顶杆板、限位柱、垃圾钉等。

③ 顶板导柱和顶板导套。

④ 内螺纹脱模机构零件：齿轮、齿条、液压缸、油缸、油管等。

⑤ 气阀顶出机构配套零件。

15.1 顶出脱模机构的分类

① 按动力来源分类，分为手动脱模机构、机动脱模机构、液压脱模机构、气动顶出结构。

② 按模具结构和脱模零件分类，有如下几种。

a. 顶杆顶出结构，是顶出机构中最简单、最常用的一种形式，应用广泛，常用圆形截面推杆。

b. 顶板顶出结构，适用于薄壁容器、壳体以及不允许存在推出痕迹的塑件。

c. 顶管顶出结构，适用于薄壁圆筒形塑件。

d. 顶块顶出结构，利用成型零件顶出，适用于齿轮类或一些带有凸缘的制品，可防止塑件变形。

③ 按机构顶出动作的特点分类，有一次顶出结构、二次顶出结构、顺序顶出结构、双脱模顶出结构、转动脱模结构、缓顶顶出结构。

④ 带螺纹塑件的脱模机构，详见第 15 章 "15.11.3 螺纹自动脱模机构按传动方式分类"。

⑤ 脱模机构的混合分类如图 15-1 所示。由于塑件品种、尺寸大小及形状不同，脱模机构的种类很多，不便统一标准划分，因此混合分类较为实用和直观。因此在生产实践中用综合顶出结构等。

15.2 脱模机构的设计原则

（1）方便加工原则

尽量使塑件滞留在动模侧，以便借助于驱动动模脱模装置，这样模具结构较为简单。

（2）保证制品的质量、美观原则

为保证塑件有良好的外观，推出位置尽量选择在塑件内位，透明件要求看不到顶杆痕迹。

（3）脱模机构简单、安全可靠原则

顶出机构的作用力应均衡作用于制品，保证塑件能顺利脱模，不会造成制品损伤、变形、开裂和顶高、顶白现象出现；顶出机构动作灵活，零件有足够的机械强度、刚性和硬度及耐磨性。

要求正确分析塑件对动模和型腔的黏附力、包紧力的大小和作用部位，正确选择合理的推出方式和推出部位。碰到特殊塑件，如果不能绝对保证制品留在任一侧时，就需动、定模都要有脱模机构，如图 15-2 所示。

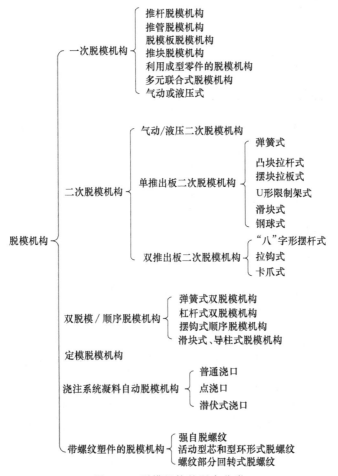

图 15-1 脱模机构的混合分类

（4）模具开模行程必须要有足够的空间，并使制品自由落下，如图 15-3 所示。

① 开模行程必须根据制品形状设定 不带锥度的制品的开模间隙等于自身高度；带锥

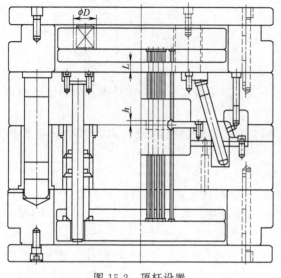

图 15-2 顶杆设置

度的制品要求间隙值较小；必须随着定位锥面高度的增加而增加；行程包括定位锥面，但对于自身锥度大的制品，允许间隙较小。机械手取件时，需要有足够的空间位置。

② 最短行程必须满足，如图 15-4 所示。模行程除应恰当合理外，还应保证制品前端（包括浇注系统的主流道）和定模分型面的间距不小于 5～10mm。为防止制品翻转，仅给顶出位置留足间隙，如图 15-4（a）所示；为让制品自由落下防止卡住，间隙值大于三维对角线长度，如图 15-4（b）所示。

③ 脱模具模腔沿垂直面分瓣，可使行程间隙小于制品高度，如图 15-5 所示。

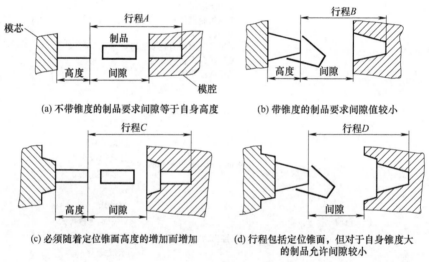

(a) 不带锥度的制品要求间隙等于自身高度　　　　(b) 带锥度的制品要求间隙值较小

(c) 必须随着定位锥面高度的增加而增加　　　　(d) 行程包括定位锥面，但对于自身锥度大的制品允许间隙较小

图 15-3　模具行程必须有足够的间隙使制品自由落下

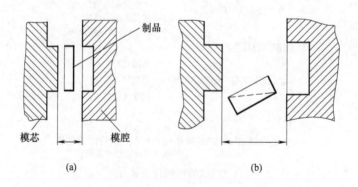

(a)　　　　　　　　　　　(b)

图 15-4　最短行程必须满足

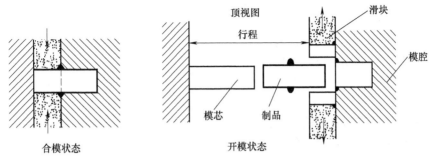

图 15-5　模具模腔沿垂直面分瓣，可使行程间隙小于制品高度

（5）浇注系统的凝料自动脱出原则

必须要有脱卸机构，如图 15-6 所示，图（a）所示为闭模注塑时的情况，图（b）所示为注塑好的状态，图（c）所示为开模状态。

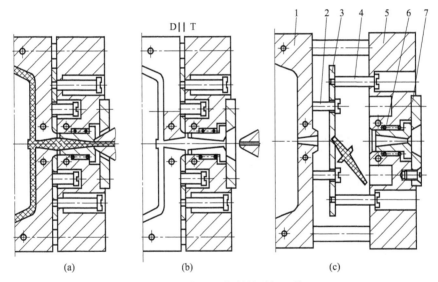

图 15-6　浇注系统凝料脱卸机构

1—凹模型板；2,4—限位螺钉；3—定模拉板；5—定模底板；6—弹簧；7—主流道衬套

15.3 脱模力的计算

注射成型后，制品在模具内的冷却会对凸模产生包紧力，因此，顶出脱模时必须克服因制品和凸模之间包紧力而产生的摩擦。一般而论，制品刚刚开始脱模的瞬间的摩擦力最大。

所需的顶出脱模力可按图 15-7 所示估算，即：

$$F_2 = F_1 \cos\alpha$$
$$F_3 = F_3' = F_1 \sin\alpha$$
$$F_4 = \mu F_2 = \mu F_1 \cos\alpha$$

于是　$F_{脱} = (F_4 - F_3')\cos\alpha = (\mu F_1 \cos\alpha - F_1 \sin\alpha)\cos\alpha = F_1 \cos\alpha(\mu\cos\alpha - \sin\alpha)$　（15-1）

式中　F_1——制品对凸模的包紧力；

F_2，F_3——F_1 的垂直和水平分量；

F'_3——凸模表面对 F_3 产生的反力；

F_4——沿凸模表面的脱模力；

$F_脱$——沿制品出模方向所需的脱模力；

α——脱模斜度或凸模侧壁斜度；

μ——塑料在热塑状态下对钢的摩擦系数，取 0.2 左右。

其中

$$F_1 = L_c h P_包 \tag{15-2}$$

式中　L_c——凸模成型部分的截面周长，mm；

h——凸模被制品包紧部分的高度，mm；

$P_包$——制品对凸模的单位包紧力，其数值与制品的几何特点及塑料性质有关，一般可取 8～12MPa。

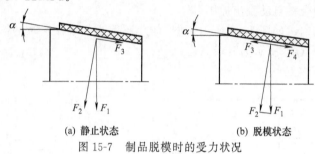

(a) 静止状态 　　　　　　　(b) 脱模状态

图 15-7　制品脱模时的受力状况

15.4　顶杆脱模机构

15.4.1　顶杆布置的原则

① 顶出平稳原则

顶杆应尽可能地对称，均匀地分布，顶杆布置应考虑脱模力的平衡、平稳。

② 顶杆位置和顶出效果最佳原则

顶杆位置选择塑件能承受较大力的部位，如筋部、凸缘、壳体壁等处。顶杆数量最小，顶杆直径宁大勿小（有时为了避免制品顶高顶白，宁多勿少，制品顶出安全可靠）。

布置顶杆位置时，对于深制品（通常为帽形），一般原则是把顶出部位放在制品最硬处，如图 15-8（a）所示。除要注意顶出力量是否足够之外，还要确保塑件能被平行顶出，确保脱模方便、取件容易。图 15-8（b）所示设计的顶出点设置在制品较薄处，不正确。

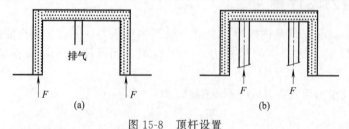

图 15-8　顶杆设置

顶杆应布置在制品最低点处，如加强筋、轮圈和凸台支撑等部位要多设推杆，如图 15-9、图 15-10 所示。图 15-10 中，图（a）所示结构带适当斜度的浅凸台或高度与直径的比例小的凸台，不需要设顶杆；

图（b）所示深凸台下设顶杆，顶出的同时充当排气装置。

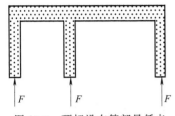

图 15-9　顶杆设在筋部最低点

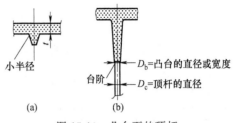

图 15-10　凸台下的顶杆

③ 保证制品质量原则

顶杆设置位置不能影响制品美观。制品顶出后，应不变形不损坏，尽量避免产生附加倾侧力矩，以防顶出后制品翘曲变形。

④ 顶杆应设在排气困难的位置

如果顶出时在模芯和制品间产生真空，则应重点考虑排气问题。

15.4.2　顶杆布置具体要求和设计注意事项

① 不要把顶杆位置布置在浇口对准顶杆的侧面或端面，因为过高的注塑压力和顶出力会损伤推杆。

② 顶杆孔位置要求如下。

a. 在型芯内部要求顶杆外形离塑件内壁至少为 2mm（便于取件）。

b. 顶针孔边与其他孔（冷却水孔）边最小应保持 3～5mm 的距离。

c. 顶杆孔的边缘与型芯侧壁的最小距离为 0.13mm，如图 15-11 所示，以免因顶杆孔的摩擦而把型芯侧壁擦伤。

③ 顶杆数量不是越多越好，要适当，而且布局位置要得当。顶杆应设在脱模阻力较大的部位，如盖、箱类零件，侧面阻力最大，应在其端面均匀设置推杆。

顶杆可按需要布置于制品拐角处或靠近制品拐角处，或布置在加强筋与加强筋、壁与加强筋的相交点上，如图 15-11（a）所示为加强筋的尺寸计算；丁字加强筋的尺寸计算如图 15-11（b）所示。如果塑件带有较深的加强筋或凸台，顶杆和顶管都可"自然"排气（二者存在间隙配合运动，空气可通过）。要求顶杆配合孔和顶管配合孔必须很短，以保证空气通过时阻力小。

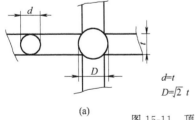

$$d=t$$
$$D=\sqrt{2}\,t$$

$$d=t$$
$$D=1.25t$$

图 15-11　顶杆置于筋与筋的中间

④ 顶杆的外径尽量取大值，当有特殊结构需要时，可采用盘状顶杆，如图 15-12 所示。直径小于 3mm 时，应采用阶梯式顶杆。顶杆不宜设置在塑件壁厚的最薄处，如需要时可采用盘状顶杆、断面形状为 D 形的顶杆。对于网格状塑件，采用矩形端面顶杆较好。

⑤ 顶杆位置设置在型芯内部和端面，如图 15-13（a）所示。顶杆位置还可设置在塑件的筋的下面和端面，如图 15-

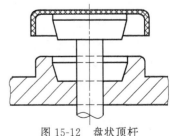

图 15-12　盘状顶杆

13（b）所示。

⑥ 顶杆端面与型腔平齐，或伸入塑件（高于型芯）0.05～0.1mm，如图15-14所示。

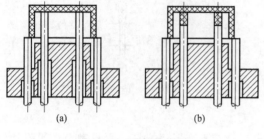

图15-13　顶杆的位置

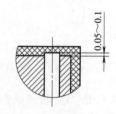

图15-14　顶杆端面的高度

⑦ 头部不平、斜面的顶杆要求如下。

a. 顶杆面上加小平位，以增加顶出力，防止顶出时打滑，如图15-15（b）和图15-16所示。

b. 顶杆头部不平的，其推杆的台肩必须做限位防止旋转结构。限位防止旋转结构优先选用DME顶杆固定方法，如图15-15所示。

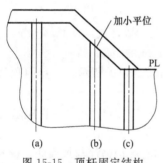

图15-15　顶杆固定结构

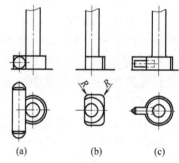

图15-16　斜面顶杆头部加小平位

⑧ 顶杆设计必须采用标准件（材质SKD51、表面硬度HRC56～62、粗糙度R_a0.8以下）。

15.4.3　顶杆结构分类和选用

（1）顶杆顶出形式

① 塑件加强筋底部顶出，如图15-9所示。

② 塑件内形顶出，如图15-12所示。

③ 塑件端面顶出，如图15-13所示。

（2）顶杆的结构

顶杆的结构有A型、B型1、B型2及组合结构C型、D型等，如图15-17所示。

（3）顶杆的选用

根据模具结构，合理选用各类顶杆，要求按照顶出可靠、制造方便的原则选用。

① 对于薄壁零件类塑件或有加强筋的应选用断面D型的顶杆，如图15-18所示。

② 对于格子形状塑件，采用矩形顶杆最好，如图15-19所示。尽量少用强度较弱的扁顶杆。

③ 若塑件上不允许有顶杆痕迹，则可在塑件处设置冷却穴，顶杆推顶冷料穴带出塑件，如图15-20所示。

④ 复位杆兼用顶杆，其复位杆位置要求如图 15-21 所示。

⑤ 钩形顶杆适用于特殊场合。有时为了把塑件留于动模便于顶出，将顶杆头部做成钩型。钩型顶杆可作顶杆用，如图 15-22 所示。

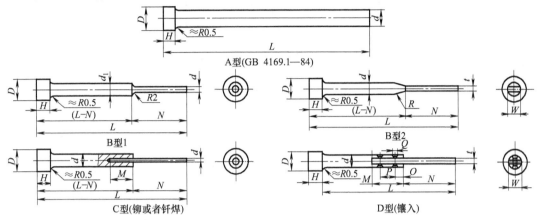

图 15-17　顶杆的结构形式

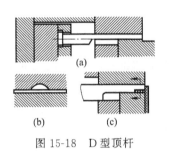

图 15-18　D 型顶杆

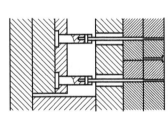

图 15-19　矩形顶杆的应用

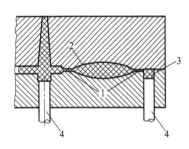

图 15-20　推顶冷料穴带出塑件
1—浇口；2—塑件；3—冷料穴凝料；
4—推杆

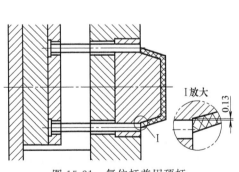

图 15-21　复位杆兼用顶杆

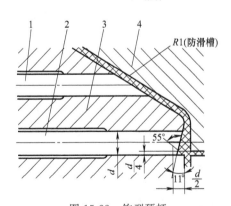

图 15-22　钩型顶杆
1—顶杆；2—钩型顶杆；3—型芯；4—型腔

⑥ 当成品的高度较高或顶出圆角较大时，在断面图上要把圆角的切线画出来，以作为放顶杆的边界，这样顶杆布局时就不会出错，如图 15-23 所示。

⑦ 有圆柱、成型孔的顶杆设置方法。

a. 较深的柱位最好在柱底用顶杆，可用于排气，如图 15-24（a）所示。

b. 短柱可以在旁边加顶杆，如图 15-24（b）所示。

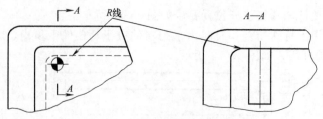

图 15-23　顶杆设置位置圆角处

c. 较深的有孔柱位，可用顶管顶出，如图 15-24（c）所示。

d. 短的有孔柱位在旁边加顶杆便可，如图 15-24（d）所示。

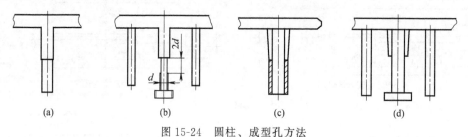

(a)　　　　(b)　　　　(c)　　　　(d)

图 15-24　圆柱、成型孔方法

⑧ 顶杆顶筋的结构方法：在塑件的筋、凸台、支撑等部位，要多设顶杆，防止塑件顶高顶白，有利于排气，如图 15-25（a）所示。如图 15-25（b）所示的布局，序号 1、2 的顶杆位置不好，序号 3、4（顶杆交叉排列）、5 的顶杆位置较好。

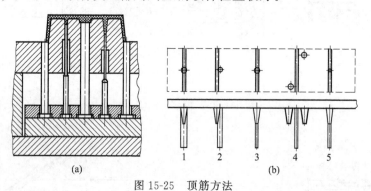

(a)　　　　　　　　　　　　(b)

图 15-25　顶筋方法

⑨ 细顶杆的结构设计。当型芯细长（直径＜2mm）制品存在通孔时，则按照如图 15-26 所示结构设计，防止型芯偏心和位移，此时在顶板上加推套，顶套以锥面与型芯相配合。

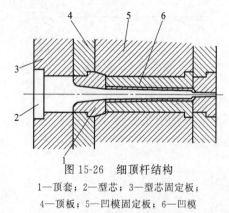

图 15-26　细顶杆结构

1—顶套；2—型芯；3—型芯固定板；
4—顶板；5—凹模固定板；6—凹模

15.4.4　顶杆和有关零件的配合要求

顶杆与型腔板、型芯、顶杆固定板的配合关系和要求如下。

① 顶杆与型腔板、型芯的配合要求为 H8/f7 或 H7/f7［型芯孔直径＝顶针直径＋（0.01～0.015）mm］，如图 15-27 所示。

② 型芯的顶杆孔要求　由于型芯的顶杆孔与模板、顶杆固定板的孔的垂直度、同轴度、位置度及精度存在着加工误差，为了避免顶出时相互之间有

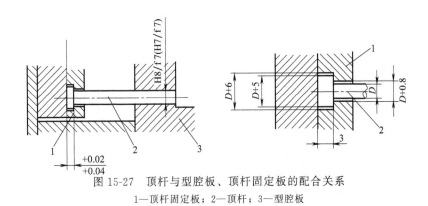

图 15-27　顶杆与型腔板、顶杆固定板的配合关系
1—顶杆固定板；2—顶杆；3—型腔板

所干涉，顶杆与型芯配合处要求部分避空。减少接触面积、摩擦力，使动作畅通，延长顶杆使用寿命。顶杆避空间隙为 0.8～1mm。顶杆与型芯配合部分的长度为顶杆直径的 1.5～2 倍（小型顶杆的直径小于 6mm，大型顶杆的直径不小于 10mm。对较大顶杆而言，不大于 1.5 倍）如图 15-28 所示。

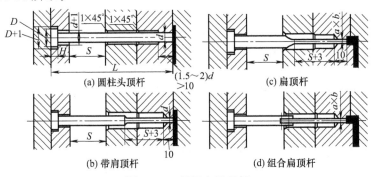

图 15-28　顶杆应用实例

　　③ 顶杆与顶杆固定板的装配要求　由于动模芯与顶杆固定板的孔，在制造时会产生同轴度、垂直度、位置度等误差，引起顶杆与模芯摩擦增加，致使顶杆折料、咬合、磨损。为了避免模具提前失败，在顶杆的直径及尾部直径与顶杆固定板的孔间应有 0.8～1mm 间隙，顶杆固定板的台肩孔的尺寸为＋0.02～＋0.03mm，如图 15-28 所示。顶杆台阶 H 尺寸为 −0.02mm，这样装配后有间隙，装配后的顶杆能自由摆动，但轴向不允许有很大窜动。所有顶杆应用标准件，尾部台阶尺寸不准打磨。
　　④ 顶杆固定板、动模板、镶块底部都需有 2×30°倒角，如图 15-28 所示。
　　⑤ 顶杆粗糙度在 $R_a 0.8\mu m$ 以下。顶杆孔表面粗糙度在 $R_a 0.8\mu m$ 以下，为防止型芯上口出现喇叭口，引起溢料、毛刺现象，应在图纸上注明"可从背面钻铰孔"标志。模具装配前要清洗干净，去除油污后装配，不得涂有润滑油。
　　⑥ 所有顶杆尾部台阶背面与顶杆固定板标记有相应的数字编号。
　　⑦ 顶杆材料为 H13、SKS3、38CrMoAl，顶杆热处理硬度为 54～62HRC。表面氮化后硬度为 65～72HRC。

15.5　顶管顶出结构及要求

15.5.1　顶管顶出结构

　　顶管顶出结构如图 15-29 所示。当塑件的柱脚高于 15mm 左右时，或者塑件为管状，没

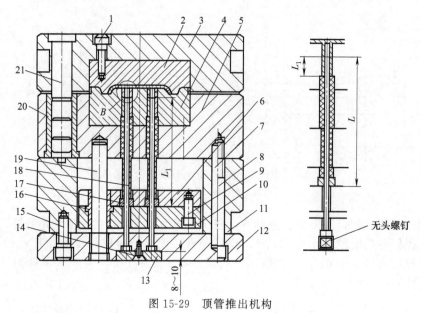

图 15-29 顶管推出机构

1—顶杆；2—定模镶芯；3—定模板；4—动模镶芯；5—动模板；6—顶板；7—定位销；8—内六角螺钉；
9，14，15—内六角螺钉；10—顶板；11—垫铁；12—定模底板；13—空心顶管盖板；16—顶板导套；
17—空心顶管；18—空心顶杆；19—顶板导柱；20—导套；21—导柱

有空间位置设计顶杆时，需要设置顶管推出制品，使塑件受力均匀，脱模平稳。

15.5.2 顶管结构规范要求

① 顶管壁厚应大于 1.5mm，细小的顶管可以做成阶梯顶管，细部长度为配合长度加顶出行程，再加上 3～5mm 安全余量。

② 顶管材料热处理要求，表面粗糙度要求同顶杆相同。国产顶管材料为 65Mn、60SiMn 或 H13，硬度为 48～53HRC。

③ 顶管内径与型芯配合间隙为 H8/f8，直径大的为 H7/f7，顶管与型芯配合长度为顶出行程加 3～5mm，顶管与模板的配合长度为顶管外径的 1.5～2 倍。

④ 顶管的装配结构和具体要求，如图 15-30 所示。

⑤ 顶管的订购尺寸不宜过长，公制为 $L+(5～10mm)$，英制为 $L_1+(3/16～1/2in)$。

⑥ 选用顶管时应优先采用标准规格，顶管外径必须小于所顶圆柱的外径，保证：$D_1 \geqslant d_1$；$D_2 > d_2$，d_1、d_2 为加收缩率后的塑件尺寸。

⑦ 顶管型芯与顶管要有足够的导向配合长度，通常为 10～20mm。

⑧ 一般所配顶管型芯的长度比顶管长度长 50mm，如不能满足要求，需特别注明顶管型芯的长度。

⑨ 顶管规格型号表示方法：$D_2 \times D_1 \times L$（×所配顶管型芯长度）。当顶管型芯长度要求比顶管长度大 50mm 以上时，采购时需注明括号内顶管型芯的长度。

⑩ 顶管的壁厚必须 ≥0.75mm。布置顶管时，顶管型芯（又叫司筒针）固定位置不能与注塑机顶棍孔发生干涉。

⑪ 当顶管直径 ≤3mm，且长度 $L > 100mm$ 时，需采用有托顶管。有托顶管见图 15-31。

有托顶管是为了增加顶管强度而设置的，尺寸根据实际情况确定。顶管型芯可参照标准有托顶杆，N 值确定可参照图 15-31。备料时需附装配图，如图 15-32 所示，总长往往取整数。

⑫ 顶管要避开 K.O. 孔，顶管型芯压块到 K.O. 孔的距离 L 必须 ≥3mm，见图 15-33。

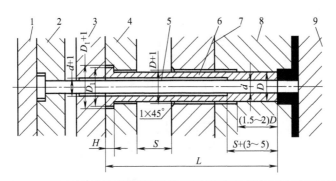

图 15-30　顶管的要求

1—定模底板；2—顶杆板；3—顶杆垫板；4—顶杆固定板顶管；5—顶管型芯；6—顶管；

7—动模垫板；8—动模板；9—定模板

公称尺寸	D（孔）		$d+1$	$D+1$	D_1+1	S
	尺寸	极限偏差（H7）				
3.0	6.0	+0.012 0	4	7	11	10
4.0	7.0	+0.015 0	5	8	12	15
5.0	8.0		6	9	14	
6.0	10.0		7	11	16	
8.0	12.0	+0.018 0	9	13	18	20
10.0	14.0		11	15	20	
12.0	17.0		13	17	23	25

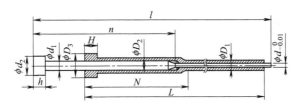

图 15-31　有托顶管

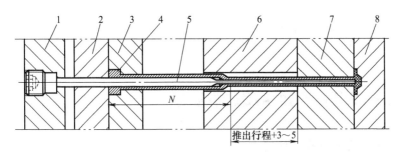

图 15-32　有托顶管的装配

1—模具底板；2—顶杆底板；3—顶杆固定板；4—顶管；5—顶管型芯；6—动模板；

7—动模镶件；8—定模镶件

⑬ 顶管内径（顶管型芯）应大于塑件孔径，顶管外径应小于塑件搭子外径。为防止塑件自攻螺钉柱反面有凹痕，须减小孔底部的壁厚，顶管成型端的形状应根据自攻螺柱口部形状的不同而不同，见表 15-1。

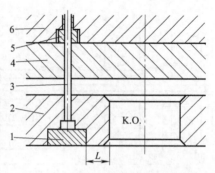

图 15-33　顶管要避开注塑机顶棍孔

1—压块；2—模具底板；3—顶管型芯；4—顶杆底板；5—顶管；6—顶杆固定板

表 15-1　顶管的成型形状

螺柱形状	普通型	内侧倒角	外侧倒角	台阶形
推管结构 1				
推管结构 2				

注：表 15-1 中有内、外侧倒角的自攻螺柱若采用顶管结构 1，则顶管壁较厚，强度、刚度较好，但口部有尖角锐边，安全性和使用寿命都较差；顶管结构 2 比结构 1 的安全性和使用寿命都好，但壁较薄，强度和刚度较差。

15.6　顶板顶出设计要点和注意事项

15.6.1　顶板顶出机构设计要点

顶板顶出机构特点和顶杆相比，顶板（圈、杆）更适用于顶出机构，顶出时推动塑件的面积相对较大，顶出力均匀分布。另外，顶出痕迹通常不易发觉，不需要设置复位装置。

① 顶板和型芯间必须畅通。

② 顶板与型芯的配合面必须有 3°～8° 的锥面配合，这样可减少运动摩擦，并起到辅助定位作用，有利于防止脱模板偏心而溢料。

③ 顶板内孔应比型芯成型部分大 0.20～0.25mm，以防止它们之间产生摩擦、移位或

卡死现象，如图 15-34 所示，这样可以避免顶板顶出时刮伤型芯 5 的成型面。

④ 当型芯锥面采用线切割加工时，注意线切割与型芯顶部应有 0.1mm 的间隙，见图 15-34 中的 S，以避免型芯线切割加工时切割线与型芯顶部干涉。

⑤ 顶板 3 与复位杆 11 通过螺钉 14 连接，并增加弹簧垫片 13 防松，见图 15-34。

⑥ 模架订购时，注意顶板与导柱配合孔须安装直导套，顶板材料应和定模镶件 2 的材料相同。

⑦ 顶板脱模后，须保证塑件不滞留在顶板上。

⑧ 导柱 12 必须设计在动模侧，而且顶板在顶出过程中不能脱离导柱 12，即 N 必须大于 M。

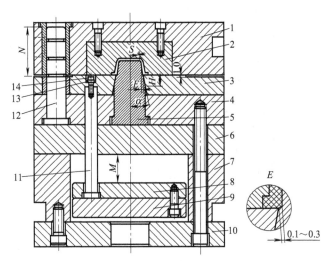

图 15-34　脱模板顶出机构

1—定模 A 板；2—定模镶件；3—顶板；4—动模 B 板；5—动模型芯；
6—托板；7—方铁；8—顶杆固定板；9—顶杆底板；10—模具底板；
11—复位杆；12—导柱；13—弹簧垫片；14—螺钉

15.6.2　设计时注意事项和应用举例

① 顶板与型芯的配合间隙，以塑件不溢料为准，顶块配合关系为 H7/f7 或 H8/f8。

② 当顶板脱出无通孔的大型深壳体类制品时，应在型芯上设计一个进气装置，进气阀可与顶板连接上，如图 15-35 所示。

③ 顶板复位后，顶杆固定板与动模座板之间应有 2～3mm（S）间隙，如图 15-36 所示。

④ 塑件外形较简单，但内部有较多的孔时，塑件成型收缩后必留于型芯上。型腔设在动模内，动模也采用推块就可以完成脱模，且模具结构简单，如图 15-37 所示。

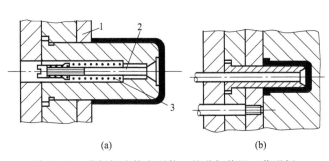

(a)　　　　　　(b)

图 15-35　进气阀连接在顶件上的进气装置（菌形阀）

1—脱模板；2—阀杆；3—弹簧

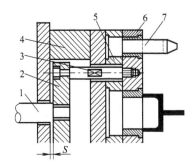

图 15-36　顶杆固定板与动模座板
之间的间隙 S

1—注塑机顶柱；2—顶杆固定板；3—顶杆；
4—垫块；5—型芯固定板；6—脱模板；7—导柱

⑤ 当多型腔模具采用顶板时，顶板应设置衬套，如图 15-38 所示。

⑥ 顶板顶杆端面应低于脱模板下底面约 1mm，以避免模具闭合不紧密。

⑦ 顶板除了顶杆顶动外，也可用定距分型机构拉动。

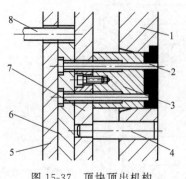

图 15-37 顶块顶出机构

1—动模型板；2—型芯；3—顶块；4—复位杆；
5—垫板；6—型芯固定板；7—顶板；8—顶杆

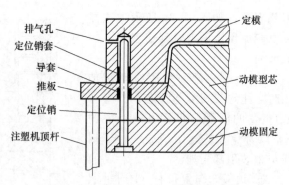

图 15-38 模具导柱用于脱模板的导向

⑧ 顶板导向。必须沿模具轴向对脱模板导向，在保证顶板锐利的边缘不会刮伤模芯的情况下，斜座能正确进入接合处。可通过不同方法进行导向。方法之一是使用模具导柱进行导向，适用于整块顶板或者带脱模圈、脱模杆的结构，如图 15-39 所示。另一种方法是对顶板使用独立导销，这通常适用于三板式模具，或者由顶杆托板驱动的顶板或脱模圈。导柱 LP_1 定位模具，如图 15-39 所示，并且对第三板（模腔板）和流道顶出板起导向作用。导销 LP_2 和导套定位顶板，且保护模芯。这里的问题和顶板由模具导柱导向时相似，需要使用浮动推圈，否则，斜面配合将干涉导套的定位。

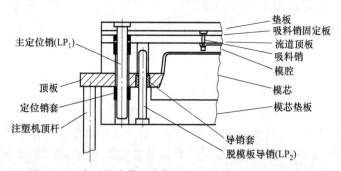

图 15-39 在三板式模具中使用独立导销进行脱模板导向

⑨ 顶板（脱料圈）顶出的材料要求不一样，硬度也不一样，避免顶出时咬伤。

固定脱模圈是模板中的淬硬镶件。优点是脱模圈磨损量小于脱模板，而且损坏后易于更换。缺点是整个推板中的锥度定位可能和导柱或导销定位发生干涉，如图 15-40 所示。

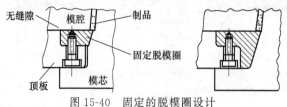

图 15-40 固定的脱模圈设计

15.7 顶块顶出

顶块一般情况下可自行设计，没有固定的标准，尤其是成型顶块，一般都要根据塑件的形状来确定。但顶边的顶块也可以制定一些标准，图 15-41 所示就是某公司的标准，可供设计时参考。顶块设计要点如下。

① 顶块应有较高的硬度和较小的表面粗糙度，通常用 H13 材料，加硬淬火至 52～54HRC，也可渗氮处理（除不锈钢不宜渗氮外）。

② 顶块底端和镶件要避空 0.5mm，见图 15-42。

③ 顶块与镶件配合侧面应成锥面，不宜采用直身面配合，锥度 $\alpha = 5°\sim10°$，见图 15-41。当顶块顶边靠型芯时，除和型芯贴合的面可以采用直身平面配合外，其他三个面必须采用锥面配合，见图 15-42。

④ 为安全起见，顶出距离应大于塑件顶出高度，同时小于顶块高度的 2/3。

⑤ 顶块与镶件的配合间隙以不溢料为准，并要求滑动灵活，顶块滑动侧面开设润滑槽。

⑥ 顶块顶出应保证稳定，对较大顶块须设置两个以上的顶杆。当顶块较小只能配一支顶杆时，须特别注意顶杆、顶块的防转问题，避免推块复位时撞模。

⑦ 顶块与顶杆采用螺钉连接（图 15-42），也可采用圆柱紧配合加横固定销连接，还可以采用 T 形槽连接（图 15-43）。

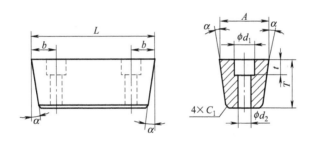

顶块规格及材料							mm
A	d_1	d_2	t	L(自定)	T	α	材料
30	14	9	9	50～100	4.5	5°	NAK80 硬度40HRC FDAC 氮化处理900～1100HV 真空处理50～54HRC
35							
40	17	11	11	50～100	30	10°	
				80～150	40		
50				50～100	30		
				80～150	40		

规格表示法：E808 $\boxed{A}$×$\boxed{T}$×$\boxed{L}$-数量

例如：E808　30×30×50-12

图 15-41　顶块规格、材料及热处理

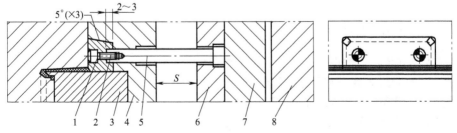

图 15-42　顶块顶边（靠型芯）

1—防松介子；2—螺钉；3—动模型芯；4—动模镶件；5—顶杆；
6—顶杆固定板；7—顶杆底板；8—模具底板

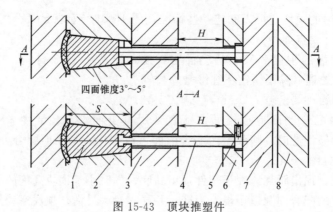

图 15-43　顶块推塑件

1—顶块；2—动模镶件；3—动模 B 板；4—顶杆；5—防转销；6—顶杆固定板；7—顶杆底板；8—模具底板

15.8　气动顶出

气动顶出机构如图 15-44 所示。气动脱模机构是指通过装在模具内的气阀把压缩空气引入制品和模具之间使制品脱模的一种装置。它适用于深腔薄壁类容器的脱模，但多为其他脱模形式的辅助手段。其特点使模具结构大为简化，可以在开模过程中的任意位置推出制品。

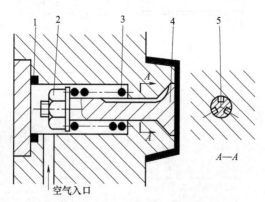

图 15-44　中心阀气动顶出机构

1—密封圈；2—螺母；3—弹簧；4—气阀；5—通气槽

15.9　液压缸顶出

美制液压缸安装要求如图 15-45 所示，供参考。

① 液压缸的管路连接需有管路分配器。

② 液压缸的管路安装必须与油缸平行。

③ 液压缸的管路需要 1/2in（内径 12.7mm，外径 20mm）。

④ 液压缸需 3/8in（ϕ8mm，ϕ10mm）定位销定位。

⑤ 液压缸外形需加保护装置。

⑥ 美制液压缸安装要求如图 15-46 所示。

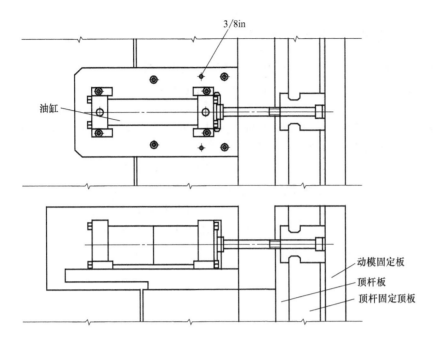

图 15-45　液压缸连接安装

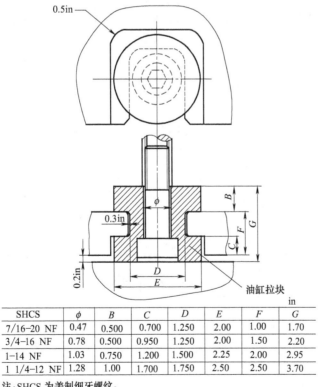

SHCS	ϕ	B	C	D	E	F	G
7/16-20 NF	0.47	0.500	0.700	1.250	2.00	1.00	1.70
3/4-16 NF	0.78	0.500	0.950	1.250	2.00	1.50	2.20
1-14 NF	1.03	0.750	1.200	1.500	2.25	2.00	2.95
1 1/4-12 NF	1.28	1.00	1.700	1.750	2.50	2.50	3.70

注:SHCS 为美制细牙螺纹。

图 15-46　美制液压缸安装要求

15.10 二次顶出和延时顶出

（1）应用弹性套（标准件）二次顶出的结构和工作原理

在使用一次顶出装置较难完成产品顶出，或希望产品成型后自动脱模时，应使用二次顶出装置，如图 15-47 所示。

① 合模状态。顶板顶出前的起始位置，通止块处于打开状态，卡住复位顶管，此时二次顶出装置起到定距限位的作用。

② 一次顶出。当顶板 1 开始顶出时，带动顶板 2 顶出。在卸料推板完成一次顶出的同时，复位顶管中的通止块正好通过了复位推杆，推杆 2 停止运动。

③ 二次顶出。顶板 1 继续运动，通止块处于闭合状态，复位顶杆进入衬套中，顶板 1 上的顶出零件进行二次顶出工作，$A-B$ 所得的距离为二次顶出量。

④ 复位。待顶板 1 完全退回原位 [图 15-47（a）]，顶板 2 才开始复位动作，否则将导致运动不良。

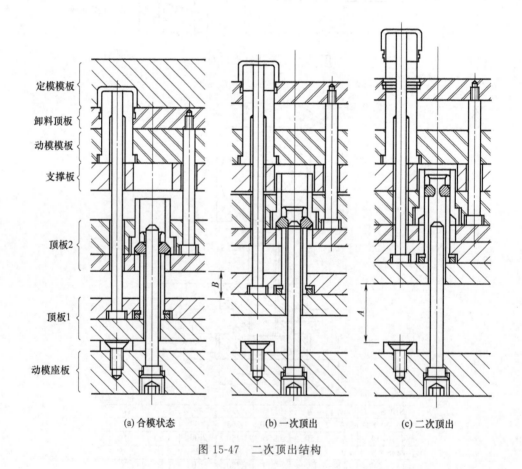

| 定模模板 |
| 卸料顶板 |
| 动模模板 |
| 支撑板 |
| 顶板2 |
| 顶板1 |
| 动模座板 |

(a) 合模状态　　　　(b) 一次顶出　　　　(c) 二次顶出

图 15-47　二次顶出结构

（2）延时（缓顶装置）机构

由于结构形状比较特殊，一次顶出塑件时，塑件容易损坏，这种情况下应采用延时顶出机构，如图 15-48 所示。图 15-49 所示的结构中，1 号板由注塑机顶出，2 号板用肩型螺栓带动顶出。

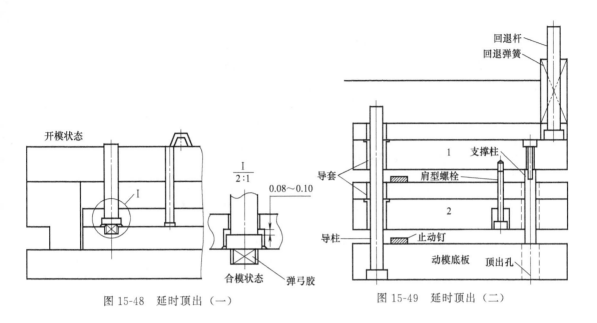

图 15-48 延时顶出（一）

图 15-49 延时顶出（二）

15.11 螺纹脱模机构

15.11.1 螺纹脱模机构概况

自动脱螺纹机构在塑料模具中是一种很常见而又非常重要的结构类型。这类产品多为圆形，且产品形状不会太大，所以，模具的整体外形也不会太大，尺寸超过 500mm 的模具较少见，因此，这类模具均属于中小型模具，这是脱螺纹模具的共同特点。

带有螺纹的产品一般均为盖类产品，而需自动脱螺纹的产品的材料通常是比较硬的塑料，如 ABS、PBT、PA66、PEI、酚醛塑料等。这类材料质地较硬，变形量较小，不宜采用强制脱模，因此，使用自动脱螺纹机构是最安全的脱模方案。

塑料制品螺纹分外螺纹和内螺纹两种，精度不高的外螺纹一般用哈夫块成型，采用侧向抽芯机构，见图 15-50。而内螺纹则由螺纹型芯成型，其脱模系统可根据制品生产批量、制品外形、模具制造工艺等因素采用手动推出和机动推出两种形式，机动推出又包括强行推出和自动脱螺纹机构推出。手动推出的模具结构简单，加工方便，但生产效率低，劳动强度大，适用于小批量生产的制品；机动推出模具结构复杂，加工费时，适用于大批量生产的制品，且易于实现自动化生产。

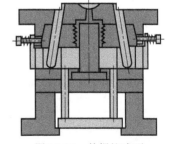

图 15-50 外螺纹成型

15.11.2 内螺纹强行脱模机构

内螺纹是否需要强行脱模机构，要根据螺纹牙型、螺距和深度来决定，如果螺纹螺距较小，则两个螺牙之间没有空间距离，且牙型细而尖锐，这种产品即使使用 PP 材料，也不能使用强制脱模机构，必须采用自动脱螺纹机构。当然，不能千篇一律，究竟如何取舍，还应看客户的要求和产品质量的要求。

内螺纹强行脱模须满足下列两个情况，可以采用推板强行推出机构，这样不会使模具结构复杂化。

① 满足下列公式：伸长率＝(螺纹大径－螺纹小径)/螺纹小径≤*A*。其中 *A* 的值取决于塑料品种：ABS 为 8%，POM 为 5%，PA 为 9%，LDPE 为 21%，HDPE 为 6%，PP 为 5%。

② 如果螺纹螺距较大，则两个螺牙之间有一段空间距离，且牙型的尖角处有较大的圆弧过渡，牙深达 1.5mm，即使使用质地较硬的电木材料，也同样可以使用强制脱模机构，不需采用自动脱螺纹机构。

15.11.3 螺纹自动脱模机构按传动方式分类

① 油马达/电机传统＋链轮＋链条 动力来源于马达。用变速马达带动齿轮，齿轮再带动螺纹型芯，实现内螺纹推出。一般电机驱动多用于螺纹扣数多的情况。

马达传动。马达有电动机和液压马达。电动机由于转速过快，动作不平稳，故较少使用；液压马达由于转速相对较慢，动作平稳，安全可靠，因此被广泛使用。使用马达传动的模具几乎 95% 使用液压马达。使用马达传动时，必须有另外两个与之互相组合的附件，即链轮和链条。马达、链轮、链条三个最重要的组合部件缺一不可，方可实现马达传动，如图 15-51 所示。

② 液压缸＋齿条传动 动力来源于液压。依靠油缸给齿条以往复运动，通过齿轮使螺纹型芯旋转，实现内螺纹推出，见图 15-52。

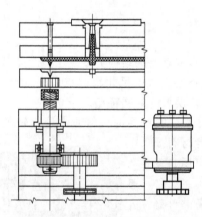

图 15-51 自动脱螺纹机构

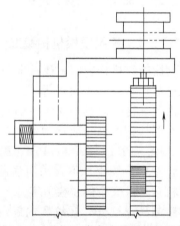

图 15-52 油缸＋齿条自动脱螺纹机构

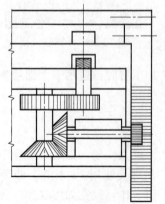

图 15-53 锥度齿轮＋齿条
脱螺纹机构

此种机构主要是使用液压缸驱动齿条，齿条再驱动齿轮实现工作。此种机构美中不足之处是液压缸和齿条在模具上会占用很大空间，使模具整体外形看起来有些庞大，给模具的吊装和运输带来很大不便。但此种结构有较好的稳定性和可靠性，同样被广泛使用，而且是使用最多的一种结构。

③ 锥度齿轮＋齿条 动力来源于齿条或者注塑机的开模力量。这种结构是利用开模时的直线运动，通过齿条、齿轮或丝杠的传动，使螺纹型芯做回转运动而脱离制品，螺纹型芯可以一边回转一边移动脱离制品，也可以只做回转运动脱离制品，还可以通过大升角的丝杠螺母使螺纹型芯回转而脱离制品，见图 15-53。

④ HASCO 标准螺旋杆脱模机构　动力来源于注塑机的开模力量，结构见图 15-54。

此种机构的模具，螺纹型芯旋转同时自动后退，如图 15-55 所示。其螺旋杆和螺旋套均进口德国 HASCO 公司制造的标准件。螺纹传动使用的是多头螺旋杆和与之相匹配的螺旋套这两个重要的组合部件来驱动的。在所有自动脱螺纹机构中，螺纹传动的模具结构是最简单的，螺纹传动使模具结构得到大大简化。国内还没有专业的多头螺旋杆制造商。

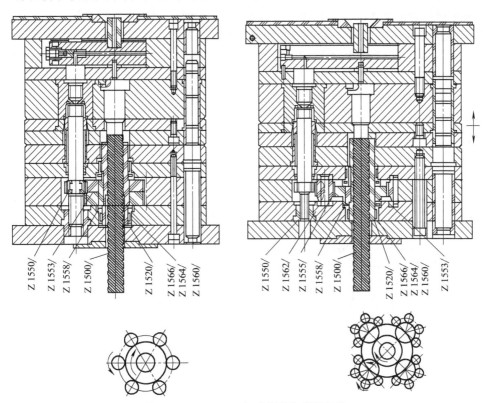

图 15-54　HASCO 标准螺旋杆脱模机构

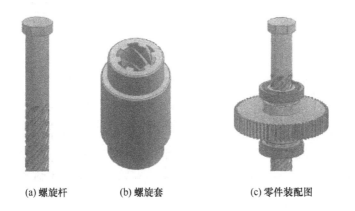

(a) 螺旋杆　　(b) 螺旋套　　(c) 零件装配图

图 15-55　HASCO 标准螺旋杆脱模机构零件图

15.11.4　螺纹自动脱模机构按螺纹脱出方式分类

(1) 螺纹型芯转动时，由弹簧弹起推板同步推出制品

此模具结构在型芯垂直方向是静止的，如图 15-56 所示。齿条 8 带动齿轮 6，齿轮 5 再

带动齿轮 10，齿轮 10 带动螺纹型芯 4 实现内螺纹脱模。螺纹型芯 4 在转动的同时，推板 13 在弹簧 12 的作用下弹起，推动制品脱离模具。

设计此种结构时应重点掌握的设计要点如下：

① 产品应增加防滑槽。为防止在螺纹型芯旋转过程中制品会随着螺纹型芯一起旋转，制品端面必须开设防滑、止转的凹槽，如图 15-57 所示。

② 用来弹推板的弹簧硬度不能太大，质量也不能太轻。如果硬度太大，液压马达还未启动时，弹簧已经弹起，会将产品的螺牙拉坏；如果硬度太小，在液压马达启动时，弹簧则无法弹起推板，导致螺纹无法脱出。据经验通常使用 4 个弹簧即可，且弹簧直径在 25～30mm。理论上，弹簧弹力应大于推板重力的 1.2 倍，小于 1.5 倍，但在实际工作中，不需计算，通常是通过实践经验来定的。

③ 此种结构不需行程开关。对于液压马达的转数不需要精确控制，通常，液压马达运动周期可由注塑机的时间控制系统来控制。当制品被完全推出后，用时间来控制液压马达停止，所以，此种结构根本不需行程开关。

④ 由于螺纹型芯上下方向不可活动，因此，螺纹型芯的固定必须安全可靠。

⑤ 对于本例结构，还应重点关注螺纹型芯 4 的固定方式。在设计时要考虑型芯轴向稳定，有时需考虑径向定位，可考虑轴承组合结构，保证型芯转动旋转自如。

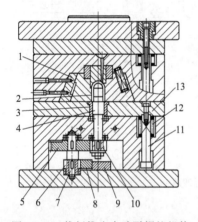

图 15-56　推板推出自动脱螺纹机构
1—斜滑块；2—制品；3—镶套；4—螺纹型芯；
5—传动齿轮 1；6,10—传动齿轮 2；
7—齿轮轴；8—齿条；9—挡块；
11—拉杆；12—弹簧；13—推板

图 15-57　瓶盖端面设有防滑槽

（2）螺纹型芯垂直方向始终保持往复运动状态、螺纹型芯旋转同时自动后退的机构

如图 15-58 所示，齿条 10 带动齿轮轴 14，齿轮轴 14 带动齿轮 15，齿轮 15 带动螺纹型芯 9，螺纹型芯 9 一边转动，一边在螺纹导管 11 的螺纹导向下向下做轴向运动，实现内螺纹脱模。

15.11.5　螺纹自动脱模机构设计要点

① 确定螺纹型芯转动圈数：

$$U=L/p+U_s$$

式中　U——螺纹型芯转动圈数；

　　　U_s——安全系数，为保证完全旋出螺纹所加余量，一般取 0.25～1mm；

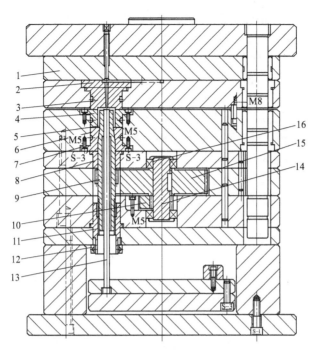

图 15-58　螺纹型芯结构示意图

1—流道推板；2—压板；3—定模镶件；4—动模镶件 1；5—动模镶件 2；6,7—密封圈；8—镶套；9—螺纹型芯；
10—齿条；11—螺纹导管；12—螺母；13—推杆；14—齿轮轴；15—传动齿轮；16—轴承

L——螺纹牙长；

p——螺纹牙距。

② 确定直齿圆柱齿轮的模数，见下面内容。

15.11.6　直齿圆柱齿轮的几何要素及尺寸关系

齿轮的啮合条件：因为两啮合齿轮的齿距 p 必须相等，啮合两齿轮的模数和压力角也必须相同。齿轮各部分的名称及代号如图 15-59 所示。

① 模数（m）　模数 m 是设计、制造齿轮的重要参数。确定齿轮模数，模数决定齿轮的齿厚。工业用齿轮模数一般取 $m \geqslant 2$，国标中标准模数。模数大，齿距 p 也大，齿厚、齿高 h 也随之增大，因而齿轮的承载能力增大。

为了便于齿轮的设计和制造，模数已经标准化，我国规定的标准模数值见表 15-2。

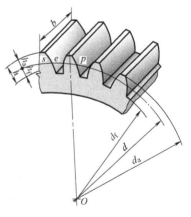

图 15-59　齿轮各部分的名称及代号

表 15-2　**齿轮模数系列**（GB/T 1357—1987）　　　　　　mm

第一系列	1、1.25、1.5、2、2.5、3、4、5、6、8、10、12、16、20、25、32、40、50
第二系列	1.75、2.25、2.75、(3.25)、3.5、(3.75)、4.5、5.5、(6.5)、7、9、(11)、14、18、22、28、36、45

注：选用模数时，应优先选用第一系列，括号内的模数尽可能不用。

② 齿形角（α，也叫压力角，一般为 20°）　是齿廓曲线和分度圆的交点处的径向与齿廓在该点处的切线所夹的锐角。

③ 齿顶圆直径（d_a）　通过轮齿顶部的圆的直径。

④ 齿根圆直径（d_f）　通过轮齿根部的圆的直径。

⑤ 分度圆直径（d）　分度圆是一个约定的假想圆，齿轮的轮齿尺寸均以此圆直径为基准确定，该圆上的齿厚与槽宽相等，$d=mz$。

⑥ 齿顶高（h_a）　齿顶圆与分度圆之间的径向距离。

⑦ 齿根高（h_f）　齿根圆与分度圆之间的径向距离。

⑧ 齿高（h）　齿顶圆与齿根圆之间的径向距离。

⑨ 齿厚（s）　一个齿的两侧齿廓之间的分度圆弧长。

⑩ 槽宽（e）　一个齿槽的两侧齿廓之间的分度圆弧长。

⑪ 齿距（p）　相邻两齿的同侧齿廓之间的分度圆弧长。

⑫ 齿宽（b）　齿轮轮齿的轴向宽度。

⑬ 齿数（z）　一个齿轮的轮齿总数。

齿轮的齿数确定后，齿轮的外径也随着确定。当传动中心距一定时，齿数越多，传动越平稳，噪声越低。但齿数多，模数就小，齿厚也小，致使其弯曲强度降低，因此在满足齿轮弯曲强度条件下，尽量取较多的齿数和较小的模数。为避免干涉，齿数一般取 $z\geqslant17$，螺纹型芯的齿数尽可能少，但最少不少于 14 齿（避免根切），且最好取偶数。

⑭ 传动比（i）　传动比为主动齿轮的转速 n_1（r/min）与从动齿轮的转速 n_2（r/min）之比，即 n_1/n_2。由 $n_1z_1=n_2z_2$；可得：$i=n_1/n_2=z_2/z_1$。

传动比决定啮合齿轮的转速。传动比在高速重载或开式传动情况下选择质数，目的是为了避免失效集中在几个齿上。传动比还与选择哪种驱动方式有关系，比如用齿条＋锥度齿或大导程的多头螺母、螺杆机构（图 15-60）这两种驱动时，因传动受行程限制，须大一点，一般取 $1\leqslant i\leqslant4$；当选择用电机时，因传动无限制，既可以结构紧凑点节省空间，又有利于降低马达瞬间启动力，还可以减慢螺纹型芯旋转速度，一般取 $0.25\leqslant i\leqslant1$。

⑮ 中心距（a）　两圆柱齿轮轴线之间的最短距离称为中心距，即：

$$a=(d_1+d_2)/2=m(z_1+z_2)/2$$

⑯ 直齿圆柱齿轮几何要素的尺寸计算

标准直齿圆柱齿轮各几何要素尺寸的计算公式见表 15-3。

图 15-60　大导程的多头螺母、螺杆机构

从表中可知，已知齿轮的模数 m 和齿数 z，按表所列公式可以计算出各几何要素的尺寸，画出齿轮的图形。

表 15-3　直齿圆柱齿轮各几何要素的尺寸计算

名称	代号	计算公式	名称	代号	计算公式
齿顶高	h_a	$h_a=m$	齿顶圆直径	d_a	$d_a=m(z+2)$
齿根高	h_f	$h_f=1.25m$	齿根圆直径	d_f	$d_f=m(z-2.5)$
齿高	h	$h=2.25m$	中心距	a	$a=\dfrac{1}{2}(d_1+d_2)=\dfrac{1}{2}m(z_1+z_2)$
分度圆直径	d	$d=mz$			

复习思考题

1. 脱模机构有哪几类？
2. 脱模机构的设计原则有哪些？
3. 顶杆布置有哪些原则？
4. 顶杆和有关零件的配合有什么要求？
5. 头部不平的顶杆有什么装配要求？
6. 装配好的顶杆为什么要摆动？
7. 顶管顶出制品成本高且制造复杂，在什么情况下应用顶管顶出？
8. 推管结构顶出，有什么规范要求？
9. 推板（脱模板）顶出设计要点和注意事项有哪些？
10. 在什么情况下需要两次顶出和延时顶出？如何实现延时顶出？
11. 螺纹脱模机构对螺纹制品设计有什么要求？
12. 螺纹脱模机构主要有哪两种典型类型？
13. 内螺纹脱模机构的脱模动力有哪些？
14. 请叙述内螺纹脱模机构的设计要点。
15. 直齿圆柱齿轮的几何要素有哪些？

第16章 ▶▶ 模板的强度和刚性

模具型腔和动模在成型过程中受到熔体的高压作用，应具有足够的强度和刚度，如果型腔侧壁和底板的厚度过小，则因强度不够而产生塑性变形甚至破坏，也可因刚度不足而产生翘曲变形，导致溢料和出现飞边，降低塑件尺寸精度。如果当模具的型腔在注塑压力的作用下，其变形量超过所规定的值时（小型模具的允许变形量控制在 0.02mm 左右，大型模具的允许变形量控制在 0.05mm 以内），还会因型腔压力消失后的型腔壁面回弹夹持制品，当回弹量大于一定值时，其夹紧力将大于注塑机的开模力，以至于注塑机无法开模或者制品无法脱模，严重的甚至模具的动、定模都不能打开。

模板的强度和刚性的正确设计直接影响到模具和制品的质量及模具成本，关系到模具的寿命、模具是否会提前失效或模板过大过厚的材料浪费。因此，模板的强度和刚性也是模具设计关键之一。

因此，要通过计算强度和刚度来确定型腔壁厚和大小。但计算公式是针对于没有支撑柱的设计的，所计算的模板厚度同增加了支撑柱的模板厚度相差很大。

关于模板的强度，有经验计算公式，根据塑件投影面积，用经验计算值来确定模板和镶件的尺寸。

16.1 模具强度设计的重要性

模具的强度包括强度和刚度两方面。强度计算条件是型腔的受力值不得超过模具材料的许用应力值。计算刚度条件时，应从以下三个方面考虑，设计型腔壁厚与动、定模的模板厚度。

(1) 模具的变形量超过熔料的溢边值，成型制品会产生废飞边。模具在成型过程中，模具的动、定模的分型面的变形量 $[\delta]$ 不得大于制品产生溢边值。其溢边值的产生与塑件塑料品种的黏度特性有关，见表 16-1 中的允许变形量 $[\delta]$。

表 16-1 型腔允许变形量 $[\delta]$ mm

黏度特性	塑料品种举例	允许变形量 $[\delta]$
低黏度塑料	尼龙(PA)、聚乙烯(PE)、聚丙烯(PP)、聚甲醛(POM)	≤0.025～0.04
中黏度塑料	聚苯乙烯(PS)、ABS、聚甲基丙烯酸甲酯(PMMA)	≤0.05
高黏度塑料	聚碳酸酯(PC)、聚砜(PSF)、聚苯醚(PPO)	≤0.06～0.08

(2) 模具的变形量会影响制品的精度尺寸。为了保证塑件尺寸精度，要求模具型腔应具有很好的刚度，以保证注塑过程中型腔不会产生过大的弹性变形。此时，型腔的允许变形量 $[\delta]$ 由塑件精度等级和塑件公差值来确定。模具的刚度条件，根据塑件精度等级要求，用表 16-2 经验公式计算允许变形量 $[\delta]$。

例如，塑件（ABS）尺寸在 200～500mm 之间，其一般精度（MT3）和未注公差尺寸（五级精度），公差分别为 0.86～1.74mm 和 1.76～3.9mm，因此其刚度条件分别为 $[\delta]=0.046～0.063$mm 和 $[\delta]=0.063～0.079$mm。

表 16-2　塑件尺寸精度计算公式

塑件尺寸	经验公式[δ]	塑件尺寸	经验公式[δ]
<10	$\Delta_i/3$	>200~500	$\Delta_i/10(1+\Delta_i)$
>10~50	$\Delta_i/3(1+\Delta_i)$	>500~1000	$\Delta_i/15(1+\Delta_i)$
>50~200	$\Delta_i/5(1+\Delta_i)$	>1000~2000	$\Delta_i/20(1+\Delta_i)$

注：i 为塑件精度等级，Δ 为塑件尺寸公差值。

（3）模具的变形量过大，会使制品脱模困难。如果型腔刚度不足，在熔体高压作用下会产生过大的弹性变形，当变形量超过塑件收缩值时，塑件周边将被型腔紧紧包住而难以脱模，强制顶出易使塑件划伤或破裂，因此型腔的允许弹性变形量应小于塑件壁厚的收缩值，即：$[\delta] < \delta S$，$[\delta]$ 保证塑件顺利脱模的型腔允许弹性变形量，单位为 mm，S 为缩塑件的收缩率。

16.2　型腔的强度和动模垫板厚度计算

① 模具型腔（凹模）的类型有圆形和矩形，其结构又分为整体式与组合式（非整体式），其侧壁和底板（支撑板）厚度的计算见表 16-3 和表 16-4。计算公式中，大型模具按刚度条件计算；小型模具按强度条件计算，也可按刚度条件和强度条件同时计算，取其最大值。

表 16-3　凹模侧壁和底板厚度计算公式

类型		简　图	部位	按刚度计算	按强度计算
圆形凹模	整体式		侧壁	$h_1 = r\left[\sqrt{\dfrac{1-\mu+\dfrac{E[\delta]}{rp}}{\dfrac{E[\delta]}{rp}-\mu-1}}-1\right]$	$h_2 = r\left(\sqrt{\dfrac{[\sigma]}{[\sigma]-2p}}-1\right)$
			底部	$h_2 = \sqrt[3]{\dfrac{0.175pr^4}{E[\delta]}}$	$h_2 = r\sqrt{\dfrac{3p}{4[\sigma]}}$
	组合式		侧壁	$h_1 = \left[\sqrt{\dfrac{1-\mu+\dfrac{E[\delta]}{rp}}{\dfrac{E[\delta]}{rp}-\mu-1}}-1\right]$	$h_1 = r\left(\sqrt{\dfrac{[\sigma]}{[\sigma]-2p}}-1\right)$
			底板	$h_2 = \sqrt[3]{0.74\dfrac{pr^4}{E[\delta]}}$	$h_2 = r\sqrt{1.22\dfrac{p}{[\sigma]}}$

类型		简　图	计　算　公　式		
			部位	按刚度计算	按强度计算
矩形凹模	整体式		侧壁	$h_1=\sqrt[3]{\dfrac{cpa^4}{E[\delta]}}$	$h_1=a\sqrt{\dfrac{wp}{[\sigma]}}$
			底部	$h_2=\sqrt[3]{\dfrac{c'pb^4}{E[\delta]}}$	$h_2=b\sqrt{\dfrac{w'p}{[\sigma]}}$
	组合式		侧壁	$h_1=\sqrt[3]{\dfrac{pal^4}{32EA[\delta]}}$	$h_1=\sqrt{\dfrac{pal^2}{2A[\sigma]}}$
			底板（支撑板）	$h_2=\sqrt[3]{\dfrac{5pbL^4}{32EB[\delta]}}$	$h_2=\sqrt{\dfrac{3pbL^2}{4B[\sigma]}}$

　　注：h_1、h_2分别为凹模侧壁、底板厚度，mm；r为凹模内半径，mm；μ为泊松比，取$0.25\sim0.3$；$[\delta]$为允许变形量，mm，按塑料性质选取，一般不超过塑料的溢边值，见表16-1；p为型腔压力，一般取$25\sim45$ MPa；$[\sigma]$为弯曲许用应力，MPa，对45钢$[\sigma]=160$MPa，一般常用钢$[\sigma]=200$MPa；c、c'、w、w'为常数，分别由l/a、l/b、L/a、L/b而定，见表16-4；a为凹模受力部分高度，mm；l、b分别为凹模内腔长边和短边，mm；E为弹性模量，对钢取2.1×10^5MPa；L为垫块间距，mm；B为支撑板宽度，mm；A为凹模高度，mm。

表 16-4　凹模侧壁和底板厚度计算常数表

	l/a	c	l/a	c	l/a	c	l/a	c
常数c值	1.0	0.044	1.4	0.078	1.8	0.102	4.0	0.140
	1.1	0.053	1.5	0.084	1.9	0.106	5.0	0.142
	1.2	0.062	1.6	0.09	2.0	0.111		
	1.3	0.070	1.7	0.096	3.0	0.134		

	l/b	c'	l/b	c'	l/b		c'	
常数c'值	1	0.0138	1.4	0.0226	1.8		0.0267	
	1.1	0.0164	1.5	0.0240	1.9		0.0272	
	1.2	0.0188	1.6	0.0251	2.0		0.0277	
	1.3	0.0209	1.7	0.0260				

常数w值	L/a	0.25	0.50	0.75	1.0	1.5	2.0	3.0
	w	0.02	0.081	0.173	0.321	0.727	1.226	2.105

常数w'值	L/b	1.0	1.2	1.4	1.6	1.8	2.0	∞
	w'	0.3078	0.3834	0.4356	0.4680	0.4872	0.4974	0.5000

　　② 整体式矩形型腔（定模）模具计算实例，如图16-2所示。

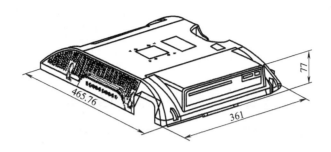

图 16-1 电视机后盖

图 16-1 所示塑件为电视机后盖，塑料为 ABS、壁厚为 2.7mm，要求达到 4 级精度。已知凹模内腔长边 l 为 440mm，短边 b 为 361mm；凹模受力部分高度 a 为 77mm；允许变形量 $[\delta]$ 查表 16-1 取 0.05mm；弯曲许用应力 $[\sigma]$ 取 200 MPa；模具钢材的弹性模量 E 取 2.1×10^5 MPa。本例子是大型模具，故按刚度条件公式计算侧壁厚度和底板厚度。经计算 $l/a = 5.7$；$l/b = 1.22$，按 5.0 及 1.2 查表 16-4 得常数 c 和 c' 值分别为 0.142 与 0.0188。当塑料熔体对型腔的成型压强 p 取 45MPa 时，$h_1 = \sqrt[3]{\dfrac{cpa^4}{E[\delta]}} = 27.76$mm，$h_2 \sqrt[3]{\dfrac{c'pb^4}{E[\delta]}} = 111$mm。当成型压力 p 取 25MPa 时，$h_1 = 22.8$mm，$h_2 = 91$mm。

说明：本例中侧壁厚度按公式计算 h_1 为 22.8mm 及 27.76mm，而实际上是 143mm，远比计算大得多，其原因是受模具结构限制。

③ 组合式矩形动模座侧壁厚度和支撑板厚度计算实例。

如图 16-2 所示，其垫块间距 L 为 450mm；支撑板宽度 B 为 650mm；凹模高度 A 为 130mm，其他数据同上例题。

按刚度条件计算侧壁厚度，当成型压强 p 取 45MPa 时：

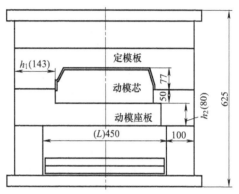

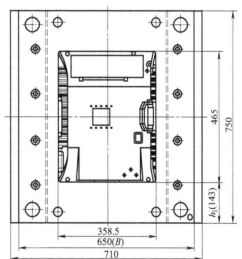

图 16-2 电视机后盖模具计算

$$h_1 = \sqrt[3]{\frac{pal^4}{32EA[\delta]}} = \sqrt[3]{\frac{45 \times 50 \times 440^4}{32 \times 2.1 \times 10^5 \times 130 \times 0.05}} = 124.5 \ (\text{mm})$$

当 p 取 25MPa 时，$h_2 = 102.4$mm。

按刚度条件计算支撑板的厚度，当成型压强 p 取 45MPa 时，

$$h_2 = \sqrt[3]{\frac{5pbL^4}{32EB[\delta]}} = \sqrt[3]{\frac{5 \times 45 \times 358.5 \times 450^4}{32 \times 2.1 \times 10^5 \times 650 \times 0.05}} = 247.4 \ (\text{mm})$$

当 p 取 25MPa 时，$h_2 = 203.3$mm。

说明：本例子按计算公式计算支撑板厚度 h_2 比实际厚度大得多，其原因是例中支撑板下面加了很多支撑柱，减少了跨度，增加了刚度；动模嵌入了固定板与支撑板合而为一的动模座板内，加强了动模座板的强度。

16.3 根据塑件投影面积用经验值来确定模板和镶件的尺寸

模架和镶件尺寸的确定是根据产品的外形、投影面积和高度以及塑件产品本身结构来确定的（最小镶块和外形的边距是 20mm，美国 1in、1½in 适用），再确定模架大小，可参照图 16-3 和表 16-5。

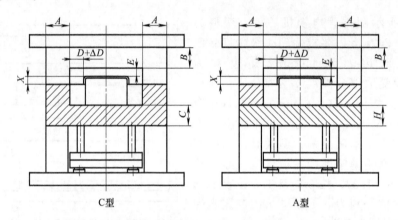

C型   A型

图 16-3 模架和镶件尺寸确定

A—表示镶件侧边到模板侧边的距离；B—表示定模镶件底部到定模板底面的距离；

C—表示动模镶件底部到动模板底面的距离；D—表示产品到镶件侧边的距离；

E—表示产品最高点到镶件底部的距离；H—表示动模支撑板的厚度（当模架为 A 型时）；

X—表示产品高度

表 16-5 动定模的镶块尺寸　　　　　　　　　　　　　　　　mm

产品投影面积 S/mm^2	A	B	C	H	D	E
100～900	40	20	30	30	20	20
900～2500	40～45	20～24	30～40	30～40	20～24	20～24
2500～6400	45～50	24～30	40～50	40～50	24～28	24～30
6400～14400	50～55	30～36	50～65	50～65	28～32	30～36
14400～25600	55～65	36～42	65～80	65～80	32～36	36～42
25600～40000	65～75	42～48	80～95	80～95	36～40	42～48
40000～62500	75～85	48～56	95～115	95～115	40～44	48～54
62500～90000	85～95	56～64	115～135	115～135	44～48	54～60
90000～122500	95～105	64～72	135～155	135～155	48～52	60～66
122500～160000	105～115	72～80	155～175	155～175	52～56	66～72
160000～202500	115～120	80～88	175～195	175～195	56～60	72～78
202500～250000	120～130	88～96	195～205	195～205	60～64	78～84

以上数据，仅作为一般性结构塑料制品的模架参考，对于特殊的塑料制品，应注意以下几点。

① 当产品高度过高时（产品高度 $X \geqslant D$），应适当加大 D 值，加大值 $\Delta D = (X - D)/2$。

② 因冷却水道的需要，也要对镶件的尺寸做以调整，以达到较好的冷却效果。

③ 结构复杂需做特殊分型或顶出机构，或有侧向分型结构需要滑块时，应根据不同情况适当调整镶件和模架的大小以及各模板的厚度，以保证模架的强度。

16.4 避免模板过大过厚

设计师要有成本意识，减少能源浪费。模板外形不能过大，厚度不能过厚，既浪费了材料，又增加了制造成本。特别是大型模具的尺寸不能随意放大。

据笔者了解，模板的强度和刚性计算同实际出入较大，依靠计算公式计算的模板厚度都偏厚、偏大。因为，大多数设计者由于设计经验不足，较为保守。如果模具设计小了，其责任就是设计人员，模具设计仍大勿小，成了行业的潜规则。对于大型模具的外形尺寸及模厚尺寸稍不重视，几千元、几万元一下子就会从手里跑掉了，这种现象在模具企业普遍存在。如以国产的门板模为例，与日本的门板模比较，国内的模具大得多了。对于生产大型的汽车部件模具的企业来说，由于材料偏大或偏厚，模板材料的浪费是非同小可的。

一个优秀的模具设计师，应该有等强度的设计理念。模具零件尽量使它同时失效，不是有的零件很快失效，有的零件能长久使用。

因此，在市场竞争激烈的今天，模具设计既要考虑到模具的质量，又要做到成本控制。如：格栅模、门板模、前、后保险杠等模具，更要高度关其模具的强度和刚性、浇注系统及其模具结构的合理性，同时也不能忽视模具外形太大和模板厚度太厚。

案例 1

如图 16-4 所示，定模材料为 2738，成本是 28 元/kg；动模材料为 718，成本是 18 元/kg。

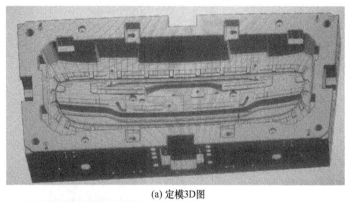

(a) 定模3D图

(b) 右边头部3D图

(c) 头部剖视图

(d) 俯视图

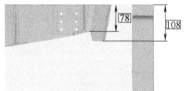

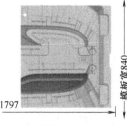

(e) 定模内型局部视图

图 16-4 模具设计不能过大过厚

① 防止模具动、定模芯发生错位的台阶深度，最低处有 78mm，如图 16-4（c）所示为 78mm，没有必要这么深，改为 40mm 就足够了（如果模板动、定模的防止错位的四匹克各增加了 5mm 高度，则材料费就增加了 2100 多元）。

② 一出二的浅型腔模具，封胶面没有必要这么宽，见图 16-4（d）、（e）。最窄处公用封胶面的 123mm 宽改为 60～80mm 就足够了。

③ 此副大型模具原来外形是 1797mm×840mm×355mm，如设计更改尺寸为 1797mm×780mm×320mm，则动模（718 钢材，成本 18 元/kg）、定模（2738 钢材，成本 28 元/kg）共可节约材料费 31326 元及数控加工费至少上万元，这样这副模具估计总共可节约四万五千元左右。

案例 2：

动模型芯嵌入动模座深度为 70mm，实际上嵌入 50mm 深就够了，动模型芯就不会歪斜了（图 16-5）。

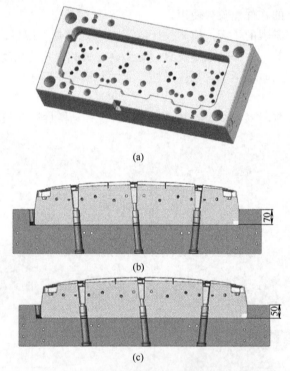

(a)

(b)

(c)

图 16-5　动模型芯镶入动模座座板不应太深

复习思考题

1. 为什么注塑模具的模板的强度和刚性设计是模具设计关键之一？
2. 塑件投影面积同模板的强度和刚性是否有关？为什么？
3. 用经验值来确定模板和镶件的尺寸有什么重要意义？为什么？
4. 通过计算公式所计算的模板都偏厚，为什么？
5. 支撑柱的设计有什么要求？
6. ABS 与 PP 两种塑料的特性有什么不同？对模具有什么不同要求？

第17章 ▶▶ 模具钢材的选用和热处理

随着塑料制品应用领域的扩大，人们对塑料模具的要求也越来越高。目前，塑料模具正朝着高效率、高精度、长寿命方向发展。在注塑模具的设计制造中，应根据制品的塑料种类、制品生产批量、制品形状复杂程度、制尺尺寸大小及精度、模具制造周期和模具寿命等因素综合考虑。模具钢材在加工过程中会有残余应力产生，合理地选择模具材料及热处理工艺，对模具寿命、加工性有着重要影响，对提高模具质量、模具的性能、模具制造时间、成本能起着决定作用，所以模具钢材的选用是十分重要的。

由于塑料模具的工作条件（加工对象）、制造方法、精度及对耐久性要求的多样性，塑料模具材料系列的范围很广。

模具钢具有较高的强度、塑性和韧性等使用性能以及可热处理性，同时具有较好的可加工性、冷成型性、热加工性、耐磨性、耐热性以及焊接性能等。因此，大多数塑料模具都用钢来制造。

如何选用模具钢材和正确选用热处理工艺对于模具设计师来说是必须掌握的知识。

17.1 塑料模具钢的分类及其性能、用途

塑料模具钢分类及性能简介如下。

（1）碳素结构钢

通用型塑料模具钢：生产批量较小，尺寸精度和表面粗糙度无特殊要求，采用碳素结构钢，如15、20、40、45、50、55、SM50、SM 钢，其中应用最广泛的是优质 45 碳素结构钢。

（2）碳素工具钢

加工性能好，价格便宜，但淬透性和热硬性差，热处理变形大，承载能力较低。热处理后具有较高的表面硬度值和较好的耐磨性。韧性低，不适用于承受冲击载荷的工具。

如：钢号 T8、T8A、T10、T10A、T12A、T8A、T10A 可用作钳工锉刀材料。YCS3、YK30 钢材是高级油淬碳素工具钢，用作模具钢可改善通常碳素工具钢易碎裂的性质，而达到延长工具的寿命。

（3）合金结构钢

① 40Cr 钢。调质处理后具有较高的强度、良好的塑性和韧性以及高的疲劳强度，该钢适合于碳氮共渗，加工性能好，但焊接性较差，适用于中大型模具，其硬度优于 45 碳素结构钢。

② P20（3Cr2Mo）钢。属中碳低合金钢，是调质钢，其加工性能好，表面粗糙度值小，具有较长的使用寿命，适用于复杂精密的大型塑料模具。

（4）合金工具钢

在碳素工具钢的基础上，加入适量的铬、钨、锰、硅、钒等合金元素，制成了各种合金工具钢，其具有淬透性高、淬火变形小、回火性能好、硬度高等优点，适宜制造精度要求

高、形状复杂、截面尺寸较大的模具，如 Cr12 适用于冷冲模。

合金工具钢有低、中、高之分。中、高合金工具钢适用于制作耐磨性好的塑料模具，用以生产强化工程塑料制品。如 4Cr5MoSiV1、Cr12MoV、Cr12Mo1V1 等钢，变形小、淬透性好，并经淬火、回火后使用。为了提高耐磨性，可进行表面处理。

(5) 渗碳型塑料模具钢

采用冷挤压反印法制造模具型腔，可以采用合金渗碳钢，冷挤压后需要进行渗碳，然后进行淬火和低温回火。这种模具表面具有高的硬度和耐磨性，含碳量一般在 0.1%～1.2% 左右，而心部具有很好的韧性，而且模具互换性好。渗碳型塑料模具钢常见的牌号：20Cr、12CrNi2、12CrNi3、20CrMnTi、20Cr2Ni4 等。渗碳型塑料模具钢具有良好的硬度和耐磨性。

(6) 耐蚀型塑料模具钢

用于制造腐蚀性较强的塑料成型模具（如聚氯乙烯、氟化塑料、阻燃塑料），如低碳镍铬型耐蚀钢 1Cr17Ni2、中碳高铬型耐蚀钢（代表性钢种 4Cr13）、高碳高铬型耐蚀钢 9Cr18Mo。国外各主要新钢种有 BOHLER 的 M300、M310、M314 等，美国的 CRUCIBLE 公司的 420MOD，瑞典的 STAVAXV，欧洲的 2083。

我国的耐蚀塑料模具钢，相对于其他类型的塑料模具钢，主要使用 PCR、2Cr13、3Cr13、4Cr13、4Cr13Mo、PCr18、PCr18MoV，近些年来引进了 3Cr17Mo，开发了 5Cr17MoV，该钢具有良好的综合使用性能。

(7) 高镜面塑料模具钢

适用于生产对精度和表面粗糙度数值要求很低的塑料制品（型腔模具表面粗糙度数值要求很低），如 PMS、3Cr2Mo、3Cr2NiMnMo、4Cr5MoSiV1、Cr12Mo1V1、25CrNi3MoAl 等；或马氏体时效钢，如 18Ni（250）、18Ni（300）及低镍马氏体时效钢 06Ni6CrMoVTiAl 等。

PMS（10Ni3CuAlVS）镜面塑料模具钢，适用于生产透明制品，通常选用粗糙度值小、光亮度高、变形小、精度高的做塑料镜片的模具。

(8) 预硬化、易切削塑料模具钢（钢号后写有"H"代表预硬钢）

一般在 30～40（38～42）HRC，不需再热处理可直接加工动、定模，热处理到 28～40HRC，在预淬硬的条件下供货，用户可直接加工使用，如 P20（3Cr2Mo），BOHLER 的 M200，TEW 的 1.2311、1.2312、1.2344，瑞典的 718（3Cr2MnNiMo）、618H、718H、蒂森的 GS738、GS312、SNiCaS、2738H，日本的 FDS5、NAK80、SKD61，美国的 H13 等。

国外开发的易切削塑料模具钢主要是 S 系，如日立金属的 HPM2 和大同特殊钢的 PDS5 等。我国研制了一些含硫易切削预硬化塑料模具钢，如 5NiSca、8Cr2MnWMoVS、P20BSCa 等。

(9) 无磁塑料模具钢

压制磁性塑料的模具，如 18-8 不锈钢，其型腔经氮化处理后使用，或采用 Mn13 型耐磨奥氏体钢，如无磁塑料模具钢 7Mn15Cr2Al3V2WMo 等。

(10) 非调质型预硬塑料模具钢

硬度一般为 30～40HRC，国内有 25CrMnVTiSCaRE（代号 FT）、2Cr2MnMoVS 和 2Mn2CrVCaS。

(11) 时效硬化塑料模具钢

是常用的钢材，在热处理时，通过时效处理，使模具硬度升到 40HRC 以上。时效处理变形小，可以在加工后进行时效处理，如大同特殊钢公司的 NAK55、NAK80，BOHLER 的 M261，日立金属的 HPM1、HPM50 等。这类钢成本高，目前国内外普遍应用较多的就是 10Ni3MnCuAl 钢。

（12）整体淬火高硬度塑料模具钢

如 Cr12、Cr12MoV、SKD11、SKD12、SKD61，日立金属的 HPM31、FDAC，高周波的 KD21 和大同特殊钢的 PD613、DH2F 等钢种。

（13）高可焊性塑料模具钢

是国外开发的一些专用钢种，焊前可不预热，焊后可不后热，代表是日本大同特殊钢公司开发的 PXZ 和 PX5 钢。

（14）铍青铜

PCR、AMPCO940。

17.2　塑料模具钢的性能要求

① 机械加工性能优良，易切削，适用于深孔、窄缝等难加工和三维较复杂型面的雕刻加工。

② 抛光性能优良，没有气孔等内部缺陷，显微组织均匀且有一定的使用硬度（能达到镜面光泽，钢材必须具有 ≥38HRC 的硬度，最好为 40～46HRC，而达到 55HRC 为最佳）。

③ 良好的表面腐蚀加工性，要求钢材质地细而均匀，适于花纹腐蚀加工。

④ 耐磨损有韧性，可以在热多变负荷的作用下长期工作。对于塑料有腐蚀性物质产生的塑料模，必须考虑钢材耐腐蚀性，如聚氯乙烯要求钢材具有抗腐蚀性。

⑤ 电火花加工性好，放电加工后表面的硬化层要浅，以便于抛光。

⑥ 耐摩擦、焊接性能好，焊后硬度不发生变化，且不开裂变形等。

⑦ 热处理性能好，具有良好的淬透性和很小的变形，易于渗氮等表面处理。

⑧ 膨胀系数小，热传导效率高，防止变形，提高冷却效果。

⑨ 尺寸稳定性好。

⑩ 价格比较合理，市场容易买到，供货期短。钢材需要有轧钢厂的质保单，避免买到不是正规企业生产的钢材，质量不能保证，钢材加工中途发现内部疏松、气孔、裂纹、粗糙度差、组织不均等，严重地影响模具质量，甚至导致报废，影响交模期。

17.3　钢材中合金元素的功能

钢材可借着合金元素的添加、特殊生产方法以及热处理而调整其应力值，使其成为适合模具使用的材料。而且，还可以利用表面处理技术改善钢材表面性能等，使其具有较长的使用寿命与较好的经济性。普通合金元素对材料性能的影响见表 17-1。

表 17-1　普通合金元素对材料性能的影响

元素	增加的性能	不利因素
碳（C）	硬度、强度、耐热性	断后伸长率、延展性、可锻性下降
锰（Mn）	① 提高钢的强度、延展性、淬透性、还原性 ② 钢中含 Mn12%～14% 则有优越的超高耐磨性 ③ 增加高温拉伸强度及硬度，防止因硫产生的热脆性	① 断后伸长率下降 ② 过热敏感性增加

续表

元素	增加的性能	不利因素
硅（Si）	① 钢中不可少之元素 ② 强度、回火稳定性 ③ 增加耐热性、耐蚀性	韧性和塑性降低
镍（Ni）	① 大幅提高钢的强度和韧性，提高淬透性，减少淬火变形 ② 耐蚀性提高	① 降低抗热疲劳性能 ② 降低机械加工性能 ③ 表面淬火后的镍铬钢倾向于变形
铬（Cr）	① 提高钢的淬透性、高温强度、抗氧化能力 ② 金属粒子很细，能改善合金抛光性 ③ 当铬含量超过 12％时，其合金钢则称为不锈钢 ④ 增加耐磨性、耐蚀性、高温强度及硬化能力	断后伸长率下降
钨（W）	① 是一种能形成强碳化物的元素 ② 可增加钢的强度而不降低其伸长性 ③ 能细化晶粒，改进钢的耐热和耐磨性 ④ 磁性能	增加切削难度
钼（Mo）	① 作用与钨近似 ② 抑制回火脆性，提高回火稳定性 ③ 增加抗化学性 ④ 增加硬度、耐磨性、高温拉伸强度、硬化能力、耐蚀性	
钒（V）	① 强碳化物元素，提高拉伸强度，提高回火稳定性 ② 使结晶微细化，改善钢材表面性质（Ti、Zr 亦同）	
硫（S）、磷（P）	改良机械切削性能，约占 0.06％~0.07％	降低钢的强度和弹性

17.4 注塑模具钢材选用原则和要求

塑料模具钢的选用应根据所成型的塑料种类以及被成型塑料制品的形状、尺寸、精度、质量及数量的不同要求考虑。同时要考虑制造模具的条件和加工方法，选用不同类型的钢材，如渗碳钢、调质钢、高碳工具钢、耐蚀钢、低碳马氏体时效钢等。

模具的使用寿命取决于正确的设计、制造和使用。优质的钢材质量对模具的性能有很大影响，并选择合理的热处理工艺才能充分发挥模具材料的性能。

注塑模具钢材的选用应遵循"满足制品要求，发挥材料潜力，经济技术合理"的原则，具体来说应该从以下几个方面加以考虑。

① 选用较理想的、使用性能和工艺性能好的模具钢材。

② 在满足制品质量的前提下，要考虑模具的整体经济性。如批量较小的，制品外观要求不很高的，可采用调质钢。

③ 根据模具工作寿命因素和制品的生产批量选用钢材。在保证制品质量的前提下，模具工作寿命往往是选择模具材料考虑的主要因素，要求钢材的耐磨性和硬度方面要好。如表17-2 所示，一般根据批量分为四个等级，详细情况参见表 17-3。

④ 考虑可持续发展的综合因素选用钢材。

a. 形状复杂，体积较大，选用受热处理影响小的易切削钢、预硬钢。

b. 加工批量大（注塑件）、尺寸精度高的选用优质模具钢。

c. 模具质量和精度要求高的，选用耐磨性和硬度好的钢材。

表 17-2　根据模具寿命选用非国产钢材

模具寿命/万次	10 以下	10～50	50～100	100 以上
镶件钢材	P20、PX5、718、738 CALMAX 635、618、2311	NAK80 718H	SKD61(热处理) TDAC(DH2F)	AIAS420 S136
镶件硬度(HRC)	30±2	38±2	52±2	60±2
模架钢材	S55C	S55C	S55C	S55C
模架硬度(HRC)	18±2	18±2	18±2	18±2

表 17-3　根据塑料性能和塑件批量选择钢材

塑料类别	塑料名称	生产批量/件			
		$<10^5$	$10^5～5×10^5$	$5×10^5～10^6$	$>10^6$
热固性塑料	通用型塑料 酚醛 蜜胺 聚酯等	45 钢、50 钢、55 钢 渗碳钢渗碳 淬火	渗碳合金钢渗碳 淬火 4Cr5MoSiV1＋S	Cr5MoSiV1 Cr12 Cr12MoV	Cr12MoV Cr12Mo1V1 7Cr7Mo2V2Si
	增强型 (上述塑料加入纤维或金属粉等强化)	渗碳合金钢 渗碳淬火	渗碳合金钢 渗碳淬火 4Cr5MoSiV1＋S Cr5Mo1V	Cr5Mo1V Cr12 Cr12MoV	Cr12MoV Cr12Mo1V1 7Cr7Mo2V2Si
热塑性塑料	通用型塑料 聚乙烯 聚丙烯 ABS 等	45 钢、55 钢 渗碳合金钢 渗碳淬火 3Cr2Mo	3Cr2Mo 3Cr2NiMnMo 渗碳合金钢 渗碳淬火	4Cr5MoSiV1＋S 5NiCrMnMoVCaS 时效硬化钢 3Cr2Mo	4Cr5MoSiV1＋S 时效硬化钢 Cr5Mo1V
	工程塑料 (尼龙、聚碳酸酯等)	45 钢、55 钢 3Cr2Mo 3Cr2NiMnMo 渗碳合金钢 渗碳淬火	3Cr2Mo 3Cr2NiMnMo 时效硬化钢 渗碳合金钢 渗碳淬火	4Cr5MoSiV1＋S 5CrNiMnMoVCaS Cr5Mo1V	Cr5Mo1V Cr12 Cr12MoV Cr12Mo1V1 7Cr7Mo2V2Si
	增强工程塑料 (工程塑料中加入增强纤维金属粉等)	3Cr2Mo 3Cr2NiMnMo 渗碳合金钢 渗碳淬火	4Cr5MoSiV1＋S Cr5Mo1V 渗碳合金钢 渗碳淬火	4Cr5MnSiV1＋S Cr5Mo1V Cr12MoV	Cr12 Cr12MoV Cr12Mo1V1 7Cr7Mo2V2Si
	阻燃塑料 (添加阻燃剂的塑料)	3Cr2Mo＋镀层	3Cr13 Cr14Mo	9Cr18 Cr18MoV	Cr18MoV＋镀层
	聚氯乙烯	3Cr2Mo＋镀层	3Cr13 Cr14Mo	9Cr18 Cr18MoV	Cr18MoV＋镀层
	氟化塑料	Cr14Mo Cr18MoV	Cr14Mo Cr18MoV	Cr18MoV	Cr18MoV＋镀层
	阻燃塑料 (添加阻燃剂的塑料)	3Cr2Mo＋镀层	3Cr13 Cr14Mo	9Cr18 Cr18MoV	Cr18MoV＋镀层
	聚氯乙烯	3Cr2Mo＋镀层	3Cr13 Cr14Mo	9Cr18 Cr18MoV	Cr18MoV＋镀层
	氟化塑料	Cr14Mo Cr18MoV	Cr14Mo Cr18MoV	Cr18MoV	Cr18MoV＋镀层

⑤ 客户指定用钢，不能随意代用更改，如代用须经客户同意。并按客户要求提供热处理质保单。因为很多模具失效是由材质和热处理达不到要求等原因而引起的。

⑥ 动、定模材料，最好选用预硬钢（H），不要在加工过程中采用调质处理。

⑦ 根据塑料的特性选择模具钢材，见表 17-4。

a. 外观要求高的塑件，如透明制品，选用抛光性能好的镜面钢材：SI36H、NAK80、PAK90、420 等优质钢材。

b. 对于特殊的腐蚀性塑料要用耐腐蚀钢。

表 17-4　根据塑料的特性选择模具钢材

| 塑料缩写名 | 模具要求 | | | 模具寿命 | 建议用材 | | 应用硬度 | 抛光性 |
	抗腐蚀性	耐磨性	抗拉力		AISI	YE 品牌	（HRC）	
ABS	无	低	高	长	P20	2311	48～50	A3
				短	P20＋Ni	2739	32～35	B2
PVC	高	低	低	长	420ESR	2316ESR	45～48	A3
				短	420ESR	2083ESR	30～34	A3
HIPS	无	低	中	长	P20＋Ni	2738	38～42	A3
				短	P20	2311	30～34	B2
GPPS	无	低	中	长	P20＋Ni	2738	37～40	A3
				短	P20	2311	30～34	B2
PP	无	低	高	长	P20＋Ni	2738	48～50	A3
				短	P20＋Ni	2738	30～35	B2
PC	无	中	高	长	420ESR	2083ESR	48～52	A2
				短	P20＋Ni	2738 氮化	650～720HV	A3
POM	高	中	高	长	420MESR	2316ESR	45～48	A3
				短	420MESR	2316ESR	30～35	B2
SAN	中	中	高	长	420ESR	2083ESR	48～52	A2
				短	420ESR	2083ESR	32～35	A3
PMMA	中	中	高	长	420ESR	2083ESR	48～52	A2
				短	420ESR	2083ESR	32～35	A1
PA	中	中	高	长	420ESR	2316ESR	45～48	A3
				短	420ESR	2316ESR	30～34	B2

17.5　模具钢材的选用应注意的几个问题

在模具设计制造时会出现材料选用不当和热处理应用存在问题，其原因可能是对热处理的工序较模糊，或者对钢材性能不熟悉，或者存在着理念上的错误。下面的问题，是平时容易忽视而且经常碰到的，也可以说是模具钢材选用和热处理应用所存在的误区。

① 钢材不能任意代用。有时，客户订单的模具钢材一时采购不到，事前没有经得客户同意就任意代用，认为所用的钢材比订单的钢材还要优质，就没有问题。但是，如果配套的汽车部件模具，不是同一钢材模具制造，注塑件外表面如要做烂花、皮纹，质量就会不一致，严重的模具就要报废。

② 模具钢材选用既要考虑经济性又要考虑模制品质量。早在 20 世纪 70～80 年代，45 钢普遍应用在注塑模具的型腔和型芯，45 钢是优质碳素结构钢，现在普遍被别的钢材取代。但是在满足批量生产的前提下，经得客户同意，建议采用 45 钢材，经初加工后调质使用。这样可降低制造成本，只要制造精度高，用 45 钢材经调质制造的注塑模具，其生产的塑件数量也可达到十几万以上。

有人认为用的钢材越好，模具寿命就越长，但这不符合钢材选用的原则。要根据合同要求，模具结构要求，制品的塑料性能、批量来选用钢材。

③ 钢材选用要考虑塑料特性。

④ 要求合理标注热处理的硬度值和氮化层深度。

⑤ 钢材的选用应注意热轧流线方向，特别是冲模的凹模用材更要注意钢材的热轧流线

方向。钢材如同木材有纵横方向。图 17-1 为凹模俯视图，其钢材热轧方向是与长边 A 垂直的方向，这样取材就不易折断。

⑥ 对于有相互运动副的零件，如滑块与滑块的垫铁、滑块压板，不能采用同样材质和标注相同硬度值（差 2 度），否则容易擦伤。

图 17-1 凹模俯视图

⑦ 注意整体模架的动、定模板材料选用。模架材料有 45 钢和 S55C，要按合同要求选用。动、定模如是整体的不采取镶块结构的模架，要特别注意模架的动、定模材料是否符合客户要求（同时要注意 A、B 板的开粗，避免变形）。

17.6 塑料模具主要零件的材料及热处理选择

① 塑料模具用钢及适应的工作条件见表 17-5。

表 17-5 塑料模具用钢及适应的工作条件

钢的类型	牌号	适用的工作条件
渗碳钢	12CrNi2、12CrNi3A、20Cr、20CrMnMo、20Cr2Ni4A	生产批量较大，承受较大动载荷，受磨损较重的模具
	10、20	生产批量较小，精度要求不高，尺寸不大的模具
调质钢	45、55	大型、复杂、生产批量较大的塑料注射模或挤压成型模
	3Cr2Mo、40CrNiMoA、40CrNiMo、40CrMnMo、45CrNiMoVA、5CrNiMo、5CrMnMo、40Cr、4Cr5MoVSi、4Cr5MoV1Si、35SiMn2MoVA	
高碳工具钢	Cr12、Cr12MoV、CrWMn、9Mn2V、9CrWMn、Cr6WV、Cr4W2MoV、GCr15、SiMnMo	热固性塑料模具。生产批量较大，精度要求高及要求高强度、高耐磨性的塑料注射模
耐蚀钢	4Cr13、9Cr18、9Cr18MoV、Cr14Mo、Cr14MoV	要求耐腐蚀性及表面要求较高的模具
沉淀硬化不锈钢	17-7PH、PH15-7Mo、PH14-8Mo、AM-350、AM-355	
时效钢	Ni8CoMo5TiAl、Ni20Ti2AlNb、Ni28Ti2AlNb、Cr5Ni2Mo3TiAl、25CrNi3MoAl	复杂、精密、耐磨、耐腐蚀、超镜面的模具，此钢挤压真空表面渗氮 38～42HRC

② 塑料模具主要构件的材料及热处理选择参照表 17-6。

表 17-6 塑料模具主要构件的材料及硬度选择

构件名称		材料	热处理硬度（HRC）	构件名称	材料	热处理硬度（HRC）
定模座板		30、35、45	—	斜销	T8A、T10A、GCr15	55～60
动模座板		30、35、45	—	弯销	T8A、T10A、GCr15	55～60
热流道板		45、50、55	30～35	滑块	45、3Cr2Mo、40CrNiMo	35～45
推件板		45、3Cr2Mo、40CrNiMo	30～35	斜滑块	45、3Cr2Mo、40CrNiMo	35～40
型芯固定板		30、35、45	—	滑块导板	45、T8A	45～50
支撑板		45、50、T7A	40～45	楔紧块	45、T8A、CrWMn	50～55
推杆固定板		30、35、45	—	斜槽导板	45、50、T7A	45～50
推板		45、50、T7A	40～45	定距拉杆	45、T8A	45～50
垫块		30、35	—	定距拉板	45、T8A	45～50
定位圈		45、50	40～50	限位钉	45	30～35
浇口套		T8A、T10A	50～55	限位块	45	—
复位杆		T8A、T10A	50～55	支撑柱	45	—
拉料杆		T8A、T10A	50～55		T8A、T10A、GCr15	55～60
推杆	直径≤4mm	65Mn、40CrV	45～50	导柱导套	20（渗碳层厚 0.5～0.8mm）	55～60
	直径>4mm	T8A、T10A	50～55		T8A、T10A、GCr15	
推管	孔径≤3mm	65Mn、50CrVA	45～50	顶板导柱	20（渗碳 0.5～0.8）	55～60
	孔径>3mm	T8A、T10A	50～55	顶板导套	T8A、T10A、GCr15	
分流道拉料杆		65Mn、50CrVA	45～50	精密定位件	CrWMn、Cr12MoV、GCr15	55～60

③ 动模、定模、镶块的材料及热处理硬度选择参照表 17-7。

表 17-7　动模、定模、镶块的材料及热处理选择

钢厂编号	标准规格	硬度	一般特性,用途	适用模具零件	备注
8407	H-13(改良型)	热处理 48～52HRC	热模钢,高韧性,耐热性好,适合 PA、POM、PS、PE、EP 塑胶模。金属压铸,金属挤压模	上、下内模,行位,模芯镶件,行位镶件,浇口套,斜顶	瑞典一胜百钢材
2344	H-13	热处理 48～52HRC	热模钢,高韧性,耐热性好,适合 PA、POM、PS、PE、EP 塑胶模。金属挤压模	上、下内模,行位,模芯镶件,行位镶件,浇口套,斜顶	LKM
2344super	H-13(改良型)				
S136	420	热处理 48～52HRC	高镜面度,抛光性能好,耐腐蚀性佳,适合 PVC、PP、EP、PC、PMMA 塑胶成型模	上、下内模,行位,模芯镶件,行位镶件,浇口套,斜顶	瑞典一胜百钢材
S136H		不需热处理 (预加硬)			
2083	420	热处理 48～52HRC	防酸,抛光性能良好,适合酸性塑料及要求抛光良好的模具	上、下内模,行位,模芯镶件,行位镶件,浇口套,斜顶	LKM
2083H		不需热处理 (预加硬)			
718	P20(改良型)	不需热处理 (预加硬)	高抛光度,高要求的内模芯,适合 PA、POM、PS、PE、PP、ABS 塑料模具	上、下内模,行位,模芯镶件,行位镶件	瑞典一胜百钢材
718H					
738	P20 加镍	不需热处理 (预加硬)	适合高韧性及高磨光性塑料模具	上、下内模,模芯镶件	LKM
738H					
P20HH	P20(改良型)	不需热处理 (预加硬)	高硬度,高光洁度及耐磨性能,适合 PA、POM、PS、PE、PP、ABS 塑料模具	上、下内模,模芯镶件	美国芬可乐
NAK80	P21(改良型)	不需热处理 (预加硬)	高硬度,镜面效果佳,放电加工性良好,焊接性能佳,适合电蚀及抛光模具	上、下内模,行位,模芯镶件,行位镶件,斜顶	日本大同
NAK55	P21 加硫 (改良型)	不需热处理 (预加硬)	高硬度,易切削,加厚焊接性良好。适合高性能塑胶模具	下内模,模芯镶件	日本大同
2311	P20	不需热处理 (预加硬)	适合一般性能塑胶模具	上、下内模,模芯镶件	国产相应代号(P20)
638	P20	不需热处理 (预加硬)	加工性能良好,适合高要求大型模架及下模	下内模,下模芯镶件	国产相应代号(P20)
DF2	0-1	热处理 HRC54-56	微变型油钢,耐磨性好	压条,耐磨板,大推圈齿条,滚轮等	国产相应代号(0-1)
2510					
S50C-S55C	1050	不需热处理 (预硬)	贡牌钢,适合模架配板及机械配件	模板,拉板,支板,撑头,定位块等	国产相应代号(1050)
moldmax30	BE-CU	预硬 HRC26-32	合金铍铜,优良导热性,散热效果好,适合需快速冷却的模芯及镶件	上下模芯镶件,斜顶行位镶件	价格高 美国合金铍铜
moldmax40		预硬 HRC36-42			
C1100P	JIS H3100 (改良型)	HV80	电蚀红铜(紫铜),导电性能极佳	电极,镶块	日本三宝

④ 塑料注塑模成型零件常用国产材料及性能见附录。

17.7　钢材的热处理相关名词解释

金属热处理是将金属工件放在一定的介质中加热到适宜的温度,并在此温度中保持一定时间后，又以不同速度冷却，以此来改善工件的使用性能的一种工艺方法。其特点是改变了钢材的金相组织，改善工件的内在质量。为使金属工件具有所需要的力学性能、物理性能和化学性能，除合理选用材料和各种成型工艺外，热处理工艺往往是必不可少的。金属热处理工艺大体可分为整体热处理、表面热处理、局部热处理和化学热处理等。钢材热处理的"四把火"随着加热温度和冷却方式的不同，又演变出不同的热处理工艺。

（1）时效处理

时效处理是指合金工件经固溶处理、冷塑性变形或铸造、锻造后，在较高的温度下放置或室温保持其性能、形状、尺寸随时间而变化的热处理工艺。时效处理分两种。

① 天然时效处理：把钢件或铸件长期（一至三年）放置在室温或自然条件下，露天放在空气中任其风吹雨打日头晒，而发生的时效现象，称为自然时效处理，也称为天然时效。

② 人工时效：为了消除精密量具或模具、零件在长期使用中尺寸、形状发生的变化，常在低温回火后（低温回火温度为 150～250℃）精加工前，把工件重新加热到 100～150℃，保持 5～20h，这种为稳定精密制件质量的处理，称为人工时效。对在低温或动载荷条件下的钢材构件进行时效处理，以消除残余应力，稳定钢材组织和尺寸，尤为重要。

（2）淬火

淬火是把含碳量在 0.25% 以上的中碳钢钢材加热，使其达到此钢材的淬火温度（达到临界温度 Ac3 以上），保温一定时间，然后放入冷却剂水、油或其他无机盐、有机水等淬冷介质中快速冷却，使淬火后的零件得到均匀一致的马氏体组织，使零件达到一定的硬度及耐磨性，也改变了钢的某些物理及化学性质。由于淬火后的零件存在着较大的内应力，因此，淬火后的零件必须要及时经过适当的回火处理，以免产生变形、开裂；使淬火后的零件获得一定的强度、弹性和韧性等综合力学性能。

热处理工艺一般包括加热、保温、冷却三个过程，有时只有加热和冷却两个过程。这些过程互相衔接，不可间断。

淬火方法有浸液表面淬火、火焰表面淬火、高频淬火、渗碳淬火等。

模具零件淬火应注意事项如下。

① 零件淬火前，必须进行粗加工，钻好工艺孔、内模镶件的螺纹孔、冷却水孔、顶杆孔等。

② 零件避免尖角设计，防止变形开裂。

③ 零件淬火后的验收：检测硬度，有无软点，有无变形，有无脱碳等缺陷存在。

（3）正火

正火是把钢件加热到临界温度以上，保温一定时间，均温后，在空气中冷却（大型零件需流动空气冷却）。钢材经过正火处理消除零件内部过大的残余应力、细化晶粒，均匀组织，提高力学性能；改善不合理的网状渗碳体组织，为随后的热处理做好准备；也可以将正火作为最终热处理，获得一定的力学性能。

（4）退火

退火是把零件加热到临界变相温度 Ac3（亚共析钢）以上 30～50℃，或 Ac1（共析或过共析钢）以下，保温一定时间，然后随炉缓慢地冷却，其目的是降低硬度，改善加工性能。增加塑性和韧性，消除内应力，改善内部组织，从而有利于切削加工和冷变形加工。而退火工序方法有很多种，有球化退火、等温退火、完全退火、低温退火、去应力退火等。模具零件退火采用的是去应力退火。

（5）回火

回火是将淬火后的钢加热到 Ac1 以下某一温度，保温到组织转变后，冷却到室温的热处理工艺［即将淬火后的钢件在高于室温而低于 710℃（200～300℃、300～400℃）的某一适当温度，保温一定时间，然后拿出在空气中缓慢地冷却］。回火分高温回火、中温回火和低温回火三类。

回火的目的如下。

① 减少或消除淬火产生的内应力，防止变形和开裂，以取得预期的力学性能。

② 稳定组织，保证工件在使用时不发生形状和尺寸变化。

③ 调整力学性能，适应不同零件的需要。

（6）调质

把淬火后的钢材通过高温回火［淬火＋高温回火（加热温度通常为 560～600℃）＝调质，调质是淬火加高温回火的双重热处理］的热处理方法称为调质处理，其目的是达到所需要的硬度值（一般是 28～32HRC，有的达到 38～42HRC），使工件具有良好的综合力学性能。

（7）氮化

将氮（N）渗入钢材表面的过程称为氮化或渗氮。渗入钢件表面的氮元素形成氮化层以提高模具零件的硬度、耐磨性和疲劳强度、红硬性、抗咬合性及抗腐蚀性。

渗氮有下列几种。

① 气体氮化（渗氮）。钢材须含 Cr、Ti、Al、V、Mo 等合金元素，处理温度为 495～570℃，回火温度为 520～590℃，表面硬度为 900～1000HV，有效硬化层深度为 0.3mm，时间为 48h，变形量无。

② 液体氮化。处理温度为 560 ～ 580℃，时间为 2～3h，一般零件的氮化层深度为 0.01～0.02mm，渗氮深度主要取决于渗氮时间、温度。氮化层不可过厚，建议不超过 0.3mm，表面硬度为 900～1000HV。

③ 软氮化。任何钢铁材料皆可做软氮化处理，可分为液体、气体软渗氮。液体软渗氮是无毒处理法，处理温度为 570 ～580℃，处理时间为 1～3h，淬火方法为盐浴，表面化合层硬度为 900～1000HV，深度为 0.01～0.03mm。

（8）渗碳

渗碳是把含碳量在 0.04%～0.25% 的低碳钢钢材（中碳钢含碳量在 0.25%～0.6%、高碳钢含碳量在 0.6%～1.35%）零件，在碳介质（气体、固体）中加热、保温，温度通常为 560～600℃。渗碳是指使碳原子渗入到钢表面层的过程，使低碳钢的工件具有高碳钢的表面层，然后再经过淬火和低温回火，使工件的表面层具有高硬度和耐磨性，而工件的中心部分仍然保持着低碳钢的韧性和塑性。渗碳工件的材料一般为低碳钢或低碳合金钢（含碳量小于0.25%）。渗碳后，钢件表面的化学成分可接近高碳钢。工件渗碳后还要经过淬火，以得到高的表面硬度、高的耐磨性和疲劳强度，并保持心部有低碳钢淬火后的强韧性，使工件能承受冲击载荷。渗碳工艺广泛用于制造飞机、汽车和拖拉机等的机械零件，如齿轮、轴、凸轮轴等，也适用于制造注塑模具的零件。

17.8 模具零件热处理应注意的几个问题

17.8.1 复杂模具的型芯、型腔加工好后，需要去除应力处理

模具零件在金加工后会产生应力，为了消除应力，稳定其形状和尺寸，防止变形、开裂，应采用时效处理。去除应力有如下多种办法。

① 退火处理。由于退火处理是将零件随炉缓慢地冷却，所需时间较长，一般模具企业

大多不采用退火处理。

② 回火处理。由于模具制造周期较短，模具企业大多采用回火处理。

③ 钢件经低温或常温回火可达到去除应力的目的。钢材经淬火后高温回火的调质工序，也能达到消除应力的目的，但有的注塑模不需要淬火这道工序。

④ 了解以上几种消除应力的热处理工序，并且进行比较得知：由于回火与退火相比，有力学性能高、操作简便、生产周期短、能耗量少、成本低等优点，故在可能条件下，塑料模的动、定模的消除应力，尽量优先考虑回火处理，然后调质、正火处理。

17.8.2　氮化处理和氮化钢材的选用

氮化分气体氮化和软氮化，前者是单纯渗氮过程，后者是碳氮共渗的过程，碳氮共渗一般用于含碳量低于 0.3％的碳素钢，如 10、15、20、30 等碳素钢。气体氮化对纯铁或纯碳钢的硬化程度很小，如果用含有铬 Cr、钼 Mo、铝 Al、钒 V 等元素的合金钢进行气体氮化，在被渗透时会产生铁、氮合金元素的混合物，被渗氮层可获得极高的硬度。其氮化层厚度一般为 0.01～0.60mm。含有铬、钼、铝、钒合金元素的钢有 38CrMoAl、4Cr5MoSiV1、Cr12MoV、Cr6WV、P20、40Cr 等。

气体软氮化温度常为 560～570℃，因该温度下氮化层硬度值最高（70HRC），氮化时间常为 2～3h，因为超过 2.5h，随时间延长，氮化层深度增加很慢。如果是液体氮化，硬度甚至略高于气体氮化。

从上述分析可知道，不是什么钢都可氮化，要达到氮化的目的和效果，氮化方法也不能一概而论。不同的钢材用不同的氮化方法，图纸上标注氮化硬度和厚度要合理。不是氮化层越厚越好，而是氮化层要适当。氮化层越厚，氮化费用就越高，时间就越长，同时要注意零件有尖角或薄件时，氮化层越厚脆性就越大。另外要注意对耐腐蚀钢不主张氮化处理，这样会降低它的耐腐蚀性。

17.9　钢材的硬度值标注

① 正确选用钢材的硬度值表注方法。硬度是衡量材料软硬程度的一个性能指标。硬度试验的方法较多（有洛氏硬度、布氏硬度、维氏硬度、肖氏硬度、邵氏硬度、韦氏硬度、里氏硬度等），原理也不相同，测得的硬度值和含义也不完全一样。最普通的是静负荷压入法硬度试验，即布氏硬度（HB）、洛氏硬度（HRA，HRB，HRC）、维氏硬度（HV）、邵氏硬度（HA，HD），用于橡胶塑料等，硬度值表示材料表面抵抗坚硬物体压入的能力。里氏硬度（HL）、肖氏硬度（HS）则属于回跳法硬度试验，其值代表金属弹性变形功的大小。因此，硬度不是一个单纯的物理量，而是反映材料的弹性、塑性、强度和韧性等的一种综合性能指标。

② 正确标注钢材的硬度值。有人认为热处理硬度值标注越高越好，如 H13、SKD61 可达 63～65HRC，设计图上就标注最高值，认为硬度值越高越好，模具用的时间就越长，实际不是这样的。硬度值的标注要根据模具的要求、加工零件（塑件或冲件）的批量来定，只要硬度值满足生产使用的情况就可以了，硬度高了不一定模具就不会提前失效。

对于调质钢材一般硬度值标注在 28～32HRC。有的在图纸上标注调质 42～45HRC，这样就不太妥当。有的在预硬钢的零件图纸上技术要求处写上调质硬度要求，这都是错误的，因为预硬钢本身就是调质钢。

③ 硬度值不能混淆，见"附表 11　硬度测试对照表"，根据零件使用要求选用硬度值：

布氏硬度（HB）一般用于材料较软的时候，如有色金属、热处理之前或退火后的钢铁；洛氏硬度（HRC）一般用于硬度较高的材料，如热处理后的硬度等。

HRC用于硬度很高的材料（如淬火钢等）的适用范围为 20～67HRC，相当于 225～650HB。

④ 模具零件热处理外协工作要规范。笔者发现有的模具厂对热处理这个环节不够重视。把模具零件送到热处理厂，有的没有图纸，口头上交待一下热处理的要求、什么时候来拿，这种现象应该制止。因为热处理厂要根据图纸上的钢材牌号、热处理要求、零件的形状尺寸等来编制热处理工艺卡，正确选择热处理工艺、冷却方向、冷却介质。假如没有图纸，零件热处理后一旦出现疵病怎么交涉。

模具厂应重视热处理零件的质量，并须根据硬度检验规则验收，并经超声波探伤；同时应检查零件热处理后有无变形、开裂，硬度是否达到要求，有无淬火软点，外表面有无脱碳、氧化、过热、过烧、表面腐蚀等疵病存在，检查合格后入库才可使用。模具的动、定模零件经热处理后，应要求热处理厂家提供质保单。

复习思考题

1. 塑料模具钢有哪些钢材种类？其性能、用途是否了解？
2. 塑料模具钢的使用性能、加工性能要求有哪些？
3. 钢材中有哪些微量元素，其作用是什么？
4. 请解释钢材的热处理相关名词：淬火、正火、退火、回火、调质、氮化。
5. 45号钢可以氮化？为什么？氮化起什么作用？零件在什么情况下应氮化？
6. 钢材的硬度值标注有哪些方法？注塑模具热处理零件的硬度值用什么标注？
7. 钢材的硬度值标注是不是越高越好？为什么？
8. 塑料模具零件的材料常用哪些牌号的钢材？
9. 注塑模的成型零件、结构零件的钢材的选用原则是什么？
10. 钢材的质保单是不是供应商的质保单？
11. 钢材热处理后会出现哪些疵病？
12. 聚氯乙烯制品的模具用什么钢材？为什么？
13. 门板模的动、定模分别用什么钢材？

第18章 ▶▶ 模具企业的标准化工作及模具标准化

"龙头企业卖标准、中等企业买标准、落后企业无标准"，这是一句流行语。据说，宁海"得力"集团是全国文具行业龙头企业，已建立企业标准，成为文具企业的行业标准。

对模具行业存在的诸多问题，笔者颇有体会和感触，其主要原因是没有企业标准，没有做好标准化工作。因此企业要重视标准化工作，充分认识到企业标准体系的建立，是推进企业产品开发、优化生产经营管理、加速技术进步和提高经济效益、解决企业瓶颈现象的必要措施。所以，制订模具企业的有关标准，很有必要。做好标准化工作对提升模具企业的综合实力有重要作用，为开拓国内外模具市场打下扎实基础，能使模具企业走在全国前列。

实际上大多数模具企业发展到一定的规模，它的瓶颈现象会更加明显，其主要原因是企业质量体系不够健全，有的企业没有建立三大标准，即使有也不健全或不规范。

质量体系的建立就是要求做好标准化工作，建立三大标准，贯彻并执行，提升企业管理能力。模具标准化是指制定在模具设计和制造中应遵循的技术规范、基准和准则。模具标准化对提高模具设计和制造水平、提高模具质量、缩短制模周期、降低模具设计制造成本、节约金属材料和采用高新技术，都具有十分重要的意义。

我国制造业的迅速发展要求模具质量越来越高，制造周期越来越短，模具也正在向精密、复杂、大型化方向发展，这对模具标准化工作无疑提出了更高的要求。随着模具工业的发展，如何让模具标准的制定和修订更加符合市场经济的运行规律，以满足市场对模具标准的需求；如何提高标准与市场的关联性，增强标准的适应性和有效性；如何进一步扩大标准的应用覆盖率等，是模具标准化工作将要重点研究解决的问题。

用先进适用技术提高我国模具标准化技术水平，提高我国模具行业标准件的应用覆盖率，从而缩短模具企业的制造周期与生产成本，提高企业的市场竞争力。制定和修订的模具标准要适应模具技术的发展水平和市场对模具标准的需求，并优先发展市场上急需的模具标准。针对我国模具行业标准件应用覆盖率较低的情况，模具行业应大力宣传模具标准化的作用，积极贯彻模具国家与行业标准，促进观念转变，大力倡导模具标准与标准件的应用。

模具标准化是专业化的基础，是模具行业发展方向之一。目前已经颁布了不少注塑模具的国家标准，为了缩短模具设计、制造周期，提高模具质量和经济性，在设计模具时应尽量采用技术标准。

18.1 模具企业的标准体系

模具企业的质量标准体系主要分三大类，即工作标准、管理（流程）标准、技术标准。

18.1.1 技术标准和技术标准体系

技术标准的定义：对标准化领域内需要协调统一的技术事项所制定的标准。企业技术标准体系的序列结构形式如图 18-1 所示。

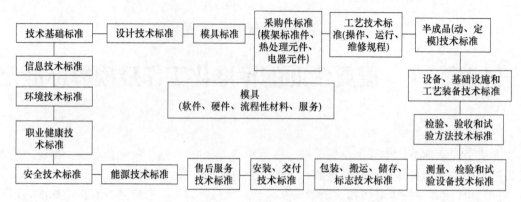

图 18-1　企业技术标准体系的序列结构形式

18.1.2　管理标准和管理标准体系

管理标准的定义是：对标准化领域内需要协调统一的管理事项所制定的标准。管理标准体系的结构形式如图 18-2 所示。

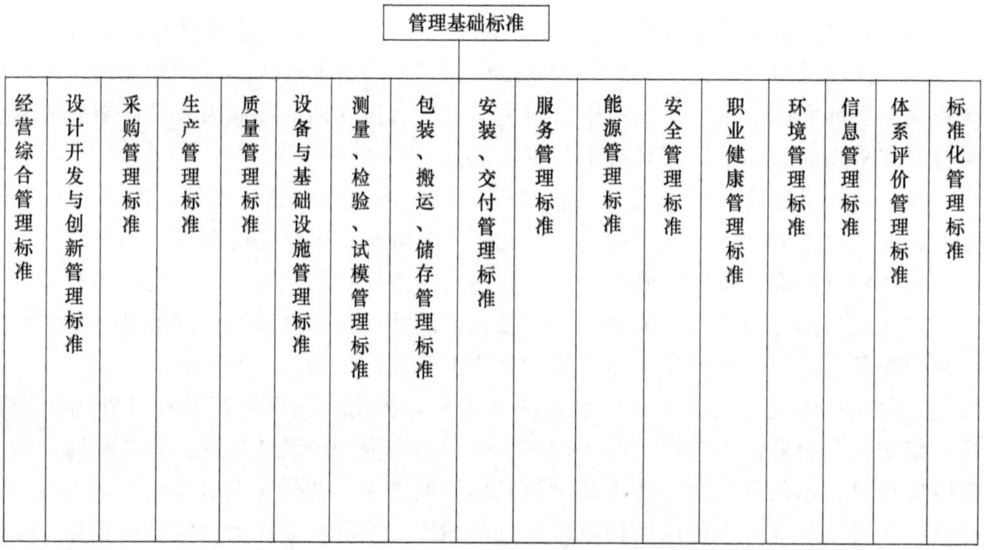

管理基础标准																
经营综合管理标准	设计开发与创新管理标准	采购管理标准	生产管理标准	质量管理标准	设备与基础设施管理标准	测量、检验、试模管理标准	包装、搬运、储存管理标准	安装、交付管理标准	服务管理标准	能源管理标准	安全管理标准	职业健康管理标准	环境管理标准	信息管理标准	体系评价管理标准	标准化管理标准

图 18-2　管理标准体系的结构形式

注意：

① 经营综合管理标准包括方针目标管理、市场营销管理、合同管理、财务成本管理、人力资源管理等标准。

② 设计开发与创新管理标准（模具项目管理标准）。

a. 对设计和开发的输入输出要求。

b. 对开发的每个阶段适用的评审、验证和确认方法，对设计开发方案的更改及控制等。

18.1.3　工作标准和工作标准体系

工作标准是对企业标准化领域内需要协调统一的工作所制定的标准。工作标准体系的结构形式如图 18-3 所示。

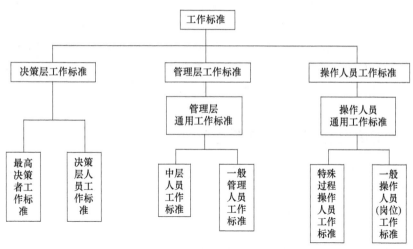

图 18-3　工作标准体系的结构形式

注意：

① 工作标准：包括岗位资格（上岗证）、工作内容和要求、职责权限。

② 明确规定工作标准、程序和方法制定及考核办法，规定考核条件和奖惩办法，以及必要的记录和补充说明。

18.2　标准化和企业标准化的概念

企业标准化的定义：在企业生产经营管理范围内获得最佳秩序，对实际的或潜在问题制定、共同的和重复使用规则的活动（这个活动包括建立和实施企业标准体系制定发布企业标准和贯彻实施各级标准的过程）。

标准化在经济、技术、科学和管理等实践中，对重复性事物和概念，通过制定、发布和实施标准使之达到统一，以获得最佳秩序和社会效益。

企业标准化工作的有关内容，实质上就是不断完善质量管理体系。GB/T 19001 质量手册的程序文件是管理标准的一种形式，企业应充分利用已有的企业管理标准，并将质量手册、程序文件纳入企业管理标准体系。

18.3　模具企业标准化的现状

有的年产值达到四五千万的模具企业会出现瓶颈现象（模具质量不稳定、模具交货延期、员工和顾客满意度差、企业凝聚力小），成为模具行业的通病，使模具企业难达到稳定、健康的发展。有的企业没有技术标准和模具验收标准。模具设计档案没有规范管理，有的企业甚至连新进添的设备说明书都找不到。模具不是单一产品，企业的质量体系又不健全，有些企业不重视标准化工作，甚至没有三大标准，没有设计标准、流程标准、工作标准。

实际上企业技术标准体系，在企业的生产、经营、管理等活动中起着关键性的作用。如果没有健全的质量管理体系，就会出现以个人意志或行政手段来替代模具企业的技术管理，这样就会形成随心所欲的人为治厂，使员工无所适从；从而，容易使企业管理混乱，企业的综合实力提升很慢。

有的模具企业的部门没有流程标准，即使有工作流程但不规范，有的有了流程不按流程做，使模具设计、制造成本高、模具项目延后、出错率高。建立规范而行之有效的、简单、可操作的工作流程才能达到事半功倍，避免或减少上述情况存在。

有的模具企业，上至部门经理下至员工无工作标准，对其工作内容与工作要求无明确规定，责任和权限不清，工作检查与考核无法进行。工作互相推诿，一个人的工作好坏凭人际关系来衡量。可想而知，这样就形不成团队，更谈不上有核心团队，可想而知企业的凝聚力、企业文化就会有问题，甚至有的企业只热衷于搞形象工程。

18.4　模具企业标准化的重要意义

企业标准化在企业的生产、经营、管理活动中具有十分重要的作用，是企业管理现代化的重要组成部分和技术基础。模具企业需要制定企业的模具设计标准，克服无章可循，避免设计人员各自为政。只有搞好标准化工作才能有效地控制模具成本、保证模具质量，创造模具品牌。

标准化直接为企业的各项生产经营活动，在其质和量的方面提供了共同遵循和重复使用的准则。利用标准化的简化、统一、协调、优化原则，对企业进行管理，优化生产经营管理，提高工作效率，搞好标准化工作，使复杂的事情简单化，简单的事情数字化，是提高企业经济效益的有效手段，解决企业瓶颈现象的重要措施。

企业标准化是企业生产、经营、管理的重要组成部分。模具标准化是专业生产的重要措施，是提高产品质量和改善劳动组织管理的重要措施，可保证、提高各项工作质量和模具质量，为创建品牌打下坚实的基础。模具企业标准化是申请认定高新技术企业的重要保证。

企业标准体系的建立有利于信息化管理，对提升企业的管理能力有很大的作用。但是有很多企业，由于标准化工作没有很好开展，企业管理基础薄弱，购买了信息化软件，没有充分利用，或者只用了软件的一部分功能。

模具标准化可以提高专业化协作生产水平、模具企业标准化有利于模具技术的国际交流和组织模具出口外销。笔者曾多次碰到国外客户要求看一看模具供应商的模具设计标准。有了规范的设计标准，可提高客户的信任度。

制定规范的工作流程，犹如建立和贯彻、执行交通规则，可限制、避免行人闯红灯，减少交通事故的发生。模具企业按规范流程贯彻、执行，对保证模具质量、减少出错、降低模具设计制造成本有着重要的作用。

18.5　模具设计标准化及技术标准的作用

18.5.1　模具设计标准化的含义

所谓模具标准化，就是将模具的许多零件的形状和尺寸以及各种典型组合和典型结构按统一结构形式及尺寸，实行标准系列，并组织专业化生产，以充分满足用户选用。

模具标准化涉及模具生产技术的每个环节，它包括模具设计、制造、验收和使用等方面。模具标准化是建设模具工业的支柱，是提高模具行业经济效益的最有效的手段，也是采用专业化生产技术的基础。

18.5.2　模具设计标准化的作用

模具标准化是指制定在模具设计中应遵循的技术规范和准则。其意义主要体现在如下几个方面。

① 减少模具设计出错。模具标准化的实施，有助于稳定、提高和保证模具的设计质量和制造中必须达到的质量规范，设计统一，使质量能得到有效控制，使模具产品零件的不合格率降低到最低程度。

② 有利于模具设计开发，提高设计效率。模具标准化可以提高专业化协作生产水平、缩短模具生产周期、提高模具制造质量和使用性能。实现模具标准化后，模具标准件和标准模架可由专业厂大批量生产和供应。

③ 模具标准化使设计规范化，使设计人员摆脱大量重复和一般性设计，减少设计人员在制造中的麻烦，将主要精力用来改进模具设计、解决模具关键技术问题和进行创造性的劳动，提高设计能力水平和进度，减少设计工时，使存在的问题更容易解决，使经验缺乏的设计者更容易设计。

④ 模具标准化采用现代化模具生产技术和装备，有利于采用 CAD/CAM 技术，是实现模具 CAB/CAM 技术的基础，加速技术进步。

⑤ 提高客户对企业的信任度。有利于模具技术的国际交流和模具的出口，便于打入国际市场，使模具设计能和国际接轨。

⑥ 有利于企业职工的培训教育。技术标准可作为设计人员上岗培训教材，使设计人员很快适应设计工作。

⑦ 有利于提高模具制造和装配质量，降低模具制造成本，缩短制造周期。

a. 模具通用零、部件的标准化，就是使之形成标准件，并采用精密、高效的加工装备和相应的加工工艺以及可靠的部件组装工艺，进行专业化、规模化制造，以满足在模具装配过程中"拿来就可用"的互换性要求。

b. 确保模具制造期限与制造成本，实现零件化年产。有利于企业节约材料和能源，节约工具和工装费用，降低生产成本。

模具制造的工时费用与模具制造成本是呈线性关系的。采用从市场配构的标准件进行装配，相对于自制配套，省工、省料，可大幅降低装配工时。因此，这不仅使装配精度、质量、装配期限完全可控，也能降低成本，缩短制造周期。

⑧ 模具标准化的创造性。模具标准件是在长期实践积累的基础上通过研究和创新设计，并经专业化的规模制造成功的精密、通用、系列化的模具装配用配套型产，具有以下三大特性。

a. 为适应模具结构的优化设计，确保模具装配精度、质量和使用性能，模具标准件不仅具有合理、优化的结构，而且具有完全互换性精度。

b. 做好标准化工作，有利于模具的标准件的系列化，提高标准件应用的覆盖率。可以缩短模具制造周期，简化模具单件制造方式。

c. 模具标准件和标准模架可由专业厂大批量生产和供应。

18.6　模具企业的技术标准内容

18.6.1　标准的等级与类型

模具技术标准分为三个等级，即：① 国家标准、以"GB"表示；② 专业标准，以"ZB"表示；③ 企业标准，以"QB"表示。其中，GB 和 ZB 又分为强制性和推荐性（GB/T、ZB/T）两类，用"T"作为推荐性的代号。

18.6.2 模具标准中常用基础标准

在制定模具技术标准时，以贯彻、执行国家标准为基础。国家与部门颁布的与模具相关的专业技术标准，包括以下内容：

极限与配合 GB/T 1800.1～2—2009。

产品几何量技术规范（GPS）几何公差　位置度公差 GB/T 13319—2003。

形状和位置公差　未注公差值 GB/T 1184—1996。

表面粗糙度参数及其数值 GB/T 1031—2009。

圆度测量术语、定义及参数 GB/T 7234—2004。

尺寸链计算方法 GB/T 5847—2004。

标准尺寸 GB/T 2822—2005。（相当于 ISO 3、ISO 17、ISO 497—1973《优选数、优选数系及其应用指南与化整值数的选用指南》）。

塑料注射成型机 JB/T 7267—2004。

热固性塑料注射成型机 JB/T 8698—1998。

常用模具材料有中碳钢、碳素工具钢和合金钢等，标准号有：GB/T 699—1999；GB/T1298—2008、JB/T 5826—2008；GB/T 1299—2014、JB/T 5825—2008、JB/T 5827—2008等。塑料模具用扁钢和热轧厚钢板标准分别为 YB/T 094—1997 和 YB/T 107—2013 等。

模塑料件尺寸公差 GB/T 14486—2008。

18.7　模具企业标准体系制定原则和基本要求

① 要设置标准化机构和配备标准化工作人员。

② 标准体系、工作标准体系应符合国家有关法律、法规和强制性的国家标准、行业标准及地方标准的要求。

③ 工作标准体系应能保证管理标准的实施，管理标准应保证技术标准体系的实施。

④ 企业标准化应遵循"简化"、"统一"、"协调"、"优化"四项基本原则。

⑤ 标准体系要层次分明地按系统围绕企业目标、方针，按一定的格式、编号而建立、制定、修订、实施。

⑥ 积极采用国际标准和国外先进标准。

⑦ 充分考虑顾客和市场需求，保证模具质量，保护顾客利益。

⑧ 企业标准由企业法定代表人批准，并上报主管部门备案。

18.8　模具标准化管理的实施

国家对标准化工作已经相当重视，组织了专门机构，并已制定了很多的国家标准。有的企业也制定了企业标准，逐渐重视了模具标准化工作，实现了标准化管理。模具标准化管理的实施主要应在以下几方面进行。

① 建立标准化办公室。制定模具有关标准（模具技术设计标准、工艺标准、模具验收标准、材料选用标准、典型模具结构标准、标准件应用标准）。

② 积极推广、宣讲、贯彻、培训和实施已制定标准。

③ 实现模具产品按标准进行质量认证工作。

④ 积极推进标准件生产。

⑤ 实现标准件的商品化。

⑥ 新技术、新工艺的推广应用。

18.9 注塑模具目前实行的有关国家标准

经过全国模具标准化技术委员会组织制订并审查通过，由国家或部门审查、批准、颁布的。目前已发布和正在实施的注塑模具国家标准见表 18-1。虽然我国的注塑模具商品化程度有了很大的提高，但同国外相比还差得很远，需要迎头赶上。

表 18-1　注塑模国家标准

序号	标准名称	标准号
1	塑料注射模零件	GB/T 4169—2006
2	塑料注射模零件技术条件	GB/T 4170—2006
3	塑料成型模术语	GB/T 8846—2005
4	塑料注射模技术条件	GB/T 12554—2006
5	塑料注射模模架	GB/T 12555—2006
6	塑料注射模模架技术条件	GB/T 12556—2006

18.10 中国注塑模具的标准件

在注塑模具行业中，为了缩短模具生产周期，提高企业的市场竞争力，已普遍采用大量被预加工到接近成品尺寸精度的标准零部件。随着注塑模具企业的发展和设计标准化水平的提高，注塑模具的标准件将越来越多地被采用。注塑模具的标准件除表 18-2 所列外，还有其他的标准件，如小型芯、台阶型芯、侧抽芯机构相关零件、精定位块组件、冷却系统零件、开模控制零件、热流道系统零件、日期章、环保章、排气元件、耐磨块、自润滑导轨、自润滑板等。

模架标准有：塑料注射模大型模架 GB/T 12555.1～ 12555.15、塑料注射模中小型模架 GB/T 12556.1～ 12556.2。

我国现有的注塑模具标准件的国家标准有 26 项，具体见表 18-2。塑料模具的标准件画法，参阅国家标准 GB/T 12554—2006。

表 18-2　有关塑料模的标准件的国家标准

GB/T 8846—2005	《塑料成型模术语》	GB/T 4169.11—2006	《塑料注射模零件圆形定位元件》
GB/T 12554—2006	《塑料注射模技术条件》	GB/T 4169.12—2006	《塑料注射模零件推板导套》
GB/T 12555—2006	《塑料注射模模架》	GB/T 4169.13—2006	《塑料注射模零件复位杆》
GB/T 12556—2006	《塑料注射模模架技术条件》	GB/T 4169.14—2006	《塑料注射模零件推板导柱》
GB/T 4169.1—2006	《塑料注射模零件推杆》	GB/T 4169.15—2006	《塑料注射模零件扁推杆》
GB/T 4169.2—2006	《塑料注射模零件直导套》	GB/T 4169.16—2006	《塑料注射模零件带肩推杆》
GB/T 4169.3—2006	《塑料注射模零件带头导套》	GB/T 4169.17—2006	《塑料注射模零件推管》
GB/T 4169.4—2006	《塑料注射模零件带头导柱》	GB/I 4169.18—2006	《塑料注射模零件定位圈》
GB/T 4169.5—2006	《塑料注射模零件带肩导柱》	GB/T 4169.19—2006	《塑料注射模零件浇口套》
GB/T 4169.6—2006	《塑料注射模零件垫块》	GB/T 4169.20—2006	《塑料注射模零件拉杆导柱》
GB/T 4169.7—2006	《塑料注射模零件推板》	GB/T 4169.21—2006	《塑料注射模零件矩形定位元件》
GB/T 4169.8—2006	《塑料注射模零件模板》	GB/T 4169.22—2006	《塑料注射模零件圆形拉模扣》
GB/T 4169.9—2006	《塑料注射模零件限位钉》	GB/T 4169.23—2006	《塑料注射模零件矩形拉模扣》
GB/T 4169.10—2006	《塑料注射模零件支承柱》	GB/T 4170—2006	《塑料注射模零件技术条件》

18.11 国外注塑模具的三大标准及其标准件

① 美国的 DME 标准（公、英制）及其标准件，如图 18-4 所示。

② 日本的 MISUMI、FUTABA 标准及其标准件，如图 18-5～图 18-7 所示。

③ 德国的 HRSCO 标准及其标准件（详见附件），如图 18-8～图 18-11 所示。

④ 客户标准（模具订购方）。

⑤ 模具企业设计标准。

图 18-4　DME 标准件

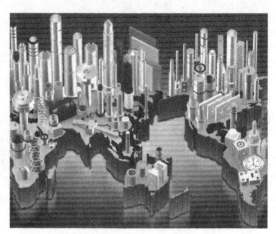

图 18-5　日本的 MISUMI 标准件（一）

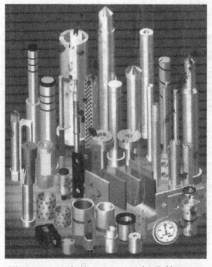

图 18-6　日本的 MISUMI 标准件（二）

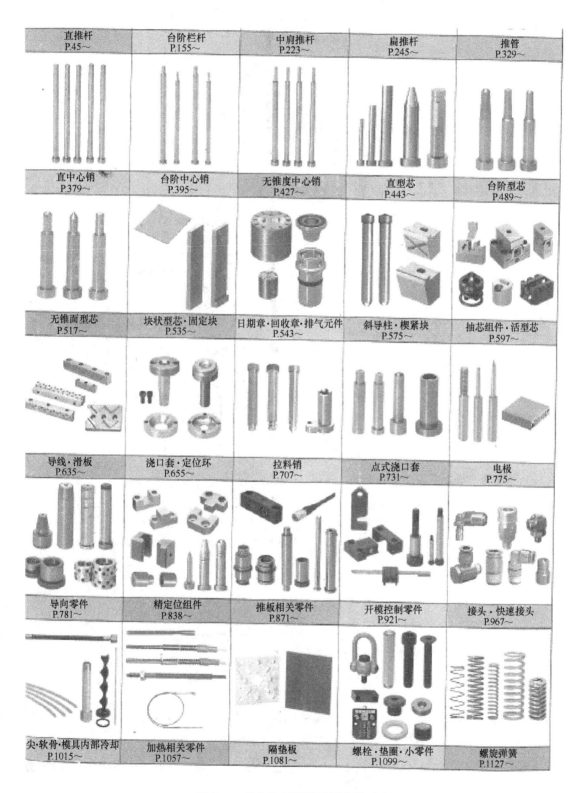

直推杆 P.45～	台阶栏杆 P.155～	中肩推杆 P.223～	扁推杆 P.245～	推管 P.329～
直中心销 P.379～	台阶中心销 P.395～	无锥度中心销 P.427～	直型芯 P.443～	台阶型芯 P.489～
无锥面型芯 P.517～	块状型芯·固定块 P.535～	日期章·回收章·排气元件 P.543～	斜导柱·楔紧块 P.575～	抽芯组件·活型芯 P.597～
导线·滑板 P.635～	浇口套·定位环 P.655～	拉料销 P.707～	点式浇口套 P.731～	电极 P.775～
导向零件 P.781～	精定位组件 P.838～	推板相关零件 P.871～	开模控制零件 P.921～	接头·快速接头 P.967～
尖·软骨·模具内部冷却 P.1015～	加热相关零件 P.1057～	隔垫板 P.1081～	螺栓·垫圈·小零件 P.1099～	螺旋弹簧 P.1127～

图 18-7　日本的 MISUMI 标准件（三）

图 18-8　德国的 HRSCO 标准件（一）

图 18-9　德国的 HRSCO 标准件（二）

图 18-10　德国的 HRSCO 标准件（三）

图 18-11　德国的 HRSCO 标准件（四）

复习思考题

1. 质量体系需要建立哪三大标准？
2. 制定模具设计标准有什么重要意义？
3. 中国注塑模具的标准件有哪些？
4. 国际上常用的标准件有哪些品牌？
5. 制定模具设计标准有哪些具体要求？
6. 出口美国的模具设计有哪些基本要求？
7. 本企业有哪些客户标准？
8. 本企业有哪些设计标准？

下篇
专用模具设计与模具制造、验收

第19章 ▶▶ 精密模具的设计及特点

精密注射成型是随着塑料工业的迅速发展而出现的，由于塑料工业的发展，塑件在精密仪器和电子仪表等工业中的应用越来越广泛，并且不断地替代许多传统的金属零部件。因此，对于制品的精度要求也越来越高，当制品公称尺寸为 50mm 时，将制品重要尺寸公差的精度控制在 0.003～0.005mm 之内；当制品公称尺寸为 100mm 时，将制品重要尺寸公差的精度控制在 0.005～0.01mm 之内。而这样的精度又往往是普通注射成型难以达到的，所以精密注射成型应运而生，并且迅速发展和完善。但是光有精密模注射成型也不行，如果模具的精度低就保证不了制品的精度。这就需要模具的精度比制品精度更高，一般模具的尺寸公差控制在制品尺寸公差的 1/3 以下。精密注射成型是成型尺寸和形状精度很高、表面粗糙度值很小的塑件时采用的注射工艺方法。

提高注射成型技术，生产出高精度的塑料制品，创造附加值高的产品，是所有模具公司努力奋斗想要达到的目标。

19.1 精密注射成型和精密注塑模具的含义

精密注塑模具不能同普通注塑模具混淆，有的企业把质量要求高点的模具叫作精密模，这是不妥当的。零部件的设计精度和技术要求应与制品精度相适应。精密注塑模具结构的公差数值要比普通注射模的公差数值小一半以上。

顾名思义，精密注射成型就是成型尺寸和形状精度很高、表面粗糙度很低的塑料制品，采用最佳的注射工艺方法、成型条件，在精密成型机上，用精料在精度很高的模具中注塑成型。

19.2 精密注塑模具设计要考虑的问题

在精密注射成型中，究竟如何规定塑件的精度，是一个非常重要而且比较复杂的问题，需要考虑较多的问题。

19.2.1　模具精度

欲保证精密注塑制品的精度，首先必须保证模具的精度，如果模具型腔尺寸精度低或型腔定位不准，或分型面精度不够，都将影响制品的精度。对于小型注塑制品的精度限定值是：名义尺寸在 50mm 时尺寸公差在 0.003～0.005mm，名义尺寸在 100mm 时尺寸公差在 0.005～0.01mm，模板的平行度为 0.005mm，一般模具的尺寸公差控制在制品公差的 1/3 以下。

19.2.2　可加工性与刚性

由于注塑件必须在模腔内成型，因此在设计模具结构时必须考虑型腔零件进行磨削研磨和抛光的可能性。因此，它们的精度无论如何也不会超过模腔的精度。就目前模具制造技术而言，模腔大部分采用铣削、磨削或电加工方法制造，这些加工方法可以达到的最高精度和实用的经济精度列于表 19-1。从该表数值可知，欲使塑件能够达到较高的精度，必须对模腔进行磨削。然而，由于塑件形状的原因，模腔形状一般都很复杂，若要对其整体磨削，往往是一项十分困难或难以做到的工作。为了解决这一问题，经常把模腔设计成镶拼结构，以便对各个镶件进行磨削。但也正是由于这一措施，导致模具精度受到限制，即对模腔进行镶拼时，各镶件必须采用配合尺寸，由于目前能够使用的配合公差等级最高为 IT5，所以，确定精密注射塑件的精度时，一般都不要使模具的公差等级因塑件精度过高而超过 IT5～IT6 级。如果需要根据模具公差确定塑件精度，则可以参考德国标准 DIN16749（1980）。

表 19-1　各种加工方法所能达到的精度（公差值）　　　　　mm

加工方法	最高精度	经济精度	加工方法	最高精度	经济精度
仿形铣	0.02	0.1	坐标磨削	0.002	0.01
铣削	0.01	0.02～0.03	电加工	0.005	0.03
坐标镗削	0.002	0.01	电解加工	0.05	0.1～0.5
成型磨、仿形磨	0.005	0.01	电解成型磨	0.005	0.01

在设计镶件结构的同时还须考虑模温冷却、测温、压力传感器等的定装位置，不可先分成块后再勉强地处理这些问题。

19.2.3　制品脱模性

精密注塑模具必须考虑冷却后的制品容易顶出脱模，因为制品的形状都比较复杂，注塑压力高，收缩率小，制品与凝料和型腔表面有很强的黏附力和静摩擦力，所以除型腔表面及流道都有拔模斜度外，还必须有更高的光洁度，使之容易脱模。

19.2.4　从塑料品种方面考虑

如果综合模具结构和塑料品种两方面的因素确定精密注射塑件的公差，则可以参考德国标准 DIN7710 Biatt2（1966）或表 19-2，其中，后者是由日本塑料工业技术研究会提出的。在表 19-2 中，最小极限是指采用单腔模具结构时，注射塑件所能达到的最小公差数值，很显然，这些数值不适于多腔模大批量生产。表中的实用极限是指采用四腔以下的模具结构时，注射塑件所能达到的最小公差数值。

19.2.5　从塑料的收缩率方面考虑

如果需要根据收缩率确定精密注塑塑件精度，则可以参考德国 DIN16901 中的第 1 和第

2 两级公差组。但应注意，这两级公差组所规定的公差数值，对于精密注塑要求来讲，显得偏低一些。有关精密注塑塑件的精度要求，还有其他一些国际标准和专业标准，特别是日本在这方面做了较多工作，可以查阅有关文献资料，日本通信技术标准为 CESM-77012。就国内目前情况来讲，精密注塑塑件的公差等级可以按照我国已颁布的《塑料模塑件尺寸公差》（GB/T 14486—2008）中的 MT2 级（高精度级）选用。从精密注射成型的概念可知，判断塑件是否需要精密注塑的依据是其公差数值，但是，精密注塑的公差数值并不是所有的塑料品种都能达到的。由于采用的聚合物和填料的种类及其配比不同，在注射成型时流动性和成型性能将会具有很大差异，即使对于组分和配比完全相同的塑料，由于生产厂家、出厂时间和环境条件等因素影响，用它们注射出来的塑件之间也还会存在一个形状及尺寸是否稳定的问题。因此，欲要将某种塑料进行精密注塑，除了要求它们必须具有良好的流动性能和成型性能之外，还要求用它们成型出的塑件具有稳定性，否则，制件精度就很难保证。因此，必须对塑料品种及其成型物料的状态和品级进行严格选择。就目前情况而言，适合精密注塑的塑料品种主要有聚碳酸酯（包括玻璃纤维增强型）、聚酰胺及其增强型、聚甲醛（包括碳纤维或玻璃纤维增强型）以及 ABS 和 PBT 等。

表 19-2 精密注塑制件的基本尺寸与公差   mm

基本尺寸	PC、ABS		PA、POM	
	最小极限	实用极限	最小极限	实用极限
≤0.5	0.003	0.003	0.005	0.01
0.5～1.3	0.005	0.01	0.008	0.025
1.3～2.5	0.008	0.02	0.012	0.04
2.5～7.5	0.01	0.03	0.02	0.06
7.5～12.5	0.15	0.04	0.03	0.08
12.5～25	0.022	0.05	0.04	0.10
25～50	0.03	0.08	0.05	0.15
50～75	0.04	0.10	0.06	0.20
75～100	0.05	0.15	0.08	0.25

19.3 精密注射成型的工艺特点

精密注射成型的主要工艺特点是注射压力大、注射速度快和温度控制必须精确。

19.3.1 注射压力高

普通注射所用的注射压力一般为 40～200MPa，而对于精密注射则要提高到 180～250MPa，在某些特殊情况下甚至要求更高一些（目前最高已达 415MPa），采取这种做法的原因有以下几个。

① 提高注射压力可以增大塑料熔体的体积压缩量，使其密度增大、线膨胀系数缩小，降低塑件的收缩率以及收缩率的波动数值。例如，对于温度为 209℃的聚甲醛，采用 60℃的温模和 98MPa 的注射压力成型壁厚为 3mm 的塑件，塑件的收缩率接近 2.5%；当湿度和塑件条件不变，将注射压力提高到 392MPa 时，塑件的收缩率可降到 0.5%左右。

② 提高注射压力可以使成型允许使用的流动距离增大，有助于改善塑件的成型性能，并能成型超薄壁厚塑件。例如，对于聚碳酸酯，在 77MPa 的注射压力下，可成型的塑件壁厚约为 0.2～0.8mm；当注射压力提高到 392MPa 时，塑件的壁厚可降到 0.5～0.6mm。

③ 提高注射压力有助于充分发挥注射速度的功效。这是因为形状复杂的塑件一般都必须采用较快的注射速度的缘故，而较快的注射速度又必须靠较高的注射压力来保证。

19.3.2　注射速度快

注射成型时，如果采用较快的注射速度，不仅能够成型形状比较复杂的塑件，而且还能减小塑件的尺寸公差，这一结论目前已经得到证实。

19.3.3　温度控制必须精确

温度对塑件成型质量影响很大，对于精密注塑，不仅存在温度高低的问题，还存在温度控制精度的问题。很显然，在精密注射成型过程中，如果温度控制得不精确，则塑料熔体的流动性以及塑件的成型性能和收缩率就不会稳定，因此也就无法保证塑件的精度。从这个角度来讲，采用精密注射成型时，不论对于料筒和喷嘴还是注射模具，都必须严加控制它们的温度范围。例如，在某些专用的精密注塑机上，对料筒和喷嘴处温度采用 PID（比例积分微分）控制器，温控精度可达±0.5℃。而在某些普通注塑机上，机筒和喷嘴升温时的超调量可达 25～30℃，螺杆计量时引起的温度波动可达 4℃以上。

进行精密注射成型生产时，为了保证塑件的精度，除了必须严格控制料筒、喷嘴和模具的温度之外，还要注意脱模后周围环境温度对塑件精度的影响。

19.3.4　成型工艺条件的稳定性

精密注射成型的成型工艺及工艺条件的稳定性是十分重要的，因为稳定的成型工艺及工艺条件是获得精度稳定的制品的重要条件。

① 注意注射成型的工作环境条件：严格控制室温、湿度、水温。
② 注意塑料质量的稳定性，注意塑料的干燥方法、温度、时间。
③ 注意注射压力高低，避免塑料制品密度增大、降低使制品产生收缩率及收缩波动值。

19.4　精密注射成型工艺对注塑机的要求

由于精密注射成型对制品具有较高的精度要求，因此需要在专门精密的注塑机上加工。精密注塑机的特征如下所述。

19.4.1　注射功率要大

① 注射速度要快：能成型较为复杂的制品，而且还能减小制品的尺寸公差。
② 注射压力要高：普通注射所用的注射压力为 40～120MPa，对精密注射则要提高到180～250MPa，有的甚至要高达 415MPa。

19.4.2　控制精度要高

如果注塑机本身的各种精度不能保证，制品的精度也就无从谈起。精密注射成型对于注塑机的控制系统的要求如下。

① 注塑机的控制系统必须保证各种注塑工艺参数具有良好的重复精度，避免制品精度因工艺参数波动而发生变化。要求对注射量、注塑压力、注塑速度、保压力、背压力和螺杆速度等工艺参数采取多级反馈控制，机筒和喷嘴则采用 PID 控制器。
② 合模力大小必须能够精确控制，避免因模具的弹性变形而影响制品精度。
③ 精密注塑机必须具有很强的塑化能力，要求螺杆驱动扭矩大，还能无级变速。
④ 精密注塑机一般要对液压油进行加热和冷却封闭控制，以防工作油因为温度变化而

引起黏度和流量变化，并进一步导致注塑工艺参数波动，从而使制品失去应有的精度。为此精密注塑机一般都对其液压油进行加热和冷却闭环控制，油温经常稳定在 50～55℃左右。

⑤ 温度控制必须精确：温度对制品成型质量影响很大；在精密注塑时，机筒、喷嘴、模具的温度都要严格控制，否则塑料熔体的流动性及制品的成型性能和收缩率就不会稳定；料筒及喷嘴温度控制要正确，升温时超调量要小，温度波动要小。

19.4.3 液压系统的反应速度要快

由于精密注塑经常采用高速成型，因此也要求为工作服务的液压系统必须具有很快的反应速度，以满足高速成型对液压系统工艺的要求。为此，液压系统除了必须选用灵敏度高、响应快的液压元件外，还需要采用插装比例技术，或在设计时缩短控制元件到执行元件之间的油路，必要时也可加装蓄能器。液压系统加装蓄能器后，不仅可以提高系统的压力反应速度，而且也能起到吸振和稳定压力以及节能等作用。随着计算机应用技术不断发展，精密注塑机的液压控制系统目前正朝着机、电、液、仪一体化方向发展，这将能进一步促使注塑机实现稳定、灵敏和精确的工作。

19.4.4 合模系统要有足够的刚性

由于精密注塑需要的注射压力较高，因此，注塑机合模系统必须具有足够的刚性，否则精密注射成型精度将会因为合模系统的弹性变形而下降。为此，在设计注塑机移动模固定模板和拉杆等合模系统的结构零部件时，都必须围绕着刚性这一问题进行设计和选材。

19.5 精密注射成型工艺对注塑模具的要求

精密注射成型工艺对注塑模具的要求如下。

19.5.1 模具应有较高的设计精度

模具精度虽然与加工和装配技术密切相关，但若在设计时没有提出恰当的技术需求，或者模具结构设计得不合理，那么无论加工和装配技术多么高，模具精度仍然不能得到可靠保证。为了保证精密注射模不因设计问题影响精度，需要注意下面几点。

① 塑件的设计精度和技术要求应与精密注射成型精度相适应　欲要使模具保证塑件精度，首先应要求模腔精度和分型面精度必须与塑件精度相适应。一般来讲，精密注塑模腔的尺寸公差应小于塑件公差的 1/3，并需要根据塑件的实际情况具体确定。例如，对于小型精密注塑塑件，当基本尺寸为 50mm 时，模腔的尺寸公差可取 0.003～0.005mm；而基本尺寸为 100mm 时，模腔的尺寸公差可增大到 0.005～0.01mm。分型面精度指分型面的平行度，它主要用来保证模腔精度。对于小型精密注塑模，分型面的平行度要求约为 0.005mm。

模具中的结构零部件虽然不会直接参与注射成型，但是却能影响模腔精度，并进而影响精密注射成型精度。因此，无论是设计普通注塑模，或者是设计精密注塑模，均应对它们的结构零部件提出恰当合理的精度要求或其他技术要求。表 19-3 所示是由日本推荐的普通注塑模结构零部件精度与技术要求。若要用于精密注塑模，表中有关的公差数值应缩小一半以上。

② 确保动、定模的对合精度　普通注塑模主要依靠导柱导向机构保证其对合精度，但是，由于导柱与导向孔的间隙配合性质，两者之间或大或小总有一定间隙，该间隙常影响模具在注塑机上的安装精度，导致动模和定模两部分发生错位，因此很难用来注塑精密塑件。除

此之外，在高温注塑条件下，动、定模板的热膨胀有时也会使二者之间产生错移，最终导致塑件精度发生变化。很显然，在精密注塑模中，应当尽量减少动、定模之间的错移，想方设法确保动模和定模的对合精度。鉴于此，可以考虑将锥面定位机构与导柱导向机构配合使用。

表 19-3　普通注塑模的结构零部件精度与技术要求　　　　　　　　　　mm

模具零件	部位	要求	标准值	
模板	单块厚度	上下平行度	0.02/300 以下	
	组装厚度	上下平行度	0.01/300 以下	
	导向孔（或导套安装孔）导柱安装孔	直径精度	JIS　H7	
		动、定模上的位置同轴度	±0.02 以下	
		与模板平面垂直度	0.02/100 以下	
	推杆孔复位杆孔	直径精度	JIS　H7	
		与模板平面垂直度	不大于 0.02/配合长度	
导柱	固定部分	直径精度，磨削加工	JIS　K6、K7、m6	
	滑动部分	直径精度，磨削加工	JIS　f7、e7	
	垂直度	无弯曲	0.02/100	
	硬度	淬火、回火	55HRC 以上	
导套	外径	直径精度，磨削加工	JIS　K6、K7、m6	
	内径	直径精度，磨削加工	JIS　H7	
	内、外径关系	同轴	0.01	
	硬度	淬火、回火	55HRC 以上	
推杆复位杆	滑动部分	直径精度，磨削加工	φ2.5～5	公差＝0.01～0.03
			φ6～12	公差＝0.02～0.05
	垂直度	无弯曲	0.10/100 以下	
	硬度	淬火、回火或氮化	55HRC 以上	
推杆、复位杆固定板	推杆安装孔	孔距尺寸与模板上的孔距相同，直径精度	孔公差±0.30	
	复位杆安装孔		孔公差±0.10	
抽芯机构	滑动配合部分	滑动顺畅，不会卡死	JIS　H7、e6	
	硬度	导滑部分双方或一方淬火	50～55HRC	

③ 模具结构应有足够的结构刚度　一般来说，精密注塑模具必须具有足够的结构刚度，否则，它们在注塑压力或合模力作用下将会发生较大的弹性变形，从而导致模具精度发生变化，并因此影响塑件精度。对于整体式凸、凹模，其结构刚度需要由自身的形状尺寸及模具材料来保证，而对于镶拼式凸、凹模，其结构刚度往往还与紧固镶件所用的模框有关。尽量采用不通孔式整体镶拼的形式，这种形式的结构刚度较好。无论采用何种形式的紧固模框，它们一般都需要用合金结构钢制造，并且还需要调质处理，硬度要求在 30HRC 左右。

④ 模具中活动零部件的运动应当准确　在精密注塑模中，如果活动零部件（如侧型芯滑块）运动不准确，即每次运动之后不能准确地返回到原来的位置，那么无论模具零件的加工精度有多高，模具本身的结构精度以及塑件的精度都会因此而出现很大波动。为了解决这一问题，需要采用一些比较特殊的运动定位结构，如在图 19-1 所示的侧向型芯上加设一段锥面之后，便能在合模过程中保证侧向型芯准确地回复到原来位置。

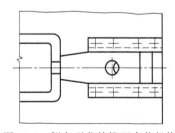

图 19-1　侧向型芯的锥面定位机构

19.5.2　避免因模具设计不良而使制品出现不均匀收缩

设计精密注塑模时，如果模具结构或温度控制系统设计不当，容易使塑件出现收缩率不均匀的现象，这种现象对塑件的精度以及塑件精度的稳定性均会产生不良影响。为了避免出现这类问题，浇注系统与温控系统设计需要注意下面几点。

① 浇注系统应尽量使料流保持平衡 在多型腔注塑模中，如果流经浇注系统的塑料熔体不能同时到达和充满型腔，即采用了非平衡式浇注系统，则熔体在各个型腔中所受到的压力将不同，于是在同模各腔中成型出的塑件之间，收缩率往往会有很大差异，因此，多型腔精密注塑模的浇注系统应该采用平衡式布置。型腔的排布形式不仅影响浇注系统的平衡性，而且还与模具温度场的热平衡有很大关系。很明显，如果模具的温度场不能保持热平衡，则塑件的收缩率也就无法保持均匀和稳定，所以精密注塑也就无从谈起。实践证明，为了保证温度场的热平衡以及浇注系统的料流平衡，设计多型腔精密注塑模时，型腔数量尽量不要超过 4 个。

② 温控系统最好能对各个模腔的温度进行单独调节 使用多型腔进行精密注射成型时，为了能使各个模腔的温度保持一致，尽量防止因模腔的温差引起塑件收缩率之间出现差异，模具中的温控系统最好能对各个模腔单独调节，即对每个模腔单独设置冷却水道，并且还应在各个模腔的冷却水道出口处设置流量控制装置，以便能使各个水道的流量保持一致。一般来讲，精密注塑模中的冷却水温调节精度应能达到 2℃ 以下，进水口和出水口的温差应控制在 2℃ 以内。

另外，在精密注塑模中，最好根据制品形状结构分区域设计冷却水道，否则塑件各处的收缩率可能会出现较大的差异，塑件的精度无法保证。

精密注塑的成型温度不但包括熔体温度和模具温度，还包括环境温度在精密注塑成型时，车间禁用排风扇，需要将室内温度控制在 27℃ 左右。

19.5.3 避免因模具问题使制品出现变形

精密注射塑件尺寸一般都不太大，壁厚也比较薄，有的还带有许多薄筋，因此很容易在脱模时产生变形，这种变形必然会造成塑件精度下降。为了避免塑件出现脱模变形，脱模顶出机构的设计应注意以下几方面。

① 精密注射塑件最好采用推件板脱模，这样做有利于防止塑件发生脱模变形。但如果无法使用推件板脱模，则必须考虑采用其他合适的脱模推出机构。例如，对于带有薄筋的矩形塑件，为了能使塑件顺利脱模并防止变形，可在筋部采用直径很小的圆形推杆或宽度很小的矩形推杆，同时还要均衡配置。

② 精密注射塑件的脱模斜度一般都比较小，不大容易脱模，为了减少脱模阻力，防止塑件在脱模过程中变形，必须对脱模部位的加工方法提出恰当的技术要求，适当降低塑件包络部分的成型零件的粗糙度，对模具零件进行镜面抛光，并且抛光方向要与脱模方向一致。

19.5.4 对于形状复杂的制品应采用镶块结构

高精度的零件一般都要进行磨削加工，但因受到形状限制，最好采用镶块结构，这样不仅有利于磨削加工，而且也有利于排气结构设计和热处理。镶块结构设计要注意以下几点：便于磨削加工，各镶块定位结构可靠，便于装配、维修及更换。镶块设计要保证模具具有足够的刚性和强度，应设计固定镶块的模框、镶块设计最好采用通用结构或标准结构。

19.6 精密注塑模具的设计、制造要点

① 合理的型腔数量和布局。精密注塑模具的型腔数有限制性的，精密注塑应尽量采用较少的型腔，型腔数一般不宜超过四腔，最多不超过八腔。分流道必须采用平衡布置。

② 合理的浇注系统设计。浇注系统应尽量使料流保持平衡，避免因设计不良而使制品出现不均匀收缩。流道面积不宜取大，避免冷料进入型腔。

③ 排气良好。

④ 优良的模具结构。动、定模的对合精度误差极少，防止动、定模产生错位，模具中活动零部件的运动相当准确。模具要有足够的刚性，制品的脱模性能要好。

⑤ 模具装配精度很高。精密注塑成型的制品的最小极限尺寸与实用极限尺寸相差很少，制造精度很高。

⑥ 模具零件可加工性良好。为了保证模具的尺寸精度，在设计模具结构时必须考虑型腔零件进行磨削和抛光等加工的可能性。要使模具的制造公差超过 IT5～IT6 级，经常把模腔设计成镶拼结构（由于制品要达到较高的精度，必须对模腔进行磨削加工或用极高精度的数控加工）。零件的位置精度要高，需要采用定位销定位。镶块要有足够的刚性和精度，具有定位结构。镶块结构采用通用、标准结构，便于维修、装配、更换。

⑦ 脱模斜度很小，要有很高的光洁度，零件的粗糙度要低，有利于脱模。

⑧ 在精密注塑成型中，应特别重视模温控制。避免因模具冷却不充分，制品精度达不到要求，成型制品快速且不均匀冷却，使塑件冷却不均导致变形。有时，为避免因收缩不均而引起制品的翘曲变形，对中大型制品各个模腔的温度进行单独调节（单件的分区域调节）。

⑨ 精密模具钢的材料要选择机械强度高的优质合金钢，选择预硬、精确度高、耐磨性好、抗腐蚀性强的模具钢。

⑩ 需要确定非常正确的塑料收缩率（开制精密注塑模在对收缩率没有绝对把握的情况下，最好先开样条模，验证正确的收缩率）。

⑪ 设计时需要综合考虑影响成型制品的精度因素（有四大方面），如图 19-2 所示。

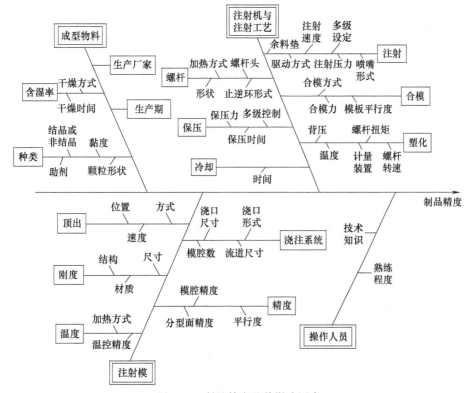

图 19-2　制品精度及其影响因素

19.7 精密注塑模具设计需要注意的几个问题

① 避免精密注塑模设计与普通注塑精密注塑模同样设计 避免对精密注射成型和精密注塑模概念模糊。顾名思义，精密注射成型就是成型尺寸和形状精度很高、表面粗糙度很低的塑料制品，在精密成型机上注射成型。

② 避免对模具的加工方法是否能使零件达到精度要求考虑不周 模腔大部分采用铣削、磨削或电加工方法制造，这些加工方法可以达到的最高精度和实用的经济精度列于表 19-4。从该表数值可知，欲使制品能够达到较高的精度，必须对模腔进行磨削或用极高精度的数控铣加工。由于模腔形状一般都很复杂，若要对其整体磨削，往往是很困难的工作。为了解决这一问题，经常把模腔设计成镶拼结构。要使模具的制造公差超过 IT5～IT6 级。

表 19-4 各种加工方法所能达到的精度（公差值）　　　　　mm

加工方法	最高精度	经济精度
仿形铣	0.02	0.1
铣削	0.01	0.02～0.03
坐标镗	0.002	0.01
成型磨、仿形磨	0.005	0.01
坐标磨削	0.002	0.01
电加工	0.005	0.03
电解加工	0.05	0.1～0.5
电解成型磨	0.005	0.01

③ 避免精密模的质量达不到零件化生产，图样没有公差要求 模具零件图样尺寸精度标注要正确、合理，能满足零件化生产的需要，避免模具零件有公差要求的公差值都标注为 ±0.02，这是错误的。要根据零件的配合类别、精度要求及公称尺寸大小，查公差表选用。

④ 钢材选用 制作精密模具的材料要选择机械强度高的优质合金钢，制作型腔浇道的材料要选用经过热处理、硬度高、耐磨性好、抗腐蚀性强的材料。零件制造工艺要考虑零件加工内应力的产生和消除及热处理，同时还要考虑机械加工的难易性。所设计的浇道系统经过试模之后还能进行修改。

19.8 注射成型制品最常见的缺陷现象及原因

① 注塑件最常见的缺陷

充填不足、凹陷、缩孔、气孔、流纹、暗斑、暗纹、银纹、熔接痕、泛白、剥层、白化、烧焦、翘曲变形、没有光泽、颜色不均、浇口裂纹、缺料、断脚、顶高、表面粗糙度差、表面龟裂以及溢料飞边等。

② 了解制品产生成型缺陷的原因

如果模具设计师能非常了解成型制品常见缺陷的复杂起因，则在设计模具结构时就能全面考虑采取相应的预防措施，避免因模具的设计原因使成型制品质量出现问题。同时要避免因注塑成型工艺的原因出现常见制品缺陷，见表 19-5。

表 19-5 模具中常见制品缺陷及产生原因

原　　因	缺　陷							
	充模不满	溢边	凹陷缩边	银丝	熔接痕	气泡	裂纹	翘曲变形	难脱模
料筒温度太高			√			√		√	

续表

原　因	充模不满	溢边	凹陷缩边	银丝	熔接痕	气泡	裂纹	翘曲变形	难脱模
料筒温度太低	✓				✓		✓		
注射压力太高							✓	✓	✓
注射压力太低	✓		✓		✓	✓			
型壁温度太高			✓					✓	
型壁温度太低	✓		✓		✓	✓	✓		
注射速度太慢	✓								
注射时间太长			✓		✓		✓		✓
注射时间太短	✓				✓				
成型周期太长									✓
冷却时间不够								✓	✓
加料太多									
加料太少	✓		✓						
原料含水分过多									
分流道或浇口太小	✓		✓		✓				
模穴排气不好	✓					✓			
制件太薄	✓								
制件太厚或厚薄不均			✓			✓		✓	
注射能力不足	✓		✓						
成型机锁模力不足									

表头：缺　陷

复习思考题

1. 什么叫精密注射成型？
2. 什么叫精密注塑模具？与普通注塑模具有什么不同？
3. 精密注塑模具设计要点是什么？
4. 精密注塑模具设计要考虑哪三大方面？
5. 精密注塑机有什么要求？
6. 注射成型制品最常见的缺陷现象及原因有哪些？
7. 精密注射成型的工艺特点是什么？

第20章 ▶▶ 双色注塑模具的设计及特点

目前有两种不同塑料或者两种相同类型的、不同颜色的塑料的双色产品，已经在市场上盛行，并且双色产品的外观更加漂亮，使用更加舒适。

双色塑料产品是使用两个注射系统的注塑机，将不同品种的塑料或同一品种但不同颜色的塑料同时或先后注入模具型腔内而成型，这种成型方法叫双色注射成型。完成双色注射成型的模具叫双色注塑模具或双料注塑模具。

双色注塑模具大体上分两大类，一类是混色双色注塑模具，即注塑机的两个射嘴交替将不同颜色的材料射入同一个模腔，形成没有明显边界的花色制品；另一类就是不同塑料由两个喷嘴分两次注射成型的双色注塑模具。

双色注塑模具，根据注塑机的喷嘴结构不同而不同。在设计双色注塑模具时，必须同时设计两套模具，这两套模具的两个定模型腔通常是不同的，而两个动模型芯（型腔）则是相同的。在注塑生产时，两套模具同时进行注射成型，每个注射成型周期内都会有一个单色的半成品和一个双色的成品产生。

双色注塑模具必须采用专用注塑机，注塑生产时通过交换型腔来分别完成第一次注塑（第一色）与第二次注塑（第二色）的循环注射动作。

20.1 双色注塑模具的优点

双色模具可将两种不同特性的树脂及颜色结合成为单一的双色产品，可减少成型品的组立和后处理工程，节省溶着与印刷的成本，增加产品的美观视觉效果，提升产品的档次和附加价值。有的双色塑料制品采用柔性的树脂材质，不仅具有防滑、增加摩擦力的功能，柔性的树脂材质使其更加符合人体工学，手感更好。双色注塑产品品质稳定性高，产品变形易控制，成型周期短，产量高，损耗可比包胶注塑低7%，产品制造成本可比包胶注塑低20%～30%。

比起普通的注射成型，双色注射成型有如下的优点。

① 塑件的主要原料可以使用低黏度的材料来降低注塑压力。

② 塑件的主要原料可以使用回收的再生塑料，既环保又经济。

③ 可以满足某些产品的特殊要求，使塑件更加美观和丰富多彩。如厚件成品表层料使用软质塑料，主要塑料使用硬质塑料或者使用发泡塑料来降低重量。

④ 可以在塑件不重要的部位使用较轻或较便宜的塑料，以降低产品成本。

⑤ 可以在塑件重要的或有特殊要求的部位使用价格昂贵且性能特殊的塑料，如防电磁波干扰、高导电性塑料等。

⑥ 适当的表层料和核心料配合可以减少成型塑件的残余应力，增加机械强度或优化产品的表面性能。

20.2　双色注塑模具的成型原理

如图 20-1 所示为双色注射成型原理，成型时两个注射系统和两副模具共用一个合模系统。模具固定在回转板 6 上，当注射系统 4 向模内注入一定数量的 A 种塑料之后（未充满型腔），回转板动作，将此模具送至另一个注射系统 2 的工作位置，该系统立即向模内注入 B 种塑料，直至充满整个型腔为止，制品经过保压和冷却定型后脱模。对于双色注射，也可使用由两个机筒共用一个喷嘴的注射系统，通过液压装置来调整两个螺杆（或柱塞）对模具的注射顺序和注射量，以便成型出混色的塑料制品。

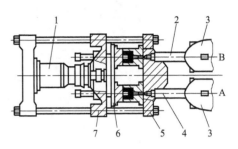

图 20-1　双色注塑成型
1—混合液压缸；2—注射系统 B；3—料斗；
4—注塑系统 A；5—定模固定板；6—模具回
转板；7—动模固定板

20.3　双色注塑模具的结构类型

一般而言，双色注塑机有两组独立分开的射出单元，一般注塑机只有一组射出单元。双色注塑机需要两组射出单元的配置方式，随各厂家的设计而有多种形式，至于活动模板的设计则是必须提供旋转的机制，一般常见的设计如增加转盘或转轴机构等，以提供 180°往复旋转功能，使模具产生循环交替动作。另有些特殊双色模具则不需转盘或转轴机构，而由模具进行滑动交替或水平旋转。

由于双色注塑机的喷嘴结构不同，其模具结构也不相同，目前，双色注塑模具结构设计大致可分为以下几类。

20.3.1　动模转动 180° 的双色模具

① 图 20-2 所示的是海天 530 T 180°旋转式双色注塑成型机。

②“动模旋转”形式的双色模具有两个定模和两个背对背组合成的动模，这个动模是可以旋转的。由于有两个平行的注射系统的喷嘴，注塑机配备有两个料筒（第二料筒最好是设计在注塑机运动方向的垂直方向），可以同时注射两种不同的塑料。当射入的两种塑料凝固后，注塑机打开并且自动顶出完整的制品。取出制品后，“可旋转动模”转过 180°。注塑机闭合，进行下一个循环。双色注塑成型过程如图 20-3 所示。

该模具有两个模腔，利用转动模形式把仍在动模的第一次注塑成型塑件转 180°到另一个定模模腔内，再进行第二次注塑。其优点是使第一次和第二次注塑时能保证制品质量，模具制造比平移的双色模具结构精度要求低。该模具结构如图 20-4～图 20-6 所示。

第一个射嘴将材料（PTU）射入小型腔成型之后，开模但不顶出，凸模旋转 180°合模之后，第二个射嘴将另一种材料（ASA）射入已经有第一种材料的大腔，这样两种材料粘在一起后第二次开模顶出，注塑出一个完整的双色制品。这种模具分大、小腔，两次注塑成型，每开一次模具都顶出一次完整产品。

20.3.2　“动模平移”的模具有两个定模和一个动模

第一个料筒射胶时，动模与第一个定模闭合，完成第一种塑料的注射。第一种塑料凝固

图 20-2　海天 530T 180°旋转式双色注塑成型机

(a) 开模　　　　　　(b) 动模旋转　　　　　　(c) 完成旋转

(d) 机械手取件　　　　(e) 合模　　　　　(f) 双色注射成型制品

图 20-3　双色注射成型过程

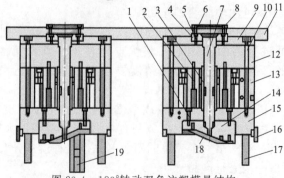

图 20-4　180°转动双色注塑模具结构

1,2,5,8,10—内六角螺钉；3—垫板；4,6—定位圈；7—热流道喷嘴；9—定模盖板；
11—定模固定板；12—定模垫板；13—垫铁；14—动模芯；15—动模板；16—锁模块；
17—导柱；18—制品；19—开模器

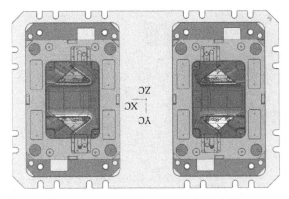

图 20-5　180°转动双色注塑模具定模

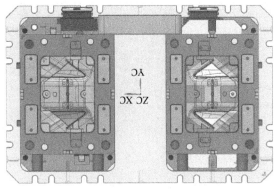

图 20-6　180°转动双色注塑模具动模

后，动、定模分开，由第一种塑料形成的半成品停留在动模，并随动模一起移动到对准第二个定模的位置。注塑机闭合后，第二个料筒进行第二种塑料的注射。第二种塑料凝固后，注塑机打开模具，取出完整的制品。

20.3.3　使用由两个注塑系统的角式注塑机成型

① 角式双色注塑机如图 20-7 所示。

(a)

(b)

图 20-7　角式双色注塑机

② 应用机械手平移第一次注塑成型件，再进行第二次注塑的双色模具结构。图 20-8 所示是左右对称件的塑料制品。图 20-9～图 20-11 是模具的动、定模示意图。在第一次由侧面的喷嘴注塑材料（PA＋GF30％，收缩率为 0.5％）成型后，用机械手把第一次成型的塑件放到第二次成型的型腔内，由平面注塑喷嘴注塑材料（TPU，软的收缩率为 0.25％）成型。

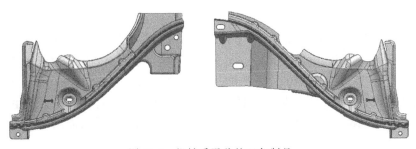

图 20-8　机械手平移的双色制品

③ 分两次注塑成型，不用平移的模具结构。这种结构不采取平移方式，而是第一个喷

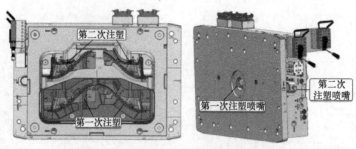

图 20-9　机械手平移的双色模具结构（一）

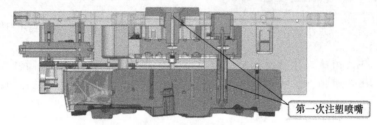

图 20-10　机械手平移的双色模具结构（二）

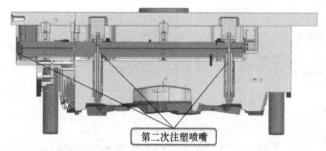

图 20-11　机械手平移的双色模具结构（三）

嘴完成第一次注射成型后，打开第二个喷嘴的通道，进行第二次注射成型。

20.3.4　双层注射成型

双层注射成型模具是两面分别注塑、中间旋转的双色注塑模具。

① 双层注射成型已得到汽车制造业的普遍重视，因为它可用来成型带有软面的内部装饰品和缓冲器等外部制品，也可制造有刚性要求的零件，所以适应更多方面的需要。在实际应用中，人们并不是对高价工程塑料的全部功能都同时要求的。双层注塑还有一个特点，就是成型带有局部的厚壁制品时，制品表面也不产生气孔。这一点对成型结构材料很重要，譬如在汽车上应用的许多制品零件都具有多梭和凸台式结构，如果采用双层注塑，就可以成功地生产这类制品，并使其得到优质而又光滑的制品表面。

② 双层注射成型过程。双层注射成型原理如图 20-12 所示。图中示出双层注塑的工作程序。

a. 开始位置。注射成型开始时，可移动的回转盘处在中间位置，在两侧安装有两个凸模，左面的是一次成型的定模，右面是二次成型的动模。动模板的原始位置在极左处，上面安装一次模的动模，定模板的原始位置在极右处，上面安装固定模，即二次模的定模。

b. 合模。合模时左面的动模板连同回转台座一起向右移；闭模后，会产生合模力，使一、二次模具同时锁紧。在动模板-回转台-定模板之间形成力的封闭体系，抵抗注射时所产生的胀膜力。

c. 注射保压及冷却。在机架左边的合面上，安装一次注塑装置；在右边的合面上，安装二次注塑装置。当模具合紧后，两个注塑装置的整体要分别前进，将喷嘴顶在各自模具的浇铸套上，然后产生注射动作，分别将塑料注入模腔，成型出两层的注塑制品。然后进入冷却阶段。

d. 开模冷却时间到即开模，回转台便左移至中间位置，动模板依次左移至原始位置。

e. 顶出。由于右方的二次模已经过了两次注射，得到完整的双层制品，可由回转盘上的顶出机构进行顶出落下，而左面的制品只获得一层，还有待于二次注射，所以这时只顶出浇口料。

f. 回转。当检测装置确认制品落下后，回转盘即可开始回转。每完成一次周期转盘应回转 180°。这时，原一次注射模就调至二次注射模的位置，模中的一层制品将等待二次注塑物料的复合。

③ 双层注塑机如图 20-13 所示。

④ 双层注塑模具安装结构如图 20-14 所示。

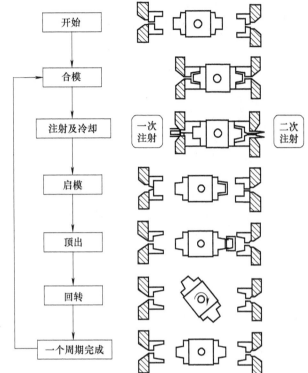

图 20-12　双层注塑原理图

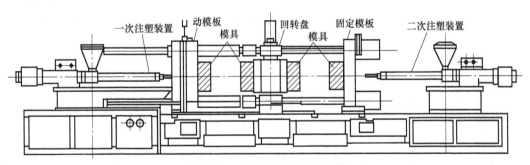

图 20-13　双层注塑机组成示图

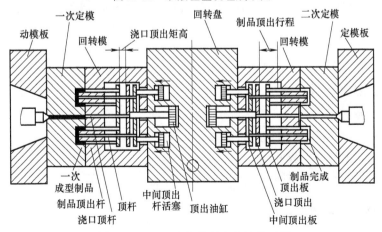

图 20-14　双层注塑模具安装结构示图

20.4 双色注塑模具设计

20.4.1 设计前核查事项

① 模具材料。
② 成型产品的结构。
③ 成型注塑机的选择。
④ 模架基本结构。

20.4.2 确定双色注射的型腔及组合方式

在确定双色注射的注射顺序的时候，有很多因素需要考虑，这是模具设计非常关键的一步，关系到整副模具设计的成败。

① 要考虑塑料的流动性，选择适当的壁厚。由于第二次注塑的熔体要爬越第一次注射成型后的半成品，如果第二次注塑成型的部分壁厚不够，就会造成填充困难，容易导致缺料、收缩凹陷、熔接痕等注塑缺陷。一般来说，二次料的壁厚要保证在 0.8mm 以上，最好能占到整个壁厚的 1/20。

② 如果成型塑件由硬胶和软胶组成，则大多数情况都是先注塑成型塑件的硬胶部分，再注塑成型塑件的软胶部分，因为软胶易变形。

20.4.3 确定双色注塑模具的注射顺序

双色注塑模具有两个定模型腔和两个动模型芯，由于图 20-8 所示产品表面局部区域需要电镀（非发光区），因此两个定模型腔不同，分别成型一个半成品和一个成品；而动模型芯的两个形状则完全一样，如图 20-15 所示。

   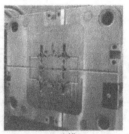

(a) 定模1   (b) 定模2   (c) 动模1   (d) 动模2

图 20-15　双色注塑模具的两个定模和两个动模

20.4.4 浇注系统设计要求

① 注射压力较低。
② 快速填充，提高模具的劳动生产率。
③ 注射均匀，塑件质量较好。
④ 减少废料，缩短注射时间。

20.4.5 选择注射成型设备

① 根据各注射料筒的射出量，决定哪一色用哪一支料筒。

② 打击棒的位置及打击行程。

③ 旋转模板上水路、油路及电路的配置问题。

④ 旋转模板的承载重量。

20.4.6　模座与镶件设计

首先考虑到动模侧必须旋转 180°，镶件设置必须交叉对称排列，否则无法合模成型。

① 导柱具有引导动模与定模的功能，在多色模中必须保持同心度。

② 复位杆由于模具必须有旋转的动作，所以必须将推杆板固定，在复位杆上加弹簧使推杆板保持稳定。

③ 定位块确保两模座固定于大固板时不因螺钉的间隙而造成偏移。

④ 调整块（耐磨块）主要用于合模时调整模具高度 z 坐标值的误差。

⑤ 顶出机构顶出方式的设计与一般模具相同。

⑥ 模具 1 与模具 2 的冷却回路设计尽量相同。

20.5　双色模具设计技巧

① 设计双色模具要谨慎考虑分析，设计方案要正确。

a. 要借助 mould flow 进行流动性分析，降低失败的风险。

b. 在适当的地方改变第一次注射部分的形状，进而改善第二次注射塑料熔体的流动方向与速度，以消除注塑缺陷或者把不良状况赶到非重要表面。

c. 由于双色产品的设计比较灵活，因此要事先把可能产生的注塑缺陷考虑进去，并加以改善，如果等模具做好才发现问题，再进行修改，就相当困难，如图 20-16 所示。

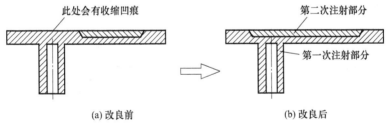

图 20-16　要事先考虑可能产生的注塑缺陷并加以改良

② 收缩率的确定。如果两次注塑均采用同种材料（但颜色不同），而且产品的外形尺寸要求较严格的情况下，最好是两次都进行收缩率设置，但要考虑第一次注塑后的塑件作为第二次注塑的型腔时将对第二次注塑产生的影响；如果第二次注塑的塑件占整个产品的比例不大时，可以不对第二次注塑的产品进行收缩率的设置；如果第二次注塑的材料是硅、橡胶类或比较软的材料，通常可不设置收缩率。

一般来说，双色模具的收缩率取决于第一次注射的塑料，第二次注射的塑料和第一次注射的塑料选相同的收缩率。例如第一次注射的塑料为 ABS，第二次注射的塑料为 TPE，ABS 收缩率通常为 0.5%，TPE 收缩率通常为 1.8%，在双色注塑模具设计时，要全部选用 0.5%，因为第一次注射的塑料已经把产品轮廓撑住了，第二次注射的塑料不会收缩更多。

如图 20-17 所示是鼠标小滚轮，中间为 POM 料，外表为 SAN 料，第一次注射中间的 POM 料，第二次注射表层的 SAN 料，通常情况下，POM 料收缩率为 2.0%，SAN 料收缩率为 0.6%，但在这个双色注塑模具中，SAN 料外部尺寸收缩率取 0.6%，内部尺寸必须取 2.0%。

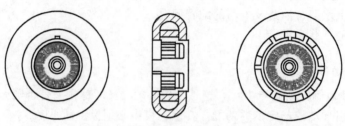

图 20-17　鼠标小滚轮（中间为 POM 料，外表为 SAN 料）

③ 浇口位置的选择。双色注塑模具对浇口的选择很有讲究。

a. 对于有 logo（公司徽标或者商标）的产品，浇口要选择 logo 开口的一侧，以有利于第二次塑料熔体的填充，如图 20-18 所示。

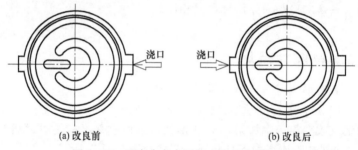

图 20-18　要事先考虑可能产生的注塑缺陷

b. 第一次注射时如果是点浇口，要做圆形台阶，如图 20-19（b）所示，避免因第一次注塑时点浇口断裂残留毛刺碰穿第二次注塑壁，如图 20-19 所示。

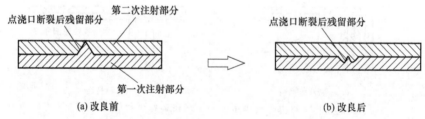

图 20-19　第一次注射的点浇口要做"肚脐眼"

c. 第一次注射的产品宜选择潜伏式浇口，保证产品与流道可以自动切断。无法采用潜伏式浇口时，可考虑三板模或热流道，三板模的缺点是压力损耗大，流道凝料多。

④ 预压。这是双色模具上用的一个专业术语。因为第一次产品要压第二次定模型腔，这会对 logo 的形状有相当敏感的影响。一般来说，logo 的高度要比理论值大 0.02～0.05mm，如果太小，第二次注塑的熔体就会进来，使文字的轮廓不清楚；如果预压太大，又会导致 logo 的线条过宽。

⑤ 脱模斜度。双色模第一次注射部分的脱模斜度的选择比较灵活，角度应尽可能做大些。logo 的脱模斜度甚至可以放大到 15°，把底盘做大，这样就不容易被第二次注塑熔体冲变形。

⑥ 第一次注塑成型时，产品尺寸可以略大，以使它在第二次成型时能与另一个型腔压得更紧，以达到封胶的作用。

20.6　双色模具设计要求和设计注意事项

① 凡用来制作双色模具的模架，分中尺寸一定要完全一致，导柱孔的位置也必须一致。要求两套模架的动、定模能够自由互换，同时两套模架的总高度也要相同，还要使两套定模和两套动模分别等高，这一点在购买模架时就要作特别说明。

② 双色模的动模旋转 180°后，要求动模的四个导柱与定模的导套必须吻合（一般常用的注塑模的标准模架有一个错位的导柱、导套，双色模的模架的四个导柱、导套位置都一样，没有错位）。

③ 模具的动、定模必须是硬模，热处理硬度在 48～52HRC。

④ 对于双色模中成型的两个塑件，必须具有相同的尺寸基准以确保双色模具的两套模具在制造时不会出现基准不统一的现象。

⑤ 模具的设计参数与双色注塑机的参数要求相符，比如最大容模厚度、最小容模厚度等。定模面板加 A 板的总厚度不能小于 170mm。要校核注塑机的各参数，比如最大容模厚度、最小容模厚度、顶棍孔距离等是否满足要求。

⑥ 注意 K.O. 孔距离顶棍孔的位置，一般情况下最小距离为 210mm。大的模具须适当增加顶棍孔的数量。并且，由于注塑机本身附带的顶棍不够长，所以模具中必须设计加长顶棍，顶棍长出模架底板 150mm 左右。动模底板上必须设计两个定位圈。

⑦ 一般的情况是先注塑产品的硬胶部分，再注塑产品的软胶部分。因为软胶易变形，注意两种成型塑料的种类不同则收缩率也不同。

⑧ 三板模的水口最好能设计成可以自动脱模动作的形式。特别要注意软水口的脱模动作是否可行。

⑨ 设计时要考虑在第二次注塑时，塑胶的流动是否会冲动第一次已经成型好的制品，使其变形、位移。如果有这个可能，则一定要想办法避免。注塑时，第一次注塑成型的产品尺寸可以稍大，以使它在第二次成型时能与另一个动模压得更紧，以达到封胶的作用，避免溢料。

⑩ 在设计第二次注塑的定模时，为了避免定模插伤第一次已经成型好的产品胶位，可以设计一部分避空。但是必须慎重考虑每一处封胶位的强度，即：在注塑中，是否有在大的注塑压力下，塑胶发生变形，导致第二次注塑可能会有废边产生的可能。

⑪ 定模的两个形状是不同的，分别成型一种产品，而动模的两个形状是完全一样的。

⑫ 要注意模具的分型面的制造精度，防止废边产生。

⑬ 注意动、定模的定位，所有插穿、碰穿面的斜度落差都应尽量大些，要在 0.1mm 以上。

⑭ 注塑时，第一次注射成型的塑件尺寸可以略大，以使它在第二次注射成型时能与另一个型腔压得更紧，以达到封胶的作用。

⑮ 在定模 A 和动模 B 板合模前，要注意定模侧向抽芯或斜顶是否会先复位而压坏产品，如果有这种可能的话，必须保证使 A、B 板先合模，之后定模的侧向抽芯或斜顶才能复位。

⑯ 两个型腔和型芯的冷却水道布置应尽量充分，并且均衡、相同。

⑰ 为了使两种塑料双色注塑有专门的 TPU，"粘"得更紧，要考虑材料之间的"黏性"以及模具表面的粗糙度。模具表面越光滑，两次注射的塑料就"粘"得越紧。

20.7 包胶模具

包胶模具就是开两套模具，先制成塑料制品，然后把它当作嵌件放入另一套模具中，然后注入另一种塑料，后者塑料几乎把已成型好的塑料包住，俗称包胶模。

所以，一般这种模塑工艺通常由 2 套模具（或同一副模具有两个型腔与动模芯，如图 20-20）完成，而不需要专门的双色注塑机。两种塑胶材料不一定在同一台注塑机上注塑，分两次成型。产品从一套模具中出模取出后，再放入另一套模具中进行第二次注射成型。其模具跟单色射出的模具结构是一样的，主要是靠调整射出参数的流速来控制各种料的结合点。包胶模主要是软胶包硬胶，其中软胶常用人工橡胶、TPU、TPR 等胶料，硬胶可为 ABS、PC、PP 等。

一般这类模具的两种材料中有一种材料具有重要的装配关系，尺寸要求严格，而另一种材料的装配关系不是很重要，一般只是满足装饰或者缓冲或者手感的要求，所以一般这一层材料放在二次注塑。

如图 20-20 和图 20-21 所示，此模具设计制造不同于通常的注射模具，它有两组不同的型腔，每组型腔 4 穴，分两次成型，但需先成型主体件 1（PP＋增强的塑料，4 件）后，用机械手把已注塑好的 4 件（1、2、3、4）主体，当作嵌件平移放到另外一组四个型腔（1′、2′、3′、4′）上再注塑件 2。

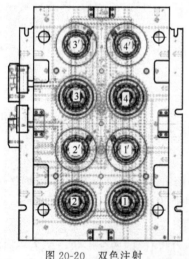

图 20-20 双色注射

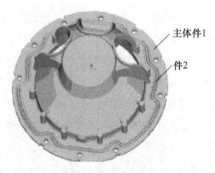

图 20-21 塑件

此模具关键技术如下。

① 设计模具前要选择好注塑机，决定模具的结构和成型方案。

② 主体为第一型腔的型腔、型芯要放收缩率。第二型腔中（主体）不能按常规加放收缩率。因为第一次成型件限制了第二次的收缩，只能外形尺寸减去内形尺寸计算加放收缩率（也可参考二次成型收缩率的内容）。

③ 包胶模一般是做硬模的。

第一型腔采用点浇口热流道中心进料，第二型腔采用热流道加羊角浇口侧进料，便于自动化生产。

模具制造精度要求极高，以保证在第二次成型时产品精度达到要求；当模具型腔和塑件外形之间有过盈间隙时，塑件的外形在模具闭合的时候容易造成损伤，若模具型腔和塑件外形之间的封胶处有间隙，就会产生溢边。

复习思考题

1. 什么叫双色注塑模具？有什么优点？
2. 双色注塑模有哪些特点？
3. 设计双色模时如何确定成型收缩率？
4. 双色注塑模的结构形式主要有哪几种类型？
5. 双色模有哪些基本要求？
6. 设计双色模要注意哪些事项？
7. 为了使前后两次注塑的塑料结合得更好，结合面的粗糙度越小越好还是越大越好？
8. 双色模定脱模斜度的确定要考虑哪些因素？
9. 叠层模的结构有什么不同？
10. 包胶模具与双色模具有何区别？

第21章 ▶▶ 气辅注塑模具的设计及特点

随着塑料工业的迅速发展，注塑成型制品已经被广泛用做许多工业产品的结构零部件或装饰零件，因此它们的表面质量也就显得越来越重要。特别是对于壁厚或厚薄不均的制品来说，在制品的表面，经常有凹陷、缩孔、气孔以及制品翘曲变形存在，影响制品外表的美观。为了防止凹陷产生，需要延长保压补料时间，但是若厚壁的部位离浇口较远，即使过量保压，也常常难以奏效。依靠注塑成型是不可能解决的。

由此，在20世纪80年代末开发了气体辅助注塑成型技术，较好地解决了壁厚不均匀的塑件以及中空壳体的注塑成型问题。20世纪90年代该技术在西方发达工业国家推广应用，目前，气体辅助注射成型的新工艺在国内的家电和汽车行业逐步得到推广和应用。

21.1 气辅注射成型原理

气体辅助注射成型是在传统热塑性塑料注射成型技术的基础上开发的专用注射成型技术，是为适应特殊性能要求的塑料注射技术。气体辅助注射成型，是将定量的熔料通过高压氮气由气体喷嘴注入制件的厚壁部位，利用气体的压力推动熔料充满模具型腔，实现气体保压、消除制品缩痕（使塑件形成所要求的中空断面和良好的外形）的一项新颖的塑料成型技术。其原理如图21-1所示。

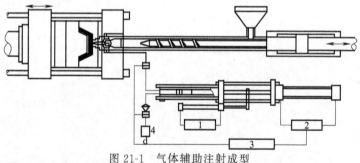

图 21-1 气体辅助注射成型
1—电子系统；2—油压系统；3—控制板；4—气筒

气体辅助注射成型的原理是利用高压气体把厚壁塑件的内部掏空，克服了传统注射成型、发泡成型的局限性，具有传统注射成型工艺无法比拟的优点。与传统注塑方法相比，气辅技术可以减轻制件重量，加快冷却速率，降低锁模力，简化模具设计，从而大大降低成本。在产品质量方面，它可以消除表面缩痕，减小制件的内应力和翘曲变形，并且能够通过设置附有气道的加强筋，提高制件的强度和刚度，而不增加制件的重量。

21.2 气体辅助注塑技术的优缺点

21.2.1 气体辅助注射成型优点

① 降低注射压力和锁模力，锁模力降低30%～50%。提高注塑机的工作寿命和降低耗

电量。气辅注射压力约为 7~25MPa，而普通注射压力为 40~80MPa 或更高，因而可以大幅度降低对注塑机和模具的要求。

② 塑料收缩均匀，残余应力低，制品翘曲变形小，消除厚壁塑件的表面凹陷，制品尺寸精准稳定，提高表面质量。

③ 由于中空断面结构，降低塑料的用料量，省料并减重。

④ 减少冷却时间，使生产周期缩短，具有良好的经济效益。

⑤ 产品设计的自由度大为提高；制品的刚度和强度增加。

⑥ 可将大小、厚薄不同的零件一体成型，可以用于成型壁厚差异较大的制品，以减少模具数目以及制件最终的数目。

⑦ 气辅技术由气体充当保压压力传递给熔料，故压力比常规压力减少，可降低锁模力 20%~90%。

⑧ 可简化浇注系统，并可改善熔料的充填状态及温度控制效果，消除多点进料可能出现的熔合线。用普通注射成型方法难以成型的制品可改用气辅注射成型，应用范围广。它主要用来成型以下三大类制品。

① 特厚的棒状制品。如建筑物门把手、汽车转向盘、窗框、圆或椭圆截面的座椅扶手等。

② 大型板状有加强筋的制品，如桌面等。

③ 大型的、厚薄不均差异较大的复杂塑件。可以将采用传统注射成型时厚薄不均匀的几个制品合并起来，实现一次成型，如电视机面框、汽车仪表盘等。

21.2.2　气体辅助注射成型缺点

① 增设了供气和回收装置及气体压力控制单元，增加了设备投资。

② 对注塑机的注射量和注射压力的精度有较高的要求，技术难度较大。

③ 在制品的注入气体与未注入气体的表面会产生不同的光泽。

④ 制品质量对工艺参数更加敏感，增加了工艺设计的难度。

21.3　气体辅助注射成型设备

21.3.1　气辅注射成型设备

主要包括注塑机、气体压力控制单元和供气、回收装置，如图 21-2、图 21-3 所示。

① 注塑机。制品的中空率及气道的形状由注入型腔的塑料量来控制，所以气体辅助注射成型对注塑机的注射量和注塑压力的精度要求较高。一般情况下，要求注塑机的注塑量精度误差应在 ±0.5% 以内、注射压力波动相对稳定、控制系统能和气体压力控制单元匹配。此外，气辅成型有时要求注塑机使用止逆喷嘴以防止熔体倒流，并通过反映螺杆行程的位移触发器触发气体压力控制单元。

② 气体压力控制单元。气体压力控制单

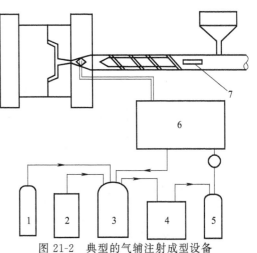

图 21-2　典型的气辅注射成型设备

1—备用氮气罐；2—氮气发生器；3—低压氮气罐；
4—增压装置；5—高压氮气罐；6—气体压力控制
单元；7—位移触发器

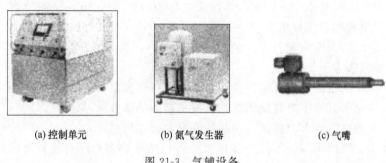

(a) 控制单元　　　　　　(b) 氮气发生器　　　　　　(c) 气嘴

图 21-3　气辅设备

元包括压力控制阀和电子控制系统，分固定式和移载式两种。固定式气体压力控制单元是将压力控制阀直接安装在注塑机上，将电子控制系统直接安装在注塑机控制箱内，即气体压力控制单元和注塑机连为一体。移载式气体压力控制单元是将压力阀和电子控制系统做在一套控制箱内，使其在不同的场合和不同的注塑机上搭配使用。

③ 供气和回收装置。供气装置由备用氮气罐、氮气发生器、低压氮气罐、增压装置和高压氮气罐组成。氮气发生器制备的氮气首先进入低压罐，然后经增压装置进入高压罐，高压氮气再经气体压力控制单元按设定压力进入模具。供气装置在模具方面还包括进气喷嘴。喷嘴分为主流道喷嘴和气体通路专用喷嘴。回收装置用于回收气体注射通路中残留的氮气，回收后的氮气进入低压罐。

21.3.2　气体辅助注塑系统

气体辅助注射系统主要由氮气生产机和氮气回收系统组成。

气体辅助注射系统的工作原理如图 21-4 所示。连接压缩空气到氮气生产机后，所生产出来的氮气纯度为 98% 以上。从氮气生产机 1 出来的氮气便进入低压储存器 2，其储存量有 220～490L 不等，压力最高为 1MPa。低压氮气经过电控阀门和过滤器进入增压机 4，低压

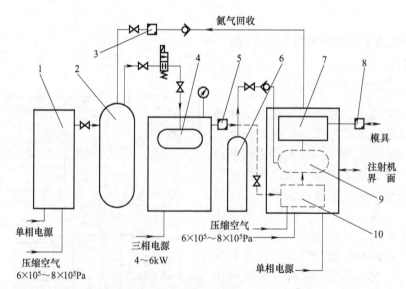

图 21-4　气体辅助注塑系统的工作原理图

1—氮气生产机；2—低压储存器；3—控制阀；4—增压机；5—过滤器；6,9—高压储存器；

7—气辅主系统；8—模具；10—空气压缩机

氮气被 E. D. C 增压机增压至 35MPa。高压氮气经过过滤器 5 进入高压储存器 6 和 9 内，其储存量有 10～37L 不等。然后高压氮气直接进入气辅主系统 7 内，由气辅主系统控制注入模具内的氮气压力和时间。模具内的氮气经由回收管道和过滤器 3 进人低压储存器 2 内，回收的氮气经过过滤再被使用。

气体辅助注射成型的注塑机必须配有弹弓射嘴和螺杆行程配备电子尺。前者的作用是防止高压气体进入注塑机的螺杆内，而后者的作用是将触发信号传递给气体辅助主系统，从而把高压气体注射进模具型腔内。

21.4　气体辅助注塑的成型过程和成型周期

21.4.1　气辅注塑的成型过程

对原料的选择：各种热塑性塑料均可用于气体辅助注射成型技术，但黏度高的塑料所需的气体压力高，技术上有一定难度；气辅注射成型时，用得较多的原料是 PA、PP、PBTP 类。

注射成型过程大致可分为三个阶段：熔料充填、注入气体及保压冷却、顶出脱模，如图 21-5 所示。

① 熔料充填阶段，见图 21-5（a）。这一阶段是通过喷嘴将熔料射入型腔，熔料的定量不是靠型腔容积，而是靠注塑机的准确计量，不需要将型腔注满，也不能注满。

② 注入气体及保压冷却阶段见图 21-5（b）。当熔料注射结束时，即转入气体注射，此时要通过浇口、流道、气孔或直接注入高压氮气。从气体开始注射到整个型腔充满时为止，这一阶段相对于整个成型周期来讲是很短的，但对塑件的质量影响很大，若控制不好会产生很多缺陷，如气穴、吹穿、注射不足和气体向较薄处渗透等。

因工艺不同，成型过程有压力控制和体积控制两种方式，前者是按一定的压力规则注射气体；后者是先将一定量的气体放入压力容器中，再由活塞的移动控制气体注射。

当高压气体进入型腔中后，气体便在型腔中熔料的包围下沿阻力最小的方向扩散前进，对熔料进行穿透和挤压，推动熔料充满模具型腔。接着熔体内的气体压力保持不变或略有升高，使气体在熔体内部继续穿透，以补偿因冷却引起的收缩。

③ 顶出脱模阶段，见图 21-5（c）。当塑件经保压、冷却到有一定强度时，即可将塑件中的高压气体释放，使压力与气压相等。然后开模将塑件顶出、脱模，也就完成了成型过程。

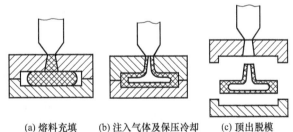

(a) 熔料充填　　(b) 注入气体及保压冷却　　(c) 顶出脱模

图 21-5　气辅注塑成型过程

21.4.2　气体辅助成型周期

与传统注射成型相比，气辅成型增加了一个气体注射阶段，且由气体而非塑料熔体的注射压力完成保压过程。图 21-6 所示为气体辅助成型周期中的三个阶段、六个环节。

① 塑料熔体充填阶段：循环开始 1，注射熔体 1～2；熔体充满局部型腔，余下部分要靠气体补充。

② 切换延迟时间 2～3：从塑料熔体注塑结束 2 到气体注射开始 3 的一段延迟时间，这

一过程非常短暂。

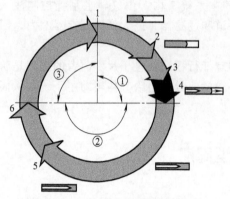

图 21-6　气体辅助成型周期示意图

③ 气体注射 3～4：从气体开始注射到整个型腔被完全充满的时间。这一阶段对制品的质量十分重要，控制不好会产生气穴、吹穿、注射不足或气体向较薄部分渗透等缺陷。

④ 气体保压阶段 4～5：气体压力保持不变或略有升高，使气体在塑料熔体内部继续穿透（称为二次穿透），以补偿塑料冷却引起的材料收缩；由于气体由内向外施压，可以保证制品外表面紧贴型腔壁。

⑤ 排气 5（气体释放）：在该阶段中，气体入口压力降为大气压。

⑥ 开模 6（推出阶段）：当制品冷却到具有一定刚度和强度后，开模将制品推出。

21.5　气辅注射成型的短射法和满射法

气辅注射成型可分为短射和满射两种形式。

21.5.1　短射法

短射法如图 21-7 所示，适用于厚壁的、充模阻力不大的塑件，特别是棒状制件，可节省大量原材料，短射时先向型腔注入部分树脂（一般只充入型腔体积的 50％），立即在树脂中心注入气体，靠气体的压力推动树脂充满整个型腔，并保压，直至树脂固化，然后排出气体，获得一空心的塑件。图 21-7 所示的循环就是短射循环。而对于薄壁的、充模阻力较大的塑件最好来用满射法成型。

对于短射来说，注入气体前塑料熔体充满型腔的比例和延迟时间是控制气体通道长度的主要因素，此外塑料的进一步收缩也会使通道继续加长，前期注入塑料太多，将会使气体流动长度不够，见图 21-8。但如果注入塑料太少，则会使气体迅速地穿破塑料流动前沿而成为废品（图 21-9）。

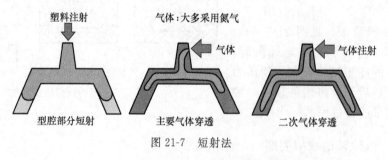

图 21-7　短射法

21.5.2　满射法

满射法如图 21-10 所示，是在树脂完全充满型腔后才开始注入气体，树脂由于冷却收缩而让出一条流动通道，气体沿通道进行二次穿透，不但能弥补塑料的收缩，而且靠气体压力进行保压效果更好，所形成的气体通道的尺寸必然与制品体积和塑料收缩率成一定比例。

满射成型时气体通道是由塑料熔体冷却收缩形成的料的体积收缩率、体积大小和气道截面尺寸决定的，对于 ABS，所形成气道的长度主要取决于原材料聚苯乙烯类塑料。虽然其模塑收缩率只有 0.6%～0.8%，但注射时熔体体积收缩率仍有 10%。对于 PE、PP 类塑料，其体积收缩率可达 20%，即气体约占 20% 体积。据此可对气体通道作粗略估算。如图 21-11 所示的制品总体积为 100 单位，PP 成型时体积收缩率为 20%，如果气体通道内气道横截面积为 1 单位，则气道长度为 $\frac{20}{1} = 20$ 单位，基本能贯穿制品整个长度，能产生良好的保压效果。

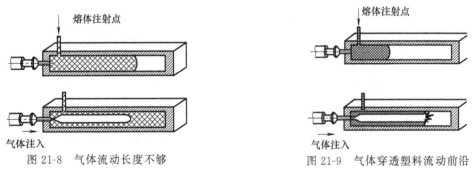

图 21-8　气体流动长度不够　　　　　　图 21-9　气体穿透塑料流动前沿

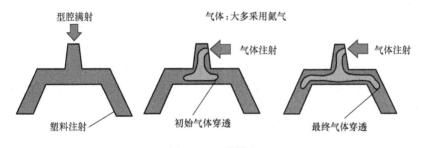

图 21-10　满射法

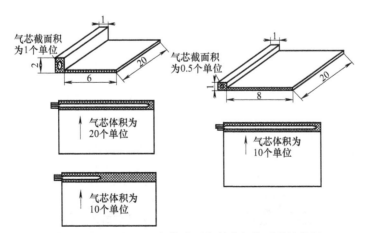

图 21-11　PP 和 ABS 气辅成型塑件的气体通道计算图

例如：现有类似的 ABS 制件，气道外围尺寸改为 1×1 单位面积，所形成的气道截面尺寸为 0.5 单位面积，制品总体积为 10 单位体积。收缩 10 单位体积后气道长度为 $\frac{10}{0.5} = 20$ 单位长度。

21.6 气体辅助注射成型制品与模具设计原则

① 应对塑料流入模具中的流动情况进行分析,适当选择浇口位置,通常只使用一个浇口,浇口的设置应保证熔料可以均匀地充满型腔,并实现欠料注射。

② 避免气体在薄壁处穿透,气道尽可能设置在两面或多面交会处或粗厚处,主气道以"一气(口)呵成(一气道)"为原则。

③ 将距离塑件非外观面最远处定为气口位置。

④ 气体通道必须是连续的,其几何形状相对于浇口应是对称或单方向的。应避免通道自成环路。圆形截面气体通道最为有效。气体通道的体积通常应不超过整个制件体积的10%。

21.7 气体辅助注射成型应注意的问题

在气辅成型制品设计和模具型腔设计时必须考虑的气体走向,气道几何尺寸的大小、截面形状的确定和位置的布置都会影响到气体的穿透和气体对熔体流动的干涉,从而最终影响成型制品的质量。因此,应注意以下的问题。

① 采用满料注射法时,应该考虑塑料的压力、比体积和温度关系,使得气道总体积的一半大约等于型腔内塑料的体积收缩量。

② 采用短射注射法时,进气前,尚未充填的型腔体积以不超过气道总体积的一半为准。

③ 从气口(上游)到上述非外观面(下游)顺流而下,匀称地配置气道以涵盖整个产品面。

④ 控制气体穿透长度有两个办法,即采用过溢出法或特殊的抽模芯法。

a. 过溢出法可准确地控制气体通道长度,其办法是当型腔几乎注满或完全注满时,气体通过溢出型腔的阀,将塑料推入过溢出腔,在制件内部形成气体通道。

b. 抽模芯形成气体通道的模具,如图 21-12 所示。当注塑型腔充满后型芯开始向后退缩,同时通入高压气体,这样便形成了气体通道,塑料由于继续收缩还会向下方形成气体通道。

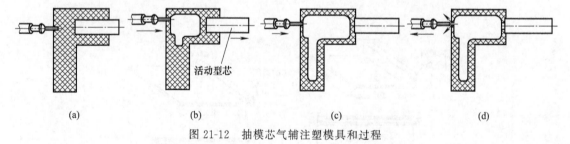

图 21-12 抽模芯气辅注塑模具和过程

⑤ 短射法气道尺寸设计,如图 21-13、图 21-14 所示。

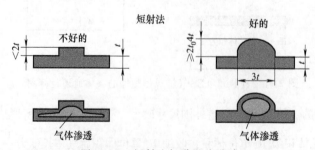

图 21-13 短射法气道尺寸设计

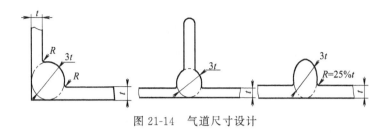

图 21-14　气道尺寸设计

21.8　气体辅助模具的气嘴位置和气道设计

塑件和气体辅助模具设计的重要问题是根据所成型制品形状，确定塑料熔体浇口位置、气体入口位置和气道的设计。

21.8.1　气嘴位置设计

① 气体辅助模具的气嘴（气体入口）位置设计有三种方法，可根据具体情况设置。

a. 经喷嘴进气。气体入口位置可与浇口是同一位置，如图 21-15 所示。

b. 直接进产品。塑料熔体和气体的注入口最好设在制件壁厚的地方，厚壁处不宜作为流动的末端。气针（气嘴）应置于距塑料最后充填处最远的地方，使熔料易于均匀充填型腔。

c. 经流道进气。通常采用一个气针，与浇口保持 20mm 以上距离，也可以设置一个或多个气针，如图 21-16 所示。

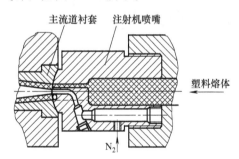

图 21-15　经由喷嘴进气的气辅注塑喷嘴

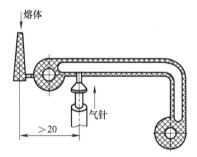

图 21-16　注塑机喷嘴进气和气针进气的比较

② 设计气嘴应当注意以下几点。

a. 气嘴应置于离最后充填处最远处。

b. 气嘴出气口应和塑流方向一致。

c. 多型腔模的每一型腔都由独立的气嘴供气。

21.8.2　在气道设计时应当注意的问题

① 气道相对于浇口的布置应是对称或单一方向。

② 气道必须均衡连续地布置，不能形成回路。气道应均衡地配置到整个型腔上。

③ 气道的容积一般应小于塑件总体积的 10%。

④ 在气体辅助注塑中加强筋可设计得比塑件主体壁厚大得多，作为气体通路。

⑤ 气道的布置应与主要的料流方向一致，气体注入时要有明确的流动方向，转角处应

采用较大的圆角半径。

⑥ 气道的大小很重要，一般为壁厚的 2～4 倍，气道太大会产生熔接痕及气陷，太小会使气体流动失去控制。从气道的横截面看，气体倾向于走圆形截面，因此气道部分塑件外形最好带圆角，同时其截面高度与宽度之比最好接近于 1，否则气道外围塑料厚度差异较大（图 21-17）。

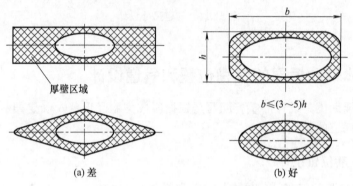

图 21-17 气道截面尺寸和壁厚

⑦ 气道应布置在熔体汇集的地方以减少缩痕。

⑧ 柱状件气道设计：采用接近圆形的断面；断面周边若有转折，应采用较大半径的圆角，如图 21-18 所示。

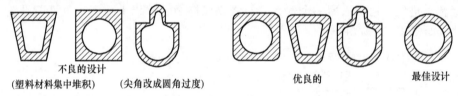

图 21-18 气道设计

⑨ 气道的配置应依循主要的塑流方向。

⑩ 气道转角处应采用较大的半径。

⑪ 气体应穿透到气道的末端。

⑫ 气道相邻过近，气体会渗透到薄壁中。

⑬ 气体应局限于气道以内。

⑭ 最短路径（R 内）流动，如图 21-19 所示。

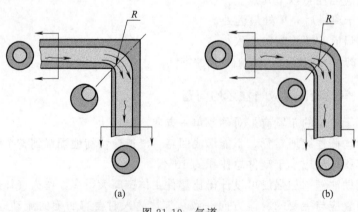

图 21-19 气道

21.9 设计气辅注射成型塑件和气辅模具应注意的问题

21.9.1 气体辅助成型的塑件设计要求

塑料的气道部分和实心部分的壁厚应相差悬殊，以确保气体在预定的通道内流动，而不会进入邻近的实心部分。除了棒状手把类制品外，对于非气体通道的平板区而言，塑件的壁厚不宜大于 3.5mm。壁厚过大也会使气体穿透到平板区，产生手指效应。

21.9.2 气辅模具设计时应当注意的问题

① 冷却要尽量均匀，内、外壁温差要尽量小。

② 在流道上放置合理流道半径的截流块，控制不同方向上气体流动的速度。

③ 大的结构件全面打薄，局部加厚作为气道。

④ 均匀地射入熔胶非常重要。

⑤ 准确的熔胶射入量非常重要。射入量要求准确到 0.1%～0.2%。

⑥ 精确的型腔尺寸非常重要。

⑦ 匀称地冷却非常重要，冷却水要求达到紊流状态：

a. 当雷诺数 Re 小于 2000 时，流体的流动是层流；当雷诺数 Re 大于 4000，流体的流动变为紊流，如图 21-20 所示。

b. 相应于不同水孔孔径与水温时，要达到紊流状态（Re 为 6000～10000）所需的流速及流量如表 21-1 所示。

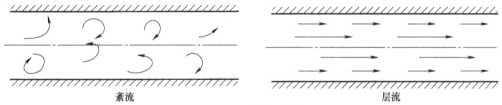

紊流　　　　　　　　　　　　　　　　层流

图 21-20 紊流和层流

雷诺数计算：

$$Re = \frac{\rho DV}{\mu}$$

式中，Re 为雷诺数（无因次）；ρ 为密度；D 为直径；V 为速度；μ 为黏度。

表 21-1 达到紊流状态所需的流速及流量

水管直径/mm			6			8			10		
水温/℃			20	60	80	20	60	80	20	60	80
Re	6000	流速	1.01	0.48	0.29	0.76	0.36	0.22	0.60	0.29	0.18
		流量	1.71	0.81	0.50	2.28	1.08	0.67	2.84	1.35	0.83
	8000	流速	1.34	0.64	0.39	1.0	0.48	0.29	0.81	0.38	0.24
		流量	2.28	1.08	0.67	3.03	1.44	0.89	3.79	1.80	1.11
	10000	流速	1.68	0.80	0.49	1.26	0.60	0.36	1.01	0.48	0.29
		流量	2.84	1.35	0.83	3.80	1.80	1.11	4.74	2.25	1.39

注：流速单位为 m/s，流量单位为 L/min。

⑧ 先考虑哪些肉厚处要掏空，再决定如何连接这些要掏空的部位成为气道。

⑨ 小浇口可防止气体倒流到流道。

⑩ 熔胶浇口可置于薄壁处，并且和气体进口保持 30mm 以上的距离，以避免气体渗透和倒流。

⑪ 当熔胶和气体自同一处进入型腔时，平衡的熔胶流动促进匀称的气体穿透。

⑫ 溢流井应置于最后充填处。

⑬ 在型腔和溢流井之间加装阀门浇口，可确保最后充填处发生在溢流井内。

⑭ 溢流井可促进气体的穿透，增加气道的掏空率，移除迟滞痕以及稳定产品质量。

⑮ 保持熔胶前沿以常速推进。

⑯ 避免形成 V 字形熔胶前沿。

⑰ 设计塑料密封墙。

⑱ 整合薄壁及厚壁的设计，如图 21-21 所示。

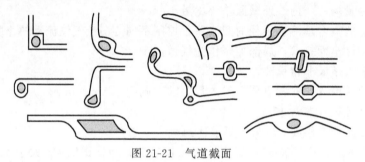

图 21-21　气道截面

21.10　气体辅助注射成型的问题及工艺解决方法

① 气体辅助注射成型经常会碰到如下的典型问题。

a. 气体穿透不佳，如图 21-22 所示。

b. 气体手指现象，如图 21-23 所示。

c. 气体吹穿，如图 21-24 所示。

d. 跑道现象，如图 21-25 所示。

e. 浇口定位要最小化跑道效应，如图 21-26 所示。

② 气体辅助注射成型问题的工艺方面解决方法，见表 21-2。

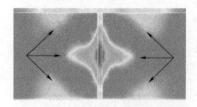

图 21-22　气体穿透不佳

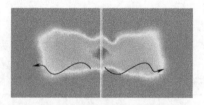

图 21-23　气体手指现象

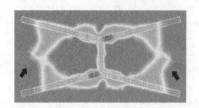

图 21-24　气体吹穿

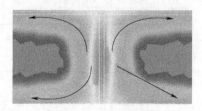

图 21-25　跑道现象

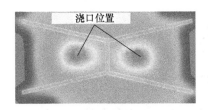
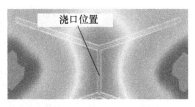

图 21-26　浇口定位要最小化跑道效应

表 21-2　气体辅助注射成型问题的工艺方面解决方法

问题 ＼ 对策（参数）	塑料注射量	延迟时间	气压	气体保压的时间	流动平衡
气体吹穿	⬆				⬆
气体手指现象	⬆	⬆	⬇		⬆
气体穿劲差	⬇	⬇	⬆		⬆
缩痕			⬆	⬆	
迟滞痕	⬆	⬇			
气体泡沫		⬆	⬇		

注：⬆ 增大或增加；⬇ 降低或减小。

21.11　汽车门板案例

图 21-27 所示是气辅注塑汽车门板。汽车门板气辅注塑定模如图 21-28 所示。

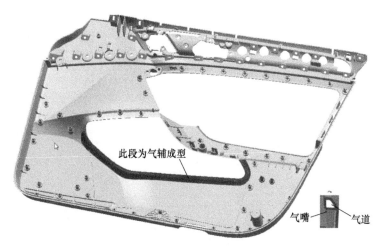

此段为气辅成型

气嘴　气道

图 21-27　汽车门板

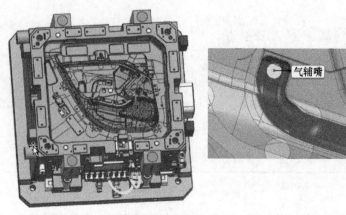

图 21-28　门板定模

复习思考题

1. 气辅注射成型原理是什么？

2. 气辅注射成型有哪四个过程？

3. 气体辅助注射技术有哪些优、缺点？

4. 气体辅助注射成型设备主要包括哪些装置？

5. 气体辅助模具的气嘴位置和气道应怎样设计？

6. 气辅注射成型设计应注意的问题有哪些？

7. 短射法和满射法有什么不同？短射法气体辅助注射成型设计应注意什么问题？

8. 气体辅助模具的气嘴位置和气道应怎样设计？简述气辅注塑模如何选择进气口和进浇口。

9. 简述气辅注塑模的工艺要点。

10. 设计气体辅助注射成型塑件和气体辅助模具时应注意哪些问题？

11. 气体辅助注射成型会碰到哪些典型问题？工艺方面如何解决？

第22章 ▸▸ 吹塑模具的设计及特点

将挤出或注塑出来的、尚处于塑化状态的管状型坯，趁热放置于模具型腔内，立即在管坯中心通以压缩空气，致使型坯膨胀而紧贴于模腔壁上，经冷却硬化后即可得中空制品。这种借助压缩空气吹塑成型方法所用的模具，为中空吹塑模具。吹塑模具结构比较简单，模型只是一个空腔，为阴模。

中空吹塑模具已经普遍应用，所用的设备包括塑化挤出机、吹塑型坯机头、吹塑模具、吹塑成型设备、供气装置、冷却装置等。

目前中空吹塑成型机的自动化程度相当高。从吹塑成型、彩印装饰到灌装工序，全部联成一体化的生产线。高度的自动化可大大地降低中空制品的生产成本，可获得较好的经济效益。

22.1 吹塑产品简介

吹塑产品范围较广，如日常生活用的各种塑料瓶子、玩具、人体模型、提桶、啤酒桶、储槽、油罐、中空容器、水壶等中空塑料制品，详见图 22-1。随着吹塑模的发展，汽车部件中应用了不少的吹塑制品，如汽车椅背、汽车左右内侧门、油箱、风道、导流板、水箱、水管、油管、通风管等，如图 22-2、图 22-3 所示。

图 22-1　吹塑产品

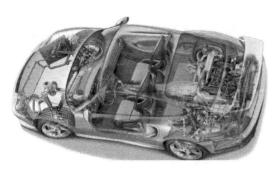

(a)　　　　　　　　　　　　　　　　　　　　(b)

图 22-2　汽车吹塑件

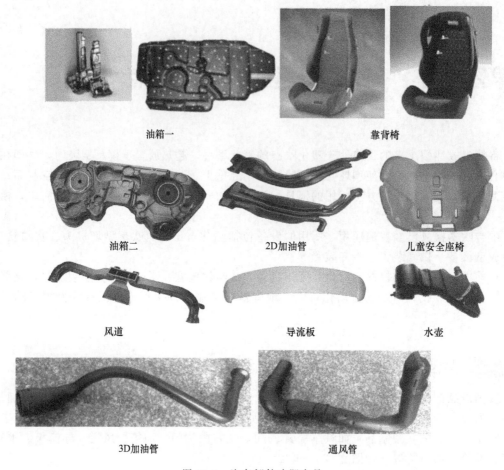

油箱一 　　　　　　　　　　　　　　 靠背椅

油箱二 　　　　　　　　2D加油管 　　　　　　 儿童安全座椅

风道 　　　　　　　　 导流板 　　　　　　　 水壶

3D加油管 　　　　　　　　　　 通风管

图 22-3　汽车部件吹塑产品

22.2　吹塑成型的定义

　　借助压缩空气使处于高弹态或塑性状态的空心塑料型坯发生吹胀变形，然后再冷却定型获取塑料制品的加工方法被称为吹塑成型。

　　用于中空吹塑的原料有高密度聚乙烯（PE）、低密度聚乙烯、聚氯乙烯（PVC）、聚对苯二甲酸乙二醇酯（PETP）、聚苯乙烯（PS）、聚丙烯（PP）、聚碳酸酯（PC）、聚甲醛（POM）、丙烯酸酯类等热塑性材料。

　　中空吹塑模的主体材料一般为铝合金，型腔周围切去多余的坯料用的刀口，是应用 T10A 钢材，并经过热处理的。

22.3　吹塑成型设备

　　中空吹塑设备包括挤出装置或注射装置、挤出型坯用的机头、模具、合模装置及供气装置等。

22.3.1　挤出装置

　　挤出装置是挤出吹塑中最主要的设备。吹塑用的挤出装置并无特殊之处，一般的通用型挤出机均可用于吹塑，如图 22-4 所示。

22.3.2　机头

机头是挤出吹塑成型的重要装备，其可以根据所需型坯直径、壁厚的不同予以更换。机头的结构形式、参数选择等直接影响塑件的质量。常用的挤出机头有芯棒式机头和直接供料式机头两种。图 22-5 和图 22-6 所示为这两种机头的结构。

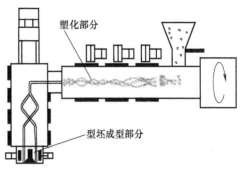

图 22-4　吹塑成型设备

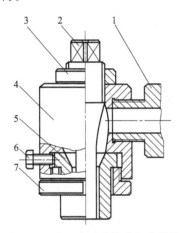

图 22-5　中空吹塑芯棒式机头结构
1—与主机连接体；2—芯棒；3—锁母；4—机头体；
5—口模；6—调节螺栓；7—法兰

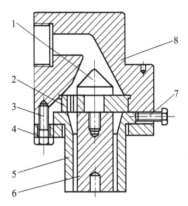

图 22-6　中空吹塑直接供料式机头结构
1—分流芯棒；2—过滤板；3—螺栓；4—法兰；
5—口模；6—芯棒；7—调节螺栓；8—机头体

芯棒式机头通常用于聚烯烃塑料的加工，直接供料式机头用于聚氯乙烯塑料的加工。

机头体型腔最大环形截面积与芯棒、口模间的环形截面积之比称作压缩比。机头的压缩比一般选择在 2.5～4。

口模定型段长度可参考表 22-1。

表 22-1　中空吹塑机头定型尺寸　　　　　　　　　　　　　　　　　　mm

	口模间隙($R_k - R_f$)	定型段长度 L
	<0.76	<25.4
	$0.76\sim2.5$	25.4
	>2.5	>25.4

22.4　吹塑模具结构分类

22.4.1　挤出吹塑成型

挤出吹塑是成型中空塑件的主要方法，图 22-7 所示是挤出吹塑成型工艺过程。首先，挤出机挤出管状型坯，如图 22-7（a）所示；截取一段管坯趁热将其放于模具中，闭合对开式模具同时夹紧型坯上下两端，如图 22-7（b）所示；然后用吹管通入压缩空气，使型坯吹胀并贴于型腔表壁成型，如图 22-7（c）所示；最后经保压和冷却定型，便可排出压缩空气并开模取出塑件，如图 22-7（d）所示。挤出吹塑成型模结构简单，投资少，操作容易，适于多种塑料的中空吹塑成型；缺点是壁厚不易均匀，塑件需后加工以去除飞边。

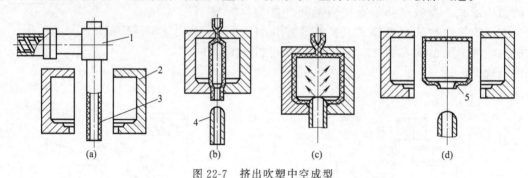

图 22-7　挤出吹塑中空成型

1—挤出机头；2—吹塑模；3—管状型坯；4—压缩空气吹管；5—塑件

22.4.2　注塑吹塑成型

注塑吹塑成型的工艺过程如图 22-8 所示。首先注塑机将熔融塑料注入注塑模内形成管坯，管坯成型在周壁带有微孔的空心凸模上，如图 22-8（a）所示；接着趁热移至吹塑模内，如图 22-8（b）所示；然后从芯棒的管道内通入压缩空气，使型坯吹胀并贴于模具的型腔壁上，如图 22-8（c）所示；最后经保压、冷却定型后放出压缩空气，且开模取出塑件，如图 22-8（d）所示。这种成型方法的优点是壁厚均匀无飞边，不需后加工，由于注塑型坯有底，故塑件底部没有拼合缝，强度高，生产率高；但设备与模具的投资较大，多用于小型塑件的大批量生产。

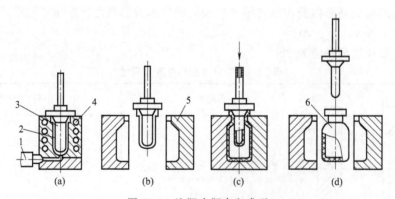

图 22-8　注塑吹塑中空成型

1—注塑机喷嘴；2—注塑型坯；3—空心凸模；4—加热器；5—吹塑模；6—塑件

22.4.3　注塑拉伸吹塑成型

注塑拉伸吹塑是将注塑成型的有底型坯加热到熔点以下适当温度后置于模具内，先用拉伸杆进行轴向拉伸后再通入压缩空气吹胀成型的加工方法。经过拉伸吹塑的塑件，其透明度、抗冲击强度、表面硬度、刚度和气体阻透性能都有很大提高。注塑拉伸吹塑最典型的产品是线型聚酯饮料瓶。

注塑拉伸吹塑成型可分为热坯法和冷坯法两种成型方法。

① 热坯法注射拉伸吹塑成型工艺过程如图 22-9 所示。首先在注塑工位注射成一空心带底型坯，如图 22-9（a）所示；然后打开注射模将型坯迅速移到拉伸和吹塑工位，进行拉伸和吹塑成型，如图 22-9（b）、（c）所示；最后经保压、冷却后开模取出塑件，如图 22-9（d）所示。这种成型方法省去了冷型坯的再加热，所以节省能量，同时由于型坯的制取和拉伸吹塑在同一台设备上进行，占地面积小，生产易于连续进行，自动化程度高。

② 冷坯法是将注塑好的型坯加热到合适的温度后，再将其置于吹塑模中进行拉伸吹塑的成型方法。采用冷坯成型法时，型坯的注塑和塑件的拉伸吹塑成型分别在不同设备上进行，在拉伸吹塑之前，为了补偿型坯冷却散发的热量，需要进行二次加热，以确保型坯的拉伸、吹塑成型温度。这种方法的主要特点是设备结构相对简单。

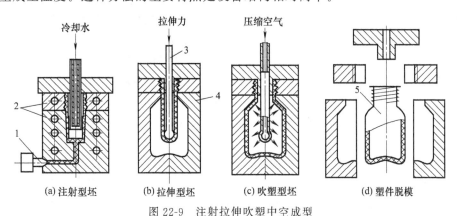

图 22-9　注射拉伸吹塑中空成型
1—注塑机喷嘴；2—注射模；3—拉伸芯棒（吹管）；4—吹塑模；5—塑件

22.4.4　多层吹塑

多层吹塑是指不同种类的塑料，经特定的挤出机头形成一个坯壁分层而又粘接在一起的型坯，再经吹塑制得多层中空塑件的成型方法。

发展多层吹塑的主要目的是解决单独使用一种塑料不能满足使用要求的问题。例如，单独使用聚乙烯，虽然无毒，但它的气密性较差，所以其容器不能盛装带有香味的食品；而聚氯乙烯的气密性优于聚乙烯，可以采用外层为聚氯乙烯、内层为聚乙烯的容器，气密性好且无毒。

应用多层吹塑一般是为了提高气密性、着色装饰、回料应用、立体效应等，为此分别采用气体低透过率与高透过率材料的复合，发泡层与非发泡层的复合，着色层与本色层的复合，回料层与新料层的复合，以及透明层与非透明层的复合。

多层吹塑的主要问题是：层间的熔接与接缝的强度问题，除了选择塑料的种类外，还要求有严格的工艺条件控制与挤出型坯的质量技术；由于多种塑料的复合，塑料的回收利用比较困难；机头结构复杂，设备投资大，成本高。

22.5　吹塑成型工艺参数

22.5.1　型坯温度与模具温度

（1）型坯温度

一般来说，型坯温度较高时，塑料易发生吹胀变形，成型的塑件外观轮廓清晰，但型坯自身的形状保持能力较差。反之，当型坯温度较低时，型坯在吹塑前的转移过程中就不容易发生破坏，但是其吹塑成型性能将会变差，成型时塑料内部会产生较大的应力，当成型后转变为残余应力时，不仅会削弱塑料制件强度，还会导致塑件表面出现明显的斑纹。因此，挤出吹塑成型时型坯温度应在 $\theta_g \sim \theta_f$ （θ_m） 范围内尽量偏向 θ_f （θ_m）；注塑吹塑成型时，只要保证型坯转移不发生问题，型坯温度应在 $\theta_g \sim \theta_f$ （θ_m） 范围内尽量取较高值；注塑拉伸吹塑成型时，只要保证吹塑能顺利进行，型坯温度可在 $\theta_g \sim \theta_f$ （θ_m） 区间取较低值，这样能够避免拉伸吹塑取向结构因型坯温度较高而取向，但对于非结晶型透明塑料制件，型坯温度太低会使透明度下降。对于结晶型塑料，型坯温度需要避开最易形成球晶的温度区域，否则，球晶会沿着拉伸方向迅速长大并不断增多，最终导致塑件组织变得十分不均匀。型坯温度还与塑料品种有关，例如，对于线型聚酯和聚氯乙烯等非结晶型塑料，型坯温度比 θ_g 高 10～40℃，通常线型聚酯可取 90～110℃，聚氯乙烯可取 100～140℃；对于聚丙烯等结晶型塑料，型坯温度比 θ_m 低 5～40℃较合适，聚丙烯一般取 150℃左右。

型坯温度的高低影响成型塑件外观轮廓和形状保持能力，各种吹塑成型的温度应在 $\theta_g \sim \theta_f$ （θ_m） 内：①θ_g 为玻璃化温度；②$\theta_g \sim \theta_f$ 为高弹态温度区间，塑料为橡胶状态；③从 θ_f （θ_m） 开始塑料呈黏流态（称为熔体），直至分解温度为 θ_d。

（2）模具温度

吹塑模温度通常可在 20～50℃内选取。模温过高，塑件需较长冷却定型时间，生产率下降，并在冷却过程中，塑件会产生较大的成型收缩，难以控制其尺寸与形状精度。模温过低，则塑料在模具夹坯口处温度下降很快，阻碍型坯发生吹胀变形，还会导致塑件表面出现斑纹或使光亮度变差。

22.5.2 吹塑压力

吹塑压力系指吹塑成型所用的压缩空气压力，其数值通常为：吹塑成型时取 0.2～0.7MPa，注射拉伸吹塑成型时吹塑压力要比普通吹塑压力大一些，常取 0.3～1.0MPa。对于薄壁、大容积中空塑件或表面带有花纹、图案、螺纹的中空塑件，对于黏度和弹性模量较大的塑件，吹塑压力应尽量取大值。吹塑速度要求快，以便获得壁厚均匀、表面光泽较好的制品。

22.6 中空吹塑成型塑件设计

根据中空塑件成型的特点，对塑件的要求主要有吹胀比、延伸比、螺纹、圆角、支撑面等，现分述如下。

22.6.1 吹胀比

吹胀比是指塑件最大直径与型坯直径之比，这个比值要选择适当，通常取 2～4，但多取 2，过大会使塑件壁厚不均匀，加工工艺条件不易掌握。

吹胀比表示了塑件径向最大尺寸和挤出机机头口模尺寸之间的关系。当吹胀比确定以后，便可以根据塑件的最大径向尺寸及塑件壁厚确定机头型坯口模的尺寸。机头口模与芯轴的间隙可用下式确定：

$$Z = \delta B_R \alpha$$

式中　Z——口模与芯轴的单边间隙；

δ——塑件壁厚；

B_R——吹胀比，一般取 2～4；

α——修正系数，一般取 1～1.5，它与加工塑料黏度有关，黏度大取下限。

型坯截面形状一般要求与塑件轮廓大体一致，如吹塑圆形截面的瓶子，型坯截面应是圆形的；若吹塑方桶，则型坯应制成方形截面，或用壁厚不均的圆柱料坯，以使吹塑件的壁厚均匀。如图 22-10 （a）所示吹制矩形截面容器时，则短边壁厚小于长边壁厚，而用图 22-10 （b）所示截面的型坯可得以改善；图 22-10 （c）所示料坯吹制方形截面容器可使四角变薄的状况得到改善；图 22-10 （d）所示结构适用于吹制矩形截面容器。

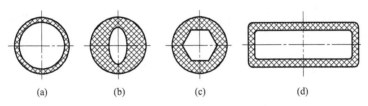

| (a) | (b) | (c) | (d) |

图 22-10　型坯截面形状与塑件壁厚的关系

22.6.2　延伸比

在注射拉伸吹塑成型中，塑件的长度与型坯的长度之比叫延伸比，图 22-11 所示 c 与 b 之比即为延伸比。延伸比确定后，型坯的长度就能确定。实验证明延伸比大的塑件，即壁厚越薄的塑件，其纵向和横向的强度越高。也就是延伸比越大，得到的塑件强度越高。为保证塑件的刚度和壁厚，生产中一般取延伸比 $S_R = (4～6)/B_R$。

22.6.3　螺纹

吹塑成型的螺纹通常采用梯形或半圆形的截面，而不采用细牙或粗牙螺纹，这是因为后者难以成型。为了便于塑件上飞边的处理，在不影响使用的前提下，螺纹可制成断续状的，即在分型面附近的一段塑件上不带螺纹，如图 22-12 所示，图 （b）所示结构比图 （a）所示结构易清理飞边余料。

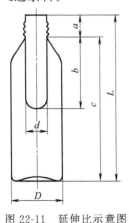

图 22-11　延伸比示意图

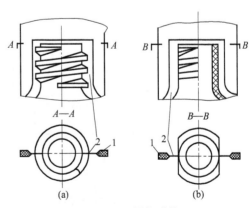

图 22-12　螺纹形状
1—余料；2—夹坯口（切口）

22.6.4　圆角

吹塑塑件的侧壁与底部的交接及壁与把手交接等处，不宜设计成尖角，尖角难以成型，这种交接处应采用圆弧过渡。在不影响造型及使用的前提下，圆角以大为好，圆角大则壁厚均匀，对于有造型要求的产品，圆角可以减小。

22.6.5　塑件的支撑面

在设计塑料容器时，应减小容器底部的支撑表面，特别要减小结合缝与支撑面的重合部

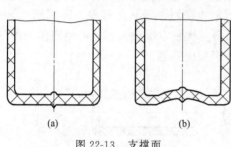

(a)　　　　(b)

图 22-13　支撑面

分，因为切口的存在将影响塑件放置平稳，如图 22-13（a）所示为不合理设计，图 22-13（b）所示为合理设计。

22.6.6　脱模斜度和分型面

由于吹塑成型不需模芯，且收缩大，故脱模斜度即使为零也能脱模。但表面带有皮革纹的塑件脱模斜度必须在 1∶15 以上。

吹塑成型模具的分型面一般设在塑件的侧面，对矩形截面的容器，为避免壁厚不均，有时将分型面设在对角线上。

22.7　吹塑模具设计

22.7.1　吹塑模具结构简介

模具型腔不易磨损，模具材料可用铝合金材料制造。模具能承受一定的吹胀制品时的空气压力（吹胀空气压力一般在 0.2～1MPa 之间）。用吹针把在模腔内的料坯吹胀成中空制品。

中空吹塑模结构如图 22-14 所示。这类模具由动模、定模、冷却装置、切口部分和导向部分组成。模具型腔基本上是对称的两个半模按分型面进行开合。

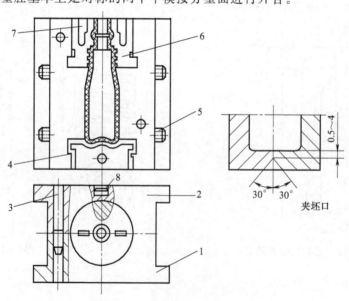

图 22-14　吹塑模具结构及夹坯口

1—动模；2—定模；3—导柱；4—下切口；5—水管用；6—上切口；7—余料槽

22.7.2　吹塑模具结构设计要点

① 夹坯口　坯模要求坯料接近型腔形状，坯料从吹塑机上下来进入模具腔后，通过模具合模，把料坯合在模具型腔内，能有效地夹断型坯。

夹坯口亦称切口。在挤出吹塑成型过程中，模具在闭合的同时需将型坯封口并将余料切除。因此，在模具的相应部位要设置夹坯口。如图 24-14 所示，夹料区的深度 h 可选择型坯厚度的 2～3 倍，切口的倾斜角 α 选择 15°～45°，切口宽度 L 对于小型吹塑件取 1～2mm，对于大型吹塑件取 2～4mm。如果夹坯口角度太大，宽度太小，会造成塑件的接缝质量不高，甚至会出现裂缝。

② 余料槽　模具分型面吹塑模的分型面采用刀口方式，将多余的塑料切除下来，并将它们容纳在余料槽内。余料槽通常设置在夹坯口的两侧，如图 24-14 所示。其大小应依型坯夹持后余料的宽度和厚度来确定，以模具能严密闭合为准。

③ 排气孔　模具闭合后，型腔呈封闭状态，要求吹胀型坯时，模具腔内的空气能及时排出，模具型腔内需要设计排气孔。排气不良会使塑件表面出现斑纹、麻坑和成型不完整等缺陷。为此，吹塑模还要考虑设置一定数量的排气孔。排气孔一般在模具型腔的凹坑、尖角处，以及最后贴模的地方。排气孔直径常取 0.5～1mm。此外，分型面上开设宽度为 10～20mm、深度为 0.03～0.05mm 的排气槽也是排气的主要方法。吹塑模的分型面排气同注塑模一样，另一种排气方法是在型腔中钻孔，然后用八角堵头重新堵上。

④ 模具的冷却　模具冷却是保证吹塑工艺正常进行、保证产品外观质量和提高生产率的重要因素。对于大型模具，可采用箱式冷却，即在型腔背后铣一个空槽，再用一块板盖上，中间加上密封件。对于小型模具可以开设冷却水通道，通水冷却。

吹塑产品分两次冷却，第一步在模具型腔有冷却水道，第二步把产品放在低温的水里冷却。吹胀的制品能在模具腔内均匀快速降温冷却，以缩短生产周期和防止制品翘曲。

⑤ 脱模方式　模具开模之前如管卡等先用油缸抽芯，接下来模具开模后用机械手把产品取出。

22.8　吹塑模具设计流程

汽车的油箱吹塑模具设计流程如图 22-15 所示，比一般简单的吹塑模具的设计流程复杂得多。

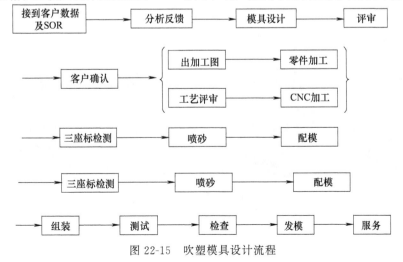

图 22-15　吹塑模具设计流程

22.9 吹塑成型工艺

22.9.1 挤管坯、合模、吹气、冷却

吹塑成型工艺是将挤出或注塑成型所得的管坯置于模具中，在管坯中通入压缩空气将其吹胀，使之紧贴于模腔壁上，再经冷却脱模得到吹塑制品的成型方法。这种成型方法可生产瓶、壶、桶等各种包装容器，以及汽车上的油箱、油管、风道等零件，其流程如图 22-16 所示。

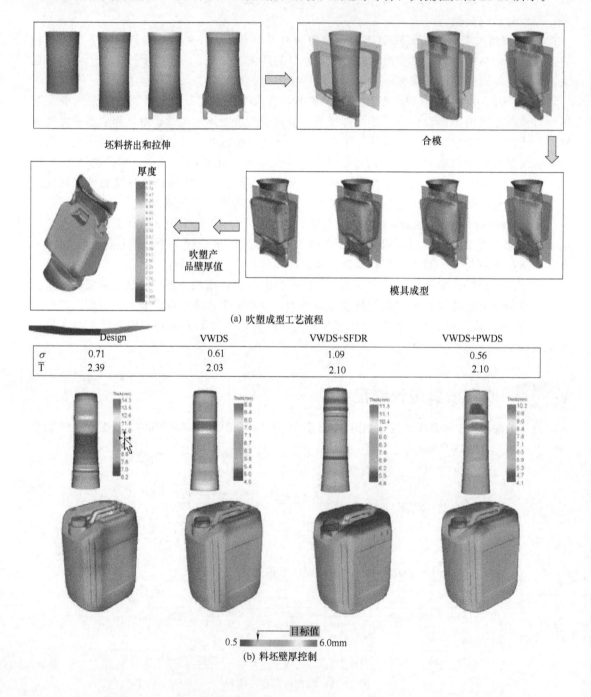

	Design	VWDS	VWDS+SFDR	VWDS+PWDS
σ	0.71	0.61	1.09	0.56
$\overline{T}$	2.39	2.03	2.10	2.10

(a) 吹塑成型工艺流程

(b) 料坯壁厚控制

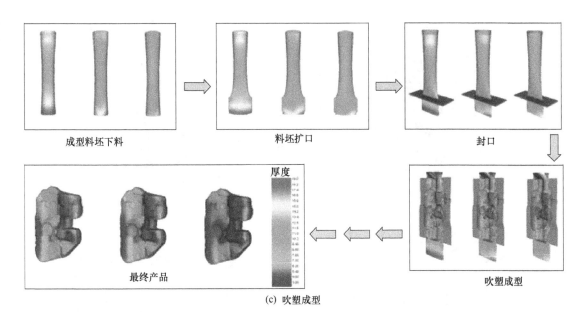

成型料坯下料

料坯扩口

封口

厚度

最终产品

吹塑成型

(c) 吹塑成型

图 22-16 油箱吹塑产品流程

22.9.2 油箱吹塑模成型工艺过程介绍

① 第 1 步：模具打开，吹塑机下料，如图 22-17 所示。

② 第 2 步：防浪板上升，套进料坯中，如图 22-18 所示。

③ 第 3 步：模具合模，如图 22-19 所示。待模具合模至行程还有 120mm 时，控制调节板使顶出气缸回退，顶杆顶出固定防浪板（在合模过程中马鞍抽芯回退，避免与防浪板干涉），如图 22-20 所示。

④ 第 4 步：防浪板固定后，防浪板固定件回退，马鞍抽芯复位，如图 22-21 所示。

⑤ 第 5 步：夹料板夹住料坯，模具开始合模，同时挡板控制顶杆的杠杆机构一端顶住防浪板，一端与对面型腔上的镶块顶住，然后模具慢慢合模，直至气缸回退完，顶杆复位，开始吹塑，如图 22-21 所示。

⑥ 第 6 步：吹塑结束，模具开模，同时 A 板飞边顶出杆顶出，将产品余料留在 B 模，B 模型腔顶出杆顶出，将产品留在 A 模，如图 22-22 所示。

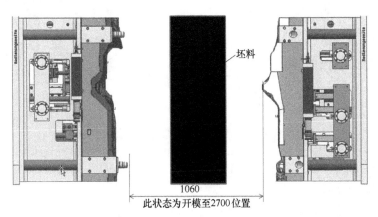

坯料

1060

此状态为开模至2700位置

图 22-17 模具打开，吹塑机下料

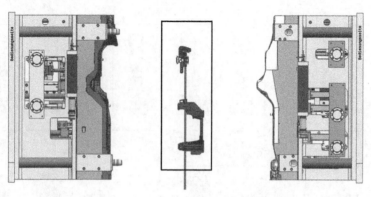

图 22-18　防浪板上升，套进料坯中

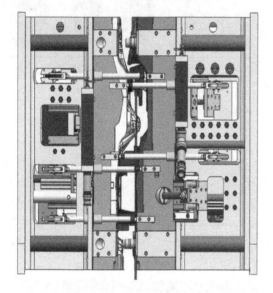

图 22-19　模具合模

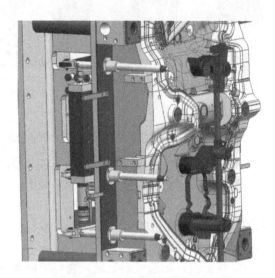

图 22-20　马鞍抽芯，防止干涉

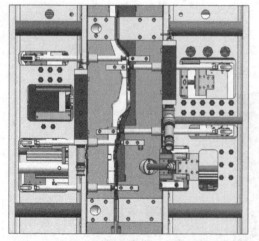

图 22-21　夹住料坯、合模、完成控制动作、
气缸回退，顶杆复位，开始吹塑

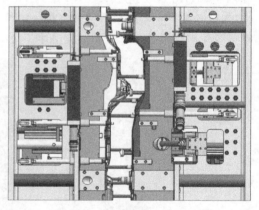

图 22-22　吹塑结束，模具开模

⑦ 第 7 步：机械手分别取出产品和产品余料（取产品时 A 模型腔顶出杆顶出，方便取出产品，机械手夹住余料后，B 模卡扣抽芯回退，机械手将余料取走），如图 22-23

所示。

⑧ 第 8 步：机械手安装卡环，进行下一轮吹塑，如图 22-24 所示。

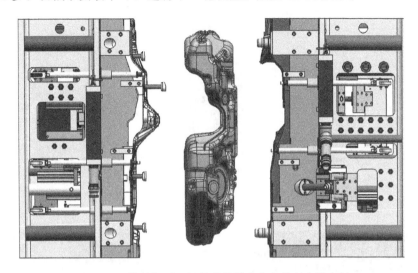

图 22-23　模具打开、机械手分别取出产品和产品余料

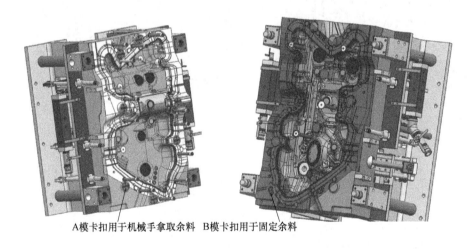

A模卡扣用于机械手拿取余料　B模卡扣用于固定余料

图 22-24　安装卡环、合模

22.10 吹塑油箱产品简介

塑料燃油箱的优势如下。

① 重量轻，与铁油箱比较而言。

② 一次性成型，工艺简单。

③ 塑料油箱安全性较好，不易膨胀爆炸。

④ 成型灵活性较好，可充分利用空间。

⑤ 比较耐用，使用寿命长。

油箱原料为高密度聚乙烯，见图 22-25、图 22-26。

泵口为螺纹的油箱，其螺纹口为铁嵌件，吹塑成型如图 22-27、图 22-28 所示。

图 22-25　油箱

螺纹盖

密封圈

油箱螺纹口

图 22-26　油箱吹塑制品　　　　　　图 22-27　泵口为螺纹的油箱

图 22-28　油箱螺纹口为铁嵌件，吹塑成型

22.11 吹塑成型制品的缺陷和对应措施

22.11.1 产品刀口设计不合理

油箱的刀口长度设计如图 22-29（b）更合理。

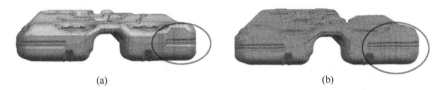

　　　(a)　　　　　　　　　　　　　(b)

图 22-29　油箱设计（1）

22.11.2 产品局部有尖角，成型后壁厚不好控制

如图 22-30 所示，产品设计要避免尖角，如图 22-30（a）设计不好，图（b）所示较好。

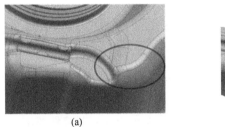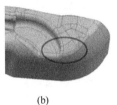

　　　(a)　　　　　　　　　　　　　(b)

图 22-30　油箱设计（2）

22.12 吹塑模具检查单

吹塑模具检查单见表 22-2。

表 22-2　油箱吹塑模具检查单

客户名称	检 查 事 项		Yes	NO
编号	检查事项(标准化)			
1	总体外围			
1.1	工字钢外形喷蓝色、水路总成、吊模块、锁模块为红色			
1.2	模具外围需安装保温材料			
1.3	吊环孔需镶铁套、吊环均能旋到底、吊装平衡			
1.4	顶部工字钢有防尘板			
1.5	模具与吹塑机安装孔外形是否正确			
1.6	是否有吊模块(根据客户要求)			
1.7	所有模具上的气管、水管、电线、排序合理整齐、视觉上可接受			
1.8	标牌采用铝板制作(红底白字)，注明公司信息、模具编号、外观、尺寸、制作时间			
1.9	模具上应配有与吹塑机连接的水管、油管、气管接头并固定模具			
1.10	工艺孔需要安装工艺螺钉			

客户名称	检 查 事 项	Yes	NO
1.11	操作方合理设计(根据客户要求)		
1.12	外围装置不得与吹塑机干涉		
1.13	日期章能否转动并对准日期		
1.14	日期调整旋钮安装位置是否正确		
1.15	安装有方向要求的模具需在操作面处加工箭头来注明安装方向		
1.16	工字钢表面不得有凹坑,锈迹,多余不用的吊环孔、气孔、油孔等及其他影响外观的缺陷		
1.17	工字钢各板、孔位、棱边需有大于 1.5mm 的倒角,特殊部位除外		
1.18	上、下模表面平整,无凹坑、锈迹等其他影响外观的缺陷		
1.19	容易碰撞的部位有保护装置,且有警告		
1.20	螺纹机构有加油器加油,出厂前加一半以上 0# 润滑油		
1.21	工字钢上、下部需加 M20 吊环孔		
1.22	是否有夹料板配置		
1.23	电磁阀与感应器不能安装在水、油接头下面,如实在不行要采取防水、防油措施		
1.24	模具左右或中心挂钩是否正确		
1.25	模具需配有适量的不锈钢片		
1.26	螺钉安装应用不锈钢,底面为平面,不得损坏		
2	水、气、油、电系统		
2.1	冷却水道加工按图纸要求验收,水道清理干净无铝屑		
2.2	冷却水接头模具与总成相连处采用 G1/2 胶垫 M26×1.5mm 管接头与吹塑机相连,需满足客户要求(一般采用 D-1.5in 或 2in 不锈钢环阀)		
2.3	冷却水堵头无特殊情况需采用 M18×1.5mm,带密封内六角螺塞		
2.4	冷却水接口处标注出标记,进水为"IN"、出水为"OUT";加顺序号,如"IN1"、"OUT1",位置在水嘴正下方 10mm 处,字迹清晰、美观、整齐、间距均匀		
2.5	冷却水水管颜色区分正确,进为黑色、出为红色。水管需采用耐压材料制作		
2.6	放置密封圈的密封槽按相关企业标准加工尺寸和形状,密封圈安放时涂抹黄油,安放后高出槽面		
2.7	冷却系统密封可靠、无漏水、易于检修,接头安装时缠生料带,特殊部位需缠绕麻绳		
2.8	发模前进行通水试验,进水压力为 2MPa,通水 1h 以上附试水报告		
2.9	附试水报告、水流量测试单		
2.10	油缸压力、流量是否正常		
2.11	压力表是否正常		
2.12	油缸有无射退现象		
2.13	油缸固定是否 OK、无晃动,达到设计要求		
2.14	气路必须有过滤器、精密减压阀		
2.15	气缸通风处加排气阀		
2.16	气管、油管(柔性)需采用耐压、耐温材料		
2.17	传感器的控制线路是否完好,有无接头		
2.18	每个感应部位都须经 24V 信号测试器检查		
2.19	感应部位与电箱有对应标志		
2.20	电箱内必须编号(根据客户标注)		
2.21	液压要求有阀道、分量阀、电磁阀、压力阀		
2.22	水、气、油附机构报告		
2.23	电箱根据要求配插座		

续表

客户名称	检 查 事 项	Yes	NO
3	模具结构		
3.1	模具尺寸符合客户要求		
3.2	模具的铭牌内容符合客户要求		
3.3	是否有 3C 标志		
3.4	型腔喷砂均匀干净，砂粒颗粒适中，并有一定光泽度		
3.5	型腔面干净、整洁，金属部分无凹凸		
3.6	网格线按客户要求加工，深度适中、清晰		
3.7	滑块抽芯一般用油缸，滑块材料为黄铜		
3.8	滑块抽芯间隙需控制在 0.1mm 之内		
3.9	顶出机构顺畅，无摩擦现象		
3.10	镶件尺寸符合设计标准，可更换		
3.11	螺纹旋转机构调试正常		
3.12	铜螺母螺纹须有排气孔，每道螺纹要求有 3～4 个 0.5mm 气孔		
3.13	焊接面上的镶块是否符合客户要求		
3.14	铜螺母螺纹尺寸与形状相符		
3.15	起始点符合数据要求		
3.16	吹针头刀片定位销是否安装		
3.17	吹气针，气针结构动作正常、顺畅		
3.18	吹气针，气针针孔形状需要满足要求		
3.19	吹气针，气针的有效行程符合产品成型要求		
3.20	吹气针，气针与铜套的同心度需满足 0.1mm		
3.21	机械手限位须用缓冲机构，螺钉限位须拧紧		
3.22	机械手接环是否顺畅		
3.23	油箱的螺纹嵌件材料按技术标准		
3.24	油箱的螺纹嵌件机构动作顺畅、顺序无干涉		
3.25	油箱的螺纹嵌件机构需有保养说明书		
3.26	其他（运输、文件）		
3.27	发模时模具外围需有塑料薄膜包裹，模具需配有木箱，最大外形尺寸需大于模具最大外形尺寸 50mm 左右，模具需固定于木托之上，以确保在运输过程中模具不会损坏		
3.28	文件须有电气图、油路图、维修表、润滑系统图、备件清单		

检查：＿＿＿＿＿＿＿＿

审核：＿＿＿＿＿＿＿＿

日期：＿＿＿＿＿＿＿＿

22.13　吹塑模具维修和保养说明书

① 使用过程中，注意观察模具上的导向机构是否正常，导柱、导套是否有起刺，如有起刺应马上进行修整及添加润滑油。

② 模具暂时不用时，冷却水道里的水必须清除干净，防止结冰时挤破水道里的水堵。

③ 模具暂时不用时，液压缸及气缸的入口和出口处应密封好，导轨上需刷一遍润滑油。

④ 模具导轨保养说明：

a. 保养时使用 $0^\#$ 极压锂脂润滑油（或用其他类似性能润滑油替代）。

b. 保养时需在导轨表面刷一遍润滑油以及用润滑油枪在油嘴上注射润滑油。

c. 设备在正常使用情况下每 2 个月时间要保养一次。

⑤ 避免把模具长期搁置在潮湿环境内。

复习思考题

1. 什么叫吹塑模？
2. 吹塑成型制品的设计要注意哪几方面？
3. 汽车部件吹塑产品有哪些？
4. 吹塑成型方法有哪几种？
5. 吹塑成型工艺过程是怎样的？
6. 吹塑模的结构有什么特点？
7. 油箱吹塑模成型工艺过程是怎样的？
8. 吹塑模具应怎样检查？
9. 吹塑成型制品的缺陷有哪些？怎样采取相应措施？
10. 吹塑成型吹胀比最好是多少？
11. 吹塑模具的刀口部位有什么要求？
12. 吹塑模具的材料有什么要求？

第23章 ▶▶ 优化模具设计，避免模具失效

能生产出合格塑件的模具一定是合格的模具吗？不一定。首先要搞清楚什么样的模具才是好模具，只有达到优秀模具评定条件才称得上是好模具。

一副模具结构的设计，可能有几种方案，需要举一反三地选择最佳的模具结构方案，并且所设计的模具连细节都不存在着问题，才能达到优秀模具的评定条件，这样的模具才是优秀模具，模具不会提前失效。下面将作进一步的具体叙述。

23.1 注塑模具的优化设计要求

（1）注塑模具的设计宗旨：创新、优化、完美、高效。

（2）图面质量：正确、合理、完整、清晰，达到零件化生产要求。

（3）所设计的模具达到优秀注塑模具的评定条件。

23.2 优秀注塑模具的评定条件

（1）模具结构设计优化、模具制造的周期短、制造成本和费用低。钢材选用和热处理工艺合理，金加工工艺先进。

（2）模具的设计、制造标准化程度高，模具按规范的技术标准设计，标准件的采用比率高。

（3）按客户要求的性能生产廉价、质量好的塑件：对成型工艺要求不苛刻，具有良好的成型效果，成型周期短，注塑系统设计合理，冷却速率快，推出动作迅速、可靠，流道浇口去除容易，又不影响外观和质量。成型的注塑件加工及二次加工少，塑件质量（形状和尺寸精度，制品表面质量）达到设计要求和图样要求。

（4）模具使用时寿命长，不致提前失效。模具结构设计优化、制造精度高，制造加工和工艺合理，并且机构紧固耐用，磨损少，长时间连续工作可靠，不致引起故障。

（5）具有该模具的技术资料（总装图、备件的零件图及注塑成型工艺卡、检测报告和模具维护保养手册、模具使用说明书等）。

（6）模具维护保养、维修方便，备件、易损件齐全。

（7）售后服务工作做得好，用户满意。

（8）模具产品在市场上有知名度，质量达到设计要求，模具不会提前失效，客户满意度高，客户零投诉。

23.3 设计模具应注意的问题

（1）必须保证塑料制品质量、生产率和必要的使用寿命。

（2）必须注意塑料特性与模具设计的关系，这是塑料模设计的重要基础。

（3）模具设计应注意结构的合理性、经济性、适用性和切合实际的先进性。参照资料上的典型模具结构或自行设计的模具结构都必须根据产量和实际生产条件进行设计，认真分析，吸收精华部分，做到结构合理，经济、适用。对目前生产中广泛使用的先进而又成熟的模具结构和设计计算方法，如热流道模具、氮气辅助成型技术等，也应加以采用，对产品质量、生产率、经济性等方面能收到很好的技术经济效果。

（4）认真设计模具零部件。模具零部件对塑料制品质量及成型工艺顺利进行影响很大，设计时必须注意结构形状及尺寸的正确性，制造的工艺性，材料及热处理要求的正确性，还要注意视图表达、尺寸标准、形状位置误差及表面粗糙度等符合国家标准。

（5）便于操作与维修，安全可靠。

（6）充分利用塑料成型的优越性，制品结构形状尽量用模具成型，以减少后加工工序。

23.4 注塑模具常见的失效形式

注塑模都是在一定的温度和压力下工作的。普通注塑模的模温在 150℃ 以下，型腔承受的成型压力约为 25～45MPa，精密注塑时压力高达 100MPa 以上。

在塑料熔体充模时，模具工件、零件的表面，尤其是浇注系统明显地受到熔体流动的摩擦、冲刷，特别是注塑以无机纤维材料为填料的增强塑料时更为突出。

当注塑聚氯乙烯、氟塑料及阻燃级的 ABS 塑料制品时，在其成型过程中分解出的 HCl、SO_2、HF 等腐蚀性气体，会使模具表面受到腐蚀损坏。

由于塑料模在上述工作条件下工作，因而可能产生的主要失效形式有摩擦磨损，动定模对插部位的黏合磨损，过量变形和破裂，表面腐蚀等。一旦模具破裂或塑料制品形状、尺寸精度和表面质量不符合要求，就会产生溢料严重、飞边过大的问题，而模具又无法修复。

模具失效是指模具工作部分发生严重的磨损，不能用一般收复方法（抛光、锉、磨）使其重新服役的现象。模具失效之前所成型的制品总数即为模具寿命，也就是说模具达不到设计要求的使用寿命（模具的寿命是按制品的生产批量多少决定的，分为四个等级，制品的数量在 100 万模次以上的为一级，50 万～100 万模次的为二级，10 万～50 万模次的为三级，10 万模次以下的为四级）。

模具失效分偶然失效（因设计错误或使用不当，使模具过度磨损）和工作失效（是指因正常使用的磨损而到了所使用的期限）两类。

模具的失效会直接在模具中看到，在注塑成型塑件的质量上反映出来。模具寿命是影响制品成本的重要因素，因而，如何提高模具寿命是很重要的课题之一。

注塑模具常见的失效形式见表 23-1，具体内容如下。

① 表面磨损和腐蚀失效 由于塑料中增强树脂填料对模具的模腔表面产生冲刷，使模腔表面严重磨损和腐蚀；其形式表现为粗糙度增大，动、定模间隙增大，塑件产生废边增厚，型腔壁拉毛、尺寸超差，刃门钝化、棱角变圆、平面下陷、表面沟痕、黏膜剥落等。避免方法为：应用耐磨性良好的钢材，表面氮化处理。

② 疲劳和热疲劳引起的龟裂、咬合 注塑模的机械负荷是循环变化的；并且由于注塑模具长期受热（模温为 50～100℃，熔料温度更高）、冷却，温度经常会出现周期性变化；同时，注塑模在充模和保压阶段，型腔承受高压塑熔体的很大张力，而在冷却和脱模阶段，外加负荷完全解除；一次接一次的重复工作，使型腔表面承受脉动拉应力作用，从而可能引起疲劳破坏；这样，容易使模具材料在使用过程中产生热疲劳，导致模腔表面出现龟裂、裂纹。

表 23-1　模具失效形式与特征

失效形式分类		特　征
磨损失效	疲劳磨损	刃门钝化、棱角变圆、平面下陷、表面、沟痕、黏膜剥落等
	气蚀磨损	
	冲蚀磨损	
	腐蚀磨损	
断裂失效	脆性断裂失效	崩刃、劈裂、折断、胀裂等
	疲劳断裂失效	
	塑性断裂失效	
	应力腐蚀断裂失效	
变形失效	过量弹性变形失效	局部塌陷、型腔胀大、型腔塌陷、型孔扩大、棱角凸模纵向弯曲
	过量塑性变形失效	
	蠕变超限失效	
腐蚀变形	点腐蚀失效	局部开裂，黏膜剥落、棱角变圆，平面下陷
	晶间腐蚀失效	
	冲刷腐蚀失效	
	应力腐蚀失效	
疲劳失效	热疲劳失效	平面龟裂、裂纹、表面破裂、局部断裂
	冷疲劳失效	

模具相互运动、摩擦的零件由于热疲劳，也会导致零件表面咬合。因此有的可选用热模钢制造。

③ 局部塑性变形失效　注塑模模腔在成型压力和成型温度作用下，因局部发生塑性变形而导致模具不能继续使用的现象叫做塑性变形失效，具体表现为：表面出现麻点、发生起皱、局部出现型腔塌陷或凹陷、型腔胀大、型孔扩大、动模棱角纵向弯曲等。产生变形失效的主要原因是用材质选用欠佳，模腔材料强度不足，热处理工艺不合理或不当，表面硬化层太薄，造成氧化磨损、粘离磨损，造成模具零件工作部位强度偏低。

④ 断裂失效　注塑模在使用过程中，模腔内或动模芯局部因为应力集中而产生裂纹或断裂的现象叫做断裂（裂缝、劈裂、折断、胀裂等）失效。这种失效形式多发生在几何形状比较复杂的模具，发生部位一般都是在设计不当型腔中的尖角处或薄壁处。材质选用高韧性的钢材，对模具结构进行合理设计，必要时采用镶块结构，当失效发生时便于对断裂部位进行更换和维修。

注意：零件加工后，会产生加工应力，要做好应力消除处理。

23.5　模具寿命

23.5.1　模具寿命的定义

模具的使用寿命是指在保证产品零件质量的前提下，模具所能加工的制件的总数量，它包括工作面的多次修磨和易损件更换后的使用寿命。模具寿命是指模具自正常服役至失效期间内所能完成制品加工的次数。

　　　模具使用寿命＝工作面的一次使用寿命×修磨次数×易损件的更换次数

23.5.2　影响模具寿命的因素

模具失效的原因很多，也就是影响模具寿命的因素很多，主要有六大方面：模具结构设计、制造加工工艺、模具材料选用及热处理、使用和维护保养，如图 23-1 的鱼翅图所示。

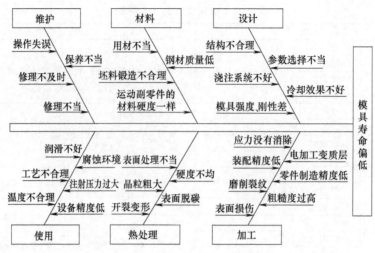

图 23-1　影响模具寿命的因素

① 模具结构设计。合理的模具结构有助于提高模具的承载能力，减轻模具零件的承载机械负荷。例如，模具零件对应力集中十分敏感，当承力件横截面尺寸变化很大时，零件交角处和尖角处，最容易由于应力集而开裂。因此，零件横截面尺寸变化处理是否合理，模具零件的插碰、锥度设计的合理性，对模具使用寿命影响较大。

② 模具材料选用。应根据产品零件生产批量的大小选择模具材料。生产批量越大，对模具使用寿命的要求也越高，因此应选择承载能力强、使用寿命长的高性能模具材料。

模具材料的基本性能包括使用性能和工艺性能，提高模具的使用性能可以从强度、硬度、耐磨性及热疲劳性能等方面考虑。模具的工艺性能，包括锻造工艺性能、切削加工性能、热处理工艺性能及淬透性。

根据模具的工作条件合理选用高强度、高韧性的合金材料，是保证模具安全和经济合理的关键因素。

③ 模具零件的制造工艺及加工质量。模具零件在机械加工、电火花加工、锻造、预处理、淬火硬化以及表面处理时产生的缺陷，都会对模具的耐磨性、抗咬合能力、抗断裂能力产生显著的影响。例如，模具表面粗糙度、残存的刀痕、电火花加工的显微裂纹、热处理时的表层增碳和脱碳等缺陷，都会给模具的承载能力和使用寿命带来影响。切削加工中，不当的磨削工艺如进给量过大、冷却不充足等，容易烧伤模具表面或产生磨削裂纹、降低模具疲劳强度和断裂抗力以及产生显微裂纹，导致模具变形、开裂和表面剥落。加工中的质量问题，尤其是加工表面的质量问题会显著影响模具的耐磨性、断裂力、疲劳强度及热疲劳抗力。

④ 零件的尺寸及装配精度、表面质量、硬度等都与模具使用寿命有直接的关系。

⑤ 模具的维护。模具工作时，使用设备的精度与模具表面的清洁、滑动部件的润滑、模具的热平衡等都会对模具使用寿命产生影响。

⑥ 模具的使用。如模温和熔料温度、注射压力、注塑量的参数选用不当，都会使模具损坏，提前失效。

23.6　避免模具失效的有效措施

为了满足客户的期望，使模具产品的寿命达到 100 万模次，需要模具供应商提高模具质量，并且在设计、制造时采取相应的措施，避免模具失效。

上节说过影响模具寿命的因素较多，主要是来自六大方面。这样，我们要有针对性地根据失效形式采取相应措施。避免模具失效首先是从源头抓起，模具结构设计要优化，零件加工制造要达到零件化生产要求，装配精度达到设计要求；同时正确选用钢材，消除零件的材料应力和零件加工应力；并应用各种表面处理技术，提高模具的硬度和耐磨性，避免模具提前失效。

（1）提高设计理念，优化模具设计

① 合理地设计浇注系统、做好模流分析，尽量达到压力平衡。

② 模具结构设计要优化，避免零件应力产生和尖角设计，抽芯机构、顶出机构设计的参数要合理。

③ 模具要有足够的强度和刚性。

④ 模具要有充足的冷却系统，避免由于模具零件受热不平衡而损坏。

⑤ 建立完善的设计标准，提高设计能力，图样质量达到"正确、合理、完整、清晰"，努力实现零件化生产。

⑥ 模具的设计达到优化模具的评定条件。

（2）正确选用模具钢材

① 正确、合理选用模具零件的钢材，选用质量高、性能好的钢材，制定用材标准。

② 模具零件的钢材不能代用，按客户要求选用钢材。

③ 定点采购模具钢材，动、定模零件材料要有质保单。

④ 运动副的零件不能应用相同钢材。

⑤ 尤其在成型耐腐蚀性气体的塑料制品的模具时，要求动、定模材料须选用耐腐蚀好的钢材。

（3）正确热处理

① 热处理工序方法正确，硬度值标注要合理。

② 动、定模零件热处理，需要有质保单。

③ 对热处理的零件要验收入库才可使用，避免将硬度不均、表面处理不当、脱碳、开裂变形等疵病存在的零件装配应用。

（4）模具零件加工要求精细化生产

① 按图生产，零件制造精度达到设计要求。

② 正确编制制造工艺，对于复杂零件要考虑加工应力的消除，避免零件变形。

③ 电火花加工要避免产生表面变质。

④ 模具装配精度达到设计要求和验收条件。

⑤ 零件的配合面、滑动部位、分型面等表面粗糙度要低。

⑥ 为避免相对运动的零件表面磨损，设计和制造时要采取正确的措施。

（5）加强模具质量检查和验收

① 认真做好三检制工作，关注生产过程中的零件质量，避免不合格零件进入下道工序，杜绝不合格零件进行装配的现象。

② 控制零部件及总装精度，对试模中暴露的问题，要求修整到位。

③ 质量部门对模具零件烧焊要求严格控制，不得任意烧焊。

④ 质量部门认真执行模具验收标准，不合格模具不能出厂。

（6）正确使用模具，对模具定期保养、维护

① 要求设计人员认真填写模具使用说明书，向用户提供模具使用说明书。

② 建议客户按提供的"模具使用说明书"和"维护保养手册"，正确使用模具。

③ 对模具的滑动部位定期润滑。

④ 正确制定注塑工艺，避免因注塑压力过大而损坏模具。

⑤ 避免操作失误、保养不当。

⑥ 避免修理不当和修理不及时。

23.7 模具使用时顶杆损坏原因

由于制造精度和装配精度达不到要求，使模具在使用时会发生顶杆折断现象，其原因如下。

① 各顶杆孔、顶板导柱、顶板导套与相关零件的同轴度超差，其中心线与相关零件的垂直度超差。顶杆、顶板导柱、导套的中心距位置偏移。顶杆与顶杆孔没有达到 H7/f6 配合要求。

② 顶杆与动模芯没有避空。

③ 顶杆与顶杆固定板的端面装配尺寸没有间隙，没有消除积累误差，使顶杆不会自由摆动。这样顶出时，顶杆与动模芯容易发生干涉，容易磨损而咬合。

④ 模板与垫铁、动模固定板无定位销连接，装配精度达不到要求。

⑤ 顶杆孔的粗糙度达不到要求，在 $R_a 0.8\mu m$ 以上。

⑥ 顶杆顶出时承受不了过大的制品包紧力而折断。

⑦ 顶杆失效。

复习思考题

1. 优秀注塑模具的评定条件是什么？

2. 模具的优化设计有什么要求？

3. 注塑模具常见的失效方式有哪些？

4. 影响模具寿命的因素有哪些？

5. 避免模具失效有哪些有效措施？

6. 模具顶杆的失效原因是什么？

第24章 ►► 模具设计评审和设计出错

模具设计师都可能走过这样的痛苦历程：刚学会设计，由于没有经验，就会初生牛犊不怕虎，什么都不怕；当所设计的模具有问题时，才知道模具设计不是这么简单容易的事。几次碰了钉子以后，就会变得小心翼翼，骑马都要用拐杖了。俗话说得好，"三年徒弟，四年半作"，随着设计工作时间的增长，技能水平的提升，经验的积累，设计工作就会逐步走入规范化，也越来越成熟，模具出错率较少，所设计的模具也越来越优化。所以，经验对设计者来说是非常宝贵的，可以说是以心血换来的。有人说的好：书本上看到别人的经验虽然不太深刻，但对于自己来说是非常有用的，而且不用再付出代价。

由于模具的特殊性是单一产品，因此需要设计师具有一定的技能水平和经验，同时需要做到谨慎设计，避免设计出错。由于设计师的水平不高及缺乏经验，所设计的模具很可能或多或少存在着问题，到试模时才发现，甚至有的到出了问题时对产生问题的原因还不太清楚。正因为这样，对于模具结构设计就须进行集思广益地评审，对于缺乏设计经验的设计师来说就更有必要了。

模具结构设计可以说是设计者的知识、能力水平的综合反映。如果模具设计师的知识丰富、又有经验，则在设计模具结构时，就会条件反射地考虑问题，通过直觉来判断应怎样设计，而不是到出了问题时才知道不应该这样设计。因此，要求模具设计师掌握和运用注塑模具设计的基本原则是非常重要的，这样就可在一定程度上避免灾难性设计，避免设计出错，避免所设计的模具存在问题。

模具设计师要对自己所设计的模具负责，设计好的模具自己先进行确认，然后提交评审。需要组织有关人员对模具结构的各系统的功能、安全可靠性，零件制造的工艺，模具的强度和刚性及成本（外形大小及厚度），模具钢材的选用及热处理，模具与注塑机的匹配参数，模具设计标准，标准件的应用及设计细节等内容进行评审。这样就可减少模具结构设计所存在的问题，尽量使模具设计达到完美、优化。

24.1 模具设计师的责任和理念

模具设计师在设计模具时首先要考虑模具的质量，要努力做到实现顾客的期望值。模具设计工程师需要有很好的理念和责任心，谨慎设计，需要独立思考，不能依赖别人，全面考虑问题，从多个模具设计结构方案中，相互比较选用最佳结构方案，只有这样才能使所设计的模具无可挑剔。如果在模具结构设计时碰到问题，就需要慎重考虑，有一定把握时才可下决心去设计，因为，往往自己将信将疑的地方，就很可能是出现问题的地方。

模具设计师要对所设计的模具的质量负责，对自己本人负责，对企业负责，对客户负责。有时模具是出口的，如果模具质量有问题，发生投诉事件，就会影响中国模具行业的信誉，同时也会影响企业的接单，还会影响设计师本人，因为模具的设计好坏从某种意义上来说体现了设计师的自身价值。

客户是上帝，这句话虽然不错，要尊重客户，但不能唯命是从、唯唯诺诺。如果你这边是正确的，就要坚持原则，千方百计地说服客户。因为，一般来说，专业模具设计师总比客户的模具设计水平高一些。所以有时不能迁就、依赖客户，如果出现了问题，到时候倒霉的还是模具供应商自己，这样的案例也是司空见惯的。如果对于特殊的相当内行的客户，或者客户坚持意见且能签字自己负责，那就另当别论了。但不管怎样，作为模具供应商还是要为客户负责，使模具和制品的质量达到客户要求，使产品早日投放市场。

24.2　做好模具合同输入评审工作

规范的流程需要对模具进行三次评审：第一次是合同输入评审（包括塑件结构、形状设计评审）；第二次是模具结构设计输出评审；最后一次是试模评审。

合同输入评审内容包括：模具的设计、制造能否按照合同条款做到，企业的加工设备和加工精度、设计能力及可用的外协资源能否保证，所制造的模具质量能否满足顾客的期望值，模具是否能按期完成，有没有风险存在，模具利润能否达到目标。如果出现问题，挽救不了，要考虑后果能否承受。这一点是在合同评审时就需考虑的。

模具供应方需要同模具订购方（客户）在进行模具结构设计前，对制品的结构、形状的设计合理性及制品的成型质量能否达到客户的设计要求进行评审。

24.3　塑件的形状、结构及精度分析评审

分析塑件的精度要求是否超过了塑件常规的公差范围，模具的制造精度要求是否能够满足塑件精度要求。精度包括尺寸精度、形状精度、位置精度和表面粗糙度，设计时查用附表5 "常用材料模塑件公差等级的选用（GB/T 14486—2008）"及表24-1。

表 24-1　常用材料塑件公差等级和使用（GB/T 14486—2008）

材料代号	模 塑 材 料		公 差 等 级		
			标准公差尺寸		未注公差尺寸
			高精度	一般精度	
ABS	（丙烯腈-丁二烯-苯乙烯)共聚物		MT2	MT3	MT5
CA	醋酸纤维素		MT3	MT4	MT6
EP	环氧树脂		MT2	MT3	MT5
PA	聚酰胺	无填料填充	MT3	MT4	MT6
		30%玻璃纤维填充	MT2	MT3	MT5
PBT	聚对苯二甲酸丁二酯	无填料填充	MT3	MT4	MT6
		30%玻璃纤维填充	MT2	MT3	MT5
PC	聚碳酸酯		MT2	MT3	MT5
PDAP	聚邻苯二甲酸二烯丙酯		MT2	MT3	MT5
PEEK	聚醚醚酮		MT2	MT3	MT5
PE-HD	高密度聚乙烯		MT4	MT5	MT7
PE-LD	低密度聚乙烯		MT5	MT6	MT7
PESU	聚醚砜		MT2	MT3	MT5
PET	聚对苯二甲酸乙二醇酯	无填料填充	MT3	MT4	MT6
		30%玻璃纤维填充	MT2	MT3	MT5
PF	苯酚-甲醛树脂	无机填料填充	MT2	MT3	MT5
		有机填料填充	MT3	MT4	MT6
PMMA	聚甲基丙烯酸甲酯		MT2	MT3	MT5
POM	聚甲醛	≤150mm	MT3	MT4	MT6
		>150mm	MT4	MT5	MT7

续表

材料代号	模　塑　材　料		公　差　等　级		
			标准公差尺寸		未注公
			高精度	一般精度	差尺寸
PP	聚丙烯	无填料填充	MT4	MT5	MT7
		30％无机填料填充	MT2	MT3	MT5
PPE	聚苯醚、聚亚苯醚		MT2	MT3	MT5
PPS	聚苯硫醚		MT2	MT3	MT5
PS	聚苯乙烯		MT2	MT3	MT5
PSU	聚砜		MT2	MT3	MT5
PUR-P	热塑性聚氨酯		MT4	MT5	MT7
PVC-P	软质聚氯乙烯		MT5	MT6	MT7
PVC-U	未增塑聚氯乙烯		MT2	MT3	MT6
SAN	(丙烯腈-聚乙烯)共聚物		MT2	MT3	MT5
UF	脲-甲醛树脂	无机填料填充	MT2	MT3	MT5
		有机填料填充	MT3	MT4	MT6
UP	不饱和聚酯	30％玻璃纤维填充	MT2	MT3	MT5

24.3.1　塑件结构、形状分析评审的重要作用

为了保证成型合格的塑料制品，满足产品的使用要求，保证成型工艺顺利进行，缩短成型周期，降低成本，必须根据塑料制品要求和塑料的工艺性能，对塑件结构、形状设计进行确认。这样做很有必要，对整个设计的过程有百益而无一害。我们应该养成倒三角的做事习惯，就是宁可选择在设计之前花较多的准备时间，也尽量不要在设计过程中，甚至在模具制造过程中出现这样或那样的问题，导致产生大量的设计更改工作，给设计工作带来不必要的工作量，使设计人员感到疲倦，浪费设计时间。

因此，模具设计师在设计模具前，都必须明确产品的品质要求，须先对制品的形状、结构、功能设计进行分析、评审。模具供应商需要明确装配位置及装配尺寸精度要求，需要明确产品重点尺寸及公差、强度要求，需要明确产品功能及受力情况，需要明确产品成型设备及成型工艺要求等。只有得到了产品明确的品质要求，才能提高分析的目的性和有效性。

通过对制品分析，针对不同的问题提前采取相应措施，把制品的设计存在的问题在模具设计前与客户共同商讨，使之得到及时解决。最好模具供应商与制品设计方早期参加或者共同开发塑料制品，使制品设计更加有利于模具设计制造，减少问题的存在，避免设计中途需要变更，影响设计效率，造成设计时间延误。

有的模具企业成立了专门对塑料制品前期分析的部门，较大的企业归属于工程设计中心，有的在项目管理下，有的在设计部门中。笔者认为归属于项目部门较好，避免同客户沟通不彻底，还需设计部门去沟通，产生重复沟通。如果因项目部门技术力量不够可把设计人员加强，归属于项目部门，把问题彻底搞清楚，将正确数据一次性提供给设计部门设计，避免设计反复变更。

24.3.2　塑料制品设计的一般原则

① 力求使制品结构简单、易于注射成型。在满足塑料制品使用功能要求的前提下，尽量避免侧向凹凸结构，使模具结构简单，降低模具成本。

② 保证塑件的强度和刚性，满足制品的功能性需要。

③ 一般模具型腔粗糙度的精度等级应比制品的要求低 1～2 级，参考表 24-1。塑件公差等级见附表 5。

④ 根据塑料性能选用塑件公差等级，保证制品的尺寸精度。一般来说，在保证使用要求的前提下，精度应设计得尽量低一些，参考表 24-1。

⑤ 保证制品的表面质量，考虑注射成型工艺，避免制品产生成型缺陷。

⑥ 一般模具型腔的表面粗糙度要比制品的低 1～2 级。塑料制品的精度及表面粗糙度应遵循这一原则。

24.3.3 塑件常见形状、结构设计审查

一个塑件的最佳设计，不仅要满足其使用性能要求（几何尺寸、精度、外观及物理力学性能等），而且要具有良好的结构工艺性。如果制件的结构形状简单、尺寸适中、精度和表面质量要求合理，则成型比较容易，所需的注射工艺条件比较宽松，模具结构比较简单，也就是说能够高效率、低成本、方便地生产出合格的塑件，可以获得最大的经济效益。这时可以认为制品的工艺性比较好，反之则制品的工艺性比较差。塑件结构工艺性设计主要包括塑件的尺寸精度及表面质量和塑件形状结构设计两个方面。

（1）制品的强度和刚度及功能性分析

模具设计前，需要对制品的结构、形状的设计合理性进行评审。检查制品的形状、结构设计是否有妨碍模具的设计制造或增加模具的设计制造难度及使制品产生成型缺陷的问题存在。因为，制品设计者可能对模具设计要求和注射成型工艺不很熟悉。

（2）塑件精度要求及相关尺寸的正确性分析

分析塑件成型后是否会产生变形和尺寸精度超差，如：汽车的装饰条的变形。

由于与金属的性能差异很大，塑料制品不能按金属零件的公差等级确定精度。为此，国家专门制定了《工程塑料模塑塑料件尺寸公差》标准。该标准将塑件尺寸公差分成 7 个等级，每种塑料可选其中三个等级，即高精度、一般精度和未注公差尺寸，见附表 5 和附表 6。其中 MT1 级精度要求较高，一般不采用。该标准只规定标准公差值，而公称尺寸的上、下偏差可根据塑件的配合性质来分配。对于孔类尺寸可取表中数值冠以"＋"号；对于轴类尺寸可取表中数值冠以"－"号；而对于中心距尺寸取表中数值之半再冠以"±"号。

（3）装配分析

分析塑件的配合情况是否合理。一般情况下不允许存在干涉，尽量考虑合适的装配间隙。中小型塑件的装配间隙通常控制在单边 0.1～0.5mm 之间，详细需根据塑件的外形与结构进行确认。在设计装配间隙的时候必须要考虑模具修正的方便性，规避模具零件需通过烧焊才能修正的现象。需分析塑件使用性能及装配关系的可靠性。

（4）外观要求分析

需考虑分型线位置是否直接影响塑件外观，是否能满足塑件外观要求，如：塑件表面是否存在熔接痕。对于有晒纹要求的塑料，要尽量规避壁厚突变的现象，壁厚突变部位易产生应力发白现象。电镀件要尽量避免采用潜伏浇口等塑件与脱离式浇口，尽量使用侧浇口、滑块搭接浇口或斜顶脱浇口等，因为脱离式的浇口容易产生料沫，塑件浇口附近在电镀后容易产生麻点。

（5）脱模斜度分析

有时制品设计会出现倒扣现象，需加强检查，需特别注意插碰位的脱模斜度，一般为 3°以上。需要增大脱模斜度时，原则上往减胶方向拔模，方便模具修正。各个分型和抽芯方向都需考虑脱模斜度。当塑件表面有皮纹要求时，要根据皮纹的粗细程度设定合理的脱模斜度，防止塑件产生拉伤、发白、粘模等不良现象。如果需要通过加胶方式增加脱模斜度时，必须得到模具项目的书面资料认可。各种塑料材料推荐的脱模斜度以及根据皮纹粗细程度所

需的脱模斜度可以查看相关设计资料。常用塑料的脱模斜度见表 24-2。

表 24-2　常用塑料的脱模斜度

塑 料 名 称	斜　　度	
	型腔 a	型芯 b
聚乙烯、聚丙烯、软聚氯乙烯	$45'\sim1°$	$30'\sim45'$
ABS、尼龙、聚甲醛、氯化聚醚、聚苯醚	$1°\sim1°30'$	$40'\sim1°$
硬聚氯乙烯、聚苯乙烯、聚甲基丙烯酸甲酯、聚碳酸酯、聚砜	$1°\sim2°$	$50'\sim1°30'$
热固性塑料	$40'\sim1°$	$20'\sim50'$

（6）制品的侧碰面设计要合理

参阅第 7 章"7.5.3　动、定模的分型面分类"。

制品侧面分型面的形状、结构设计要合理，制品形状要尽量避免设置抽芯机构的设计，如图 24-1 所示。

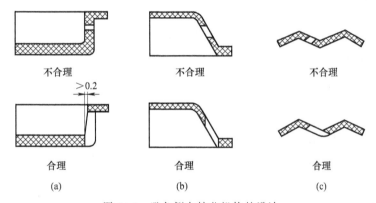

图 24-1　避免侧向抽芯机构的设计

（7）塑件壁厚的确定应考虑的因素

① 根据制品大小和结构特性考虑制品的强度。

② 尺寸稳定性和外观质量。塑件的整体壁厚应均匀，避免太薄或太厚，如果不均匀，会导致注射成型时，填充速率和冷却、收缩不均匀，从而致使塑件存在缩影、气泡等缺陷，更严重的则会因应力分布不均匀而导致塑件严重翘曲变形等。因此需特别关注局部壁厚特别薄或特别厚的部位，以防产生缺胶或缩影、凹陷等问题。

③ 成型时的充模流动性。应掌握塑料的特性并结合熔融指数和流动比，利用模流分析软件进行型腔压力的预估，特别是大型塑件，应特别关注最后填充部位的结构分析和流动情况，要杜绝因局部无法填充到位而选择增加型腔压力，因为型腔压力越大，塑件翘曲变形的风险就越高。塑件的最小壁厚及常用壁厚的推荐值可以查阅表 24-3。

表 24-3　常用塑料的壁厚值　　　　　　　　　　　　　　mm

塑　　料	最小壁厚	小型塑胶塑料制品推荐壁厚	中型塑胶塑料制品推荐壁厚	大型塑胶塑料制品推荐壁厚
聚酰胺	0.45	0.75	1.6	2.4～3.2
聚乙烯	0.6	1.25	1.6	2.4～3.2
聚苯乙烯	0.75	1.25	1.6	3.2～5.4
改性聚苯乙烯	0.75	1.25	1.6	3.2～5.4
聚甲基丙烯酸甲酯	0.8	1.5	2.2	4～6.5
硬聚氯乙烯	1.15	1.6	1.8	3.2～5.8

塑　料	最小壁厚	小型塑胶塑料制品推荐壁厚	中型塑胶塑料制品推荐壁厚	大型塑胶塑料制品推荐壁厚
聚丙烯	0.85	1.45	1.75	2.4～3.2
聚碳酸酯	0.95	1.8	2.3	3～4.5
聚苯醚	1.2	1.75	2.5	3.5～6.4
醋酸纤维素	0.7	1.25	1.9	3.2～4.8
聚甲醛	0.8	1.40	1.6	3.2～5.4
聚砜	0.95	1.80	2.3	3～4.5
ABS	0.75	1.5	2	3～3.5

④ 制品在使用、储存和装配过程中所需的强度。

⑤考虑脱模时制品强度、变形、硬化、脱模等情况。

（8）加强筋分析

① 加强筋的作用

a. 增强制品的强度和刚性，避免制品翘曲变形。

b. 改善熔体填充情况，减少制品气孔缩孔和凹陷及内应力。

c. 用于塑件装配。

② 加强筋的设计要求

a. 加强筋的大端厚度尺寸通常是主体壁厚的 0.4～0.7 倍，这样可以避免塑件产生缩影。

b. 与主体壁厚连接的转角部位应该用圆角过渡。

c. 加强筋的布置应考虑与成型填充时的料流方向一致，避免料流受到搅乱，降低塑件的强度和韧性。

d. 加强筋的底端面不能和塑件的支撑面相平，应有 0.2～0.5mm 的间隙。加强筋的底部应有圆角设计。

e. 加强筋的脱模斜度一般取 0.5°～1.5°。

f. 加强筋尽量对称分布。

g. 加强筋的十字交叉处避免壁厚过厚，否则制品容易产生缩凹。

h. 加强筋的高度不宜设计得太高，要注意上口壁厚与下口壁厚同脱模斜度有关。

（9）圆角与清角分析

塑件的各台阶面或内部连接部位在不产生缩影的情况下尽可能采用圆角过渡，不要设计成清角，避免塑件和模具成型零件的应力集中，有利于分子取向，提高塑件强度和模具成型零件的强度，增强塑料流动性和便于脱模。塑件结构无特殊要求时，塑件各连接部位都需设计圆角，半径通常取主体壁厚的 1/3 以上。塑件的端面设计要尽量避免刀刃状，可以降低制造成本和延长模具寿命。

（10）塑件上的刻印文字和符号

为了装潢或某些特殊要求，塑料制品常常带有凸起或凹进的文字、商标、符号、标记等标识。刻印方向应尽量垂直于分型面或具有足够脱模斜度的侧壁面上，尽量采用凸起的方式。如果是凹下的，尽可能设计镶件。文字和符号的深度通常为 0.2～0.4mm，线条宽度一般不小于 0.3mm，两条线之间的距离一般不小于 0.4mm，侧面的脱模斜度通常大于 10°。

24.3.4　塑件的精度分析

塑件的精度是指所获得的塑件尺寸与产品图中尺寸的符合程度，即所获得塑件尺寸的准确度。影响塑件尺寸精度的因素较多，塑料制品产生尺寸误差的原因见表 24-4。在保证使用要求的前提下，尺寸精度应尽可能选用低公差等级。

表 24-4　塑料制品产生尺寸误差的原因

原　因　类　别	产品尺寸误差原因
与塑料有关的原因	①不同种类塑料收缩率的变化 ②不同批次塑料成型收缩率、流动性、结晶程度的差别 ③再生塑料的混合、着色剂等附加物的影响 ④塑料中水分及挥发、分解气体的影响
与模具直接有关的原因	①模具的形式或基本结构 ②模具的制造误差 ③模具的磨损程度、变形、热膨胀
与成型工艺有关的原因	①成型条件变化引起的收缩率变化 ②成型操作变化的影响 ③推出脱模时的塑件变形
与成型后时效有关的原因	①环境温度、湿度变化造成的尺寸变化 ②残余应力、残余变形引起的变化

24.3.5　塑件的使用功能设计审查

根据使用要求，某些塑料制品往往需具有一些特殊的结构功能性设计。如一些箱型塑件的盖与底，经常采用螺纹连接的方式进行固定；如果需要能够方便地打开盖子，也可以采用铰链连接。再例如，为了提高制品的某一部分的力学性能、尺寸精度及稳定性、导电性能或其他特殊性能，往往需要在塑件中嵌入嵌件；或者为了便于把持、装饰及宣传的需要，在塑料制品上设计出带有凸凹纹的特殊表面或一些特殊标识。

（1）螺纹设计审查

① 其内螺纹直径一般不小于 2mm，外螺纹直径一般不小于 3mm，并选用较大的螺距，直径较小时应避免选用细牙螺纹。

② 螺纹直径小于 2mm 时，可采用金属螺纹嵌件。

③ 为方便使用和延长使用寿命，注射成型螺纹应在两端设置无螺纹区，螺纹始末部分应有一过渡段，螺牙也应采用圆弧过渡。塑料螺纹始末过渡部分长度见表 24-5。这样不仅可以降低制造难度，防止出现飞边、脱边而导致崩扣，还可在安装时起导向作用。

当塑件的同一轴线有前后两段螺纹时，应使两段螺纹的导向相同、螺距相等。否则塑件无法从一个整体型芯或型环上脱模，而需要采用两段型芯或型环组合进行成型。

表 24-5　塑料螺纹始末过渡部分长度　　　　　　　　　　　mm

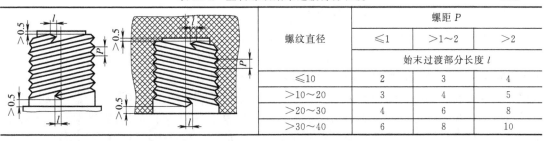

螺纹直径	螺距 P		
	≤1	>1~2	>2
	始末过渡部分长度 l		
≤10	2	3	4
>10~20	3	4	5
>20~30	4	6	8
>30~40	6	8	10

（2）嵌件设计

注射成型时，镶嵌在塑料制品内部并与之形成不可拆卸结构的零件称为嵌件。嵌件的作用一方面是为了增加塑件局部的强度、刚度、硬度、耐磨性、导磁导电性及某些特殊性能；

另一方面是为了提高塑件精度和尺寸形状的稳定性。但采用嵌件往往会降低模具结构复杂，降低生产率，难以实现自动化，使塑件成本增加，因此，设计嵌件时应慎重合理地选择嵌件结构。嵌件设计应注意以下事项。

① 防止嵌件周围塑料产生开裂（塑料膨胀系数接近嵌件、要有足够的塑料层厚、嵌件较大成型时需预热）。

② 嵌件形状对称，圆滑过渡，避免应力产生。

③ 嵌件上应设止转、止退及定位结构。

④ 嵌件定位面一般采用 H9/f9 配合。

⑤ 嵌件高度小于制品高度 0.05mm。

⑥ 细长嵌件需支撑。

（3）凸凹纹设计

设计这些凸凹条纹时，应尽量使它们的方向与脱模方向一致，以免需要增设侧间分机构。

（4）铰链设计

请参阅第 8 章"8.6.2　浇口的位置选择"。

（5）标识设计

为了装潢或某些特殊要求，塑料制品上常常带有凸起或凹进的文字、商标、符号、标记等标识，它们通常可以做成以下三种不同形式。

① 在制品上凸起而在模具中凹入。此种形式容易产生磨损的缺陷。

② 在制品上凹入而在模具上凸起。采用这种方式的模具需要采用电火花、冷挤压等方法成型，加工比较困难。

③ 将凸起的标识设置在凹入的装饰框内。这种方式可以将凹入的标识刻制在成型镶块上，再将镶块嵌入模具。

24.4　模具结构设计评审的目的和作用

24.4.1　模具结构设计评审的目的

模具结构的设计，要求是最佳的设计方案，最大限度地降低模具成本，同时应对模具进行可靠性评审，不使模具提前失效；且使模具在注射成型时，制品成型周期最短；并且使制品和模具的质量都能满足顾客的期望。

24.4.2　模具结构设计评审的作用

通过评审可排除因模具设计中存在着缺陷而导致的更改，使模具在制造进度中更可控，并且使模具的质量失效风险大大降低。为了提高模具的设计质量，满足顾客的期望值，利用评审人员的技能、经验，集思广益地对模具的结构及零件、工艺、材料、设计标准、标准件采用等是否存在着问题，结构是否完善、优化进行集体评审。通过集体评审，举一反三地优化模具结构，如发现有考虑不周的问题存在，则提出改进意见，可以最大限度地减少设计出错，避免因模具设计不合理而增加成本和加工难度。然后，根据模具结构的评审结果，修改后确认，使模具质量得到保证，使模具质量失效风险大大降低。

通过设计评审可以发现设计工程师没有考虑到的或相互冲突、干涉、有矛盾的地方，并及时解决，以满足设计要求，最终完成一个令人满意的模具设计。当有疑问时，新手或经验不足的工程师会倾向于冗余设计或设计原理错误的灾难性设计。应当避免这种倾向，因为它会导致设计出大的、昂贵的和低效的模具。有人认为评审可有可无，这种错误理念必须要改正。

24.5　模具结构设计的输出评审

模具设计评审工作一般分两次：结构预评审和精细评审。模具项目立项后，首先对客户提供的制品形状结构进行评审，然后把客户提供的信息转化为模具设计任务书，由技术部长或模具组长、模具设计师初步确定模具设计方案（可用概念草图）。模具设计师根据初步方案或设计说明书进行设计，设计好后提交进行预评审。

模具设计方案的预评审，主要是确认模具的收缩率、分型线位置、抽芯脱模机构、客户提供的注塑机的参数、模具的总体尺寸、模具钢材大小等。

模具结构设计好后，需要对这副模具进行输出评审，评审这副模具的设计可靠性，如果没有问题存在，则由设计人员继续完成设计图样，直到零件生产、装配；然后根据试模情况，对试模的塑件质量、模具的情况，进行试模评审，提出修整结论。

24.5.1　规范评审流程，避免走过场

（1）规范设计评审，避免评审走过场

模具结构设计好后，需要对其进行输出评审。如果设计工程师认为对模具结构设计可以完全放心，就不必按评审表逐条检查评审。有的模具企业对大同小异、比较熟悉的模具，主设计师的水平较高的，甚至不需要评审，没有经过评审投产的也有。

如果主设计师的水平较高，即使有问题也是无碍模具要害的。由总工程师单独审查签字，不通过评审也可以。

（2）模具结构设计输出评审要求

① 对一副模具的结构评审，如果参加评审人员责任心不强或水平及经验不够，只搞了评审形式，设计存在着的问题就不容易被发现，很可能发挥不了评审的作用。

② 由项目经理召集评审人员，介绍项目的具体要求。项目经理要做好评审总结和要求。企业内部评审人员的组成为：项目负责人、设计部门负责人、模具设计师、模具担当、工艺人员、生产负责人、质量部门人员等。评审要有评审结论和记录、签字，不同意见可以保留，但评审的结论需要有人拍板，一般由总工程师或技术总监下结论。

③ 设计评审流程如图 24-2 所示。模具设计师先介绍客户要求和制品的特性、自己的设计思路、模流分析报告，然后用 3D 造型或 2D 结构图介绍模具结构，浇口的形式、位置、

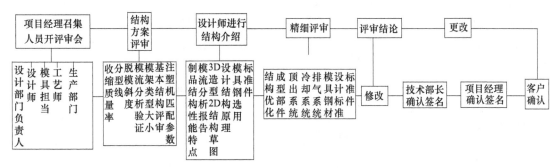

图 24-2　评审流程图

数量，抽芯机构及冷却系统、顶出系统的设计，动、定模钢材牌号，模具外形大小，模板厚度及标准件应用等。

④ 模具担当要对模具结构设计是否存在制造难度问题进行确认。

⑤ 工艺师审查动、定模等零件加工工艺的合理性，对装配工艺进行确认。

⑥ 生产部门要对本企业的金加工生产设备及加工能力、人力资源能否保证此副模具项目顺利完成，在规定的时间完成试模等相关工作，同时制品与模具的质量能否达到客户的要求等内容进行评审，如有问题存在应怎样解决、要不要外协，实际上这些都是合同评审内容之一。

⑦ 评审后对评审结果进行总结，要求到会人员签字，如有不同意见可保留。根据评审结论，模具设计师进行设计更改，更改好后由技术部长确认签字。

⑧ 有的模具设计须由项目经理提供给客户，经客户确认后才可投产。

24.5.2　模具设计方案的初评审

① 模具收缩率的确定，一般是取塑料收缩率的平均值，但在无把握的情况下，须经客户方面质量和工程人员的确认。

② 分型线设计要求美观和平滑，避免零件在圆角处分型。

③ 确保模具结构中的分型线没有尖角设计，如果模具需要滑块、斜顶抽芯机构，则模具设计需要留有足够的空间。

④ 零件沿开模方向需要有足够的脱模斜度，如在皮纹区域，每增加 0.025mm 深度，就应沿开模方向在原有斜度上至少增加 1°。

⑤ 模架的确定。模具 A、B 板的厚薄、外形尺寸的大小验证，避免因外形尺寸太大而造成浪费，太小而强度、刚性不足，模具变形。

⑥ 模具和注塑机能力及参数匹配的确定。

24.5.3　利用模流分析，设计浇注系统

在模具设计方案的预评审阶段，通过 moldflow 验证模具浇口的数量、位置和尺寸以及类型，目的是确保熔体填充时的平衡，避免滞流、熔接痕、气印等问题。要求提供分析报告给客户，确定最佳浇口的数量、位置，确定浇口的厚度和高度，见表 24-6。

表 24-6　模流分析报告

分析的输出结果	基　本　要　求
流动阻力	图示滞留区域(如填充的等值线图) 要求不可有滞留
带温度显示的熔接线	图示所有熔接线 要求形成熔接线的两股料流前锋温度差应小于 10℃,熔接线处的温度应不小于材料注射成型温度 20℃
气穴位置	图示所有气穴位置 要求无气穴或只能出现在分型线处
充模起点	适用于多浇口模具,用不同颜色显示各区域的料是经由哪个浇口充填的 确认浇口位置是否可保证零件的平衡充模
V/P 切换点时的压力	最大压力<注塑机极限压力×70% V/P 转换点在峰值处
填充速度和填充时间	配合动画演示 填充平衡,各方向填充末端时间相等 熔体流动前锋不能出现滞留

续表

分析的输出结果	基　本　要　求
EOF 填充结束时的压力分布	充模结束时的压力对平衡非常敏感,如果此时的压力图分布平衡,就实现了平衡充模
最低锁模力要求	锁模力需与实际注塑机匹配
料流前锋温度	料流前锋温度在材料推荐的熔体温度范围内

当模具设计方案评审后经客户通过时,接下来就可以根据批量确定模具钢材的选用了。

24.5.4　精细评审

在完成模具钢材订料和模架的初步选择后,就可以开始模具结构的精细评审了(特殊情况,因为时间进度等原因,订料和精细评审工作可同步实施,但必须得到客户的确认)。模具设计结构的精细评审是模具开发工作中最为重要的阶段,此阶段的工作成效直接决定了模具的最终质量。

精细评审工作要点主要围绕模具的五大系统(浇注系统、成型部件、顶出系统、冷却系统和排气系统)展开,以及零件尺寸的翘曲变形的 CAE 分析验证,详细内容如下。

① 浇注系统评审要点是浇注系统的平衡:采用热流道还是冷流道? 浇口的形式,主流道、分流道的截面尺寸,浇注系统的设计合理性如何,是否会产生成型制品缺陷? 特别是熔接痕的位置、排气状况怎样?

② 成型部件设计评审要点:成型零件的结构是整体的还是镶块结构,结构是否合理? 成型零件的尺寸是否正确? 分型面是否合理? 拔模斜度是否合理? 封胶面有无避空? 是否应用了耐磨块? 零件强度是否足够? 零部件装配有无干涉?

③ 滑块和斜顶抽芯动作是否可靠? 有无干涉?

④ 冷却系统:冷却是否充足? 冷却速率是否能满足成型工艺? 制品是否会产生翘曲变形? 冷却水孔有无与顶杆螺纹孔干涉,有无足够空间位置?

⑤ 顶出系统:制品是否在有脱模机构方向? 顶出是否可靠? 制品顶出是否会变形、粘模? 局部是否会产生顶高、顶白?

⑥ 排气系统:排气是否充足? 是否合理(是否会使零件产生烧焦、气痕、熔接线强度差和填充不足)?

⑦ 模具材料选用和热处理工艺是否正确?

⑧ 图样的尺寸标注是否满足零件化生产需要? 工艺有无问题存在?

⑨ 考虑模具的结构尺寸与注塑机的技术参数是否相符,需校核以下主要参数。

a. 模具的定位圈与浇口套尺寸与注塑机是否匹配?

b. 成型面和锁模力是否够大?

c. 开模和顶出行程是否够大?

d. 模具外形尺寸是否小于注塑机的拉柱边距 5mm?

e. 顶出装置的尺寸与注塑机是否匹配?

⑩ 设计进度是否按计划完成?

⑪ 模具设计评审结果确认后提交给客户确认,如果没有通过怎样解决?

a. 如果客户意见正确,就需尽快重新修改设计方案,重新评审,争取早日通过。

b. 如果客户的意见不正确,就要耐心地、千方百计地说服客户同意自己的设计方案,否则后果还是自己承担,碰到这样的情况就会相当被动。

24.5.5　应用模具结构设计评审检查表

应用评审虽有烦琐之感，但可有效地避免疏忽和遗漏，甚至可防止发生错误，可把差错减小到最低程度。

如果主设计师的水平较低，基本原理及结构设计需要全面评审，这就有按照表 24-7 所示注塑模具评审内容逐条评审的必要了。

表 24-7　注塑模具评审检查表

序号	内　　　容	是	否
1	客户的信息资料		
1.1	客户提供的信息、资料是否齐全、有无遗漏		
1.2	是否对客户的塑件的形状、结构进行工艺审查？如有异议有无向客户提出并进行确认		
1.3	塑件前期评审存在问题解决了没有？项目负责同客户沟通结论如何		
1.4	是否对客户的塑件(产品)装配关系、要求了解和进行审查		
1.5	所设计的模具结构图是否得到了客户的确认		
1.6	模具图中的产品图是否符合客户提供的最终数据？版本有无搞错		
1.7	当客户对塑件的设计有重大更改时，有无进行评审		
2	注塑机方面		
2.1	模具厚度是否满足闭合高度要求		
2.2	注塑机的最大空间能否容纳模具的最大外形？注塑机的拉柱间距和直径是否有用双点划线画出，是否标出注塑机的型号、规格		
2.3	是否需要设置动模顶板拉回装置(客户要求)		
2.4	定位圈直径大小、喷嘴尺寸、球半径是否符合注塑机的要求尺寸？定位圈结构是否符合客户要求		
2.5	客户是否要求动模底板有定位圈(HASCO,DME 标准)？其尺寸、固定是否相符		
2.6	冷却水接口水道是否设置在动模底板与定模盖板处，是否同注塑机相符(特殊模具冷却水从注塑机镶板引出)？动定模固定板固定在注塑机上有无要求，并且与注塑机是否相符		
2.7	塑件和浇道系统的总质量是否超过了注塑机的注射量		
2.8	塑件的投影面积是否超过了注塑机的最大投影面积容量(一般选用 80% 比较合适)		
2.9	定位圈偏移的模具，动模固定板的顶出孔是否跟着偏移的定位圈一同偏移		
3	模架方面		
3.1	标准模架或非标模架是否达到客户要求和国标要求		
3.2	模架的结构形式是否正确		
3.3	所有的模板有无吊环螺纹孔？吊环螺纹孔的设计是否规范？螺纹大小是否与模架重量匹配，位置是否正确？与其他孔有无干涉？入口处有无倒角		
3.4	三板模的主导柱直径有无加大？拉杆的有效长度和取件空间是否足够		
3.5	正导柱的长度设置是否正确合理？正导柱是否高于斜导柱和动模芯起到保护作用？正导柱是否太高		
3.6	模架的基准角是否正确选用(在偏移的导柱孔旁边的直角边)		
3.7	不采用整体模架的材料是否正确？模架的材料选用是否符合客户要求		
3.8	模架的动、定模采用镶块设计的 A、B 板，设计是否考虑开粗，避免应力变形		
3.9	模架的外形尺寸、定位圈直径、顶出孔位置大小、压板槽或压板孔尺寸、定模盖板和动模底板(厚度)尺寸是否正确？是否符合注塑机技术参数		
3.10	模板的外形有无倒角？倒角是否规范		
3.11	特别是整体的模架(动、定模不采用镶芯的模架的 A 板、B 板材料)，有无开粗，避免模板变形		
3.12	开粗后的模架的 A 板及 B 板材料、吊环用的螺纹孔、冷却水孔有否破边，工艺是否合理		

续表

序号	内　　容	是	否
4	图样方面		
4.1	构想图有无提供评审？构想图的比例是否为 1∶1		
4.2	零件图样、装配图样是否及时提供		
4.3	构想图的模具结构是否合理，基本能表达清楚吗		
4.4	图样质量(线条、图层是否统一)是否符合国家标准或企业或客户需求。图样质量能否达到需件化生产要求		
4.5	3D 造型图层是否一目了然		
4.6	标题栏内容是否填写正确、清楚：模具号、图号、零件名称、数量、材料、比例		
4.7	2D 画图是否应用 AutoCAD、3D 造型的软件及是否应用 UG、PrO/E、PowerSHA等；2D 图样是否选用通用格式 dwg、dxf；3D 是否选用通用格式 Stp、igs，图片是否常用格式 jpg		
4.8	主视图选择是否正确？视图布局是否合理？剖面、剖视名称及轨迹是否标注清楚		
4.9	模板外形尺寸、顶出行程是否标注，同注塑机的技术参数是否匹配		
4.10	基准角是否标注在地侧？是否标注在偏移的导柱孔旁边		
4.11	所设计的图样版本是否为最终版本		
4.12	如果所设计的图样中途有变更，是否按变更信息重新设计？图样更改是否规范		
4.13	模具的总装图与客户确认的构想图是否一致(如有改动要征得客户的同意)		
4.14	模具的总装图与实际的模具是否一致		
4.15	模具的总装图的零部件是否遗漏？配合性质及位置是否明确标注，公差配合、尺寸标注是否妥当		
4.16	图样上必要的技术要求是否表达清楚？成型部分的粗糙度、表面要求(烂花、皮纹等)是否表达清楚		
4.17	易损件、备件是否提供给客户详图？		
4.18	非配合面有间隙处，是否画出间隙线		
4.19	零件的配合处，图样上是否标注了尺寸公差		
4.20	模具图样是否达到零件化生产要求		
4.21	2D 构想图是否按期提供给客户确认？3D 造型是否按期提供给客户确认		
4.22	第三角图样是否按第三角要求绘制？图样上有无标注第三角标志？视图布局是否符合规定要求(需要用英文标明视图名称)		
4.23	零件图是否同构想图的结构要求相符，基准角是否与构想图统一		
4.24	构想图及清单上的标准代号与零件图的代号、总装图是否相符		
4.25	模具总装图内的零件图代号及备件、附件和详细的图样是否齐全		
4.26	模具图设计时间是否达到要求？是否影响生产进度和交模时间		
4.27	是否按客户要求提供总装图和编程的刀路图以及 2D 刻盘(有的客户需要)		
4.28	同一张图样，字体大小(阿拉伯数字采用 3.5 号字体，技术要求采用 7 号字体)是否统一		
4.29	模具、电路、水路、液压抽芯、热流道、位置开关有无详图及相对应的铭牌图(包括模具铭牌)		
4.30	模具需要做皮纹的，侧面脱模斜度是否合理？图样上是否有具体要求		
4.31	是否把标准件代号在总装图或明细表中表达出来		
4.32	顶杆固定板和顶杆尾部台阶平面有无按顺时针进行编号		
4.33	图样是否受控？图样管理是否规范		
4.34	英制尺寸标注是否符合客户要求		
4.35	客户要求动定模进行应力释放，图样上有无标注		
4.36	模具有无使用说明书		
4.37	模具有无维护保养手册		
4.38	模具有无装箱清单		
4.39	装配图是否与实际模具一致		
4.40	零件图、装配图核对、审查、签名了没有		
4.41	图样上盖了受控章没有？图样发放、收回有没有登记		

序号	内　　容	是	否
5	浇注系统方面		
5.1	浇注系统是否做过 CAE 分析,是否有分析报告,是否提供最佳方案让客户确认		
5.2	料道,浇口类型、浇口尺寸,浇口位置是否合理,是否影响塑件外观,塑件会否变形		
5.3	多型腔模具的流道压力是否平衡?多型腔模具的流道压力差是否会影响塑件的变形		
5.4	图样上是否表达清楚(标准要求浇口放大 4 倍比例)		
5.5	浇口是否影响塑件外观?是否需要二次加工?客户是否同意		
5.6	多型腔的和非相同塑件的复合型腔,流道分布是否合理?注塑压力是否平衡		
5.7	浇注系统的凝料是否自动脱落?如要用机械手取凝料,有无足够的空间		
5.8	凝料的拉料杆的结构是否合理?是否达到客户的要求		
5.9	料道是否设置冷料穴?是否需要设置料道排气		
5.10	熔接痕是否处于塑件的最佳位置		
5.11	模具主流道是否设计太长(或太短)?浇口套的进料处是否离注塑机的定模镶板太远?浇口套有关尺寸是否与注塑机匹配		
5.12	多型腔的模具是否需要具有单独的流道转换结构		
5.13	流道内所有的交叉、转折处是否有死角		
5.14	钩料杆头部设计是否合理?Z 形钩料杆有无止转结构		
5.15	热流道的流道板及加热圈电功率是否达到要求?		
5.16	热流道的品牌、喷嘴类型、型号是否达到客户和设计要求		
5.17	热流道的喷嘴是否漏料或堵塞?尺寸公差是否达到要求		
5.18	热流道的喷嘴处是否会产生浇口晕		
5.19	热流道的多喷嘴的流道板上是否刻有相应的进料口的编号		
5.20	热流道的喷嘴是否需要顺序控制阀		
5.21	热流道模具的动、定模的固定板是否需要隔热板		
5.22	电源线是否从天侧进出		
5.23	电源线有无固定?有无黄蜡套管保护		
5.24	接线方式及接线盒设置是否合理		
5.25	电线槽转角处是否有圆角过渡(最小圆角为 6.5mm)?所有电线与其电源插座是否有相应的编号,并用护管集结起来组装在一个分配盒中		
5.26	压力传感器是否需要?设计是否合理		
5.27	进料口偏心时,偏心距是否按标准设计?顶出孔是否保持同步偏位		
6	模具的结构方面		
6.1	是否对塑件的形状、结构设计进行评审?如发现存在的问题是否向用户反映过?结果是否解决?塑件有无倒锥度		
6.2	模具的结构设计有无存在违反设计原理的内容		
6.3	模具的结构设计是否考虑过模具的整体布局的合理性?布局有无考虑到模具的整体概念和美观效果		
6.4	模具的结构设计和工艺是否合理?是否考虑了加工成本		
6.5	模具的结构设计是否存在达不到客户或企业设计标准的内容(企业要有设计标准)		
6.6	模具的型腔数确认:1+1、A+B、塑件是否镜像		
6.7	多型腔的布局是否合理?多型腔的型腔数对塑件批量生产、塑件精度的影响,是否考虑过		
6.8	成型收缩率是否正确?计算的结果是否正确		
6.9	防止模具错位的定位结构是否可靠?有无重复定位现象存在?尺寸要求是否标注清楚		
6.10	模具是整体的还是镶块式的?在经济与工艺方面考虑哪个合理?是否满足了客户要求?结构设计是否合理		
6.11	定模底板和定模板(在没有定位圈和浇口套的定位下)、动模底板、垫块和动模板是否已采用定位销		
6.12	模具设计时有无考虑材料成本?材料是否太大?是否满足客户要求?如果客户有的要求模板较大(不需要这么大),是否用充足理由去说服他		

续表

序号	内　容	是	否
6.13	模板材料的规格型号、数量是否正确？是否符合合同或客户要求		
6.14	模具强度和刚性是否足够？模板的外形及厚度是否会在注射成型时变形，导致模具提前失效		
6.15	模具的零件设计加工工艺是否合理？是否经济		
6.16	零件设计是否符合设计标准		
6.17	设计复杂零件时是否考虑到零件应力变形		
6.18	动、定模的脱模斜度是否合理？上口尺寸与下口尺寸是否超出制品尺寸要求		
6.19	模具的导向机构是否合理？不是自润滑的导套，导柱是否开设油槽		
6.20	导柱的长度是否高于模具型芯及其他零件(型芯斜导柱)？起到先导向作用模具的导柱高度是否合理？是否太高或太低		
6.21	模具的导柱头部形状有无 15°斜度		
6.22	导套的底部是否开设了垃圾槽		
6.23	大型、高型腔模具是否采用了方导柱？机构设计是否规范		
6.24	模具动、定模定位结构是否需要采用 DME 的正定位标准件		
6.25	分型面的位置是否影响塑件外观		
6.26	分型面结构是否合理？是否有尖角		
6.27	分型面的封胶面尺寸、粗糙度是否达到要求		
6.28	分型面的封胶面的宽度是否合理		
6.29	除塑件的碰穿孔、分型面的封胶面、平面接触块的平面外，其他部位有无间隙（避空）？尺寸是否合理		
6.30	模具分型面是否设置了平面接触块？平面接触块的数量、形状、大小位置布局是否合理		
6.31	动、定模的插碰面的锥度是否达到 3°		
6.32	非分型面的封胶面、R 面是否避空		
6.33	复杂的动模芯、型腔是否设置了工艺(基准)孔		
6.34	有配合要求的零件的装配要求是否正确？设计是否合理		
6.35	设计模具时，是否考虑了装配、维护、修模方便		
6.36	模具的防止错位机构的角度是否达到设计标准？正定位应用是否正确		
6.37	定位键的天地设计是否避空		
6.38	分型面、滑动面的粗糙度标注是否合理		
6.39	有配合要求的零件表面的粗糙度及硬度标注是否合理		
6.40	塑件的成型面粗糙度标注是否达到要求		
6.41	模具的表面皮纹、烂花要求与制品要求是否相符合？侧面的拔模斜度是否满足了侧面的皮纹、烂花的深度要求		
6.42	模具的动、定模材料牌号是否达到合同或客户的要求		
6.43	模具的零件材料选用是否违反选用原则？是否考虑到经济效益		
6.44	模具的零件热处理工艺是否合理		
6.45	零件是否需要标记		
6.46	装配零件时是否要拆除另一个零件才能装配？相互之间有无干涉		
6.47	模具外形是否有倒角？倒角大小是否统一、合理		
6.48	模具有无设计启模槽？尺寸、位置是否规范		
6.49	模具标准件的标准及附件是否达到客户要求		
6.50	模具结构设计及零件设计是否符合客户标准		
6.51	塑件的加强筋是否按照标准采用了镶块结构		
6.52	复杂的动模芯、型腔是否考虑了防止外形抛光错位的工艺设置		
6.53	模具是否需要设置保护支撑柱？外露在动、定模板的零部件有无设置保护柱？保护柱的结构是否规范		
6.54	多型腔模具是否在动模处刻有型腔号？对称塑件是否有左右件标志		
6.55	头部形状不是平的型芯，有无止转结构		
6.56	是否在动模处设置日期章		

序号	内　　容	是	否
6.57	是否在动模处设置环保章		
6.58	是否在动模上刻有塑件名称(零件号)和材料牌号		
6.59	模具结构、设计标准、标准件、模架的采用是否符合客户要求的标准[HASCD、DME、HASCO(英制/米制)、MISUMI 等]		
6.60	企业或客户的设计标准应用是否正确		
6.61	设计时,是否考虑应用了标准件?标准件的牌号、规格、数量是否正确		
6.62	垃圾钉的位置是否合适?数量是否太少或太多		
6.63	回程杆(复位杆)数量是否足够?位置是否合理		
6.64	动模处要更换的镶块,能否在注塑机上快速更换(内六角螺钉不能在塑件面或流道上)		
6.65	小型芯是否采取镶芯结构		
6.66	模具的零部件设计是否采用标准件、按设计标准设计		
6.67	支撑柱的位置是否适当?数量是否足够?支撑柱的高度公差是否达到标准		
6.68	模板四侧是否都有吊环孔?动、定模板(镶块)俯视图(指平面)上是否有吊环孔		
6.69	动、定模及超过 10kg 的滑块是否设置了吊环螺纹孔		
6.70	模具有无锁模块?是否设置在模具的对角位置上?锁模块的尺寸及螺钉是否规范		
6.71	所有螺钉的工作深度是否符合标准		
6.72	整体模具的吊模重心是否达到设计要求?吊环螺钉是否便于吊装?M 螺钉大小是否安全可靠?吊环位置是否正确?起吊时是否能水平?承受负荷是否安全可靠		
6.73	水管接头、吊环螺钉、液压缸装置、安全锁条等在模具装夹和吊装时是否发生干涉		
6.74	模具焊接是否经质量部门认可和签字?是否开过施工单(国外进口模具需客户签字同意进行烧焊,烧焊的一切后果由制造商负责,同时图样上要标明"此处烧过电焊"字样)		
6.75	成型部分热处理硬度值是否达到要求?工作部分是否需要氮化		
6.76	内六角螺钉的大小、长度选用是否合理		
6.77	与内六角螺钉配套的有关孔径是否规范		
7	排气机构		
7.1	排气槽的布局、位置、数量、尺寸是否合理		
7.2	动、定模排气是否充足?排气槽是否通大气		
7.3	排气槽的尺寸是否正确		
7.4	高圆桶塑件的动(型芯)、定模有无设置放气阀		
7.5	排气困难地方是否应用了排气钢		
7.6	较高的加强筋是否考虑排气机构		
8	抽芯机构		
8.1	斜导柱滑块的结构是否合理?滑块同动、定模的分型面是否合理?是否需要斜度		
8.2	滑块底部有无顶杆?客户是否认可?如认可,是否设置先复位机构		
8.3	滑块的配合公差是否合理		
8.4	成型部分的表面和配合面的粗糙度是否合理		
8.5	滑块抽芯动作时,是否有弹簧帮助定位?弹簧内有无导向销		
8.6	滑块是否有定位装置?定位是否可靠		
8.7	滑块是否有限位装置?限位是否可靠		
8.8	滑块的锁紧角是否比斜导柱角度提前 2°～3°?楔紧块是否可靠		
8.9	斜导柱滑块的角度是否合适		
8.10	斜导柱滑块的抽芯距是否足够		
8.11	斜导柱滑块的抽芯重心是否正确		
8.12	斜导柱直径大小是否合适		
8.13	斜导柱固定结构形式是否合理		
8.14	斜导柱滑块的抽芯的导规长度是否有 2/3 在滑座内		
8.15	大型滑块的楔紧块处是否有设计耐磨块		
8.16	大型的斜顶块与滑块是否设置冷却水?滑块是否设有吊环螺纹孔		
8.17	大型或复杂形状的滑块设计,是否采用了组合的结构,而不是整体的镶块结构		

续表

序号	内　　　容	是	否
8.18	滑块的长度超过600mm时,是否加了导向键		
8.19	滑块的压板有无采用定位销? 定位销孔与内六角螺钉的位置是否合理		
8.20	滑块宽度较小时,定位销孔与内六角螺钉由于没有空间位置,是否沉入模板		
8.21	滑块冷却效果不好时,是否应用铍铜材料		
8.22	不是自润滑的滑块,其滑动部分是否设置了油槽? 油槽设计是否合理		
8.23	大型滑块的底部是否设置了耐磨块		
8.24	耐磨块有无油槽? 油槽开设是否规范		
8.25	滑块与耐磨块的材料是否合理? 硬度是否合理		
8.26	非成型的外形部分是否合适倒角		
8.27	滑块的成型部分的封胶面宽度是否合理		
8.28	油缸抽芯机构设计是否合理? 锁紧是否可靠		
8.29	抽芯力是否足够? 油缸直径是否够大		
8.30	形状复杂的塑件抽芯,是否会引起塑件变形? 是否需要考虑二次抽芯机构		
8.31	滑块应的标准件是否正确? 是否满足了客户要求		
8.32	模脚(垫块)是否需设置有二头防尘板装置(HASCO,DME客户要求)		
9	脱模机构		
9.1	顶出机构设置是否简单经济? 顶出机构是否可靠		
9.2	顶出系统结构是否合理? 塑件能否顺利脱模? 塑件有无变形? 是否会影响外观		
9.3	顶出机构是否满足自动脱模的要求,塑件自由脱落或应用机械手的空间位置是否足够		
9.4	特殊的塑件是否会粘在定模? 是否需要定模脱模机构或反装模? 动、定模是否都需顶出机构		
9.5	动、定模的脱模斜度是否足够		
9.6	塑件是否会产生顶高、顶白、粘模等现象		
9.7	塑件的有孔搭子的高度超过12mm时,是否设置了推管		
9.8	根据塑件的形状、结构是否需要二次顶出或延迟顶出		
9.9	顶杆的数量、大小、形状的设置是否合理? 顶杆的布局是否合理		
9.10	顶杆与动(定)模芯的接触面是否合理? 有无避空? 有无设置导向块		
9.11	顶杆与顶杆固定板的顶杆孔的配合尺寸是否达到设计要求		
9.12	顶杆与推管是否采用了标准件		
9.13	推管、顶杆的位置、数量是否足够? 在平面图上是否表达清楚? 顶杆布局及位置是否合理? 顶杆是否需要定位装置		
9.14	顶杆固定板的强度是否足够? 是否有消除应力处理		
9.15	是否按标准要求有一组导柱及回退杆偏位(DME)(基准角位置)? 基准角是否正确?		
9.16	是否需要一个顶板导柱偏位(LEAR)? 顶板导柱结构是否合理		
9.17	是否设置了顶出限位柱? 顶出行程是否标注? 塑件脱模是否有余地		
9.18	顶杆固定板与顶板固定螺钉数量大小是否足够		
9.19	头部形状不是平的顶杆、推管有无止转结构		
9.20	透明塑件是否允许有痕迹存在		
9.21	推块顶出结构是否合理		
9.22	顶板顶出机构是否合理		
9.23	斜顶块的斜度和滑块的斜导柱角度是否超过设计标准		
9.24	斜顶块顶出有无足够的空间位置		
9.25	斜顶块顶出时,同别的零件有无干涉		
9.26	斜顶机构是否应用了标准件? 同客户的要求是否一致		
9.27	斜顶机构是否应用了导向块		
9.28	斜顶杆的油槽开设是否规范		
9.29	斜顶块的抽芯距是否足够(斜顶块与滑块分模动作位置、虚拟图形是否画上)		
9.30	斜顶杆的固定方法是否正确? 斜顶杆有无铜导套导向保护装置		

序号	内　　容	是	否
9.31	顶出制品时,制品跟着斜顶同向移动时,是否有制动设置		
9.32	斜顶机构是否采用了复位弹簧?是否采用了油缸顶出机构?是否按客户要求		
9.33	斜顶机构是否应用了客户要求的标准件		
9.34	大型斜顶块是否设置了冷却水回路		
9.35	斜顶块的冷却水回路软管是否固定		
9.36	电器线路图是否合理?是否同实际相符合?是否有电器铭牌		
9.37	液压缸是否符合要求规格		
9.38	液压缸安装和接头是否合理		
9.39	液压缸位置开关是否设置(图样上有无"型芯进入和型芯退出"的标注字样)		
9.40	液压缸抽芯装置是否会产生让模,是否需要设置楔紧装置		
9.41	多个液压缸是否设置了分配器		
9.42	是否有足够强度的模板或护脚保护液压缸		
9.43	螺纹脱模机构是否可靠		
10	冷却系统		
10.1	冷却水的结构是否遵循冷却水设计原则和规范要求		
10.2	冷却水结构的冷却方式、配置及回路设置是否同塑件形状协调、合理		
10.3	主流道或热流道喷嘴附近有无冷却水结构		
10.4	冷却水的回路设置(串联还是并联)是否合理		
10.5	冷却水的回路设置是否考虑冷却平衡要求,进、出水管的水温相差大否		
10.6	冷却水的回路设置是层流还是紊流?冷却效果如何?是否满足成型工艺要求?		
10.7	冷却水管接口是否设置在反操作面		
10.8	冷却水的水道位置和尺寸是否正确?是否满足成型工艺要求		
10.9	形状复杂的塑件,水路设计是否分区域设计		
10.10	堵头、隔水片、水管接头及沉孔的大小和深度是否符合要求		
10.11	动模芯的冷却水道有无堵头		
10.12	冷却水设置有无死水存在		
10.13	三路以上的水路,是否设置分流器?是否设置在反操作面		
10.14	有无进出水路标志(进用"IN"出用"OUT"编组)及示意图铭牌		
10.15	冷却水管接头的螺纹规格(NPT ,PT ,PS ,PF)是否正确		
10.16	冷却效果不好的模具结构是采用铍铜或散热棒		
10.17	冷却水道与顶杆、螺钉孔、冷却水孔有无干涉?是否保持一定边距		
10.18	冷却水道设计效果是否良好?是否满足冷却要求?制品是否不会变形		
10.19	O形密封圈与密封圈尺寸是否匹配		
10.20	有无进出水路铭牌		
10.21	冷却水管空间位置有无干涉?装配后水管有否变形、影响流量		
11	设计评审		
11.1	模具设计好后,是否做到自检和确认		
11.2	有无制订评审流程?评审流程是否规范		
11.3	评审是否走过场?有无评审记录?参加评审人员有无签名		
11.4	评审有无逐条进行确认(若有把握可以不逐条确认,则用不着评审)		
11.5	对评审时所发现的问题进行重新修改后有无确认		
11.6	所设计的模具结构图是否需要提交客户确认?是否得到了客户的确认		

评审意见:

修改意见:

评审人员签名: 　　　　　　　　　　日期: 　　年　月　日

修改后审查人员签名: 　　　　　　　日期: 　　年　月　日

24.6　模具试模评审

模具试模后，有关部门的项目、质量、设计、模具担当等人员，需要对模具、制品进行检查评审，内容见表 24-8、表 24-9。通过对模具及成型制品的检查、评定，对存在的问题作出修整结论。

表 24-8　模具试模评审表

参加试模前的资料准备		确认√
1	塑件 2D 工程图，了解塑件的关键尺寸及装配和使用要求	
2	模流分析报告，验证主要成型工艺参数是否与实际一致	
3	模具 3D 设计数据和模具总装图	
4	掌握模具各系统的结构要点，浇注、温控、顶出、抽芯、排气、导向与定位等	
5	塑件材料物性表、设计试模评审表等相关辅助资料	

模具详细情况		OK(√)	NG 异常描述及解决措施(可描述其他异常)
1	模具与注塑机的参数匹配		
2	外围零件是否影响吊装和安装		
3	电路、油路系统连接方便安全		
4	开、闭模动作顺畅、安全可靠		
5	抽芯机构动作顺畅、安全可靠		
6	斜顶动作顺畅、安全可靠		
7	顶出脱模动作顺畅、安全可靠		
8	浇注系统填充平衡		
9	模温控制系统效果与操作验证		
10	无设计问题而产生漏水、渗水		
11	排气是否顺畅		
12	导向零件及机构是否正常		
13	定位零件及机构是否正常		
14	限位零件及机构是否正常		
15	塑件和料头取出是否顺利		
16	工艺参数带是否较宽		
17	模架的强度和刚性验证		

表 24-9　制品检查表

产品详细情况		OK(√)	NG 异常描述及解决措施(可描述其他异常)
1	无严重的翘曲变形		
2	熔接线是否影响外观或强度		
3	无粘模现象		
4	对接的胶位处无错位		
5	无表面缩水、飞边、毛刺		
6	无顶高、顶白、拉白、脱伤		
7	无困气(局部变白、碳化)		
8	无喷射痕、冷料痕、滞留痕		
9	浇口断离是否正常		
10	塑件关键尺寸是否合格		
备注:设计师与钳工组长、项目经理共同参与评审确认,试模后 24h 内将该表提交审核并存档			

编制:　　　　　日期:　　　　审核:　　　　　日期:

24.7　模具设计出错的定义

关于模具设计出错，一般认为是所加工的零件不能装配使用、尺寸超差、塑件产品达不到图样或合同要求。笔者认为从广义上说，如有下列问题存在，可判断为设计出错。

① 模具结构违反设计原理的错误设计。

② 模具结构及零件没有按合同要求或设计标准要求设计。

③ 由于模具设计的原因，致使模具存在隐患，使模具提前失效。

④ 动、定模成型零件及其他零件，依靠企业的现有设备和外协加工及加工工艺不能加工。

⑤ 装配零件相互有干涉的情况存在。

⑥ 由于模具设计的原因，致使成型制品产生严重缺陷，依靠成型工艺解决不了。

⑦ 由于模具结构设计不合理，致使模具材料成本或加工成本明显提高了许多，如成型周期较长、制品不必要的二次加工等。

24.8　模具设计出错的原因及其危害性

① 模具设计出错的原因是多方面的：模具结构复杂、设计水平工作能力有限、经验不足；或者时间紧迫、对客户告知的已知条件没有熟悉和理解；对设计标准不熟悉，甚至很可能是因工作粗心大意，没有确认；有时由于设计流程不规范，同时又没经过评审，或者虽然经过设计评审，但没有发现存在的问题。

设计人员应把遵守模具设计规范、关注细节、克服粗心大意、加强检查和确认，自始至终贯彻在设计中；与此同时，规范流程，提高设计理念、能力和水平，这样一些不应该出现的错误就完全可以避免。

② 模具设计出错的后果危害性较大，一是影响了交模时间；二是增加了模具的设计制造成本（材料成本、零件加工制造成本、人工成本、测量成本、试模成本等），降低了利润；三是直接影响了模具的质量；四是降低了顾客对企业的满意度。如果经常出错的话，会影响企业的接单，企业由此会失去竞争力，严重的就会失去客户对企业的信任，从而失去客户、失去市场。

24.9　设计出错现象和预防措施

关于注塑模设计出错现象及预防措施，具体的见表 24-10。

表 24-10　设计出错现象和预防措施

出　错　现　象	预　防　措　施
版本搞错。数据放错(更改数据与更改前的数据搞错或放在一道)。文件发放错误	加强文件版本管理。检查数据。加强图样管理,图样更改要规范
零件材料清单写错(型号搞错、数量搞错、漏报等)	加强检查、确认
模具材料搞错或选用不合理	加强检查、确认
成型收缩率放错,成型收缩率数据不对	检查收缩率的原始数据是否正确,复查已放收缩率的"长×高×宽"尺寸是否正确,注意小数位置。核对验证成型收缩率数据
非对称的塑件搞成镜像	对大同小异的非对称的塑件加强辨认

出　错　现　象	预　防　措　施
塑件和模具倒锥度或脱模斜度不够	检查立体造型有无倒锥度,可把 3D 图转 2D 图,若有虚线就是倒锥度。加强塑件结构分析
标准件出错(与客户要求不符或同客户的企业设计标准不符,型号、规格、数量搞错)	熟悉标准件,熟悉客户的企业标准和具体要求,加强评审,规范企业的设计标准
模具同注塑机参数不配套	加强检查、确认
因设计原因,制品出现缺陷。熔接痕出现在制品不允许出现的地方	浇注系统要有模流分析报告
浇口形式和位置搞错,流道开设错误	提高设计水平,用 CAE 分析,加强确认
分型面设计出错或不合理,有尖角	加强检查、确认
动、定模封胶面避空	加强检查、确认
非封胶面、非定位面、非配合面没有避空	加强检查、确认
冷却水进出管、气管、油管等设置在操作侧	提高设计水平,加强检查、确认
冷却水孔位置不正确,与顶杆孔干涉或间距太近。动、定模漏水	加强图面检查,检查冷却水孔直径的位置及密封圈尺寸
满足不了成型工艺的水路设计(冷却效果不好的设计,有死水、热平衡差的设计、主流道或喷嘴没有设置冷却水路等),使制品不能成型	提高设计水平,加强检查、确认
热流道电源线不是从天侧进出的	加强 3D 造型检查、确认
热流道结构设计错误	加强检查,设计要规范
电器插座位置不是在模具上方	加强检查,设计要规范
顶杆顶出行程不够。取件空间位置不够	加强检查,考虑机械手取件的空间
模具结构出错,脱模困难。塑件严重变形	精心设计,加强塑件结构分析,考虑模具顶出结构及塑件包紧力的大小。考虑模具有足够的强度和刚性,加强检查、确认
模具斜顶结构设计出错,制品跟着斜顶移动	考虑限位机构
斜顶结构与抽芯行程不够,斜顶空间位置不够,与其他零件有干涉	应用 3D 虚拟动作检查,加强评审
斜顶杆、滑块压板油槽开设错误	提高基础知识
细节忽视,2D 图纸上有 R 角,在 3D 造型时成清角	加强检查、确认
零件相互有干涉	加强图面检查
零件设计遗漏	加强检查、确认
2D 图样与 3D 图样不符,造成异常	调整组织框架,加强检查、确认
2D 图样尺寸标注错误或 3D 造型错误	加强检查、确认
2D 图样违反国标	提高基础知识
设计基准出错	加强检查、确认
插碰角度小于 3°	加强检查、确认
零件该倒角的没有倒角:如吊环螺纹入口处无倒角,装配倒角,模板外形倒角等	加强检查、确认
加强筋或成型搭子漏做	加强图面检查
孔与孔破边,孔的位置错误	加强检查、确认
复杂的抽芯机构,没有二次抽出,制品变形	加强分析
模具导柱长度短于动模芯或斜导柱,或过分高于动模芯	加强检查、确认
滑块模芯行程不够	提高设计水平,复杂的抽芯机构和斜顶要画虚拟动作图,检查确认,加强评审
滑块顶面分型面比主分型面低 0.05mm	加强检查、确认
不是嵌入式的滑块压板没有定位销或嵌入式的滑块又用了定位销	提高基本设计知识,加强检查、确认

续表

出　错　现　象	预　防　措　施
楔紧块的角度小于斜导柱的角度	提高基本设计知识,加强检查、确认
滑块成型部分下面有顶杆,没有先复位机构	提高基本设计知识,加强检查、确认
滑块与动模芯相配处避空了	提高基本设计知识,加强检查、确认
滑块结构设计出错	提高基本设计知识,加强检查、确认
制品抽芯困难,制品变形	计算包紧力,形状复杂的抽芯结构要考虑制品是否会变形
深筋部位未采用镶块的,因模具没有开设排气槽,导致制品成型困难	要加强分析,采用镶块结构,开设排气槽
排气槽位置出错,排气没有通大气	加强分析、检查、确认
油缸行程出错	加强检查、确认
油缸锁紧力不够大,抽芯成型处产生让模	成型投影面积与油缸直径计算验证
热处理工艺和技术要求标注错误	了解热处理的基本知识,熟悉客户的具体要求,模具材料不能随便改动
热处理方法和硬度要求不合理	提高设计水平,注意预硬钢的选用
没有按设计标准要求设计	克服任意性
弹簧规格型号选用错误	加强检查、确认
零件的公称尺寸或角度设计成小数	学习基本知识,克服任意性
装配图样与实际模具不符	加强检查、确认,零件与图样更改要规范
塑件产品壁厚出错,或装配尺寸有错	注意检查
模具强度和刚性不够	加强检查、确认
模具外形太大,材料浪费	要有成本意识,参照类似模具或应用经验值设计
支撑柱数量、位置、高度不合理的错误设计	提高水平,加强检查、确认
模具没有应有的铭牌	加强检查、确认
模具吊装重心不对,吊装困难,摆放困难	加强检查、确认
拆卸或装配困难,只有拆去一个零件才能装配一个零件	加强检查、确认
没有从经济角度或满足应用要求合理标注粗糙度、公差配合要求	提高水平,加强检查、确认
给模具维修、保养带来困难的设计。没有备件	需要考虑维修的备件。为客户负责
设计原理错误的灾难性设计	提高基础知识和水平

24.10　避免设计出错,采取有效措施

　　虽然经过设计评审,但是可能还有问题存在,出现设计出错。有的单位对设计出错只是用表格统计,甚至几个月集中公布一次;有的单位只是对设计出错进行了罚款处理,也没有分析设计出错的真正原因。

　　如果发现设计出错,就需要对设计出错进行认真分析找出原因,采取相应措施对设计出错及时纠正、妥善处理。与此同时及时总结、宣讲、召开会议进行讲解,使全体设计人员取得经验教训。这样做的目的是:一个人设计出错,付了昂贵的学费,要使设计部门的同仁们接受经验教训,大家受益达到共享,避免类似的出错情况再次发生。这样能提高设计人员的理念、水平,对设计人员起到警示和告诫的作用,使所设计的模具少出错或不出错。

　　由于模具结构复杂,设计难度又大,且水平和能力不足,所设计的模具如果存在着问题还可谅解。但是很多出错不是因为能力水平的问题,而是由于粗心大意,设计好后自己又没

有经过检查和确认，这就是不应该原谅的。因此，需要对设计出错性质加以区别，按制订的绩效考核条例对出错的设计师进行及时处理。

为了避免出错，直到杜绝设计出错，采取如下有效措施。

① 及时对设计出错认真地分析，总结出错原因，公布、宣讲，要大家接受经验教训。

② 提高设计人员的设计理念、责任心和能力水平，加强培训。特别是提高设计部门负责人及组长的能力水平和理念，合理安排设计工作。

③ 做好制品的前期评审工作，及时地与客户、职能部门之间进行项目信息沟通，避免出现设计反复的情况。

④ 完善合理的组织框架（如 3D 与 2D 的作业形式：3D 造型，2D 出材料清单，3D 与 2D 是单打一的流水作业形式，2D 起不到监督、审查 3D 造型的作用等）。

⑤ 设计部门可设立专人考虑模具结构，减少初评环节，然后提交设计师设计，可减少差错和设计反复，并能提高设计效率。

⑥ 规范评审流程，避免搞形式走过场，应用设计评审表，千万不要认为这不必要和繁琐。如果认为有绝对把握的，就可不用评审表，或有的条目内容可以免评。

⑦ 建立设计技术标准，审核、批准、进行宣讲、贯彻执行。

⑧ 对设计出错及时地总结、分析、处理、宣讲，吸取经验教训。

⑨ 制定对设计出错的有关规定，并与绩效考核有效挂钩，进行罚款处理。处罚不是目的，而是使大家受到警示作用，接受教训。

⑩ 建立一模一档，做好技术沉淀工作，建立标准库，作为设计依据，减少出错。

⑪ 进行组件设计，应用二次开发软件，提高设计效率，同时可减少出错。

⑫ 做好典型模具的范例（标准和要求），做好技术沉淀工作，供给设计师参考，可减少设计差错，提高效率。

复习思考题

1. 为什么需要合同评审？合同评审有哪些内容？
2. 制品的设计原则是什么？
3. 为什么要对塑料制品的形状、结构设计进行评审？这样做有什么重要作用？
4. 制品的形状、结构设计评审有哪十方面内容？
5. 塑料制品产生尺寸误差的原因有哪些？
6. 设计塑料制品时，为什么要考虑脱模斜度和圆角过渡？
7. 说明加强筋的作用和设计原则。
8. 塑料制品增强结构有哪几种常用形式？
9. 简述制品厚度对成型工艺和制品质量的影响。
10. 说明孔对成型工艺的影响和设计原则。
11. 模具结构设计为什么要输出评审？
12. 在什么情况下模具结构设计可以不评审？
13. 模具评审由哪些人参加？
14. 项目经理为什么要参加评审？
15. 模具评审流程是怎样的？

16. 一般模具评审需几次？模具评审有哪些主要内容？
17. 您认为模具结构设计应怎样评审？
18. 什么叫注塑模具设计出错？
19. 设计出错的危害性有哪些？
20. 常见注塑模具的设计出错现象有哪些？
21. 注塑模具的设计出错原因有哪些？
22. 怎样防止设计出错？
23. 应怎样面对设计出错？应采取哪些有效措施？
24. 设计出错同绩效考核挂钩有没有必要？为什么？

第25章 ▶▶ 注塑模具制造工艺与工艺过程

模具制造工艺原是指模具钳工的技艺。模具技术的迅速发展，使制造工艺也随着发展和变化。加工方法也日趋增多和完善，在传统制造技术不断完善的同时，一些新的制造技术也不断地涌现和被采用，有的传统工艺被新工艺所替代（如：原来手工的制造工艺被电脑加工替代）。同时，现代模具的标准件的广泛应用简化了模具零件的制造及工艺内容。因此，现代模具关键技术是动、定模的成型零件的制造工艺和模具装配工艺。

在制造每副模具前，需进行前期准备工作，即根据模具结构设计图样和技术要求，合理确定模具零件的加工工艺与加工机床；合理确定模具制造工艺顺序和流程，并以规定的格式形成工艺文件。其目的为：使之能够指导制造工艺的全过程有序实施；使之能够控制模具制造精度与质量以及模具制造周期与制造费用。

模具的生产过程和其他工业产品的生产过程一样，都是指从原材料开始，经过加工转变成为产品的全过程。

现代工业产品的生产过程包括：生产技术准备过程、基本生产过程、辅助生产过程、生产服务过程。以上这些过程又具体体现在：技术准备工作，生产准备工作，原材料的采购、运输、保管，钢材的再加工和改制，产品零、组件的加工和检验，产品的装配、调试、检验，产品的装饰、包装、运输等工作。

在模具零件制造加工过程中，相关工序和车间之间的转接是生产连续进行所必要的。在转接中间由加工不均衡所造成的等待和停歇是模具生产过程中的突出问题，如设计变更或零件加工出错。模具生产组织者应该将这部分时间降低到最小的程度，同时在确定模具生产周期方面要予以充分的考虑。

由于模具零件的复杂，给制造工艺编制带来一定的难度，特别是加工工时的准确性。这是模具企业的一大难点，需要工艺人员积累经验，努力克服存在问题，提高水平，准确编制工 A 艺。

25.1 模具制造工艺有关名词的定义

25.1.1 工艺的定义

工艺是劳动者借助生产设备及工具，对各种原材料进行加工或处理，最后使之成为符合技术要求的产品的生产技术，它是人类在生产劳动中得来并经过总结的操作经验。

25.1.2 工序的定义

在工艺过程中，一个（或一个组）工人在一台机床（或一个工作地点）上，对一个（或同时几个）工件所连续完成的那一部分加工过程称为工序。一个零件往往要经过若干个工序才能制成。工序是工艺过程的基本组成部分，并且是生产计划的基础。

25.1.3 工位、工步的定义

① 一次安装后，工件在相对机床所占的每一个位置上所完成的那一部分加工过程称为工位。

② 在加工表面、切削刀具和切削用量中的转速和走刀量均保持不变的情况下所完成的那一部分工艺过程，称为工步，系指完成工艺、工序的一部分，如切削或装配时的连接。其特征是加工表面均保持不变。

25.2 工艺规程编制

25.2.1 模具制造工艺规程的定义、内容

（1）模具制造工艺规程的定义和性质

① 机械制造工艺规程的定义。用机械加工方法改变生产对象的形状、尺寸、相对位置和材料性质，使之变为成品或半成品的过程，称为机械制造工艺规程。

② 模具制造工艺规程是组织、指导、控制和管理每副模具制造全过程的文件，具有企业法规性，不能随意删改；若删改，则必须通过正常修改、变更批准程序。其工艺文件则应完整存档，视为企业珍贵的技术资源。

（2）模具制造工艺规程的内容

制定工艺规程的依据是模具结构设计图样及其制造技术要求和企业所拥有的加工机床、工装，以及相关的工艺文件资料等企业资源。工艺规程中所包含的内容见表 25-1。

表 25-1 模具制造工艺规程的内容和说明

序号	项　目	内容、确定原则和说明
1	模具及其零件	模具或零件名称、图样、图号或企业产品号、技术条件和要求等
2	零件毛坯的选择与确定	毛坯种类、材料、供货状态；毛坯尺寸和技术条件等
3	工艺基准及其选择与确定	力求工艺基准与设计基准统一、重合
4	设计、制定模具成型件制造工艺过程	①分析成型件的结构要素及其加工工艺性 ②确定成型件加工方法和顺序 ③确定加工机床与工装
5	设计、制定模具装配、试模工艺	①确定装配基准 ②确定装配方法和顺序 ③标准件检查与补充加工 ④装配与试模 ⑤检查与验收
6	确定工序的加工余量	根据加工技术要求和影响加工余量的因素，采用查表修正法或经验估计法确定各工序的加工余量
7	计算、确定工序尺寸与公差	采用计算法或查表法、经验法确定模具成型件各工序的工序尺寸与公差（上、下偏差）
8	选择、确定加工机床与工装	（1）机床的选择与确定 ①须使机床的加工精度与零件的技术要求相适应 ②须使机床可加工尺寸与零件的尺寸大小相符合 ③机床的生产率和零件的生产规模相一致 ④选择机床时，须考虑现场所拥有的机床及其状态 （2）工装的选择与确定 模具零件加工所有工装包括夹具、刀具、检具。在模具零件加工中，由于是单件制造，应尽量选用通用夹具和机床附有的夹具以及标准刀具。刀具的类型、规格和精度等级应与加工要求相符合

序号	项　　目	内容、确定原则和说明
9	计算、确定工序、工步切削用量	合理确定切削用量对保证加工质量、提高生产效率、减少刀具的损耗具有重要意义。机械加工的切削用量包括:主轴转速(r/min)、切削速度(m/min)、进给量(mm/r)、吃刀量(mm)和进给次数。电火花加工则须合理确定电参数、电脉冲能量与脉冲频率
10	计算、确定工时定额	在一定的生产条件下,规定模具制造周期和完成每道工序所消耗的时间,不仅对提高工作人员积极性和生产技术水平有很大作用,对保证按期完成用户合同中规定的交货期更具有重要的经济、技术意义 工时定额公式为: $$T_{定额}=T_{基本}+T_{辅助}+T_{布置}+T_{休息}+T_{准终}/n$$ 式中　$T_{定额}$——工时定额 　　　$T_{基本}$——基本加工时间 　　　$T_{辅助}$——直接用于基本加工的辅助工作时间 　　　$T_{布置}$——布置工作地,如更换刀具、清理切屑、润滑机床等所耗时间 　　　$T_{休息}$——休息与生理需要所耗时间 　　　$T_{准终}/n$——为每件所耗的终结时间,$T_{准终}$为进行准备(如阅读图样、领工具等)和终结时送交成品、归还工装等所耗时间 工时定额常根据工时定额标准确定。工时定额标准则采用试验法、统计法与计算法制定。此为企业管理的基础工作

25.2.2　模具制造工艺规程的特点

由于模具制造工艺是机械制造工艺的分支,故其与机械制造工艺规程的内容、方法也基本相同。但是,由于模具是专用精密成型工具,只能进行单件生产,所以其工艺与工艺规程具有以下特殊性。

① 构成现代模具的零件和部件多采用互换性的标准件。所以现代模具制造工艺过程中的突出重点为模具成型件的制造和模具装配。

② 模具成型件制造工艺过程的精饰加工(如抛光与研磨)工序和模具装配工序,主要依赖手工作业。手工作业所占工时比例很大,甚至与机加工工时相近。因此,制定成型件加工工艺规程时,应注意合理提高成型件的成型加工精度及降低型面表面粗糙度,力求减少手工作业工时。

③ 根据模具成型件结构及其型面制造精度要求高,须进行精密成型加工的特点,采用CNC机床与计算机技术组成模具 CAD/CAM、FMS 制造技术,以实现设计与制造数字化、生产一体化;使工艺内容实现高度集成化,以减少成型加工误差。这是现代模具制造工艺技术的显著特点。

25.2.3　工艺规程编制的三个原则

编制工艺规程的原则是在一定的生产条件下,在保证加工质量的前提下,必须注意以下三个问题。

① 技术上的先进性。

② 经济上的合理性。

③ 有良好的工作条件。

25.3　模具的生产工艺定额的制定

25.3.1　生产工艺定额的含义和作用

生产工艺定额又称时间定额,它是指在一定的生产条件下,规定生产一件产品或完成一道工序所需消耗的时间。生产定额是企业管理中的一项重要基础工作。其作用主要如下。

① 生产定额是企业编制计划、合理组织生产过程和组织劳动的依据。一般说来，模具生产过程是复杂的，在生产过程中劳动组织也相当复杂，为使模具生产过程有秩序合理地进行，必须有先进的、合理的生产定额，以使模具生产过程连续、协调、均衡地进行。

② 生产定额是实行经济核算、计算成本的重要依据之一。经济核算是工业企业管理的一项重要制度，各种定额是实行经济核算的主要工具。降低生产时间的消耗、提高劳动生产率，就是经济核算的一项重要内容。同时，在企业的日常经济核算中，生产定额可用于反映由于技术、组织改进在模具制造时间上的节约。

③ 生产定额是开展劳动竞赛、提高劳动生产率的重要手段。以生产定额核算的车间、班组、个人生产任务，是考核评比工作好坏的重要依据，从而可以奖勤罚劣，鼓励先进，提高劳动生产率。

④ 生产定额是企业贯彻"按劳分配"的依据，是衡量操作者的劳动量及贡献大小的尺度，它反映了操作者在一定时间内的劳动成果，从而对于评定工人工资等级和奖励标准，提供了有力的依据。

⑤ 生产定额可作为计算设备和工人劳动量的标准。生产定额的制定就是为了很好地组织生产和进行组织分配，以不断提高劳动生产率。

25.3.2 制定模具的生产工艺定额的基本要求

前述已知：在模具生产过程中生产定额的制定，关系到模具的成本核算、模具的制造周期及操作工人的经济效益。因此，虽然制定模具生产定额有一定的难度，但要尽可能做到合理、精确。其基本要求如下。

① 制定生产定额时，应组成专门的小组，除主管定额的工作人员必须参加外，还应有实践经验的生产骨干参加，使制定出的定额有一定的定额基础。

② 确定定额时，必须有科学的依据和计算方法，以保证所制定的定额既合乎实际又先进合理。

③ 在同一企业内的车间、班组、工种、工序之间要保证相同工作的定额统一，对不同工作的定额也要保持相互之间的平衡。

④ 定额工作必须结合企业发展情况，总结和推广先进经验，挖掘生产潜力，定期修正，不断提高定额水平。

⑤ 生产定额的制定应该有利于调动生产工人的积极性，起到鼓励先进、带动中间、督促后进的作用。

25.3.3 制定生产工艺定额的方法

一般说来，先进合理的生产定额水平就是指在正常的生产技术组织条件下，经过一定时间的努力，大多数工人都可以达到，部分工人可以超过，少数工人可以接近的水平。在制定定额时，既要考虑到新的技术条件，推广先进经验和操作方法，又要考虑到能调动操作工人的积极性。并且要从企业的实际出发，应适合于多数工人的技术水平，根据生产技术组织以及各项管理水平，把定额建立在积极可靠、切实可行的基础之上。

在模具生产中，可以采用以下几种方法制定定额。

① 经验估工法。经验估工法是由定额员及技术人员和有实践经验的老工人，根据实践

经验，在对图样、工艺和生产条件进行分析的基础上，并参照以往同类型工作的定额来估算定额标准。这种方法主要适用于单件、小批量及临时性生产加工。

② 统计分析法。统计分析法是根据以往生产实践提供的统计资料，参考实际生产条件，并对其进行实际分析、整理的基础上制定出工时定额。这种方法主要适用于模具标准件批量生产。

③ 比较类推法。比较类推法是以相同类型产品中的典型定额为基础，通过分析，比较后制定定额。即以同类型产品选出代表，尽可能准确地定出工时定额，其他可以以此来比较、确定。这种方法主要适用于品种多、规格杂的单件小批量生产。

④ 技术测定法。技术测定法是按照工时定额的各个组成部分，分别确定定额时间，以技术规定和科学计算为手段得到定额。这种方法可以适用于一般的生产零件。

总之，由于模具生产厂和车间的生产对象比较繁杂，而且多数又是单件、小批量，因此给模具生产定额的制定和管理带来一定的难度，再加上各企业的生产方式、设备、技术素质不尽相同，所以在制定定额时，一定要根据本厂和车间的实际情况，找出适当的方法制定出既先进又合理的工时定额，以达到提高劳动生产率的目的。

25.3.4　生产工艺定额的管理办法

在生产中，劳动工时定额的管理方法如下。

① 劳动工时定额一旦确定，要由专人负责其标准审查、平衡，并要定期分析考查定额工时水平，检查其执行情况。

② 定额执行后，经一段时间要进行修正。经修订后的工时定额必须先进合理。

③ 定额资料必须经常积累，在之后修订定额时作为参考依据。

④ 在填写施工单时，应严格按工艺和工时定额填写。

25.4　编制工艺规程应具备的原始资料

① 产品图样和验收质量标准。

② 产品的生产纲领（年产量）。

③ 毛坯资料，包括毛坯制造方法及技术要求、毛坯图等。

④ 现有的生产条件，如加工设备和工艺装备情况，工装制造能力，工人的技术水平，质量控制和检测手段等。

⑤ 国内外同类产品的工艺技术资料。

25.5　编制工艺规程的步骤

① 零件图的工艺分析。

② 确定零件材料清单。

③ 拟定工艺路线。

④ 确定各工序的机床、夹具、刀具、量具和辅助工具。

⑤ 确定加工余量。

⑥ 确定切削用量和工时定额。

⑦ 确定重要工序的检验方法。

⑧ 填写工艺文件。

25.6 模具制造的工艺文件内容和格式

模具虽然是单件生产，但是由于它的工艺过程复杂，为了使生产能有秩序地进行，需有必要的工艺文件。根据工艺文件安排作业计划。模具的工艺文件比成批生产要少，一般只需要每个零件的每副模具的工艺过程卡片和工序卡片就够了，个别复杂的模具才需要工艺卡片。

模具制造工艺规程的文件形式与模具厂的规模、技术传统、管理水平以及专业化生产水平有关。一般有三种形式，包括工艺过程卡片、工艺卡片和工序卡片。

确定了机械加工工艺过程以后，应以表格或卡片形式将它固定下来，作为指导工人现场操作和用于生产、工艺管理的技术文件，即工艺文件。目前，工艺文件没有统一的格式，但基本内容都是相似的。模具制造工艺文件的内容和格式如下。

25.6.1 工艺过程卡片

工艺过程卡片以工序为单位，简要说明模具、模具零部件的加工、装配过程。从中可以了解模具制造的工艺流程和工序的内容，包括使用设备与工装，以及工时定额等。所以，过程卡片是生产准备、编制生产计划和组织生产的依据，是模具制造中的主要工艺文件。

工艺过程卡片的格式、内容见表 25-2 和表 25-3。

这个卡片需填写的内容如下。

① 零件名称及编号，模具名称及编号。

② 材料名称及毛坯尺寸及件数。

③ 工序的次序、机号、工种、计划定额工时、实做工时。

④ 制造人、检验结果。

⑤ 工艺员、年月日及质量判断结果。

表 25-2　工艺过程卡片

			工艺过程卡片					
零件名称		模具编号		零件编号				
材料名称		毛坯尺寸		件数				
工序	机号	工种	施工简要说明	定额工时	实做工时	制造人	检验	等级
工艺员			年　月　日		零件质量等级			

表 25-3　零件加工工艺过程卡片

单　　位		模具零件加工工艺流程卡		
模具编号	FZ-15361	零件编号	FZ-15361-10003	
零件名称	A 板	材料	1.2738	
数量	1	尺寸	1160×2060×643	
项目负责	×××	设计负责	×××	0000021052
工艺负责	×××	钳工负责	×××	

续表

序号	工序名称	工序内容	生产资源	工时	质检
1	DM-CNC 立铣	\\192.168.10.2\生产部加工计划\工艺单\2015工艺\FZ-15350-FZ-15399\FZ-15359	DM-CNC 立式组	0.50	
2	DM-五轴深孔钻	\\192.168.10.2\生产部加工计划\工艺单\2015工艺\FZ-15350-FZ-15399\FZ-15359	DM-五轴深孔钻	0.50	
3	DM-高速铣	\\192.168.10.2\生产部加工计划\工艺单\2015工艺\FZ-15350-FZ-15399\FZ-15359	DM-高速铣组	0.50	
4	DM-钻床	\\192.168.10.2\生产部加工计划\工艺单\2015工艺\FZ-15350-FZ-15399\FZ-15359	DM-钻床组	0.50	
5	DM-EDM	\\192.168.10.2\生产部加工计划\工艺单\2015工艺\FZ-15350-FZ-15399\FZ-15359	DM-EDM 组（双头）	0.50	
6	DM-钳工	\\192.168.10.2\生产部加工计划\工艺单\2015工艺\FZ-15350-FZ-15399\FZ-15359	DM-钳工组	0.50	
7	DM-CNC 立铣	\\192.168.10.2\生产部加工计划\工艺单\2015工艺\FZ-15350-FZ-15399\FZ-15359	DM-CNC 立式组	0.50	
8	DM-高速铣	\\192.168.10.2\生产部加工计划\工艺单\2015工艺\FZ-15350-FZ-15399\FZ-15359	DM-高速铣组	0.50	
9	制程检验	\\192.168.10.2\生产部加工计划\工艺单\2015工艺\FZ-15350-FZ-15399\FZ-15359	DM-制程检验	0.50	
10	DM-钳工	\\192.168.10.2\生产部加工计划\工艺单\2015工艺\FZ-15350-FZ-15399\FZ-15359	DM-钳工组	0.50	
11	DM-高速铣	\\192.168.10.2\生产部加工计划\工艺单\2015工艺\FZ-15350-FZ-15399\FZ-15359	DM-高速铣组	0.50	
12	DM-钳工	\\192.168.10.2\生产部加工计划\工艺单\2015工艺\FZ-15350-FZ-15399\FZ-15359	DM-钳工组	0.50	
13	DM-高速铣	\\192.168.10.2\生产部加工计划\工艺单\2015工艺\FZ-15350-FZ-15399\FZ-15359	DM-高速铣组	0.50	
14	DM-EDM	\\192.168.10.2\生产部加工计划\工艺单\2015工艺\FZ-15350-FZ-15399\FZ-15359	DM-EDM 组（双头）	0.50	
15	DM-抛光	\\192.168.10.2\生产部加工计划\工艺单\2015工艺\FZ-15350-FZ-15399\FZ-15359	DM-抛光组	0.50	

25.6.2　工艺卡片

工艺卡片是以工序为单位，详细说明整个工艺过程的文件。

工艺卡片是按模具、模具零部件的某一工艺阶段编制的工艺文件。工艺卡片以工序为单元，详细说明模具、模具零部件在某一工艺阶段的工序号、工序名称、工序内容、工艺参数、设备、工装以及操作要求等。

工艺卡片的文件格式见表 25-4。

说明：制造精密、中大型模具时，在编制的工艺过程卡片的基础上，编制工艺卡片是保证协作加工质量的重要工艺文件。

① 中大注塑模凹模坯件加工，即已去除大部分型腔金属，留有粗、精加工余量的凹模坯件。

② 精密成型模具凸、凹模的热处理工艺。

③ 模具的装配与试模等。

以上都是由多个工序组成的工艺阶段。

表 25-4　热处理工艺卡片　　　　　　　　　　　　年　月　日

模具序号		工艺序号			工艺简图：
委托单位		技术要求			
工件名称		材料名称		件数	
要求硬度		实际硬度		工时	

工件简图及尺寸标准：

工艺要求及措施：

D		
C		
B		
A		
	处理前	处理后

工艺		检查	

个别复杂的零件需要编制工艺卡。工艺卡的格式如表 25-4 所示。表格上面有两个空格，需填写生产命令号和工序号。表格有四列：第一列为工步顺序；第二列为工步做法内容；第三列为使用的机床或重要工具；第四列为操作时的说明、技术提示。

一副塑料注射模的钳工装配工艺卡片内容，如表 25-5、表 25-6 所示。

表 25-5　工艺卡片举例

工步	内　　容	使用机床	说　　明
准备	全部零件清点齐全		
静模装配	①把导套(件 1)压入模板(件 20)		用木槌打入时，开始要注意垂直
	②装入浇口套(件 11)和浇道销子(件 12)，用定位环(件 10)固定		装入浇道销子时注意，不可使其头部错向
	③反转模板，从上面把已经装有导套的浇道板装上		
	④各件装完后把型腔板装在浇道之上。装时要保证导销的运动顺畅		
	⑤把限位销(件 15,17)从侧面装入型腔板，使浇道板在指定距离限位。把件 17 用扳手旋紧		弹簧(件 16)要装入限位销孔内，勿忘

注：使用机床一栏由加工人员填写。

表 25-6　零件加工工艺

工艺过程卡名称		模具零件加工工艺		产品名称	相机壳模具	零件名称		顶针板	
材料		45 钢	尺寸	450mm×210mm×20mm		件数		1 件	
工序号	工序名称	工序内容、要求		加工设备	工艺设备				备注
					夹具	刀具	量具		
1	钻孔	钻 27 个 $\phi 7$ 的通孔		普通铣床	平口虎钳	$\phi 7$ 钻头	游标卡尺		
2	铣沉孔	铣 27 个 $\phi 11$ 高为 6 的沉孔		普通铣床	平口虎钳	$\phi 11$ 铣刀	游标卡尺		以工序 1 的孔中心作为沉孔中心
3	钻孔	钻 4 个 $\phi 8.3$ 的通孔		普通铣床	平口虎钳	$\phi 8.3$ 钻头	游标卡尺		
4	攻螺纹	攻 4 个 M10 的螺纹			平口虎钳	M10 攻螺纹刀	游标卡尺		以工序 3 的孔中心作为攻螺纹中心

续表

工序号	工序名称	工序内容、要求	加工设备	工艺设备			备注
				夹具	刀具	量具	
5	钻孔	钻 4 个 $\phi22$ 的通孔	普通铣床	平口虎钳	$\phi9$、$\phi22$ 钻头	游标卡尺	分步扩孔
6	铣沉孔	铣 4 个 $\phi26$ 高为 8 的沉孔	普通铣床	平口虎钳	$\phi26$ 铣刀	游标卡尺	以工序 5 的孔中心作为沉孔中心
编制者/日期	05 模具 3 班 王大华/2008.3.28		审核者/日期				

25.6.3　工序卡片

工序卡片是在工艺过程卡片和工艺卡片的基础上，按每道工序所编制的工艺文件。工序卡片对工序简图、各工步的加工内容、工艺参数、设备、工艺装备以及操作要求等都有详细说明。

工序卡片主要在批量制造中使用。在模具制造工艺规程中一般不制定工序卡片。由于模具制造工艺技术的进步，模具凸模和凹模的粗、精加工工序中的孔加工、槽加工、型面加工工序趋于在一次装夹中完成，从而提高了工艺集成度。这说明，编制凸模和凹模的 NC、CNC 加工工艺的工序卡片，计算、确定、规定其工艺参数，以保证其加工精度，尤为重要。工序卡片文件格式见表 25-7。

表 25-7　工序卡片

模具		模具编号		工序号		工序简图
零件			零件编号			
坯料材料		坯料尺寸		坯料件数		
				工时		
序号	机号	工种	工序内容和工艺要求说明	工艺参数 （机加工切削用量、电加工工艺规程）		工装
工艺员		年　月　日		制造者		年　月　日
检验员		年　月　日		检验纪要		

为编好模具制造工艺规程，模具企业须做好以下工作。

① 制定和积累模具制造、加工的定额工作，包括企业生产各种模具的生产工时统计、材料定额及工时定额及工时定额标准等。

② 做好模具通用化、标准化工作，以节约生产工时。

③ 工序依预定的加工顺序依次填写，第二列为各工序的加工要求的简要说明，如留下工序余量、达到何种要求等。验收人一般为下工序的操作者，上工序要对下工序负责。如果下工序认为上工序没有按工艺卡说明做好，可以拒绝验收。在模具加工上，一般不设工序间的专职检验人员。工序卡片的说明要写关键的、主要的内容，如表25-8所示。

表 25-8　工序卡片的说明

工序	说　　明
1	以左、下侧为基准，钻四个孔及 $\phi 10mm$ 的引刀孔，铣型腔；换刀铣 R 角，留余量 0.05mm
2	钳装、修配型芯。附图

25.7　零件加工工艺过程所包括的内容

① 详细研究产品装配图和零件图，对加工零件进行工艺分析。

② 确定材料和选择制造方法。

③ 拟定工艺路线，选择定位基准、确定加工方法、划分加工阶段、安排加工顺序和决定工序的内容等。

④ 确定各工序的加工余量、工序尺寸及其公差；确定主要工序的技术条件或绘制工序简图。

⑤ 选择确定各工序所使用的机床、刀具、夹具、量具和辅助工具。

⑥ 确定切削用量、工人技术等级及工时定额。

⑦ 确定主要工序技术要求及检验方法。

⑧ 填写工艺文件等。

⑨ 在机械加工工序中穿插安排必要的热处理工序，充分发挥热处理效果。

25.8　成型零件的制造工艺

塑料注塑模的成型零件指动模、定模、镶块、侧向成型零件的滑块抽芯零件（滑块、斜顶块）、小型芯、脱料板等。

成型件的工作面是二维、三维凹形或凸形，具有很高形状、尺寸精度和表面质量的型面。因此，成型件的制造工艺要求和难度很高。其制造工艺主要包括以下内容。

25.8.1　成型零件的加工工艺

型面加工有如下机床加工工艺。

① 数控成型铣削工艺。由于高速铣削工艺与 4、5 轴联动铣削工艺的应用极大地提高了成型铣削工艺的集成度，使复杂的成型零件上的孔、沟槽的加工可在一次安装中完成。这不仅提高了工艺效率，亦提高了工艺精度。

② 电火花成型加工工艺是用于一般精度成型模型腔加工的工艺方法。若用于成形铣削后续加工可降低加工面的粗糙度，减少手工研磨、抛光的作业量。

③ 挤压成型工艺适用于加工形状简单、型腔较浅的塑料模。

④ 数控雕刻机加工工艺。

⑤ 数控精密电火花线切割加工零件工艺。

⑥ 平面成型磨削动、定模拼块结构成型零件工艺。

⑦ 成型零件抛光工艺。

25.8.2　成型零件加工工艺组合

根据企业模具产品的类型、品种、精度与质量等级，以及企业所拥有的模具制造装备的性能、配套性和拥有量以及企业专业人才的素质，在制定成型件制造工规程时，须按照下列原则进行工艺组合。

① 提高制造工艺的集成度，以保证生产效率、工艺精度和质量。

② 减少成型件研磨、抛光的手工作业量。

③ 在实践积累和实验的基础上，提高制造工艺参数的规范化、标准化水平。

现将模具成型件常用的制造工艺组合列于表 25-9 中，以供参照。

表 25-9　模具成型件常用加工工艺组合

模具类别	加工工序	加工工艺配置 1	加工工艺配置 2	加工工艺配置 3	加工工艺配置 4	加工工艺配置 5
成型模凸、凹模加工工艺组合	粗加工	普通立铣、成型铣（配样板）	CNC 加工中心成型加工	CNC 加工中心成型加工	电火花成型加工	成型铣削加工
	精加工			CNC 高速成型铣削	精密电火花成型加工	精密电火花成型加工
	研磨抛光	手工机械研、抛	手工机械研、抛	补充研抛	手工机械研、抛	精密电火花成型、光整加工（代研抛）
精密冲模凸、凹模加工工艺组合	粗加工	普通机床加工	电火花线切割加工	电火花线切割加工		
	精加工	精密光学曲线磨削	精密成型磨削加工	电火花线切割精密加工	精密电火花线切割加工	
	研磨		超精研磨（一般精度不研）	超精研磨（一般精度不研）		

25.8.3　成型零件的结构工艺要素

批量生产的模具标准件，其制造工艺过程中的工序是相对稳定的，而模具成型件则须依据制品（产品零件）的结构要素和技术条件进行设计，因此，每副模具的成型件都有其特殊的形状、尺寸精度与质量要求，并以单件生产方式进行制造。现根据常见模具成型件的结构特点、尺寸精度与质量等技术条件，经分析、归纳为几何形状要素、精度与质量要素两类，见表 25-10。

表 25-10　模具成型件结构工艺要素分类和内容

要素类型	基本要素	结构工艺要素内容	工艺方法及说明
几何形状要素	型面结构	①二维型面及型面间的过渡连接；夹角为 90°拼合结构；过渡圆角（R）连接，一般型腔深度为 10～60mm ②三维型面，分自由曲面和定型曲面（即以数学公式可以描述的型面）	①采用通用、标准拼合件及其精密加工 ②采用电加工和电极设计技术 ③采用 NC、CNC 机床进行数字化加工，并配置刀具
	型孔结构	①ϕ3mm 以下径深比>1∶1.5 的小孔的精密加工 ②带精密孔距的多孔加工 ③异形孔的精密加工，包括方形、矩形、长圆形、楔形孔等 ④深孔与斜孔	①采用坐标磨削工艺 ②孔的研磨与珩磨工艺 ③特殊孔加工，包括小孔加工
	窄槽（缝）型结构	①宽为 3mm，宽深比为 1∶2 的槽或缝 ②异形槽指槽形方向为圆弧形等，或在深度方向为斜面、圆弧的槽型	①特种加工工艺技术 ②须设计电极和成型工具
	凸台（缘）结构	①阶梯分型面 ②二维型面构成的凸台 ③三维型面构成的凸起 ④镶拼凸台	①涉及拼合件加工与配合 ②涉及阶梯面加工与配合
	螺旋槽孔结构	①螺孔型芯 ②螺旋槽型	特殊电极设计和脱件装置设计与制造
精度与质量要素	基准面	设计基准 工艺基准（定位与工序基准） 测量基准 装配基准	加工时力求基准重合，或使基准不重合误差和基准移动误差控制在公差范围内
	配合尺寸公差	①凸、凹配合间隙及偏差 ②导向副配合精度 ③型面尺寸公差	保证互换性

续表

要素类型	基本要素	结构工艺要素内容	工艺方法及说明
精度与质量要求	形状与位置精度	①平面的平直度，圆柱体的圆柱度公差 ②平行度对基准面的垂直度、同心度等公差	保证模具精度和工作性能
	型面粗糙度及质量要求	①型面粗糙度值 ②型面硬度值（HRC）	执行表面粗糙规范和标准 执行热处理规范
	型面装饰性要求	①型面皮纹结构 ②型面涂镀要求	采用皮纹加工和表面涂镀技术

25.8.4　成型零件的结构工艺性

为保证模具成型件的使用性能，必须合理、正确地设计尺寸、位置精度及其结构工艺要素，使其在加工时能满足以下要求。

① 成型件的几何形状及其结构工艺要素力求简洁、合理，力求减少加工面数目及加工面积，以减少加工量，节约工时，缩短制造工艺过程，并减少刀具等工装配置。

② 成型件的结构刚度大，以便在装夹和加工时，能避免因夹紧力和切削力导致的变形，从而保证加工精度。

③ 成型件上的过渡圆角（R）、退刀槽尺寸与结构、槽形宽度和孔径等应当按规范和标准进行设计。

④ 成型件结构要素的加工可行性好，以便能够加工、便于加工。力求减少或避免斜孔、深孔、过小孔及过深过窄的槽或缝形结构。

研究、分析模具成型件的结构工艺性，目的是提高加工的可行性、经济性，以提高加工成型件的制造工艺规程的实践性和可靠性。常见的不正确结构及其改进设计和说明列于表25-11，供参考。

25.8.5　成型零件的工艺基准的确定

（1）基准分类

工艺基准是工序卡中的重要内容。工艺基准是成型件在加工中定位、测量和装配时采用的基准，所以工艺基准可分为定位基准、工序基准、测量基准和装配基准。

（2）基准重合

工艺基准需力求与设计基准重合，使符合基准重合原则，因此在设计成型件时，就应考虑设计基准与工艺基准重合的原则以减少基准不重合产生的误差，保证加工精度。

表 25-11　常见成型件结构工艺要素示例

成型件结构要素	改进示例	说明	成型件结构要素	改进示例	说明
退刀槽结构	 (a) 改进前　(b) 改进后	按退刀槽规范和标准进行设计	孔位结构	 (a) 改进前　(b) 改进后	正确设计孔的位置，以减少钻孔深度，便于钻孔

续表

成型件结构要素	改进示例	说明	成型件结构要素	改进示例	说明
深孔结构	(a) 改进前　(b) 改进后	减少钻孔深度	细长凸模结构	(a) 改进前　(b) 改进后	提高结构刚度,避免在加工时产生变形误差
加工图结构	(a) 改进前　(b) 改进后	减少加工面和加工面积	冲槽凸模结构	(a) 改进前　(b) 改进后	改善槽形凸模刚度,以防凸模受侧向力(F)而产生变形
模框内四角退刀槽结构	(a) 改进前　(b) 改进后	便于加工,便于装配镶件			

工艺基准及其与设计基准重合原则的详细说明见表 25-12。

表 25-12　成型件的工艺基准与坯件的三基面体系

基准名称	示例图和说明
示例图	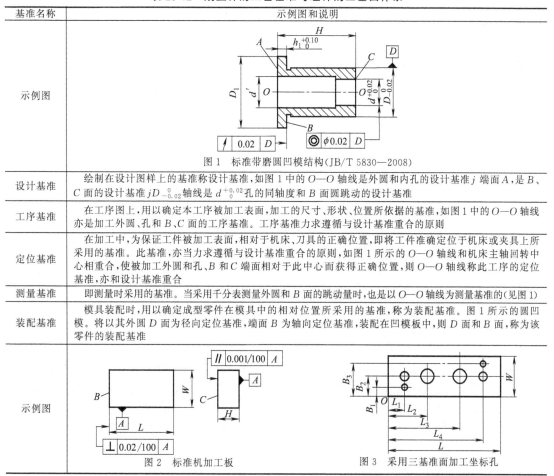 图 1　标准带磨圆凹模结构(JB/T 5830—2008)
设计基准	绘制在设计图样上的基准称设计基准,如图 1 中的 O—O 轴线是外圆和内孔的设计基准 j 端面 A,是 B、C 面的设计基准 $jD_{-0.02}^{0}$ 轴线是 $d_{0}^{+0.02}$ 孔的同轴度和 B 面圆跳动的设计基准
工序基准	在工序图上,用以确定本工序被加工表面,加工的尺寸、形状、位置所依据的基准,如图 1 中的 O—O 轴线亦是加工外圆、孔和 B、C 面的工序基准。工序基准力求遵循与设计基准重合的原则
定位基准	在加工中,为保证工件被加工表面,相对于机床、刀具的正确位置,即将工件准确定位于机床或夹具上所采用的基准。此基准,亦当力求遵循与设计基准重合的原则,如图 1 所示的 O—O 轴线和机床主轴回转中心相重合,使被加工外圆和孔,B 和 C 端面相对于此中心而获得正确位置,则 O—O 轴线称此工序的定位基准,亦和设计基准重合
测量基准	即测量时采用的基准。当采用千分表测量外圆和 B 面的跳动量时,也是以 O—O 轴线为测量基准的(见图 1)
装配基准	模具装配时,用以确定成型零件在模具中的相对位置所采用的基准,称为装配基准。图 1 所示的圆凹模,将以其外圆 D 面为径向定位基准,端面 B 为轴向定位基准,装配在凹模板中,则 D 面和 B 面,称为该零件的装配基准
示例图	图 2　标准机加工板　　　　　图 3　采用三基准面加工坐标孔

基准名称	示例图和说明
示例图	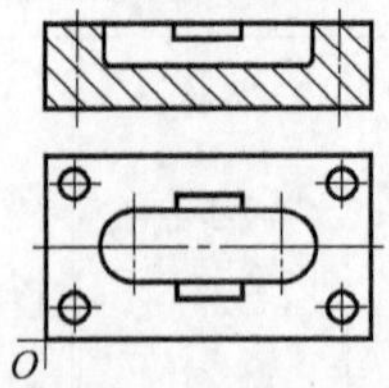 \n图 4　采用三基准面在 NC 镗铣床上加工型腔、槽和孔
六面体坯件的三基准面体系	模具成型零件用坯料,如塑料注射模和压铸模的型腔和型芯板坯,即模架中的 *A*、*B* 板,冲模中的凹模板、凸模固定板、卸料板等,应当都是经过加工后,是六面体的标准机加工模板或模块,其设计与工艺基准,均在图样的左下角设坐标原点,沿三方向形成互为直角的相邻三基准面体系,如图 2 所示的 *A*、*B*、*C* 三基准面。 采用三基准面坯件,装于加工中心机床上,经一次安装可完成型面加工、钻孔、镗孔和铣槽等多个工步的加工。若将坯件安装在 NC 坐标磨床上,可顺序进行所有孔的磨削,并可保证孔和孔距的加工精度,如图 3、图 4 所示 所以,采用具有三基准面体系、呈六面体的通用或标准板(块)坯件,是改善模具成型件结构工艺性,缩短其制造工艺过程的一个重要措施

（3）工艺基准的选择确定

① 圆柱件选择轴线为基准。

② 有台阶的圆柱件选择轴线和面为基准。

③ 三维工件基准。选择三个平面互相垂直的平面为基准。如铣床一般选择工作台左右移动的方向为 X 轴,工作台向前后移动为 Y 轴,刀具上下的方向为 Z 轴。

④ 孔的位置基准选择：孔的中心, X、Y 坐标的精确位置或孔的中心与基准角的距离。

25.8.6　模具零件加工的工艺要点

① 基准的选择要正确。

② 设备的选择。设备的本身精度及工作能力。

③ 刀具的选择。切削刀具的切削能力。

④ 装夹定位要正确。

⑤ 工序要选择最经济的工序周转周期。

⑥ 刀具与工件对刀要基准重合,并经过试切削后,检查确认无误,才可正式加工。

25.9　模具制造工艺规程的执行

根据前述模具制造工艺规程的性质、作用、经济技术基础、基本内容可知,控制与管理每副模具制造工艺规程的执行,还将涉及企业拥有的制造工艺技术资源与企业管理等方面的水平。

模具制造工艺规程的执行的基本条件。

① 模具厂在制造大量模具的实践中,精心积累制造工艺技术及其资料与经验,并使之形成企业技术规范、标准等企业技术资源。其方法为：制定并执行《模具设计与制造案例》制度。分类登记每副模具的设计图样和文件;收集登记每副模具的制造工艺文件;详细记录其实用工艺技术参数、实用工时与精度、质量状况等。据此,在采纳和参照国家标准、行业标准的基础上,制定企业的工艺技术规范、标准、指导性文件以及管理制度等。如：

a. 企业模具通用零、部件标准;

b. 制造工时与工时定额标准;

c. 零件加工工艺技术参数规范等。

② 申请注册企业第三方认证，建立企业产品质量保证与管理体系。保证：

a. 模具制造工艺过程中的各个质量环节都处于高水平作业状态；

b. 模具制造设备、工装等每个工艺质量因素都处于优良状态。

从而，能保证每副模具制造工艺规程都能安全、可靠地执行与实施。

③ 针对企业产品（模具），明确其制造工艺路线和制造工艺方向，并在此基础上，逐步配套制造设备、加工机床和工装，使之具有前瞻性。这是模具制造工艺规程实施的技术基础。

④ 通过培训与教育，提高企业职工技术素质和技艺水平。同时，还必须建立具有鲜明特色的企业文化，形成一支高度文明的企业员工队伍，以进一步提高执行模具制造工艺规程的安全性、可靠性。

25.10　注塑模具常规制造工艺流程

注塑模具常规制造工艺流程见图 25-1。

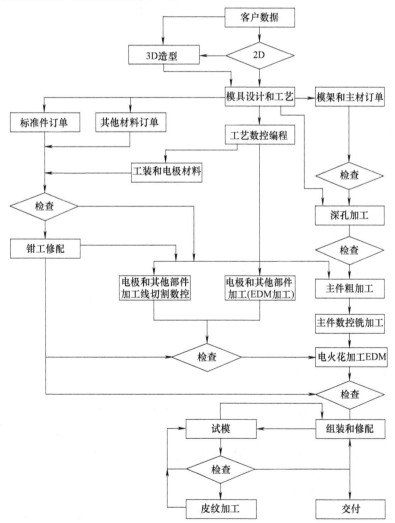

图 25-1　注塑模具常规制造工艺流程图

25.11 质量要求高的模具零件加工过程，如何划分

当零件的加工质量要求较高时，将整个加工过程划分为四个阶段，如表 25-13 所示。

① 粗加工阶段。任务是切除大部分余量，使毛坯在形状和尺寸上尽快接近成品。因此本阶段的主要问题是如何获得高的生产率。

② 半精加工阶段。为主要表面的精加工做好准备，并完成一些次要表面的加工。

③ 精加工阶段。保证各主要表面达到规定的质量要求，如分型面。

④ 光整加工阶段。对于精度和表面粗糙度要求特别严的表面，还需进行光整加工，以提高尺寸、形状位置精度和降低表面粗糙度，如型腔面等。

表 25-13　一般机械零件工艺阶段及其内容和作用

工艺阶段	工艺内容和要求	作　用
粗加工	其任务为完成零件被加工表面的大部分余量的加工，使加工后的毛坯形状和尺寸接近零件图样所要求的零件形状与尺寸 在批量、大批量加工时，力求高效率	①粗加工阶段可减少半精加工和精加工余量，可提前发现毛坯缺陷，如气孔、砂眼、余量不足等 ② 分阶段有利于在各阶段之间安排热处理工序，如粗加工后进行时效处理，以去除内应力和因内应力而引起的变形。半精加工后进行淬火处理有利于改善零件的力学性能 各阶段之间有时间间隔，可进行自然时效，有利于减少变形误差 ③ 划分工艺阶段，使粗、精加工分成两个阶段，有利于充分发挥机床性能和特点，延长精密加工机床的寿命
半精加工	按图样要求，完成次要加工面或精度要求较低零件的加工，如钻孔、加工槽等。其主要任务是完成并达到主要表面进行精加工的工序尺寸和公差的加工与要求	
精加工	完成并达到图样上要求的尺寸精度和形状，位置精度和表面质量要求	
光整加工	其主要加工目标为完成并达到图样上标注的表面粗糙度和皮纹等装饰性加工要求，可提高加工面的尺寸精度，而不能纠正零件的形位误差	

25.12 模具零件加工顺序的安排

确定模具成型件的制造工艺顺序、划分工艺阶段，确定工序内容、工序尺寸与公差是设计模具成型件制造工艺过程和编制其制造工艺规程的另一个基本内容。

模具零件工序顺序的安排，应遵循如下原则（表 25-14）。

① 先粗后精：即先安排粗加工，其次为半精加工，最后安排精加工和光整加工。

② 先基面后其他：即在各加工阶段，总是先把基面加工出来，为其他表面的加工准备好定位基准，然后再加工其他表面。

③ 先主后次：即在加工（除基面以外的）其他表面时，先加工零件上质量要求高的工作表面（动模芯、型腔）和有配合要求的表面，后加工非工作表面和无配合要求的表面。要注意在模具、夹具中有些零件上的某些表面必须在装配过程中或装配组合后才能进行精加工。

④ 先平面后孔：一般零件上的平面轮廓尺寸都比较大，用做定位基准比较稳定可靠，因此拟订工艺过程时常选平面定位，并先予以加工，后加工模具分型面、台阶。

⑤ 一般模架先加工好，分别攻好模板、动模芯、定模芯的螺纹孔。

⑥ 先把动模芯、定模芯（型腔）几何形状、尺寸加工好再加工顶杆孔（有斜孔时先加工斜孔）、冷却水孔（特殊的可先加工冷却水孔）。

⑦ 热处理工序在工艺路线中的安排顺序，主要取决于零件的材料和热处理的目的要求。

a. 为改善金属的组织和加工性能所进行的热处理，如对零件进行退火、正火，多安排

在机械加工之前或中间。一般对重要的、要求淬火过程中变形小的零件以及需进行渗氮处理的零件，都在机械加工前作调质处理，以便降低硬度和为以后的热处理做好组织上的准备。经调质处理的零件，热处理常安排在粗加工后、半精加工前。

b. 为消除毛坯制造和机械加工过程中引起的内应力，工艺上常安排时效处理。精度要求不高的零件，只在工艺上考虑粗加工后再精加工。结构较复杂、精度要求较高的零件，粗加工后半精加工前还要安排一次时效处理。对精度要求很高的零件，应安排多次时效处理。

c. 为提高零件的硬度和耐磨性，常需进行淬火、渗碳淬火和氮化处理等。淬火和渗氮工序一般都安排在半精加工后精加工前进行。氮化多安排在精加工成型之后、试模之前进行，对于尺寸（模具）精度要求很高的零件，氮化工序安排在精磨、试模之前。

⑧ 零件检测顺序见表 25-15。

表 25-14　确定加工顺序的原则

工序类别	确定加工顺序的原则	作　用
机械加工	① 先粗加工后精加工	粗加工切除大部分余量，以逐步减少余量进行半精加工和精加工，以保证加工精度和表面质量
	② 先加工基准面，后加工其他加工面	以便其后的被加工面的加工，用加工好的基准面定位
	③ 先加工主要的加工面，后加工次要的加工面	如工作面、装配基面为主要加工面，后加工槽、孔等加工面，因为这些次要面对主要面有位置精度要求
	④ 先加工平面，后加工内孔	加工好的平面，可作为稳定、可靠的加工孔的精基准面
热处理	① 退火、回火和调质与时效处理须在粗加工后进行	去除零件因粗加工产生的内应力
	② 零件淬火或渗碳淬火须在半精加工之后	提高表面硬度和耐磨性的淬火和渗碳淬火引起的变形可在精加工时消除
	③ 渗氮处理等工序，也宜尽量安排在加工顺序之后、精加工前为好	因渗氮处理的温度低、渗氮深度小，为 0.8～1.2mm，变形很小、易于精加工消除

表 25-15　零件检测顺序

工序类别	确定加工顺序的原则	作　用
检验	① 在粗加工和半精加工以后，须进行检查测量	目的在于保证半精加工和精加工余量，保证工序尺寸和公差
	② 重要工序加工前、后和零件热处理前的测量	
	③ 完成零件所有加工后的检查与测量	目的在于保证加工后尺寸与尺寸精度、形状位置精度，以及表面质量和技术要求，完全符合零件图样上的要求

25.13　其他非机械加工工序的安排

① 表面处理工序，如镀铬、喷漆等，一般安排在工艺过程的最后。模具表面抛光安排在试模之前。

② 检验工序通常安排在粗加工结束之后，精加工开始之前；送往外车间加工（特别是热处理）的前后；花费工时多的工序和重要工序的前后；最终加工完成之后。

③ 钳工去毛刺工序安排在检验工序前；热处理工序前；电镀工序前；易于产生毛刺的工序之后等。

④ 其他的一些辅助工序，如防锈、清洗、检测可视情况穿插而定。

25.14 注塑模具的生产过程

模具制造过程又称模具生产过程，指将用户合同提供的模具产品计划和制件技术信息，通过结构与工艺分析，设计成模具，并将原材料通过加工、零件组合，装配成具有使用功能的成型工具——模具的全过程（图 25-2）。

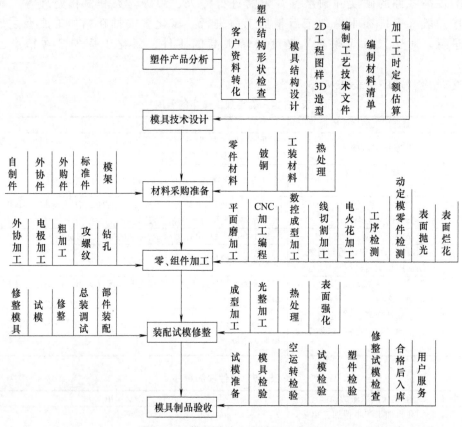

图 25-2　模具设计生产过程示意图

通常将模具制造过程分为以下 6 个制造阶段。模具的生产过程的这六个阶段的工作分别在技术部门、生产管理部门、车间进行，具体分解如下。

（1）制品及信息分析、处理

即对客户提供的塑件结构、形状设计、尺寸精度和表面质量要求及有关资料进行审查、分析、沟通、确认；结合与客户签订的技术协议或合同进行评审，然后立项。

（2）模具的技术设计，模具结构方案的策划

根据客户提供的资料和要求完成模具结构图、3D 造型、2D 图纸的设计，编制好加工工艺。完成结构图设计评审、零件图审查、材料清单审查。

（3）模具制造的原材料准备

根据设计要求采购模架（模板）、动定模材料、标准件、辅助材料等，并进行入库检验。并制定制造工艺规程。

（4）动、定模的成型零件加工和其他非标准件的制造：①零件进行模具零件的半精加工

和精加工；②工装夹具加工、电极加工；③零件的加工方法有钳工的划线、锯、钻孔及车、刨、铣、磨等机床加工；④零件金加工用普通机床（切削机床）加工，用专用机床（数控机床、深孔钻和电火花线切割机床、电火花成型机床等）加工动、定模成型零件；⑤对成型零件进行精度检测；⑥对型腔进行研磨、抛光、热处理、氮化或淬火。

（5）装配与试模

装配包括：钳工修整、研磨、抛光、钻孔、攻螺纹等部件装配，动、定模进行组装、总装和质检。对发现有不足之处或有问题处加以修整，再试模直到合格满意为止。

试模包括：试模前的准备工作（包括领料、烘塑料、安排注塑机的注塑工艺审查）、试模。

（6）模具与制品验收

一般由用户进行。分别检验塑件的外观、尺寸精度和模具质量。检验合格后，进行包装装箱（总装图、易损件、备件等装入箱内）出厂。

25.15　模具生产的组织形式

模具生产的组织形式因模具生产规模、模具类型、加工设备状况和生产技术水平的不同而异，目前国内模具企业生产的组织形式主要有以下三类。

25.15.1　按生产工艺指挥生产

模具的生产过程应按照模具制造工艺规程确定的程序和要求来组织生产，这时生产班组的划分以工种性质为准。例如，数控铣加工中心、特种加工和精密加工、雕刻机、线切割（快、中、慢）、电火花、磨工、钻床、热处理（外协）、备料和模具钳工装配等若干班组。生产过程的进行由专职计划调度人员编制生产进度计划，统一组织调度全部生产过程。

这种组织形式的特点如下。

① 便于计划管理，为采用计算机辅助设计、制造、管理和网络技术创造了条件。

② 符合专业化生产的原则，有利于提高生产效率，提高技术水平。

③ 生产组织严密，计划性强，要求技术人员和管理人员有较高的素质和能力。另外，这种组织形式对产品和生产的变化有更强的适应性和应变性。

④ 由于分工细、生产环节多，因此模具生产周期长。

25.15.2　以模具钳工为核心指挥生产

按照模具类型的不同，以模具钳工为核心，配备一定数量的钻床、数控铣、磨等通用设备和人员组成若干生产单元，在一个生产单元内由模具钳工统一指挥技术和生产进度。由专门化较强的和高精密的机床组成独立生产单元，由车间统一调度和安排。这种组织形式适合于生产规模较小和模具品种较单一的生产情况。它的特点如下。

① 属于作坊式生产，模具的质量和生产进度主要取决于模具钳工的技术水平和管理水平。

② 生产目标明确，责任性强，有利于调动生产人员的积极性，便于实行一专多能。

③ 简化生产环节，有利于缩短制造周期和降低成本。

④ 不利于生产技术的提高和标准化工作的开展。

25.15.3 全封闭式生产

这种组织形式是将模具车间内的模具设计人员、工艺制定人员、管理人员和生产人员按模具类型不同，组成若干个独立的、封闭的生产工段，在生产工段内实行全员配套。它的特点如下。

① 工段内有生产指挥权，减少了生产环节，加快了生产进度。

② 不便于生产技术的统一管理，各工段之间无法有效地协调和平衡。

③ 某一环节出现问题，易造成整个生产过程无法按正常进度进行。

生产组织形式主要取决于模具生产技术发展的水平和生产规模。评定生产组织形式是否合理，主要看能否保证模具质量、提高综合经济效益。

25.15.4 以模具钳工组长为主的承包负责制

它的特点从管理角度看花精力较少，便于绩效考核，但模具质量决定于钳工组长的素质和水平能力，质量和成本不易控制。适用于管理能力相对来说较弱的小型企业。

25.16 注塑模成型零件加工方法及其制造精度

塑料注塑模的加工方法大致可以分为普通切削机床加工、特种加工、模具钳工加工三大类。使用普通机床或人工的传统方法很难加工形状复杂、精度高的动、定模零件或耗时很长、制造周期长的工件。

25.16.1 零件加工方法与精度

注塑模零件加工的常用机床应能达到的精度及加工工艺特点查看"附表9 注塑模常见加工方法与加工工艺一览表"。

25.16.2 模具钳工加工

模具钳工加工是指采用锉、铲、刮、研等手工措施去除切削机床所预留的加工余量，将模具半成品件加工成具有符合图样要求的尺寸、形状以及表面粗糙度的合格加工对象，并通过组装总装成符合要求的模具。现在动、定模零件通过数控机床加工，精度达到0.05mm以内，然后放在合模机研配，制造周期很短，质量又好。

钳加工以手工操作为主，使用工具和钻床来完成工件的加工、装配和维修等操作。

(1) 钳工的基本操作

① 辅助性操作即划线，根据图样在毛坯或半成品工件上划出加工界线的操作。

② 切削性操作有凿削、锯削、锉削、攻螺纹、套螺纹、钻孔（扩孔、铰孔）、刮削和研磨等多种操作。

③ 装配性操作即装配，将零件或部件按图样技术要求组装成机器的工艺过程。

④ 维修性操作即维修，对在役机械、设备进行维修、检查、修理的操作。

(2) 钳工加工的特点

钳工是一种比较复杂、细微、工艺要求较高的工作。钳加工与机械加工相比，具有工具简单、操作灵活方便、适应面广等优点，可以完成某些机械加工不便加工或难以完成的工作。它是机械制造和修配工作中的重要工种，有着特殊的、不可取代的作用。但钳工加工劳动强度大、生产效率低，对钳工的技术水平要求比较高。

25.16.3　NC、CNC 加工及其制造精度

由于在模具成型件加工工艺过程中，广泛采用 NC、CNC 高效、精密数字化加工技术和具有精密基准面的坯件来制造成型件，从而提高了成型件的加工精度和加工效率。现就各种常用的加工方法及其能达到的精度介绍如下，以便于在制定工艺过程时合理确定加工方法。

① 根据成型件的精度与表面质量要求，正确、合理地采用加工方法、机床与刀具，以及工艺参数（包括切削用量、工时定额等），使之符合加工的经济性要求，也就是说，使之不仅能保证达到加工精度和表面的加工质量，而且不会降低生产效率和加大工时消耗。其相互关系如图 25-3～图 25-5 所示。图 25-3 所示为加工成本与加工误差的关系；图 25-4 所示为加工精度与加工工时的关系；图 25-5 所示为表面粗糙度与加工费用的关系。

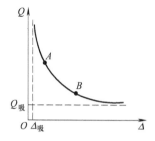

图 25-3　加工成本与加工误差

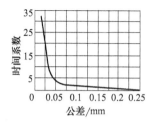

图 25-4　加工精度与加工工时

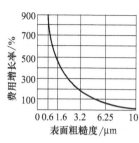

图 25-5　表面粗糙度与加工费用

注意：图 25-3 所示为加工误差（Δ）和加工成本（Q）成反比关系。曲线的 *A-B* 之间为经济精度区。

② 加工方法与加工精度见表 25-16、表 25-17。

表 25-16　模具成型零件的加工方法与加工精度　　　　　　　　　　　　　mm

加工方法	可能达到的精度	经济加工精度	加工方法	可能达到的精度	经济加工精度
仿形铣削	0.02	0.1	电解成型加工	0.05	0.1～0.5
数控加工	0.01	0.02～0.03	电解磨削	0.02	0.03～0.05
仿形磨削	0.005	0.01	坐标磨削	0.002	0.005～0.01
电火花加工	0.005	0.02～0.03	线切割加工	0.005	0.01～0.02

表 25-17　通用加工方法与加工精度等级

加工方法	公差等级 IT																		
	01	0	1	2	3	4	5	6	7	8	9	10	11	12	13	14	15	16	17	18
精研磨																				
细研磨																				
粗研磨																				
终珩磨																				
初珩磨																				
精磨																				
细磨																				
粗磨																				
圆磨																				
平磨																				
金刚石车削																				
金刚石镗孔																				

续表

加工方法	公差等级 IT																			
	01	0	1	2	3	4	5	6	7	8	9	10	11	12	13	14	15	16	17	18
精铰								■	■											
细铰										■	■									
精铣										■	■									
粗铣												■	■							
粗车、刨、镗									■	■	■									
细车、刨、镗										■	■									
粗车、刨、镗											■	■								
插削												■	■							
钻削													■	■	■					
锻造																■	■	■		
砂型铸造																■	■			

25.17 模具成型零件的表面粗糙度

塑件的外观质量，均取决于成型面加工质量，其主要质量指标为表面粗糙度参数 R_a（μm）。

25.17.1 各种加工方法可达到的 R_a 值

① 机械加工、电火花加工是进行模具成型件粗加工、精加工的主要方法。精加工后的研、抛作业，是降低表面粗糙度的主要工艺方法。表 25-18 所列是常用加工方法可达到的表面粗糙度 R_a 值。

表 25-18　不同加工方法可能达到的表面粗糙度（R_a 值）

加工方法		表面粗糙度 R_a/μm													
		0.012	0.025	0.05	0.10	0.20	0.40	0.80	1.60	3.20	6.30	12.5	25	50	100
锉								■	■	■	■	■			
刮削						■	■	■							
刨削	粗										■	■	■		
	半精							■	■	■					
	精						■	■	■						
插削									■	■	■	■			
钻孔											■	■	■		
扩孔	粗										■	■	■		
	精								■	■	■				
金刚镗孔				■	■	■	■								
镗孔	粗											■	■	■	
	半精							■	■	■					
	精					■	■	■							
镗孔	粗											■	■	■	
	半精							■	■	■					
	精				■	■	■								
顺铣	粗									■	■	■			
	半精							■	■	■					
	精					■	■	■							
端面铣	粗									■	■	■			
	半精							■	■	■					
	精					■	■	■							

加工方法		表面粗糙度 R_a/μm													
		0.012	0.025	0.05	0.10	0.20	0.40	0.80	1.60	3.20	6.30	12.5	25	50	100
车外圆	粗														
	半精														
	精														
金刚车															
车端面	粗														
	半精														
	精														
磨外圆	粗														
	半精														
	精														
磨平面	粗														
	半精														
	精														
珩磨	平面														
	圆柱														
研磨	粗														
	半精														
	精														
电火花加工															
螺纹加工	丝锥板牙														
	车														
	搓丝														
	液压														
	磨														

②　表面粗糙度标准

a. 表面粗糙度参数及其数值见标准 GB/T 1031—2009。

b. 表面粗糙度比较样块磨、车、镗、铣、插及刨加工表面见标准 GB/T 6060.2—2006，电火花加工表面见标准、抛光加工表面标准及抛（喷）丸、喷砂加工表面标准都见 GB/T 6060.3—2008。

c. 产品几何技术规范表面结构轮廓法评定表面结构的规则和方法见标准 GB/T 10610—2009。

25.17.2　塑料模成型件型面粗糙度等级与加工方法

塑料制品在家电、汽车等行业应用极为广泛，其表面粗糙度要求很高，已经成为塑件质量的主要指标之一。因此，制定模具成型件的表面粗糙度标准，规定其加工方法，对用户和模具厂都十分重要，见表 25-19。

表 25-19　模具成型件表面粗糙度与加工方法

表面类型	模具成型件表面粗糙度公称值/μm	加 工 方 法
MFG A-0	0.008	1μm 金刚石研磨膏毡抛光（GRADE 1μm DIAMOND BUFF）
MFG A-1	0.016	3μm 金刚石研磨膏毡抛光（GRADE 3μm DIAMOND BUFF）
MFG A-2	0.032	6μm 金刚石研磨膏毡抛光（GRADE 6μm DIAMOND BUFF）
MFG A-3	0.063	15μm 金刚石研磨膏毡抛光（GRADE 15μm DIAMOND BUFF）
MFG B-0	0.063	♯800 砂纸抛光（♯800 GRIT PAPER）
MFG B-1	0.100	♯600 砂纸抛光（♯600 GRIT PAPER）
MFG B-2	0.100	♯400 砂纸抛光（♯400 GRIT PAPER）

表面类型	模具成型件表面粗糙度公称值/μm	加 工 方 法
MFG B-3	0.32	♯320 砂纸抛光(♯320 GRIT PAPER)
MFG C-0	0.32	♯800 油石抛光(♯800 STONE)
MFG C-1	0.40	♯600 油石抛光(♯600 STONE)
MFG C-2	1.0	♯400 油石抛光(♯400 STONE)
MFG C-3	1.6	♯320 油石抛光(♯320 STONE)
MFG D-0	0.20	12♯湿喷砂抛光(WET BLAST GLASS BEAD 12♯)
MFG D-1	0.40	8♯湿喷砂抛光(WET BLAST GLASS BEAD 8♯)
MFG D-2	1.25	8♯干喷砂抛光(DRY BLAST GLASS BEAD 8♯)
MFG D-3	8.0	5♯湿喷砂抛光(WET BLAST GLASS BEAD 5♯)
MFG E-1	0.40	电火花加工(EDM)
MFG E-2	0.63	电火花加工(EDM)
MFG E-3	0.8	电火花加工(EDM)
MFG E-4	1.6	电火花加工(EDM)
MFG E-5	3.2	电火花加工(EDM)
MFG E-6	4.0	电火花加工(EDM)
MFG E-7	5.0	电火花加工(EDM)
MFG E-8	8.0	电火花加工(EDM)
MFG E-9	10.0	电火花加工(EDM)
MFG E-10	12.5	电火花加工(EDM)
MFG E-11	16.0	电火花加工(EDM)
MFG E-12	20.0	电火花加工(EDM)

注：1. A、B、C、D、E 分别代表五种加工方法。

2. 0、1、2、3 分别表示每种方法可达到的表面粗糙度的 4 个等级。

3. MFG 为 mould finish comparison guide 的缩写。

4. 模具成型件表面粗糙度公称值，是根据各种不同加工方法和不同规格研磨、抛光材料所能达到的最佳程度，并经采用优先数处理获得的公称百分率为+12%、−17%（此公称百分率参考 GB/T 6060.3—2008 标准制定）。

5. 表面粗糙度的评定方法，可根据表 25-17 所列数值和方法及专用样板供比较测量。

复习思考题

1. 什么叫工艺、工序、工位、工步？

2. 请叙述注塑模具基本生产过程有哪六个阶段？

3. 编制工艺规程的原则是什么？

4. 如何划分模具零件质量要求高的加工过程？

5. 模具零件加工顺序应怎样安排？

6. 模具加工的工艺要点是什么？

7. 模具工艺过程卡片和工序卡片的格式和内容是否了解？

8. 模具生产的组织形式有哪几种？

9. 模具成型零件成型加工方法有哪些？

10. 成型零件的各种加工方法，其加工精度能达到多少？

11. 塑料模成型零件的型面粗糙度等级的标准是否知道？

第26章 ▶▶ 数控铣加工

现代模具通过 CMC 加工，它彻底改变了模具原来的设计与制造格局，实现了加工过程的自动化，代替原来的模具用 2D 工程图划线取样板在普通机床上加工模具零件。

数控铣床的加工精度决定了模具的质量，也决定了模具的生产周期。因此，如何提高数控铣床的加工精度，是模具企业非常关心的议题之一。如何提高数控铣床的加工精度，现在我们做如下的探讨。

26.1 数控机床加工设备简介

① 图 26-1～图 26-8 所示为 CMC 加工设备。

图 26-1　OKUMA 龙门式五面体加工中心（一）

图 26-2　OKUMA 龙门式五面体加工中心（二）

图 26-3　菲迪亚五轴高速加工中心（一）

图 26-4　菲迪亚五轴高速加工中心（二）

图 26-5　OPS 五轴高速加工中心

图 26-6　卧式四轴高速加工中心

图 26-7 立式高速加工中心

图 26-8 龙门式加工中心

② 机床需具备两个功能

a. 线性位移传感器（光栅尺）的功能：机器应该能感知实际位置并能够在需要时调整。

b. Look-ahead 软件功能：机器应该能够跟随加工路径（刀具圆角的中心）的变化而调整加工速度和转速。

③ 对机床精度的要求

a. 机床精度要求主轴径向跳动在±0.01mm 以下，导规精度达到出厂精度。

b. 精加工的机床不能用作开粗加工，确保机床的精度，设备状态在管控之中。

26.2 数控铣编程的工作流程

① 接到任务书后对图档确认，以最新图档为准，并对所需加工的工件确认，检查外形尺寸、基准角是否一致。

② 按零件的加工工艺要求加工。

③ 数控编程工作流程，如图 26-9 所示。

a. 坐标摆放，要求检查外形尺寸是否为整数、对称（特别是老厂的铝模）。

b. 对图形仔细观察，有一个完整的加工思路，充分利用刀具资源，合理选择刀具编程高效的程序，根据小刀的特性合理分割刀长和程序分段。

c. 出程序单按照标准统一书写，仔细将模号、项目组长、工件名称、加工要求填写清楚，刀具要求要在核对后、处理后再书写，注明刀长和模拟加工时间。

d. 程序单要求有图纸、外形尺寸（长、宽、高）并提供检测数据，必要时附上自检单。

④ 交接手续。

a. 首先自己按照图纸核对工件，检查外形尺寸，标明模号、基准角。

b. 对有要求的地方明确书写在程序单上，要求操机工能够自己识别，不能识别则要求重新填写，特别注意要多方向上料的注明第一面、第二面，并附上图纸。

c. 对每个程序要有一个时间估计，在程序单的右上角标明需加工的时间，出现异常时与操机工及时沟通，谦虚接受操机工的合理提议，妥善解决问题。

⑤ 加工过程。要随时到机床上观察实际加工状况，及时修改刀路，将实际与理论加工相结合，积累经验，提高工作效益。

⑥ 自检工作。对完成的工件进行自检（光滑度、尺寸是否到位）。

⑦ 统计工作。对每副模具的每个工件要有加工时间统计，针对相同的工件作出时间比较，分析原因，提出整改方法，并付诸实施。

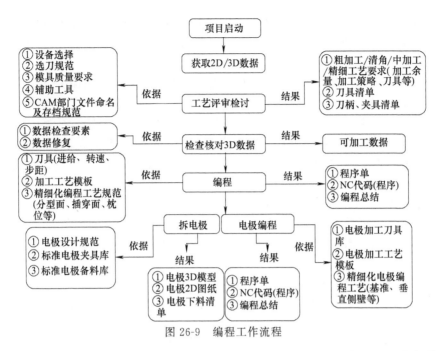

图 26-9　编程工作流程

　　高速铣部门机床自动化刀库全面实施，开粗和中光加工时可以实行无人化操作，光刀时自动换刀加人工接刀相结合，可以实行半自动化操作。机加工的刀库自动化全面实施，可以提高生产效率，降低总体人工成本（将本来一人操作一台机床提高到一个人操作二到三台机床甚至多台机床，减少用工人员，降低整体人力成本）。

26.3　数控铣操机工的操作步骤

　　CNC 操机工操作步骤见图 26-10。

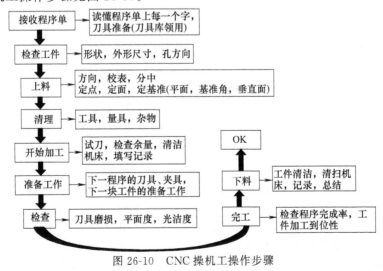

图 26-10　CNC 操机工操作步骤

26.4　数控铣的操作流程

　　（1）明确程序、工件

① 承接程序单，仔细阅读程序单各项要求，明确加工方法，确认使用刀具到位。

② 按程序单落实工件，测量模架外形尺寸，核对基准角方向、形状。

（2）上料

① 检查确认吊环已固定、吊带完好，确定有足够的承受能力，确保安全起吊。

② 检查模具底部有无毛刺，要求平整光滑。

③ 校表要求使用铜段，保护好模具外形，软材料（铝、木材、铅、石膏）要求有垫铁。

④ 基准的检查并确认：基准要求与图样完全相符；零件以基准角为基准的，基准角的直角边的侧面要求垂直、平面水平；以动、定模模板的中心为基准的，须加工好基准孔，模板外形在 500mm×500mm 以上时，其基准孔位置要求距离基准角边 80mm 处，模板外形在 500mm×500mm 以下时，其基准孔位置要求距离基准角边 50mm 处。

⑤ 工时记录：程序单上、下机时间，电子版总单一份，每个程序详情一份，对于异常情况，要求实事求是的记录，不得虚报填写，对记录须进行定期检查。

（3）加工

① 对刀：要求整副模具加工在同一个固定点对刀。

② 刀具检查：仔细检查程序单、刀路名称、程序写字板刀径，严格要求统一，如三者不统一，则应联系编程人员确认刀径。加工前每把刀都需要测刀（粗加工半径＋0.18mm，半精加工半径＋0.1mm。精加工半径±0.02mm）。检查使用刀柄符合要求，刀长准确无误。

③ 试刀后要求检测编程人员提供检测数据。仔细核对试刀区域状况，异常待机解决确认后才可以加工。解决流程：自检→班组长→编程员→编程主管→部门主管。

④ 开粗时要求关注刀具磨损情况，防止气冷却关闭，应及时排屑。铁屑随时清理（当班解决）。

⑤ 精加工要求刀径测准后再加工，清角要求接平。

⑥ 加工中自检，每班交接班检查前班工作状况，若有异常情况第一时间采取对应解决措施，隐瞒不报者双倍处罚，造成后续加工无效者根据实际情况重罚。

⑦ 加工完要求清理干净后自检，确认加工到位后再下料，如有疑问联系编程人员确认。

（4）下料

工件要求无残留铁屑、油。下料要求摆放整齐、美观、平整，下面要求木条垫空，严禁直接叠放。

26.5 数控铣出错的现象和原因及预防措施

为避免数控铣出错，必须加强机床操作管理，CNC 操作员必须熟悉加工中心操作和机床性能，并经过相关加工中心使用手册的理论和实习培训，通过考试合格取得上岗证，才具备上岗资格。

在工作中，操作人员、编程人员等常常因为小的疏忽和失误造成撞机，五轴高速机床撞机事故轻则造成工件、刀具刀柄损坏，重则造成机床精度误差甚至机头损毁。

高速机床是一种高精度设备，最忌发生碰撞。现针对机加工部门目前已经造成撞机的原因及潜在可能会造成撞机事故的原因进行分析与总结，并提出对应预防措施。

要求两个人进行互检：① 操作员 A 按照正确碰数方法进行分中（碰数后根据工件的长、宽尺寸，把主轴移动到工件的边缘，检查碰数的正确性；输入数据后再次分中复核其正确性）；② 操作员 B 进行分中检验。

CNC 加工出错现象较多，如表 26-1 所示，其原因是操作者、编程人员的责任问题，应加强培训，提高技能水平和意识。表 26-2 所示出错的原因及改正措施。

表 26-1　出错现象、原因、预防措施及检查确认

类别	出错现象	出错原因	预防措施	检查确认
工件	加工中工件移动	装夹没装紧固，位置错误	装夹必须压四个压板，压板相对要水平；螺杆必须垂直，螺帽必须拧满牙；装夹时必须确保夹紧固，开粗和中光后分别需要重新打表、分中	每班接班检查一次打表分中（无误差不输入数值和完成后必须重新打表、分中）
	工件加工精度不良，变形严重	工作台、工装夹具，工作底部不水平	对1.5m以上工件装夹必须保证底部垫6个垫板，以防止加工过程中模板变形	每班接班检查一次打表分中（无误差不输入数值和完成后必须重新打表、分中）；严格按照编程标示工件的上料要求上料
	工件方向上错（同一工件正反向上错，基准角放错）	没有仔细核对程序单、图纸	上料前要仔细核对程序单上所标注基准角方向与模板上编程人员所识基准角方向是否一致；深孔钻已经加工过的工件要核对深孔钻孔位置是否与图形一致；是否与3D相符	加工前在已加工好的位置X、Y、Z向试刀
	工件上错（不同工件）	没有仔细核对程序单、图纸及相对应的钢印码	核对编程人员所识模号印码与编号是否一致；核对编程人员所识模号与编程图号是否一致；加工时要核查外形尺寸（长×宽×高是否与程式单上所列尺寸一致	加工前在已加工好的位置X、Y、Z向试刀
打表	基准没校平（平面度、垂直度）、忘记校表	基准检查表灵敏度或没有按照规定流程操作	模板校表要求在0.02mm以内方合格；数控铣新模板校表一般按底部校平；压板最后一次重新校平；加工过程中更换压板位置必须重新校表检查；分中前使用分中棒检测两端是否一致	加工前在已加工好的位置X、Y、Z向试刀
分中	分中抄数错误，分中后坐标未保存	没有按照规定流程操作	X、Y回到工件原点后再次做完分中检测座标数值是否一致	加工前X、Y方向试刀
	多个坐标加工混淆	心算后没有验证，粗心	相应的程序单与工件座标系一一对应，并抄写在程序单上，将程序号与加工机床座标系更改一致	加工前X、Y方向试刀
	分错中（分中位置出错）	心算后没有验证，粗心	核对分中座标系是否与编程图档座标一致	加工前X、Y方向试刀
	开粗和半精加工后未分中	没有按照规定流程操作	开粗和半精加工完成后必须重新分中核对坐标；每班接班检查一次分中（无误差不输入数值和完成检查）	加工前X、Y方向试刀
对刀	忘记对刀；对完刀数据未保存	心算后没有验证，粗心	下刀时要把进给速度调到最小，单节执行。下刀时的集中精神，留意控制面板显示的刀具到工件的剩余距离，手动一有问题立即停止。注意观察刀具运动方向以确保安全进刀，然后慢慢加大进给速度合适	加工前Z轴方向试刀；有对刀仪的机床必须从刀具库上刀；禁止从前面手动上刀
	对好刀后刀具移动，抄数错误	心算后没有验证，粗心	对好刀后关闭手轮；核对对刀棒直径是否与对绝对坐标Z值相对一致	加工前Z轴方向试刀；有对刀仪的机床必须从刀具库上刀；禁止从前面手动上刀
	对刀后取数计算错误		确认对刀基准，核对对刀辅助量块高度（刀棒）与基准平面（刀棒）对刀与输入数据对刀Z值相对一致	加工前Z轴方向试刀；有对刀仪的机床必须从刀具库上刀；禁止从前面手动上刀
	对刀位置错误	图纸（程序单）标识不清楚，沟通无效	对刀必须统一对指定基准平面，可选择一个参照平面（特别注意平面度）的面评请清楚对刀基准并做记号；如果指定基准平面不利于对刀时，编程与操作员交接必须当	加工前Z轴方向试刀；有对刀仪的机床必须从刀具库上刀；禁止从前面手动上刀

续表

类别	出错现象	出错原因	预防措施	检查确认
刀柄、刀具	用错刀柄(上错刀具、刀柄)	未识别熟悉刀具型号及没有使用量具	检查所装刀具刀柄是否与程式单一致,运行程序前单节执行,查看程序里面刀具刀柄名称是否与机床上装刀柄一致,确认程序头显示所用的刀具刀柄直径与R角(特殊刀具编程特殊标注,程序名称所需有刀具名称)	将直径相差太大类似刀具取消
	刀长装短或装太长	没有严格按照编程要求装夹	检查所装刀具长度是否与程式单一致;CNC所需的刀长出程序标示刀长的5mm;高速铣所装刀长出程示刀长的0.5mm(刀具所装刀长过长,退回刀具库重装)	刀具库装好刀后必需自检,并在自检单上签名,后才可交给操机人员;操机人员将刀具装入刀具库前必须自检查,并在自检单上签字方可进行加工
	半精加工和精加工未测刀	不按流程操作	半精加工和精加工的程式必须测刀,并将测刀数据写在对应的程式单上,刀径在0.04mm以内方可加工(特殊刀具需要提供刀数据)	半精加工和精加工刀具必须将测好的刀径写在程序单上(程序单固定在面前板务边,方便记录数据)
	加工时刀片开叉、崩刃	切削超负荷,超时磨损未及时更换	刀具库定时检查20R0.8/16R0.8等刀具的直径;加工数据写在程式单上面,无测刀数据禁止加工;加工过程中不定时检查刀具有无磨损(听声音,看加工效果)	加工过程中不定时检查刀具清单独整理列出来,看加工效果
	刀具超行程自动换刀,机床碰撞	没有熟悉机床性能	特殊加长刀具谨慎加工,超过刀具所对最大范围手动上刀,不能通过ATC上刀	刀具库将程序刀具清单独整理列出来并标示清楚并作提醒警示
	精镗孔用粗镗刀加工、精加工用普通刀杆上加工、精加工刀片上成开粗刀片	加工要求知识缺乏,没有按照要求施工	刀具库将常用刀具使用情况看板,分门别类,标示清楚;月会对操作员工进行培训	特殊刀具刀具库出库时对标示清楚并告知使用方法,月会时进行培训
程序	调错程序/编文件名	输入加工软件后没有核对程序名称,刀号	加工前必须确认具体检查程序所用的刀具对应的程序名上打√;检查输入的文件名的正确性(建议在完成加工的程序名上打√);一个工件的全部CNC程序必须放在同一文件夹;建一个加工文件夹,操作工严格按照先后顺序加工,不得遗自跳选程序加工	运行程序前单节执行,查看程序里面刀具刀柄名称是否与所装机床上刀具刀柄一致
	删减程式出错,下刀点过切撞刀等、更改抬刀高度出错	没有使用模拟软件	禁止操作人员私自修改程序,特殊情况下操作人员需手动修改程序,更改完成后必须仔细查看下刀点与抬刀高度。删减的程序转速下面第一行必须有XY,第二行有Z的数据;注意第一刀下刀,查看第二刀下刀,控制进给余量,控制进给缓慢下降	注意第一刀下刀,查看机床Z轴残余值,控制进给缓慢下降
	试刀程式位置不合理	缺乏模具知识	试刀必须在非人编安全高度分型面上面离分型线30mm以外试刀,禁止在产品上面上试刀	编程试刀位置不合理拒绝加工
操作	操作失误,按错按钮	没有执行操作流程	加工前先用手轮将刀具摇到安全位置,将进给倍率和横向抬刀倍率开关旋转到零,再按数键操作;操作前必须禁止再按键操作	启动程式前必须将进给倍率旋转到0,再慢慢增加
	跳行号出错		第一刀下刀抬高10mm,走刀正常后缓慢下降至正常	启动程式前必须将进给倍率旋转到0,再慢慢增加
	未正确处理报警信息		不响报警信息关闭前无关刀再加工(或将机床重启加工)	维持现状,联系组长及设备科处理
	中途暂停程序未附再启动		程序中途暂停刀具按复位再执行其它操作	启动新程式前必须将复位先按复位(习惯),再输入新程序
	对完刀后安全高度未抬到安全高度就启动机床加工		所有程式在非人编工作安全高度	所有程序加工后处理后置必须Z轴归零,才能走X、Y坐标

表 26-2　出错的原因及改正措施

序号	出错的原因	特别注意	方法	预防及改正措施
1	没有检查工件的长、宽、高尺寸(取错料)	上机前的准备工作,必须认真检查工件长、宽、高尺寸是否符合图纸	自检	利用卡尺、碰数等方法检查其正确性
2	工件的摆放方向(基准方向)	根据(CNC程式单)编程作业指导书要求,对照工件、图纸确定工件的摆放方向	自检	①操作员认真检查工件的方向,然后按CNC程序单所示的摆放进行操作 ②编程员将工件的摆放方向截图发送到CNC电脑供操作员参考
3	碰数偏移(分错中)	碰数方法、碰数后检查、输入数据的检查	自检	机械坐标输入后按复位键检查绝对坐标是否为零,再检查分中。单边靠数值是否一致,加工前刀具检查分中与刀径尺寸,单边绝对值
4	用错刀具	认真检查所装刀具是否与CNC程序单所示的一致	自检	在执行程序的第二行时,必须注意确认程序头显示所用的刀具直径与 R 角
5	对刀出错	确认对刀基准及对刀辅助用的量块高度(刀棒或对刀器);输入数据的检查	自检	①对刀必须统一对指定基准平面,如果指定基准平面面积不利于对刀,可选择一个参照平面(特别注意平面度);操作员交接班时必须当面讲清楚对刀基准并做记号 ②下刀时要把进给速度调到最小,单节执行,快速定位、落刀,进刀时应集中精神,留意控制面板显示的刀具到工件的剩余距离。手应放在停止键上,有问题立即停止,注意观察刀具运动方向以确保安全进刀,然后慢慢加大进给速度到合适
6	开粗时刀具崩碎导致工件过切、刀具报废	开粗不得离控制面板太远;使用飞刀时特别注意飞刀片的磨损情况(留意切削时的声音及火花)	自检	①有异常现象及时停机检查 ②在加工中暂停更换飞刀片后,要特别留意下刀(切削量较大容易造成崩刀粒)
7	开粗后工件移位	装夹时必须确保紧固	自检	开粗后重新拉表、碰数
8	工件尺寸不到位	检查所使用的刀具;通知编程员检查程序	自检	①对于重要位置,确保使用新刀具加工;修改或增加程序 ②加工热处理工件时必须检测刀具损耗
9	输错文件名	加工前必须认真检查程序所用的刀具对应的文件名	自检	①认真检查输入的文件名的正确性(建议在完成加工的程序名上打√) ②一个工件的全部CNC程序必须放在同一个文件夹内

26.6　数控机床加工精度控制要点

① CNC 机床精度要达到使用要求。机床完好! 要求了解机床的性能及存在的误差,掌握零件加工的修正量。

② 刀具精度要达到使用要求。

a. 球头半径误差为 0.005mm,在允许误差范围内。采用高精度的热胀刀柄,要求刀柄与刀具的同轴度在 ±0.01mm 以内。

b. 刀柄和刀具要有足够的刚性,要控制刀具的伸长量,如图 26-11 所示。

c. 加强刀具管理,精刀要限时使用。

③ 加工零件形状设计要求优化。设计时尽量减少精加工面积,尽可能地减少精加工刀具的磨损,保证加工精度。设计时考虑到尽量减少加工工序,应尽可能在一道工序完成加工,避免在转工序时,造成不能达到重复基准而产生误差的情况。

④ 流程式的刀路编制要求优化、合理。

a. 编制刀路时在工件转角位置增加圆弧光顺过渡,避免刀具在角部过载切削而导致过切,如图 26-12 所示。

b. 平行或者等高加工时,对拐角进行圆弧过渡,如图 26-13 所示。起到改善加工表面质量的良好效果。

⑤ 注意零件的加工基准,对刀准确,第二次工序加工要求基准重合。

⑥ 注意工件的刚性,避免工件装夹变形和基准移位。

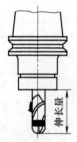

图 26-11　控制
刀具的伸长量

图 26-12　转角处要求圆弧过渡

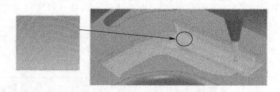

图 26-13　拐角进行圆弧过渡

⑦ 留尽可能少的精加工余量，设置合理的精加工参数。

a. 半精加工要尽可能地靠近精加工加工余量，以减少精加工的刀具磨损。

b. 精加工时不宜设置不适当的精加工速度。

⑧ 加工环境温度对加工精度及其测量结果的影响。精加工车间必须保持恒定的温度，因为铁的温度每增加 1℃，其延长 0.012mm/m。

⑨ 注意零件加工内应力的产生。

⑩ 制定规范的加工流程标准及合理的加工工艺。

26.7　数控铣加工要点

（1）数控加工时不宜随意选择夹具

夹具选择不当将造成工件形位误差，甚至产生安全问题。数控设备在夹具选用时应遵循以下原则。

① 当零件加工批量小时，尽可能采用组合夹具、可调式夹具及其他通用夹具。

② 中小批量生产时，应考虑采用专用夹具，但力求简单。

③ 夹具的定位、夹紧机构中的元件不能影响加工中的走刀（如产生碰撞等）。

④ 尽可能选用气动或液动夹具、多工位夹具。

（2）数控加工中，对刀点的确定不容忽视

对刀点通常称为程序原点，对刀点不确定或确定不准确将直接造成废品的产生或发生设备事故。正确确定对刀点应遵循以下原则。

① 找正容易。

② 编程方便。

③ 对刀误差小。

④ 加工时检查方便可靠。

（3）编制程序时，不可忽视换刀点的确定

换刀点确定不准确将造成废品的产生，损伤刀具及设备。因此，编制程序时应考虑全面，在换刀点的确定上要留有足够的余量，防止换刀时碰伤零件或夹具，保证加工安全。

（4）手工编程时，不可忽视顺序号的应用

手工编程时，如果不编写顺序号将造成程序报警段查询困难及循环程序中循环路径不封闭，甚至产生意外情况。所以手工编程时应养成良好的习惯，以方便程序调试及程序修改。

（5）手工编程时，不可忽视 G00 指令的运动特征

G00 运动轨迹通常不是直线，而是三条或两条直线段的组合。即假定三个方向都有位移量（如设备回零点），那么三个坐标的伺服电机同时按设定速度驱动刀架或工作台到达指定

位置。当某一轴完成位置移动时，该方向电机停止，余下两轴继续移动，直到最后一轴到达指令点为止。因此，编程时必须考虑 G00 的这种运动特性，否则将造成机床碰撞事故。

（6）数控加工时不可忽视跳步指令的正确运用

不注意跳步指令的正确运用将造成划伤工件、损坏刀具及多余部分指令重复执行，产生废品，故使用跳步指令时，应注意跳步开关是否处于正确位置，以免造成不必要的损失。

（7）不可忽视数控加工工序与普通加工工序的衔接

数控加工工序与普通加工工序之间衔接不好，容易造成加工件批量误差。因此，在穿插有普通工序的数控工序中必须相互建立状态要求，如要不要留余量，留多少？定位面与孔的尺寸精度及形位公差要求，对校形工序的技术要求，对毛坯的热处理状态等，以满足加工要求，保证产品质量。

（8）数控加工中，不可忽视加工路线的确定

加工路线确定不当将直接导致零件成本加大和造成零件编程困难。为避免上述现象的产生，数控加工路线的确定应遵循以下原则。

① 加工路线应保证被加工零件的精度和表面质量，且效率要高。

② 尽可能使数值计算简单，以减少编程运算量。

③ 应使加工路线最短，既简化程序段，又减少空走刀时间。

（9）在数控铣床上铣削内轮廓表面时，不可忽视刀具切入、切出点的选择

铣内轮廓表面时，刀具的切入、切出点选择不当将造成刀具折断或形成废品。因此，铣刀应沿零件轮廓的法线方向切入和切出，并将其切入、切出点选择在零件轮廓两几何元素的交点处，以此来保证加工的顺利进行及产品的质量。

（10）不可忽视数控加工中的在线测量

运用数控机床加工时，不注意在线测量将导致零件废品或程序的重复操作，增加工件的成本。因此，编程时必须安排中间在线检测工件的停机程序，以便加工中随时掌握工件的质量情况，确保加工精度及不重复运行不必要的程序步骤。

（11）数控编程时，工件原点的确定不容忽视

工件原点不确定或确定不合理将使被加工零件的工艺基准与设计基准不统一或无法编程。因此数控编程时应首先确定工件原点。

（12）使用数控车床加工零件时，不可忽视刀具的补偿

不注意刀具补偿或刀具补偿不准确，将形成零件形位精度超差，产生废品。因此，为保证被加工零件达到图样设计要求，避免刀具的安装误差、磨损误差、刀尖圆弧半径产生的误差及换刀带来的负面影响，加工时应对刀具进行刀具长度补偿和刀具半径补偿。

（13）不可忽视自动换刀时重复定位误差对加工的影响

自动换刀时重复定位误差将直接产生加工误差，影响加工精度。因此，采用自动换刀加工工件时，应注意调整机械手的装刀动作，观察主轴锥孔与刀具柄部是否拉毛等。以尽可能减小刀具的重复定位误差，保证零件的加工精度。

（14）利用加工中心加工工件时，加工余量的确定不容忽视

加工余量确定不准确将直接影响零件的加工质量及生产率。利用加工中心加工工件时，加工余量的确定应满足以下标准。

① 对最后的工序，加工余量应保证达到图样上所规定的表面粗糙度及精度要求。

② 考虑加工方法、设备刚性以及零件可能产生的变形。

③ 考虑零件热处理时引起的变形。

④ 考虑被加工零件的大小。零件越大，由于切削力大，零件产生内应力越大、变形大，所以零件越大加工余量就要越大。

26.8 数控铣安全作业指导书

① 操作机器之前，详细阅读并了解所有的操作说明书，并遵守贴于机器上的警示标记。对机器上的警示标记，请勿任意损毁。

② 在机器运转期间，勿将身体任一部分接近机器移动范围内。

③ 除非主轴完全停止，否则不要尝试去触摸工件、刀具或主轴。

④ 在操作机器之前，确认所有的护罩、开关和安全装置是在指定位置，并且功能正常。

⑤ 在进行加工前，确认工件、刀具已稳固锁紧，以避免意外产生。

⑥ 操作机器时，为了安全起见，操作者应穿戴安全眼镜、安全鞋、听力保护装置，并脱下戒指、手表、珠宝，以及过于宽松的衣服。

⑦ 机器的维修及安装应由具有资格或有良好经验的技术人员进行。

⑧ 手潮湿时，勿触摸任何开关或按钮。

⑨ 机器长时间运转后，照明装置会变烫，误触时有可能会引起烫伤。

⑩ 操作者必须先接受基本操作课程直至能安全操作机器后，方可执行操作。

⑪ 调整或换装皮带时，必须先将电源关闭。

⑫ 发生电力故障时，应立即切断电源。

⑬ 加工时，机器外罩钣金的门应保持在关闭状态。

⑭ 勿使机器运转速度超过其最大容许速度。

⑮ 在机器仍在加工过程中时，不要试着去扫除切屑。

⑯ 在操作者活动范围内，不应有任何障碍物。

⑰ 操作机器期间，操作者应使头发或其他易卷物品远离机器移动部位。

⑱ 操作机器前，应确认护罩都有适当地锁固。

⑲ 在维护时，若拆下伸缩护罩，应在完成后还原且锁紧。

⑳ 机器运转中不要太靠近机器的危险部位，尤其是有护罩保护的部分。

㉑ 机器零组件若有松动时，应立即进行调整，否则有可能造成零组件的解体而酿成意外。

㉒ 在机器以自动模式执行时，不要随意碰触任何按钮。

㉓ 勿将任何工具或量具随意置放于机器的移动部位或控制面板上。

复习思考题

1. 数控铣有哪些类型？
2. 数控铣的加工过程是怎样的？
3. 数控机床的编程工作流程是怎样的？
4. 数控机床的操机工操作步骤是怎样的？
5. 数控铣操作流程是怎样的？
6. 数控机床加工出错的现象有哪些？原因是什么？
7. 机床撞机事故的原因分析及预防是怎样的？
8. 数控编程作业标准是怎样的？
9. 怎样控制数控铣的加工精度？
10. 数控铣安全作业规程有哪些？

第27章 ▶▶ 电火花成型加工

电火花加工是在一定介质中，通过工具电极和工件电极之间脉冲放电时的电腐蚀作用，对工件进行加工的一种工艺方法。它可以加工各种高熔点、高硬度、高强度、高纯度、高韧性的导电材料，并在生产中显示出了很多优越性，因此得到了迅速发展和广泛应用。在模具制造中被用于凹模型孔和型腔及型芯的加工。

电火花加工已在模具行业普遍、成熟地应用，而且电火花机床的精度越来越高，其种类有镜面光电火花机床、双头火花机床等。关于如何提高模具型腔的加工精度和质量、加工效率的内容较多。

从事电火花工作的人员，须了解电火花加工的基础知识和掌握必要的加工方法和技巧，使所加工的零件表面质量和尺寸精度达到设计要求。

27.1 型腔电火花加工机床的工作原理

27.1.1 电火花的加工原理

电火花加工的原理是利用工具电极和工件之间间隙性火花放电生成的热，局部瞬时产生高温把多余的金属蚀除下来。即利用工具和工件（即正、负电极）之间脉冲性放电时的电腐蚀现象来蚀除多余金属，达到对零件的尺寸、形状及表面质量预定的要求，如图27-1（b）所示。

图27-1为电火花成形加工原理的示意图。工件1与工具4分别接脉冲电源2的两输出端。自动进给调节装置3（此处为液压油缸及活塞）使工具和工件之间经常保持适当很小的放电间隙，当脉冲电压加到两个电极（工具和工件）之间时，便在当时条件下，相对某一间隙最小处或绝缘强度最低处，击穿工作液介质，在该局部产生火花放电，并在放电通道中瞬时产生大量的热，达到很高的温度，足以使任何金属材料局部熔化、汽化，使工件和工具表面都蚀除掉一小部分材料，各自形成一个小凹坑。

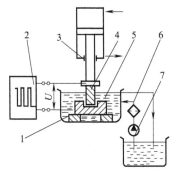

(a) 电火花成型加工原理

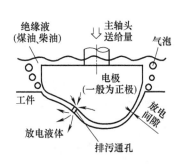

(b) 放电状况微观图

图27-1 电火花成型加工原理的示意图

1—工件；2—脉冲电源；3—自动进给调节装置；4—工具；5—工作液；6—过滤器；7—工作液泵

27.1.2　电火花加工时所需要具备的条件

① 一定的放电间隙。工具电极和工件电极之间必须维持合理的距离。在该距离范围内，既可以满足脉冲电压不断击穿介质，产生火花放电，又可以适应在火花通道熄灭后介质消电离以及排出蚀除产物的要求。若两电极距离过大，则脉冲电压不能击穿介质、不能产生火花放电，若两电极短路，则在两电极间没有脉冲能量消耗，也不可能实现电腐蚀加工。

② 绝缘介质。两电极之间必须充入具有一定绝缘性能的液体介质（专用工作液或工业煤油）；在进行材料电火花表面强化时，两极间为气体介质。液体介质还应能够将电蚀产物从放电间隙中排除出去，并对电极表面进行较好的冷却。

③ 单向脉冲。在火花信道形成后，脉冲电压变化不大，因此，信道的能量密度可以表征信道的能量密度。能量密度足够大，才可以使被加工材料局部熔化或汽化，从而在被加工材料表面形成一个腐蚀痕（凹坑），实现电火花加工。因而，通道一般必须有 $10^5 \sim 10^6 \mathrm{A/cm^2}$ 的电流密度。

放电通道必须具有足够大的峰值电流，通道才可以在脉冲期间得到维持。一般情况下，维持通道的峰值电流不小于 2A。

④ 足够的能量。必须有足够的脉冲放电能量，以保证放电部位的金属熔化或汽化。图 27-1 (a) 中所示的自动进给装置能使工件和工具电极之间经常保持给定的放电间隙。由脉冲电源输出的电压将加在液体介质中的工件和工具电极（以下简称电极）上。当电压升高到间隙中介质的击穿电压时，会使介质在绝缘强度最低处被击穿，产生火花放电。瞬间高温使工件和电极表面都被蚀除掉一小块材料，形成小的凹坑。

一次脉冲放电的过程可以分为电离、放电、热膨胀、抛出金属和消电离等几个连续的阶段。

a. 电离。工件和电极表面存在着微观的凹凸不平，在两者相距最近的点上电场强度最大，从而会使附近的液体介质首先被电离为电子和正离子。

b. 放电。在电场的作用下，电子高速奔向阳极，正离子奔向阴极，并产生火花放电，在这个过程中，两极间液体介质的电阻从绝缘状态时的几兆欧姆骤降到几分之一欧姆。由于放电通道受放电时磁场力作用和周围液体介质的压缩作用，其横截面积极小，因此电火花放电可达 $10^5 \sim 10^6 \mathrm{A/cm^2}$。

c. 热膨胀。由于放电通道中电子和离子高速运动时相互碰撞，会产生大量的热能；而阳极和阴极表面受高速电子和离子流的撞击，其动能也转化成热能，因此在两极之间沿通道形成了一个温度高达 10000～12000℃ 的瞬时高温热源。在热源作用区的电极和工件表面层金属会很快熔化，甚至汽化。

d. 抛出金属。由于热膨胀具有爆炸的特性，爆炸力将熔化和汽化了的金属抛入附近的液体介质中冷却，凝固成细小的圆球状颗粒，其直径视脉冲能量而异（一般约为 0.1～500μm），电极表面则形成了一个周围凸起的微小圆形凹坑。

e. 消电离。消电离是使放电区的带电粒子复合为中性粒子的过程。在一次脉冲放电后，应有一段间隔时间使间隙内的介质来得及消电离而恢复绝缘强度，以实现下一次脉冲击穿放电。如果电蚀产物和气泡来不及排除，就会改变间隙内介质的成分和绝缘强度，破坏消电离过程，易使脉冲放电转变为连续电弧放电，从而影响加工质量。

一次脉冲放电之后，两极间的电压急剧下降到接近于零，间隙中的电介质立即恢复到绝缘状态。此后，两极间的电压再次升高，又在另一处绝缘强度最小的地方重复上述放电过程。多次脉冲放电的结果，使整个被加工表面由无数小的放电凹坑构成，工具电极的轮廓形状便被复制在工件上，从而达到加工的目的。

在脉冲放电过程中，工件和电极都要受到电腐蚀。但正、负两极蚀除速度不同，这种两极蚀除速度不同的现象称为极性效应。产生极性效应的基本原因是电子的质量小，其惯性也小，在电场力的作用下容易在短时间内获得较大的运动速度，即使采用较短的脉冲进行加工也能大量、迅速地到达阳极，轰击阳极表面。而正离子的质量大，惯性也大，在相同时间内所获得的速度远小于电子。当采用短脉冲进行加工时，大部分正离子尚未到达阴极表面，脉冲便已结束，所以阴极的蚀除量小于阳极。但是，当用较长的脉冲加工时，正离子可以有足够的时间加速，获得较大的运动速度，并有足够的时间到达阴极表面，加上它的质量大，因而正离子对阴极的轰击作用远大于电子对阳极的轰击，阴极的蚀除量则大于阳极。

电极和工件的蚀除量不仅与脉冲宽度有关，还受电极及工件材料、加工介质、电源种类、单个脉冲能量等多种因素的综合影响。在电火花加工过程中，极性效应越显著越好。因此必须充分利用极性效应，合理选择加工极性，以提高加工速度，减少电极的损耗。在实际生产中，把工件接阳极的加工称为"正极性加工"或"正极性接法"；工件接阴极的加工称为"负极性加工"或"负极性接法"，极性的选择主要靠实验确定。

⑤ 脉冲放电需重复多次进行，并且多次脉冲放电在时间上和空间上是分散的。这包含两个方面的意义：其一，时间上相邻的两个脉冲不在同一点上形成通道；其二，若在一定时间内脉冲放电集中发生在某一区域，则在另一段时间内，脉冲放电应转移到另一区域。只有如此，才能避免积炭现象，进而避免发生电弧和局部烧伤。

⑥ 脉冲放电后的电蚀产物能及时排放至放电间隙之外，使重复性放电顺利进行。在电火花加工的实际过程中，火花放电以及电腐蚀过程本身具备将蚀除产物排离的固有特性；蚀除物以外的其余放电产物（如介质的气化物）亦可以促进上述过程。另外，还必须利用一些人为的辅助工艺措施，例如工作液的循环过滤，加工中采用的冲、抽油措施等。

27.2　电火花加工机床的组成及作用

电火花加工也称为放电加工或电蚀加工。有的企业现在已应用了高精度电火花机床（图 27-2、图 27-3）、双头电火花机床（图 27-4）、数控电火花机床。

图 27-2　镜面火花机（一）

（1）电火花成型加工机床

电火花成型加工机床可分为分离式和整体式，一般以分离式为多。床身和主柱是机床的主要基础件，要具有足够的刚度。

图 27-3　镜面火花机（二）　　　　　　　　图 27-4　双头火花机床

机床主机部分主要包括主轴头 3、床身 4、工作台与工作液槽 2 几部分，如图 27-5（a）所示。按主轴头和工作台相互调整运动的形式可分为三类，如图 27-5（b）所示。第一类是主轴头与工作台只有垂直的相对进给运动的机床，这种机床结构简单，但使用不便，现已很少采用。第二类是主轴头架上装有纵向和横向导轨的机床，可以调整工具和工件的相对位置，因主轴头呈悬臂状刚性差，使用也不多。第三类是工作台可做纵向和横向移动的机床，其主轴头沿主柱导轨做上下运动。

做纵、横向移动的工作台一般都带有坐标装置。还有一种形式是带回转工作台的精密坐标装置，以适应按极坐标定位和分度的加工要求。

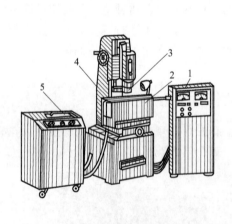

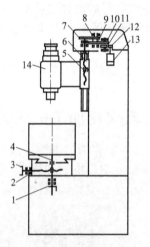

（a）电火花成型加工机床组成　　　　　　　（b）电加工机械传动图

1—电源箱；2—工作液箱；3—主轴头；　　　　1,3—手轮；2,4,6—丝杠；5—螺母；
4—床身；5—工作液系统　　　　　　　　　　7~12—齿轮；13—电动机；14—主轴头
图 27-5　电火花成型加工机床

（2）主轴头

主轴头 3 是电火花成形加工机床中最关键的部件，是自动调节系统中的执行机构，对加工工艺指标的影响极大。对主轴头：结构简单、传动链短、传动间隙小、热变形小、具有足够的精度和刚度，以适应自动调节系统的惯性小、灵敏度好和能承受一定负载的要求。主轴头主要由进给系统、导向防扭机构、电极装夹及其调节环组成。目前我国生产的电火花成型机床大多采用液压主轴头。主轴头也叫平动头，是在线调整的自动控制系统，其作用是维持工具电极和工件之间有一适当的放电间隙。图 27-6 所示是实现电火花加工过程的三要素：脉冲电源、伺服系统、工作液净化与循环系统。

（3）工作液循环、过滤系统

工作液循环过滤系统包括工作液箱、电动机、泵、过滤装置、工作液槽、油杯、管道、阀门以及测量仪表等。放电间隙中的电蚀产物除了靠自然扩散、定期抬刀以及使用工具电极附加振动等排除外，还常采用强迫循环的办法加以排除，以免间隙中电蚀产物过多，引起已加工过的侧表面间二次放电，影响加工精度，同时也可带走一部分热量。

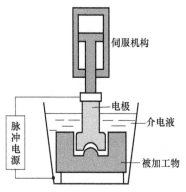

图 27-6　电火花加工过程的三要素

为了不使工作液越用越脏，影响加工性能，必须加以净化或过滤。具体方法如下。

① 自然沉淀法。此法速度太慢，周期太长，只用于单件小用量加工。

② 介质过滤法。常用介质有黄沙、木屑、棉纱头、过滤纸、硅藻土、活性炭等，各有优缺点，但对中小型工件，加工用量不大时，一般都能满足过滤要求，可就地取材。其中过滤纸效率较高、性能较好。

③ 高压静电过滤、离心过滤。因技术上比较复杂，采用较少。

（4）工具电极与夹具

工具电极的装夹及其调整装置的形式很多，常用的有十字铰链式和球面铰链式。

27.3　电火花加工的特点与缺点

27.3.1　特点

① 可加工超硬的材料。电火花加工不受工件材料硬、脆、软、黏和熔点高低的限制，可对各种能导电材料进行加工，因此广泛应用于各种模具型腔加工。

② 可加工复杂形状的型腔，随着电火花机床的 CNC 化，型腔可采用刨成法加工，可用简单形状的电极加工复杂形状的型腔，这样使电极加工更容易。

③ 所加工的工件精度较高。由于放电间隙的存在，型腔尺寸总是大于电极尺寸。放电间隙的大小随脉冲参数和电极材料而改变，加上电极的不断损耗，型腔精度受到了一定限制，一般电火花加工型腔的精度可达 $\pm 0.05\text{mm}$，表面粗糙度为 $R_a 1.6 \sim 0.8 \mu\text{m}$。当精加工时，其尺寸精度可达 $0.001 \sim 0.01\text{mm}$，表面粗糙度为 $R_a 0.32 \sim 0.2 \mu\text{m}$。

④ 工件不产生加工内应力。电蚀原理加工，工件变形小，电极不与工件接触，因此工件不会产生加工内应力。

⑤ 加工后工件无毛边。

⑥ 可加工断裂于工件内的丝攻或钻头。

⑦ 利用高精度的电火花机床加工的模具型腔不需手工抛光就能保证精度。高精度电火花机床加工的表面粗糙度达 $R_a 0.2 \mu\text{m}$ 以下，其形状尺寸精度可达 $0.001 \sim 0.01\text{mm}$；也可用来进行注塑模具型腔表面的精饰加工。

27.3.2　缺点

① 加工速度慢。电火花成型加工与机械加工相比，加工效率较低，故常用于精、光

加工。

② 加工前须制造成型电极，而且在加工中电极有损耗。所以，电加工的准备时间较长，精度受限制。

③ 工件表面有白层产生，表面脆硬有些裂缝。

④ 操作人员需要有相当的经验和水平。

27.4 电极设计与加工

27.4.1 正确选用电极材料

理论上任何导电材料都可以做电极，但不同的材料做电极，对于电火花加工速度、加工质量、电极损耗、加工稳定性有重要的影响。因此，在实际加工中，应综合考虑各个方面的因素，选择最合适的材料做电极。

电极应采用导电性好、在加工过程中损耗小、本身的机械加工性能好、效率高、来源丰富、价格便宜的材料。

电极材料的热学性能与极性效应有密切的关系。熔点、沸点越高，热导率、比热、溶解热、汽化热越大的材料，越不容易遭受电腐蚀。例如用钨、银及石墨做电极加工钢时，极性效应就显著得多，这一点在选择电极材料时必须注意。

① 纯铜电极。纯铜电极强度高，韧性好，易做成薄片及复杂形状，电加工性能优良，适用于加工精密、复杂的型腔；相对电极耗小，适用性广，尤其适用于制造精密花纹模的电极。纯铜电极常用于精密的中小型腔加工。应注意不要或尽量少用铸造或锻造的纯铜坯料做电极，这种材料因材质疏松或有夹层、砂眼，会使电极表面产生缺陷造成加工表面不理想。

② 石墨电极。特别适用于大脉宽大电流的型腔加工，电极损耗可小于0.5%，抗高温、变形小、制造容易、密度小。石墨是常用的电极材料，电加工性能优良，但由于石墨的品种很多，不是所有的石墨材料都可作为电极材料，一般的石墨脆性大，易崩角。而高密度、高强度的石墨克服了其脆性大的缺点，故应该使用电加工专用的高强度、高密度、高纯度的特种石墨。

③ 另外，黄铜、铸铁、钢、铜钨合金、银钨合金等均可制作电极。

④ 常用做电极材料的是纯铜和石墨材料。各种电极材料的性能见表27-1。

表27-1 电极材料的性能表

常用材料	电加工工艺性能		机械加工性能	价格材料来源	应用说明
	稳定性	电极损耗			
铸铁	较差	适中	好	低 （常用材料）	主要用于型孔加工。制造精度高
钢	较差	适中	好	低 （常用材料）	常采用加长凸模，加长部分为型孔加工电极，降低了制造费用
纯铜	好	较大	较差 （磨削困难）	较高 （小型电极常用材料）	主要用于加工较小型腔、精密型腔，表面加工粗糙度可很低
黄铜	好	大	较好 （可磨削）	较高 （小型电极常用材料）	
铜钨合金	好	小 （为纯铜电极损耗的15%~25%）	较好 （可磨削）	高 （高于铜价40倍以上）	主要用于加工精密深孔、直壁孔和硬质合金型孔与型腔
银钨合金	好	很小	较好 （可磨削）	高 （比铜钨合金高）	

续表

常用 材料	电加工工艺性能		机械加工性能	价格材料来源	应用说明
	稳定性	电极损耗			
石墨	较好	较小 (取决于 石墨性能)	好 (有粉尘, 易崩角、掉渣)	较低 (常用材料)	适用于加工大、中型的型孔与型腔

27.4.2 电极结构形式的确定

根据模具的类型，型腔的内部尺寸、结构，电极的制造精度、加工工艺性及装夹形式等因素，一般它有三种结构形式：整体式、组合式及拼块式，如表 27-2 所示。

① 整体式电极 这种电极是由整块材料加工而成，结构最简单，也最常用。通常又分有固定板和无固定板两种形式。固定板的目的是便于电极制造和使用时的装夹、校正。整体式电极适用于复杂程度一般、中等型腔的加工。

② 组合式电极 在型腔的加工中，常会遇到在同一块模板上需要同时加工几个型腔的情况，为此，可把几个电极组合安装在同一块固定板上。这样，一次即可完成几个型腔的加工。在采用这种组合电极时，一定要注意各电极间的中心轴线要相互平行，且每个电极都应垂直于安装表面。采用组合式电极加工，可大大提高加工速度，各型腔的位置精度也易于保证。

③ 镶拼式电极 这种电极是由几块拼块，经单个加工后用螺钉固定或经焊接后拼装在一起而组成的整体式电极结构。由于它把复杂的型腔分成了几块较简单的拼块，因此简化了加工难度，减少了因加工费时而增加的成本。但在制造中，应保证拼块的接缝处间隙不要过大，并且相互配合要紧凑牢固。

总之，电极的结构形式的确定，应根据所加工模具的结构、孔形大小及复杂程度来确定。

表 27-2 常用工具电极结构形式

电极	工具电极结构示例图	说 明
整体结 构电极		此为加工型孔、型腔常用的结构形式。图中 1 为冲油孔,2 为石墨电极,3 为电极固定板。当面积大时,可在不影响加工处开孔或挖空以减轻其重量
阶梯式 整体结 构电极		为提高加工效率和精度,降低 R_a 值,常采用阶梯式整体结构。图中,L_1 为精加工电极长度;L_2 为加长度,常为型孔深的 1.2～2.4 倍;其径向尺寸比精加工段小 0.1～0.3mm。作粗加工电极。此类电极适于加工小斜度型孔,以保证加工精度,减少电参数转换次数
组合结 构电极		当工件上具有多个型孔时,可按各型孔尺寸及其间相互位置精度,定位、安装于通用或专用夹具,加工工件上的多个型孔和圆孔孔系

电极	工具电极结构示例图	说　明
镶拼结构电极		将复杂型孔分成几块几何形状简单的电极,加工后拼合起来电加工型孔。这样,可使制造简化,减少电极加工费。图为加 E 形凹模用三块电极

27.4.3　设计电极时应考虑的因素

① 电极设计时应考虑排气孔和冲油孔的设计,因为型腔加工一般均为盲孔加工,排气、排屑状况将直接影响加工速度、稳定性和表面质量。通常情况下在不易排屑的拐角、窄缝处应开有冲油孔,而在蚀除面积较大以及电极端部有凹入的部位开排气孔。冲油孔和排气孔的直径一般为 1～2mm。若孔过大,则加工后残留的凸起太大,不易清除。孔的数目应以不产生蚀除物堆积为宜,孔距在 20～40mm 左右,并要把孔适当错开。

② 设计型腔模加工用的电极时,电极如图 27-7 所示,尺寸一方面与模具的大小、形状复杂程度有关,而且与电极材料、加工电流、加工深度、加工余量及间隙等因素有关。当采用平动法加工时,还应考虑所选用的平动量。

③ 电极的排气孔和冲油孔设计如下。

电火花成型加工时,型腔一般均为盲孔,排气、排屑较困难,这直接影响加工效率与稳定性,以及精加工时的表面粗糙度。大、中型腔加工电板都设计有排气、冲油孔,一般情况下,开孔的位置应尽量保证冲液体和气体易于排出。冲油孔的布置需注意冲油要流畅,不可出现无工作液流经的"死区"。

在实际设计冲油孔中要注意以下几点。

a. 排气孔和冲油孔的直径约为平动量的 1～2 倍,一般取 1～1.5mm;为便于排气、排屑,常把排气孔、冲油孔的上端孔径加大到 5～8mm;孔距在 20～40mm 左右,位置相对错开,以避免加工表面出现"波纹"。

b. 为便于排气,经常将冲油孔或排气孔上端直径加大,如图 27-7 (a) 所示。

c. 气孔尽量开在蚀除面积较大以及电极端部凹入的位置,如图 27-7 (b) 所示。

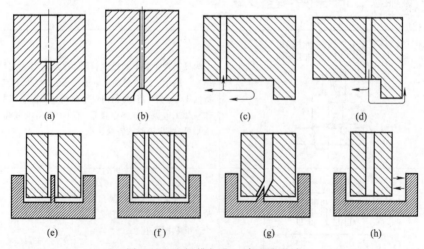

(a)　　　(b)　　　(c)　　　(d)

(e)　　　(f)　　　(g)　　　(h)

图 27-7　电极排气孔、冲液孔设计

d. 冲油孔要尽量开在不易排屑的拐角、窄缝处［图 27-7（c）所示结构不好，图 27-7（d）所示结构好］。

e. 尽可能避免排气孔、冲液孔在加工后留下的柱芯［图 27-7（f）～（h）所示结构较好］。

27.4.4　电极尺寸的确定

（1）电极垂直方向尺寸确定

如图 27-8 所示为与主轴头进给方向垂直的电极尺寸，为水平尺寸，可用下式确定：

$$a = A \pm Kb$$

式中　a——电极的长度（水平方向尺寸）；

　　　A——型腔图纸上名义尺寸；

　　　K——与型腔尺寸注法有关的系数，直径方向（双边）$K=2$，半径方向（单边）$K=1$；

　　　b——电极单边缩放量（或平动头偏心量，一般取 $0.7 \sim 0.9$mm）。

$$b = S_L + H_{max} + h_{max}$$

式中　S_L——电火花加工时单面加工间隙；

　　　H_{max}——前一规准加工时表面微观不平度最大值；

　　　h_{max}——本规准加工时表面微观不平度最大值。

在式 $a = A \pm Kb$ 中的"±"号按缩、放原则确定。

（2）图样上型腔凸出、凹入部分尺寸的确定

其相对应的电极凹入部分的尺寸应放大，用"+"号；反之在图纸上型腔凹入部分，其相对应的电极凸出部分的尺寸缩小，即用"−"号。对于 K 值的选择原则为：当图中型腔尺寸完全标注在边界上时（即相当于直径方向的尺寸），$K=2$；一端以中心线或非边界线为基准时（即相当于半径方向的尺寸），$K=1$；图样上型腔中心线之间的位置尺寸以及角度数值，在电极上相对应的尺寸或数值不增也不减，即 $K=0$。图 27-9 所示为电极与主轴进给方向平行的尺寸，称为垂直尺寸，可用下式确定：

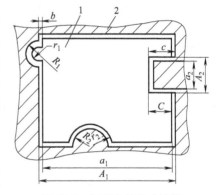

图 27-8　加工电极尺寸计算
1—电极；2—型腔

$$b = B \pm K\Delta$$

式中　b——电极垂直方向的有效加工尺寸；

　　　B——型腔深度方向尺寸；

　　　K——与尺寸注法有关的系数；

　　　Δ——加工时的放电间隙和电极损耗要求电极端面的修正量。

$$\Delta = \Delta L_{EF} - S_p$$

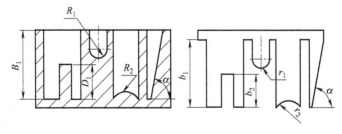

图 27-9　电极设计尺寸计算

式中　ΔL_{EF}——电极端面损耗，$\Delta L_{EF} \approx B \times 1\%$；
　　　　S_p——最末档精规准的加工间隙。

（3）电极总高度 H 的确定

如图 27-10 所示，电极总高度需根据实际情况（电极使用次数、装夹要求等）决定。从图中可知：

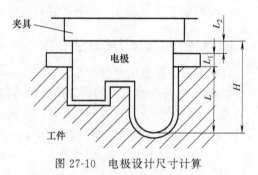

$$H = L + L_1 + L_2$$

式中　H——除装夹部分外的电极总高度；
　　　　L——电极每加工一个型腔在垂直方向的有效高度；
　　　　L_1——当需加工的型腔位于另一型腔中时，电极需要增加的高度；
　　　　L_2——考虑到加工结束时，电极夹具或固定板不和模块或压板发生碰撞，以及同一电极能重复使用而需要增加的高度。

图 27-10　电极设计尺寸计算

27.4.5　电极加工制造

电极制造要考虑电极的尺寸精度、形状精度和表面粗糙度。常用的电极制造方法如下。

① 现在黄岩的模具企业的电极大都采用了石墨电极。石墨材料加工时容易碎裂、粉末飞扬。所以在加工前将石墨放在工作液中浸泡 2~3d。这样可以有效地减少崩角及粉末飞扬。紫铜材料切削较困难，为了达到较好的表面粗糙度，经常在切削加工好后进行研磨抛光加工。

② 线切割加工电极外形，然后再由钳工修整尺寸及打光。

③ 数控铣加工，适用于形状特别复杂，用机械加工方法无法胜任或很难保证精度的情况。

④ 用电极对凹模进行电火花加工，再由凹模按间隙要求配制凸模，这种方法适合于凸、凹模配合间隙比放电间隙大 0.10mm 以上，或凸、凹模配合间隙小于 0.01mm 的场合。

⑤ 在进行电极制造时，尽可能将要加工的电极坯料装夹在即将进行电火花加工的装夹系统上，避免因装卸而产生定位误差。

⑥ 电火花加工较大孔时，一般先预制孔，留合适余量（单边余量一般为 0.1~0.5mm左右），若余量太大，则生产效率低，电火花加工时不好定位。细微孔为直径小于 0.2mm的孔，但加工细微孔的效率较低，排屑也难。

⑦ 预加工后使用的电极上可能有铣削等机加工痕迹，如用这种电极精加工则可能影响到工件的表面粗糙度。因此需要对电极进行打光，要事先放打光余量。

⑧ 电极加工好后应去磁处理。

27.4.6　电极损耗情况和原因分析

在电火花成型加工中，工具电极损耗直接影响仿形精度，特别对于型腔加工，电极损耗这一工艺指针较加工速度更为重要。

在电火花成型加工中，工具电极的不同部位，其损耗速度也不相同。电极的尖角、棱边等凸起部位的电场强度较强，易形成尖端放电，这些部位比平坦部位损耗要快。在精加工时，一般电参数选取较小，放电间隙太小，通道太窄，蚀除物在爆炸与工作液作用下，对电极表面不断撞击，加速了电极损耗，因此，如能适当增大电间隙，改善通道状况，即可降低电极损耗。

图 27-11 所示是工具电极相对损耗、极性与脉宽的关系。

降低电极损耗的途径：根据电极材料、工件粗糙度选择程序转换，采取相应措施进行加工。

① 极性效应：工具接正极而被加工件接负极（正极性），采用低损耗电规准加工。

② 小电流密度的电参数：长放电时间、低尖峰电流。

③ 覆盖效应：黑膜只能在正极表面形成，因此须采用负极性加工。

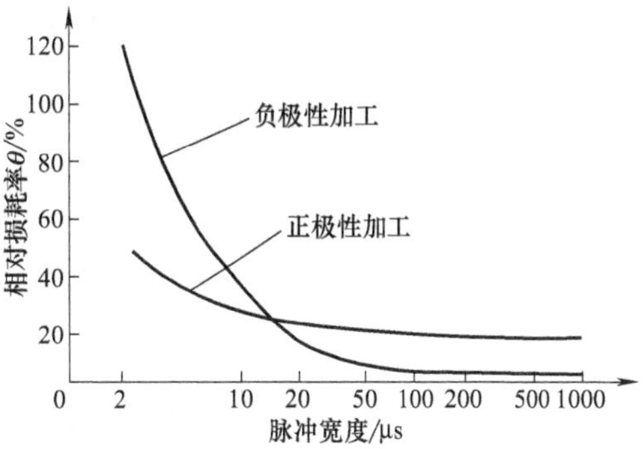

图 27-11 工具电极相对损耗、极性与脉宽的关系

④ 选择合适的工具电极材料。纯铜电极粗加工比石墨电极损耗小，低于 1%。

⑤ 热效应。

⑥ 沉淀效应。

加工速度与电极消耗、表面粗糙度三者的关联性。

① 加工面粗糙度佳，增大加工速度，电极消耗快。

② 减少电极消耗，增大加工速度，加工面劣化。

③ 电极消耗慢，加工面粗糙度佳，加工速度慢。

27.5 电极、工件的装夹与调整

在电火花加工中，必须将电极和工件分别装夹到机床的主轴和工作台上，并将其找正、调整到正确的位置。电极、工件的装夹及调整精度对模具的加工精度有直接影响。

27.5.1 电极的装夹与调整

整体电极一般使用夹头将电极装夹在机床主轴的下端。图 27-12 所示为用标准套筒装夹的圆柱形电极。直径较小的电极可用钻夹头装夹，如图 27-13 所示。尺寸较大的电极可用标准螺钉夹头装夹，如图 27-14 所示。对于镶拼式电极，一般采用一块连接板将几个电极拼块

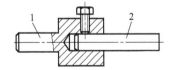

图 27-12 用标准套筒装夹电极
1—标准套筒；2—电极

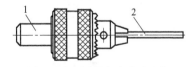

图 27-13 用钻夹头装夹电极
1—钻夹头；2—电极

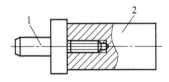

图 27-14 用标准螺钉夹头装夹电极
1—标准螺钉夹头；2—电极

连接成一个整体后，再装到机床主轴上进行找正。加工多型孔凹模的多个电极时，可在标准夹具上加定位块进行装夹，或用专用夹具进行装夹。

装夹电极时必须进行找正，使其轴线或电极轮廓的素线垂直于机床工作台面。在某些情况下，电极横截面上的基准还应与机床工作台溜板的纵横运动方向平行。

找正电极的方法较多。图 27-15 所示为用直角尺观察测量

边与电极侧面一条素线间的间隙，在相互垂直的两个方向上进行观察和调整，当在两个方向观察到的间隙上下都均匀一致时，电极与工作台的垂直度即被找正。这种方法比较简便，找正精度也较高。

图 27-16 所示为用千分表找正电极的垂直度。将主轴上下移动，在相互垂直的两个方向上用千分表找正，其误差可直接由千分表显示。这种找正方法可靠、精度高。

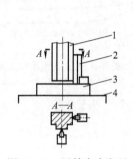
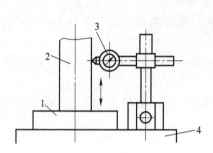
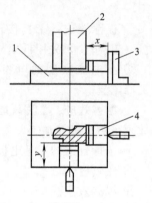

图 27-15　用精密直角尺找正电极垂直度
1—电极；2—直角尺；3—凹模；4—工作台

图 27-16　用千分表找正电极
1—凹模；2—电极；3—千分表；4—工作台

图 27-17　用量块、直角尺定位
1—凹模；2—电极；3—直角尺；4—量块

27.5.2　工件的装夹与调整

一般情况下，将工件装夹在机床的工作台上，用压板和螺钉夹紧。

装夹工件时，应使工件相对于电极处于一个正确的位置，以保证所需的位置精度要求。使工件在机床上相对于电极具有正确位置的过程称为定位。在电火花加工中，根据加工条件可采用不同的定位方法，以下是两种常见的定位方法。

① 划线法　按加工要求在凹模的上、下平面划出型孔轮廓。进行工件定位时，将已安装正确的电极垂直下降，靠上工件表面，用眼睛观察并移动工件，使电极对准工件上的型孔线后将其压紧。经试加工后观察定位情况，并用纵横溜板作补充调整。这种方法的定位精度不高，且凹模的下平面不能有台阶。

② 量块角尺法　如图 27-17 所示，按加工要求计算出型孔至两基准面之间的距离 x、y。将安装正确的电极下降至接近工件，用量块、直角尺确定工件位置后将其压紧。这种方法不需专用工具，操作简单方便。

27.6　电火花加工型腔工艺方法与特点

型腔模主要包括锻模、压铸模、挤压模、玻璃模、陶瓷模、胶木模、塑料模等，因为都是盲孔加工，工作液循环困难，电蚀产物排除条件差，工具损耗后无法靠进给补偿，金属蚀除量大，加工面变化大，所以型模加工比较困难。型腔模电火花加工工艺方法主要有单电极平动法、多电极更换法和分解电极加工法等。

27.6.1　单电极平动法

在型腔模电火花加工中应用最广泛。它是采用一个电极完成型腔的粗、中、精加工的。首先采用低损耗（电极相对损耗率 $\theta < 1\%$）、高生产率的粗规准进行加工。然后利用平动头

作平面平行运动（图 27-18）。按照粗、中、精的
顺序逐级改变电规准，与此同时依次加大电极的
平动量，以补偿前、后两个加工规准之间电间隙
差和表面微观不平度差，实现型腔侧向仿形，完
成整个型腔模的加工。

单电极平动法的最大优点是只需要一个电
极，一次装夹定位便可达到 0.05mm 的加工精
度，并提高了排除电蚀产物的方便性。它的缺点
是难以获得高精度的型腔模，特别是难以加工出

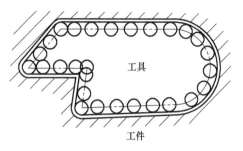

图 27-18 平动头作平面平行运动

清棱清角的型腔。因为平动时使电极上的每一个点都按平动头的偏心半径作圆周运动，
清角半径由偏心半径决定。此外，电极在粗加工中容易引起不平的表面龟裂状的积炭层，
影响型腔表面粗糙度。为弥补这一缺点，可采用精度较高的重复定位夹具，将粗加工后
的电极取下，经均匀修光后，再重复定位装夹并用平动头完成型腔的终加工，便可消除
上述缺陷。

单电极平动法采用工作台带动工件纵、横方向移动的方法来实现型腔侧壁修光，但工作
台的坐标要有较高的精度。

27.6.2 多电极更换法

多电极更换法是采用多个电极依次更换加工同一个型腔。各电极有效工作范围内的直壁
部分和倾斜部分的尺寸，必须根据使用不同规准的加工间隙来确定。每次加工必须把上一规
准的放电痕迹去掉。一般只要用两个电极进行粗、精加工就可以满足要求，只有在型腔模的
精度和表面质量要求很高时才需要采用三个或多个电极进行加工。多电极加工的仿形精度
高，尤其适用于尖角、窄缝多的型腔加工。不足之处是要求多个电极制造的一致性好，制造
精度要高；另外更换时要求定位装夹精度高，因此一般只用于精密型腔的加工。用多电极法
加工时，寻找简便而经济的制造工具电极的方法是很重要的，如用电镀、电铸、喷涂、挤
压、精密铸造等。

27.6.3 分解电极法

分解电极加工法是单电极平动加工法和多电极更换加工法的综合应用。根据型腔的几何
形状，把电极分解成主型腔电极和副型腔电极分别制造。先用主型腔电极加工出主型腔，再
用副型腔电极加工尖角、窄缝等部位的副型腔。

此法的优点是可以根据主、副型腔不同的加工条件选择不同的加工规准，有利于提高加
工速度和改善加工表面质量，同时还可以简化电极制造，便于修整电极。其缺点是更换电极
时主型腔和副型腔电极之间的精确定位较难解决。

27.6.4 利用极性效应加工

在实际生产中把工件接正极，称为"正极性加工"或"正极性接法"。工件接负极的加
工称为"负极性加工"或"负极性接法"，如图 27-19 所示。

通常在实际加工中：采用短脉冲精加工时，应选用正极性加工；采用长脉冲粗加工时，
应选用负极性加工。

对于石墨电极和紫铜电极，当脉宽大于 $20\mu s$ 时，用负极性加工；反之采用正极性
加工。

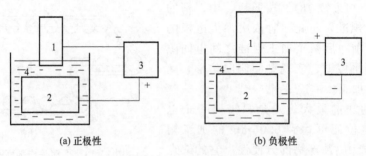

(a) 正极性　　　　　　　　　　　　　(b) 负极性

图 27-19　正负电极接法
1—成型电极；2—工件；3—脉冲电源；4—工作液

27.7　电规准的选择与转换

27.7.1　电规准定义

是指在加工某一工件时，机床应选择的脉冲宽度、脉冲间隙和峰值电流这一组参数，它是完成此工件加工并达到技术要求的重要技术参数，其目的是为了较好地解决电火花加工的质量和生产率之间的矛盾。

27.7.2　正确选择电规准

在电火花加工中，电规准的选择是否合理，直接关系到生产效率和加工精度。在实际生产中，电规准一般分为粗、中、精三类。在选择电规准时，可按下列方法选择。

① 粗规准。当要求生产率较高或型腔孔斜度加大时，可选用粗规准加工，表面粗糙度为 $R_a 5\sim10\mu m$。要求高生产率和低电极损耗。一般选取宽的脉冲宽度（大于 $400\mu s$）和电流峰值大的参数进行粗加工。加工时应注意加工面积和加工电流之间的配合关系。通常石墨电极加工钢最高电流密度为 $5\sim8A/cm^2$，铜电极加工钢的电流密度可稍大些。

② 中规准。当型腔比较复杂且具有尖角部分时，可选用较小的粗规准或选用中规准加工。中规准介于粗、精之间，表面粗糙度为 $R_a 1.25\sim5\mu m$。一般选用脉冲宽度为 $20\sim400\mu s$、电峰值较小的参数进行中加工。中规准与粗规准之间并没有明显的界限，应按具体加工对象划分。中规准要在保持一定的加工速度情况下，尽量得到低的电极损耗，以利于修形。加工小孔、窄缝等复杂型腔时可直接用中规准做粗加工成型。

③ 精规准：当表面精度要求较高，或斜度要求较小时，应选用精规准加工，表面粗糙度为 $R_a 0.63\sim1.25\mu m$。在中加工基础上进行精加工的参数，一般选用窄脉宽（$t_1=2\sim20\mu s$），小的峰值电表流（$2\sim5A$），电极相对损耗约为 $10\%\sim25\%$。精加工的去除量很小，一般单边不超过 $0.1\sim0.2mm$，表面粗糙度优于 $R_a 2.5\mu m$。

27.7.3　电规准的转换

① 在电火花加工中，要完成一个工件的加工，往往需要几个不同的电规准转换加工，这个变更过程称为电规准的转换。

② 电规准的转换是在加工过程中，通过改变电规准的参数及改变主轴进给量来完成的。在通常情况下，为了使加工速度加快，并能保证一定的精度和表面质量，必须采用粗、中、精三种规准联合运用，一般都要由 $2\sim3$ 个规准来完成。先用粗规准蚀去大量金属，减少型

孔的加工余量，以达到提高加工速度的目的；再用中规准使型腔内壁能平稳过渡；而精规准则使工件达到所要求的尺寸精度和表面质量。

③ 在转换电规准的时候，要适当调整冲油压力。一般来说，在粗加工时，排屑较易，宜用较小油压；转入精规准后，加工深度增加，放电间隙减小，排屑困难，应逐渐加大冲油压力；若型孔快穿透时，应适当降低压力。对加工斜度较小、粗糙度较小和精度要求较高的模具时，可将工作液的循环方式由上部入口处冲油改成从孔下端抽油，以减少二次放电的影响。

27.8　电火花加工工艺过程

27.8.1　电火花加工工艺

① 电火花加工工艺过程如图 27-20 所示。

② 电火花加工可分成三大部分。

a. 准备工作：电桩准备、工件准备、装夹、电火花工件的校正定位。

b. 电火花加工：电火花穿孔加工（通孔）、电火花成型加工（盲孔）。

c. 检验工作。

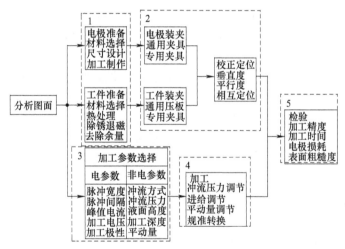

图 27-20　电火花加工工艺图

27.8.2　电火花成型加工工艺

（1）火花间隙与加工斜度

电加工时，工件加工面与工具电极之间需有一定火花间隙（Δ），一般为 0.01～0.5mm。因此，加工后的工件型孔、型腔尺寸（L）表达式如下：

$$L = L_0 + 2\Delta + 2\delta + 2\delta_1$$

式中　L_0——工具电极设计尺寸，mm；

　　　δ——工件型孔、型腔蚀除层深度，mm；

　　　δ_1——工具电极尺寸损耗，mm。

实际上由于火花间隙中存有大量蚀除下来的金属屑粒，并不断随介质循环过程被排出电间隙，致使许多屑粒在排出放电间隙路程中会发生二次放电，使工件加工面与工具电极之间

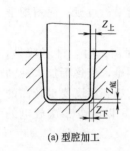

(a) 型腔加工

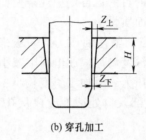

(b) 穿孔加工

图 27-21 间隙与斜度

的间隙扩大。因入口处屑粒发生二次放电的概率最大，所以火花间隙在型孔、型腔的入口处为最大，这就使型孔、型腔侧壁形成电加工斜度，如图 27-21 所示。

精加工时，电加工斜度的斜角可控制在 10° 以内。因此，在加工冲模口模型孔时，应从漏料孔端开始加工，使斜角成为漏料孔斜度的一部分。加工塑料模口模型腔时，其电加工斜度正好作为脱模斜度的一部分。

（2）电规准调节与选择

在加工时，常选择一组电参数，以满足工件加工要求，这组电参数称 1 挡规准。

粗加工时，常取 1～2 挡规准，加工后，型孔、型腔表面粗糙度可达 $R_a 10～5\mu m$，生产率高。

半精加工时，挡数适当，表面粗糙度达 $R_a 5～1.25\mu m$。

精加工时，常选数挡电规准，加工后其表面粗糙度可达 $R_a 0.63～0.32\mu m$，但生产率低。

因此，在电加工过程中常需进行规准转换，以达到降低电极损耗、保证加工精度的目的，并使加工速度 $v_w(mm^3/min)$ 达到要求，一般：粗加工时，$v_w = 500mm^3/min$；精加工时，$v_w = 20mm^3/min$。

为达到以上加工要求，选择适当电规准是满足电加工要求的技术基础。电规准主要指脉冲宽度、脉冲间隔、峰值电流和电流密度。

① 当进行粗加工时，要求控制电极损耗小于 1%。

② 精加工时，须根据加工精度和表面粗糙度的要求进行。

这两项要求主要取决于脉冲宽度和峰值电流。因此，须根据规准挡数要求正确选定这两项参数，以满足加工要求。

③ 电流密度根据加工面积选择。小面积加工时，电流密度宜小，一般为 $1～3A/cm^2$；面积大时，则宜保持在 $3～5A/cm^2$。

④ 脉冲间隔选择的依据主要为不使火花间隙短路、产生电弧，但须尽量小。粗加工、长脉宽时，脉冲间隔选定为脉宽的 1/5～1/10；精加工、窄脉宽时，选定为脉宽的 2～3 倍。

表 27-3 所列内容可供选择电规准时参考。

表 27-3 加工规准与工艺效果的关系

加工参数	工艺效果			
	表面粗糙度(R_a)	加工速度	电极损耗	其他
脉宽↑	↑	↑	↓	火花间隙↑变质层↑斜度↑
峰值电流↑	↑	↑	↑	火花间隙↑变质层↑稳定性↑
脉间↑	影响小	↓	↑	稳定性↑
电流密度↑	↑	↑	↑	过火时稳定性↓

27.8.3 电火花加工工艺的加工示例

① 型腔电火花加工的工艺过程见表 27-4。

表 27-4　型腔电火花加工的工艺过程

序号	工序名称	工 艺 说 明
1	选择加工方法	按加工要求选择工艺方法
2	选择电极材料	①纯铜电极要求为无杂质、经锻压成型的电解铜 ②石墨电极要质细、致密、颗粒均匀、气孔率小、灰粉少
3	设计电极	根据模具型腔大小深浅、复杂程度及精度要求,确定电极缩小量,再按型腔图样尺寸计算电极的水平尺寸及垂直尺寸
4	加工电极	单件电极采用机械加工,批量电极采用纯铜精锻、石墨振动成型加工
5	准备工件	①先用机械加工方法去除工件的大部分余量,留加工余量要合适,力求均匀,工件加工后要去磁、除锈 ②工件磨平后,应在表面划出轮廓线和中心线,以利于电极的找正、定位
6	工件、电极的装夹与找正定位	①先将工件直接安放在垫板、垫块、工作台面或油杯盖上,然后将工件中心线找正到与机床十字滑板移动轴线平行的位置。定位时要用量块、深度尺、百分表等量具测量位置及垂直度。已定了位的工件用压板压紧 ②装夹电极时,电极与夹具要保持清洁,接触良好,在紧固时,要防止电极变形。定位要准确
7	中间检查	检查加工深度、型腔上口水平尺寸,观察加工情况是否稳定,适当调整电参数
8	加工结束后检查	检查工件的各项技术要求

② 电火花加工凹模的工艺参数见表 27-5。

表 27-5　电火花加工凹模的工艺参数

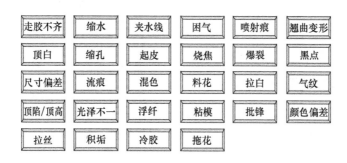

使用机床	KD-110 型电子管式高频电火花加工机床
凹模形式	①材料:经淬火后的 T8A ②型孔周长:160mm 直壁模,高 15mm ③单边余量:2mm
电极	①材料:铸铁(生铁) ②阶梯电极,单边缩小 0.15mm
电规准	①粗规准:脉冲宽度为 9μs,重复频率为 16kHz 直流高压为 3500V,时间为 15min ②精规准:脉冲宽度为 1.5μs,重复频率为 20~100kHz 直流高压为 2000~2400V,时间为 29min
加工效果	总计时间为 44min 刃口高度为 15mm 表面粗糙度 R_a 1.6~0.8μm

27.9　电火花加工的操作流程

电火花加工操作流程如图 27-22 所示。

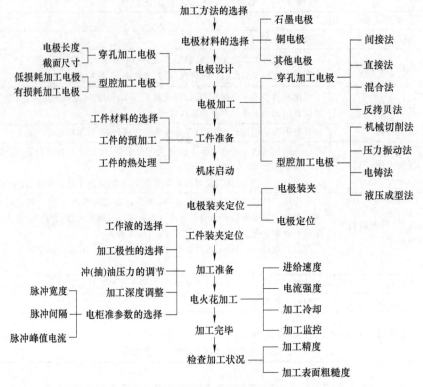

图 27-22　电火花加工操作流程图

27.10　电火花加工的准备

电火花加工在整个零件的加工中属于最后一道工序或接近最后一道工序，所以在电火花加工前，须做好准备工作。

(1) 电火花前的预加工

一般来说，机械切削的效率比电火花加工的效率高。所以火花加工前，尽可能用机械加工的方法去除大部分加工料，可以节省电火花粗加工时间，提高总的生产效率。预加工时要注意以下问题。

① 所留余量要合适，尽量做到余量均匀，否则会影响型腔表面粗糙度和导致电极产生不均匀的损耗，破坏型腔的仿形精度。

② 对一些形状复杂的型腔，预加工比较困难，可直接进行电火花加工。

(2) 电火花加工前的准备工作

① 工艺方法选择。首先根据加工要求及本单位的工艺条件及习惯，选择电火花加工的工艺方法。

② 电极准备。根据所选定的工艺方法及电极缩放量，按模具要求设计电极图样，并制作成所需的工具电极。

③ 工件准备。主要进行备料、模块机械加工及热处理等各工序。

(3) 电极的装夹与校正

电极装夹与校正的目的，是把电极牢固地装夹在主轴的电极夹具上，并使电极轴线与主轴进给轴线一致，保证电极与工作台面和工件垂直；电极水平面的 X 轴轴线与工作台和工

件的 X 轴轴线平行。

27.11　控制电火花加工质量的技巧

火花成型加工是一种多参数的加工工艺，多参数使它具有很大的柔性及很强的适应能力。在加工之初要根据精度、表面质量、速度、电极损耗和安全等指标的要求来决定加工策略，从而选择最佳参数组合。如何合理选择加工参数以及控制加工过程的各个环节，需要进行大量的试验以及长期实际工作经验的积累。

① 正确选择电极材料。

② 正确控制电极的缩放尺寸。制造电极是电火花加工的第一步，根据图纸要求，缩放电极尺寸是顺利完成加工的关键。缩放的尺寸要根据所选择的加工规准决定的放电间隙再加上一定的比例常数而定。一般取理论间隙的正差，即电极的标准尺寸"宁小勿大"。若放电间隙留小了，电极做大了，电极的加工尺寸超差，会造成不可修复的废品的产生。

③ 把好电极装夹的工件找正关。在校正完电极杆的水平与垂直最后紧固时，往往会使电极发生微小错位、移动，造成废品的产生。因此，紧固后还要再找正检查一遍，甚至在加工开始进行了少量进给后，还需停机查验位置是否正确无误，因为电火花加工开始阶段是很重要的一个环节，需要操作者最精心的操作。电极装夹不紧，在加工中松动或找正误差过大，是造成废品产生的一个原因。

④ 正确选用加工工艺规准。了解和掌握脉冲宽度、脉冲间隙、电流、电压、加工极性等工艺规准对应产生的电极损耗、加工速度、放电间隙、表面粗糙度及锥度等工艺效果，是避免产生废品、达到加工要求的关键。不控制电极损耗就不能加工出好的型腔，控制不好放电间隙就不能确定修光型腔侧壁的最佳平动量，从而加工不出好的型腔。常有人埋怨电极损耗异乎寻常地大，这往往是因极性接反了或是采用高频、窄脉宽进行型腔的粗加工造成的。

⑤ 利用极性效应，正确选择工件的极性：

a. 窄脉冲精加工时，加工选用正极性加工（工件接脉冲电源的正极）。在短脉冲（放电时间短）加工时，负电子对正极的轰击作用大于正离子对负极的轰击，因为负电子质量在短时间内达到了很高的速度，获得了很高的能量。因此在窄脉冲精加工时采用正极性加工。

b. 而在宽脉冲加工进行粗加工时，则采用负极性加工（工件接脉冲电源的负极）。在长脉冲（放电时间较长）加工时，质量和惯性大的正离子将有足够的时间加速，能量达到足够大时轰击负极表面。因此在长脉冲粗加工时，采用正负极性加工，可以得到较高的蚀除速度和较低的电极损耗。

⑥ 防止脉冲电源中电气元件损坏造成废品的产生。脉冲电源在维修中由于电器元件损坏，也会使加工达不到预期的效果，这是造成工件严重损坏的原因之一。因此应十分注意易损件的工作状态、生命周期，即使更换后也不要立即投入生产，应经过试运行，掌握电源性能后再正常使用。

⑦ 注意电极损耗引起的实际进给深度误差。在进行尺寸加工时，由于电极长度相对损耗后会使加工深度产生误差。因规准变化的不同，误差也会很不一致，往往使实际加工深度小于图样要求。在加工程序中计算、补偿电极损耗量，或在半精加工阶段停机进行尺寸复核，并及时补偿由于电极损耗造成的误差，然后再转换成最后的精加工。

⑧ 正确控制平动量。平动量如何分配是单电极平动加工法的一个关键问题。电极的平动量主要取决于被加工表面粗变细的修光量。此外还和电极损耗、平动头原始偏心量、主轴进给运动的精度等有关。加工形状复杂、纹路棱槽细浅、深度较浅、尺寸较小的型腔时加工

规准较细，平动量应选得小些。加工形状简单、深度较深、尺寸较大的型腔时加工规准较粗，平动量应选得大些。平动量与加工精度的关系，因粗、中、精各规准产生的电蚀除凹坑不一样，电极的平动量不能按每档平均分配。一般，中规准加工平动量为总平动量的75％～80％，端面进给量为端面余量的75％～80％。中规准加工后，型腔基本成型，只留很少余量需要用精规准修光。

型腔或型孔的侧壁修光要靠平动，既要达到表面粗糙度要求，又要达到尺寸要求，这就需慎重确定逐级转换规准时的平动量。否则有可能还没达到修光要求，而尺寸已到限，或已修光但还没有达到尺寸要求。因此，应在完成总平动量75％的半精加工后复核尺寸，然后才能继续进行精加工。

⑨ 防止型腔在精加工时产生波纹和黑斑。在型腔加工的底部及弯角处，易出现细线或鱼鳞状凸起的波纹。产生的原因如下。

a. 电极损耗的影响：电极材料质量差，方向性不准，电参数选择不当，造成粗加工后表面不规则点状剥落（石墨电极）和网状剥落（纯铜电极）。在平动侧面修光后反映在型腔表面上就是波纹现象。

b. 冲油和排屑的影响。冲油孔开得不合理，波纹现象就严重；另外排屑不良，蚀除物堆积在底部转角处，也会助长波纹现象的产生。

减少和消除波纹、黑斑现象的方法如下。

a. 采用较好的石墨电极，粗加工开始时用小密度电流，以改善电极表面质量。

b. 中精度加工采用低损耗的脉冲电源及电参数。

c. 合理开设冲油孔，采用适当抬刀措施。

d. 采用单电极修正电极工艺，即粗加工后修正电极，再用平动精加工修正。

精加工留在型腔表面的黑斑常给最后的加工带来麻烦。仔细观察这部分，会发现表面平度较周围其他部分要差。这种黑斑通常是由于在精加工时脉冲能量小，使积留在间隙中的蚀除物不能及时排出所致。因此，在最后精加工时要注意控制主轴进给，灵敏地抬刀，不使炭黑滞留而产生黑斑。

⑩ 注意电极大小对放电间隙的影响。原则上放电间隙应不受电极大小的影响，但在实际加工中，大电极的加工间隙小，而小电极的加工间隙反而偏大。一般认为，大、小电极组装精度可能不一样，小电极垂直精度不宜装配得像大电极那样高，使其投影面积增大，造成穿孔加工放电间隙扩大。

小电极在穿孔加工过程中容易产生侧向振动，造成放电间隙扩大。由于穿孔进给速度受大电极的限制，使小电极二次放电机会增多，致使其放电间隙扩大。

⑪ 防止在型孔加工中产生"放炮"现象。在加工过程中产生的气体，积聚在电极下端或油杯内部，当气体受到电火花引燃时，就会像"放炮"一样冲破阻力而排出，这种冲击力很容易使电极与凹模错位，影响加工质量，甚至造成报废。这种情况在抽油加工时更易发生。因此在工件进行型孔加工时，要特别注意排气，适当抬刀或在油杯顶部周围开出气槽、排气孔，以利排出积聚的气体。

⑫ 注意热变形引起的电极与工件位移。在使用薄型的纯铜电极加工时，要注意由于电极受热变形而使型腔产生异常。另外值得注意的是，停机后由于人为因素使电极与工件发生位移，在开机时又没发现电极与工件的相对位置发生变化，这样常会使接近完工的工件报废。

⑬ 注意主轴刚性和工作液对放电间隙的影响。电火花加工的蚀除物从间隙排出的过程中，常常引起二次放电。二次放电使已加工表面再次被电蚀，在凹模的上电极进口处，二次

放电机会就更多一些，这样就形成了锥度。这种锥度一般在 $4'\sim6'$ 之间。二次放电越多，锥度越大。为了减小锥度，首先要保持主轴头的稳定性，避免电极不必要地反复回升。调节好冲、抽油压力，选择适当的电参数，使主轴伺服系统处于最佳状态，既不过于灵敏，也不迟钝。在加工深孔中为了减少二次放电造成锥度超差的现象，常采用抽油加工或短电极加工的办法。

⑭ 防止电弧烧伤工件。加工过程中局部电蚀物密度过高，排屑不良，放电通道、放电点不能正常转移，将使工件局部放电点温度升高，产生积炭、结焦，引起恶性循环，使放电点更加固定集中，从而转化为稳定电弧烧伤工件。防止办法是增大脉间及加大冲油，增加抬刀频率和幅度，改善排屑条件。发现加工状态不稳定时就采取措施，防止转变成稳定电弧。其采取措施是利用一些人为的辅助工艺措施，例如工作液的循环过滤，加工中采用的冲、抽油措施等。

⑮ 工件在电火花加工前必须除锈去磁，否则在加工中工件吸附铁屑，很容易引起拉弧烧伤。

⑯ 热处理工序尽量安排在电火花加工前面，这样可避免热处理变形对电火花加工尺寸精度、型腔形状等的影响。但有的在热处理加工前进行电火花加工，这样便于钳工抛光。

总之，电火花加工中实际存在的问题是多方面的，加工要求也是多样化的，具体问题具体对待，通过实践不断积累加工经验，从而能更好地掌握电火花加工的规律。

⑰ 电蚀产物的排除。

电蚀产物的排除虽是加工中出现的问题，但为了较好地排除电蚀产物，其准备工作必须在加工前做好。通常采用的方法如下。

a. 工作液冲油或抽油强迫循环，冲洗电极或工件，如图 27-23 所示。

b. 电极运动：抬刀或电极的摇动或平动。电极的平动或摇动可改变间隙，加快液体流动，也改善了排屑条件。排屑的效果与电极平动或摇动的速度有关。

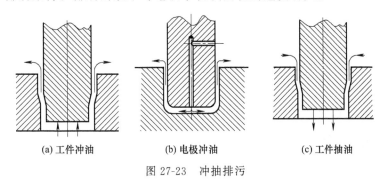

(a) 工件冲油　　　　(b) 电极冲油　　　　(c) 工件抽油

图 27-23　冲抽排污

27.12　影响电火花加工的质量因素分析

表面粗糙度是指加工表面上的微观几何形状误差，一般电火花加工后尺寸公差可达 IT7 级，粗糙度值为 $R_a 1.25\mu m$。

电火花加工表面质量出现的问题有表面粗糙度高、表面出现变质层龟裂纹、表面残余应力、积炭、几何形状误差、尺寸超差等，同以下因素有关。

工件的电火花加工表面粗糙度直接影响其使用性能，如耐磨性、配合性质、接触刚度、疲劳强度和抗腐蚀性等。尤其对于高速、高洁、高压条件下工作的模具和零件，其表面粗糙度往往是决定其使用性能和使用寿命的关键。

电火花加工后的表面将产生包括凝固层和热影响层的表面变质。

熔化凝固层是工件表层材料在脉冲放电的瞬时高温作用熔化后未能抛出，在脉冲放电结束后迅速冷却、凝固而保留下来的金属层。其晶粒非常细小，有很强的抗腐蚀能力。

27.12.1　影响加工精度的主要因素

① 放电间隙　加工中是指脉冲放电两极间距，实际效果反映在加工后工件尺寸的单边扩大量，也称过切量。

对电火花成型加工放电间隙的定量认识是确定加工方案的基础。其中包括工具电极形状、尺寸设计，加工工艺步骤设计，加工规准的切换以及相应工艺措施的设计。

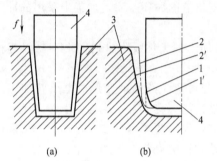

图 27-24　二次放电，使加工表面产生形状误差

1—工具电极无损耗时的轮廓线；

1′—工具电极有损耗时的轮廓线；

2—工具电极有损耗但不考虑二次放电时的工件轮廓线；

2′—工具电极有损耗且产生二次放电时的工件轮廓线；

3—工件；4—工具电极

② 电极损耗对加工精度的影响　在电火花成型加工过程中，电极会受到电腐蚀而损耗。电极损耗是影响加工精度的一个重要因素，因此掌握电极损耗的规律，从各方面采取措施尽量减少电极损耗，对保证加工质量是很重要的。

③ 加工斜度与二次放电对加工精度的影响　二次放电是指已加工表面上由于电蚀产物等的介入而再次进行的非正常放电。随着加工深度的增加，二次放电次数增多，侧面间隙逐渐增大，使被加工孔入口处的间隙大于出口处的间隙，出现加工斜度，使加工表面产生形状误差，如图 27-24 所示。

27.12.2　形状误差

电火花成型加工的形状误差主要有斜度和钝棱角。二次放电主要是在加工深度方向的侧面产生斜度和使加工棱角边变钝。

27.12.3　影响表面质量的因素

① 表面粗糙度　影响表面粗糙度的因素有单个脉冲能量、工具电极的表面粗糙度、加工速度。

脉冲能量影响表面粗糙度。在一定的加工条件下，脉冲宽度和电流峰值增大使单个脉冲能量增大，电蚀凹坑的断面尺寸也增大，所以表面粗糙度主要取决于单个脉冲能量。

单个脉冲能量越大，表面越粗糙。电火花加工的表面粗糙度，粗加工一般可达 $R_a=25\sim12.5\mu m$；精加工可达 $R_a=3.2\sim0.8\mu m$；微细加工可达 $R_a=0.8\sim0.2\mu m$。

加工熔点高的硬质合金等可获得比钢更小一些的粗糙度。由于电极的相对运动，侧壁粗糙度比底面小。近年来研制的超光脉冲电源已使电火花成型加工的粗糙度达到 $R_a=0.20\sim0.10\mu m$ 左右。

② 表面变化层　粗加工时变化层一般为 0.1～0.5mm，精加工时一般为 0.01～0.05mm。凝固层的硬度一般比较高，故电火花加工后的工件耐磨性比机械加工后的工件好。但随之而来的是增加了钳工研磨、抛光的困难程度。

27.13　电火花加工速度的途径

27.13.1　提高电火花加工速度的途径

① 提高脉冲频率：缩小脉冲停歇时间或减小脉冲宽度。

② 增加单个脉冲能量：加大脉冲电流或增加脉冲宽度，但会影响表面质量和加工精度，通常只用于粗、半精加工之中。

③ 提高工艺参数：如合理选用电极材料、工作液及放电参数，改善工作液循环过滤方式等，来有效地提高脉冲利用率，以达到提高工艺参数的目的。

④ 正确选择工件的极性：窄脉冲加工选用正极性加工（工件接脉冲电源的正极），而采用宽脉冲加工时则采用负极性加工（工件接电源的负极）。

27.13.2　加工速度与电极消耗、表面粗糙度三者的关联性

加工速度的矛盾是通过大功率低损耗的粗加工规准解决的。

① 加工速度大，表面粗糙度好，但电极损耗大。

② 提高加工速度，表面粗糙度差，但电极损耗少。

③ 降低加工速度，表面粗糙度好，但电极损耗少

27.14　对电火花加工型腔表面的损伤现象应采取相应对策

电火花成型加工模具型腔表面，由于最表面的熔化重凝层在加工断面组织照片上呈现白色，被称作白层，即表面变质层，如图 27-25 所示，它是加工表面过程中难以避免的现象。表面变质层的厚度与工件材料及脉冲电源的参数有关，它随着脉冲能量的增加而增厚。在其后的精加工中加工余量往往要超过该变质层，但尽量控制加工变质层的厚度在 $15\sim20\mu m$ 以内。

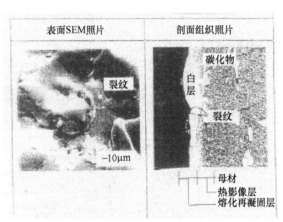

图 27-25　电火花成型加工面的
SEM 照片与剖面组织的照片

在精加工过程中因排屑不畅、加工条件选择不当等原因，引起电弧烧伤、积炭、加工表面的开裂损伤等异常现象，影响型腔型芯表面的质量和模具寿命。表面损伤产生的原因与对策详见表 27-6。

表 27-6　避免损伤的对策与数据图表

电火花加工面的损伤实例	原　　因	对　　策
棱边与拐角部分产生裂纹　电极　工作物　热的集中	①因低温回火材料而存在内部残余应力　②粗加工时放电能量高　③因放电的停歇时间过短，在棱边或拐角部位产生过热	①使用高温回火材料　②粗加工时放电能量要低　③延长放电停歇时间　④减小平均加工电流　⑤把加工电极的棱边与拐角分开弄圆，提高热的分散效果

续表

电火花加工面的损伤实例	原　因	对　策
在粗大的碳化物上产生裂纹	材料组织不均匀、偏析	①加工之前要观察毛坯的组织 ②提高平均加工电压 ③延长放电的停歇时间
电火花加工后抛光面上的裂纹	①在电火花加工面有裂纹 ②电火花加工后抛光不够充分	①灵活运用电极抬刀与摇动加工 ②使用小的脉冲电流进行正确性加工 ③用各种手动研磨 ④在电火花加工面上喷丸处理
电火花皱纹面的腐蚀	①在电火花加工表面粗糙 ②电火花加工表面有裂纹 ③电火花加工表面存在残余应力	①用小的脉冲电流进行正极性加工 ②电火花加工后实施玻璃珠喷丸处理
电火花皱纹加工面上镀铬膜的剥离	电火花加工表面存在裂纹	①用小的脉冲电流进行正极性加工 ②灵活运用抬刀与摇动加工
电流产生异常	①加工屑在局部堆积 ②加工液冲洗不足 ③粗加工时放电停歇时间短 ④加工中的平均电流大	①用充足的加工液冲洗 ②延长电极抬刀的行程 ③提高电极抬刀的速度 ④减小平均加工电流
电弧成长物的成长	①加工屑在局部堆积 ②加工液冲洗不足 ③粗加工时放电停歇时间太长 ④将平均加工电压设定过大	①用充足的加工液冲洗 ②延长电极抬刀的行程 ③提高电极的抬刀速度 ④增大平均加工电流 ⑤稍微缩短一些放电持续时间

复习思考题

1. 电火花成型加工机床的由哪些零件组成？工作原理怎样？
2. 请叙述电火花成型加工的特点与缺点。
3. 电火花加工时，需要具备哪几个条件？
4. 怎样选用电极材料？
5. 电极有哪几种形式？各有什么特点？
6. 怎样设计电极？怎样确定电极尺寸？
7. 电极是怎样加工制造的？
8. 什么叫电规准？电规准怎样选择？
9. 请叙述电火花加工流程？
10. 电火花加工型腔工艺方法有哪些？
11. 控制电火花加工质量的技巧有哪些？
12. 影响电火花加工的质量有哪些因素？
13. 加工速度与电极损耗、表面粗糙度三者关联性怎样？
14. 电火花加工型腔表面的损伤现象有哪些？应采取哪些相应对策？
15. 什么是电火花加工过程中的极性效应？加工时如何正确选择加工极性？
16. 影响电火花加工精度的主要因素有哪些？常采用哪些方法来减小和消除不良影响？

第28章 ▶▶ 电火花线切割加工

电火花线切割是在电火花成型加工的基础上发展起来的。加工的基本原理也是利用工具对工件进行脉冲放电去除金属。电火花线切割是采用电极丝（铜丝、钨丝、钼丝）按照所要求的形状对工件进行切割成型的方法。

线切割在加工冲裁模的凹、凸模方面用得很多。

28.1 线切割机床和精度

28.1.1 线切割机床简介

图 28-1 所示为快速走丝数控线切割机床，储丝筒 2 由电动机 1 驱动，使绕在储丝筒上的电极丝 3 经过丝架 4 上的导轮 5 作来回的移动，并将电极丝整齐地来回排绕在储丝筒上。

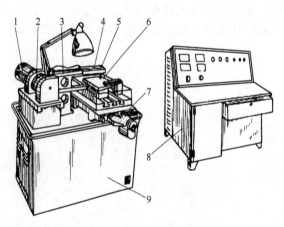

图 28-1　快速走丝数控线切割机床

1—电动机；2—储丝筒；3—电极丝；4—丝架；5—导轮；6—工件；7—滑板；8—控制台；9—床身

工件 6 装夹在工作台上。工作台的运动由步进电动机经减速齿轮、传动精密丝杠及滑板来实现，两台步进电动机分别驱动工作台纵、横方向的移动。控制台每发一个进给信号，0.001mm，根据加工需要步进电动机可正转，步进电动机就旋转一定角度，使工作台移动，也可反转。

快速走丝线切割机床采用直径为 0.08～0.2mm 的钼丝或直径为 0.3mm 左右的铜丝作电极，走丝速度约为 8～10m/s，精度为 0.02mm，而且是双向往返循环运行，成千上万次地反复过加工间隙，一直使用到断丝为止。工作液通常采用 5% 左右的乳化液和去离子水等。电极丝的快速运动将工作液带进狭窄的加工缝隙，起到冷却的作用；同时还能将电蚀产物带出加工间隙，以保持加工间隙的"清洁"状态，有利于切割速度的提高。

慢速走丝线切割机床采用直径为 0.03～0.35mm 的铜丝作电极，走丝速度为 0.2m/min，加工精度 ±0.002mm，表面粗糙度 0.32μm。线电极只是单向通过间隙，不重复使用，可避免电极损耗对加工精度的影响。工作液主要是去离子水和煤油。这类机床还能自动穿电极丝和自动卸除加工废料等，自动化程度较高，能实现无人操作加工，但其售价比快速走丝机床要高得多。

28.1.2 线切割加工精度

目前，我国广泛使用的线切割机床主要是数控电火花线切割机床，按其走丝速度分为快速走丝线切割机床和中、慢速走丝线切割机床三种。线切割机床有快走丝（8～10m/s）、中走丝（1～3m/s，如图 28-2 所示）、慢走丝（<0.25m/s，如图 28-3 所示），所加工的表面粗糙度分别能达到 1.8～2.5μm、0.9～1.1μm、0.5～0.2μm。慢走丝线切割加工尺寸精度可达±0.003mm。且慢走丝线切割机的圆度误差、直线误差和尺寸误差都较快走丝线切割机好很多，所以在加工高精度零件方面，慢走丝线切割机得到了广泛应用。

由于慢走丝线切割机是采取线电极连续供丝的方式，即线电极在运动过程中完成加工，因此即使线电极发生损耗，也能连续地予以补充，故能提高零件加工精度。但电火花线切割机工作时影响其加工工作表面质量的因素很多，特别是慢走丝线切割机更需要对其有关加工工艺参数进行合理选配，才能保证所加工工件的表面质量。

图 28-2　中走丝

图 28-3　慢走丝

28.2 电火花线切割加工原理及特点

28.2.1 工艺原理

电火花线切割加工也是通过电极和工件之间脉冲放电时的电腐蚀作用，对工件进行加工的一种工艺方法。其加工原理与电火花成型加工相同，但加工方式不同，电火花线切割加工采用连续移动的金属丝作电极，如图 28-4 所示。工件接脉冲电源的正极，电极丝接负极，工件（工作台）对电极丝按预定的要求运动，从而使电极丝沿着所要求的切割路线进行电腐蚀，实现切割加工。在加工过程中，电蚀产物被循环流动的工作液带走；电极丝以一定的速度运动（称为走丝运动），其目的是减小电极损耗，且不被火花放电烧断，同时也有利于电蚀产物的排除。

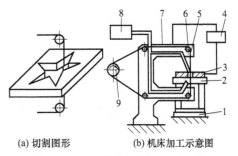

(a) 切割图形　　(b) 机床加工示意图

图 28-4　电火花线切割加工示意图

1—工作台；2—夹具；3—工件；
4—脉冲电源；5—电极丝；6—导轮；
7—丝架；8—工作液箱；9—储丝筒

28.2.2 实现电火花线切割的条件

① 工具电极（金属丝）与工件电极之间，必须加 $60\sim300\,\mathrm{V}$ 的脉冲电压。同时，须维持最佳、合理的放电间隙 G。若极间距大于 G，则介质不能击穿，无法进行火花放电；若极间距小于 G，将导致积炭，甚至产生电弧放电，无法继续进行加工。

② 两极之间必须充满介质液。介质液一般为去离子水或乳液。

③ 输送到两极间的脉冲能量应足够大。即放电通道要有很大的电流密度（一般为 $10^4\sim10^9\,\mathrm{A/cm^2}$）。

④ 放电必须是瞬间脉冲放电，一般为 $0\sim1\mathrm{ms}$。这样，才能使放电产生的热量来不及扩散，而是将火花放电作用于加工面上作用点附近的小范围内，以保持火花放电的冷极特性。

⑤ 脉冲放电需多次进行，且在时间上与空间上是分散的，以避免发生局部烧伤。

⑥ 脉冲放电过程中产生蚀除物，须及时随循环介质液排到放电间隙之外，使火花放电能多次、重复地顺利进行，达到工件型面逐层加工的目的。

28.2.3 线切割的加工特点

① 不需要制作电极，可节约电极设计、制造费用，缩短生产周期。

② 能方便地加工出形状复杂、细小的通孔和外形表面。

③ 由于在加工过程中，快速走丝线切割采用低损耗电源且电极丝高速移动；慢速走丝线切割单向走丝，在加工区域总是保持新电极加工，因而电极损耗极小（一般可忽略不计），有利于加工精度的提高。

④ 采用四轴联动，可加工有锥度上、下面异形体等零件。

28.2.4 线切割的工艺特点

① 电火花线切割成型加工过程中的切割运动轨迹采用数字控制。可直接成型切割，完成模具成型件，不需制造成电极。更换加工对象时，只需另编程序即可进行线切割加工。其能够加工的工件形状包括各种复杂的二维型面、小孔、可切割 $0.05\sim0.07\mathrm{mm}$ 的窄缝以及圆角半径小于 $0.03\mathrm{mm}$ 的锐角等。线切割的余量小，余料可利用，对贵重金属的加工经济性尤其高。同时，由于为无切削力加工，故可用以切割薄片件、易变形的工件等。

② 由于电极丝在切割过程中不与工件接触，进行连续运动，因此，单位长度上的损耗小，所以在切割面积不大的工件时，电极损耗引起的加工误差很小，甚至可忽略。

③ 用于电火花加工的脉冲电源输出电流小、脉冲宽度较小，属于半精加工、精加工范畴，故常采用负极性加工，即脉冲电源的正极为工件，电极丝为负极。如果电火花需要粗加工时，采用正极加工，即脉冲电源的负极为工件，电极丝为正极。

④ 电火花线切割的自动化程度高，可进行多台同时管理；成形加工周期短、成本低等。

28.3 做好线切割前的准备工作

在线切割加工零件前，须做好准备工作。先要检查机床的状况，查看水温，电极丝的垂直度、张力等各个因素，确保良好的加工状态。

28.3.1 检查机床的工作状态

慢走丝电火花线切割机属于高科技和高精度机床，机床的维护保养非常重要，因为加工工件的高精度和高质量是直接建立在机床的高精度基础上的，因此在每次加工之前必须检查机床的工作状态，才能为获得高质量的加工工件提供条件。需注意的环节和应采取的措施如下。

① 长期暴露在空气中的电极丝不能用于加工高精度的零件，因为电极丝表面若已被氧化，就会影响加工工件的表面质量，所以保管电极丝时应注意不要损坏电极丝的包装膜，以免电极丝与空气接触而被氧化，在加工前，必须检查电极丝的质量。另外，电极丝的张力对加工工件的表面质量也有很大的影响，加工表面质量要求高的工件，应在不断丝的前提下尽可能提高电极丝的张力。

② 慢走丝线切割机一般采用去离子水做工作液。火花放电必须在具有一定绝缘性能的液体介质中进行，工作液的绝缘性能可使击穿后的放电通道压缩，从而局限在较小的通道半径内火花放电，形成瞬时和局部高温来熔化并汽化金属，放电结束后又迅速恢复放电间隙成为绝缘状态。绝缘性能太低，将产生电解而形不成击穿火花放电；绝缘性能太高，则放电间隙小，排屑难，切割速度降低。一般电阻率应在 $5 \times 10^4 \sim 10 \times 10^4 \Omega \cdot cm$，加工前必观察电阻率表的显示，特别是机床刚启动时，往往会发现电阻率不在这个范围内，这时不要急于加工，让机床先运转一段时间达到所要的电阻率时才开始正式加工。为了保证加工精度，有必要提高加工液的电阻率，当发现水的电阻率不再提高时，应更换离子交换树脂。再者必须检查与冷却液有关的条件，检查加工液的液量，还应检查过滤压力表，其压力值应在 $2.0 \times 13^{-3} Pa$ 以上。当加工液从污浊横向清洗槽逆向流动时则需要更换过滤器，以保证加工液的绝缘性能、洗涤性能、冷却性能达到要求。

③ 必须检查导电块的磨损情况。慢走丝线切割机一般在加工了 50～100h 后就必须考虑改变导电块的切割位置或者更换导电块，有脏污时需用洗涤液清洗。必须注意的是：当变更导电块的位置或者更换导电块时，必须重新校正丝电极的垂直度，以保证加工工件的精度和表面质量。

④ 检查滑轮的转动情况，若转动不好则应更换，还必须仔细检查上、下喷嘴的损伤和脏污程度，用清洗液清除脏物，有损伤时需及时更换。还应经常检查储丝筒内丝的情况，装得太满会影响丝的畅通运行，使加工精度受到影响。此外，导电块、滑轮和上、下喷嘴的不良状况还会引起线电极的振动，这时即使加工表面能进行良好的放电，但因线电极振动，加工表面也很容易产生波峰或条纹，最终引起工件表面粗糙度变差。

⑤ 保持稳定的电源电压。电源电压不稳定会造成电极与工件两端不稳定，从而引起击穿放电过程不稳定而影响工件的表面质量。

加工过程中应将各项参数调到最佳适配状态，以减少断丝现象。因为发生断丝的地方会出现两次放电，使加工工件表面质量下降。另外在加工过程中还应注意倾听机床发出的声音，正常加工的声音应为很光滑的"嗦嗦"声。还应注意正常加工时的火花应是蓝色的，而不是红色的。此外，正常加工时，机床的电流表、电压表的指针应是稳定不动或者振幅很小的状态，此时进给速度均匀而且平稳，是线切割加工工件获得高精度和高质量的保证。

28.3.2　检查加工工件的材料

为了加工出尺寸精度高、表面质量好的线切割产品，必须对所用工件材料进行细致考虑，这主要应从以下几方面着手。

① 由于工件材料不同，熔点、汽化点、热导率等都不一样，因而即使按同样方式加工所获得的工件表面质量不相同，因此必须根据实际需要的表面质量对工件材料作相应的选择。例如要达到高精度，就必须选择硬质全金属类材料，而不应该选不锈钢或未淬火的高碳

钢等，否则很难实现所需要求。

② 由于工件材料内部残余应力对加工的影响较大，在对热处理后的材料进行加工时，由于大面积去除金属和切断加工会使材料内部残余应力的相对平衡受到破坏，从而可能影响零件的加工精度和表面质量。为了避免这些情况，应选择锻造性好、淬透性好、热处理变形小的材料，如：CrWMn、GCr15、Cr12Mo 等。

28.3.3 电极丝初始位置的确定

线切割的基准确定。利用电极丝与工件在一定的间隙下发生放电的火花来确定电极丝的坐标位置。其具体方法如下：先用百分表校准基准面（基准面必须用角尺，且与平面成90°），然后把脉宽调小，把脉间距调大，这样碰火花时的电流比较小，碰到工件也不会割进去，碰数也比较准；单面碰的话必须加上钼丝的半径与火花间隙，共 $r+0.01$mm；如果是双面碰数，眼睛必须目测一下第一个面与第二个面碰数时的火花浓度要差不多，目测得越准，碰数就越准。然后按碰数后所得尺寸除以 2，再跳至中心即可。如果，按内孔分中的按上述方法先分 X 方向，所得尺寸除以 2，然后跳回中心，同样方法再分 Y 轴即可。

对加工要求较高的零件可采用电阻法，此法利用电极丝与工件基面由绝缘到短路接触的瞬间两者间电阻突变的特点，来确定电极丝相对工件基准的坐标位置。

28.3.4 电极丝的直径选用

电极丝为电火花线切割工艺系统中的工具电极。在线切割中，电极丝是循环使用的，因此，它要求韧性好、拉伸强度和耐蚀性强等。常用电极丝有钨（W）丝、钼（Mo）丝、钨铝丝和铜丝等。常用电极丝性能见表 28-1。

表 28-1 常用电极丝性能

材料	适用温度/℃		伸长率 /%	拉伸强度 /MPa	熔点 T_m/℃	电阻率 /Ω·m	备注
	长期	短期					
钨 W	2000	2500	0	1200～1400	3400	0.0612	较脆
钼 Mo	2000	2300	30	700	2600	0.0472	较韧
钨钼 W50Mo	2000	2400	15	1000～1100	3000	0.0532	韧性适中

电极丝应具有良好的导电性和抗电蚀性，拉伸强度应较高，材质应均匀。常用电极丝有铝丝、钨丝、黄铜丝等。钨丝的拉伸强度高，直径在 0.03～0.1mm 范围内，一般用于各种窄缝的精加工，但价格昂贵。黄铜丝适于慢速加工，加工表面粗糙度和平直度较好，蚀屑附着少；但其拉伸强度差，损耗大，直径在 0.1～0.3mm 范围内，一般用于慢速单向走丝加工。钼丝的拉伸强度高，适于快速走丝加工，所以我国快速走丝机床大都选用钼丝作电极丝，直径在 0.08～0.2mm 范围内。

电极丝直径的选择应根据切缝的宽窄、工件的厚度和拐角尺寸的大小来选择。加工带尖角、窄缝的小型模具时，宜选用较细的电极丝；加工大厚度工件或大电流切割时，应选较粗的电极丝。

常用电极丝的直径为 0.12mm、0.14mm、0.18mm、0.2mm。低速走丝线切割机床常采用 0.2mm 的黄铜丝。在铜芯线表面扩散一定厚度的锌，形成 ZnO 膜的复合丝，可进行高速切割加工，并可提高加工尺寸精度。

28.3.5 工作液的选用

工作液对切割速度、表面粗糙度、加工精度等都有较大的影响，加工时必须正确选配。

常用工作液主要有乳化液和去离子水。

目前，在慢速走丝线切割加工中，普遍使用去离子水。为了提高切割速度，在加工时还要加进有利于提高切割速度的导电液，以增大工作液的电阻率。

快走丝线切割常选用乳化液作为加工介质，其特点与配方如下。

（1）介质液特点与要求

① 介质液需具有一定绝缘性能，常用乳化水溶液的电阻率约为 $10^4 \sim 10^5 \, \Omega \cdot cm$，可满足快走丝对放电加工介质的要求。

② 需具有良好的洗涤性能，使介质液在电极丝带动下将介质液渗入加工面的切缝中，以进行溶屑、排屑，且可使加工面光亮，并易于取出工件。

③ 具有良好冷却性能，使放电间隙得到充分的冷却。同时，还需具有良好的防锈性能，采用水基介质，加工面易被氧化，乳化液则具有防锈性能。此外，介质对环境须无污染、对人无害等。

（2）线切割常用乳化液的配制方法

乳化液常采用体积比配制法，即按一定比例使乳化液与水配制而成，其乳化液浓度要求如下。

① 工件加工面粗糙度和尺寸精度要求较高，中等厚度或薄件时，乳化液浓度为 $8\% \sim 15\%$。

② 要求切割速度高时，其浓度为 $5\% \sim 8\%$，以使排屑方便。

③ 采用蒸馏水配制乳化液可降低表面粗糙度参数 R_a 值。乳化液的种类中常用的有 DX-1 型皂化液、502 型皂化液、植物油皂化液和线切割专用皂化液等多种，以供根据需要使用。

28.4　工件的定位与装夹

28.4.1　工件的装夹

（1）线切割装夹工件的特点

① 因加工时作用力很小，所以夹紧力要求不大。有时也可用磁力夹具进行定位与夹紧。

② 快走丝线切割用的介质液，是依靠高速运动的电极丝带入切缝，不需进行高压冲入（如慢速走丝切割），因此，对切缝周围的材料余量没有要求，便于装夹。

③ 装夹工件需采用悬臂支撑或桥式支撑，以保证线切割区域不受影响。

（2）装夹工件的要求

① 装夹工件时，必须保证工件的切割部位位于机床工作台纵横进给的允许范围内，避免撞到极限。同时还应考虑切割时电极丝的运动空间。

② 夹具和工件定位需保证定位面精度；夹紧工件时的夹紧力分布均匀，不会因夹紧力导致工件变形。

③ 工件坯料需倒钝，无毛刺；热处理坯件需消除内应力，去积盐和氧化皮（指切入点）；磨削成型的坯件须去磁等，以利于精确定位与夹紧。

28.4.2　常用工件装夹方法

常用工件装夹方法见表 28-2。

28.4.3　工件的调整

工件的调整采用以上方式装夹工件，还必须配合找正法进行调整，才能使工件的定位基

表 28-2　线切割的工件定位、夹紧方法

工件装夹方式	工件定位、夹紧示例图	说　明
悬臂式装夹法	刃口	通用性强，装夹方便，很容易倾斜，用于精度要求不高的工件装夹 　　工件也可装于桥式夹具的一个刃口上，形成悬臂式装夹
垂直双刃口装夹法	刃口	工件装夹在两个相互垂直的刃口上。装夹精度与稳定性较悬臂式好，也便于找正
桥式装夹法	垫铁	快走丝切割最常用的装夹方式，适于装夹各种工件，尤其适于装夹方形工件。桥的侧面可作定位面，也可用表找正，使与工作台 X 方向平行
V 形夹具装夹法		适于装夹圆形工件。轴类零件常采用此法
板式装夹法	10×M8　支撑板	适用于装夹中间有孔、定位面小的工件、则可在底面加精密托板进行定位、支撑，切割时可连托板一起进行切割
分度装夹法		轴向分度切割夹具，如切割在小孔机上的弹簧夹头，要求沿轴向切割两个相互垂直的窄槽，夹头三爪上装检棒，用表校正与 X 方向或 Y 方向平行，再将工件装于三爪上，找正外圈与端圈，先切割第一槽，然后转 90°切割第二槽
		垂直分度切割夹具，如切割链轮边上的齿形，由于其外圆尺寸已超过工作台。所以，就需进行分度切割

准面分别与机床的工作台面和工作台的进给方向 X、Y 保持平行，以保证所切割的表面与基准面之间的相对位置精度。常用的找正方法如下。

（1）用百分表找正

如图 28-5 所示，用磁力表架将百分表固定在丝杠或其他位置上，百分表的测量头与工件的基面接触。往复移动工作台，按百分表指示值调整工件的位置，直至百分表指针的偏摆范围达到要求的数值。找正应在相互垂直的三个方向上进行。

（2）划线法找正

当工件的切割图形与定位基准之间的相互位置精度要求不高时，可采用划线法找正，如图 28-6 所示。利用固定在丝杠上的划针对正工件上划出的基准线，往复移动工作台，目测划针、基准间的偏离情况，将工件调整到正确位置。

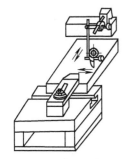

图 28-5　用百分表找正

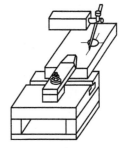

图 28-6　划线法找正

（3）工件切割找正

找正的目的是确定切割起点。此点是在切割工件型孔或型面之前，电极丝中心相对于工件基准面的确切坐标位置（点）。依此点开始切割出的型孔或型面与工件基准面的相对位置关系正确。

① 找边法。切割图 28-7 所示型孔时，设其切割始点的坐标位置为：X 轴方向为 A，Y 轴方向为 B。找正方法与顺序为：首先采用接触感知法，感知左边，并将 X 坐标"清零"，当进行移位时，需加电极丝中心与边之间的距离，即电极丝的半径 r；采用同样的接触感知法，并使 Y 坐标"清零"，然后进行定位移动 $G00X(A+r)$、$Y(B+r)$。由此，可确定型孔的位置。此后，则以此坐标点为中心加工穿丝孔，并穿丝，移动 X、Y 滑板使电极丝中心精确地处于坐标点上开始切割运动。

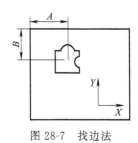

图 28-7　找边法

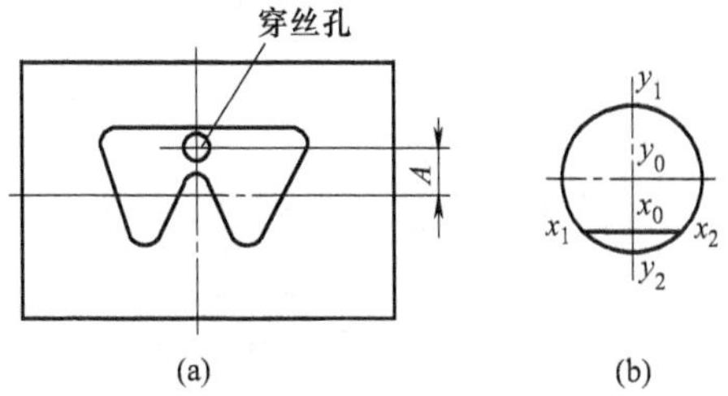

穿丝孔

(a)　　(b)

图 28-8　找孔中心法

② 找中心法。需切割如图 28-8（a）所示位于工件中间的型孔，编制切割程序时，设切割起点位于图示位置。但由于型孔处于工件中心位置，切割起点距工件水平中心线偏移量为 A；以 A 与工件垂直中心线的交点为圆心加工穿丝孔，穿丝孔须以坐标磨进行精密加工。此后，采用自动找中心坐标的功能找出孔中心点的坐标位置，继而以此点为切割起点，切出

位于工件中间的型孔。

图 28-8（b）所示为以圆孔作为二次基准面、采用火花法进行定位找中心的方法。如图 28-7 所示，以两个相互垂直的外侧面为基准面，以距离两基准的距离 A 和 B 处加工出穿丝孔。此孔经坐标磨精加工后，作为二次基准面；其中心点坐标（x_0、y_0）即为切割起始点。找中心的方法为：先移动 X 滑板，使电极丝接近基准孔的左边和右边，当与孔壁接触时将产生微弱的火花，此时，须记下（x_1、x_2）的坐标值，则孔中心 X 方向的坐标值 x_0 为：

$$x_0 = (x_1 + x_2)/2$$

此外还有以工件外圆为基准，借助定位夹具找工件中心的方法（图 28-9）；直接以工件侧为基准，借助定位夹具来确定电极丝在工件上的起始坐标点的间接找正法，如图 28-10 所示。

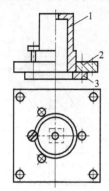

图 28-9　以工件外圆为基准的定位夹具示意图
1—工件；2—上板；3—下板

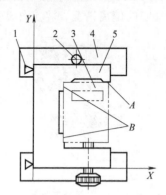

图 28-10　以工件侧端面为基准的定位夹具示意图
1—二轴向定位器；2—Y 轴向定位器；
3—工件；4—工作台；5—夹具体

28.4.4　电极丝位置的调整

在进行线切割加工之前，应将电极丝调整到切割的起始坐标位置，起点是在切割工件型孔或型面之前，电极丝中心相对于工件基准面的确切坐标位置（点）。依此点开始切割出的型孔或型面与工件基准面的相对位置关系正确。

确定切割起点，其调整方法有以下几种。

① 目测法。对于加工要求较低的工件，在确定电极丝与工件上有关基准间的相对位置时，可以直接利用目测或借助 2～8 倍的放大镜来进行观察。如图 28-11 所示，在穿丝孔处划出十字基准线，分别沿划线方向观察电极丝与基准线的相对位置，根据两者的偏离情况移动工作台，当电极丝中心分别与纵横方向的基准线重合时，工作台纵、横方向上的读数就确定了电极丝中心的位置。

② 火花法。如图 28-12 所示，移动工作台，使工件的基准面逐渐靠近电极丝，在出现火花的瞬时，记下工作台的相应坐标值，再根据放电间隙推算电极丝中心的坐标。此法简单易行，但往往会因为电极丝靠近基准面时产生的放电间隙，导致与正常切割条件下的放电间隙不完全相同而产生误差。

③ 自动找中心法。所谓自动找中心，就是让电极丝在工件孔的中心自动定位，此法是根据线电极与工件的短路信号来确定电极丝的中心位置。数控功能较强的线切割机床常用这种方法。首先让线电极在 X 或 Y 轴方向与孔壁接触，接着在另一轴的方向进行上述过程。这样经过几次重复就可找到孔的中心位置，如图 28-13 所示。当误差达到所要求的允许值之后，定中心就完成了。

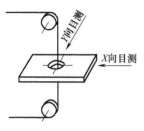

图 28-11　用目测法调整电极丝位置

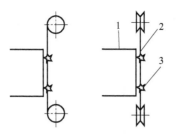

图 28-12　用火花法调整电极丝位置
1—工件；2—电极丝；3—火花

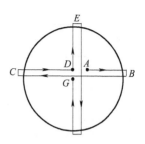

图 28-13　自动找中心

28.5　线切割工艺参数、应用

28.5.1　低速走丝线切割常用工艺参数与指标

表面粗糙度 R_a 是电火花切割应用的重要工艺指标。国产电火花切割（WEDM）机床分快走丝（走丝速度为 8～10m/s）和慢走丝（走丝速度为 0.2m/s）。图 28-14 为低速走丝线切割 R_a 与 v_{wi} 的关系。表 28-3 为低速走丝线切割不同材料常用的丝径、切割范围与切割速度，及其可达到的 R_a 值。

28.5.2　线切割的应用

（1）常用切割材料与工艺性
常用切割材料与工艺性见表 28-4。
（2）常见线切割工件形状
冲模成型件主要指凸模、凹模拼块或整体凹模。电火花线切割可以加工的工件一般需满足两个基本条件。

① 材料具有良好的导电性能（表 28-3）。不具有导电性能的材料是不能采用电火花线切割进行加工的。

② 工件加工面须是与电极丝平行的二维型面，即由二维型面包围成的柱体工件（如冲模中凸模）或由二维型面构成的型孔，且须是通孔（如冲模中的凹模）。

锥度（斜面）加工或需加工出工件波纹状时，只是采用预先设置电极丝锥（斜）角，并控制其连续运动角度轨迹，以完成锥度（斜面）切割，但其仍需遵循上述两个基本条件。

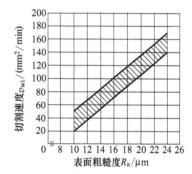

图 28-14　表面粗糙度与切割速度的关系

表 28-3　低速走丝线切割加工工艺参数

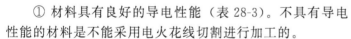

工件材料	电极丝直径 d/mm	切割厚度 H/mm	切缝宽度 s/mm	表面粗糙度 R_a/μm	切割速度 v_{wi}/(mm²/min)	电极丝材料
碳钢铬钢	0.1	2～20	0.13	0.2～0.3	7	黄铜丝
	0.15	2～50	0.198	0.35～0.5	12	
	0.2	2～75	0.259	0.35～0.71	25	
	0.25	10～125	0.34	0.35～0.71	25	
	0.3	75～150	0.378	0.35～0.5	25	
铜	0.25	2～40	0.32	0.35～0.7	19.4	
硬质合金(质量分数,钴 15%)	0.1	2～20	0.19	0.15～0.24	3.5	
	0.15	2～30	0.229	0.24～0.25	7.1	
	0.25	2～50	0.361	0.2～0.5	12.2	

续表

工件材料	电极丝直径 d/mm	切割厚度 H/mm	切缝宽度 s/mm	表面粗糙度 R_a/μm	切割速度 v_{wi}/(mm^2/min)	电极丝材料
石墨	0.25	2~40	0.351	0.35~0.6	12	黄铜丝
铝	0.25	2~40	0.34	0.5~0.83	60	
碳钢铬钢	0.08	2~10	0.105	0.35~0.55	5	钼丝
	0.1	2~10	0.125	0.47~0.59	7	
硬质合金(质量分数,钴15%)	0.08	2~12.7	0.105	0.078~0.23	4	
	0.1	2~12.7	0.135	0.118~0.23	6	

表 28-4　线切割常见加工材料与工艺性

材料种类	常加工材料及其热处理性能	线切割工艺性
碳素工具钢	常用牌号有 T7、T8、T10A、T12A,淬火硬度高,可达 62HRC;淬透性差,淬火变性大。故切割前须经热处理回火,以清除内应力 现常采用 T10A,用于制造尺寸不大的冲模成型件	由于含碳量高,淬火易变形,故切割速度慢,表面偏黑,易出现短路条纹。若回火去应力不充分,切割时会出现开裂
低合金工具钢	常用材料有 9Mn2V、MnCrWV、CrWMn、9CrWMn 和 GCr15。淬透性、耐磨性比碳工具钢好。常用于制造变形要求小,中小型冲模、成型模的成型件	线切割性能良好,其切割速度 v_{wi} 高,切割后表面粗糙度与其他质量指标都较好
高合金工具钢	常用材料有 Cr12、Cr12MoV、Cr4W2MoV、W18Cr4V 等,具有高淬透性、耐磨性,热处理变形小,可承受较大冲击负荷。Cr12、Cr12MoV 常用于制造高寿命冲模成型件;后两种可用于制造冲模与冷挤模成型件	线切割性能良好,切割速度高,切割后的表面光亮、均匀、表面粗糙度 Ra 值低
优质碳素结构钢	常用材料有 20 钢、45 钢,20 钢表面淬火硬度与心部韧性高,可采用冷挤法加工型腔;45 钢,强度较高,调质处理后综合力学性能好,表面或整体淬火硬度高,常用于制造塑料注射模和冲模成形件	线切割性能一般,淬火件比未淬火件切割性能好;切割速度 v_{wi} 较慢,表面粗糙度 R_a 较高
硬质合金	分 YG、YT 两类,常用于制造精密高寿命冲模成型件的有 YG20、YG15。硬度高、结构稳定、变形小	线切割速度较低,表面粗糙度 R_a 值低;切割时常采用水质介质液,表面会产生裂纹的变质层
纯铜	纯铜的导电性、导热性、耐蚀性和塑性良好。常用于制造电火花电极	切割速度低,为切割合金工具钢的 50%~60%,切割稳定性较好。但 R_a 较高,放电间隙较大
石墨	石墨由碳元素构成,有电异性和耐蚀性;常用作电火花成型加工电极	切割速度低,是切割合金工具钢的 20%~30%;放电间隙小、排屑难、切割时易短路,为不易加工材料
铝	铝质轻,具有金属的强度,可用于塑模	切割性能好,切割速度是切割合金工具钢的 2~3 倍。切割后表面光亮,但 R_a 值一般。铝在高温下,表面易生成不导电的氧化膜。所以,切割时脉冲停歇时间宜选择小些,以保证高速切割

28.6　电火花线切割加工工艺过程的步骤和要求

（1）分析

分析是决定性的一个步骤。对图样进行分析和审核,是保证工件加工质量和保证工件的综合技术指标的一个步骤。

① 表面粗糙度低、尺寸精度要求很高、切割后无法进行手工研磨的工件，必须要求采用慢走丝线切割的工艺，才能使零件质量达到要求。

② 慢走丝线切割碰到下列情况无法加工：窄缝小于电极丝直径、零件内形转角处不允许带有电极丝半径和加放电间隙的。

③ 在符合线切割加工工艺的条件下，应着重在模具表面粗糙度、尺寸精度、工件厚度、工件材料、模具尺寸大小、模具配合间隙等方面仔细进行考虑。

（2）编程

① 合理确定过渡圆的半径。为了提高模具的使用寿命，一般冷冲模在线与线、线与圆、圆与圆相交处，特别是小角度的拐角上都应加过渡圆。一般可在 0.1～0.5mm 的范围内选用。

② 编写加工用程序。编程时，要根据坯料的情况，选择一个合理的装夹位置，还要确定一个合理的起割点及切割路线。

起割点应取在图形的拐角处，或在容易将凸尖修去的部位。切割路线主要以能防止或减少模具的变形为原则，一般应考虑使靠近装夹一边的图形最后切割为宜。

（3）加工

① 加工时的调整。

a. 调整电极丝的垂直度。装夹工件前，必须以工作台为基准，先将电极丝的垂直度调整好，再根据技术要求装夹加工坯料。条件许可时，最好用直角尺刀口再测一次电极丝对装夹好的工件的垂直度。如发现不垂直，说明工件装夹可能有翘起或低头，也可能工件有毛刺或电极丝没挂过导轮，需立即修正。因为模具加工面垂直与否将直接影响模具的质量。

b. 调整脉冲电源的电参数。脉冲电源的电参数选择是否恰当，对加工模具的表面粗糙度、精度及切割速度起着决定性的作用。

脉冲宽度增加、脉冲间隔减小、脉冲幅值增大（电源电压升高）、峰值电流增大（功率管增多）都会使切割速度提高，但加工表面的表面粗糙度值会增大，精度会下降；反之，则可减小表面粗糙度值和提高加工精度。

随着峰值电流增大、脉冲间隔减小、频率提高及脉冲宽度增大，电极丝的损耗也增大，脉冲波形前沿越陡，电极丝的损耗越大。

c. 调整进给速度。当电参数选好后，在按照第一条程序进行切割时，要对变频进给速度进行调整，这是保证稳定加工的必要步骤。如果加工不稳，则工件表面质量会大大下降，工件的表面粗糙度值变大，精度变差，同时还会造成断丝；如果电参数选择恰当，同时变频进给调得比较稳定，工件就能获得好的加工质量。

要确定变频进给跟踪是否处于最佳状态，可用示波器监视工件和电极丝之间的波形。如不用示波器监视，也可根据经验调整。先将工件和电极丝人为短路，记下短路电流后消除短路，调节进给使加工电流等于短路电流的 70%～80%，一般加工即会稳定。此时加工电流表针不动，步进电动机进给均匀，工件和电极丝间出现最佳波形。

② 正式切割加工。经过以上各方面的调整、准备工作后就可以正式加工模具了。一般先加工固定板、卸料板，然后加工凸模，最后加工凹模。凹模加工完毕后，先不要松开压板下工件。将凹模中的废料拿去，将切割好的凸模试插入凹模中，看模具间隙是否符合要求。如果间隙过小，可再修大一些；如果凹模有差错，可根据加工坐标进行必要的修补。

（4）检验 尺寸精度检查；表面粗糙度检查；工件有无变形。

28.7 影响线切割加工质量、精度的因素

影响线切割加工的加工速度、加工精度和表面粗糙度等工艺指标的因素较多，其中最主要的是机床精度、电源参数、工作液、操作技术等。

28.7.1 线切割表面粗糙度与切割速度

快走丝线切割后，加工面的粗糙度参数一般在 $1.6\sim3.2\mu m$ 范围内。影响表面粗糙的因素颇多，主要有以下几方面。

① 导丝轮、轴承因长期运动产生磨损，电极丝在加工中损耗过大，或因电极丝在切割过程中运动不平稳或张力不足或电极丝损耗过大等原因致使电极丝在导轮中进行窜动，在运动中振动、跳动等，造成切割后的工件加工面上出现条纹。

② 电火花线切割时，工艺参数选择不当，进给速度调节不当，致使加工不稳定。短路拉弧现象严重；或因进给速度不当，引入切缝间的介质液不充分，致使排屑困难。从而造成加工不稳定，致使加工面 R_a 值高。一般国产线切割机床的加工面 R_a 值与切割速度 v_{wi} 有很大关系：

当 $v_{wi}\geqslant20mm^2/min$ 时，加工面表面粗糙度最低达 $R_a0.8\mu m$；

当 $v_{wi}\geqslant13mm^2/min$ 时，加工面表面粗糙度最低达 $R_a0.4\mu m$。

衡量线切割加工效率 η 的参数常为切割速度 v_{wi}，即单位时间内电极丝加工过的面积，以下式表示：

$$\eta(v_{wi})=\frac{加工面积(mm^2)}{加工时间(min)}=\frac{切割长度\times工件厚度}{加工时间}(mm^2/min)$$

28.7.2 线切割的加工精度

加工精度是指切割完成的加工面的成型尺寸的公差等级。电火花线切割精度一般可达到IT6级。即其切割出的成型件的成型尺寸公差可达 $\pm0.01\sim0.005mm$。

当线切割高精度模具成型件时，须采用精密线切割机床，利用二次或多次切割法，在第一次切割成型后，留 $0.05\sim0.1mm$ 作为第二次、第三次精密回切的余量。此法的切割精度可达 $0.002mm$。

影响线切割加工精度的因素较多，具体见表 28-5。

表 28-5　影响线切割加工精度的因素

影　响　因　素		影　响　情　况
坐标工作台	导轨、丝杠、齿轮等的制造精度	使工作台在坐标方向上移动，产生误差
	丝杠螺母的间隙，齿轮的啮合间隙及其他零件的装配精度	
走丝系统	丝架与工作台的垂直度	影响工件侧壁的垂直度，造成工件上下端的尺寸误差
	导轮的偏摆与磨损情况	影响电极丝的垂直度，造成电极丝位移和摆动，影响工件尺寸和切割面质量
	卷丝筒的转动与移动精度	造成电极丝抖动，影响尺寸和光洁度
	电极丝的张紧程度	张紧程度不够，切割中电极丝成弧线状，造成工件形状误差
运算控制系统		因控制系统失误，造成工件尺寸误差
脉冲电源和电规准		影响电极丝的损耗，影响放电间隙

续表

影　响　因　素	影　响　情　况
进给速度	使电极丝受力不呈直线状,影响工件形状
工件材料内应力	切割过程中因内应力变形影响尺寸,割完后因内应力引起变形和开裂
走丝顺序	详见 28.7.3 节,参考图 28-15

28.7.3　影响线切割精度的因素

① 工件材料内应力引起的变形误差。工件材料的内应力一般包括热应力、组织应力和体积效应等。其中以热应力影响线切割后变形为主。其对工件形状的影响，见表 28-6。

表 28-6　热应力对切割工件后工件变形的影响

零件类别	轴类	扁平类	正方形	套类	薄壁型孔	复杂型腔
理论形状						
热应力变形					$A+$　$B+$	$A-$　$B+$

针对热应力引起的变形，当设法改善：一是采用热处理回火工艺消除内应力；二是改善线切割工艺，即在成型切割之前，采用在工件非切割区钻孔、切槽等预加工方法，使工件释放部分内应力。如在切割凸模时穿丝孔尽量钻在余料上，不直接从坯料外边切入，以避免在切缝处产生应力变形，如图 28-15（a）、（c）所示；合理选择线切割路径，以限制其应力释放，如图 28-15（b）、（d）所示。

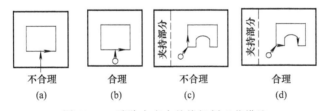

图 28-15　消除内应力的线切割工艺措施

② 找正、定位基准误差的影响。主要有以下几个因素。

a. 定位孔的误差，采用工艺定位孔或以穿丝孔为定位孔都需对定位孔进行精密加工，以保证找正精度，减小找正误差，定位孔壁需与端面垂直。孔壁的表面粗糙度值要低，孔口需倒角，并防止产生毛刺。

b. 由于电极丝在找正前不在定位孔的中心点上，误差大，所以需进行多次找正，以减小找正误差。同时，接触感知表面须干净，电极丝上不可沾有工作液，以提高感知精度。

c. 精细找正电极丝的垂直度，以保证加工表面与端面的垂直度误差在所要求的范围内。为保证电极丝不抖动，须保证导丝槽清洁，导电块无磨出的槽并与电极丝接触良好。导轮轴承运转灵活、无轴向窜动等。

③ 电极丝变形与运丝系统精度所引起的加工误差，如图 28-16 所示。在电火花线切割过程中，由于电磁力的作用，电极丝将产生挠曲变形，引起如图 28-16（a）所示变形；在进行拐角切割时，将会切成塌角，如图 28-16（b）所示。消除、减小此误差的方法如下。

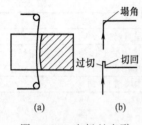

图 28-16 电极丝变形引起的加工误差

a. 在程序段的末尾待电极丝恢复垂直时，经回切以切去变形误差。

b. 采用过切法以切割成直角，如图 25-16（b）所示。即待电极丝回直后，则可切割直角。

快走丝线切割的运丝系统包括丝筒、配重、导轮、导电块等，均需保持精确、完好状态，以保证运丝平稳；并能保持张力和正反向运丝时的张力差在允许的范围内。否则，将会产生断丝和振丝、产生条纹，影响表面粗糙度和尺寸精度。

④ 电火花线切割的脉冲参数，若不正确也是影响切割误差的因素。

⑤ 进行锥度切割时，导轮与电极丝相切的切点变化也将引起加工尺寸误差。

⑥ 电极丝的张力稳定与否、电极丝张力的大小，对加工质量的影响是不容忽视的一个方面。要保证加工质量就要让电极丝的张力在整个加工过程中保持适当的程度。

28.7.4 影响表面粗糙度的因素

① 脉冲电源参数选择不当，单个脉冲能量过大。

② 导轮及其轴承因磨损而精度下降，由此产生的高低条纹严重影响了加工表面的表面粗糙度。

③ 钼丝损耗过大，变细了的钼丝在导轮内沿轴向窜动。

④ 进给速度调节不当，加工不稳定。

⑤ 电极丝的走丝速度和抖动情况、机械传动精度等也影响加工的表面粗糙度。

28.8 控制线切割加工零件精度的方法

28.8.1 慢走丝加工尺寸控制精度的方法

在线切割过程中，机头喷嘴所喷的水，始终会自浮上来贴住工件底面向上（离工件上表面 0.1mm 处）喷水。这种加工方法加工的工件精度最高，一般用在冲床模具上。

28.8.2 中走丝加工尺寸控制精度的方法

① 线架尽量放到最低（减少钼丝的抖动与高速运转时的抛离现象），丝筒直径为 156mm，每分钟 1440 转，导轮直径只有 30mm，转速是丝筒转速的 5 倍以上，所以导轮每分钟有 7000～8000 转。

② 水剂油必须干净，而且水柱把工件包在中间。

③ 割镶件时，必须考虑暂留面在工件厚的部位，靠近压板的部位。

④ 割镶件时，必须先割薄的地方，即使穿了引线孔也应先割薄的地方。

⑤ 割形状复杂、精度高的零件时，先割零件的大致形状，然后再进行热处理，让加工应力在精加工前先行释放，保证热稳定性。然后再进行线割切。

28.9 线切割加工时应注意的问题

（1）不可忽视脉冲间隔对切割速度的影响

脉冲间隔过小，会使电极丝与加工件之间加工间隙的绝缘强度来不及恢复，破坏了加工稳定性，容易引起电弧和断丝，降低切割速度；而脉冲间隙过大，又会减小单位时间内放电的次数，而且放电弧柱增加，消耗能量大，同样会造成切割速度下降。因此，应充分考虑脉冲间隔对加工速度的影响，合理设置脉冲间隔，保证加工顺利进行。

（2）不可忽视供电部位的接触电阻对切割速度的影响

线电极与进电轮之间接触电阻过大将造成接触处的能量损耗过大，从而减少了对加工区能量的供给，影响了切割速度，并且接触处的电能损耗会变成热量，使接触处发热，严重时会烧断电极丝，中断加工。因此，为确保加工的顺利进行，应尽量减小接触电阻，提高切割速度。

（3）不可忽视线极丝振动过大对线切割加工速度的影响

线极丝振幅太大或不等振幅的无规则振动，容易引起线极丝与工件之间的短路，造成切割速度下降或断丝。因此，应尽量减少机床和走丝系统的振动，以利切割速度和零件切割精度的提高。

（4）不可忽视工作液压力对线切割速度的影响

工作液压力不足，不能有效地排除加工碎屑及减弱对电极丝的冷却效果，造成切削速度降低。因此，线切割工作时必须注意工作液的压力是否正常，以确保加工顺利进行。

（5）电火花线切割加工时，不可忽视线电极张力对加工平面度的影响

线电极张力太小将引起线电极的振动加大，会造成工件高度方向的上、中、下尺寸产生加工误差，即平面度误差加大，影响加工精度。因此，线切割加工时，不可忽视线电极张力对加工平面度的影响。图 28-17 反映了不同线电极张力的加工结果。

（6）线切割加工时，不可忽视工件安装位置对加工平面度的影响

如图 28-18 所示，工件安装太靠近上导向器或太靠近下导向器时，都会加大加工平面度误差，使加工精度得不到保证。因此，安装工件时应尽量使工件与上、下导向器的距离基本保持一致，以减少加工件上、下端部的尺寸误差。

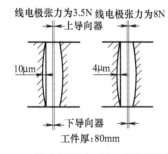

图 28-17　线电极张力对加工平面度的影响

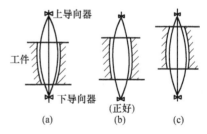

图 28-18　工件在上、下导向器位置与平面度关系

（7）线切割加工时，不可忽视工件残余应力对加工精度的影响

残余应力会在线切割加工中得到释放，造成被加工零件变形，甚至出现裂纹，产生加工精度误差。因此，为避免残余应力对线切割加工精度的影响，应对存有加工应力的零件进行回火处理，以保证其加工精度。

（8）不可忽视工件厚度对线切割加工精度的影响

工件材料太薄，加工时，电极丝容易抖动，对加工精度及表面粗糙度不利；而工件过厚，将使排屑条件变差，同样影响表面粗糙度及加工精度。因此，加工时应考虑工件厚度对线切割加工精度的影响，采取有效措施，保证零件的加工达到设计要求。

（9）利用线切割进行精加工时，工作液的压力不宜过大

应用线切割进行精加工时，如果工作液的压力过大，将引起电极丝的振动，对零件的加工精度及表面粗糙度均有影响。因此，为保证零件的加工精度及表面粗糙度，精加工时应适当减小工作液的流量和压力。

（10）线切割精加工时，不可忽视工作液上、下喷嘴与工件之间距离对加工精度的影响

利用线切割精加工时，上、下喷嘴与工件之间的距离太大，会增大被加工零件的拐角精度误差，产生塌角等现象，使加工精度下降。因此，线切割加工时，不可忽视上、下喷嘴与工件之间距离对工件加工精度的影响，以保证加工精度。通常距离值选 1mm 左右。

（11）线切割加工时，不可忽视小余量、大工件的安装方法

对于余量较小、外形尺寸较大的工件，如果安装方法不当，会使加工线路进入超程区。或由于工件自重大引起定位误差，造成被加工零件精度误差。因此，为保证小余量、大工件的加工精度，对其安装定位应采用辅助工作台的安装形式，如图 28-19 所示。

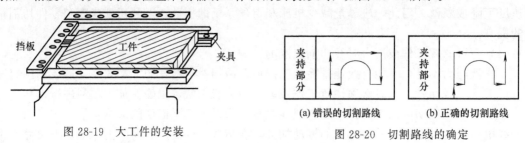

图 28-19 大工件的安装　　　图 28-20 切割路线的确定

（a）错误的切割路线　　　（b）正确的切割路线

（12）电火花线切割加工中，初始加工时的参数不宜过大

电火花线切割加工中，若初始参数过大，容易导致断丝，使加工无法进行，影响加工效率。因此，要特别注意线切割初始加工时由于供水条件差、放电反弹力大、不稳定等因素造成的断丝。应在初始加工时减小加工参数，降低进给速度，预防断丝。

（13）利用线切割加工孔类零件时，不可忽视"二次切割法"

在切割孔类零件时，如果只用一次切割就完成全部加工，将会导致零件变形、塌角等缺陷。因此，切割孔类零件时，为减小变形，可采用"二次切割法"来保证零件的加工精度。如图 28-20 所示：第一次粗加工型孔诸边留 0.1～0.5mm 余量，以补偿原来的应力平衡状态受到的破坏；二次切割为精加工，可保证加工精度。

（14）电火花线切割加工时，不可忽视加工路线的选择

电火花线切割加工时应正确选择切割路线。如图 28-20 所示：图（a）所示的切割路线是错误的，按此加工，由于受工件刚度降低的影响，工件容易变形，影响加工精度；按图（b）所示路线加工则可避免上述现象。

（15）线切割加工要考虑加工零件的应力产生，避免零件变形

线切割加工是在一整块材料上去除加工，它破坏了工件原有的应力平衡，很容易引起应力集中，特别是在拐角处，因此当 $R < 0.2mm$（特别是尖角）时，应向设计部门提出改善建议。加工中处理应力集中的方法，可运用矢量平移原理，精加工前先留余量 1mm 左右，预加工出孔的形状，然后线切割精加工。

（16）考虑提高生产率的主要途径

① 在其他条件相同的情况下，增大脉冲电压幅值会使加工生产率明显提高，但表面加工质量有所下降。

② 增加脉冲宽度也会使生产率提高，但表面加工质量显著下降。

③ 减小脉冲间隔时间能够大幅度提高生产率，且对表面加工质量无明显影响。

④ 适当增大脉冲电源功率。

28.10　改善线切割加工工件表面质量的措施与方法

在分析影响电火花线切割加工工作表面质量的相关因素之前，必须先了解电火花切割加工时在线电极与工件之间存在的疏松接触式轻压放电现象。通过多年观察研究发现：当柔性电极丝与工件接近到通常认为的放电间隙（例如 $8\sim10\mu m$）时，并不发生火花放电，甚至当电极丝已接触到工件，从显微镜中已看不到间隙时，也常常看不到火花，只有当工件将电极丝顶弯并偏移一定距离（几微米到几十微米）时才发生正常的火花放电。此时线电极每进给 $0.01mm$，放电间隙并不减少 $0.01mm$，而是电极丝增加一点线间张力，而工作则增加一点侧向压力，显然，只有电极丝和工件之间保持一定的轻微接触压力后才能形成火花放电。据此认为：在电极丝和工件之间存在着某种电化学产生的绝缘薄膜介质，当电极丝和工件接触时因其在不停运动，移动摩擦使该绝缘薄膜介质减薄到可被击穿的程度才会发生火花放电。

图 28-21 所示为线切割电极工作装置。为分析影响电火花线切割加工工作表面质量的各有关因素，可参阅图 28-22。

图 28-21　线切割电极工作装置

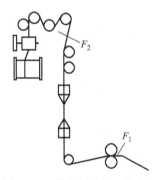

图 28-22　线切割电极工作简图

F_1 为作用在电极丝上的各种外力的总和，F_2 为电极丝内部产生的与 F_1 相平衡的张力。由于在加工时放电力总是将电极丝推向与它前进方向相反的方向，因此这个力将是造成电极丝滞后的主要因素。除以上因素外，对线切割加工质量有直接影响的因素主要涉及人员、设备、材料等方面。为了改善加工工件表面质量，可以从影响最大的人为因素、机床因素和材料因素三方面来考虑对加工质量的控制方式和改进方法。

28.10.1　加工工艺的正确确定和加工方法的正确选用

为改善加工工件的表面质量，对人为因素的控制与改善主要包括加工工艺的确定和加工方法的选择，这可以通过以下几点来实现。

（1）实施少量、多次加工

线切割型孔类工件时，可采用二次切割法。第一次粗切各型孔，各边留精切余量 $0.1\sim0.5mm$，故意使材料应力平衡状态受到破坏而变形，在达到新的平衡后，再作第二次精切割，这样可达到较满意的效果，如图 28-23 所示。如果数控装置有间隙补偿功能，则采用二次切割

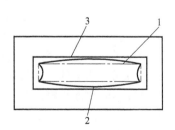

图 28-23　二次切割加工
1—第一次切割的理论图形；2—第一次切割后的实际图形；3—第二次切割后的图形

法加工就更为方便。

少量、多次切割可使加工工件具有单次切割不可比拟的表面质量，是控制和改善加工工件表面质量的简便易行的方法和措施。

（2）正确选择钼丝的切入位置及路径

合理安排线切割路线。该措施的指导思想是尽量避免破坏工件材料原有的内部应力平衡，防止工件材料在切割过程中因在夹具等作用下，由于切割路线安排不合理而产生显著变形，致使切割表面质量下降。图 28-24 所示表明了在切割某类工件时应采取的切割路线，其中图 28-24（a）所示为错误的切割路线，图 28-24（b）所示为正确的切割路线。

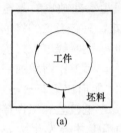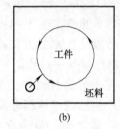

图 28-24　线切割路线图

（3）正确选择切割参数

对于不同的粗、精加工，其丝速、丝的张力和喷流压力应以参数表为基础作适当调整，为了保证加工工件具有更高的精度和表面质量，可以适当调高线切割机的丝速和丝张力。虽然制造线切割机床的厂家提供了适应不同切割条件的相关参数，但由于工件的材料、所需要的加工精度以及其他因素的影响，使得人们不能完全照搬书本上介绍的切割条件，而应以这些条件为基础，根据实际需要作相应的调整。例如若要加工厚度为 27mm 的工件，则在加工条件表中找不到相当的情况，这种条件下，必须根据厚度在 20～30mm 间的切割条件和相应补偿量作出调整，主要办法是：加工工件的厚度接近哪一个标准厚度就选择其为应设定的加工厚度，而补偿量则根据加工工件的实际厚度与表中标准厚度的差值，按比例选取。

（4）采用距离靠近加工

为了使工件达到高精度和高表面质量，可以采用靠近加工，即应使上喷嘴与工件距离尽量靠近（约 0.05～0.10mm），这样就可以避免因上喷嘴离工件较远而使线电极振幅过大影响加工工件的表面质量。

（5）注意加工工件的固定

当加工工件即将切割完毕时，其与母体材料的连接强度势必下降，此时要防止因加工液的冲击使得加工工件发生偏斜，因为一旦发生偏斜，就会改变切割间隙，轻者影响工件表面质量，重者使工件切坏报废，所以要想办法固定好被加工工件。

28.10.2　根据加工对象合理选择电参数

① 当要求有高的切割速度时。当脉冲电源的空载电压高、短路电流大、脉冲宽度宽时，切割速度高。但是切割速度和表面粗糙度是互相矛盾的两个工艺指标，必须在满足表面粗糙度的前提下再追求高的切割速度。而且切割速度还受到间隙消电离的限制，也就是说脉冲间隔也要适宜。

② 当要求表面粗糙度值小时。若切割的工件厚度在 90mm 以内时，应选用分组波的脉冲电源。与同样能量的矩形波脉冲电源相比，在相同的切割速度条件下，用分组波脉冲电源可以获得较小的表面粗糙度值。

无论是矩形波还是分组波，其单个脉冲能量小，则表面粗糙度 R_a 值小，也就是说，脉冲宽度小、脉冲间隔适当、峰值电压低、峰值电流小时，表面粗糙度值较小。

③ 当要求电极丝损耗小时。在选用前阶梯脉冲波形或脉冲前沿上升缓慢的波形时，由于其电流的上升率低（即 di/dt），故可以减小电极丝损耗。

④ 当切割厚工件时。应选用矩形波、高电压、大电流、大脉冲宽度和大的脉冲间隔。

因为工件厚，排屑比较困难，所以要加大脉冲间隔，以便加工产物能充分排出间隙，可充分消电离，从而保证加工的稳定性。

28.10.3　工件精度严重超差的排除方法

在加工中未发现什么异常现象，加工后机床坐标也回到原点（终点），但工件精度严重超差，造成这种现象的原因有以下几个方面。

① 工件变形。应考虑消除残余应力、改变装夹方式及用其他辅助方法进行弥补。

② 运动部件干涉。例如，工作台被防护部件（如"皮老虎"、罩壳等）强力摩擦，甚至顶住，从而造成超差，此时应仔细检查各部件运动是否干涉。

③ 丝杠螺母及传动齿轮配合精度、间隙超差。应检查工作台的移动精度。

④ X、Y 轴工作台滑板垂直度超差。应检查 X、Y 轴工作台的垂直度。

⑤ 电极丝导向轮（或导向器）导向精度超差。应检查导向轮（主导轮）或导向器的工作状态及精度。

⑥ 加工中各种参数变化太大。应考虑采用供电电源稳压等措施。

28.10.4　改进线切割加工表面粗糙度的途径

在线切割加工中，加工所得的表面粗糙度往往不尽如人意，可采用以下措施加以改进。

① 保证储丝筒和导轮的制造和安装精度，控制储丝筒和导轮的轴向及径向跳动，使导轮转动灵活，防止导轮跳动和摆动。这些将有利于减少钼丝的振动，保持加工过程的稳定。

② 钼丝在换向的瞬间会造成其松紧不一，钼丝张力不均匀，从而引起钼丝抖动，直接影响加工表面粗糙度，所以应尽量减少钼丝运动的换向次数。在加工条件不变的情况下，加大钼丝的有效工作长度，可减少钼丝的换向次数，减少钼丝的抖动，从而促进加工过程的稳定，提高加工表面质量。

③ 采用专用机构张紧的方式将钼丝缠绕在储丝筒上，可确保钼丝排列松紧均匀。尽量不采用手工张紧方式缠绕，因为手工缠绕很难保证钼丝在储丝筒上排列均匀及松紧一致。松紧不均匀，钼丝各段的张力就不一样，就会引起钼丝在工作中抖动，从而增大加工表面的表面粗糙度值。

④ 适当降低钼丝的走丝速度，有利于提高钼丝正反换向及走丝时的平稳性。

⑤ X、Y 两个方向工作台运行的平稳性和进给的均匀性也会影响加工表面粗糙度。要保证 X、Y 两个方向工作台运动平稳，可先试切，使铝丝在换向及走丝过程中变频均匀，且在单独走 X 向、Y 向直线时，步进电动机在钼丝正、反向所走的步数应大致相等。这说明变频调整合适，钼丝松紧一致，可确保工作台运动得平稳。

⑥ 工件的进给速度要适当。因为在线切割过程中，如果工件的进给速度过快，则被腐蚀下来的金属微粒不易排出，易引起钼丝短路，加剧加工过程的不稳定程度；如果工件的进给速度过慢，则生产效率低。

⑦ 保持稳定的电源电压。因为电源电压不稳定会造成钼丝与工件两端的电压不稳定，从而引起击穿放电过程不稳定，对表面粗糙度不利。

⑧ 线切割工作液要保持清洁。工作液使用时间过长，会使其中的金属微粒增多且逐渐变大，使工作液的性质发生变化，减小工作液的作用，还会堵塞冷却系统，所以必须对工作液进行过滤，要定期更换工作液。最简单的过滤方法是在回液进入工作液箱处和水泵抽水孔处各放一块海绵。浇注工作液最好是按螺旋状形式包裹住钼丝，以提高工作液对铝丝振动的

吸收作用，减少钼丝的振动，改善表面粗糙度。只要想办法使加工过程稳定，并保持工作液清洁，就能在生产效率相对较高的情况下，获得满意的表面粗糙度值。

28.10.5　采取减小残余应力影响的工艺措施

在以线切割加工作为主要工艺时，钢质材料的加工路线是：下料→锻造→退火→机械粗加工→淬火与回火→磨削加工→线切割加工→钳工修整。

上述工艺路线的特点是：工件在加工的全过程中，会出现两次较大的变形。一次是退火后经机械粗加工，材料内部的残余应力会显著增加；另一次是淬硬后，线切割去除大面积金属或切断，会使材料内部残余应力的相对平衡状态受到破坏而发生第二次较大的变形。例如，对已淬硬的钢坯件进行线切割（图28-25），在程序 $a→b$ 的割开过程中，由于材料内部残存着拉应力，其发生的变形如图中双点画线所示，使切割完的工件与电极丝轨有较大差异。图28-26所示为切割孔类工件的变形，在切割矩形孔的过程中，由于材料存在内部残余应力，当材料去除后，可能导致矩形孔变为图示双点画线所示的鼓形或虚线所示的鞍形。残余应力有时比机床精度等因素对加工精度的影响还严重，可使变形达到宏观可见的程度，甚至在切割过程中造成材料的炸裂。为减小残余应力引起的变形，可采取如下措施。

① 除选用合适的模具材料外，还应正确选择热处理方法并严格执行热处理规范。

② 在线切割加工之前，可安排时效处理。

③ 由于毛坯边缘处的内应力较大，因此工件轮廓应离开毛坯边缘8～10mm。

④ 切割凸模类外形的工件时，若从毛坯边缘切入加工，则会存在切口，容易引起加工过程中的变形。因此，应正确选择起始切割位置和加工顺序，如图28-27所示。

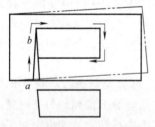

图28-25　线切割加工后工件的变形

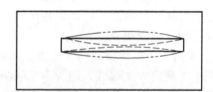

图28-26　切割孔类工件的变形

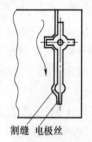 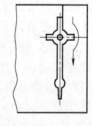 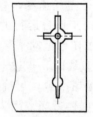

割缝　电极丝

(a) 错误的加工顺序　　(b) 正确的加工顺序　　(c) 最好的加工顺序

图28-27　加工顺序的选择

28.11　电火花线切割加工安全技术规程

① 机床润滑的一般原则是机床的不同部位应使用不同规格的润滑油，并根据具体情况

定期注油润滑。开机前的润滑可作为日常维护，应定期适当打开防护体注油润滑。这样可使机床传动部件运动灵活，保持精度，延长使用寿命。用什么润滑油应根据机床出厂资料规定和机床维护知识确定。

② 工艺参数及操作顺序。操作者要根据被加工件的材质、厚度、热处理情况、电极丝直径与材质、工作液电导率等选取加工电压幅值、加工电流、电极丝张力、工作液流量、加工波形参数（指脉冲宽度、脉冲间隔）及进给速度等。操作时应该先开走丝，之后开工作液、脉冲电源，再调节变频进给速度。

③ 上电极丝摇柄是高速走丝线切割机床装调电极丝时必备的附件，使用时将其插入储丝筒轴端，用后及时拔出摇柄。若没有及时拔出，则当储丝筒电动机旋转时，摇柄就可能甩出伤人。所以一定要养成用后及时拔出摇柄的习惯。

④ 加工前检查。正式加工之前，对于有画图功能及附件的机床，应空运行画图，确认不超程后再加工，这对于大工件的加工尤为重要。在无画图功能及附件时，可用"人工变频"空运行一次，仔细观察是否会碰丝架或超程。

有些机床的工作台既无电气限位，又无机械限位，曾出现过工作台超程坠落现象，应引起操作者注意。

⑤ 注意工件内应力。用电火花线切割加工的工件，应尽量先消除由于机械加工、热处理等带来的残余应力，避免因残余应力在切割过程中释放而使工件爆裂，造成设备或人身安全事故的情况发生。

⑥ 注意防火。如果工作液供给失调，加工时会有火花外露，从而引起易燃易爆物燃烧爆炸。所以不准将这类物品放在机床附近，加工中应注意工作液供给状况，随时调节。

⑦ 注意及时关断电源。检修机床机械部位时，如果不需要电力驱动，要切断电源，以防触电。检修强电部位时，不可带电检修的一定要断电，需带电检修的要采取可靠的安全措施。检修弱电部位时，在插拔接插件或集成电路等零部件之前，应关掉电源，防止损坏电气器件。

⑧ 正确接地。机床保护接地已有国家标准，但在机床运行过程中或运输过程中，接地有可能失灵，操作人员应经常用试电笔测机床是否漏电。防触电开关在有漏电或触电现象时，会自动切断机床供电，应尽量采用。加工电源直接接在电极丝和工件上，通常电极丝为负极，工件为正极。电压空载幅值在 $60\sim100V$ 之间。不要同时接触两极，以免触电。

⑨ 防触电。水质工作液及一般的水是导电的，操作人员常常接触这种工作液，在按开关或接触电气设备时，应事先擦干手，以防触电，同时也避免导电溶液进入电气部位。在因短路引起火灾时，用水灭火会引起新的短路，所以不能用水灭电火。发生这种情况时，应立即关掉电源。若火势燃烧较大，可用四氯化碳、二氧化碳或干冰灭火器等。

⑩ 加工后注意事项。加工后，首先要关掉加工电源，之后关掉工作液，让丝运转一段时间后再停机。若先关工作液的话，会造成空气中放电，造成烧丝或损坏工件；若先关走丝的话，因丝速变慢甚至要停止运行，丝的冷却不良，间隙中缺少工作液，也会造成烧丝或损坏工件。关工作液后让丝运行一段时间能使导轮体内的工作液甩出，延长导轮的使用寿命。

⑪ 下班前关闭电源、擦洗机床、加润滑油，做好日常保养工作。

复习思考题

1. 线切割机床有哪几种机床？其精度与粗糙度是怎样的？

2. 与电火花成型加工相比，电火花线切割加工的主要特点是什么？

3. 切割加工工件表面的质量同哪些因素有关？

4. 线切割加工应怎样找基准？

5. 线切割的加工工艺是怎样的？关键要注意什么？

6. 控制线切割加工零件的精度有哪些方法？

7. 线切割加工应注意哪些问题？

8. 改善线切割加工工件表面质量的措施有哪些？

9. 电火花线切割加工时应注意些什么？

10. 电火花线切割加工安全技术规程的特点是什么？

第29章 ▶▶ 机床加工精度与模具质量控制

为什么数控机床加工的动、定模零件在合模机上配模时，加工精度好的几个小时内就完成，且动、定模的封胶面、耐磨块的接触面等非常好，如图 29-1 所示；加工精度差的动、定模配模就较费时，大型模具用电磨头打磨要2～3d。动、定模铣好后质量部门测量验收过的，是达到图样要求的，却很可能由于内应力的原因而使加工零件变形。不管是什么原因，说明加工以后，要想达到理想值可以说是不容易，为什么？因为，影响零件的加工精度，使之产生误差的因素很多。所以，数控铣的加工精度控制，要从产生加工误差的因素、影响加工精度的原因方面去分析。下面将机械加工质量的加工精度、表面质量作具体的分析，采取相应措施去解决。

图 29-1 动、定模接触面

在生产实际中，任何一种机械加工方法，不论多么精密，都不可能将零件加工得绝对精确，同理想值完全相符。即使加工条件完全相同，加工出的零件精度也各不相同。零件加工后实际几何参数与理想值偏离程度称为加工误差。只要加工误差的大小不影响产品的使用性能，就可以允许它存在。加工误差的大小实际上表明加工精度的高低；加工误差大，零件的加工精度就低；加工误差小，零件的加工精度就高。

随着时代的发展，对模具的性能和要求越来越高。由于零件的加工精度直接关系到模具的质量、使用性能和寿命，而零件的最终质量又是由精加工来保证的，因此，保证模具零件具有更高的精度就显得越来越重要。另外，在生产实际中，经常发生和需要解决的工艺问题，多数也是精度问题。保证和提高机械加工精度是机械加工的首要目标。保证零件的加工精度也就是设法将加工误差控制在允许的误差范围内，实际上就是限制和降低零件的加工误差，提高动、定模零件的加工精度，为控制模具的装配质量创造条件。

29.1 零件的加工质量

零件的加工质量有两大指标：零件的加工精度和表面质量。

29.1.1 加工精度的定义

工序简图上规定的精度是加工精度，它是指零件在加工以后几何参数（尺寸、形状和位置）的实际值与理想值的符合程度，符合程度越高，加工精度越高。

加工精度包括尺寸精度、几何形状精度和表面相互位置精度三个方面。而且它们之间有一定的联系，没有一定的形状精度，就谈不上尺寸精度和位置精度。例如，不平的表面不能测出准确的平行度或垂直度。通常，形状精度应高于相应的尺寸精度；在大多数情况下，相互位置精度也应高于相应的尺寸精度。

零件工作图上规定的精度是设计精度，它是根据机器使用性能对各有关表面在尺寸、形状和位置等方面提出的精度要求。

29.1.2　机械加工的表面质量

机械加工表面质量指零件经加工后的表面粗糙度、表面层物理机械性能（如硬度、残余应力等）的变化程度和表面缺陷层的深度等。

模具零件表面粗糙等级与模具类别和零件使用性能要求有关，如注塑模的动、定模的型腔、型芯及镶块小型芯的表面粗糙度要求达到 $R_a0.16\sim0.32\mu m$；配合面为 $R_a3.2\mu m$，非配合面则为 $R_a1.6\mu m$。一般来说，注塑模的动、定模型面表面粗糙度要求较高，见表 29-1。表面粗糙度在模具零件加工表面上的使用范围见表 29-1。

表 29-1　模具零件表面粗糙度使用范围

表面粗糙度 $R_a/\mu m$	使　用　范　围
0.1	抛光的旋转体表面
0.2	抛光的成型面和平面
0.4	①弯曲,拉深,成型凸,凹模工作表面 ②圆柱表面和平面刃口 ③滑动精确导向件表面
0.8	①成型凸,凹模刃口 ②凸,凹模镶块刃口 ③静,过渡配合表面——用于热处理零件 ④支撑,定位和紧固表面——用于热处理零件 ⑤磨削表面的基准平面 ⑥要求准确的工艺基准面
1.6	①内孔表面——非热处零件上配合用 ②底板平面
6.3	不与制件及模具零件接触的表面
12.5	粗糙的,不重要的表面
▽	用不去除材料的方法获得的表面

29.1.3　影响成型件型面质量的因素与控制

影响成型件工作表面质量的因素很多，如材料与热处理工艺、机械加工工艺、电加工工艺、精饰加工与表面强化工艺、装备的精度与刚度等。在编制加工工艺规程时，都须进行分析、设计，以改善和提高型面质量且尽量减少手工作业量。

29.2　产生加工误差的因素

在机械加工中，被加工表面的尺寸精度、几何形状精度和表面间相互位置精度，主要取决于工件和刀具间的相对位置和运动关系。工件和刀具安装在夹具和机床上，由机床提供运动和动力实现切削加工。在机械加工时，"机床-夹具-工件-刀具"构成一个加工系统，称为机械加工工艺系统。由于工艺系统受到多方面因素的影响，因而会产生各种各样的误差，这种由于工艺系统本身的结构和状态、操作过程以及加工过程中的物理力学现象而产生的误差称为原始误差。原始误差可以照样、放大或缩小地反映给工件，使工件在加工后产生误差，形成加工误差。为了提高加工精度，就必须对工艺系统中存在的各种原始误差进行分析，工艺系统的原始误差主要分类如下：原理误差，安装误差，机床误差，夹具误差，刀具误差，测量误差，力变形误差，热变形误差，内应力变形误差，调整误差等。

必须指出，在机械加工中，各种原始误差并不是在任何情况下都会出现，而且在不同情况下，它们对加工误差的影响程度也不相同。所以，在分析生产中存在的精度问题时，要分清主次，抓住重点。

根据大量的生产实践和实验的总结，影响零件加工精度（或误差）的因素可以归纳为四个方面。

（1）工艺系统的几何误差

包括机床、夹具、刀具的制造误差和磨损，工件的定位误差等。

（2）工艺系统的力效应产生的误差

包括工艺系统刚性不足或变化所引起的加工误差、工件的夹紧误差和工件残余应力所引起的误差。

（3）工艺系统的热变形产生的误差

包括机床、刀具、工件热变形产生的误差。

（4）其他误差

工件内应力所引起的误差、加工原理误差、测量误差、调整误差（没有调整到正确位置而产生的加工误差）。

29.2.1　工艺系统的几何误差

工艺系统的几何误差是指机床、夹具、刀具的制造安装误差以及毛坯和半成品所存在的误差等。这些误差在不同的加工条件下会以不同程度反映到工件上去，影响加工精度。并且，随着机床、夹具和刀具在使用过程中逐渐磨损，工艺系统的几何误差将进一步扩大，工件的加工精度也将相应降低。

（1）加工原理误差

加工原理误差是指由于采用了近似的刀具轮廓或近似的加工运动方式和近似传动比的成形运动加工工件而产生的加工误差。

在机械加工中，大多数的加工原理是精确的，仅少数存在加工原理误差。只要误差不超过规定的精度要求，采用近似的加工方法是完全可以的，而且还可以提高生产率和使工艺过程更为经济。

（2）机床、夹具、刀具的制造误差

① 机床的几何误差　机床是工艺系统中最重要的组成部分，零件的加工精度主要由机床保证。一般情况下，只能用一定精度的机床加工出一定精度的工件。引起机床误差的主要原因主要是它的制造误差、安装误差和磨损。在机床制造误差中，主轴的回转误差、导轨误差和传动链误差对零件加工精度的影响更为重要。

a. 主轴的回转误差。机床的主轴传递着主要的加工运动，它是工件或刀具的位置基准和运动基准。在理想情况下，主轴回转中心线的空间位置是固定不变的。但实际上由于存在制造误差和使用中承受力和热变形，主轴每一瞬时的回转中心线的空间位置都要发生变动，即存在回转误差。该误差直接影响工件的加工精度。

主轴回转误差可分为径向圆跳动、轴向窜动和角度摆动三种基本形式（图 29-2）。径向圆跳动是指主轴实际回转轴线平均轴线（主轴回转轴线作不正确运动时的平均中心线位置）作平行的公转运动。轴向窜动是指主轴回转轴线在轴向的位置变化。角度摆动是指主轴回转

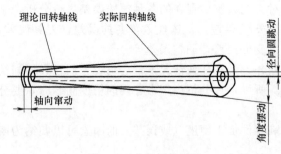

图 29-2　主轴回转误差

轴线平均轴线作平行的公转运动。实际上，主轴的径向圆跳动和角度摆动往往同时存在，这种合成后产生的误差称为主轴径向回转误差。

产生主轴回转误差的主要原因是主轴的几何偏心和主轴回转轴线的瞬时运动误差。前者由主轴制造时产生并受支撑件影响，后者受主轴部件的加工、装配过程中的各种误差和回转时的动力因素的影响。

具体来说，造成主轴径向圆跳动的主要原因是主轴轴颈和主轴箱体孔轴承精度的误差。就滑动轴承结构而言，主轴以其轴颈在轴套内旋转。经分析研究可知，对车床类机床，轴颈的圆度误差会使主轴回转轴线产生径向圆跳动，并将其传给工件，而轴套孔的误差对加工精度影响很小；对镗床类机床，轴套孔的圆度误差会引起锁杆主轴径向圆跳动，并将其传给工件，而锁杆主轴轴颈误差对加工精度影响很小。就滚动轴承结构而言，影响因素则复杂得多，但其外圈和内圈的滚道形状精度和位置精度的影响与滑动轴承类似，即车削时内圈滚道精度影响较大；镗削时，外圆滚道的精度影响较大。造成主轴角度摆动的主要原因可归结为径向圆跳动。主轴两端的径向圆跳动量不等，方位相同；两端的径向圆跳动量不等，方位相反；两端的径向圆跳动量相等，方位相反，都能形成主轴的角度摆动。造成主轴轴向窜动的主要原因对于滑动轴承支撑来说，是由于主轴轴颈的轴向承载面和主轴箱体孔的轴承承载端面两者的误差；对于滚动轴承支撑来说，是由于两个滚道的精度和滚动体的误差，通过分析可知，两滚道与轴线的垂直度对主轴轴向窜动的影响决定于两者中精度较高的一个。因此，加工中多将轴的端面垂直度加工得精度高一些，以减小主轴的轴向窜动。

b. 导轨误差。机床导轨是确定机床移动部件的相对位置和运动的基准，机床移动部件的运动精度主要取决于机床导轨的精度。导轨的各项误差直接影响工件的加工精度。导轨有如下误差：导轨在水平面内的直线度误差；导轨在垂直面内的直线度误差；机床前后导轨在垂直平面内的平行度误差。

总的来说，机床导轨精度对加工精度有着不同程度的影响，它不仅取决于其制造精度和使用过程中的磨损情况，还与安装有关，必须引起足够的重视。

c. 传动链误差。在机械加工中，被加工表面的形状主要依靠刀具和工件间的成型运动来获得。这些成型运动间的传动比关系是通过机床的传动机构实现的，或者说是由机床的一定的传动链保证的。由于传动链中传动元件的制造误差、安装误差和工作中的磨损，破坏了正确的运动关系，产生了传动链误差，从而影响了加工精度。

② 刀具、夹具误差及工件的定位误差

a. 刀具的制造误差和磨损。刀具的制造误差对加工精度的影响随刀具的种类不同而异。除刀具的制造误差对加工精度的影响外，刀具的磨损、刀具的不正确安装也会使加工表面产生不同程度的加工误差。尤其是成型刀具，使用时必须特别注意。

b. 夹具误差。工件在夹具中的位置是否正确，同工件加工表面的尺寸精度、粗糙度有关，可能会产生工件的定位误差。

工件通过夹具定位，使被加工表面相对机床和刀具具有正确的位置。夹具的制造误差将直接影响工件的加工精度。

夹紧工件的夹紧力使工件产生弹性变形所造成的加工误差。

夹紧工件的夹紧力使工件的定位基准面与夹具定位基准面紧压接触产生的接触变形而造成的加工误差。

c. 工件的定位误差。工件在加工前，须进行精确定位安装。其目的是为了避免、减小定位误差，用以保证工件被加工面的加工尺寸与位置精度。所以，分析定位误差产生的原因和内容、影响因素及其计算方法，设法减小定位误差，以控制定位误差在允许的范围之内。

d. 定位元件的制造误差。由于工件定位基准与夹具定位元件上的定位基准制造时产生的制造误差，或由于工件安装于机床工作台上进行检测找正零件定位基准时产生的误差，将导致在加工时产生工件加工工序基准与定位元件上的定位基准不重合误差和工件定位基准位置移动的误差。

29.2.2　工艺系统受力变形所引起的误差

① 基本概念。机械加工过程中由机床、夹具、刀具、工件组成的工艺系统在切削力、夹紧力、传动力、重力和惯性力等作用下会产生相应的弹性变形及塑性变形。另外，由于工艺系统中某些配合元件间存在着间隙，在力的作用下配合元件间也可能产生消除间隙的位移。由于变形和位移，破坏了已经调整好的刀具和工件之间的相对位置，给工件造成几何形状和尺寸误差。

工艺系统刚度对加工精度的影响可分为以下常见形式：由于切削力作用点位置变化而使工件产生的形状误差；由于切削力大小变化产生的加工误差；工艺系统其他作用力影响引起的误差等。

应当指出，在加工过程中，工艺系统在各种力的作用下，将在各个受力方向上产生相应的位移，从加工精度的观点出发，零件被加工表面在其法线方向相对刀具的位移，对加工精度的影响最大。

② 工艺系统的刚度是由工件、机床、刀具的刚度决定的，所以为保证加工精度，必须对工艺系统各环节的刚度分析研究。

刀具的刚度同刀具的结构和工作条件有关，加工时，由于刀具的变形，吃刀量的多少会使加工工件产生形状误差。

③ 提高工艺系统刚度的措施。提高夹具的刚度、被加工零件的抵抗刀具切削力不变的能力。要从这几方面入手：增加辅助支撑、合理安排切削用量、选择合适角度的刀具等。总之，在切削力作用下，使得工件、夹具变形最小。

29.2.3　工艺系统受热变形所引起的误差

加工过程中，工艺系统在热作用下将产生变形。由于系统各组成部分的热容、线胀系数、受热和散热条件不尽相同，各部分热膨胀情况也不完全一样，常产生复杂的变形，从而破坏了工件与刀具的相对运动或相对位置的准确性，引起加工误差。工艺系统热变形对加工精度的影响，对精加工和大件加工来说尤其突出。为避免热变形的影响，精密机床在加工前常需进行机床空运转预热，为此花费很多时间，影响了机床的效率。有时由于机床局部的急剧升温常使机床不能正常工作。因此，不能忽视工艺系统热变形的影响。

① 工艺系统的热源可分为两大类：内部热源和外部热源，它们分别来自切削过程本身和切削时的外部条件。

a. 切削热。切削时，随着切屑的形成而产生的热量称为切削热。切削热的产生与被加工材料的性能、切削用量、刀具的几何参数等因素有关。切削热的大小取决于切削力的大小和切削速度的高低。

b. 摩擦热。

c. 环境温度和辐射热。环境温度主要是指不同时刻的室温变化及室内不同位置的温差，它们会使工艺系统产生热变形。环境温度主要与采暖通风的方式有关。阳光、灯光、取暖设备和人体都会发出辐射热，使工艺系统产生变形。在精密加工中辐射热是不可忽视的。

② 减少机床、工件、刀具的热变形对加工精度的影响。可从加工工艺方面考虑减少热量的产生，充分冷却、在机床达到热平衡后再进行加工；恒温控制机床等。

刀具的热变形，一般影响工件的尺寸精度，如高速钢车刀粗加工时热变形伸长量达 $0.03 \sim 0.05$ mm。

29.2.4　工件内应力所引起的误差

（1）内应力的概念及特点

零件在外载荷去除后，其内部仍存在的应力称为残余内应力，简称内应力。具有内应力的零件，在外观上一般没有什么表现，只有当应力值超过材料的强度极限时，零件才会出现裂纹；内应力的存在使零件在使用过程中也会产生变形，使原有的精度逐渐丧失。

（2）内应力产生的原因

① 热应力。主要是由于零件各个部分冷却收缩不均匀所致。

② 塑变应力。塑变应力主要是由于工件在冷态受力较大，局部发生塑性变形所致。

③ 组织应力。加工过程中，由于工件表面切削热的作用，使表面层的金相组织发生转变，使工件表面层产生了内应力。

（3）减少或消除内应力的措施

用铸、锻、焊等工艺获得的毛坯零件在粗加工后都要进行自然时效、人工时效或振动时效。在机器零件的结构设计中，尽量减少各部分的壁厚差。尽量不采用冷校直，对于精密件严禁冷校直。切削加工过程中，设法减少切削力和切削热。

模具零件加工后，一般都会产生内应力，由于模具生产周期关系，不允许退火处理，只有采用正火处理来消除内应力。同时在设计时采用预硬钢、镶块结构，零件形状避免尖角、清角设计，正确选用热处理工艺。

29.3　模具制造过程的控制

为满足用户和模具设计要求，改善、提高与控制成型件工作表面的质量非常重要。

① 模具的精度与质量形成于模具制造的全过程，而不仅取决于制造过程中的某一工艺阶段或某一工序，因此，凭借上述执行工艺规程的条件，分析、研究误差产生的环节及其原因，并进行过程控制，对提高执行工艺规程的可靠性与安全性，保证模具达到应有的精度与质量，具有重要意义。

② 产生模具制造误差的原因与误差的组成。模具精度是指模具设计时所允许的综合制造误差值。即，经过零件加工和装配后，形成的模具实际几何参数（尺寸、形状、位置）相对于模具设计所要求的几何参数之间相符合的程度。

③ 模具的制造精度误差由三部分形成，即：a. 标准零部件的制造误差；b. 成型件的制造误差；c. 模具装配误差。前两部分误差产生的原因主要是设计误差和工艺系统误差。其中，设计误差是相对于公称尺寸或理论尺寸确定的允许设计误差。工艺系统误差则是由机床、刀具和夹具的制造误差，由夹紧力、切削力等力的作用产生的变形误差，以及由于在加工时机床刀具、夹具的磨损、受热变形误差等所形成的，见表 29-2。

表 29-2　零件制造误差分析与控制

误差类别	误差产生原因与分析	误差控制
理论误差	由于在加工时,采用近似的加工运动或近似刀具轮廓所产生的误差	采用 CAD/CAM 技术,以提高运动精度和刀具轮廓精度
安装误差	为定位误差与夹紧误差的和: ①定位误差　为基准不重合误差与基准位移误差的向量和,即 $$\overline{\Delta}_{定位} = \overline{\Delta}_{位移} + \overline{\Delta}_{基}$$ ②夹紧误差　由于夹紧工件的力,作用于工件,使工件变形而产生的加工误差	①力求使工序基准与定位基准重合,或使其向量和保证在设计时所要求的精度范围内 ②加强薄壁零件的刚度。精确计算工件所允许的夹紧力
调整误差	机械加工时,为获得尺寸精度,常采用试切法或调整法,均产生调整误差 ①试切法的调整误差　是由操作时的测量误差、机床微量进给误差和工艺系统受力变形误差所造成 ②调整法的调整误差　是微进给量误差及因进给量小而产生"爬行"所引起的误差;调整机构,如行程挡块、靠模、凸轮等的制造误差,或所采用的样件、样板的制造误差,以及对刀误差等所形成的调整误差	①保证测量器具精,须按期检修和进行计量 ②保证机床的微进给精度 ③正确选订加工工艺参数 ④提高和控制定程精度和对刀精度
测量误差	由量具本身制造误差和所采用的测量方法、方式所产生的误差	
机床误差	①导轨误差　导轨是机床进行加工运动的基准,其直线运动精度直接影响被加工工件的平面度和圆柱度 ②主轴回转误差　磨削时将影响工件表面的粗糙度,产生圆柱度误差、平面度误差 ③传动误差　包括传动元件,如丝杠、齿轮和蜗轮副的制造误差等	①保证机床导轨直线运动和主轴回转运动的精度 ②提高传动链精制造精度,尽量缩短传动链,并减小其装配间隙
夹具误差	夹具误差的主要因素是夹具各类元件;包括定位元件、对刀元件、刀具引导装置,及其安装表面等的位置误差,和各类有关元件的使用中磨损所造成的误差	须保证夹具精度,使不失精。 精加工夹具允差:取工件相应公差的 $1/2 \sim 1/3$;粗加工夹具允差:取工件相应公差的 $1/5 \sim 1/10$
刀具误差	由刀具制造误差(含电火花加工用电极),刀具装夹误差和刀具磨损产生的误差	在加工时,须保证刀具(含电极)制造和使用时的装夹精度
工艺系统变形误差	①工艺系统受力变形误差　包括由于机床零部件刚度不足,受力后的弹性变形引起的误差;由于刀具刚度不足,受力后的弹性(如悬壁)变形引起的误差;和工件刚度不足,受力后的弹变、塑变引起的误差 ②工艺系统受热变形误差　是由于加工时工件,刀具和机床受热后引起的变形所产生的误差	提高和保证机床、刀具的高刚度和正确制定加工工艺参数是减小受力变形误差基本条件,精加工在恒温(20℃)条件下进行,是减少热变形的措施。一般恒温精度:±1℃;精密恒温精度:±0.5℃;超精恒温精度:±0.1℃
工件内应力引起的误差	工件在加工时,由于其存在内应力的平衡条件被破坏,产生的变形误差	须在粗加工和半精加工时消除内应力,即精加工前进行时效处理
操作误差	操作时,由于技术不熟练,质量意识误差,操作失误等引起的误差	提高职工素质和质量意识,制定完善的质量保证和管理系统

　　模具装配误差将决定模具的精度等级与精度水平。模具装配误差的形成及其形成过程,与模具装配时,正确地使相关零件进行定位、拼装、连接、固定等装配顺序和工艺有关,也与标准件、成型件制造误差有关。其中,凸、凹模之间的间隙值及其偏差,则是确定零件制

造和装配偏差的依据。形成模具装配误差和零件之间的尺寸关系与顺序如图 29-3 所示。

图 29-3 所示说明：

① 模具装配后，其零件之间的尺寸关系，必须满足装配工艺尺寸链中封闭环的要求（见第 11 章）。

② 装配后，各装配单元之间的相对位置必须正确，以保证其位置精度。

③ 装配后，装配单元中的运动副或运动机构，必须保证其在工作运动中的精度和可靠性。

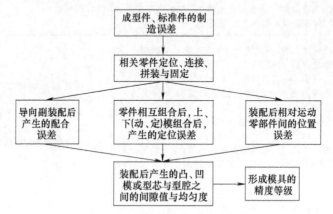

图 29-3　模具装配误差形成框图

29.4　提高加工精度的工艺措施

如上所述，在机械加工中，由于工艺系统存在各种原始误差，会不同程度地反映为工件的加工误差。为提高零件的加工精度，必须设法控制这些误差的产生或控制这些误差对加工精度的影响。提高零件加工精度的方法，大致有以下几种。

（1）直接减小或消除误差法

提高工件加工时所使用的机床、夹具、量具及工具的精度，控制工艺系统受力、受热变形等均可以达到这个目的。为了提高加工精度，应该在查明产生加工误差的主要因素后根据具体情况实施。对精密零件的加工，应尽可能提高所用机床的几何精度、刚度，并控制加工过程中的热变形；对低刚度零件的加工，主要是尽量减少工件的受力变形；对型面零件的加工，主要是减少成型刀具的形状误差及刀具的安装误差。

（2）补偿或抵消误差法

误差补偿法，是人为地造成一种新的误差去抵消原来工艺系统中的原始误差的方法。误差抵消法尽量使两者等值、反向。两种方法无本质区别，生产中常统称为误差补偿。例如摇臂钻床在主轴箱自重的影响下产生弹性变形，使主轴工作时与工作台不垂直。为减小该误差可以采用预变形的办法，先通过近似计算找出横梁的弹性变形曲线，据此确定横梁导轨几何形状及所需采用的预变形形状。将导轨的支承面做成反向弯曲面，当受主轴箱受重力作用时则接近平直，从而补偿了其弹性所引起的变形。

（3）误差转移法

对工艺系统的原始误差，可在一定条件下，使其转移到不影响加工精度的方向或误差的非敏感方向。这样就可在不减少原始误差的情况下，获得较高的加工精度。通过误差转移的方法，能够用一般精度的机床加工高精度的零件。如镗床镗孔，孔系的位置精度和孔间距的尺寸精度都依靠镗模和镗杆的精度来保证，若镗杆与机床主轴之间采用挠性连接传动，可使机床误差与加工精度无关。

（4）就地加工法

在加工和装配中，有些精度问题牵涉到零部件间的相互关系，相当复杂。如果单纯地提高零部件的精度来满足设计要求，有时不仅困难，甚至不可能。就地加工法就是保证零部件相互关系的方法。如龙门刨床等，为了使它们的工作台面分别对横梁和滑枕保持平行的位置关系，都是在装配后在自身机床上进行"自刨自"的精加工。

（5）误差分组法

在成批生产条件下，对配合精度要求很高的装配，当不可能用提高加工精度的方法来获得时，则可采用误差分组法。这种方法是先对配偶件进行逐一测量，并按一定的尺寸间隔分成相等数目的组，然后再按相应的组分别进行配对。这种方法实质上是用提高测量精度的手段来弥补加工精度的不足。

（6）误差平均法

对配合精度要求很高的轴和孔，常采用研磨的方法来达到。这种表面间相对研磨的过程，就是误差相互比较的过程，也称为"误差平均法"。利用这种方法制造的精密平板，平面度能达到几微米。一些高精度量具和工具，现在仍采用"误差平均法"制造。

29.5　表面质量的含义及其对零件使用性能的影响

机械加工表面质量包含两个方面的内容。

① 表面层的几何形状偏差。2D 图样上都标注有表面粗糙度的要求。

② 表面层的物理-机械性质。这是指表面层硬化的程度和深度，表面层残余应力的大小及分布和表面层金相组织的变化等。

表面质量的问题虽然只产生在很薄的表面层中，却影响着零件的使用性能，如耐磨性、疲劳强度、抗腐蚀性以及零件配合性质等。

29.6　影响表面质量的工艺因素及其控制方法

（1）刀具几何参数和切削用量

根据加工零件的材料、形状、精度要求，正确处理好切削三要素（切削速度、进刀量、走刀量），确定刃磨刀的前角、后角、主偏角与副偏角及刀尖圆弧半径。

刀具前角与表面粗糙度无直接关系，但当前角增大时，金属塑性变形减小，切削力降低，振动减小，有利于改善表面质量。

后角增加，可使冷硬及残余应力略有降低。

提高切削速度可降低金属塑性变形，可使冷硬程度和深度降低。

（2）工件材料性质

切削脆性金属材料，往往出现微粒崩碎现象，在加工表面上留下麻点，使表面粗糙度增大。降低切削用量并使用冷却润滑液有利于降低表面粗糙度。切削塑性材料时，往往随着挤压变形而产生金属的撕裂和积屑瘤现象，增大了表面粗糙度。因此，为了提高韧性金属的加工性能，加工前应进行适当的热处理（如正火或调质），以得到均匀细密的晶粒和较高的硬度。同时，工件材料的塑性越大、硬度越低，加工后表面层冷硬程度和深度亦越大。加工前进行调质处理也改善了表面层的物理-机械性质。

（3）冷却润滑液

冷却润滑液能降低切削区域的温度并减少摩擦，采用冷却润滑液还可以减少塑性变形，改善表面质量。

（4）加工时的振动

当切削加工发生振动时，会在加工表面上产生明显的振痕，使粗糙度上升，表面质量恶化，所以加工中应采取措施减弱振动。

复习思考题

1. 什么叫零件的加工精度？
2. 为什么有时数控机床加工的零件的加工精度会达不到图样要求？
3. 产生加工误差的因素有哪些？
4. 数控机床为什么要在恒温条件下使用？
5. 影响表面质量的工艺因素有哪些？怎样控制？

第30章 ▶▶ 注塑模具的装配

　　根据模具装配图样和技术要求，将精加工好的模具的零部件和标准件，按照一定工艺顺序和技术要求进行配合、定位、紧固连接，使之成为符合制品生产要求的模具的过程，称为模具装配。

　　注塑模具的质量是保证塑料制品质量的关键，然而注塑模具质量是靠模具设计质量及制造质量来保证的。注塑模具的总装配，实际上是对模具制造加工的一次总检验。可见，模具装配是直接验证模具结构设计的合理性、保证模具使用性能的制造工艺阶段。

　　模具装配属于单件装配生产类型，工艺灵活性大。模具零部件组装成模具的过程，都是由一个工人或一组工人在固定的地点来完成的。模具装配中手工操作所占比例大，一副模具的质量好坏同模具钳工组长的技能水平和素质有很大的关系。

　　装配完成的模具须保证设计和合同所要求的使用性能和寿命。这是综合性指标，虽然影响因素很多，但主要与模具装配钳工的技能水平有关，不仅要求其具有丰富的实践经验和高超的装配技艺，还需具有广博的专业知识。

　　总装配合格的模具，还不等于是合格模具。严格地说，经过一段时间的试生产考核制品的成型工艺及模具结构的合理性、正确性、可靠性之后，未发现制品的精度和质量有问题，才称得上真正合格的模具。

　　模具装配的内容包括选择装配基准、组件装配、调整、修配、总装、研磨抛光、检验等工作。显然，模具装配是直接验证模具结构设计的合理性，保证模具使用性能的制造工艺阶段。

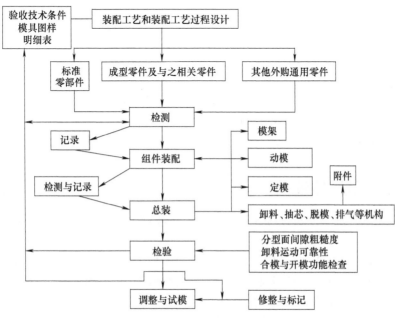

图 30-1　模具装配工艺过程

　　根据模具设计技术要求和结构特点，按照装配工艺顺序、工艺规程，进行装配、总装。然后进行模具空运转试验、检测、调整，最后试模、修整、确认。以上工件的全过程称为模具装配工艺过程，如图 30-1 所示。显然，模具装配工艺过程是形成模具制造精度、质量和使用性能最关键的制造工艺过程，须进行严格的控制与管理。

30.1　读懂注塑模具的装配图

　　在设计零件、模具结构及总装以及技术交流中，都会碰到读装配图的问题。读模具装配图的目的，是为了搞清模具结构、零部件的性能、工作原理、作用、装配关系。读图的方法是灵活的，步骤可以不同，但必须事先知道注射模具的总装图有哪些习惯画法，注意三个共同性的问题，即零件之间的定位关系，浇注、顶出、抽芯系统的动、静关系和各系统结构内外层次的遮挡关系。

　　现在很多模具企业的装配图是在模具开制好后，用 3D 造型转为 2D 工程图的。因此，3D 造型代替了 2D 装配图。读 3D 立体造型可以更直观地搞清上述的三个共性问题。读图的方法和步骤如下。

　　① 概括了解：先看标题栏内容，结合总装图的序号、明细表的内容等，再看模具结构及总装图的技术要求内容，了解工作原理及各系统关系。

　　② 确定采用第一角画法还是第三角画法。

　　③ 了解塑件名称、基本外形形状和内部结构、装配关系；了解塑料的种类和性能、特性。

　　④ 了解模具外形大小、模具结构如何、是二板模还是三板模、是否设有热流道。

　　⑤ 了解浇注系统的浇口位置、数量、形式。

　　⑥ 了解动、定模是什么分型面；了解模具的导向和定位结构。

　　⑦ 了解模具是整体还是镶芯。

　　⑧ 了解模具温控系统结构。

　　⑨ 了解开模动作顺序。

　　⑩ 了解有无抽芯机构，结构怎样。

　　⑪ 了解顶出系统结构和排气情况。

　　⑫ 了解模具标准件和热处理要求。

　　⑬ 分析其余的局部结构。分析配合要求（分析尺寸和分析零件时，不能截然分开进行）。分析各部件的装配关系，从而确定装配基准、装配顺序。

　　⑭ 最后综合归纳，读懂全图，综合各系统结构，建立模具的整体概念，了解模具精度要求，知道模具总装的技术要求。

30.2　注塑模具的装配要求

　　GB/T 12554—2006《塑料注射模技术条件》标准规定的对塑料注射模的装配要求见表 30-1。

　　注塑模具装配时，手工操作很多，且模具精度又高，因此要求模具钳工有较高的技能水平，不但要有模具专业知识，还需有比较广泛的机械加工工艺知识。装配模具是模具制造过程的最后阶段，装配质量将影响模具的精度、寿命、功能。好的模具设计，还需技能水平较高的模具钳工装配模具，才能保证模具装配质量。

注塑模具装配的技术要求见表 30-2。分型面间隙值见表 30-3。注塑模装配参数与要求见表 30-4。

表 30-1　注塑模具装配的技术要求

标准条目编号	内　容
4.1	定模座板与动模座板安装平面的平行度应符合 GB/T 12556—2006 中的规定
4.2	导柱、导套对模板的垂直度应符合 GB/T 12556—2006 的规定
4.3	在合模位置,复位杆端面应与其接触面贴合,允许有不大于 0.05mm 的间隙
4.4	模具所有活动部分应保证位置准确,动作可靠,不得有歪斜和卡滞现象,要求固定的零件不得相对窜动
4.5	塑件的嵌或机外脱模的成型零件在模具上安装位置应定位准确,安放可靠,应有防错位措施
4.6	流道转接处圆弧连接应平滑,镶接处应密合,未注拔模斜度不小于 5°,表面粗糙度 $R_a \leqslant 0.8\mu m$
4.7	热流道模具,其浇注系统不允许有塑料渗漏现象
4.8	滑块运动应平稳,合模后滑块与楔紧块应压紧,接触面积不小于设计值的 75%,开模后限位应准确可靠
4.9	合模后分型面应紧密贴合,排气槽除外。成型部分固定镶件的拼合间隙应小于塑料的溢料间隙
4.10	通介质的冷却或加热系统应通畅,不应有介质渗漏现象
4.11	气动或液压系统应畅通,不应有介质渗漏现象
4.12	电气系统应绝缘可靠,不允许有漏电或短路现象
4.13	模具应设吊环螺钉,确保安全吊装。起吊时模具应平稳,便于装模,吊环螺钉应符合 GB/T 825 的规定
4.14	分型面上应尽可能避免有螺钉或销钉的通孔,以免积存溢料

表 30-2　注塑模具装配的技术要求

序号	项　目	技　术　要　求
1	模具外观	①装配后的模具闭合高度、安装于注塑机上的各配合部位尺寸、顶出板顶出形式、开模距等均应符合图样要求及所使用设备条件 ②模具外露非工作部位棱边均应倒角 ③大、中型模具均应有起重吊孔,吊环供搬运用 ④模具闭合后,各承压面(或分型面)之间要闭合严密,不得有较大缝隙 ⑤零件之间各支撑面要互相平行,平行度误差在 200mm 范围内不应超过 0.05mm ⑥装配后的模具应打印标记、编号及合模标记
2	成型零件及浇口	①成型零件,浇口表面应光洁,无塌坑、伤痕等缺陷 ②对成型时有腐蚀性的塑料零件,其型腔表面应镀铬、打光 ③成型零件尺寸精度应符合图样规定的要求 ④互相接触的承压零件(如互相接触的型芯,凸模与挤压环,柱塞与加料室)之间应有适当间隙或合理的承压面积及承压形式,以防零件间直接挤压 ⑤型腔在分型面处、浇口及进料口处应保持锐边,一般不得修成圆角 ⑥各飞边方向应保证不影响工件正常脱模
3	斜楔及活动零件	①各滑动零件配合间隙要适当,起止位置定位要正确。镶嵌紧固零件要紧固、安全、可靠 ②活动型芯、顶出及导向部位运动时,应滑动平稳,动作可靠灵活,互相协调,间隙适当,不得有卡紧和感觉发涩等现象
4	锁紧及紧固零件	①锁紧作用要可靠 ②各紧固螺钉要拧紧,不得松动,圆柱销要销紧
5	顶出系统零件	①开模时顶出部分应保证顺利脱模,以方便取出工件及浇口废料 ②各顶出零件要动作平稳,不得有卡住现象 ③模具稳定性要好,应有足够的强度,工作时受力要均匀
6	加热及冷却系统	①冷却水路要通畅,不漏水,阀门控制要正常 ②电加热系统要无漏电现象,并安全可靠,能达到模温要求 ③各气动、液压、控制机构动作要正常,阀门、开关要可靠
7	导向机构	①导柱、导套要垂直于模座 ②导向精度要达到图样要求的配合精度,能对定模、动模起良好的导向、定位作用

表 30-3　分型面的溢料间隙值　　　　　　　　　　　　　　　　　　　　　　mm

塑料流动性	好	一般	较差
溢料间隙	<0.03	<0.05	<0.08

表 30-4　注塑模装配参数与要求

项目内容	公差等级		模架精度等级			说　明
	参数/mm		Ⅰ级	Ⅱ级	Ⅲ级	
定、动模板上、下平面平行度	模板周界尺寸	≤400	IT5	IT6	IT7	①根据 GB/T 12556.2 规定,塑料注射模模架分Ⅰ、Ⅱ、Ⅲ等级
		>400~900	IT6	IT7	IT8	
定、动模板上导柱(套)安装孔中心线垂直度	模板厚度	≤200	IT4	IT5	IT6	②溢流间隙与塑料的流动性有关

主分型面闭合面的贴合间隙值/mm	0.02	0.03	0.04

				流动性	好	一般	较差
模板基准面移位偏差/mm	0.04	0.06	0.08	溢料间隙/mm	<0.03	<0.05	<0.08

30.3　模具装配要点

30.3.1　做好装配前的准备工作

① 由于注塑模成型的塑料种类不同,成型工艺各异,制品的形状和精度要求不同,模具结构也各不相同,因此在装配前应充分了解模具的总体结构,仔细研究分析总装图和主要成型零件图,了解模具的结构特点和工作性能,了解各零件的相互关系及作用、特点及技术要求、配合要求及连接方式,了解模具活动零件在使用中的各项要求。在装配前要根据其结构特点拟定具体装配工艺和步骤。

② 总装配前对模具零件的检查

a. 检查核对装配零件的数量。

b. 检查主要零件的尺寸精度、形状和位置精度、配合公差、表面粗糙度,检查成型零件的材料及热处理要求等,要求符合技术条件标准的规定,满足设计技术参数的要求。其中,定、动模板上、下安装面的平行度偏差,安装面对其上导柱、导套安装孔的轴线的垂直度,以及上、下模分型面合模后间隙或溢料间隙等装配工艺参数,见表 30-4。

c. 检查零件表面有无碰伤、凹痕、裂纹、飞边、锈蚀等缺陷。

d. 零件图上未注明的非工作面锐角均应有相应的倒角。

e. 成型表面抛光达到 $R_a 0.2\mu m$ 粗糙度。

f. 对各个零件进行检测,调整各零件组合后的积累误差,对标准件进行选配。

g. 将合格的装配零件仔细擦洗干净。不合格的零件不要装配,因为只有合格的零件才有可能组装成合格的模具。

h. 准备好标准件及相关材料。

i. 妥善摆放零件,特别是热流道元件和工具,注意做 6S 工作,整理好装配场地。

30.3.2　正确选择模具的装配基准

由于制模的加工设备、加工手段不同,模具装配基准的选择也各不相同,但装配基准大致可分为以下几种。

① 以模架上 A、B 板中心为基准,称为第一基准。型腔、型芯的装配和修整,导柱、导套的安装孔装置及侧抽滑块的导向位置等,均依基准分别按 X、Y 直角坐标定位、找正。

用第一基准加工，可由各种数控机床进行单件加工，不需组合配件。由于加工精度较高，目前基本上都采用该种基准进行加工。

②　以偏移的，导柱、导套的 A、B 板的基准角边的侧面为装配基准（一般作为加工基准使用，要事先检查基准角的直角边有无碰伤）进行修整和装配。这里提醒一句，千万别把中心基准与模板直角边的两个基准混淆或同时使用。

③　以注塑模中的主要工作零件如型芯、型腔和镶块等作为装配的基准件，模具的其他零件都照基准件进行顺序修整和装配。

④　以大型模具的动、定模为装配基准件的基准，进行修整、加工、装配和维修。以模具的主体型腔、型芯为装配基准，称为第二基准。模具上其他相关零件都以型腔、型芯为基准，进行配制和装配。现在用合模机装配较简单。如没有合模机，则按下面的方法进行装配。如导柱、导套孔的定位，用型腔、型芯组合时，在其间隙的四周塞入 8 片厚度均匀的纯铜片 5，从而使制品壁厚均匀，找正动、定模的精确定位。然后在加工中心上组合钻铰孔，如图 30-2 所示，它只要求 4 个导柱孔与模板分型面的垂直度，不要求 4 个导柱孔中心距的位置公差。

⑤　动、定模分型面配模时应以定模为基准，在定模处涂上显示剂，不要以动模分型面为基准配模。

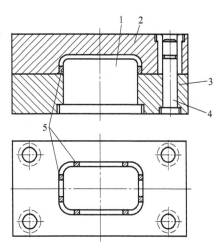

图 30-2　用垫铜片法找正
1—型芯；2—型腔；3—型芯固
定板；4—导柱；5—纯铜片

30.3.3　装配程序和装配要点

①　确定装配基准后，装配型芯、镶件，应根据具体情况进行必要的修磨，使配合间隙达到设计要求。

②　对动、定模分别组装。然后进行动、定模配模，保证分型面的装配精度。

③　装配导向系统，要求开合模动作轻松灵活、无晃动和阻滞现象。

④　装配好定模的热流道系统，不流延、不漏电、不堵塞，阀门动作灵活。

⑤　抽芯机构、斜顶机构要求滑动自如，调整好固定压板后，需要定位销定位。

⑥　装配顶出系统，对多顶杆顶出系统要调整好复位和顶出装置。

⑦　装配冷却或加热系统。保证管路畅通，不漏水、不漏电，阀门动作灵活。

⑧　装配好液压气动系统，各管路应连接紧密、牢固，不得有任何泄漏。

⑨　紧固所有连接螺钉，加力均匀，紧固可靠，须要用定位销定位。标准件不允许任意改变尺寸。

⑩　组装液压或气动系统，保证运行正常。

⑪　模具总装配好后，对照图样检查模具所有的配件（水、电配件、模具所有铭牌等）、附件等配备是否齐全，不能遗漏。

30.4　模具的装配精度要求

30.4.1　模具的装配精度内容及要求

①　各零部件的尺寸精度、形位公差：同轴度、平行度、垂直度等，包括动、定模之间

的位置精度，型腔、型孔与型芯之间的位置精度等。

② 相关零件的运动精度。包括直线运动精度和传动回转运动精度等。

③ 相关零件的配合精度。相互配合零件的间隙或过盈量是否符合技术要求。

④ 相关零件的接触精度。模具分型面的接触精度、间隙大小符合技术要求等。装配后的动模和定模，在合模时必须紧密接触。动、定模分型面的封胶面要求间隙（ABS＜0.04mm、PP＜0.025mm，不允许有刀痕存在）符合要求。封胶面的接触面积用显示剂显示，要求每平方厘米为15～20点（或平面磨床加工）。

⑤ 成型制品的壁厚均匀度和壁厚公差。新制模具时，成型件壁厚应偏于尺寸的下限。

⑥ 通过装配调整，使模具达到产品的各方面质量指标，使用过程中的模具动作精度及各项技术均符合要求。模具装配前要检测模具结构零件的尺寸精度、模具成型零件的精度。组成模具的各零件标准尺寸及公差标准一般采用下面介绍的 JIS 零件标准及日本模具工业协会规定的数值。表 30-5 所示为一般常采用模具的结构精度要求的标准值与适用规格。

在模具图上有些尺寸公差未用数值或记号标注，这些公差称为一般公差。但是，这种尺寸公差不适用于成型部位、配合部位、对接研配部位和调整部位。另外，对接研配部位或者需要通过再次磨削进行调整的部位，必须要有调整余量。模具一般尺寸公差与调整余量的尺寸公差，见表 30-6。

表 30-5　模具的结构精度要求　　　　　　　　　　　　　　　mm

模具零件	零 件 部 位	要　求	标准值及使用规格	
型板	厚度	平行度	＜0.02/300	
	装配总厚度	平行度	＜0.1/300	
	导柱孔	孔径精度	JIS H7	
		动、定模同心度	±0.02 以内	
		垂直度	＜0.02/300	
	推杆孔复位杆孔	孔径精度	JIS H7	
		垂直度	在配合长度之内小于 0.02	
	基准面	平面度	＜0.02/300	
		平行度	加工面平行度＜0.02/300	
		垂直度	相互交叉面＜0.02/300	
		粗糙度	1.6μm	
导柱	压配部位直径	磨削	JIS K6、K7、m6	
	滑动部位直径	磨削	JIS f7、e7	
	平直度	不弯曲	＜0.02/100	
	硬度	调质	55HRC 以上	
导套	外径	磨削	JIS K6、K7、m6	
	内径	磨削	JIS H7	
	内外径关系	同心度	0.01	
	硬度	调质	55HRC 以上	
推杆	滑动部位直径	磨削	2.5～5	−0.01 −0.03
			6～12	−0.02 −0.05
复位杆	平直度	不弯曲	＜0.1/100	
	硬度	调质	55HRC 以上	
推板	推杆装配孔	孔位置与型板相同	±0.3	
	复位杆装配孔		±0.1	
侧型芯	滑动部位配合	不龃龉、滑动平稳	JIS H7 e6	
	硬度	接触部件中一方淬火	50～55HRC	

续表

模具零件	零件部位	要　求	标准值及使用规格
倾斜杆	杆的直径	▽▽▽磨削	JIS K6
	倾斜角	同安装板的角度	25°以下
	硬度	调质	55HRC 以上
定位圈	外径	与注塑机镶板的定位孔匹配	JIS B_{511} 公差 $^{-0.2}_{-0.4}$
	安装螺钉	用两只以上	JIS B_{1101}、JIS$_{1176}$ 平头螺钉 M8
	表面粗糙度	平面度	$1.6\mu m$

表 30-6　模具一般尺寸公差与调整余量的尺寸公差　　　　　　mm

公差尺寸范围	一般尺寸公差	调整余量	
		尺　寸	尺　寸　公　差
63 以下	±0.1	0.1	+0.1
63～250	±0.2	0.2	+0.1
250～1000	±0.3	0.3	+0.1

注：1. 所谓一般尺寸，不包括制品配合、需调整的部位和对接部位的尺寸。

2. 偏心尺寸公差如没有另外规定，应尽量控制在一般尺寸公差的范围内。

30.4.2　影响模具精度的主要因素

① 制品的精度越高，模具工作零件的精度就越高。

② 模具加工技术手段的水平。模具加工设备的加工精度如何、设备的自动化程度如何，是影响模具精度的基本条件。模具精度很大程度上依赖于模具加工技术手段的高低。

③ 装配钳工的技术水平。模具的最终精度在很大程度上依赖于装配修整的水平，模具的动、定模封胶表面的间隙值及粗糙度值依赖于模具钳工的抛光水平，因此模具钳工技术水平是影响模具精度的重要因素。

④ 模具的生产方式和管理水平。

⑤ 模具的强度和刚性。

30.5　注塑模具的装配方法

由于注塑模具结构繁多，复杂程度和精度要求不一样，所以模具的装配方法也就不尽相同（有互换装配法、分组装配法、调整装配法、修配装配法）。由于注射模具单件生产，动、定模等零件的装配一般选用调整法为主、修配法为辅的方式。要求选择合理的装配方法。下面介绍调整法和修配法。

30.5.1　互换装配法

（1）采用互换装配法的工艺条件

① 保证、控制各组成环的加工误差在允许的范围内，使相邻零件、装配单元无需经过修整、调整，即可直接进行装配，并达到装配后封闭环的精度要求。

② 采用高精密加工工艺与专用装配机床，提高模具零件装配精度、避免装配单元的积累误差，达到互换性精度等级。

③ 采用精密、可靠的装配工艺装备、检测仪器，使零件、装配单元的尺寸、几何公差定量化、规范化。

（2）分组互换装配法的装配原理与技术特点

将装配尺寸链各组成环，即将按设计精度加工完成的零件，按其实际尺寸大小分成若干组，同组零件可进行互换性装配，以保证各组相配零件的配合公差都在设计精度允许的范围内。分组装配法具有以下技术特点：

① 按规定，其加工误差范围可以适当放宽，则可降低零件加工技术要求。显然，这样做具有很好的经济性。

② 由于互换性水平低，不宜用于大批量生产，只能用于小批量生产或加工水平较低的状态。

③ 相配零件因故失效后，配件困难。

（3）分组互换装配法模具装配中的应用

分组互换装配法实际上是一种在分组互换条件下进行选择装配的方法，也是模具装配中的一种辅助装配工艺。它是模架装配中常用的装配方法。如模架由于品种、规格多，批量小，生产装备和加工工艺水平不高，常对模架中的导柱与导套配合采用分组互换装配法，以提高装配精度、质量和装配效率。但同时需对导柱固定端与模座孔的配合精度作出保证与要求，否则，必将引起导柱与导套间的导向间隙产生变化，影响模架装配精度与质量。这说明提高模架零件加工工艺与装备水平，以保证零件互换性精度，对于保证模架批量或以上规模的装配精度与质量是必需的。

针对用户要求，模具需进行专门设计与制造。但是由于模具标准件生产规模和水平的提高，市场供应标准零、部件的品种、规格已很齐全，从市场选择适用于模具装配的配件，已成为保证模具装配精度的重要方法。如需从市场选配多对不同规格的圆凸、凹模副，则需测量、选配凸、凹模之间的配合间隙均符合模具设计、装配要求的圆凸、凹模副，以供装配。此为符合互换性要求进行选择装配的方法。

30.5.2　调整法装配特点和注意事项

所谓调整法，是利用一个可调整的零件来改变其在模具中的位置，或变化一组尺寸零件，如垫片、垫圈等，来达到提高装配精度的方法。它的实质与修配法相同，但具体方法不同。

（1）调整法装配的特点

① 能获得很高的装配精度。调整法装配时，是利用可动调整件进行调整，这种调整可根据实际情况进行变化，以达到所要求的装配精度，如可以改变垫片的厚度调整其间隙来达到要求。

② 装配速度快。调整法装配是采用更换某个零件进行调整，这些调整零件都是事先准备好了的，可随时根据需要更换。它不需如同修配法那样要现场修配，现场修配是需要许多时间的。因此，调整法装配的速度比修配法要快得多。

③ 装配时的技术含量较低。由于它是把事先加工好的零件进行更换来装配，无需现场对某些零件进行处置，因此较易达到装配要求。

④ 零件可按经济精度要求进行加工。由于装配时有调整件来闭合装配链，对其他零件的加工要求可以放宽，也就提高了效率，节省了时间。

（2）调整法装配的方法

在进行调整法装配时，主要有固定调整法和可动调整法两种。

① 固定调整装配法　这是指按一定尺寸等级制造的一套调整零件，如垫圈、垫片、轴套等，装配时根据实际情况选择某一尺寸等级的合适零件进行装配来达到装配精度要求的

方法。

② 可动调整装配法　这是利用改变所选定的调整件的位置，使其移动、转动或二者同时进行，来达到装配精度要求的方法。此法在调整过程中，一般不需要拆卸零件，比较简单方便，但其结构体可能增大。

30.5.3　修配法装配特点和注意事项

所谓修配法装配，是指在零件上预留修配量，在实施装配时用手工采取锉、刮、研等方法修去该零件的多余部分材料，使装配精度满足技术要求的一种装配方法。

（1）修配法装配的特点

① 能够获得很高的装配精度。在装配时它是根据某一零件的实际尺寸来修配另一零件的，比如导柱和导套的装配，可以根据导套的实际尺寸来修配导柱，使两者的配合关系达到要求的精度，装配精度很高。模具修配法以定模为基准，修配动模使之达到设计要求。

② 零件的制造精度可以降低。由于零件的配合要求是由最后的修配加以解决的，而不是严格按公差加工而成，这样，对零件的加工公差可以大大放宽，而不必小心翼翼均按指定公差加工，这样就使得机械加工变得容易了。

但是，修配法装配也有其不足，首先对钳工的技术水平要求较高，其装配精度的高低完全取决于钳工的技术水平，水平低的钳工就很难装配出较高精度的模具；其次是生产效率低，修配法装配时，其修配量往往很大，边修边配，往往不是一次两次就能够成功的，其效率自然很低；最后，增加了额外工作量，在加工时预留了修配量，这些多余的余量要靠以后的修配中将其消除，但多是手工消除，工作量可谓不小。

（2）修配法装配时的注意事项

① 应选择易于修配的零件作为修配对象，如导套的修配就比导柱要困难得多，因此，在进行导柱和导套装配时，就应选择导柱为修配对象，这样工作效率就高得多了。

② 对修配件也要规定一个尺寸与公差，不能不加控制，使得既要有足够的修配量，又不要使修配量过大。以免延长工时，徒费力气。

③ 应选择只与本项精度有关，而与其他装配精度无关的零件作为修配对象，如顶杆与其销孔的装配精度只与自身有关，而与其他零件无牵连，比较简单，易于满足精度要求。

④ 在修配法装配时，应尽量考虑用机械加工的方法来代替手工修配，如尽量采用电动或气动修配工具，提高修配效率。

30.5.4　装配时的研配原则

模具的装配过程始终与修形、研配工作交织在一起，因为有些加工后的模具零件，并非一步到位，拿来就可以装配（当然数控加工的动、定模达到了一定的精度，基本上不需要人工配模的也有），而是留有一定的修整、研配、刮削、抛光的余量，而这些细致的加工都要在装配组合中由修研完成。具体的研配原则有如下几项。

① 脱模斜度研配原则　修研脱模斜度时，原则上型腔应保证收缩后大端尺寸在制品尺寸公差范围内，型芯应保证收缩后小端尺寸在制品尺寸公差范围内。

② 模具的动、定模的角隅处，圆角的半径尺寸的选配原则：型腔的内圆角半径应偏大，型芯的外圆角半径应偏小，要留有修正余量。

③ 当模具既有垂直分型面又有水平分型面时的研配原则：修研时应使垂直分型面接触吻合，水平分型面稍留有间隙，间隙值视模具大小而定。小模具用红丹显示接触即可，大型模具垂直分裂面显出黑亮点，水平分型面稍见红点或留有 0.02mm 间隙。

④ 对于斜面合模的模具，当斜面密合之后，分型面处留有 0.02～0.03mm 的间隙。

⑤ 修配模具表面的圆弧与直线连接要平滑，在表面上不允许有凹痕，加工刀痕的纹路要统一并与开模方向保持一致。

⑥ 分型面的研配重点在型腔沿口处。分型面的研配接触吻合处着重在型腔周边 10mm 左右的沿口处，其他部位均应比沿口处低凹 0.02～0.04mm。用红丹显示时，型腔沿口处 10mm 范围内显出黑亮点，其他部位分型面有星星点点见红色即可。

30.6 模具装配注意事项

① 修配脱模斜度，原则上型腔应保证大端尺寸在制件尺寸公差范围内，型芯应保证小端尺寸在制件尺寸公差范围内。

② 在修正成型壁厚时，原则上以修正型芯为宜，但修正时按图样要求进行修正，防止壁厚过厚，成型件壁厚应为负公差。

③ 装配过程中禁止同时将两个基准混合使用。

④ 当模具既有侧面分型面又有底面分型面时，修配时应使侧面分型面接触有接触点，底面分型面小型模具涂红丹显示接触即可，大型模具接触时留有间隙 0.02mm。

⑤ 对于用斜面合模的模具，斜面分型面密合处应留有 0.02～0.03mm 的间隙。

⑥ 修配表面的圆弧与直线连接要平滑，注意圆弧与直线的切点位置要在一直线上；表面不允许有凹痕，锉削纹路应与开模方向一致。

⑦ 当镶件配合时，配合部位不能有所松动。

⑧ 分型面应整齐，在机械加工和搬运时要注意，防止分型面与型腔交接处出现撞击痕和表面出现塌角，而成为制件的致命伤。

⑨ 模具装配时，注意对型腔面的保护，装配时防止有划伤、敲伤，要做好防锈工作，特别是南方地区。

⑩ 注塑模具结构复杂，所以在装配时各个零件的装配步骤不宜混乱和颠倒，否则很难控制装配的质量，并可能造成某些运动部件卡死和呆滞。

⑪ 注塑模的外露部分锐角应倒钝，安装面应光滑平整。

⑫ 应选择不影响精度的零件为修配对象，如标准件不能随意修改尺寸。

⑬ 模具吊装千万要注意安全，吊环螺钉必须要旋到位，不能违章操作。

若模具上设有两个吊环，且吊环螺纹又未拧到根部（有一段间距），则吊装时采用紧急安全措施，如图 30-3 所示。图 30-3（a）所示为采用横插一根铁棍的方法，图 30-3（b）所示为采用加几个垫圈的方法。

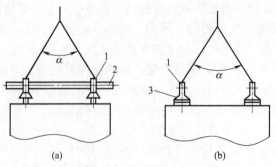

图 30-3　两吊环拧不到根部的安全措施
1—吊环；2—铁棍；3—垫圈

30.7　模具标准件的装配

30.7.1　装配前的检查

为保证装配精度、质量和使用性能，必须对配购的标准件按照企业的工艺质量标准进行检测。

① 标准零件的材料及其热处理性能检查，以确认零件经调质、淬火或渗碳、渗氮等热处理或表面处理后的质量、表面硬度等指标是否满足相应零件的技术要求与工艺标准。

② 标准零件的配合尺寸与几何公差，以及配合面的表面粗糙度检查，是否满足设计和零件技术条件标准。

③ 标准模架尺寸与有效使用面积检查，以确认模架上模座板的下平面对下模座板的下平面的平行度；导向副的轴线对基准面的垂直度；成型模模架定、动模之间的定位及其安装尺寸公差，是否符合模具设计与相应工艺质量标准。

30.7.2　标准件的工艺性加工

模具装配前，当检查、验收完标准件后，需根据模具设计技术要求和技术条件，按照装配工艺要求对标准件进行加工。

标准件上的孔系加工，一般须在装配之前完成。标准件上的孔系包括：螺钉、螺栓孔，定位销孔、固定板上的凸模、推杆等的固定安装孔，导柱、导套安装孔等；由装配钳工采用精密划线法，然后钳工在摇臂钻、深孔钻等机床上钻孔或直接在数控铣上加工孔。数控铣加工仍是经常用来加工孔系、保证孔距精度的方法。

其各种孔的加工工艺与顺序如下。

螺栓孔加工顺序：钻孔、锪沉孔。

推顶杆固定孔加工顺序：钻孔、扩孔、锪沉孔。

定位销孔加工顺序：配钻、配扩、配铰。

30.8　模具装配中的连接与固定

模具零件都要求进行精密加工。其精度必将反映在动、定模分别组装与相互装配所需的配合（分型面配合间隙）与位置（各零件的同轴性、平行度与垂直度）的精确性和可靠性。

若在装配过程中不能进行正确、合理地连接与固定，如紧固时，因紧固轴向力大小或着力点不当，而引起零件位置变动或歪斜，必将不能保持相关零、部件间的装配定位精度，不能确保模具装配质量及其使用可靠性。

注塑模具装配连接与固定方法包括螺纹连接、过盈连接、销连接 3 种。键连接和铆接则很少采用。焊接连接一般不采用，用"502"胶水粘接只适用于受力不大的电极连接。

30.8.1　螺纹连接

螺纹连接是模具装配中常用的方法，如果装配不当会使螺钉、螺栓性能失效，将造成模具精度、质量与使用性能降低。螺纹连接要避免常发生以下不良状况。

① 内六角螺钉装配的孔要求达到设计要求，具体的见第 5 章 5.9.11 节内容和表 5-22。

② 钳工使用已磨损的丝锥，螺纹孔的尺寸中径过小，且使用加力杆旋紧内六角螺钉。

装配时螺钉不加润滑脂，拆卸维修时困难。

③ 螺钉、螺栓的螺纹副摩擦性能控制不当。

a. 螺钉、螺栓的结构、强度、装配预紧力和拧紧工艺不合理等，不能满足连接与固定的可靠性要求。

b. 螺钉、螺栓制造质量不合格，包括材料性能、尺寸、表面质量不能满足要求，致使摩擦性能不佳。

c. 装配拧紧工艺不当，造成过载或预紧力不足。

为提高模具装配精度，准确控制预紧拧紧力矩，应采用手动测力扳手和电动力矩扳手，如表 30-7 和图 30-4 所示。

表 30-7　一般螺栓的拧紧力矩

螺栓强度级	螺栓公称直径/mm													
	6	8	10	12	14	16	18	20	22	24	27	30	36	42	48
	拧紧力矩/N·m													
4.6	4~5	10~12	20~25	35~44	54~69	88~108	118~147	167~206	225~284	294~370	441~519	529~666	882~1078	1372~1666	2058~2450
5.6	5~7	12~15	25~31	44~54	69~88	108~137	147~186	206~265	284~343	370~441	539~686	666~833	1098~1372	1705~2036	2548~3134
6.6	6~8	14~18	29~39	49~64	83~98	127~157	176~216	245~314	343~431	441~539	637~784	784~980	1323~1677	1960~2548	3087~3822
8.8	9~12	22~29	44~58	76~102	121~162	189~252	260~347	369~492	502~669	638~850	933~1244	1267~1689	2214~2952	3540~4721	5311~7081
10.9	13~14	29~35	64~76	108~127	176~206	274~323	372~441	529~637	725~862	921~1098	1372~1617	1566~1960	2744~3283	4263~5096	6468~7742
12.9	15~20	37~50	74~88	128~171	204~273	319~425	489~565	622~830	847~1129	1096~1435	1574~2099	2138~2850	3756~4981	5974~7966	8962~11949

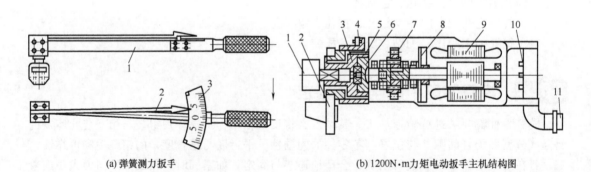

(a) 弹簧测力扳手　　　　　　　　　　　　(b) 1200N·m力矩电动扳手主机结构图

1—弹性心杆；2—指针；3—标尺　　　　　1—套筒头；2—反力臂；3—输出轴；4—钢轮；5—柔轮；
6—波发生器；7—行星齿轮；8—风扇；9—电动机；
10—按钮；11—八芯插座

图 30-4　测力扳手

30.8.2　过盈连接

（1）过盈连接的原理与条件

过盈连接的原理为：以规定的过盈量，通过轴向或径向压力，使包容件（孔）与被包容件（轴）达到紧固、可靠的连接。

其连接的条件为：一是必须保证准确的过盈量，使在外力作用下克服过盈量进行配合时，因孔或轴的变形力，达到相互抱紧连接；二是外力具有正确的施力形式。

① 施加轴向力于轴端，以克服定值过盈量，将轴压入孔内，进行紧固连接。

② 通过加温使孔径热胀到定值时，将其套于轴上，或通过深冷使轴径冷缩到定值时，将其插入孔内，当达到常温时，则产生径向压力，使之紧固、可靠地相互连接。模具导柱、导套与模座孔过盈连接，则常采用轴向压装。

（2）压装连接工艺

① 小批量生产时，可采用螺旋式、杠杆式手动工具，批量或大批量生产时，则须采用机械式或液压式压力机，借助导向夹具导引，将导柱、导套精确地、分别压入动、定模座相应的安装孔内。

② 批量或大批量生产时，则须采用机械式或液压式压力机，借助导向夹具的导引，将导柱、导套分别压入上、下模的相应的安装孔内。导柱精确压入下模座导柱安装孔内的两种压装方式，如图 30-5 所示。

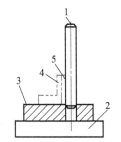
（a）适合全长直径相同的导柱
1—压入面；2—平板；3—下模座
上平面；4—直角尺；5—垂直压入

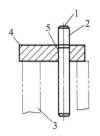
（b）适合直径不相同的导柱
1—压入面；2—固定部分；
3—平行块；4—下模座下平面；
5—以导柱滑动直径为导向压入

图 30-5　导柱的压入方法

（3）压装工艺的要求

① 压装时不能损伤导柱、导套。

② 压入过程速度应平稳，不能撞击。

③ 导柱与导套的导引端应有导锥（≤10°），其长度≤15％配合长度。

④ 压装时，其配合面应涂清洁的润滑剂。

30.8.3　热装连接工艺

采用热装工艺，使模具的动模芯与模座进行紧固连接，以增强凹模承受挤压的能力。一般采用热装法的连接强度比压装法高一倍左右。但该方法不宜用于模套壁太薄的状态，此状态若采用热装，则凹模在模套中易于偏斜，甚至使连接失效。为此，热装工艺有以下要求。

① 装配连接时，须确定最小热装间隙值，见表 30-8。

表 30-8　最小热装间隙值　　　　　　　　　　　　　　　　　　　　mm

结合直径	≤3	>3～6	>6～10	>10～18	>18～30	>30～50	>50～80
最小间隙	0.003	0.006	0.010	0.018	0.030	0.050	0.059
结合直径	>80～120	>120～180	>180～250	>250～315	>315～400	>400～500	—
最小间隙	0.069	0.079	0.090	0.101	0.111	0.123	—

② 热装连接必须一次装配到位，中间不得停顿；而且，其最高加热温度一般不允许超过加热件的回火温度，即对碳钢则≤400℃。因此，根据零件材料，结合直径、过盈量和最小热装间隙等计算，确定其加热温度是热装连接工艺的关键内容与要求。其计算公式为：

$$T=\frac{\delta+\Delta}{k\times10^{-8}\cdot d}+T_0$$

式中　T——加热温度，℃；

　　　T_0——环境温度，℃；

　　　δ——实际热装过盈量，mm；

　　　Δ——最小热装间隙，mm；

　　　d——结合直径，mm；

　　　k——温度系数，$k\times10^{-8}$则为材料的线膨胀系数，$10^{-6}℃^{-1}$，k值见表30-9。

表 30-9　k 值表

材料		钢、铸钢	铸铁	可煅铸铁	铜	青铜	黄铜	铝合金	锰合金
k 值	加热	11	10	10	16	17	18	23	26
	冷却	−8.5	−8.6	−8.0	−14.4	−14.2	−16.7	−18.6	−21

③ 热装连接可采用的加热方法有电阻、辐射或感应加热，喷灯、氧乙炔或丙烷等火焰局部加热等。

模具零件热装时采用油介质加热。但是，被加热零件必须全部浸没在油中。加热温度应小于油的闪点。一般每厚 10mm，需加热时间为 10min；每厚 40mm 需保温时间为 10min。

④ 热装时，一般须进行自然冷却到常温，不可采用骤冷方式。

30.9　模具零部件的装配检查

依据模具结构特点和技术要求，制定装配工艺，按组件分步组装，然后动模与定模分别装配，最后动、定模配模组装。总装配过程中边检查、边调试、边修整，以达到总装精度要求。

30.9.1　分型面及成型部位的检验、调试和修配

分型面为定模基准，涂上红丹粉，观察分型面的封胶面接触情况，封胶面的吻合应该达到 90% 的接触；两条平衡带内的吻合也应达到 70% 的接触；其他分型面应低于吻合带面 0.05～0.01mm，这样能使合模压力集中，模具受力平衡，不易产生飞边。

① 测脱模斜度和测型腔与型芯之间的空间（即制品壁厚）尺寸，先用刀口形直尺测侧型面的平直度，然后用万能角度尺或量角器及自制角度样板测脱模斜度。总装配时要求型腔、型芯的脱模斜度一致，四边间隙均匀。脱模斜度和型腔与型芯间隙不均，或分型面处上、下型腔之间错位，均需要修正。修正时，最后的加工纹路应与脱模方向平行，分型面错位、壁厚不均匀也可通过压印、基准面定位测量和灌蜡等手段进行检测。

② 型腔加工时切勿加工成下极限偏差，更不能小于下极限偏差。因为在型腔加工过程中，尤其是在型腔抛光时，易损坏分型面沿口四周的棱角，装配、修型、调试时千万要注意。若制品厚度偏厚时调试、修整则非常方便，只要把分型面磨去一点即可。

③ 总装配时型腔、型芯不宜抛得太光，一般保证它们的表面粗糙度为 0.02mm 即可。但成型小槽、小筋、形状复杂的部位时必须斜度大些、抛得光亮些，这样便于脱模。

30.9.2 浇注系统的检查

① 主流道、分流道、浇口的尺寸、形状和表面粗糙度应符合塑料流动性要求。流道要平直、圆滑连接、无死角，使流道畅通，呈层流推进。

② 浇口套的球半径要与注塑机喷嘴球半径吻合。浇口套的主流道不准有径向加工条纹，不得有侧凹或倒锥现象，以免影响主流道料柄脱模。

③ 浇口套外径应限制在 20mm 左右，钩料杆处应设冷料穴，应达到浇注系统设计规范要求。

30.9.3 侧抽系统的检查

① 侧滑块与侧型芯配合适当，动作灵活而无松动及咬死现象，与型芯、型腔接触良好。导轨为基准，用成型磨削配作，或钳工研配，其配合间隙必须达到 H8/f7 要求。

② 侧滑块起、止位置正确，定位及复位可靠，抽芯距离适当。

③ 导向件如斜销、弯销等抽拔灵活，导向正确，无松动及咬死现象。

30.9.4 推出系统的检查

① 推出时动作灵活轻松，推杆行程满足要求，各推杆动作协调同步，推出均匀。

② 推杆、推板配合间隙适当，无晃动、窜动。

③ 推杆端面与型面平整，一般允许高出型面 0.1mm，不准低凹。

④ 推杆复位可靠、正确。

⑤ 防转推杆应有限位销。在斜型面上推出时，推杆端面应有锯齿牙。

30.9.5 导向系统的检查

① 导柱、导套配合适当，导柱垂直度公差为 0.02mm（100mm 长度范围内），导套内孔和外径同轴度公差为 0.015mm。

② 导柱、导套滑动灵活，无松动及咬死现象。

③ 导柱、导套轴线外模板垂直公差为 0.02mm（100mm 长度范围内）。

30.9.6 外形尺寸及安装尺寸的检查

① 组合后上、下模板应平行，平行度公差为 0.05mm（300mm 长度范围内），模具闭合高度应在注塑机允许的最大模厚和最小模厚的尺寸之间。

② 模具定位、装夹、开模距离和推出距离应符合注塑机要求。

③ 检查模具稳定性、刚性，有关锁紧块、组合块及连接螺钉强度等，检查它们的可靠性和安全性。

30.9.7 模具温度控制系统的检查

① 检查水道数量及布置是否合理，水路是否畅通，有无漏水现象。

② 检查加热器管道位置及数量是否符合设计要求，有无漏电现象。

30.9.8 装配零件的定位检查

定模与定模座板、动模与垫铁和动模固定板、滑块与模座的压板、斜顶杆滑座与顶杆板，装配时螺钉拧紧后达到设计要求，需钻铰定位销孔，并打入定位销。

30.9.9 动模部件装配检查

固定板 2 配合孔的入口 A 处应倒角，避免装入模板时发生干涉，型芯 1 的台阶不能高于模板的台阶，型芯与模座的配合为过渡配合，如图 30-6 所示。型芯 1 的底部须倒角，如图 30-7 所示。

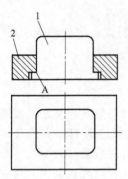

图 30-6 型芯与固定板的组合（一）
1—型芯；2—固定板

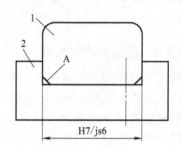

图 30-7 型芯与固定板的组合（二）
1—型芯；2—固定板

动模部件装配组合如图 30-8 所示。先把配合零件清洗干净，将导柱 1、型芯 2、型芯固定板 3、支撑板 4、推出驱动导杆 10 组合在一起，倒置在工作台上，由 4 个导柱 1 支撑着。接着将两块工艺垫块垫在推杆固定板下面。

四条强力弹簧 11 将推杆固定板 4 往上顶，使推杆 10 组装时很难插入型腔板 1 的推杆配合孔，此时，必须在型腔板 1 的适当位置套两个螺纹孔，配以两个临时工艺螺钉 9，如图 30-9 所示。

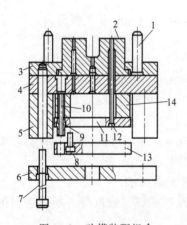

图 30-8 动模装配组合
1—导柱；2—型芯；3—型芯固定板；4—支撑板；
5—支撑块；6—动模底板；7—长螺钉；8—螺钉；
9—推出驱动导套；10—推出驱动导杆；11—推
杆固定板；12—推杆；13—推板；14—限位柱

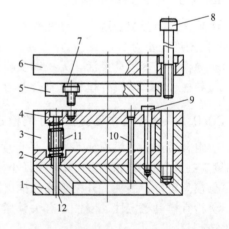

图 30-9 动模弹簧先复位结构的装配组合
1—型腔板；2—支撑板；3—支撑块；4—推杆
固定板；5—推板；6—动模底板；7—螺钉；
8—长螺钉；9—工艺螺钉；10—推杆；
11—强力弹簧；12—回程杆

30.9.10 其他注意事项的检查

① 模具零件打上零件编号。

② 大型模具应有足够的起重吊装螺纹孔，这些螺纹孔不与其他零件干涉。

30.10　注塑模具配模过程调整及精度控制

① 动、定模零件加工好后，需三坐标测量仪，如图 30-10、图 30-11 所示检测后，确认无误才可装配。

② 现代配模用合模机设备，如图 30-12 所示进行配模。

③ 定模的分型面 PL 面为基准，显示剂要均匀地涂在定模处配模。

④ 分型面不允许有刀痕存在，用油石打光。

⑤ 装配要求分型面间隙值不得大于塑料的溢边值。涂显示剂检查接触面精度时应用塞尺（间隙片）检查。

⑥ 可以把模具加温 60～80℃配模，以消除加温后的制造误差。

⑦ 支撑柱装配好后配模，注意支撑柱的装配高度比垫铁高 0.035～0.063mm。

图 30-10　三坐标测量仪（一）

图 30-11　三坐标测量仪（二）

图 30-12　350T 合模机

复习思考题

1. 应怎样读模具装配图？
2. 模具的装配常用哪两种方法？
3. 注塑模具的装配原则有哪些具体要求？
4. 注塑模具的装配有哪些装配基准？
5. 模具装配程序和要点是什么？
6. 装配模具时，要注意哪些事项？
7. 滑块装配有哪些要求？
8. 斜顶机构有哪些装配要求？
9. 模具总装后有哪些精度要求？
10. 注塑模具应怎样检查验收？
11. 滑块抽芯机构的装配主要包括哪些步骤及内容？
12. 在顶出机构的装配过程中，有哪些部位需要进行调整？要注意什么？
13. 模具装配工艺须满足哪三个要求？

第31章 ▶▶ 注塑模具试模与成型工艺

由于模具形状复杂，且不是批量生产的单件的产品，因此，每副模具的质量必须通过试模来验证。

试模是根据塑料制品所设计的模具在相应的注塑机上试验的过程。它是模具制造过程中的一道重要工序。试模过程，既是制品样件制造和改进的过程，也是模具设计和制造评审的成效体现。

通过试模来验证模具所提供的制品是否符合设计质量要求，检验模具可生产性，另一方面要为模具正常投入生产寻找、选择正确的工艺条件、最佳工艺参数。通过试模对注塑模具的设计和制造质量进行验证。对模具所暴露的问题进行修正，使成型制品的质量和模具的质量达到客户的要求。

注射成型工艺对塑料的制品质量有非常重要的影响，由于塑料品种很多，特性不同，其黏度、收缩率的工艺特点也不同，这样注射成型工艺也随着不同，这就需要试模工作人员熟练地掌握塑料特性和成型工艺，才能正确判断成型制品产生缺陷的真正原因是模具问题还是成型工艺问题。

本章主要阐述注射成型原理、工艺过程和怎样做好试模工作。

31.1 注塑机组成结构简介

① 注塑机组成结构如图 31-1 所示。

② 图 31-2 为注塑机结构示意图。图 31-2 （a）所示为一台正在工作的注射成型机。注射成型被称为成型制造工艺，因为它迫使聚合物熔体进入一个空的型腔，然后冷却得到最终所需的形状。图 31-2 （b）所示是注塑机的结构。

不同的成型工艺在设计和操作上有很大的不同，大多数注射成型工艺一般包括聚合塑化、注射、保压、冷却和模具复位阶段，整个过程被称为成型周期。塑化阶段：在机筒加热和内部螺杆旋转使分子变形引起的内部黏性发热的联合作用下，聚合物由固体颗粒塑化成熔体。填充阶段：聚合物熔体被强制

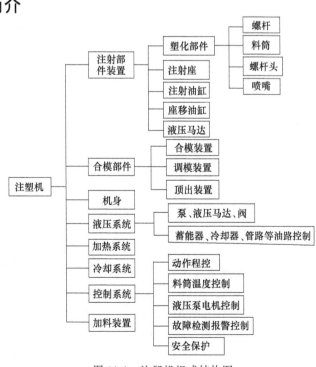

图 31-1 注塑机组成结构图

从注射成型机机筒中挤出并注入模具中。树脂熔体通过浇注系统和浇口进入一个或多个型腔，最终形成一个或多个制品。

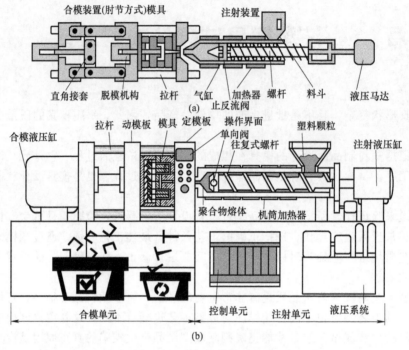

图 31-2　注塑机结构示意图

③ 注塑机工作循环如图 31-3 所示。

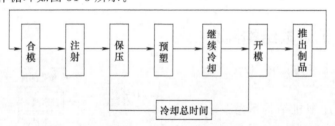

图 31-3　注塑机工作循环

④ 图 31-4 所示为成型约 2mm 厚的零件所需的大致时间。充模时间只占成型周期的一小部分，所以通常通过减小注射压力和模内应力进行优化。成型中等长度的制品，往往通过对浇口处冻结来缩短保压时间。在一般情况下，冷却阶段决定着整个成型周期的时间，这是因为聚合物熔体的热导率低，使得从聚合物熔体到较冷的模具钢的热传导速率受到限制。然而，当需要大的塑化量而塑化速率低时，塑化所需的时间就可能比冷却时间长。模具复位时间也是很重要的，需要

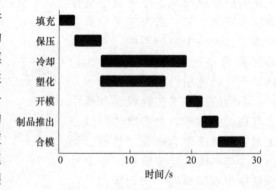

图 31-4　注塑过程的时间顺序

最小化，因为它对注射制品也有很小的附加值。为了缩短成型周期和降低成本，模具设计者应在使开模和推出行程最小化的同时实现操作过程的全自动化。

31.2　常用注塑机型号规格

常用注塑机型号规格见表31-1。

表31-1　常用注塑机型号规格

项目	参数	单位	S220/25C	S240/25C	DX-30	DX-65	DX-88	DX-128	DX-168	DX-218	DX-268
注射部分	料筒类型		A	A	A　B　C	A　C	B　C	B　C	B　C	B　C	B　C
	注射量	g/oz	20/0.5	40/1.5	45/1.5　60/2	85/3　114/4	150/5.3　200/7	227/8　270/9.7	312/11　403/14	439/15.4　585/20.5	725/25.5　904/31.8
	螺杆直径	mm	22	25	25　30	30　36	36　42	42　46	46　52	52　60	60　67
	螺杆长径比		18∶1	18∶1	18∶1　22∶1　18∶1	18∶1	20∶1　18∶1	20∶1　18∶1	20∶1　18∶1	20∶1　18∶1	20∶1　18∶1
	注射压力	kgf/cm²	820	945	1280　890	1384　1270	1485　1100	1650　1370	1690　1320	1630　1220	1670　1310
	螺杆转速	r/min	0~110	0~155	0~200　0~155	0~145	0~180	0~175	0~200	0~170	0~135
	注射行程	mm	80	105	110	130	160	170	200	230	265
	射嘴行程	mm	125	125	160	160	240	250	300	320	350
锁模部分	锁模力	t	25	25	30	65	88	128	168	218	268
	拉杆内距	mm×mm	220×110	220×110	280×140	320×300	355×300	410×370	455×455	510×510	580×580
	容模量	mm	100~200	100~200	100~250	100~320	130~350	150~420	160~500	200~530	200~630
	开模行程	mm	150	150	200	250	340	380	430	470	550
	模板最大开距	mm	350	350	450	570	690	800	930	1000	1180
	顶针力	t	—	—	1.25	2	2.75	2.75	3.8	7.1	7.1
	顶针行程	mm	—	—	45	60	100	120	120	140	165
	锁模方式		手动	手动	液压机铰	液压机铰	液压机铰	液压机铰	液压机铰	液压机铰	液压机铰
其他	油泵电机功率	kW	1.5	3	4	5.5	7.5	11	15	18.5	22
	电热功率	kW	2.4	2.9	2.9　3.7	3.7　6.25	6.25	7.5	9	12.45	14
	温度控制区		2	2	2+1	2+1	3+1	3+1	3+1	3+1	4+1
	最高油压	kgf/cm²	63	63	80	120	140	140	160	160	160
	油箱容量	L	45	75	120	180	200	240	250	300	450
	机器质量	t	0.6	0.7	1.2	2.2	3	3.5	4.8	6	8.3
	外形尺寸	m×m×m	2.25×0.7×1.5	2.25×0.7×1.5	3×0.8×1.55	3.6×1×1.65	4×1.1×1.8	4.4×1.1×1.8	4.9×1.3×1.9	5.2×1.6×2.1	5.9×1.7×2.2

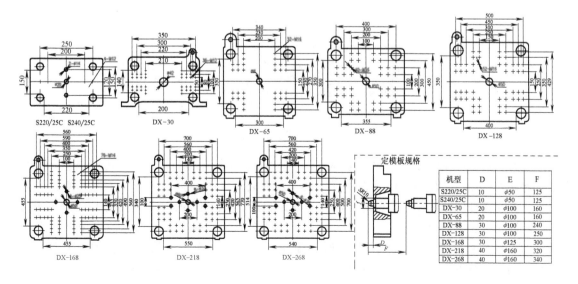

机型	D	E	F
S220/25C	10	ϕ50	125
S240/25C	10	ϕ50	125
DX-30	20	ϕ100	160
DX-65	20	ϕ100	160
DX-88	30	ϕ100	240
DX-128	30	ϕ100	250
DX-168	30	ϕ125	300
DX-218	40	ϕ160	320
DX-268	40	ϕ160	340

31.3 注塑机与模具匹配的主要参数

注塑机与模具匹配的主要参数见表 31-2 所示内容。

表 31-2 注塑机匹配主要参数表

项　　目	单　　位
镶板定位圈直径	mm
喷嘴	SR（球 R）
喷嘴注塑口径	mm
最大注塑量	g
最大投影面积	cm²
锁模力	mm
拉杆内间距	mm
最大闭合高度	mm
最小闭合高度	mm
最大开模行程	mm
顶出孔距离	mm
顶出孔孔径	mm

31.4 注射成型原理及其工艺过程

31.4.1 注射成型原理

注塑机的工作原理与打针用的注射器相似，它是借助螺杆的推力，将已塑化好的熔融状态（即黏流态）的塑料注射入闭合好的模腔内，经固化定型后取得制品的工艺过程，其原理见图 31-5。

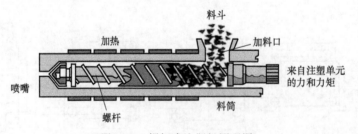

图 31-5　螺杆式注塑机原理图

注射成型流程见图 31-6。注射成型是利用塑料的热物理性质，把物料从料斗加入炮筒中，炮筒外由加热圈加热，使物料熔融，在料筒内装有在外动力电机作用下驱动旋转的螺杆，物料在螺杆的作用下，沿着螺槽向前输送并压实。物料在外加热和螺杆剪切的双重作用下逐渐地塑化、熔融和均化。当螺杆旋转时，物料在螺槽摩擦力及剪切力的作用下，把已熔融的物料推到螺杆的头部。与此同时，螺杆在物料的反作用下后退，使螺杆头部形成储料空间，完成塑化过程。然后，螺杆在注射油缸的活塞推力的作用下，以高速、高压，将储料室内的熔融料通过喷嘴注射到模具的型腔中。型腔中的熔料经过保压、冷却、固化定型后，模具在合模机构的作用下，开启模具，并通过顶出装置把定型好的制品从模具中顶出落下。

图 31-6　注塑成型流程

31.4.2　注射成型工艺过程

注射成型的生产工艺流程如图 31-7 所示，按其先后顺序，工艺过程分为成型前的准备、注射过程和必要的制品后处理三个阶段。

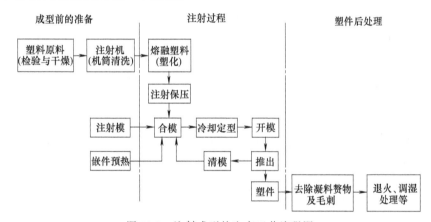

图 31-7　注射成型的生产工艺流程图

（1）成型前的准备

为使注射过程能顺利进行并保证塑料制件的质量，在成型前应进行一些必要的准备工作。

① 包括原料种类、颜色、外观的检验和工艺性能（熔融指数、流动性、热性能及收缩率）的认定。

② 有些塑料需进行充分的预热和干燥。

③ 注塑机料筒的清洗（生产中需要改变产品、更换原料、调换或发现塑料中有分解现象时）。

④ 带有嵌件塑料制件的嵌件预热及对脱模困难的塑料制件的脱模剂选用等。

（2）注射过程

注射过程一般包括加料、塑化、注射充型、冷却和脱模几个步骤。

① 需定量加料。

② 塑化。加入的塑料在料筒中进行加热，由固体颗粒转换成黏流态并且具有良好的可塑性的过程称为塑化。

③注射。注射的过程可分为充模、保压、倒流、浇口冻结后的冷却和脱模等几个阶段。

（3）制品后处理

注射成型的塑件经脱模或机械加工之后，常需要进行适当的后处理以消除存在的内应力，改善塑件的性能和提高尺寸稳定性。其主要方法是退火和调湿处理。

① 退火处理　退火处理是将注射塑件在定温的加热液体介质（如热水、热的矿物油甘油、乙二醇和液状石蜡等）或热空气循环烘箱中静置一段时间，然后缓慢冷却的过程。其目的是减少由于塑件在料筒内塑化不均匀或在型腔内冷却速度不同，致使塑件内部产生的内应力，这在生产厚壁或带有金属嵌件的塑件时更为重要。退火温度应控制在塑件使用温度以上 10～20℃，或塑料的热变形温度以下 10～20℃。退火处理的时间取决于塑料品种、加热介质温度、塑件的形状和成型条件。退火处理后冷却速度不能太快，以避免重新产生内应力。

② 调湿处理　调湿处理是将刚脱模的塑件放在热水中，以隔绝空气，防止对塑料制件的氧化，加快吸湿平衡速度的一种后处理方法，其目的是使制件的颜色、性能以及尺寸得到稳定。通常聚酰胺类塑料制件需进行调湿处理，处理的时间随聚酰胺塑料的品种、塑件的形状、厚度及结晶度大小而异。

31.5　常用塑料的注射工艺参数

注射成型工艺的核心问题，就是采用一切措施以得到塑化良好的塑料熔体，并把它注射到型腔中去，在控制条件下冷却定型，使塑件达到所要求的质量。影响注射成型工艺的重要参数是塑化流动和冷却的温度、压力以及相应的各个作用时间。

31.5.1　温度

注射成型过程需控制的温度有料筒温度、喷嘴温度和模具温度等。前两种温度主要影响塑料的塑化和流动，而后一种温度主要影响塑料的流动和冷却。

① 料筒温度　料筒温度的选择与各种塑料的特性有关。每一种塑料都具有不同的黏流态温度 θ_f（对结晶型塑料即为熔点 θ_m），为了保证塑料熔体的正常流动，不使物料发生变质分解，料筒最合适的温度范围应在黏流态温度 θ_f 和热分解温度 θ_d 之间。

料筒温度过高、时间过长（即使是温度不十分高的情况下）时，塑料的热氧化降解量就会变大。因此，对热敏性塑料，如聚甲醛、聚三氟氯乙烯、硬聚氯乙烯等，除需严格控制料筒最高温度外，还应控制塑料在加料筒中停留的时间。

选择料筒温度还应结合塑件及模具的结构特点。由于薄壁塑件的型腔比较狭窄，熔体注入的阻力大，冷却快，因而，为了顺利充型，料筒温度应选择高一些；相反，注射厚壁塑件时，料筒温度可降低一些。对于形状复杂及带有嵌件的塑件，或者熔体充模流程曲折较多或较长时，料筒温度也应该选择高一些。

料筒温度的分布，一般是从料斗一侧（后端）起至喷嘴（前端）止逐步升高的，使塑料温度平稳地上升以达到均匀塑化的目的。但当原料含湿量偏高时也可适当提高后端温度。由于螺杆注塑机的剪切摩擦热有助于塑化，因而前段的温度不妨略低于中段，以便防止塑料的过热分解。

② 喷嘴温度　喷嘴温度一般略低于料筒最高温度，以防止熔料在直通式喷嘴发生"流延现象"。由喷嘴低温产生的影响可以从塑料注射时所发生的摩擦热得到一定的补偿。当然，喷嘴温度也不能过低，否则将会造成熔料的早凝而将喷嘴堵死，或者由于早凝料注入模腔而影响塑件的质量。

料筒和喷嘴温度的选择不是孤立的，与其他工艺条件存有一定关系。例如，选用较低的S注射压力时，为保证塑料流动，应适当提高料筒温度；反之，料筒温度偏低就需要较高的注塑压力。由于影响因素很多，一般都在成型前通过"对空注射法"或"塑件的直观分析法"进行调整，以便从中确定最佳的料筒和喷嘴温度。

③ 模具温度。模具温度对塑料熔体的充型能力及塑件的内在性能和外观质量影响很大。模具温度的高低决定于塑料结晶性的有无、塑件的尺寸和结构、性能要求以及其他工艺条件（熔料温度、注射速度及注射压力、模具周期等）。

模具温度通常是由通入定温的冷却介质来控制的，也有靠熔料注入模具自然升温和自然散热达到平衡而保持一定的模温。在特殊情况下，也有采用电阻加热圈和加热棒对模具加热等而保持定温。不管采用什么方法使模具保持定温，对塑料熔体来说都是冷却，保持的定温都低于塑料的玻璃化温度 θ_g 或工业上常用的热变形温度，这样才能使塑料成型和脱模。

无定形塑料熔体注入模腔后，随着温度的不断降低而固化，但并不发生相变。模温主要影响熔料的黏度，也就是充型速率。如果充型顺利，则采用低模温是可取的。因为这样可以缩短冷却时间，从而提高生产效率。因此对于熔融黏度较低或中等的无定形塑料（如聚苯乙烯、醋酸纤维素等），模具的温度常偏低；反之，对于熔融黏度高的塑料（如聚碳酸酯、聚苯醚、聚砜等），则必须采取较高的模温（聚碳酸酯为 90～120℃，聚苯醚为 110～130℃，聚砜为 130～150℃）。不过应该说明的是，对于软化点较高的塑料，提高模温可以调整塑件的冷却速率使其均匀一致，以防因温差过大而产生凹痕、内应力和裂纹等缺陷。

结晶型塑料注入模腔后，当温度降低到熔点以下即开始结晶。结晶的速率受冷却速率的控制，而冷却速率是由模具温度控制的，因而模具温度直接影响到塑件的结晶度和结晶构型。模具的温度高时，冷却速率小，但结晶速率可能大，因为一般塑料最大结晶速率的温度都在熔点下的高温一边；其次，模具温度高时还有利于分子的松弛过程，分子取向效应小，这种条件仅适于结晶速率很小的塑料，如聚对苯二甲酸乙二酯等，在实际注射中很少采用，因为模温高也会延长成型周期和使塑件发脆。模具温度适当时，冷却速率适宜，塑料分子的结晶和定向也都适中，这是通常用得最多的条件。模具温度低时，冷却速率大，熔体的流动与结晶同时进行，但熔体在结晶温度区间停留时间缩短。此外，模具的结构和注射条件也会影响冷却速率，例如，提高料筒温度和增加塑件厚度都会使冷却速率发生变化，对高压聚乙烯其变化可达 2%～3%，低压聚乙烯可达 10%，聚酰胺可达 40%。即使是同样一塑件，其中各部分的密度也可能是不相同的，这说明各部分的结晶度不一样。造成这种现象的主要原因是熔料各部分在模内的冷却速率差别太大。

31.5.2　压力

注射过程中的压力包括塑化压力和注射压力两种，它们直接影响塑料的塑化和塑件质量。

（1）塑化压力

塑化压力又称背压，是指采用螺杆式注塑机时，螺杆头部熔料在螺杆转动后退时所受到的压力。这种压力的大小是可以通过液压系统中的溢流阀来调整的。注射中，塑化压力的大小是随螺杆的设计、塑件质量的要求以及塑料的种类等的不同而异的。如果这些情况和螺杆的转速都不变，则增加塑化压力时即会提高熔体的温度，并使熔体的温度均匀、色料的混合均匀，并排出熔体中的气体。但增加塑化压力会降低塑化速率、延长成型周期，甚至可能导致塑料的降解。一般操作中，塑化压力应在保证塑件质量的前提下越低越好，其具体数值是随所用塑料的品种而异的，但通常一般不超过 2MPa（很少超过 6MPa）。注射聚甲醛时，较高的塑化压力（也就是较高的熔体温度）会使塑件的表面质量提高，但也可能使塑料变色、塑化速率降低和流动性下降。对聚酰胺来说，塑化压力必须降低，否则塑化速率将很快降低，这是因为螺杆中逆流和漏流增加的缘故。如需增加料温，则应采用提高料筒温度的方法。聚乙烯的热稳定性较高，提高塑化压力不会有降解的危险，这有利于混料和混色，不过塑化速率会降低。

（2）注射压力

注塑机的注射压力是指柱塞或螺杆头部对塑料熔体所施加的压力。在注塑机上常用表压指示注射压力的大小，一般在 40~130MPa 之间。其作用是克服塑料熔体从料筒流向型腔的流动阻力，给予熔体一定的充型速率以及对熔体进行压实等。

注射压力的大小取决于注塑机的类型，塑料的品种，模具浇注系统的结构、尺寸与表面粗糙度，模具温度，塑件的壁厚及流程的大小等，关系十分复杂，目前难以作出具有定量关系的结论。在其他条件相同的情况下，柱塞式注塑机作用的注射压力应比螺杆式的大，其原因在于塑料在柱塞式注塑机料筒内的压力损耗比螺杆式的大。塑料流动阻力的另一决定因素是塑料与模具浇注系统及型腔之间的摩擦系数和熔融黏度，两者越大时，注射压力应越高，同一种塑料的摩擦因数和熔融黏度是随所用料筒温度和模具温度而变动的。此外，注射压力的大小还与是否加有润滑剂有关。

为了保证塑件的质量，对注射速度（熔融塑料在喷嘴处的喷出速度）常有一定的要求，而对注射速度较为直接的影响因素是注射压力。就塑件的机械强度和收缩率来说，每一种塑件都有各自的最佳注射速度，而且经常是一个范围性的数值。这一数值与很多因素有关，其中最主要的影响因素是塑件的壁厚。厚壁的塑件用低的注射速度，薄壁的塑件用高的注射速度。

型腔充满后，注射压力的作用全在于对模内熔料的压实。在生产中，压实时的压力等于或小于注射时所用的注射压力。如果注射和压实时的压力相等，则往往可以使塑件的收缩率减小，并且它们的尺寸稳定性较好。缺点是会造成脱膜时的残余压力过大和成型周期过长。但对结晶型塑料来说，成型周期不一定增长，因为压实压力大时可以提高塑料的熔点（例如聚甲醛，如果压力加大到 50MPa，则其熔点可提高 90℃），脱模可以提前。

31.5.3　成型周期

完成一次注射成型过程所需的时间称成型周期，它包括以下各部分：

$$成型周期\begin{cases}注射时间\begin{cases}充模时间（柱塞或螺杆前进时间）\\保压时间（柱塞或螺杆停留在前进位置的时间）\end{cases}\right\}总冷却时间\\模内冷却时间（柱塞后撤或螺杆转动后退的时间均在其中）\\其他时间（指开模、脱模、喷涂脱模剂、安放嵌件和合模时间）\end{cases}$$

成型周期直接影响到劳动生产率和注塑机使用率，因此在生产中，在保证质量的前提下，应尽量缩短成型周期中各个阶段的有关时间。在整个成型周期中，以注射时间和冷却时间最重要，他们对塑件的质量均有决定性的影响。注射时间中的充模时间与充模速率成正比。在生产中，充模时间一般为 3~5s。注射时间中的保压时间就是型腔内塑料的压实时间，在整个注射时间内所占的比例较大，一般为 20~25s（特厚塑件可高达 5~10min）。在浇口处熔料冻结之前，保压时间的多少，对塑件密度和尺寸精度有影响，若在此以后则无影响。这在前面都已有所说明。保压时间的长短不仅与塑件的结构尺寸有关，而且与料温、模温以及主流道和浇口的大小有关。如果主流道和浇口的尺寸合理、工艺条件正常，通常以塑件收缩率波动范围最小的压实时间为最佳值。

冷却时间主要决定于塑件的厚度、塑料的热性能和结晶性能以及模具温度等。冷却时间的长短应以脱模时塑件不引起变形为原则。冷却时间一般在 30~120s 之间。冷却时间过长，不仅延长生产周期，降低生产效率，对复杂塑件还将造成脱模困难。成型周期中的其他时间则与生产过程是否连续化和自动化以及两化的程度等有关。

31.5.4　常用塑料的注射成型工艺参数

常用塑料的注射成型工艺参数见表 31-3。

表 31-3　注射成型工艺参数

日期：	产品型号：	6QD853601
模具号：MY_498	产品名称：	商标本体

设备			350T						设定值	偏差	低温保护
模厚			541mm			喷嘴	Ⅰ		238		
原料	牌号		ABS			温度	Ⅱ		235		
	干燥温度					料筒温度	Ⅰ		238		
	干燥时间						Ⅱ		235		
	回用料配比						Ⅲ		220		
压力	合模压力/t		350				Ⅳ		200		
	模具保护压力/bar						Ⅴ				
	注射压力/bar		60			模具	动模1		90	动模2	
	补缩压力/bar		120				定模1		90	定模2	
	补缩切换压力/bar					温度/℃	油温				
	保压压力/bar	一段	120				水温				
		二段	130				热流道温度				
		三段	10				1st	2nd	3rd	4th	5th
	背压（跟化压力）/bar		35				245	245	245	245	245
	松退压力2/bar						6th	7th	8th	9th	10th
速度	储料		松退一段	储料一段	储料二段	松退二段					
							11th	12th	13th	14th	15th
		速度百分率/%		85	68	35					
		切换点		68	58	15	16th	17th	18th	19th	20th
	注射		一段	二段	三段	四段	五段				
		速度百分率/%	60	38	90	100		注射时间		9	
		切换点	10	8	20	10		补缩时间		10	
	合模		高速	低速	模具保护	领模	时间/s	保压压力	一段	1	
		速度百分率/%							二段	8	
		切换点							三段	1	
	开模		低速	高速	低速			冷却时间		23	
		速度百分率/%						生产周期		55	
		切换点					注射模式选择				
	顶杆顶出		一段	二段				阀门	螺杆位置 open	螺杆位置 dose	开启时间	关闭时间
		速度百分率/%						gate1				
	顶杆后退		一段					gate2				
		速度百分率/%						gate3				
顶出位置						顺序浇注阀	gate4				
取件位置							gate5				
顶出杆顶出次数							gate6				
顶杆顶出停留时间							gate7				
修订版号/描述		编制		标准化		批准	gate8				
							gate9				
签字/日期		日期		日期		日期	gate10				

31.6 注射模具试模的目的和要求

31.6.1 注射模具试模的目的

① 通过试模检查模具结构设计的合理性及其可靠性，如检查浇注系统的压力是否平衡，凝料和制品顶出是否顺畅，冷却系统效果是否良好，成型周期怎样。

② 检查零件制造加工精度和模具装配精度质量是否达到设计要求。

③ 通过试模来验证注塑模具同注塑机的技术参数是否匹配。

④ 检查制品的成型质量（结构、形状、表面外观、尺寸精度）是否达到客户要求，有无成型缺陷存在，并通过试模制定最佳的成型工艺提供给客户。

⑤ 对试模存在的问题进行分析，采取相应措施，进行排除、修整使之达到设计要求。

⑥ 通过试模对这副模具进行正确评价。

31.6.2 通过试模检查模具的主要性能

① 模具运行验收主要是验证模具注射生产时的稳定性、同一性、可靠性和注射成型效率（成型周期）。模具运行验收必须经过连续几个班次（大型模具 24h，中型模具 8~16h，小型模具 2~4h）的生产或连续生产一定数量模次（不小于 1000 模次），在连续生产运行中没有发生模具质量问题。

② 确定模具注射成型最佳工艺。检查工艺条件是否苛刻，注射压力是否平衡。记录注射成型的关键工艺参数，如料温、注射压力、注射速度、保压时间、模具温度等。

③ 检查制品抽芯机构、顶出机构是否可靠，冷却效果是否良好。

④ 检查模具是否有如下问题存在：分型面精度是否有飞边出现，模具的刚性和强度是否足够。

⑤ 检查料道凝料取出是否方便，原料是否消耗少，热流道模具喷嘴是否有漏料或堵塞现象等。

⑥ 检查模具同注塑机的参数在模具安装时是否方便、正确、可靠。

⑦ 检查是否因模具问题的原因使制品产生成型缺陷。

⑧ 检查制品装配尺寸是否达到设计要求。

31.7 模具试模前要做的准备工作

① 读懂模具装配图，了解模具基本结构和特性（了解浇注系统、冷却系统、抽芯机构、顶出系统）、开模动作、动作原理。

② 了解成型制品的质量和使用要求。

③ 选择合适的注塑机型号、规格、类型，使注射量、合模力（通常选用注塑机的注射量和合模力都是 80%）、制品的投影面积、拉杆内距、顶出行程的主要技术参数与模具匹配。

④ 试模物料的准备：对塑料的性能和工艺进行全面了解，有的塑料需考虑先预热，如聚苯乙烯、ABS、聚碳酸酯、尼龙在成型前需预热。

⑤ 编写好该塑料的注射工艺卡。

⑥ 熟悉模具的冷却系统，接通冷却水管试模，注意进、出水管也可利用模温机。

⑦ 试模前对模具进行检查，预检注意事项如下。

a. 安装前，查看模具喷嘴孔径是否与注塑机匹配。

b. 校核该模具总体外形尺寸（宽度、高度、厚度）、定位圈尺寸、顶出孔大小及孔距是否符合注射机的条件；模的闭合行程，安装于注塑机各部位的配合部位尺寸、脱模形式、模具工件要求符合设备的相关条件。

c. 模具闭合后，检查吊环螺钉的位置，起吊时是否使模具平衡，吊环螺钉强度是否满足整副模具的起吊负荷。

d. 模具外观和装配精度检查。

e. 模具上应有零件号标记，各种接头、阀门、附件、备件应齐全。

f. 模具外形不得有锐角。

31.8　模具安装及调模步骤

半自动操作是供注射成型脆弱且容易刮损及长身的制品时用的；全自动操作是供高速生产、注射精密制品时用的，并可减少操作员工作量。

31.8.1　安装模具

① 量度模具厚度，估计模具顶针板最大行程。

② 量度模具表面与顶针板的距离。

③ 用手动操作把机铰伸直，即锁模。

④ 开启调模装置，调校头板与活动模板之间的距离，直至距离比模具略厚，关上调模装置。

⑤ 用手动操作开模直至开尽为止。

⑥ 用手动操作退针直至油压顶针完全后退为止。

⑦ 停机，把模具安装于头板上。

⑧ 把所有锁模及开模速度与压力调节到 30％～50％之间（不可太高）。

31.8.2　开机锁模

① 开机，用手动操作方式把活动模板后退少许，使模具分开。

② 停机，再收紧模具的固定螺钉，开机试锁模，调节开模、锁模速度与压力；再调节有关的行程开关与电感块，使开模及锁模的动作顺滑进行。

③ 停机，调节触动顶针前终止位置，使顶针位置不可长于模具顶针的最大可行行程。一般来说，顶针行程可以酌量缩短，加快生产速度。此外，顶针速度不可调得太高。

31.8.3　锁模力的调节

① 用手动操作开模直到开尽为止。启动调模装置，调减模厚，以产生锁模力，关上调模装置锁模。模厚的减少度与产生的锁模力成正比。但如果模厚减少得太多，则不能锁模。建议以渐进的方式减少模厚。

② 重复步骤①，直至机铰与模板接柱（格林柱）产生足够的锁模力为止。锁模油缸的工作压力可以从油压系统的压力表看到，锁模油缸所产生的推力与油缸内的工作压力成正比，但由于通过机铰的放大，最后的锁模力和锁模油缸的工作压力并不成正比。但一般来说压力越高，则锁模力越大。

③ 一般调节锁模力以达到足够防止射胶时产生批锋即可，不应把锁模力调得太高，以免模具变形和加重机铰的负荷。

31.9 试模顺序和操作要领

① 加热料筒和喷嘴：按注射成型工艺条件把料筒温度分前、中、后及喷嘴进行加温到合适的温度，或在模具安装调试好后再升温（为了节约时间）。

② 开车准备。按注塑机操作规程启动，调整好所有行程开关的位置使动模板运行畅通。

③ 安装模具。在安装模具之前，必须清理干净模具表面和与机器模板的接触面。检查模具的定位圈是否与动模板的定位心尺寸相符；要检查顶出杆孔位置、大小及顶出杆是否伸进动模内太多。检查没问题后，用起重设备吊上模具，使定位圈进入定模镶板定心孔内，然后用手动低压下将模具锁上，再用螺钉拧紧，紧固定模上的压板。在模具安装压紧完毕后，调整行程，紧固动模上的压板、动模镶板。

注射模的定模部分安装在注塑机的固定模板上，而动模部分安装在注塑机的移动模板上，主要采用下述两种紧固方式：图 31-8 所示的压板固定和图 31-9 所示的螺钉紧固。

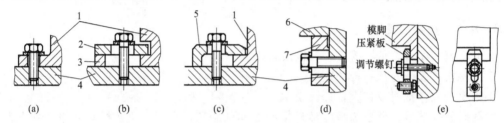

图 31-8　压板固定的形式

1,6—动、定模板；2—压板；3—垫块；4—注塑机模板；5—梯形压板；7—咬撑压板

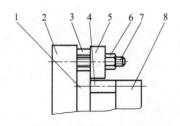

图 31-9　模具用螺钉紧固的形式

1—动模座板；2—注塑机的移动模板；3—垫铁；4—垫块；5—压板；6—螺母；7—螺钉；8—动模底板

④ 调整顶出机构，使之能够达到将制品从型腔顶出的行程要求（对照模具总装图调整）。

⑤ 调整锁模力，张模力根据注射压力和制品投影面积而定，在保证制品质量的前提下将锁模力调至最小值，这样做能节电且延长设备使用寿命。

⑥ 调节启闭运动的速度及压力。

⑦ 把模具动、定模的冷却水按结构图进、出分组接好（试模时按设计要求，接好冷却水管才可试模）。一部分人认为试件样品不接冷却水也可试模，这样做是绝对错误的。因为工艺条件不一样、注射件的质量就不一样。

⑧ 启动冷却塔的电源或打开水循环开关系统。

⑨ 接好热流道的电源，接好模温机，按成型工艺条件调节好模具温度。

⑩ 把在烘前（或不要烘过的塑料）拌好色母的料加入料斗（或料斗干燥器的料斗内），之前必须检查料斗内有无杂质或异物，如原料筒中同试模料颜色或塑料牌号不同时，应用 PP 料等清洗料筒。如果料流中没有气泡、硬块、银丝、变色等情况，料流光滑明亮，料筒与喷嘴温度合适，就可以试模。

⑪ 调节注射座行程，使喷嘴顶上模具浇口套（低压下调节）。

⑫ 调整注射容量，按设计上的塑件重量加流道系统的塑料重量，不宜调整太多和防止过分缺料。

⑬ 确定螺杆转速和背压：调整螺杆转速，一般为 30r/min。设定、调节背压压力及顶出压力（对于黑色材料设定为 100~150bar，透明材料 POM 设定为 10bar）。对于黏度高、热稳定性差的塑料，采用较慢的螺杆转速和略低的背压加料、预塑较好。对于黏度低和热稳定性好的塑料，可采用较快的螺杆转速和略高的背压。

⑭ 调整工艺参数（压力、温度、时间）：试模时，先选择低压、低温，在较长时间下成型，然后按压力、时间和温度的先后顺序变化，以求得到较好的工艺参数。当碰到制品尺寸大、壁薄、形状复杂、黏度较大的塑料时，注射压力要选得大些。

⑮ 若注射压力小，型腔难充满，可加大注射压力。当增压效果不明显时，再改变温度和时间；当延长时间仍不能充满时，再提高温度。但不能升温太快，以免塑料发生过热降解。

⑯ 注意调整注塑机的塑化压力（背压）。背压是指螺杆旋转输送熔料汇集到前端的熔体对螺杆产生的反压力。背压对注射原料的塑化效果及塑化能力有着重要的作用，它的大小和螺杆的转速有关。

⑰ 注意保压压力和时间有关，塑料制品越大或壁厚越厚，要求保压压力越大和时间越长。保压压力和时间不够时，易造成制品表面产生收缩凹陷、内部组织不良、强度弱等缺陷。

⑱ 在生产壁薄而面积大的塑件时，一般采用高速注射，对于生产壁厚而面积小的塑件则采用低速注射。

⑲ 选择注射成型速度：若高速和低速注射均能充满型腔时，除了玻纤增强塑料或制品薄壁件而面积较大时，均可采用低速注射。

⑳ 按注射成型工艺条件，调整好料筒后、中、前三段温度及喷嘴温度。

㉑ 注射掉料筒内的一部分存料或时间过长的分解塑料，到正常温度原料射出后才可试模。

㉒ 注射制品按成型工艺条件，调整试模直至生产出合格产品（如注射成型制品的表面出现缺陷现象，应针对性地采取预防措施加以克服，使塑件质量达到图样要求和使用要求）。

㉓ 禁止注塑机野蛮操作使用。

31.10 试模工作的注意事项

① 规范试模工作：有的单位的试模工作做得很不规范，如试模前没有做好准备工作，有的塑料需要烘干燥的，模具已安装好，塑料还没有干燥；有的塑料已烘干燥，安装时才发现模具的定位圈外径或顶板的顶出孔同注塑机的尺寸不匹配，甚至有的模具厚度同注塑机闭合高度不符；有的试模时没有注射工艺卡，也没有负责工艺的，这个人调一下，另一个人来调一下；有的试模时也没有工艺记录；有的试模时不接冷却水管。国外客户在试模现场见到上述情况意见就很大，产生了很不好的影响，试想一下，他们下次会把模具订单放心地给这些单位吗？因此，必须要做到规范试模。

② 在开始注射时，原则上选择在低压、低温和较长时间的条件下成型。如果制件未充满，通常是先提高注射压力；当大幅度提高注射压力仍无效果时，才考虑变动时间和温度，延长时间。实质上是使塑料在机筒内的受热时间延长，注射几次后若仍然未充满，最后才提高机筒温度。但机筒温度的上升以及它与塑料温度达到平衡需要一定的时间（一般为 15min 左右），需要耐心等待，不要过快地把机筒温度升得太高，以免塑料过热甚至发生降解。

注射成型时可选用高速和低速两种工艺。一般在制品壁薄而面积大时，采用高速注射，而对于生产壁厚面积小的制品采用低速注塑，在高速和低速都能充满型腔的情况下，除玻璃纤维增强塑料外，均宜采用低速注塑。

对于黏度高和热稳定性差的塑料，应采用较慢的螺杆转速和略低的背压加料及预塑，而对于黏度低和热稳定性好的塑料可采用较快的螺杆转速和略高的背压。在喷嘴温度合适的情况下，采用喷嘴固定的形式可提高生产效率。但是，当喷嘴温度太低或太高时，需要采用每次注射后向后移动喷嘴的形式（喷嘴温度低时，由于后加料时喷嘴离开模具，减少了散热，故可使喷嘴温度升高；而喷嘴温度太高时，后加料时可挤出一些过热的塑料）。

③ 试模时尽量做到不使用脱模剂，正式生产时禁止使用。

④ 注意制品是否需要后处理（一般要求事先说明）。熔料在成型过程中有时会存在不均匀结晶、取向和收缩应力，导致制品在脱模后变形，力学性能、化学性能及表面质量变差，严重时会引起制品开裂。为了解决这些问题，需要对制品后处理。制品后处理的主要方法有退火处理和调湿处理。

⑤ 试模用的塑料必须符合图样要求。

⑥ 试模一星期前要开"试模通知单"，通知有关人员参加。客户的供应商质量管理人员，模具供应商的项目、质量、设计、模具担当的人员必到场，以便于样件或模具质量问题可以第一时间在现场交流、沟通、快速响应和制定计划。

⑦ 试模后对这副模具所暴露的问题，模具修整的结论要正确。要注意以下问题。一般来讲，由于工艺条件属于软技术，容易得到调整和控制，所以应尽可能考虑改变工艺条件来消除成型缺陷。千万不要一出现成型缺陷，便从模具方面找问题。否则，模具一经修整，便很难恢复形状。有时，注射模经过一次试模和修整后，经常还要两次、三次地反复试模和修整，因为在第一次试模中往往还不能全面掌握成型问题的所在。试模和修整工作是一项非常复杂和责任重大的工作。

⑧ 注意注塑机安全操作非常重要，应按操作规程操作，特别是安全门应处于正常工作状态、安装必须牢固可靠等。

31.11 试模记录

在试模过程中基本得到验证的是：模具结构设计是否合理；所提供的制品是否符合用户要求；模具是否能够达到批量生产。因此在每次试模结束时都要详细地记录，其内容详见表31-4。

表 31-4　试模记录内容

项目	内　　容
模具名称	辅助装置、液压、热流道、接线板、油缸等
使用设备	规格、型号、生产厂家、出厂日期
工艺参数	料温、压力、机筒分段温度、注射速率
试模树脂	名称、规格、牌号、生产厂家、熔融指数
试模结果	是否验收、试注射件数、制件完整率
日期	总体操作时间及试注射时间
存在问题	模具、设备、辅助部件、模具有无损伤
地点	本厂或其他单位

在试模过程中应详细记录，并将结果填入试模记录卡，注明模具是否合格。如需修整，应提出修整意见。在记录卡中应摘录成型工艺条件及操作注意要点，最好能附上注射成型的制件，以供参考。按现场情况做好试模记录并在不同注射工艺的三次记录中选取最佳工艺提

供给客户。

31.12 试模过程中出现的问题分析

试模的过程是一个发现问题的过程，试模的目的也在于使模具得到进一步的完善。对模具提出行之有效的改进方案是十分重要的。当然，在讨论模具修改问题时，要假设试模的工艺条件是基本合理的。那么，分析模具后所存在的问题大致有以下几个方面。

31.12.1 模具结构及尺寸的不合理

如果模具整体设计上有严重问题，那么试模中很难得到完整的样品。反之，可以提供完整样品，可视为该模具整体设计上基本合理。但是，也经常存在一些不理想的地方，最为常见的如下。

① 浇注系统不合理 浇注系统存在的问题大致发生在两个方面。第一是浇口位置、数量，这种情况较为麻烦，要进行改正往往要对模具的成型尺寸重新估算甚至要上机床重新加工。第二是主流道及分流道尺寸大小。制件形状的特点决定了浇口的方式，但是，尺寸方面的不合理也会严重地影响成型效果。尤其像潜伏式浇口、针浇口等，对尺寸要求十分严格，它们的小孔尺寸也绝不是越大越好，而是要经过实际注射逐步进行调整的。

② 排气不畅 中小型模具可以靠顶出杆和型腔镶块缝隙进行排气，排气槽没有开设。排气不畅所造成的注射成型缺陷，在前面部分已经做了详细的介绍，在生产实际中事例也很多，如图31-10所示。

③ 脱模困难在试模过程中，本来设计已经很合理的脱模距离和脱模机构，在实际脱模中却难以将制件脱出。这并不是脱模距离不够，而是收缩变形产生的影响，制件在脱出型腔的瞬间，由于外界温度环境不同，收缩的速度不同，收缩状况也不相同。否则制件无法脱出。尤其是脱模斜度较小的制件更要引起重视。

④ 抽芯困难 抽拔力不足，机械动作的抽芯及脱模是依靠动、定模的相对动作来完成的。但是，如果是液压油缸来完成的动作，常常产生抽拔力不

图31-10 排气不畅，制品成型不足

足的现象。如果采用的是先进设备，可以调整抽芯系统的油压来弥补、增大力量。如果采用的是普通设备，抽芯油压与系统压力相同，无法单独调整，只有更换油缸，实现预期动作。

31.12.2 模具制造精度达不到要求

① 型腔尺寸精度超差。

② 错腔。错腔是模具加工中常见的问题，试模中常见的导杆拉伤、型腔错位、制件壁厚不均等问题，均有可能是导向和定位精度不佳所致。这部分的精度不佳，直接影响了模具的使用寿命。

③ 脱模斜度不合理。在初次试模中，制品很难顶出甚至无法顶出，其很重要的原因是脱模斜度不合理。不同的树脂所要求的脱模斜度不相同。

31.12.3 模具的配套部分不完善

模具部件的配套部分主要组件及零件包括热流道、液压或气动部分、易损件、备品、备

件等。随着模具复杂程度的提高，配套部分所占比重越来越大。顶针顶管、拉钩、行程开关等标准件需要有一定数量的备件。

模具的备件主要包括耐磨件、易损件、加热元件等。

31.12.4 试模后，修模时间长、多次试模

试模后，要对模具的现状进行及时检查、分析，项目经理对所发现的问题提出整改方案，要形成文字。操作者需逐条落实，逐条修正。防止下一次试模过程中发生类似问题。并且将预计可能发生的问题也加以解决，力争减少试模次数。修模水平的高低，不仅直接影响了模具的质量，同时也影响着模具的生产周期。个别生产企业模具生产周期过长，很重要的原因之一是试修模时间长。此类问题绝不可掉以轻心。

每次试模必须有试模记录，如表31-5所示，如实填写，并且要求把最佳工艺提供给客户。

表 31-5 试模记录

制品名称			模具编号				客户单位		
模具设计人员			模具组长				项目负责人		
设备及用料情况									
试模设备型号			试模时间		月 日		地点		
上机、下机时间					时至 时		第 次试模		
塑件材料			领用质量		kg	件数		塑件颜色	
材料牌号			实用质量		kg	浇口形式		模具腔数	
单件质量/kg			浇道质量		kg	一次注塑量		g	
分段温度/℃	喷嘴		一段	二段	三段	四段	五段	六段	
成型周期/s	注射时间		冷却时间		开模时间		合模时间		
	保压时间		顶出时间		取件时间		备注		
注射压力/MPa		锁模压力/MPa			保压压力/MPa				
保压速度		注射速度							
塑件质量情况	溢料、飞边、毛刺、顶高、顶白、缺料、段差、银丝、熔接痕、焦点、气孔、变形、翘曲、色差、缩影、凹痕、龟裂、断裂、断脚、尺寸超差、表面粗糙度差								塑件完好
模具试模运转情况			有无问题存在		采取措施		问题排除时间		
冷却效果									
顶出动作									
抽芯动作									
浇道系统									
排气									
模具表面质量									
附件是否齐全									
参加试模人员签字									
备注									
记录				日期			年 月 日		

31.13 试模报告

模具设计方面存在的问题，在试模中得到充分暴露，需要认真地加以分析，去透过各种现象，找出根源，采取行之有效的措施加以改进，使下一次试模顺利，减少试模次数。

　　T0 试模评审：试模后做好对模具和塑件的检验，评审判定此副模具的质量和需要改进、修整的地方，做好处理、记录等工作；如有问题应填写修改通知单。然后，按修改通知单内容把存在问题及时修改，检查合格后再重新试模、验收，直至合格为止。试模报告内容可参考表 31-6。

　　最终试模合格的模具，应清理干净，涂上防锈油后入库。

表 31-6　试模报告　　　　　　　　　　编制　　No.

	图示						其它			
模具		模具名称：		模穴数：		温度		开关模设定		
		模具编号：		产品名称：	喷嘴　　℃			压力	速度	位置
		模具类别	*两板式 *三板式	材料名称：	一段　　℃		开模一设			
		水路	前模	材料型号：	二段　　℃		开模快速			
			后模	材料颜色：	三段　　℃		开模终止			
		模温机	前模	色母型号：	四段　　℃		关模快速			
			后模	色母比例：	五段　　℃		关模低压			
机台	图示				六段　　℃		关模高压			
					机台编号		机台型号			
					锁模力		顶出选择方式			
					保压选择方式 *时间 *位置		*停留 *定次 *震动			
					图台选择方式 * *冷却后					
成型工艺										

	射出设定					保压设定		顶出设定		设定	外观	
	一段	二段	三段	四段	五段	一段	二段	顶进一	顶进二		尺寸	
压力											装配	
速度											喷漆	
位置												
时间												

产品		储料位置	产品单重：　　g	试模数量	
			水口单重：　　g	试模情况	
		射退位置	毛重：　　　g		
		射胶残量	试模时间：　　g		
			试模用料：　　kg		

产品问题点	*缺胶	*粘模	*拉模	*收缩	*顶伤	*粗糙	*表面划伤痕		*烧焦	*螺丝孔堵	*毛边	*其它
模具问题点	1. 水	*通畅	*堵塞	*漏水	2.顶出	*正常	*不顺	*导常	其它			
试模人：			日期：				审核：					

31.14　制品成型缺陷原因及对策

　　① 注射成型缺陷参考表 31-7。

表 31-7　常见注射成型缺陷

走胶不齐	缩水	夹水线	困气	喷射痕	翘曲变形
顶白	缩孔	起皮	烧焦	爆裂	黑点
尺寸偏差	流痕	混色	料花	拉白	气纹
顶陷/顶高	光泽不一	浮纤	粘模	批锋	颜色偏差
拉丝	积垢	冷胶	拖花		

② 解决对策：从产生成型缺陷的原因、影响的有关因素入手，综合分析，采取正确措施。

③ 成型缺陷影响因素见图 31-11。

④ 试模时易产生的缺陷及原因，可参阅表 31-8 和附表 12，找出缺陷的真正原因，采取措施解决。

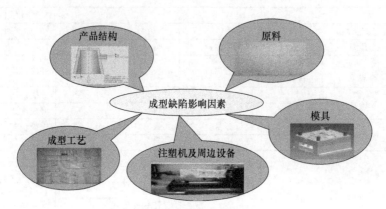

图 31-11　成型缺陷影响因素

表 31-8　试模中的常见问题及解决方法

常见问题	解决方法
主浇道粘模	抛光主浇道→喷嘴与模具中心重合→降低模具温度→缩短注射时间→增加冷却时间→检查喷嘴加热圈→抛光模具表面→检查材料是否污染
塑件脱模困难	降低注射压力→缩短注射时间→增加冷却时间→降低模具温度→抛光模具表面→增大脱模斜度→减小镶块处间隙
尺寸稳定性差	改变料筒温度→增加注射时间→增大注射压力→改变螺杆背压→升高模具温度→降低模具温度→调节供料量→减小回料比例
表面波纹	调节供料量→升高模具温度→增加注射时间→增大注射压力→提高物料温度→增大注射速度→增加浇道与浇口的尺寸
塑件翘曲和变形	降低模具温度→降低物料温度→增加冷却时间→降低注射速度→降低注射压力→增加螺杆背压→缩短注射时间
塑件脱皮分层	检查塑料种类和级别→检查材料是否污染→升高模具温度→物料干燥处理→提高物料温度→降低注射速度→缩短浇口长度→减小注射压力→改变浇口位置→采用大孔喷嘴
银丝斑纹	降低物料温度→物料干燥处理→增大注射压力→增大浇口尺寸→检查塑料的种类和级别→检查塑料是否污染
表面光泽差	物料干燥处理→检查材料是否污染→提高物料温度→增大注射压力→升高模具温度→抛光模具表面→增大浇道与浇口的尺寸
凹痕	调节供料量→增大注射压力→增加注射时间→降低物料速度→降低模具温度→增加排气孔→增大浇道与浇口尺寸→缩短浇道长度→改变浇口位置→降低注射压力→增大螺杆背压
气泡	物料干燥处理→降低物料温度→增大注射压力→增加注射时间→升高模具温度→降低注射速度→增大螺杆背压
塑料充填不足	调节供料量→增大注射压力→增加冷却时间→升高模具温度→增加注射速度→增加排气孔→增大浇道与浇口尺寸→增加冷却时间→缩短浇道长度→增加注射时间→检查喷嘴是否堵塞
塑件溢料	降低注射压力→增大锁模力→降低注射速度→降低物料温度→降低模具温度→重新校正分型面→降低螺杆背压→检查塑件投影面积→检查模板平直度→检查模具分型面是否锁紧
熔接痕	提高模具温度→提高物料温度→增加注射速度→增大注射压力→增加排气孔→增大浇道与浇口尺寸→减少分型剂用量→减少浇口个数

续表

常见问题	解决方法
塑件强度下降	物料干燥处理→降低物料温度→检查材料是否污染→升高模具温度→降低螺杆转速→降低螺杆背压→增加排气孔→改变浇口位置→降低注射速度
裂纹	升高模具温度→缩短冷却时间→提高物料温度→增加注射时间→增大注射压力→降低螺杆背压→嵌件预热→缩短注射时间
黑点及条纹	降低物料温度→喷嘴重新对正→降低螺杆转速→降低螺杆背压→采用大孔喷嘴→增加排气孔→增大浇道与浇口尺寸→降低注射压力→改变浇口位置

31.15 注射模试模常见问题及调整

试模时若发现塑件不合格，或模具工作不正常，就需找出原因，调整或修理模具，至模具工作正常、试件合格为止。型腔模试模中的常见问题及解决方法见表31-8、表31-9。

试模后制品表面出现的成型缺陷，判断是什么原因，如果是模具的问题，解决方法见表31-10，供修整模具时参考。

表31-9 试模时制品易产生的缺陷及原因

缺陷＼原因	制件不足	溢边	凹痕	银丝	熔接痕	气泡	裂纹	翘曲变形
料筒温度太高		√	√	√		√		√
料筒温度太低	√				√		√	
注射压力太高		√					√	√
注射压力太低	√		√	√	√			
模具温度太高			√					√
模具温度太低	√		√		√	√	√	
注射速度太慢	√							
注射时间太长				√		√		
注射时间太短	√		√					
成型周期太长	√							
加料太多		√						
加料太少	√		√					
原料含水分过多			√					
分流道或铸口太小	√		√	√	√			
模穴排气不好	√					√		
制件太薄	√							
制件太厚或变化大			√			√		√
成型机能力不足	√			√				
成型机锁模力不足		√						

表31-10 制品表面缺陷与设计模具时应注意的事项

表观缺陷	设计时注意事项
1. 缺料(注射量不足)	①加大喷嘴孔、流道、浇口的截面尺寸；②浇口的位置应恰当合理；③增加浇口数量；④加大冷料穴；⑤扩大排气槽
2. 溢料、飞边	①模腔需准确合对；②提高模板平行度、去除模板平面毛刺、保证分型面紧密贴合；③提高模板刚度；④排气槽尺寸和位置应恰当合理
3. 凹陷、气孔	①加大喷嘴孔、流道、浇口的截面尺寸；②浇注系统应使塑料熔体的充模流动保持平衡；③浇口应开设在制品的厚壁部位；④模腔各处的截面厚度应尽量保持均匀；⑤排气槽尺寸和位置应恰当合理

续表

表观缺陷	设计时注意事项
4. 熔接痕	①加大喷嘴孔、流道、浇口的截面尺寸;②在熔接痕发生部位,模腔应具有良好的排气功能;③浇口应尽量接近熔接痕部位,必要时可设置辅助浇口;④动、定模需准确对合,成型零部件的定位应准确,不得发生偏移;⑤浇注系统应使塑料熔体的充模流动保持平衡;⑥制品壁厚不宜太小
5. 降解脆化	①加大分流道、浇口截面尺寸;②注意制品壁厚不得太小;③制品应带有加强筋,轮廓过渡处应为圆角
6. 物料变色	①应有恰当合理的排气结构;②加大喷嘴孔、流道、浇口的截面尺寸
7. 银纹、斑纹	①加大流道、浇口截面尺寸;②加大冷料穴;③应具有良好的排气功能;④减小模腔表壁粗糙度;⑤制品壁厚不宜太小
8. 浇口处发浑	①加大分流道、浇口截面尺寸;②加大冷料穴;③选择合理的浇口类型(如扇形浇口等);④改变浇口位置;⑤改善排气功能
9. 翘曲与收缩	①改变浇口尺寸;②改变浇口位置或增加辅助浇口;③保持顶出力平衡;④增大顶出面积;⑤制品强度和刚度不宜太小;⑥制品需带加强筋、轮廓过渡处应有圆角
10. 尺寸不稳定	①提高模腔尺寸精度;②顶出力应均匀稳定;③浇口、流道的位置和尺寸应恰当合理;④浇注系统应使塑料熔体的充模流动保持平衡
11. 制品粘模	①减小模腔表壁粗糙度;②去除模腔表壁刻纹;③制品表面运动需与注射方向保持一致;④增加模具整体刚度,减小模腔弹性变形;⑤选择恰当合理的顶出位置;⑥增大顶出面积;⑦改变浇口位置,减小模腔压力;⑧减小浇口截面尺寸,增设辅助浇口
12. 塑料黏附流道	①主流道衬套应与喷嘴具有良好的配合;②确保喷嘴孔小于主流道入口处的直径;③适当增大主流道的锥度,并调整其直度;④抛光研磨流道表壁;⑤加大流道凝料的脱模力

复习思考题

1. 模具为什么要试模？注射模具试模工作的目的是什么？
2. 注塑机结构主要由哪些系统组成？
3. 请叙述注射成型流程。
4. 模具试模前要做哪些准备工作？
5. 试模顺序和操作要领有哪些？
6. 熔料的流动性越好是否越有利于塑料制品的生产？为什么？
7. 注射成型工艺可分为几个阶段？每个阶段的作用是什么？
8. 试模时要注意哪些事项？
9. 制品后处理的目的是什么？后处理有哪些方法？
10. 模具与注塑机哪些主要参数要求匹配？
11. 试模记录内容有哪些？
12. 常见注射成型缺陷有哪些？应怎样采取相应措施？
13. 背压、注射压力、型腔压力有何什么区别？
14. 简述三大工艺条件的概念及其对注射成型工艺的影响？
15. 试模可能会出现哪些问题？
16. 影响注射成型工艺性的因素有哪些？

第32章 ▶▶ 注塑模具质量管理及模具验收

很多模具企业只是迫于客观环境的需要，千方百计取得了所谓认证。有的单位通过国外认证，当认证单位复审时发现不符项太多时，要求该企业限时持续改进不符项，否则要上黑名单，因此感到压力很大，且又很花精力，就马上调转头在国内认证了。

上述情况的存在，反映了大多数注射模具企业的质量体系都不够完善的现状，因为模具企业都是逐步从小到大发展起来，迫于办企业的需要，才千方百计取得了认证。而且很多企业的管理者从车间到高层管理的成长过程中，也不很了解质量体系要求及内容，对质量体系的重要性认识不足，所以没有花精力去完善企业的质量体系。

质量管理体系是指组织满足质量目标和履行质量承诺的能力，包括整个管理体系的协调性、适应性、有效性和自我完善机制，是针对所有组织而言的通用规范。

笔者走访了许多模具企业，发现绝大多数企业都没有健全的质量体系，没有规范的流程。其主要原因是对质量体系没有引起足够的重视，没有认识到质量体系的重要性。为了企业生存和发展把主要精力花在经营方面，是无可非议的，然而，当企业发展到一定规模时，有些企业从主观上还没有认识到建立健全的质量体系的重要性，真正做到质量第一。

模具的设计和零件加工的质量、模具的装配精度与塑料制品的质量成本及生产周期息息相关；所以，模具的质量在很大程度上决定着塑件的质量、注射制品成型生产的效益。

与此同时，模具企业面对国外的先进技术在价格、质量、制造周期方面的挑战，必须要不断地提高设计质量、全面贯彻质量体系，来保证模具质量制造水平、工艺技术及管理水平，克服目前存在的问题；并不断地使模具向更高精度、更高质量、更高效率、更好性能、更低成本、更短交货期和更佳服务的方向发展，才能使企业做大做强。

模身的设计、制造的质量最终需要通过试模对模具使用的可靠性以及塑料制品的外观质量、性能、尺寸等是否达到使用要求进行验证。

32.1 质量管理

32.1.1 质量相关的定义

① 国际标准化组织（ISO）对质量下的定义：质量是反映实体能满足明确和隐含需求的能力的总和。通俗的说：质量是产品的适用性，即在使用时能够满足用户需要的程度。

② 国际标准化组织（ISO）对质量管理的定义：质量管理是确定质量目标，并在质量体系中通过诸如质量策划、质量控制、质量改进等措施，使质量得到以实现的全部活动。

对于项目管理而言，上述质量管理定义说明了三个方面的意义。

① 质量管理的地位　它涉及项目的战略决策，贯穿于项目提供产品和服务的全过程。

② 质量管理的责任　它涉及全局的管理职责，需要高、中层管理人员和普通员工参与。

③ 质量管理的范围　它不但涉及对产品和服务结果的控制，也涉及整个过程的控制。

32.1.2　质量的重要意义

① 质量关系着人民的生命财产安全。

② 产品质量决定着人们的生活质量。

③ 质量推动着社会的持续发展。

32.1.3　质量观念发展历程

图 32-1 所示为一个质量管理理念发展的阶梯，也是管理的理念、标准、工具的进步历程。如图 32-1 所示，社会质量观念的发展经历了五个台阶，每上一个台阶，都会为质量标准的含义带来革命性的变化。

32.1.4　质量管理发展阶段

质量管理的理论和实践也经过了三个发展阶段，如图 32-2 所示。

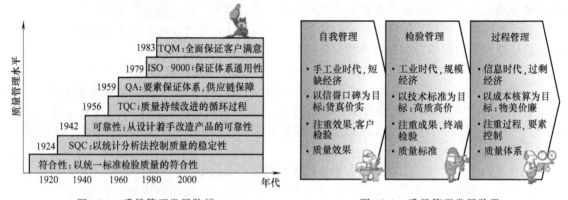

图 32-1　质量管理发展阶梯　　　　　　图 32-2　质量管理发展阶段

（1）自我管理阶段

自我管理阶段发生在手工业和短缺经济时期。在这个阶段的产品大多供不应求，生产者对质量进行自我控制。而质量控制的结果由客户以使用效果来检验，质量标准就是客户的感觉和口碑，衡量质量高低的尺度就是购买价格，这是一个货真价实的年代。

（2）检验管理阶段

检验管理阶段发生在大工业和规模经济时期。公司出现了统一的技术标准，作为龙头企业，这个标准最后成为全行业的标准。产品的质量虽然仍依赖于结果的终端检验，但是在到达客户之前进行的，质量检验的标准，已经从客户的模糊感觉变成专业质检人员精确的抽样统计。技术成为质量的保证，并以高成本投入作为代价，这是一个高质高价的年代。

（3）过程管理阶段

过程管理阶段发生在信息化的过剩经济时期。随着产品的日益复杂化，专业分工也越来越细，几乎每一个产品都要涉及诸多的资源组合和工序衔接，在这个组合的过程中，任何一个环节的失误都会造成质量缺陷，于是质量控制从对成品的控制变成了对资源组合体系的控制，从终端检验变成了对组合要素及其衔接过程的评审。买方市场迫使生产者不得不同时以质量和价格为武器争夺客户，资源组合的原则基于保证质量的前提下尽量降低成本，单纯的质量标准成了性价比的优化标准，这是一个物美价廉的年代。

① 由此我们可以进一步了解到产品质量不是检验出来的，而是生产出来的，要在生产

环节中纠正偏差，是保证质量稳定的方法。

② 质量不是检验出来的，也不是生产出来的，它归根结底是被设计出来的。

③ 美国质量管理大师菲根堡姆提出了全面质量管理理论，将检验、生产、设计三个环节的质量管理活动统一到了 PDCA 循环法（计划-实施-检查-处理）的过程中，使质量管理变成了一个全员参与、全方位保证、全过程控制的周而复始的活动。TQC 的理念强调，质量不仅是设计、生产、检验共同锻造出来的，它更是持续改进的结果（1956 年）。

④ 把过程管理的理念具体到了要素的管理，把传统的产品质量标准变成了质量管理体系，其针对的目标不再是具体产品的功效，而是生产组织保证质量的行为能力。这个质量体系最终体现为：由无数个受到生产过程质量认证的原材料供应商，通过共同努力来确保最终产品的质量（1959 年）。

⑤ ISO 9000 质量体系的诞生，对于质量管理是一个重要的里程碑。这个国际标准化体系的最大贡献，就是把各国的质量体系，以及各个不同行业（后来也包括服务业）的质量体系，统一到了一个旗帜之下，质量管理体系变成了一个带有最大公约数的国际统一规范（1979~1987 年）。

⑥ 从 20 世纪 80 年代至今，全球一批著名跨国公司又推出了全面保证客户满意度的质量管理标准，最终完成了质量标准尺子从生产者向消费者手中转移的过程，这同时意味着把质量标准从一个固定的标靶变成了移动的飞靶。

32.1.5　模具质量管理七项原则

质量管理七项基本原则高度浓缩了质量管理体系的精髓观念。

① 客户导向　就是以客户为中心，把客户满意度作为质量标准的尺子。这是 ISO 9000 体系的首要原则。鉴于顾客是组织的存在之本，因此组织不但应该了解顾客当前的需求，而且要了解其未来潜在的需求，要尽力满足顾客的需求，并争取超越顾客的期望。

② 企业领导重视　体现了质量管理在整个项目管理中的战略地位，甚至可以说项目的质量在很大程度上取决于最高领导的重视程度。只有最高领导挂帅，才能决定项目的质量方针，才能制定质量计划并确保计划落实，才能动员全员参与，才能调动并配置资源，才能定期评审质量管理体系，才能驱动质量的持续改进。

③ 全员参与　说明质量问题不仅仅是质量检查人员的职责，而是人人有责。团队的每个成员都要以主人翁的心态认识自己的工作使命，加强内部沟通，识别容易出现质量风险的职责边界，把质量责任落实到每一个具体的人头上，并且通过培训把不断提高工作质量变成一种自觉行为。

④ 过程管理　就是将质量管理的关注点从结果检验转变为过程监控。这种过程管理体现在两个方面。

a. 在时间坐标上，将整个项目实施视为一个工作任务衔接的流程，通过对工作流程的分析，识别和精简那些无效益的工作环节，理顺分工的接口，形成目标合力，减少扯皮内耗。在流程链条上建立相互监督机制，让每个工作环节的下游工序都变成上游工序的客户，依次对上游进行质量监督。在空间坐标上，将整个项目实施视为一个各类资源的集成活动，通过对相互依存的组合要素的分析，识别并优化各类要素功能指标，在其衔接的接口处严格把关，加强沟通，分享信息和技术资源，确保最终产品的质量标准。

b. 在空间坐标上，将整个项目实施视为一个各类资源的集成活动，通过对相互依存的组合要素的分析，识别并优化各类要素功能指标，在其衔接的接口处严格把关，加强沟通，分享信息和技术资源，确保最终产品的质量标准。

⑤ 数据求实　就是任何有效决策都不能凭主观的概念和假设，而必须以事实为依据，必须建立在量化分析的基础上。明确规定收集绩效数据的渠道、种类、时间和职责，确保数据信息的精确可靠，用正确的方法进行统计分析，并及时送达信息需求者（如领导、客户、投资人等），作为决策的依据。

⑥ 供方互利　指与上游供应商建立长期互利的合作伙伴关系。放弃单纯以价格指标决定采购的政策和杀鸡取卵的短期行为，开放与供应商的沟通渠道，相互信任，共享技术成果及商业信息，联手进行质量改进活动，在合作双赢的基础之上谋求双方长远利益的最大化。

⑦ 持续改进　就是把追求质量精益求精作为组织永恒的目标，不断识别改进机会、不断提高质量目标、不断采取改进措施，从而实现质量的螺旋上升。

32.2　质量管理的组成部分

质量管理全过程实际上与项目管理中的计划、实施、控制三个阶段同步。我们可以对这三个部分之间的关系做个形象的比喻：制订质量计划如同立法，质量保证如同执法，质量控制如同司法。执法意在扬善，司法旨在抑恶，质量保证体系的功能是正面防御，守住质量标准的边界；质量控制系统的功能则是从反面挑毛病，追寻故障原因，并随之采取纠偏措施。

32.3　质量管理体系构成

建立并不断完善质量管理体系，是整个质量管理的核心内容，它将为质量保证活动奠定一个坚实的基础。表 32-1 中勾画出了一个标准的质量管理体系的轮廓，由此我们可以看出这个管理体系是由五个质量保证系统组成的。

表 32-1　广义的质量管理概念

质量体系构成	质量体系具体内容
（1）组织架构	①董事会通过质量第一的方针，总经理亲自抓质量问题 ②质量指标落实在最基层工作单位（班组），人人有责 ③成立专门的质量保证监管部门，配备最优秀的工作人员
（2）规章制度	①优化产品加工程序，编制操作规程，人手一份 ②建立质量档案、技术档案，要求每天建立档案 ③确立产品生产程序、检验程序和缺陷处理程序
（3）质量标准	①达到客户 99% 的满意度，99% 以上产品合格率 ②生产过程达到 ISO 9000 规定的质量体系标准 ③产品达到国家检验标准/附各项技术指标细则
（4）资源配置	①配置精密质量检测设备，并创造合格的生产环境 ②制定员工招聘标准，配备合格的工作和检测人员 ③制定零件采购标准，与供应商合作保证原料质量
（5）改进活动	①定期对员工进行培训，提高其技术水平和质量意识 ②定期进行质量检查、评比会以及质量问题分析会

32.3.1　组织架构的保证体系

这个组织架构应至少包括三个要素。
① 最高层领导在这个组织架构中扮演的角色。
② 全体员工参与的方式和参与的程度。
③ 专业质量管理人员的配备以及所扮演的角色。

32.3.2 规章制度的保证体系

这个规章制度也至少包括三个要素。
① 操作流程的规范制度。
② 信息管理的规范制度。
③ 检验程序和变更程序的操作规程。

32.3.3 质量标准的保证体系

建立这个质量标准体系的原则有三条。
① 必须有精确量化的质量指标。
② 必须有具体明确而不是抽象含糊的质量要求。
③ 实施操作的细则需要有统一的术语说明。

32.3.4 资源配置的保证体系

资源配置至少包括三方面的要素。
① 设备要素，配备必要的质量检验设备，并保证生产设备本身的质量。
② 原材料要素，建立质量认证体系，保证原材料供应链的质量标准。
③ 人才要素，选择、配备、培训合格的工作人员和质量管理专才。

32.3.5 持续改进活动的保证

持续改进活动的内容并无定势，但一般都包括培训、检查、评比、问题分析、征集建议等活动。

32.4 模具生产过程中的控制方法

32.4.1 操作者的质量监控

① 严格按照工艺要求进行操作，在保证质量的基础上提高产品加工效率。
② 操作前要对设备、工具及坯料进行检查，排除影响质量的隐患。
③ 加强工作责任心，在加工时做到首件及中间环节的检查，并做到工序间互检及装配前的检查。
④ 上、下工序要做到主动联系，及时交流质量状况，做好产品质量情况交接工作。
⑤ 检查质量发现问题后，要及时与有关部门共同分析原因，找出补救办法，以避免发生废品及严重的质量事故。

32.4.2 检查员的质量监控

① 经常向操作者宣传重视质量的意义，以提高操作者的责任心。
② 遵守检查制度，按产品及技术条件、技术验收标准、工艺规程对产品进行验收，做到首件检查、中件抽查、尾件复查验收。
③ 正确办理验收、返修及报废手续，及时填写原始质量记录。做到不误检、不错检、不漏检。
④ 坚持原则，发现有产品质量问题应及时提出改进意见。

⑤ 经常召开及参加质量分析会及全面质量管理活动，分析废品原因及共同研究改进产品质量措施。

⑥ 维护、保养好检验用具及量具，帮助操作者正确使用量具、夹具和标准样板。

32.4.3　车间质量管理小组的质量监控

① 车间应成立以有实践经验的老工人、技术人员、管理人员为骨干的质量管理小组，实行全面质量管理。

② 采用各种形式宣传提高产品质量的重要性，定期召开质量分析会，总结、推广提高产品质量的经验。

③ 经常对操作者进行质量教育。

④ 组织、制定改进产品措施的意见。

⑤ 监督、检查质量管理状况。

32.5　注射模具质量剖析

目前注射模具行业已全面实现了 CAD、CNC、CAE 的应用，所以说现代的模具质量首先是设计出来的，关于这一点已无可非议。

然而，当模具质量存在着问题，达不到客户的期望时，客户就会对模具供应商抱怨或投诉；为了避免失掉客户的危险，亡羊补牢，老总只好亲自上门道歉。有的模具企业为了避免客户流失，挽回信誉，才痛下决心，对质量引起高度的重视。

如果模具企业有以下因素存在，就会直接影响模具质量，使注射模具存在这样那样的质量问题。

a. 模具企业的质量体系不健全，或者有的企业虽然通过了 ISO 认证体系，但是企业对质量不重视或者没有重视质量体系的作用，并且不符项又很多，也没有下决心进行持续改进。这样模具的质量可想而知，肯定存在着问题。

b. 管理人员、设计人员和制造者在理念方面有问题，设计者质量意识和成本意识淡薄、对细节不重视或忽视细节。

c. 模具企业无设计标准和工作标准、设计流程不规范等。

d. 由于设计人员水平不高、经验不足会使模具结构设计存在着问题、布局不合理，设计人员和制造者对模具结构设计原理、作用概念模糊，导致设计变更多、设计出错等问题存在。

e. 模具项目管理存在着问题。因为大多数项目管理人员对模具设计、制造技术不十分内行，在模具生产过程中不能做到有效控制、跟踪，从而使所制作的模具交模时间延期。

f. 由于工艺水平原因，零件制造达不到设计要求，在制造过程中的模具钳工技能及装配水平达不到设计要求。

g. 零件的加工精度有问题，数控加工精度达不到设计要求，会使模具装配精度达不到设计要求。

h. 质量管理工作落后，上道工序有质量问题流入下道工序仍继续加工；没有进行自检和专检，不合格品流入到下道工序；有的企业质量部门还停留在检查阶段，只是统计，通报公布情况，而没有进一步分析原因所在，重视生产过程控制，进一步采取相应措施。

i. 有的企业设计评审流程不规范，走过场，评审时没有发现问题的存在，到钳工装配时才发现。

j. 有的企业没有模具验收标准，即使有验收标准，但质量部门的质检员不懂模具的具体验收条件，这样很可能没有起到职能部门的应有作用，形同虚设。让不合格的模具产品发放到用户单位，客户使用后发现有问题，要求派人修理，严重的甚至发生投诉。

k. 模具外协加工管理工作不规范，标准件，模板、模架材料等材料没有采购标准。供应商没有评估和考核、定点。

为了有效地提高模具质量，并根据对模具质量问题的原因分析，质量管理工作要求尽量做到预防、控制，我们应考虑应怎样避免质量事故的发生。这一点对于模具质量来说非常重要。模具企业需要采取以下措施。

① 制定企业发展目标时，首先考制定质量方针，逐步建立、完善企业的质量体系。

② 模具企业需要建立规范的设计标准和注塑模具的验收标准，这是必需的。

③ 提高理念，现代的模具质量首先是设计。提高设计水平，使模具结构优化，减少设计出错。

④ 首先需要老板重视模具质量，有模具品牌意识。企业需要克服以行政手段代替技术管理，可避免质量管理工作受干扰。

⑤ 做好三检制工作。

⑥ 质量管理负责人必须是懂得模具质量验收条件的、责任心强的、理念较好、不怕担责的人担当。

⑦ 管理体系健全的企业可应用信息化管理。

⑧ 建立材料采购标准，需对外协加工及供应商评估和考核，并定点。

32.6　塑料注塑模零件的技术条件

GB/T 4170—2006《塑料注射模零件技术条件》规定了对塑料注射模零件的要求、检验、标志、包装、运输和储存，适用于 GB/T 4169.1～4169.23—2006 规定的塑料注射模零件。

32.6.1　塑料注射模零件的要求

GB/T 4170—2006《塑料注射模零件技术条件》规定的对塑料注射模零件的要求见表 32-2。

表 32-2　塑料注射模零件的要求

标准条目编号	内　　容
3.1	图样中线性尺寸的一般公差应符合 GB/T 1804—2000 中 m 的规定
3.2	图样中未注形状和位置公差应符合 GB/T 1184—1996 中 H 的规定
3.3	零件均应去毛刺
3.4	图样中螺纹的基本尺寸应符合 GB/T 196 的规定,其偏差应符合 GB/T 197 中 6 级的规定
3.5	图样中砂轮越程槽的尺寸应符合 GB/T 6403.5 的规定
3.6	模具零件所选用材料应符合相应牌号的技术标准
3.7	零件经热处理后硬度应均匀,不允许有裂纹、脱碳、氧化斑点等缺陷
3.8	质量超过 25kg 的板类零件应设置吊装用螺孔
3.9	图样上未注公差角度的极限偏差应符合 GB/T 1804—2000 中 c 的规定
3.10	图样中未注尺寸的中心孔应符合 GB/T 145 的规定
3.11	模板的侧向基准面上应作明显的基准标记

32.6.2 检验

GB/T 4170—2006《塑料注射模零件技术条件》规定的对塑料注射模零件的检验见表 32-3。

表 32-3 塑料注射模零件的检验

标准条目编号	内　容
4.1	零件应按 GB/T 4169.1～4169.23—2000 和本标准 3.3.3 的第 1 项和第 2 项的规定进行检验
4.2	检验合格后应做出检验合格标志,标志应包含以下内容:检验部门、检验员、检验日期

32.6.3 零件要求

GB/T 12554—2006《塑料注射模技术条件》规定的对塑料注射模的零件要求见表 32-4。尺寸公差极限偏差见表 32-6 和表 32-7。

表 32-4 塑料注射模零件的要求

标准条目编号	内　容
3.1	设计塑料注射模宜选用 GB/T 12555、GB/T 4169.1～4169.23 规定的塑料注射模标准模架和塑料注射模零件
3.2	模具成型零件和浇注系统零件所选用材料应符合相应牌号的技术标准
3.3	模具成型零件和浇注系统零件推荐材料和热处理硬度见表 32-5,允许质量和性能高于表 32-5 推荐的材料
3.4	成型对模具易腐蚀的塑料时,成型零件应采用耐腐蚀材料制作,或其成型面应采取防腐蚀措施
3.5	成型对模具易磨损的塑料时,成型零件硬度应不低于 50HRC,否则成型表面应做表面硬化处理,硬度应高于 600HV
3.6	模具零件的几何形状、尺寸、表面粗糙度应符合图样要求
3.7	模具零件不允许有裂纹、成型表面不允许有划痕、压伤、锈蚀等缺陷
3.8	成型部位未注公差尺寸的极限偏差应符合 GB/T 1804—2000 中 f 的规定
3.9	成型部位转接圆弧未注公差尺寸的极限偏差应符合表 32-3 的规定
3.10	成型部位未注角度和锥度公差尺寸的极限偏差应符合标准的规定,锥度公差按锥体母线长度决定,角度公差按角度短边长度决定
3.11	当成型部位未注脱模斜度时,除 3.1～3.5 的要求外,单边脱模斜度应不大于表 32-8 的规定值,当图中未注脱模斜度方向时,按减小塑件壁厚并符合脱模要求的方向制造 (1)文字、符号的单边脱模斜度应为 10°～15° (2)成型部位有装饰纹时,单边脱模斜度允许大于表 32-8 的规定值 (3)塑件上凸起或加强筋单边脱模斜度应大于 2° (4)塑件上有数个并列圆孔或格状栅孔时,其单边脱模斜度应大于表 32-8 的规定值 (5)对于本表中所列的塑料若填充玻璃纤维等增强材质后,其脱模斜度应增加 1°
3.12	非成型部位未注公差尺寸的极限偏差应符合 GB/T 1804—2000 中 m 的规定
3.13	成型零件表面应避免有焊接熔痕
3.14	螺钉安装孔、推杆孔、复位杆孔等未注孔距公差的极限偏差应符合 GB/T 1804 中 f 的规定
3.15	模具零件图中螺纹的基本尺寸应符合 GB/T 196 的规定,选用的公差与配合应符合 GB/T 197 的规定
3.16	模具零件图中未注形位公差应符合 GB/T 1184—1996 中 H 的规定
3.17	非成型零件外形棱边应均倒角或倒圆。与型芯、推杆相配合的孔在成型面和分型面的交接边缘不允许倒角或倒圆

表 32-5 模具成型零件和浇注系统零件推荐材料和热处理硬度

零件名称	材料	硬度/HRC	零件名称	材料	硬度/HRC
型芯、定模镶块、动模镶块、活动镶块、分流锥、推杆、浇口套	45Cr、40Cr	40～45	型芯、定模镶块、动模镶块、活动镶块、分流锥、推杆、浇口套	3Cr2Mo	预硬态 35～45
	CrWMn、9Mn2V	48～52		4Cr5MoSiV1	45～55
	Cr12、Cr12MoV	52～58		3Cr13	45～55

表 32-6　成型部位转接圆弧未注公差尺寸的极限偏差　　　　单位：mm

转接圆弧半径		≤6	6~18	18~30	30~120	>120
极限偏差值	凸圆弧	0 −0.15	0 −0.20	0 −0.30	0 −0.45	0 −0.60
	凹圆弧	+0.15 0	+0.20 0	+0.30 0	+0.45 0	+0.60 0

表 32-7　成型部位未注角度和锥度公差尺寸的极限偏差

锥体母线或角度短边长度/mm	≤6	6~18	18~30	30~120	>120
极限偏差值	±1″	±30′	±20′	±10′	±5′

表 32-8　成型部位未注脱模斜度时的单边脱模斜度

	脱模高度/mm	≤6	6~10	10~18	10~18	10~18	10~18	10~18	10~18	10~18
塑料类别	自润性好的塑料（聚甲醛、聚酰胺等）	1°45′	1°30′	1°15′	1°	45′	30′	20′	15′	10′
	软质塑料(例：聚乙烯、聚丙烯等)	2°	1°45′	1°30′	1°15′	1°	45′	30′	20′	15′
	硬质塑料(例：聚乙烯，聚甲基丙烯酸甲酯、丙烯腈-丁二烯-苯乙烯共聚物、聚碳酸酯、酚醛塑料等)	2°30′	2°15′	2°	1°45′	1°30′	1°15′	1°	45′	30′

32.7　模具验收内容

模具的技术状态的鉴定验收是通过对模具的工作性能和制品的质量状态的检查来进行的，有以下六方面验收内容：模具外观验收、模具空运转检查验收、模具装配精度检查验收、模具试模验收、塑件验收及模具资料验收、模具包装验收。注射模具验收应按"塑料注射模零件技术条件"（GB/T 4169—2006）。

32.7.1　模具外观检查验收

首先对模具外观质量检查，要着重于以下几点。

① 模架是否按用户要求选购或制作。模具外形应美观，外形尺寸整齐，四边有 C2 或 C3 的倒角，板与板之间目视无明显错位，无锈蚀，倒角应均匀。

② 动、定模表面不允许有锈斑、裂纹、夹杂物、凹坑、氧化斑点和影响使用的划痕等缺陷。

③ 模具外表面要刷漆，颜色由订货方确认。

④ 要有出厂标牌，注有模具名称、外形尺寸、模具重量、出厂日期、生产编号、制造厂名，便于用户使用和管理。

⑤ 模具起吊方向上要配有吊环，可以一次性将模具平衡起吊。

⑥ 大中型模具要装有锁紧装置，防止模具起吊时开启。

⑦ 带有液压系统的模具应备分流板，不可将油管散落在模具外部，以免运输、装配时损坏。

⑧ 带有热流道系统的模具要配有接线板，传感器、电热元件、电线通过插头迅速接电，尽量减少模具安装时的繁杂工作。电线引出后要用波纹管套上，起保护作用。

⑨ 模具钢材是否符合规定。

⑩ 检查冷却水道是否畅通、漏水、渗水，水力试为 6bar（85psi），维持时间为 20min。

32.7.2 模具总装验收

注塑模具验收应按表 32-9 塑料注塑模验收。

表 32-9 塑料注塑模验收

标准条目编号	内　　容
5.1	验收应包括以下内容： ①外观检查； ②尺寸检查； ③模具材质和热处理要求检查； ④冷却或加热系统、气动或液压系统，电气系统检查； ⑤试模和塑件检查； ⑥质量稳定性检查
5.2	模具供应方应按模具图和本技术条件对模具零件和整套模具进行外观与尺寸检查
5.3	模具供应方应对冷却或加热系统，气动或液压系统、电气系统进行检查： ①对冷却或加热系统加 0.5MPa 的压力试压，保压时间不少于 5min，不得有渗漏现象； ②对气动或液压系统按设计额定压力值的 1.2 倍试压，保压时间不少于 5min，不得有渗漏现象； ③对电气系统应先用 500V 摇表检查其绝缘电阻，应不低于 10MΩ，然后按设计额定参数通电检查
5.4	完成 5.2 和 5.3 项目检查并确认合格后，可进行试模，试模应严格遵守如下要求： ①试模应严格遵守注塑工艺规程，按正常生产条件试模； ②试模所用材质应符合图样的规定，采用代用塑料时应经顾客同意； ③所用注塑机及附件应符合技术要求，模具装机后应空载运行，确认模具活动部分动作灵活、稳定、准确、可靠
5.5	试模工艺稳定后，应连续提取 5～15 个模塑件进行检查。模具供方和顾客确认塑件合格后，由供方开具模具合格证并随模具交付顾客
5.6	模具质量稳定性检验方法为在正常生产条件下连续生产不少于 8h，或有模具供方与顾客协商确定
5.7	模具顾客在验收期间，应按图样和技术条件对模具主要零件的材质、热处理、表面处理情况进行检查或抽查

　　塑件通过全面检查验收后，要对模具进行验收。能够提供完整的样件的模具，可以视为整体结构上基本合格。然而，对模具的其他部位仍要认真检查，模具结构部位的加工精度、镶块方式、热处理手段等方面的因素直接影响着模具的使用寿命。

　　（1）模具的精度检查

　　主要体现在模具工作零件的精度和相关部位的配合精度。模具工作部位的精度高于产品制件的精度。

　　（2）模具主要零件尺寸的检验

　　塑件验检结束后，型腔尺寸正确与否基本得到了证实，模具其他方面的尺寸公差需要进一步检查，见表 32-10。

表 32-10 模具零件的尺寸公差　　　　　　　　　　　mm

序号	公差类别	基本尺寸																		
		从	3	6	10	15	22	30	40	53	70	90	120	160	200	250	315	400	500	630	800
		到	3	6	10	15	22	30	40	53	70	90	120	160	200	250	315	400	500	630	800	1000
1	相应于不注明公差成型件的模具型腔尺寸公差	0.1	0.1	0.12	0.12	0.12	0.14	0.14	0.16	0.19	0.22	0.25	0.28	0.34	0.4	0.5	0.6	0.6	0.6	0.6	0.6

续表

序号	公差类别	基本尺寸																			
		从		3	6	10	15	22	30	40	53	70	90	120	160	200	250	315	400	500	630	800
		到	3	6	10	15	22	30	40	53	70	90	120	160	200	250	315	400	500	630	800	1000
2	相应于注明第 1 列公差成型件的模具型腔尺寸公差	0.05	0.05	0.06	0.07	0.07	0.09	0.1	0.11	0.13	0.15	0.18	0.21	0.25	0.3	0.35	0.4	0.4	0.4	0.4	0.4
3	相应于注明第 2 列公差成型件的模具型腔尺寸公差	0.03	0.04	0.04	0.05	0.06	0.07	0.07	0.08	0.1	0.12	0.12	0.14	0.16	0.18	0.2	0.25	0.3	0.3	0.3	0.3
4	相应于注明精密技术成型件的模具型腔尺寸公差	0.02	0.02	0.02	0.03	0.03	0.04	0.05	0.06	0.07	0.08	0.09	0.1								

（3）注射模具的总装精度检查

检验主要结构件的运动状况，保证模具镶块、镶件、滑块及运动中的易损件等的工常工作。

① 导柱、斜导柱动作灵活，表面没有拉伤的痕迹，当模具卧式装配后无单面受力过大的现象。

② 回程杆、顶杆、顶管在开启和闭合模具过程中无刺耳声音、动作平滑、无内力（不犟劲）。

③ 定位止口处研合黏着点在 80％以上，四周黏着点均匀。

④ 侧滑块、侧抽芯机构动作正常，并附有保护装置或自锁装置。

⑤ 模具分型面平整度好，无损伤和压痕。

⑥ 模具结构基本动作同步，液压、气动动作正常，开启距离符合设计要求。

⑦ 模具成型零件、标准件按用户要求选择，材料及热处理符合要求，型腔表面的粗糙度、纹理等满足制品质量要求。

⑧ 为方便模具维修，模具的顶杆、复拉杆、型芯等零件，应在该零件上及模具的相应零件部位做对应的标记，保证重新装配时不错位。

⑨ 模具的动模、定模，大型模具的滑块、型芯等都应设置冷却系统，以保证模具连续工作时的温度平衡。在模具交付以前做通水压力检查，应保证不泄漏。

⑩ 对热流道模具，接口应设置标准插头、插座，在交付前应做冷态与热态电器元件与线路的检测。热流道的加热元件、热电偶、密闭圈等均属易损件，应考虑必要的备件，同时应提供供货商的地址和电话号码。热流道模具在交付时，模具厂或热流道公司必须提供一张热流道系统接线图，模具用户根据接线图中温控点与温控表显示的对应关系来合理调整温度，控制料流。

⑪ 对汽车类模具，在动模表面应做材料标识、表示生产时间的时间钟、左右件标识、腔号标识等。

根据模具验收单，按表 32-11 逐条验收。

（4）易损件及备件

每副模具都有它的易损件，如顶管、顶针、滑块、滚轮、拉板等辅助模具完成预期动作的零件，在模具出厂时，要配有备用件。有的非标准件要求模具厂同时制作双份，以备生产厂更换。

表 32-11　模具验收检查一览表

分　　类		检 查 事 项
与成型机械匹配参数		①确认模具在选定的成型设备上的正确安装方法,紧固螺钉位置、定位圈直径、喷嘴 SR、浇口套孔径,推杆孔位置及大小 ②模具尺寸和厚度等是否适合 ③成型设备注射量、注射压力、合模力是否达到要求
基本结构	分型面	分型面研合黏着点在 70%以上,制品无飞边、毛刺
	浇道和浇口	①浇口位置及大小适当 ②进料口和浇道的大小是否合适 ③浇口形式是否适当
	侧面抽芯机构	①抽芯机构设计是否合理,有无卡紧现象 ②抽芯上的重要型芯材料、热处理、有无备件
	温度控制	①模具预热和冷却,采用的结构合理与否 ②冷却水孔的大小位置、数量是否合适
	推顶方式	①所选择的推杆、成型件方式是否适当 ②推杆和卸料板位置及数量是否合适
整体配套		①吊环孔及大小是否合理,是否能够一次平衡起吊 ②大中型模具要有锁紧板 ③液压、电气文件配套安装方便、整齐,便于运输和使用 ④易损件、备品备件数量齐全,对物资货
其他		①整体所需全部技术资料、图样 ②关键部件材料化验单、证明 ③备件、易损件图样及半成品图样 ④配套元件生产厂家名称、通讯地址、供货期

（5）模具资料验收

模具交付时，模具厂商应提供相关的模具资料，如出厂合格证、模具使用说明书、备件与易损件清单、外购件的厂商地址和电话号码、模具装配图、主要零件图、模具型腔三维数据、主要电极图、热流道的相关资料、接线图等。

32.7.3　模具空运转检查验收

① 模具开模、合模时，顶出系统、导向系统、复位杆、抽芯系统运动平稳无异响，无卡滞和拉伤现象。

② 模具精定位接触面、滑块的锁紧面接触面积应在 80%以上。

③ 模具液压缸、油管接头不漏油，动作准确、平稳。

④ 冷却系统无泄漏。

⑤ 气体辅助系统应满足产品要求，气道和接头不得漏气。

⑥ 模具排气合理，制品不烧焦、不产生飞边、易成型。

⑦ 制品不粘定模、脱模平稳、取件容易。

⑧ 制品表面无变形、缺料、烧焦、凹陷、应力发白、拉伤现象，透明塑件无缩孔、气泡等表面缺陷。

⑨ 注射生产的成型周期满足用户要求。

⑩ 热流道模具与温控仪匹配、工作正常。

32.7.4　模具试模验收

从前面诸多章节阐述的内容可知，只有通过注射成型工艺将塑料原料、注塑模具和注塑机联系起来之后，才能实现注射成型。因此，注塑制品的质量取决于以上四个条件，只要其中一方面不合理，生产中就无法取得完好的制品。在以上的四个条件中，塑料原料和注塑机一般都不大容易变换，但注射成型工艺制定和注塑模具设计，都是人为的。特别是模具的浇注系统的设计和制品的成型问题，在模具设计之前很难考虑周到。其中有些问题，只能到模具制成后通过试模、修整，才能得以解决和验证。在试模的调试工作中，碰到出现制品成型缺陷时，还需要依靠生产经验。所以，试模时碰到问题时，先从调整工艺入手，工艺解决不了再修整模具，否则模具修整后很难恢复原状。

试模的检查要点和要求如下。

① 零件供应商需尽可能地建立和遵循标准化的试模流程，尽可能地找出模具上的缺陷；严格使用模具启动时设定的工艺参数，避免极限工艺条件，模拟量产的状态，发现并解决零件上体现出来的缺陷。

② 因为模具厂用于试模的注塑机及辅助设备不能完全模拟量产状态（如注塑机的状态、机械手、模温控制等），故所有以零件实验或样件交付为目的的试模，最好能在零件供应商处的用于该模具量产的设备上进行，以确保零件具有代表性和批量稳定性。

③ 模具机械运动部分评估：确认模具的机械运动部分所有动作是否正常；顶出板运动是否顺畅；气缸或油缸运作是否正常；行程开关是否正常工作；有无水路泄漏；热流道是否正常工作；模具顶出是否均匀；在预定的温度和压力下，注射样件的分型线是否有飞边。

④ 注射工艺评估：确认注射工艺设置和模流分析结果的匹配情况；确认填充/保压切换百分比与模流分析的匹配情况。

⑤ 样件尺寸和外观评估：确认样件尺寸是否在图样定义的公差范围内；样件断面的壁厚是否均匀；外观是否避免了飞边、熔接线、缩印流痕、皮纹拉伤、虎皮纹和困气等问题；样件是否存在粘模、顶杆（块）印、顶变形等问题。

⑥ 模具供应商须检查模具保护措施（水路、油路、运动导向外露部分），确认模具的烧焊区域，防止做皮纹后外观不统一。

32.7.5　制品检查验收

在注塑机温度、模具温度、成型工艺、注射压力等正常条件下，将该模具已能稳定地生产的塑件作为检验件，并要等到成型 24h 后能才能检查。

注射件的验收分为外部表面质量和内部质量、尺寸精度、功能性质量三方面，具体内容如下。

（1）塑件的外部表面质量检查、验收

① 首先对塑件外观质量进行检查。检查有无出现不允许的各种成型缺陷，如：充填不足、溢料飞边、熔接痕、银丝、缩影、凹陷、分层剥离、龟裂、裂纹、斑纹、冷料瑕痕、气泡、烧焦痕、浇口残迹、翘曲变形、顶高、顶白、断脚、表面光泽不良、色泽不均、粘模或脱模不良、制品镀铬后泛白与气孔等。

要观察制品的形状是否符合图样要求。观察塑件可见直线、圆角、曲线等部位是否连贯、一致、平滑过渡、清晰。分型面处、镶块缝隙处飞边超过规定。

② 表面粗糙度（光洁度）是否达到图样要求或与样品一致。

③ 表面烂花、皮纹等检查：纹面加工检查。型腔内加工各种图案的花纹、仿皮纹、仿布纹等完全相似于原样板。对花纹型腔的检查应着重于以下几方面：a. 花纹均匀，深浅度一致；b. 拐角处、形状变化部位花纹疏密度一致；c. 制件的表面光亮、整洁一致。

④ 花纹与光面、镶块间的光亮带尺寸等宽（一般为 1~2mm）。

（2）塑件的内部质量检查、验收

① 塑件验收至少应在塑件成型或所要求的后处理完成 16h 之后进行。验收的标准环境为温度（23±2）℃ ，相对湿度（50±6）％、露点温度 12℃，大气压力 89～104kPa，空气流速≤1m/s。如果实际环境不标准，则应在双方协商的条件下进行，或者将所测得的数值按相应的长度膨胀系数加以修正。

② 内部质量也称为性质质量，它包括制品内部的组织结构形态（如结晶和取向等）、制品的密度、制品的物理机械性能和熔接痕强度，以及与塑料收缩特性有关的制品尺寸和形状精度等。

（3）制品的尺寸检查

① 制品壁厚检查，塑件的壁厚是否均匀，重量是否超重。

② 对塑件的基本外形尺寸检查。

③ 制品的装配尺寸检查，塑件与塑件之间或塑件与相关元器件之间的配合尺寸，包括局部配合尺寸和整体相对位置尺寸。

④ 精度尺寸检查通常指产品图上标有公差要求的尺寸。

（4）试装配检验

当基本尺寸、外形尺寸、配合尺寸检查结束后，认为基本符合设计要求时，可以进行试装配检验，这是塑件检查中十分重要的手段，它可以对配合尺寸进行验证，对空间曲面进行验证。当预装符合要求后，需要对制件的外观质量进行全面的检查，检查塑件的表面平滑光泽，质量是否符合要求。

（5）制品功能性相关项目检查

所涉及的主要有拉伸强度、耐热性、电绝缘性、耐老化性、耐化学品性、尺寸稳定性、抗弯曲性、抗蠕变性、吸水性、耐油性、耐磨性、卫生性（并不是对每条性能都检查，而是对其中的关键性能进行检验）。

（6）制品检查

制品检查包括三个阶段：首件检查和中间生产抽样检查、末件检查。

① 制品样件的塑料牌号要符合要求，并参考试模成型工艺参数和样件检测报告检查。

② 制品生产要在检查首件质量合格后才可批量生产，并注意对末件的制品检查。

③ 制品封样是把首次批量生产中验收合格、双方认可的制品，进行刻字并存放，作为今后批量生产的依据。

32.7.6 模具包装和开箱验收

GB/T 12554—2006《塑料注射模技术条件》对塑料注射模的标志、包装、运输和储存的规定见表 32-12、表 32-13。

表 32-12 塑料注射模零件的标志、包装、运输、储存（一）

标准条目编号	内　容
5.1	在零件的非工作表面应做出零件的规格和材质标志
5.2	检验合格的零件应清理干净，经防锈处理后入库储存
5.3	零件应根据运输要求进行包装，应防潮、防止磕碰，保证在正常运输中完好无损

① 模具出厂前应擦拭干净，所有零件的表面应涂覆防锈剂或采用防锈包装。

② 动模、定模尽可能整体包装。气、电路进口和出口处应采取封口措施。对于水嘴、液压缸、电气零件允许分体包装。冷却水、液压管液防止进入异物。

③ 对于模具易损件的备件，涂防锈剂后单独包装，应防潮、防碰压，在包装箱或袋上注明备件名称、数量和配套模具号。

表 32-13　塑料注射模零件的标志、包装、运输、储存（二）

标准条目编号	内　容
6.1	在模具外表面的明显处应做出标志。标志一般包括以下内容：模具号、出厂日期、供方名称
6.2	对冷却或加热系统应标记进口和出口。对气动或液压系统应标记进口和出口,并在进、出口标记额定压力值。在电气系统接口处应标记额定电气参数值
6.3	交付模具应干净整洁,表面应涂覆防锈剂
6.4	动模、定模尽可能整体包装。对于水嘴、油嘴、油缸、气缸、电器零件允许分体包装。水、液、气进出口处和电路接口应采用封口措施,防止异物进入
6.5	模具应根据运输要求进行包装,应防潮、防止磕碰,保证在正常运输中模具完好无损

④ 出厂模具根据运输要求进行包装，应防潮、与包装箱相对紧固、防止磕碰，保证模具在运输过程中完好无损。

⑤ 模具开箱后，应按装箱清单检查零件和资料易损件、附件是否齐全，有无使用说明书和维护保养手册等。

32.8　模具验收标准

32.8.1　验收模具的依据

（1）模具承制合同及其性质与内容

模具承制合同也是一种社会性的商业、经济契约，是根据国家《合同法》、《质量法》等有关法律、法规，由模具用户（甲方）的法人代表和模具厂（乙方）的法人代表共同签订的、具有法律性质的文件。

合同中规定的主要内容如下。

① 产品或产品零件图样、技术条件与要求。

② 模具精度与表面粗糙度等级，成型件材料以及模具使用性能等。

③ 模具完成，交付甲方验收、使用期限。

④ 模具价格、付款办法和时间等。

⑤ 经甲、乙方协商还可规定有：违约处罚、试模地点、试用期、保修以及一些特殊要求条款。

因此，模具承制合同不仅是进行模具验收的依据，也是进行模具设计、制定制造工艺规程、进行制造的依据。

（2）模具验收技术条件标准

由国家、行业组织制定，由全国模具标准化技术委员会审查，经由国家标准管理部门批准、发布的模具技术标准，是模具设计、制造时，必须遵守的技术规范；其工艺质量标准也是进行模具验收的技术依据。

可见，国家、行业模具技术标准，是模具厂及其用户都应当执行的国家与行业性的技术法规。

32.8.2　模具制造中的技术检验的主要内容

在验收模具时，需根据模具承制合同和有关模具技术标准，检查以下项目。

① 检查模具结构、机构及其设计参数的合理性，以评定其运动顺序、精确性和可靠性。

② 检查制件。根据产品或产品零件图样和技术要求，检查试模样件和首批试生产试件。

③ 检查模具制造精度和质量。

a. 模具材料的质量检验。

b. 模具加工零件的尺寸精度检查。

c. 模具零件形状误差的测量与检验。

d. 模具零件位置误差的测量。

e. 模具零件的硬度检测。

f. 模具零件的表面粗糙度检测。

g. 模具型面、型腔的检测。

h. 模具装配后的外观质量检测。

i. 模具内在质量无损探伤检测。

32.8.3 模具验收时应检查的项目和内容

模具验收时应检查的项目和内容见表 32-14。

表 32-14　模具验收项目和内容

验收项目	检查内容	说明
模具结构机构检查	①检查成型件结构 ②检查送料、顶料、脱模机构及其运动、设计参数 ③检查分型开模顺序 ④检查浇注、冷却系统及其设计参数	①评定成型件结构的合理性 ②评定各机构运动顺畅、精确、到位，符合分型、开模顺序 ③评定设计、制造正确，符合要求 ④检查依据：产品图样、技术要求
模具制造精度检查	①成型件材料与热处理性能 ②检查成型件尺寸工差，形状，凸、凹模间隙及其均匀性 ③检查成型件型面质量，如表面粗糙度等 ④检查冲压行程与运动精度，如导向精度等 ⑤外观检查	①检查依据： a. 合同要求 b. 产品或产品零件图样与技术要求 c. 技术标准： 冲模模架（JB/T 7644～7645）；冲模模架精度检查（JB/T 8071） 塑料注射模零件及技术条件（GB/T 4169～4170）；塑料注射模模架（GB/T 12555～12556） 压铸模零件及技术条件（GB/T 4678～4679） 冲模技术条件（GB/T 14662） 塑料注射模技术条件（GB/T 12554） 压铸模技术条件（GB/T 8844） 轮胎外胎模具（HG/T 3227） 玻璃制品模具技术条件（JB/T 5785） ②检查的制件： 试模样件检查 首批试生产试件检查
制件检查（制件：冲件、塑件、压铸件、橡胶件等）	①检查制件几何形状、尺寸与尺寸精度、形位公差 ②表面质量检查：表面粗糙度，表面装饰图纹等 ③冲件毛刺与截面检查	

注：1. 模具验收时，应强调模具的各系统的检查项目。表中所列项目是综合性项目。

2. 模具验收具体内容参考国家标准、行业标准、企业标准。

32.9　注塑模具常见的质量问题

现把模具常见的存在的质量问题和客户抱怨、投诉反馈的信息内容，进行整理分类归纳如下，进行具体讲解，与大家共享，目的是希望同仁们能引起警觉，避免类似问题的发生，为提高企业的模具质量而共同努力。

32.9.1　设计问题

① 图样设计不规范，图面质量较差。

② 没有按照客户要求画法画图。

③ 没有按照客户的设计标准要求设计或标准件的标准搞错。

④ 公差标注不合理。

⑤ 米制、英制尺寸标注混合使用。

⑥ 实际制造的模具与设计的模具结构图样不符。

⑦ 塑件尺寸与产品图样不一致，有所超差。

⑧ 模具的模板强度和刚性不够，模具变形，产生让模。

⑨ 防止动、定模错位的定位结构没有设计。

⑩ 排气系统没有设置。

⑪ 动模零件的交角处有尖角，无圆角过渡。

⑫ 底板顶出中心孔与定位圈不在同一轴心线上。

⑬ 模具吊装重心偏大，吊装不平衡，模具安装困难。

⑭ 有斜顶机构的大型模具，顶板与顶杆板的固定螺钉数量不够。

⑮ 抽芯机构、油缸等没有保护装置，模具起吊和摆放有困难。

⑯ 有的模板没有吊环孔不便于拆卸、吊装。

⑰ 模具材料代用或用错和热处理不当。

⑱ 多型腔模具没有按规范要求采用编号标记。

⑲ 产品标记有问题，不规范。

⑳ 零件没有标号（件号、图号）。

㉑ 没有环保章和日期章及塑件名称材料牌号标记（没有达到客户要求）。

㉒ 模具外形没有标记铭牌，也没有供应商标记铭牌，模具标识不清楚。

㉓ 模具四角没有启模槽（客户要求）。

㉔ 动、定模没有锁模条。

㉕ 工艺编制不合理。

㉖ 拖延设计时间，影响模具生产周期。

㉗ 模具结构设计不合理，评审时没有发现。

㉘ 零件相互干涉。

32.9.2　浇道系统问题

① 浇道系统压力不平衡。

② 浇口位置不对。

③ 浇道系统设计不合理：料道太粗、主流道太长、进料困难、注射压力过高或无法成型。

④ 塑件的浇口处理困难，影响外观。

⑤ 头部不平的浇口套没有止旋机构。

⑥ 浇道系统的凝料和浇口，不适用于自动化生产。

⑦ 潜伏式浇口顶出时把塑件外表弹伤。

⑧ 浇口不能自动脱模或空间位置不够，用机械手取型件困难。

⑨ 浇道系统的凝料没有顶出，留在模内。

⑩ 流道、浇口尺寸与设计不符。

⑪ 浇口欠大，射胶时间过长。

⑫ 羊角浇口尺寸太厚。

⑬ 浇注系统没有抛光，有电火花纹、刀痕。

⑭ 浇道系统处表面有气痕，流线。

32.9.3 热流道问题

① 热流道设计不规范。

② 热流道电线不是从天侧进出的。

③ 热流道模具喷嘴堵塞。

④ 热流道绝热效果不好。

⑤ 热流道模具流道板漏料、喷嘴漏料。

⑥ 热流道电功率不匹配。

⑦ 电线没有电线夹固定，电线布局没有次序，电线没有用绝缘套管。

⑧ 多喷嘴模具没有按规范要求刻上相应编号标记。

32.9.4 冷却水系统问题

① 动模冷却效果不好，满足不了成型工艺需要。

② 水接头与模板的螺纹的长度尺寸不匹配，水接头沉孔不规范。

③ 螺纹孔内有铁屑。

④ 20kg 以上斜导柱滑块没有冷却水路。

⑤ 四组冷却水以上没有水路分配器，冷却水路过长、水管连接较乱、不整齐。

⑥ 进出水管在操作侧。

⑦ 冷却水路有铁屑堵住，水路流量很小。

⑧ 滑块、镶块冷却不充足或没有冷却。

⑨ 动、定模漏水、渗水（密封圈或密封槽尺寸不匹配、顶杆孔与冷却水孔干涉）。

⑩ 水管接头与模板连接处漏水、渗水。

⑪ （铜）堵头漏水。

⑫ 没有进、出水路标记。

⑬ 没有冷却水路铭牌。

⑭ 跟模具一起运动的水管外径间隙不够，会相撞。

⑮ 冷却效果不好，成型周期长。

⑯ 制品有变形、缩凹、熔接痕等成型缺陷存在。

32.9.5 顶出系统问题

① 顶出困难，塑件表面有顶高、顶白。

② 顶杆固定的沉孔深度太深，使顶杆上下窜动。

③ 装配好的顶杆在顶杆固定板中不会摆动。

④ 顶杆与型芯孔相配间隙太大。动模芯的顶杆孔有倒角。

⑤ 头部不平或斜面的顶杆没有定位，防止旋转。

⑥ 顶杆、顶杆板没有相应的顺序编号标记。

⑦ 顶杆低于动模平面。

⑧ 顶杆回位有点紧，顶出的零件不很畅通，顶出噪声过大。

⑨ 顶杆和复位杆的高低位置不规范。

⑩ 顶杆与动模芯装配间隙过大，配合面长度过短或过长。

⑪ 顶杆折断、咬边。

⑫ 顶出行程不够，塑件取出困难。

⑬ 顶管位置不对，使塑件几何尺寸不对。

⑭ 顶板导柱与底板装配尺寸不准，顶板导柱会掉出。

⑮ 传感器位置设计不正确。

32.9.6　抽芯机构问题

① 滑块同 T 形槽的配合精度不好。

② 滑块的 T 形槽压板没有定位销。

③ 滑块挡块损坏。

④ 斜导柱滑块没有限位零件。

⑤ 抽芯机构锁模不可靠，并产生让模。

⑥ 压条 T 形槽、耐磨块与滑块的硬度只差 5～8HRC（一般要求差 18HRC）。

⑦ 10kg 以上斜导柱滑块没有吊环。

⑧ 滑块油槽设计不规范。

⑨ 动模、斜导柱比正导柱先进入滑块。

⑩ 滑块或斜顶抽芯行程不够。

⑪ 斜顶无导向块，或有导向块的内形与斜顶杆配合间隙过大。

⑫ 斜顶块外形与模板配合间隙过大。

⑬ 斜顶杆高出动模平面。

⑭ 斜顶杆定位销与孔装配没有到位，只有 75％。

⑮ 斜顶杆油槽不规范，塑件有油污。

⑯ 油缸抽芯没有行程限位装置。

⑰ 先复位机构失效。

32.9.7　支撑柱问题

① 固定螺钉松动、固定螺钉过分旋紧或松紧不一。

② 模板螺纹孔或深度不正确。

③ 支撑柱与垫铁高度尺寸要求有所超差。

④ 支撑柱数量不够、位置不对。

⑤ 模脚与顶板处边间隙太小，仅有 0.2mm 左右。

32.9.8　标准件问题

① 标准件被任意加工成为非标准件。

② 标准件生产厂家及型号同客户要求不符。

③ 复位弹簧规格、型号、尺寸选用不当。

④ 螺钉长度非标（锯短或磨短螺钉）、螺钉本身太短或太长。

⑤ 导套没有油槽。

⑥ 螺钉装配工艺不规范（螺钉头部没有上油脂、旋力不均、扭矩太大）。

32.9.9 抛光问题

① 型腔粗糙度达不到要求。

② 抛光纹路不统一。

③ 加强筋抛光不够。

④ 动模抛光方向与出模方向不一致。

⑤ 型腔与分型面交接处有塌角、碰伤现象。

⑥ 模板没用平面磨加工，仅用铣刀铣。

32.9.10 制造问题

① 石墨导套用油脂来润滑。

② 加强筋烧焦、排气不良，排气不充分。

③ 动、定模定位机构精度达不到要求。

④ 动、定模分型面配模没有到位，间隙超差和精度、粗糙度达不到要求。

⑤ 分型面、成型面处有电火花纹、刀痕。

⑥ 模具任意烧焊。

⑦ 分型面处、斜顶处、滑块处、顶杆处有飞边，分型面精度达不到要求。

⑧ 定位销定位不正确。

⑨ 导柱与定模板配合过松。

⑩ 导套与定模板配合松动。

⑪ 导套底部无排气口。

⑫ 吊环孔不够深，吊环旋不到位。吊环孔入口无倒角。

⑬ 外形倒角不统一、不规范。

⑭ 传感器安装不正确。

⑮ 模具有锈斑，表面有撞击痕迹。

⑯ 模具装配零件有油污，零部件的配合精度有问题。

⑰ 模具试模后修改不能按时完成。

⑱ 模具质量存在的问题没有彻底修改好。

⑲ 动、定模和零件热处理硬度及质量没有达到客户要求。

⑳ 模具制造周期延时，客户意见很大。

㉑ 正定位外形与模板配合为间隙配合（应是过渡配合），正定位机构形同虚设。

32.9.11 塑件质量问题

① 塑件尺寸达不到图纸要求。塑件相互装配有问题。

② 塑件有明显的缩影、熔接痕、裂纹、银丝及斑纹等缺陷。

③ 塑件有变形现象。

④ 塑件外形有错位。

⑤ 塑件外形线条不清晰、轮廓模糊。

⑥ 塑件加强筋漏做。

⑦ 塑件皮纹、烂花的花纹深度与客户样件要求不一致。

32.9.12　装箱问题

① 模具备件没有达到客户合同要求。

② 模具装箱前没有自检和检验报告及合格证。

③ 装箱清单与备件的实际不符。

④ 模具装箱前的防锈措施没有。

⑤ 模具装在箱内没有固定，出厂后模具在运输中损坏。

复习思考题

1. 质量验收经历了哪三个阶段？

2. 什么叫三检制？应怎样做好三检制工作？

3. 模具质量验收包括哪些内容？

4. 模具外观应怎样检查验收？

5. 模具空运转应怎样检查验收？

6. 模具总装验收有哪些内容？

7. 模具试模前、后应怎样验收？

8. 成型制品应怎样检查验收？

9. 模具开箱后应怎样验收？

10. 怎样判断注射模具质量是合格的？

11. 模具使用方对你单位制造的模具满意吗？有没有投诉？

12. 注射模具验收标准有哪些具体内容？

13. 注射制品有哪些成型缺陷？原因是什么？

14. 怎样评价模具设计、制造水平的高低？

第33章 ▶▶ 注塑模具的使用、维护和保养

一副注塑模具只有通过正确地使用、维护和保养，才能使它达到使用寿命，否则会提前失效。要求模具使用方对模具进行开箱验收。先看懂模具的使用说明书，然后按照试模要求，参考模具供应商提供的注射成型工艺进行试模，验收模具、试生产，对制品检查合格后，再投入使用。

任何一副模具都离不开日常维修，因为长期使用会产生自然磨损，或由于意外事故造成不同程度的损坏，需要根据损坏的程度进行小修、中修和大修。

模具是注塑企业最重要的生产工具，没有任何一副模具可以不经过维修而长期正常使用。因此有计划、有组织地进行维修，能延长模具的使用寿命，避免或减少由于模具故障而造成质量下降的情况出现。

对模具的正确分析和掌握模具常见的损坏原因和维修方法十分重要。首先必须熟悉成型零件的各种技术资料和成型零件不合格的原因，包括形状、尺寸、原料特性、精度要求、特殊表面的效果等，要熟悉模具结构和工作原理、装配关系和制造全过程。但是由于很多零件的不合格之处很难用图样和文字表达清楚，因此，维修人员必须亲临现场，查看现场和观察制件，对模具进行检查并拆卸损坏部分的零件，清洗零件并核查下料尺寸。然后制定维修计划，安排维修，不使模具提前失效。

33.1 注塑模具的使用须知

① 开箱检查，对照检验单验收所有零件和资料是否齐全，详见注塑模具使用说明书。

② 模具使用前须看懂模具使用说明书，了解模具的基本结构和类型。

③ 模具使用前，须清洗模具的表面防锈油，再检查模具外观及动、定模的成型表面质量。

④ 检查模具安装尺寸、浇口套喷嘴、顶出孔等与注塑机参数是否匹配。

⑤ 了解模具的开模动作顺序和顶出动作等顺序。

⑥ 了解模具结构，读懂模具装配图；了解浇注系统、（热流道使用要求）、冷却系统、抽芯机构、顶出系统等要求。

⑦ 注意模具吊装、安装、拆卸安全，禁止违规作业。

⑧ 注射成型操作工应有上岗证，并且懂得成型工艺和模具结构知识，能判断制品出现成型缺陷的原因和采取相应措施。

33.2 正确使用注塑模具

注塑模具是注射成型时的关键器具，若模具的质量发生变化，如相互位置发生移动、成型表面变得粗糙、形状发生改变、合模面接触不严等，都会影响塑件的质量，因此，操作者必须注意模具的正确使用。按规定使用适当的设备；按规定使用设计指定的、合格的原材

料；生产过程中不发生硬物合入、撬动、冲击；生产过程中不发生异物夹入或异常闭合；使用符合城市自来水要求的冷却水进行模具冷却；使用符合设计规范的电源；使用符合设计要求的液压液体；使用符合设计要求的气体；对活动摩擦部位进行及时润滑等。

使用前的检查如下。

① 工作前应检查模具各部位是否有杂质、污物等，对模具中附着的黏料、杂质和污物等，要用棉纱擦洗干净，附着较牢的黏料应用铜质刮刀铲除，以免损伤模具表面。

② 注射模具的锁模力不能太高，一般以塑件成型时不产生飞边为准。过高的锁模力，既增加动力消耗又容易使模具及传动零件加快损坏，因此，合理地选择锁模力十分重要。

③ 在保养及修理模具的过程中，严禁用金属器具去锤击模具中的任何零件，防止模具受到过大撞击而产生变形、损害，从而降低塑件质量。

④ 模具中有许多运动部件，对运动部件最重要的保养就是提供良好的润滑，对此，在生产中或交接班时，对各滑动部位的润滑情况要特别关注，注意时刻保持良好的润滑。

⑤ 模具暂时不用时要卸下模具，涂上防锈油，将之包装起来，存放在通风干燥、不易受撞击的安全地方，在模具上禁止放置重物。

⑥ 如注塑机暂时不用，在注塑机合模机构上的模具也应涂防锈油，而动、定模之间，不要长时间处于合模状态，防止某些零件受压变形。

33.3　注塑模具保养的目的和必要性

对注塑模具进行保养是保证注塑模具正常工作的有效措施，对设备的保养主要有清理擦拭、检查调校、润滑涂油等，其目的主要有以下几个。

（1）保证产品质量稳定

保证注射模能稳定、可靠地生产出合格塑件，就要使模具处于良好的工作状态。注射模在工作时，不可能一直处于最佳工作状态，总要出现这种或那种状况，如导柱、导套缺油引起行动阻滞，紧固件松动引起动作变形等。这些小问题都会给产品质量带来不利影响，而及时保养就能克服这些小毛病，使模具处于良好工作状态。

（2）降低停机检修时间

模具在使用过程中，总有可能出现较大故障而需要停机检修，在停机时不能再继续工作，因此我们都希望停机时间越短越好，停机次数越少越好。而模具的较大故障往往并不是突然出现的，它有一个积累过程。因此，定期保养就能及时发现这些问题，从而就可避免出现突发性事故。

（3）减少运行费用

模具在使用过程中，会产生许多运行费用，如检查费用、调校费用、润滑油费、修理费用等，这些费用的总和就是运行费用。在这些费用中，数额最大的是修理费用。如模具保养不好，使模具不能正常工作，常要付出许多额外的修理费用，又增加了运行成本。

33.4　注塑模具的常规保养

模具寿命是指在模具整个生命周期中，按正常方式使用、保养、维修，直至模具主体无法满足注射成型产品本身基本要求的期限。

设计模具时预计的使用寿命，一方面在设计结构、材料选择、热处理安排、加工精度方面给予保证；另一方面就要求在长时间的使用中进行有效的保养和维护。

　　模具使用完毕后必须吹净水道内的余水；待模具冷却后喷、涂防锈液或防锈油防锈；模具存放时不能直接落地，外露面均需采取适当防锈措施；对活动部位需要进行润滑保养。除此以外，经常性地进行紧固件的紧固性检查；经常性地对限位装置的信号反馈器件进行检查、对电器漏电、短路等进行安全性检查；经常性地对模具活动部件进行清理、清洁和润滑等。

　　常规保养是指在模具未损坏时，对其进行的检查、清理和润滑等，其主要项目如下。

　　(1) 使用前的检查

　　① 在使用注塑模前，要对照工艺文件检查一下，所使用的模具的规格、型号是否与工艺文件相统一。

　　② 检查所使用的设备是否与注射模相适应，模具是否完好。

　　③ 操作者应详细了解本模具的使用性能、结构特点、作用原理，并熟悉操作方法。

　　(2) 使用过程中的检查

　　① 操作现场一定要清洁，工具要摆整齐，模具内应无异物，道路应通畅。

　　② 注射模在使用过程中，要遵守操作规程，防止乱放、乱砸、乱碰。

　　③ 对模具生产的头几件产品，要按图样仔细检查，合格后方能正式生产。

　　④ 在工作中，要随时检查模具的工作情况，发现异常现象要随时进行维护。

　　⑤ 随时关注模具的润滑情况，定时对模具的运动部位进行润滑。

　　(3) 使用后的检查

　　① 使用后，按操作规程将模具从注塑机上卸下，严禁乱拆、乱卸，以免损坏模具。

　　② 模具的吊运应稳妥，轻起、慢放；拆卸后的模具要擦拭干净，并涂油防腐。

　　③ 检查模具使用后的技术状况，使之恢复到正常工作状态，再完整送入指定地点存放。

　　(4) 定期检查

　　模具投入正常生产的状态是连续工作，其工作周期在一个月至几个月之间。这期间，为了保证制件的成批供应，就必须保证模具不间断地正常运转。操作者在交接班时，除了生产制品数量情况的交代外，还要在交班记录中对模具使用状况有一个较详细的交代。

　　巡回检查，要随时观察，发现有异常现象及时处理。对于大中型重点模具，要按照保全计划实施，不可疏忽大意以酿成大错。

　　使用超过 24h 时，要对型腔表面抹油防锈。尤其在潮湿地区和雨季，时间再短点也要做防锈处理。空气中的水汽会使模具表面质量降低，制件表观质量下降。

　　经过抛光的型腔防锈蚀工作更为重要，不能随便用手触摸工作面（特别是注塑透明制品的模具的定模），要使用脱脂棉、棉纱等布品去除污物。

　　(5) 及时清除残余料及污物，保持内外整洁

　　制件在每次脱出型腔时，或多或少会有残余飞刺、毛边留在腔内、缝隙里或其他部位；工作间的尘埃及其他污物也会黏附在型芯、成型腔上；原料通过高温注射产生的氧化物也会不同程度地对型腔产生腐蚀作用。因此，及时清理模腔表面是十分必要的。以成型周期来看，连续工作时，每周应进行一次污物杂质的小清理工作，每月应进行一次全面清理。对于型腔表面进行了花纹、抛光处理的，更应当缩短清理间隙的时间。保证模腔表面光滑清洁，查看是否有残余料，并清理干净后再投入生产。

　　(6) 辅助元件的定期检查

　　随着模具水平和档次的提高，辅助元件日益增多。气动机构元件、液压机构附件、热流道元件附件及控温柜、电线、插座、水管、气管、油管、行程开关等，辅助元件缺一不可。

　　模具维修工人要定期对辅助系统进行检查，油管有无漏油破损，油缸有无失效，控温表

是否失灵等，要仔细观察。如油缸漏油可能是密封圈失效，油压不足会造成动作失灵而撞坏型芯。热元件失控会造成料温过高或过低，使制件无法正常生产。

（7）冷却水道的保养

在注射模中，冷却水道是少不了的，而冷却水道的工作好坏，对塑件质量影响甚大。冷却水道的表面易沉积水垢、锈蚀、淤泥及水藻等，它们堵塞水道，并大大减弱冷却水与模具间的热交换，因此，及时检查和保养是十分必要的。

① 堵塞的检查。是否堵塞，可通过对冷却水流速的测量来了解。冷却水通过模具时压力降的大小，即可反映其水道的堵塞情况。

② 堵塞后的疏通。冷却水道堵塞后，必须及时疏通，由于注射模具不便拆开，因此只能进行不拆卸清洗。疏通时，可用清洗剂，把清洗剂以强大的压力压入冷却水道，这样，污垢等积存物质便在冲刷力和化学腐蚀作用下从水道壁剥离下来，从而起到疏通的目的。

33.5　模具维护的最低要求

首次模具维护时间不能超过 10000～15000 模，维护时间从 T0 试模开始到制品计划数量（模/次）结束。模具维护的最低要求见表 33-1。

表 33-1　模具维护检查表

检验项目 备注:新投产模具维护 不能超过 15000 模	检查方法和补救	检验周期				
		每日		每周	每月	半年
		注射前	注射后			
检查型腔是否有划伤或损坏	①当用合适类型的布沿抛光方向清洁型腔时,需用空气将抛光或皮纹面上的太强屑吹掉	X				
	②检查任何不正常的情况,如旧的模板表面,旧的拉料杆,磨损的型腔、型芯表面					X
检查模板表面是否有塑料和其他碎屑残留	①用铜板/棒去除黏着的塑料,用空气吹掉碎屑 ②用碎布擦除模板表面的油和水	X				
在导柱的滑动表面、动模侧的滑块等表面涂专用油脂。如果使用石墨浸渍材料,需使用配套的润滑油	①在涂新油脂前,需去除旧的油脂 ②用手指感觉检查顶针等是否损坏。检查导向块的配合,如导向块磨损,需重新调整配合	X				
检查顶针、镶件等是否缺损	异常情况需通知主管	X				
检查滑块功能	确认油缸功能正常(检查油缸的固定螺栓是否松动)	X				
检查热流道喷嘴	确保热流道喷嘴处有合适的电压和电流	X				
在模具操作时检查是否有不正常的噪声	如有不正常的噪声,通知主管	X				
检查模具是否有渗漏水	检查模具型腔渗水的原因(如用压缩空气)		X			
模具的防锈处理	在模具表面涂覆防锈剂		X			
清理模架表面(在模具装配状态下)	用铜板去除模具表面的附着材料,并清洗液清洗;清洗后,需涂防锈油;检查型腔表面是否有划伤或缺损			X	X	
紧固安装螺栓	检查液压缸、滑块系统、模架等的安装螺栓是否松动			X	X	
润滑滑块表面	导柱和顶针如不是石墨浸渍的,需涂专用油脂润滑			X		

检查项目 备注：新投产模具维护 不能超过15000模	检查方法和补救	检验周期				
		每日		每周	每月	半年
		注射前	注射后			
在模具清洁完后，检查所有表面	①检查导柱、顶针板、滑块导柱的表面 ②检查顶针和复位杆的状态 ③检查滑块本体的滑动表面 ④检查弹簧的疲劳负载情况 ⑤检查液压滑块本体表面				X	
检查模架表面是否有合适的接触	①围绕产品型腔和框架表面，检查其接触条件 ②检查定位器的接触条件					X
斜顶检查	①检查斜顶表面是否有段差和拉毛现象 ②检查斜顶系统内部是否碎屑，如有，需去除；除非斜顶衬套是用石墨浸渍的，否则需涂专用油脂润滑斜顶杆	X				
检查电缆	①检查电缆的包覆情况 ②检查电缆是否有短路和断路情况 ③检查电缆是否有合适温度上升	X			X	X
分型线表面	用手指检查分型线，无任何拉毛情况；如感觉到拉毛，立即报告主管	X				
排气	检查型芯、型腔和斜顶、滑块底部的排气，去除碎屑，并保证开合模顺畅	X				
油缸抽芯的顺序	检查油缸抽芯的顺序是否正确（防止潜在损坏）	X				
检查液压管道	检查是否有油泄漏，并紧固	X		X		
检查冷却水	①检查冷却水循环的状态 ②检查是否有水渗漏，并紧固 ③检查冷却水孔是否有损坏	X				X

注：表中"X"指检验项目与检验周期的时间要求。

33.6 注塑模具的维修

模具在使用过程中产生正常磨损，或者由于意外事故所造成的损坏，均需进行维修。正常生产中也需要定期或不定期的保养，以保证模具使用精度和使用寿命。没有任何一副模具可以不经过任何维修而一直使用到底的。因此，维修和保养的实施是模具使用到预期寿命的必要保证。

模具出现故障时不能带病运作，进行及时修理、补救，使故障的危害不再扩大。因此，需要对模具及时维修：对冷却系统清理、畅通维修，防堵、防漏、除锈去污、防穿孔；对电气、加热系统及时排除故障、更换损坏部件；对液压系统及时更换损坏的密封件；对气压、气动系统及时更换损坏的密封件和油气过滤器件；及时更换有问题的限位和信号反馈装置；对活动零部件保障润滑，及时更换磨损零部件；对分型面和封合面出现的飞边、溢料及时修理、填补。

每批次注射生产开始时，必须进行塑件首件封样；该批次注射生产结束时，必须保留塑件末件，并将末件与首件进行对比，确定维修内容。

33.6.1 模具的磨损及维修

模具零件磨损后，维修时要注意以下几点：正确选择维修基准，一般是以母体为基准，更换易损件和备件；维修后的模具要求达到原有精度；更换的零件钢材和硬度应达到设计要求。

（1）导柱、导套等导向元件的磨损

导柱、导套经长期使用后，相互之间配合间隙过大，它是标准件，更换比较方便。

（2）定位元件的磨损

① 定位块的修复。如图 33-1 所示，定位块件 1 的 D 面在摩擦过程中，尺寸变小。无需废掉定位块，可将定位块 E 面上垫厚度为 δ 的垫，使 D 面尺寸相对放大，再将 F 面磨掉 δ，即可达到预期目的。

② 止口的修复。止口部位如果装有耐磨板件 2，如图 33-2 所示，将耐磨板 E 面垫上适当厚的垫块，然后将 D 面磨去 δ（根据垫块厚度及磨损程度，确定 δ 磨量多少，使 D 面的斜面与件 1 斜面相配），使两者接触面良好。

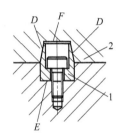

图 33-1 定位块磨损修复
1—定位块；2—定模板

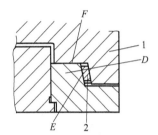

图 33-2 止口垫板磨损修复
1—定模板；2—耐磨板

（3）分型面的磨损

模具经过一段时间使用后，由于磨损或使用不当，分型面变成了钝口，产生废边，制品质量难以达到标准，需要修理。有平面接触块的，可以磨薄平面接触块，掉换耐磨块（或磨去原表面后，再加垫铁配作），并与动、定模的封胶面重新配模。修配时要注意控制塑件的顶部厚度尺寸，一般是降低动模芯。局部意外损伤的采用镶块方法加以解决。

（4）顶杆的磨损

顶杆的折断、弯曲、磨损，一般更换顶杆，因为它是标准件，使用前要对顶杆测量选配，装配好后要求能摆动来消除顶杆动模芯与顶杆固定板的积累误差（垂直度、同轴度、位置度），要求顶杆装配好后，在顶杆板内摆动，达到消除误差的目的，但不能有轴向窜动。

（5）移动件磨损

① 移动面磨损　在移动件中，相对应的摩擦部件必然产生磨损，结果使滑动件得不到精确复位，如图 33-3 所示，内抽芯机构中的件 1，在使用一段时间后就产生凹槽，件 2 也会因磨损而使型芯不能及时复位。修复的方法为：将 F 面磨去 8mm 厚，将 E 面垫上厚金属片，以补偿磨损量，方法简单易行。磨损严重时可将磨损件更换，按其实际测量尺寸加工配件，效果良好。

② 研合面磨损　成型通孔的模具部件通常有研合面，在反复复位过程中会造成端面磨损而使通孔不通。如果是平面通孔不通时，可以设法将型芯上提，重新研合；如果是网窗式通

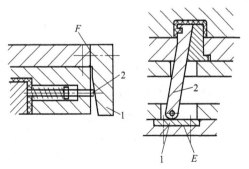

图 33-3 易损件的修复

孔不通，需要将镶块取下，将该研合面磨平后，重新装配。

③ 插碰孔或透孔边缘出飞刺是因为型芯倒边，应当更换型芯，或者磨平研合面将型芯前提后重新研合。

33.6.2 意外事故造成损坏的修复与预防

① 异物掉入，型腔被损坏 这是意外事故中较为常见的一种。如果是掉入残余料，则对型腔的破坏程度轻，如果掉入金属零件，则会使型腔遭到较为严重的破坏。尤其是有纹面或抛光面的型腔，就给修复带来许多困难。

因损坏的形式和程度不同，修复的方法也不尽相同，主要靠镶块、焊补、挤胀等方法来解决，一般型腔遭到破坏后，想恢复如初是不太可能的。因此，要立足于预防。

一般模具修理尽量修理动模，并把定模作为修理的基准，进行修配法为主、调整法为辅的修理。

模具因某种原因，在正常生产中呈开启状态，进行其他修整等工作时应十分注意。

a. 模具上方不可放置任何工具，包括扳手、铜棒、模具拆卸下的各类零部件。

b. 模具凹腔内修整过后，要杜绝不加清理而直接合模的情况，以防铁屑、废件留在腔内。

c. 正常生产中因各种缘故需要暂时停车时，必须使模具处于闭合状态。

② 残余料未清理干净 注射过程中因过量产生的飞边、因断裂产生的残料等，在第二次注射前，均应清理干净。尽管这些凝固的残余塑料不是金属，但在合闭模时，也能和金属一样破坏模具，故不可对此掉以轻心。

③ 顶杆、成型杆折断，损坏型腔 折断的顶杆或成型杆在众多杆件回程过程中不易被发现，而使其撞击在型腔表面上，使模具遭受损伤，这也是常见事例之一。根本的预防方法，除了要在模具制造方面提高精度以外，还需要操作者认真细致地观察，及时发现折断杆。另外，在每次制件取出时要查看一下制件，有无因断杆而产生的残次点，然后再合模进行下一个动作。当模具在保养时，及时发现顶杆表面磨损，装配时，推入模芯有停滞不能转动时，就要及时更换，避免继续使用而发生折断现象。

④ 内外抽芯机构失灵损坏型腔 机械动作实现的内外抽芯机构，在注射过程中，因零件的质量问题、模具结构的不可靠，产生突然断裂、失灵等现象，以磨损件或滑动件损坏居多。常见的原因是零件疲劳破坏、强度降低。

当模具同时设有几个内外抽芯动作时，模具开启要有相应的顺序动作，这种顺序动作的指令依靠注射设备的现存程序来完成时，自身备有自锁功能；如果采用半自动或手动操作，会因操作上的失误而损坏模具的侧抽芯机构。使用带有侧抽芯机构的模具时，要注意开模和合模速度应尽量放慢，不可快速行进；经常对滑动部分上油，清除污物，保持整洁的滑动表面；经常查看移动件，发现磨损严重者要及时更换，不要等其突然失灵。

33.7 热流道模具的使用和维修要点

① 热流道模具的使用要求如下。

a. 看懂热流道模具结构。

b. 检查注塑机与热流道、喷嘴熔料温度是否达到使用要求，检查喷嘴有无堵塞或漏料。

c. 请在热流道系统升温前先接通冷却水，防止高温造成液压油和密封圈失效。

② 热流道系统常见故障及解决办法见表33-2。

③ 热流道模具修理要点。

a. 热流道的密封圈必须重新更换。

b. 检查喷嘴与定模板的接触情况，达到设计要求。

c. 热流道喷嘴从定模板拆开，先旋去流道板的固定螺钉，然后用四个内六角螺钉均匀旋入流道板四角螺纹孔处，使喷嘴脱离定模，以免喷嘴倾斜而损坏，如图 33-4 所示。

④ 喷嘴模具安装注意事项（图 33-5）。

a. 可将喷嘴装入模具中，用紫铜棒轻敲喷嘴帽处确保喷嘴 A 接触面接触良好。A 接触面与 B 接触面涂红丹确保两个接触面接触正常，D 尺寸配合正常。

b. 将喷嘴的加热器和热电偶引线按照出线槽排布，安装压线片，确保引线长出模具约 200mm 左右以方便接线。

c. 配红丹检验，将定位环装好确保压住了喷嘴帽。

d. 接线并测电阻，按标准要求，绝缘电阻大于 0.5MΩ。确保有接地。试加热，保证加热器和热电偶工作良好。

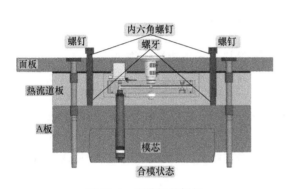

图 33-4　流道板的拆卸

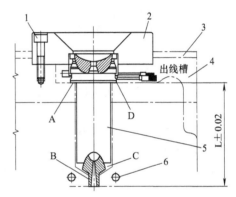

图 33-5　喷嘴模具安装要求

1—内六角螺钉；2—定位圈；3—隔热板；4—定模盖板；5—喷嘴；6—冷却水孔

⑤ 装配回去时要检查装配精度，确保各个零件尺寸均符合图纸要求。

33.8　热流道模具常见问题解答

（1）分流板达不到设定的温度

原因：热电偶安装位置不对或接触不良或失效；加热丝短路；加热丝接头太松或者太短。

处理：检查热电偶接触是否正常；检查接线是否正确；检查发热丝回路。

（2）分流板升温太慢

原因：某一根加热丝断路或接线太松；分流板与模板的间隙不足；隔热垫片阻热效果不良，热电偶接触不良。

处理：对多路加热丝进行检查；增加间隙；在定模固定板上增加隔热板，或降低对定模和固定板的冷却；检查热电偶接触是否良好。

（3）分流板温度不稳定

原因：热电偶接触不良。

处理：检查热电偶。

（4）熔体中存在金属碎片或杂质

原因：注塑机螺杆上存在碎片；注射材料中存在金属碎片或杂质。

处理：修补螺杆，清除塑料原料中的金属碎片或者杂质。

（5）分流板与热嘴贴合面漏胶

原因：定模固定板材料太软；喷嘴支撑面或上垫块支撑面不平；模具开孔深度过深或多个开孔深度不一致，误差大。

处理：适当增加模板的硬度，检查平面度及配合尺寸并修模。

（6）型腔无填充

原因：熔化温度太低，注射压力不够；浇口太小，喷嘴太小；模温太低；注塑机喷嘴的出料孔太小；喷嘴堵塞。

处理：提高喷嘴和分流板温度，提高注塑机压力；扩大浇口；提高模温；安装大规格喷嘴；加热注射机喷嘴出料口，清除堵塞物。

（7）喷嘴流延

原因：熔体温度过高；浇口太大；浇口冷却不足；喷嘴选型不正确。

处理：减少背压；降低热流道温度或模温；选择合适的喷嘴及浇口大小。

（8）喷嘴不能正常工作

原因：加热器或者热电偶有问题；流道堵塞；喷嘴热膨胀算错堵住浇口。

处理：检查、更换加热丝热电偶，清胶；重新计算热膨胀。

（9）产品飞边

原因：注射压力过高，温度过高；分型面不贴合，锁模力不够；模具底板或注射机动模定模板不平整。

处理：降低注射压力，降低热流道、模具温度；增加锁模力；修整模具或修整注塑机动模、定模板。

（10）产品上或浇口区域产生焦印，焦痕

原因：模具排气不足，注射速度过快；浇口输入腔尺寸不正确；材料烘干不够。

处理：增加排气，降低注射速度；修改兜部尺寸；烘干材料。

（11）注射玻纤材料时导流梭磨损太快

原因：导流梭材料太软。

处理：更换导流梭材料，改用烧结钼合金或硬质合金。

（12）浇口痕迹过大

原因：浇口过大，选用的热嘴型号不对；浇口轮廓加工不对。

处理：减小浇口，选择合适的热嘴类型；检查浇口加工轮廓。

（13）浇口冷却过早，充填过程中冷却

原因：熔体温度不够；浇口太小，浇口冷却过量；热嘴与定模接触面积过大，浇口轮廓不正确或类型不对。

处理：升高热流道温度；改大浇口；改善热嘴与定模接触面积。

（14）产品浇口处有云纹

原因：流道中有冷料。

处理：提高模温，升高熔体温度。

（15）产品有冷料块

原因：热嘴选型错误，喷嘴头过冷。

处理：选择正确的喷嘴；模具上加工冷料井，减少热嘴与模具的接触面积。

（16）产品上偶尔出现冷料斑

原因：热嘴头部损失热量过多。

处理：减少头部接触面积到最小。

（17）气缸不工作

原因：气道堵塞，活塞卡住；压力不足，活塞、导向套、热嘴不同轴；定模固定板过热导致密封圈损坏；导向套漏胶。

处理：检查气路是否堵塞；检查缸体是否配合良好；检查活塞阀针导向套是否灵活，调整各零件的同轴度，缸体周围增加冷却。

（18）导向套漏胶

原因：分流板与导向套配合太松；阀针与导向套配合太松。

处理：检查导向套各个配合间隙。

（19）阀针头部粘料

原因：阀针太热。

处理：降低喷嘴头和浇口的温度；增加冷却时间。

33.9　热流道系统常见故障及解决办法

热流道系统常见故障及解决办法见表 33-2。

表 33-2　热流道系统常见故障及解决办法

异常问题	影响因素			判断方法或处理方式
温度异常及进胶不均	热流道本身原因	感温线及加热器的原因	1. 感温线 J/K 型号混淆	确定感温线型号与温控器设定型号是否一致
			2. 感温线断裂、短路	更换感温线
			3. 感温线的补偿线被压	检查感温线是否被压，更换或修复
			4. 线头松动或接插件松动	重新接好线头或接插件
			5. 感温线未装到位或固定感温线的卡箍后退	重新安装
			6. 漏胶引起感温线感温不准	下模清胶，感温线如有问题，须更换
			7. 感温点选择不对	检查感温点位置是否有影响实际温度
			8. 感温延长线不够长，在接延长线时使用了另一种材质的感温线	更换材质一样的感温延长线
			9. 加热器松动，导致加热效果不好	拆除加热器拧紧后，重新安装
			10. 加热器损坏	更换新的加热器
		温控器原因	11. 温控器表卡或温控器控温不准	更换温控器表卡或温控器
			12. 温控器内部线路或连接线接触不良	检修温控器或连接线
			13. 温控器 J/K 型设置与感温线不一致	将温控器 J/K 型设置与感温线一致
			14. 温控器精度不高	更换精度更高的温控器
	其他方面原因		15. 热流道与模具接触面太多，导致散热太多	确认散热严重的地方，作出改善
			16. 剪切热	喷嘴过长，流道直径较小，需扩大流道直径
			17. 模仁漏水，导致喷嘴达不到设定的温度	把冷却水关掉，或下模维修
			18. 水路太近，冷却太快，水路走的不合理	冷却水关小或关掉，或维修

异常问题			影 响 因 素	判 断 方 法 或 处 理 方 式
漏胶的原因	热流道自身的原因	分流板	1. 堵头配合不好	堵头位置明显漏胶,需重加工
			2. 堵头脱落	重新加工堵头
			3. 分流板破裂	如果是高速注塑机,分流板需热处理
			4. 分流板变形	分流板厚度不足,或垫块设计不合理
			5. 主射嘴装配不合格	检查主射嘴配合面是否有问题,装配是否到位
			6. 主射嘴 R 角与注塑机射嘴 R 角不匹配	主射嘴 R 角应大于注塑机射嘴($\geqslant 1$),相差太大亦可能漏
			7. 阀针导向套与阀针配合间隙太大	检查导向套内径与阀针外径,是否在公差范围内
		主射嘴	8. 主射嘴与分流板连接螺丝松动	重新紧主射嘴上的螺丝
			9. 主射嘴连接件松	重新锁紧主射嘴连接件
			10. 主射嘴与分流板配合面不平	重新配合
			11. 主射嘴与定位环配合有间隙	重新配合
		喷嘴芯体	12. 本体破裂	了解注塑机是否是高速成型机,芯体壁厚及是否热处理
			13. 帽头开裂	更换帽头
			14. 感温线孔打穿	检查感温线孔是否有异常
		浇口套(喷嘴头)位置	15. 本体配合面不平整	把喷嘴头拆下来,检查配合面是否有异常
			16. 导流梭的配合面不平整	检查导流梭端面是否变形或其他异常
			17. 导流梭台阶变薄了	测量导流梭直端高度是否与图纸要求相符
			18. 导流梭开裂	更换导流梭
			19. 喷嘴头(浇口套)没拧紧	喷嘴头装配后是否与芯体留有装配间隙。否则需重加工
			20. 导流梭变形	更换导流梭
			21. 导流梭同心度不够	更换导流梭
			22. 本体沉孔太深	检测到沉孔尺寸有问题,需做非标导流梭或喷嘴头
			23. 喷嘴头(浇口套)短了	重新加工喷嘴头
			24. 喷嘴头开裂	更换喷嘴头
			25. 喷嘴头封胶面变形或损坏	更换喷嘴头
			26. 螺纹不标准	重新加工螺纹
		分流板与喷嘴配合处漏胶	27. 中心隔热垫高或低	检查中心垫高度与喷嘴帽高出装配面的高度是否一致
			28. 定位销高了,把分流板抬高	检查销钉孔深度是否符合设计要求。重新加工钉孔
			29. 多点情况喷嘴帽不同面	检查喷嘴帽位的开孔高度是否在设计公差范围
			30. 阀针导向套变形	测量导向套内孔,高度等尺寸是否符合设计要求
			31. 分流板隔热垫块高度不一致	更换隔热垫块,确保一致
	模具方面		32. 水套开裂	更换水套
			33. 开孔不符合图纸要求	重新加工模具,确保开孔符合图纸要求
			34. 分流板型腔板太高	测量分流板型腔板的高度,超差时需要重新加工
			35. 倒装模的喷嘴支撑板变形	增加支撑柱
			36. 模具盖板硬度不够,上垫块凹进模板	增加盖板硬度或做硬度较高的镶件
			37. 法兰与主射嘴配合间隙太大	重做法兰,确保符合设计要求

续表

异常问题	影响因素		判断方法或处理方式
喷嘴不出胶	热流道本身原因	1. 分流梭折断	更换分流梭
		2. 喷嘴太长或太短	检测喷嘴及开孔,对不符合设计要求的进行加工或维修
		3. 浇口太小	扩大浇口
		4. 大水口断胶点太靠前	重做喷嘴头,将断胶点往后移
		5. 主射嘴入料口冷料	若是热敏性(结晶型)材料,主射嘴增加加热器,或减短入料口距离
		6. 导流梭偏心,碰到模具	检查模具开孔及喷嘴是否符合要求,有问题的进行处理
		7. 加热器松动,加热效果不好	取出加热器,拧紧后再装上
		8. 浇口处冷料	检查加热器是否后退,提高前模温度,减少配合面
			检查储料槽开孔是否到位
			防止出料口流延
		9. 喷嘴头顶到模仁	确认喷嘴头与模具尺寸,加工有误的地方
		10. 膨胀量不对喷嘴头顶到模仁	将模仁孔弧面降低
		11. 导流梭顶到浇口	按图纸加工到位
	模具及成型工艺原因	12. 开孔原因造成的分流梭堵住浇口	检查开孔各主要尺寸是否符合要求,否则重新加工到位
		13. 温度高喷嘴引起的热膨胀把出料口堵死	加热到足够温度后不出料,从型腔面能够看到导流梭高出
		14. 温度高引起魄碳化	降低热嘴温度,改变热电偶感温位置,或重新分配加热功率
		15. 喷嘴温度太低或未加热	升高热嘴温度,或增加温控点
		16. 杂质,杂料	清理热流道及注塑炮筒内杂料杂质,并确保原料的清洁
		17. 阀针没后退	检查针阀导向套有无变形
		18. 注塑机喷嘴没对准	重新核对喷嘴位置
		19. 模具漏水	关闭模具冷却水应急生产,或下模维修
		20. 温控器点不够,或某点未升温	增加温控点数
		21. 漏胶引起热流道故障	检查喷嘴与定模板的密封情况,更换密封圈
		22. 注塑压力太小	增加一级注射压力及速度
阀针封不到位	热流道本身原因	1. 单点针阀里面漏胶	找到漏胶原因,并作相应处理
		2. 活塞气缸漏气	更换活塞密封圈
		3. 导向套、导流梭、浇口不同心引起	检查三者开孔是否符合要求
		4. 阀针太短	检查开孔及阀针是否符合设计要求
		5. 阀针封胶面(浇口位置)段太长	减小配合面,降低阀针运动阻力
		6. 活塞里面固定螺丝松动	重新安装阀针,保证适度的松紧
		7. 浇口处阀针设计不合理	根据不同情况采用直端或锥度封胶,且加工符合要求
		8. 浇口相对于壁厚太大了	减少浇口直径
		9. 活塞顶到分流板垫片	加工活塞或垫片
		10. 电磁阀有问题	漏气,杂质堵气路,电、信号没接好等
		11. 润滑油太多,时间长引起的固化	清理气缸内部沉积物,保证活塞运动顺畅
		12. 漏胶后,塑胶顶住了活塞	参照漏胶项找原因并处理、清胶

续表

异常问题	影响因素			判断方法或处理方式
阀针封不到位	模具或注塑方面原因		13. 模板内气路不通,有杂质	清理模板气路,确保气路顺畅
			14. 冷却水太近,浇口处冷却过快	关闭模具冷却水应急生产,或重开水路,远离浇口
			15. 气压不够	气泵压力不够,气路太长,管路太细,压力损失过大等
			16. 喷嘴温度过低	提高喷嘴温度
			17. 信号线接错了	重接信号线
			18. 气缸积水太多	清理气缸积水,确保进气质量
			19. 模具内气路漏气	找到漏气点堵住
			20. 保压时间太长	缩短保压时间
			21. 时间控制器没有调好,延迟时间太长	缩短延迟时间
			22. 出料口有杂物造成的卡针	清理杂物,并确保原料清洁
			23. 模具出料口的角度加工有误	按图纸加工
喷嘴流延或拉丝	成型工艺的原因		1. 选型不对	重新选型
			2. 背压太高	调低熔胶背压
			3. 松退(抽胶)行程太短	增加松退行程
			4. 喷嘴温度太高	降低喷嘴温度
			5. 冷却时间不足	延长冷却时间或改善浇口冷却
			6. 模温过高	降低模温
	喷嘴结构的因素		7. 感温点太靠后	感温前移
			8. 导流梭磨损	更换导流梭
			9. 浇口太大	更换导流梭或喷嘴头,减小浇口
影响产品质量的各种要素	注塑机及其工艺	压力	1. 压力大导致:尺寸大、顶白、飞边	备注:影响塑胶制品质量的因素很多,解决任何一个问题,都需要综合考虑各方面要素。 一、注塑机及工艺要素:压力、速度、温度(料温、模温)等; 二、原料特性及干燥程度; 三、模具方面因素:结构(顶出、壁厚等)、冷却、排气等; 四、热流道及温度控制器; 五、车间环境及供料系统; 六、车间配套设施,包括:电压、气压、冷却水等
			2. 压力小导致:缩水,尺寸小,缺料,气泡	
		速度	3. 速度快导致:困气,飞边,尺寸小,熔接痕	
			4. 速度慢导致:波浪纹,流痕	
		温度	5. 温度高导致:缩水、变色、困气	
			6. 温度低:缩水,尺寸,飞边,气泡,熔合线	
	原料及干燥		7. 黑点,杂色,混色,困气,气泡,碳化	
	模具	结构	8. 缩水,尺寸,顶白,飞边,应力光影,冷料	
		冷却	9. 缩水、周期、变形、冷料	
		排气	10. 困气、熔接痕、发白	
	热流道及温控系统	热流道	11. 不出料,缺料(充填不足),缩水,冷料痕	
			12. 杂色	
		温度控器	13. 不出料、冷料	
			14. 杂色	

续表

异常问题	影 响 因 素		判断方法或处理方式
浇口处高起	热流道本身原因	1.浇口温度过低	增高温度
		2.浇口偏大	修改浇口或加长导流梭
		3.导流梭与定模的高、低位置,同心度有误差	调整高、低位置,同心度
		4.阀针是锥度封胶	改直针
		5.气缸内压力太小、行程太多	增加气压或油压
		6.温控箱控温精度	更换精度高的温控箱
		7.J/K 感温线混淆	温控箱设置一致
	模具及成型工艺原因	8.模温过低	增高模温
		9.模具浇口处冷却水没有接	增接冷却水
		10.模具浇口滞料去未加工到位	按照图面重新加工
		11.工艺冷却背压等	改善工艺
浇口发黄	热流道本身原因	1. 喷嘴温度过高	降低温度
		2. 感温线、加热器本身质量故障	更换加热器或感温线
		3. 浇口太小	加大浇口
		4. 导流梭针点过高	按图检查尺寸
		5. 流道光泽度不够	流体抛光
		6. 加热分布和感温点位置不合理	调整加热感温
		7. 系统流道有死角	重新加工
		8. 热流道系统温度过高	降低温度
		9. 浇口周围没有走冷却水	增加冷却水
		10. 导流梭或喷嘴头变形,塑料长时间残存在变形的地方	更换导流梭或喷嘴头
		11. 系统流道过大,存料过多	调整流道大小
	模具及成型工艺原因	12. 模具浇口太小,兜部不到位	按图加工到位
		13. 模温过高	降低模温
		14. 模具浇口处温度过高	接冷却水
		15. 料筒温度过高	降低温度
		16. 料筒螺杆有磨损,有塑料长时间残存	换螺杆
		17. 产品太大,出料口直径太小,剪切热过高	加大出料口
		18. 注塑压力过大,速度过快	调整工艺

33.10 模具的管理

33.10.1 模具的管理方法

模具管理要做到物、账、卡相符，分类管理。

① 模具管理卡 模具管理卡是指记载模具号和名称、模具制造日期、模具制造单位、制品名称、制品图号、材料规格型号、零件草图、使用设备、模具使用条件、模具加工件数及质量状况的记录卡片，一般还记录有模具技术状态鉴定结果及模具修理、改进的内容等。模具管理卡一般挂在模具上，要求一模一卡。在模具使用后，要立即填写工作日期、制件数量及质量状况等有关事项，与模具一并交库保管。模具管理卡一般用塑料袋存放，以免因长期使用而损坏。

② 模具管理台账 模具管理台账对库存全部模具进行总的登记与管理，主要记录模具号及模具存放、保管地点，以便使用时及时取存。

③ 模具的分类管理 模具的分类管理是指模具应按其种类和使用机床分类进行保管，也有的是按制件的类别分类进行保管，一般是按制件分组整理。例如，成型模等按系列放在一块管理和保存，以便在使用时能很方便地存取模具，并且便于根据制件情况进行维护和保养。

在生产过程中，按上述方法应经常对库存模具进行检查，使其物、账、卡相符，若发现问题，应及时处理，防止影响正常生产进行。管理好模具对改善模具技术状态，保证制品质量和确保冲压生产的顺利进行至关重要。因此，必须认真做好模具分类管理工作，它也是生产经营管理的重要内容之一。

33.10.2 模具的入库与发放

模具的保管，应使模具经常处于可使用状态。为此，模具入库与发放应做到以下几点。

① 入库的新模具必须要有检验合格证，并要带有经试模或使用后的几件合格制品件。

② 使用后的模具若需入库进行重新保管，一定要有技术状态鉴定说明，确认下次是否还能继续使用。

③ 经维修保养恢复技术状态的模具，经自检和互检确认合格后才能使用。

④ 经修理后的模具，须经检验人员验收调试合格，并附有该模具试模合格后成型件及其检测报告。

不符合上述要求的冲模一律不允许入库，以防止在下次使用时，造成不应有的损失。

模具的发放须凭生产指令即按生产通知单，填明产品名称、图号、模具号后方可发放。

例如，有的工厂以生产计划为准，提前做好准备，随后由保管人员向调度（工长）发出"模具传票"，表示此模具已具备生产条件。工长再向模具使用（安装）人员下达模具安装任务，安装工再向库内提取传票所指定的模具进行安装。这是因为在大批量生产条件下，每日复制、修理的模具较多，如果不在使用上加以控制，乱用、乱发放，结果可能会使几套复制模同时处于修理状态，导致维修和生产都处于被动，给生产带来影响。因此，需要模具管理人员有强烈的责任心和责任感，对所保管的模具要做到心中有数，时刻掌握每套模具的技术状态情况，以保证生产的正常进行。

33.10.3 模具的保管方法

在保管模具时，要注意以下几点。

① 储存模具的模具库应通风良好，防止潮湿，并便于存放及取出。

② 储存模具时，应分类存放并摆放整齐。

③ 小型模具应放在架上保管，大、中型模具应放在架底层或进口处，底面应垫以枕木并垫平。

④ 模具存放前，应擦拭干净，并在导柱顶端的储油孔中注入润滑油后盖上纸片，以防灰尘及杂物落入导套内而影响导向精度。

⑤ 在凸模与凹模刃口及型腔处，将导套、导柱接触面上涂以缓蚀油，以防其长期存放后生锈。

⑥ 在存放模具时，应在上、下模之间垫以限位木块（特别是大、中型模具），以避免卸料装置因长期受压而失效。

⑦ 模具上、下模应整体装配后存放，不能拆开存放，以免损坏工作零件。

⑧ 对于长期不使用的模具，应经常检查其保存完好程度，若发现锈斑或灰尘则应及时处理。

33.10.4　模具报废的管理办法

模具报废的处理应按下述规定进行。

① 凡属于自然磨损而又不能修复的模具，应由技术鉴定部门写出报废单，并注明原因及尺寸磨损变化情况，经生产部门会签后办理模具报废手续。

② 凡磨损坏的模具，应由责任者填写报废单，注明原因，经生产部门审批后办理报废手续。

③ 因图样改版或工艺改造使模具报废的，应由设计部门填写报废单，写明改版后的图号及原因，经工艺部门会签后，按自然磨损报废处理。

④ 当新模具经试模后鉴定不合格而无法修复时，应由技术部门组织工艺人员、模具设计者、制造者共同进行分析，找出报废原因及改进办法后，再进行报废处理。

33.10.5　易损件库存量的管理

模具经长期使用后，总会使工作零件及结构零件磨损及损坏，为了使损坏后的模具及时得到修复，使其恢复到原来的技术状态，应在库中存放一些备件，但备件存量不要太多，一般 2～3 个即可。

33.10.6　对使用现场的要求

① 模具在使用时，一定要保持场地清洁、无杂物。

② 模具在使用过程中，严禁敲、砸、磕、碰，以防模具人为破损。

③ 模具使用过程中若被损坏，要进行现场分析，找出事故原因及解决措施。

④ 模具要及时和定期进行技术状态鉴定，对于鉴定不合格的模具应涂以标记，不得重新使用。

⑤ 经鉴定的模具，在需要检修时应及时修复，修复后仍需调整、试模、验收。

33.11　注射模具的维护和保养手册

模具供应商有责任提供"模具使用说明书"和"维护和保养手册"，模具使用方提供有关模具的使用、维护、修理等情况以及模具的质量状况，有什么宝贵建议等信息应反馈给模具供应商。

复习思考题

1. 为什么要对注射模具进行保养？
2. 为什么要对排气槽的表面进行清理？
3. 怎样正确使用模具？
4. 怎样进行注射模具的常规保养？
5. 注射模具使用前必须知道哪些内容？
6. 在使用前应怎样检查模具？
7. 您能判断制品出现的成型缺陷原因和采取相应措施吗？
8. 模具的维护保养和维修内容有哪些？
9. 模具拆、卸、装配要注意哪些事项？
10. 为什么要建立模具维修档案？
11. 模具存放保管有什么要求？
12. 常见热流道模具的故障有哪些？泄漏是怎样产生的？
13. 模具应怎样管理？有哪些相关内容和要求？

第34章 ▶▶ 模具项目管理

何谓项目？一个项目是一个任务，或者一系列任务，它们需要在特定的时间段内完成，而且有一定的成本制约，其目标是为了取得一定的成果。也就是说，项目是有限制的，他们都有一个明确的开始和结束。如果时间段不明确，或者项目的目标不明确，那就不是一个项目。项目的定义是：为创造独特的产品、服务或成果所进行的临时性工作。

对模具企业来说，一副模具就是一个项目。一般注塑模具不会是重复的相同模具，它是单件生产，所以说模具项目更是一次性的、独特的项目。因此，做好一个模具项目确非易事。下面先谈谈项目管理的相关知识。

34.1 项目管理的定义

将知识、技能、工具与技术运用于各项项目之中，以达到项目要求，这就叫项目管理。

项目管理的目标是满足性能指标，按进度要求在预算范围内完成项目任务（三角约束）。也就是说模具项目管理就是确保在合同签订的交模时间、模具设计和制造的成本、质量（客户满意度）的三项性能指标限制条件下，尽可能高效率地完成项目任务。

项目经理最终的使命是要实现项目的目标，但是在实现目标的过程中又始终受到时间期限、资源供给和质量标准的制约，如图 34-1 所示。

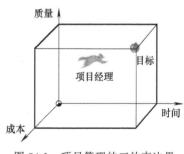

图 34-1 项目管理的三约束边界

34.2 注塑模具项目特征

模具项目同其他项目一样，具有共同的特征，也有它的特殊性。

① 有明确的目标：指三项性能指标（时间、成本、质量）。

② 必须要协调相关的活动。

③ 有开始和结束的固定的工作期限。

④ 渐进性。项目的实施过程体现为一个目标推进的逐步完善的过程。

⑤ 不确定性。导致项目非重复性的主要原因是外部条件以及实施过程的不确定性，特别是对于模具项目来说，其中的不确定性不可避免地会为项目带来风险。

⑥ 注塑模具的项目，在一定程度上更有它的独特性。

⑦ 对模具项目的服务和结果都是进行一次性的工作，极少数有重复的。

34.3 任命能够胜任的项目经理

34.3.1 项目经理的知识结构

首先，从模具合同签订，经合同评审、立项后开始，确定项目负责人。项目经理既要具有沟通、协调能力，还要有较强的责任心。作为一名合格的项目经理，需要具备五方面的知识，如图 34-2 所示。

① 项目管理知识　即以 PMBOK 为基础的项目管理知识体系，包括项目管理专有的概念术语、管理工具和方法。整个项目管理知识体系的框架包括五个管理阶段和九大知识领域，具体请参见下一节内容。

② 通用管理知识　通用管理知识指管理中的一般性常识，如管理中涉及的财务知识、法律知识、营销技能、人事管理方法等。这就是为什么项目管理资质考试需要具备 4500 个小时（约三年）管理经验作为前提条件。

③ 相关专业知识　即与项目所属行业有关的专业知识，例如，IT 项目需要懂得一些电脑和网络的知识，模具项目需要懂得模具生产技术知识。在这些专业领域，项目经理没有必要成为专家，但也不能是一窍不通的外行。

④ 环境适应能力　对项目所处的社会文化背景、国际政治环境、自然环境具有较强的理解能力，并能迅速适应环境，为自己的角色准确定位。这种能力往往建立在政治学、经济学、社会学、心理学、历史学、地理学的综合背景知识基础之上。

⑤ 人际关系能力　具体表现为与人沟通的能力，包括表达能力、理解能力、领导力、说服力、影响力、感染力、洞察力、判断力、决策能力、谈判能力、解决问题和处理冲突的能力。在某种程度上，上述能力是天生的，未必可以通过培训获得。培训可以挖掘一个人尚未发现或尚未开发的潜力，但很难凭空赋予他这种能力。因此从这个意义上说，并非所有的人都适合当管理者，也不是所有的人都可以当好管理者。

另外，还有一种更为重要的能力，就是举一反三的学习能力和触类旁通的领悟能力。一个只能举一反一的人，也许可以当好一个设备操作人员，但绝没有可能当好一个管理人员。然而具备了举一反三的消化能力后，通过努力工作，随着经验的积累，掌握管理原则和方法，也许未来能做一个好的项目经理。

34.3.2 项目经理需要具备全面的管理知识

项目负责人需要广泛的知识面，具备以下九大知识领域，如图 34-3 所示，才能做好项目管理工作。

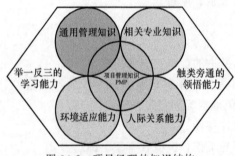

图 34-2　项目经理的知识结构

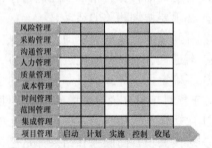

图 34-3　项目经理知识体系

34.3.3　项目经理要由懂得模具生产技术的人来担任

模具项目经理需要由懂得模具结构设计、制造技术的管理人来担任，避免以行政手段来管理项目。

① 项目负责人能看懂注塑模具的零件图和总装图，需具有模具、机械制造知识。

② 会使用 UG、CAD 查阅零件的尺寸，会做图片。

③ 了解客户的产品（塑件）使用和对模具的要求，知道向客户索要具体的相关资料。

④ 懂得模具基本结构，基本了解模具制造工艺，知道控制成本。

⑤ 熟悉模具质量及塑件质量验收条件。

⑥ 最好懂得外语，与客户直接沟通（国外订单的项目）。

34.3.4　项目经理需要具备的四个基本素质

① 准确定位　恰当把握自己在沟通中扮演的角色。一个人的角色无时无刻不在变化，在老板面前是下级，在员工面前是领导，刚在客户面前扮演基督徒，转身就得在供应商面前当上帝。因此，一个项目经理在与人交往中，必须具备迅速转换角色、准确定位的能力，否则角色错位将造成致命的错误，可以使沟通的效果变成灾难性的负值。如果你在需要倾听的时候，喋喋不休地扮演解释者，在需要仲裁的时候却在左右逢源地扮演谈判者，沟通效果可想而知。

② 清晰表述　这是一个管理者需要具备的基础素质。一个人是否有资格当管理者，不取决于他的专业能力，而更多地取决于他的表达能力。领导的作用，就是要让员工把各自的作用力集中在统一的目标和计划上。如果一个管理者无法清晰表述项目的目标和计划，员工怎么可能形成合力？一个表达能力差的管理者领导下的团队，必将是一个缺乏执行力的团队。表达能力不但在面对下属时重要，在面对上级时更重要，如果你不能向老板清晰地阐述自己的思路，怎么可能指望从他那里获得资源和支持，怎么可能保住你头顶上的乌纱帽？

③ 有效聆听　既是获取信息的手段，也是鼓励有效沟通的润滑剂。沟通是人际间的互动行为，需要说、听双方的共同努力，一个巴掌拍不响。若一个项目经理只善表达不善聆听，就好比一个光呼气不吸气的肺，不可能完整实现管理沟通的使命。关于如何纠正聆听中的问题和提高聆听技巧，我们将在后面的章节中进行详细探讨。

④ 应付冲突　这也是项目经理沟通能力的基本功。同样一个事情，有的人去沟通就会制造矛盾，有的人去沟通就可以解决矛盾，其中奥妙全在沟通技巧。关于如何在沟通中解决冲突，我们将在后面的章节中进行详细探讨。

34.4　项目管理的范围和职责

34.4.1　项目管理的范围

项目范围管理的整个过程分为四个阶段，从内容上包括四个领域，如图 34-4 显示。

（1）启动立项

也就是决定项目做什么。主要内容包括：项目的确立（立项）最终需要以书面形式表达，项目合同、项目建议书、项目任务书等。

（2）制定计划

就是将一个模糊的项目范围细化为具体的工作，主要内容包括：根据模具结构，分

图 34-4　范围管理的内容

解项目工作，即编制各部门工作的内容、任务。分清职、责、权的界限，合作时易于协调配合。范围管理的计划要以书面形式确立。

（3）范围审核

即对形成项目范围的各项要素进行评审，主要内容包括。

① 对项目的目标及宗旨进行审核，考察其是否符合主要干系人的价值观和共同利益，是否违背社会公众利益和国家法规。

② 对立项的各种假设前提进行审核，考察其是否合乎实际情况，数据是否准确并且可测。

③ 对形成范围的时间、成本、质量三项约束进行审核，考察其边界是否合理，它们之间的互动关系是否可以优化。

④ 对识别出的风险进行审核，审慎评估这些风险对项目范围取舍的影响程度。

⑤ 对项目的效益指标进行审核，评估其是否与项目团队的达标能力相匹配。

（4）变更控制

确立变更控制的原则。

设计变更程序，范围变更对整个项目管理系统的影响面是最大的，因此原则、方法和程序的设定都应比其他领域的控制更加严格。

34.4.2　项目经理的管理职责

① 重视企业的标准化工作是搞好模具项目的重要保证，努力建立、完善三大标准体系，使职、责、权明确，使客户满意。

② 正确处理项目中的三要素：时间，成本和质量。项目中的三要素关系经常是三角关系，密不可分。三个要素在一个项目进行中也经常发生冲突。一般来讲，人们总希望在非常短的时间内，以尽可能低的成本获得最好的质量结果。然而，这三种要素中的任何一个都可能成为重中之重，一旦确定其中一点，那么另外两点就需要相应进行调整。大部分项目都被迫要服从至少一个要素，所以必须知道模具项目的重点。

③ 做好模具立项工作与客户沟通的前期工作（包括所需要的资料、塑件的设计合理性）。

④ 做好模具的设计评审工作，减少返工和出错，优化模具结构。合理编制工艺，在不影响时间节点的情况下，做好成本控制工作。

⑤ 熟悉模具质量控制点，控制好模具生产进度。

⑥ 及时解决模具项目实施过程中出现的问题。正确找出问题存在的原因，指导、协同各职能部门研究解决问题的方法，提高解决问题的能力，并及时做好试模后的整修工作。克服漏发现、漏改、修整不到位的毛病，避免反复不必要的试模。

⑦ 调动、整合、利用一切资源及工具为项目服务。

34.5　项目的沟通管理

34.5.1　项目经理是个沟通高手

项目管理工作基本上体现为沟通工作，其管理能力绝大部分取决于项目经理的沟通能力。项目经理不但需要具备综合的知识技能，还需要有善于表达的沟通能力。

① 项目经理的职责对外代表公司负责与客户沟通，对内代表客户对公司的模具设计制造提出要求。

② 项目经理负责同此模具项目有关的公司各部门（采购、设计、制造、质量检验）的多方面沟通。

③ 项目经理负责有关此模具项目的信息沟通、传递、反馈，信息传递应及时、清晰、准确。

④ 一个项目经理应有能力进行有效沟通，需要同客户建立良好的沟通环境，对各部门做到任劳任怨，避免命令主义的粗暴工作方法。

34.5.2　沟通的质量要求

沟通工作好比是过滤器。信息的损耗是沟通中一个非常严重的问题，信息传输过程中的每一个环节，都可以被视为一个过滤器，就像电阻对电流的损耗一样，信息在经过这些环节之后往往被丢失或扭曲，其后果甚至可以导致非常荒谬的结局。所以，模具项目管理者需要由懂得模具结构与制造工艺过程、质量要求的技术人员来担任，避免信息在沟通后传达有误。

项目经理应能与客户及时有效地沟通，使与客户沟通的信息达到准确、完整、及时的要求。

① 准确性　一方面需要发布者具有较好的表达能力，能够准确表述自己的思想；另一方面需要接受者具备较强的理解能力，能够准确地领悟对方表达的概念。另外，传输过程中其他环节的工作质量也会影响到信息传输的准确性。编码失误就成了乱码，媒介失误会导致信息扭曲，解码失误会造成误解。准确性要求在信息传输流程中把误差率控制在最小的范围内，是这三条指标中最难达到的。当个翻译容易，可当一个好翻译难。

② 完整性　一方面要求发布者有意愿也有能力提供完整的信息；另一方面是接受者有意愿完整接受，也有能力完整理解。信息传输中最经常出现的问题：一是信息本身不完备，主要原因是信息提供者的隐瞒或信息的缺失；二是沟通过程不充分，主要由于信息接受方不认真，或者能力不够而造成的遗漏或疏忽；三是信息传输过程中的过滤造成信息衰减。

③ 及时性　要求信息及时送达相关干系人，并要求信息接受者及时反馈接受质量。项目管理中与决策相关的信息大多都有时效性，信息沟通滞后往往造成决策失误或延误，构成项目风险。信息沟通不及时的原因有主观的也有客观的，主观原因往往是项目干系人和团队成员重视程度不够；客观原因主要为涉及的组织架构的沟通层次过多，降低了信息传递的效率。

34.5.3　项目经理需要扮演六种角色

为了达到高效沟通的目的，一个项目经理在项目管理的沟通中，首先应打造沟通基础、理顺沟通环节、提高沟通技巧，因此项目经理需要正确定位。

① 推动者　通过沟通推进计划的制定和实施，激励团队员工努力实现项目目标。

② 倾听者　通过沟通获取各方信息，了解各方干系人的意图、需求、立场、条件。

③ 解释者　通过沟通表达或转达信息，让项目各方干系人充分了解项目的目标、计划、理念，了解项目的实际绩效、进展前景。

④ 谈判者　通过与客户及供应商的沟通洽谈，争取更有利的条件和双赢的结局。

⑤ 协调者　通过沟通让各方干系人相互了解各自的立场，协调他们之间的利益。

⑥ 仲裁者　通过沟通判断是非曲直，裁决团队成员在工作间的矛盾冲突。

34.5.4　项目经理带领的团队要有凝聚力

为了完成项目，项目经理需要组织一个项目团队，团队的成员有模具设计师、工艺师、模具担当及钳工、金加工及外协加工人员、采购人员、质检人员等，并由项目经理直接领导。这个团队中每个人都需要知道做什么，为什么要这样做，如何做，以及他们的任务何时完成。项目是有限制的，他们都有一个明确的开始时间和结束时间。如果时间段不明确，或者你的目标不明确，这不是一个项目。项目负责人要充分发挥项目中有关部门人员的团队协作精神，并加大执行力度。

项目经理要把主要项目关系人，如模具设计师、模具担当（组长）、质量部门人员、金加工人员等，整合在项目目标之下。做到有效的实时沟通，避免各自为政，相互抱怨、互相推诿。从而，使项目顺利完成。

项目经理要有强烈的责任心，对企业的模具设计标准、客户标准、制造设备等相当了解，懂得轻重缓急，遇事快速反响，果断作出决定。

34.6　关于模具项目的数据内容和要求

项目经理需要对客户提供的塑件 3D 造型及有关数据组织有关人员审核，也就是立项前后的输入评审。如果客户的塑件设计有不合理的，需要同客户及时沟通，作出决定；项目经理向客户或经营部门（市场部）沟通的有关设计、制造的技术资料，应及时提交给设计部门，避免设计等待、变更和影响设计进度。而这些提供的数据必须是文字格式或电子文档的，不能用电话或口头形式告知，避免出错的原因事后说不清楚。

提供给设计部门的数据内容如下。

① 模具合同的具体要求及报价（保密的另外存档）。

② 需要采用低版本和通用格式，用户于使用方便。塑件 3D 造型、2D 图样（3D 版本要求 UG7 以下）；3D 格式为 Stp、igs、x-t，2D 格式为 dWg、dxf；图片格式为 ipg、tif。

③ 塑件材料及成型收缩率。

④ 客户的企业模具设计标准。

⑤ 模具的型腔数。

⑥ 模具的浇注系统及模流分析具体要求。

⑦ 注塑机型号与规格的参数。

⑧ 塑件精度尺寸要求。

⑨ 塑件的装配关系和要求。

⑩ 塑件重量及成型周期要求。

⑪ 塑件外观的皮纹或粗糙度要求。

⑫ 客户对模具的模架、标准件、热流道、油缸等要求。

⑬ 模具的动、定模材质及主要零件和热处理要求。

⑭ 模具的试模 T1、T2、T3 时间要求。

⑮ 模具的制品产量和模具寿命要求。

⑯ 客户对模具的备件及设计图样要求。

34.7 项目的时间管理

34.7.1 项目时间的特殊意义

① 在项目的所有资源中，时间资源较特殊，它不能储存，不能再生，不能中断，不能控速，不能逆转，甚至于不能回避；它不以人的意志为转移而均速地流过。正因为上述特点，加上模具是单一产品，模具的最终交货日期，绝大多数都是很紧张的。所以模具项目的时间管理比其他项目的时间管理更加困难，更觉得被动。这个期限构成了项目三大约束之一，是项目管理的核心。

② 模具项目在时间管理的六个阶段：合同评审立项→客户信息数据整理→下达模具设计任务及计划并实施→采购计划并实施→零件加工及测量、装配、试模→验收直至合格出厂。

34.7.2 模具设计、生产进度控制

有条件的企业应用信息化管理，更能有效地控制好模具生产进度，做好模具项目管理。但在大多数企业还没使用信息化管理的情况下，应从以下几方面考虑，做好以下工作，控制好模具生产进度。

① 注塑模具设计与制造可以先画构想图，评审后马上列清单（动、定模，模芯，模板，零部件，模架，标准件等），边采购边设计，同时考虑工艺。当模板一到单位就可以对动、定模先安排生产。项目管理要求设计部门要限时提交模具材料清单，动、定模零件图，总装图及有关技术文件。至少，在模具大件材料采购到之前，要求将设计图样和3D造型搞好，可以加工。

② 项目负责人首先了解模具合同和客户要求、模具最终交货时间，尽量争取提早完成，留有充分时间。项目总工时应该有一个应急的时间储备，工期计划的时间须尽量精确，应急的时间不能轻易动用，留有余地。

项目负责人要有效地、高效地实施项目，加强动态管理；特别是中途的设计变更和加工出错处理，需要变更项目实施计划，压缩工期，加以调整。

③ 当模具结构设计好后需要项目经理及时提供给客户确认。尽量避免设计反复，避免不必要的设计。如果，工作量增加，会无形之中延长了设计周期，从而会影响交模时间。

项目负责人要有效地，高效地实施项目、加强动态管理；特别是中途的设计变更和加工出错处理，需要变更项目实施计划，压缩工期，加以调整。

④ 充分利用企业现有设备资源，合理安排使用，如企业模具订单任务较多，设备负荷较大的情况下，可考虑外协解决（外协单位须进行"供应商"评审合格的单位）。

⑤ 项目经理要对模具工期进度控制，必须对模具的动、定模的制造节点心中有数。利用表34-4进行零件加工工时估算，进行进度监控，督促有关施工人员按日、按时、按质完成。如果零件加工进度延后，就需作出相应措施设法解决。

⑥ 根据编制的模具加工工艺规程（也可由丰富经验的模具钳工直接编制工艺来缩短设计进度），合理安排工艺路线。注意成本控制。

⑦ 加强现场已加工好的零件质量确认，发现有问题及时解决。

⑧ 要特别关注模具总装和试模的工作能否按时完成，如有问题要采取相应措施。

⑨ 对T0试模的模具、塑件抓紧检验，如有问题要及时正确判断，下达修改结论，要求

尽快修整到位、再进行 T1、T2 试模并确认，直至合格。

⑩ 规模较大的模具企业，采用 ERP 信息化管理，提高效率。

34.8 模具项目的质量管理基本要求

① 项目经理要参加模具结构设计评审，从源头上关注模具结构设计是否优化。

② 项目经理要对模具项目的质量要求和难度做到了如指掌，时刻关注项目进展的质量情况，事先应对这副模具的制造难度、时间节点进行关注，对这副模具的关键质量进行跟踪，加强检验，做到有效控制。要避免上道工序出了问题，没有发现，到下道工序装配时才发现，有的甚至到试模时才发现，使模具质量达不到设计要求。

③ 要求模具质量总检人员懂得模具验收条件，把好质量关，避免不合格产品出厂，导致客户投诉。

④ 重视试模环节，懂得注塑成射工艺，能判断塑件的成型缺陷的原因。避免制品产品和模具存在着的问题没有被发现，或者修整不到位、漏检、漏整改。

34.9 项目成本管理

质量管理要考虑模具设计与生产成本，很多模具项目的按时完成牺牲了模具的利润，增加了模具的制造成本，或者降低了模具的制造精度质量，这样的项目可以说是完成不好的，甚至可以说是不合格的。

① 项目经理要参与模具结构设计评审，模具结构设计决定了模具的成本。

② 模具用材成本控制：包括对模具外形大小、模板厚薄、钢材型号等的控制。

③ 加工工艺成本、工时估算、设备资源利用等控制。

④ 外协成本控制。外协加工单位的认证，规范外协工作，加工工时和加工质量的认定和结算。

⑤ 试模成本控制。模具试模前的质量检查，规范试模工作，减少试模浪费。

⑥ 变更、设计和加工出错费用数据统计。

⑦ 项目结束后，整理项目的有关数据资料，核算设计成本、机加工、外协、人工工资、检测、试模、包装、托运及设计变更、加工出错、资金成本等费用，并核算税后利润。

34.10 项目经理需要考虑的问题

项目经理对该模具的工作范围、起止时间、成本、质量等四个目标要素要清晰，分析该模具制造全过程的每个环节，做到心中有数。项目经理要根据四个目标要素思考、计划以下几个问题。

① 客户有哪些具体要求？客户提供的资料是否齐全？提供的资料是否存在问题？项目（合同）是否经过输入评审确认？当立项后，客户的技术要求是否以书面形式整理后及时发技术部门，使设计部门具有明确的设计依据？

② 此模具项目何时开始启动？模具制造周期能否按时完成？时间紧怎样想方设法按期完成？

③ 此模具项目存在哪些难度？模具精度和质量能否达到客户要求？

④ 此模具由谁设计？模具何时评审？大件材料清单何时提交？总装图和零件图何时提供？

⑤ 模具零件的加工工艺是否合理？

⑥ 用哪些设备加工模具？怎样加工？是否需要外协？

⑦ 加工费需要多少？模具成本是否做到有效控制？

⑧ 此模具怎样做？为什么要这样做？做到什么程度？客户对该模具质量的要求是怎样的？对该模具质量应如何控制？

⑨ 客户提供的信息及各部门如何沟通？各部门碰到的问题怎样解决？变更要求如何及时沟通？

⑩ 此模具由谁负责制造完成？T0、T1、T2、T3 何时试模？

⑪ 试模后模具运行情况如何？工艺有无记录？制品检验尺寸如何？制品外观如何？有无成型缺陷存在？发现的问题如何修整？何时修改到位？何时进行第二次试模？何时入库？

⑫ 项目经理要有风险预防意识。项目负责人应事先对该项目进行风险分析。特别是复杂、精度高、制造周期短的模具项目，应充分估计，事先考虑有无风险。如果有风险，怎样控制风险？用怎样的应急措施降低风险？发现风险后应果断采取应急措施挽救该项目，做到尽早识别项目的风险，尽力避免事故发生，尽量降低风险造成的损害，最大限度（尽早、尽力、尽量、尽责）地减少风险的危害性，把该项目完成。

34.11　项目经理要对项目进行监视和控制

① 启动、规划、执行和结束所需的每个过程，以便随时发现问题、解决问题，使模具生产进度和质量达到目标。为了缩短模具生产周期、充分利用时间，可利用"项目网络图"控制实现目标。

② 项目经理要根据四个目标要素进行具体的分解。

a. 使目标可测量化（数字化）。

b. 可实现的、可操作的。

c. 相互之间可协调一致、不矛盾的。

d. 有期限的、可跟踪的；特别要注意模具生产进度，限时达到目标。

③ 为了做好项目管理，项目经理要对各部门进行沟通，消除主观、客观的沟通障碍，消除各部门壁垒。对项目的有效沟通提出以下几点忠告。

a. 充分认识并理解项目关系人之间的差异，设法以他们能够接受的方式、方法进行沟通。

b. 项目工作的参与者应该受过一定的项目管理教育。

c. 如果沟通中出现问题，要首先从自己方面找原因，不要抱怨别人。

d. 善于倾听。

e. 注意信息反馈。

f. "我们"＋"他们"＝"咱们"（人与人之间的许多冲突实质上是系统之争）。

g. 如果实在找不出一点对实施者的好处，就不要派他去做。

h. 制定合理的措施和制度来规范沟通过程。

i. 要有原始记录。

34.12 项目管理的七种应用工具

① 调查表详见表 34-1，取得原始数据（发现问题）。

表 34-1 调查表

序 号	发现的问题(不合格现象)	占不合格总数的比重	备 注

② 排列图详见图 34-5，对质量问题的严重程度或发生频率进行排序（问题排序）。

③ 因果图详见图 34-6，对排序第一的问题进行因果分析（分析问题）。

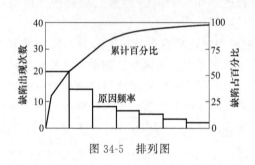

图 34-5 排列图

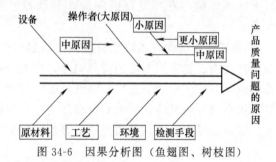

图 34-6 因果分析图（鱼翅图、树枝图）

④ 对策表详见表 34-2，对应原因，提出应对措施（解决问题）。

表 34-2 对策表

序号	拟整改的问题	拟采取的对策	拟达标准	整改截止时间	责任人	验收人	备注

⑤ 控制图详见图 34-7，对关注指标的示值进行控制（控制问题）。

⑥ 验证表详见表 34-3，对实施效果进行验证（验证问题）。

表 34-3 验证表

序号	整改的对策	拟达标准	验证记录	验证时间	结论	验证人

⑦ 流程图见图 34-8，对行之有效的路径加以固化。

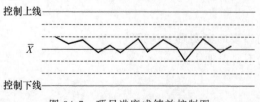

图 34-7 项目进度成绩效控制图

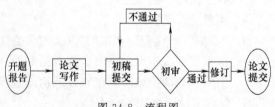

图 34-8 流程图

⑧ 对模具生产进程进行有效控制，见表 34-4。

表 34-4　模具生产进度表

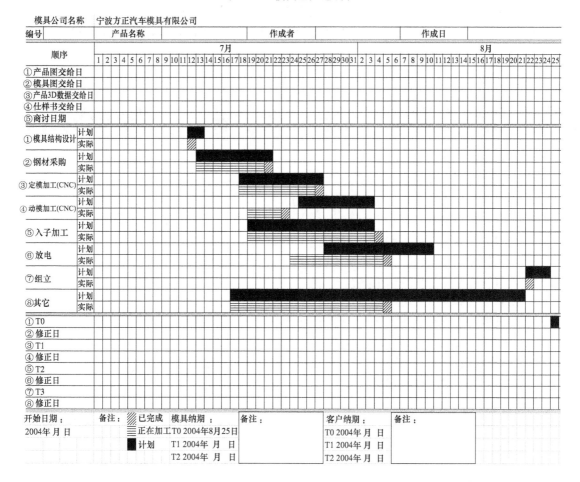

34.13　模具项目的验收和评价

　　每副模具经试模验收、塑件验收后，要按模具验收条件来验收模具，并做好模具的收尾工作：模具包装、托运（也是模具项目的收尾工作）。在收尾工作前，当发现项目的环节中发生失败情况或质量有问题，在抢救无效时应及时终止项目，不要把不合格的模具托运出去。这千万要注意，否则顾客会对企业进行投诉，企业将会失去顾客，造成负面影响（特别是国外的顾客），将会丢失一大片市场。

　　在模具企业中，由于诸多原因，大多数模具项目不能按时完成，这种现象普遍存在。为了争取时间，有的企业在不考虑成本的情况下，力争按时完成模具项目，且质量达不到要求，这样的项目可以说是失败的。有的模具项目按时完成了，但模具质量达不到要求，这样的项目不能算是成功的。有的以高成本且能按时完成，并获得最好的质量结果，这样的项目可以说是成功的，但不算理想。长期这样做，企业利润就会减少。

　　因此，企业中的模具项目完成好坏，可以说决定着企业的命运。项目完成的是否理想，体现了企业的综合能力。如果一个企业的模具项目完成较好，证明其企业从设计、生产到管理的理念、能力优秀，团队协作气氛好；也说明企业具备了真正的企业文化，员工整体素质高；模具项目成功完成，顾客满意度肯定好，企业发展潜力就大。

当模具项目完成后，应及时与客户按合同做好对这副模具的结算工作，并对模具项目进行认真总结经验教训和评价，同时要求对所有有关资料进行整理（包括客户反馈信息），交文控存档。对企业来说，存档的资料对积累经验是有重要作用的，对相类似的模具项目从设计到制造都可起到借鉴作用。

复习思考题

1. 什么叫项目？
2. 注塑模具项目有哪些特征？
3. 模具项目经理需要具备哪些知识和能力？
4. 模具项目经理有哪些职责？
5. 怎样控制模具生产进度？
6. 项目经理需要提供哪些有关设计资料？
7. 项目管理有哪七种应用工具？
8. 模具项目完成后应怎样总结？
9. 模具项目管理有哪四个任务？哪个最要紧？
10. 怎样评价模具项目完成的好坏？
11. 当模具项目出现异常，项目经理需要怎样面对？采取什么措施解决？
12. 请您谈谈怎样搞好模具项目？

第35章 ▶▶ 模具的成本与报价

模具的成本必须是具有竞争力的，在满足客户需要的同时，也要获得合理的利润。

"廉价"模具在制品生产中未必是廉价的，一般用模具成本和制品成本两方面的关系来评价模具的优劣。对于低产量的模具，即使冷却和推出都不讲究，结构较为简单，也可能相当令人满意。而对于制品产量高的模具，则必须研究每种可能性，提供最好的冷却、最快的推出和最长的模具寿命，即使模具成本会提高也必须如此。但是廉价模具总比优质模具的成型周期更长，占用的机器时间也更多，这会实实在在地增加每件制品的成本。同时，一副好模具可以尽量避免（或减少）停产时间，从而进一步提高了模具的生产效率。

模具的生产成本是模具价格的主要组成部分，是影响价格的主要因素。同样一副模具，在不同的企业中制造所产生的费用不尽相同。机械化程度高，数控机床比例大，固定资产值高，设备折旧率高，模具成本就高；反之，手工比例大，成本相对可以低一些。当然，手段不同，模具的制造精度也不相同。偏于简单的模具可以采用后一种做法，以获得高利润。随着产品质量的不断提高，对模具的档次和精度提出了更高的要求，迫使模具生产厂必须配置高精度的机床，以电加工和机械加工代替手工操作，这是模具生产的方向。因此，以手工代替机电加工来降低制造成本的方法，会逐步被优胜劣汰的规律所抛弃。实际制造成本的降低要依靠合理的结构设计、合理的加工工艺和合理的工艺路线，以及模具零部件的标准化、系列化来保证。

模具价格估算是模具制造企业工作的重要环节。模具报价的核心是成本的核算，它是集技术、经验和市场信息于一体的综合性的技术问题。随着产品的更新换代，模具制造和加工技术日益更新，模具市场的竞争也越来越激烈。而模具竞争的核心是模具的质量、技术含量和价格。过去，模具成本的计算靠经验丰富的专家来完成，现在，仅仅依靠专家估价已经不能满足社会的需要。对于注塑模具而言，模具的成本估算一定程度上是估算注塑产品价格的决定性因素。尤其是在赢取模具订单时，必须要有合理的价格。价格过高，就会失去客户，价格过低，就会减少企业的利润，同时客户也会怀疑模具质量。

由于各种原因，各家的模具开发时间和费用会有很大的不同。在这种情况下，合理的费用就是模具供货商和购买者之间长期互利伙伴关系的基石。

模具报价的方法多种多样，但归纳起来，主要有简易估算法和详细估算法两大类。

35.1 模具报价应掌握的基本知识

报价工作是个既复杂又很细致的工作，它涉及的知识范围较广泛。要做好模具的报价工作确非易事，需要掌握以下相关知识。

① 能完成一般文员所能做的工作，并懂得 CAD 及 UG 简单的功能使用。

② 能看懂机械图和模具总装图，懂得机械行业的一般加工知识。

③ 熟悉模具的规范设计和模具结构。

④ 对模具制造加工工艺和生产的全过程有所了解。

⑤ 对标准件、模具的材料性能、钢材价格、热处理及费用有所了解。

⑥ 对塑料性能和特性及注塑工艺有所了解。

⑦ 对模具的质量要求、难度系数有所了解。

⑧ 对市场运作、行业信息、模具市场价格和当前的市场形势有所了解。

⑨ 了解模具成本形成及简单估算知识和模具价格的详细计算法。

⑩ 了解本企业的设计生产状况，对本企业的管理水平、设计能力、设备状况、员工技能有所了解。

⑪ 懂得外语，并能和国外客户直接用外语商讨模具技术及商务等有关问题。

⑫ 有公关和与客户沟通的能力，最好能了解客户的动态及内情。

35.2 模具价格的费用构成

① 模具设计与制造费用。

② 模具材料与标准件购置费用。

③ 管理费用。

④ 税金（含增值税和所得税）。

⑤ 技术附加费用。

其中，模具设计与制造（加工、装配、试模）费用与所用工时成正比。企业利润、工资福利和税金取决于模具设计与制造所创造的价值，如图 35-1 所示。所以，提高制造效率、降低生产成本、缩短制造周期，是控制成本、提高企业经济效益的有效途径。

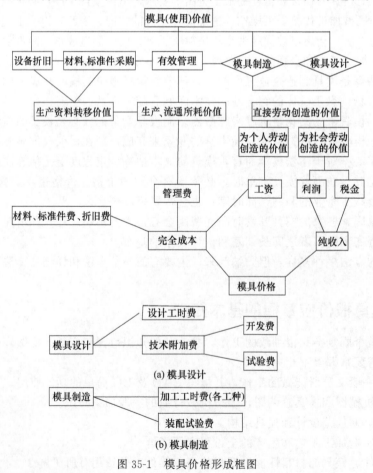

图 35-1　模具价格形成框图

35.3　影响模具价格的有关因素

35.3.1　模具供货周期

模具的生产周期是从接受模具订货任务开始到模具试模鉴定后交付合格模具所用的时间，也是模具交货期，是在用户合同中明确规定的主要内容之一。当前，模具使用单位要求模具的生产周期越来越短，以满足市场竞争和更新换代的需要。

因此，模具生产周期的长短是衡量一个模具企业生产能力和技术水平的综合标志之一，也是反映一个模具企业诚信的主要指标，同时，也是衡量一个国家模具技术管理水平高低的标志。

模具生产周期直接决定着新产品问世的早晚。因此，模具供货周期与模具销售价格有着直接的关系。同样一副模具，供货时间短，可以提高销售价格，这种做法是模具社会效益的具体体现。一些专业模具生产厂家，不惜重金更新加工设备，改革加工手段，其目的就是要向时间要效益，力求在短时间内生产出高质量的产品。这是商品经济的特点，是大势所趋，它将促进模具行业水平的提高。因此，生产周期的缩短带来模具价格上浮这一现象，在模具价格变化中会越来越明显地体现出来，并成为模具计价的一个重要因素。

交模期取决于模具制造周期，即取决于模具设计时间和生产准备、零部件加工与组装、总装与试模时间的总和。为此，在保证模具制造精度、质量和使用性能的基础上，控制、保证每副模具的制造周期，是模具企业经营管理业务中最重要的任务。

35.3.2　影响模具生产周期的主要因素

（1）模具设计、制造的计划性

模具是单件生产的工具型产品。为保证、控制模具制造周期，必须强调模具制造的计划性。在企业规划的指导下，充分发挥企业资源的优势，制定严密的模具制造的大计划、月计划和作业计划。

① 大计划指根据企业产品方向、材料、标准件等资源配套状态和用户需求及用户合同，制定成的以季度、半年或年为期限的模具制造计划。

② 月计划又称小计划，主要依据是用户合同、型件坯料和标准零部件的配套状态。

③ 作业计划指根据月计划的要求和每副模具制造工艺规程所制定的计划，须强调制造工艺规程中所规定的模具制造的质量因素和质量环的控制与管理。

（2）模具制造周期控制和管理的现代化

将每副模具的制造工艺过程，工艺规程中设定的质量因素、质量环，以及模具制造过程的时限，采用计算机及其相应的软件所构成的企业内部的数字信息系统使之程序化，以控制与管理模具制造的全过程。当制造周期较短、交模时间较紧时，风险也相对来说较大，模具报价时就要高一些。因为，只有提高管理水平，模具制造周期才能得到有效控制，保证按合同完成。

模具生产经营和管理水平要高。企业应有规范先进的管理流程，采用现代化的管理手段和制度管理企业，也是影响模具生产周期的主要因素。

（3）模具技术和生产的标准化程度

高的模具标准化程度是一个国家模具技术和生产规模发展到一定水平的产物。目前，我国模具技术的标准化已有良好的基础，有模具基础技术标准、模具设计标准、模具工艺标准、模具毛坯和半成品件标准及模具检验和验收标准等。由于我国企业现状的问题，使得模具标准件的商品化程度还不高，这是影响模具生产周期的重要因素。

（4）模具企业的专门化程度

现代工业发展的趋势是企业分工越来越细。企业产品的专门化程度越高，越能提高产品质量和经济效益，并有利于缩短产品生产周期。目前，我国模具企业的专门化程度还较低。只有各模具企业生产自己最擅长的模具类型，有明确和固定的服务范围，同时各模具企业互相配合搞协作化生产，才能缩短模具的生产周期。

35.3.3　市场情况

随着市场的激烈竞争，新产品层出不穷，老产品更新换代，为了适应千变万化的市场需要，模具必须时常翻新、改型。如果有一副前所没有的创新模具产品，它的基本结构或原理、加工手段、模具材料等有独到之处，在市场中就会独占鳌头，那么，即使它的加工成本与一副相类似的模具成本相同，它的价格也要有所提高，因为它为新产品赢得了市场，它使产品创出了一个"新"字。即所谓"物以稀为贵"。这种模具价格的浮动是符合商品经济的竞争规律的。

35.3.4　模具设计费同高技术含量及模具精度有关

人们熟知，模具是技术密集型的产品，又是各类产品零件批量生产的基础工艺装备，因此，在模具计价方法中必须加入模具的高技术因素，以体现价格与价值彼此对应的原则。在国际市场上，模具是卖技术，而目前在我国模具市场中却是在卖人工费、管理费及材料费。这种高科技不算价值、不值钱的状况，不仅使国内模具生产厂家微利或亏损，同时也严重地影响了模具行业的技术进步。这种估价方法，简单模具还可以应付，而高难度、高技术、高精度的模具利润甚微，甚至不盈利，其后果势必形成恶性循环。因此，越是难度大的模具，它的技术成分占的比例越要大，一般要占 10％～30％，必须把模具的技术价值作为重要组成部分计算进价格中去，从而体现出高技术、高精度模具的技术价值。

面对我国模具价格状况，在商品经济的竞争中，在现代化的生产管理中，非改变不可。否则，企业自身的改造和技术进步将停滞不前，振兴模具工业将成为一句空话。

35.3.5　模具寿命和模具的维修

一种产品常常在不断更新改型中得以完善，一种型号的产品寿命就决定着模具的寿命。不是所有的模具寿命都越长越好，模具被废弃是一种浪费。有时，寿命值剩余过多的模具的价格与预期寿命有直接关系。我国模具标准中明确规定大中型模具一般寿命为 10 万次，中小型为 15 万～20 万次。但是，有的新产品预期生产只有几万次甚至更少。这时，大可不必要求寿命过高。寿命要求不高，在保证同样精度的情况下，可以降低加工成本，这样对产需双方都是一种节省。

预期寿命长短，影响着模具的价格，这是不容忽视的，在产品日新月异的年代，尤为突出和重要。有的客户要求模具供应商保证模具可生产多少件制品，模具的维修费用要供应商负担。

35.3.6　模具品牌效应

如果某公司的模具设计和制造质量可靠，不存在客户投诉，交模周期又短，价格又合理，模具使用后不会提前失效，售后服务又到位，这样该公司的模具在客户群中就有良好的口碑，会产生品牌效应，不愁没有订单，而且模具价格可以高于同行。

35.4　模具的生产成本

模具的生产成本是企业为生产和销售支付费用的总和。模具的生产成本包括原材料费、外购件费、外协件费、设备折旧费、经营开支等。从性质上分为生产成本、非生产成本和生产外成本，我们讲的模具生产成本是指与模具生产过程有直接关系的生产成本。

影响模具生产成本的主要因素如下。

① 模具结构的复杂程度和模具功能的高低。多功能自动化等现代科学技术的应用使得模具向高精度的方向发展，相应地使模具生产成本提高。

② 模具精度的高低。模具的精度和刚度越高，模具的生产成本就越高。模具的精度和刚度应该与客观需要的产品制件的要求、生产批量的要求相适应。

③ 模具材料的选择。在模具费用中，材料费在模具生产成本中占 25%～30%，特别是因模具工作零件材料类别的不同，相差较大。所以应该正确地选择模具材料，使模具工作零件的材料类别和要求的模具使用寿命相协调，同时应采取各种措施，充分发挥材料的效能。

④ 模具加工设备。模具加工设备向高效、高精度、高自动化、多功能方向发展，这使得模具成本相应提高。但是，这些是维持和发展模具生产所必需的，应该充分发挥这些设备的效能，提高设备的使用效率。

⑤ 模具的标准化程度和企业生产的专门化程度。这些都是制约模具成本和生产周期的重要因素，应通过模具工业体系的改革有计划、有步骤地解决。

⑥ 模具的设计更改（由于客户的塑件产品更改要求模具设计更改、设计结构不合理的设计更改、加工出错的设计更改）费用，加工出错后需重新加工的费用［材料、标准件、人工费用、检测费用、试模费用（设备、人工、塑料）］等。

35.5　模具报价的方法

模具报价按国家区域、地区区域有所不同。尽管报价方法有所不同，但根据模具的结构，核算材料成本费用一定要正确，这样模具报价才能做到基本正确。各模具厂家都积累了许多塑料模具计价方法。模具计价方法有以下几种，现介绍如下，供同仁们参考。

模具报价方法有简易估算法和按塑料模价格的构成详细计算法两大类，下面详细介绍如下。

35.5.1　简易估算法

（1）材料价格系数法

就是按模具的重量计算模具价格，按吨估算（吨/元），即材料比价计价法。这是最简单的报价方法，这种报价需要报价人员具有一定的经验，一般用于粗略报价较多。

模具设计方案一旦确定，模具的几何尺寸及模具结构就基本确定了，所需的材料费可以随之确定出来，对于每副模具材料费是常量，只需要乘以相应系数即可，根据经验：

$$模具价格＝(5～6.5)×材料费$$

在模具较小、结构简单时，系数可以取较小的值。这种方法在模具行业里比较通用，可以在短时间里粗估模具成本。按材料费倍数进行估算：这种方法主要根据模具的难易程度、每模腔数、模具的选材、模具的精度、模具的周期等诸多因素进行考虑，简单的模具价格是材料费的 5～6.5 倍。

（2）依据模架估算模具价格

为了提高模具的生产效率，各地模具企业都在大力推广标准模架。对于注塑模具，可以根据模架价格估算出模具的价格。因为根据经验，模具成本 M 与模架的材料、结构形式、精度以及尺寸有关，经验公式为：

$$M = KP$$

式中　K——模具的复杂系数，根据注塑的难易程度有所不同，对于结构形状一般的模具 $K = 3.2～4.5$，对于难度较高的模具 $K = 5～7$；

　　　　P——标准模架的价格，可以根据市场上模架供应商的报价单查询。

对于模架估价法，关键是要根据制品的特点确定出模架，这就要求估价人对模具结构比较熟悉，否则误差较大。

（3）依据模具电加工费估算模具价格

① 随着产品形状的复杂化及对模具质量要求的提高，高熔点、高强度、高硬度的新型模具材料不断出现，电加工成本在很大程度上影响着模具的整体价格。模具生产中常用的电加工方法有线切割（快走丝和慢走丝）、电脉冲加工、电解加工和电铸成型等。

在实际生产中，电加工的费用与模具结构的复杂程度、精密度以及使用寿命的长短成正比，模具的价格必然也与电加工的费用成正比。用近似公式表示模具成本 M 与电加工成本 Q 之间的关系：

$$M = KQ$$

式中，对于复杂程度一般的模具 $K = 5～7$，对于难度较大的模具 $K = 8～10$。上式对于特殊结构的模具估算的准确性稍差，只满足一般模具的估价。

② 根据加工精度和工艺难度的要求考虑金加工工时。

（4）成本类似对比法估算模具价格

以典型的模具原有的价格为基本价，可以结合以往所开发的模具或参考市场上同类型模具的价格，在原来的基础上，进行适当调整来确定新模具的价格，该方法只能应用于相似的模具。平时要求收集已报过价格的同类模具资料，建立数据库，通过比较进行模具价格估算。

（5）按模具的复杂系数估算模具价格

按塑件的形状、结构的复杂系数，模具设计难度，设计工时或 2D 图的多少，抽芯机构及斜顶的多少，确定模具价格。

（6）按制品的质量精度要求估算模具价格

根据模具的精度要求计价，精度高的模具的价格可为精度低的模具的 10～12 倍。

35.5.2　按塑料模具价格的构成详细计算法

由于模具品种规格繁多，技术密集，估价时难以将各种复杂的技术因素估计得很恰当。针对各企业价格的计算方法各异、高低出入很大的现状，现将中国模具工业协会经营管理委员会推荐的计算方法介绍如下，可参考这个资料，结合本单位具体情况，制定自己的价格计算方法。

根据模具的详细内容核算列表估算法：这种报价方式对模具厂经营部门的要求较高，既要懂技术，又要懂生产管理和市场行情，否则报价的出入会较大，一般需要技术部门的配合才能完成。

商品的价格一般由产品成本、流通费用、税金和利润构成。然而，模具作为一种商品在市场上流通，情况不大相同。因为模具是制造方与使用方根据种种议项直接定价成交的，不包含流通费用而只含销售费用，所以模具的销售价格可以表达为：

$$M = M_e + m = M_0 + e + m \cdots$$

式中　M——模具销售价格；

　　M_e——模具销售成本（完全成本）；

　　　e——模具销售费用（普通包装运输费、宣传广告费、销售机构经费、代销手续费、售后服务费等）；

　　　m——税金利润（税收 17%，扣除材料费用）；

　　M_0——模具的生产成本，是模具在制造过程中所发生的各种费用的总和。

M 包括以下内容。

① 设计费：设计人员工资、图纸、资料等（约占成本的 5%～15%）。

② 原材料费。

a. 模架材料（模板、垫铁）。

b. 标准件及非标准件。

c. 动、定模芯，镶块材料（包括特殊材料，如铍铜、合金铜、粉末冶金等材料）。

d. 工艺装备材料［电极（电解铜、铜板、石墨）及电极工艺板］、专用夹具等（约占 20%～25%）。

③ 金加工费用：工时和机床设备折旧费、能源动力费用（水、电、润滑油、气、消耗品）、刀具等（约占 25%～30%）。

机床设备加工费用如下。

a. 电火花成型。

b. 线切割。

c. 平面模。

d. 钻床：台钻、摇臂钻、深孔钻。

e. 锯床。

f. 车床。

g. 数控铣。

h. 雕刻机。

i. 合模机配模。

④ 热处理费用。

⑤ 工资费用：工艺装备、零件制造、装配、修整、抛光等的费用，工人工资，奖金，按规定提取的全员福利基金。

⑥ 标准件费用。

a. 热流道系统费用：热流道板、喷嘴、电器箱。

b. 冷却水道配件。

c. 标准件。

d. 斜顶机构滑座等。

e. 油缸。

f. 铭牌。

⑦ 试模费用：塑料、注塑机费用，试模人员工资等；在一般情况下，大中型模具试模次数在 3～5 次，中小型模具为 1～3 次；当然，试模次数控制得越少越好，这样可以有效地降低模具生产成本。

⑧ 塑件和模具检测费用。

⑨ 包装箱材料及人工费用。

⑩ 管理生产所发生的费用。

a. 办公费（文具用品、纸张打印）。

b. 房地产费。

c. 交通运输费用。

d. 差旅费。

e. 广告费。

f. 管理人员工资。

g. 邮电费。

h. 公益费及其他。

i. 培训费用。

j. 资金周转利息支付费用等（10%～15%左右）。

k. 外协作费及其他（管理及服务人员的工资、消耗性材料费、低值易耗品摊销、材料与产品盘亏与毁损利息支付等）。

⑪ 利润（根据模具的具体情况而定：15%～35%）。

⑫ 一副模具的税收一般为模具销售收入的15%～18%，由于各地税率不同，其税金的核算基数也不同，表35-1供参考。

⑬ 有的客户要求模具供应商对模具使用中出现的问题负责维修（或者保证模具生产成型塑件多少件）。

⑭ 不可预见费用，模具生产具有新产品开发的性质，必然存在着某些风险，同时，还可能出现一些意外事故（设计或加工出错、设计更改等也有可能发生），这些都会产生额外费用，其费用的大小很难估计。大型复杂模具风险性大，小型简单模具风险性相对小一些，因而，承担这种风险实质上也是一种出卖技术。技术上把握大了就可避免事故的发生。每副模具的销售价格中含有适当比例的不可预见费是合情合理的。根据本企业的实际情况，可以将该费用控制在模具销售价格的15%为好。各企业也可根据模具的实际情况，与客户双方协商确认。

35.6 模具的报价策略

模具价格估算后，一般要以报价单的形式向客户报价。报价单的主要内容有：模具价格、设计制造周期、要求达到的模次（寿命）、对模具的技术要求与条件、付款方式和结算方式以及保修期等。模具的报价策略正确与否，直接影响模具的价格，影响到模具利润的高低，影响到所采用的模具生产技术管理等水平的发挥，是模具企业管理中最重要的部分，是企业发展成功的体现！

对同一套模具，不同厂家报价有时有很大差距，在报价时不应该高于模具价值费用，也不应该小于模具的成本。模具厂家要想在业务中取得合理的利润，成本计算必须尽量准确；制定一套报价低得多的模具会是麻烦的开始，企业应从自身要求出发，全面衡量，慎重报价。

模具的报价策略：要把顾客细分类型，要考虑到顾客有所不同，关键客户，灯塔型、潜力型客户，大中小客户都有所不同，对不同的客户采取不同的报价；忠实客户的模具报价根据情况可略偏高，对新客户报价尽量接近新客户的目标价。

　　模具估价后，并不能马上直接作为报价。一般说来，还要根据市场行情、客户心理、竞争对手、状态等因素进行综合分析，对估价进行适当的调整。在估价的基础上增加 10％～30％，提出第一次报价。这时形成的模具价格，有可能高于估价或低于估价。当商讨的模具价格低于模具的保本价时，需重新修改模具要求、条件、方案等，降低一些要求，以期可能降低模具成本，重新估算后，再签订模具价格合同。应当指出，模具是属于科技含量较高的专用产品，不应当用低价，更不能用亏本价去迎合客户；而是应该做到优质优价，把保证模具的质量、精度、寿命放在第一位；也不应把模具价格看得过重，否则，容易引起误导动作。追求低价的话，就较难保证模具的质量、精度、寿命。廉价一般不是模具行业之所为。

　　① 模具价格的地区差与时间差。按地区国家区域不同报价有所不同。一般美国、日本、西欧国家的模具价格是中国大陆模具价格的 3～4 倍，甚至更高，中国台湾模具价格是中国大陆模具价格的两倍。

　　这里还应当指出，模具的估价及价格，在各个企业及各个地区、国家，在不同的时期、不同的环境，其内涵是不同的，也就是存在着地区差和时间差。为什么会产生价格差呢？这是因为：一方面各企业、各地区、国家的模具制造条件不一样，设备工艺、技术、人员观念、消费水准等各个方面不同，对模具的成本、利润目标等的估算也不同，因而产生了不同的模具价格差。一般在较发达的地区，或科技含量高、设备投入较先进、规模较大的模具企业，他们的目标是质优而价高；而在一些消费水平较低的地区，或科技含量较低、设备投入较少的中小型模具企业，其相对估算的模具价格要低一些。另一方面，模具价格还存在着时间差，即时效差。不同的时间要求，产生不同的模具价格。这种时效差有两方面的内容：一是一副模具在不同的时间有不同的价格；二是不同的模具制造周期，其价格也不同。

　　② 要掌握目前市场的行业信息、动态，根据市场行情同本企业的实际情况、企业接单状况，采取不同的利润报价，争取客户。

　　③ 根据客户的状况报价。分析客户源的状况和今后此客户能否有大订单，如果能发展为忠实型客户，则第一次报价可略低于市场价。

35.7　模具报价单的格式和内容

　　模具报价单的填写，模具报价时间一般在 2～3 天，特别是在网上报价，顾客是等不了的，税率表见表 35-1，注塑模具报价单见表 35-2、表 35-3。

表 35-1　税率表

税　　　目	税　　率	备　　注
印花税	销售收入×80％×0.3‰	
残疾人保障金	在职工人数×20 元/人·月	20 元计数根据各地经济情况而不同
水利建设基金	销售收入×1‰	
职工教育统筹金	实发工资×1.5％	
城建税	实交增值税×5％	
地方教育费附加	实交增值税×2％	
教育费附加	实交增值税×3％	
企业所得税	利润×25％	
增值税	（总价−材料费）×17％	万元/年
模具出口退税率	14％	
房产税	原值×70％×1.2％	元/年
土地使用税	元/平方米	元/年

表 35-2　注塑模具报价单（一）

××××× 模具有限公司报价单

客户名称

名称编号特征		制表日期		编号	

模具材料费用	模具最大外形尺寸	主要材料名称	质量/kg	核算单价	小计	总金额

机床加工费	模架加工	磨	镗钻	普通铁	线切割	电脉冲	加工中心	热处理	合计

钳工费用	设计、制图	装配	修整	精修(抛光)	钳工费用合计

辅助材料费用		合计

出差费			备注
试模费			
管理费		合计	
运费			
税金			
利润			
其他			

T1 时间	

模具造价总额	报价人	销售部	公司	审批

表 35-3　注塑模具报价单（二）

××××× 模具有限公司报价单

客户公司	公司	报价厂商	公司
模具名称		模具编号	
模腔数	模具寿命	模具材料(凸模)	
塑件材料	开发周期	表面要求	电镀(　) 皮纹(　) 涂装(　)
模具最大外形尺寸		模具重量	

核算项目

模具结构件		类别/材质	规格	数量	单价	费用
模架结构形式,订货标识		大水口(　)				
		细水口(　)				
		热喷嘴(　)				
动、定模材料	模坯					
	型芯					
	型腔					
	镶块					
	滑块					
工装工艺材料	电极					
	夹具					
标准件	导柱、导套					
	顶杆					
	小五金					
	油缸					
	热流道					
	气辅					

备　注:斜顶(　) 抽芯(　) 其他(　)　　　　　　　项目

合计 ￥

续表

加工费				工程及其他	费用
类　别	预计加工时间	每小时价格	费用		
台钻、摇臂钻床				设计费	
车床加工				试模费(3 次×50 件)	
加工中心				运输费	
铣床加工				利润	
平面磨床加工				管理费	
内外圆磨床加工				试模费	
电火花				增值税(17%)	
线切割				工程费用合计	
抛光				报价人	
热处理				批准	
三坐标检测费				日期	
装备人工					
皮纹(烂花)		加工费合计¥		模具报价¥	

35.8　模具的结算方式

模具的价格也以最终结算的价格为准，即结算价才是模具最终实际的价格。模具的结算方式从模具设计制造一开始，就伴随着设计制造的每一步，每道工序在运行、设计制造到什么程序，结算方式就运行到什么方式。待到设计制造完成交付使用时，结算方式才会终结，有时，甚至还会继续运行一段时间。所有设计制造中的质量技术问题最终全部转化到经济结算方面来。可以说，经济结算是对设计制造的所有技术质量的评价与肯定。

结算的方式是从模具报价就开始提出的，从签订模具制造合同开始之日起，就与模具设计制造同步运行。反过来说，结算方式的不同，也体现了模具设计制造的差异和不同。

结算方式，各地区、各企业均有不同，但随着市场经济的逐步完善，也形成了一定的规范和惯例。按惯例，结算方式一般有以下几种。

(1)"五五"式结算

即在模具合同签订开始之日，即预付模具价款的 50%，余下的 50%待模具试模验收合格后再付清。这种结算方式，在早期的模具企业中比较流行。它的优缺点如下。

① 50%的预付款一般不足于支付模具的基本制造成本，制造企业还要投入。也就是说，50%的预付款，还不能与整副模具成本同步运行。因此，对模具制造企业来说存在一定的投入风险。

② 试模验收合格后，即结算余款，使得模具保修费用与结算无关。

③ 在结算 50%余款时，由于数目款项较多，且模具已基本完工，易产生结算拖欠现象。

④ 万一模具失败，一般仅退回 50%预付款。

(2)"六四"式结算方式

即在模具合同签订生效之日，预付模价款的 60%，余下的 40%待模具试模合格后再结清。这种结算方式与第一种结算方式基本相同，只不过是在预付款上增加 10%，这对于模具制造企业有利一点。

(3)"三四三"式结算方式

即在模具合同签订生效之日，预付模价款的 30%；等参与设计会审，模具材料备料到位，开始加工时，再付 40%模价款；余下的 30%，等模具合格交付使用后，一周内付清。

这种结算方式，是目前比较流行的一种。这种结算方式的主要特点如下。

① 首期预付的 30％模价款作为订金。

② 再根据会审，检查进度和可靠性，进行第二次 40％的付款，加强了模具制造进度的监督。

③ 在模具验收合格后，再经过数天的使用期后，结算余款。这种方式，基本接近模具的设计制造使用的同步运行。

④ 万一模具制造失败，模具制造方除返还全部预付款外，还要加付赔偿金。赔偿金一般是订金的 1～2 倍。

（4）"四三三" 式结算方式

即在模具合同签订生效之日预付模价的 40％；第一次试模后，再付 30％模价款；剩下的 30％，于模具生产一段时间后，常常是制品第一批生产后结清。这种方式在南方珠江三角洲地区较普遍。

模具的结算方式还有很多，也不尽相同，但是都有一个共同点，即努力使模具的技术与经济指标有机地结合，产生双方共同效益，使得模具由估价到报价，由报价到合同价格，由合同价格到结算价格，形成真正实际的模具价格，实行优质优价；努力把模具价格与国际惯例接轨，不断向生产高、精、优模具方向努力，形成共同良好的、最大限度的经济效益局面。这是模具设计制造使用的最终目标！

复习思考题

1. 影响模具的成本因素有哪些？
2. 模具的成本是怎样构成的？怎样核算模具的成本？
3. 模具的报价方法有哪些？
4. 应怎样做好模具报价工作？
5. 一般模具的利润是多少？您对这副模具的实际利润是否清楚？
6. 汽车门板模的动、定模的钢材选用什么牌号？多少钱一公斤？
7. 模具的结算方式有哪些？
8. 您的企业有报价员吗？没有报价员怎样克服呢？
9. 您所在的工作单位的客户源如何？
10. 您对注塑模具的基本结构是否了解？
11. 热流道模具应怎样报价？
12. 模具企业应怎样控制成本？
13. 为什么模具企业最好有统计员？为什么要注意原始数据的正确性？
14. 您的企业有否统计员？原始数据是否正确？
15. 设计出错或加工出错的费用有无如实统计？
16. 客户变更的费用应怎样处理？
17. 试模费用及数据记录有无统计？
18. 您认为采购成本应怎样控制？
19. 外协成本应怎样控制？
20. 企业有无工作标准来衡量绩效考核？有无评定绩效工资的标准？
21. 有的模具企业的工资为什么多样化？为什么高低差别这样大？

第36章 ▶▶ 健全企业的质量体系，杜绝浪费现象

曾经看过一名德国生产总监的《中国工厂的 151 种浪费》的报道，联想到模具企业存在的浪费现象也是非同小可的。有的模具企业，明显的浪费虽然看到了，但是由于生产任务紧张，为了完成模具项目，对存在的浪费现象视而不见，也没有精力去考虑。随着模具生产的继续、时间的消逝，这种浪费现象好像成了模具企业的潜规则，习以为常了。

有的企业老总，对企业的浪费现象及模具质量没有引起足够的重视，也忽视了隐形浪费现象的存在。在企业规模小的时候，老板身临第一线，自己会直接关注到很小的浪费现象，并会及时加以制止。然而，当企业规模大了，达到四、五千万元产值时，老板也没有精力顾及这些问题了。由于企业大了，浪费所产生的费用就不是一笔很少的数目，且是来自多方面的，如：有模具设计不合理的浪费、有模具用材不当的浪费、有加工出错的浪费、有人力资源的浪费、有时间等待的浪费、有外协加工和采购工作不当的浪费、有质量不好增加修理费用的浪费、有客户投诉的索赔、罚款等浪费。所以，我们再也不能忽视浪费现象对企业的危害性了。

当今模具企业竞争越来越激烈，管理难度又大，人才缺乏，企业用工成本大幅增加。浪费现象的存在，使利润空间越来越少，使企业负担加重。这些问题的存在，长期困扰着老板和管理人员，也严重制约了模具企业的发展。因此，笔者认为企业负责人有必要深入了解目前模具企业存在的浪费现象，高度重视并且采取相应措施，使浪费现象逐步得到遏制。产生浪费现象的原因是什么？有哪些具体的浪费现象呢？下面将从多方面揭示。

36.1 浪费现象长期存在于模具企业的原因

浪费现象存在的原因有以下几点。

① 模具是单一产品、模具复杂、技术含量高、时间周期短，客观上使大多数模具企业很难建立规范的、健全的管理流程、工作标准、技术标准等；由于模具企业质量体系和流程不健全的不良环境，为产生浪费现象开了绿灯。

② 模具企业从家庭作坊逐步发展到一定规模时，管理水平跟不上发展的现状需要。特别是技术型的管理人才的缺乏，往往以行政手段代替技术管理。这样造成执行力低下，企业的运营成本较高，浪费现象在各部门普遍存在。

③ 企业领导对浪费现象没有引起高度重视，有的认为在所难免，有的认为无可奈何，没有采取有效措施。

④ 员工的整体素质及成本意识和质量意识淡薄，认为浪费同自己无关紧要。

由于这些原因的存在，使模具企业的浪费现象成为行业通病，有的甚至成了顽疾。

模具企业存在的浪费现象可归纳为以下八类。

36.2 技术部门的浪费现象及具体原因

① 目前，据笔者了解，模具企业的技术部门组织框架较多：以 2D 和 3D 为个人设计负

责制、以 2D 和 3D 分开为大组设计、以 2D 和 3D 为组单位的设计负责制，有的制品设计前期设置专人评审组等。其体制主要有设计承包制或按月工资制加绩效工资两大形式。

企业设计部门组织或设计框架不合理及人员的配置不适应企业的现状，使整个部门的工作效率不高；也影响设计人员的能力提升、人才的培养和成长，不利于第二梯队的培养，使企业设计能力后劲不足，存在隐患；造成设计人员综合实力不强，部门整体实力弱和设计人员的技能水平不平衡。因此，企业的技术部门组织框架要根据各企业的具体情况选择有利方案。

② 多数企业中，新进员工没有上岗培训，而是让员工自己去摸索、磨合。如果新员工不熟悉工作程序和标准，就需要自己花时间去磨合，这样，工作效率明显低下，设计出错率相对来说也较高，质量存在问题也较多。因此建议，新员工先上岗培训，然后，再以师傅带徒弟的形式或者作为助手工作一段时期，然后独立工作。

③ 设计部门的绩效工资透明度不高，没有真正发挥设计师的主观能动性。有的企业绩效工资事后结算，会使设计人员有所顾忌，观望等待；有的企业，绩效考核流于形式，有细则不合理的情况存在，不利于企业也不利于个人。

④ 设计标准存在着问题，影响模具的设计质量和设计效率，甚至出现设计随意性。目前，多数企业存在如下情况。

a. 有的企业没有设计标准，模具设计不统一。这样的设计花时间多，或多或少存在一些问题，出错率也高。

b. 有的设计标准本身有问题。

c. 有的有了标准却没有很好地进行宣讲、贯彻、执行。

d. 有的模具设计没有按客户的企业标准设计，造成客户投诉。

e. 模具设计应用标准件比例少，模具质量达不到设计要求。

⑤ 由于模具设计师的设计理念和成本意识及能力等，使得模具结构设计不合理，没有优化，浪费了材料。模具外形的宁大勿小对于大型模具来说，一副模具浪费几万、几十万不在话下。

⑥ 由于设计师工作粗心大意、责任心不强，设计出错经常发生，造成浪费。有的模具企业对出错没有及时总结处理和吸取经验教训，管理不得力，甚至出现设计同样问题重复出错的现象。

⑦ 材料清单搞错：模具图样零件的规格、数量同清单不符或漏报，标准件型号规格错误，使模具工需要重新申请和采购，有的造成装配等待，有的数量太多，造成采购零件积压。

⑧ 由于模具复杂，设计师能力不足，导致所设计的模具存在问题。有的企业模具结构设计输出评审程序不规范，而且效果不好、走形式。评审时，缺乏有经验的模具设计评审师，存在的问题没有被及时发现，造成设计多次更改、评审；甚至在模具零件投入生产中途才发现问题，造成浪费（设计更改的材料费用、时间延误、加工费用增加）。特别是浇注系统的不合理的设计在评审时没有及时发现，出现反复，所造成的浪费损失是很大的。

⑨ 工艺不合理的浪费。零件结构设计没有考虑到工艺，如：R 角过小，刀具强度刚性差，增加了加工工时。如不必要的台阶见图 36-1 (a)，增加了编程和加工费用。

⑩ 模具材料选用不当或错误，造成了浪费。

⑪ 图样文件的版本搞错，企业的档案管理不规范，造成设计出错。

⑫ 模具图样更改不规范，造成加工出错。图样更改了，但加工时仍用没有更改的图样。

⑬ 设计部门负责人能力不足，安排工作不妥当，造成模具设计周期延迟，浪费时间。

(a) 错误　　　　　　　　　　　　　(b) 正确

图 36-1　避免结构设计不合理

⑭ 由于模具设计（或制造）原因使模具质量存在隐患，出现客户投诉时，处理客户投诉所增加的一切费用及其后果，危害性更大。

⑮ 无形资产流失，造成资源浪费。企业没有建立一模一档，技术沉淀较少，平时没有对企业的模具归类、总结提升、存档归类，碰到相似模具又需重新设计。

⑯ 2D 图样不能作为零件化生产用。有的企业 2D 图样质量差，仅作参考，这样还不如就直接用 3D 图样，可减少 2D 设计人员。

⑰ 模具设计水平达不到设计要求而造成浪费和频繁的设计更改：设计不合理的更改、设计出错的更改、加工出错需要设计更改等不必要的加班。如：有的设计结构更改，浪费了设计时间；有的结构设计提供给客户，客户通不过，需要重新设计（等待确认时间、重新设计时间及评审时间）。

⑱ 设计任务紧张，设计人员不够，依靠设计人员长期加班加点完成，有的时候需要外放设计解决，但外放的设计人员对企业标准不熟悉，延长了设计审查和评审的时间。

⑲ 有的企业，其模具合同没有经过评审和未经立项，就设计模具。结果是没有达到合同的条例要求，使供方和需方都受到损失。

⑳ 技术部门没有开发和应用二次软件，重复劳动较多。

㉑ 设计人员过多，人浮于事，造成浪费。

㉒ 工作结束，电脑、打印机的电源没有切断。

36.3　项目管理存在的问题

① 项目经理的能力不足，起不到项目经理应有的作用，从而使模具项目完成得很不理想。大家都知道，模具项目管理人才要求素质高，责任心强，需要有沟通能力，熟悉制造流程和工艺，懂模具结构和成型工艺、模具质量要求等。然而，模具企业项目管理人才缺乏，其原因是大多数搞项目的是营销人员出身，不是很懂模具结构和模具生产工艺，这样在模具项目管理上缺少实际解决能力，要想带好整个团队、做好沟通工作就比较困难，需要依赖模具设计师和模具钳工。在碰到问题时，由于受到知识、能力的制约，不够接地气，就可能出现处理不及时、不妥当、不得力的情况，影响了模具项目的顺利完成。项目经理应读懂这副模具结构并审查这副模具设计有无问题存在，对这副模具了如指掌，才能整合同这副模具有关的所有资源，搞好项目管理。有的企业的项目经理只是与客户沟通的传令兵，发号施令而已。据笔者了解，很多的模具项目完成很不理想，为了赶时间，就牺牲了模具的成本或者忽视了模具质量，甚至模具质量存在着被客户投诉的隐患。

② 项目经理没有把所有设计资料的原始数据及时向客户索要，一次性提供给技术部门。这样，技术部门就需要等待，影响设计进度。

③ 项目经理没有协同技术部门做好模具设计前对塑件产品的前期评审工作，对塑件结构形状的设计存在不利于模具设计制造的问题，事前没有向客户提出修改意见，中途发现再需更改塑件，就较为被动，影响了项目的顺利完成。

④ 有的企业由于模具项目管理流程存在的问题，会使部门之间出现沟通障碍，就会出现互相扯皮、推诿、捣糨糊，使项目进展中出现的问题得不到及时解决。

⑤ 项目负责没有把试模情况与客户及时沟通，等待客户结论，项目经理与客户沟通不得力，使模具设计等待，造成时间上的浪费。有的需要设计人员自己出差与客户直接沟通，占用了设计人员的设计时间。有的企业的翻译，由于技术术语不懂，把国外客户的要求意图翻译错误或没有表达清楚，就会直接影响模具设计和制造。

⑥ 当客户要求与实际情况有所冲突时，碰到制品形状结构设计存在问题或客户要求模具的外形实在太大时，而正确理由在我方时，却没有说服客户，认为多一事不如少一事，认为顾客是上帝而作了让步。这样就增加了成本费用，也影响了质量。

⑦ 有的模具企业，没有做到按计划接单，使模具项目任务过重，第一副模具项目时间延误，第二副模具又接上来了，造成项目恶性循环；而工作是靠加班加点完成，长期打疲劳战，工作效率明显降低。

⑧ 模具试模后，项目经理（或质量部门）对修改下错结论或模具修改不到位，需重新修整、多次试模，造成浪费和时间延误。

⑨ 试模后对塑件没有及时验收，对模具质量存在的问题做出一次性的不正确的结论。

⑩ 有的企业由于模具接单较少（模具是特殊行业，加上没有品牌），造成冗员；或者一下子订单又很多，设计人员和模具工明显不足。这样的客观状况，令人很难管理，造成模具制造成本增加。

⑪ 大多数模具企业没有建立一模一档，可以说是一笔糊涂账。模具项目的成本没有核算或者不正确，多数模具企业关于这副模具到底有多少利润不很清楚，只知道大概有多少利润。因为，一副模具的成本，包括这副模具实际费用的一切数据，只是以市场报价作为依据。要知道报价不能作为合算成本的依据。有家企业的老板曾同笔者交谈到，有家外企要求该公司几年前所设计制造的大同小异的模具再开一副，客户要求价格降低10％。老板亲自进行核算，发现实际的模具材料比原报价单的用料大得多，可以说基本上没有利润，不可能照原来模具设计制造，需重新设计，减少模具外形尺寸，而且不能降价，才有利润。如果这家企业的老板自己不经过重新核算，那结果就是"赔了夫人又折兵"。

⑫ 由于多数模具企业的项目管理流程不规范，项目经理没有做好现场跟踪工作，没有及时发现存在的质量和对时间延误进行处理，造成不合格的模具产品出厂，直到客户投诉时才知道有问题，其后果是可想而知的。

36.4　生产管理与工艺的浪费

① 生产计划性不强，没有充分利用企业现有的设备，且对模具零件进行外协加工。

② 零件加工工时定额出入较大，造成加工成本增加，浪费现象产生。

③ 零件加工出错，造成返工，需要二次用料和二次加工，增加了成本及浪费了时间。

④ 滥用设备，"大炮打麻雀"，精密机床加工粗活。

⑤ 有的企业由于刀具没有跟上高速铣的要求，没有充分发挥机床和刀具的效能。

⑥ 零件加工质量达不到设计要求或达不到图样要求，需重新加工。

⑦ 不应加班的加班：工作效率不高的加班，加工出错更改的返工等加班。

⑧ 需要的人员配备不足，长期需要加班、加点。

⑨ 企业有编制工艺，但工艺力量薄弱，所编工艺仅供参考；有的企业依赖模具工编制，质量得不到保证。

⑩ 加工工艺编制不合理，增加了加工成本。如：支撑柱高度用数控铣加工。

⑪ 工具放置没有确定的地方，需要花时间寻找工具。

⑫ 零件任意堆放，损坏零件精度。

⑬ 上道工序不合格流入下道工序继续加工。

⑭ 所加工的零件没有及时加工好，需要模具工等待。

⑮ 吊环螺钉没有旋到位而在使用，使吊环螺钉损坏，安全生产存在隐患。

⑯ 装配模具时的内六角螺钉旋紧时加力杆过长，使螺钉提前失效。

⑰ 有的企业，零件装配前没有进行检验就装配。有的企业模具钳工任意改动标准件，造成客户质量投诉、扣罚模具款事情发生。

⑱ 模具总装后，模具明显存在质量问题却还进行试模，增加了不必要的试模费用，浪费了时间。

⑲ 有的企业，模具零件烧焊没有审批手续，有的企业电焊放在车间中央，并且没有遮光板就进行烧焊。

⑳ 有的企业对设计出错、加工出错没有统计，即使统计了也与原始数据不符，使模具成本核算失去实际意义。

㉑ 有的企业 6S 工作做得不好，公司客户来了就搞突击整理。有的企业自己的工作环境不整理清洁，需要专人维护打扫。

㉒ 装配质量达不到设计要求，没有立即采取措施，事后又需要进行返工。

㉓ 有的企业没有对铜电极或石墨电极进行有效管理，特别是外协加工。

㉔ 有的企业模具工的绩效工资透明度不高，事后结算，会使模具工有所顾忌，没有真正发挥模具工的主观能动性，工作消极，影响了模具项目完成时间。

㉕ 有的企业，员工手脚碰伤的小事故时有发生。企业没有关于安全生产的醒目标语，没有提醒员工牢记安全生产第一。

㉖ 工作结束，人离开后，没有切断电器设备的电源。

36.5　采购部门存在的问题及采购件的浪费

① 模具标准件采购的单位没有通过定点认证，任意购买，造成质量达不到设计要求。

② 多数模具企业没有市场价的采购标准和有关规定，给素质不好的采购人员有机可乘，损公利己拿回扣。有家模具企业曾经多年出现采购件的价格高于同行 5％～10％，发现后追查原因，采购人员一走了之。建议企业最好有个采购件价格不得高于同行或市场价的有关规定。

③ 设计更改时，采购清单没有及时更改，图样与清单不符或采购件与图样或清单不符，造成采购零件留守仓库。

④ 有的企业长期不盘查五金仓库的物资和核对账目。

⑤ 有的企业的工具仓库所借用的工具没有及时归还、定位保管。

⑥ 对报废零件或材料没有进行及时处理。

36.6　外协加工的浪费

① 有的模具企业，对外协加工单位和采购件供应商没有通过评审认证，也没有关于外协和采购的价格、质量作出标准规定。这样，给素质不高的外协人员有机可乘，就会损害了企业的利益，甚至有的成了"二老板"。这样的事可以说在模具行业不是司空见惯。

② 外协加工机床（数控铣、雕刻机、电火花、线切割等）的加工工时，企业没有工艺定额来很好地加以控制。

③ 有的企业外协加工管理薄弱，没有制定机床加工的每小时加工费的企业标准（动、定模数控铣、线切割、电火花、雕刻机等）和零件外协质量的具体验收标准，如果外协负责人素质不高，外协加工就会出现五花八门的漏洞。

④ 零件的加工质量验收达不到设计要求，且付了合格的加工工时费用。

⑤ 对外协加工单位没有认证，有的企业外协加工出错的损失及其危害性是极大的。

⑥ 没有充分利用企业的设备资源，计划性不强，随便确定外协加工。

⑦ 有的企业模具试模需要外协，试模后没有及时拿回试模的塑料（回料和精料）入库，及时结算试模费用。

⑧ 避免不必要的浪费：有的试模模具出厂时有吊环，运回厂的模具却没有了吊环。

36.7　质量管理存在的问题

① 有的模具企业的质量管理人员只是对质量管理流程懂一些，但对模具质量的具体要求不很了解，就会中气不足，出现质量管理不到位，甚至会把不合格的产品流入用户之手，造成客户投诉的事情时有发生。

② 有的模具企业没有模具验收标准，或者有模具质量验收标准，但没有很好地执行，到客户投诉时才引起重视。

③ 质量管理仍停留在检查阶段，而不是受控阶段。只是把所谓发现存在的问题通报一下，并没有对其深入分析，找出解决办法和预防措施，有时就会出现重复性错误。

④ 有的企业质量部门形同虚设，上道工序不合格，流入下道工序，并且进行总装。如：有的企业隔水片比隔水片孔大，装配时把它打磨小，标准件成了非标准件，造成客户投诉，罚款处理。

⑤ 有的模具企业的质量报表，报喜不报忧，对设计加工出错统计的原始数据有出入，对存在的质量问题没有及时跟踪发现，出现事故后分析又不到位，这样付了学费，却没有接受经验教训。

⑥ 有的企业对原材料和外协件不是由质检部门专人验收，而是由模具工直接下结论。

⑦ 有的企业试模塑件的验收标准不规范，有的不了解塑件产品的应用要求，质量达不到顾客要求，反复修整模具和试模。

⑧ 质检部门没有主动地配合各部门调查解决有关质量问题，起不到质量监控和提升质量职能的作用，只是起到统计员或检验员的作用。

36.8　企业的人力资源浪费现象及具体原因

① 模具企业缺乏技术型的管理人才，以行政手段代替技术管理，是这个行业的通病：

管理不得力，执行力低下，使模具交货时间延误，模具企业的利润降低。因为多数企业的老总、副总从一线干到领导岗位，随着企业的壮大职务跟着提升，但是平时忙于事务，管理能力的提升跟不上企业发展的速度；而聘用的管理人员大多数缺乏实际工作经验，有的虽就读过 MBA，但纸上谈兵者较多；有的自我感觉很好，一到新单位踌躇满志，认为可以大展宏图，一碰到问题且处理错了，果断的就变成了优柔寡断的了。这样的管理人员需要老板的宽容、信任和培养、锻炼，才能逐渐称职。

② 大多数模具企业，质量体系不健全，没有三大标准（技术标准、工作标准、管理标准），甚至老板就是标准，使人无所适从。所以职业经理人的平均工作年限不到两年，原来主管人离职，新招来的又需要磨合期，对企业的正常运转影响很大。

③ 有的企业老总过分追求利润，节约用人成本，一人多岗，忙于事务，影响了工作效果和质量，也浪费了人力；只想花精力赚钱，不肯花精力去研究如何把模具质量提升，直到客户投诉，上门讲好话道歉，派人维修去补救。笔者认为，模具企业创业时较困难，但办了许多年的企业，当产值已达五千万元以上时就需要考虑提升企业能力；应把企业做到精而强，而不能仍是很大的家庭作坊。

④ 有的企业组织框架不合理，机构重复，总经理助理兼任技术部长，同时又设有技术总鉴，职责不清、双重领导。企业应以岗定人，并选用有能力者担任。

⑤ 有的企业用人任人唯亲，而不是任人唯贤，采用家族式管理。企业由于用人不善，效益不好，没有把人力资源开发出来，可以说是最大的浪费，而且会挫伤广大员工的积极性。

⑥ 人力资源部门的负责人由于能力关系，对所使用的员工的实际工作能力及个性不了解，或者没有根据他本人特长爱好安排工作，造成工作安排不妥当，人才使用不当。有的采用试用办法，但试用期不到就走了；实际上招聘人员有能力的话，就会很快甚至事前就会发现被招聘人员的能力如何，不一定要等试用完才知道。企业浪费了时间得不偿失。由于人力资源的负责人对各部门的管理人员岗位的工作要求不很了解，对其本人的专业水平能力如何及其悟性、责任心，工作经验等也不是很了解，只凭本人的介绍和履历进行试用、提升或委以重任，结果大多数是不理想的，常会使领导和当事人都非常被动，免也不是，不免也不是；使当事人置于"教书欠通，讨饭欠穷"的处境，有的因此而离职。

⑦ 有的企业不是立足于自己培养人才，而是依靠到别的单位挖人（加工资），甚至有的通过猎头公司招聘中、高层人才，被招聘的人员发挥不了作用，只几个月就走了。要知道所挖的人不一定是您所需要的理想之人，因为您对所挖来的人也不一定了解；有的自荐信写得很好，但多数言过其实。笔者碰到过有的人，欲望很高，为了抬高自己身价，从部长跳到副总，干不下去，又重新跳槽。不了解的企业老板认为他有在别的单位干过副总或者老总的履历，认为能力经验肯定可以。但是聘用的结果呢，三个月的试用期后，不能胜任，辞也不是，不辞也不是，既浪费了精力又花了钱。所以，招聘人事前最好安排专业水平较高的人对聘用人员进行口试、笔试、面试，合格后才能正式录用。再说，新来的员工，大多数需要一定的磨合期。由于工作环境不一样，有的还会水土不服呢！有的企业招聘高层管理，虽然外来的和尚好念经，被聘用的人员大多数一个人到新单位，犹如空降一样，人生地不熟，也不利于开展工作所以说，骨干人才还是立足本企业培养好。

⑧ 有的企业没有重视人力资源的开发工作，人力资源的开发工作不规范，需要专业人员去做人力资源的开发工作。有的企业没有认识到此项工作的重要性。只是以老板的意图去做。实际上人力资源的开发工作，首先要解决老板、老总的自身问题。不能长期把技术人员作为机器人使用，不要到人才紧张，短缺时才去想方设法到别的单位挖人，实在没办法才被

动的考虑培养人才。

　　特别是对于模具企业来说，技术型的人才需要建立有效的培训机制。需要考虑如何开发人才、培养人才，建立一个有利于人才成长的平台。

　　⑨ 部门负责人忙于日常事务（或者由于本人能力的关系），没有带领好整个团队，没有使员工的技能水平得到提升。如果是这样，他就不是个好领导。如果企业不重视第二梯队的培养，有时老板就会相当的被动。如果，有的骨干提出离职，且没有接替的人，老板只能委曲求全千方百计留住他，加薪、增加待遇等，就会非常的被动。

　　⑩ 有的企业的有些制度不合情、不合理、不合法，这样会严重挫伤员工的积极性。

　　⑪ 有的企业大搞形象工程，照搬大公司的规章制度。如：宁海有家单位，搬了富士康的管理制度和广东一家模具企业的管理流程，应用于模具企业，结果适得其反，弄巧成拙。笔者对此感到非常遗憾，深感可惜。

　　⑫ 企业如果没有激励的工薪机制，员工跳槽现象就会频繁出现。老总关爱员工，员工才会安心在企业工作，实现人生价值。企业要根据员工在企业所创造的价值，给予合理的报酬。如有的企业跳槽员工回到原单位比没有跳槽的员工工资高，能力水平却是后者更好，这样的结果会严重地影响员工的工作积极性。企业的用工，可以说有个规律，双方满意才能达到共患难、同享福，才能成为真正的一家人。

　　⑬ 如果，企业老总轻易承诺，且未遵守兑现，员工会失去对企业的信任和信心，看不到本人的前途。有的员工心情不舒畅、精神压抑而离职，造成人才流失。有的企业老总还弄不清下属自愿离职的理由。因此，领导平时要多关心员工，同员工谈心很有必要，员工更会尊敬老板，而不是敬而远之。

　　⑭ 有的企业的会议繁长，而且有的是没有效果的会议。大家都知道企业是经济组织，以盈利为目的，每一分钟都是成本和利润，因此，不要占用过长的时间开会。

　　⑮ 企业管理流程有问题，没有规范的表格，重复工作，拙于填写，有的表格很不实用，徒于形式，可以说是浪费纸张。

　　⑯ 人力资源部门没有从员工角度考去调查员工满意度，往往是只搞了形式，实际起不到应有的作用，因为没有了解到员工的真正呼声和意见或建议。

　　⑰ 员工的合理化建议未被采纳，这就是浪费。

　　⑱ 企业的信息化管理要根据企业的实际具体情况，时机不成熟，条件没有具备的情况下，不要急着上。同时需要慎重考虑，调研选用具有两次开发能力的制造单位的应用软件，如果软件同企业流程不一致，可更改软件使达到一致。同时需要考虑本企业流程是否具备使用软件的条件，否则没有效果，千万注意不要搞时髦，花了几十万，成为鸡肋，"弃之不舍，食之无味"。这是笔者曾在几家企业单位工作过的经验教训，供参考。

36.9　设备管理存在的问题

　　① 设备档案管理不规范，有的企业没有使用说明书，没有设备档案的有关维修记录等。

　　② 设备安装全权委托供应商，企业没有设备科专人验收管理。设备维护保养没有专业人员负责，有的企业仅靠电工维护。由于使用维护不当，设备没有到使用期限就提前失效，不能使用而低价转让。

　　③ 设备维护保养不规范，没有定期检查和维护，使设备精度降低。有的机床带病运转，如经 3＋2 数控铣加工的模具动、定模分型面，在合模机上配模，需要电磨头打磨好几天。

　　④ 高速铣起不到高速铣的作用，大多数使用一万多转，刀具没有跟上机床对刀具的配

套要求。

⑤ 编程不合理，空行程太多。精刀与粗刀的三要素没处理好。

⑥ 设备使用不当，使设备提前失效。在这里说个笑话，有家企业老板责怪销售数控设备的单位，没有向他说明设备要放在恒温条件下使用，害他设备经常坏、精度差。

⑦ 设备布局不合理或错误安置，有的设备没有按生产工艺流程摆布。如：粗、精设备，大、小设备混合；有的精密设备没有防震沟；有的企业把样品室放在四、五层楼上。

⑧ 有的企业整体布局不合理，空间利用率不高，造成资源浪费。有的企业职能部门工作地点配置不符合企业工作流程。

36.10　结束语

当企业老板、老总们对模具企业中存在的浪费现象有了深入了解后，有的可能会感慨万千，或许会深思；有的老总可能已经在考虑如何想方设法克服浪费现象了。随着模具企业的压力越来越大，竞争会越来越激烈，员工工资成本会越来越高。以上所讲的关于人力、材料、加工费用以及时间的浪费现象，其实是非常惊人的。特别是有的模具企业一线腐败现象严重（费用作假、损公肥私、内外勾结、瞒天过海）。有的企业老总在别的方面精打细算，却在浪费上视而不见，真是令人不可思议，也许自己不很了解企业的实际情况。这些浪费实际上是模具企业的纯利润啊！联想到日本的洗手池是和马桶连在一起的，洗手的水会流到马桶中储存，以便达到水的二次利用，可以冲刷马桶。模具从设计到制造过程中存在的浪费不是小数目，没有任何理由不重视起来。

关键的是要各位老板、老总们重视，同时需要模具行业的同仁们共同努力，一起花精力逐步克服长期存在于模具企业的浪费现象。笔者认为，需要健全质量体系，完善三大标准（工作标准、管理标准、技术标准），建立规范的工作流程和做好标准化工作（特别是要制订外协加工和采购的有关规定），提高企业的成本、质量文化理念，向管理上要效益。要根据企业的规模、企业现状和特点进行针对性地逐条研究，逐步解决。一般来说，看企业的模具制造成本和质量的结果如何，就能看到企业的实际状况。如果模具企业逐步克服了浪费现象，与此同时把所节约回来的费用用到该用的地方，就能使模具企业更加健康地发展，提升企业的综合实力，使企业更上一层楼。

复习思考题

1. 质量保证体系有什么重要作用？
2. 目前模具行业存在着哪些通病？您的单位有哪些现象？
3. 技术部门的浪费现象有哪些？产生浪费现象的原因是什么？
4. 建立模具企业的设计标准、工作标准、管理标准是否需要？
5. 您认为模具企业的人力资源工作应怎样做好？
6. 为什么职业经理人在私营企业平均工作年龄为 2.5 年？
7. 您的企业和部门的组织框架是否合理？
8. 企业员工上岗培训有无必要？
9. 创建企业模具品牌、知名品牌有没有必要？

10. 您认为上规模的企业车间是否需要统计员？为什么？

11. 您认为模具企业的绩效考核应怎样做好？

12. 您对本单位企业的平台是否满意？为什么？您应怎样在工作中体现自身的人生价值？

13. 企业发展时，出现的瓶颈现象有哪些？是什么原因？

14. 模具企业最要紧的是先解决哪个部门？为什么？

15. 技术部首先要做好哪五件事？

16. 本企业设备管理存在着哪些问题？您认为设备应怎样管理？

17. 做好技术沉淀工作是否重要？应怎样做？

18. 建立一模一档有没有必要？有什么重要作用？您所在的工作单位模具有无档案？每副模具的基本成本多少？是否是糊涂账？

19. 您的工作单位客户投诉多吗？什么原因？

20. 您所在的单位企业文化如何？有没有成本文化和质量文化？

附　　录

附表 1　常用塑料名称、代号及中文对照表

英文简称	中 文 全 称	英文简称	中 文 全 称
ABS	丙烯腈/丁二烯/苯乙烯共聚物	PCTFE	聚三氟氯乙烯
AS	丙烯腈-苯乙烯树脂	PE	聚乙烯
AMMA	丙烯腈/甲基丙烯酸甲酯共聚物	PEO	聚环氧乙烷
ASA	丙烯腈/苯乙烯/丙烯酸酯共聚物	PF	酚醛树脂
CA	醋酸纤维素	PI	聚酰亚胺
CAB	醋酸-丁酸纤维素	PMCA	聚-α-氯代丙烯酸甲酯
CAP	醋酸-丙酸纤维素	PMMA	聚甲基丙烯酸甲酯
CE	纤维素醚	POM	聚甲醛
CF	甲酚-甲醛树脂	PP	聚丙烯
CMC	羧甲基纤维素	PPO	聚苯醚
CN	硝酸纤维素	PPOX	聚环氧(丙)烷
CP	丙酸纤维素	PPSU	聚苯砜
CTA	三醋酸纤维素	PS	聚苯乙烯
EC	乙基纤维素	PSU	聚亚苯基砜
EP	环氧树脂	PTFE	聚四氟乙烯
EPD	乙烯-丙烯-二烯三元共聚物	PUR	聚氨酯
ETFE	乙烯-四氟乙烯共聚物	PVAc	聚醋酸乙烯酯
EVA	乙烯-醋酸乙烯共聚物	PVAL	聚乙烯醇
EVAL	乙烯-乙烯醇共聚物	PVB	聚乙烯醇缩丁醛
FEP	氟化乙丙烯(共聚物)	PVC	聚氯乙烯
HDPE	高密度聚乙烯	PVDC	聚偏(二)氯乙烯
HIPS	高抗冲聚苯乙烯	PVdF	聚偏(二)氟乙烯
LDPE	低密度聚乙烯	PVF	聚氟乙烯
MBS	甲基丙烯酸-丁二烯-苯乙烯共聚物	PVFM	聚乙烯醇缩甲醛
MDPE	中密度聚乙烯	PVK	聚乙烯基咔唑
MF	蜜胺-甲醛树脂	PVP	聚乙烯吡咯烷酮
MPF	蜜胺/酚醛树脂	SAN	苯乙烯-丙烯腈共聚物
PA	聚酰胺(尼龙)	TPEL	热塑性弹性体
PAA	聚丙烯酸	TPES	热塑性聚酯
PAN	聚丙烯腈	UF	脲醛树脂
PB	聚丁烯	UP	不饱和聚酯

附表 2　常用塑料的计算收缩率及其他性能

代号	塑料或树脂全称	相对密度	模具温度/℃	机筒温度/℃	收缩率/%	注塑压力/MPa
GPS	通用聚苯乙烯	1.04～1.09	40～60	180～280	0.2～0.8(0.5)	35～140
PS-HI	高抗冲聚苯乙烯(GPS＋丁二烯)	1.10～1.14	40～60	190～260	0.2～0.8(0.5)	70～140
ABS	丙烯腈-丁二烯-苯乙烯共聚物	1.01～1.08	50～80	180～260	0.4～0.9(0.5)	56～176
AS(SAN)	苯乙烯-丙烯腈共聚物	1.06～1.10	40～70	180～250	0.2～0.7(0.6)	35～140
PE-LD	低密度聚乙烯	0.89～0.93	10～40	160～210	1.5～5.0(2.0)	35～105
PE-HD	高密度聚乙烯	0.94～0.98	5～30	170～240	1.5～4.0(3.0)	84～105
PP	聚丙烯	0.85～0.92	20～50	160～230	1.0～2.5(2.0)	70～140
PVC	聚氯乙烯(约加质量分数为40%的增塑剂)	1.19～1.35	20～40	150～180	1.0～5.0(2.0)	70～176

续表

代号	塑料或树脂全称	相对密度	模具温度/℃	机筒温度/℃	收缩率/%	注塑压力/MPa
PVC	聚氯乙烯	1.38～1.41	20～60	150～200	0.2～0.6(0.4)	70～280
PA6	聚酰胺-6	1.12～1.15	20～120	200～320	0.3～1.5(1.0)	70～140
PA66	聚酰胺-66	1.13～1.16	20～120	200～320	0.7～1.8(1.0)	70～176
PMMA	聚甲基丙烯酸甲酯	1.16～1.20	50～90	180～250	0.2～0.8(0.5)	35～140
PC	聚碳酸酯	1.20～1.22	80～120	275～320	0.5～0.8(0.5)	56～140
POM	聚甲醛	1.41～1.43	80～120	190～220	1.5～3.5(2.0)	56～140
PET	聚对苯二甲酸乙醇二酯	1.29～1.41	80～120	250～310	2.0～2.5	14～49
PBT	聚对苯二甲酸丁醇二酯	1.30～1.38	40～70	220～270	0.9～2.2(1.6)	28～70
PPO	聚苯醚	1.04～1.10	70～100	240～280	0.5～0.8	84～140
PPS	聚苯硫醚	1.28～1.32	120～150	300～340	0.6～0.8	35～105

注：括号内的收缩率为常用收缩率。

附表 3　合金塑料成型收缩率

序号	材料(收缩率)	序号	材料(收缩率)	序号	材料(收缩率)
1	PP-T20(GMW16528P)	34	PP GF50 (0.4%)	67	HC-PP
2	PP-T20	35	PA/ABS(0.8%)	68	PP-TX20
3	PP+EPDM	36	PPT20(1%)	69	ABS(1.25%)
4	PP GF15 MN20	37	PA66-GF30(0.55%)	70	PP-TV20&TPE(双色)
5	PA6 30GF	38	P/E T20(1.00%)	71	PP+EPDM-TD20(0.7%)
6	PC+ABS	39	PP/PE-TD15 TL52388D	72	PP/PE-TD20(0.95%)
7	PP(1%)	40	PP-KF164NS	73	PP/PE-TD20(1.00%)
8	ABS(0.6%)	41	PP(0.7%)	74	TPO(0.6%)
9	PP T20	42	PP(1.05%)	75	PP(0.80%)
10	PC/ABS(0.65%)	43	PP-GF30&TPE	76	P/E-MD20(1.20%)
11	PP+30GF	44	PP-LGF20 n. VW 44045-PP9 (0.50%)	77	PPTD20(1.20%)
12	TPV	45	PP+EPDM-TD20(1.06%)	78	P/E NF220(0.72%)
13	IN5-TA410(0.9%)	46	PP/PE TD16	79	ASA Luran S778T(0.65%)
14	Bayer T65	47	PPGF25(0.20%)	80	ABS Magnum 3416SC(0.6%)
15	PC ABS T65XF (0.60%)	48	PP+EPDM-TD10(0.75%)	81	PP KGF 20/Mucell
16	PP/PE TD15(1.0%)	49	PP+EPDM TD 30-Hifax TYC 258P(0.70%)	82	PP-RC-003 (1.3%)
17	PP HC(1.5%)	50	PC-ABS -GF20(0.23%)	83	P/E MD15(1.25%)
18	PP-GF30/TPS(0.40%)	51	IN1-BJ5H(1.6%)	84	PP+FIBER(1.0%)
19	ABS Magnum 3616	52	PP-20 nature(1.2%)	85	Hostacom TRC 352N (0.9%)
20	PC ABS T85XF(0.35%)	53	ABS-IC2-1(0.5%)	86	GE277AI-9502(0.63%)
21	P/E-MD15	54	PP-HI T17	87	PP-EPDM TX20
22	P/E(1.60%)	55	PP-20 nature(1.2%)	88	APL-2012NA PP-T20(1.1%)
23	PP+SEBS(0.7%)	56	PPR(0.95%)	89	apl-1025 PP-T10(1.2%)
24	PP/PE-TD16 C3322T-1 ENS(1.1%)	57	P/E EPDM T15(1.05%)	90	ASA(Hifax TYC 258P C12561 Black)X(0.65%)
25	PPB-Reactor(1.5%)	58	PPTD20	91	PP-EPDM TV15 UV(0.85%)
26	PP-AS-003(1.6%)	59	AS2-API-2021NS-Kingfa	92	Inspire TF 1500 ESU(1.2%)
27	Material ABS Magnum 3616(0.6%)	60	SABIC PPcompound 7705+面料	93	TPE(0.7%)
28	PC/PBT Xenoy CL 100(0.75%)	61	PP EPDM TV 10 UV(0.95%)	94	PP TV 21
29	PP TV20(0.8%～1.4%)	62	PP/PE-TD 20(0.825%)	95	Hostacom TRC 364N C1(1%)
30	PP-BF970AI(1.05%)	63	GMP. PA66. 015(0.65%)	96	HPP-IN1(AZ864)
31	PP+EPDM TD 10(0.70%)	64	PA6-GF35(0.6%)	97	BEZ-CAC
32	PP/PE-TD16(C3322t-1E)(1.01%)	65	PC+ABS standard(0.6%)	98	PC ABS T85XF(0.60%)
33	PA6/66-GF50(0.5%)	66	PP LGF 30(0.45%)		

附表 4　不同地区模具术语对照表

内　　地	香港、台湾地区	内　　地	香港、台湾地区
注塑机	啤(读 bie)机(港)、机合(台)	三板模	细水口模(简化细水口模)
二板模	大水口模	动模	后模(港)、公模(台)
定模	前模(港)、母模(台)	动模板	B 板(港)、公模板(台)
定模板	A 板(港)、母模板(台)	三 板 模 和 二 板 模 动、定模导柱	边钉(港)或导承销(台)
三板模流道板导柱	水口边(港)、长导柱(台)		
凹模	前模镶件 Cavity(港)或母模仁(台)	凸模	后模镶件(Core)(港)或公模仁(台)
型芯	镶可(Core)(港)或入子(台)	圆型芯	镶针(港)或型芯(台)
推杆板导套	中托司(EGB)	推杆板导柱	中托边(EGP)
直身导套	直司(GB.)	带法兰导套	托司(或杯司)G. B.
推杆固定板	面针板(或顶针面板)	流道推板	水口推板(水口板)
定位圈	定位器(Loc. Ring)	支撑板	活动靠板
定模座板	面板(港)或上固定板(台)	动模座板	底板(港)或下固定板(台)
分型面	分模面(P. L)	推板	顶板
垫块	方铁	浇口套	唧嘴(港)或灌嘴(台)
限位钉	垃圾钉(Stp.)	支撑柱	撑头(SP.)
弹簧	弹弓(Sping)	螺栓	螺丝(SCROW)
复位杆	回(位)针 R. P	销钉	管钉
楔紧块(锁紧块)	铲基	侧向滑块	行位(Slider)
侧抽芯	滑块入子(台)	斜导柱	斜边
斜滑块	弹块(港)、胶杯(台)	斜推杆	斜顶(港)、斜方(台)
推杆	顶针(E. J. PIN)	推管(推管型芯)	司筒(司筒针)
定距分型机构	开闭器,扣基	加强筋	骨位
限位钉	垃圾钉(STP)	浇口	入水口(或水口)
侧浇口	大水口	点浇口	细水口
潜伏式浇口	潜水(港)、隧道浇口(台)	热喷嘴	热唧嘴
冷却水	运水	水管接头	水喉
排气槽	分模隙	脱模斜度	啤把
抛光	省模	蚀纹	咬花
电极	铜公	填充不足	啤不满(short shot)
飞边	披锋(flash)	收缩凹陷	缩水(sink mark)
熔接痕	夹水纹(weld line)	银纹	水花(silver streak)
注塑模	塑胶模	模架	模座

附表 5　常用材料模塑件公差等级的选用（GB/T 14486—2008）

材料代号	模 塑 材 料		公 差 等 级		
			高精度	一般精度	未注公差尺寸
ABS	丙烯腈-丁二烯-苯乙烯共聚物		MT2	MT3	MT5
AS	丙烯腈-苯乙烯共聚物		MT2	MT3	MT5
CA	醋酸纤维素塑料		MT3	MT4	MT6
EP	环氧树脂		MT2	MT3	MT5
PA	尼龙类塑料	无填料填充	MT3	MT4	MT6
		玻璃纤维填充	MT2	MT3	MT5
PBTP	聚对苯二甲酸丁二醇酯	无填料填充	MT3	MT4	MT6
		玻璃纤维填充	MT2	MT3	MT5
PC	聚碳酸酯		MT2	MT3	MT5
PDAP	聚邻苯二甲酸二丙烯酯		MT2	MT3	MT5
PE	聚乙烯		MT5	MT6	MT7
PESU	聚醚砜		MT2	MT3	MT5
PETP	聚对苯二甲酸乙二醇酯	无填料填充	MT3	MT4	MT6
		玻璃纤维填充	MT2	MT3	MT5
PF	酚醛塑料		MT2	MT3	MT5
			MT3	MT4	MT6
PMMA	聚甲基丙烯酸甲酯		MT2	MT3	MT5
POM	聚甲醛	≤150mm	MT3	MT4	MT6
		>150mm	MT4	MT5	MT7
PP	聚丙烯	无填料填充	MT3	MT4	MT6
		无机填料填充	MT2	MT3	MT5
PPO	聚苯醚		MT2	MT3	MT5
PPS	聚苯硫醚		MT2	MT3	MT5
PS	聚苯乙烯		MT2	MT3	MT5
PSU	聚砜		MT2	MT3	MT5
RPVC	硬质聚氯乙烯(无强塑剂)		MT2	MT3	MT5
SPVC	软质聚氯乙烯		MT5	MT6	MT7
VF/MF	氨基塑料和氨基酚醛塑料	无机填料填充	MT2	MT3	MT5
		有机填料填充	MT3	MT4	MT6

附表 6 模塑件尺寸公差表 (GB/T 14486—2008)

mm

公差等级	公差种类	>0~3	>3~6	>6~10	>10~14	>14~18	>18~24	>24~30	>30~40	>40~50	>50~65	>65~80	>80~100	>100~120	>120~140	>140~160	>160~180	>180~200	>200~225	>225~250	>250~280	>280~315	>315~355	>355~400	>400~450	>450~500	>500~630	>630~800	>800~1000
		标注公差的尺寸公差值																											
MT1	a	0.07	0.08	0.09	0.10	0.11	0.12	0.14	0.16	0.18	0.20	0.23	0.26	0.29	0.32	0.36	0.40	0.44	0.48	0.52	0.56	0.60	0.64	0.70	0.78	0.86	0.97	1.16	1.39
MT1	b	0.14	0.16	0.18	0.20	0.21	0.22	0.24	0.26	0.28	0.30	0.33	0.36	0.39	0.42	0.46	0.50	0.54	0.58	0.62	0.66	0.70	0.74	0.80	0.88	0.96	1.07	1.26	1.49
MT2	a	0.10	0.12	0.14	0.16	0.18	0.20	0.22	0.24	0.26	0.30	0.34	0.38	0.42	0.46	0.50	0.54	0.60	0.66	0.72	0.76	0.84	0.92	1.00	1.10	1.20	1.40	1.70	2.10
MT2	b	0.20	0.22	0.24	0.26	0.28	0.30	0.32	0.34	0.36	0.40	0.44	0.48	0.52	0.56	0.60	0.64	0.70	0.76	0.82	0.86	0.94	1.02	1.10	1.20	1.30	1.50	1.80	2.20
MT3	a	0.12	0.14	0.16	0.18	0.20	0.22	0.26	0.30	0.34	0.40	0.46	0.52	0.58	0.64	0.70	0.78	0.86	0.92	1.00	1.10	1.20	1.30	1.44	1.60	1.74	2.00	2.40	3.00
MT3	b	0.32	0.34	0.36	0.38	0.40	0.42	0.46	0.50	0.54	0.60	0.66	0.72	0.78	0.84	0.90	0.98	1.06	1.12	1.20	1.30	1.40	1.50	1.64	1.80	1.94	2.20	2.60	3.20
MT4	a	0.16	0.18	0.20	0.24	0.28	0.32	0.36	0.42	0.48	0.56	0.64	0.72	0.82	0.92	1.02	1.12	1.24	1.36	1.48	1.62	1.80	2.00	2.20	2.40	2.60	3.10	3.80	4.60
MT4	b	0.36	0.38	0.40	0.44	0.48	0.52	0.56	0.62	0.68	0.76	0.84	0.92	1.02	1.12	1.22	1.32	1.44	1.56	1.68	1.82	2.00	2.20	2.40	2.60	2.80	3.30	4.00	4.80
MT5	a	0.20	0.24	0.28	0.32	0.38	0.44	0.50	0.56	0.64	0.74	0.86	1.00	1.14	1.28	1.44	1.60	1.76	1.92	2.10	2.30	2.50	2.80	3.10	3.50	3.90	4.50	5.60	6.90
MT5	b	0.40	0.44	0.48	0.52	0.58	0.64	0.70	0.76	0.84	0.94	1.06	1.20	1.34	1.48	1.64	1.80	1.96	2.12	2.30	2.50	2.70	3.00	3.30	3.70	4.10	4.70	5.80	7.10
MT6	a	0.26	0.32	0.38	0.46	0.52	0.58	0.64	0.70	0.80	0.94	1.10	1.28	1.48	1.72	2.00	2.30	2.60	2.90	3.20	3.50	3.90	4.30	4.80	5.30	5.90	6.90	8.50	10.60
MT6	b	0.46	0.52	0.58	0.66	0.72	0.78	0.84	0.90	1.00	1.14	1.30	1.48	1.68	1.92	2.20	2.50	2.80	3.10	3.40	3.70	4.10	4.50	5.00	5.50	6.10	7.10	8.70	10.80
MT7	a	0.38	0.46	0.56	0.66	0.76	0.86	0.98	1.12	1.32	1.54	1.80	2.10	2.40	2.70	3.00	3.30	3.70	4.10	4.50	4.90	5.40	6.00	6.70	7.40	8.20	9.60	11.90	14.80
MT7	b	0.58	0.66	0.76	0.86	0.96	1.06	1.18	1.32	1.52	1.74	2.00	2.30	2.60	2.90	3.20	3.50	3.90	4.30	4.70	5.10	5.60	6.20	6.90	7.60	8.40	9.80	12.10	15.00
		未注公差的尺寸允许偏差																											
MT5	a	±0.10	±0.12	±0.14	±0.16	±0.19	±0.22	±0.25	±0.28	±0.32	±0.37	±0.43	±0.50	±0.57	±0.64	±0.72	±0.80	±0.88	±0.96	±1.05	±1.15	±1.25	±1.40	±1.55	±1.75	±1.95	±2.25	±2.80	±3.45
MT5	b	±0.20	±0.22	±0.24	±0.26	±0.29	±0.32	±0.35	±0.38	±0.42	±0.47	±0.53	±0.60	±0.67	±0.74	±0.82	±0.90	±0.98	±1.06	±1.15	±1.25	±1.35	±1.50	±1.65	±1.85	±2.05	±2.35	±2.90	±3.55
MT6	a	±0.13	±0.16	±0.19	±0.23	±0.26	±0.29	±0.32	±0.35	±0.40	±0.47	±0.55	±0.64	±0.74	±0.86	±1.00	±1.15	±1.30	±1.45	±1.60	±1.75	±1.95	±2.15	±2.40	±2.65	±2.95	±3.45	±4.25	±5.30
MT6	b	±0.23	±0.26	±0.29	±0.33	±0.36	±0.40	±0.42	±0.45	±0.50	±0.57	±0.65	±0.74	±0.84	±0.96	±1.10	±1.25	±1.40	±1.55	±1.70	±1.85	±2.05	±2.25	±2.50	±2.75	±3.05	±3.55	±4.35	±5.40
MT7	a	±0.19	±0.23	±0.28	±0.33	±0.38	±0.43	±0.49	±0.56	±0.66	±0.77	±0.90	±1.05	±1.20	±1.35	±1.50	±1.65	±1.85	±2.05	±2.25	±2.45	±2.70	±3.00	±3.35	±3.70	±4.10	±4.80	±5.95	±7.40
MT7	b	±0.29	±0.33	±0.38	±0.43	±0.48	±0.53	±0.59	±0.66	±0.76	±0.87	±1.00	±1.15	±1.30	±1.45	±1.60	±1.75	±1.95	±2.15	±2.35	±2.55	±2.80	±3.10	±3.45	±3.80	±4.20	±4.90	±6.05	±7.50

注: 1. a 为不受模具活动部分影响的尺寸公差值; b 为受模具活动部分影响的尺寸公差值。
2. MT1 级为精密级, 具有采用严密的工艺控制措施和高精度的模具、设备, 原料时才有可能选用。

附表 7 标准公差数值

基本尺寸/mm		标准公差等级																	
		IT1	IT2	IT3	IT4	IT5	IT6	IT7	IT8	IT9	IT10	IT11	IT12	IT13	IT14	IT15	IT16	IT17	IT18
大于	至	μm											mm						
—	3	0.8	1.2	2	3	4	6	10	14	25	40	60	0.1	0.14	0.25	0.4	0.6	1	1.4
3	6	1	1.5	2.5	4	5	8	12	18	30	48	75	0.12	0.18	0.3	0.48	0.75	1.2	1.8
6	10	1	1.5	2.5	4	6	9	15	22	36	58	90	0.15	0.22	0.36	0.58	0.9	1.5	2.2
10	18	1.2	2	3	5	8	11	18	27	43	70	110	0.18	0.27	0.43	0.7	1.1	1.8	2.7
18	30	1.5	2.5	4	6	9	13	21	33	52	84	130	0.21	0.33	0.52	0.84	1.3	2.1	3.3
30	50	1.5	2.5	4	7	11	16	25	39	62	100	160	0.25	0.39	0.62	1	1.6	2.5	3.9
50	80	2	3	5	8	13	19	30	46	74	120	190	0.3	0.46	0.74	1.2	1.9	3	4.6
80	120	2.5	4	6	10	15	22	35	54	87	140	220	0.35	0.54	0.87	1.4	2.2	3.5	5.4
120	180	3.5	5	8	12	18	25	40	63	100	160	250	0.4	0.63	1	1.6	2.5	4	6.3
180	250	4.5	7	10	14	20	29	46	72	115	185	290	0.46	0.72	1.15	1.85	2.9	4.6	7.2
250	315	6	8	12	16	23	32	52	81	130	210	320	0.52	0.81	1.3	2.1	3.2	5.2	8.1
315	400	7	9	13	18	25	36	57	89	140	230	360	0.57	0.89	1.4	2.3	3.6	5.7	8.9
400	500	8	10	15	20	27	40	63	97	155	250	400	0.63	0.97	1.55	2.5	4	6.3	9.7
500	630	9	11	16	22	32	44	70	110	175	280	440	0.7	1.1	1.75	2.8	4.4	7	11
630	800	10	13	18	25	36	50	80	125	200	320	500	0.8	1.25	2	3.2	5	8	12.5
800	1000	11	15	21	28	40	56	90	140	230	360	560	0.9	1.4	2.3	3.6	5.6	9	14
1000	1250	13	18	24	33	47	66	105	165	260	420	660	1.05	1.65	2.6	4.2	6.6	10.5	16.5
1250	1600	15	21	29	39	55	78	125	195	310	500	780	1.25	1.95	3.1	5	7.8	12.5	19.5
1600	2000	18	25	35	46	65	92	150	230	370	600	920	1.5	2.3	3.7	6	9.2	15	23
2000	2500	22	30	41	55	78	110	175	280	440	700	1100	1.75	2.8	4.4	7	11	17.5	28
2500	3150	26	36	50	68	96	135	210	330	540	860	1350	2.1	3.3	5.4	8.6	13.5	21	33

注：1. 基本尺寸大于 500mm 的 IT1～IT5 的标准公差数值为试行的。

2. 基本尺寸小于或等于 1mm 时，无 IT14～IT18。

附表 8 塑料注塑模成型零件常用国产材料及性能

类别	材料名称及牌号	热处理方法及硬度		性能及用途说明
碳素钢	T8A T10A	交货状态	160～200HBW	耐磨性好，用于制造形状简单的小型芯、凹模、滑块、镶件等，其焊接性较差
		淬火	54～58HRC	
	SM45 SM50 SM55	正火	160～200HBW	用于制造形状简单、要求不高的凹模、型芯、滑块、镶件等
		调质	200～260HBW	
		淬火	43～48HRC	
淬硬钢	9Mn2V、CrWMn GCr15、Cr12MoV Cr12、3Cr2W8V	淬火＋回火	54～58HRC	淬透性很好，淬火时变形小，具有较高的硬度和耐磨性。用于制造形状复杂、要求热处理变形小、使用寿命长的成型零件
预硬钢	3Cr2Mo	预硬	28～35HRC	淬透性高，综合力学性能好，抛光性能好，用于制造大中型复杂精密模具凹模、型芯、滑块、镶件等
		正/退火	170～200HBW	
	3Cr2NiMo 3Cr2NiMnMo	预硬	28～35HRC	淬透性高，综合力学性能好，抛光性能好，用于制造特大型、大型复杂精密模具凹模、型芯
		正/退火	170～200HBW	
	40Cr	预硬	175～230HBW	调质后具有良好的综合力学性能，切削性能好，适于渗氮和高频淬火，用于制造中型塑料模具
	42CrMo	预硬	175～220HBW	具有高强度和韧性，淬透性高，用于制造有一定强度和韧性要求的大中型模具
	5CrMnMo 4Cr5MoSiV 4Cr5MoSiV1	预硬渗氮	600～700HV	具有良好的强度、韧性和较高的耐磨性，淬透性高，用于制造有一定强度和韧性要求的大中型模具
	华中理工 5NiSCa (5CrNiMnMoVSCa)	预硬	35～45HRC	易切削，淬透性高，强韧性好，镜面抛光性能好，有良好的渗氮性能和渗硼性能
	上海钢研所 SM1 (5CrNiMnMoVS)	预硬	38～42HRC	易切削，抛光性能好，表面粗糙度可达 $R_a0.05\mu m$，淬透性高，用于制造大型镜面模具

类别	材料名称及牌号	热处理方法及硬度		性能及用途说明
预硬钢	华中理工 8Cr28 (8Cr2MnWMoV8)	预硬	40~48HRC	易切削,镜面抛光性好,焊接性能一般,补焊后需回火再进行机械加工,可渗氮进一步降低表面粗糙度值并防锈
渗碳钢	20Cr	正火	170~217HBW	用于制造中小型模具,加工成型后需渗碳处理,然后再淬火并低温回火,以保证模具零件表面的硬度和耐磨性
	12CrNi3A	正火	260~320HBW	切削加工性能良好,用于制造大中型模具
时效 硬化钢	上海材研所 PMS (10Ni3Mn2MoCuAl)	预硬	30~33HRC	具有优良的镜面加工性能,良好的冷热加工性能、补焊性能、电加工性能和综合力学性能,以及良好的花纹图案蚀刻性能和渗氮性能,适合制造复杂精密的镜面模具及家电模具
		时效处理	40~45HRC	
		渗氮	1000HV	
	上海钢研所 SM2 (20CrNi3AlMnMo)	预硬	38~42HRC	易切削,抛光性能,渗氮性能良好,并具有一定的耐蚀能力,用于制造镜面、精密模具
		时效处理	40HRC	
	25CrNi3MoAl	预硬	30HRC	预硬状态下加工,然后经 520℃ 时效处理 10h,硬度可达 40HRC,用于制造有镜面要求的精密模具
		时效处理	40HRC	
时效 硬化钢	6Ni6CrMoVTiAl	预硬	25~28HRC	热处理变形小,固溶硬度低,切削性能好,表面粗糙度值低,适于制造高精度塑料模具
		时效处理	43~48HRC	
	18Ni140 级、 18Ni170 级、 18Ni210 级	预硬	30~32HRC	高合金超高强度马氏体时效钢,用于制造高精度、超镜面、长寿命、大批量生产的中小型复杂模具,但价格昂贵
		时效处理	50~53HRC	
耐蚀钢	PCR (6Cr16Ni4Cu3Nb)	预硬	30~32HRC	具有优良的耐蚀性能、较高的强度、较好的抛光性能和焊接修补性能,热处理淬透性好,变形小,用于成型含氟、氯等有腐蚀性的塑料和各类添加阻燃剂塑料的模具
		时效硬化	37~42HRC	
	2Cr13	退火	≤220HBW	机械加工性能好,经热处理(淬火+回火)后具有优良的耐蚀性能、较好的强韧性,适于制造承受高负荷并在腐蚀介质作用下的塑料模具、透明塑料制件模具等
		淬火+回火	40~50HRC	
	3Cr13 4Cr13	退火	≤230HBW	加工性能好,经热处理(淬火+回火)后具有优良的耐蚀性能、抛光性能及较高的强度和耐磨性,适于制造承受高负荷、高耐磨及在腐蚀介质作用下的塑料模具、透明塑料制件模具等,但补焊性能较差
		淬火+回火	40~50HRC	
		回火	42~48HRC	
		氮化	600~800HV	

注:由于模具用钢的特殊要求,必须精料、精炼、真空除气,使含碳量范围缩小,控制较低的硫、磷含量。我国的冶金行业标准(YB/T 107—1997)中将碳素模具钢钢号用 SM 表示,以区别于普通用途的优质碳素结构钢。

附表 9 注塑模常见加工方法与加工工艺一览表

加工方法	加工时间	加工精度	加工成本	加工工艺特点描述	模具加工一般应用
锯床	短	低	低	—	各种金属材料的下料
钻床	短	低	低	只能加工圆形的孔,对于一般的钻嘴,工件材料的硬度不能超过 40HRC	冷却水孔、推杆孔、螺钉底孔、定位孔;精度要求低的孔及为精度要求高的孔开粗
车床	中	中	中	只能加工圆形的孔、轴及环形槽,一般来讲,工件的硬度不要超过 50HRC	撑柱、定位圈、浇口套、导套、圆形镶件等的内外圆加工
铣床	中	中	中	不能加工曲面,工件的硬度一般不要超过 50HRC	A、B 板开框、滑块槽、码模坑、撬模槽;滑块、压板、耐磨板预加工;锁块、定位板、挡板的加工;规则内模、滑块(侧抽芯)、镶件、铜电极加工或预加工
平面磨床	中	高	中	不能加工曲面	滑块(侧抽芯)、压板、耐磨板等磨正,内模、滑块(侧抽芯)、镶件等平面磨正,其他表面光洁程度较高的平面

续表

加工方法	加工时间	加工精度	加工成本	加工工艺特点描述	模具加工一般应用
火花机	长	高	高	—	内模、滑块(侧抽芯)、镶件成型面加工；重要尺寸位加工；铣床、CNC等后续清角加工
线切割	长	高	高	不能加工盲孔,工件高度不超过400mm,斜度不超过12°	内模、滑块(侧抽芯)的非圆通孔(镶件、斜顶);异形镶件、斜推杆
CNC	中	高	高	能加工曲面,但有些地方不能采用清角	A、B板开框,滑块(侧抽芯)导向槽、码模坑、撬模槽、模架浇口套孔;滑块(侧抽芯)、内模、镶件加工;异形零件加工;重要零件加工
深孔钻	短	中	高	—	内模、模架的冷却水孔和推杆孔
蚀纹	长	中	高	保证加工部分能感光	模具型腔面的图案、纹理加工
抛光	长	—	低	保证加工部分能容纳抛光工具	模具成型表面,模具火花机加工的后续工序
铸钢/铸铜	长	低	高	一定要有模型(样板),加工出来的产品易渗水	玩具类模具且花纹较多的内模、滑块(侧抽芯、镶件)

附表10 优化数值在模具设计中的选用

公制模具优化数				英制模具优化数					
A系列	B系列	A系列	B系列	A系列	B系列	公制值	A系列	B系列	公制值
1	1		7		1/32	0.79375		9/32	7.14375
	1.2	8	8		3/64	1.190625	5/16	5/16	7.9375
1.5	1.5		9	1/16	1/16	1.5875		11/32	8.73125
	1.8	10	10		5/64	1.984375	3/8	3/8	9.525
2	2		11	3/32	3/32	2.38125		13/32	10.31875
	2.2	12	12		7/64	2.778125		7/16	11.1125
	2.5	15	15	1/8	1/8	3.175		15/32	11.90625
3	3		18		9/64	3.571875	1/2	1/2	12.7
	3.5	20	20	5/32	5/32	3.96875		17/32	1
4	4	25	25		11/64	4.365625		9/16	14.2875
	4.5	30	30	3/16	3/16	4.7625	5/8	5/8	15.875
5	5		32		13/64	5.159375		11/16	17.4625
	5.5	35	35		7/32	5.55625	3/4	3/4	19.05
6	6	40	40		15/64	5.953125		7/8	22.225
				1/4	1/4	6.35	1	1	25.4

注:1. 此两组系列是根据模具设计中最常用的数值并结合机械手册的优先数值而设的。

2. 选择参数系列时,应优先选用A系列。

3. 超过表中数值时;公制最小以5mm递增,英制以1/4in递增。

4. 对于模具型腔尺寸,可直接使用计算值(一般要精确到3位小数)。

附表11 硬度测试对照表

Vickers 维氏	Brinell 布氏	Rockwell 洛氏	Shore 肖氏	Vickers 维氏	Brinell 布氏	Rockwell 洛氏	Shore 肖氏
HV	HB	HRC	HS	HV	HB	HRC	HS
940		68	97	679		60	87
900		67	95	674		59	80
865		66	92	653		58	78
832		65	91	633		57	76
800		64	88	613		56	75
772		63	87	595		55	74
746		62	85	577		54	72
720		61	83	560		53	71

续表

Vickers 维氏	Brinell 布氏	Rockwell 洛氏	Shore 肖氏	Vickers 维氏	Brinell 布氏	Rockwell 洛氏	Shore 肖氏
HV	HB	HRC	HS	HV	HB	HRC	HS
547	514	52	69	336	319	34	47
528	495	51	68	327	311	33	46
513	475	50	67	318	301	32	44
498	464	49	66	310	294	31	43
484	451	48	64	302	286	30	42
471	442	47	63	294	279	29	41
458	432	46	62	286	271	28	41
446	421	45	60	279	264	27	40
412	390	42	56	272	258	26	38
402	381	41	55	266	253	25	38
392	371	40	54	260	247	24	37
382	362	39	52	254	243	23	36
372	353	38	51	248	237	22	35
363	344	37	50	243	231	21	35
354	336	36	49	238	226	20	34
345	327	35	48	230	219		33

附表 12　成型品的缺陷与对策

困难问题	可能原因	补救办法
填模不足	注射压力太低	增大压力
	料管温度低	延长注射周期或慢慢提高温度
	模温过低	模具水量调小,提高模具温度
	排气不良	改良模具通气孔
	包风	改良模具射口或增加射口点
	射速太慢	增加射出
	机台容量不足	使用较大机台
	竖浇道与浇道压力降太大	放大浇道或浇口尺寸
塑件内空洞	塑粒太湿	把塑粒烘干
	射速太快造成包风	速度降慢
	射压太低	提高射压
	模具设计不良	重新设计模具
表面不光泽	材料冷	提高料管温度
	模具冷	提高模具温度
	射出太慢	增加射出速度及加大射出压力
	胶料在各浇口及横浇道的流动情况不一样	尽量使横浇口对称
	胶料在模腔内流动不良	再设计浇口或模塑品
		加长射出时间,减少保压时间
	透气不良	改良模具气孔
成品毛边	塑料太热	把料管和模具温度降低
	射出压力太高	降低射出压力
	闭模压力不足	提高闭模力,如已不能提高时必须换较大机械
	模具零件磨耗不良	整修模具
凹痕(缩水)	模腔胶料不足,导致收缩胶料不足原因: ①塑品切面厚,或厚薄不均匀 ②入料不足 ③射出压力太小 ④射出时间太短 ⑤浇口不对称 ⑥射出速度太慢 ⑦保压不足	①修改模具或增加注射压力 ②增加入料 ③增加射出压力 ④增加射出时间 ⑤限制熔胶全部流入最近直浇道浇口,使熔料流入其他浇口 ⑥增加射出速度 ⑦增大浇口尺寸 ⑧增加保压时间

续表

困难问题	可能原因	补救办法
凹痕(缩水)	塑料过热	①降低料管温度 ②适当控制模具温度过热的部分
	制品脱模时依然过热	冷却模具,或马上将制品浸入热水,或延长冷却时间
塑件表面粗糙	模温太冷	提高温度
	射出压力太低	增大射出压力
	模壁有水分	清洁和修理漏水裂痕防止水气在壁面凝结
	用脱模剂过多	清洁模具及用少量的脱模剂
	非全部熔胶在模腔内与腔壁接触	①增大注射压力 ②提高模温,增加入料
	射出速度慢	①增大射出速度 ②增加熔胶温度 ③用最大压力,减少熔胶缓冲垫 ④增大螺杆背压
	模具腔壁粗糙	再次抛光模具腔壁
小黑点	料管内壁烧焦胶块脱落(PE较少见)	①清洗料管内壁 ②用较硬的塑料进入以擦净料管面 ③避免胶料长时间受高温
流纹、塑面起波纹	胶料不够热	增加胶料温度
	模具不够热	增加模具温度
	射出速度太慢	增加射出速度
	浇口太小,使胶料在模腔内有喷射现象	扩大浇口和降低射出压力
塑料在浇口成层状	胶料过冷	提高料管温度
	模具过冷	提高模温
	射出速度太慢	增加射出速度
	射出压力不足	增加射出压力
塑件表面出现微弱或明显的熔合线	胶料过冷	增加料管和模具温度
	熔合线离开浇口太远	重定浇口位置或用几个相同的对称浇口代替
	模具排气不够快	增设足够多的排气孔
	模具过冷	提高模温
	射料压力不够	增大压力
	射出速度慢	增大射出速度
气泡	模腔填料不足,由于: ①制品切面厚,模腔壁上有突盘和凸起线条 ②射出压力太低 ③射出时间太短 ④入料不足	①再设计模具 ②增加射出压力 ③增加射出时间 ④增加进料速度 ⑤增加浇口宽度
	塑粒潮湿	射出前先干燥塑粒
	模具温度不均匀	重新排列模内入水管位置,使公模温度一致
破裂或龟裂	填模太实	①减少入料速度 ②减少射出压力、时间
	模具温度太低	提高模温
	不适当的脱模设计如角度斜位及倒扣位	修改模具
	顶针位置不当	再安放顶针使能顺利将塑件顶出模具
黄点、黄线、变色	料管温度太高	降低料管温度
	塑料在料管内停留太久	缩短射出周期
	料管内局部过热	降低料管温度
	料管内存有死角	更换料管或螺杆
	烘烤原料温度过高或时间过长	降低烘烤原料温度,换小一点的烤筒
塑件面呈银纹	塑料温度过高	①由喷嘴温度开始减少料管温度 ②降低螺杆转速

续表

困难问题	可能原因	补救办法
塑件面呈银纹	粗塑粒和细小塑粒混合（搅拌）	避免用这些材料，或可过筛，使得到粗细均一的胶粒
	塑粒潮湿	射出前先干燥塑粒
	胶料中混入的少量空气	①降低料管后段（落料区）温度和避免再生料 ②增加螺杆的后段（落料区）的排气
	模温过低	增高模温
	模具漏水	检查漏水原因并改善它
黑点、黑条	空气带来肮脏物	①封盖料斗 ②胶料也要封闭好
	模穴内有空气无法排出引起焦化	①模具排气要改好 ②降低射胶压力或速度
	逆流环磨损	更换逆流环
	螺杆或逆流环不干净	清洗料管
	检查喷嘴头与浇口是否对准	调整喷嘴头与浇口相对位置
	射嘴过热烧焦胶料	降低射嘴温度
塑件变脆	废料加太多	少用或不用
	尼龙成型不久	应用热水煮过
翘曲（变形）	塑料制品于太热时脱模	①降低塑料温度 ②降低模具温度 ③延长模具闭合时间 ④降低螺杆转速或背压
	胶料太冷	①增加料管温度 ②增加模具温度 ③增加螺杆背压力
	制品脱模系统设计不良	再设计
	模具温度不均匀	保持模具温度均一
	保压过度	缩短保压时间或保压压力
塑件粘模	射出压力或料管温度过高	①降低射出压力或料管温度 ②降低螺杆的转速或螺杆背压
	进料太多	减少入料
	模具内有倒扣位	除去倒扣位，打磨抛光，增加脱模部分的斜度
	模具冷却不足	加大水量或延长模具冷却时间
	模具内壁光洁度不够	模腔壁再次抛光
顶出困难	模具冷却不足	加大水量或延长模具冷却时间
	模具脱模斜度不够	增加模具脱模部分的斜度
	射出压力太高	降低压力
	单边顶出	顶出销长度不正确
料头粘母模	塑料过热	降低塑料温度
	浇口和射嘴嵌接不适当	①射嘴孔尺寸应比浇口小 ②将射嘴孔与浇口对应
	浇口壁粗糙	模壁再抛光
	入料不稳定	检查进料系统

参 考 文 献

[1] 石世铫编著. 注塑模具设计与制造禁忌. 北京：化学工业出版社，2015.

[2] 张维合主编. 注塑模具设计经验技巧与实例. 北京：化学工业出版社，2015.

[3] 石世铫编著. 注塑模具图样画法及正误对比图例. 北京：机械工业出版社，2015.

[4] 杨永顺主编. 塑料成型工艺与模具设计. 北京：机械工业出版社，2015.

[5] 张维合主编. 注塑模具设计实用教程. 第2版. 北京：化学工业出版社，2015.

[6] 许发樾编. 模具制造工艺与装备. 第2版. 北京：机械工业出版社，2015.

[7] [美] David o. kazmer著. 王建等译. 注射模具设计工程. 北京：机械工业出版社，2014.

[8] 周强，成薇主编. 汽车内饰模具结构及工艺概论. 北京：人民出版社，2014.

[9] 赵龙志，赵明娟，付伟主编. 现代注塑模具设计实用技术手册. 北京：机械工业出版社，2013.

[10] 屈华昌主编. 塑料成型工艺与模具设计. 第2版. 北京：机械工业出版社，2013.

[11] 赵龙志等主编. 现代注塑模具设计实用技术手册. 北京：机械工业出版社，2013.

[12] 张维合主编，注塑模具设计实用手册. 北京：化学工业出版社，2013.

[13] 刘航主编. 模具制造技术. 北京：机械工业出版社，2011.

[14] 李学峰主编. 塑料模具设计与制造. 第2版. 北京：机械工业出版社，2011.

[15] 李学锋主编. 模具设计与制造. 第2版. 北京：机械工业出版社，2011.

[16] 石世铫编著. 注射模具设计与制造300问. 北京：机械工业出版社，2011.

[17] 张甲琛编. 注塑制品质量及成本控制技术. 北京：化学工业出版社，2010.

[18] 翁其金主编. 塑料模塑成型技术. 北京：机械工业出版社，2010.

[19] 杨占尧主编. 模具设计与制造. 北京：人民邮电出版社，2009.

[20] 李基洪，李轩主编. 注塑成型技术问答. 北京：机械工业出版社，2007.

[21] 梁会滨，吴天用主编. 检验工操作实用技术. 北京：金盾出版社，2007.

[22] 薛宏建编著. 钳工实用手册. 北京：金盾出版社，2007.

[23] 中国模具工业协会编. 模具计价手册. 北京：机械工业出版社，2006.

[24] [瑞典] 丹尼尔·弗伦克勒等. 徐佩弦译. 注射模的热流道. 北京：化学工业出版社，2005.

[25] 国家标准化委员会编. 企业标准体系实施指南. 北京：中国标准出版社，2003.

[26] 王鹏驹主编. 塑料模具技术手册. 北京：机械工业出版社，2001.

[27] 彭建声，秦晓刚编著. 模具技术问答. 北京：机械工业出版社，1999.

[28] 曹宏深，赵仲治主编. 塑料成型工艺与模具设计. 北京：机械工业出版社，1994.

[29] 姚开彬，单根全编. 模具制造工艺学. 南京：江苏科学技术出版社，1985.